Les éléments

Nom	Symbole	Numéro atomique	Masse atomique	Nom	Symbole	Numéro atomique	Masse atomique
Actinium	Ac	89	227,028	Meitnerium	Mt	109	(266)
Aluminum	Al	13	26,9815	Mendélévium	Md	101	(258)
Américium	Am	95	(243)	Mercure	Hg	80	200,59
Antimoine	Sb	51	121,76	Molybdène	Mo	42	95,94
Argent	Ag	47	107,868	Néodyme	Nd	60	144,24
Argon	Ar	18	39,948	Néon	Ne	10	20,1797
Arsenic	As	33	74,9216	Neptunium	Np	93	237,048
Astate	At	85	(210)	Nickel	Ni	28	58,693
Azote	N	7	14,0067	Niobium	Nb	41	92,9064
Barium	Ba	56	137,327	Nobélium	No	102	(259)
Berkélium	Bk	97	(247)	Or	Au	79	196,967
Béryllium	Be	4	9,01218	Osmium	Os	76	190,23
Bismuth	Bi	83	208,980	Oxygène	O	8	15,9994
Bohrium	Bh	107	(262)	Palladium	Pd	46	106,42
Bore	B	5	10,811	Phosphore	P	15	30,9738
Brome	Br	35	79,904	Platine	Pt	78	195,08
Cadmium	Cd	48	112,411	Plomb	Pb	82	207,2
Calcium	Ca	20	40,078	Plutonium	Pu	94	(244)
Californium	Cf	98	(251)	Polonium	Po	84	(209)
Carbone	C	6	12,011	Potassium	K	19	39,0983
Cérium	Ce	58	140,115	Praséodyme	Pr	59	140,908
Césium	Cs	55	132,905	Prométhéum	Pm	61	(145)
Chlore	Cl	17	35,4527	Protactinium	Pa	91	231,036
Chrome	Cr	24	51,9961	Radium	Ra	88	226,025
Cobalt	Co	27	58,9332	Radon	Rn	86	(222)
Cuivre	Cu	29	63,546	Rhénium	Re	75	186,207
Curium	Cm	96	(247)	Rhodium	Rh	45	102,906
Dubnium	Db	105	(262)	Rubidium	Rb	37	85,4678
Dysprosium	Dy	66	162,50	Ruthénium	Ru	44	101,07
Einsteinium	Es	99	(252)	Rutherfordium	Rf	104	(261)
Erbium	Er	68	167,26	Samarium	Sm	62	150,36
Étain	Sn	50	118,710	Scandium	Sc	21	44,9559
Europium	Eu	63	151,965	Seaborgium	Sg	106	(263)
Fer	Fe	26	55,847	Sélénium	Se	34	78,96
Fermium	Fm	100	(257)	Silicium	Si	14	28,0855
Fluor	F	9	18,9984	Sodium	Na	11	22,9898
Francium	Fr	87	(223)	Soufre	S	16	32,066
Gadolinium	Gd	64	157,25	Strontium	Sr	38	87,62
Gallium	Ga	31	69,723	Tantale	Ta	73	180,948
Germanium	Ge	32	72,61	Technétium	Tc	43	(98)
Hafnium	Hf	72	178,49	Tellure	Te	52	127,60
Hassium	Hs	108	(265)	Terbium	Tb	65	158,925
Hélium	He	2	4,00260	Thallium	Tl	81	204,383
Holmium	Ho	67	164,930	Thorium	Th	90	232,038
Hydrogène	H	1	1,00794	Thulium	Tm	69	168,934
Indium	In	49	114,818	Titane	Ti	22	47,88
Iode	I	53	126,904	Tungstène	W	74	183,84
Iridium	Ir	77	192,22	Uranium	U	92	238,029
Krypton	Kr	36	83,80	Vanadium	V	23	50,9415
Lanthanum	La	57	138,906	Xénon	Xe	54	131,29
Lawrencium	Lr	103	(260)	Ytterbium	Yb	70	173,04
Lithium	Li	3	6,941	Yttrium	Y	39	88,9059
Lutécium	Lu	71	174,967	Zinc	Zn	30	65,39
Magnésium	Mg	12	24,3050	Zirconium	Zr	40	91,224
Manganèse	Mn	25	54,9381				

CHIMIE
GÉNÉRALE

2e ÉDITION

John W. Hill
Ralph H. Petrucci
Terry W. McCreary
Scott S. Perry
RÉAL CANTIN

ERPi
ÉDITIONS DU RENOUVEAU PÉDAGOGIQUE INC.

5757, RUE CYPIHOT, SAINT-LAURENT (QUÉBEC) H4S 1R3
TÉLÉPHONE : 514 334-2690   TÉLÉCOPIEUR : 514 334-4720
erpidlm@erpi.com   www.erpi.com

DÉVELOPPEMENT DE PRODUITS
SYLVAIN GIROUX

SUPERVISION ÉDITORIALE
JACQUELINE LEROUX

TRADUCTION
PIERRETTE MAYER

RÉVISION LINGUISTIQUE
MICHEL BOYER

CORRECTION D'ÉPREUVES
CAROLE LAPERRIÈRE

DIRECTION ARTISTIQUE
HÉLÈNE COUSINEAU

COORDINATION DE LA PRODUCTION
MURIEL NORMAND

CONCEPTION GRAPHIQUE ET COUVERTURE
MARTIN TREMBLAY

ÉDITION ÉLECTRONIQUE
INTERSCRIPT

Dans cet ouvrage, le générique masculin est utilisé sans aucune discrimination et uniquement pour alléger le texte.

Cet ouvrage est une version française de la quatrième édition de *General Chemistry* de John W. Hill, Ralph H. Petrucci, Terry W. McCreary et Scott S. Perry, publiée et vendue à travers le monde avec l'autorisation de Pearson Education, Inc.

Dépôt légal :
Bibliothèque et Archives nationales du Québec, 2008
Bibliothèque nationale et Archives Canada, 2008
Imprimé au Canada

ISBN 978-2-7613-2434-2

234567890 II   11 10 09 08
20464 ABCD   BM9

C'est dans le but d'encore mieux répondre aux attentes des professeurs et des étudiants et d'atteindre au plus près les objectifs de la formation collégiale que nous avons réalisé cette deuxième édition de **Chimie générale**. Les nombreuses qualités pédagogiques qui ont fait la marque de l'édition précédente et qui permettent à l'étudiant consciencieux de comprendre les principes de la chimie ainsi que leurs diverses applications dans la vie de tous les jours ont été maintenues, voire renforcées.

La structure

L'ouvrage est dorénavant constitué de neuf chapitres. Les huit premiers portent sur les principes de la chimie générale, illustrés par des applications toujours aussi significatives et des exemples concrets tirés de la chimie descriptive. Les modifications apportées à cette nouvelle édition visent à harmoniser la structure de l'ouvrage aux pratiques de l'enseignement collégial. À cet égard, le chapitre 3 constitue un bon exemple : les auteurs ont intégré des notions sur les gaz — en veillant à ne pas répéter celles qui ont été vues au secondaire — aux calculs stœchiométriques.

Le neuvième et dernier chapitre – La chimie de l'environnement – permet d'appliquer nombre de notions vues dans le manuel à l'étude de l'atmosphère, un thème au cœur de l'actualité environnementale. Le chapitre est en outre annoté et comprend des renvois à l'ouvrage *Biologie*, de Campbell et Reece, et à la série *Physique*, de Benson. Ces références constituent des points de départ possibles pour l'étudiant qui veut réaliser un projet dans le cadre d'une activité d'intégration. Soulignons ici que notre manuel *Chimie des solutions*, des mêmes auteurs, se termine également par un chapitre sur la chimie de l'environnement, dans lequel on traite de l'hydrosphère, des poisons, des substances cancérogènes et anti-cancérogènes ainsi que des matières dangereuses.

L'intégration de la chimie organique et de la biochimie

Toujours dans l'esprit de favoriser l'intégration, les auteurs ont cherché à offrir un manuel qui, tout en constituant une base pour la chimie générale, incorpore les domaines les plus importants de cette matière. Il y est ainsi question à de nombreuses reprises des principes physiques, des composés inorganiques et des techniques d'analyse.

Par ailleurs, comme on ne peut nier l'importance des composés organiques dans la vie quotidienne, qu'il s'agisse des matériaux synthétiques ou des médicaments, le manuel aborde au chapitre 7 les notions simples de chimie organique et présente des applications qui décrivent les principes physiques des substances ou qui illustrent divers aspects des liaisons chimiques. Les auteurs proposent ainsi un ensemble de notions fondamentales utiles aux étudiants qui ne poursuivront pas l'étude de la chimie organique, tout en offrant des préalables à ceux qui choisiront cette matière.

Les liaisons chimiques **299**

Les graisses et les huiles hydrogénées

Les acides gras, ainsi qualifiés parce qu'on les retrouve dans les huiles et les graisses, sont constitués d'un groupement carboxyle (—COOH) qui leur confère leur fonction acide et d'une longue chaîne hydrocarbonée, saturée ou insaturée, dont le nombre d'atomes de carbone, variant de 12 à 18, est toujours pair. Ces acides peuvent ne posséder que des liaisons simples. On dira dans ce cas qu'ils sont saturés, car ils contiennent alors le maximum d'atomes d'hydrogène possible pour le nombre d'atomes de carbone que contient la chaîne carbonée. Si la chaîne carbonée comporte une double liaison, on dira que l'acide gras est monoinsaturé, et il contiendra deux atomes d'hydrogène en moins pour un même nombre d'atomes de carbone. Si la chaîne possède plusieurs doubles liaisons, l'acide sera qualifié de polyinsaturé.

Acide gras saturé

Acide gras monoinsaturé

Acide gras polyinsaturé

Un corps gras ou un lipide, telle une huile ou une graisse, est habituellement constitué de plusieurs types d'acides gras qui sont liés par une liaison ester à de la glycérine. Les lipides simples se présentent à la température ambiante sous forme d'huile ou de graisse, selon la structure des acides gras qui les composent. Si le lipide est solide à 25 °C, c'est une graisse ; s'il est liquide à cette température, c'est une huile. Ces différences sont causées principalement par le nombre d'insaturations se produisant sur les chaînes carbonées des acides gras constituants. À la température ambiante, les lipides à fort pourcentage d'acides gras insaturés sont liquides ; les lipides à fort pourcentage d'acides gras saturés sont solides.

Les huiles proviennent généralement des plantes, alors que les graisses proviennent surtout du monde animal. C'est pourquoi on parle d'huile végétale et de graisse ou de gras animal. Les huiles ont un pourcentage élevé d'acides gras à chaîne insaturée, tandis que les graisses ont un pourcentage élevé d'acides gras à chaîne saturée. Aucune formule simple ne peut représenter les huiles et les graisses puisqu'elles sont formées de mélanges complexes de molécules contenant plusieurs acides gras différents. Il est reconnu qu'un régime alimentaire riche en acides gras saturés peut augmenter les risques de maladies cardiovasculaires.

La couleur rouge-brun de la vapeur du brome (à gauche) disparaît lorsqu'on ajoute dans le bécher une tranche de bacon (à droite). Les molécules du brome réagissent avec les doubles liaisons des graisses insaturées pour générer un produit incolore.

L'huile de maïs est une huile végétale. Environ 85% des acides gras qu'elle contient sont insaturés. Pour fabriquer de la margarine ou de la graisse végétale, on effectue l'hydrogénation de ce type d'huile. Au cours de l'hydrogénation, des atomes d'hydrogène réagissent avec les liaisons doubles pour produire des acides gras saturés.

TABLEAU 6.3 Quelques familles de composés organiques et leur groupement fonctionnel caractéristique

Famille	Formule développée générale*	Exemple	Nom de l'exemple
Alcane	R—H	$CH_3CH_2CH_2CH_2CH_2CH_3$	hexane
Alcène	$\backslash C=C \slash$	$CH_2=CHCH_2CH_2CH_3$	pent-1-ène
Alcyne	—C≡C—	$CH_3C≡CCH_2CH_2CH_2CH_3$	oct-2-yne
Alcool	R—OH	$CH_3CH_2CH_2CH_2OH$	butan-1-ol
Halogénure d'alkyle	R—X[b]	$CH_3CH_2CH_2CH_2CH_2CH_2Br$	1-bromohexane
Éther	R—O—R	CH_3—O—$CH_2CH_2CH_3$	méthoxypropane (éther de méthyle et de propyle)[c]
Amine	R—NH$_2$	$CH_3CH_2CH_2$—NH$_2$	propan-1-amine
Aldéhyde	$R-\overset{\text{O}}{\overset{\|}{C}}-H$	$CH_3CH_2CH_2\overset{\text{O}}{\overset{\|}{C}}$—H	butanal

La charge formelle

Vous vous interrogez peut-être sur certains concepts relatifs aux structures de Lewis. Par exemple, nous avons introduit la notion de liaison covalente de coordinence lorsque nous avons combiné des notations de Lewis de manière à obtenir les structures de Lewis respectives de H_3O^+ et de NH_4^+ (pages 262 et 263). Mais est-il possible de savoir si une structure de Lewis renferme une liaison covalente de coordinence ? Pourquoi avons-nous choisi l'atome (ou les atomes) dont l'électronégativité est la plus faible comme atome central (ou atomes centraux) d'une structure squelettique ? En outre, dans l'exemple 6.7, pour obtenir la structure de Lewis de $COCl_2$, nous avons formé une liaison double. Pourquoi avons-nous opté dans ce cas pour une liaison carbone-oxygène et non pour une liaison carbone-chlore ?

Le concept de *charge formelle* d'un atome permet de répondre partiellement à ces questions, et il constitue un outil de plus pour déterminer la structure de Lewis adéquate d'un composé. La **charge formelle** d'un atome est égale à la *différence* existant entre le nombre d'électrons de valence d'un atome libre et le nombre d'électrons assigné à cet atome lorsqu'il est lié à d'autres atomes dans une structure de Lewis.

Charge formelle
Concept défini pour faciliter la détermination de la bonne structure de Lewis d'un composé et représentant la différence entre le nombre d'électrons de valence d'un atome libre et le nombre d'électrons assignés à cet atome lorsqu'il est lié.

$$\text{Charge formelle (CF) d'un atome} = \begin{pmatrix} \text{nombre d'électrons} \\ \text{de valence} \\ \text{de l'atome libre} \end{pmatrix} - \begin{pmatrix} \text{nombre d'électrons de valence} \\ \text{assignés à l'atome qui est lié} \\ \text{dans une structure de Lewis} \end{pmatrix} \quad (6.1)$$

Le premier terme du membre de droite est facile à déterminer puisque le nombre d'électrons de valence d'un élément des groupes principaux est égal au numéro du groupe auquel appartient l'élément. On obtient le second terme en appliquant les règles simples suivantes, qui permettent d'assigner des électrons à un atome donné d'une structure de Lewis.

- Tous les électrons d'un atome qui sont sous forme de *doublets libres* sont assignés à cet atome.

La clarté de la mise en page

Le nouveau format du manuel et sa présentation claire en font un ouvrage essentiel pour l'étude de la chimie. Les mots clés relatifs à la discipline sont définis dans la marge, ce qui facilite un repérage rapide et renforce l'apprentissage. De plus, les équations les plus importantes sont numérotées et mises en évidence.

La résolution de problèmes

Afin de favoriser l'acquisition d'habiletés en résolution de problèmes, les auteurs ont subdivisé la majorité des exemples en quatre parties : l'énoncé du problème, la stratégie utilisée pour le résoudre, la solution et enfin l'évaluation, une étape importante du processus qui permet de vérifier si le résultat obtenu est juste et conforme à ce qu'on recherchait.

La plupart des exemples sont suivis de deux exercices. L'exercice A donne aux étudiants la possibilité d'appliquer la méthode décrite dans l'exemple à un problème similaire, tandis que l'exercice B s'en éloigne un peu pour permettre la révision des notions apprises antérieurement ou la préparation à l'étude des éléments à venir.

En plus des exemples classiques où des calculs sont requis, on trouve de nombreux exemples conceptuels et des exemples de calculs approximatifs. Ces deux types d'exemples — qui ne sont proposés dans aucun autre ouvrage de chimie — amènent l'étudiant à vérifier sa compréhension des principes fondamentaux et à prendre l'habitude de se questionner sur la vraisemblance de sa réponse avant de vérifier si elle est juste.

EXEMPLE 2.2

Dans l'oxyde de magnésium, le rapport entre les masses respectives de l'oxygène et du magnésium est de 0,6583 : 1. Quelle masse d'oxyde de magnésium obtient-on en faisant brûler complètement 2,000 g de magnésium en présence d'oxygène gazeux pur ?

→ Stratégie

On indique généralement un rapport de masses sous la forme suivante : « Le rapport entre les masses de l'oxygène et du magnésium est de 0,6583 : 1. » Dans le cas présent, le premier nombre représente une masse d'oxygène, par exemple 0,6583 g d'oxygène, tandis que le second représente une masse de magnésium. On écrit simplement 1, mais il est sous-entendu que le second terme est aussi précis que le premier : 1 équivaut à 1,000 g de magnésium. Selon la loi des proportions définies, une quantité donnée d'oxygène se combine au magnésium, de sorte que le rapport entre les masses d'oxygène et de magnésium dans le composé qui en résulte est exactement de 0,6583 : 1.

→ Solution

En exprimant ce rapport sous la forme d'un facteur de conversion, nous pouvons déterminer la masse requise d'oxygène.

$$? \text{ g d'oxygène} = 2,000 \text{ g de magnésium} \times \frac{0,6583 \text{ g d'oxygène}}{1,000 \text{ g de magnésium}}$$

$$= 1,317 \text{ g d'oxygène}$$

Enfin, selon la loi de la conservation de la masse, la masse de l'oxyde de magnésium produit est égale à la masse totale des substances participant à la réaction.

$$? \text{ g d'oxyde de magnésium} = 2,000 \text{ g de magnésium} + 1,317 \text{ g d'oxygène}$$

$$= 3,317 \text{ g d'oxyde de magnésium}$$

→ Évaluation

Comme simple vérification, comparons la masse calculée de l'oxyde de magnésium avec la masse de départ du magnésium. En accord avec la loi de la conservation de la masse, la quantité de produit obtenue de la réaction entre le magnésium et l'oxygène doit être plus grande que la masse de départ du magnésium. C'est en effet le cas : 3,317 g d'oxyde de magnésium est plus grand que 2,000 g de magnésium.

EXERCICE 2.2 A

Quelle masse d'oxyde de magnésium résulte de la combinaison de 1,500 g d'oxygène avec du magnésium ?

EXERCICE 2.2 B

On fait brûler un échantillon de magnésium de 3,250 g en présence de 12,500 g d'oxygène. Quelle est la masse de l'oxygène *inaltéré* une fois que le magnésium a été entièrement consommé pour former de l'oxyde de magnésium, qui est l'unique produit de la réaction ?

EXEMPLE 3.16   Un exemple conceptuel

Écrivez une équation chimique plausible qui représente la réaction d'un chlorure de phosphore liquide (contenant 77,45 % de Cl) avec l'eau, et dont le résultat est une solution aqueuse d'acide chlorhydrique et d'acide phosphoreux.

→ Analyse et conclusion

Le concept que nous venons d'étudier, soit l'équilibrage d'une équation chimique, n'interv[...] que dans la dernière étape de la résolution de ce problème. Il faut d'abord appliquer les noti[...] vues précédemment.

Écriture de la formule du chlorure de phosphore

Appliquons la méthode illustrée dans les exemples 3.9 et 3.10 à un composé formé de 22,5[...] de P et de 77,45 % de Cl. Un échantillon de 100,00 g de ce composé est constitué de 22,5[...] de P et de 77,45 g de Cl, ce qui correspond à 0,728 mol de P et à 2,185 mol de Cl. La form[...] $P_{0,728}Cl_{2,185}$ se simplifie pour donner PCl_3.

Écriture des formules de l'acide chlorhydrique et de l'acide phosphoreux

Nous avons défini le lien entre les formules et les noms des composés aux sections 2.6 (page[...] 2.7 (page xx) et 2.8 (page 66). La formule de l'acide chlorhydrique, qui est un comp[...] binaire, est HCl. Selon le tableau 2.5 (page 68), la formule de l'acide phosphorique est H_3P[...] comme l'acide phosphoreux a un atome O de moins par molécule, sa formule est H_3PO_3.

EXEMPLE 3.5   Un exemple de calcul approximatif

Lequel des nombres suivants semble une valeur plausible du nombre d'atomes dans 1,0 g d'hélium ? **a)** 0,25 ; **b)** 4,0 ; **c)** $4,1 \times 10^{-23}$; **d)** $1,5 \times 10^{23}$.

→ Analyse et conclusion

Nous pourrions calculer simplement le nombre d'atomes recherché pour déterminer lequel des nombres proposés est le bon. Cependant, comme nous savons que la taille d'un atome est extrêmement petite et que le nombre d'atomes que contient un échantillon de 1,0 g est extrêmement grand, la seule réponse plausible est *d*, puisque c'est le seul grand nombre. Examinons quand même les autres suggestions. La réponse *a* est le nombre de *moles* d'atomes d'hélium dans un échantillon de 1,0 g. De plus, il est invraisemblable que l'échantillon contienne une fraction (0,25) d'un atome. La réponse *b*, en supposant qu'elle corresponde à 4,0 u, est la masse atomique de l'hélium ; si nous supposons qu'elle correspond à 4,0 g/mol de He, il s'agit de la masse molaire de l'hélium. Dans les deux cas, 4,0 est beaucoup trop petit pour être le nombre d'atomes d'un échantillon macroscopique. La réponse *c* est le résultat obtenu en *divisant*, par erreur, le nombre de moles de He (0,25) par le nombre d'Avogadro ; en outre, la réponse *c* représente, comme la réponse *a*, une fraction d'un atome. La réponse exacte est donc *d*, et nous l'obtenons en effectuant l'opération $(1,0 \text{ g}/4,0 \text{ g/mol}) \times N_A$.

EXERCICE 3.5

Lequel des nombres suivants semble une valeur plausible de la masse de $1,0 \times 10^{23}$ atomes de magnésium ? (Essayez de résoudre ce problème uniquement par raisonnement, sans utiliser une calculatrice. Le but est de déterminer « une valeur plausible » et non d'obtenir un résultat précis.) **a)** $2,4 \times 10^{-22}$ g ; **b)** 0,17 g ; **c)** 2,4 g ; **d)** 4,0 g.

EXEMPLE SYNTHÈSE

Voici quelques données concernant un composé organique : son point d'ébullition normal est plus bas de quelques degrés que celui de l'eau, $H_2O(l)$, et la masse volumique de sa vapeur à 99,0 °C et 0,989 atm est de 2,0 g/L ± 5 %. À l'aide de ces données et des informations contenues dans ce chapitre et dans les chapitres précédents, déterminez lequel des composés suivants est le plus susceptible de présenter les propriétés énoncées :

a) $(CH_3)_2O$ **b)** $CH_3CH_2CH_2OH$ **c)** $CH_3CH_2OCH_3$ **d)** $HOCH_2CH_2OH$

→ Stratégie

Notre tâche consiste à comparer quatre substances du point de vue de leur point d'ébullition, propriété qui dépend des forces d'attraction intermoléculaires. Ces forces sont elles-mêmes influencées par la masse et la structure moléculaires. Au départ, il nous faut déterminer la masse moléculaire de chacun des quatre composés à partir des formules moléculaires. Ensuite, à l'aide de l'équation des gaz parfaits, nous pourrons calculer, à quelques pour cent près, la masse molaire du composé inconnu. À ce stade, nous pourrons réduire le nombre de possibilités. Par la suite, nous comparerons le point d'ébullition des composés qui restent avec celui de l'eau et à l'aide des informations présentes dans le manuel, nous pourrons déterminer la formule la plus probable de la substance organique inconnue.

→ Solution

D'abord, nous déterminons la masse moléculaire des quatre composés.

a) $(CH3)2O$: 46,07 u   **c)** $CH3CH2OCH3$: 60,10 u

b) $CH_3CH_2CH_2OH$: 60,10 u   **d)** $HOCH_2CH_2OH$: 62,07 u

---

À la fin de chaque chapitre, un exemple synthèse combine diverses notions apprises antérieurement. Cette activité est un autre moyen pédagogique mis de l'avant pour favoriser l'intégration des connaissances et des habiletés.

Résumé

6.1 Un aperçu des liaisons chimiques Les liaisons chimiques se forment lorsque les forces d'attraction entre les électrons chargés négativement et les noyaux chargés positivement sont égales ou supérieures aux forces de répulsion entre les noyaux. La nature des liaisons détermine plusieurs des propriétés des substances.

6.2 La théorie de Lewis sur les liaisons chimiques Dans une **notation de Lewis**, le symbole chimique d'un atome représente un noyau et ses électrons internes, et les points répartis autour du symbole désignent les électrons de valence. La notation de Lewis d'un élément des groupes principaux dépend de la position que cet élément occupe dans le tableau périodique. En formant des composés, les éléments des groupes principaux suivent généralement la **règle de l'octet** qui précise que les atomes liés tendent à acquérir une configuration électronique semblable à celle des gaz nobles, qui possèdent huit électrons dans leur couche de valence.

réseau. On peut établir une relation entre l'énergie de réseau et l'**enthalpie standard de formation** d'un composé ionique, de même que diverses autres propriétés atomiques ou moléculaires, au moyen du cycle de Born-Haber.

6.6 Les structures de Lewis de quelques molécules simples Une liaison covalente résulte du partage d'un doublet d'électrons entre deux atomes. La structure de Lewis montre la disposition des atomes dans une molécule et indique les liaisons covalentes entre ces atomes. Dans la structure de Lewis d'une molécule, les électrons appariés forment des **doublets liants** ou des **doublets libres**.

En général, chaque atome d'une structure acquiert la configuration électronique d'un gaz noble, atteignant dans la majorité des cas l'octet d'électrons. Une liaison covalente formée d'un doublet d'électrons est appelée **liaison simple**. Une **liaison double** fait intervenir deux doublets d'électrons, et une **liaison triple** trois doublets.

Le résumé en fin de chapitre

■ Plus synthétique et plus visuel dans cette deuxième édition, le résumé reprend, section par section, les notions clés abordées en y associant des illustrations. Les équations importantes y sont aussi rappelées.

La qualité des problèmes

Chacun des problèmes proposés dans l'édition précédente a fait l'objet d'une révision, et les modifications, ajouts et retraits effectués permettent d'offrir une banque de questions plus diversifiée et plus riche sur les notions qui posent le plus de difficultés aux étudiants. À la suite de cette série de problèmes divisés par sections, on trouve un ensemble de problèmes complémentaires, constitués de problèmes défis — mais réalisables — et de problèmes synthèses, qui ne renvoient à aucune section précise du chapitre. Cette partie est idéale pour se préparer à un examen. Les réponses à tous les exercices et à tous les problèmes de l'ouvrage sont données à la fin du manuel.

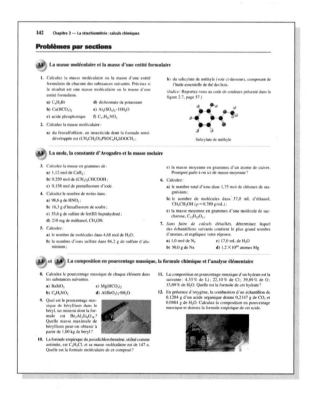

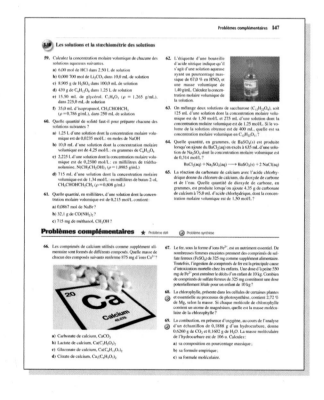

Remerciements

L'adaptateur et l'éditeur tiennent à remercier Jean-Marie Gagnon, pour son travail minutieux sur le solutionnaire et les réponses à la fin du manuel, ainsi que les nombreux enseignants dont les suggestions ont permis d'orienter l'adaptation de l'ouvrage. Ils sont en outre reconnaissants aux enseignants qui ont relu et commenté le manuscrit, soit :

Nadya Bolduc, Cégep de Sainte-Foy
Serge Caron, Collège André-Grasset
Monique Doyon, Collège de Maisonneuve
Nadine Gagnon, Cégep de Sainte-Foy
Jean-Louis Galinier, Collège de Maisonneuve
Patrick Germain, Collège de Sherbrooke
Louise Goulet, Collège de Bois-de-Boulogne
Christian Héon, professeur de physique, Cégep de Victoriaville
Félix Antoine Marcotte, Cégep de Saint-Jérôme
Carl Ouellet, Collège Édouard-Montpetit
Jocelyne Pagé, Collège François-Xavier-Garneau
Anne-Marie Pigeon, Collège François-Xavier-Garneau
Guy Roberge, professeur de biologie, Cégep de Lévis-Lauzon
Linda Trudel, Collège Ahuntsic

Table des matières

Chapitre 6 Les liaisons chimiques

Chapitre 7 La théorie de la liaison et la géométrie moléculaire

La **chimie**: matière et **mesure**

L'image en médaillon, obtenue au moyen de la microscopie par effet tunnel, confirme la nature atomique de la matière. Elle représente, avec un grossissement de 1 000 000 ×, la surface d'un cristal de palladium dont on voit l'arrangement des atomes. Le palladium est un élément qui est souvent utilisé comme catalyseur dans l'industrie. L'idée que la matière est formée d'atomes date de plus de 2000 ans, mais les images de ces derniers ne sont disponibles que depuis quelques décennies. SOURCE : © 2004 RGB Research Ltd. www.element-collection.com.

La majorité de la population des pays industrialisés jouit actuellement d'un niveau de vie qui dépasse tout ce que l'humanité a connu aux époques antérieures : elle dispose d'une plus grande quantité d'aliments nutritifs et de plus de ressources, et elle est en meilleure santé. Une grande partie de cette richesse est attribuable à la chimie, qui permet de concevoir toutes sortes d'objets : des médicaments pour combattre les maladies ; des pesticides pour protéger les récoltes ; des engrais pour produire de la nourriture en grande quantité ; des carburants pour faire fonctionner les moyens de transport ; des fibres pour confectionner des vêtements diversifiés et confortables ; des matériaux de construction pour bâtir des habitations à prix abordable ; des plastiques pour emballer des aliments, pour faire des prothèses destinées au remplacement d'organes usés et pour fabriquer des dispositifs pare-balles ; des articles de sport pour agrémenter le temps libre ; et bien d'autres choses.

La chimie nous aide en outre à saisir la nature du milieu et de l'univers dans lequel nous vivons, et même ce que nous sommes. Elle fournit des informations essentielles sur des questions comme le réchauffement de la planète et la diminution de la couche d'ozone au-dessus des régions polaires. La chimie joue un rôle primordial dans la caractérisation et le traitement de maladies comme le cancer et le sida, et elle contribue à éclaircir le mystère de l'esprit humain. En fait, les théories chimiques contribuent à la compréhension du monde matériel, depuis les minuscules atomes jusqu'aux gigantesques galaxies. Au cours du long voyage que nous avons entrepris sur le chemin de la connaissance de notre milieu naturel, il est certain que la chimie nous apporte un éclairage essentiel.

Ce premier chapitre vous fera revoir les bases de la chimie, les méthodes scientifiques, la prise de données, le traitement des chiffres significatifs et une méthode de résolution de problèmes. Il vous permettra entre autres de répondre aux questions suivantes :

- Comment a-t-on appliqué la méthode scientifique pour réaliser la synthèse de l'aspirine ?

- Quelle propriété physique permet d'expliquer qu'une nappe de pétrole flotte sur la mer ?

- Combien de chiffres devez-vous conserver à la lecture d'une réponse sur votre calculatrice ?

SOMMAIRE

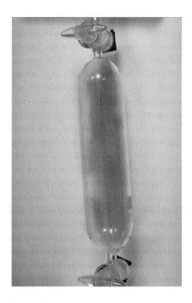

Chlore gazeux
Le chlore est l'une des 112 substances fondamentales, appelées *éléments* chimiques. Un *composé* chimique est formé de deux éléments ou plus, selon des proportions fixes. Nous traiterons des éléments et des composés dans la section 1.2.

1.1 La chimie : principes et applications

Les principes de chimie, comme ceux que nous allons étudier dans le présent manuel, sont à l'origine de nombreuses applications pratiques. Inversement, c'est souvent en se penchant sur les problèmes issus de la pratique qu'on découvre de nouveaux principes. En chimie, la théorie et les applications sont entrelacées à la manière des fibres d'un tissu fin, comme l'illustre l'étude du chlore, l'un des éléments les plus connus.

À la température ambiante, le chlore est un gaz jaune-vert pâle, mais la majorité des gens ne le verront jamais. Dans la nature, on le trouve seulement combiné à d'autres éléments, notamment au sodium dans le chlorure de sodium, ou sel de table. Ce sel forme 3 % de l'eau de mer et 0,8 % du sérum sanguin. Il est donc essentiel à la vie, de même que le chlore qu'il contient. En tant qu'élément, le chlore a été découvert en 1774, mais son utilisation commerciale n'a pris de l'importance qu'à la fin du XIXᵉ siècle, après qu'on eut mis au point une méthode peu coûteuse pour extraire le chlore du sel de table. Aujourd'hui, les industries chimiques fabriquent quelque 10 000 substances à base de chlore, qu'on utilise dans une grande variété de produits, notamment des décolorants, des substances ignifuges, des pesticides, des médicaments, des solvants et des plastiques.

L'utilisation la mieux connue du chlore est probablement la désinfection de l'eau. En traitant l'eau avec du chlore, on élimine presque complètement les maladies qu'elle transporte, notamment la fièvre typhoïde, dont l'incidence au Canada est l'une des plus faibles au monde. Le traitement au chlore permet d'éliminer plusieurs agents pathogènes, telle la bactérie *Escherichia coli (E. coli),* qui a causé la mort d'une dizaine de personnes à Walkerton, en Ontario, en mai 2000. Cependant, cette application transforme certaines substances dissoutes dans l'eau, ce qui a comme inconvénient de produire des quantités infimes de composés du chlore que l'on soupçonne d'être cancérogènes. On ne peut détecter d'aussi petites quantités de substances qu'au moyen de méthodes d'analyse très sophistiquées, de sorte que les problèmes pouvant résulter de l'emploi du chlore n'ont été mis en évidence que récemment.

Des techniciens de laboratoire prélèvent régulièrement des échantillons d'eau pour vérifier si celle-ci contient divers polluants, dont des substances à base de chlore comme le trichloréthylène, utilisé comme solvant dans le nettoyage à sec, et le chlordane, employé comme pesticide.

La combustion de plastiques contenant du chlore et l'emploi de chlore comme décolorant par l'industrie des pâtes et papiers entraînent la formation d'infimes quantités de substances toxiques appelées *dioxines*. Ces substances font du tort à la faune et à la flore, notamment aux poissons et même aux humains. Les CFC (ou chlorofluorocarbures), qui sont également des composés du chlore, constituent eux aussi une source de problèmes écologiques. Ils sont fréquemment utilisés dans les réfrigérateurs et les climatiseurs, et on les employait autrefois dans la fabrication de mousses de plastique. Ils libèrent des atomes de chlore dans la stratosphère, et la majorité des experts en sciences atmosphériques pensent que ces atomes détruisent une partie de l'ozone stratosphérique en réagissant avec celui-ci. L'ozone, qui est composé uniquement d'oxygène, protège les êtres vivant sur Terre en absorbant les rayons ultraviolets, une composante très nuisible de la lumière solaire. Il est

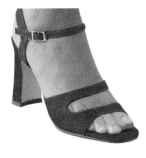

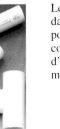

Le chlore est principalement utilisé dans la fabrication du chlorure de polyvinyle (PVC), qui entre dans la composition de nombreux produits d'usage courant comme les vêtements, les tuyaux et les jouets.

intéressant de noter que, en effectuant des réactions chimiques en laboratoire, les scientifiques ont *prédit* le problème de la diminution de la couche d'ozone plusieurs années avant qu'on n'observe ce phénomène dans la stratosphère et qu'on ne le confirme.

Des scientifiques et d'autres spécialistes se sont interrogés sur plusieurs applications du chlore, ce qui a mené à l'abandon de certaines substances contenant cet élément. Ainsi le DDT (ou dichlorodiphényltrichloroéthane), qui était couramment utilisé comme insecticide, a été progressivement éliminé, et on a cessé d'employer les BPC (ou biphényles polychlorés) dans la fabrication des encres d'imprimerie et dans les transformateurs. On remplace en outre les CFC par des réfrigérants qui comportent moins de danger pour l'ozone stratosphérique. À la place du chlore, l'industrie des pâtes et papiers utilise du dioxyde de chlore et du chlorite de sodium, qui ne forment pas de composés du chlore aux conséquences inacceptables. L'ozone, qui a moins d'effets indésirables que le chlore, pourrait être substitué à celui-ci pour le traitement de l'eau.

Il n'est pas possible, ni même souhaitable, d'interdire totalement l'emploi de substances contenant du chlore. Par exemple, l'ozone tue les microorganismes tout comme le fait le chlore, mais l'eau traitée à l'ozone peut être contaminée de nouveau dans le système de distribution, tandis que le chlore continue d'agir comme décontaminant une fois que l'eau a quitté l'usine d'épuration. Dans certains cas, on ne dispose pas de produit de remplacement pour le chlore ou l'un de ses composés, comme le cisplatine, utilisé dans le traitement du cancer.

Les connaissances en chimie ont permis de créer des substances à base de chlore qui se sont révélées plutôt bénéfiques. Elles ont aussi joué un rôle essentiel dans la détermination des effets nocifs de ces mêmes substances. Nous devrons poursuivre nos recherches en chimie afin de découvrir des produits de remplacement pour le chlore et ses composés. Les applications de la chimie évoluent sans cesse, tout comme la science elle-même.

 ## 1.2 Quelques termes clés

Nous présenterons généralement les nouveaux termes au fur et à mesure que nous les utiliserons. Nous définissons, dans la présente section, ceux dont nous avons besoin pour commencer notre étude, tout en sachant que plusieurs de ces termes vous sont peut-être déjà familiers.

Chimie

Étude de la composition, de la structure, des propriétés et des changements de la matière.

Matière

Toute chose qui occupe un espace et qui possède une masse.

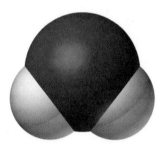

Modèle d'une molécule d'eau

Modèle du type boules et bâtonnets

Atome

La plus petite unité caractéristique d'un échantillon de matière ; un atome d'un élément diffère d'un atome de tout autre élément.

Molécule

Unité formée d'au moins deux atomes unis l'un à l'autre, selon un arrangement donné, par des forces appelées *liaisons covalentes*.

Composition

Propriété d'un échantillon de matière, qui définit la nature des atomes et les proportions relatives de ceux-ci dans l'échantillon.

Propriété physique

Caractéristique d'un échantillon de matière en l'absence de tout changement de sa composition.

La **chimie** est l'étude de la composition, de la structure et des propriétés de la **matière**, de même que des changements que subit celle-ci. Mais qu'est-ce que la matière ? C'est ce qui constitue les choses qui nous entourent. Lorsqu'on étudie la matière à l'échelle *macroscopique*, on considère des quantités visibles à l'œil nu, tandis qu'à l'échelle *microscopique,* on considère des particules tellement petites qu'on peut les voir seulement à l'aide d'instruments spéciaux, tel le microscope à effet tunnel utilisé pour produire l'image présentée au début du chapitre. Il est évident que les objets macroscopiques occupent un certain espace, et que deux objets distincts ne peuvent occuper simultanément une même portion d'espace. De même, à l'échelle microscopique, on observe que deux particules, aussi petites soient-elles, ne peuvent occuper simultanément une même portion d'espace.

Le bois, le sable, le corps humain, l'eau et l'air sont tous des exemples de matière. Par contre, la chaleur et la lumière ne sont pas de la matière, mais des formes d'énergie. La quantité de fer que renferme un élément de cuisinière ne change pas lorsque la chaleur de l'élément est transférée à l'eau contenue dans une bouilloire, pas plus que la quantité de matière d'une vitre ne change lorsque des rayons solaires la traversent.

Les composantes microscopiques de la matière, appelées *atomes* et *molécules,* constituent l'un des principaux centres d'intérêt des chimistes. Les **atomes** sont les plus petites unités caractéristiques d'un échantillon de matière, et les **molécules** sont des unités plus grosses, formées d'au moins deux atomes unis l'un à l'autre. La nature d'un échantillon de matière et la façon dont il se comporte dépendent en définitive des atomes qui sont en présence et de la manière dont ils sont assemblés. Un mur de blocs de béton et un mur de briques n'ont pas le même aspect parce qu'ils ne sont pas faits de matériaux identiques. Un foyer de briques n'a pas le même aspect qu'un mur de briques car, bien que ces deux objets soient faits du même matériau, leurs briques sont assemblées de façon différente.

La **composition** d'un échantillon de matière nous indique la nature des atomes en présence et les proportions relatives de ceux-ci. Par exemple, à l'échelle microscopique, une molécule d'eau est constituée d'un atome d'oxygène et de deux atomes d'hydrogène. On peut représenter adéquatement une telle molécule au moyen d'un dessin ou d'un modèle.

Les propriétés de la matière

Supposons que nous ayons besoin d'un bécher pour une expérience et que celui qui ferait justement l'affaire soit rempli d'un liquide transparent et incolore. Nous pourrions verser le contenu du bécher dans l'évier si nous savions que c'est de l'eau ; sinon, il vaudrait mieux ne pas le faire. Mais comment déterminer si ce liquide est bien de l'eau ? Nous pourrions sentir le contenu du bécher. Par exemple, s'il n'a pas d'odeur, il est possible que ce soit de l'eau ; mais bien d'autres liquides sont également inodores. Si le contenu a une odeur particulière, ce n'est certainement pas de l'eau. Nous pouvons distinguer l'eau de l'éthanol (alcool contenu dans le vin et la bière) et de l'acide acétique (contenu dans le vinaigre) uniquement par leur odeur.

Une **propriété physique** est une caractéristique que présente un échantillon de matière en l'absence de tout changement de sa composition. Lorsque nous déterminons la nature d'un échantillon d'éthanol par son odeur, nous ne changeons pas la composition de celui-ci. Il ne se produit pas non plus de changement dans la composition d'un échantillon de cuivre lorsque nous observons sa couleur et sa capacité de conduire l'électricité, ni dans celle d'un échantillon de diamant dont nous observons l'éclat et la dureté. Nous pouvons aussi distinguer l'éthanol de l'eau du fait que seul l'éthanol brûle.

Mais, lorsque ce dernier se consume, il se transforme en gaz carbonique et en eau. Une **propriété chimique** est une caractéristique que présente un échantillon de matière dont la composition subit un changement. Par exemple, la composition du gaz carbonique est très différente de celle de l'eau ou de l'éthanol. Une molécule de gaz carbonique est formée de deux atomes d'oxygène et d'un atome de carbone ; une molécule d'eau comprend deux atomes d'hydrogène et un atome d'oxygène ; une molécule d'éthanol est constituée de six atomes d'hydrogène, de deux atomes de carbone et d'un atome d'oxygène. Donc, l'inflammabilité, c'est-à-dire la capacité de brûler, est une propriété chimique. Nous aurons l'occasion d'examiner de nombreuses autres propriétés au fil du manuel. Le **tableau 1.1** présente quelques exemples de propriétés physiques et chimiques. La **figure 1.1** illustre quelques propriétés physiques et chimiques du cuivre et de l'éthanol.

Lorsqu'un morceau de glace fond, de l'eau solide se transforme en eau liquide. L'eau subit alors un changement important à l'échelle macroscopique (ce qu'on observe à l'œil nu), mais non à l'échelle microscopique. Une molécule d'eau est formée de deux atomes d'hydrogène et d'un atome d'oxygène tant à l'état solide qu'à l'état liquide. Dans le cas d'un **changement physique**, un échantillon de matière subit généralement une modification observable à l'échelle macroscopique, mais aucune modification à l'échelle microscopique : sa composition ne varie pas. Par contre, dans le cas d'un **changement chimique**, aussi appelé **réaction chimique**, la composition des molécules d'un échantillon de matière change. Les changements chimiques ont souvent, eux aussi, des effets observables à l'échelle macroscopique, par exemple la flamme produite par la combustion de l'éthanol. La cuisson et la détérioration des aliments sont des exemples de changements chimiques tirés de la vie courante. La **figure 1.2** illustre un phénomène où interviennent à la fois des changements physiques et chimiques.

Propriété chimique

Caractéristique d'un échantillon de matière dont la composition subit un changement.

Changement physique

Modification observable à l'échelle macroscopique (changement de phase ou variation d'une autre propriété physique) d'un échantillon de matière qui ne subit aucune modification à l'échelle microscopique : sa composition ne varie pas.

Changement chimique (ou réaction chimique)

Processus entraînant une modification de la composition d'un échantillon de matière ou de la structure des molécules de ce dernier : une ou plusieurs substances initiales (réactifs) se transforment en une ou plusieurs substances différentes (produits).

TABLEAU 1.1 Quelques exemples de propriétés physiques et chimiques

Propriétés physiques	
Propriété	**Exemple**
Qualitative	
Couleur	Le soufre est jaune.
Odeur	Le sulfure d'hydrogène sent les œufs pourris.
Solubilité	Le sel de table se dissout dans l'eau.
Dureté	Le diamant est très dur.
Conductivité électrique	Le cuivre conduit l'électricité.
Quantitative	
Masse	Une pièce de 5 cents pèse 5 g.
Température	L'eau bout à 100 °C.
Point de fusion	Le plomb fond à 327,5 °C.
Masse volumique	À 20 °C, l'eau a une masse volumique de 0,998 g/mL.

Propriétés chimiques	
Substance	**Propriété chimique caractéristique**
Fer	Il se transforme en rouille (un oxyde de fer).
Carbone	Il produit du dioxyde de carbone lors de sa combustion.
Argent	Il ternit (il forme avec le soufre un sulfure d'argent).
Sodium	Il réagit violemment avec l'eau pour former de l'hydrogène gazeux et une solution d'hydroxyde de sodium.
Nitroglycérine	Elle explose en dégageant un mélange de gaz.

▶ **Figure 1.1**
Propriétés de la matière
Il est facile de distinguer, à l'aide de leurs propriétés, le cuivre (à gauche) de l'éthanol (à droite). Le cuivre est un solide, tandis que l'éthanol est un liquide ; le cuivre est opaque et de couleur brun-rouge, tandis que l'éthanol est transparent et incolore. De plus, l'éthanol brûle, tandis que le cuivre ne brûle pas.

▶ **Figure 1.2**
Changements physiques et chimiques
Du propane sous pression est emmagasiné à l'état liquide dans un réservoir. Lorsqu'on ouvre la valve du réservoir, le liquide se vaporise : c'est un changement physique. Le propane se mélange à l'air et brûle : c'est un changement chimique. Les produits de la combustion sont du gaz carbonique et de l'eau.

La classification de la matière

Substance

Type de matière ayant une composition et des propriétés définies, ou constantes, c'est-à-dire qui ne varient pas d'un échantillon à un autre ; toute substance est soit un élément, soit un composé.

Élément

Substance qui ne peut être séparée en substances plus simples au moyen de réactions chimiques ; tous les atomes d'un élément donné ont le même numéro atomique.

Composé

Substance formée d'atomes appartenant à au moins deux types d'éléments, les atomes différents étant combinés selon des proportions fixes.

Symbole chimique

Représentation d'un élément, formée d'une ou de deux lettres tirées le plus souvent du nom français de celui-ci, mais parfois de son nom latin ou arabe, ou du nom de l'un de ses composés.

On appelle **substance** un type de matière qui a une composition définie, ou constante, c'est-à-dire qui ne varie pas d'un échantillon à l'autre. Toutes les substances sont soit des éléments, soit des composés. Un **élément** est une substance qu'on ne peut séparer en des substances plus simples au moyen de réactions chimiques. À l'échelle microscopique, un élément est constitué d'atomes d'un seul « type ». (Nous préciserons ce que nous entendons par « type » d'atomes au chapitre 2.) Jusqu'ici, on a découvert quelque 112 éléments. Vous connaissez fort probablement les éléments communs, tels l'oxygène, l'azote, le carbone, le fer, l'aluminium, le cuivre, l'argent et l'or, mais il existe aussi de nombreux éléments très rares, comme le sélénium, le radium, le rhénium ou le krypton.

Un **composé** est une substance formée d'atomes de deux types d'éléments ou plus, les atomes étant combinés selon des proportions fixes. Dans le composé appelé *eau*, les unités fondamentales sont des molécules constituées de deux atomes d'hydrogène unis à un atome d'oxygène. Le gaz carbonique, le chlorure de sodium (ou sel de table), le saccharose (ou sucre de canne) et l'oxyde de fer (ou rouille) sont aussi des composés. Tout composé peut être divisé en substances plus simples, soit en ses éléments, au moyen de réactions chimiques. Le nombre possible de composés est pratiquement illimité. Actuellement, les scientifiques en ont recensé plus de 30 millions. Si cela vous semble considérable compte tenu du nombre restreint d'éléments, pensez à tous les mots qu'on peut former à partir des 26 lettres de l'alphabet.

Les éléments et les composés étant au centre de notre étude de la chimie, il est utile de les représenter par des symboles. Le **symbole chimique** d'un élément est une appellation formée de une ou deux lettres tirées du nom de cet élément. Dans la majorité des cas, le symbole est dérivé du nom français de l'élément, mais il provient parfois de son nom latin ou arabe, ou du nom d'un de ses composés (**tableau 1.2**). La première lettre d'un symbole s'écrit en majuscule et la seconde, en minuscule. (Cette règle est importante. Par exemple, Co est le symbole de l'élément appelé *cobalt*, tandis que CO représente le composé toxique appelé *monoxyde de carbone*.) La liste des noms et des symboles de tous les éléments est donnée en deuxième face de couverture. Un composé est désigné par une combinaison de symboles chimiques, appelée *formule chimique,* dont l'écriture est un peu plus complexe que celle des symboles. Par exemple, la formule de l'éthanol est CH_3CH_2OH. Nous traiterons de l'écriture des formules chimiques au chapitre 6.

Dans le schéma de la classification de la matière que présente la **figure 1.3**, la matière est divisée en deux grandes catégories : les substances et les mélanges. La composition d'un **mélange** n'est pas fixe : elle peut varier grandement. Par exemple, dans un mélange de sel de table et d'eau, les proportions de sel et d'eau peuvent varier d'un échantillon à l'autre.

Mélange

Forme de matière dont la composition et les propriétés sont variables d'un échantillon à un autre.

TABLEAU **1.2** Quelques éléments dont le symbole provient du mot latin ou arabe		
Nom usuel	**Nom latin ou arabe**	**Symbole**
Antimoine	*Stibium*	Sb
Étain	*Stannum*	Sn
Mercure	*Hydrargyrum*	Hg
Or	*Aurum*	Au
Potassium	*Kalium*	K
Sodium	*Natrium*	Na

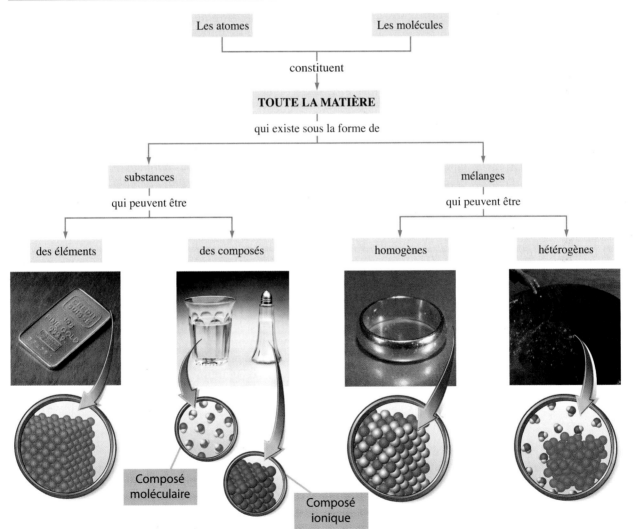

▲ Figure 1.3 **Schéma de la classification de la matière**
De gauche à droite : À l'échelle moléculaire, l'or, qui est un élément, est formé d'un seul type d'atomes. Ceux-ci sont représentés dans les illustrations par des sphères jaunes. L'eau et le chlorure de sodium (sel de table) sont des composés contenant chacun deux types d'atomes représentés dans des proportions définies : 2:1 pour l'eau et 1:1 pour le chlorure de sodium. L'eau est un composé moléculaire (section 2.6) et le chlorure de sodium, un composé ionique (section 2.7). L'or vert à 12 carats, qui est un *mélange homogène* d'or et d'argent, est constitué d'atomes d'or et d'argent distribués uniformément. Le chercheur d'or tient dans sa batée un *mélange hétérogène* d'or et d'eau, c'est-à-dire une mixture dont la composition est très variable.

Mélange homogène (ou solution)

Mélange de deux ou plusieurs substances dont la composition et les propriétés sont uniformes, c'est-à-dire identiques en tout point du mélange.

Mélange hétérogène

Mélange dont la composition et/ou les propriétés varient d'un point à un autre.

Un mélange dont la composition et les propriétés sont identiques en tout point est appelé **mélange homogène** ou **solution**. Dans une solution saline (formée de sel et d'eau) donnée, la « salinité » est la même partout. Par contre, la composition et les propriétés d'un **mélange hétérogène** varient à l'intérieur de celui-ci. Un verre d'eau avec des glaçons constitue un mélange hétérogène. Bien que la glace et l'eau liquide aient la même composition (elles sont toutes deux composées de molécules d'eau), les propriétés de la glace et du liquide sur lequel elle flotte sont différentes. Dans un mélange de sable et d'eau, la composition et les propriétés varient d'un point à l'autre : elles ne sont pas les mêmes dans l'eau et dans le sable qui se dépose au fond de l'eau. On peut séparer aussi bien les mélanges homogènes que les mélanges hétérogènes en leurs composantes au moyen de changements *physiques* : il n'est pas nécessaire d'effectuer une réaction chimique. Ainsi, on peut isoler le sel d'une solution saline en laissant l'eau s'évaporer. On peut extraire le sable d'un mélange de sable et d'eau en versant le mélange dans un filtre semblable à ceux qu'on utilise dans les cafetières. L'eau passe au travers du filtre, qui retient le sable.

Les méthodes scientifiques

Les chimistes et les autres scientifiques utilisent des termes précis pour décrire la manière dont ils réalisent leurs études. Nous examinerons brièvement certains de ces termes, mais il est important de retenir que les résultats scientifiques sont *testables, reproductibles, explicatifs, prédictifs* et *provisoires*.

Hypothèse

Explication provisoire d'un phénomène, ou prédiction.

Expérience

Procédure minutieusement réglée visant à tester une hypothèse ou une théorie.

Données

Information recueillie lors d'observations ou de mesures minutieuses effectuées dans le cadre d'une expérience.

Loi scientifique

Énoncé succinct, exprimé ou non en langage mathématique, qui résume et décrit une relation fondamentale observée dans la nature à partir d'une grande quantité de données.

Théorie scientifique

Ensemble d'énoncés qui fournit une explication d'un phénomène naturel observé et des prédictions vérifiables expérimentalement, et qui sert de cadre pour l'organisation du savoir scientifique.

Les scientifiques commencent souvent une étude par des observations et la formulation d'une hypothèse. Une **hypothèse** est une explication *provisoire* d'un phénomène, ou une prédiction. Il peut s'agir simplement d'une supposition fondée sur des connaissances, mais cette supposition doit être testable. Les scientifiques *testent* une hypothèse au moyen d'une procédure réglée minutieusement, appelée **expérience**. Les informations recueillies à partir d'observations et de mesures minutieuses effectuées au cours d'expériences sont appelées **données** scientifiques. Le point de fusion du fer (1535 °C) et la vitesse de la lumière (2,997 924 58 × 10^8 mètres par seconde) sont des exemples de données scientifiques. Il est possible de raffiner plus ou moins ces données en effectuant des expériences supplémentaires, mais d'autres scientifiques peuvent vérifier les faits fondamentaux au moyen d'expériences similaires ; il s'agit donc de données *reproductibles*.

Les scientifiques examinent de grandes quantités de données, dévoilent les relations qui existent entre elles et les résument par des énoncés succincts appelés **lois scientifiques**. Bon nombre de ces lois s'expriment sous une forme mathématique. Les scientifiques utilisent également des *modèles* scientifiques, c'est-à-dire des objets palpables ou des images, pour représenter des processus invisibles et expliquer des phénomènes complexes. Par exemple, on peut représenter les particules invisibles (atomes et molécules) des solides, des liquides et des gaz par des boules de billard ou des billes, ou encore par des points ou des cercles tracés sur du papier (**figure 1.4**). Le but ultime des scientifiques est de formuler des théories. Une **théorie scientifique** fournit une *explication* à propos d'un phénomène naturel observé ainsi que des *prédictions* vérifiables au moyen d'expériences. Les théories servent souvent de cadre pour l'organisation du savoir scientifique.

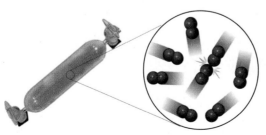

◀ **Figure 1.4**
Modèle scientifique d'un gaz

Le chlore gazeux emmagasiné dans le tube est formé de molécules de chlore. Chaque molécule est composée de deux atomes de chlore. Les molécules de chlore, comme toutes les molécules de gaz, sont constamment animées d'un mouvement chaotique, aléatoire, et elles entrent fréquemment en collision les unes avec les autres, de même qu'avec les parois du tube. Dans le chapitre 3, nous employons le modèle illustré ci-contre pour expliquer plusieurs propriétés des gaz.

Contrairement à la croyance populaire, le savoir scientifique n'a pas un caractère absolu. Il est impossible de prouver qu'une hypothèse ou qu'une théorie quelconques sont entièrement vraies. Un seul fait récalcitrant suffit pour détruire l'hypothèse la plus prometteuse. Donc, l'ensemble des connaissances scientifiques s'accroît et change sans cesse ; il n'est jamais définitif. Les vieux concepts sont abandonnés lorsque de nouveaux outils ou de nouvelles techniques mettent en évidence de nouvelles données et mènent à de nouvelles théories.

Il n'existe pas de méthode scientifique unique qui propose une marche à suivre universelle. Les scientifiques font des erreurs comme tout le monde et, parfois, se laissent emporter par leur imagination. Cependant, le plus souvent, ils travaillent de façon très méthodique : ils vérifient leurs idées au moyen d'expériences soigneusement conçues. L'exemple suivant porte sur la synthèse de l'aspirine et sur son efficacité comme médicament. Quoique représentatif, il est loin d'être unique.

Les observations Felix Hofmann, dont le père souffrait de polyarthrite rhumatoïde, était chimiste à la société Bayer. Le salicylate de sodium, qui était alors le médicament le plus efficace pour soulager la douleur causée par ce type d'arthrite, a un goût affreux et cause de graves problèmes gastriques.

L'hypothèse Vers 1893, Felix Hofmann a pensé que l'acide acétylsalicylique serait moins irritant que le salicylate de sodium, à condition qu'on arrive à l'isoler.

Les expériences Hofmann a fait une recherche documentaire pour recueillir des informations sur l'acide acétylsalicylique. Il a alors trouvé des références sur sa synthèse, mais le procédé utilisé donnait un composé impur. À la suite d'expériences en laboratoire, il a mis au point une meilleure méthode de synthèse.

Les résultats Après avoir obtenu un produit pur, Hofmann a administré de l'acide acétylsalicylique à son père et il a noté que ce médicament était moins désagréable à prendre et moins irritant pour l'estomac que le salicylate de sodium. L'acide acétylsalicylique était en outre tout aussi efficace que ce dernier pour soulager la douleur. Ce résultat a été largement confirmé et l'emploi du produit, connu sous la marque de commerce Aspirin, s'est largement répandu.

Les théories Ce n'est que dans les années 1970 qu'on a élaboré des théories pour tenter d'expliquer l'efficacité de l'aspirine, et il reste encore beaucoup à faire en ce sens. L'aspirine empêche la synthèse des composés appelés *prostaglandines,* qui jouent un rôle dans la transmission au cerveau des messages de douleur ainsi que dans la diminution de l'inflammation des tissus endommagés.

La prédiction Les théories élaborées ont entraîné la création de nombreux analgésiques et anti-inflammatoires, tels l'ibuprofène (Motrin et Advil), le naproxène (Naprosyn) et le kétoprofène (Orudis).

L'aspirine est produite en plus grande quantité que tout autre médicament. Sa synthèse est tellement simple qu'on la réalise en guise d'exercice dans les laboratoires de nombreuses écoles. Au fil des années, des études cliniques ont montré que l'aspirine soulage la douleur, réduit la fièvre et l'inflammation, et prévient la formation de caillots sanguins.

1.3 La mesure scientifique

La collecte et la vérification de données, qui sont des opérations essentielles de toute méthode scientifique, s'effectuent beaucoup plus aisément si tous les chercheurs emploient un même système d'unités de mesure. En 1960, on s'est entendu pour adopter le système international d'unités (SI), qui est une version moderne du système métrique établi par la France en 1791.

Dans le système métrique originel, l'étalon de longueur était défini comme le 1/10 000 000 de la distance entre l'équateur et le pôle Nord, cette distance étant mesurée le long du méridien qui passe par Paris. D'autres étalons de longueur, de volume et de masse étaient cependant associés au mètre. Dans les travaux scientifiques modernes, toutes les quantités mesurées sont exprimées à l'aide des sept unités de base énumérées dans le **tableau 1.3**. Nous utiliserons les cinq premières dans le présent manuel, et nous examinerons ci-dessous les quatre premières. La notation exponentielle (à l'aide de puissances 10) des nombres est un élément essentiel du système international d'unités. Si cette notation ne vous est pas familière, reportez-vous à l'annexe A.

TABLEAU **1.3** Les sept unités SI de base		
Grandeur physique	**Nom de l'unité**	**Symbole de l'unité**
Longueur	mètre	m
Masse	kilogramme	kg
Temps	seconde	s
Température	kelvin	K
Quantité de matière	mole	mol
Courant électrique	ampère	A
Intensité lumineuse	candela	cd

La longueur

Mètre (m)

Unité SI de base de la longueur.

TABLEAU **1.4** Quelques préfixes SI		
Valeur	**Préfixe**	
10^{12}	téra-	(T)
10^{9}	giga-	(G)
10^{6}	méga-	(M)
10^{3}	kilo-	(k)
10^{2}	hecto-	(h)
10^{1}	déca-	(da)
10^{-1}	déci-	(d)
10^{-2}	centi-	(c)
10^{-3}	milli-	(m)
10^{-6}	micro-	(μ)*
10^{-9}	nano-	(n)
10^{-12}	pico-	(p)

* Le nom français de cette lettre grecque est « mu ».

Dans le SI, l'unité de longueur de base est le **mètre (m)**. Les unités plus petites ou plus grandes sont exprimées au moyen de préfixes (**tableau 1.4**). Par exemple, pour mesurer des longueurs beaucoup plus grandes que le mètre, comme la distance parcourue sur une autoroute, on emploie souvent le kilomètre (km).

$$1 \text{ km} = 10^3 \text{ m} = 1000 \text{ m}$$

Au laboratoire, pour des raisons pratiques, on préfère souvent utiliser des unités de longueur plus petites que le mètre, par exemple le centimètre (cm) et le millimètre (mm), qui sont respectivement à peu près égaux au rayon et à l'épaisseur d'une pièce de cinq cents.

$$1 \text{ cm} = 10^2 \text{ m} = 0,01 \text{ m}$$
$$1 \text{ mm} = 10^{-3} \text{ m} = 0,001 \text{ m}$$

Pour mesurer des longueurs à l'échelle microscopique, on utilise le micromètre (μm), le nanomètre (nm) ou le picomètre (pm).

$$1 \text{ μm} = 10^{-6} \text{ m} \qquad 1 \text{ nm} = 10^{-9} \text{ m} \qquad 1 \text{ pm} = 10^{-12} \text{ m}$$

Par exemple, la longueur d'une molécule de chlorophylle est d'environ 0,1 μm ou 100 nm, et le diamètre d'un atome de sodium est approximativement de 372 pm.

L'aire et le volume

Les unités d'aire et de volume sont reliées à l'unité de longueur de base. L'unité SI d'aire est le mètre carré (m^2), mais au laboratoire il est souvent plus pratique d'utiliser le centimètre carré (cm^2) ou le millimètre carré (mm^2).

$$1 \text{ cm}^2 = (10^{-2} \text{ m})^2 = 10^{-4} \text{ m}^2 \qquad 1 \text{ mm}^2 = (10^{-3} \text{ m})^2 = 10^{-6} \text{ m}^2$$

Il est facile de se représenter un centimètre carré : c'est à peu près la superficie de la touche d'un téléphone à clavier. Un millimètre carré est approximativement égal à l'aire du point suivant (•).

L'unité SI de volume est le mètre cube (m^3). La **figure 1.5** représente les deux unités de volume les plus fréquemment utilisées au laboratoire : le centimètre cube (cm^3),

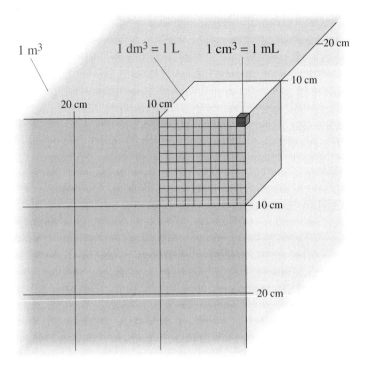

◀ **Figure 1.5**
Comparaison de quelques unités de volume

Le volume du plus gros cube, dont on ne voit qu'une partie, est égal à un mètre cube (1 m³), soit l'étalon SI de volume. Un cube de 10 cm (ou 1 dm) de côté (en vert) a un volume de 1000 cm³ (ou 1 dm³), ce qui est égal à un litre (1 L). Le côté du plus petit cube (en bleu) mesure 1 cm, et son volume est de 1 cm³ ou 1 mL.

qui est à peu près égal au volume d'un cube de sucre, et le décimètre cube (dm³), qui est égal à un litre.

$$1 \text{ cm}^3 = (10^{-2})^3 \text{ m}^3 = 10^{-6} \text{ m}^3$$

$$1 \text{ dm}^3 = (10^{-1})^3 \text{ m}^3 = 10^{-3} \text{ m}^3$$

Bien qu'elle ne soit pas une unité SI, l'ancienne unité métrique appelée *litre* est encore utilisée couramment. Un **litre (L)** désigne un volume égal à un décimètre cube ou à 1000 centimètres cubes.

$$1 \text{ L} = 1000 \text{ mL} = 1 \text{ dm}^3 = 1000 \text{ cm}^3$$

Le millilitre (mL) est identique au centimètre cube :

$$1 \text{ mL} = 1 \text{ cm}^3$$

La masse

La **masse** est la quantité de matière d'un objet. Elle se mesure de plusieurs façons, mais la plus fréquente est la pesée (**figure 1.6**). Le *poids* est la force gravitationnelle terrestre qui s'exerce sur un objet. Cette force est directement proportionnelle à la masse de celui-ci. Deux objets de même masse ont le même poids en un point donné de la Terre. Cependant, si on pèse ces objets en deux endroits distincts, on peut obtenir des poids légèrement différents, même si leur masse est toujours la même, parce que la force gravitationnelle terrestre subit de petites variations. On utilise donc la masse, et non le poids, comme mesure fondamentale de la quantité de matière.

L'unité SI de base de la masse est le **kilogramme (kg)**, qui correspond à un poids d'environ 9,8 newtons à la surface de la Terre. Cette unité de base est unique en ceci qu'elle comporte un préfixe. Le gramme (g) est une unité de masse plus pratique que le kilogramme (kg) pour les travaux de laboratoire.

$$1 \text{ kg} = 10^3 \text{ g} = 1000 \text{ g}$$

Le milligramme (mg) est une unité appropriée pour mesurer de petites quantités de matière, comme une dose de médicament.

$$1 \text{ mg} = 10^{-3} \text{ g}$$

Litre (L)

Unité métrique de volume, couramment utilisée avec le SI; 1 litre est égal à 1 décimètre cube ou à 1000 centimètres cubes.

Masse (m)

Quantité de matière contenue dans un objet; il existe une relation entre la masse d'un objet et la force requise pour déplacer celui-ci ou pour en modifier la vitesse s'il est en mouvement.

kilogramme (kg)

Unité SI de base de la masse.

▲ **Figure 1.6**
Mesure de la masse au moyen d'une pesée

On appelle *poids* la force gravitationnelle qui s'exerce sur un objet. Cette force est proportionnelle à la masse de l'objet. Dans la balance illustrée ci-dessus, la force gravitationnelle qui s'exerce sur l'objet est compensée par une force magnétique dont la grandeur est indiquée par la masse affichée sous une forme numérique. La masse de la portion illustrée du cylindre de métal est de 999,0 g, et celle de la section très mince est de 1,0 g, ce qui donne une masse totale de 1000,0 g ou 1,0000 kg.

Seconde (s)

Unité SI de base du temps.

Les chimistes sont actuellement capables de détecter des masses de l'ordre du microgramme (μg), du nanogramme (ng) et du picogramme (pg).

Le temps

L'unité SI de base utilisée pour mesurer les intervalles de temps est la **seconde (s)**. On exprime les laps de temps très courts à l'aide des multiples usuels de l'unité SI de base : la *milli*seconde, la *micro*seconde, la *nano*seconde et la *pico*seconde. Par contre, on mesure généralement les grands intervalles de temps à l'aide d'unités traditionnelles, qui n'appartiennent pas au SI : la minute (min), l'heure (h), le jour (j) et l'année (a).

EXEMPLE **1.1**

Convertissez chaque unité de mesure en remplaçant le 10 exposant n par un préfixe.
a) $9,56 \times 10^{-3}$ m ; **b)** $1,07 \times 10^3$ g.

➜ Solution

Nous remplaçons chaque 10 exposant n par le préfixe approprié du tableau 1.4. Par exemple, $10^{-3} = 0,001$, ce qui correspond au préfixe *milli-*.

a) 10^{-3} correspond au préfixe *milli-* : 9,56 mm.

b) 10^3 correspond au préfixe *kilo-* : 1,07 kg.

EXERCICE 1.1

Convertissez chaque unité de mesure en remplaçant le 10 exposant n par un préfixe.
a) $7,42 \times 10^{-3}$ s ; **b)** $5,41 \times 10^{-6}$ m ; **c)** $1,19 \times 10^{-9}$ g ; **d)** $5,98 \times 10^3$ m.

EXEMPLE **1.2**

Exprimez chaque mesure à l'aide d'une unité SI de base et de la notation exponentielle.
a) 1,42 cm ; **b)** 645 μs.

➜ Solution

a) Nous cherchons la puissance de 10 qui relie l'unité donnée à l'unité SI de base : *centi*(unité) $= 10^{-2} \times$ unité de base.

$$1,42 \text{ centimètre} = 1,42 \times 10^{-2} \text{ m}$$

b) Pour convertir les microsecondes en unités de base, soit en secondes, il faut remplacer le préfixe *micro-* par 10^{-6} et, pour exprimer le résultat en notation exponentielle, nous devons remplacer le nombre 645 par $6,45 \times 10^2$.

$$645 \text{ microsecondes} = 645 \times 10^{-6} \text{ s} = 6,45 \times 10^2 \times 10^{-6} \text{ s} = 6,45 \times 10^{-4} \text{ s}$$

EXERCICE 1.2

Exprimez chaque mesure à l'aide d'une unité SI de base et de la notation exponentielle.
a) 475 nm ; **b)** 225 ns ; **c)** 1415 km ; **d)** $2,26 \times 10^6$ g.

La température

La température est un concept difficile à définir. On pourrait dire qu'elle indique à quel point un objet est chaud, mais cela manquerait de précision. Réfléchissez à ce qui se produit lorsqu'on met en contact deux objets n'ayant pas la même température : celui qui est le plus chaud transmet de la chaleur à celui qui est le plus froid. La température du premier diminue et celle du second augmente jusqu'à ce que les deux objets atteignent une même température. La température est donc une propriété qui indique dans quelle direction la chaleur circule. Par exemple, si vous touchez une éprouvette chaude, la chaleur passe de l'éprouvette à votre main. Si l'éprouvette est très chaude, vous risquez de vous brûler. On peut donc généraliser en disant que la chaleur passe d'une région de haute température vers une région de basse température. Il y a un transfert de chaleur jusqu'à ce que l'équilibre thermique soit atteint : les objets ont alors la même température.

L'unité SI de base de la température est le **kelvin (K)**. Nous définirons l'échelle de température Kelvin au chapitre 3. Au laboratoire, on utilise habituellement l'échelle Celsius, qui est plus familière. Dans cette dernière, le point de congélation de l'eau est 0 °C, et son point d'ébullition est 100 °C. L'intervalle entre ces deux points de référence est divisé en 100 parties égales qui correspondent chacune à un degré Celsius. Aux États-Unis, on emploie couramment l'échelle Fahrenheit, peu connue dans les autres pays. La **figure 1.7** indique que les deux échelles diffèrent quant aux éléments suivants :

- le point de congélation de l'eau est 0 °C dans un cas et 32 °F dans l'autre ;

- un intervalle de température de 100 degrés dans l'échelle Celsius correspond à un intervalle de 180 degrés dans l'échelle Fahrenheit.

Les faits énoncés ci-dessus sont à la base de deux équations qui relient les températures exprimées dans l'une et l'autre échelle. L'une des équations revient à multiplier une température exprimée en degrés Celsius par le facteur 1,8 (ou 180/100), ce qui donne des degrés Fahrenheit, auxquels on ajoute 32 pour tenir compte du fait que 0 °C = 32 °F. L'autre équation revient à soustraire 32 d'une température exprimée en degrés Fahrenheit, de manière à obtenir le nombre de degrés Fahrenheit qui sont au-dessus du point de congélation de l'eau, puis à diviser le nombre obtenu par 1,8.

Kelvin (K)

Unité SI de base de la température ; dans cette échelle, 1 K = 1 °C.

$$T(K) = T(°C) + 273,15$$

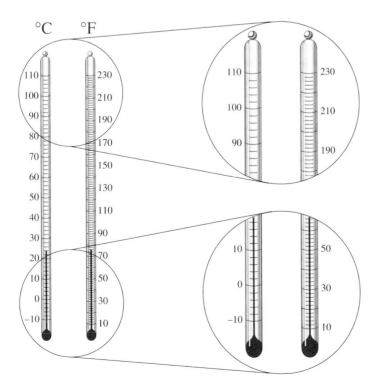

◀ Figure 1.7
Comparaison des échelles de température Celsius et Fahrenheit

Le thermomètre de gauche est gradué en degrés Celsius, tandis que celui de droite est gradué en degrés Fahrenheit. Le point de congélation de l'eau est 0 °C ou 32 °F, selon l'échelle, alors que son point d'ébullition est 100 °C ou 212 °F. Il est à noter qu'un intervalle de 100 °C correspond à un intervalle de 180 °F, d'où le facteur 18/10 ou 1,8 dans les équations qui relient les deux échelles de température.

Conversions des degrés Celsius en degrés Fahrenheit, et inversement

$$t_F = 1,8 \, t_C + 32 \qquad t_C = \frac{(t_F - 32)}{1,8}$$ **(1.1)**

Vous n'aurez pas souvent à convertir des degrés Celsius en degrés Fahrenheit, mais l'exemple 1.3 illustre une situation concrète où il faut faire ce type de conversion.

EXEMPLE **1.3**

On trouvait autrefois dans le porc dont la cuisson était incomplète un parasite causant la trichinose. Cette maladie est caractérisée par de la nausée, de la diarrhée, de la fièvre ainsi qu'une raideur et une enflure douloureuse des muscles et des tissus faciaux. La trichinose est rare dans les pays industrialisés. Elle est toutefois plus fréquente dans les pays en voie de développement. En 1997, quatre cas de trichinose ont été recensés en Colombie-Britannique. Il s'agissait de personnes qui avaient consommé de l'ours sous forme de saucisse et de viande séchée. Le parasite responsable de la trichinose est détruit lorsqu'on cuit la viande de manière que la température au centre atteigne 71 °C. Si vous ne disposez que d'un thermomètre à viande gradué en degrés Fahrenheit, quelle température minimale le centre d'un morceau de porc devra-t-il atteindre au cours de la cuisson pour assurer la destruction complète du parasite de la trichinose ?

➡ Stratégie

Le centre du morceau de porc doit atteindre une température d'au moins 71 °C. Pour obtenir la température minimale en degrés Fahrenheit, nous remplaçons t_C par 71 dans l'équation suivante.

➡ Solution

$$t_F = 1,8 \, t_C + 32$$
$$t_F = (1,8 \times 71) + 32 = 160 \, °F$$

➡ Évaluation

Une vérification simple nous est donnée par la valeur de la température en degrés Fahrenheit, qui doit être plus élevée que celle en degrés Celsius, comme l'illustre la figure 1.7. (Cela est vrai pour des températures supérieures à −40 °C).

EXERCICE **1.3**

Effectuez les conversions indiquées : **a)** 85,5 °C en degrés Fahrenheit ; **b)** −12,2 °C en degrés Fahrenheit ; **c)** 355 °F en degrés Celsius ; **d)** −20,8 °F en degrés Celsius.

1.4 La précision et l'exactitude d'une mesure

La mesure est un des moyens privilégiés en science pour appréhender la réalité et en donner une description fiable. Mais jusqu'à quel point peut-on se fier à nos mesures ? Il faut, bien sûr, que nos instruments soient le plus précis et exacts possible. Si on tente de déterminer l'épaisseur d'un trait de crayon avec une règle graduée en centimètres, on obtient une mesure imprécise. Autrement dit, le degré d'incertitude associé à cette mesure est grand. Par ailleurs, un thermomètre mal étalonné donnera constamment une valeur décalée par rapport à la valeur réelle, par exemple de 2 °C. La mesure est alors inexacte, ou erronée. Il existe aussi d'autres sources d'erreur, telles que le manque d'habileté de l'expérimentateur ou le fait qu'il ne prend pas soin d'utiliser correctement les instruments de mesure.

La **précision** d'une mesure est liée à l'incertitude qui est associée à cette mesure. L'incertitude décrit la limite de précision d'un instrument. Ainsi, (2,403 ± 0,001) g est une masse plus précise que (2,4 ± 0,1) g. La précision et l'incertitude sont des concepts liés.

Précision

Propriété liée à l'incertitude de la mesure.

L'**exactitude** d'un ensemble de mesures indique à quel point la moyenne des données est proche de la valeur *réelle,* ou de la valeur la plus probable. Incontestablement, il est préférable que les mesures que nous prenons soient le plus précises possible, mais même des mesures d'une grande précision peuvent être inexactes. Par exemple, que se passerait-il si les données du **tableau 1.5** étaient obtenues avec un mètre mesurant en fait 1005 mm de long et ayant 1000 graduations, chacune censément de un millimètre ? L'exactitude des mesures serait plutôt médiocre même si leur précision restait élevée. Ces mesures seraient entachées d'erreur. L'exactitude et l'erreur sont des concepts liés.

Exactitude

Propriété d'un ensemble de mesures indiquant à quel point la moyenne de celles-ci est proche de la valeur « réelle », ou de la valeur la plus probable.

TABLEAU **1.5**	Cinq mesures des dimensions d'un panneau d'affichage	
Mesure	**Longueur** (m)	**Largeur** (m)
1	1,827	0,761
2	1,824	0,762
3	1,826	0,763
4	1,828	0,762
5	1,829	0,762
Moyenne	1,827	0,762

Les erreurs d'échantillonnage

Quelle que soit son exactitude, une mesure est peu significative si elle n'a pas été effectuée sur un échantillon représentatif. Supposons qu'on veuille déterminer le taux d'oxygène dissous dans l'eau d'un lac, cet élément étant vital pour les poissons. Les mesures varieront en fonction de plusieurs facteurs. Par exemple, *où* l'échantillon a-t-il été prélevé : à la surface ou près du fond ? à l'embouchure d'un affluent à fort courant ou dans une baie aux eaux stagnantes ? *Quand* l'échantillon a-t-il été prélevé : un jour calme et chaud ? ou alors que le lac formait des moutons sous l'effet du vent ? Le taux d'oxygène dissous dans l'eau dépend d'autres facteurs encore, comme de la température de l'eau. Il n'existe donc pas une valeur unique de ce taux. En prélevant un vaste échantillon aléatoire, on obtiendra un taux moyen, mais on devra tout de même noter les conditions dans lesquelles les mesures ont été effectuées, comme le font les scientifiques.

Les chiffres significatifs et le degré de précision des instruments

Lors d'une mesure avec un instrument de laboratoire, comme une burette, une pipette, une éprouvette graduée ou une balance, la valeur obtenue se situe à l'intérieur d'un domaine dans lequel la « vraie valeur », jamais connue, doit se trouver. L'**incertitude absolue**, représentée par un nombre précédé du signe ±, indique la précision de la mesure. Ainsi, lorsque nous pesons un même objet sur deux balances différentes, nous obtenons, par exemple, (5,463 ± 0,002) g et (5,5 ± 0,1) g, selon la balance utilisée. D'après la première balance, la masse se situe quelque part entre 5,462 g et 5,464 g, alors que d'après la deuxième balance elle est comprise entre 5,4 g et 5,6 g. Ce sont les domaines dans lesquels la « vraie valeur » doit se trouver. Quant à la précision de ces mesures, une masse connue au millième de gramme est plus précise qu'une autre connue au dixième de gramme.

Incertitude absolue

Limites à l'intérieur desquelles se situe la valeur d'une quantité mesurée.

De plus, le domaine compris entre 5,462 g et 5,464 g montre qu'on est certain des chiffres en rouge, alors qu'il y a un doute sur la troisième décimale. Dans l'écriture de la mesure $(5,463 \pm 0,001)$ g , le 5, le 4 et le 6 sont des chiffres certains alors que le 3 est un chiffre douteux. Tous les chiffres connus de façon certaine et le chiffre douteux qui suit sont appelés *chiffres significatifs,* car ce sont les seuls à avoir une signification. Ainsi, 5,463 comprend quatre chiffres significatifs.

Voici comment on détermine l'incertitude absolue de certains instruments courants dans les laboratoires de chimie :

- Instruments dont la précision est fournie par le fabricant

  Pipettes volumétriques de $(10,0 \pm 0,2)$ mL, de $(20,0 \pm 0,3)$ mL, de $(25,0 \pm 0,3)$ mL et de $(50,0 \pm 0,5)$ mL.

  Ballons volumétriques de $(10,0 \pm 0,4)$ mL, de $(20,0 \pm 0,2)$ mL, de $(25,0 \pm 0,6)$ mL et de $(100,0 \pm 0,8)$ mL.

- Instruments possédant une échelle graduée

  Sur les burettes, les éprouvettes graduées et les thermomètres au mercure ou à l'alcool, l'incertitude est généralement estimée à la moitié de la plus petite graduation (voir l'exemple 1.4).

  Si, pour obtenir la valeur de la mesure, il est nécessaire de lire deux valeurs (par exemple, la mesure du volume à l'aide d'une burette est donnée par la différence entre deux lectures), il convient pour calculer l'incertitude sur la mesure d'additionner les incertitudes de chaque valeur. Il faut donc multiplier l'incertitude de la valeur lue par 2. On obtient alors une incertitude égale à la valeur d'une graduation.

  La tare de la balance permet de diminuer l'incertitude en éliminant une mesure (ou une lecture), en l'occurrence celle du récipient.

- Instruments à affichage numérique

  Dans le cas des balances, des pH-mètres et des thermomètres électroniques, on estime à une unité l'incertitude sur le dernier chiffre affiché, à moins d'indications contraires du fabricant.

  Ainsi, il est important, dans la prise de mesure avec un instrument, de connaître le degré de précision de celui-ci afin de noter le résultat avec le nombre de chiffres significatifs.

Chaque fabricant indique la précision du matériel qu'il offre. On trouve sur le marché des pipettes volumétriques et des ballons volumétriques dont les incertitudes sont différentes de celles présentées ici.

EXEMPLE 1.4

Inscrivez la valeur lue de chaque mesure avec l'incertitude absolue et le nombre de chiffres significatifs appropriés. Dans la burette, en *b*, le niveau initial du liquide était à 0 mL. En *c*, on a commencé par poser le papier sur la balance et on a fait la tare. Puis on a mis sur le papier la substance à peser.

a)

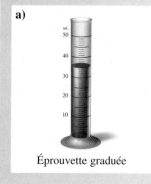

Éprouvette graduée

b)

Burette

c)

➔ Stratégie

Dans chacun des cas, il faut d'abord examiner l'instrument de mesure et noter les indications sur la précision, l'unité employée et le nombre de graduations, lequel permet de connaître l'incertitude absolue. Par la suite, nous devons vérifier si nous sommes en présence d'un instrument nécessitant deux lectures, comme une burette. Finalement, dans le cas des volumes, nous effectuons la lecture au point le plus bas du ménisque.

➔ Solution

a) Pour l'éprouvette graduée, il faut effectuer la lecture au point le plus bas du ménisque : cela donne 35 mL. L'éprouvette étant graduée en millilitres, la moitié de la plus petite division est 0,5. Donc la valeur lue est de (35,0 ± 0,5) mL. La mesure compte trois chiffres significatifs.

b) La burette de 50 mL étant graduée en dixièmes de millilitre, la plus petite graduation divisée par deux équivaut à 0,05 mL. La mesure du volume est donnée par la différence entre le niveau final de liquide (24,00 ± 0,05) mL et le niveau initial (0,00 ± 0,05) mL. La mesure du volume faite sur la burette est de (24,0 ± 0,1) mL. Cette mesure compte trois chiffres significatifs.

c) La balance est un instrument permettant de faire la tare et de réduire ainsi l'incertitude sur la mesure de la masse. Pour une balance précise au milligramme près, l'incertitude est de 1 mg, ou 0,001 g, puisqu'on estime à une unité l'incertitude sur le dernier chiffre affiché. Dans le cas présent, la lecture est de (1,580 ± 0,001) g. La mesure compte quatre chiffres significatifs.

➔ Évaluation

L'erreur habituelle dans la lecture d'une valeur mesurée est de ne pas considérer la précision de l'instrument et de noter seulement les chiffres observés directement, comme 24 mL dans le cas de la burette. On constate aussi cette erreur avec les pipettes et les ballons volumétriques. De plus, il ne faut jamais oublier de noter les unités. Une valeur sans unité ne signifie rien.

EXERCICE 1.4

En vous servant des incertitudes indiquées à la page 18, donnez la valeur mesurée précisément avec chacun des instruments suivants.

a) une pipette de 10 mL ; **b)** un ballon volumétrique de 100 mL ; **c)** le pH-mètre suivant :

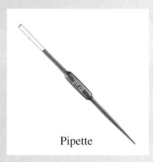

Pipette

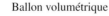

Ballon volumétrique

Les chiffres significatifs

Tous les chiffres connus de façon certaine de même que le chiffre incertain sont appelés **chiffres significatifs**. Ceux-ci indiquent la précision d'une mesure : plus le nombre de chiffres significatifs est grand, plus la précision est élevée. Les mesures de longueur du tableau 1.5 comportent *quatre* chiffres significatifs. Autrement dit, on est à peu près certain que la longueur du panneau se situe entre 1,82 m et 1,83 m. La meilleure approximation de la moyenne est 1,827 m, en incluant le chiffre incertain.

Chiffre significatif

Tout chiffre d'une quantité mesurée connu de façon certaine, de même que le chiffre incertain.

Il est assez facile de montrer que 1,827 comprend quatre chiffres significatifs : il suffit de compter ceux-ci. Dans toute mesure écrite de façon appropriée, les chiffres *non nuls,* quels qu'ils soient, sont significatifs. Les *zéros* présentent un problème parce qu'ils ont deux fonctions : ils font parfois partie de la valeur mesurée, mais ils servent aussi à positionner la virgule décimale.

- Les zéros situés entre deux chiffres significatifs non nuls sont significatifs. Exemples : 1107 a quatre chiffres significatifs et 50,002 en a cinq.

- Les zéros qui précèdent le premier chiffre non nul et qui servent à positionner la virgule décimale ne sont *pas* significatifs. Exemple : 0,000 163 a trois chiffres significatifs.

- Les zéros qui terminent un nombre sont significatifs s'ils sont situés *à droite* de la virgule décimale. Exemples : 0,2000 a quatre chiffres significatifs et 0,050 120 en a cinq.

Les trois situations décrites ci-dessus sont toutes conformes à la règle générale voulant que, si on lit un nombre de gauche à droite, le premier chiffre non nul et tous les chiffres qui suivent soient significatifs. Les nombres qui ne comportent pas de virgule décimale et qui se terminent par un ou des zéros constituent un cas à part.

- Les zéros qui terminent un nombre *sans* virgule décimale peuvent être significatifs ou non. Exemple : 400.

On ne sait pas si 400 est précis à l'unité, à la dizaine ou à la centaine près. On évite toute ambiguïté en employant la notation exponentielle (voir l'annexe A), c'est-à-dire en écrivant 4×10^2 ou $4,0 \times 10^2$ ou $4,00 \times 10^2$ selon que le nombre comprend un, deux ou trois chiffres significatifs. Aucun des chiffres servant à écrire le 10 exposant 2 n'est significatif.

Le concept de chiffre significatif est défini seulement pour les *mesures,* c'est-à-dire les quantités susceptibles de comporter une incertitude. Autrement dit, il s'applique aux valeurs obtenues à l'aide d'un instrument de mesure. Il ne convient pas à une quantité : a) qui est en soi un entier, comme le nombre de côtés (4) d'un carré ou le nombre d'éléments (12) d'une douzaine ; b) qui est en soi une fraction, comme le rayon d'un cercle, qui est la moitié ($\frac{1}{2}$) du diamètre ; c) qui s'obtient par une opération de dénombrement, comme la population d'une classe (par exemple 27 étudiants). Le concept de chiffre significatif ne s'applique pas non plus aux quantités *définies,* comme le kilomètre, qui est égal par définition à 1000 m. Dans ces exemples, les quantités 4, 12, $\frac{1}{2}$, 27 et 1000 n'ont pas un nombre donné de chiffres significatifs. En fait, ce nombre est illimité (4,000… ; 12,000 … ; 0,5000…) ou, plus précisément, chaque quantité correspond à un nombre exact.

Les chiffres significatifs dans les calculs : la multiplication et la division

Dans une page de son site Internet, le bureau du recensement américain estimait, le 3 avril 2007, que la population mondiale serait de 6 605 008 933 habitants en 2008. Est-il possible que tous les chiffres de ce nombre soient significatifs et que la projection prenne vraiment en compte chaque individu ? Il est évident qu'il s'agit d'une approximation fondée sur des données, tels les taux de natalité, de mortalité, d'immigration et d'émigration. En exprimant cette approximation comme il l'a fait, l'organisme a violé l'un des principes fondamentaux concernant les calculs portant sur des mesures.

> *Une quantité calculée ne peut pas être plus précise que les données utilisées*
> *dans les calculs, et l'écriture du résultat doit refléter ce fait.*

Une chaîne n'est pas plus solide que son maillon le plus faible ; de même, une quantité calculée n'est pas plus précise que la moins précise des mesures qui interviennent dans le calcul. L'application stricte de ce principe exige l'emploi d'une méthode sophistiquée de calcul. Le calcul d'incertitude, qui permet de déterminer l'incertitude associée à un résultat expérimental à partir des incertitudes sur les mesures, est une méthode que vous utiliserez au laboratoire de chimie. Pour l'instant, nous allons voir quelques règles pratiques concernant les chiffres significatifs qui s'appliquent quand on ne connaît pas les incertitudes sur les données.

Ces règles permettent d'arrondir le résultat des calculs effectués dans la résolution de problèmes de chimie de manière méthodique et valable. Si on les applique sur des données expérimentales, elles donnent, à un chiffre près, le même nombre de chiffres que celui résultant du calcul d'incertitude. Voyons ces règles.

Le résultat d'une multiplication ou d'une division ne doit jamais comporter plus de chiffres significatifs que le facteur qui en a le moins.

L'écriture d'un résultat numérique ayant le nombre approprié de chiffres significatifs exige souvent qu'on arrondisse des nombres. Arrondir un nombre consiste à supprimer tous les chiffres non significatifs et, au besoin, à ajuster le dernier chiffre retenu. Nous appliquerons les règles suivantes pour l'arrondissement des nombres.

- Si le chiffre à supprimer qui est le plus à gauche est inférieur à 5, on ne *change pas* le dernier chiffre retenu. Exemple : la valeur arrondie de 369,443 est 369,44 s'il y a cinq chiffres significatifs, et 369,4 s'il y en a seulement quatre.

- Si le chiffre à supprimer qui est le plus à gauche est supérieur ou égal à 5, on *ajoute* 1 au dernier chiffre retenu. Exemples : la valeur arrondie de 538,768 est 538,77 s'il y a cinq chiffres significatifs, et 538,8 s'il y en a seulement quatre ; la valeur arrondie de 74,395 est 74,40 s'il y a quatre chiffres significatifs, et 74,4 s'il y en a seulement trois.

EXEMPLE 1.5

Calculez l'aire, en mètres carrés, du panneau d'affichage dont les dimensions sont données dans le tableau 1.5. Exprimez le résultat avec le nombre approprié de chiffres significatifs.

➜ Stratégie

L'aire du panneau rectangulaire est égale au produit de sa longueur et de sa largeur. Le résultat de la multiplication ne peut pas comporter plus de chiffres significatifs que la dimension la moins précise, soit la largeur, qui en a seulement trois.

➜ Solution

$$1,827 \text{ m} \times 0,762 \text{ m} = 1,392\ 174 \text{ m}^2 = 1,39 \text{ m}^2$$

➜ Évaluation

Les résultats affichés par une calculatrice électronique comportent souvent plusieurs chiffres non significatifs (**figure 1.8**). Dans le cas présent, selon les règles de l'arrondissement des nombres, nous devons supprimer les chiffres 2, 1, 7 et 4 à la fin du nombre.

EXERCICE 1.5

En supposant que l'épaisseur du panneau d'affichage soit de 6,4 mm, calculez son volume en mètres cubes et exprimez le résultat avec le nombre approprié de chiffres significatifs.

▲ **Figure 1.8**
Chiffres significatifs

Le résultat affiché par la calculatrice électronique est 1,392 174, ce qui laisse supposer qu'il y a sept chiffres significatifs. Cependant, selon la règle applicable à la multiplication, il n'y en a que trois : 1, 3 et 9.

RÉSOLUTION DE PROBLÈMES
Il faut utiliser la même unité de longueur pour les trois dimensions.

EXEMPLE **1.6**

Pour faire une expérience en laboratoire, une enseignante doit diviser également la totalité d'un échantillon de 453,6 g de soufre entre les 21 étudiants de sa classe. Combien de grammes de soufre devra-t-elle distribuer à chaque étudiant ?

➜ Stratégie

Notons d'abord que le nombre 21 est le résultat d'un dénombrement ; il s'agit donc d'une valeur exacte, à laquelle les règles concernant les chiffres significatifs ne s'appliquent pas. Le résultat doit donc avoir quatre chiffres significatifs, soit le même nombre que 453,6.

➜ Solution

$$\frac{453,6 \text{ g}}{21} = 21,60 \text{ g}$$

➜ Évaluation

Une calculatrice électronique afficherait le résultat 21,6. Il faut ajouter un zéro pour bien indiquer que la réponse comporte quatre chiffres significatifs. Elle s'écrit donc 21,60 ; le zéro à la fin du chiffre est le nombre incertain indiquant la précision du résultat.

EXERCICE 1.6

L'expérience dont il est question dans l'exemple 1.6 requiert de plus que chaque étudiant dispose d'une quantité de zinc dont la masse est égale à 2,04 fois celle du soufre. Exprimez, avec le nombre approprié de chiffres significatifs, la masse de la quantité totale de zinc dont l'enseignante a besoin.

Les chiffres significatifs dans les calculs : l'addition et la soustraction

Dans le cas d'une addition ou d'une soustraction, on ne s'intéresse pas au nombre de chiffres significatifs, mais au nombre de chiffres qui se trouvent à la droite de la virgule décimale. Si celui-ci varie dans les quantités à additionner ou à soustraire, on détermine d'abord dans quelle quantité il est *le plus petit*.

> *Le résultat d'une addition ou d'une soustraction doit contenir le même nombre de chiffres à la droite de la virgule décimale que la quantité qui en a le moins.*

On s'appuie en effet sur l'idée que la somme de longueurs dont l'une a été mesurée seulement au *centimètre* près ne pourra être donnée qu'au centimètre près, même si les autres mesures sont plus précises.

Cette idée est appliquée dans l'exemple 1.7, qui illustre également un autre principe : dans un calcul comprenant plusieurs étapes, seul le résultat final doit être arrondi.

EXEMPLE **1.7**

Effectuez les calculs suivants et arrondissez le résultat en conservant le nombre approprié de chiffres significatifs.

$$49,146 \text{ m} + 72,13 \text{ m} - 9,1434 \text{ m} = ?$$

➔ Stratégie

Il s'agit d'additionner deux nombres, puis de soustraire un troisième nombre de la somme. Nous présentons ci-dessous deux façons d'effectuer ces opérations. Dans les deux cas, le résultat comporte deux décimales, soit le même nombre que dans 72,13.

➔ Solution

(a)	**(b)**
49,146 m	49,146 m
+ 72,13 m	+ 72,13 m
121,276 m = 121,28	121,276 m
− 9,1434 m	− 9,1434 m
112,1366 m = 112,14 m	112,1326 m = 112,13 m

➔ Évaluation

Nous emploierons généralement la méthode illustrée en *b,* où le résultat intermédiaire, 121,276, n'a pas été arrondi. Si vous utilisez une calculatrice électronique, vous n'aurez donc pas besoin de noter les résultats intermédiaires.

EXERCICE 1.7 A*

Effectuez les opérations indiquées et exprimez les résultats avec le nombre approprié de chiffres significatifs.

a) 48,2 m + 3,82 m + 48,4394 m

b) 148 g + 2,39 g + 0,0124 g

c) 451 g − 15,46 g − 20,3 g

d) 15,436 L + 5,3 L − 6,24 L − 8,177 L

EXERCICE 1.7 B*

Effectuez les opérations indiquées et exprimez les résultats avec le nombre approprié de chiffres significatifs.

a) (51,5 m + 2,67 m) × (33,42 m − 0,124 m)

b) $\dfrac{(125,1 \text{ g} - 1,22 \text{ g})}{(52,5 \text{ mL} + 0,63 \text{ mL})}$

c) $\dfrac{(47,5 \text{ kg} - 1,44 \text{ kg})}{10,5 \text{ m} \times 0,35 \text{ m} \times 0,175 \text{ m}}$

d) $\dfrac{(0,307 \text{ g} - 14,2 \text{ mg} - 3,52 \text{ mg})}{(1,22 \text{ cm} - 0,28 \text{ mm}) \times 0,752 \text{ cm} \times 0,51 \text{ cm}}$

RÉSOLUTION DE PROBLÈMES
Tous les termes d'une addition ou d'une soustraction doivent être exprimés au moyen d'une même unité de mesure.

1.5 Une méthode de résolution de problèmes

Le Canada a adopté le système international d'unités. Néanmoins, il arrive encore que des mesures soient indiquées avec d'autres unités. Par exemple, on exprime la longueur d'un terrain en pieds, le tour de taille d'une personne en pouces, la capacité d'un réservoir d'essence en gallons et la masse de la viande ou des fruits en livres. Nous sommes donc, à l'occasion, amenés à effectuer des calculs de conversion d'un système d'unités à un autre.

---

* Nous faisons souvent suivre un exemple de deux exercices désignés par les lettres A et B. Le but des *exercices A* est d'appliquer la méthode décrite brièvement dans l'exemple à un cas similaire. Dans les *exercices B*, il faut souvent combiner la méthode illustrée dans l'exemple et des concepts étudiés précédemment. De plus, nous y présentons des situations semblables à celles dans lesquelles s'appliquent généralement les connaissances en chimie.

TABLEAU **1.6** Équivalence de quelques unités américaines et métriques		
Unités métriques		Unités américaines

Masse

1 kg	=	2,205 lb
453,6 g	=	1 lb
28,35 g	=	1 once (oz)

Longueur

1 m	=	39,37 po
1 km	=	0,6214 mi
2,54 cm	=	1 po*

Volume

1 L	=	1,057 pte US
3,785 L	=	1 gal US
29,57 mL	=	1 once liquide US (oz liq US)

* Par définition, le pouce est exactement égal à 2,54 cm. Les autres équivalences sont arrondies.

Facteur de conversion

Rapport de deux termes, égal à 1, utilisé pour transformer l'unité dans laquelle une quantité est exprimée.

Le présent manuel contient de nombreux problèmes. Pour les résoudre, vous devez généralement appliquer des principes de base à une situation inédite, sur laquelle certaines informations vous sont données. Des calculs et des résultats *quantitatifs,* ou numériques, interviennent dans bien des problèmes de chimie. Dans cette section, nous allons décrire une méthode pratique pour effectuer de tels calculs, et nous vous présenterons d'autres considérations sur la résolution de problèmes dans la section 1.6.

La méthode de conversion des unités

Imaginez qu'une Québécoise veuille commander une ceinture de cuir à un fabricant français. Elle sait que son tour de taille est de 26 pouces, mais elle doit écrire cette mesure en unités métriques, soit en centimètres. Un tour de taille est une longueur fixe, qu'on l'exprime en pouces, en pieds, en centimètres ou en millimètres. Donc, si on mesure une dimension dans une unité et que l'on convertit ensuite cette unité en une autre, il faut prendre garde de ne pas modifier la quantité mesurée.

Selon une loi arithmétique, on ne change pas une quantité en la multipliant par 1 ; on peut donc employer un facteur équivalent à 1 pour convertir des pouces en centimètres. La définition du pouce donnée dans le **tableau 1.6** fournit un tel facteur.

$$1 \text{ po} = 2,54 \text{ cm}$$

Il est à noter que, en divisant chaque membre de cette équation par 1 po, on obtient deux rapports de quantités égaux à 1.

$$1 = \frac{1 \text{ po}}{1 \text{ po}} = \frac{2,54 \text{ cm}}{1 \text{ po}}$$

On obtient également deux rapports égaux à 1 en divisant chaque membre de la même équation par 2,54 cm.

$$\frac{1 \text{ po}}{2,54 \text{ cm}} = \frac{2,54 \text{ cm}}{2,54 \text{ cm}} = 1$$

Les deux rapports, imprimés l'un en rouge et l'autre en bleu, sont des facteurs de conversion. Un **facteur de conversion** est un rapport de deux termes, équivalant à 1, utilisé pour transformer l'unité dans laquelle une quantité est exprimée.

Que se passe-t-il lorsqu'on multiplie une quantité connue par un facteur de conversion ? L'unité dans laquelle la quantité est exprimée initialement est éliminée et remplacée par l'unité choisie. Autrement dit, on utilise généralement les facteurs de conversion comme suit.

Quantité recherchée et son unité	=	Quantité donnée et son unité	×	Facteur de conversion

Revenons à l'exemple du tour de taille. La quantité mesurée est une longueur de 26 po. Le facteur approprié de conversion (en rouge) doit comporter l'unité choisie (le centimètre) au *numérateur,* et l'unité à transformer (le pouce) au *dénominateur.* Dans l'équation suivante, les pouces s'annulent, de sorte qu'il ne reste que les centimètres.

$$? \text{ cm} = 26 \text{ po} \times \frac{2,54 \text{ cm}}{1 \text{ po}} = 66 \text{ cm}$$

On voit facilement pourquoi on ne peut employer le facteur de conversion indiqué en bleu : on obtiendrait une unité absurde.

$$26 \text{ po} \times \frac{1 \text{ po}}{2,54 \text{ cm}} = 10 \frac{\text{po}^2}{\text{cm}}$$

L'exemple 1.8 illustre mieux la *méthode de conversion des unités* parce qu'on y utilise plusieurs facteurs de conversion. Nous utiliserons cet exemple pour mettre en évidence la marche à suivre que nous emploierons pour écrire les facteurs de conversion et déterminer le nombre de chiffres significatifs. Cette méthode de conversion des unités, appelée aussi *analyse dimensionnelle,* peut sembler difficile de prime abord, car elle demande un certain entraînement mais, en l'utilisant régulièrement, on y découvre plusieurs avantages. En voici quelques-uns :

- Les conversions des unités en sont facilitées.

- Un seul calcul est nécessaire : on arrondit la réponse seulement à la fin du calcul pour respecter les chiffres significatifs.

- On peut s'assurer que la réponse possède les bonnes unités.

- On peut effectuer des problèmes plus complexes en se servant seulement des unités, car cette méthode facilite le repérage des données nécessaires pour les résoudre. Il ne faut pas oublier que les données nécessaires à la résolution d'un problème de la vie courante ne sont pas toujours fournies dans l'énoncé.

- Dans les faits, cette méthode n'est qu'une utilisation répétée de la règle de trois, utilisation à laquelle il faut avoir recours pour résoudre le problème.

EXEMPLE **1.8**

Quelle est la longueur en kilomètres de la façade d'un terrain de 125 pi ?

➡ Stratégie

Le tableau 1.6 ne donne pas la relation entre le pied et le kilomètre, de sorte qu'il est impossible d'effectuer les calculs au moyen d'un unique facteur de conversion. Il faut plutôt envisager le problème comme une suite de trois conversions.

1. Nous utilisons la relation 1 pi = 12 po pour convertir les pieds en pouces.

2. Nous utilisons les données du tableau 1.6 pour convertir les pouces en mètres.

3. Nous utilisons la connaissance de la valeur des préfixes pour convertir les mètres en kilomètres.

➡ Solution

Nous pouvons résoudre le problème en trois étapes comportant chacune un facteur de conversion, mais il est aussi possible de combiner les trois facteurs dans un même membre d'équation. La marche à suivre est schématisée ci-dessous.

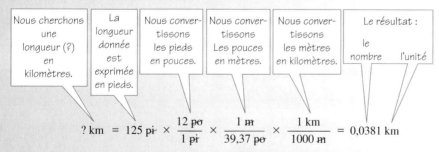

$$? \text{ km} = 125 \text{ pi} \times \frac{12 \text{ po}}{1 \text{ pi}} \times \frac{1 \text{ m}}{39{,}37 \text{ po}} \times \frac{1 \text{ km}}{1000 \text{ m}} = 0{,}0381 \text{ km}$$

➡ Évaluation

Examinons l'emploi des chiffres significatifs dans ce problème. La quantité mesurée, soit 125 pi, comporte *trois* chiffres significatifs. La relation 12 po = 1 pi est *exacte* : elle n'influe pas sur la précision des calculs. Nous savons que la relation 1 m = 39,37 po est donnée avec *quatre* chiffres significatifs ; il n'est cependant pas nécessaire d'écrire 1 km sous la forme 1,000 km. Enfin, la relation 1000 m = 1 km est *exacte* ; elle définit le lien entre les kilomètres et les mètres. Le résultat doit comprendre *trois* chiffres significatifs.

RÉSOLUTION DE PROBLÈMES
Dans l'expression des contantes numériques et des équivalences (comme 1 m = 39,37 po), utilisez plus de chiffres significatifs qu'il n'y en a dans la quantité mesurée la moins précise. Ainsi, vous ne risquez pas de diminuer par mégarde la précision du résultat.

EXERCICE **1.8**

Effectuez les conversions suivantes : **a)** 76,3 mm en mètres ; **b)** 0,0856 kg en milligrammes ; **c)** 0,556 km en pieds ; **d)** 48,8 lb en grammes.

Dans l'exemple 1.9, il faut remplacer les *deux* unités d'une quantité mesurée qui comporte un numérateur et un dénominateur. Nous allons résoudre le problème de deux façons, puis comparer les deux méthodes.

EXEMPLE **1.9**

Une sprinteuse court le 100,0 mètres en 11,00 s. Quelle est sa vitesse moyenne en kilomètres par heure ?

➜ Stratégie

Nous déterminons d'abord quelle est la quantité mesurée. Il s'agit d'une vitesse, c'est-à-dire du rapport entre une distance en mètres et une durée en secondes.

$$\frac{100,0 \text{ m}}{11,00 \text{ s}}$$

Nous voulons exprimer cette vitesse en kilomètres par heure. Il faut donc convertir les mètres en kilomètres, au numérateur, et les secondes en heures, au dénominateur. Les équivalences suivantes serviront à établir les facteurs de conversion :

➜ Solution

$$1 \text{ km} = 1000 \text{ m} \qquad 1 \text{ min} = 60 \text{ s} \qquad 1 \text{ h} = 60 \text{ min}$$

| Nous cherchons une vitesse (?) en kilomètres par heure. | Voici les données. | Nous convertissons les mètres en kilomètres au numérateur. | Nous convertissons les secondes en minutes, au dénominateur. | Nous convertissons les minutes en heures, au dénominateur. | Le résultat : Le nombre les unités |

$$? \frac{\text{km}}{\text{h}} = \frac{100,0 \text{ m}}{11,00 \text{ s}} \times \frac{1 \text{ km}}{1000 \text{ m}} \times \frac{60 \text{ s}}{1 \text{ min}} \times \frac{60 \text{ min}}{1 \text{ h}} = 32,73 \text{ km/h}$$

Nous pouvons aussi effectuer séparément les conversions au numérateur et au dénominateur, puis diviser le nouveau numérateur par le nouveau dénominateur.

Le numérateur : $100,0 \text{ m} \times \dfrac{1 \text{ km}}{1000 \text{ m}} = 0,1000 \text{ km}$

Le dénominateur : $11,00 \text{ s} \times \dfrac{1 \text{ min}}{60 \text{ s}} \times \dfrac{1 \text{ h}}{60 \text{ min}} = 3,056 \times 10^{-3} \text{ h}$

La division : $\dfrac{0,1000 \text{ km}}{3,056 \times 10^{-3} \text{ h}} = 32,72 \text{ km/h}$

➜ Évaluation

Les deux méthodes sont valables, c'est-à-dire que, dans les deux cas, la stratégie est acceptable même si les résultats diffèrent légèrement. L'écart provient de l'arrondissement du résultat intermédiaire dans la seconde méthode ($3,055\,555\,6 \times 10^{-3}$). Si nous conservons ce résultat dans la mémoire de la calculatrice au lieu de l'arrondir et de le noter, les deux méthodes donnent exactement le même résultat.

EXERCICE **1.9**

Effectuez les conversions suivantes : **a)** 90,0 km/h en mètres par seconde ; **b)** 1,39 pi/s en kilomètres par heure ; **c)** 4,17 g/s en kilogrammes par heure.

Étant donné qu'un facteur de conversion a une valeur intrinsèque de 1 (le numérateur et le dénominateur sont équivalents), on peut élever un tel facteur à une puissance quelconque sans en changer la valeur.

$$\frac{2,54 \text{ cm}}{1 \text{ po}} = 1 \quad \text{et} \quad \left(\frac{2,54 \text{ cm}}{1 \text{ po}}\right)^2 = 1^2 = 1 \quad \text{et} \quad \left(\frac{2,54 \text{ cm}}{1 \text{ po}}\right)^3 = 1^3 = 1$$

EXEMPLE **1.10**

Une boîte a un volume de 482,2 cm³. Quel est son volume en mètres cubes ?

➜ Stratégie

Nous pouvons effectuer la transformation requise à l'aide d'un unique facteur de conversion (1 m/100 cm) si nous élevons celui-ci à la puissance 3.

➜ Solution

$$482,2 \text{ cm}^3 \times \left(\frac{1 \text{ m}}{100 \text{ cm}}\right)^3 = 4,822 \times 10^{-4} \text{ m}^3$$

➜ Évaluation

Notez que le facteur de conversion, constitué d'un nombre infini de chiffres significatifs, ne vient pas influer sur la précision du résultat.

EXERCICE 1.10 A

Effectuez les conversions suivantes : **a)** $1,56 \times 10^4$ po³ en mètres cubes ; **b)** 7 625 pi² en mètres carrés.

EXERCICE 1.10 B

La pression atmosphérique est de 14,70 lb/po². Exprimez cette quantité en kilogrammes par mètre carré.

La masse volumique : une propriété physique et un facteur de conversion

On affirme souvent que le fer est « lourd » et que l'aluminium est « léger ». On ne veut évidemment pas dire qu'un poêlon en fer de 25 cm de diamètre est plus lourd qu'une échelle coulissante de 5 m en aluminium. Cela signifie plutôt que le fer est plus *dense* que l'aluminium. Si on compare les masses respectives de *volumes égaux* de ces deux métaux, on constate que la masse du fer est plus grande. La **masse volumique** (ρ) d'une substance est la masse d'une unité de volume de cette substance. Cette importante propriété physique est définie par

$$\rho = \frac{m}{V}$$

> **Masse volumique (ρ)**
>
> Propriété physique d'une substance indiquant la masse d'une unité de volume de cette substance : $\rho = m/V$, où m désigne la masse d'un échantillon de matière et V, son volume.

Dans cette équation, m représente la masse et V, le volume. L'unité SI de masse volumique est le kilogramme par mètre cube (kg/m³ ou kg·m⁻³), mais on mesure souvent cette grandeur en grammes par centimètre cube (g/cm³) ou en grammes par millilitre (g/mL). La masse volumique de l'aluminium est de 2,70 g/cm³ et celle du fer est de 7,87 g/cm³.

Bien que la masse d'un objet demeure constante quand on élève sa température, son volume augmente généralement (l'objet se dilate), de sorte que sa masse volumique

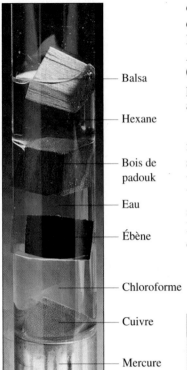

▲ **Figure 1.9**
Comparaison de quelques masses volumiques

Examinons d'abord les liquides. Le chloroforme ($\rho = 1,48$ g/cm³) flotte sur le mercure ($\rho = 13,6$ g/cm³). L'eau ($\rho = 1,00$ g/cm³), qui ne se mélange pas au chloroforme, flotte sur celui-ci. L'hexane ($\rho = 0,66$ g/cm³), qui ne se mélange pas à l'eau, flotte sur celle-ci. Le mercure est un liquide tellement dense que le cuivre ($\rho = 8,94$ g/cm³) flotte sur le mercure. Le bois est un matériau de composition variable ; sa masse volumique varie donc elle aussi. Nous donnons ci-dessous les masses volumiques de trois types de bois. Le balsa a une masse volumique ($\rho = 0,1$ g/cm³) tellement faible qu'il flotte sur l'hexane ; le bois de padouk ($\rho = 0,86$ g/cm³) flotte sur l'eau, mais non sur l'hexane ; enfin, l'ébène ($\rho = 1,2$ g/cm³) s'enfonce dans l'eau, mais flotte sur le chloroforme.

diminue. Il faut donc habituellement préciser à quelle température une masse volumique est mesurée. L'éthylèneglycol (le principal ingrédient de plusieurs antigels), l'eau et l'éthanol sont tous des liquides incolores, que l'on peut distinguer par leur masse volumique. À 20 °C, la masse volumique de l'éthylèneglycol est de 1,114 g/mL, celle de l'eau est de 0,998 g/mL, et celle de l'éthanol est de 0,789 g/mL. Pour la majorité des applications, on peut considérer que la masse volumique de l'eau est de 1,00 g/mL à la température ambiante. Cette supposition sera utile pour résoudre plusieurs problèmes.

Si on combine deux liquides *non miscibles* (c'est-à-dire qui ne se mélangent pas de manière à former une solution), le liquide ayant la plus faible masse volumique flottera sur l'autre. Un solide qui ne se dissout pas dans un liquide flotte sur celui-ci si sa masse volumique est *inférieure* à celle du liquide ; sinon, le solide s'enfonce dans le liquide. Un solide qui *flotte* déplace un volume de liquide dont la *masse* est égale à la masse du solide. Un solide qui *s'enfonce* déplace un *volume* de liquide égal au volume du solide. La **figure 1.9** de même que des sujets présentés plus loin dans ce chapitre illustrent les concepts décrits ci-dessus.

EXEMPLE **1.11**

La masse de 325 mL de méthanol liquide (ou alcool de bois) est de 257 g. Quelle est la masse volumique de cette substance ?

➔ Stratégie

Nous connaissons à la fois la masse en grammes et le volume en millilitres d'un échantillon de méthanol. Nous pouvons donc calculer la masse volumique en grammes par millilitre de cette substance en appliquant simplement la définition de la masse volumique.

➔ Solution

$$\rho = \frac{m}{V} = \frac{257 \text{ g}}{325 \text{ mL}} = 0,791 \text{ g/mL}$$

➔ Évaluation

La réponse est logique si nous la comparons à la masse volumique d'un liquide analogue comme l'éthanol ($\rho = 0,789$ g/mL).

EXERCICE **1.11 A**

Quelle est la masse volumique, en grammes par centimètre cube, du morceau de bois représenté ci-dessous si sa masse est de 1,25 kg ?

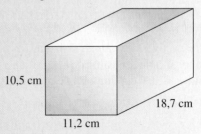

10,5 cm
18,7 cm
11,2 cm

EXERCICE **1.11 B**

Un échantillon de mercure liquide a une masse de 76,0 lb, et son volume est de 2,54 L. Calculez la masse volumique de cette substance, en grammes par centimètre cube, à l'aide des facteurs de conversion donnés plus haut.

La graisse flotte : masse volumique du corps humain et condition physique

Quelle est votre condition physique ? Si vous êtes un athlète ou que vous voulez simplement vous mettre en forme en faisant de l'exercice, vous déciderez peut-être de faire d'abord évaluer votre condition physique. L'un des éléments d'une évaluation de ce type consiste à déterminer le pourcentage de graisse du corps, qu'on obtient en mesurant la masse volumique de celui-ci. Chez l'humain, la masse volumique de la graisse est de 0,903 g/mL, tandis que celle de l'eau est de 1,00 g/mL. La graisse flotte donc sur l'eau, car elle est moins dense que celle-ci. Une personne flotte d'autant plus facilement sur l'eau que la proportion de graisse que renferme son corps est élevée. On détermine la masse volumique du corps à l'aide de sa masse et de son volume. On pèse donc la personne alors qu'elle est immergée dans l'eau (**figure 1.10**). Après avoir déterminé la masse volumique du corps, on évalue le pourcentage de graisse qu'il contient au moyen d'un graphique ou d'un tableau de données. Le pourcentage moyen de graisse est approximativement de 16 % chez un homme et de 25 % chez une femme. Les athlètes masculins en grande forme ont un pourcentage de graisse inférieur à 7 % et, chez les athlètes féminines, ce pourcentage est inférieur à 12 %.

▶ **Figure 1.10**
Détermination du volume du corps humain

Il est facile de mesurer la masse d'une personne, mais comment fait-on pour connaître son volume ? Un corps immergé dans l'eau déplace son propre volume d'eau. La différence entre la masse d'une personne mesurée dans l'air et sa masse mesurée dans l'eau est égale à la masse du volume d'eau déplacé. En divisant cette dernière masse par la masse volumique de l'eau, on obtient le volume d'eau déplacé et, en effectuant la correction appropriée pour tenir compte du volume d'air dans les poumons et du volume de gaz dans les intestins, on obtient le volume de la personne (voir le problème 50).

Dans l'exemple 1.11, nous avons calculé que la masse volumique du méthanol est de 0,791 g/mL. Nous pouvons exprimer ce résultat au moyen de l'équation suivante.

$$1 \text{ mL de méthanol} = 0{,}791 \text{ g de méthanol}$$

Cette équation fournit deux facteurs de conversion qui relient la masse et le volume du méthanol.

$$\textbf{a)} \quad \frac{0{,}791 \text{ g de méthanol}}{1 \text{ mL de méthanol}} = 1 \qquad \textbf{b)} \quad \frac{1 \text{ mL de méthanol}}{0{,}791 \text{ g de méthanol}} = 1$$

La masse volumique (*a*) peut servir de facteur de conversion pour transformer un volume de méthanol en une masse. Pour convertir une masse en volume, on utilise l'inverse de la masse volumique, soit le facteur donné en *b*.

EXEMPLE **1.12**

Combien de kilogrammes de méthanol faut-il pour remplir le réservoir de 15,5 gal US d'une automobile qui a été modifiée pour fonctionner au méthanol ?

➜ Stratégie

Nous voulons déterminer la masse d'un volume donné de méthanol. Pour ce faire, nous utilisons le facteur de conversion *a*. Cependant, il faut d'abord exprimer en millilitres le volume donné en gallons US, puis en kilogrammes la masse de méthanol donnée en grammes. Nous écrivons tous les facteurs comme suit dans une même équation.

➔ Solution

$$? \text{ kg} = 15,5 \text{ gal} \times \frac{3,785 \text{ L}}{1 \text{ gal}} \times \frac{1000 \text{ mL}}{1 \text{ L}} \times \frac{0,791 \text{ g}}{1 \text{ mL}} \times \frac{1 \text{ kg}}{1000 \text{ g}} = 46,4 \text{ kg}$$

➔ Évaluation

Lorsque nous utilisons une seule ligne de calculs, toutes les unités doivent s'annuler et il ne doit rester que l'unité recherchée.

EXERCICE 1.12 A

Quel est le volume en litres de 10,0 kg de méthanol ($\rho = 0,791$ g/mL) ?

EXERCICE 1.12 B

Quel volume de méthanol ($\rho = 0,791$ g/mL) a la même masse que 10,00 L d'essence ($\rho = 0,690$ g/mL) ?

1.6   Autres considérations sur la résolution de problèmes

Dans la section 1.5, nous avons décrit une méthode *quantitative* de résolution de problèmes de chimie, dont les résultats sont des nombres. Cependant, certains problèmes n'exigent qu'une réponse *qualitative* : un énoncé, une illustration, des symboles ou un diagramme représentant ce qu'on cherche. Il arrive aussi que la réponse soit simplement oui ou non, même si on ne parvient au bon résultat qu'au terme d'une longue réflexion.

Quelle que soit la nature du problème, il est souvent utile de représenter la marche à suivre par un dessin ou un schéma. Toutefois, l'étape cruciale est la suivante : définir dans ses grandes lignes, étape par étape, *une* stratégie de résolution du problème. Nous disons bien *une* stratégie, car il y en a souvent plusieurs, aussi valables les unes que les autres. En général, toute démarche logique est valable si elle mène à une conclusion appropriée. Vous démontrerez votre maîtrise des principes sous-jacents en élaborant une stratégie efficace de résolution de problèmes. Il peut arriver que vous imaginiez une stratégie à laquelle la personne qui a formulé le problème n'avait pas pensé. Dans ce cas, vous faites preuve d'une compréhension approfondie des principes étudiés.

Pour vous aider à acquérir une large gamme d'habiletés en résolution de problèmes, nous présenterons à l'occasion trois types d'exemples et d'exercices légèrement différents de ceux que nous avons vus jusqu'à maintenant. Nous allons terminer le présent chapitre par une illustration de ces trois types d'applications.

Exemples et exercices de calcul approximatif

Le résultat fourni par une calculatrice n'est pas nécessairement correct. On peut faire une erreur en entrant les nombres ou ne pas utiliser la bonne fonction. Si vous êtes capable de faire un *calcul approximatif,* vous saurez si la réponse obtenue est vraisemblable. Dans certains cas, une valeur approchée est tout à fait acceptable parce que les données sont insuffisantes pour effectuer des calculs précis. De plus, l'habileté à calculer une valeur approximative est importante dans la vie quotidienne aussi bien qu'en chimie.

En étudiant les exemples suivants, n'oubliez pas qu'une approximation n'exige *pas* de calculs détaillés. Il arrive même qu'on n'ait rien à calculer. À l'intérieur des chapitres, nous désignons par *Un exemple de calcul approximatif* les cas où on peut se satisfaire d'un niveau moins élevé de précision. Cependant, nous n'appliquons pas cette expression aux problèmes proposés à la fin du chapitre. Lorsque vous tentez de résoudre un problème, essayez de déterminer, en fonction du contexte, les situations pour lesquelles une réponse approximative est appropriée.

EXEMPLE **1.13**   Un exemple de calcul approximatif

À vue d'œil, un petit réservoir de gaz naturel liquéfié est sphérique et son diamètre est d'environ 30 cm. On sait que ce type de réservoir a habituellement une capacité de 1 gal US, de 2 gal US, de 5 gal US ou de 10 gal US. Quel est vraisemblablement le volume du réservoir qui semble avoir 30 cm de diamètre ?

➜ Analyse et conclusion

Dessinons un diagramme semblable à celui de la **figure 1.11**, qui indique que le réservoir tient tout juste dans une boîte cubique de 30 cm de côté. Le volume de la boîte est de $V = 30 \text{ cm} \times 30 \text{ cm} \times 30 \text{ cm} = 27 \times 10^3 \text{ cm}^3 = 27 \text{ L}$. Comme il y a un peu moins de 4 L dans un gallon US, le volume de la boîte est d'environ 7 gal US. Le volume du réservoir est quelque peu inférieur à celui de la boîte. Des diverses possibilités énumérées, celle qui s'approche le plus de cette valeur est 5 gal US.

▲ Figure 1.11
Représentation du problème de l'exemple 1.13

EXERCICE 1.13

Laquelle des valeurs suivantes est vraisemblablement la plus proche de la masse d'un seau de 20 L rempli d'eau ?

10 lb	20 lb	30 lb	40 lb

Exemples et exercices conceptuels

La majorité des exemples et exercices du manuel illustrent une technique particulière ou un concept bien précis. En général, il s'agit de sujets étudiés dans les paragraphes précédents, comme les chiffres significatifs, la conversion d'unités de mesure ou la masse volumique. Cependant, dans bien des cas, il faut acquérir une très bonne compréhension des concepts pour être capable de les appliquer à une situation nouvelle. Les exemples intégrés aux chapitres qui visent ce but sont désignés par l'expression *Un exemple conceptuel*. Les exemples et les exercices conceptuels peuvent être qualitatifs ou quantitatifs, et leur solution peut nécessiter des calculs détaillés, ou ne demander que de simples approximations ou explications.

EXEMPLE **1.14**   Un exemple conceptuel

Chacun sait que le fer s'enfonce dans l'eau. Pourtant, le fer est la principale composante de l'acier, un matériau utilisé pour la construction des navires au long cours. Comment peut-on faire flotter un matériau plus dense que l'eau ?

➜ Analyse et conclusion

Lorsqu'il flotte, un navire intact en acier déplace un volume d'eau dont la masse est égale à sa propre masse. Le volume total du navire ne se réduit pas à celui de sa coque en acier ; il comprend aussi le volume du contenu de la coque, y compris celui de la cargaison, du lest, des cales vides, etc. Si le navire flotte, c'est que la masse d'un volume d'eau égal au volume du navire est plus grande que la masse du navire. Autrement dit, la masse volumique moyenne du navire considéré comme un tout (la coque en acier, le contenu, les cavités remplies d'air) est inférieure à la masse volumique de l'eau ; le navire flotte donc sur l'eau.

EXERCICE 1.14

Le *Titanic,* un transatlantique construit en 1912, était qualifié d'insubmersible par ses propriétaires. Pourtant, il a sombré lors de son premier voyage, après avoir heurté un iceberg. Pourquoi les propriétaires du *Titanic* considéraient-ils leur navire comme insubmersible, et pourquoi celui-ci a-t-il sombré malgré tout ?

EXEMPLE **1.15** — Un exemple conceptuel

Un couple veut envoyer 225 invitations de mariage par la poste, mais il ne sait pas si les tarifs postaux sont les mêmes que ceux qui s'appliquent à une lettre standard de 30 g ou moins, ou s'ils sont supérieurs. Il ne veut évidemment pas apposer plus de timbres que nécessaire. Pour peser ses envois, il ne dispose pas d'un appareil très précis ; il a seulement une balance ordinaire dont la capacité est de 4 kg et dont chaque graduation équivaut à 10 g. La **figure 1.12** représente la pesée d'une invitation effectuée au moyen de cette balance. Comment le couple peut-il déterminer le tarif postal d'une invitation ?

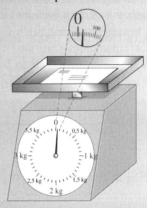

◀ Figure 1.12
Représentation du problème

➜ Analyse et conclusion

D'après la figure 1.12, la masse d'une invitation est d'environ 30 g, mais il est impossible de savoir si elle est légèrement inférieure ou légèrement supérieure à cette valeur. On peut seulement l'évaluer à quelques grammes près, par exemple 5 g. La masse d'une invitation est donc de (30 ± 5) g, c'est-à-dire qu'elle se situe entre 25 g et 35 g.

On peut également peser 100 invitations. On s'attend alors à ce que la masse se situe dans un intervalle très grand, allant de 2500 g à 3500 g. Le tarif postal sera le même que celui d'une lettre si la masse de 100 invitations ne dépasse pas 30 g $\times$ 100 = 3000 g ; sinon, il sera plus élevé que celui d'une lettre.

EXERCICE 1.15

Pour résoudre le problème de l'exemple 1.15, il a fallu poser deux hypothèses implicites. Quelles sont ces hypothèses et à quel point sont-elles importantes ? Dans quels cas la méthode utilisée est-elle inefficace ?

Exemples synthèses

Les exemples du texte ont pour but de montrer l'application d'une technique ou d'un aspect d'un concept. Toutefois, beaucoup de problèmes d'une importance particulière requièrent l'application simultanée de plusieurs concepts fondamentaux et le recours à des connaissances antérieures. L'exemple présenté à la fin de chaque chapitre du livre, intitulé *Exemple synthèse*, est de ce type. Il présente un problème synthèse dont la résolution pose au moins deux défis : celui de reconnaître les concepts présents dans le problème et celui d'établir une stratégie conduisant à une vue d'ensemble des opérations à effectuer afin d'obtenir une réponse acceptable.

EXEMPLE **SYNTHÈSE**

La capacité d'une bouteille vide est de 3,00 L, et sa masse est de 1,70 kg. Si on remplit cette bouteille d'un vin maison, la masse de la bouteille et de son contenu est de 4,72 kg. La teneur en éthanol du vin est de 11,0 % de sa masse. **a)** Quelle quantité d'éthanol y a-t-il dans un verre contenant 275 mL de ce vin ? **b)** Décrivez par une phrase ce qu'est le vin, en utilisant les bons mots parmi les suivants : élément, composé, substance, mélange homogène, mélange hétérogène et solution.

➔ Stratégie

Dans la question *a*, nous devons déterminer quelle est la masse d'éthanol dans la bouteille, calculer la masse volumique de l'éthanol et, à l'aide de la méthode de la conversion des unités, trouver la masse d'éthanol contenue dans un verre de vin. Dans la question *b*, nous devons vérifier notre compréhension de chacun des mots et choisir ceux qui sont applicables au vin.

➔ Solution

a) Calculons la masse de vin en soustrayant la masse de la bouteille vide (1,70 kg) de celle de la bouteille pleine (4,72 kg).

$$4,72 \text{ kg} - 1,70 \text{ kg} = 3,02 \text{ kg de vin}$$

Calculons la masse volumique du vin

$$\rho = \frac{3,02 \text{ kg}}{3,00 \text{ L}} \times \frac{10^3 \text{ g}}{\text{kg}} \times \frac{10^{-3} \text{ L}}{\text{mL}} = 1,007 \text{ g/mL}$$

Il ne faut pas appliquer la règle des chiffres significatifs immédiatement.

Calculons la masse d'éthanol.

$$? \text{ g} = 275 \text{ mL} \times \frac{1,007 \text{ g}}{\text{mL}} \times \frac{11,0 \text{ g d'éthanol}}{100 \text{ g de vin}} = 30,5 \text{ g}$$

b) Après l'analyse de la nature du vin, nous pouvons écrire que : le vin est un mélange homogène, une solution, comprenant deux composés principaux, soit l'éthanol et l'eau.

➔ Évaluation

Puisque la masse volumique du vin (1,007 g/mL) est légèrement supérieure à celle de l'eau (1,00 g/mL), la masse d'éthanol présente dans le vin est plausible. En effet, si le verre ne contenait que 11 % d'eau, nous aurions :

$$? \text{ g} = 275 \text{ mL} \times \frac{1,00 \text{ g}}{\text{mL}} \times \frac{11,0 \text{ g}}{100 \text{ g}} = 30,2 \text{ g}$$

Le vin n'est pas un composé mais bien un mélange, puisqu'il ne contient que 11 % d'éthanol. Donc, plusieurs autres composés sont présents dans le vin, l'eau étant le principal. Si c'est un mélange, c'est un mélange homogène, donc une solution. Chaque gorgée de vin contient le même pourcentage d'alcool.

Résumé

1.1 **La chimie : principe et applications** Les principes de chimie, comme ceux que nous allons étudier dans le présent manuel, sont à l'origine de nombreuses applications pratiques. Inversement, c'est souvent en se penchant sur les problèmes issus de la pratique qu'on découvre de nouveaux principes. En chimie, la théorie et les applications sont entrelacées à la manière des fibres d'un tissu fin.

1.2 **Quelques termes clés** La **matière**, qui est formée d'**atomes** et de **molécules**, peut être divisée en deux grandes catégories : les substances et les mélanges. Les substances ont une **composition** fixe ; elles sont soit des éléments, soit des composés. La nature des **éléments** est généralement représentée par une ou deux lettres appelées **symbole chimique**. Les **composés** peuvent être divisés en leurs éléments constitutifs au moyen de réactions chimiques, mais les éléments ne peuvent pas être divisés en substances plus simples. Les **mélanges** sont soit homogènes, soit hétérogènes. On peut mélanger des substances en proportions variables, de manière à produire des **mélanges homogènes** (aussi appelés **solutions**). La composition et les propriétés d'un **mélange hétérogène** ne sont pas uniformes, mais varient à l'intérieur de celui-ci.

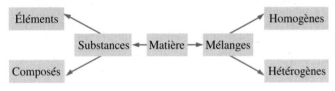

Les substances possèdent des **propriétés physiques**, c'est-à-dire des caractéristiques observables en l'absence de tout changement de composition. La manifestation d'une **propriété chimique** s'accompagne d'un changement dans la composition de la substance ; de nouvelles substances sont ainsi produites lors d'une **réaction chimique**. Un **changement physique** dans un échantillon de matière engendre une modification de l'aspect de celle-ci, mais n'a pas d'effet sur sa structure microscopique ni sur sa composition. Dans le cas d'un **changement chimique**, la composition et la structure microscopique de la matière se modifient.

Les résultats scientifiques ont notamment comme caractéristiques d'être testables, reproductibles, explicatifs, prédictifs et provisoires. La méthode scientifique comprend les **observations**, l'élaboration d'**hypothèses**, la collecte de **données** au moyen d'expériences, ainsi que la formulation de **lois** et de **théories**.

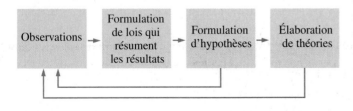

1.3 **La mesure scientifique** Dans le système international d'unités (SI), les quantités mesurées sont exprimées soit à l'aide des unités de base, soit à l'aide de multiples ou de sous-multiples de ces unités. Les multiples et les sous-multiples correspondent à des puissances de 10, et ils sont désignés au moyen de préfixes dans les noms et les abréviations des unités.

*nano*mètre (nm)	*micro*mètre (µm)	*milli*mètre (mm)
10^{-9} m	10^{-6} m	10^{-3} m
mètre (m)	*kilo*mètre (km)	
m	10^{3} m	

Dans ce chapitre, nous avons présenté quatre grandeurs physiques fondamentales : la **masse**, la longueur, le temps et la température. Leurs unités de base respectives sont le **kilogramme (kg)**, le **mètre (m)**, la **seconde (s)** et le **kelvin (K)**. Les mesures de volume dérivent de la longueur et ont le mètre cube (m^3) comme unité de base. Cependant le **litre (L)**, qui est égal à 1 décimètre cube (dm^3), est plus souvent utilisé. L'unité de base de la température, le kelvin (K), sera étudiée au chapitre 3. Dans le présent chapitre, nous avons décrit et comparé deux échelles de température, soit les échelles Celsius et Fahrenheit.

$$t_F = 1,8\, t_C + 32 \qquad t_C = \frac{(t_F - 32)}{1,8} \qquad (1.1)$$

1.4 **La précision et l'exactitudes d'une mesure** La **précision** d'une mesure est liée à l'incertitude qui est associée à cette mesure. L'incertitude décrit la limite de précision d'un instrument. L'**exactitude** d'une mesure indique à quel point la moyenne des données est proche de la valeur réelle, ou de la valeur la plus probable. On doit écrire toute quantité mesurée avec le nombre approprié de **chiffres significatifs** de manière à indiquer la précision. De plus, il faut tenir compte du nombre de chiffres significatifs dans l'écriture des quantités calculées. Lors de la prise de mesure avec des instruments de laboratoire, il est nécessaire de noter les valeurs mesurées avec le bon nombre de chiffres significatifs. L'**incertitude absolue** ($\pm$) permet de connaître l'ampleur du chiffre incertain, qui correspond à la moitié de la plus petite division dans le cas des instruments gradués.

1.5 **Une méthode de résolution de problèmes** On peut effectuer de nombreux calculs à l'aide de la méthode de **conversion des unités**. Selon cette méthode, une quantité donnée est multipliée par un **facteur de conversion** qui permet de changer les unités de cette quantité en d'autres unités. Un facteur de conversion est un rapport de deux termes, le numérateur et le dénominateur, qui équivaut à 1 et qu'on utilise pour transformer l'unité dans laquelle une quantité est exprimée.

La quantité physique appelée **masse volumique** constitue un important facteur de conversion. La masse volumique d'une substance est la masse d'une unité de volume de cette substance : $\rho = m/V$. Si on multiplie le volume (cm^3) d'une substance ou d'un mélange homogène par sa masse volumique (g/cm^3), on convertit le volume en masse. Si on multiplie la masse (g) d'une substance ou d'un mélange homogène par l'inverse de sa masse volumique (cm^3/g), on convertit la masse en volume.

 1.6 Autres considérations sur la résolution de problèmes Trois sortes d'exemples sont présentés dans cette section et utilisés tout au long du livre. Les exemples de calcul approximatif, de même que les exercices qui les accompagnent, portent sur les méthodes servant à obtenir un résultat satisfaisant avec le minimum de calculs. Les exemples conceptuels et les exercices qui les accompagnent sont essentiellement des applications de concepts fondamentaux visant à répondre à des questions pour la plupart de nature qualitative. L'exemple synthèse de fin de chapitre résume des concepts fondamentaux de chapitres antérieurs et les applique à la résolution d'un problème donné.

Conseil : On n'apprend pas à jouer du piano en lisant des articles sur les habiletés des grands pianistes ni en assistant à des concerts ; de même, vous n'apprendrez pas à résoudre des problèmes en lisant des solutions ni en regardant votre enseignant en résoudre. La résolution de problèmes vous aidera à comprendre les concepts présentés dans le chapitre et vous fournira l'occasion de mettre en pratique votre habileté à faire des approximations et à synthétiser des idées. Plus vous ferez de problèmes, plus vous développerez l'habileté d'en résoudre.

Mots clés

Vous trouverez également la définition des mots clés dans le glossaire à la fin du livre.

atome **6**
changement chimique
   (ou réaction chimique) **7**
changement physique **7**
chiffre significatif **19**
chimie **6**
composé **8**
composition **6**
données **10**
élément **8**
exactitude **17**
expérience **10**

facteur de conversion **24**
hypothèse **10**
incertitude absolue **17**
kelvin (K) **15**
kilogramme (kg) **13**
litre (L) **13**
loi scientifique **10**
masse (m) **13**
masse volumique (ρ) **27**
matière **6**
mélange **9**
mélange hétérogène **10**

mélange homogène (ou solution) **10**
mètre (m) **12**
molécule **6**
précision **17**
propriété chimique **7**
propriété physique **6**
seconde (s) **14**
substance **8**
symbole chimique **8**
théorie scientifique **10**

Problèmes par sections

 1.3 La mesure scientifique

1. Changez l'unité de mesure de chaque quantité en remplaçant le 10 exposant *n* par le préfixe SI approprié.

  a) $4{,}54 \times 10^{-9}$ g

  b) $3{,}76 \times 10^{3}$ m

  c) $6{,}34 \times 10^{-6}$ g

2. Exprimez chaque mesure à l'aide d'une unité SI de base et de la notation exponentielle.

  a) 1,09 ng

  b) 9,01 ms

  c) 145 pm

3. Effectuez les conversions suivantes.

  a) 23,5 °C en degrés Fahrenheit

  b) 173,9 °F en degrés Celsius

  c) –98,0 °C en degrés Fahrenheit

4. Le point de fusion d'un solide est la température à laquelle le solide, soumis à un changement physique, se liquéfie.

  a) Convertissez en degrés Fahrenheit les points de fusion suivants : le fer : 1536 °C ; l'argent : 961,93 °C ; le mercure : –38,36 °C.

  b) Convertissez en degrés Celsius les points de fusion suivants : l'or, 1948,57 °F ; le plomb, 621,37 °F ; l'éthanol, –174,1 °F.

5. a) Sur le continent africain, la température record, soit 136 °F, a été observée en 1922 à Aziza, en Libye. Exprimez cette température en degrés Celsius.

  b) Sur Mars, la température aux pôles descend à –120 °C en hiver : la vapeur d'eau et le gaz carbonique contenus dans l'atmosphère se solidifient. Quelle est la température aux pôles en degrés Fahrenheit ?

6. a) Une recette de bonbons indique qu'il faut chauffer un mélange sucré jusqu'à ce qu'il soit à l'état de « boule molle », c'est-à-dire jusqu'à ce qu'il forme une boule molle lorsqu'on le verse dans de l'eau froide, ce qui correspond à une température de 234 à 240 °F. Peut-on utiliser un thermomètre de laboratoire dont l'échelle va de –10 °C à 110 °C pour mesurer cette température ?

b) Quelle température a la même valeur numérique sur les échelles Fahrenheit et Celsius ? Cette température est-elle nécessairement unique ?

7. Effectuez les conversions suivantes.

a) 50,0 km en mètres

b) 47,9 mL en litres

c) 578 µs en millisecondes

d) $1,55 \times 10^2$ kg en milligrammes

e) 87,4 cm² en millimètres carrés

f) 0,0962 km/min en mètres par seconde

8. *Sans faire de calculs détaillés,* placez les objets suivants en ordre croissant selon leur longueur (en commençant par la plus petite) :

a) Une chaîne de 1,2 m

b) Un câble de 7,5 dm

c) Un serpent à sonnette de 45 po

d) Un crayon

9. *Sans faire de calculs détaillés,* placez les objets suivants en ordre croissant selon leur masse (en commençant par la plus petite) :

a) Un sac de pommes de terre de 5 lb

b) Un chou de 1,65 kg

c) 2500 g de sucre

1.4   La précision et l'exactitude d'une mesure

10. Combien de chiffres significatifs chacune des quantités mesurées suivantes comprend-elle ?

a) 8008 m

b) 0,000 75 s

c) 0,049 300 g

d) $6,2 \times 10^5$ m

e) $4,200 \times 10^5$ s

f) 0,1050 °C

11. Combien de chiffres significatifs chacune des quantités mesurées suivantes comprend-elle ?

a) 4051 m

b) 0,0169 s

c) 0,0430 g

d) $5,00 \times 10^9$ m

e) $1,60 \times 10^{-9}$ s

f) 0,0150 °C

12. Exprimez chacune des quantités mesurées suivantes à l'aide de la notation exponentielle.

a) 2804 m

b) 901 s

c) 0,000 90 cm

d) 221,0 s

13. Exprimez chacune des quantités mesurées suivantes à l'aide de la notation exponentielle.

a) 8352 m

b) 300,0 s

c) 0,0885 cm

d) 122,2 s

14. Exprimez chacune des quantités mesurées suivantes à l'aide de la notation décimale courante (par exemple $3,11 \times 10^2$ = 311). Si le résultat se termine par un ou des zéros, indiquez si ceux-ci sont des chiffres significatifs.

a) $5,055 \times 10^2$ m

b) $2,12 \times 10^3$ s

c) $6,10 \times 10^{-3}$ g

d) $4,00 \times 10^4$ mL

15. Exprimez chacune des quantités mesurées suivantes à l'aide de la notation décimale courante (par exemple $6,375 \times 10^3$ = 6375). Si le résultat se termine par un ou des zéros, indiquez si ceux-ci sont des chiffres significatifs.

a) $3,18 \times 10^5$ m

b) $7,50 \times 10^2$ mL

c) $4,1 \times 10^{-4}$ s

d) $9,200 \times 10^4$ m

16. Effectuez les opérations indiquées et exprimez le résultat avec le nombre approprié de chiffres significatifs.

a) 36,5 m – 2,16 m + 3,452 m

b) 151 g + 4,16 g – 0,0220 g

c) 15,44 mL – 9,1 mL + 105 mL

d) 15,52 cm + 5,1 cm – 3,18 cm – 12,02 cm

17. Effectuez les opérations indiquées et exprimez le résultat avec l'unité donnée et le nombre approprié de chiffres significatifs.

a) 13,25 cm + 26 mm – 7,8 cm + 0,186 m (en centimètres)

b) 48,834 g + 717 mg – 0,166 g + 1,0251 kg (en kilogrammes)

18. Effectuez les opérations indiquées et exprimez le résultat avec le nombre approprié de chiffres significatifs.

a) $73,0 \times 1,340 \times (25,31 - 1,6) = ?$

b) $\dfrac{33,58 \times 1,007}{0,007\ 05} = ?$

c) $\dfrac{418,7 \times 31,8}{(19,27 - 18,98)} = ?$

d) $\dfrac{2,023 - (1,8 \times 10^{-3})}{1,05 \times 10^4} = ?$

19. Effectuez les opérations indiquées et exprimez le résultat avec le nombre approprié de chiffres significatifs.

a) $265,02 \times 0,000\ 581 \times 12,18 = ?$

b) $\dfrac{22,61 \times 0,0587}{135 \times 28} = ?$

c) $\dfrac{(33,62 + 12,2 - 48,36)}{26,4 \times 12,13} = ?$

d) $\dfrac{(4,6 \times 10^3 + 2,2 \times 10^2)}{3,11 \times 10^4 \times 7,12 \times 10^{-2}} = ?$

20. Exprimez chacune des quantités mesurées suivantes en donnant un nombre approprié de chiffres significatifs :

a) Un volume de liquide de 100 mL mesuré avec une éprouvette graduée de 100 mL ayant des graduations en millilitres.

b) Un volume de liquide mesuré avec une pipette volumétrique de 25 mL.

c) 50 mL de liquide mesuré à l'aide d'une burette graduée en dixièmes de millilitre.

1.5 Une méthode de résolution de problèmes

21. La masse d'un échantillon de 25,0 mL de brome liquide est de 78,0 g. Quelle est la masse volumique du brome ?

22. On place sur une feuille de papier des fragments de métal dont le volume total est de 3,29 cm³ afin de les peser. On obtient une masse totale de 18,432 g, et la masse de la feuille de papier est de 1,214 g. Calculez la masse volumique du métal et exprimez celle-ci avec le nombre approprié de chiffres significatifs.

23. Un morceau d'un parallélépipède de plomb mesure 1,20 cm sur 2,41 cm sur 1,80 cm, et sa masse est de 59,01 g. Calculez la masse volumique du plomb.

24. Un morceau d'un parallélépipède fait d'un matériau de couleur or mesure 3,00 cm sur 1,25 cm sur 1,50 cm, et sa masse est de 28,12 g. Se peut-il que ce matériau soit de l'or ? (La masse volumique de l'or est de 19,3 g/cm³.)

25. Quelle est la masse, en grammes, de 30,0 mL d'un sirop dont la masse volumique est de 1,32 g/mL ?

26. Quel est le volume d'un morceau de fonte de 898 kg ($\rho = 7,76$ g/cm³) ? Si on utilise la totalité de ce morceau de fonte pour fabriquer une tige cylindrique dont l'aire de la base est de 1,50 cm², quelle sera la longueur de cette tige ?

27. Quel est le volume de 5,79 mg d'or ($\rho = 19,3$ g/cm³) ? Si on aplatit cet or en une feuille d'une surface de 44,6 cm², quelle sera son épaisseur ?

28. Une boîte de base carrée de 0,80 m de côté a une hauteur de 1,20 m. On la remplit de 3,2 kg d'un matériau d'emballage appelé polystyrène expansé. Quelle est la masse volumique apparente, en grammes par centimètre cube, du matériau d'emballage ? (La masse volumique apparente tient compte de l'air qui se trouve entre les morceaux de polystyrène.)

29. Le hylon VII, qui est un substitut du polystyrène expansé à base d'amidon, a une masse volumique apparente de 12,8 kg/m³. Combien de grammes de ce matériau d'emballage faut-il pour remplir un volume de 0,050 m³ ?

30. Si on voulait placer les objets suivants à l'arrière d'une camionnette, lequel serait le plus difficile à soulever ?

a) Un sac de pommes de terre de 100 lb

b) Une bouteille en plastique de 15 gal US, remplie d'eau

c) Une bouteille de 3,0 L remplie de mercure ($\rho = 13,6$ g/cm³)

31. On laisse tomber, dans l'éprouvette graduée de gauche (ci-dessous), plusieurs morceaux de zinc de formes irrégulières, dont la masse totale est de 30,0 g. Il en résulte une augmentation du niveau de l'eau dans le cylindre, comme l'indique l'illustration de droite. Calculez la masse volumique du zinc et exprimez le résultat avec le nombre maximal de chiffres significatifs.

32. Le récipient de gauche (ci-dessous) est rempli d'eau, à une température de 20 °C, jusqu'à l'orifice de trop-plein. Si on fait flotter un cube de bois de 2,5 cm de côté sur l'eau, 10,8 mL de liquide s'échappent du récipient (illustration de droite). Calculez la masse volumique du bois et exprimez le résultat avec le nombre maximal de chiffres significatifs.

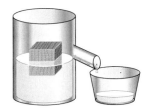

Problèmes complémentaires ★ Problème défi ◉ Problème synthèse

33. Est-il vrai que le résultat de calculs ne peut jamais comporter un plus grand nombre de chiffres significatifs que le terme ou le facteur intervenant dans les calculs qui en a le moins ? Expliquez votre réponse.

34. Selon vous, lequel des deux instruments serait le plus précis pour mesurer la longueur du panneau d'affichage dont il est question dans le tableau 1.5 : un mètre en bois ou un ruban d'acier de 2 m de longueur, tous deux gradués en millimètres ? Selon vous, lequel des deux instruments serait le plus exact ? Expliquez vos réponses. Votre conclusion serait-elle la même dans le cas de la mesure de la largeur ? Expliquez votre réponse.

35. Au cours d'un voyage sans escale autour de la Terre, en 1986, l'avion *Voyager* a parcouru 40 398 km en 9 jours, 3 minutes et 44 secondes. En utilisant le nombre maximal de chiffres significatifs, calculez la vitesse moyenne de *Voyager* en kilomètres par heure.

36. Pour les courses de chevaux, on utilise une unité appelée *furlong*, et les arpenteurs emploient comme unités la *chaîne* et le *chaînon*. Un mètre est égal à 0,005 furlong ; il y a 10 chaînes dans un furlong, et 100 chaînons dans une chaîne. Calculez la longueur d'un chaînon en centimètres, et conservez trois chiffres significatifs.

37. Le 23 juillet 1983, l'avion effectuant le vol 143 d'Air Canada a nécessité 22 300 kg de kérosène pour faire le trajet entre Montréal et Edmonton. La masse volumique du kérosène est de 0,803 g/mL, ou 1,77 lb/L. L'avion disposait de 7682 L de combustible à son départ de Montréal. En multipliant cette quantité par le facteur 1,77 (sans unité), l'équipe au sol a calculé que le volume de kérosène correspondait à 13 597 kg et qu'elle devait ajouter 8703 kg de carburant pour que l'avion se rende jusqu'à Edmonton. En divisant 8703 kg par le facteur 1,77 (sans unité, encore une fois), elle en est venue à la conclusion qu'elle devait ajouter 4916 L de kérosène. En fait, elle en a ajouté 5000 L. L'avion a manqué de carburant en vol et a atterri en catastrophe près de Winnipeg, alors qu'il lui restait encore des centaines de kilomètres à parcourir pour atteindre sa destination. (Seulement quelques personnes ont été blessées ; il n'y a pas eu de décès.) Quelle erreur l'équipe au sol a-t-elle commise ? Quelle quantité de kérosène aurait-elle dû ajouter dans le réservoir avant le décollage ?

38. Aux États-Unis, on mesure fréquemment la superficie des terres en acres (640 ac = 1 mi^2), tandis qu'ailleurs on emploie généralement l'hectare (1 ha = 1 hm^2, ou hectomètre carré, et 1 hm = 100 m). Laquelle des deux aires suivantes est la plus grande : un acre ou un hectare ? Trouvez un facteur de conversion qui relie l'acre à l'hectare. (1 mi = 5280 pi et 1 m = 39,37 po.)

39. Pour les travaux scientifiques, la masse volumique est généralement exprimée en grammes par centimètre cube, alors que les ingénieurs emploient fréquemment la livre par pied cube (lb/pi^3). On sait que la masse volumique de l'eau est de 0,998 g/cm^3 à 20 °C. Exprimez cette masse volumique en livres par pied cube.

40. Une feuille carrée d'aluminium (ρ = 2,70 g/cm^3) mesure 5,10 cm de côté et sa masse est de 1,762 g. Calculez l'épaisseur de cette feuille en millimètres.

41. Un aérogel est un solide très poreux, et la plus grande partie de son volume est remplie d'air. La masse volumique de la poudre de silice (oxyde de silicium) est de 2,2 g/cm^3. En dilatant de la silice, on en fait un aérogel dont la masse volumique apparente est de 0,015 g/cm^3. Calculez le volume d'aérogel de silice qu'on peut fabriquer avec 125 cm^3 de poudre de silice.

42. La retombée de poussières, c'est-à-dire l'ensemble des contaminants atmosphériques qui se déposent sur les surfaces exposées, est généralement de 3,9 t/km^2 par mois (t = tonne = 1000 kg) lorsque l'air est peu pollué. Exprimez la valeur de la retombée de poussières en milligrammes par mètre carré par heure. (Remarque : 1 mois correspond à 30 jours.)

43. Le dispositif illustré ci-dessous, appelé pycnomètre, est utilisé pour déterminer très précisément la masse volumique d'un liquide. On pèse d'abord le ballon vide, on le pèse de nouveau après l'avoir rempli d'un liquide de masse volumique connue (habituellement de l'eau), puis on utilise les deux mesures ainsi obtenues pour calculer le volume du ballon. Enfin, on pèse le ballon après l'avoir rempli du liquide dont on veut déterminer la masse volumique, ce qui permet de calculer celle-ci. Calculez la masse volumique du benzène à 20 °C à l'aide des données qui accompagnent les illustrations ci-dessous.

Masse du pycnomètre vide : 32,105 g

Masse du pycnomètre rempli d'eau à 20 °C : 42,062 g
Masse volumique de l'eau : 0,9982 g/mL

Masse du pycnomètre rempli de benzène à 20 °C : 40,873 g
Masse volumique du benzène : ?

44. On utilise un pycnomètre semblable à celui qui est illustré au problème 43 pour déterminer la masse volumique d'un métal composé de zinc à structure granuleuse. Au cours d'expériences effectuées à une température de 20 °C, on a déterminé que la masse du pycnomètre vide et sec est de 36,2142 g, et que sa masse lorsqu'il est rempli d'eau est de 46,1894 g. Si on place un petit échantillon de zinc dans le pycnomètre vide et sec, la masse du ballon et de son contenu est de 38,1055 g. Enfin, la masse du pycnomètre contenant l'échantillon de zinc et qu'on remplit d'eau est de 47,8161 g. Utilisez ces données et la masse volumique de l'eau à 20 °C, soit 0,998 23 g/mL, pour calculer la masse volumique du zinc.

45. Reportez-vous à la figure 1.9. Lorsqu'un morceau de bois de padouk de 1 cm^3 flotte sur l'eau, indiquez, à partir des masses volumiques du bois et de l'eau, quelle fraction du morceau est située au-dessus de la ligne de flottaison et quelle fraction est sous cette ligne. Décrivez votre raisonnement.

46. Les deux récipients illustrés ci-dessous sont remplis d'eau à ras bords. On place délicatement un cube de laiton de 2,0 cm de côté dans le récipient de gauche, et un morceau d'un parallélépipède de liège de 5,0 cm sur 4,0 cm sur 2,0 cm dans le récipient de droite. La masse volumique du laiton est de 8,40 g/cm^3, et celle du liège est de 0,22 g/cm^3. Le volume d'eau qui débordera sera-t-il plus grand dans le cas du récipient de gauche ou du récipient de droite ?

47. L'écrou illustré ci-dessous a une base carrée de 14,0 mm de côté et une épaisseur de 6,0 mm, et il est percé d'un trou de 7,0 mm de diamètre. La masse volumique du métal dont est fait l'écrou est de 7,87 g/cm³. Combien d'écrous y a-t-il environ dans un paquet de 0,50 kg ?

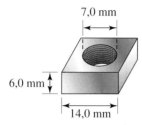

48. ★ Les règles d'emploi des chiffres significatifs énoncées dans le présent chapitre permettent de connaître approximativement la précision de calculs portant sur des quantités mesurées. Selon les données du tableau 1.5, la valeur moyenne pour la longueur est de 1,827 ± 0,003 m et la largeur est de 0,762 ± 0,001 m. On peut calculer l'incertitude relative en pourcentage :

$$\frac{0,003 \ \text{m}}{1,827 \ \text{m}} \times 100 \ \% = 0,2 \ \%$$

et

$$\frac{0,001 \ \text{m}}{0,762 \ \text{m}} \times 100 \ \% = 0,1 \ \%$$

Afin d'obtenir une meilleure approximation, il est possible de déterminer l'incertitude absolue d'un résultat. Le calcul de cette incertitude dépend du type de calcul effectué. Pour les additions et les soustractions, on additionne les incertitudes absolues ; pour les multiplications et les divisions, on additionne les incertitudes relatives exprimées en pourcentage.

a) Calculez le périmètre du panneau d'affichage et son incertitude absolue.

b) Déterminez la superficie du panneau d'affichage, de même que l'incertitude relative et l'incertitude absolue de la superficie.

c) Montrez, en utilisant la méthode décrite plus haut, que l'aire du panneau d'affichage peut comporter un chiffre significatif de plus que ne le permettent les règles énoncées dans le présent chapitre. Selon vous, en est-il de même pour tous les calculs ? Expliquez votre réponse.

49. Un journal a publié, dans sa chronique sur l'alimentation, une recette de « hamburger à la parisienne ». Les ingrédients pour six hamburgers sont les suivants : 1 1/2 lb de bœuf haché ; 2 à 3 onces de fromage bleu ; de l'huile végétale ; 6 tranches de pain français ; environ 4 cuillerées à soupe de beurre ; du sel ; du poivre noir ; 1/4 de tasse d'échalotes émincées ; 1 tasse de vin rouge. La recette était accompagnée des informations nutritionnelles suivantes, données pour un hamburger : 1765 calories ; 58 g de matières grasses (dont 23 g de graisse saturée) ; 62 g de protéines ; 238 g de glucides ; 128 mg de cholestérol ; 3117 mg de sodium.

Critiquez la manière dont les informations nutritionnelles sont données, compte tenu de la description des ingrédients. Récrivez ces informations de façon plus conforme aux règles d'écriture des quantités mesurées ou calculées qui sont énoncées à la section 1.4.

50. ★ Le tableau de données ci-dessous est utilisé pour déterminer le pourcentage de graisse du corps humain.

Masse volumique du corps (g/cm³)	Pourcentage de graisse du corps
1,010	38,3
1,030	29,5
1,050	21,0
1,070	12,9
1,090	5,07

Représentez les données du tableau par un graphique (voir l'annexe A), puis calculez approximativement le pourcentage de graisse dans les deux cas présentés en *a* et en *b*. (La masse volumique de l'eau dans ces conditions est de 0,998 g/mL.)

a) Le corps d'une personne a une masse volumique de 1,037 g/cm³.

b) Si on mesure la masse d'une personne dans l'air, elle est de 165 lb, alors qu'elle est de 14 lb lorsque la personne est immergée dans l'eau.

c) Les données présentées en *a* et en *b* se rapportent à deux personnes. Laquelle est vraisemblablement un athlète bien entraîné ?

51. ★ L'objet illustré ci-dessous a une masse de 5,15 kg. On veut déterminer si cet objet flotte sur l'eau.

a) Montrez que l'objet ne peut pas flotter.

b) Montrez que l'objet ne peut pas flotter même si on ferme l'orifice cylindrique avec un bouchon de balsa ($\rho = 0,1$ g/cm³).

c) Au minimum, combien de trous cylindriques similaires à celui qui est illustré faut-il percer, puis fermer au moyen de bouchons de balsa, pour obtenir un objet capable de flotter ?

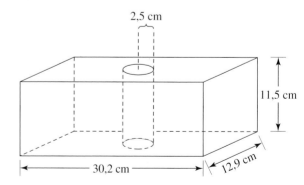

Les **atomes,** les **molécules** et les **ions**

Notre étude de la chimie est en grande partie centrée sur les molécules. On représente souvent celles-ci par des modèles moléculaires compacts. Dans le sens des aiguilles d'une montre à partir de la gauche, les modèles de la photo illustrent respectivement des molécules d'eau (H_2O), de chlore (Cl_2), d'acide acétylsalicylique ($CH_3COOC_6H_4COOH$) et de trifluorure de bore (BF_3).

2

La chimie a un vocabulaire qui lui est propre : atome, ion, molécule, isotope, acide, base, sel, etc. Elle possède aussi son propre langage symbolique. Les atomes des éléments sont désignés par des symboles, tels H, C, N, O, Na et Cl, qui forment en quelque sorte l'« alphabet » de la chimie. On représente les composés par des formules chimiques que l'on a obtenues en combinant les symboles : NaCl, H_2O, CO_2 et C_5H_{12}. Les formules sont analogues aux « mots ». Dans le présent chapitre, nous examinerons le vocabulaire de la chimie, de même que l'alphabet et le langage symbolique employé par les chimistes. Dans le chapitre suivant, nous ajouterons à celui-ci les « phrases » ou équations chimiques.

Dans la première partie de ce chapitre, nous porterons notre attention sur des concepts fondamentaux relatifs aux atomes et aux lois qui déterminent comment les atomes se combinent pour former des composés. Dans la deuxième partie, nous présenterons deux grandes catégories de substances : les composés moléculaires et les composés ioniques. Nous nous intéresserons particulièrement à la **nomenclature chimique**, c'est-à-dire à la relation qui existe entre le nom et la formule des composés chimiques. Plus précisément, nous verrons comment écrire la formule d'un composé dont on connaît le nom et comment nommer un composé dont on connaît la formule. Il est bon d'avoir une connaissance pratique de la nomenclature, car le nom d'un composé fournit souvent des indices sur la structure de celui-ci et, par le fait même, sur son comportement chimique.

Après avoir étudié le présent chapitre, vous serez en mesure de répondre aux questions suivantes :

- Quelles sont les trois principales particules constituant l'atome ?

- Qu'est-ce qui différencie les isotopes d'un élément chimique ?

- Comment s'appelle le composé dont est imprégnée l'une des extrémités d'une allumette et qui s'enflamme sous l'effet de la chaleur ? Quelle en est la formule chimique ?

- Quel est le composé à la base du gypse ?

SOMMAIRE

Nomenclature chimique

Système de relations entre les noms et les formules des composés chimiques.

Les lois et les théories : un peu d'histoire

Les premiers praticiens ont accumulé une grande quantité d'informations utiles sur les substances chimiques et leur comportement, mais il a fallu attendre que les lois des combinaisons chimiques soient solidement établies, à la fin du XVIIIe siècle, pour que la chimie soit considérée comme une science. Dans la première partie du chapitre, nous examinerons l'élaboration de quelques-unes de ces lois, de même que plusieurs concepts fondamentaux dont nous nous servirons tout au long du présent manuel.

Antoine Lavoisier (1743-1794) était à la fois chimiste, biologiste et économiste. Il a mis sur pied un laboratoire privé et a financé ses recherches en utilisant des revenus tirés d'un organisme de perception d'impôts instauré par le roi Louis XVI et qui suscitait la grogne de la majorité des gens. L'expérience qu'il avait acquise dans le domaine de la comptabilité a amené Lavoisier à appliquer les principes de l'élaboration d'un bilan à toutes sortes de choses, y compris aux réactions chimiques. Cependant, à cause de sa fonction de percepteur d'impôts pour le roi, il s'est attiré l'hostilité des chefs de file de la Révolution française et a été guillotiné. Ses bourreaux étaient bien loin de se douter que leur victime serait un jour reconnue comme le père de la chimie moderne.

2.1 Les lois des combinaisons chimiques

Nous avons vu qu'il est souvent possible de résumer les données tirées d'expériences par des lois, que l'on tente ensuite d'expliquer en élaborant des théories scientifiques. Nous présenterons, dans la section 2.2, la théorie de la structure atomique de la matière élaborée par John Dalton, mais nous examinerons d'abord deux lois que cette théorie visait à expliquer.

Lavoisier : la loi de la conservation de la masse

La chimie moderne existe depuis le XVIIIe siècle, soit depuis que des scientifiques font des observations quantitatives. Antoine Lavoisier a découvert, en effectuant des mesures précises à environ 0,0001 g, que la masse totale des substances en présence au cours d'une réaction chimique ne change pas. Il a notamment chauffé de l'oxyde de mercure rouge, ce qui a provoqué sa décomposition en deux éléments : du mercure (un métal) et de l'oxygène gazeux. En mesurant soigneusement les deux produits, il a observé que leur masse totale était exactement égale à la masse de l'échantillon d'oxyde de mercure qu'il avait utilisé.

Lavoisier a résumé ses résultats dans la **loi de la conservation de la masse** :

La masse totale demeure constante durant une réaction chimique*.

Loi de la conservation de la masse

La masse totale demeure constante durant une réaction chimique, c'est-à-dire que la masse des produits est en tout temps égale à la masse totale des réactifs consommés.

EXEMPLE 2.1   Un exemple conceptuel

Jan Baptist Van Helmont (1579–1644) a planté un jeune saule dans un seau rempli de terreau, qu'il avait d'abord pesé. Cinq ans plus tard, il a constaté que la masse du saule avait augmenté de 75 kg, alors que la masse du terreau avait diminué de 0,057 kg seulement. Van Helmont n'avait ajouté que de l'eau dans le seau ; il en a conclu que la substance additionnelle de l'arbre provenait de l'eau. Expliquez et critiquez cette conclusion.

→ Analyse et conclusion

L'explication de Van Helmont était conforme à la loi de la conservation de la masse, qui n'avait pas encore été formulée, en ce sens qu'elle éliminait la possibilité que la masse additionnelle de l'arbre ait été créée à partir de rien. Cependant, elle contient une erreur importante : Helmont n'a pas tenu compte de toutes les substances intervenant dans le processus de croissance de l'arbre. Il ne connaissait pas le rôle que jouent la vapeur d'eau et le dioxyde de carbone (gaz carbonique) à cet égard. Lorsqu'on applique la loi de la conservation de la masse, il faut prendre en compte toutes les substances qui interviennent dans une réaction chimique.

---

* Une modification de cette loi, datant du XXe siècle et fondée sur les travaux d'Albert Einstein, spécifie que la masse peut être convertie en énergie, et vice versa. Nous n'avons cependant pas à en tenir compte parce que, dans le cas d'une réaction chimique, la variation de la masse correspondant à une variation de l'énergie est trop petite pour être décelée.

EXERCICE 2.1

Dans les années 1970, l'ampoule jetable d'un flash d'appareil photo contenait du magnésium et de l'air. Elle avait une masse de 7,500 g. Lorsqu'elle s'allumait, elle émettait un éclair de lumière blanche, et une poudre blanche se déposait sur sa paroi. Quelle était la masse de l'ampoule après l'émission de l'éclair ? Expliquez votre réponse.

Proust : la loi des proportions définies

À la fin du XVIIIe siècle, Lavoisier et d'autres scientifiques avaient réussi à séparer plusieurs composés en leurs éléments constitutifs. L'un de ces scientifiques, Joseph Proust (1754–1826), a réalisé des études quantitatives minutieuses qui lui ont permis d'établir la **loi des proportions définies** :

> *Tous les échantillons d'un composé donné ont la même composition, c'est-à-dire que les proportions, selon la masse, des éléments en présence sont identiques dans tous les échantillons.*

Proust a énoncé cette loi à partir des expériences qu'il a menées à l'aide d'une substance aujourd'hui appelée *carbonate de cuivre basique* (**figure 2.1**). N'importe quel échantillon de cette substance a, en pourcentage massique, la composition suivante : 57,48 % de cuivre ; 5,43 % de carbone ; 0,91 % d'hydrogène ; 36,18 % d'oxygène.

Un composé a non seulement une composition constante, ou fixe, mais il a aussi des propriétés fixes. Par exemple, la quantité maximale de chlorure de sodium (ou sel de table) qu'on peut dissoudre dans 100,0 g d'eau pure à 20 °C est de 35,9 g. À la pression atmosphérique normale, l'eau pure se solidifie toujours à 0 °C, et elle bout à 100 °C. Les propriétés physiques et chimiques d'une substance chimique dépendent de sa composition : elles ne sont pas dues au hasard. Nous verrons pourquoi il en est ainsi dans les prochains chapitres.

Loi des proportions définies

Tout échantillon d'un composé donné a la même composition, c'est-à-dire que les proportions, selon la masse, des éléments en présence sont identiques dans tous les échantillons.

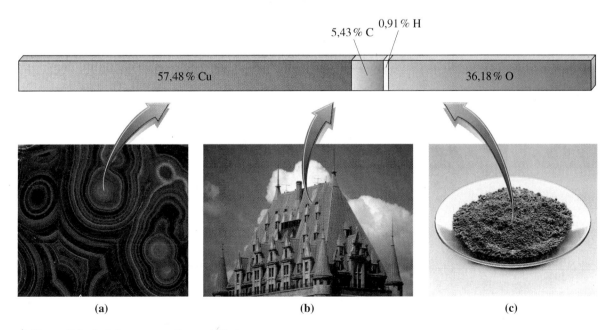

5,43 % C   0,91 % H

57,48 % Cu   36,18 % O

(a)   (b)   (c)

▲ **Figure 2.1 Loi des proportions définies**
(a) Le carbonate de cuivre basique existe dans la nature sous la forme d'un minéral appelé *malachite*.
(b) Il forme un dépôt verdâtre (appelé *vert-de-gris*) sur les toits en cuivre et les statues en bronze.
(c) Il peut également être synthétisé en laboratoire. Mais quelle qu'en soit la provenance, le carbonate de cuivre basique a toujours la même composition.

EXEMPLE 2.2

Dans l'oxyde de magnésium, le rapport entre les masses respectives de l'oxygène et du magnésium est de 0,6583 : 1. Quelle masse d'oxyde de magnésium obtient-on en faisant brûler complètement 2,000 g de magnésium en présence d'oxygène gazeux pur ?

➜ Stratégie

On indique généralement un rapport de masses sous la forme suivante : « Le rapport entre les masses de l'oxygène et du magnésium est de 0,6583 : 1. » Dans le cas présent, le premier nombre représente une masse d'oxygène, par exemple 0,6583 g d'oxygène, tandis que le second représente une masse de magnésium. On écrit simplement 1, mais il est sous-entendu que le second terme est aussi précis que le premier : 1 équivaut à 1,000 g de magnésium. Selon la loi des proportions définies, une quantité donnée d'oxygène se combine au magnésium, de sorte que le rapport entre les masses d'oxygène et de magnésium dans le composé qui en résulte est exactement de 0,6583 : 1.

➜ Solution

En exprimant ce rapport sous la forme d'un facteur de conversion, nous pouvons déterminer la masse requise d'oxygène.

$$? \text{ g d'oxygène} = 2{,}000 \text{ g de magnésium} \times \frac{0{,}6583 \text{ g d'oxygène}}{1{,}000 \text{ g de magnésium}}$$

$$= 1{,}317 \text{ g d'oxygène}$$

Enfin, selon la loi de la conservation de la masse, la masse de l'oxyde de magnésium produit est égale à la masse totale des substances participant à la réaction.

$$? \text{ g d'oxyde de magnésium} = 2{,}000 \text{ g de magnésium} + 1{,}317 \text{ g d'oxygène}$$

$$= 3{,}317 \text{ g d'oxyde de magnésium}$$

➜ Évaluation

Comme simple vérification, comparons la masse calculée de l'oxyde de magnésium avec la masse de départ du magnésium. En accord avec la loi de la conservation de la masse, la quantité de produit obtenue de la réaction entre le magnésium et l'oxygène doit être plus grande que la masse de départ du magnésium. C'est en effet le cas : 3,317 g d'oxyde de magnésium est plus grand que 2,000 g de magnésium.

EXERCICE 2.2 A

Quelle masse d'oxyde de magnésium résulte de la combinaison de 1,500 g d'oxygène avec du magnésium ?

EXERCICE 2.2 B

On fait brûler un échantillon de magnésium de 3,250 g en présence de 12,500 g d'oxygène. Quelle est la masse de l'oxygène *inaltéré* une fois que le magnésium a été entièrement consommé pour former de l'oxyde de magnésium, qui est l'unique produit de la réaction ?

John Dalton (1766-1844) n'était pas d'abord un expérimentateur, mais il a utilisé adroitement les résultats obtenus par d'autres chercheurs pour élaborer sa théorie atomique. Il a de plus noté, toute sa vie, le temps qu'il faisait. Ses études sur l'humidité, mesurée à l'aide du point de rosée, l'ont mené à la découverte d'une importante loi concernant les mélanges gazeux (voir la section 4.10). Il souffrait d'une incapacité à voir le rouge et le vert. Il a été le premier à émettre des hypothèses sur l'origine de cette maladie qui porte aujourd'hui son nom, le « daltonisme ».

2.2 John Dalton et la théorie atomique de la matière

En 1803, John Dalton a proposé une théorie visant à expliquer la loi de la conservation de la masse et la loi des proportions définies. Au cours de l'élaboration de sa théorie atomique, Dalton a découvert des faits appelant la formulation d'une autre loi scientifique, pour laquelle il fallait que sa théorie fournisse également une explication. Il a observé que la combinaison d'un ensemble donné d'éléments pouvait produire deux ou plusieurs composés distincts mais liés entre eux par un rapport précis quant aux proportions des éléments constitutifs. Voici un exemple simple, concernant deux composés du carbone et de l'oxygène, qui illustre le raisonnement tenu par Dalton. Dans le dioxyde de carbone (aussi appelé gaz carbonique), un produit de la respiration des êtres vivants et de la combustion des carburants fossiles, les deux éléments se combinent dans un rapport de 8,0 g d'oxygène pour 3,0 g de carbone ; dans le monoxyde de carbone, un gaz toxique produit lorsqu'on brûle un combustible en présence d'une quantité limitée d'air, les deux éléments se combinent dans un rapport de 4,0 g d'oxygène pour 3,0 g de carbone. C'est en s'appuyant sur des faits de ce type que Dalton a énoncé la **loi des proportions multiples**, qui se formule comme suit.

> *Soit deux ou plusieurs composés formés des deux mêmes éléments. Les masses d'un des éléments qui se combinent avec une masse donnée de l'autre élément forment un rapport dont les termes sont de petits nombres entiers.*

Ainsi, dans le cas du dioxyde de carbone et du monoxyde de carbone, les masses d'oxygène (8,0 g et 4,0 g) qui se combinent avec une masse donnée de carbone (3,0 g) forment un rapport dont les termes sont de petits nombres entiers, soit $8,0 : 4,0 = 2 : 1$. La **figure 2.2** présente une méthode permettant de déterminer ce rapport $2 : 1$.

Loi des proportions multiples

Si deux ou plusieurs composés sont formés des deux mêmes éléments, le rapport entre la fraction des masses des éléments constituant les composés se différencie par de petits nombres entiers. Par exemple pour les molécules CO et CO_2, les rapports massiques sont respectivement de 3/4 et de 3/8.

	Monoxyde de carbone (CO)	Dioxyde de carbone (CO_2)
Les éléments	3,0 g de carbone (C) + 4,0 g d'oxygène (O)	3,0 g de carbone (C) + 8,0 g d'oxygène (O)
Le composé	7,0 g de monoxyde de carbone (CO)	11,0 g de dioxyde de carbone (CO_2)
Le rapport entre les masses d'oxygène et de carbone	$\dfrac{4,0 \text{ g d'oxygène}}{3,0 \text{ g de carbone}}$	$\dfrac{8,0 \text{ g d'oxygène}}{3,0 \text{ g de carbone}}$

◀ **Figure 2.2**
Loi des proportions multiples
Dans le dioxyde de carbone, le rapport entre les masses d'oxygène et de carbone est le double du rapport qui existe entre ces mêmes éléments dans le monoxyde de carbone.

Comparaison entre deux rapports de masses

Rapport massique pour le CO_2 ⟶
Rapport massique pour le CO ⟶

$$\frac{\dfrac{8,0 \text{ g d'oxygène}}{3,0 \text{ g de carbone}}}{\dfrac{4,0 \text{ g d'oxygène}}{3,0 \text{ g de carbone}}} = \frac{8,0 \text{ g d'oxygène}}{4,0 \text{ g d'oxygène}} = 2 : 1$$

La théorie atomique de Dalton

Le modèle atomique élaboré par Dalton pour expliquer les lois régissant les combinaisons chimiques est fondé sur quatre principes :

- *Toute matière est formée de particules extrêmement petites et indivisibles, appelées* atomes.

- *Tous les atomes d'un même élément sont identiques quant à leur masse et aux autres propriétés, mais les atomes d'un élément donné diffèrent des atomes de tout autre élément.*

- *Les composés résultent de l'association, selon des proportions fixes, d'atomes d'éléments différents.* [Dans un composé, les nombres relatifs des divers types d'atomes forment un rapport simple : par exemple un atome de A pour un atome de B (soit AB), deux atomes de A pour un atome de B (soit A_2B), etc.]

- *Au cours d'une réaction chimique, il se produit un réarrangement des atomes, mais aucun atome n'est créé, ni détruit, ni divisé.*

Explications fondées sur la théorie de Dalton

Voyons d'abord les lois des proportions définies et de la conservation de la masse dans la perspective de Dalton lui-même. Pour simplifier, nous allons examiner le composé appelé *fluorure d'hydrogène,* qu'on ne connaissait pas à l'époque de Dalton, et nous allons appliquer le raisonnement à l'aide de la **figure 2.3**.

▶ Figure 2.3
Théorie de Dalton et lois des proportions définies et de la conservation de la masse

Comme nous le montrons dans le texte, la théorie de Dalton explique les deux lois fondamentales concernant les combinaisons chimiques.

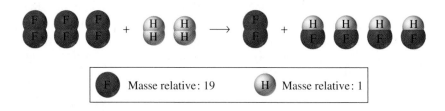

Masse relative : 19   Masse relative : 1

Toutes les molécules de fluorure d'hydrogène sont formées d'un atome d'hydrogène et d'un atome de fluor. La masse d'un atome de fluor est égale à 19 fois celle d'un atome d'hydrogène. Ainsi, l'hydrogène constitue 1/20 ou 5,0 % de la masse d'un échantillon de fluorure d'hydrogène, et 19/20 ou 95 % de cette masse sont composés de fluor. Ces proportions sont vérifiées tant dans le cas d'une seule molécule de fluorure d'hydrogène que dans celui des quatre molécules représentées dans la figure 2.3, ou dans celui d'un nombre considérable de molécules. Ainsi, la loi des proportions définies est confirmée.

La figure 2.3 illustre également la loi de la conservation de la masse. On voit qu'il y a six atomes de fluor (constituant trois molécules de fluor) et quatre atomes d'hydrogène (constituant deux molécules d'hydrogène). Quatre des atomes de fluor se combinent aux quatre atomes d'hydrogène pour former quatre molécules de fluorure d'hydrogène. Deux atomes de fluor ne participent pas à la réaction : ils demeurent inaltérés et constituent toujours une molécule de fluor. Donc, après la réaction, tout comme avant, il y a quatre atomes d'hydrogène et six atomes de fluor. La masse totale n'a pas changé. Dans le contexte de la théorie atomique de Dalton, on peut reformuler comme suit la loi de la conservation de la masse.

Au cours d'une réaction chimique, aucun atome n'est créé ni détruit, de sorte que la masse totale ne change pas.

La théorie de Dalton fournit aussi une explication satisfaisante de la loi des proportions multiples. On sait que toute molécule de dioxyde de carbone est formée d'un atome de carbone et de deux atomes d'oxygène (CO_2), tandis qu'une molécule de monoxyde de carbone est formée d'un atome de carbone et d'un atome d'oxygène (CO). Le rapport entre les atomes d'oxygène dans les deux composés est de 2 : 1. Comme tous les atomes d'oxygène ont la même masse, ce rapport est identique à celui qui est fondé sur les masses des éléments (figure 2.2).

2.3 L'atome divisible

Le concept d'atome indivisible proposé par Dalton a inspiré les scientifiques pendant la quasi-totalité du XIXe siècle. Néanmoins, la théorie de Dalton, comme presque toutes les théories scientifiques, a finalement été modifiée à la lumière de découvertes ultérieures. Il y a une centaine d'années, des expériences, que nous décrirons plus loin, ont laissé entrevoir que les atomes eux-mêmes sont constitués de particules plus petites. On connaît actuellement une douzaine de particules subatomiques (c'est-à-dire plus petites que les atomes), dont trois sont particulièrement importantes en chimie.

Les particules subatomiques

Le **proton** a une masse, dont on dira pour le moment qu'il s'agit d'une masse relative de 1. Il porte en outre une unité de charge électrique positive, notée 1+. Le **neutron** est une particule électriquement neutre, comme son nom l'indique, c'est-à-dire qu'il ne porte aucune charge. Même si sa masse est légèrement supérieure à celle du proton, on peut considérer, dans de nombreuses applications, que le neutron a lui aussi une masse relative de 1. La troisième particule, soit l'**électron**, a une masse égale à environ 1/1836 (ou 0,000 544 7) de celle du proton. L'électron porte, comme le proton, une unité de charge électrique, mais il s'agit d'une charge négative, notée 1−. Les protons, les neutrons et les électrons sont des particules fondamentales. Cela signifie que tous les protons sont identiques, et qu'il en est de même de tous les neutrons et de tous les électrons, quelle que soit la nature des éléments dont ils font partie. Les trois particules subatomiques et leurs propriétés sont énumérées dans le **tableau 2.1**. (Si vous avez besoin de réviser des concepts fondamentaux à propos de la charge électrique et de l'électricité, reportez-vous à l'annexe B.)

Proton

Particule fondamentale située dans le noyau de l'atome, portant une unité de charge électrique positive et ayant une masse relative de 1.

Neutron

Particule fondamentale située dans le noyau de l'atome, électriquement neutre et dont la masse est égale à 1,001 390 fois celle du proton. En pratique, on peut considérer que la masse relative du neutron est aussi de 1.

Électron

Particule fondamentale située à l'extérieur du noyau de l'atome, portant une unité de charge électrique négative et dont la masse est égale à 0,000 544 7 fois celle du proton.

TABLEAU **2.1**	Les particules subatomiques			
Particule	Symbole	Masse relative approximative	Charge relative	Position dans l'atome
Proton	p^+	1	1+	À l'intérieur du noyau
Neutron	n	1	0	À l'intérieur du noyau
Électron	e^-	0,000 545	1−	À l'extérieur du noyau

Les protons et les neutrons sont entassés au centre de l'atome ; ils forment une minuscule portion de celui-ci, chargée positivement et appelée *noyau*. Les électrons, extrêmement légers, sont largement dispersés autour du noyau. L'atome, considéré comme un tout, est électriquement neutre : il n'est pas chargé parce que les charges positives et négatives s'annulent mutuellement. *Chaque atome a le même nombre d'électrons et de protons.* L'espace occupé par un atome est presque entièrement vide. Par exemple, si un atome occupait le même espace qu'une pièce de 5 m sur 5 m sur 5 m, le noyau aurait environ la même dimension que le point qui termine cette phrase, et les électrons auraient l'apparence de minuscules taches.

Dalton pensait qu'un élément est déterminé par la *masse* de l'un de ses atomes. On sait maintenant que c'est en fait le *nombre de protons* du noyau qui détermine la nature d'un atome et, par conséquent, d'un élément. Le **numéro atomique (Z)** d'un élément est le nombre de protons que compte le noyau d'un atome de cet élément. Par exemple, si un atome d'un élément renferme deux protons, le numéro atomique de celui-ci est 2, et il s'agit d'un atome d'hélium ; si un atome d'un élément possède 92 protons, le numéro atomique de celui-ci est 92, et il s'agit d'un atome d'uranium. Vous trouverez la liste de tous les éléments connus, de même que leur symbole et leur numéro atomique, en deuxième face de couverture.

Numéro atomique (Z)

Nombre de protons dans le noyau d'un atome d'un élément donné.

Les isotopes

Dalton était convaincu que tous les atomes d'un élément donné ont la même masse, mais ce n'est pas tout à fait exact. Deux atomes quelconques d'un élément ont effectivement le même nombre de protons (et d'électrons), mais ils n'ont pas nécessairement le même nombre de neutrons. Les atomes ayant des nombres identiques de protons, mais des nombres différents de neutrons, sont appelés **isotopes**. Par exemple, il existe trois isotopes de l'hydrogène. Le noyau de l'isotope le plus abondant renferme un seul proton et n'a aucun neutron. Cependant, environ un atome d'hydrogène sur 6700 possède à la fois un neutron et un proton. La masse de cet isotope, qu'on appelle *deutérium,* est égale à environ le double de la masse de l'isotope contenant uniquement un proton. Le noyau du troisième isotope de

Isotopes

Atomes ayant le même nombre de protons (donc des numéros atomiques identiques), mais pas le même nombre de neutrons (donc des masses atomiques différentes).

l'hydrogène, qu'on appelle *tritium*, possède deux neutrons et un proton. La masse d'un atome de tritium est égale à environ trois fois celle d'un atome contenant uniquement un proton.

On ne peut pas calculer la masse d'un atome en additionnant la masse de ses protons, de ses neutrons et de ses électrons : en effet, lorsque le noyau se forme à partir de protons et de neutrons, une minuscule portion de la masse est transformée en une forme d'énergie appelée *énergie de liaison du noyau*. Une propriété est étroitement liée à la masse relative d'un atome : le **nombre de masse** (*A*) d'un atome est un nombre entier, égal à la somme du nombre de protons et de neutrons de cet atome. La masse atomique relative *réelle* d'un atome n'est pas, quant à elle, un nombre entier, comme le numéro atomique, à cause de la libération d'énergie qui a lieu lors de la formation du noyau.

Les isotopes d'un élément donné ont le même numéro atomique, mais ils ont des nombres de masse différents. Ainsi, les trois isotopes de l'hydrogène ont tous le numéro atomique 1, mais leurs nombres de masse respectifs sont 1, 2 et 3. Seuls les isotopes de l'hydrogène portent des noms particuliers. On désigne habituellement les isotopes des autres éléments par le nom de l'élément, suivi du nombre de masse : par exemple carbone 14, cobalt 60 et uranium 235. On appelle *isobares* les atomes qui ont le même nombre de masse, mais des numéros atomiques différents, tels le carbone 14 et l'azote 14.

Il existe des éléments d'origine naturelle dont tous les atomes ont le même nombre de masse. C'est le cas notamment du fluor 19, du sodium 23 et du phosphore 31. Cependant, la majorité des éléments existent sous la forme de deux ou trois isotopes. C'est l'étain qui compte le plus grand nombre d'isotopes naturels, soit 10. Dans presque tous les cas, la proportion relative des isotopes naturels d'un élément est constante : par exemple, le chlore d'origine naturelle comprend toujours 75,77 % d'atomes de chlore 35 et 24,23 % d'atomes de chlore 37.

On désigne couramment les isotopes par des symboles ayant la forme $^A_Z E$, où E est le symbole de l'élément, *A*, le nombre de masse de l'isotope et *Z*, son numéro atomique. Ainsi, les deux isotopes naturels du chlore sont représentés respectivement par $^{35}_{17}Cl$ et $^{37}_{17}Cl$, puisque les nombres de masse respectifs du chlore 35 et du chlore 37 sont 35 et 37. Comme le symbole chimique d'un élément indique implicitement le numéro atomique de celui-ci, on écrit parfois simplement ^{35}Cl et ^{37}Cl. On peut facilement calculer le nombre de neutrons d'un atome à l'aide de la valeur de *A* et de celle de *Z*.

Nombre de masse (*A*)

Nombre entier égal à la somme du nombre de protons et de neutrons d'un atome d'un élément donné.

$$\text{Nombre de neutrons} = A - Z \qquad \textbf{(2.1)}$$

EXEMPLE 2.3

Combien de protons, de neutrons et d'électrons un atome de ^{81}Br renferme-t-il ?

➤ Stratégie

Nous pouvons utiliser l'identité de l'élément et les relations simples entre les particules subatomiques décrites précédemment pour déterminer leur nombre respectif.

➤ Solution

Le numéro atomique du brome n'est pas inclus dans le symbole, mais la liste des éléments, en deuxième face de couverture, indique que c'est 35. Donc,

$$\text{Nombre de protons} = \text{nombre d'électrons} = 35$$

Puisque le numéro atomique du brome est 35, et son nombre de masse 81, alors :

$$\text{Nombre de neutrons} = A - Z = 81 - 35 = 46$$

EXERCICE 2.3 A

Représentez l'isotope de l'étain ayant 66 neutrons à l'aide de la notation $_Z^A$E.

EXERCICE 2.3 B

On appelle *isotones* des atomes qui ont le même nombre de neutrons, mais pas le même nombre de protons. Quel est le nombre de protons et d'électrons, le numéro atomique et le nombre de masse d'un atome de cadmium qui est un isotone d'un atome d'étain 116 ?

2.4 La masse atomique

On sait comment mesurer la masse d'un échantillon macroscopique de matière. Chacun est capable de mesurer son propre poids avec un pèse-personnes, un sac de pommes avec une balance d'épicerie, ou une fiole avec une balance analytique. Mais comment peut-on mesurer la masse d'un échantillon microscopique d'une matière qu'on ne voit même pas et, en particulier, la masse d'un seul atome ?

On peut procéder de la même manière que Dalton l'a fait : il a assigné une masse à un atome de façon *arbitraire,* puis il a déterminé la masse des autres atomes par rapport à ce dernier. Il a appelé les masses relatives obtenues des *masses atomiques.* Pour l'eau, Dalton a *supposé* que les atomes d'hydrogène et d'oxygène se combinent dans le rapport le plus simple possible, soit 1 : 1. Selon Dalton, la masse de l'atome d'hydrogène est de 1. Ainsi, pour déterminer la masse d'un atome d'oxygène, on utilise le rapport entre les masses de l'hydrogène et de l'oxygène dans l'eau. À cette époque, la relation la plus précise était de 1 g de H : 7 g de O (aujourd'hui, elle est de 1 g de H : 8 g de O). Ainsi, si la masse d'un nombre donné d'atomes d'oxygène est égale à sept fois la masse d'un nombre égal d'atomes d'hydrogène, alors la masse d'un atome d'oxygène est aussi égale à sept fois la masse d'un atome d'hydrogène. Dalton a donc assigné à l'oxygène une masse atomique de 7 (selon cette hypothèse, sa valeur actuelle serait de 8). Cependant, si on tient compte du fait qu'il y a en réalité, dans l'eau, *deux* atomes d'hydrogène pour chaque atome d'oxygène, on obtient 16 comme valeur de la masse atomique de l'oxygène, ce qui permet de garder un rapport de 1 : 8 (**figure 2.4**). Une fois qu'ils ont découvert comment déterminer le rapport entre les masses des atomes combinés dans un composé, les chimistes ont pu mesurer assez facilement la masse atomique des éléments.

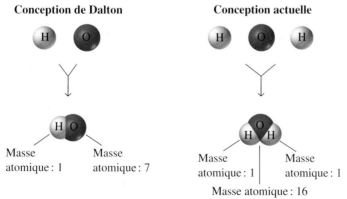

▲ Figure 2.4
Problème de la masse atomique posé par Dalton

Dalton a supposé que le rapport entre le nombre d'atomes d'hydrogène et d'atomes d'oxygène qui se combinent pour former de l'eau est de 1 : 1. Les données disponibles à l'époque indiquaient que le rapport entre les masses d'hydrogène et d'oxygène qui se combinent pour former de l'eau est de 1 : 7. Si on assigne à l'hydrogène une masse atomique de 1, alors la masse atomique de l'oxygène est de 7. Les données actuelles indiquent que le rapport entre le nombre d'atomes d'hydrogène et d'atomes d'oxygène qui se combinent pour former de l'eau est de 2 : 1, et que le rapport entre les masses d'hydrogène et d'oxygène est de 1 : 8 (ou 2 : 16). Donc, si on assigne à l'hydrogène une masse atomique de 1, la masse atomique de l'oxygène est de 16.

Unité de masse atomique (u.m.a.)

Unité SI égale à un douzième de la masse d'un atome de carbone 12; donc:
$$1\ u = 1,660\ 54 \times 10^{-24}\ g.$$

Dans le SI, l'étalon de masse atomique est le carbone 12 *pur*, isotope auquel on a assigné exactement une masse de 12 unités de masse atomique (ou 12 u). Donc, par définition, une **unité de masse atomique** (qu'on abrège en «u.m.a.» et dont l'unité est représentée par «u») est exactement égale à un douzième de la masse d'un atome de carbone 12. La relation avec les unités de masse courantes est : $1\ u = 1,660\ 54 \times 10^{-24}$ g.

Le carbone d'origine naturelle est un *mélange* de deux isotopes. Le plus abondant est le ^{12}C, et l'autre est le ^{13}C, dont la masse est de 13,003 35 u. Les deux isotopes sont présents dans les substances qui contiennent du carbone, et leur proportion relative est généralement constante. Pour déterminer la masse atomique du carbone, il faut donc utiliser une valeur moyenne. Comme le carbone 12 est nettement plus abondant que le carbone 13, la moyenne est beaucoup plus proche de la masse du premier que de celle du second. On dit qu'elle est «pondérée» en faveur du carbone 12. La **masse atomique** d'un élément est la moyenne pondérée des masses atomiques respectives des isotopes naturels de cet élément.

Masse atomique

Moyenne pondérée des masses atomiques respectives des isotopes naturels d'un élément donné.

Pour calculer la masse atomique d'un élément, il faut donc connaître les deux quantités suivantes :

- la masse atomique de chaque isotope naturel de l'élément ;

- la proportion relative de chaque isotope dans la nature.

Nous verrons au chapitre 4 la façon de trouver expérimentalement ces quantités. Dans ce qui suit, nous nous contentons de décrire la façon dont elles sont utilisées, en prenant de nouveau comme exemple la masse atomique du carbone.

La masse du carbone 12 est, par définition, de 12,0000 u, et la masse (mesurée) du carbone 13 est de 13,003 35 u. Si nous additionnons les proportions relatives des deux isotopes de carbone dans la nature, la somme est nécessairement de 1. Cependant, comme on exprime le plus souvent ces proportions sous forme de pourcentages, il faut d'abord convertir ceux-ci en fractions décimales. Un pourcentage est en fait une fraction exprimée par rapport à 100.

$$\text{Pourcentage} = \text{fraction} \times 100\%$$

Inversement, une fraction est un pourcentage divisé par 100.

$$\text{Fraction} = \text{pourcentage} \div 100\%$$

Voici les proportions relatives des isotopes du carbone sous forme de pourcentages et de fractions décimales.

Isotope	Proportion en pourcentage	Proportion en fraction décimale
Carbone 12	98,892 %	0,988 92
Carbone 13	1,108 %	0,011 08

Pour obtenir la moyenne pondérée des masses atomiques (voir l'exemple 2.4), nous exprimons la contribution de chaque isotope à la moyenne sous la forme suivante, où la proportion relative est donnée par une fraction décimale.

$$\text{Contribution de l'isotope} = \text{proportion relative} \times \text{masse de l'isotope} \qquad \textbf{(2.2)}$$

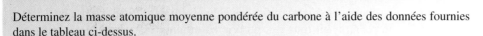

EXEMPLE 2.4

Déterminez la masse atomique moyenne pondérée du carbone à l'aide des données fournies dans le tableau ci-dessus.

➔ Stratégie

Nous savons que la contribution de chaque isotope à la masse atomique moyenne pondérée d'un élément est donnée par la formule (2.2).

➔ Solution

Les contributions du carbone 12 et du carbone 13 sont les suivantes :

$$\text{Contribution du } ^{12}\text{C} = 0,988\ 92 \times 12,000\ 00\ \text{u} = 11,867\ \text{u}$$
$$\text{Contribution du } ^{13}\text{C} = 0,011\ 08 \times 13,003\ 35\ \text{u} = 0,1441\ \text{u}$$

La masse moyenne pondérée du carbone est égale à la somme des contributions des deux isotopes.

$$\text{Masse atomique du carbone} = 11,867\ \text{u} + 0,1441\ \text{u} = 12,011\ \text{u}$$

➔ Évaluation

C'est cette dernière valeur qui est inscrite dans les tables des masses atomiques des éléments. Comme prévu, la masse atomique du carbone est beaucoup plus proche de 12 u que de 13 u.

EXERCICE 2.4 A

Le néon a trois isotopes naturels : le néon 20, dont la proportion est de 90,51 % et la masse de 19,992 44 u ; le néon 21, dont la proportion est de 0,27 % et la masse de 20,993 95 u ; le néon 22, dont la proportion est de 9,22 % et la masse de 21,991 38 u. Calculez la masse atomique moyenne pondérée du néon.

EXERCICE 2.4 B

Le cuivre a deux isotopes naturels : le cuivre 63, dont la masse est de 62,9298 u, et le cuivre 65, dont la masse est de 64,9278 u. Selon les tables, la masse atomique du cuivre est de 63,546 u. Quelle est la proportion relative de chaque isotope en pourcentage ?

RÉSOLUTION DE PROBLÈMES
Le concept de *note pondérée* vous est peut-être familier. Il s'agit d'une moyenne pondérée. On peut établir une analogie entre les différentes notes obtenues pour des devoirs et des examens dans un cours et les masses respectives des isotopes d'un élément ; la proportion assignée à une note d'examen par rapport au total des points obtenus correspond alors à la proportion relative d'un isotope dans un élément.

RÉSOLUTION DE PROBLÈMES
Dans l'exercice 2.4 B, la proportion relative de chaque isotope est inconnue. Si nous représentons par x la proportion d'un des isotopes, celle du second est égale à $1 - x$.

EXEMPLE 2.5   Un exemple de calcul approximatif

L'indium a deux isotopes naturels et, selon les tables, sa masse atomique est de 114,82 u. La masse d'un des isotopes est de 112,9043 u. Est-ce que le second isotope est vraisemblablement ^{111}In, ^{112}In, ^{114}In ou ^{115}In ?

➔ Analyse et conclusion

Nous avons vu que la masse d'un isotope est très proche d'un nombre entier. Ainsi, l'isotope dont la masse est 112,9043 u est ^{113}In. Étant donné que la masse atomique moyenne pondérée observée de l'indium est de 114,82 u, le nombre de masse du second isotope est nécessairement supérieur à 114. Le second isotope est donc ^{115}In.

EXERCICE 2.5

Les masses respectives des trois isotopes naturels du magnésium sont ^{24}Mg (23,985 04 u), ^{25}Mg (24,985 84 u) et ^{26}Mg (25,982 59 u). Lequel de ces trois isotopes est le plus abondant ? Êtes-vous capable de déterminer celui qui vient au deuxième rang ? Expliquez votre réponse.

Dimitri Ivanovitch Mendeleïev (1834-1907) a créé une classification périodique des éléments, alors qu'il cherchait un moyen de présenter systématiquement les éléments en fonction de leurs propriétés, pour les besoins d'un manuel de chimie qu'il rédigeait. Ce manuel a connu un immense succès : il a fait l'objet de 13 éditions, dont 5 après la mort de l'auteur.

Classification périodique

Classement des éléments, sous forme de tableau, appelé *tableau périodique des éléments*, par ordre croissant des numéros atomiques, dans lequel les éléments ayant des propriétés similaires sont situés dans une même colonne. (Dans le tableau de Mendeleïev, les éléments étaient classés par ordre croissant des masses atomiques, et non des numéros atomiques.)

2.5 La classification périodique des éléments

Au XIXe siècle, les chimistes découvraient des éléments à un rythme rapide. En 1830, on connaissait 55 éléments ayant tous des propriétés différentes, mais il n'existait pas de schéma permettant de les classer. Les chimistes avaient grandement besoin d'organiser cette quantité de données chimiques qui ne cessait de croître. Ils regroupèrent les éléments en fonction d'une structure significative, plaçant dans une même catégorie ceux qui possédaient des propriétés physiques et chimiques similaires. Le premier arrangement acceptable, appelé *classification périodique des éléments,* a été publié par Dimitri Mendeleïev en 1869. Dans sa forme moderne, la classification périodique présente une vaste gamme de données chimiques sous une forme organisée. Étant donné son importance, nous lui consacrerons la quasi-totalité du chapitre 5. Pour le moment, il suffit d'examiner quelques concepts utiles pour nommer les composés chimiques et écrire leur formule.

La classification périodique de Mendeleïev

Mendeleïev a créé un tableau dans lequel il a disposé les éléments dans l'ordre croissant de leurs masses atomiques, de gauche à droite, dans chacune des rangées et, de haut en bas, dans chacune des colonnes, celles-ci correspondant à des groupes. Dans ce classement, les éléments qui se ressemblent le plus sont généralement placés dans un même groupe. La similitude se répète de façon *périodique* (à chaque colonne), d'où l'appellation **classification périodique**. Pour éviter des exceptions à la règle voulant que tous les éléments d'un même groupe possèdent des propriétés semblables, Mendeleïev a « déplacé » quelques éléments, c'est-à-dire que ceux-ci n'occupent pas la place qui leur revient dans l'ordre croissant des masses atomiques. Ainsi, il a placé le tellure (dont la masse atomique est de 127,6) avant l'iode (dont la masse atomique est de 126,9) afin que le tellure se trouve dans la même colonne que le soufre et le sélénium, auxquels il ressemble beaucoup. De plus, Mendeleïev a laissé des cases vides dans son tableau, encore une fois pour éviter de créer des exceptions au principe de la similarité des éléments d'une même colonne. Dans son esprit, ces cases vides n'indiquaient pas que sa classification comportait des lacunes : il a plutôt prédit qu'elles finiraient par être occupées par des éléments qui seraient découverts ultérieurement. Comme il avait fondé sa classification sur les propriétés des éléments, Mendeleïev a même été en mesure de prédire quelques *propriétés* des éléments manquants. Par exemple, il a laissé une case vide pour un élément alors inconnu qu'il a nommé « ekasilicium » et, en se fondant sur le fait que cet élément se trouverait entre le silicium et l'étain, il en a prédit certaines des propriétés, dont la masse atomique, qu'il a évaluée à 72. La comparaison établie dans le **tableau 2.2** entre les propriétés de l'élément inconnu et celles du germanium, découvert 15 ans plus tard, permet de se rendre compte à quel point les prédictions de Mendeleïev étaient exactes. La nature *prédictive* de la classification périodique de Mendeleïev explique qu'elle soit largement reconnue comme une réalisation scientifique capitale.

La classification périodique moderne

La version moderne de la classification périodique des éléments est présentée sous la forme d'un tableau qui comprend plus de 112 éléments (voir la deuxième face de couverture). Chaque case contient le symbole chimique, le numéro atomique (Z) et la masse atomique d'un élément. Remarquez que les éléments sont disposés dans l'ordre croissant de leurs *numéros atomiques,* une propriété des éléments qui détermine davantage leur comportement que la masse atomique.

Dans ce tableau, les éléments sont réunis en groupes et en périodes. Les *groupes* (ou familles) correspondent aux colonnes, qui rassemblent des éléments ayant des propriétés similaires ; le numéro de chaque groupe (par exemple IA, IIA, IIIB, etc.) est inscrit en haut de la colonne. Les *périodes,* qui correspondent aux lignes, regroupent un nombre variable d'éléments, compris entre deux (pour la première période) et 32 (pour les sixième

TABLEAU **2.2**	Les propriétés du germanium : prédictions et observations	
Propriétés	Prédictions (1871) : ekasilicium	Observations (1886) : germanium
Masse atomique	72	72,6
Masse volumique (g/cm³)	5,5	5,47
Couleur	gris terne	blanc gris
Masse volumique de l'oxyde (g/cm³)	EsO_2 : 4,7	GeO_2 : 4,703
Point d'ébullition du chlorure	$EsCl_4$: moins de 100 °C	$GeCl_4$: 86 °C
Masse volumique du chlorure (g/cm³)	$EsCl_4$: 1,9	$GeCl_4$: 1,887

* Le préfixe *eka-*, dérivé du sanskrit, signifie « premier ». Ainsi, *ekasilicium* veut littéralement dire : « le silicium vient en premier (ensuite vient l'élément inconnu) ».

et septième périodes). Dans le tableau périodique figurant en deuxième face de couverture, chaque période est identifiée par un nombre placé à gauche de la ligne correspondante. Si on incluait tous les éléments dans un tableau périodique, celui-ci aurait une forme bizarre. Il devrait être très large pour qu'on puisse écrire sur une même ligne tous les éléments des périodes qui en comptent 32, et il comprendrait de nombreuses cases vides au-dessus des lignes les plus longues. Pour obtenir un tableau moins large, on limite le nombre de colonnes à 18 en retirant des séries de 14 éléments des sixième et septième périodes, et en les reportant sous le tableau. Les éléments retirés de la sixième période sont appelés *lanthanides,* et ceux qui sont retirés de la septième période, *actinides.*

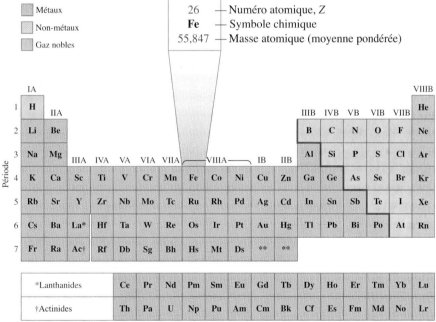

◀ Figure 2.5
Tableau périodique moderne

Les éléments sont divisés en deux grandes catégories par une ligne épaisse qui descend en escalier. Les éléments situés à gauche de la ligne sont des **métaux** (à l'exception de l'hydrogène). Ils ont un aspect brillant caractéristique et sont généralement de bons conducteurs de la chaleur et de l'électricité. La majorité des métaux sont *malléables,* c'est-à-dire qu'on peut en faire des feuilles minces en les aplatissant au marteau, et *ductiles,* c'est-à-dire qu'on peut en faire des fils en les étirant. Tous les métaux sont solides à la température ambiante, sauf le mercure, qui est liquide.

Les éléments situés à droite de la ligne en escalier sont des **non-métaux** : ils ne possèdent pas de propriétés métalliques. En général, ils sont de mauvais conducteurs de la chaleur et de l'électricité. Plusieurs non-métaux, dont l'oxygène, l'azote, le fluor et le

Métal

Élément présentant les propriétés distinctives suivantes : aspect brillant, bonne conductivité de la chaleur et de l'électricité, malléabilité et ductilité. Les métaux sont situés à gauche de la ligne épaisse qui divise le tableau périodique en deux parties.

Non-métal

Élément ne présentant pas les propriétés distinctives des métaux, donc généralement mauvais conducteur de la chaleur et de l'électricité, et cassant à l'état solide. Les non-métaux sont situés à droite de la ligne épaisse qui divise la classification périodique en deux parties.

On peut aplatir au marteau le cuivre (à gauche) sous forme de grenaille pour en faire une feuille mince, ou l'étirer pour en faire un fil. Le soufre (à droite) est un non-métal que l'on trouve sous forme de gros morceaux, et que le martelage réduit en poudre.

chlore, sont des gaz à la température ambiante ; d'autres, dont le carbone, le soufre, le phosphore et l'iode, sont des solides cassants. Le brome est le seul non-métal qui soit liquide à la température ambiante. Certains des éléments adjacents à la ligne en escalier possèdent à la fois des propriétés des métaux et des propriétés des non-métaux. Ce sont, par exemple, le silicium et le germanium. On les appelle **semi-métaux**.

Semi-métal

Élément, situé près de la ligne épaisse qui divise la classification périodique en deux parties, qui a l'aspect brillant d'un métal, mais aussi des propriétés des non-métaux.

Nous examinerons les fondements théoriques de la classification périodique au chapitre 5. Par exemple, nous verrons alors que le chiffre et la lettre (A ou B) d'identification d'un groupe d'éléments ont un lien avec la façon dont les électrons sont disposés autour du noyau atomique. Nous verrons également pourquoi toutes les périodes ne comptent pas le même nombre d'éléments et pourquoi l'hydrogène, qui est un non-métal, appartient au groupe IA, dont les autres éléments sont des métaux. Enfin, nous examinerons quelques autres concepts fondamentaux liés à la classification périodique.

Les composés moléculaires et les composés ioniques

Nous avons parlé des composés chimiques à plusieurs reprises, mais jusqu'ici nous avons à peine effleuré ce vaste sujet. Le reste du présent chapitre constitue une introduction aux composés chimiques, et ce thème reviendra tout au long du manuel. Dans les chapitres qui suivront, nous étudierons la composition, les propriétés et les réactions des composés, et nous verrons comment leurs propriétés *macroscopiques,* observables dans la vie quotidienne, sont liées à la structure de la matière à l'échelle microscopique. Par exemple, c'est la structure des atomes, soit une propriété microscopique, qui détermine les propriétés macroscopiques d'un métal ou d'un non-métal. Les sections suivantes contiennent des informations utiles sur la classification, la nomenclature et l'écriture des formules des composés. Vous jugerez peut-être nécessaire de revoir ces informations de temps à autre, par exemple lorsqu'il sera question d'un composé chimique qui vous est inconnu.

Les chimistes classent les composés de différentes façons. Le plus souvent, ils les divisent en composés organiques et en composés inorganiques. Les composés organiques, à base de carbone, dépassent largement tous les autres en nombre. En effet, plus de 95 % des quelque 30 millions de composés actuellement connus sont de nature organique. Bien qu'il existe des cas limites, la majorité des composés chimiques peuvent être classés dans l'une ou l'autre de ces deux catégories.

Les chimistes utilisent d'autres termes pour décrire et classer les composés chimiques. Dans le présent chapitre, nous présentons et décrivons les classifications fondées sur la distinction entre :

- les composés moléculaires et les composés ioniques ;
- les acides, les bases et les sels.

On emploie parfois plus d'un concept pour classer un composé. Par exemple, lorsqu'on dit que l'acide sulfurique est un *acide inorganique,* on indique qu'il s'agit à la fois d'un composé inorganique et d'un acide.

On peut représenter symboliquement n'importe quel composé, quelle que soit la catégorie à laquelle il appartient. Une **formule chimique** est une représentation symbolique des éléments constitutifs d'un composé : elle est formée de symboles qui indiquent la nature de ces éléments et d'indices qui précisent la proportion que représente chacun d'eux dans le composé. Par exemple, la formule Al_2O_3 indique que le composé appelé *oxyde d'aluminium* contient deux atomes d'aluminium pour trois atomes d'oxygène.

Formule chimique

Représentation symbolique de la composition d'un composé, formée de symboles indiquant la nature des éléments constitutifs du composé et d'indices précisant la proportion de chacun de ces éléments.

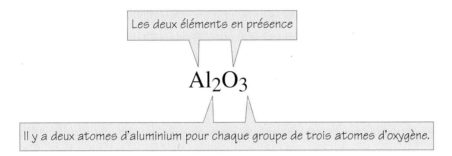

Les deux éléments en présence

$$Al_2O_3$$

Il y a deux atomes d'aluminium pour chaque groupe de trois atomes d'oxygène.

L'ammoniac est formé d'atomes d'azote et d'hydrogène dans un rapport de 1 : 3, mais sa formule est NH_3, et *non* N_1H_3. Dans une formule chimique, lorsqu'un symbole n'est *pas* affecté d'un indice, il est sous-entendu que son indice est 1.

2.6 Les molécules et les composés moléculaires

Une **molécule** est un groupe de deux atomes ou plus, unis selon un arrangement spatial déterminé par des forces appelées liaisons *covalentes**. Les plus petites entités caractéristiques d'un **composé moléculaire** sont des molécules, et celles-ci déterminent les propriétés du composé. Les atomes constitutifs d'une molécule, pris isolément, ne déterminent pas la totalité des propriétés d'une substance, pas plus que la saveur du gâteau aux carottes ne peut être attribuée à la seule saveur de la carotte.

Une **formule empirique** est la formule la plus simple qui décrit un composé. Une formule de ce type donne la liste des éléments constitutifs et le plus petit rapport d'entiers indiquant la proportion relative de ceux-ci. Par exemple, la formule empirique CH_2O indique que le composé est formé de carbone, d'hydrogène et d'oxygène, et que la proportion relative de ces éléments est de 1 : 2 : 1. Cependant, cette formule représente plusieurs composés distincts, notamment l'acide acétique (contenu dans le vinaigre) et le glucose (un sucre). Une **formule moléculaire** permet de distinguer les composés ayant une même formule empirique, parce qu'elle contient le symbole et le nombre *réel* de chaque type d'atomes d'une molécule. La formule moléculaire de l'acide acétique est $C_2H_4O_2$, et celle du glucose est $C_6H_{12}O_6$. Dans la formule moléculaire $C_2H_4O_2$, le nombre total d'atomes est le *double* du nombre total d'atomes que l'on trouve dans la formule empirique ; en effet, $2 \times (1 : 2 : 1) = 2 : 4 : 2$. Dans $C_6H_{12}O_6$, le nombre total d'atomes est six fois plus grand qu'il ne l'est dans la formule empirique, puisque $6 \times (1 : 2 : 1) = 6 : 12 : 6$. L'eau ($H_2O$), l'ammoniac ($NH_3$) et le dioxyde de carbone (CO_2) sont des substances familières dont la formule moléculaire est identique à la formule empirique.

Molécule

Unité formée d'au moins deux atomes joints l'un à l'autre, selon un arrangement donné, par des forces appelées liaisons covalentes.

Composé moléculaire

Composé dont les plus petites entités caractéristiques sont des molécules.

Formule empirique

Formule la plus simple qui décrit un composé, en énumérant les éléments constitutifs et en indiquant le plus petit rapport d'entiers qui détermine la proportion de ces éléments.

Formule moléculaire

Formule représentant une molécule, qui donne le symbole et le nombre réel d'atomes de chaque élément constitutif.

---

* Il sera question des liaisons covalentes aux chapitres 6 et 7. Dans la présente section, nous étudions les atomes qui composent une molécule, sans nous attarder aux forces qui s'exercent sur eux.

Cl$_2$: une molécule diatomique

S$_8$: une molécule polyatomique

Formule développée

Formule chimique d'une molécule indiquant la façon dont les atomes sont unis les uns aux autres.

Bien que la majorité des molécules soient des composés, certains éléments existent aussi sous une forme moléculaire. Ainsi, l'hydrogène n'existe pas dans la nature à l'état isolé, H, mais sous forme de paires d'atomes unis dans une molécule, H$_2$. Les molécules de ce type sont dites *diatomiques* (deux atomes). Parmi les autres éléments courants qui constituent des molécules diatomiques, on note l'azote (N$_2$) et l'oxygène (O$_2$). Les éléments du groupe VIIB, appelés « halogènes », sont également diatomiques : F$_2$, Cl$_2$, Br$_2$ et I$_2$. De plus, quelques éléments existent sous forme de molécules *polyatomiques* (plusieurs atomes). C'est le cas notamment du phosphore (P$_4$) et du soufre (S$_8$). Les gaz nobles du groupe VIIIB existent sous forme *monoatomique* (un seul atome). On représente donc respectivement l'hélium, le néon et l'argon simplement par He, Ne et Ar.

Les atomes d'une molécule ne sont pas disposés au hasard ; ils sont liés selon un ordre déterminé. Par exemple, dans une molécule d'eau, l'ordre est toujours H—O—H, jamais H—H—O. Une **formule développée** est une formule chimique qui indique la façon dont les atomes sont unis les uns aux autres. Les formules développées respectives de l'ammoniac, du méthane et de l'acide acétique sont les suivantes :

$$\begin{array}{ccc}
\text{H} & \text{H} & \text{H} \quad \text{O} \\
| & | & | \quad\; || \\
\text{H—N—H} & \text{H—C—H} & \text{H—C—C—O—H} \\
& | & | \\
& \text{H} & \text{H}
\end{array}$$

Ammoniac (NH$_3$)　　Méthane (CH$_4$)　Acide acétique (CH$_3$COOH)

Les traits d'une formule développée représentent les liaisons covalentes entre les atomes. Un trait simple figure une liaison unique, deux traits, une liaison double, et trois traits, une liaison triple. Nous examinerons les divers types de liaisons aux chapitres 6 et 7 ; pour le moment, nous nous contentons de préciser qu'une liaison double est plus difficile à briser qu'une liaison simple, et qu'une liaison triple est plus difficile à briser qu'une liaison double.

La formule développée indique l'ordre selon lequel les atomes sont liés, mais ne renseigne pas sur la géométrie de la molécule. On peut écrire

$$\text{H—O—H} \quad \text{ou} \quad \begin{array}{c} \text{H—O} \\ | \\ \text{H} \end{array}$$

Les notions reliées à la géométrie des molécules sont présentées au chapitre 7.

Les molécules ont des formes bien définies, mais représenter celles-ci sur papier est souvent une tâche complexe. La représentation la plus satisfaisante est le modèle moléculaire. La **figure 2.6** montre deux modèles de la molécule d'acide acétique, et la **figure 2.7** indique le code de couleurs le plus souvent utilisé pour représenter les atomes dans les modèles moléculaires.

▶ **Figure 2.6**
Deux modèles moléculaires
Le modèle du type boules et bâtonnets **(a)** et le modèle moléculaire compact **(b)** correspondent tous deux à la formule développée de la molécule d'acide acétique (présentée plus haut). Cependant, les modèles fournissent plus d'informations à propos de la forme tridimensionnelle de la molécule.

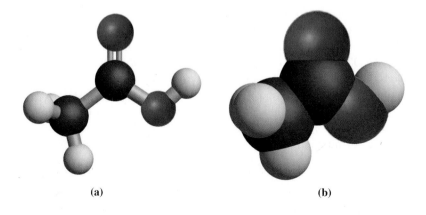

(a)　　　　　　　　　　　　(b)

Un modèle du type *boules et bâtonnets* illustre la disposition des atomes dans l'espace, une information que la formule développée ne fournit pas. Quant au modèle moléculaire compact, il montre que les atomes occupent une portion d'espace et que là où il y a une liaison, les deux atomes en cause sont en contact l'un avec l'autre.

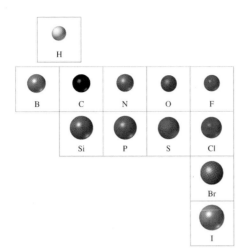

◀ **Figure 2.7**
Code de couleurs fréquemment utilisé pour représenter les atomes dans les modèles moléculaires

Les formules et les noms des composés moléculaires binaires

Dans un composé moléculaire *binaire*, chaque molécule est formée de *deux* éléments qui sont généralement des non-métaux, bien qu'il puisse également s'agir de semi-métaux.

Pour écrire la formule d'un composé moléculaire binaire, il faut d'abord décider quel sera: (1) l'ordre des symboles et (2) l'indice assigné à chaque symbole. Pour ce faire, on procède comme suit.

- *Le choix du premier symbole.* En général, on écrit d'abord le symbole de l'élément qui est situé le plus à gauche, dans la période à laquelle il appartient, et (ou) le plus bas, dans le groupe dans lequel il est répertorié, selon la classification périodique. L'hydrogène et l'oxygène, de même que quelques autres éléments, font exception à cette règle. La méthode fondée sur la portion du tableau périodique représentée dans la **figure 2.8** satisfait en grande partie à nos besoins actuels. Par exemple, elle explique pourquoi l'azote vient en premier dans NH_3, alors que c'est l'hydrogène qui vient en premier dans H_2Te, et pourquoi on écrit Cl_2O, mais OF_2.

- *L'écriture des indices.* Les préfixes *mono-, di-, tri-*, etc. désignent le nombre d'atomes que possède chaque élément d'une molécule d'un composé moléculaire binaire. Le **tableau 2.3** illustre l'emploi des préfixes dans les cas où le nombre d'atomes se situe entre 1 et 10.

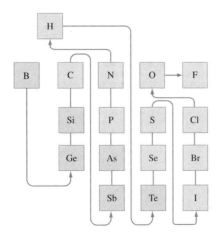

◀ **Figure 2.8**
Méthode d'écriture de la formule d'un composé moléculaire binaire, fondée sur la classification périodique

Les lignes forment une trajectoire continue du bore (B) jusqu'au fluor (F). Le premier élément de la formule d'un composé moléculaire binaire est généralement celui qui est le plus proche du point de départ de la trajectoire.

TABLEAU 2.3   Préfixes de la nomenclature des composés moléculaires binaires

Nombre d'atomes	Préfixe	Exemple*
1	*mono-*	NO : monoxyde d'azote
2	*di-*	NO_2 : dioxyde d'azote
3	*tri-*	N_2O_3 : trioxyde de diazote
4	*tétra-*	N_2O_4 : tétroxyde de diazote
5	*penta-*	N_2O_5 : pentoxyde de diazote
6	*hexa-*	SF_6 : hexafluorure de soufre
7	*hepta-*	S_2O_7 : heptoxyde de disoufre
8	*octa-*	P_4O_8 : octoxyde de tétraphosphore
9	*nona-*	P_4S_9 : nonasulfure de tétraphore
10	*déca-*	As_4O_{10} : décoxyde de tétraarsenic

* Lorsque le préfixe se termine par *a* ou *o* et que le nom de l'élément commence aussi par l'une de ces deux lettres, on élide la dernière lettre du préfixe pour des raisons d'euphonie. Ainsi, on dit *monoxyde* d'azote, et non *monooxyde* d'azote ; de même on dit *tétroxyde* de diazote, et non *tétraoxyde* de diazote. Cependant, PI_3 se lit *triiodure* de phosphore, et non *triodure* de phosphore.

Pour nommer un composé moléculaire binaire, on procède généralement à peu près de la même façon que pour en écrire la formule, mais on tient compte de quelques considérations supplémentaires.

- Le nom d'un composé est formé de deux termes reliés par la préposition « de », chacun se rapportant à l'un des éléments constitutifs.

- Le premier terme est tiré du nom de l'élément qui vient en second dans la formule. Il contient le radical du nom de l'élément, suivi du suffixe *-ure*. Ainsi, « chlore » donne « chlorure ». Cependant, il existe quelques exceptions : l'oxygène donne oxyde, le soufre sulfure, l'azote nitrure et le phosphore phosphure.

- Le second terme est le nom du premier élément ou un dérivé de celui-ci.

- De plus, les mots dérivés des éléments comprennent souvent un préfixe, tel que *mono-, di-, tri-*, etc., qui indique le nombre d'atomes de l'élément dans la molécule (tableau 2.3). Ainsi, P_4S_3* se lit *tri*sulfure de *tétra*phosphore. Le préfixe *mono-* n'est utilisé que dans le premier mot d'un composé, jamais dans le second : par exemple, CO se lit *mon*oxyde de carbone, et non *mon*oxyde de *mono*carbone.

EXEMPLE 2.6

Déterminez la formule et le nom d'un composé dont la molécule est formée de six atomes d'oxygène et de quatre atomes de phosphore.

➔ Stratégie

La formule s'écrit à l'aide du symbole de chaque élément, qu'on fait suivre d'un indice indiquant le nombre d'atomes de celui-ci, soit O_6 et P_4. Il reste à déterminer lequel des deux éléments vient en premier.

---

* Le P_4S_3 est le composé dont est imprégnée l'extrémité d'une allumette qui s'enflamme sous l'effet de la chaleur, lorsqu'on la frotte sur une surface quelconque. Toutefois, le P_4S_3 ne s'enflamme pas spontanément à des températures inférieures à 100 °C.

➜ Solution

Dans le schéma de la figure 2.8, l'oxygène est l'avant-dernier élément et il est suivi du fluor. Le phosphore vient donc en premier dans la formule : nous écrivons P_4O_6.

Le nom du composé dont la molécule est formée de quatre (*tétra-*) atomes de phosphore et de six (*hexa-*) atomes d'oxygène est « hexoxyde de tétraphosphore ».

EXERCICE 2.6

Déterminez la formule et le nom d'un composé dont la molécule est formée de quatre atomes de fluor et de deux atomes d'azote.

EXEMPLE 2.7

Déterminez : **a)** la formule du pentachlorure de phosphore ; **b)** le nom du S_2F_{10}.

➜ Solution

a) *Choix du premier élément.* Le premier symbole de la formule est celui de l'élément qui vient en second dans le nom du composé.

Écriture des indices. Le fait que « phosphore » ne soit précédé d'aucun préfixe indique que la molécule du composé contient un seul atome de phosphore ; le préfixe *penta-* indique que la molécule renferme cinq atomes de chlore. La formule est donc PCl_5.

b) Il faut que les préfixes indiquent la présence de deux (*di-*) atomes de soufre et de dix (*déca-*) atomes de fluor. Le composé est donc le décafluorure de disoufre.

EXERCICE 2.7

Déterminez : **a)** la formule du décoxyde de tétraphosphore ; **b)** le nom du IF_7.

2.7 Les ions et les composés ioniques

Un atome isolé possède un nombre identique de protons et d'électrons, et il est électriquement neutre. Cependant, au cours de certaines réactions chimiques, un atome (ou un groupe d'atomes liés) peut céder ou recevoir un ou plusieurs électrons : il acquiert ainsi une charge électrique et devient un **ion**. La formation d'un ion résulte toujours de la perte ou du gain d'électrons ; elle ne s'accompagne *pas* d'un changement du nombre de protons dans le noyau de l'atome. S'il y a *perte* d'électrons, l'ion possède plus de protons que d'électrons : sa charge est *positive*. S'il y a *gain* d'électrons, l'ion possède plus d'électrons que de protons : sa charge est *négative*. Un ion *monoatomique* se forme lorsqu'un atome cède ou reçoit un ou plusieurs électrons. Quand un atome de sodium cède un électron, il acquiert une charge positive (+1) ; on représente l'ion produit par Na^+. Quand un atome de chlore reçoit un électron, il acquiert une charge négative (−1) ; on représente l'ion produit par Cl^-. On appelle **cation** un ion chargé positivement, et **anion** un ion chargé négativement. En général, les atomes des métaux produisent des cations, tandis que les atomes des non-métaux forment des anions. Les groupes d'atomes liés peuvent former des ions *polyatomiques* en cédant ou en recevant des électrons. Si un groupe formé d'un atome de soufre et de quatre atomes d'oxygène reçoit deux électrons, il en résulte un ion SO_4^{2-}.

Ion

Particule formée d'un ou de plusieurs atomes, et portant une charge électrique.

Cation

Ion portant une charge électrique positive.

Anion

Ion portant une charge électrique négative.

Composé ionique

Composé constitué d'ions qui possèdent des charges de signes opposés (donc de cations et d'anions) et s'associent pour former de larges amas sous l'effet de l'attraction électrostatique.

Un **composé ionique** est formé d'ions possédant des charges de signes opposés (c'est-à-dire de cations et d'anions), qui s'associent pour former de larges amas sous l'effet de l'attraction électrostatique. Il n'existe pas de petites unités identifiables d'un composé ionique qui soient comparables aux molécules d'un composé moléculaire.

Les ions monoatomiques

Dans une certaine mesure, on peut prédire la charge d'un ion monoatomique à l'aide de la classification périodique (**figure 2.9**). Pour la majorité des atomes des métaux des groupes IA, IIA et IIIB, le nombre d'électrons cédés est égal au numéro du groupe dans le tableau périodique. Donc, les atomes des métaux très réactifs du groupe IA, appelés *métaux alcalins,* deviennent des cations de charge +1 en cédant un électron ; les atomes des éléments du groupe IIA, appelés *métaux alcalino-terreux,* deviennent des cations de charge +2 en cédant deux électrons. L'aluminium, qui est le métal le plus commun du groupe IIIB, et le plus important du point de vue commercial, forme des cations de charge +3.

On nomme un cation monoatomique en faisant précéder le nom de l'élément dont il provient du mot « ion » : un ion sodium, un ion magnésium, etc. On indique la charge d'un cation par un chiffre qui est suivi du signe +. Cependant, dans le cas d'une charge +1, on fait généralement suivre le symbole de l'élément du signe +, en omettant le 1. Ainsi, on écrit Mg^{2+} et Al^{3+}, mais Na^+ et non Na^{1+}.

L'examen du tableau périodique ne permet pas de déterminer facilement la charge probable d'un cation provenant d'un élément des groupes IIIA à VIIIA et des groupes IB ou IIB. Dans quelques cas, la grandeur de la charge est égale au numéro du groupe mais, le plus souvent, cette relation n'est pas vérifiée. De plus, comme l'indique le tableau de la figure 2.9, les éléments de ces groupes forment des ions ayant différentes charges, par exemple Fe^{2+} et Fe^{3+}. On distingue ces deux ions en indiquant leurs charges respectives au moyen de chiffres romains : *fer(II)* et *fer(III).* Dans la nomenclature traditionnelle, on nomme certains ions en employant le radical de l'élément correspondant que l'on fait suivre du suffixe *-eux* ou *-ique,* le premier étant utilisé pour l'ion ayant la plus petite des deux charges possibles et le second, pour l'ion ayant la plus grande charge. Ainsi, Fe^{2+} est l'ion ferreux, tandis que Fe^{3+} est l'ion ferrique. Par exemple, le sulfate ferreux est un ingrédient actif des comprimés de suppléments de minéraux.

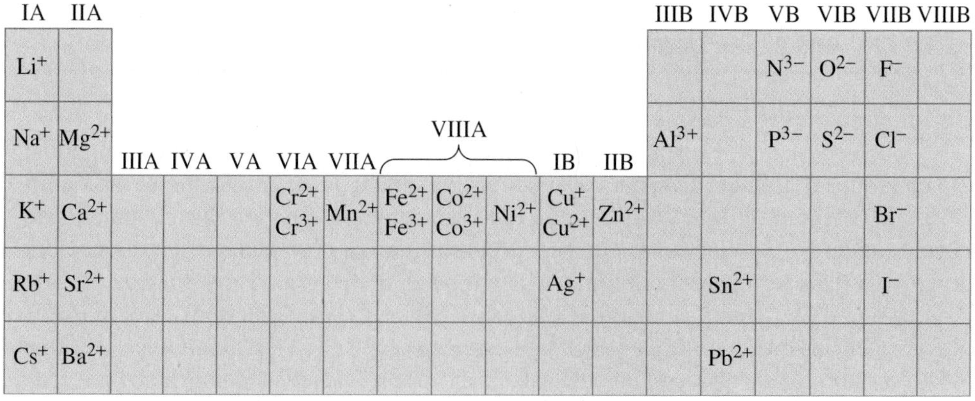

IA	IIA	IIIA	IVA	VA	VIA	VIIA	VIIIA			IB	IIB	IIIB	IVB	VB	VIB	VIIB	VIIIB
Li^+														N^{3-}	O^{2-}	F^-	
Na^+	Mg^{2+}											Al^{3+}		P^{3-}	S^{2-}	Cl^-	
K^+	Ca^{2+}				Cr^{2+} Cr^{3+}	Mn^{2+}	Fe^{2+} Fe^{3+}	Co^{2+} Co^{3+}	Ni^{2+}	Cu^+ Cu^{2+}	Zn^{2+}					Br^-	
Rb^+	Sr^{2+}									Ag^+			Sn^{2+}			I^-	
Cs^+	Ba^{2+}												Pb^{2+}				

▲ Figure 2.9 **Symbole et position dans la classification périodique de quelques ions monoatomiques**

En général, les métaux des groupes IA et IIA, de même que l'aluminium, ont un seul cation, qui porte une charge positive dont la grandeur est égale au numéro du groupe auquel ils appartiennent ; les métaux des groupes IIIA à IIB ont deux cations ou plus de charges différentes, bien que, dans certains cas, on observe couramment seulement un des cations ; les non-métaux des groupes VIB et VIIB, de même que l'azote et le phosphore, forment des anions dont la charge est égale au numéro de leur groupe, moins huit.

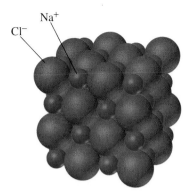

En se combinant à des atomes métalliques, les atomes non métalliques acquièrent *généralement des électrons, de sorte qu'ils forment des anions dont la charge est égale au numéro que possède leur groupe dans la classification périodique, moins huit.* Les atomes non métalliques du groupe VIIB, appelés *halogènes*, acquièrent un électron, de sorte qu'ils forment des anions dont la charge est égale à $7 - 8 = -1$, par exemple F^- et Cl^-. Les atomes du groupe VIB acquièrent deux électrons, de sorte qu'ils forment des anions, tels O^{2-} et S^{2-}. L'azote et le phosphore, qui appartiennent au groupe VB, forment respectivement des anions N^{3-} et P^{3-}. On nomme les anions monoatomiques en faisant simplement suivre le mot «ion» du mot dérivé du nom de l'élément dont on a remplacé la terminaison par *-ure* (ou *-yde* pour l'oxygène). Ainsi, en acquérant un électron, un atome de chlore devient un ion chlorure; en acquérant deux électrons, un atome d'oxygène devient un ion oxyde.

Formule et nom d'un composé ionique binaire

Un composé ionique binaire (constitué de deux éléments) est formé de cations et d'anions monoatomiques. Une telle combinaison d'ions est toujours électriquement neutre : elle ne possède ni charge positive ni charge négative. Ce fait influe sur l'écriture de la formule du composé ionique.

La formule reflète le regroupement le plus simple possible de cations et d'anions qui représente une unité électriquement neutre. On appelle ce regroupement hypothétique une **entité formulaire** du composé. On qualifie une entité formulaire d'hypothétique parce qu'elle n'existe pas en tant qu'entité distincte. Il n'est pas difficile de deviner ce qu'est l'entité formulaire du chlorure de sodium (**figure 2.10**) : elle est formée simplement d'un ion Na^+ et d'un ion Cl^-. La formule du chlorure de sodium est NaCl. Cet exemple met en évidence une importante règle générale : *Le nom d'un composé ionique est formé de deux termes unis par la préposition « de », le premier étant le nom de l'anion et le second, le nom du cation.*

Qu'en est-il de la formule de l'oxyde d'aluminium? On ne peut pas combiner simplement un ion Al^{3+} et un ion O^{2-}, car on obtiendrait alors un ion AlO^+, une entité formulaire ayant une charge positive. Mais si on combine *deux* ions Al^{3+} et *trois* ions O^{2-}, on obtient une entité électriquement neutre.

$$2(3+) + 3(2-) = +6 - 6 = 0$$

La formule de l'oxyde d'aluminium est Al_2O_3.

Pourquoi la formule Al_2O_3 se lit-elle «oxyde d'aluminium» et non «*trioxyde de dialuminium*»? C'est qu'on n'utilise les préfixes que s'ils sont vraiment nécessaires. Si on connaît la charge du cation et celle de l'anion, on peut facilement déduire le nombre de cations et d'anions qu'il faut pour former une entité formulaire qui soit électriquement neutre. On nomme ensuite l'entité formulaire en fonction des cations et des anions présents, sans en indiquer le nombre relatif. Vous ne devriez pas avoir de difficulté à nommer la majorité des composés formés des ions qui sont énumérés dans la figure 2.9, ni à en écrire la formule.

▲ **Figure 2.10**
Entité formulaire de NaCl
Le chlorure de sodium est formé d'ions Na^+ et Cl^-, regroupés par des forces électrostatiques d'attraction en un vaste réseau ordonné, appelé *cristal*. La combinaison hypothétique d'un ion Na^+ et d'un ion Cl^- présentée ici est une entité formulaire : il s'agit du plus petit regroupement d'ions dont on peut déduire la formule NaCl.

Entité formulaire

Formule hypothétique figurant un composé ionique et indiquant le regroupement le plus simple de cations et d'anions qui représente une unité électriquement neutre.

Dans ce livre, on utilise la nomenclature classique. Cependant, il existe une nomenclature systématique moins utilisée, qui permet de nommer les composés ioniques. L'annexe A montre la relation entre ces deux nomenclatures.

EXEMPLE **2.8**

Déterminez la formule : **a)** du chlorure de calcium ; **b)** de l'oxyde de magnésium.

➜ Solution

a) On écrit d'abord le symbole du cation, suivi du symbole de l'anion : Ca^{2+} et Cl^-. La combinaison la plus simple de ces deux ions qui constitue une entité formulaire électriquement neutre est un ion Ca^{2+} pour deux ions Cl^-. La formule est donc $CaCl_2$.

$$Ca^{2+} + 2\,Cl^- = CaCl_2$$

Qu'est-ce qu'un régime à faible teneur en sodium ?

Quelques aliments familiers qui ont une haute teneur en Na⁺.

Près de deux millions d'adultes au Canada souffrent d'hypertension artérielle. Ce type d'hypertension peut causer différents symptômes, tels que les insuffisances cardiaque et rénale et l'artériosclérose. Une alimentation riche en sodium entraîne de la rétention d'eau et, par conséquent, une augmentation du volume sanguin, potentiellement à l'origine de l'hypertension artérielle. Les médecins conseillent généralement de faire plus d'exercice physique et d'adopter une diète à faible teneur en sodium. Mais qu'est-ce que cela signifie au juste ? Les médecins ne conseillent sûrement pas à leurs patients de réduire leur consommation de sodium pur, un métal qui réagit violemment en présence d'eau ou d'humidité. Il ne vient donc à personne l'idée de mettre le sodium au menu. Ce dont les médecins se préoccupent, c'est de la consommation de l'*ion* sodium, Na^+, qui ne constitue pas en soi une substance. Ce cation est intégré à l'alimentation, combiné à un anion, sous forme de composé ionique, dont le principal est le chlorure de sodium, ou sel de table. Certaines personnes consomment de 6 à 7 g de chlorure de sodium par jour, dont la plus grande partie est contenue dans des aliments prêts à servir. Nombre de produits à grignoter, notamment les croustilles (à base de pommes de terre ou de maïs) et les bretzels, sont particulièrement riches en sel. La majorité des médecins recommandent aux personnes souffrant d'hypertension de limiter leur consommation de sel, et certains suggèrent même aux personnes ayant une tension normale d'en consommer moins.

Un ion est très différent de l'atome dont il provient. Les atomes de sodium constituent un élément qui existe à l'état pur, même s'il est très réactif. Les *ions* sodium ne sont généralement pas réactifs, mais ils sont toujours combinés avec des anions. Il y a autant de différences entre un atome métallique et son cation qu'entre une pêche entière (un atome) et un noyau de pêche (un ion). Il existe malheureusement beaucoup de confusion au sujet d'une alimentation contenant « trop de sodium », ou des régimes « riches en calcium » visant à assurer une bonne dentition et une bonne ossature. On devrait en fait parler des ions sodium et des ions calcium si on veut employer une terminologie précise, comme le font les scientifiques.

b) Les ions sont Mg^{2+} et O^{2-}. Le rapport le plus simple qui corresponde à une entité formulaire électriquement neutre est 1 : 1. La formule du composé est donc MgO.

$$Mg^{2+} + O^{2-} = MgO$$

EXERCICE 2.8

Déterminez la formule de chacun des composés ioniques suivants : **a)** fluorure d'aluminium ; **b)** sulfure de potassium ; **c)** nitrure de calcium ; **d)** oxyde de lithium.

EXEMPLE 2.9

Donnez le nom : **a)** du MgS ; **b)** du $CrCl_3$.

➜ Solution

a) Le MgS est formé d'ions Mg^{2+} et S^{2-}. Il se nomme donc « sulfure de magnésium ».

b) Les ions sont Cr^{3+} et Cl^-. Comment sait-on que le chrome est présent sous la forme de Cr^{3+}, et non de Cr^{2+}? Comme il y a trois ions Cl^-, la charge du cation est nécessairement de $3+$. La charge de l'entité formulaire est égale à $3 + 3(1-) = 3 - 3 = 0$, car les entités formulaires sont neutres. Le composé est le chlorure de chrome(III). On ne peut pas utiliser simplement le nom « chlorure de chrome » pour désigner le $CrCl_3$. En effet, l'examen de la figure 2.9 permet de constater qu'il existe deux ions chrome simples, soit Cr^{2+} et Cr^{3+}, d'où l'existence des deux chlorures $CrCl_2$ et $CrCl_3$, auxquels il faut attribuer des noms différents.

EXERCICE 2.9 A

Donnez le nom de chacun des composés suivants : **a)** $CaBr_2$; **b)** Li_2S ; **c)** $FeBr_2$; **d)** CuI.

EXERCICE 2.9 B

Quel est le nom traditionnel et la formule du sulfure de cuivre(I) ?

Les ions polyatomiques

Un **ion polyatomique** est un groupe d'atomes liés qui est chargé, par exemple NH_4^+ et SO_4^{2-}. Quelques-uns des ions polyatomiques les plus courants sont énumérés dans le **tableau 2.4**. Pour les anions polyatomiques, on utilise fréquemment les suffixes *-ite* et *-ate* et, parfois, les préfixes *hypo-* et *per-*. Dans le cas d'un élément donné, un anion dont le nom se termine par le suffixe *-ite* renferme généralement un atome d'oxygène de moins qu'un anion dont le nom se termine par le suffixe *-ate*, mais les deux ions portent la même charge. Si un élément a plus de deux anions polyatomiques, on désigne celui qui a un atome d'oxygène de moins que l'anion dont le nom se termine par le suffixe *-ite* à l'aide du préfixe *hypo-* et du suffixe *-ite* ; on désigne celui qui a un atome d'oxygène de plus que l'anion dont le nom se termine par le suffixe *-ate* à l'aide du préfixe *per-* et du suffixe *-ate*. Voici un exemple portant sur les anions oxygénés (oxanions) du chlore et du soufre.

> **Ion polyatomique**
>
> Particule chargée formée d'au moins deux atomes unis par des liaisons covalentes.

		Exemple	Nom	Exemple	Nom
Nombre croissant d'atomes d'oxygène	hypo___ite	ClO^-	ion hypochlorite	—	—
	___ite	ClO_2^-	ion chlorite	SO_3^{2-}	ion sulfite
	___ate	ClO_3^-	ion chlorate	SO_4^{2-}	ion sulfate
	per___ate	ClO_4^-	ion perchlorate	—	—

Si l'hydrogène est le troisième élément d'un anion polyatomique, sa présence est indiquée dans le nom de l'anion : par exemple, HPO_4^{2-} est l'ion *hydrogéno*phosphate et $H_2PO_4^-$ est l'ion *dihydrogéno*phosphate.

On écrit la formule et le nom des composés renfermant des ions polyatomiques à l'aide des informations données dans la figure 2.9 et de celles qui sont présentées dans le tableau 2.4. Cependant, il faut parfois utiliser des parenthèses pour écrire la formule. Par exemple, une entité formulaire de nitrate de magnésium est formée d'un ion Mg^{2+} et de deux ions NO_3^-. On ne peut pas simplement écrire l'indice « 2 » à la suite de NO_3, car on obtiendrait alors NO_{32}, et on ne peut pas non plus écrire MgN_2O_6, car les ions nitrate sous cette forme ne sont pas apparents. C'est pourquoi on écrit NO_3 entre parenthèses, puis l'indice « 2 », c'est-à-dire $(NO_3)_2$. La formule du nitrate de magnésium est $Mg(NO_3)_2$.

TABLEAU **2.4**	Quelques ions polyatomiques courants	
Nom	**Formule**	**Exemple de composé**
Cations		
Ion ammonium	NH_4^+	NH_4Cl
Ion hydronium	H_3O^+	[a]
Anions		
Ion acétate	[b]CH_3COO^-	CH_3COONa
Ion carbonate	CO_3^{2-}	Li_2CO_3
Ion hydrogénocarbonate (ou ion bicarbonate)[c]	HCO_3^-	$NaHCO_3$
Ion hypochlorite	ClO^-	$Ca(ClO)_2$
Ion chlorite	ClO_2^-	$NaClO_2$
Ion chlorate	ClO_3^-	$NaClO_3$
Ion perchlorate	ClO_4^-	$KClO_4$
Ion chromate	CrO_4^{2-}	K_2CrO_4
Ion dichromate	$Cr_2O_7^{2-}$	$(NH_4)_2Cr_2O_7$
Ion cyanate	OCN^-	$KOCN$
Ion thiocyanate[d]	SCN^-	$KSCN$
Ion cyanure	CN^-	KCN
Ion hydroxyde	OH^-	$NaOH$
Ion nitrite	NO_2^-	$NaNO_2$
Ion nitrate	NO_3^-	$NaNO_3$
Ion oxalate	$C_2O_4^{2-}$	CaC_2O_4
Ion permanganate	MnO_4^-	$KMnO_4$
Ion phosphate	PO_4^{3-}	Na_3PO_4
Ion hydrogénophosphate	HPO_4^{2-}	Na_2HPO_4
Ion dihydrogénophosphate	$H_2PO_4^-$	NaH_2PO_4
Ion sulfite	SO_3^{2-}	Na_2SO_3
Ion hydrogénosulfite (ou ion bisulfite)[c]	HSO_3^-	$NaHSO_3$
Ion sulfate	SO_4^{2-}	Na_2SO_4
Ion hydrogénosulfate (ou ion bisulfite)[c]	HSO_4^-	$NaHSO_4$
Ion thiosulfate[d]	$S_2O_3^{2-}$	$Na_2S_2O_3$

[a] Dans une solution aqueuse, H^+ s'associe à des molécules d'eau, de sorte qu'on le représente généralement par H_3O^+. Il n'existe pas de composé courant qui renferme l'ion H_3O^+.

[b] Dans le cas de composés ioniques dont l'anion est dérivé d'un acide carboxylique (voir la section 6.13, page 295), on inscrit d'abord dans la formule l'anion, puis le cation CH_3COONa.

[c] Le préfixe bi- signifie que l'ion contient un atome d'hydrogène remplaçable : à ne pas confondre avec le préfixe *di-*, qui signifie «deux» et est utilisé pour indiquer la présence de deux unités simples.

[d] Le préfixe *thio-* signifie qu'un atome d'oxygène a été remplacé par un atome de soufre.

EXEMPLE 2.10

Quelle est la formule des composés suivants : **a)** sulfite de sodium ; **b)** sulfate d'ammonium ?

➔ Solution

a) Il n'est pas nécessaire de mémoriser entièrement la liste du tableau 2.4 pour connaître la formule de l'ion sulfite. Si on se rappelle le nom et la formule de l'un des anions polyatomiques renfermant du soufre et de l'oxygène, on peut en déduire le nom et la formule des autres anions de ce type. Par exemple, on peut mémoriser la formule du *sulfate* : SO_4^{2-}. On sait que le sulfite (un anion dont le nom se termine en -*ite*) a un atome d'oxygène de moins que le sulfate, soit 3 au lieu de 4 ; on représente donc le sulfite par SO_3^{2-}. Dans une entité formulaire, les charges respectives des deux ions doivent s'équilibrer. Ainsi, l'entité formulaire du sulfite de sodium doit contenir Na^+ et SO_3^{2-} selon le rapport 2 : 1. La formule est donc Na_2SO_3.

b) Les formules des ions ammonium et sulfate sont respectivement NH_4^+ et SO_4^{2-}. Une entité formulaire de sulfate d'ammonium est formée de deux ions NH_4^+ et d'un ion SO_4^{2-}. On représente les deux ions NH_4^+ par la formule NH_4 placée entre parenthèses et suivie de l'indice « 2 », c'est-à-dire par $(NH_4)_2$. On obtient ainsi la formule $(NH_4)_2SO_4$.

EXERCICE 2.10

Écrivez la formule : **a)** du carbonate d'ammonium ; **b)** de l'hypochlorite de calcium ; **c)** du sulfate de chrome(III).

EXEMPLE **2.11**

Quel est le nom des composés suivants ? **a)** NaCN ; **b)** $Mg(ClO_4)_2$.

➡ Solution

a) Le composé est formé d'un ion sodium, Na^+, et d'un ion cyanure, CN^-. Il s'agit donc du cyanure de sodium.

b) Le composé est formé d'un ion magnésium, Mg^{2+}, et d'un ion perchlorate, ClO_4^-. Il s'agit donc du perchlorate de magnésium.

EXERCICE 2.11

Quel est le nom des composés suivants ? **a)** $KHCO_3$; **b)** $FePO_4$; **c)** $Mg(H_2PO_4)_2$.

Les hydrates

Si vous examinez les étiquettes des contenants de produits chimiques qui se trouvent dans un entrepôt, vous constaterez peut-être que les formules qui y sont inscrites ne sont pas conformes aux règles décrites plus haut. Il est possible, par exemple, qu'un flacon contenant du chlorure de calcium porte l'inscription $CaCl_2 \cdot 6H_2O$, et non simplement $CaCl_2$. L'étiquette indique que le contenu est un *hydrate*. Un **hydrate** est un composé ionique dont l'entité formulaire comprend un nombre fixe de molécules d'eau, ainsi que des cations et des anions. Le nom de $CaCl_2 \cdot 6H_2O$ est chlorure de calcium *hexa*hydraté. L'expression « chlorure de calcium » se rapporte à Ca^{2+} et aux deux ions Cl^- de l'entité formulaire, tandis que le terme « hydraté » indique la présence de molécules de H_2O et le préfixe *hexa-*, le nombre de ces molécules (tableau 2.3). Voici d'autres exemples d'hydrates : le chlorure de baryum *di*hydraté, $BaCl_2 \cdot 2H_2O$; le perchlorate de lithium *tri*hydraté, $LiClO_4 \cdot 3H_2O$; le carbonate de magnésium *penta*hydraté, $MgCO_3 \cdot 5H_2O$; et le sulfate de calcium dihydraté, $CaSO_4 \cdot 2H_2O$, mieux connu sous le nom de gypse.

Dans un autre sulfate de calcium hydraté, il y a seulement une molécule d'eau pour *deux* entités formulaires $CaSO_4$. La formule de ce sulfate s'écrit $2CaSO_4 \cdot H_2O$ ou encore, plus couramment, $CaSO_4 \cdot \frac{1}{2}H_2O$, d'où l'appellation sulfate de calcium *hémihydraté*. Cet hydrate est aussi appelé plâtre, et on l'obtient en chauffant du gypse.

> **Hydrate**
>
> Composé ionique dont l'entité formulaire comprend un nombre fixe de molécules d'eau, ainsi que des cations et des anions.

Les dunes du White Sands National Monument, dans l'État du Nouveau-Mexique aux États-Unis, sont formées de gypse.

Le sulfate de cuivre anhydre (CuSO$_4$) est une substance blanche, alors que le sulfate de cuivre pentahydraté (CuSO$_4$·5H$_2$O) est d'un bleu brillant.

Si on le mélange avec de l'eau, le plâtre se retransforme en gypse et se dilate légèrement. On l'emploie pour la fabrication de moules, lorsqu'on désire reproduire précisément la forme d'un objet, avec ses détails, comme c'est le cas en denturologie et en joaillerie. Toutefois son utilisation la plus importante est la fabrication de panneaux de gypse, dont la pose a remplacé le crépissage dans l'industrie de la construction.

Un hydrate peut se former lorsqu'un composé anhydre (non hydraté) est mis en présence de vapeur d'eau atmosphérique ou, ce qui est plus fréquent, à la suite de la cristallisation d'un composé ionique dissous dans l'eau. Bien que les hydrates soient courants, plusieurs composés ioniques n'en forment pas, et il n'est pas utile de mémoriser de quels composés ioniques proviennent les hydrates. Il suffit d'être capable de déterminer si une formule quelconque représente ou non un hydrate et de pouvoir nommer ce type de composé.

(a)

(b)

▲ **Figure 2.11**
Acides et bases d'usage courant

(a) Quelques acides courants : un nettoyant pour la cuvette, du vinaigre, de l'aspirine, du jus de légumes et du jus de raisin. **(b)** Quelques bases courantes : de l'ammoniaque, un produit de débouchage (soude caustique), des comprimés d'antiacide, du soda tonique, des cristaux de soude et un nettoyant pour le four.

2.8 Les acides, les bases et les sels

Des processus chimiques complexes interviennent dans la vie quotidienne : nous digérons des aliments ; nous versons des larmes ; nous faisons cuire du pain ; nous prenons des médicaments pour soulager nos maux d'estomac ; etc. Deux types de substances chimiques, appelées *bases* et *acides,* jouent un rôle primordial dans ces processus chimiques. Nous en mangeons et en buvons, et notre organisme en produit. La **figure 2.11** illustre quelques-uns des acides et des bases qui sont d'usage courant.

Par le passé, on classait les acides et les bases en fonction de leurs propriétés. Les acides sont des substances qui possèdent les particularités suivantes lorsqu'on les dissout dans l'eau.

- Un acide dissous dans une quantité suffisante d'eau pour le rendre inoffensif a une saveur aigre.

- Les acides produisent un picotement ou une sensation de brûlure sur la peau.

- Les acides font virer le tournesol (un indicateur coloré) au rouge.

- Les acides produisent des composés ioniques et de l'hydrogène gazeux en réagissant avec divers métaux, dont le magnésium, le zinc et le fer.

- Les acides réagissent avec les bases, mais ils perdent alors leurs propriétés.

Les bases sont des substances qui possèdent les caractéristiques suivantes lorsqu'on les dissout dans l'eau.

- Une base dissoute dans une quantité suffisante d'eau pour la rendre inoffensive a une saveur amère[*].

---

[*] Selon la Bible, au cours de leur migration d'Égypte vers le pays de Canaan, les Israélites ont franchi le fleuve Mara, aux eaux amères (Exode 15, 23). Consciemment ou non, les auteurs ont ainsi noté, pour la postérité, l'existence d'une base.

- Les bases paraissent douces ou crémeuses sur la peau.

- Les bases font virer le tournesol au bleu.

- Les bases réagissent avec les acides, mais elles perdent alors leurs propriétés.

Les acides et les bases : la théorie d'Arrhenius

En 1887, le chimiste suédois Svante Arrhenius a proposé d'appeler **acide** tout composé moléculaire qui, en s'ionisant ou en se divisant dans l'eau, donne une solution contenant des ions H^+ et des anions. Selon Arrhenius, une **base** est un composé qui, en s'ionisant dans l'eau, donne une solution contenant des ions OH^- et des cations. Certaines bases, dont NaOH et KOH, sont des composés ioniques. En se dissolvant dans l'eau, les ions hydroxyde et les cations se séparent. Cependant, la majorité des bases ne sont pas des composés ioniques. Elles ne contiennent pas d'ions hydroxyde. Ces derniers, de même que les cations, sont produits lorsque la base réagit avec l'eau.

D'après Arrhenius, la réaction fondamentale entre un acide et une base, appelée *neutralisation,* est la combinaison d'ions H^+ de l'acide et d'ions OH^- de la base, ce qui donne de l'eau (soit HOH ou H_2O). Le cation de la base et l'anion de l'acide forment un composé ionique appelé **sel**. La formation de NaCl (un sel) et de H_2O (de l'eau) à partir de HCl (un acide) et de NaOH (une base) est un exemple de réaction de neutralisation.

La théorie d'Arrhenius, comme bien d'autres théories scientifiques, a été remplacée par une théorie plus récente qui explique tous les résultats de façon plus satisfaisante. Pour l'instant, la théorie d'Arrhenius nous suffira pour déterminer les substances qui sont des acides, des bases ou des sels, de même que les noms et les formules de ces substances.

Les formules et les noms des acides, des bases et des sels

Examinons d'abord le cas le plus simple, celui des sels. Comme ce sont des composés ioniques, l'écriture de leur nom et de leur formule s'appuie en général sur les règles qui s'appliquent aux composés ioniques. Leur seule particularité réside dans le fait qu'ils résultent de la réaction entre un acide et une base.

On écrit le nom et la formule des bases *ioniques* de la même façon qu'on écrit le nom et la formule des composés ioniques. Cependant, les anions de toutes les bases d'Arrhenius sont des ions hydroxyde, OH^-. Les principales bases ioniques sont celles des cations appartenant aux groupes IA et IIA, les trois plus courantes étant les suivantes :

NaOH	hydroxyde de sodium
KOH	hydroxyde de potassium
$Ca(OH)_2$	hydroxyde de calcium

La majorité des bases sont des composés *moléculaires* ; elles ne contiennent pas d'ions hydroxyde. En fait, les ions de ce type sont produits lorsqu'une base moléculaire réagit avec de l'eau. Les principales bases moléculaires sont l'ammoniac (NH_3) et des composés qui sont apparentés à cette substance et qu'on appelle *amines* (section 6.13). Notons ici que l'ammoniac (NH_3) est un gaz qui, en se dissolvant dans l'eau, forme de l'ammoniaque (NH_4OH).

La dénomination des acides est un peu plus complexe que celle des bases, mais elle ne pose pas vraiment de difficulté si on procède systématiquement. Examinons d'abord le cas des acides *binaires*. Ce sont des composés moléculaires formés d'hydrogène et d'un autre élément non métallique. On sait que HCl désigne le chlorure d'hydrogène, et nous allons continuer d'utiliser cette appellation pour représenter le composé gazeux pur. Lorsque du chlorure d'hydrogène se dissout dans l'eau et réagit avec celle-ci, il se forme des ions H^+ et Cl^-. Une *solution* de ce type est un acide ; dans l'expression qui la désigne, on ajoute le suffixe *-hydrique* au radical du nom de l'anion, d'où l'appellation « acide chlorhydrique ». Voici quelques exemples.

En plus d'avoir fait des recherches sur les acides et les bases, Svante Arrhenius (1859-1927) a établi une expression mathématique reliant le taux de réaction à divers facteurs. Arrhenius a en outre été le premier à faire le lien entre la présence de dioxyde de carbone dans l'atmosphère et l'effet de serre.

Bromure d'hydrogène	HBr	acide bromhydrique
Iodure d'hydrogène	HI	acide iodhydrique
Sulfure d'hydrogène	H$_2$S	acide sulfhydrique

Ce ne sont pas tous les composés binaires de l'hydrogène et d'un non-métal qui sont des acides, mais seulement ceux qui, en s'ionisant dans l'eau, produisent des ions H$^+$ et des anions. Par exemple, le méthane, CH$_4$, qui est un composé binaire de l'hydrogène, n'est pas un acide. Voyons comment on doit écrire le nom et la formule des composés que l'on reconnaît comme des acides.

Le **tableau 2.5** indique que la majorité des acides sont *ternaires,* c'est-à-dire qu'ils sont formés d'atomes de *trois* éléments distincts : en l'occurrence d'hydrogène et de deux autres non-métaux. Bon nombre des acides ternaires sont des *oxacides,* c'est-à-dire que leurs molécules renferment des atomes d'hydrogène, d'*oxygène* et d'un troisième non-métal. Quelques non-métaux forment plusieurs oxacides ternaires, dont le nom reflète le nombre d'atomes d'oxygène qu'ils contiennent par molécule, comme l'illustre, dans le cas des oxacides ternaires du chlore et du soufre, le tableau suivant.

			Exemple	Nom	Exemple	Nom
Nombre croissant d'atomes d'oxygène		hypo___eux	HClO	acide hypochloreux	—	—
		___eux	HClO$_2$	acide chloreux	H$_2$SO$_3$	acide sulfureux
		___ique	HClO$_3$	acide chlorique	H$_2$SO$_4$	acide sulfurique
		per___ique	HClO$_4$	acide perchlorique	—	—

On forme le nom des sels de ces acides en modifiant comme suit le nom des anions.

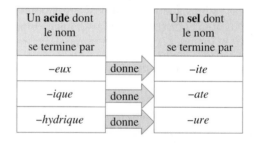

Un **acide** dont le nom se termine par		Un **sel** dont le nom se termine par
–eux	donne	*–ite*
–ique	donne	*–ate*
–hydrique	donne	*–ure*

TABLEAU 2.5   Formule et nom de quelques acides courants et de leurs sels

Formule de l'acide	Nom de l'acide	Sel de sodium Formule	Nom
HCl	Acide chlor*hydrique*	NaCl	Chlor*ure* de sodium
HClO	Acide *hypo*chlor*eux*	NaClO	*Hypo*chlor*ite* de sodium
HClO$_2$	Acide chlor*eux*	NaClO$_2$	Chlor*ite* de sodium
HClO$_3$	Acide chlor*ique*	NaClO$_3$	Chlor*ate* de sodium
HClO$_4$	Acide *per*chlor*ique*	NaClO$_4$	*Per*chlor*ate* de sodium
H$_2$S	Acide sulf*hydrique*	Na$_2$S	Sulf*ure* de sodium
H$_2$SO$_3$*	Acide sulfur*eux*	Na$_2$SO$_3$	Sulf*ite* de sodium
H$_2$SO$_4$*	Acide sulfur*ique*	Na$_2$SO$_4$	Sulf*ate* de sodium
HNO$_2$	Acide nitr*eux*	NaNO$_2$	Nitr*ite* de sodium
HNO$_3$	Acide nitr*ique*	NaNO$_3$	Nitr*ate* de sodium
H$_3$PO$_4$*	Acide phosphor*ique*	Na$_3$PO$_4$	Phosph*ate* de sodium
H$_2$CO$_3$*	Acide carbon*ique*	Na$_2$CO$_3$	Carbon*ate* de sodium

* La liste d'ions polyatomiques que présente le tableau 2.4 comprend des anions présents dans les sels de ces acides, dont tous les atomes d'hydrogène disponibles n'ont pas été remplacés. La formule et le nom des sels dans lesquels il reste un ou plusieurs atomes d'hydrogène doivent refléter ce fait : par exemple, NaHSO$_4$ se lit « hydrogénosulfate de sodium », et NaH$_2$PO$_4$ se lit « dihydrogénophosphate de sodium ».

Pour former les noms des ions polyatomiques (tableau 2.4, page 64), on a utilisé les mêmes suffixes que pour former les noms des sels. Ainsi, $NaClO_2$ est le chlorite de sodium et ClO_2^- est l'ion chlorite.

Enfin, à part quelques exceptions, dont l'acide carbonique (H_2CO_3), les acides contenant du carbone sont très différents des autres acides. Il sera question de leur classification particulière dans la section 6.13.

EXEMPLE **SYNTHÈSE**

Dans l'expérience suivante, montrez que les résultats obtenus sont conformes à la loi de la conservation de la masse, et ce, dans les limites des erreurs expérimentales. On dissout un échantillon de 10,00 g de carbonate de calcium dans 100,00 mL d'une solution aqueuse d'acide chlorhydrique dont la masse volumique est de 1,148 g/mL. On obtient les produits suivants : 120,40 g de solution, laquelle est un mélange d'acide chlorhydrique et de chlorure de calcium, et 2,22 L de dioxyde de carbone gazeux dont la masse volumique est de 0,001 976 9 g/mL.

➜ Stratégie

Ce problème peut sembler assez difficile de prime abord, puisque plusieurs données sont fournies. Toutefois, une lecture attentive nous convaincra que le défi à relever est beaucoup moins grand qu'on pourrait le penser.

Nous devons montrer que la masse est conservée dans l'expérience. Pour ce faire, il nous suffit de comparer la masse des composés de départ à la masse des produits issus de la transformation chimique, puis de montrer que ces masses sont identiques dans les limites des erreurs expérimentales. Nous devons donc trouver les masses des composés de départ et des composés obtenus.

➜ Solution

Commençons par établir les composés de départ et les produits obtenus. À la lecture du problème, il est évident que le carbonate de calcium réagit avec une solution aqueuse d'acide chlorhydrique. Ainsi, le carbonate de calcium et la solution de HCl sont les composés de départ. Les produits obtenus sont une autre solution et du dioxyde de carbone gazeux.

■ Masses de départ : La masse de carbonate de calcium est donnée (10,00 g). Nous trouvons la masse de la solution HCl à partir de son volume et de sa masse volumique.

$$100,00 \text{ mL de solution de HCl} \times \frac{1,148 \text{ g}}{\text{mL}} = 114,8 \text{ g de solution de HCl}$$

Puis, nous additionnons les masses des composés de départ :

$$114,8 \text{ g de solution de HCl} + 10,00 \text{ g de CaCO3} = 124,8 \text{ g}$$

■ Masses des produits : La masse de la solution est donnée (120,40 g). Pour trouver la masse du dioxyde de carbone gazeux, nous devons utiliser son volume et sa masse volumique. Cependant, nous devons d'abord convertir le volume en millilitres puisque la masse volumique est en grammes par millilitre. Nous additionnons ensuite la masse des deux produits.

$$2,22 \text{ L} \times \frac{1000 \text{ mL}}{1 \text{ L}} \times \frac{0,001 976 9 \text{ g}}{1 \text{ mL}} = 4,39 \text{ g de } CO_2$$
$$120,40 \text{ g} + 4,39 \text{ g} = 124,79 \text{ g de produits.}$$

➜ Évaluation

Nous notons que la masse des réactifs et celle des produits ne sont pas exactement les mêmes. Cependant, la masse des réactifs, qui est de 124,8 g, possède quatre chiffres significatifs ; ainsi, elle est précise seulement à 0,1 g. La différence entre les masses des réactifs et des produits est inférieure à 0,1 g. La différence entre les masses est donc plus petite que la somme des incertitudes dans les masses des composés de départ. Nous pouvons conclure que les résultats de cette expérience sont conformes à ceux qui sont prévus par la loi de la conservation de la masse.

Résumé

2.1 **Les lois des combinaisons chimiques**   Les lois fondamentales des combinaisons chimiques sont la **loi de la conservation de la masse**, la **loi des proportions définies** et la **loi des proportions multiples**. Chacune de ces lois a joué un rôle important dans l'élaboration de la théorie atomique de Dalton.

2.2 **John Dalton et la théorie atomique de la matière**   Dalton a élaboré une théorie atomique pour expliquer les lois des combinaisons chimiques. Cette théorie est basée sur l'existence de particules indivisibles de la matière, appelées *atomes*. Elle rend compte du caractère unique des éléments chimiques, de la formation de composés chimiques à partir d'éléments différents et de la nature atomique des réactions chimiques.

2.3 **L'atome divisible**   Les trois composantes d'un atome auxquelles les chimistes s'intéressent plus particulièrement sont le **proton**, le **neutron** et l'**électron**. Les protons et les neutrons forment le **noyau**, et le nombre total de ces particules est appelé **nombre de masse (A)** de l'atome. Le **numéro atomique (Z)** est égal au nombre de protons de l'atome. Les électrons, situés à l'extérieur du noyau, portent des charges négatives dont le nombre est égal au nombre de charges positives des protons. Tous les atomes d'un élément donné ont le même numéro atomique, mais ils peuvent avoir un nombre de neutrons différent et donc un nombre de masse différent. Les atomes possédant le même nombre de protons (même numéro atomique) mais des nombres de neutrons différents (nombres de masse différents) sont appelés **isotopes** d'un élément. Les symboles chimiques des isotopes sont habituellement écrits sous la forme ^A_ZE, où A est le nombre de masse et Z le numéro atomique de l'élément E. Le nombre de neutrons d'un atome est obtenu à l'aide des valeurs de A et de Z.

$$\text{Nombre de neutrons} = A - Z \qquad (2.1)$$

2.4 **La masse atomique**   La **masse atomique** d'un élément est la moyenne pondérée des masses atomiques respectives des isotopes naturels de cet élément. L'**unité de masse atomique (u)** représente l'unité de mesure des masses atomiques; elle est exactement le douzième de la masse d'un atome de carbone 12. Pour obtenir la moyenne pondérée des masses atomiques, on exprime la contribution de chaque isotope à la moyenne sous la forme suivante, où la proportion relative est exprimée par une fraction décimale :

$$\begin{array}{c}\text{Contribution} \\ \text{de l'isotope}\end{array} = \begin{array}{c}\text{proportion} \\ \text{relative}\end{array} \times \begin{array}{c}\text{masse} \\ \text{de l'isotope}\end{array} \qquad (2.2)$$

2.5 **La classification périodique des éléments**   La **classification périodique** est un arrangement des éléments, en fonction de leur numéro atomique, en **périodes** (rangées) et en **groupes** (colonnes).

Les éléments ayant des propriétés similaires sont placés dans un même groupe. Cet arrangement des éléments permet aussi de distinguer les **métaux**, les **non-métaux** et les **semi-métaux**.

2.6 **Les molécules et les composés moléculaires**   Une **formule chimique** est une représentation symbolique des éléments constitutifs d'un composé : elle est formée des symboles qui indiquent la nature de ses éléments et d'indices qui précisent la proportion de chacun d'eux dans le composé. La **formule empirique** montre le plus petit rapport d'entités indiquant la proportion relative des éléments constitutifs. La **formule moléculaire** permet de distinguer les composés ayant une même formule empirique, parce qu'elle contient le symbole et le nombre réel de chaque type d'atomes dans la molécule. La **formule développée** est une formule chimique qui indique la façon dont les atomes sont unis les uns aux autres. Un modèle du type boules et bâtonnets traduit le mode de liaisons et la configuration des atomes dans l'espace. Quant au modèle moléculaire compact, il montre que les atomes occupent une portion d'espace et qu'ils sont réellement liés deux par deux. Par exemple, l'acide acétique est représenté par les formules suivantes :

Acide acétique CH_2O $C_2H_4O_2$

Formule   Formule
empirique   moléculaire

$$\begin{array}{ccc} & H & O \\ & | & \| \\ H- & C-C & -O-H \\ & | & \\ & H & \end{array} \qquad CH_3COOH$$

Formule   Formule
développée   semi-développée

Un **composé moléculaire** est formé de molécules; dans le cas d'un composé moléculaire binaire, les molécules sont constituées d'atomes de deux éléments distincts. Pour former les noms des composés de ce type, on utilise le préfixe approprié indiquant le nombre d'atomes de la molécule ainsi que le suffixe *-ure,* à l'exception de l'oxygène, auquel on attribue le suffixe *-yde.*

Exemples NI_3 : *tri*iodure d'azote
S_2F_4 : *tétra*fluorure de *di*soufre

2.7 **Les ions et les composés ioniques**   Lorsqu'un atome isolé ou un groupe d'atomes cède ou acquiert des électrons, il y a formation d'un **ion**. On appelle **cations** les ions positifs, et **anions** les ions négatifs. Un composé ionique est formé de cations et d'anions liés par des forces électrostatiques. La formule d'un **composé ionique** a comme base une combinaison électriquement neutre de cations et d'anions qu'on appelle une **entité formulaire**. Le nom de certains cations monoatomiques comprend des chiffres romains servant à désigner le nombre de charges du cation. Pour nommer un **anion monoatomique**, on remplace la terminaison du nom de l'élément non métallique par *-ure* ou *-yde*. Le nom de plusieurs **anions polyatomiques** renferme le préfixe *hypo-* ou *per-* et la terminaison *-ite* ou *-ate*. Un **hydrate** est un composé ionique qui comprend un nombre fixe de molécules d'eau associées à une entité formulaire.

Exemples MgF_2 : fluor*ure* de magnésium
Cu_2O : ox*yde* de cuivre(I)
$Ca(ClO)_2$: *hypo*chlor*ite* de calcium
Li_2S : sulf*ure* de lithium
CuO : ox*yde* de cuivre(II)
KIO_4 : *per*iod*ate* de potassium
$CuSO_4 \cdot 5H_2O$: sulf*ate* de cuivre(II) penta*hydraté*

2.8 **Les acides, les bases et les sels** De nombreux composés sont classés dans la catégorie des **acides**, des **bases** ou des **sels**. Selon la théorie d'Arrhenius, un acide donne des ions H^+ en solution aqueuse (dans l'eau), et une base donne des ions OH^-. Une réaction de neutralisation entre un acide et une base produit de l'eau ainsi qu'un composé ionique appelé sel. Les éléments constitutifs d'un acide binaire sont l'hydrogène et un non-métal ; son nom comprend le terme *acide*, suivi du radical de l'appellation du non-métal auquel est accolée la terminaison *-hydrique*. Les oxacides ternaires renferment en outre de l'oxygène, et leur nom comprend un préfixe (*hypo-* ou *per-*) et une terminaison (*-eux* ou *-ique*) qui indiquent le nombre d'atomes d'oxygène que contient la molécule.

Exemples HI : acide iod*hydrique*
HIO_3 : acide iod*ique*
$HClO_2$: acide chlor*eux*
$HClO_4$: acide *per*chlor*ique*

Mots clés

Vous trouverez également la définition des mots clés dans le glossaire à la fin du livre.

Problèmes par sections

2.1 **Les lois des combinaisons chimiques**

1. En faisant chauffer 1,000 g de zinc et 0,200 g de soufre dans un récipient fermé, une étudiante a obtenu 0,608 g de sulfure de zinc et elle a récupéré 0,592 g de zinc inaltéré. Ces résultats confirment-ils la loi de la conservation de la masse ? Expliquez votre réponse.

2. On suppose qu'un liquide incolore est un composé pur formé de carbone, d'hydrogène et d'oxygène. L'analyse de trois échantillons a donné les résultats suivants.

	Masse de l'échantillon	Masse du carbone	Masse de l'hydrogène
Échantillon 1	1,000 g	0,625 g	0,0419 g
Échantillon 2	1,549 g	0,968 g	0,0649 g
Échantillon 3	0,988 g	0,618 g	0,0414 g

Est-il possible que le liquide soit un composé pur ?

3. Au cours de deux expériences, on a fait brûler la totalité d'un échantillon de soufre en présence d'oxygène gazeux pur. On a ainsi obtenu du dioxyde de soufre et une partie de l'oxygène était inaltérée. Dans la première expérience, on a produit 0,623 g de dioxyde de soufre avec 0,312 g de soufre. Quelle masse de dioxyde de soufre devrait-on avoir obtenu dans la seconde expérience si on a fait brûler 1,305 g de soufre ?

4. On a déterminé que, pour un oxyde d'azote donné, le rapport des masses de l'oxygène et de l'azote est de 1,142 : 1 (c'est-à-dire qu'il y a 1,142 g d'oxygène pour 1,000 g d'azote). Lesquelles des valeurs suivantes peuvent correspondre au rapport entre les masses de l'oxygène et de l'azote dans un oxyde d'azote ? (*Indice* : Au besoin, révisez la méthode résumée dans la figure 2.2, à la page 45.)

a) 0,571 : 1   **c)** 2,285 : 1
b) 1,000 : 1   **d)** 2,500 : 1

5. Un échantillon d'oxyde d'étain, SnO, est constitué de 0,742 g d'étain et de 0,100 g d'oxygène. Un échantillon d'un autre type d'oxyde d'étain est constitué de 0,555 g d'étain et de 0,150 g d'oxygène. Quelle est la formule de cet autre oxyde ?

2.3 **2.4** L'atome divisible et la masse atomique

6. Combien d'électrons et de protons y a-t-il dans un atome neutre des éléments suivants ? (Reportez-vous au besoin au tableau périodique.)

a) Calcium   **c)** Fluor   **e)** Béryllium
b) Sodium   **d)** Argon

7. Donnez le nombre de protons et de neutrons de chacun des atomes suivants.

a) ^{62}Zn **b)** ^{241}Pu **c)** ^{99}Tc **d)** ^{99}Mo

8. Donnez le nombre d'électrons et de neutrons de chacun des atomes suivants.

a) ^{11}B **b)** ^{154}Sm **c)** ^{81}Kr **d)** ^{121}Te

9. À l'aide de la notation $^A_Z E$, représentez la composition des atomes neutres dans le tableau ci-dessous. Quels atomes sont des isotopes ?

	1	2	3	4	5	6	7
Nombre de protons	16	20	19	18	20	22	20
Nombre de neutrons	18	20	21	22	24	26	28
Nombre d'électrons	18	20	18	17	18	22	20

10. À l'aide de la notation $^A_Z E$, représentez chaque ion du tableau ci-dessus. Indiquez, au moyen d'un indice, la charge de chaque ion.

11. La masse atomique moyenne pondérée du brome étant de 79,904 u, on peut supposer que le principal isotope de cet élément est ^{80}Br. Cependant, il n'existe pas de ^{80}Br à l'état naturel. Comment peut-on alors expliquer la valeur observée de la masse atomique moyenne pondérée ?

12. Il existe deux isotopes naturels de l'argent, qu'on trouve à peu près dans la même proportion dans la nature. L'un des isotopes est ^{107}Ag ; quel est l'autre : ^{106}Ag, ^{108}Ag ou ^{109}Ag ? Expliquez votre réponse.

13. Le gallium existe à l'état naturel sous la forme de deux isotopes : le gallium 69, dont la masse est de 68,926 u et la proportion relative, de 0,601 ; le gallium 71, dont la masse est de 70,925 u et la proportion relative, de 0,399. Calculez la masse atomique moyenne pondérée du gallium.

14. Le néon existe dans la nature sous la forme des isotopes énumérés ci-dessous.

Isotope	Masse atomique (u)	Proportion relative (%)
Néon 20	19,9924	90,51
Néon 21	20,9940	0,27
Néon 22	21,9914	9,22

Calculez la masse atomique moyenne pondérée du néon.

15. Les deux isotopes naturels du rubidium sont le rubidium 85, dont la masse atomique est de 84,911 79 u, et le rubidium 87, dont la masse atomique est de 86,909 19 u. Quelle est la proportion relative de ces isotopes dans la nature ?

2.5 La classification périodique des éléments

16. Indiquez le groupe et la période de chacun des éléments suivants, et précisez s'il s'agit d'un métal ou d'un non-métal.

a) C   **d)** Sn   **g)** Bi   **j)** Mo
b) Ca   **e)** Ti   **h)** In
c) S   **f)** Br   **i)** Au

17. Nommez les éléments appartenant au groupe et à la période donnés ; puis, indiquez lesquels sont des métaux et lesquels sont des non-métaux.

a) Groupe IIIB, période 4   **d)** Groupe IA, période 2
b) Groupe IB, période 4   **e)** Groupe IVB, période 2
c) Groupe VIIB, période 5   **f)** Groupe IVA, période 4

2.6 Les molécules et les composés moléculaires

18. Donnez la formule moléculaire des éléments suivants.

a) Oxygène   c) Hydrogène

b) Brome   d) Azote

19. Dans chaque cas, donnez le symbole atomique ou la formule moléculaire qui représente le mieux l'élément à l'état naturel.

a) Chlore   d) Phosphore

b) Soufre   e) Sodium

c) Néon

20. Lesquels des symboles suivants représentent un composé moléculaire binaire ? Expliquez votre réponse.

a) HCN   b) ICl   c) KI   d) H_2O e) ONF

21. Lesquels des noms suivants représentent un composé moléculaire binaire ? Expliquez votre réponse.

a) Iodure de baryum

b) Bromure d'hydrogène

c) Chlorofluorocarbure

d) Ammoniac

e) Cyanure de sodium

22. Donnez, selon le cas, la formule ou le nom de chacun des composés moléculaires binaires suivants.

a) Monoxyde de diazote : _____

b) Hexafluorure de soufre : _____

c) Trisulfure de tétraphosphore : _____

d) _____ : CS_2

e) _____ : B_2Cl_4

f) _____ : Cl_2O_7

23. Donnez, selon le cas, la formule ou le nom de chacun des composés moléculaires binaires suivants.

a) _____ : PF_3

b) _____ : I_2O_5

c) _____ : P_4S_{10}

d) Pentachlorure de phosphore : _____

e) Dioxyde de soufre : _____

f) Pentoxyde de diazote : _____

2.7 Les ions et les composés ioniques

24. Donnez, selon le cas, le nom ou le symbole de chacun des ions monoatomiques suivants.

a) _____ : K^+

b) _____ : O^{2-}

c) _____ : Cu^{2+}

d) Ion aluminium : _____

e) Ion nitrure : _____

f) Ion chrome(III) : _____

25. Donnez, selon le cas, le nom ou le symbole de chacun des ions monoatomiques suivants.

a) Ion calcium : _____

b) Ion cobalt(II) : _____

c) Ion sulfure : _____

d) _____ : Fe^{3+}

e) _____ : Ba^{2+}

f) _____ : Se^{2-}

26. Donnez, selon le cas, la formule ou le nom de chacun des ions polyatomiques suivants.

a) _____ : CO_3^{2-}

b) _____ : SO_4^{2-}

c) _____ : OH^-

d) _____ : $H_2PO_4^-$

e) Ion ammonium : _____

f) Ion nitrite : _____

g) Ion cyanure : _____

h) Ion hydrogénocarbonate : _____

27. Donnez, selon le cas, la formule ou le nom de chacun des ions polyatomiques suivants.

a) _____ : HSO_4^-

b) _____ : NO_3^-

c) _____ : MnO_4^-

d) _____ : CrO_4^{2-}

e) Ion hydrogénophosphate : _____

f) Ion dichromate : _____

g) Ion perchlorate : _____

h) Ion thiosulfate : _____

28. Donnez le nom des composés ioniques suivants.

a) Na_2O f) K_2S k) $KMnO_4$

b) $MgBr_2$ g) $Ca(OH)_2$ l) $Mg(ClO_4)_2$

c) $FeCl_2$ h) NH_4NO_3 m) $Cu(OH)_2$

d) Al_2O_3 i) $Cr_2(SO_4)_3$ n) $(NH_4)_2C_2O_4$

e) $LiI \cdot 3H_2O$ j) $NaHSO_3$ o) $FePO_4 \cdot 2H_2O$

29. Donnez le nom des composés ioniques suivants.

a) Li_2S f) KOH k) $K_2Cr_2O_7$

b) $FeCl_3$ g) NH_4CN l) $Ca(ClO_2)_2$

c) CaS h) $Cr(NO_3)_3 \cdot 9H_2O$ m) CuI

d) Cr_2O_3 i) $Mg(HCO_3)_2$ n) $Mg(H_2PO_4)_2$

e) $BaSO_3$ j) $Na_2S_2O_3 \cdot 5H_2O$ o) $CaC_2O_4 \cdot H_2O$

30. Donnez la formule des composés ioniques suivants.

   a) Carbonate de fer(II)
   b) Iodure de baryum dihydraté
   c) Sulfate d'aluminium
   d) Hydrogénocarbonate de potassium
   e) Bromate de sodium
   f) Chlorure de calcium hexahydraté
   g) Nitrate de cuivre(II) trihydraté
   h) Hydrogénosulfate de lithium
   i) Cyanure de magnésium
   j) Sulfate de fer(III)
   k) Dichromate d'ammonium
   l) Perchlorate de magnésium

31. Donnez la formule des composés ioniques suivants.

   a) Sulfure de potassium
   b) Carbonate de baryum
   c) Bromure d'aluminium hexahydraté
   d) Sulfite de potassium
   e) Sulfure de cuivre(I)
   f) Nitrure de magnésium

g) Nitrate de cobalt(II)
h) Dihydrogénophosphate de magnésium
i) Nitrite de potassium
j) Sulfate de zinc heptahydraté
k) Hydrogénophosphate de sodium
l) Oxyde de fer(III)

32. Laquelle des appellations suivantes est le nom classique exact du composé $Ca(ClO_2)_2$? Expliquez pourquoi les autres sont inexactes.

   a) Hypochlorite de calcium
   b) Chlorite de calcium
   c) Dichlorite de calcium
   d) Chlorate de calcium
   e) Oxychlorure de calcium

33. Laquelle des formules suivantes représente le sulfite de chrome(III) ? Expliquez pourquoi les autres formules sont inappropriées.

   a) $CrSO_3$ **c)** $Cr_2(SO_3)_3$ **e)** $Cr_2(SO_4)_3$
   b) $Cr(SO_3)_3$ **d)** $Cr(HSO_3)_3$

2.7 Les acides, les bases et les sels

34. Donnez, selon le cas, la formule ou le nom de chacun des acides ou bases suivants.

   a) Acide iodhydrique : _____
   b) Acide sulfurique : _____
   c) Hydroxyde de lithium : _____
   d) Acide nitreux : _____
   e) _____ : HIO_4
   f) _____ : $Ca(OH)_2$
   g) _____ : HBr
   h) _____ : H_3PO_3

35. Donnez, selon le cas, le nom ou la formule de chacun des acides ou bases suivants.

   a) _____ : $HClO_2$
   b) _____ : $Ba(OH)_2$
   c) _____ : NH_3
   d) _____ : H_2CO_3
   e) Acide chlorique : _____
   f) Acide sulfureux : _____
   g) Hydroxyde de potassium : _____
   h) Acide hypochloreux : _____

Problèmes complémentaires   ★ Problème défi   ◐ Problème synthèse

36. En faisant réagir 3,06 g d'hydrogène dans des conditions où il y a un excès d'oxygène, on a obtenu 27,35 g d'eau. Au cours d'une seconde expérience, en divisant les molécules d'un échantillon d'eau au moyen d'un courant électrique, on a obtenu 1,45 g d'hydrogène et 11,51 g d'oxygène. Ces résultats confirment-ils la loi des proportions définies ? Expliquez votre réponse.

37. Il existe, en plus du CO et du CO_2, un autre oxyde de carbone, moins connu. Il s'agit d'un gaz incolore et piquant, soit le dioxyde de tricarbone, le C_3O_2. Complétez le tableau de la figure 2.2 en ajoutant les données concernant cet oxyde de carbone, et montrez que celles-ci respectent la loi des proportions multiples, tout comme les données relatives aux deux autres oxydes.

38. Le mercure et l'oxygène donnent deux composés, dont l'un contient 96,2 % de mercure et l'autre, 92,6 %, selon la masse. Montrez que ces données correspondent à la loi des proportions multiples.

39. Dalton connaissait trois oxydes d'azote : N_2O, NO et NO_2. Ces oxydes ont joué un rôle important dans l'élaboration de la loi des proportions multiples. Expliquez comment Dalton aurait pu utiliser cette loi pour vérifier l'existence de N_2O_5, mais non celle de N_2O_4, deux oxydes d'azote bien connus aujourd'hui.

40. En 1815, William Prout a élaboré l'hypothèse que tous les atomes sont formés d'atomes d'hydrogène. S'il en était ainsi, la masse atomique relative de tous les éléments aurait une valeur entière, à supposer que la masse atomique de l'hydrogène soit de 1. Cependant, l'hypothèse de Prout semblait contredire notamment le fait que les masses atomiques du magnésium et du chlore sont respectivement de 24,3 et 35,5. Elle paraît toutefois plus acceptable à la lumière d'informations plus récentes. Expliquez pourquoi.

41. Nommez l'isotope dont les atomes contiennent un même nombre de protons, de neutrons et d'électrons, le nombre *total* de ces trois particules étant égal à 60.

42. Un acide aminé renferme deux types de groupements fixés sur des chaînes hydrocarbonées : —COOH (acide carboxylique) et —NH$_2$ (amine). L'analyse d'un acide aminé, synthétisé depuis peu, a donné les résultats indiqués dans le tableau ci-dessous. Peut-on utiliser ceux-ci pour vérifier la loi des proportions définies ? Expliquez votre réponse.

	Masse de l'échantillon	Masse du carbone	Masse de l'hydrogène
Échantillon 1	0,2450 g	0,1141 g	0,0216 g
Échantillon 2	0,3005 g	0,1400 g	0,0264 g
Échantillon 3	0,1371 g	0,0639 g	0,0121 g

43. On suppose que l'azulène, qui est un solide bleu, est un composé pur. L'analyse de trois échantillons a donné les résultats suivants.

	Masse de l'échantillon	Masse du carbone	Masse de l'hydrogène
Échantillon 1	1,000 g	0,937 g	0,0629 g
Échantillon 2	0,244 g	0,229 g	0,0153 g
Échantillon 3	0,100 g	0,094 g	0,0063 g

Est-il possible que le solide soit un composé pur ?

44. Un élève de votre groupe raisonne comme suit : « Le sélénium a un numéro atomique de 34 et une masse atomique de 78,96 u. Cette dernière valeur se rapproche de 79, comme le nombre de masse. Donc, un atome de sélénium doit avoir 34 protons et 79 − 34 = 45 neutrons. » Êtes-vous d'accord avec ce raisonnement? Expliquez votre réponse.

45. a) Dans quel isotope les protons, les neutrons et les électrons sont-ils en nombre égal et totalisent-ils 60?

b) Nommez l'isotope qui a un nombre de masse de 234 et qui contient 60 % de plus de neutrons que de protons.

46. Considérant la magnésie comme un élément chimique, Lavoisier la plaça dans son tableau des 33 éléments connus. Laquelle des observations suivantes prouve que la magnésie ne peut pas être un élément?

a) La magnésie réagit avec un excès d'eau pour former une suspension laiteuse.

b) La magnésie est obtenue quand la magnétite est calcinée.

c) Quand un certain métal brillant en tige est brûlé dans l'oxygène, on obtient de la magnésie sans aucun autre produit.

d) La magnésie fond à une température de 2 800 °C.

47. Un oxyde de fer contient 22,36 % d'oxygène, selon la masse. Laquelle des valeurs suivantes représente un pourcentage massique plausible d'oxygène dans le cas d'un autre oxyde de fer? Expliquez votre réponse.

a) 27,64 %   **b)** 44,72 %   **c)** 50,00 %   **d)** 67,08 %

48. La masse atomique du principal isotope naturel du magnésium est de 23,985 04 u, et sa proportion relative est de 78,99 %. Les masses atomiques des deux autres isotopes naturels sont respectivement de 24,985 84 u et de 25,982 59 u. Quelle est la proportion relative de chacun des trois isotopes de magnésium existant à l'état naturel ?

La **stœchiométrie**: calculs chimiques

Le sodium est un métal qui réagit violemment avec l'eau. Cette réaction donne de l'hydrogène gazeux et une solution d'hydroxyde de sodium. Dans le présent chapitre, nous expliquerons comment écrire l'équation d'une réaction chimique et comment effectuer des calculs à partir des formules et des équations chimiques.

Il est possible de décrire de nombreuses propriétés physiques et chimiques importantes uniquement à l'aide de mots. Par exemple : «Le nitrate d'ammonium est un solide utilisé à la fois comme engrais et comme explosif», «Le chlore, un gaz jaune-vert toxique, est utilisé pour désinfecter l'eau», «Le sodium est un métal mou de couleur argent qui, en réagissant violemment avec l'eau, donne de l'hydrogène gazeux et de l'hydroxyde de sodium».

Cependant, les chimistes se posent souvent des questions qui appellent des réponses *quantitatives*, par exemple :

- Quelle quantité de nitrate d'ammonium faut-il fournir à un pommier pour qu'il reçoive la quantité d'azote dont il a besoin ?

- Quelle quantité de chlore gazeux faut-il mettre dans l'eau d'une piscine pour que la concentration soit de deux parties par million ?

- Quelle quantité de soude du commerce (Na_2CO_3) faut-il pour neutraliser l'acidité résultant de la réaction du chlore avec l'eau de la piscine ?

- Quelle quantité d'hydrogène gazeux est produite après qu'on a fait réagir 1 kg de sodium avec de l'eau ?

Pour trouver une réponse quantitative, il faut avoir recours aux mathématiques. En fait, la résolution de certains problèmes chimiques exige que l'on fasse appel aux mathématiques avancées. Toutefois, il est possible de répondre aux questions énoncées plus haut et à d'autres semblables grâce uniquement à l'arithmétique et à l'algèbre élémentaire. Dans ce chapitre, nous présenterons des calculs effectués à partir des formules et des équations chimiques, qui sont la représentation symbolique des réactions chimiques. Ces sujets forment un vaste domaine d'étude appelé **stœchiométrie**. Nous aborderons d'abord la stœchiométrie des composés chimiques et ensuite la stœchiométrie des réactions chimiques et, plus particulièrement, celle des gaz et des solutions.

Stœchiométrie

Mesures quantitatives et relations portant sur des substances et des mélanges ; calculs effectués à partir de formules et d'équations chimiques, ces dernières représentant des réactions chimiques.

La stœchiométrie des composés chimiques

Dans le chapitre 2, nous avons mis l'accent sur l'écriture des noms et des formules des composés chimiques, et nous avons vu quels renseignements fournit une formule : elle indique selon quelles proportions les atomes ou les ions se combinent et, dans le cas d'une formule développée, la disposition des atomes liés au sein d'une molécule. Dans la première section du présent chapitre, nous allons voir qu'une formule chimique permet d'obtenir bien d'autres renseignements utiles.

3.1 La masse moléculaire et la masse d'une entité formulaire

Nous avons vu au chapitre 2 que chaque élément est caractérisé par sa masse atomique. Comme un composé chimique est formé de deux ou plusieurs éléments, la masse associée à une molécule ou à une entité formulaire d'un composé est une somme de masses atomiques. Les calculs présentés dans ce chapitre font intervenir des masses atomiques, des masses moléculaires et des masses d'entités formulaires.

La masse moléculaire

Il ne faut pas oublier que la masse assignée à un atome d'un élément est exprimée relativement à la masse d'un atome de carbone 12. C'est cette masse relative qu'on appelle *masse atomique* de l'élément. De façon analogue, on associe à chaque molécule une **masse moléculaire**, qui est la masse qu'elle possède par rapport à celle d'un atome de carbone 12. Il est en outre possible de calculer cette masse à l'aide des masses atomiques des éléments dont la molécule est constituée.

Masse moléculaire

Masse moyenne relative d'une molécule d'une substance donnée par rapport à la masse d'un atome de carbone 12 ; cette masse moyenne est égale à la somme des masses des atomes de la formule moléculaire de la substance.

> *La masse moléculaire d'une substance est la somme des masses des atomes de la formule moléculaire de cette substance.*

Par exemple, comme la formule O_2 indique la présence de deux atomes d'oxygène dans une molécule de cet élément, la masse moléculaire de l'oxygène (O_2) est le double de la masse atomique de cet élément.

$$\text{Masse moléculaire de } O_2 = 2 \times \text{masse atomique de O}$$
$$= 2 \times 15,9994 \text{ u} = 31,9988 \text{ u}$$

La masse moléculaire du dioxyde de carbone, CO_2, est la somme de la masse atomique du carbone et du double de la masse atomique de l'oxygène.

$$1 \times \text{masse atomique de C} = 1 \times 12,011 \text{ u} = 12,011 \text{ u}$$
$$2 \times \text{masse atomique de O} = 2 \times 15,9994 \text{ u} = 31,9988 \text{ u}$$
$$\text{Masse moléculaire de } CO_2 = 44,010 \text{ u}$$

Notez que, dans les calculs, nous utilisons les valeurs des masses atomiques qui sont données dans le tableau présenté en deuxième face de couverture. Les proportions relatives des isotopes d'un élément sont les mêmes dans un composé et dans l'élément à l'état libre, de sorte que la masse moléculaire calculée est généralement une valeur moyenne.

EXEMPLE **3.1**

Calculez la masse moléculaire de l'hexafluorure de soufre, SF_6, un gaz étonnamment stable, utilisé comme isolant électrique dans les dispositifs à haute tension.

✦ Stratégie

La formule moléculaire indique qu'une molécule de SF_6 contient un atome de soufre et six atomes de fluor. Il faut donc additionner la masse atomique du soufre à la masse atomique du fluor que l'on a multipliée par 6.

✦ Solution

$$1 \times \text{masse atomique de S} = 1 \times 32{,}066 \text{ u} = 32{,}066 \text{ u}$$
$$6 \times \text{masse atomique de F} = 6 \times 18{,}9984 \text{ u} = 113{,}9904 \text{ u}$$
$$\text{Masse moléculaire de } SF_6 = 146{,}056 \text{ u}$$

Il suffit de noter la réponse obtenue à l'aide d'une calculatrice, soit 146,056 u. Il n'est pas nécessaire d'écrire les résultats intermédiaires : 32,066 u et 113,9904 u.

EXERCICE 3.1 A

Calculez, en incluant trois chiffres significatifs, la masse moléculaire de : **a)** S_8 ; **b)** N_2H_4 ; **c)** H_3PO_4 ; **d)** C_5H_{12}.

EXERCICE 3.1 B

Calculez, en incluant *cinq* chiffres significatifs, la masse moléculaire : **a)** du pentafluorure de phosphore ; **b)** du tétroxyde de diazote ; **c)** de l'hexane, C_6H_{14} ; **d)** de l'acide propanoïque, CH_3CH_2COOH.

La masse d'une entité formulaire

Au chapitre 2, nous avons vu que le chlorure de sodium n'est pas formé de molécules, mais d'amas d'ions Na^+ et d'ions Cl^-. L'expression « masse moléculaire du chlorure de sodium » n'est donc pas appropriée. On sait que la formule d'un composé ionique est élaborée à partir d'une entité artificielle appelée *entité formulaire*. Dans le cas d'un composé ionique ou de tout autre composé qui n'est pas formé de molécules distinctes, on emploie donc l'expression **masse d'une entité formulaire**, qui désigne la masse relative d'une entité formulaire par rapport à la masse d'un atome de carbone 12. On calcule également la masse d'une entité formulaire à l'aide des masses atomiques.

> *La masse d'une entité formulaire d'un composé est égale à la somme des masses des atomes et des ions présents dans une entité formulaire du composé.*

Prenons le cas du composé ionique $BaCl_2$. Selon sa formule, sa masse est égale à :

$$\text{masse atomique du Ba} + (2 \times \text{masse atomique du Cl})$$
$$137{,}327 \text{ u} + (2 \times 35{,}4527 \text{ u}) = 208{,}232 \text{ u}$$

Masse d'une entité formulaire

Masse relative par rapport à la masse d'un atome de carbone 12 ; dans le cas d'un composé ionique, cette masse relative est égale à la somme des masses des atomes présents dans une entité formulaire du composé.

Vous vous demandez peut-être pourquoi nous n'avons pas utilisé la masse des ions Ba^{2+} et Cl^- dans les calculs. Bien que la masse d'un atome augmente très légèrement lorsqu'il acquiert un électron, cette augmentation est annulée par le fait que la masse de l'autre atome de l'entité formulaire diminue d'une valeur égale lorsqu'il cède un électron. En effet, les deux électrons qui sont perdus par le baryum sont gagnés par les deux atomes de chlore. On obtient donc la même valeur pour la masse d'une entité formulaire, que l'on calcule celle-ci à l'aide des masses atomiques ou des masses des ions.

EXEMPLE **3.2**

Calculez la masse d'une entité formulaire de sulfate d'ammonium, un engrais utilisé par de nombreux amateurs de jardinage.

➜ Stratégie

Pour déterminer la masse d'une entité formulaire d'un composé, il faut d'abord écrire correctement la formule chimique de celui-ci. Il faut ensuite faire la somme des masses des atomes représentés dans la formule.

➜ Solution

Le sulfate d'ammonium est un composé formé d'ions ammonium (NH_4^+) et d'ions sulfate (SO_4^{2-}), et sa formule est $(NH_4)_2SO_4$. Lorsqu'on calcule la masse d'une entité formulaire à l'aide d'une formule complexe, il faut considérer tous les atomes de l'entité formulaire. Ainsi, on doit tenir compte particulièrement des indices et des parenthèses. On note d'abord les masses atomiques et les opérations à effectuer sur celles-ci.

La formule

Les masses atomiques

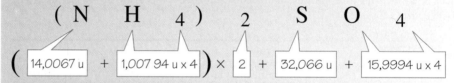

$$(\quad N \quad H_4 \quad) \quad 2 \quad S \quad O_4$$

$$(\;\boxed{14{,}0067\ u}\; + \;\boxed{1{,}007\,94\ u \times 4}\;) \times \boxed{2} + \boxed{32{,}066\ u} + \boxed{15{,}9994\ u \times 4}$$

Addition des masses atomiques

$2 \times NH_4^+$:	$2 \times [14{,}0067\ u + (4 \times 1{,}007\,94\ u)]$	$= \quad 36{,}0769\ u$
SO_4^{2-}:	$[32{,}006\ u + (4 \times 15{,}9994\ u)]$	$= \quad 96{,}064\ \ u$
	Masse d'une entité formulaire de $(NH_4)_2SO_4$	$= \quad 132{,}141\ \ u$

➜ Évaluation

Comme dans l'entité formulaire nous avons tenu compte de chaque atome, il nous est possible de vérifier notre réponse en utilisant un calcul différent, par exemple en considérant chaque élément séparément.

$$\begin{aligned}
\text{Masse d'une}\\
\text{entité formulaire} &= (2 \times \text{masse atomique de N}) + (8 \times \text{masse atomique de H})\\[4pt]
&\quad + (1 \times \text{masse atomique de S}) + (4 \times \text{masse atomique de O})\\[4pt]
&= (2 \times 14{,}0067\ u) + (8 \times 1{,}0074\ u)\\[4pt]
&\quad + (1 \times 32{,}066\ u) + (4 \times 15{,}9994\ u)\\[4pt]
&= 132{,}141\ u
\end{aligned}$$

EXERCICE 3.2 A

Calculez, avec *trois* chiffres significatifs, la masse d'une entité formulaire de: **a)** Li_2O; **b)** $Mg(NO_3)_2$; **c)** $Ca(H_2PO_4)_2$; **d)** K_2SbF_5.

Calculez, avec *cinq* chiffres significatifs, la masse d'une entité formulaire : **a)** d'hydrogénosulfite de sodium ; **b)** de perchlorate d'ammonium ; **c)** de sulfate de chrome(III) ; **d)** de sulfate de cuivre(II) pentahydraté.

3.2 La mole, la constante d'Avogadro et la masse molaire

À la section 2.2, page 44, nous avons vu que la combustion de carbone en présence d'un excès d'oxygène produit du dioxyde de carbone. Par ailleurs, si la quantité d'oxygène disponible est limitée, il se forme du monoxyde de carbone. Comment peut-on déterminer la quantité minimale d'oxygène requise pour que, au cours de la combustion, le carbone se transforme entièrement en dioxyde de carbone ? Une molécule de dioxyde de carbone, CO_2, est formée d'un atome de carbone et de deux atomes d'oxygène. Une molécule d'oxygène, O_2, est *diatomique* : elle est constituée de deux atomes d'oxygène. Il doit donc y avoir au moins autant de molécules O_2 que d'atomes C, de façon qu'il y ait deux atomes d'oxygène pour chaque atome de carbone. Toutefois, n'importe quel échantillon de carbone est constitué d'un nombre tellement grand d'atomes qu'il est impossible de les compter.

Comment peut-on alors mesurer un échantillon d'oxygène qui aurait le même nombre de molécules O_2 que le nombre d'atomes de l'échantillon de carbone (impossible à déterminer) ? On utilise à cette fin l'unité de base SI de quantité de matière, appelée *mole*. Par exemple, un échantillon de carbone pas plus gros que le point qui marque la fin de cette phrase contient environ 10^{18} atomes, ou 1 000 000 000 000 000 000 d'atomes.

> Une **mole (mol)** *est une quantité de matière contenant autant d'entités élémentaires qu'il y a d'atomes dans exactement 12 g de l'isotope carbone 12.*

Mole (mol)

Quantité de matière contenant autant d'entités élémentaires (atomes, molécules, entités formulaires) qu'il y a d'atomes dans exactement 12 g de l'isotope carbone 12.

Le symbole ou la formule représentant une substance indique généralement de quelles entités élémentaires celle-ci est constituée. Par exemple, dans un échantillon de carbone, C, de sodium, Na, ou de fer, Fe, les entités élémentaires sont des atomes ; ce sont des *molécules* dans un échantillon d'oxygène, O_2, de dioxyde de carbone, CO_2, ou d'eau, H_2O ; ce sont des *entités formulaires* dans un échantillon de chlorure de sodium, NaCl, d'hydroxyde de magnésium, $Mg(OH)_2$, ou de nitrate de calcium, $Ca(NO_3)_2$.

Bien que la masse d'une mole de carbone 12 soit exactement de 12 g, la masse d'une mole de carbone d'origine naturelle est de 12,011 g. En effet, le carbone naturel contient une petite quantité (1,108 %) de l'isotope carbone 13.

Comme les atomes d'oxygène d'origine naturelle sont plus lourds que les atomes de carbone 12 — le rapport des masses étant de 15,9994 u/12,0000 u — la masse d'une mole d'atomes d'oxygène est égale à

$$\frac{15,9994 \ \cancel{u}}{12,0000 \ \cancel{u}} \times 12,0000 \ g = 15,9994 \ g$$

Ainsi, la masse d'une mole de molécules O_2 est égale à $2 \times 15,9994 \ g = 31,9988 \ g$.

Donc, en prenant une mole de O_2 et une mole de C, on obtient le même nombre de molécules d'oxygène et d'atomes de carbone. Cependant, comme l'indique la **figure 3.1**, le rapport entre les masses des deux éléments est différent :

$$\frac{31,9988 \ g \ de \ O}{12,011 \ g \ de \ C} = \frac{2,6641 \ g \ de \ O}{1 \ g \ de \ C}$$

Pour appliquer le *concept* selon lequel une mole d'une substance donnée contient un même nombre d'entités élémentaires qu'une mole de toute autre substance, il n'est pas nécessaire de savoir quel est ce nombre. Il arrive néanmoins qu'on ait besoin de connaître le nombre exact d'entités élémentaires que renferme une mole d'une substance, c'est-à-dire la **constante d'Avogadro (N_A)**. Amedeo Avogadro a été le premier à percevoir l'importance du concept de mole. Nous décrirons plus loin des méthodes permettant d'établir la constante d'Avogadro ; nous nous contentons pour le moment d'en donner la valeur.

Constante d'Avogadro

$$N_A = 6{,}022\ 137 \times 10^{23}\ \text{mol}^{-1} \tag{3.1}$$

À moins d'avoir besoin d'autant de chiffres significatifs dans un calcul, on arrondit généralement la constante d'Avogadro à $6{,}022 \times 10^{23}\ \text{mol}^{-1}$, ou même à $6{,}02 \times 10^{23}\ \text{mol}^{-1}$. L'unité « mol^{-1} », qui se lit « par mole », signifie qu'un ensemble d'entités élémentaires (atomes, molécules, entités formulaires) N_A est équivalent à une mole à l'échelle macroscopique. Par exemple, 1 mol de carbone contient $6{,}02 \times 10^{23}$ atomes C ; 1 mol d'oxygène moléculaire contient $6{,}02 \times 10^{23}$ molécules O_2 ; 1 mol de chlorure de sodium contient $6{,}02 \times 10^{23}$ entités formulaires NaCl.

Il est très difficile d'imaginer à quoi correspond le nombre d'Avogadro. Si une personne possédait $6{,}02 \times 10^{23}$ dollars et qu'elle dépensait un milliard de dollars par seconde durant toute sa vie, elle utiliserait moins de 0,001 % de sa fortune. Si un atome de carbone avait la grosseur d'un pois, $6{,}02 \times 10^{23}$ atomes formeraient une couche de plus de 100 m d'épaisseur recouvrant la totalité de la surface de la Terre.

Les œufs se vendent à la douzaine (12 œufs), les crayons par grosse (144 crayons), et le papier par rame (500 feuilles). Cependant, on n'essaie pas de compter de très grands nombres d'objets. L'expression « une mole d'œufs » a une signification, mais ce concept n'est pas utile : la quantité totale d'œufs pondus par toutes les poules depuis que cette espèce existe est de loin inférieure à une mole. La notion chimique de mole s'avère utile seulement à l'échelle microscopique, lorsqu'il est question de particules.

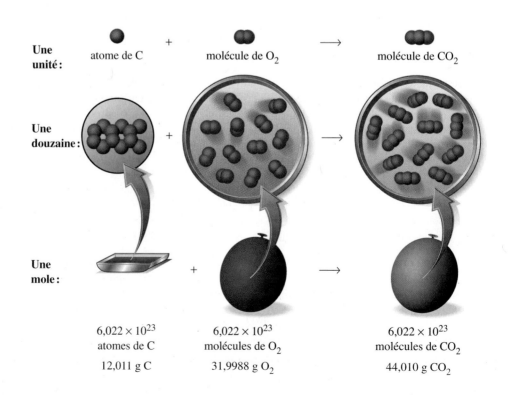

▶ Figure 3.1
Combinaison de carbone et d'oxygène formant du dioxyde de carbone, selon deux points de vue

À l'échelle microscopique (ou moléculaire), la réaction chimique a lieu entre des atomes et des molécules (en haut), mais on ne peut représenter qu'un petit nombre de ceux-ci, alors qu'un échantillon en compte un nombre considérable. En fait, on observe généralement la matière à l'échelle macroscopique. L'illustration correspondante (en bas) représente une mole (soit le nombre d'Avogadro) de chacune des entités suivantes : atomes de carbone, C, molécules d'oxygène, O_2, et molécules de dioxyde de carbone, CO_2.

Il ne faut pas oublier que les «entités élémentaires» dénombrées qui totalisent une mole sont définies par un symbole ou une formule chimiques. Il s'agit parfois d'atomes, représentés par exemple par C, O ou Na, et parfois de molécules, comme O_2, CO_2 ou même $C_9H_8O_4$ (aspirine). Dans un composé ionique, les particules constituantes sont des cations ou des anions, mais on choisit, comme entité élémentaire artificielle, l'entité formulaire. Par exemple, une entité formulaire de chlorure de magnésium comprend un ion Mg^{2+} et deux ions Cl^-; une mole de chlorure de magnésium contient une mole d'entités formulaires, c'est-à-dire une mole d'ions Mg^{2+} et deux moles d'ions Cl^-.

$$1 \text{ mol de } MgCl_2 = 1 \text{ mol de } Mg^{2+} + 2 \text{ mol de } Cl^-$$

Étant donné que la matière ne peut comporter un grand nombre de charges positives ni de charges négatives en excès, il est impossible de constituer *séparément* 1 mol de Mg^{2+} ou 2 mol de Cl^-, mais on peut trouver ces quantités d'ions *réunies* dans 1 mol de $MgCl_2$.

La masse molaire

L'expression «une douzaine» désigne le même *nombre,* qu'il s'agisse d'une douzaine d'oranges ou de melons d'eau. Cependant, une douzaine d'oranges et une douzaine de melons d'eau n'ont pas la même *masse*. De façon analogue, une mole de magnésium et une mole de fer contiennent le même nombre d'atomes, à savoir $N_A = 6,022 \ldots \times 10^{23}$, mais elles n'ont pas la même masse. La photo de la **figure 3.2** montre différentes substances dont une mole est représentée dans chaque cas.

▶ Figure 3.2
Une mole de quatre éléments différents
Les verres de montre contiennent respectivement une mole d'atomes de cuivre (à gauche) et une mole d'atomes de soufre (à droite). Le bécher de 50 mL contient une mole de mercure liquide, et le ballon, une mole d'hélium gazeux.

La **masse molaire** d'une substance est la masse de 1 mol de cette substance. Il faut se rappeler que, par définition, la masse de 1 mol de carbone 12 est exactement de 12 g; donc la masse molaire du carbone 12 (qui est exactement de 12 g) est numériquement égale à sa masse atomique (qui est exactement de 12 u). La masse molaire de n'importe quelle autre substance est aussi numériquement égale à sa masse atomique, à sa masse moléculaire ou à la masse d'une entité formulaire, mais elle s'exprime en *grammes par mole* (*g/mol*). Ainsi, la masse atomique du sodium est de 22,9898 u et sa masse

Masse molaire

Masse de 1 mol d'une substance donnée. Cette quantité, numériquement égale à la masse atomique, à la masse moléculaire et à la masse d'une entité formulaire de la substance, s'exprime en grammes par mole.

molaire est de 22,9898 g/mol ; la masse molaire du CO_2 est de 44,010 g/mol, et celle du $MgCl_2$ est de 95,2104 g/mol. Les définitions respectives de la mole, de la constante d'Avogadro et de la masse molaire permettent d'établir les relations suivantes.

$$1 \text{ mol de Na} = 22{,}9898 \text{ g de Na} = 6{,}022 \times 10^{23} \text{ atomes Na}$$
$$1 \text{ mol de } CO_2 = 44{,}010 \text{ g de } CO_2 = 6{,}022 \times 10^{23} \text{ molécules } CO_2$$
$$1 \text{ mol de } MgCl_2 = 95{,}2104 \text{ g de } MgCl_2 = 6{,}022 \times 10^{23} \text{ entités formulaires } MgCl_2$$

Les relations données ci-dessus fournissent les facteurs de conversion utilisés pour passer d'une masse en grammes à une quantité en moles ou à un nombre d'entités élémentaires. On recourt souvent à ces facteurs de conversion lorsqu'on applique la méthode de résolution des problèmes présentée à la section 1.5.

EXEMPLE 3.3

Calculez : **a)** la masse de 0,250 mol de Na en grammes ; **b)** le nombre de moles de CO_2 dans un échantillon de gaz de 225 g.

➔ Stratégie

Pour effectuer ces calculs, nous devons utiliser la notion de masse molaire comme facteur de conversion afin de transformer les moles en grammes ou les grammes en moles.

➔ Solution

a) La masse atomique du sodium est de 22,9898 u, et sa masse molaire est de 22,9898 g/mol.

$$? \text{ g de Na} = 0{,}250 \text{ ~~mol de Na~~} \times \frac{22{,}9898 \text{ g de Na}}{1 \text{ ~~mol de Na~~}} = 5{,}75 \text{ g de Na}$$

b) Nous cherchons la masse molaire d'une molécule CO_2. Déterminons donc d'abord la masse moléculaire du CO_2. Puisque 12,011 u + (2 × 15,9994 u) = 44,010 u, la masse molaire de cette substance est de 44,010 g/mol. Nous savons que, pour transformer une masse en grammes en une quantité de moles, il faut utiliser l'*inverse* de la masse molaire comme facteur de conversion, de manière que les unités appropriées s'annulent.

$$? \text{ mol de } CO_2 = 225 \text{ ~~g de } CO_2\text{~~} \times \frac{1 \text{ mol de } CO_2}{44{,}010 \text{ ~~g de } CO_2\text{~~}} = 5{,}11 \text{ mol de } CO_2$$

➔ Évaluation

Dans ces deux exemples, la réponse finale doit posséder seulement trois chiffres significatifs puisque c'est aussi le cas de la donnée du problème dans chacun des cas.

EXERCICE 3.3 A

Calculez : **a)** la masse de 0,155 mol de C_3H_8 en grammes ; **b)** la masse de $2{,}45 \times 10^{-4}$ mol d'éthane, C_2H_6, en milligrammes ; **c)** le nombre de moles contenues dans un échantillon de C_4H_{10} de 165 kg ; **d)** le nombre de moles contenues dans un échantillon d'acide phosphorique de 76,0 mg.

EXERCICE 3.3 B

Calculez : **a)** le nombre de moles que contient un cube d'aluminium de 5,5 cm d'arête ($\rho = 2{,}70$ g/cm^3) ; **b)** le volume de 1,38 mol de tétrachlorure de carbone, un liquide dont la masse volumique est de 1,59 g/mL.

RÉSOLUTION DE PROBLÈMES
Vous devez utiliser la relation entre la masse, le volume et la masse volumique donnée à la section 1.5, page 23.

EXEMPLE **3.4**

Calculez: **a)** la masse d'un atome de sodium en grammes; **b)** le nombre d'ions Cl⁻ que contient un échantillon de $MgCl_2$ de 1,38 g.

◆ Stratégie

Pour la partie *a*, nous devons utiliser des facteurs de conversion qui relient la masse avec la mole et la mole avec le nombre d'atomes. Pour la partie *b*, nous devons utiliser trois facteurs de conversion : le premier entre la masse et la mole; le deuxième entre la mole et le nombre d'entités formulaires; et le troisième entre le nombre d'ions Cl⁻ dans une entité formulaire $MgCl_2$.

◆ Solution

a) Nous cherchons une quantité exprimée en grammes/atome de Na. Donc, connaissant la masse d'un nombre donné d'atomes Na, il suffit de diviser cette masse par le nombre d'atomes pour obtenir la réponse. En fait, nous savons qu'une mole de Na a une masse de 22,9898 g et qu'elle comprend $6,022 \times 10^{23}$ atomes Na. Écrivons la division $(22,9898 \text{ g}/6,022 \times 10^{23} \text{ atomes Na})$ sous la forme d'un produit de deux facteurs dont le premier contient la masse molaire du Na et le second, le nombre d'Avogadro.

$$? \text{ g/atome Na} = \frac{22,9898 \text{ g}}{1 \text{ mol de Na}} \times \frac{1 \text{ mol de Na}}{6,022 \times 10^{23} \text{ atomes Na}}$$

$$= 3,818 \times 10^{-23} \text{ g/atome Na}$$

Comme il existe un seul type d'atomes de sodium (^{23}Na) dans la nature, le résultat obtenu est la masse réelle d'un atome de sodium. Dans le cas d'un élément possédant deux isotopes ou plus, les calculs effectués auraient fourni la masse *moyenne pondérée* de l'élément, et non la masse d'un atome de l'un ou l'autre des isotopes.

b) Nous devons d'abord déterminer la masse d'une entité formulaire $MgCl_2$, puis la masse molaire de ce composé. Après avoir calculé la quantité de $MgCl_2$ en moles, nous déterminons le nombre d'entités formulaires de cette substance à l'aide de la constante d'Avogadro. Enfin, nous employons un facteur de conversion (écrit en rouge) pour trouver le nombre d'ions Cl⁻ dans une entité formulaire $MgCl_2$.

$$? \text{ d'ions Cl}^- = 1,38 \text{ g de MgCl}_2 \times \frac{1 \text{ mol de MgCl}_2}{95,2104 \text{ g de MgCl}_2} \times \frac{6,022 \times 10^{23} \text{ e.f.}}{1 \text{ mol de MgCl}_2} \times \frac{2 \text{ ions Cl}^-}{1 \text{ e.f.}}$$

$$= 1,75 \times 10^{22} \text{ ions Cl}^-$$

◆ Évaluation

Grâce à ces deux exemples, il est clair que l'utilisation de différents facteurs de conversion permet d'obtenir une réponse qui possède les unités appropriées.

EXERCICE 3.4 A

Calculez: **a)** la masse moyenne pondérée d'un atome de bismuth, en grammes, avec quatre chiffres significatifs; **b)** la masse moyenne pondérée d'une molécule de glycérol, $CH_2OHCHOHCH_2OH$, en grammes, avec quatre chiffres significatifs; **c)** le nombre de molécules qu'il y a dans 0,0100 g d'azote gazeux; **d)** le nombre total d'atomes qu'il y a dans 215 g de saccharose, $C_{12}H_{22}O_{11}$.

EXERCICE 3.4 B

Calculez: **a)** le nombre de molécules Br_2 qu'il y a dans 125 mL de brome liquide ($\rho = 3,12$ g/mL); **b)** le volume en litres d'un échantillon d'éthanol liquide ($\rho = 0,789$ g/mL) contenant $1,00 \times 10^{25}$ molécules de CH_3CH_2OH.

RÉSOLUTION DE PROBLÈMES
La masse d'un unique atome est une quantité infime, bien inférieure à 1 g. En vous rappelant ce fait, vous éviterez de multiplier une donnée par le nombre d'Avogadro quand il faudrait plutôt effectuer une division.

EXEMPLE 3.5   Un exemple de calcul approximatif

Lequel des nombres suivants semble une valeur plausible du nombre d'atomes dans 1,0 g d'hélium ? **a)** 0,25 ; **b)** 4,0 ; **c)** $4,1 \times 10^{-23}$; **d)** $1,5 \times 10^{23}$.

➜ Analyse et conclusion

Nous pourrions calculer simplement le nombre d'atomes recherché pour déterminer lequel des nombres proposés est le bon. Cependant, comme nous savons que la taille d'un atome est extrêmement petite et que le nombre d'atomes que contient un échantillon de 1,0 g est extrêmement grand, la seule réponse plausible est *d*, puisque c'est le seul grand nombre. Examinons quand même les autres suggestions. La réponse *a* est le nombre de *moles* d'atomes d'hélium dans un échantillon de 1,0 g. De plus, il est invraisemblable que l'échantillon contienne une fraction (0,25) d'un atome. La réponse *b*, en supposant qu'elle corresponde à 4,0 u, est la masse atomique de l'hélium ; si nous supposons qu'elle corresponde à 4,0 g/mol de He, il s'agit de la masse molaire de l'hélium. Dans les deux cas, 4,0 est beaucoup trop petit pour être le nombre d'atomes d'un échantillon macroscopique. La réponse *c* est le résultat obtenu en *divisant*, par erreur, le nombre de moles de He (0,25) par le nombre d'Avogadro ; en outre, la réponse *c* représente, comme la réponse *a*, une fraction d'un atome. La réponse exacte est donc *d*, et nous l'obtenons en effectuant l'opération $(1,0 \text{ g}/4,0 \text{ g/mol}) \times N_A$.

EXERCICE 3.5

Lequel des nombres suivants semble une valeur plausible de la masse de $1,0 \times 10^{23}$ atomes de magnésium ? (Essayez de résoudre ce problème uniquement par raisonnement, sans utiliser une calculatrice. Le but est de déterminer « une valeur plausible » et non d'obtenir un résultat précis.) **a)** $2,4 \times 10^{-22}$ g ; **b)** 0,17 g ; **c)** 2,4 g ; **d)** 4,0 g.

3.3 La composition en pourcentage massique à partir de la formule chimique

Composition en pourcentage massique

Expression de la proportion de chaque élément constitutif d'un composé sous la forme du rapport du nombre de grammes de chaque élément dans 100 g du composé.

On compare deux combustibles de masses égales afin de savoir lequel produit le moins de dioxyde de carbone, au cours de la combustion. Par exemple, si on brûle deux masses égales de méthane, CH_4, et de butane, C_4H_{10}, lequel des deux combustibles produit le moins de dioxyde de carbone ? On peut utiliser diverses méthodes pour répondre à cette question, mais on en connaîtrait immédiatement la réponse si on savait quel *pourcentage* de carbone chaque hydrocarbure contient : le combustible ayant la plus faible proportion de carbone est celui qui libère le moins de CO_2. La **composition en pourcentage massique** donne la proportion de chaque élément constitutif d'un composé, c'est-à-dire le nombre de grammes que compte chaque élément par 100 g de composé.

La masse molaire d'un composé peut être déterminée à l'aide de sa formule chimique (voir la section 3.2). Si on note la proportion de chaque élément du composé, on peut établir, pour chacun, le rapport entre sa masse et la masse totale du composé. On obtient de cette façon la composition de celui-ci sous la forme d'une fraction exprimée en décimales puis, en multipliant ces fractions par 100 %, on obtient la composition du composé en pourcentage massique. Dans le cas du butane, la proportion de carbone est donnée par les quantités suivantes.

Fraction massique

$$\frac{\text{masse de carbone}}{\text{masse de butane}} = \frac{48,044 \text{ g de C}}{58,123 \text{ g de } C_4H_{10}} = 0,826\,59 \qquad \textbf{(3.2)}$$

Pourcentage massique

$$\frac{48,044 \text{ g de C}}{58,123 \text{ g de C}_4\text{H}_{10}} \times 100\ \% = 82,659\ \% \tag{3.3}$$

Le schéma suivant résume la méthode utilisée pour calculer le pourcentage massique.

Détermination du pourcentage massique de carbone dans le butane, C_4H_{10}

1 C_4H_{10}

Il y a 4 mol d'atomes C et 10 mol d'atomes H dans 1 mol de butane.

2 $(4 \times 12,011)$ g $= 48,044$ g

Nombre de moles de C dans 1 mol de butane | Masse molaire de C

La multiplication donne la masse de C dans 1 mol de butane.

3 $(10 \times 1,00794)$ g $= 10,0794$ g

Nombre de moles de H dans 1 mol de butane | Masse molaire de H

On calcule la masse de H dans 1 mol de butane de la même façon.

4 $48,044$ g $+ 10,0794$ g $= 58,123$ g

Masse de 4 mol d'atomes C | Masse de 10 mol d'atomes H

L'addition des masses de C et de H donne la masse de 1 mol de molécules C_4H_{10}.

5 $\dfrac{48,044 \text{ g de C}}{58,123 \text{ g de C}_4\text{H}_{10}} \times 100\ \% = 82,659\ \%$ de C

On obtient le pourcentage massique de C.

On divise la masse de 4 mol de C par la masse de 1 mol de butane.

On convertit la fraction en pourcentage en la multipliant par 100 %.

EXEMPLE 3.6

Calculez le pourcentage massique de chaque élément constitutif du nitrate d'ammonium.

➔ Stratégie

Déterminons d'abord la masse molaire du nitrate d'ammonium à l'aide de l'entité formulaire NH_4NO_3.

RÉSOLUTION DE PROBLÈMES
Il est également possible de déterminer le pourcentage massique d'un élément à l'aide des pourcentages massique des autres éléments du composé. Par exemple, dans le cas de NH_4NO_3, le pourcentage de O est égal à : $100,00\% - 34,9978\%$ de $N - 5,03697\%$ de $H = 59,9652\%$ de O. Cependant, cette méthode ne permet pas de vérifier les résultats.

➔ Solution

$$\text{Masse d'une entité formulaire} = (2 \times \text{masse atomique de N}) + (4 \times \text{masse atomique de H})$$
$$+ (3 \times \text{masse atomique de O})$$

$$= (2 \times 14,067)\ u + (4 \times 1,007\,94)\ u + (3 \times 15,9994)\ u$$

$$= 28,134\ u + 4,031\,76\ u + 47,9982\ u = 80,0434\ u$$

$$\text{Masse molaire} = 80,0434\ \text{g/mol de } NH_4NO_3$$

Calculons ensuite les rapports de masses et les pourcentages massiques pour une mole du composé.

$$\text{Pourcentage de N} = \frac{28,0134\ \text{g de N}}{80,0434\ \text{g de } NH_4NO_3} \times 100\ \% = 34,9978\ \%$$

$$\text{Pourcentage de H} = \frac{4,031\,76\ \text{g de H}}{80,0434\ \text{g de } NH_4NO_3} \times 100\ \% = 5,036\,97\ \%$$

$$\text{Pourcentage de O} = \frac{47,9982\ \text{g de O}}{80,0434\ \text{g de } NH_4NO_3} \times 100\ \% = 59,9652\ \%$$

➔ Évaluation

Pour nous assurer que les calculs ne comportent pas d'erreur, nous vérifions que la somme des pourcentages obtenus est effectivement 100,00 %. (Il arrive que la somme diffère de 100,00 % par ± 0,01 % à cause de l'arrondissement des nombres.)

EXERCICE 3.6 A

Calculez le pourcentage massique de chaque élément constitutif : **a)** du sulfate d'ammonium, $(NH_4)_2SO_4$; **b)** de l'urée, $CO(NH_2)_2$. Lequel des composés suivants a le plus grand pourcentage d'azote : le nitrate d'ammonium (voir l'exemple 3.6), le sulfate d'ammonium ou l'urée ?

EXERCICE 3.6 B

Calculez le pourcentage massique d'azote du triéthanolamine, $N(CH_2CH_2OH)_3$, une substance qui entre dans la fabrication des produits de nettoyage à sec et des détergents ménagers.

Il est possible d'établir un facteur de conversion correspondant au pourcentage massique d'un élément d'un composé. On peut donc déterminer, à l'aide de ce facteur, la masse de l'élément dans un échantillon quelconque du composé. Ainsi, nous avons calculé dans l'exemple 3.6 que le nitrate d'ammonium contient 34,9978 % d'azote selon la masse. Nous tirons de ce résultat le facteur de conversion écrit en rouge, puis nous déterminons la masse d'azote dans, par exemple, 46,34 g de NH_4NO_3.

$$?\ \text{g de N} = 46,34\ \cancel{\text{g de } NH_4NO_3} \times \frac{34,9978\ \text{g de N}}{100,0000\ \cancel{\text{g de } NH_4NO_3}} = 16,22\ \text{g de N}$$

L'exemple 3.7 illustre une méthode plus simple, qui consiste à tirer de la formule chimique NH_4NO_3 des facteurs de conversion qui permettent de passer d'une masse en grammes de NH_4NO_3 à une masse en grammes de N, sans avoir à évaluer d'abord le pourcentage massique d'azote. Nous comparons des facteurs de conversion de ce type dans l'exemple 3.8, où il n'est pas nécessaire d'effectuer de calculs détaillés.

EXEMPLE 3.7

Combien de grammes d'azote y a-t-il dans 46,34 g de nitrate d'ammonium?

➔ Stratégie

D'abord, nous convertirons la masse de nitrate d'ammonium en moles. Ensuite, nous utiliserons la formule NH_4NO_3 pour obtenir le rapport entre le nombre de moles de N et le nombre de moles de NH_4NO_3. Finalement, nous utiliserons la masse molaire de l'azote pour calculer la masse demandée.

➔ Solution

Dans la première équation, le principal facteur de conversion (en rouge) est tiré de la formule chimique NH_4NO_3, tandis que les autres facteurs sont dérivés des masses molaires.

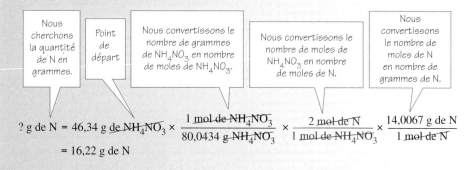

$$? \text{ g de N} = 46,34 \text{ g de } NH_4NO_3 \times \frac{1 \text{ mol de } NH_4NO_3}{80,0434 \text{ g } NH_4NO_3} \times \frac{2 \text{ mol de N}}{1 \text{ mol de } NH_4NO_3} \times \frac{14,0067 \text{ g de N}}{1 \text{ mol de N}}$$

$$= 16,22 \text{ g de N}$$

EXERCICE 3.7 A

On conseille aux personnes souffrant d'hypertension de réduire leur consommation de sodium (ou plutôt d'ions sodium, Na^+). La levure chimique (fautivement appelée «poudre à pâte») est l'un des nombreux produits d'usage courant qui contiennent des ions sodium. Elle a pour principal ingrédient un composé appelé hydrogénocarbonate de sodium, $NaHCO_3$. Calculez la quantité d'ions Na^+, en milligrammes, dans 5,00 g de $NaHCO_3$.

EXERCICE 3.7 B

Un mélange d'engrais contient 12,5 % de NH_4NO_3 et 35,3 % de $(NH_4)_2SO_4$, selon la masse. Quelle quantité d'azote, en grammes, un sac de 1,00 kg de ce mélange contient-il?

EXEMPLE 3.8 Un exemple de calcul approximatif

Sans faire de calculs détaillés, déterminez lequel des composés suivants contient la plus grande masse de soufre par gramme de composé : le sulfate de baryum, le sulfate de lithium, le sulfate de sodium ou le sulfate de plomb ?

➔ Analyse et conclusion

Pour établir une telle comparaison entre divers composés, il faut d'abord écrire la formule de chaque composé à l'aide de son nom :

$$BaSO_4 \qquad Li_2SO_4 \qquad Na_2SO_4 \qquad PbSO_4$$

Le composé qui contient la plus grande masse de soufre par gramme de composé est également celui qui renferme la plus grande masse de soufre par 100 g de composé, c'est-à-dire le plus fort pourcentage de soufre. Les formules indiquent qu'une mole de n'importe lequel des quatre composés contient une mole de soufre, ou 32,066 g de soufre. Donc, le composé qui renferme le plus grand pourcentage de soufre est celui pour lequel la masse d'une entité formulaire est la plus petite. Chaque entité formulaire de ces composés comprend un ion SO_4^{2-}, de sorte qu'il suffit de comparer la masse atomique des métaux auxquels cet ion est associé : la masse atomique du baryum avec le double de celle du lithium, et ainsi de suite. Un bref examen d'une table des masses atomiques permet d'établir que le composé recherché est le sulfate de lithium, Li_2SO_4.

EXERCICE 3.8

Sans faire de calculs détaillés, déterminez lequel des composés suivants contient le plus grand pourcentage massique de phosphore : le dihydrogénophosphate de lithium, le dihydrogénophosphate de calcium ou l'hydrogénophosphate d'ammonium ?

Qu'est-ce qu'un engrais « 5-10-5 » ?

Un engrais « 5-10-5 » d'usage courant.

La majorité des jardiniers emploient des *engrais complets* qui, en dépit de leur nom, proviennent de composés qui sont constitués de trois éléments fertilisants principaux : l'azote, le phosphore et le potassium. L'étiquetage des engrais comporte généralement trois nombres, qui indiquent respectivement les pourcentages massiques de N, de P_2O_5 et de K_2O qu'ils comprennent. Ainsi, l'inscription « 5-10-5 » signifie que l'engrais contient les substances actives suivantes : 5 % de N, 10 % de P_2O_5 et 5 % de K_2O.

Cent kilogrammes d'engrais contiennent 5 kg d'azote, N. La masse réelle du composé qui est à base d'azote dépend évidemment de la formule du composé : elle varie selon qu'il s'agit, par exemple, de nitrate d'ammonium, NH_4NO_3, ou d'urée, $CO(NH_2)_2$. Mais qu'indiquent les nombres se rapportant à K_2O et à P_2O_5 ? L'engrais ne contient pas de composé ayant l'une ou l'autre formule. Les pourcentages massiques de ces oxydes sont un vestige de la façon dont on indiquait anciennement la composition d'une substance en chimie analytique, mais il est facile de les convertir en pourcentages réels de phosphore ou de potassium. La proportion de phosphore qu'il y a dans le composé P_2O_5 correspond à 43,64 %, et la proportion de potassium dans le composé K_2O correspond à 83,01 %. Donc, 10 % de P_2O_5 équivaut à environ 0,10 × 43,64 % = 4,4 % de P, et 5 % de K_2O équivaut à environ 0,05 × 83,01 % = 4,2 % de K. Ainsi, 100 kg d'engrais « 5-10-5 » contiennent 4,4 kg de phosphore et 4,2 kg de potassium.

Le phosphore provient de différents composés, dont les plus courants sont $Ca(H_2PO_4)_2$ et $(NH_4)_2HPO_4$, tandis que le potassium provient presque toujours de KCl, même si n'importe quel sel de potassium fournirait la quantité voulue d'ions K^+.

Les engrais accroissent considérablement la production d'aliments et de fibres, mais ils sont également une source de problèmes. Ils doivent être solubles dans l'eau pour que les plantes puissent les absorber. Or, lorsqu'il pleut, une partie des nutriments contenus dans les engrais est emportée vers les rivières et les lacs, où ils stimulent la croissance des algues. En outre, les engrais, et en particulier les nitrates, sont aussi entraînés vers les eaux souterraines. Dans certaines régions, l'eau des puits renferme des quantités de nitrates telles qu'elles sont toxiques pour les enfants en bas âge.

3.4 La formule chimique d'après la composition en pourcentage massique

Nous venons de voir que, pour des raisons pratiques, il est parfois nécessaire de déterminer les proportions des éléments d'un composé en pourcentage massique à l'aide de la formule du composé. En fait, il est encore plus important d'être capable de déterminer la formule d'un composé à l'aide de sa composition en pourcentage massique. Cependant, on obtient alors seulement une formule *empirique*, alors qu'on désire généralement connaître la véritable formule *moléculaire*. La détermination de la formule empirique constitue néanmoins une étape importante de l'écriture de la formule moléculaire.

La détermination d'une formule empirique

La détermination expérimentale de la composition d'un composé en pourcentage massique fait intervenir la *masse* des éléments constitutifs. Pour obtenir la formule empirique du composé, il faut exprimer les rapports entre les éléments en nombres relatifs, c'est-à-dire en *moles*. La première étape importante consiste à convertir en moles la masse de chaque élément dans un échantillon du composé.

Les calculs peuvent être effectués pour un échantillon ayant une masse quelconque, mais on se facilite la tâche en choisissant un échantillon de 100,00 g lorsqu'on connaît sa composition en pourcentage massique. La masse d'un élément de l'échantillon est alors numériquement égale au pourcentage massique de cet élément. L'élaboration de la formule empirique, à l'aide de la composition en pourcentage massique, se fait en cinq étapes, et le butane, C_4H_{10}, en constitue un exemple simple. Nous avons déterminé la composition de cette substance en pourcentage massique à la page 87.

1 *On convertit le pourcentage de chaque élément en une masse.*

Le butane est formé de 82,659 % de carbone et de 17,341 % d'hydrogène. Un échantillon de butane de 100,00 g contient donc

$$82,659 \text{ g de C} \quad \text{et} \quad 17,341 \text{ g de H.}$$

2 *On convertit la masse de chaque élément en moles.*

$$? \text{ mol de C} = 82,659 \text{ g de C} \times \frac{1 \text{ mol de C}}{12,011 \text{ g de C}} = 6,8819 \text{ mol de C}$$

$$? \text{ mol de H} = 17,341 \text{ g de H} \times \frac{1 \text{ mol de H}}{1,007\,94 \text{ g de H}} = 17,204 \text{ mol de H}$$

3 *On écrit une première formule en utilisant le nombre de moles des divers éléments comme indices.*

En plaçant en indice les quantités de moles obtenues à l'étape 2, on obtient la formule

$$C_{6,8819}H_{17,204}$$

4 *On essaie de transformer en nombres entiers tous les indices en les divisant par le plus petit d'entre eux.*

On divise 6,8819 et 17,204 par 6,8819, soit le plus petit des deux indices.

$$C_{\frac{6,8819}{6,8819}}H_{\frac{17,204}{6,8819}} \longrightarrow CH_{2,4999}$$

5 *Si la formule de l'étape 4 contient encore des indices fractionnaires, on multiplie chaque indice par le plus petit entier qui permette de transformer toutes les fractions en entiers. Cette dernière opération fournit une formule empirique.*

L'indice de H dans $CH_{2,4999}$ est une fraction : 5/2 = 2,5.

Le plus petit multiplicateur qui permet de transformer cette fraction en entier est 2.

On obtient la formule empirique $C_{2\times1}H_{2\times2,4999}$ ou C_2H_5.

Vous pensez peut-être que nous avons déterminé la formule exacte du butane, qui est, comme vous le savez, C_4H_{10}. Ce n'est pas tout à fait le cas: C_4H_{10} est une formule *moléculaire* qui repose sur la formule empirique, plus simple, C_2H_5 (d'où $C_{2\times2}H_{2\times5}$ ou C_4H_{10}). Il ne faut pas oublier que la méthode décrite ci-dessus fournit une formule empirique qui est parfois, mais pas toujours, également une formule moléculaire.

EXEMPLE 3.9

Le phénol est un désinfectant d'usage courant. Sa composition en pourcentage massique est la suivante: 76,57 % de C, 6,43 % de H et 17,00 % de O. Déterminez la formule empirique de ce composé.

➔ Stratégie

Nous allons suivre les étapes définies précédemment pour obtenir d'abord le nombre de moles de chaque élément et ensuite la formule empirique.

➔ Solution

1 Un échantillon de phénol de 100,00 g contient 76,57 g de C, 6,43 g de H et 17,00 g de O.

2 Exprimons les masses respectives de C, de H et de O en moles.

$$76,57 \; \cancel{\text{g de C}} \times \frac{1 \; \text{mol de C}}{12,011 \; \cancel{\text{g de C}}} = 6,375 \; \text{mol de C}$$

$$6,43 \; \cancel{\text{g de H}} \times \frac{1 \; \text{mol de H}}{1,007\,94 \; \cancel{\text{g de H}}} = 6,38 \; \text{mol de H}$$

$$17,00 \; \cancel{\text{g de O}} \times \frac{1 \; \text{mol de O}}{15,9994 \; \cancel{\text{g de O}}} = 1,063 \; \text{mol de O}$$

3 Écrivons une première formule en utilisant le nombre de moles des divers éléments comme indices.

$$C_{6,375}H_{6,38}O_{1,063}$$

4 Essayons de transformer tous les indices en entiers en les divisant par le plus petit d'entre eux, soit 1,063.

$$C_{\frac{6,375}{1,063}} H_{\frac{6,38}{1,063}} O_{\frac{1,063}{1,063}} \longrightarrow C_{5,997}H_{6,00}O_{1,000} \longrightarrow C_6H_6O$$

5 Tous les indices de la formule obtenue à l'étape 4 étant des entiers, nous avons le résultat recherché: la formule empirique du phénol est C_6H_6O.

> **RÉSOLUTION DE PROBLÈMES**
> En arrondissant 5,997 à 6, on applique la règle voulant qu'on arrondisse à l'entier le plus proche tout indice qui diffère d'un entier par moins d'un dixième.

EXERCICE 3.9 A

La composition en pourcentage massique du cyclohexanol, utilisé dans la fabrication de matières plastiques, est la suivante: 71,95 % de C, 12,08 % de H et 15,97 % de O. Déterminez la formule empirique du cyclohexanol.

EXERCICE 3.9 B

La composition en pourcentage massique du mébutamate, un diurétique utilisé pour le traitement de l'hypertension, est la suivante: 51,70 % de C, 8,68 % de H, 12,06 % de N et 27,55 % de O. Déterminez la formule empirique de ce composé.

EXEMPLE 3.10

La composition en pourcentage massique du diéthylène glycol, utilisé comme antigel, est la suivante : 45,27 % de C, 9,50 % de H et 45,23 % de O. Déterminez la formule empirique du diéthylène glycol.

➜ Stratégie

En suivant les cinq étapes, nous déterminons d'abord le nombre de moles de chaque élément et ensuite la formule empirique.

➜ Solution

1 Un échantillon de diéthylène glycol de 100,00 g contient 45,27 g de C, 9,50 g de H et 45,23 g de O.

2 Exprimons les masses respectives de C, de H et de O en moles.

$$45{,}27 \text{ g de C} \times \frac{1 \text{ mol de C}}{12{,}011 \text{ g de C}} = 3{,}769 \text{ mol de C}$$

$$9{,}50 \text{ g de H} \times \frac{1 \text{ mol de H}}{1{,}007\ 94 \text{ g de H}} = 9{,}43 \text{ mol de H}$$

$$45{,}23 \text{ g de O} \times \frac{1 \text{ mol de O}}{15{,}9994 \text{ g de O}} = 2{,}827 \text{ mol de O}$$

3 Écrivons une première formule en utilisant le nombre de moles des divers éléments comme indices.

$$C_{3,769}H_{9,43}O_{2,827}$$

4 Essayons de transformer tous les indices en entiers en les divisant par le plus petit d'entre eux, soit 2,827.

$$C_{\frac{3,769}{2,827}}H_{\frac{9,43}{2,827}}O_{\frac{2,827}{2,827}} \longrightarrow C_{1,333}H_{3,34}O_{1,000}$$

5 Multiplions chaque indice de la formule obtenue à l'étape 4 par le plus petit entier qui permette de transformer toutes les fractions en entiers. Puisque 1,333 = 4/3 et que 3,34 = 10/3, le plus petit entier recherché est *trois*.

$$C_{(1,333 \times 3)}H_{(3,34 \times 3)}O_{(1,000 \times 3)} \longrightarrow C_4H_{10}O_3$$

EXERCICE 3.10 A

La composition en pourcentage massique de l'anthracène, utilisé pour la fabrication de colorants, est la suivante : 94,34 % de C et 5,66 % de H. Déterminez la formule empirique de ce composé.

EXERCICE 3.10 B

La composition en pourcentage massique de l'explosif trinitrotoluène (TNT) est la suivante : 37,01 % de C, 2,22 % de H, 18,50 % de N et 42,27 % de O. Déterminez la formule du TNT.

RÉSOLUTION DE PROBLÈMES
Voici le développement décimal de quelques fractions simples :
$$0{,}500 = 1/2$$
$$0{,}333 = 1/3$$
$$0{,}250 = 1/4$$
$$0{,}200 = 1/5$$
$$0{,}167 = 1/6$$
Le multiplicateur à utiliser pour transformer en entier un indice comportant l'une de ces fractions est indiqué en rouge.

La relation entre la formule moléculaire et la formule empirique

Les indices de la formule moléculaire sont soit identiques aux indices de la formule empirique, soit de petits multiples de ces derniers. Par exemple, dans le cas du benzène, C_6H_6, on obtient les indices de la formule moléculaire en multipliant par 6 les indices de la formule empirique, CH.

Pour établir la formule moléculaire d'un composé, il faut connaître à la fois sa masse moléculaire et sa masse établie selon la formule empirique. La relation entre ces deux quantités est la suivante.

Masse moléculaire

$$\text{Masse selon la formule empirique} \times \text{facteur entier} \qquad (3.4)$$

Facteur entier

$$\frac{\text{masse moléculaire}}{\text{masse selon la formule empirique}} \qquad (3.5)$$

Le facteur entier est le multiplicateur qui permet de calculer les indices de la formule moléculaire à partir des indices de la formule empirique. On en établit le dénominateur grâce à la formule empirique et on obtient cette dernière à l'aide de la composition en pourcentage massique. Dans les chapitres à venir, nous examinerons plusieurs méthodes expérimentales servant à déterminer la masse moléculaire d'une substance.

EXEMPLE 3.11

La formule empirique de l'hydroquinone, une substance chimique utilisée en photographie, est C_3H_3O, et sa masse moléculaire est de 110 u. Quelle est la formule moléculaire de l'hydroquinone ?

➔ Stratégie

Nous pouvons déterminer la formule moléculaire en multipliant les indices de la formule empirique par le facteur entier obtenu grâce à l'équation 3.5.

➔ Solution

La masse de l'hydroquinone est égale à $[(3 \times 12,007\ 94\ u) + (3 \times 1,011\ u) + 15,9994\ u]$ = 55,056 u selon sa formule empirique. Le multiplicateur servant à obtenir les indices de la formule moléculaire à partir des indices de la formule empirique est le facteur entier donné par la relation suivante.

$$\text{Facteur entier} = \frac{\text{masse moléculaire}}{\text{masse selon la formule empirique}} = \frac{110\ \cancel{u}}{55{,}056\ \cancel{u}} = 2$$

La formule moléculaire est donc $2 \times (C_3H_3O)$, soit $C_6H_6O_2$.

EXERCICE 3.11

L'éthylène (masse moléculaire : 28,0 u), le cyclohexane (84,0 u) et le pentène (70,0 u) ont tous les trois la même formule empirique, soit CH_2. Donnez la formule moléculaire de chacun des composés.

L'analyse élémentaire : détermination expérimentale de la composition en pourcentage massique

Une chimiste vient tout juste de synthétiser un nouveau composé dans un laboratoire de recherche en chimie organique. Elle a vraisemblablement une bonne idée de la composition et de la structure de cette substance mais, pour faire état de sa découverte dans une revue de chimie ou pour obtenir un brevet protégeant son travail, elle doit démontrer la nature du composé. À cette fin, elle effectuera probablement en premier lieu une analyse élémentaire pour établir la composition en pourcentage massique du composé. La méthode employée pour réaliser ce type d'analyse varie en fonction des éléments en présence. Nous nous contenterons d'examiner les méthodes d'analyse applicables aux composés renfermant du carbone, de l'hydrogène et de l'oxygène. Il ne faut pas oublier qu'une forte proportion (soit plus de 95 %) des composés sont à base de carbone, que presque tous les composés du carbone renferment aussi des atomes d'hydrogène et qu'un grand nombre d'entre eux contiennent de plus des atomes d'oxygène.

Le dispositif illustré dans la **figure 3.3** montre un échantillon d'un composé qui a été pesé, puis placé dans une nacelle à combustion. Cet échantillon est ensuite brûlé dans un courant d'oxygène gazeux à l'intérieur d'un four à haute température. La vapeur d'eau et le dioxyde de carbone produits au cours de la combustion sont retenus par des absorbeurs : la vapeur d'eau par une substance, tel le perchlorate de magnésium, et le dioxyde de carbone par de l'hydroxyde de sodium. On détermine les masses de dioxyde de carbone et d'eau en mesurant la différence entre les masses des absorbeurs avant et après la combustion.

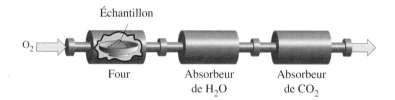

Échantillon

O_2

Four   Absorbeur   Absorbeur
de H_2O de CO_2

◀ **Figure 3.3**
Appareil pour analyser les produits de la combustion
De l'oxygène gazeux entre dans le dispositif de combustion et passe sur l'échantillon à analyser, placé dans un four à haute température. Les absorbeurs recueillent la vapeur d'eau et le dioxyde de carbone produits lors de la combustion.

Dans le cas de la combustion du méthanol, CH_3OH, conformément à la loi de conservation de la masse, tous les atomes de carbone du composé se retrouvent dans des molécules de dioxyde de carbone, et tous les atomes d'hydrogène, dans des molécules d'eau. Les modèles moléculaires de la **figure 3.4** illustrent ce fait : chaque molécule de CH_3OH est remplacée par une molécule de CO_2 et deux molécules de H_2O. Si on détermine la masse de carbone dans le dioxyde de carbone et la masse d'hydrogène dans l'eau, on obtient par le fait même la masse du carbone et de l'hydrogène présents dans l'échantillon brûlé. À l'aide des valeurs de ces masses et de la masse du composé lui-même, on peut ensuite calculer le pourcentage massique de C et de H dans le méthanol. Comme les atomes d'oxygène des produits de la combustion proviennent en partie du méthanol et en partie de l'oxygène ayant participé au processus de combustion, on ne peut déterminer qu'indirectement le pourcentage massique d'oxygène :

Pourcentage de O = 100 % − pourcentage de C − pourcentage de H

Voici la suite de conversions à effectuer pour établir la composition en pourcentage massique à l'aide des données fournies par l'analyse des produits de combustion.

grammes de $CO_2 \longrightarrow$ moles de $CO_2 \longrightarrow$ moles de C $\longrightarrow$ grammes de C $\longrightarrow$ pourcentage de C dans l'échantillon brûlé
grammes de $H_2O \longrightarrow$ moles de $H_2O \longrightarrow$ moles de H $\longrightarrow$ grammes de H $\longrightarrow$ pourcentage de H dans l'échantillon brûlé

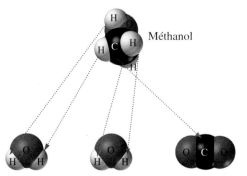

Méthanol

Produits de la combustion du méthanol

◀ **Figure 3.4**
Répartition des atomes de carbone et d'hydrogène lors de la combustion du méthanol, CH_3OH

L'exemple 3.12 montre les conversions que l'on doit faire et présente une application type de l'analyse des produits de la combustion.

EXEMPLE **3.12**

La combustion, en présence d'oxygène, d'un échantillon de 0,1000 g d'un composé formé de carbone, d'hydrogène et d'oxygène produit 0,1953 g de CO_2 et 0,1000 g de H_2O. Une autre expérience a permis de déterminer que la masse moléculaire du composé est de 90 u. **a)** Calculez la composition en pourcentage massique du composé. **b)** Déterminez la formule empirique du composé. **c)** Donnez la formule moléculaire du composé.

➡ Stratégie

Nous utilisons, d'abord, les conversions comme celles que nous avons décrites précédemment pour calculer la composition en pourcentage massique du composé. De cette information, nous pouvons déterminer la formule empirique, le facteur entier et la formule moléculaire. Il faut veiller à respecter cet ordre dans les calculs afin d'obtenir la formule moléculaire.

➡ Solution

a) Effectuons d'abord la suite de conversions décrites plus haut pour calculer la masse de carbone dans le CO_2 produit.

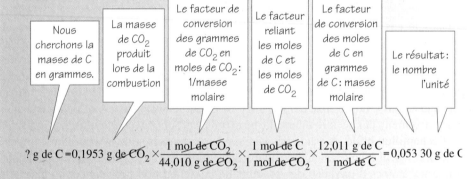

$$? \text{ g de C} = 0,1953 \text{ g de } CO_2 \times \frac{1 \text{ mol de } CO_2}{44,010 \text{ g de } CO_2} \times \frac{1 \text{ mol de C}}{1 \text{ mol de } CO_2} \times \frac{12,011 \text{ g de C}}{1 \text{ mol de C}} = 0,053\ 30 \text{ g de C}$$

La masse de carbone que nous avons calculée provient de l'échantillon de 0,1000 g du composé. Donc, le pourcentage massique de carbone dans le composé est donné par la relation suivante.

$$\text{Pourcentage de C} = \frac{0,053\ 30 \text{ g de C}}{0,1000 \text{ g de composé}} \times 100\ \% = 53,30\ \% \text{ de C}$$

Des calculs analogues permettent de déterminer d'abord la masse de l'hydrogène, puis le pourcentage massique d'hydrogène dans le composé.

$$? \text{ g de H} = 0,1000 \text{ g de } H_2O \times \frac{1 \text{ mol de } H_2O}{18,0153 \text{ g de } H_2O} \times \frac{2 \text{ mol de H}}{1 \text{ mol de } H_2O} \times \frac{1,007\ 94 \text{ g de H}}{1 \text{ mol de H}}$$

$$= 0,011\ 19 \text{ g de H}$$

$$\text{Pourcentage de H} = \frac{0,011\ 19 \text{ g de H}}{0,1000 \text{ g de composé}} \times 100\ \% = 11,19\ \% \text{ de H}$$

Enfin, nous obtenons le pourcentage massique d'oxygène en soustrayant de 100 % les pourcentages massiques de carbone et d'hydrogène.

$$\text{Pourcentage de O} = 100\ \% - 53,30\ \% - 11,19\ \% = 35,51\ \%$$

b) Appliquons la méthode illustrée dans les exemples 3.9 et 3.10.

1 Un échantillon de 100,00 g du composé contient 53,30 g de C, 11,19 g de H et 35,51 g de O.

2 Exprimons les masses respectives de C, de H et de O en moles.

$$53,30 \text{ g de C} \times \frac{1 \text{ mol de C}}{12,011 \text{ g de C}} = 4,438 \text{ mol de C}$$

$$11,19 \text{ g de H} \times \frac{1 \text{ mol de H}}{1,007\,94 \text{ g de H}} = 11,10 \text{ mol de H}$$

$$35,51 \text{ g de O} \times \frac{1 \text{ mol de O}}{15,9994 \text{ g de O}} = 2,219 \text{ mol de O}$$

3 Écrivons une première formule en utilisant le nombre de moles des divers éléments comme indices.

$$C_{4,438}H_{11,10}O_{2,219}$$

4 Transformons tous les indices en entiers en les divisant par le plus petit d'entre eux, soit 2,219.

$$C_{\frac{4,438}{2,219}}H_{\frac{11,10}{2,219}}O_{\frac{2,219}{2,219}} \longrightarrow C_{2,000}H_{5,002}O_{1,000} \longrightarrow C_2H_5O$$

c) La masse est égale à $(2 \times 12,011)\text{ u} + (5 \times 1,007\,94)\text{ u} + 15,9994\text{ u} = 45,061\text{ u}$ selon la formule empirique. Le multiplicateur utilisé pour obtenir les indices de la formule moléculaire, à partir des indices de la formule empirique, est le facteur entier donné par la relation suivante.

$$\text{Facteur entier} = \frac{\text{masse moléculaire}}{\text{masse selon la formule empirique}} = \frac{90 \text{ u}}{45,061 \text{ u}} = 2$$

La formule moléculaire est donc $2 \times (C_2H_5O)$, soit $C_4H_{10}O_2$.

➜ Évaluation

Comme dans les exemples précédents, nous nous assurons que la somme des pourcentages est égale à 100 % et que le calcul du facteur entier produit effectivement un nombre entier.

EXERCICE 3.12

La combustion complète d'un échantillon de 0,3629 g de tétrahydrocannabinol (THC), le principal constituant actif de la marijuana, produit 1,0666 g de dioxyde de carbone et 0,3120 g d'eau. Déterminez : **a)** la composition de l'échantillon en pourcentage massique ; **b)** la formule empirique du tétrahydrocannabinol.

La stœchiométrie des réactions chimiques

Jusqu'ici nous avons effectué des calculs stœchiométriques à partir des formules chimiques. Nous avons calculé la composition en pourcentage massique à l'aide de formules et nous avons déterminé la formule empirique de composés chimiques à l'aide de leur composition en pourcentage massique. Dans les prochaines sections, nous approfondirons ces processus et, pour ce faire, nous examinerons des réactions chimiques et différents calculs stœchiométriques. Nous étudierons d'abord des équations chimiques, soit des représentations symboliques qui fournissent une quantité considérable de renseignements.

3.5 L'écriture et l'équilibrage d'une équation chimique

Équation chimique

Description abrégée d'une réaction chimique au moyen de symboles et de formules représentant les éléments et les composés en présence ; on place au besoin devant les symboles et les formules des coefficients numériques, indiquant les proportions molaires, afin que le nombre d'atomes de chaque élément soit le même dans les réactifs et les produits.

Une **équation chimique** est une description abrégée d'une réaction chimique, formée de symboles et de formules représentant les éléments et les composés en présence. On ne pourrait toutefois pas établir l'équation d'une réaction chimique si des *expériences* n'avaient pas été d'abord réalisées pour démontrer qu'une réaction avait eu lieu, si les substances participant à la réaction n'avaient pas été déterminées, et si la formule de ces substances n'avait pas été établie à l'aide des méthodes décrites plus haut.

Nous avons déjà souligné que, en faisant réagir du carbone avec un excès d'oxygène, on obtient uniquement du dioxyde de carbone. Cette réaction est représentée par l'équation

$$C + O_2 \longrightarrow CO_2$$

où le signe « plus » (+) indique que le carbone réagit avec l'oxygène et où la flèche ($\longrightarrow$), qui signifie généralement « donne », est dirigée vers le résultat de la combinaison : le dioxyde de carbone. On appelle généralement **réactif** toute substance initiale qui prend part à une réaction chimique, et on appelle **produit** toute substance qui résulte de la réaction. Dans une équation, les réactifs sont placés à *gauche* de la flèche et les produits, à *droite*.

Réactif

Toute substance initiale prenant part à une réaction chimique ; le symbole ou la formule d'une telle substance fait partie du membre de gauche d'une équation chimique.

Produit

Toute substance résultant d'une réaction chimique ; le symbole ou la formule d'une telle substance fait partie du membre de droite d'une équation chimique.

Il est parfois nécessaire d'indiquer l'état physique des réactifs et des produits ; on emploie à cette fin les symboles suivants, que l'on met entre parenthèses :

(g) = gaz ; (l) = liquide ; (s) = solide ; (aq) = en solution aqueuse (dans l'eau)

Ces symboles suivent le nom des réactifs et des produits, comme l'illustre l'exemple suivant.

$$C(s) + O_2(g) \longrightarrow CO_2(g)$$

Lorsqu'on doit chauffer un mélange de réactifs pour déclencher une réaction chimique, on le note par la lettre grecque *delta* en majuscule, Δ, placée au-dessus de la flèche : $\overset{\Delta}{\longrightarrow}$. Il arrive également qu'on note au-dessus de la flèche certaines des conditions dans lesquelles la réaction a lieu, notamment la température.

On peut interpréter l'équation précédente de différentes façons. On peut considérer qu'il s'agit d'une description qualitative d'une réaction : par exemple, « la réaction du carbone solide et de l'oxygène gazeux donne du dioxyde de carbone ». On peut aussi interpréter l'équation d'un point de vue microscopique : par exemple, « la réaction d'un atome de carbone avec une molécule d'oxygène donne une molécule de dioxyde de carbone ». Cependant, comme on travaille en réalité à l'échelle macroscopique, il serait plus utile de supposer la présence d'un nombre considérable d'atomes et de molécules, soit le nombre contenu dans une mole de substance : « la réaction de 1 mol (12,011 g) de carbone avec 1 mol (31,9988 g) d'oxygène donne 1 mol (44,010 g) de dioxyde de carbone ». Les calculs quantitatifs de la section 3.6 sont fondés sur cette interprétation « molaire » de l'équation.

Il ne faut pas croire que toutes les équations sont aussi faciles à écrire que celle de la réaction du carbone et de l'oxygène qui donne du dioxyde de carbone. Si on tente de s'inspirer de la dernière équation pour écrire celle de la réaction de l'hydrogène et de l'oxygène qui produit de l'eau, on se trouve devant un problème. En effet, l'équation

$$H_2(g) + O_2(g) \longrightarrow H_2O(l) \quad \textit{(équation non équilibrée)}$$

ne respecte pas la loi de conservation de la masse car elle n'est pas équilibrée : les réactifs comprennent deux atomes d'oxygène présents sous la forme d'une molécule O_2, tandis que le produit ne contient qu'un seul atome d'oxygène dans la molécule H_2O. Il manque donc un atome d'oxygène dans le produit, alors qu'on sait qu'aucun atome ne peut être créé ni détruit au cours d'une réaction chimique. On a supposé que les molécules H_2

et O_2 réagissent dans un rapport de 1 : 1 mais, selon l'interprétation moléculaire de la **figure 3.5**, cette hypothèse est erronée. La figure montre en fait comment équilibrer l'équation de manière à respecter la loi de conservation de la masse.

Il n'est cependant pas nécessaire de dessiner des modèles moléculaires pour équilibrer une équation : on peut écrire directement une équation symbolique et ajuster les proportions de réactifs et de produits à l'aide de **coefficients stœchiométriques**. On appelle *coefficient stœchiométrique* un nombre placé devant une formule dans une équation chimique afin de l'équilibrer et d'indiquer les proportions relatives des réactifs et le rapport des produits. Un coefficient stœchiométrique multiplie chaque élément de la formule qu'il précède. Si une formule n'est précédée d'aucun coefficient, on présume qu'il est égal à 1.

Pour équilibrer l'équation

$$H_2(g) + O_2(g) \longrightarrow H_2O(l) \text{ (non équilibrée)}$$

on place d'abord le coefficient 2 devant la formule H_2O, afin d'équilibrer les atomes d'oxygène.

$$H_2(g) + O_2(g) \longrightarrow 2\,H_2O(l) \text{ (O équilibré, H non équilibré)}$$

> **Coefficient stœchiométrique**
>
> Nombre placé devant une formule dans une équation chimique afin d'équilibrer celle-ci et d'indiquer les proportions relatives des réactifs, de même que le rapport des produits.

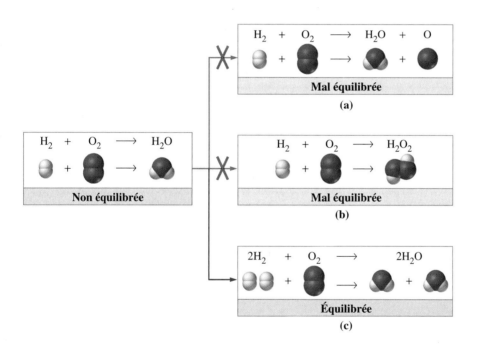

◄ **Figure 3.5**
Équilibrage de l'équation chimique représentant la réaction de l'hydrogène et de l'oxygène qui donne de l'eau

(a) *Erroné :* Rien n'indique la présence d'oxygène atomique parmi les produits. *On ne peut pas ajouter un réactif ni un produit ayant une formule chimique différente dans le seul but d'équilibrer une équation.* **(b)** *Erroné :* Le produit de la réaction est de l'eau, H_2O, et non du peroxyde d'hydrogène, H_2O_2. *On ne peut pas modifier une formule dans le seul but d'équilibrer une équation chimique.* **(c)** *Exact :* Pour équilibrer correctement une équation, il suffit d'employer les *formules et les coefficients appropriés.*

Les réactifs et le produit de la dernière équation contiennent deux atomes d'oxygène. Le coefficient 2 a non seulement porté le nombre d'atomes d'oxygène à deux, mais il a aussi eu un effet sur le nombre d'atomes d'hydrogène, qui est passé à *quatre*. Comme il n'y a que *deux* atomes H dans la molécule H_2 des réactifs, on corrige le déséquilibre en plaçant le coefficient 2 devant cette molécule H_2. On obtient ainsi une équation équilibrée.

$$2\,H_2(g) + O_2(g) \longrightarrow 2\,H_2O(l) \text{ (équation équilibrée)}$$

Il y a en tout quatre atomes H et deux atomes O dans les réactifs et le produit de l'équation.

Il ne faut jamais oublier la règle énoncée dans la légende de la figure 3.5 : la seule façon correcte d'équilibrer une équation consiste à ajuster les coefficients ; on ne doit jamais modifier une formule. On peut obtenir une équation équilibrée en ajoutant ou en retirant un réactif ou un produit, ou encore en modifiant un indice d'une formule, mais l'équation ainsi obtenue *ne représente plus la même réaction.*

Méthode d'équilibrage par tâtonnement

Vous trouverez à la page 101 une autre méthode pour équilibrer une équation. Il s'agit de la méthode algébrique.

La méthode d'équilibrage décrite ci-dessus est appelée équilibrage par tâtonnement. Il existe cependant des techniques simples qui permettent de gagner du temps. Par exemple,

- Si un élément n'est présent que dans un composé de chaque côté de l'équation, on essaie d'équilibrer cet élément *en premier*.

- On équilibre *en dernier* tout réactif ou produit qui est présent sous la forme d'élément *libre*.

- On équilibre comme un tout les groupes d'atomes, tels les ions polyatomiques, qui sont inaltérés au cours de la réaction.

EXEMPLE **3.13**

Équilibrez l'équation suivante : $C_2H_6 + O_2 \longrightarrow CO_2 + H_2O$

➤ Solution

Les réactifs contiennent de l'oxygène sous forme d'élément libre ; nous reviendrons donc à l'oxygène seulement après avoir équilibré les deux autres éléments. Nous équilibrons le carbone en plaçant le coefficient 2 devant CO_2.

$$C_2H_6 + O_2 \longrightarrow 2\,CO_2 + H_2O \quad (\text{équation non équilibrée})$$

Nous équilibrons l'hydrogène en assignant le coefficient 3 à H_2O.

$$C_2H_6 + O_2 \longrightarrow 2\,CO_2 + 3\,H_2O \quad (\text{équation non équilibrée})$$

Notons qu'il y a maintenant deux atomes d'oxygène dans les réactifs et sept dans les produits. Il y aura sept atomes de chaque côté si nous assignons le coefficient *fractionnaire* 7/2 à O_2 dans les réactifs (car $7/2 \times 2 = 7$).

$$C_2H_6 + \tfrac{7}{2}O_2 \longrightarrow 2\,CO_2 + 3\,H_2O \quad (\text{équation équilibrée})$$

RÉSOLUTION DE PROBLÈMES
Il est important de toujours s'assurer que l'équation finale est effectivement équilibrée. Ainsi, dans l'exemple 3.13, on compte 4 atomes C, 12 atomes H et 14 atomes O de chaque côté de l'équation.

Si nous voulons que l'équation ne contienne que des coefficients entiers, il faut multiplier chaque coefficient par 2.

$$2 \times \{C_2H_6 + \tfrac{7}{2}O_2 \longrightarrow 2\,CO_2 + 3\,H_2O\}$$

donne

$$2\,C_2H_6 + 7\,O_2 \longrightarrow 4\,CO_2 + 6\,H_2O \quad (\text{équation équilibrée})$$

➤ Évaluation

Nous nous assurons que l'équation est équilibrée en multipliant l'indice de chaque élément par le coefficient stœchiométrique approprié pour obtenir le nombre d'atomes des deux côtés de l'équation. Précisons que, dans l'exemple, des atomes d'oxygène sont présents dans les deux produits. De chaque côté de l'équation, nous avons 4 atomes de C, 12 atomes de H et 14 atomes de O ; l'équation est donc équilibrée.

EXERCICE **3.13**

Équilibrez les équations suivantes :

a) $C_4H_{10} + O_2 \longrightarrow CO_2 + H_2O$

b) $CH_3CH_2CH_2CH(OH)CH_2OH + O_2 \longrightarrow CO_2 + H_2O$

EXEMPLE 3.14

Équilibrez l'équation suivante : $H_3PO_4 + NaCN \longrightarrow HCN + Na_3PO_4$

➜ Solution

Remarquez que les *groupes* PO_4 et CN restent inaltérés lors de la réaction. Lorsque nous équilibrons une équation, nous pouvons considérer les groupes inchangés comme un tout au lieu de considérer leurs éléments constitutifs. Ainsi, nous équilibrons les atomes d'hydrogène en assignant le coefficient 3 à HCN.

$$H_3PO_4 + NaCN \longrightarrow 3\,HCN + Na_3PO_4 \quad (\textit{équation non équilibrée})$$

De même, nous équilibrons les atomes de sodium en assignant le coefficient 3 à NaCN.

$$H_3PO_4 + 3\,NaCN \longrightarrow 3\,HCN + Na_3PO_4 \quad (\textit{équation équilibrée})$$

➜ Évaluation

Nous constatons que, dans l'équation équilibrée, les réactifs et les produits contiennent un groupe PO_4 et trois groupes CN.

EXERCICE 3.14

Équilibrez les équations suivantes :

a) $FeCl_3 + NaOH \longrightarrow Fe(OH)_3 + NaCl$

b) $Ba(NO_3)_2 + Al_2(SO_4)_3 \longrightarrow BaSO_4 + Al(NO_3)_3$

Méthode algébrique d'équilibrage

Pour équilibrer les équations chimiques plus complexes, on peut utiliser une méthode algébrique. Cela implique l'utilisation de variables associées à chaque coefficient stœchiométrique qu'on déterminera à l'aide d'équations algébriques simples.

Soit la réaction de combustion du butane

$$C_4H_{10}(g) + O_2(g) \longrightarrow CO_2(g) + H_2O(g) \quad (\textit{équation non équilibrée})$$

1 On commence en inscrivant devant chacun des réactifs et des produits une variable qui correspondra au coefficient stœchiométrique recherché.

$$a\,C_4H_{10}(g) + b\,O_2(g) \longrightarrow c\,CO_2(g) + d\,H_2O(g)$$

2 Sachant que le nombre de chaque élément dans les réactifs doit être le même que dans les produits, il est possible d'établir autant d'équations qu'il y a d'éléments à équilibrer.

$$\text{Pour C} : 4a = c$$
$$\text{Pour H} : 10a = 2d$$
$$\text{Pour O} : 2b = 2c + d$$

3 Afin de déterminer la relation entre les variables des différentes équations, il faut imposer une valeur à l'une des variables. Par exemple,

$$\text{Si } a = 1 \longrightarrow c = 4a = 4$$
$$\longrightarrow 2d = 10a$$
$$\longrightarrow 2d = 10, \text{ donc } d = 5$$
$$\longrightarrow 2b = 2c + d$$
$$\longrightarrow 2b = (2 \times 4) + 5, \quad \text{donc} \quad b = 13/2$$

4 Il s'agit ensuite de remplacer les variables dans l'équation.

$$C_4H_{10}(g) + 13/2\ O_2(g) \longrightarrow 4\ CO_2(g) + 5\ H_2O(g)$$

5 On doit multiplier chaque terme de l'équation chimique par un entier afin d'éliminer les fractions.

$$2 \times \{(C_4H_{10}(g) + 13/2\ O_2(g) \longrightarrow 4\ CO_2(g) + 5\ H_2O(g)\}$$

$$2\ C_4H_{10}(g) + 13\ O_2(g) \longrightarrow 8\ CO_2(g) + 10\ H_2O(g)\ \text{(\textit{équation équilibrée})}$$

6 En terminant, on doit s'assurer que chaque élément est équilibré de chaque côté de l'équation.

	Réactifs	**Produits**
C	$2 \times 4 = 8$	$8 \times 1 = 8$
H	$2 \times 10 = 20$	$10 \times 2 = 20$
O	$13 \times 2 = 26$	$(8 \times 2) + (10 \times 1) = 26$

On aurait sans doute pu équilibrer l'équation de l'étape 4 plus rapidement en recourant à la méthode par tâtonnement. Toutefois, certaines équations chimiques sont plus difficiles à équilibrer que d'autres, et l'exemple 3.15 est éloquent de ce point de vue.

EXEMPLE **3.15**

En utilisant la méthode algébrique, équilibrez l'équation suivante :

$$Ca(OH_2) + H_3PO_4 \longrightarrow Ca_3(PO_4)_2 + H_2O$$

➜ Stratégie

Pour équilibrer une équation chimique par la méthode algébrique, il faut procéder en trois étapes principales : (1) placer une variable devant chacun des réactifs et des produits ; (2) établir une équation algébrique pour chaque élément chimique ; (3) résoudre le système d'équations pour trouver les coefficients stœchiométriques.

➜ Solution

Plaçons une variable devant chacun des réactifs et des produits.

$$a\ Ca(OH_2) + b\ H_3PO_4 \longrightarrow c\ Ca_3(PO_4)_2 + d\ H_2O$$

Posons les équations algébriques pour chaque élément chimique.

(1) Pour H : $2a + 3b = 2d$
(2) Pour P : $b = 2c$
(3) Pour O : $2a + 4b = 8c + d$
(4) Pour Ca : $a = 3c$

Nous disposons ici de quatre équations à quatre inconnues. Il faut au moins une équation de plus que le nombre d'inconnues : c'est la condition nécessaire et suffisante pour que le calcul soit résolu. Nous posons alors la valeur de la variable de la molécule la plus complexe égale à 1, soit $c = 1$.

Si $c = 1$, $b = 2$, selon l'équation 2.
Si $c = 1$, $a = 3$, selon l'équation 4.

Nous remplaçons les valeurs de a et de b dans l'équation 1, et nous obtenons $d = 6$. L'équation équilibrée est :

$$3\ Ca(OH_2) + 2\ H_3PO_4 \longrightarrow Ca_3(PO_4)_2 + 6\ H_2O$$

➜ Évaluation

Nous devons vérifier que le nombre d'atomes de chaque élément est le même de chaque côté de l'équation.

Réactifs	Produits
H: $(3 \times 2) + (2 \times 3)$	$= (6 \times 2)$
P: (2×1)	$= (1 \times 2)$
O: $(3 \times 2) + (2 \times 4)$	$= (2 \times 4) + (6 \times 1)$
Ca: (3×1)	$= (1 \times 3)$

EXERCICE 3.15 A

Équilibrez les équations suivantes par la méthode algébrique :

a) $Cl_2 + H_2O + HgO \longrightarrow HClO + HgCl_2$

b) $IBr + NH_3 \longrightarrow NI_3 + NH_4Br$

EXERCICE 3.15 B

Équilibrez l'équation suivante : $CO_2 + CH_4 + H_2O \longrightarrow CH_3OH$

a) par la méthode par tâtonnement ;

b) par la méthode algébrique.

Quelle que soit la méthode employée, l'étape la plus importante consiste à vérifier que l'équation est effectivement équilibrée : *Pour chaque élément en présence, les réactifs et les produits de l'équation doivent contenir un même nombre d'atomes de l'élément.* Les atomes sont conservés au cours d'une réaction chimique.

EXEMPLE 3.16 Un exemple conceptuel

Écrivez une équation chimique plausible qui représente la réaction d'un chlorure de phosphore liquide (contenant 77,45 % de Cl) avec de l'eau, et dont le résultat est une solution aqueuse d'acide chlorhydrique et d'acide phosphoreux.

➜ Analyse et conclusion

Le concept que nous venons d'étudier, soit l'équilibrage d'une équation chimique, n'intervient que dans la dernière étape de la résolution de ce problème. Il faut d'abord appliquer les notions vues précédemment.

Écriture de la formule du chlorure de phosphore
Appliquons la méthode illustrée dans les exemples 3.9 et 3.10 à un composé formé de 22,55 % de P et de 77,45 % de Cl. Un échantillon de 100,00 g de ce composé est constitué de 22,55 g de P et de 77,45 g de Cl, ce qui correspond à 0,728 mol de P et à 2,185 mol de Cl. La formule $P_{0,728}Cl_{2,185}$ se simplifie pour donner PCl_3.

Écriture des formules de l'acide chlorhydrique et de l'acide phosphoreux
Nous avons défini le lien entre les formules et les noms des composés aux sections 2.6 (page 55), 2.7 (page 59) et 2.8 (page 66). La formule de l'acide chlorhydrique, qui est un composé binaire, est HCl. Selon le tableau 2.5 (page 68), la formule de l'acide phosphorique est H_3PO_4 ; comme l'acide phosphoreux a un atome O de moins par molécule, sa formule est H_3PO_3.

Écriture et équilibrage de l'équation

L'équation non équilibrée, représentant notamment l'état physique des réactifs et des produits, est

$$PCl_3(l) + H_2O(l) \longrightarrow HCl(aq) + H_3PO_3(aq)$$

Nous obtenons l'équation équilibrée en assignant le coefficient 3 à $H_2O(l)$ et à $HCl(aq)$.

RÉSOLUTION DE PROBLÈMES

Selon vous, quels sont les produits de la combustion de triéthylène-glycol en présence d'un excès d'oxygène ?

EXERCICE 3.16

Écrivez une équation chimique plausible qui représente la combustion de triéthylèneglycol en présence d'un excès d'oxygène gazeux. La composition en pourcentage massique du triéthylèneglycol est la suivante : 47,99 % de C, 9,40 % de H et 42,62 % de O ; sa masse moléculaire est de 150,2 u.

Dans la présente section, nous avons concentré notre attention sur l'équilibrage des équations chimiques. Il est cependant très important de *prédire* si une réaction chimique aura lieu, avant de tenter de la représenter par une équation. Dans les prochains chapitres, nous présenterons des notions qui nous aideront à faire de telles prédictions.

3.6 L'équivalence stœchiométrique et la stœchiométrie des réactions

Qu'ils s'intéressent à la mise au point de médicaments, à la fabrication de métaux à partir de minerais, à la combustion du carburant utilisé dans une fusée, à la synthèse d'un nouveau composé ou à la simple vérification d'une hypothèse, les chimistes doivent tenir compte des relations qui existent entre les moles et les masses dans les réactions chimiques. Ces relations sont tirées des *équations chimiques*.

Par exemple, la réaction du monoxyde de carbone et de l'hydrogène qui donne du méthanol est représentée par l'équation

$$CO + 2\,H_2 \longrightarrow CH_3OH$$

À l'échelle microscopique, les coefficients stœchiométriques signifient que *chaque* molécule CO réagit avec *deux* molécules H_2 pour produire *une* molécule CH_3OH. Si *10* molécules CO entrent dans la réaction, alors *20* molécules H_2 prennent aussi part à la réaction, et *10* molécules CH_3OH sont produites. Les réactifs et le produit sont toujours, ici, dans le rapport 1 : 2 : 1, quel que soit le nombre de molécules participant à la réaction. Si ce nombre est de l'ordre de la constante d'Avogadro ($N_A = 6,022 \times 10^{23}$), on travaille à l'échelle macroscopique et on peut utiliser l'unité molaire : la réaction d'*une* mole de CO avec *deux* moles de H_2 produit *une* mole de CH_3OH.

Dans le dernier énoncé, les quantités de CO, de H_2 et de CH_3OH *sont stœchiométriquement équivalentes,* ce qu'on représente comme suit.

$$1 \text{ mol de CO} \Leftrightarrow 2 \text{ mol de } H_2$$
$$1 \text{ mol de CO} \Leftrightarrow 1 \text{ mol de } CH_3OH$$
$$2 \text{ mol de } H_2 \Leftrightarrow 1 \text{ mol de } CH_3OH$$

Le symbole $\Leftrightarrow$ signifie « est chimiquement équivalent à ». L'expression « 1 mol de CO est chimiquement équivalente à 2 mol de H_2 » ne signifie évidemment pas que « 1 mol de CO est identique à 2 mol de H_2 » : CO et H_2 sont deux substances totalement différentes. *Néanmoins, puisque, dans la réaction qui donne du CH_3OH,* ces deux substances réagissent selon le rapport 1 mol de CO : 2 mol de H_2, on peut établir pour la résolution de divers problèmes des facteurs de conversion ayant la forme habituelle, comme

$$\frac{2 \text{ mol } H_2}{1 \text{ mol CO}}$$

Un facteur de conversion établi à l'aide des coefficients stœchiométriques d'une équation chimique est appelé **facteur stœchiométrique**.

Il ne faut pas oublier que le facteur stœchiométrique reliant H_2 et CO dépend de la réaction en cause. Dans le cas de la réaction suivante entre ces deux substances

$$CO + 3\,H_2 \longrightarrow CH_4 + H_2O$$

le facteur stœchiométrique est

$$\frac{3 \text{ mol } H_2}{1 \text{ mol } CO}$$

La **figure 3.6** présente un exemple d'équivalence tiré de la vie courante, soit le stationnement d'autos en bordure du trottoir. L'équivalence entre la dimension d'un véhicule et l'espace occupé dépend du type de stationnement offert : parallèle ou perpendiculaire.

Facteur stœchiométrique

Facteur de conversion déterminé à l'aide des coefficients stœchiométriques d'une équation chimique et qui relie les quantités molaires de deux espèces prenant part à la réaction (soit un réactif et un produit, soit deux réactifs, etc.).

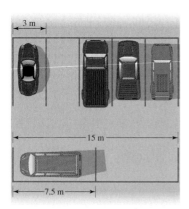

◀ **Figure 3.6**
Concept d'équivalence

Dans le cas d'un stationnement parallèle à la rue, la longueur de chaque auto est équivalente à un espace de 7,5 m en bordure du trottoir : on dit que 1 auto ⇌ 7,5 m. Le nombre d'autos pouvant être stationnées dans un espace de 15 m est donné par

$$15 \text{ m} \times \frac{1 \text{ auto}}{7,5 \text{ m}} = 2 \text{ autos}$$

Dans le cas d'un stationnement perpendiculaire à la rue, la largeur de chaque auto est équivalente à un espace de 3 m en bordure du trottoir. Combien d'autos peut-on stationner dans un espace de 15 m ?

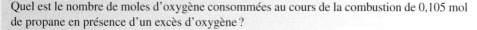

EXEMPLE **3.17**

Quel est le nombre de moles d'oxygène consommées au cours de la combustion de 0,105 mol de propane en présence d'un excès d'oxygène ?

$$C_3H_8 + 5\,O_2 \longrightarrow 3\,CO_2 + 4\,H_2O$$

➜ Stratégie

Nous établirons le rapport entre les moles d'oxygène consommé et les moles de propane brûlé en utilisant le facteur de conversion qui donne le rapport de moles de chacune des substances dans l'équation équilibrée.

➜ Solution

L'examen des coefficients stœchiométriques de l'équation permet d'écrire l'équivalence suivante.

$$1 \text{ mol de } C_3H_8 \rightleftharpoons 5 \text{ mol de } O_2$$

Nous tirons deux facteurs de conversion de cette équivalence :

$$\frac{5 \text{ mol de } O_2}{1 \text{ mol de } C_3H_8} \quad \text{et} \quad \frac{1 \text{ mol de } C_3H_8}{5 \text{ mol de } O_2}$$

Étant donné que nous connaissons le nombre de moles de propane et que nous cherchons le nombre de moles de O_2 consommées, nous choisissons le facteur comportant l'unité « mole de O_2 » au numérateur et l'unité « mole de C_3H_8 » au dénominateur, c'est-à-dire le facteur écrit en rouge.

$$? \text{ mol de } O_2 = 0{,}105 \text{ mol de } C_3H_8 \times \frac{5 \text{ mol de } O_2}{1 \text{ mol de } C_3H_8} = 0{,}525 \text{ mol de } O_2$$

EXERCICE 3.17

Dans le cas décrit dans l'exemple 3.17 :

a) Combien de moles de dioxyde de carbone la combustion de 0,529 mol de C_3H_8 produit-elle?

b) Combien de moles d'eau la combustion de 76,2 mol de C_3H_8 produit-elle ?

c) Quel est le nombre de moles de dioxyde de carbone produites si la quantité de O_2 consommée au cours de la combustion est de 1,010 mol ?

Bien que la mole soit une unité essentielle pour les calculs faits à partir des équations chimiques, il est impossible de mesurer des quantités directement en moles. Il faut donc établir une relation avec des quantités mesurables, comme la masse en grammes ou en kilogrammes, le volume en millilitres ou en litres, etc. Le schéma de la **figure 3.7** résume une méthode générale de résolution de problèmes applicable aux calculs stœchiométriques effectués à partir des équations chimiques. L'étape la plus importante (soit l'étape 5) consiste à tirer un facteur stœchiométrique de l'équation équilibrée. Dans l'exemple 3.17, nous avons appliqué une partie seulement de la technique décrite dans la figure 3.7. Les exemples qui suivent présentent d'autres parties de cette méthode. Celles-ci seront indiquées en marge dans chaque cas.

RÉSOLUTION DE PROBLÈMES

L'étape cruciale de la résolution d'un problème portant sur la stœchiométrie d'une réaction consiste à passer du nombre de moles de A au nombre de moles de B : **3** × **5**

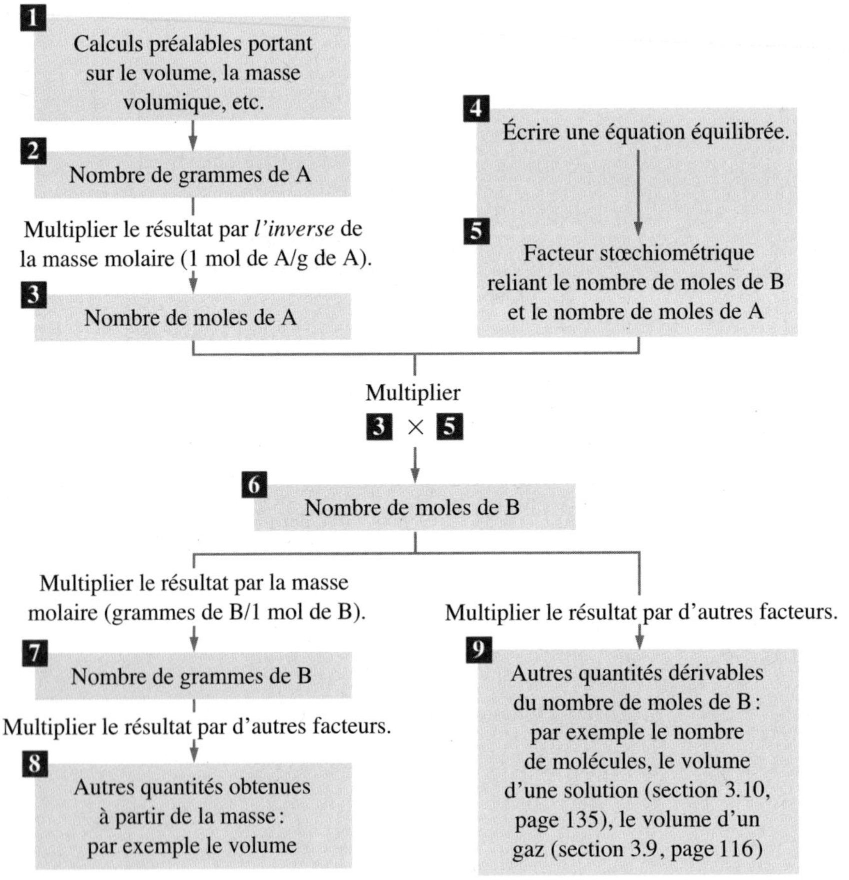

▶ **Figure 3.7**
Les grandes lignes de la stœchiométrie d'une réaction

Les substances A et B sont soit deux réactifs, soit un réactif et un produit, soit deux produits d'une réaction chimique.

1 Calculs préalables portant sur le volume, la masse volumique, etc.

2 Nombre de grammes de A

Multiplier le résultat par *l'inverse* de la masse molaire (1 mol de A/g de A).

3 Nombre de moles de A

4 Écrire une équation équilibrée.

5 Facteur stœchiométrique reliant le nombre de moles de B et le nombre de moles de A

Multiplier **3** × **5**

6 Nombre de moles de B

Multiplier le résultat par la masse molaire (grammes de B/1 mol de B).

7 Nombre de grammes de B

Multiplier le résultat par d'autres facteurs.

8 Autres quantités obtenues à partir de la masse : par exemple le volume

Multiplier le résultat par d'autres facteurs.

9 Autres quantités dérivables du nombre de moles de B : par exemple le nombre de molécules, le volume d'une solution (section 3.10, page 135), le volume d'un gaz (section 3.9, page 116)

EXEMPLE 3.18

La dernière étape de la production d'acide nitrique comprend la réaction du dioxyde d'azote avec de l'eau, qui donne également du monoxyde d'azote. Combien de grammes d'acide nitrique la réaction produit-elle par 100,0 g de dioxyde d'azote ?

➔ Stratégie

Après avoir écrit et équilibré l'équation chimique, nous déterminons le nombre de moles de produit formés en tenant compte du nombre de moles de réactif présent et des facteurs stœchiométriques appropriés. Les conversions de grammes à moles et de moles à grammes sont possibles grâce aux masses molaires respectives des composés.

➔ Solution

Puisque l'équation chimique représentant la réaction n'est pas donnée, il faut l'écrire à l'aide de la description. Rappelez-vous que nous avons établi la relation entre le nom et la formule des réactifs et des produits au chapitre 2.

$$NO_2 + H_2O \longrightarrow HNO_3 + NO \quad (\textit{équation non équilibrée})$$

Équilibrons d'abord les atomes H, car cet élément est contenu à la fois dans un réactif et dans un produit, puis équilibrons les atomes N, tous contenus dans NO_2, dans le cas des réactifs. Les atomes O sont alors équilibrés eux aussi.

$$3\,NO_2 + H_2O \longrightarrow 2\,HNO_3 + NO \quad (\textit{équation équilibrée})$$

Convertissons la masse donnée de NO_2 en moles.

$$?\ mol\ de\ NO_2 = 100,0\ \cancel{g\ de\ NO_2} \times \frac{1\ mol\ de\ NO_2}{46,0055\ \cancel{g\ de\ NO_2}} = 2,174\ mol\ de\ NO_2$$

Établissons ensuite l'équivalence stœchiométrique entre NO_2 et HNO_3 à l'aide des coefficients de l'équation équilibrée.

$$3\ mol\ de\ NO_2 \leftrightharpoons 2\ mol\ de\ HNO_3$$

Étant donné qu'il faut convertir le nombre de moles de NO_2 en moles de HNO_3, nous utilisons cette équivalence pour trouver le facteur stœchiométrique.

$$\frac{2\ mol\ de\ HNO_3}{3\ mol\ de\ NO_2}$$

Ce facteur stœchiométrique permet d'effectuer la conversion

$$?\ mol\ de\ HNO_3 = 2,174\ \cancel{mol\ de\ NO_2} \times \frac{2\ mol\ de\ HNO_3}{3\ \cancel{mol\ de\ NO_2}} = 1,449\ mol\ de\ HNO_3$$

Enfin, convertissons les moles de HNO_3 en grammes de HNO_3.

$$?\ g\ de\ HNO_3 = 1,449\ \cancel{mol\ de\ HNO_3} \times \frac{63,0128\ g\ de\ HNO_3}{1\ \cancel{mol\ de\ HNO_3}} = 91,31\ g\ de\ HNO_3$$

Relation synthèse. La relation suivante regroupe toutes les étapes du calcul.

$$?\ g\ de\ HNO_3 = 100,0\ \cancel{g\ de\ NO_2} \times \frac{1\ \cancel{mol\ de\ NO_2}}{46,0055\ \cancel{g\ de\ NO_2}} \times \frac{2\ \cancel{mol\ de\ HNO_3}}{3\ \cancel{mol\ de\ NO_2}}$$

$$\times \frac{63,0128\ g\ de\ HNO_3}{1\ \cancel{mol\ de\ HNO_3}} = 91,31\ g\ de\ HNO_3$$

RÉSOLUTION DE PROBLÈMES
L'écriture d'une équation équilibrée constitue l'étape **4** de la méthode schématisée dans la figure 3.7.

RÉSOLUTION DE PROBLÈMES
Il s'agit de la conversion notée **2** → **3** dans la figure 3.7.

RÉSOLUTION DE PROBLÈMES
L'établissement d'un facteur stœchiométrique à partir d'une équation équilibrée correspond à l'étape **5** du schéma de la figure 3.7.

RÉSOLUTION DE PROBLÈMES
Il s'agit de l'opération notée **3** × **5** dans la figure 3.7.

➜ Évaluation

Comme vous avez pris beaucoup d'assurance dans les calculs reliés à la stœchiométrie des réactions, vous serez capable la prochaine fois de regrouper les calculs et d'utiliser successivement tous les facteurs de conversion, comme dans la relation synthèse ci-dessus. Cela vous évitera les réponses intermédiaires.

EXERCICE 3.18 A

Combien de grammes de magnésium faut-il pour convertir 83,6 g de $TiCl_4$ en titane ?

$$TiCl_4 + 2\,Mg \xrightarrow{\Delta} Ti + 2\,MgCl_2$$

EXERCICE 3.18 B

Si on chauffe le nitrate d'ammonium à haute température ou qu'on le soumet à un choc mécanique intense, il se décompose en azote, en oxygène gazeux et en vapeur d'eau. Combien de grammes d'azote et d'oxygène obtient-on en décomposant 75,5 g de nitrate d'ammonium de cette façon?

EXEMPLE **3.19**

Le sulfate d'ammonium est un engrais utilisé par de nombreux jardiniers. À l'échelle commerciale, on le produit en faisant passer de l'ammoniac dans une solution aqueuse de H_2SO_4 ayant une masse volumique de 1,55 g/mL et un pourcentage massique de 65 %. Quel volume de solution d'acide sulfurique faut-il pour convertir 1,00 kg de NH_3 en $(NH_4)_2SO_4$?

➜ Stratégie

Ici nous voulons déterminer quelle quantité d'un réactif (acide sulfurique) est nécessaire pour que celui-ci réagisse complètement avec un deuxième réactif (ammoniac). D'abord, nous appliquerons un facteur basé sur l'équation chimique équilibrée pour connaître les proportions stœchiométriques entre les deux réactifs. À partir des masses molaires de l'un et de l'autre, nous calculerons le nombre de moles de NH_3 présentes au début et la masse de H_2SO_4 utilisée. Enfin, à l'aide de la masse volumique et du pourcentage massique, nous déterminerons le volume nécessaire de la solution aqueuse de H_2SO_4.

➜ Solution

Écrivons d'abord l'équation équilibrée de la réaction.

$$2\,NH_3(g) + H_2SO_4(aq) \longrightarrow (NH_4)_2SO_4(aq)$$

Prenons comme point de départ la quantité donnée de NH_3 à convertir, soit 1,00 kg. Puisque nous cherchons un volume de $H_2SO_4(aq)$, la forme générale de la relation est la suivante.

$$? \text{ mL de } H_2SO_4(aq) = 1,00 \text{ kg de } NH_3 \times \text{facteurs de conversion}$$

Il faut effectuer la suite de conversions indiquée ci-dessous, les nombres des deux premières lignes correspondant aux différentes étapes du schéma de la figure 3.7, et le deuxième ensemble de facteurs de conversion servant à compléter les « calculs préalables » et à établir les « autres facteurs », dont il est question dans le même schéma.

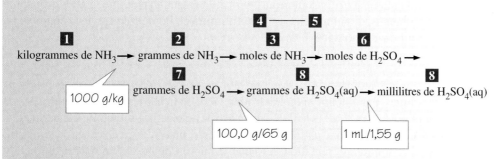

Dans la relation suivante, les conversions se succèdent selon l'ordre où elles sont représentées dans la suite correspondant aux étapes 1 à 8.

$$? \text{ mL de } H_2SO_4(aq) = 1,00 \text{ kg de } NH_3 \times \frac{1000 \text{ g de } NH_3}{1 \text{ kg de } NH_3} \times \frac{1 \text{ mol de } NH_3}{17,0305 \text{ g de } NH_3}$$

$$\times \frac{1 \text{ mol de } H_2SO_4}{2 \text{ mol de } NH_3} \times \frac{98,079 \text{ g de } H_2SO_4}{1 \text{ mol de } H_2SO_4}$$

$$\times \frac{100,0 \text{ g de } H_2SO_4(aq)}{65 \text{ g de } H_2SO_4} \times \frac{1 \text{ mL de } H_2SO_4(aq)}{1,55 \text{ g de } H_2SO_4(aq)}$$

$$= 2,9 \times 10^3 \text{ mL de } H_2SO_4(aq) \; [2,9 \text{ L de } H_2SO_4(aq)]$$

➜ Évaluation

Dans le cas de la composition en pourcentage (65 % de H_2SO_4) et de la masse volumique (1,55 g/mL), nous prenons l'inverse de ces quantités comme facteurs de conversion. Ainsi, les unités appropriées s'annulent, et le résultat est significatif. La masse de $H_2SO_4(aq)$ devrait être plus grande que la masse de H_2SO_4 pur, représentée à l'étape **7** ; de plus, la valeur numérique du volume de $H_2SO_4(aq)$ devrait être inférieure à celle de la masse de $H_2SO_4(aq)$, car la masse volumique de la solution est supérieure à 1.

EXERCICE 3.19

Combien de millilitres d'eau liquide la combustion de 775 mL d'octane, $C_8H_{18}(l)$, devrait-elle produire ? On suppose que le volume de chaque liquide est mesuré à 20 °C, de sorte que la masse volumique de l'octane est de 0,7025 g/mL, et celle de l'eau est de 0,9982 g/mL.

$$2 \, C_8H_{18}(l) \; + \; 25 \, O_2(g) \; \longrightarrow \; 16 \, CO_2(g) \; + \; 18 \, H_2O(l)$$

3.7 Les réactifs limitants

On fait réagir des composés en prenant des quantités de réactifs de façon que les nombres de moles soient dans le même rapport que les coefficients stœchiométriques de l'équation équilibrée. C'est ce qu'on appelle faire réagir des composés selon des **proportions stœchiométriques**. La réaction est alors complète, c'est-à-dire que les réactifs sont entièrement consommés. Cependant, on fait souvent réagir, en pratique, une quantité *limitée* d'un des réactifs avec un *excès* du ou des autres réactifs.

Proportions stœchiométriques

Rapport molaire obtenu à partir des coefficients stœchiométriques de l'équation équilibrée.

Réactif limitant

Réactif entièrement consommé au cours d'une réaction chimique, et qui limite ainsi la quantité des produits obtenus.

Le réactif entièrement consommé au cours d'une réaction chimique limite la quantité des produits obtenus, d'où l'appellation **réactif limitant**. Prenons le cas de la combustion d'octane décrit dans l'exercice 3.19.

$$2\ C_8H_{18}(l)\ +\ 25\ O_2(g)\ \longrightarrow\ 16\ CO_2(g)\ +\ 18\ H_2O(l)$$

Si on fait réagir 2 mol de C_8H_{18} avec 25 mol de O_2, les réactifs sont en proportions stœchiométriques. Par ailleurs, si on fait brûler 2 mol de C_8H_{18} en présence d'un excès de $O_2(g)$, soit plus de 25 mol, alors le C_8H_{18} joue le rôle de réactif limitant. L'octane est alors entièrement consommé et une partie de O_2 est inaltérée, puisqu'il y a un excès de ce réactif. La **figure 3.8** est une représentation, à l'échelle microscopique, d'un réactif limitant et d'un réactif en excès au cours d'une réaction.

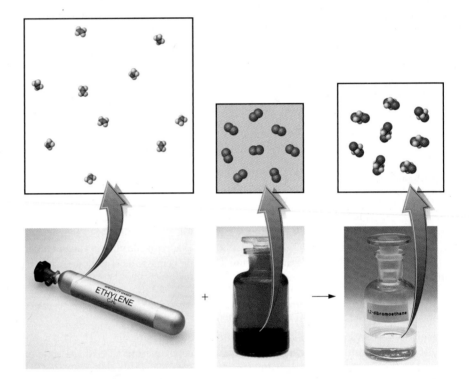

▶ Figure 3.8
Représentation moléculaire des réactifs prenant part à la réaction de l'éthylène et du brome

L'éthylène (1,0 mol, 28 g, modèle noir et gris) et le brome (0,800 mol, 128 g, orange) réagissent selon le rapport molaire 1 : 1 pour produire du 1,2-dibromoéthane, un liquide incolore.

$$C_2H_4(g) + Br_2(g) \longrightarrow C_2H_4Br_2(g)$$

Dans le cas présent, la masse de brome est supérieure à celle de l'éthylène, mais le nombre de molécules d'éthylène est supérieur au nombre de molécules de brome. Alors, l'éthylène est présent en excès et le brome est le réactif limitant.

On peut établir un parallèle entre la résolution d'un problème où intervient un réactif limitant et la préparation d'une collation pour les passagers d'un avion (**figure 3.9**). Chaque collation comprend un sandwich, deux biscuits et une orange.

$$1\ sandwich\ +\ 2\ biscuits\ +\ 1\ orange\ \longrightarrow\ 1\ collation$$

Les « proportions stœchiométriques » des « réactifs » forment le rapport 1 : 2 : 1. Avec 100 sandwichs, 200 biscuits et 100 oranges, on peut préparer 100 collations, et il n'y aura aucun reste puisque les constituants requis sont en « proportions stœchiométriques ». Mais combien de collations peut-on préparer avec 105 sandwichs, 202 biscuits et 107 oranges ? Pour répondre à cette question, il faut d'abord prendre chaque constituant séparément et calculer combien de collations la quantité disponible permet de préparer en supposant temporairement que des quantités suffisantes des autres constituants sont également disponibles.

$$?\ collations\ =\ 105\ \cancel{sandwichs}\ \times\ \frac{1\ collation}{1\ \cancel{sandwich}}\ =\ 105\ collations$$

$$?\ collations\ =\ 202\ \cancel{biscuits}\ \times\ \frac{1\ collation}{2\ \cancel{biscuits}}\ =\ 101\ collations$$

$$?\ collations\ =\ 107\ \cancel{oranges}\ \times\ \frac{1\ collation}{1\ \cancel{orange}}\ =\ 107\ collations$$

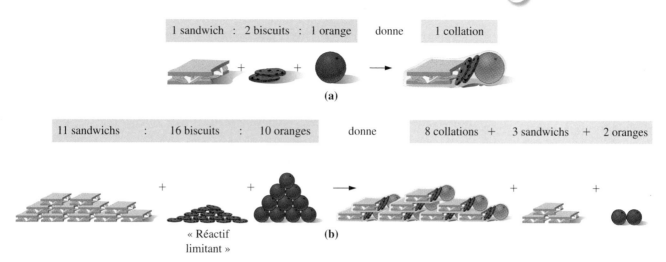

▲ Figure 3.9 **Analogie pour expliquer ce qu'est un réactif limitant**
Pour préparer la collation (**a**), on a besoin de sandwichs, de biscuits et d'oranges dans un rapport de 1 : 2 : 1. Dans le cas illustré en (**b**), les biscuits jouent le rôle de «réactif limitant».

Un seul des «résultats» obtenus est exact, et c'est nécessairement le plus *petit*. Il y a suffisamment de sandwichs pour préparer 105 collations et suffisamment d'oranges pour en préparer 107, mais on ne peut préparer que 101 collations avec la quantité de biscuits disponible. Donc, si on prépare 101 collations, on distribuera tous les biscuits, et il restera des sandwichs et des oranges. Les biscuits jouent le rôle de «réactif limitant», alors que les sandwichs et les oranges sont en excès. La figure 3.9*b* représente ce cas.

Il est important de se rappeler que le réactif limitant n'est pas nécessairement le constituant dont la quantité est la plus faible. Dans l'analogie que l'on fait avec la collation, il y a au départ plus de biscuits que de sandwichs ou d'oranges; toutefois, la préparation d'une collation requiert deux fois plus de biscuits que de sandwichs ou d'oranges, et il n'y a pas deux fois plus de biscuits.

EXEMPLE **3.20**

On peut obtenir du nitrure de magnésium en faisant réagir du magnésium avec de l'azote gazeux. **a)** Combien de grammes de nitrure de magnésium peut-on produire avec 35,00 g de magnésium et 15,00 g d'azote? **b)** Quelle quantité, en grammes, du réactif en excès reste inaltérée à la fin de la réaction?

➔ Stratégie

Dans ce problème, nous avons besoin de déterminer lequel des réactifs est complètement consumé, soit le réactif limitant. La quantité de ce réactif déterminera la quantité de nitrure d'ammonium produite. Il nous faut convertir de grammes en moles les masses données des réactifs et de moles en grammes les produits formés. La différence entre la masse fournie au départ et la masse consommée lors de la réaction chimique représente la quantité de réactif en excès.

➔ Solution

a) Il faut d'abord écrire une équation équilibrée représentant la réaction en s'inspirant des notions présentées dans ce chapitre et dans le chapitre 2.

$$3\ Mg(s)\ +\ N_2(g)\ \longrightarrow\ Mg_3N_2(s)$$

Nous déterminons le réactif limitant en effectuant deux calculs simples : nous trouvons le nombre de moles de $Mg_3N_2(s)$ produites en posant successivement deux hypothèses.

Nous supposons que Mg est le réactif limitant et qu'il y a un excès de N_2 :

$$? \text{ mol de } Mg_3N_2 = 35,00 \text{ g de Mg} \times \frac{1 \text{ mol de Mg}}{24,3050 \text{ g de Mg}} \times \frac{1 \text{ mol de } Mg_3N_2}{3 \text{ mol de Mg}}$$

$$= 0,4800 \text{ mol de } Mg_3N_2$$

Nous supposons que N_2 est le réactif limitant et qu'il y a un excès de Mg :

$$? \text{ mol de } Mg_3N_2 = 15,00 \text{ g de } N_2 \times \frac{1 \text{ mol de } N_2}{28,0134 \text{ g de } N_2} \times \frac{1 \text{ mol de } Mg_3N_2}{1 \text{ mol de } N_2}$$

$$= 0,5355 \text{ mol de } Mg_3N_2$$

Comme le premier calcul donne une quantité de produit (0,4800 mol de Mg_3N_2) inférieure au résultat du second calcul (0,5355 mol de Mg_3N_2), nous en déduisons que le magnésium est le réactif limitant. Après la formation de 0,4800 mol de Mg_3N_2, toute la quantité disponible de Mg a été consommée, de sorte que la réaction prend fin. La masse de ce nombre de moles de Mg_3N_2 est donnée par la relation suivante.

$$? \text{ mol de } Mg_3N_2 = 0,4800 \text{ mol de } Mg_3N_2 \times \frac{100,9284 \text{ g de } Mg_3N_2}{1 \text{ mol de } Mg_3N_2}$$

$$= 48,45 \text{ g de } Mg_3N_2$$

b) Comme nous connaissons maintenant la quantité de produit, soit 0,4800 mol de Mg_3N_2, nous pouvons calculer la quantité de N_2 consommée au cours de la réaction.

$$? \text{ g de } N_2 = 0,4800 \text{ mol de } Mg_3N_2 \times \frac{1 \text{ mol de } N_2}{1 \text{ mol de } Mg_3N_2} \times \frac{28,0134 \text{ g de } N_2}{1 \text{ mol de } N_2}$$

$$= 13,45 \text{ g de } N_2$$

La masse de l'excès de N_2 est donnée par la relation suivante.

$$15,00 \text{ g de } N_{2 \text{ (initial)}} - 13,45 \text{ g de } N_{2 \text{ (consommé)}} = 1,55 \text{ g de } N_{2 \text{ (excès)}}$$

RÉSOLUTION DE PROBLÈMES

Il est inutile de comparer les masses initiales des réactifs, soit 35,00 g de Mg et 15,00 g de N_2 : nous risquons même de tirer une conclusion erronée de cette comparaison. Il faut travailler à l'échelle molaire et employer des facteurs stœchiométriques. La substance dont la masse initiale est la plus grande, soit Mg, se révèle être finalement le réactif limitant.

EXERCICE 3.20 A

L'une des méthodes utilisées pour produire du sulfure d'hydrogène consiste à faire réagir du sulfure de fer(II) avec de l'acide chlorhydrique.

$$FeS(s) + 2 \, HCl(aq) \longrightarrow FeCl_2(aq) + H_2S(g)$$

Quelle quantité, en grammes, de H_2S est produite si on ajoute 10,2 g de HCl à 13,2 g de FeS ? Quelle masse du réactif en excès n'a pas réagi ?

EXERCICE 3.20 B

En laboratoire, on peut facilement produire de l'hydrogène gazeux en faisant réagir une solution aqueuse d'acide chlorhydrique avec de l'aluminium. Une solution aqueuse de chlorure d'aluminium résulte également de cette réaction. Quelle quantité d'hydrogène, en grammes, obtient-on en faisant réagir 12,5 g d'aluminium et 250,0 mL d'une solution aqueuse d'acide chlorhydrique dont le pourcentage massique est de 25,6 % en HCl et dont la masse volumique est de 1,13 g/mL ?

Rendement théorique

Dans le cas d'une réaction chimique, quantité calculée d'un produit.

Rendement réel

Dans le cas d'une réaction chimique, quantité mesurée d'un produit.

3.8 Les rendements d'une réaction chimique

La quantité calculée d'un produit est appelée **rendement théorique** de la réaction. Dans l'exemple 3.20, la quantité calculée du produit est 48,45 g de Mg_3N_2 ; cette valeur représente le rendement théorique en nitrure de magnésium. La masse *mesurée* du nitrure de magnésium résultant de la réaction décrite dans l'exemple 3.20, soit le **rendement réel**

(a) **(b)** **(c)**

◀ Figure 3.10
Réaction dont le rendement est inférieur à 100 %

$$8\ Zn(s) + S_8(s) \longrightarrow 8\ ZnS(s)$$

Le rendement réel en ZnS(s), illustré en **(c)**, est inférieur au rendement calculé pour la substance de départ **(a)**, et cela pour plusieurs raisons.

- La poudre de zinc et la poudre de soufre ne sont pas des substances pures.
- Le Zn(s) est susceptible de se combiner avec le $O_2(g)$ présent dans l'air, ce qui donne du ZnO(s), et une partie du soufre se transforme en $SO_2(g)$ lors de sa combustion dans l'air.
- La photo **(b)** indique qu'une partie du produit peut être éjectée du mélange résultant de la réaction, sous forme de fines poussières ou de particules plus grosses.

de la réaction, est généralement *inférieure* au rendement théorique. Il existe de nombreuses raisons pour lesquelles le rendement réel d'une réaction chimique est souvent inférieur à son rendement théorique (**figure 3.10**, ci-dessus). Les substances que l'on fait réagir ne sont pas nécessairement pures, de sorte que les quantités réelles de réactifs sont inférieures aux quantités mesurées. On peut aussi perdre une partie du produit au cours du processus visant à séparer le produit des réactifs excédentaires inaltérés. De plus, des réactions secondaires ont parfois lieu en même temps que la réaction principale, de sorte qu'une partie des réactifs est convertie en produits autres que le produit recherché. (Par exemple, si la réaction étudiée dans l'exemple 3.20 a lieu en présence d'oxygène, une partie du Mg est convertie en un sous-produit, soit du MgO, ce qui diminue le rendement en Mg_3N_2.)

En général, on utilise le **pourcentage de rendement**, c'est-à-dire le rapport du rendement réel au rendement théorique, multiplié par 100 %.

Pourcentage de rendement

Rapport, exprimé en pourcentage, du rendement réel au rendement théorique d'une réaction.

Rendement

$$\text{Pourcentage de rendement} = \frac{\text{rendement réel}}{\text{rendement théorique}} \times 100\ \% \qquad \textbf{(3.6)}$$

Dans l'exemple 3.20, le rendement réel en Mg_3N_2 est de 47,87 g ; le pourcentage de rendement est donné par la relation suivante.

$$\text{Pourcentage de rendement} = \frac{47,87\ g}{48,45\ g} \times 100\ \% = 98,80\ \%$$

EXEMPLE 3.21

L'acétate d'éthyle est un solvant entrant dans la composition du dissolvant pour vernis à ongles. On synthétise ce composé par la condensation de l'acide acétique et de l'éthanol, à la suite de laquelle le groupement OH de l'acide et l'hydrogène de l'éthanol s'unissent pour former de l'eau. Quelle masse d'acide acétique faut-il pour préparer 252 g d'acétate d'éthyle si le pourcentage de rendement est de 85,0 % ? On suppose qu'il y a un excès d'éthanol. L'équation de la réaction, qui a lieu en présence de H_2SO_4, est

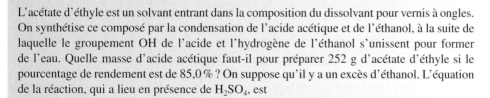

$$\underset{\text{Acide acétique}}{CH_3COOH} + \underset{\text{Éthanol}}{HOCH_2CH_3} \xrightarrow{\ H_2SO_4\ } \underset{\text{Acétate d'éthyle}}{CH_3COOCH_2CH_3} + H_2O$$

➔ Stratégie

La masse donnée d'acétate d'éthyle, soit 252 g, représente un rendement *réel,* mais nous devons utiliser le rendement *théorique* pour appliquer la méthode stœchiométrique schématisée de la figure 3.7 (étape 2).

➔ Solution

Il faut donc calculer d'abord le rendement théorique de la réaction à l'aide de la relation qui donne le pourcentage de rendement en fonction des rendements réel et théorique.

$$\text{Pourcentage de rendement} = \frac{\text{rendement réel}}{\text{rendement théorique}} \times 100 \ \%$$

Isolons le rendement théorique dans cette équation, puis remplaçons le rendement réel et le pourcentage de rendement par leur valeur.

$$\frac{\text{Rendement}}{\text{théorique}} = \frac{\text{rendement réel}}{\text{pourcentage de rendement}} \times 100 \ \%$$

$$= \frac{252 \text{ g d'acétate d'éthyle}}{85{,}0 \ \%} \times 100 \ \% = 296 \text{ g d'acétate d'éthyle}$$

Enfin, déterminons la masse d'acide acétique requise pour produire 296 g d'acétate d'éthyle.

$$? \text{ g de CH}_3\text{COOH} = 296 \text{ g de CH}_3\text{COOCH}_2\text{CH}_3 \times \frac{1 \text{ mol de CH}_3\text{COOCH}_2\text{CH}_3}{88{,}106 \text{ g de CH}_3\text{COOCH}_2\text{CH}_3}$$

$$\times \frac{1 \text{ mol de CH}_3\text{COOH}}{1 \text{ mol de CH}_3\text{COOCH}_2\text{CH}_3} \times \frac{60{,}053 \text{ g de CH}_3\text{COOH}}{1 \text{ mol de CH}_3\text{COOH}}$$

$$= 202 \text{ g de CH}_3\text{COOH}$$

➔ Évaluation

L'erreur habituelle dans ce genre de problème est une mauvaise utilisation de l'équation du rendement. Si vous multipliez la masse de 252 g d'acétate d'éthyle par 85 % plutôt que de diviser, vous obtenez 214 g d'acétate d'éthyle comme rendement théorique. Le rendement réel ne doit jamais être supérieur au rendement théorique qui, lui, ne doit jamais être supérieur à 100 %.

RÉSOLUTION DE PROBLÈMES

Il faut que 85,0 % de la quantité d'acétate d'éthyle produite soit égale à 252 g. Donc, la quantité totale de produit doit être supérieure à 252 g par un facteur de 100/85,0. C'est pourquoi nous utilisons 252 × 100/85,0 = 296 g d'acétate d'éthyle pour effectuer les calculs.

EXERCICE 3.21 A

L'acétate d'isopentyle est le principal constituant de l'arôme de banane. Calculez le rendement théorique en acétate d'isopentyle de la réaction obtenue lorsqu'on met en présence 20,0 g d'isopentanol et 25,0 g d'acide acétique.

$$\text{CH}_3\text{COOH} + \text{HOCH}_2\text{CH}_2\text{CH(CH}_3)_2 \longrightarrow \text{CH}_3\text{COOCH}_2\text{CH}_2\text{CH(CH}_3)_2 + \text{H}_2\text{O}$$

Acide acétique   Isopentanol   Acétate d'isopentyle

Si le pourcentage de rendement de cette réaction est de 90,0 %, quel est son rendement réel en acétate d'isopentyle ?

EXERCICE 3.21 B

Combien de grammes d'isopentanol faut-il pour fabriquer 433 g d'acétate d'isopentyle, au moyen de la réaction décrite dans l'exercice 3.21A, si le rendement prévu est de 78,5 % ? On suppose qu'il y a un excès d'acide acétique.

Le rendement d'une réaction organique

Certaines branches de la chimie, notamment la chimie analytique quantitative, traitent uniquement de réactions dont le rendement est de 100 %. Dans d'autres branches, les réactions étudiées ont rarement un rendement de 100 %, et on s'intéresse grandement à l'amélioration de leur rendement. Le calcul du rendement est presque toujours important dans le cas des réactions de synthèse, particulièrement si elles relèvent de la chimie organique. Par exemple, la réaction au cours de laquelle l'éthanol est converti en éther de diéthyle a lieu en présence d'acide sulfurique, ce qu'on indique en écrivant la formule H_2SO_4 au-dessus de la flèche orientée vers les produits.

$$2\ CH_3CH_2OH \xrightarrow{\ H_2SO_4\ } CH_3CH_2OCH_2CH_3 + H_2O$$
$$\text{Éthanol} \qquad\qquad \text{Éther de diéthyle}$$

Cette réaction, qui semble théoriquement simple, présente plusieurs difficultés en laboratoire. Une réaction secondaire importante se produit au cours de laquelle une partie de l'éthanol est convertie en éthylène, un hydrocarbure comportant une liaison double.

$$CH_3CH_2OH \longrightarrow CH_2{=}CH_2 + H_2O$$
$$\text{Éthanol} \qquad\quad \text{Éthylène}$$

Chaque molécule d'éthanol convertie en éthylène ne peut évidemment pas être transformée simultanément en éther de diéthyle, de sorte que le rendement en éther s'en trouve diminué.

On fait également face à des problèmes pratiques. Par exemple, on purifie l'éther de diéthyle en l'extrayant par distillation du mélange produit, mais une partie de l'éther reste toujours dans le ballon de distillation. De plus, outre l'éther, le distillat peut contenir de l'éthanol, ce qui diminue la quantité de réactif disponible. Même dans des conditions idéales, le rendement se situe généralement entre 80 et 85 % : il est très difficile de faire mieux. En fait, les chimistes doivent souvent se contenter d'un rendement de 50 % et, parfois même, d'un rendement encore plus faible.

Bon nombre de réactions organiques ont un rendement inférieur à 100 %. La photo ci-dessus illustre la réaction de l'isopropanol, $CH_3CHOHCH_3$, avec le dichromate de potassium, qui produit de l'acétone, CH_3COCH_3, de même que des sous-produits, qui sont des composés du chrome(III) (le solide gris-vert). Pour obtenir de l'acétone pure, il faut purifier le produit ; ainsi, une partie est perdue à chaque étape du processus

---

EXEMPLE 3.22   Un exemple conceptuel

Quelle quantité maximale de $CO(g)$ peut-on obtenir à partir de 725 g de $C_6H_{14}(l)$, quelle que soit la réaction utilisée, dans le cas où aucun autre réactif ne contient du carbone ?

➡ Analyse et conclusion

Si le rendement maximal est indépendant de la réaction utilisée, nous devrions être capables de le déterminer sans écrire d'équation chimique et sans l'aide de facteurs stœchiométriques. Cela peut vous sembler impossible à première vue, mais rappelez-vous que nous avons abordé une notion semblable à la section 3.4 (page 91). Il s'agissait d'établir une relation entre la masse de CO_2 produit au cours d'une combustion et la masse du composé à base de carbone brûlé. Selon la loi de conservation de la masse, il faut expliquer la provenance de chaque atome de carbone du C_6H_{14} ; rappelons également que le rendement maximal est atteint lorsque tous les atomes de carbone se trouvent sous forme de CO.

Nous pouvons reformuler la question comme suit : Quelle masse de CO contient le même nombre d'atomes de carbone que 725 g de C_6H_{14} ? Nous pouvons commencer les calculs en convertissant le nombre de grammes de C_6H_{14} en un nombre de moles, puis terminer ces calculs en convertissant le nombre de moles de CO en un nombre de grammes. Le lien essentiel entre les deux « pôles » du processus de calcul est assuré par les facteurs reliant, d'une part, le nombre de moles de C au nombre de moles de C_6H_{14} et, d'autre part, le nombre de moles de CO au nombre de moles de C, c'est-à-dire par les facteurs écrits en rouge dans l'équation suivante.

$$? \text{ g de CO} = 725 \text{ g de } C_6H_{14} \times \frac{1 \text{ mol de } C_6H_{14}}{86,177 \text{ g de } C_6H_{14}} \times \frac{6 \text{ mol de C}}{1 \text{ mol de } C_6H_{14}}$$

$$\times \frac{1 \text{ mol de CO}}{1 \text{ mol de C}} \times \frac{28,0134 \text{ g de CO}}{1 \text{ mol de CO}}$$

$$= 1,41 \times 10^3 \text{ g de CO}$$

RÉSOLUTION DE PROBLÈMES
Connaissez-vous la formule des composés de l'exercice 3.22 ? Sinon, reportez-vous aux tableaux 2.4 (page 64) et 2.5 (page 68).

EXERCICE 3.22

Quelle quantité maximale d'hydrogénophosphate d'ammonium, un important engrais commercial, peut-on produire en faisant réagir un kilogramme d'acide phosphorique avec un excès d'ammoniac ?

3.9 Les gaz et la stœchiométrie des réactions gazeuses

Les gaz sont formés de particules (généralement de molécules et plus rarement d'atomes), très éloignées les unes des autres et animées en permanence d'un mouvement aléatoire. Ils se déplacent facilement et occupent la totalité du récipient qui les contient, quelle qu'en soit la forme. Par exemple, si on libère de l'ammoniac dans le coin d'une pièce, on en sent peu après l'odeur partout dans la pièce.

Les molécules ou les atomes d'un liquide ou d'un solide sont en tout temps relativement rapprochés ; par contre, les particules qui constituent un gaz étant très espacées, il est facile de le comprimer en exerçant une pression. Ainsi, on peut comprimer la quantité d'air dont un plongeur a besoin pendant une heure ou plus dans un réservoir portatif. Lorsque l'on comprime de l'air, on rapproche les particules constituantes les unes des autres, mais celles-ci demeurent très espacées comparativement aux particules d'un liquide ou d'un solide.

À la température ambiante, presque toutes les substances *ioniques* sont solides, même celles qui ont une faible masse molaire (tel NaCl : 58,4425 g/mol). Par contre, la majorité des substances *moléculaires* ayant une faible masse molaire sont à l'état de gaz ou de liquide qui se vaporise facilement. Ainsi, l'azote (N_2 : 28,0134 g/mol) est gazeux et l'éthanol (CH_3CH_2OH : 46,069 g/mol) est liquide. Le terme **vapeur** désigne une substance en phase gazeuse dont l'état le plus courant est la phase liquide (tels l'eau ou l'éthanol) ou solide (tel le *para*dichlorobenzène, utilisé comme antimite et comme désodorisant).

Vapeur

Substance en phase gazeuse dont l'état le plus courant est la phase liquide ou solide ; on peut normalement obtenir la liquéfaction d'une telle substance en augmentant la pression, sans abaisser la température.

Le **tableau 3.1** présente une liste de divers gaz courants qui sont vendus dans des réservoirs soit sous forme de gaz fortement comprimé, soit sous forme de liquide qui se vaporise à la pression atmosphérique normale. Les gaz les plus familiers et les plus importants sont peut-être ceux qui forment le mélange communément appelé « air » : N_2, O_2, Ar et CO_2. Ce mélange, que l'on respire, joue un rôle tellement capital que nous étudierons de façon détaillée l'atmosphère au chapitre 9.

Dans les paragraphes qui suivent, nous aborderons principalement les gaz parfaits ou idéaux, des gaz qui, à des pressions suffisamment basses et à des températures suffisamment élevées, obéissent à des lois simples faisant intervenir la pression, la température et le nombre de moles. Ces lois supposent que les particules de gaz n'occupent aucun volume et qu'il n'y a aucune interaction entre ces particules.

TABLEAU **3.1**	Quelques gaz courants*	
Substance	**Formule**	**Usages courants**
Acétylène	C_2H_2	Soudure de métaux
Ammoniac	NH_3	Engrais et fabrication de matières plastiques
Argon	Ar	Ampoules à usage particulier
Azote	N_2	Préparation de l'ammoniac
Butane	C_4H_{10}	Combustible pour le chauffage
Chlore	Cl_2	Désinfectant et décolorant
Dioxyde de soufre	SO_2	Agent de conservation, désinfectant et décolorant
Éthylène	C_2H_4	Fabrication de matières plastiques
Gaz carbonique	CO_2	Carbonatation et gazéification de boissons
Hélium	He	Gaz de sustentation pour le gonflement de ballons
Hydrogène	H_2	Réactif chimique et carburant
Méthane	CH_4	Combustible et préparation de l'hydrogène
Monoxyde de carbone	CO	Extraction de métaux de minerais
Oxyde nitreux	N_2O	Anesthésique
Oxygène	O_2	Participation aux processus de combustion et de respiration
Propane	C_3H_8	Combustible pour le chauffage
Sulfure d'hydrogène	H_2S	Réactif chimique

* Toutes les substances énumérées sont des gaz à la température ambiante (soit environ 25 °C) et à une pression voisine de la pression atmosphérique normale, mais on peut les convertir sous forme de liquide ou de solide en réduisant la température ou en augmentant la pression de façon appropriée.

La loi générale des gaz

Lorsqu'on effectue les calculs, on a besoin de quatre variables pour définir les caractéristiques d'un échantillon de gaz : le nombre de moles (n), le volume (V), la température (T) et la pression (P). Plusieurs lois simples des gaz relient ces quatre variables et indiquent de quelle façon l'une d'elles (par exemple V) varie, lorsqu'une deuxième variable (par exemple P) change, tandis que les deux autres (par exemple n et T) demeurent constantes.

Ces lois simples indiquent que le volume (V) d'un gaz est *directement* proportionnel à sa température (T) en kelvins et au nombre de moles du gaz (n), et *inversement* proportionnel à la pression (P) du gaz. La relation suivante est en effet vérifiée.

$$V \propto \frac{nT}{P}$$

Cette proportionnalité s'exprime comme suit sous forme d'équation.

$$\frac{PV}{nT} = \text{constante}$$

La loi *générale* des gaz est particulièrement utile pour décrire les caractéristiques *finales* d'un gaz, lorsqu'on connaît ses caractéristiques *initiales* et les changements qu'il a subis. Dans un tel cas, on écrit

Loi générale des gaz

Conditions initiales		Conditions finales	
$\dfrac{P_1V_1}{n_1T_1}$	$=$ constante $=$	$\dfrac{P_2V_2}{n_2T_2}$	**(3.7)**

Les variables affectées de l'indice 1 représentent les caractéristiques initiales du gaz : la pression (P_1), le volume (V_1), le nombre de moles (n_1) et la température (T_1); les variables affectées de l'indice 2 représentent les caractéristiques finales correspondantes. Si une ou plusieurs des propriétés des gaz demeurent constantes durant le passage des conditions initiales aux conditions finales, on simplifie la dernière relation en éliminant les facteurs constants. Examinons d'abord le cas d'une quantité fixe de gaz ($n_1 = n_2$) occupant un volume fixe ($V_1 = V_2$). Selon la loi générale des gaz,

Loi générale des gaz

$$\frac{P_1 V_1}{n_1 T_1} = \frac{P_2 V_2}{n_2 T_2}$$

(3.8)

et, en simplifiant cette équation, on obtient

$$\frac{P_1}{T_1} = \frac{P_2}{T_2}$$

L'équation simplifiée indique que la pression d'une quantité donnée d'un gaz, occupant un volume constant, est proportionnelle à la température du gaz en kelvins. Notons que, pour utiliser la loi générale des gaz, il faut que la température soit exprimée en *kelvins (K)* et non en degrés Celsius (°C). Précisons maintenant l'origine de cette échelle de température.

Si on trace le graphique du volume d'une quantité donnée de gaz, à pression constante, en fonction de sa température, on obtient une droite (**figure 3.11**). Par *extrapolation*, on peut prolonger le segment de droite au-delà de l'intervalle des températures mesurées, jusqu'à des températures où le volume du gaz *semble* nul. Cependant, avant d'atteindre des températures de cet ordre, un gaz se liquéfie, puis le liquide se solidifie, de sorte que l'extrapolation est un pur produit de l'imagination.

La température, obtenue par extrapolation, qui correspond à un volume nul est de −273,15 °C. En 1848, William Thomson (lord Kelvin) a choisi cette température comme **zéro absolu** de l'échelle aujourd'hui connue sous l'appellation **échelle Kelvin**.

Zéro absolu

Température de l'échelle Kelvin correspondant à un volume nul d'un gaz : 0 K = −273,15 °C.

Échelle Kelvin

Échelle des températures absolues dont le zéro correspond à −273,15 °C ; donc T (en kelvins) = T (en degrés Celsius) + 273,15.

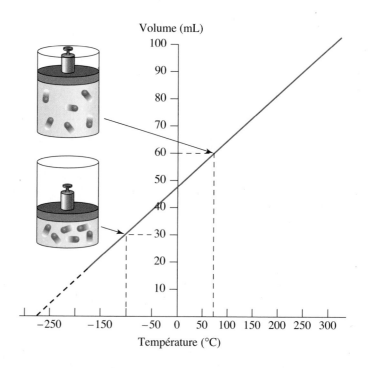

▶ Figure 3.11
La loi de Charles : le volume d'un gaz dépend de sa température

Le graphique indique qu'un gaz donné a un volume de 60 mL à environ 70 °C. Si on refroidit ce gaz jusqu'à −100 °C, son volume passe à 30 mL. Le volume du gaz continue de décroître de façon linéaire si on continue d'abaisser sa température. Le segment de droite obtenu par extrapolation coupe l'axe des températures (qui passe par le point 0 de l'axe des volumes) à environ −270 °C.

L'unité de température sur cette échelle est le **kelvin (K)**; une augmentation d'un degré kelvin correspond à une augmentation d'un degré Celsius. Il ne faut *pas* employer le symbole de degré avec le kelvin. Les températures sur l'échelle Kelvin sont supérieures de 273,15 degrés aux températures correspondantes sur l'échelle Celsius, ce qu'on exprime par l'équation

Échelle Kelvin
$$T(K) = T(°C) + 273,15 \qquad (3.9)$$

La pression d'un gaz

On définit la **pression** d'un gaz comme la force qu'il exerce par unité de surface, c'est-à-dire comme la force divisée par la surface sur laquelle elle s'exerce.

$$\text{Pression} = \frac{\text{force}}{\text{aire}} = \frac{F}{A}$$

Les unités SI de force et de superficie sont respectivement le newton (N) et le mètre carré (m²). L'unité SI (dérivée) de pression est le **pascal (Pa)**, défini comme un newton par mètre carré*.

$$1 \text{ Pa} = 1 \text{ N/m}^2$$

Le pascal étant une unité très petite, on emploie plus fréquemment le **kilopascal (kPa)**. Deux autres unités sont aussi souvent employées: l'**atmosphère (atm)** et le **torr (Torr)**.

En appliquant la loi générale des gaz, il est impératif que les unités de pression soient les mêmes de part et d'autre de l'équation. Pour établir des correspondances entre les unités de pression, vous pouvez consulter le **tableau 3.2**, qui présente la pression atmosphérique normale en différentes unités.

En 1811, Amedeo Avogadro a énoncé une importante hypothèse afin d'expliquer quelques observations concernant les rapports entre les volumes des gaz qui se combinent au cours d'une réaction chimique. L'**hypothèse d'Avogadro** stipule que, à une même température et à une même pression, des quantités égales de molécules de gaz distincts occupent des volumes identiques. Cette hypothèse établit donc une relation entre une quantité de gaz (ou un nombre de molécules) et le volume du gaz, dans le cas où la température et la pression demeurent constantes. La loi simple des gaz parfaits découlant de cette hypothèse est appelée **loi d'Avogadro**.

> *À température et à pression constantes, le volume d'un gaz est directement proportionnel à la quantité de gaz (c'est-à-dire au nombre de moles de gaz, n, ou au nombre de molécules du gaz).*

À température et à pression constantes, si on double le nombre de moles d'un gaz, le volume du gaz double également. Puisque la masse d'un gaz est proportionnelle au nombre de moles, en doublant la *masse* d'un gaz, on double son volume. Sous forme mathématique, la loi d'Avogadro s'énonce comme suit.

$$V \propto n$$

Lorsqu'on compare deux gaz à l'aide de l'hypothèse d'Avogadro, ceux-ci doivent être à une même température et à une même pression. Nous allons maintenant démontrer

---

* Le nom d'une unité tiré d'un nom propre s'écrit en minuscules, mais le symbole de cette unité est une majuscule ou commence par une majuscule. Ainsi, l'unité de pression dont le nom vient de celui du mathématicien et physicien Blaise Pascal (1623-1662), soit le « pascal », est représentée par le symbole « Pa ».

Kelvin (K)

Unité SI de base de la température; dans cette échelle, 1 K = 1 °C.

Pression

Dans le cas d'un gaz, force exercée par le gaz par unité de surface: $P = F/A$.

Pascal (Pa)

Unité SI (dérivée) de pression; un pascal est égal à un newton par mètre carré: $1 \text{ Pa} = 1 \text{ N/m}^2$.

Un newton est égal à $1 \text{ kg} \cdot m \cdot s^{-2}$. Si vous avez besoin de réviser les unités des grandeurs physiques fondamentales, tel le newton, reportez-vous à l'annexe B.

TABLEAU 3.2 Pression atmosphérique normale en différentes unités

1 atm	=	760 mm Hg
		760 Torr
		101 325 N/m²
		101 325 Pa
		101,325 kPa
		1,013 25 bar
		1013,25 mbar

Kilopascal (kPa)

Unité de pression: 1 kPa = 1000 Pa.

Atmosphère (atm)

Unité de pression: 1 atm est égale à la pression exercée par une colonne de mercure dont la hauteur est exactement de 760 mm.

Torr (Torr)

Unité de pression: un torr est égal à la pression exercée par une colonne de mercure dont la hauteur est exactement de 1 mm; 760 Torr = 1 atm = 760 mm Hg.

Hypothèse d'Avogadro

À une même température et à une même pression, des quantités égales de molécules de gaz distincts occupent des volumes identiques.

Loi d'Avogadro

À température et à pression constantes, le volume d'un gaz est directement proportionnel à la quantité de gaz, c'est-à-dire au nombre n de moles ou au nombre de molécules du gaz: $V \propto n$ ou $V = cn$, où c est une constante.

Conditions de température et de pression normales (TPN)

Dans le cas d'un gaz, une température de 0 °C (ou 273,15 K) et une pression de 101,325 kPa.

Volume molaire d'un gaz

Volume occupé par 1 mol du gaz (quelle que soit sa nature) à une température et à une pression données; dans des conditions de température et de pression normales, le volume molaire d'un gaz parfait est de 22,4 L.

La communauté scientifique n'a pas accepté les idées d'Amedeo Avogadro (1776-1856) du vivant de ce dernier. Ce n'est qu'en 1860, à l'occasion d'une conférence internationale, que Stanislao Cannizzaro (1826-1910) a fait admettre les notions qu'Avogadro avait élaborées cinquante ans plus tôt.

qu'une température de 0 °C (ou 273,15 K) et une pression de 101,325 kPa, qui correspondent à des **conditions de température et de pression normales (TPN)**, sont des valeurs pratiques.

Pour comparer plusieurs gaz dans des conditions de température et de pression normales, on utilise le nombre d'Avogadro de molécules de chaque gaz. Selon l'hypothèse d'Avogadro, dans ces conditions, 1 mol (ou $6,022 \times 10^{23}$ molécules) de *tous les gaz* occupe un volume identique. Le **volume molaire d'un gaz (figure 3.12)** est défini comme le volume occupé par 1 mol de ce gaz. Des expériences ont montré que, dans des conditions de température et de pression normales, les volumes molaires respectifs de quelques gaz courants sont les suivants.

$$H_2: 22,428 \text{ L} \quad N_2: 22,404 \text{ L} \quad O_2: 22,394 \text{ L} \quad CH_4: 22,360 \text{ L}$$

Donc, dans des conditions de température et de pression normales, quel que soit le gaz et avec une précision de *trois* chiffres significatifs,

$$1 \text{ mol de gaz} = 22,4 \text{ L de gaz}$$

La figure 3.12 représente un cube ayant un volume de 22,4 L qui est comparé avec celui d'objets familiers. Le récipient cubique de 22,4 L peut contenir 2,02 g de H_2, 28,0 g de N_2, 32,0 g de O_2 ou 44,0 g de CO_2.

▶ **Figure 3.12**
Représentation du volume molaire d'un gaz
Le volume du cube de bois, qui est de 22,4 L, est identique au volume de 1 mol de gaz dans des conditions de température et de pression normales. Les objets familiers qui entourent le cube permettent de visualiser l'importance de ce volume.

EXEMPLE 3.23

Calculez le volume qu'occupe 4,11 kg de méthane gazeux, $CH_4(g)$, à TPN.

➜ Stratégie

Il faut d'abord convertir la masse du gaz en un nombre de moles, puis utiliser le volume molaire comme facteur de conversion pour transformer la quantité de gaz en volume de gaz à TPN.

➜ Solution

Nous pouvons effectuer ces calculs en une seule étape, où le facteur de conversion basé sur le volume molaire est indiqué en rouge.

$$? \text{ L de } CH_4 = 4,11 \text{ kg de } CH_4 \times \frac{1000 \text{ g de } CH_4}{1 \text{ kg de } CH_4} \times \frac{1 \text{ mol de } CH_4}{16,043 \text{ g de } CH_4}$$

$$\times \frac{22,4 \text{ L de } CH_4}{1 \text{ mol de } CH_4} = 5,74 \times 10^3 \text{ L de } CH_4$$

EXERCICE 3.23 A

Quelle est la masse du propane, C_3H_8, contenu dans un récipient de 50,0 L à TPN?

EXERCICE 3.23 B

On utilise le dioxyde de carbone solide, appelé «glace sèche», pour conserver des aliments congelés, car il se transforme directement en CO_2 gazeux sans passer par la phase liquide. Quelle quantité (en litres) de $CO_2(g)$, mesurée à TPN, s'évapore d'un bloc de glace sèche de 30,5 cm sur 30,5 cm sur 5,1 cm ? (La masse volumique de la glace sèche est de 1,56 g/cm^3.)

EXEMPLE 3.24

Deux ballons identiques contiennent la même quantité de $O_2(g)$. Dans le premier cas, le gaz est aux conditions de température et de pression normales et, dans le second cas, à 100 °C. Quelle est la pression du gaz dans le second ballon, c'est-à-dire à 100 °C ?

➜ Stratégie

Dans l'équation simplifiée établie ci-dessous,

$$\frac{P_1}{T_1} = \frac{P_2}{T_2}$$

les variables affectées de l'indice 1 représentent les conditions initiales de pression et de température (TPN), tandis que les variables affectées de l'indice 2 représentent les conditions finales. Il s'agit d'isoler la pression finale, P_2, dans cette équation, puis d'en calculer la valeur.

➜ Solution

$$P_2 = P_1 \times \frac{T_2}{T_1} = 101{,}325 \text{ kPa} \times \frac{(100 + 273{,}15)\,\cancel{K}}{273{,}15\,\cancel{K}} = 138 \text{ kPa}$$

➜ Évaluation

Parce que la température finale est plus élevée que la température initiale, nous nous attendons à ce que la pression finale soit plus élevée que la pression initiale, et c'est le cas. Pour résoudre ce problème, il est essentiel de savoir que la quantité et le volume de $O_2(g)$ demeurent constants, mais il n'est pas nécessaire de connaître la valeur des deux variables. De plus, nous n'avons pas besoin de connaître la nature du gaz, soit O_2, car le résultat serait le même pour un autre gaz.

EXERCICE 3.24

On indique généralement sur les étiquettes de bombes aérosol qu'on doit éviter de chauffer ces contenants. Une bombe aérosol est remplie d'un gaz à une pression de 250 kPa et à une température de 22 °C. Le contenant peut exploser si la pression dépasse 810 kPa. À quelle température l'explosion risque-t-elle de se produire ?

La loi des gaz parfaits

Nous avons vu comment, en combinant trois lois simples des gaz, on obtient la loi générale des gaz. Cependant, il existe une relation encore plus utile que la loi générale des gaz, qui s'obtient en remplaçant la constante par une valeur numérique. La constante est représentée par le symbole R.

$$\frac{PV}{nT} = \text{constante} = R$$

Puis, on calcule R en remplaçant les variables du membre de gauche par leur valeur. Pour ce faire, on emploie les données correspondant au volume molaire d'un gaz dans des conditions de température et de pression normales. La «meilleure» valeur du volume molaire est celle d'un *gaz parfait*. On appelle **gaz parfait** un gaz qui obéit *rigoureusement* à toutes les lois simples des gaz et dont le volume molaire est de 22,4141 L/mol dans des conditions de température et de pression normales. L'expression «obéit rigoureusement» signifie que les lois simples des gaz décrivent précisément le comportement d'un gaz parfait. On obtient trois valeurs différentes de R, énumérées dans le **tableau 3.3**, selon les unités utilisées pour exprimer la pression. Si on choisit le kilopascal, on a

$$R = \frac{PV}{nT} = \frac{101{,}325 \text{ kPa} \times 22{,}4141 \text{ L}}{1 \text{ mol} \times 273{,}15 \text{ K}} = 8{,}314\ 511\ \frac{\text{kPa} \cdot \text{L}}{\text{mol} \cdot \text{K}}$$

où R est la **constante molaire des gaz**, plus communément appelée *constante des gaz parfaits*. On emploie fréquemment des exposants négatifs pour écrire les unités se trouvant au dénominateur : $R = 8{,}3145 \text{ kPa} \cdot \text{L} \cdot \text{mol}^{-1} \cdot \text{K}^{-1}$.

TABLEAU 3.3	Unités de la constante molaire des gaz, R
Valeur de R	**si**
$0{,}082\ 058\ \text{atm} \cdot \text{L} \cdot \text{mol}^{-1} \cdot \text{K}^{-1}$	P est exprimée en atmosphères.
$62{,}364\ \text{Torr} \cdot \text{L} \cdot \text{mol}^{-1} \cdot \text{K}^{-1}$	P est exprimée en torrs.
$8{,}3145\ \text{kPa} \cdot \text{L} \cdot \text{mol}^{-1} \cdot \text{K}^{-1}$	P est exprimée en kilopascals et V, en litres.
$8{,}3145\ \text{J} \cdot \text{mol}^{-1} \cdot \text{K}^{-1}$	P est exprimée en pascals et V, en mètres cubes.

La **loi des gaz parfaits** est représentée par l'équation des gaz parfaits, qui s'écrit généralement sous la forme

Loi des gaz parfaits

$$PV = nRT \tag{3.10}$$

La constante molaire des gaz, R, joue un rôle très important en chimie. Nous l'employons habituellement sous la forme $8{,}3145 \text{ kPa} \cdot \text{L} \cdot \text{mol}^{-1} \cdot \text{K}^{-1}$ ou $8{,}3145 \text{ J} \cdot \text{mol}^{-1} \cdot \text{K}^{-1}$.

Un gaz parfait est un gaz *hypothétique*. Nous devons savoir dans quelle mesure un gaz *réel* se comporte comme un gaz parfait. Après l'étude des gaz parfaits, nous verrons pourquoi les gaz réels ne se comportent pas toujours comme des gaz parfaits. Pour le moment, nous évitons de considérer des conditions (en général, de hautes pressions et de basses températures) où le comportement d'un gaz réel diffère sensiblement du comportement d'un gaz parfait, de manière à pouvoir appliquer, dans tous les cas, la loi des gaz parfaits.

Dans la majorité des problèmes, on cherche à déterminer l'une des quatre quantités, P, V, n et T, alors qu'on connaît les trois autres. Comme l'illustrent les exemples suivants, on résout d'abord l'équation des gaz parfaits en fonction de la variable inconnue, en veillant à exprimer chaque donnée à l'aide d'unités compatibles avec les unités de R : par exemple le volume en litres, la pression en kilopascals, la quantité de gaz en moles et la température en kelvins, lorsque la valeur donnée de R est $8{,}3145 \text{ kPa} \cdot \text{L} \cdot \text{mol}^{-1} \cdot \text{K}^{-1}$.

Gaz parfait

Gaz obéissant rigoureusement à toutes les lois simples des gaz et dont le volume molaire est de 22,4141 L/mol dans des conditions de température et de pression normales.

Constante molaire des gaz (ou constante des gaz parfaits)

Constante permettant de relier la pression, le volume, la quantité et la température d'un gaz, de manière à obtenir la loi des gaz parfaits : $PV = nRT$, où $R = 8{,}3145 \text{ kPa} \cdot \text{L} \cdot \text{mol}^{-1} \cdot \text{K}^{-1}$.

Loi des gaz parfaits

Le volume d'un gaz est directement proportionnel à la quantité du gaz, et sa température, en kelvins, est inversement proportionnelle à sa pression : $PV = nRT$.

EXEMPLE 3.25

Quelle est la pression exercée par 0,508 mol de O_2, si le gaz est placé dans un contenant de 15,0 L à une température de 303 K ?

→ Stratégie

Connaissant le nombre de moles (n), le volume (V) et la température (T) d'un gaz, nous pouvons utiliser la loi des gaz parfaits pour calculer la pression.

→ Solution

Isolons d'abord la pression, P, dans l'équation des gaz parfaits en divisant chaque membre par V, ce qui permet d'éliminer cette variable du membre de gauche.

$$\frac{P\cancel{V}}{\cancel{V}} = \frac{nRT}{V}$$

$$P = \frac{nRT}{V}$$

Comme les unités des valeurs données sont la mole, le litre et le kelvin, nous employons $R = 8,3145 \text{ kPa·L·mol}^{-1}\text{·K}^{-1}$, et nous remplaçons chaque variable du membre de droite par sa valeur. Nous obtenons ainsi une valeur de la pression en kilopascals.

$$P = \frac{nRT}{V} = \frac{0,508 \ \cancel{\text{mol}} \times 8,3145 \ \text{kPa} \cdot \text{L} \times 303 \ \cancel{\text{K}}}{15,0 \ \cancel{\text{L}} \cdot \cancel{\text{mol}} \cdot \cancel{\text{K}}} = 85,3 \text{ kPa}$$

→ Évaluation

Il faut bien s'assurer que l'annulation des unités donne une réponse en kPa. Aussi, nous pouvons comparer la quantité de $O_2(g)$ avec une mole de gaz à TPN. La quantité de 0,508 mol de $O_2(g)$ contenue dans un volume de 22,4 L à 273 K devrait être soumise à une pression de près de 50 kPa. Parce que le gaz occupe un volume de 15 L, il devrait être soumis à une pression située entre 50 kPa et 100 kPa. La pression augmente dans une proportion de 303/273. La réponse de 83,5 kPa est logique.

EXERCICE 3.25

Combien de moles un échantillon d'azote, N_2, contient-il s'il occupe 35,0 L, à une pression de 3,15 atm et à une température de 852 K ?

EXEMPLE 3.26

Quel est le volume de 16,0 g d'éthane gazeux, C_2H_6, à une pression de 720 Torr et à une température de 18 °C ?

→ Stratégie

Il faut résoudre l'équation des gaz parfaits en fonction du volume, V, en divisant chaque membre par P (sans oublier d'employer les unités appropriées pour chaque variable).

RÉSOLUTION DE PROBLÈMES
Dans l'exemple 3.26, nous aurions pu également conserver la pression en torrs et utiliser $R = 62{,}364 \text{ L·Torr·mol}^{-1}\text{·K}^{-1}$.

➔ Solution

Dans les calculs ci-dessous, nous utilisons les unités compatibles avec la valeur suivante de la constante : $R = 8{,}3145 \text{ kPa·L·mol}^{-1}\text{·K}^{-1}$.

$$n = 16{,}0 \text{ g de C}_2\text{H}_6 \times \frac{1 \text{ mol de C}_2\text{H}_6}{30{,}070 \text{ g de C}_2\text{H}_6} = 0{,}532 \text{ mol de C}_2\text{H}_6$$

$$T = (273{,}15 + 18) \text{ K} = 291 \text{ K}$$

$$P = 720 \text{ Torr} \times \frac{101{,}325 \text{ kPa}}{760 \text{ Torr}} = 96{,}0 \text{ kPa}$$

Finalement, après avoir isolé V dans l'équation des gaz parfaits, nous remplaçons les variables n, T et P par les valeurs obtenues.

$$V = \frac{nRT}{P} = \frac{0{,}532 \text{ mol} \times 8{,}3145 \text{ kPa·L} \times 291 \text{ K}}{96{,}0 \text{ kPa·mol·K}} = 13{,}4 \text{ L}$$

➔ Évaluation

Si nous avions 0,5 mol de C_2H_6 à TPN, le volume serait de 11,2 L. La quantité de C_2H_6 dans le problème est légèrement supérieure à 0,5 mol; la température excède quelque peu 273 K et la pression de 720 Torr frôle 100 kPa. Tous ces facteurs laissent présager une réponse dépassant de peu 11,2 L, soit 13,4 L.

EXERCICE 3.26 A

À quelle température, en degrés Celsius, 15,0 g de O_2 occupant un volume de 5,00 L exercent-ils une pression de 785 Torr ?

EXERCICE 3.26 B

À une température de 25,0 °C et à une pression de 734 Torr, combien de grammes de $N_2(g)$ occupent le même volume que 25,0 g de $O_2(g)$ à 30,0 °C et à 755 Torr ?

RÉSOLUTION DE PROBLÈMES
Pour résoudre l'exercice 3.26B, il faut appliquer à deux reprises la loi des gaz parfaits.

Il arrive qu'on mesure la masse, m, d'un nombre de moles *donné* de gaz. Au début du chapitre, nous avons transformé à plusieurs reprises le nombre de moles d'une substance en grammes en employant la masse molaire, M, comme facteur de conversion :

Masse en grammes = nombre de moles $\times$ masse molaire en grammes par mole

EXEMPLE 3.27

Calculez la masse moléculaire d'un gaz dont 0,550 g occupe 0,200 L à 98,06 kPa et à 289 K.

➔ Stratégie

Dans l'énoncé du problème, la masse (m) du gaz est donnée. En utilisant une approche semblable à celle de l'exemple 3.26, nous résolvons l'équation des gaz parfaits pour déterminer le nombre de moles de gaz. La masse molaire (M) est égale à m/n et la masse moléculaire (en unités de masse atomique) est numériquement égale à la masse molaire en grammes par mole (g/mol).

➜ Solution

Calculons d'abord la quantité de gaz en moles, à l'aide de l'équation des gaz parfaits.

$$n = \frac{PV}{RT} = \frac{98,06 \text{ kPa} \times 0,200 \text{ L}}{8,3145 \text{ kPa} \cdot \text{L} \cdot \text{mol}^{-1} \cdot \text{K}^{-1} \times 289 \text{ K}} = 0,008\ 16 \text{ mol}$$

Utilisons ensuite la valeur donnée de la masse et le nombre calculé de moles pour déterminer la masse d'une mole.

$$\text{Masse molaire} = \frac{0,550 \text{ g}}{0,008\ 16 \text{ mol}} = 67,4 \text{ g/mol}$$

La masse molaire du gaz étant de 67,4 g/mol, sa masse moléculaire est de 67,4 u.

➜ Évaluation

Les réponses concernant la masse molaire et la masse moléculaire sont exprimées dans les bonnes unités. L'ordre de grandeur des valeurs est correct. En effet, la masse moléculaire d'un gaz à TPN ne peut être plus petite que 1 (masse moléculaire de l'atome d'hydrogène) ni plus grande que 200 u. À TPN, les substances qui ont des masses moléculaires élevées sont habituellement des liquides et des solides.

EXERCICE 3.27

Calculez la masse molaire d'un gaz dont 0,440 g occupe un volume de 179 mL à une pression de 98,8 kPa et à une température de 86 °C.

Les gaz sont beaucoup moins denses que les liquides et les solides, de sorte qu'on exprime généralement leur masse volumique en grammes par litre plutôt qu'en grammes par millilitre. Par exemple, il est relativement facile de déterminer la masse volumique de $O_2(g)$ dans des conditions de température et de pression normales : on divise simplement la masse molaire du gaz par son volume molaire dans ces conditions.

$$\rho = \frac{m}{V} = \frac{31,9988 \text{ g/mol de } O_2}{22,4 \text{ L/mol}} = 1,43 \text{ g de } O_2/\text{L}$$

Cette valeur de ρ n'est valable que dans des conditions de température et de pression normales. Les deux facteurs déterminent davantage la masse volumique d'un gaz que celle d'un liquide ou d'un solide, parce que le volume d'une masse donnée de gaz dépend étroitement de la température et de la pression. Pour réécrire l'équation des gaz parfaits sous une forme qui met en évidence l'effet de chacune des variables sur la masse volumique d'un gaz, on remplace d'abord n par m/M dans l'équation $PV = nRT$, ce qui donne

$$PV = \frac{mRT}{M}$$

qui s'écrit également sous la forme

$$MPV = mRT$$

En isolant m dans la dernière équation, on a

$$m = \frac{MPV}{RT}$$

puis, en divisant chaque membre par V, on obtient la masse volumique du gaz : $\rho = m/V$.

> **Masse volumique d'un gaz**
>
> $$\rho = \frac{m}{V} = \frac{MP}{RT}$$
>
> **(3.11)**

La masse volumique d'un gaz est donc *directement* proportionnelle à sa masse molaire (M) et à sa pression (P), et elle est *inversement* proportionnelle à sa température (T) en kelvins. Le facteur $1/R$ sert de constante pour écrire ces proportionnalités sous forme d'équations.

EXEMPLE **3.28**

Calculez la masse volumique, en grammes par litre, du méthane gazeux, CH_4, à une température de 25 °C et à une pression de 99,07 kPa.

➡ Stratégie

Ce problème se résout en deux étapes : nous devons (1) déterminer le nombre de moles de CH_4 dans 1,00 L de gaz à la température et à la pression données ; (2) déterminer la masse de cette quantité de méthane. Cette méthode revient à résoudre l'équation de la masse volumique d'un gaz, dérivée plus haut.

➡ Solution

$$\rho = \frac{MP}{RT} = \frac{16{,}043 \text{ g de } CH_4 \cdot \cancel{mol^{-1}} \times 99{,}07 \ \cancel{kPa}}{8{,}3145 \ \cancel{kPa} \cdot \cancel{L} \cdot \cancel{mol^{-1}} \cdot \cancel{K^{-1}} \times 298 \ \cancel{K}}$$

$$= 0{,}641 \text{ g de } CH_4/L$$

EXERCICE 3.28

Calculez la masse volumique de l'éthane gazeux, C_2H_6, en grammes par litre, à 15 °C et à 99,7 kPa.

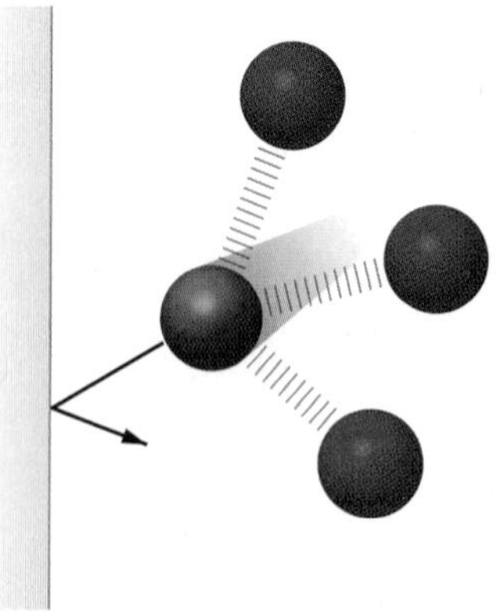

RÉSOLUTION DE PROBLÈMES

Vous pouvez vous assurer que vous avez utilisé la bonne constante des gaz parfaits dans l'équation en simplifiant de façon appropriée les unités. Dans l'exemple 3.28, toutes les unités s'annulent à l'exception du kilopascal, qui est bien une unité de pression.

▲ Figure 3.13
Forces intermoléculaires d'attraction

Les forces d'attraction exercées par les molécules orange sur la molécule violette réduisent la force exercée par cette dernière lorsqu'elle frappe la paroi.

Les gaz réels

En pratique, il arrive fréquemment qu'un gaz n'obéisse pas à la loi des gaz parfaits. On suppose, sans grand risque d'erreur, que les molécules n'exercent qu'une faible attraction les unes sur les autres lorsqu'elles sont très espacées. Cependant, les molécules d'un gaz à haute pression sont relativement rapprochées et, si de plus la température est basse, elles se déplacent plus lentement. Dans de telles conditions, il faut tenir compte de deux facteurs : (1) des forces intermoléculaires d'attraction (en leur présence, la pression mesurée du gaz est inférieure à sa pression dans des conditions normales, comme on le voit à la **figure 3.13**) ; (2) du volume des molécules (lorsque les molécules d'un gaz sont relativement rapprochées, leur propre volume représente une fraction non négligeable du volume total du gaz).

La loi des gaz parfaits repose sur l'hypothèse que les *forces intermoléculaires sont nulles* et qu'on peut considérer les molécules comme des points matériels, c'est-à-dire des particules ayant une masse mais *pas de volume*. On obtient une équation qui décrit les gaz dans des conditions différentes des conditions normales en « adaptant » l'équation des gaz parfaits, de manière à tenir compte des deux facteurs décrits plus haut. Les modifications à apporter sont les suivantes.

Équation des gaz parfaits : $PV = nRT$

Équation « adaptée » aux gaz réels : $(P_{\text{mesurée}} + ?)(V_{\text{mesuré}} - ?) = nRT$

Les ballons et les montgolfières

Les premières études sur le comportement des gaz ont été stimulées par une innovation intéressante: les vols en ballon. En juin 1782, les frères Joseph Michel et Jacques Étienne de Montgolfier ont effectué leur première ascension en ballon à air chaud. Ils ont allumé un feu sous l'ouverture pratiquée dans un immense sac. L'air réchauffé étant moins dense que l'air froid de l'atmosphère, le ballon s'est élevé lentement dans les airs. En août de la même année, Jacques Charles a rempli un ballon d'hydrogène gazeux, une substance identifiée seize ans plus tôt par Henry Cavendish. Charles a préparé des quantités d'hydrogène bien plus grandes qu'on ne l'avait fait jusque-là en mélangeant environ 500 kg de fer avec de l'acide.

$$Fe(s) + 2\,HCl(aq) \longrightarrow FeCl_2(aq) + H_2(g)$$

Si les deux gaz sont à une même température et à une même pression, la masse volumique de l'hydrogène est égale à seulement 1/14 de celle de l'air. Chaque kilogramme d'hydrogène peut alors soulever une charge de 13 kg. En décembre 1782, Charles est parti de Paris dans un ballon à hydrogène, et il a parcouru 25 km avec son compagnon de voyage. Les deux aventuriers ont atterri dans un petit village, où ils ont été attaqués par des fermiers apeurés, qui ont déchiré leur ballon à coups de fourches.

En 1804, au cours d'une ascension, Joseph Gay-Lussac s'est élevé à 7 km d'altitude et a rapporté des échantillons d'air raréfié. En quelques années seulement, grâce à l'utilisation des ballons, les scientifiques ont appris énormément sur la nature des gaz, l'atmosphère terrestre et la météorologie.

Une illustration d'époque de la première ascension des frères de Montgolfier, en 1782, à bord d'un ballon à air chaud.

L'équation adaptée indique bien qu'on doit ajouter à la valeur de la pression mesurée une certaine quantité (?) pour tenir compte de l'effet des forces intermoléculaires d'attraction. Par contre, il faut soustraire du volume mesuré une certaine quantité (?), de manière à diminuer le volume total qu'occuperait un gaz parfait.

L'équation la plus connue servant à décrire le comportement d'un gaz réel est peut-être celle qui a été établie en 1873 par Johannes Van der Waals. Dans l'*équation de Van der Waals,* donnée ci-dessous, le terme n^2a/V^2 représente la quantité à ajouter pour tenir compte des forces intermoléculaires d'attraction et le terme nb, la quantité à retrancher pour tenir compte du volume des molécules de gaz.

Équation de Van der Waals

$$\left(P + \frac{n^2a}{V^2}\right)(V - nb) = nRT \qquad \textbf{(3.12)}$$

Alors que la loi des gaz parfaits est tout à fait générale, et que son application ne dépend pas de la nature du gaz étudié, l'équation de Van der Waals contient deux paramètres, *a* et *b,* qui dépendent de la nature du gaz et que l'on doit déterminer de façon expérimentale (**tableau 3.4**).

Si le comportement d'un gaz réel ne s'éloigne pas trop de celui d'un gaz parfait, les termes n^2a/V^2 et nb sont petits si on les compare respectivement à *P* et à *V*. Ces conditions sont le plus fréquemment satisfaites dans les cas où une petite quantité de gaz (*n*) occupe un grand volume (V) ou, généralement, pour les gaz ayant une *température élevée* et une *faible pression*. Ainsi, à la température ambiante, ou à des températures supérieures, et à une pression inférieure à quelques centaines de kilopascals, la majorité des gaz obéissent habituellement à la loi des gaz parfaits.

TABLEAU **3.4**	Constantes de Van der Waals de quelques gaz	
Substance	a (kPa·L^2·mol^{-2})	b (L·mol^{-1})
He	3,41	0,023 70
Ar	134,00	0,032 2
H_2	24,70	0,026 6
O_2	138,00	0,031 8
CO_2	364,00	0,042 7
CCl_4	2 067,00	0,138 3

La stœchiométrie des réactions gazeuses

L'étude des gaz permet d'étendre considérablement notre éventail de calculs stœchiométriques, comme nous allons le voir.

En 1809, Joseph Gay-Lussac a publié un important résultat expérimental, appelé **loi de combinaison des gaz de Gay-Lussac**.

Si des gaz réagissent à température et à pression constantes, les rapports entre les volumes de réactifs et de produits gazeux sont de petits nombres entiers.

Par exemple, à 100 °C, la combinaison de deux unités de volume d'hydrogène avec une unité de volume d'oxygène donne deux unités de volume de vapeur d'eau (**figure 3.14**). Le rapport des volumes est donc 2 : 1 : 2.

Loi de combinaison des gaz de Gay-Lussac

Si des gaz réagissent à température et à pression constantes, les rapports entre les volumes de réactifs et de produits gazeux sont de petits nombres entiers.

▶ Figure 3.14
Loi de combinaison des gaz

Hydrogène gazeux   Oxygène gazeux   Vapeur d'eau

L'hypothèse suivante a permis d'expliquer quelques-uns des résultats énoncés par Gay-Lussac : à température et à pression constantes, des volumes égaux de gaz distincts contiennent le même nombre d'atomes. C'est Avogadro qui a donné en 1811 une explication exacte de la loi de Gay-Lussac. En plus d'accepter l'hypothèse selon laquelle des volumes égaux de gaz contiennent le même nombre d'atomes, il a énoncé l'idée qu'un gaz puisse exister sous forme *moléculaire*. En supposant l'existence de molécules H_2 et O_2, il a expliqué la réaction entre ces deux substances de la même façon qu'on le fait encore aujourd'hui. La réaction de *deux molécules* H_2 avec *une molécule* O_2 donne *deux molécules* d'eau. Le rapport 2 : 1 : 2 est à la fois le rapport des quantités de molécules, des quantités de moles et des volumes.

$$2\ H_2(g)\ +\ O_2(g)\ \longrightarrow\ 2\ H_2O(g)$$

La **figure 3.15** illustre le raisonnement d'Avogadro.

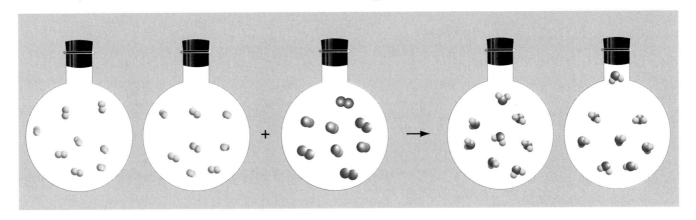

▲ **Figure 3.15**
Explication par Avogadro de la loi de combinaison des gaz de Gay-Lussac
Si on mesure le volume des gaz à une même température et à une même pression, tous les ballons (identiques) contiennent un même nombre de molécules. Notez que le rapport des volumes, soit deux volumes de H_2 pour un volume de O_2 et pour deux volumes de H_2O, donne un résultat tel que tous les atomes présents au départ se réorganisent dans le produit.

Pour l'application de la loi de combinaison des gaz de Gay-Lussac, il faut tenir compte des notions suivantes :

1. La loi de Gay-Lussac établit une relation entre les volumes de deux substances *gazeuses* quelconques prenant part à une réaction, même si certains des réactifs ou des produits sont des liquides ou des solides.

2. Il n'est pas nécessaire que la réaction ait lieu à la température ou à la pression auxquelles on compare les substances gazeuses.

3. Il n'est pas nécessaire de connaître les conditions dans lesquelles on compare les substances gazeuses : il suffit que les volumes des gaz soient tous mesurés à une *même* température et à une *même* pression.

Par ailleurs, il est souvent nécessaire d'établir une relation entre la quantité d'un réactif ou d'un produit gazeux et celle d'un *solide* ou d'un *liquide*. Dans ce cas, il faut employer un rapport de nombres de moles, mais l'équation des gaz parfaits permet de relier le nombre de moles d'un gaz à d'autres caractéristiques de celui-ci.

EXEMPLE **3.29**

Dans la réaction chimique sur laquelle repose les dispositifs de protection à coussins gonflables, la décomposition d'azoture de sodium, NaN_3, produit du $N_2(g)$.

$$2\,NaN_3(s) \longrightarrow 2\,Na(l) + 3\,N_2(g)$$

Quel volume de $N_2(g)$, mesuré à 25 °C et à 99,3 kPa, la décomposition de 62,5 g de NaN_3 produit-elle ?

➔ Stratégie

Dans cette équation, nous devons relier le nombre de moles de $N_2(g)$ et le nombre de moles de $NaN_3(s)$ en utilisant le facteur stœchiométrique molaire. Par la suite, en appliquant l'équation des gaz parfaits, nous calculerons le volume d'azote en nous fondant sur son nombre de moles.

RÉSOLUTION DE PROBLÈMES
Bien que nous ayons résolu ce problème en deux étapes, il n'est pas nécessaire d'indiquer le résultat intermédiaire (1,44 mol de N_2) dans vos calculs. Le nombre obtenu à la fin de la première étape devient la première entrée de la deuxième étape. Cette façon de procéder évite d'arrondir le résultat intermédiaire, ce qui permet d'obtenir un résultat final plus précis.

➜ Solution

Déterminons d'abord la quantité de $N_2(g)$ produite par la décomposition de 62,5 g de NaN_3. Nous employons comme facteurs de conversion la masse molaire (1 mol de NaN_3/65,01 g de NaN_3) et un facteur stœchiométrique tiré de l'équation équilibrée (3 mol de N_2/2 mol de NaN_3).

$$? \text{ mol de } N_2 = 62,5 \text{ g de } NaN_3 \times \frac{1 \text{ mol de } NaN_3}{65,0099 \text{ g de } NaN_3} \times \frac{3 \text{ mol de } N_2}{2 \text{ mol de } NaN_3}$$

$$= 1,44 \text{ mol de } N_2$$

Déterminons ensuite le volume de 1,44 mol de $N_2(g)$, dans les conditions données, à l'aide de l'équation des gaz parfaits.

$$V = \frac{nRT}{P} = \frac{1,44 \text{ mol} \times 8,3145 \text{ kPa} \cdot L \cdot mol^{-1} \cdot K^{-1} \times (273,15 + 25) \text{ K}}{99,3 \text{ kPa}}$$

$$= 36,0 \text{ L de } N_2(g)$$

➜ Évaluation

Nous pouvons établir une réponse approximative plus rapidement. Parce que la quantité de NaN_3 est près de 1 mol, le nombre de moles de N_2 devrait être égal à la valeur du facteur stœchiométrique, qui est de 3/2, soit 1,5. Puisque les conditions de température et de pression ne sont pas très éloignées des valeurs à TPN, le nombre de 1,5 mol de gaz devient un volume de 33,6 L ou (1,5 × 22,4 L), ce qui confirme notre réponse, soit 36,0 L.

EXERCICE 3.29 A

La chaux vive, CaO, est utilisée dans l'industrie de la construction. On l'obtient à la suite de la décomposition de la pierre à chaux, $CaCO_3$, par chauffage.

$$CaCO_3(s) \xrightarrow{\Delta} CaO(s) + CO_2(g)$$

Combien de litres de $CO_2(g)$, à 825 °C et à 101 kPa, la décomposition de 45,8 kg de $CaCO_3(s)$ fournit-elle ?

EXERCICE 3.29 B

Combien de litres de cyclopentane, C_5H_{10} ($\rho = 0,7445$ g/mL), faut-il brûler en présence d'un excès de $O_2(g)$ pour produire $1,00 \times 10^6$ L de $CO_2(g)$, à 25,0 °C et à 736 Torr ?

Les mélanges gazeux : la loi des pressions partielles de Dalton

Les premiers chercheurs confondaient plus ou moins l'air et les autres gaz. Ils appelaient le gaz carbonique « air fixe » ; l'oxygène, « air déphlogistiqué » ; et l'hydrogène, « air inflammable ». On sait aujourd'hui que l'air est un *mélange* de gaz. Heureusement, l'équation des gaz parfaits s'applique aussi bien aux mélanges gazeux qu'à chaque gaz pris séparément. Voyons d'abord comment Dalton concevait les mélanges gazeux.

Les pressions partielles et la fraction molaire

Dalton est connu surtout pour sa théorie atomique, mais il s'intéressait à bien d'autres sujets, notamment à la météorologie. Il a réalisé plusieurs expériences sur les gaz dans le but de comprendre les variations des conditions atmosphériques. En fait, il a énoncé sa théorie atomique afin d'expliquer les résultats de ses expériences en météorologie. L'une de celles-ci lui a permis de découvrir que, si on ajoute, à une pression donnée, de la vapeur d'eau à de l'air sec, la pression exercée par l'air augmente proportionnellement à la pression de la vapeur d'eau. En s'appuyant notamment sur ce résultat, Dalton a affirmé que le comportement de chaque constituant d'un mélange gazeux est indépendant de celui des autres constituants. La **loi d'addition des pressions partielles de Dalton** stipule que, dans un mélange gazeux, chaque gaz se dilate de manière à remplir le contenant et exerce une pression qui lui est propre ; la pression exercée par chacun des gaz du mélange est appelée **pression partielle**.

> *La pression totale exercée par un mélange gazeux est égale à la somme des pressions partielles exercées par les gaz formant le mélange.*

Cet énoncé, tant sur les plans macroscopique que microscopique, est représenté graphiquement dans la **figure 3.16**. Les échantillons de gaz de 5,0 L des illustrations *a* et *b* sont placés dans un même contenant de 5,0 L, ce qui donne le mélange gazeux de l'illustration *c*. Le nombre de moles de gaz du mélange est égal à la somme des moles des gaz constituants. De même, la pression totale du mélange (1020 kPa) est égale à la somme des pressions des constituants.

Loi d'addition des pressions partielles de Dalton

Dans un mélange gazeux, chaque gaz se dilate de manière à remplir le contenant et exerce une pression qui lui est propre, appelée *pression partielle* ; la pression totale exercée par le mélange est égale à la somme des pressions partielles des gaz constitutifs.

Pression partielle

Pression exercée par chacun des gaz d'un mélange.

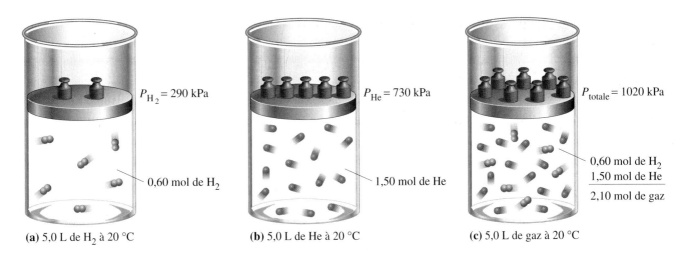

(a) 5,0 L de H_2 à 20 °C   **(b)** 5,0 L de He à 20 °C   **(c)** 5,0 L de gaz à 20 °C

▲ Figure 3.16   **Illustration de la loi d'addition des pressions partielles de Dalton**
Chaque gaz se dilate de manière à remplir le contenant, et la pression qu'il exerce se calcule facilement à l'aide de l'équation des gaz parfaits. La pression totale du mélange gazeux est égale à la somme des pressions partielles des gaz formant le mélange.

La loi de Dalton s'énonce comme suit sous forme mathématique

Loi de Dalton

$$P_{\text{totale}} = P_1 + P_2 + P_3 + \ldots \qquad \textbf{(3.13)}$$

où les termes du membre de droite représentent respectivement la pression partielle des gaz 1, 2, 3, … (Les points de suspension indiquent que le mélange peut contenir plus de trois gaz.) En appliquant cette équation au mélange gazeux illustré dans la figure 3.16, on obtient

$$P_{\text{totale}} = P_{H_2} + P_{He} = 290 \text{ kPa} + 730 \text{ kPa} = 1020 \text{ kPa}$$

Pour déterminer les pressions partielles, on suppose que chaque gaz obéit à la loi des gaz parfaits. Ainsi, pour le gaz 1 dont le nombre de moles est n_1, pour le gaz 2 dont le nombre de moles est n_2, etc., on a

$$P_1 = \frac{n_1 RT}{V} \; ; \quad P_2 = \frac{n_2 RT}{V} \; ; \quad P_3 = \ldots \tag{3.14}$$

L'exemple 3.30 illustre le fait qu'un constituant (N_2) d'un mélange gazeux (par exemple, de l'air) se dilate de manière à occuper la totalité du récipient qui le contient, et qu'il exerce une pression partielle qui lui est propre.

EXEMPLE **3.30**

Un échantillon d'air sec de 1,00 L, à 25 °C, contient 0,0319 mol de N_2, 0,008 56 mol de O_2, 0,000 381 mol de Ar, 0,000 02 mol de CO_2. Calculez la pression partielle de $N_2(g)$, en atmosphères, dans le mélange.

➜ Stratégie

Nous avons décrit précédemment la composition de l'air mais, puisque chaque gaz se disperse pour occuper tout le volume, qui est de 1,00 L, nous devons nous poser la question suivante : « Quelle est la pression exercée par 0,0319 mol de N_2 dans le contenant de 1,00 L à une température de 25 °C? »

➜ Solution

Selon l'équation des gaz parfaits et en utilisant les bonnes unités de la constante des gaz parfaits, soit 0,0821 $atm \cdot L \cdot mol^{-1} \cdot K^{-1}$, nous obtenons

$$P_{N_2} = \frac{n_{N_2} RT}{V}$$

$$= \frac{0{,}0319 \; \cancel{mol} \times 0{,}082\,058 \; atm \cdot L \cdot \cancel{mol^{-1}} \cdot \cancel{K^{-1}} \times (273{,}15 + 25) \; \cancel{K}}{1{,}00 \; \cancel{L}} = 0{,}780 \; atm$$

EXERCICE 3.30 A

Calculez la pression partielle, en atmosphères, des constituants, autres que N_2, de l'échantillon d'air décrit dans l'exemple 3.30. Quelle est la pression totale du mélange gazeux ?

EXERCICE 3.30 B

Quelle est la pression totale, en atmosphères, du mélange gazeux formé de 4,05 g de N_2, 3,15 g de H_2 et 6,05 g de He, si ce mélange est contenu dans un récipient de 6,10 L, à une température de 25 °C ?

RÉSOLUTION DE PROBLÈMES
Pour un mélange gazeux,
on a évidemment
$P_{totale} \times V = n_{total} \times RT$

On peut dégager un ensemble de relations utiles à partir des équations étudiées dans les sections précédentes. Si on appelle « gaz 1 » l'un des constituants d'un mélange gazeux, le *rapport* de la pression partielle de ce gaz à la pression totale du mélange est donné par les relations

$$\frac{P_1}{P_{totale}} = \frac{P_1}{P_1 + P_2 + \cdots}$$

$$\frac{P_1}{P_{totale}} = \frac{\dfrac{n_1 \cancel{RT}}{\cancel{V}}}{\dfrac{n_1 \cancel{RT}}{\cancel{V}} + \dfrac{n_2 \cancel{RT}}{\cancel{V}} + \cdots} = \frac{n_1}{n_1 + n_2 + \cdots} = \frac{n_1}{n_{total}} = \chi_1$$

On peut établir des relations similaires pour chacun des autres constituants du mélange gazeux.

Le rapport n_1/n_{total} est appelé *fraction molaire* du constituant 1 du mélange gazeux, et on le représente par χ_1. La **fraction molaire** (χ) d'un constituant est égale à la fraction de toutes les molécules d'un mélange qui sont des molécules de ce constituant. La somme des fractions molaires de tous les constituants d'un mélange gazeux est 1.

$$\underbrace{\frac{n_1}{n_1 + n_2 + \cdots}}_{\chi_1} + \underbrace{\frac{n_2}{n_1 + n_2 + \cdots}}_{\chi_2} + \cdots = \frac{n_1 + n_2 + \cdots}{n_1 + n_2 + \cdots} = 1$$

Comme c'est le cas de toute partie fractionnaire d'un tout, en multipliant la fraction molaire d'un constituant par $100\,\%$, on obtient le *pourcentage molaire* de celui-ci.

Les expressions du genre

Fraction molaire

$$\frac{P_1}{P_{totale}} = \frac{n_1}{n_{totale}} = \chi_1 \qquad\qquad \textbf{(3.15)}$$

sont particulièrement importantes : elles permettent d'établir la relation entre les pressions partielles des constituants d'un mélange gazeux et la pression totale du mélange. Ainsi,

Pression partielle

$$P_1 = \chi_1 \times P_{totale} \qquad\qquad \textbf{(3.16)}$$

La composition d'un mélange gazeux est couramment donnée en pourcentage volumique, mais il s'agit d'un pourcentage molaire puisque, à température et à pression constantes, le volume et le nombre de moles d'un gaz sont directement proportionnels. Dans l'exemple 3.31, nous allons calculer les pressions partielles des constituants d'un échantillon d'air à partir de sa composition en pourcentage volumique.

> **Fraction molaire** (χ)
>
> Dans le cas d'un constituant d'un mélange gazeux, fraction de toutes les molécules du mélange.

EXEMPLE **3.31**

La composition de l'air sec, en pourcentage volumique, est la suivante : N_2, 78,08 % ; O_2, 20,95 % ; Ar, 0,93 % ; CO_2, 0,04 %. Quelle est la pression partielle de chacun de ces quatre gaz dans un échantillon d'air à 1,000 atm ?

➔ Stratégie

Les pourcentages volumiques sont identiques aux pourcentages molaires, et nous pouvons déterminer la fraction molaire de chaque constituant à l'aide de ces derniers. Ainsi, comme le pourcentage volumique de N_2 est de 78,08 %, le pourcentage molaire de N_2 est aussi de 78,08 %, ce qui implique que la fraction molaire de N_2 est de 0,7808. En appliquant le même raisonnement aux autres constituants du mélange, nous obtenons les fractions molaires de O_2 : 0,2095, de Ar : 0,0093 et de CO_2 : 0,0004.

➔ Solution

Calculons la pression partielle de chaque gaz à l'aide de la relation

Pression partielle = fraction molaire $\times$ pression totale

Ainsi,

$$P_{N_2} = 0,7808 \times 1,000 \text{ atm} = 0,7808 \text{ atm}$$
$$P_{O_2} = 0,2095 \times 1,000 \text{ atm} = 0,2095 \text{ atm}$$
$$P_{Ar} = 0,0093 \times 1,000 \text{ atm} = 0,0093 \text{ atm}$$
$$P_{CO_2} = 0,0004 \times 1,000 \text{ atm} = 0,0004 \text{ atm}$$

EXERCICE 3.31 A

La composition, en pourcentage volumique, d'un échantillon du gaz expiré par un individu est la suivante : N_2, 74,1 % ; O_2, 15,0 % ; H_2O, 6,0 % ; Ar, 0,9 % ; CO_2, 4,0 %. Quelle est la pression partielle de chacun des cinq gaz, si la température de l'échantillon est de 37 °C et que sa pression est de 1,000 atm ?

EXERCICE 3.31 B

À 23,5 °C, un échantillon de gaz naturel de 75,0 L contient du méthane (CH_4) dont la pression partielle est de 67,3 kPa, de l'éthane (C_2H_6) à 26,8 kPa, du propane (C_3H_8) à 5,73 kPa et 10,5 g de butane (C_4H_{10}). Calculez la fraction molaire de chacun des quatre constituants de l'échantillon.

EXEMPLE 3.32   Un exemple conceptuel

Décrivez ce qu'il faut faire pour passer de la situation illustrée dans la partie **(a)** de la **figure 3.17** à la situation illustrée en **(b)**.

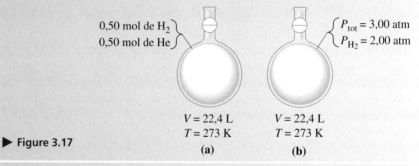

▶ **Figure 3.17**

(a)   (b)

→ **Analyse et conclusion**

Examinons d'abord la situation illustrée en *a*. Puisque le volume du mélange est de 22,4 L, que sa température est de 273 K (ou 0 °C) et que la quantité totale de gaz est de 1,00 mol, la pression totale est de 101,3 kPa ou 1,00 atm. Le volume du mélange (22,4 L) est donc égal au volume molaire d'un gaz parfait dans des conditions de température et de pression normales.

Examinons ensuite la situation illustrée en *b*. Le volume et la température sont les mêmes qu'en *a*, mais la pression totale est de 3,00 atm. Puisque la pression est trois fois plus grande, alors que la température et la pression sont demeurées constantes, la quantité totale de gaz est aussi trois fois plus grande : il doit y avoir 3,00 mol de gaz en *b* puisqu'il y en a 1,00 mol en *a*. La valeur donnée de P_{H_2} est de 2,00 atm, de sorte que la somme des pressions partielles des autres constituants du mélange est de 1,00 atm. Les fractions molaires respectives de H_2 et des autres gaz sont donc 2/3 et 1/3. Le mélange gazeux de 3,00 mol (*b*) est nécessairement constitué de 2,00 mol de H_2 et de 1,00 mol d'autres gaz.

Ainsi, pour passer de *a* (0,50 mol de H_2 et 0,50 mol de He) à *b* (2,00 mol de H_2 et 1,00 mol d'autres gaz), il faut ajouter 1,50 mol de H_2 et 0,50 mol d'un ou de plusieurs autres gaz dans le ballon illustré en *a*. Remarquez que nous *pouvons* ajouter 0,50 mol de He, et que nous pouvons aussi ajouter 0,50 mol de n'importe quel autre gaz ou d'un mélange de gaz, *à l'exception* de l'hydrogène.

EXERCICE 3.32

Pourquoi ne peut-on pas passer de la situation *a* à la situation *b*, illustrées dans la **figure 3.17**, en ajoutant uniquement de l'hydrogène dans le premier ballon ? ou uniquement de l'hélium ? Pourquoi faut-il absolument ajouter de l'hydrogène, mais pas nécessairement de l'hélium ?

3.10 Les solutions et la stœchiométrie des solutions

Étant donné que les réactions entre des solides sont généralement lentes, les chimistes dissolvent habituellement ceux-ci dans un liquide pour que la réaction ait lieu dans un milieu où la surface de contact et le mouvement moléculaire sont plus grands. C'est d'ailleurs pourquoi la majorité des réactions qui se produisent dans le corps humain ont lieu en solution aqueuse.

Au chapitre 1, nous avons défini une solution comme un mélange homogène de deux ou plusieurs substances. Une solution aqueuse de sucre n'est pas formée de fines particules de sucre solide dispersées parmi des gouttelettes d'eau. Elle est en fait constituée de molécules de sucre, distribuées de façon aléatoire parmi les molécules d'eau, dans un milieu liquide uniforme. Une solution est un mélange *homogène,* même à l'échelle moléculaire. Sa composition et ses propriétés, tant physiques que chimiques, ne varient pas d'une partie à l'autre du mélange.

Les composantes d'une solution sont le **soluté** (ou les solutés), c'est-à-dire la (les) substance(s) dissoute(s), et le **solvant**, c'est-à-dire la substance dans laquelle le soluté est dissous. La quantité de soluté est moins grande que la quantité de solvant. Il existe plusieurs solvants d'usage courant : l'*hexane* dissout les graisses ; l'*éthanol* est employé comme solvant dans de nombreux médicaments ; l'*acétate d'isopentyle,* un constituant de l'arôme de banane, est un solvant de la colle utilisée pour la construction de modèles d'avions ; l'eau est le solvant le plus répandu, car il dissout de nombreuses substances d'usage courant, dont le sucre, le sel et l'éthanol. On appelle solution *aqueuse* une solution dont le solvant est l'eau.

La *concentration* d'une solution est la quantité de soluté contenue dans une quantité donnée de solvant ou de solution. Une solution *diluée* est formée d'une quantité relativement faible de soluté et d'une grande quantité de solvant. Une solution *concentrée* renferme une quantité relativement grande de soluté, compte tenu de la quantité de solvant. Cependant, tous ces termes manquent de précision. Par exemple, une solution diluée de sucre a un goût légèrement sucré, tandis qu'une solution concentrée a un goût sucré qui lève le cœur. Les qualificatifs « dilué » et « concentré » n'indiquent pas les proportions exactes de sucre et d'eau d'une solution.

Dans le cas des acides et des bases disponibles dans le commerce, le qualificatif *concentré* s'applique généralement à la solution ayant la plus forte concentration, et qu'on exprime habituellement en pourcentage massique. L'acide chlorhydrique concentré qui est offert commercialement contient environ 38 % de HCl selon la masse, le reste étant de l'eau ; l'acide sulfurique concentré commercial contient entre 93 et 98 % de H_2SO_4 selon la masse, le reste étant de l'eau.

Soluté

Composante d'une solution, dissoute dans le solvant, dont la quantité est inférieure à celle du solvant.

Solvant

Composante d'une solution, dans laquelle le ou les solutés sont dissous, et dont la quantité est supérieure à celle du ou des solutés.

La concentration molaire volumique

La composition en pourcentage massique, par exemple 38 % de HCl selon la masse, n'est que l'une des différentes méthodes pour décrire la concentration d'une solution. Les chimistes préfèrent généralement travailler avec la concentration molaire volumique (aussi appelée *molarité*), et cela pour deux raisons :

- les proportions des substances qui participent à une réaction chimique correspondent à un rapport *molaire* facilement calculable ;

- il est plus pratique de mesurer le volume d'une solution que sa masse.

Concentration molaire volumique (c)

Dans le cas d'une solution, quotient de la quantité de soluté (en moles) par le volume de solution (en litres).

On appelle **concentration molaire volumique** (*c*) d'une solution le quotient de la quantité de soluté, en moles, par le volume de solution, en litres[*].

Concentration molaire volumique

$$c = \frac{\text{moles de soluté}}{\text{litres de solution}} = \frac{\text{moles de soluté}}{\text{décimètres cubes de solution}} \qquad \textbf{(3.17)}$$

La concentration molaire volumique de la solution résultant de la dissolution de 3,50 mol de NaCl dans la quantité d'eau requise pour obtenir 2,00 L de solution est donnée par la relation suivante.

$$\text{Concentration molaire volumique} = \frac{\text{moles de soluté}}{\text{litres de solution}} = \frac{3,50 \text{ mol de NaCl}}{2,00 \text{ L de solution}} = 1,75 \text{ mol de NaCl/L de solution}$$

On dit que la concentration molaire volumique de NaCl, notée c_{NaCl}, est de 1,75 mol/L.

Il ne faut pas oublier que la concentration molaire volumique correspond au nombre de moles de soluté par litre de *solution,* et non par litre de solvant. Ainsi, pour fabriquer une solution dont la concentration molaire volumique en $KMnO_4$ (c_{KMnO_4}) est de 0,010 00 mol/L, on met 1,580 g de $KMnO_4$ dans une fiole d'une capacité de 1,000 L partiellement remplie d'eau. Lorsque le solide est entièrement dissous, on ajoute la quantité d'eau nécessaire pour que le volume de la solution soit de 1,000 L. Une fiole conçue pour contenir un volume donné de solution est appelée *fiole jaugée.* La **figure 3.18** illustre la préparation d'une solution de $KMnO_4$, dont la concentration molaire volumique est de 0,010 00 mol/L, dans une fiole jaugée de 1,000 L. Il existe des fioles jaugées de différentes capacités ; on les utilise, avec des quantités proportionnelles de soluté, pour la préparation de solutions.

▶ Figure 3.18
Préparation d'une solution de $KMnO_4$ ayant une concentration molaire volumique de 0,010 00 mol/L

La première étape, non illustrée, consiste à mettre la balance à zéro, après y avoir placé seulement la feuille de papier pour la tarer. **(a)** La masse de l'échantillon de $KMnO_4$ est de 1,580 g (ou 0,010 00 mol). **(b)** On dissout le $KMnO_4$ dans l'eau contenue dans la fiole jaugée de 1,000 L. On ajoute de l'eau dans la fiole **(c)** et on agite le mélange pour le rendre homogène. Finalement, on ajoute goutte à goutte une petite quantité d'eau dans la fiole de manière que le niveau de la solution atteigne la ligne de jauge.

(a)

(b)

(c)

---

[*] Nous avons vu au chapitre 1 l'équivalence entre le litre et le décimètre cube : 1 L = 1 dm³. L'unité SI de base de concentration est la mole par mètre cube (mol/m³), dont la mole par décimètre cube (mol/dm³) est un multiple. De plus, l'unité mol/L, qui n'est pas une unité SI, est couramment utilisée avec le SI.

EXEMPLE 3.33

Quelle est la concentration molaire volumique de $KHCO_3$ qui provient de la dissolution de 333 g d'hydrogénocarbonate de potassium dans la quantité d'eau appropriée pour obtenir 10,0 L de solution ?

➜ Stratégie

Nous calculons la concentration molaire volumique en déterminant le nombre de moles de soluté et en le divisant par le volume de la solution en litres. Nous connaissons le volume de la solution (10,0 mL). Il nous suffit de convertir là masse de soluté en moles et de diviser le nombre de moles de soluté par 10,0 mL de solution.

➜ Solution

Écrivons d'abord les opérations qui permettent de convertir la masse en grammes de $KHCO_3$ en moles.

$$333 \text{ g de KHCO}_3 \times \frac{1 \text{ mol de KHCO}_3}{100,115 \text{ g de KHCO}_3}$$

Sans effectuer les calculs, nous utilisons cette expression comme *numérateur* dans l'équation de la concentration, le dénominateur étant le volume de la solution, soit 10,0 L.

$$\text{Concentration} = \frac{333 \text{ g de KHCO}_3 \times \dfrac{1 \text{ mol de KHCO}_3}{100,115 \text{ g de KHCO}_3}}{10,0 \text{ L de solution}} = 0,333 \text{ mol/L}$$

La concentration molaire volumique de $KHCO_3$ est donc de 0,333 mol/L.

EXERCICE 3.33 A

Calculez la concentration molaire volumique de soluté pour chacune des solutions suivantes :
a) 3,00 mol de KI dans 2,39 L de solution ; **b)** 0,522 g de HCl dans 0,592 L de solution ;
c) 2,69 g de $C_{12}H_{22}O_{11}$ dans 225 mL de solution.

EXERCICE 3.33 B

Calculez la concentration molaire volumique : **a)** de glucose, $C_6H_{12}O_6$, provenant d'une solution contenant 126 mg de glucose par 100,0 mL de solution ; **b)** d'éthanol, CH_3CH_2OH, provenant d'une solution contenant 10,5 mL d'éthanol (ρ = 0,789 g/mL) par 25,0 mL de solution ; **c)** d'urée, $CO(NH_2)_2$, provenant d'une solution dont la concentration est de 9,5 mg de N par millilitre de solution.

RÉSOLUTION DE PROBLÈMES
Dans l'exercice 3.33B, question *c,* il faut déterminer la quantité d'urée qui contient 9,5 mg d'azote, ce qui donne la concentration en milligrammes d'urée par millilitre de solution ou en grammes d'urée par litre de solution, que nous convertissons ensuite de manière à obtenir la concentration en moles d'urée par litre de solution.

Les réactions chimiques en solution

La concentration constitue un outil additionnel permettant d'effectuer des calculs stœchiométriques à partir d'une équation chimique. Plus précisément, elle fournit deux facteurs de conversion : le premier sert à transformer un nombre de litres de solution en un nombre de moles de soluté et le second, un nombre de moles de soluté en un nombre de litres de solution. On emploie ces facteurs de conversion dans les premières ou les dernières étapes d'un calcul stœchiométrique. La partie principale du calcul est cependant toujours constituée d'un facteur stœchiométrique dérivé d'une équation chimique. L'exemple 3.34 illustre ces notions.

EXEMPLE **3.34**   Un exemple conceptuel

Les géologues connaissent bien la réaction chimique utilisée pour identifier le calcaire. La réaction de l'acide chlorhydrique avec le calcaire, formé en grande partie de carbonate de calcium, se manifeste par un phénomène d'effervescence, soit le dégagement de bulles de dioxyde de carbone.

$$CaCO_3(s) + 2\ HCl(aq) \longrightarrow CaCl_2(aq) + H_2O(l) + CO_2(g)$$

Quelle quantité de $CaCO_3(s)$, en moles, est consommée au cours de la réaction qui a lieu avec 225 mL d'une solution de HCl à 3,25 mol/L ?

➜ Stratégie

Pour relier la quantité de $CaCO_3$ à la quantité de HCl, il faut d'abord exprimer la seconde quantité en moles, puis la multiplier par le facteur stœchiométrique : 1 mol de $CaCO_3$/2 mol de HCl. Pour calculer le nombre de moles de HCl, il suffit de multiplier le volume (en litres) de la solution de HCl par la concentration de celle-ci. Donc, pour résoudre le problème, nous employons la concentration comme facteur de conversion avant de nous servir du facteur stœchiométrique.

➜ Solution

$$? \text{ mol de } CaCO_3 = 225 \ \cancel{\text{mL de solution}} \times \frac{1 \ \cancel{\text{L de solution}}}{1000 \ \cancel{\text{mL de solution}}}$$

$$\times \frac{3,25 \ \cancel{\text{mol de HCl}}}{1 \ \cancel{\text{L de solution}}} \times \frac{1 \text{ mol de } CaCO_3}{2 \ \cancel{\text{mol de HCl}}}$$

$$= 0,366 \text{ mol de } CaCO_3$$

EXERCICE 3.34 A

Combien de millilitres d'une solution aqueuse de $AgNO_3$ à 0,100 mol/L faut-il pour que la réaction produite avec 750,0 mL d'une solution aqueuse de Na_2CrO_4 à 0,0250 mol/L soit complète ?

$$2\ AgNO_3(aq) + Na_2CrO_4(aq) \longrightarrow Ag_2CrO_4(s) + 2\ NaNO_3(aq)$$

EXERCICE 3.34 B

Pour provoquer une réaction semblable à celle de la neutralisation de l'acidité stomacale au moyen de bicarbonate de soude, on ajoute 175 mL d'une solution de $NaHCO_3$ à 1,55 mol/L à 235 mL d'une solution de HCl à 1,22 mol/L.

$$NaHCO_3(aq) + HCl(aq) \longrightarrow NaCl(aq) + H_2O(l) + CO_2(g)$$

a) Quelle quantité de CO_2, en grammes, est libérée ?

b) Quelle est la concentration du $NaCl(aq)$ produit ? On suppose que le volume de la solution est égal à 175 mL + 235 mL = 410 mL.

EXEMPLE **SYNTHÈSE**

Deux cylindres de gaz sont employés en soudure. Un cylindre mesure 1,2 m de hauteur et 18 cm de diamètre ; il contient de l'oxygène gazeux à une pression de 17 580 kPa et à une température de 19 °C. L'autre cylindre a une hauteur de 0,76 m et un diamètre de 28 cm ; il contient de l'acétylène (C_2H_2) à une pression de 2 206 kPa et à une température de 19 °C. Si on suppose une combustion complète de l'acétylène lors du mélange avec l'oxygène, quel réservoir sera vide le premier?

✦ Stratégie

Notre tâche première est de déterminer si le réactif limitant est l'oxygène ou l'acétylène. Pour ce faire, nous devons comparer le nombre de moles des réactifs dans les deux cylindres en utilisant le facteur stœchiométrique entre les deux réactifs d'après l'équation chimique équilibrée. Pour déterminer le nombre de moles de chacun des gaz, nous devons utiliser la loi des gaz parfaits; mais pour obtenir le volume de chacun des gaz, nous devons calculer le volume de chacun des cylindres à l'aide de leurs dimensions respectives. Lorsque nous aurons le facteur stœchiométrique et le nombre de moles de chacun des gaz, nous pourrons déterminer le réactif limitant. Le cylindre contenant le réactif limitant sera vide le premier.

✦ Solution

Nous commençons par écrire l'équation chimique non équilibrée de la combustion des deux gaz aboutissant à la formation du dioxyde de carbone et de l'eau.

$$C_2H_2 + O_2 \longrightarrow CO_2 + H_2O \quad \textit{(équation non équilibrée)}$$

Nous obtenons les coefficients stœchiométriques en équilibrant l'équation chimique.

$$2\,C_2H_2 + 5\,O_2 \longrightarrow 4\,CO_2 + 2\,H_2O$$

Calculons en litres le volume du cylindre contenant de l'oxygène.

$$V_{O_2} = \pi r^2 h = 3{,}14 \times (9{,}0 \text{ cm})^2 \times 1{,}2 \times 10^2 \text{ cm} = 3{,}1 \times 10^4 \text{ cm}^3 = 31 \text{ L}$$

Comme nous connaissons maintenant le volume occupé par l'oxygène, nous pouvons calculer le nombre de moles en utilisant l'équation des gaz parfaits.

$$n_{O_2} = \frac{PV}{RT} = \frac{17\,580 \text{ kPa} \times 31 \text{ L}}{8{,}3145 \text{ kPa} \cdot \text{L} \cdot \text{mol}^{-1} \cdot \text{K}^{-1} \times (273{,}15 + 19) \text{ K}} = 2{,}2 \times 10^2 \text{ mol O}_2$$

Nous reprenons les calculs du volume et du nombre de moles pour l'acétylène.

$$V_{C_2H_2} = \pi r^2 h = 3{,}14 \times (14 \text{ cm})^2 \times (76 \text{ cm}) = 4{,}7 \times 10^4 \text{ cm}^3 = 47 \text{ L}$$

$$n_{C_2H_2} = \frac{PV}{RT} = \frac{2206 \text{ kPa} \times 47 \text{ L}}{8{,}3145 \text{ kPa} \cdot \text{L} \cdot \text{mol}^{-1} \cdot \text{K}^{-1} \times (273{,}15 + 19) \text{ K}} = 43 \text{ mol}$$

Puisque la réaction est complète, nous devons déterminer lequel des gaz est complètement brûlé, pour connaître le réactif limitant. Calculons le nombre de moles d'acétylène nécessaire pour que la totalité de l'oxygène soit consommée.

$$\text{mol } C_2H_2 = 2{,}2 \times 10^2 \text{ mol O}_2 \times \frac{2 \text{ mol } C_2H_2}{5 \text{ mol O}_2} = 88 \text{ mol } C_2H_2$$

Nous avons seulement 43 moles de C_2H_2. L'acétylène sera donc entièrement consommé et c'est le réservoir qui le contient qui sera vide le premier.

✦ Évaluation

Nous pouvons vérifier la solution à différentes étapes des calculs. Le volume d'oxygène de 31 L est un peu plus élevé que le volume molaire à TPN, qui est de 22,4 L; la pression étant beaucoup plus élevée que la pression normale (environ 150 fois plus), il devrait y avoir plus de 150 moles d'oxygène dans le cylindre. De la même manière, le volume d'acétylène étant 2 fois plus élevé que le volume molaire et la pression environ 20 fois la pression normale, il devrait donc y avoir environ 40 moles d'acétylène dans le cylindre. La quantité d'acétylène brûlé par l'oxygène dépasserait 60 mol ($2/5 \times 150$) mais, comme le cylindre ne contient que 40 mol de C_2H_2, c'est donc le cylindre d'acétylène qui sera vide le premier.

Résumé

La **stœchiométrie** a pour objet l'étude des calculs reliés aux formules chimiques et aux équations chimiques.

3.1 La masse moléculaire et la masse d'une entité formulaire La **masse moléculaire** et la **masse d'une entité formulaire** sont exprimées en unités de masse atomique (u) d'une molécule ou d'une entité formulaire. Elles sont calculées à partir des atomes respectivement représentés dans les formules moléculaires ou empiriques. La masse moléculaire est définie pour les composés moléculaires ; toutefois, seul le concept de masse d'une entité formulaire a une signification dans le cas des composés ioniques.

3.2 La mole, la constante d'Avogadro et la masse molaire Une **mole** est la quantité d'une substance qui contient un nombre d'entités élémentaires égal au nombre d'atomes dans exactement 12 g de carbone 12. Ce nombre, appelé **constante d'Avogadro**, correspond à

$$N_A = 6,022\ 137 \times 10^{23}\ \text{mol}^{-1} \qquad (3.1)$$

La masse, en grammes, d'une mole d'une substance est appelée **masse molaire de la substance**, et sa valeur numérique est égale à celle de la masse atomique ou moléculaire, ou de la masse d'une entité formulaire. Le facteur de conversion utilisé pour transformer un nombre de moles d'une substance en un nombre de grammes est la masse molaire ; le facteur de conversion utilisé pour transformer un nombre de grammes d'une substance en un nombre de moles est l'inverse de la masse molaire. Il est parfois nécessaire de calculer d'autres quantités, dont le volume, la masse volumique, le nombre d'atomes ou de molécules, afin d'effectuer la conversion de grammes en moles, ou après avoir effectué cette conversion. En résumé,

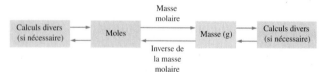

3.3 La composition en pourcentage massique à partir de la formule chimique On calcule la composition d'un composé en **pourcentage massique** à l'aide de la formule de ce composé et de sa masse molaire. On établit pour chaque élément présent dans la formule le rapport entre sa masse et la masse totale du composé. Le plus souvent ce rapport est exprimé en pourcentage.

3.4 La formule chimique d'après la composition en pourcentage massique On détermine le pourcentage massique du carbone, de l'hydrogène et de l'oxygène d'un composé organique en analysant la combustion qui a lieu. Pour obtenir une **formule empirique** à partir de la composition en pourcentage massique,

on calcule les rapports molaires des éléments chimiques présents dans le composé. La formule empirique obtenue peut être égale ou non à la formule moléculaire. Pour obtenir la formule moléculaire, il faut connaître la masse moléculaire du composé.

3.5 L'écriture et l'équilibrage d'une équation chimique L'équation chimique d'une réaction s'écrit à partir des symboles des éléments ou des formules des composés qui participent à la réaction. Les **coefficients stœchiométriques** utilisés dans l'équation doivent refléter le fait que les réactions chimiques sont régies par la loi de conservation de la masse. On obtient ainsi une équation équilibrée lorsque le nombre d'atomes de chaque élément est le même du côté des réactifs et du côté des produits.

3.6 L'équivalence stœchiométrique et la stœchiométrie des réactions Les calculs se rapportant à une réaction sont effectués à l'aide des facteurs de conversion, appelés facteurs stœchiométriques, établis à partir des **coefficients stœchiométriques** de l'équation équilibrée. Ils font aussi appel à la masse molaire et, souvent, à d'autres quantités, tels le volume, la masse volumique et la composition en pourcentage massique. La forme générale du calcul de stœchiométrie d'une réaction est la suivante.

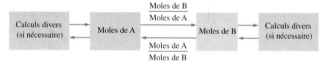

3.7 Les réactifs limitants Le **réactif limitant** est le réactif qui est complètement consommé dans une réaction chimique. Sa quantité détermine la quantité théorique des produits obtenus. Les autres réactifs sont alors appelés réactifs en excès. Dans les calculs stœchiométriques, on doit établir quel est le réactif limitant avant de poursuivre les calculs.

3.8 Les rendements d'une réaction chimique On appelle **rendement théorique** la quantité calculée d'un produit d'une réaction. La quantité obtenue, appelée **rendement réel**, est souvent inférieure à la quantité calculée ; elle est généralement exprimée en pourcentage du rendement théorique, d'où la notion de **pourcentage de rendement**. La relation entre les rendements théorique et réel et le pourcentage de rendement est la suivante.

$$\frac{\text{Pourcentage}}{\text{de rendement}} = \frac{\text{rendement réel}}{\text{rendement théorique}} \times 100\ \% \qquad (3.6)$$

3.9 Les gaz et la stœchiométrie des réactions gazeuses Tout gaz est formé de particules très éloignées les unes des autres et animées en permanence d'un mouvement aléatoire. Les collisions entre les molécules et les parois du contenant sont à l'origine de la **pression** exercée par le gaz. L'unité SI de pression est le **pascal (Pa)**. L'équivalence avec les autres unités de pression est la suivante : 1 atm (atmosphère) = 760 mm Hg (millimètres de mercure) = 760 Torr (torrs) = 101,325 kPa (kilopascals).

En combinant trois lois simples des gaz, on obtient la **loi générale des gaz**.

$$P_1V_1/n_1T_1 = P_2V_2/n_2T_2 \qquad (3.8)$$

On appelle **gaz parfait** un gaz qui, en raison de ses propriétés, obéit aux trois lois simples des gaz. La **loi des gaz parfaits** s'exprime au moyen de l'équation

$$PV = nRT \qquad (3.10)$$

que l'on emploie de préférence aux trois lois simples ou à la loi générale, surtout pour la détermination de la masse moléculaire ou de la masse volumique d'un gaz. La loi des gaz parfaits est particulièrement importante dans les calculs stœchiométriques portant sur les réactions entre des gaz.

Un **gaz réel** tend davantage à se comporter comme un gaz parfait à haute température et à basse pression. Dans les cas où la loi des gaz parfaits ne s'applique pas, on peut généralement employer l'**équation de Van der Waals**.

$$\left(P + \frac{n^2a}{V^2}\right) \times (V - nb) = nRT \qquad (3.12)$$

Chaque constituant d'un mélange gazeux se dilate de manière à occuper tout le volume du contenant et, de ce fait, exerce une **pression partielle** qui lui est propre. La **loi d'addition des pressions partielles de Dalton** stipule que la pression totale d'un mélange gazeux est égale à la somme des pressions partielles de ses constituants.

$$P_{totale} = P_1 + P_2 + P_3 + \dots \qquad (3.13)$$

$$P_1 = \frac{n_1RT}{V} \; ; \; P_2 = \frac{n_2RT}{V} \qquad (3.14)$$

On peut aussi déterminer la pression partielle d'un gaz en multipliant la **fraction molaire** par la pression totale.

$$P_1 = \chi_1 \times P_{totale} \qquad (3.16)$$

3.10 **Les solutions et la stœchiométrie des solutions**

Les **solutions** sont formées par la dissolution d'une substance, appelée **soluté**, dans une autre substance, le **solvant**. Le soluté est le composé présent en plus petite quantité. La **concentration molaire volumique** d'une solution est le nombre de moles de soluté par litre de solution.

$$\text{Concentration molaire volumique } (c) = \frac{\text{moles de soluté}}{\text{litres de solution}} \qquad (3.17)$$

Les calculs stœchiométriques portant sur des réactions en solution sont faits à l'aide de divers facteurs de conversion. Ceux-ci sont notamment la concentration molaire volumique ou son inverse.

Mots clés

Problèmes par sections

3.1 ## La masse moléculaire et la masse d'une entité formulaire

1. Calculez la masse moléculaire ou la masse d'une entité formulaire de chacune des substances suivantes. Précisez si le résultat est une masse moléculaire ou la masse d'une entité formulaire.

   a) C_6H_5Br **d)** dichromate de potassium

   b) $Ca(HCO_3)_2$ **e)** $Al_2(SO_4)_3 \cdot 18H_2O$

   c) acide phosphorique   **f)** $C_{17}H_{21}NO_4$

2. Calculez la masse moléculaire :

   a) du fensulfothion, un insecticide dont la formule semi-développée est $(CH_3CH_2O)_2PSOC_6H_4SOOCH_3$;

b) du salicylate de méthyle (voir ci-dessous), composant de l'huile essentielle de thé des bois.

(*Indice:* Reportez-vous au code de couleurs présenté dans la figure 2.7, page 57.)

Salicylate de méthyle

3.2 ## La mole, la constante d'Avogadro et la masse molaire

3. Calculez la masse en grammes de :

   a) 1,12 mol de CaH_2 ;

   b) 0,250 mol de $(CH_3)_2CHCOOH$;

   c) 0,158 mol de pentafluorure d'iode.

4. Calculez le nombre de moles dans :

   a) 98,6 g de HNO_3 ;

   b) 16,3 g d'hexafluorure de soufre ;

   c) 35,6 g de sulfate de fer(III) heptahydraté ;

   d) 218 mg de méthanol, CH_3OH.

5. Calculez :

   a) le nombre de molécules dans 4,68 mol de H_2O ;

   b) le nombre d'ions sulfate dans 86,2 g de sulfate d'aluminium ;

c) la masse moyenne en grammes d'un atome de cuivre. Pourquoi parle-t-on ici de masse moyenne ?

6. Calculez :

   a) le nombre total d'ions dans 1,75 mol de chlorure de magnésium ;

   b) le nombre de molécules dans 37,0 mL d'éthanol, CH_3CH_2OH ($\rho = 0,789$ g/mL) ;

   c) la masse moyenne en grammes d'une molécule de saccharose, $C_{12}H_{22}O_{11}$.

7. *Sans faire de calculs détaillés*, déterminez lequel des échantillons suivants contient le plus grand nombre d'atomes, et expliquez votre réponse.

   a) 1,0 mol de N_2 **c)** 17,0 mL de H_2O

   b) 50,0 g de Na   **d)** $1,2 \times 10^{24}$ atomes Mg

3.3 et **3.4** ## La composition en pourcentage massique, la formule chimique et l'analyse élémentaire

8. Calculez le pourcentage massique de chaque élément dans les substances suivantes.

   a) $BaSiO_3$ **c)** $Mg(HCO_3)_2$

   b) $C_6H_5NO_2$ **d)** $Al(BrO_3)_3 \cdot 9H_2O$

9. Quel est le pourcentage massique de béryllium dans le béryl, un minerai dont la formule est $Be_3Al_2Si_6O_{18}$? Quelle masse maximale de béryllium peut-on obtenir à partir de 1,00 kg de béryl ?

10. La formule empirique du *para*dichlorobenzène, utilisé comme antimite, est C_3H_2Cl, et sa masse moléculaire est de 147 u. Quelle est la formule moléculaire de ce composé ?

11. La composition en pourcentage massique d'un hydrate est la suivante : 4,33 % de Li ; 22,10 % de Cl ; 39,89 % de O ; 33,69 % de H_2O. Quelle est la formule de cet hydrate ?

12. En présence d'oxygène, la combustion d'un échantillon de 0,1204 g d'un acide organique donne 0,2147 g de CO_2 et 0,0884 g de H_2O. Calculez la composition en pourcentage massique et donnez la formule empirique de cet acide.

3.5 L'écriture et l'équilibrage d'une équation chimique

13. Équilibrez les équations suivantes.

a) $Cl_2O_5 + H_2O \longrightarrow HClO_3$

b) $V_2O_5 + H_2 \longrightarrow V_2O_3 + H_2O$

c) $Al + O_2 \longrightarrow Al_2O_3$

d) $C_4H_{10} + O_2 \longrightarrow CO_2 + H_2O$

e) $Sn + NaOH \longrightarrow Na_2SnO_2 + H_2$

f) $PCl_5 + H_2O \longrightarrow H_3PO_4 + HCl$

g) $CH_3OH + O_2 \longrightarrow CO_2 + H_2O$

h) $Zn(OH)_2 + H_3PO_4 \longrightarrow Zn_3(PO_4)_2 + H_2O$

14. Équilibrez les équations suivantes.

a) $TiCl_4 + H_2O \longrightarrow TiO_2 + HCl$

b) $WO_3 + H_2 \longrightarrow W + H_2O$

c) $C_5H_{12} + O_2 \longrightarrow CO_2 + H_2O$

d) $Al_4C_3 + H_2O \longrightarrow Al(OH)_3 + CH_4$

e) $Al_2(SO_4)_3 + NaOH \longrightarrow Al(OH)_3 + Na_2SO_4$

f) $Ca_3P_2 + H_2O \longrightarrow Ca(OH)_2 + PH_3$

g) $Cl_2O_7 + H_2O \longrightarrow HClO_4$

h) $MnO_2 + HCl \longrightarrow MnCl_2 + Cl_2 + H_2O$

15. Écrivez une équation équilibrée qui représente :

a) la réaction en phase gazeuse du monoxyde de carbone et du monoxyde d'azote, qui donne du dioxyde de carbone et de l'azote ;

b) la réaction entre du propane gazeux, C_3H_8, et de la vapeur d'eau, qui donne du monoxyde de carbone et de l'hydrogène gazeux ;

c) la réaction entre du nitrure de magnésium solide et de l'eau liquide, qui donne de l'hydroxyde de magnésium solide et de l'ammoniac ;

d) la réaction qui produit de l'électricité dans un accumulateur au plomb, c'est-à-dire la réaction du plomb et de l'oxyde de plomb(IV) solides, en présence d'une solution aqueuse d'acide sulfurique, qui donne du sulfate de plomb(II) solide et de l'eau liquide.

16. Si on fait passer de l'hydrogène gazeux à 400 °C sur de l'oxyde de fer(III), il se forme de la vapeur d'eau et un résidu noir, dont le pourcentage massique est de 72,3 % en Fe et de 27,7 % en O. Écrivez une équation équilibrée représentant cette réaction.

3.6 L'équivalence stœchiométrique et la stœchiométrie des réactions

17. La combustion d'octane, un important constituant de l'essence, en présence d'un excès d'oxygène est représentée par l'équation suivante.

$$2\,C_8H_{18} + 25\,O_2 \longrightarrow 16\,CO_2 + 18\,H_2O$$

a) Combien de moles de CO_2 la combustion de $1,8 \times 10^4$ mol de C_8H_{18} produit-elle ?

b) Quelle quantité d'oxygène, en moles, est consommée au cours de la combustion de $4,4 \times 10^4$ mol de C_8H_{18} ?

18. L'équation non équilibrée suivante représente la réaction de l'oxyde de plomb(II) avec de l'ammoniac.

$$PbO(s) + NH_3(g) \longrightarrow Pb(s) + N_2(g) + H_2O(l)$$
(équation non équilibrée)

a) Quelle quantité de NH_3, en grammes, est consommée si la quantité de PbO prenant part à la réaction est de 75,0 g ?

b) Si la réaction produit 56,4 g de Pb(s), combien de grammes d'azote produit-elle ?

19. Le cyanamide de calcium et le nitrure de magnésium sont deux solides qui produisent de l'ammoniac en réagissant avec l'eau. *Sans faire de calculs détaillés,* déterminez lequel de ces deux composés produit la plus grande quantité d'ammoniac par kilogramme de solide lorsqu'il y a un excès d'eau.

$$CaCN_2(s) + H_2O(l) \longrightarrow CaCO_3(s) + NH_3(g)$$
(équation non équilibrée)

$$Mg_3N_2(s) + H_2O(l) \longrightarrow Mg(OH)_2(s) + NH_3(g)$$
(équation non équilibrée)

20. Le kérosène est un mélange d'hydrocarbures utilisé pour le chauffage des maisons et comme combustible dans les avions à réaction. On suppose que le kérosène est représenté par la formule $C_{14}H_{30}$ et que sa masse volumique est de 0,763 g/mL.

$$C_{14}H_{30}(l) + O_2(g) \longrightarrow CO_2(g) + H_2O(l)$$
(équation non équilibrée)

Combien de grammes de CO_2 la combustion de 3,785 L de kérosène produit-elle ?

21. L'acétaldéhyde, CH_3CHO ($\rho = 0,788$ g/mL), est un liquide utilisé pour la fabrication de parfums, d'arômes, de colorants et de matières plastiques. On le produit notamment en faisant réagir de l'éthanol et de l'oxygène.

$$CH_3CH_2OH + O_2 \longrightarrow CH_3CHO + H_2O$$
(équation non équilibrée)

Combien de litres d'éthanol liquide ($\rho = 0,789$ g/mL) faut-il pour produire 25,0 L d'acétaldéhyde ?

22. La craie ordinaire est un mélange solide dont les principaux constituants sont le calcaire ($CaCO_3$) et le gypse ($CaSO_4$). Le calcaire se dissout dans HCl(aq), mais non le gypse.

$$CaCO_3(s) + HCl(aq) \longrightarrow CaCl_2(aq) + CO_2(g) + H_2O(l)$$
(équation non équilibrée)

Un bâton de craie de 5,05 g contient 72,0 % de $CaCO_3$. Quelle masse de $CO_2(g)$ est produite par la dissolution de ce bâton dans un excès de $HCl(aq)$?

23. Combien de millilitres de $HCl(aq)$ dilué ($\rho = 1,045$ g/mL), ayant un pourcentage massique de 9,50 % en HCl, réagissent complètement avec 0,858 g de Al ?

$$Al(s) + HCl(aq) \longrightarrow AlCl_3(aq) + H_2(g)$$
(équation non équilibrée)

24. En vous reportant au problème 23, déterminez le nombre de grammes d'hydrogène produit par la réaction de 125 mL de cette solution de $HCl(aq)$ avec un excès d'aluminium.

3.7 et 3.8   Les réactifs limitants et les rendements d'une réaction chimique

25. L'absorption de dioxyde de carbone par l'hydroxyde de lithium produit du carbonate de lithium et de l'eau. Cette réaction a été mise à profit pour absorber le CO_2 produit par la respiration des astronautes lors des vols d'Apollo dans les années 1960 et 1970.

$$2 LiOH + CO_2 \longrightarrow Li_2CO_3 + H_2O$$

Dans un récipient, on met 0,150 mol de LiOH et 0,080 mol de CO_2. Lequel des deux composés est le réactif limitant ? Combien de moles de Li_2CO_3 la réaction produit-elle ?

26. La réaction du mercure liquide avec l'oxygène gazeux est représentée par l'équation non équilibrée :

$$Hg(l) + O_2(g) \longrightarrow HgO(s)$$

Sans faire de calculs détaillés, indiquez lequel des résultats suivants la réaction de 0,200 mol de $Hg(l)$ avec 4,00 g de $O_2(g)$ produira. Expliquez votre réponse.

a) 4,00 g de $HgO(s)$ et 0,200 mol de $Hg(l)$

b) 0,100 mol de $HgO(s)$, 0,100 mol de $Hg(l)$ et 2,40 g de O_2

c) 0,200 mol de $HgO(s)$, mais pas de $O_2(g)$

d) 0,200 mol de $HgO(s)$ et 0,80 g de $O_2(g)$

27. L'épuration du dioxyde de titane, qui est une étape importante de la fabrication commerciale du titane, comprend la réaction suivante :

$$TiO_2(s) + C(s) + Cl_2(g) \longrightarrow TiCl_4(g) + CO(g)$$
(équation non équilibrée)

Sans faire de calculs détaillés, indiquez lesquelles des conditions initiales suivantes permettent de produire une quantité maximale de $TiCl_4(g)$. Décrivez le raisonnement que vous avez appliqué.

a) 1,5 mol de TiO_2, 2,1 mol de C et 4,4 mol de Cl_2

b) 1,6 mol de TiO_2, 2,5 mol de C et 3,6 mol de Cl_2

c) 2,0 mol de TiO_2, de C et de Cl_2

d) 3,0 mol de TiO_2, de C et de Cl_2

28. On utilise l'iodure de potassium comme supplément alimentaire dans la prévention du goitre, une maladie de la glande thyroïde due à une carence en iode. On obtient l'iodure de potassium en faisant réagir l'acide iodhydrique avec l'hydrogénocarbonate de potassium, ce qui produit également de l'eau et du dioxyde de carbone. On fait réagir 481 g de HI avec 318 g de $KHCO_3$.

a) Combien obtient-on de grammes de KI ?

b) Quel réactif est en excès et combien de grammes de ce réactif sont inaltérés à la fin de la réaction ?

29. On obtient le nitrite de sodium, utilisé comme agent de conservation de la viande (pour prévenir le botulisme), en faisant passer du monoxyde d'azote et de l'oxygène gazeux dans une solution aqueuse de carbonate de sodium. Cette réaction produit également du dioxyde de carbone. On fait réagir 154 g de Na_2CO_3 avec 105 g de NO et 75,0 g de $O_2(g)$.

a) Combien de grammes de $NaNO_2$ obtient-on ?

b) Quels réactifs sont en excès et combien de grammes de chacun de ces réactifs sont inaltérés à la fin de la réaction ?

30. Calculez le rendement théorique de ZnS, en grammes, fourni par la réaction de 0,488 g de Zn avec 0,503 g de S_8.

$$8 Zn + S_8 \longrightarrow 8 ZnS$$

Si le rendement réel de la réaction est de 0,606 g de ZnS, quel est le pourcentage de rendement ?

31. Une étudiante prépare du bicarbonate d'ammonium au moyen de la réaction

$$NH_3 + CO_2 + H_2O \longrightarrow NH_4HCO_3$$

Elle utilise 14,8 g de NH_3 et 41,3 g de CO_2 en présence d'un excès d'eau. Quel est le rendement réel en bicarbonate d'ammonium si le pourcentage de rendement pour cette réaction est de 74,7 % ?

32. Un étudiant a besoin de 625 g de sulfure de zinc, un pigment blanc, pour réaliser un projet artistique. Il choisit de synthétiser ce composé au moyen de la réaction

$$Na_2S(aq) + Zn(NO_3)_2(aq) \longrightarrow ZnS(s) + 2\ NaNO_3(aq)$$

Combien de grammes de nitrate de zinc devra-t-il utiliser pour fabriquer du sulfure de zinc si le rendement est de 85,0 % ? On suppose qu'il y a un excès de sulfure de sodium.

3.9 Les gaz et la stœchiométrie des réactions gazeuses

33. Dans un incinérateur dont la température de fonctionnement est de 755 °C, on lance un contenant hermétique dont la pression intérieure est de 96,1 kPa à 25 °C. Quelle sera la pression à l'intérieur du contenant s'il reste intact après avoir été jeté dans l'incinérateur ?

34. Une quantité donnée d'hélium, emmagasinée dans un contenant de 1,05 L à 26 °C, exerce une pression de 775 mm Hg. Si le volume du gaz est constant, de combien de degrés faut-il augmenter ou diminuer sa température pour amener sa pression à 725 mm Hg ?

35. On veut emmagasiner un échantillon de gaz de 1,00 mol à 101,3 kPa et à 25 °C. Quelle doit être la capacité du contenant utilisé ?

36. Une quantité donnée d'un gaz occupe un volume de 2,53 m³ à une température de − 15 °C et à une pression de 25,46 kPa. Quel est le volume du gaz à 25 °C et à 152,2 kPa ?

37. Quelle est la masse, en kilogrammes, de $4,55 \times 10^3$ L de néon gazeux à TPN ?

38. Si, à TPN, on ajoute 125 mg de Ar(g) à un échantillon de 505 mL de Ar(g), quel sera le volume final du gaz lorsque les conditions initiales de température et de pression auront été rétablies ?

39. Calculez :
a) le volume, en litres, de 1,12 mol d'un gaz parfait à 62 °C et à 139,8 kPa ;

b) la pression, en kilopascals, de 125 g de CO(g) emmagasiné dans un réservoir de 3,96 L, à 29 °C ;

c) la masse, en milligrammes, de 34,5 mL de H_2(g) à 96,63 kPa et à − 12 °C ;

d) la pression, en kilopascals, de 173 g de N_2(g) emmagasiné dans un réservoir de 8,35 L à 0 °C.

40. Un gaz occupe un volume de 4,65 L dans des conditions de température et de pression normales. Quel est le volume final du gaz, si on amène la température à 15 °C et la pression à 100,77 kPa ?

41. Le volume intérieur du Hubert H. Humphrey Metrodome, à Minneapolis, est de $1,70 \times 10^{10}$ L. Le toit en fibres de verre recouvert de téflon est soutenu par la pression de l'air, produit par 20 ventilateurs électriques géants. Combien de moles d'air le dôme contient-il si la pression est de 103,3 kPa à 18 °C ?

42. Le meilleur système d'aspiration de laboratoire fait le vide jusqu'à ce qu'il ne reste plus que $1,0 \times 10^9$ molécules de gaz par mètre cube. Calculez la pression finale du gaz, en kilopascals, dans le cas où la température est de 25 °C.

43. Calculez la masse moléculaire d'un liquide donnant 125 mL de vapeur, dont la masse est de 0,625 g, lorsqu'on le vaporise à 98 °C et à 100,8 kPa.

44. Un hydrocarbure, composé uniquement de carbone et d'hydrogène, contient 8,75 % d'hydrogène, selon la masse. Un échantillon de 1,261 g de vapeur de cet hydrocarbure a un volume de 435 mL à 115 °C et à 101,43 kPa. Quelle est la formule moléculaire de l'hydrocarbure ?

45. Calculez la masse volumique, en grammes par litre, de chacune des substances suivantes :

  a) $CO(g)$ à TPN ;

  b) $Ar(g)$ à 127,6 kPa et à 325 °C.

46. À une pression de 99,5 kPa, à quelle température l'oxygène, $O_2(g)$, a-t-il une masse volumique de 1,05 g/L ?

47. À une température de 25 °C, à quelle pression l'azote, $N_2(g)$, a-t-il une masse volumique de 0,985 g/L ?

48. *Sans faire de calculs détaillés,* déterminez lequel des gaz suivants a la plus grande masse volumique :
  a) $H_2(g)$ à − 15 °C et à 99 kPa ;
  b) $He(g)$ à TPN ;
  c) $CH_4(g)$ à − 10 °C et à 1,15 atm ;
  d) $C_2H_6(g)$ à 50 °C et à 60 kPa.

49. Combien de litres de $SO_3(g)$ la réaction de 1,15 L de $SO_2(g)$ et de 0,65 L de $O_2(g)$ produit-elle si les trois gaz sont mesurés à une même température et à une même pression ?
$$2\,SO_2(g) + O_2(g) \longrightarrow 2\,SO_3(g)$$

50. Combien de litres de $CO_2(g)$ la réaction de 3,06 L de $CO(g)$ et de 1,48 L de $O_2(g)$ produit-elle si les trois gaz sont mesurés à une même température et à une même pression ?

51. Combien de litres de $CO_2(g)$ la combustion complète de 125 mL de propanol, $CH_3CH_2CH_2OH$ ($\rho = 0{,}804$ g/ml), produit-elle si du CO_2 est mesuré à 26 °C et à 102,2 kPa ?
$$CH_3CH_2CH_2OH(l) + O_2(g) \longrightarrow CO_2(g) + H_2O(l)$$
(équation non équilibrée)

52. Combien de milligrammes de magnésium faut-il faire réagir avec un excès de HCl(aq) pour obtenir 28,50 mL de $H_2(g)$, mesuré à 26 °C et à 101,0 kPa ?
$$Mg(s) + 2\,HCl(aq) \longrightarrow MgCl_2(aq) + H_2(g)$$

53. Une seule des illustrations suivantes est une représentation satisfaisante, du point de vue moléculaire, du mélange de 1,0 g de H_2 et de 1,0 g de He. Laquelle est-ce ? Quelles erreurs les deux autres contiennent-elles ?

(a)

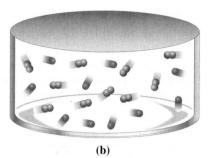

(b)

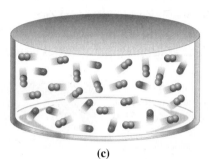

(c)

54. Tracez un schéma représentant, du point de vue moléculaire, le mélange gazeux obtenu par l'addition de 7,5 g de $C_2H_6(g)$ au mélange dont il est question dans le problème 53.

55. La composition en pourcentage molaire d'un échantillon de gaz est la suivante : N_2, 76,8 % ; O_2, 20,1 % ; CO_2, 3,1 %. Si la pression totale est de 762 mm Hg, quelle est la pression partielle de chacun des trois constituants ?

56. Un échantillon de gaz intestinaux contient 44 % de CO_2, 38 % de H_2, 17 % de N_2, 1,3 % de O_2 et 0,003 % de CH_4, selon le volume. (La somme des pourcentages n'est pas égale à 100 % parce qu'il s'agit de valeurs arrondies.) Quelle est la pression partielle de chaque constituant si la pression intestinale totale est de 109,0 kPa ? (*Indice :* Il faut se rappeler que le pourcentage volumique et le pourcentage molaire sont identiques dans le cas d'un mélange de gaz parfaits.)

57. Des plongeurs sous-marins utilisent un mélange formé de 1,96 g de He et de 60,8 g de O_2, emmagasiné à 25,0 °C dans un réservoir de 5,00 L.

  a) Quelle est la fraction molaire de chaque constituant ?

  b) Quelle est la pression partielle de chaque constituant ?

  c) Quelle est la pression totale du mélange ?

58. À 25,0 °C, un échantillon de 267 mL d'un mélange de gaz nobles contient 0,354 g de Ar, 0,0521 g de Ne et 0,0049 g de Kr.

  a) Quelle est la fraction molaire de chacun des trois constituants ?

  b) Quelle est la pression partielle de chaque constituant ?

  c) Quelle est la pression totale du mélange ?

3.10 Les solutions et la stœchiométrie des solutions

59. Calculez la concentration molaire volumique de chacune des solutions aqueuses suivantes.

    a) 6,00 mol de HCl dans 2,50 L de solution

    b) 0,000 700 mol de Li_2CO_3 dans 10,0 mL de solution

    c) 8,905 g de H_2SO_4 dans 100,0 mL de solution

    d) 439 g de $C_6H_{12}O_6$ dans 1,25 L de solution

    e) 15,50 mL de glycérol, $C_3H_8O_3$ ($\rho = 1,265$ g/mL), dans 225,0 mL de solution

    f) 35,0 mL d'isopropanol, $CH_3CHOHCH_3$ ($\rho = 0,786$ g/mL), dans 250 mL de solution

60. Quelle quantité de soluté faut-il pour préparer chacune des solutions suivantes ?

    a) 1,25 L d'une solution dont la concentration molaire volumique est de 0,0235 mol/L : en moles de NaOH

    b) 10,0 mL d'une solution dont la concentration molaire volumique est de 4,25 mol/L : en grammes de $C_6H_{12}O_6$

    c) 2,225 L d'une solution dont la concentration molaire volumique est de 0,2500 mol/L : en millilitres de triéthanolamine, $N(CH_2CH_2OH)_3$ ($\rho = 1,0985$ g/mL)

    d) 715 mL d'une solution dont la concentration molaire volumique est de 1,34 mol/L : en millilitres de butan-2-ol, $CH_3CHOHCH_2CH_3$ ($\rho = 0,808$ g/mL)

61. Quelle quantité, en millilitres, d'une solution dont la concentration molaire volumique est de 0,215 mol/L contient :

    a) 0,0867 mol de NaBr ?

    b) 32,1 g de $CO(NH_2)_2$?

    c) 715 mg de méthanol, CH_3OH ?

62. L'étiquette d'une bouteille d'acide nitrique indique qu'il s'agit d'une solution aqueuse ayant un pourcentage massique de 67,0 % en HNO_3 et une masse volumique de 1,40 g/mL. Calculez la concentration molaire volumique de la solution.

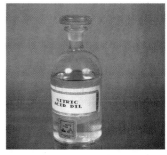

63. On mélange deux solutions de saccharose ($C_{12}H_{22}O_4$), soit 125 mL d'une solution dont la concentration molaire volumique est de 1,50 mol/L et 275 mL d'une solution dont la concentration molaire volumique est de 1,25 mol/L. Si le volume de la solution obtenue est de 400 mL, quelle est sa concentration molaire volumique en $C_{12}H_{22}O_{11}$?

64. Quelle quantité, en grammes, de $BaSO_4(s)$ est produite lorsqu'on ajoute du $BaCl_2(aq)$ en excès à 635 mL d'une solution de Na_2SO_4 dont la concentration molaire volumique est de 0,314 mol/L ?

$$BaCl_2(aq) + Na_2SO_4(aq) \longrightarrow BaSO_4(s) + 2\ NaCl(aq)$$

65. La réaction du carbonate de calcium avec l'acide chlorhydrique donne du chlorure de calcium, du dioxyde de carbone et de l'eau. Quelle quantité de dioxyde de carbone, en grammes, est produite lorsqu'on ajoute 4,35 g de carbonate de calcium à 75,0 mL d'acide chlorhydrique, dont la concentration molaire volumique est de 1,50 mol/L ?

Problèmes complémentaires   ★ Problème défi   Problème synthèse

66. Les comprimés de calcium utilisés comme supplément alimentaire sont formés de différents composés. Quelle masse de chacun des composés suivants renferme 875 mg d'ions Ca^{2+} ?

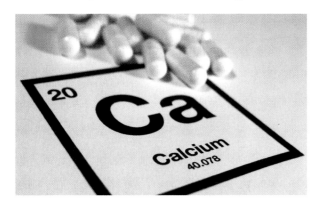

    a) Carbonate de calcium, $CaCO_3$

    b) Lactate de calcium, $Ca(C_3H_5O_3)_2$

    c) Gluconate de calcium, $Ca(C_6H_{11}O_7)_2$

    d) Citrate de calcium, $Ca_3(C_6H_5O_7)_2$

67. Le fer, sous la forme d'ions Fe^{2+}, est un nutriment essentiel. De nombreuses femmes enceintes prennent des comprimés de sulfate ferreux ($FeSO_4$) de 325 mg comme supplément alimentaire. Toutefois, l'ingestion de comprimés de fer est la principale cause d'intoxication mortelle chez les enfants. Une dose d'à peine 550 mg de Fe^{2+} peut entraîner le décès d'un enfant de 10 kg. Combien de comprimés de sulfate ferreux de 325 mg constituent une dose potentiellement létale pour un enfant de 10 kg ?

68. La chlorophylle, présente dans les cellules de certaines plantes et essentielle au processus de photosynthèse, contient 2,72 % de Mg, selon la masse. Si chaque molécule de chlorophylle contient un atome de magnésium, quelle est la masse moléculaire de la chlorophylle ?

69. La combustion, en présence d'oxygène, au cours de l'analyse d'un échantillon de 0,1888 g d'un hydrocarbure, donne 0,6260 g de CO_2 et 0,1602 g de H_2O. La masse moléculaire de l'hydrocarbure est de 106 u. Calculez :

    a) sa composition en pourcentage massique ;

    b) sa formule empirique ;

    c) sa formule moléculaire.

70. Au cours de l'analyse de la combustion d'un alcane, quelles constatations fera-t-on à propos de la masse de CO_2 produite?

a) La masse de CO_2 est plus grande que la masse de H_2O.

b) La masse de CO_2 est plus petite que la masse de H_2O.

c) La masse de CO_2 et la masse de H_2O sont égales.

71. À une température supérieure à 300 °C, l'oxyde d'argent, Ag_2O, se décompose en argent métallique et en oxygène gazeux. Un échantillon de 2,95 g d'oxyde d'argent *impur* donne ainsi 0,183 g d'oxygène. Si $Ag_2O(s)$ est l'unique source d'oxygène, quel est le pourcentage massique de Ag_2O dans l'échantillon?

72. Une feuille de fer, dont l'aire est de 525 cm^2, est recouverte d'une couche de rouille d'une épaisseur moyenne de 0,0021 cm. Pour nettoyer la feuille, on fait réagir une solution de HCl ayant une masse volumique de 1,07 g/mL et un pourcentage massique de 14 % en HCl avec la rouille. De quel volume minimal de cette solution a-t-on besoin? On suppose que la rouille est du $Fe_2O_3(s)$, dont la masse volumique est de 5,2 g/cm^3, et que la réaction est représentée par l'équation

$$Fe_2O_3(s) + 6\ HCl(aq) \longrightarrow 2\ FeCl_3(aq) + 3\ H_2O(l)$$

73. Dans un manuel de laboratoire, on indique qu'il faut utiliser 13,0 g de butanol, 21,6 g de bromure de sodium et 33,8 g de H_2SO_4 pour effectuer la réaction représentée par l'équation

$$C_4H_9OH + NaBr + H_2SO_4 \longrightarrow C_4H_9Br + NaHSO_4 + H_2O$$

Un élève qui a suivi ces directives a obtenu 16,8 g de bromobutane (C_4H_9Br). Quels sont le rendement théorique et le pourcentage de rendement de la réaction?

74. Selon le bulletin d'une association écologique, 42 milliards de litres d'une solution d'acide sulfurique, dont la teneur en H_2SO_4 est de 70 %, devraient être livrés à la mine White Pine durant une période d'un an. Actuellement, les États-Unis produisent annuellement un peu moins de 45 milliards de kilogrammes de H_2SO_4 pur. Selon vous, l'information diffusée dans le bulletin est-elle exacte? Expliquez votre réponse. On suppose que la masse volumique de l'acide sulfurique est de 1,61 g/mL.

75. Combien de grammes de sodium faut-il faire réagir avec 250,0 mL d'eau pour obtenir une solution dont la concentration molaire volumique en NaOH est de 0,315 mol/L? On suppose que le volume de la solution résultante est de 250,0 mL.

$$Na(s) + H_2O(l) \longrightarrow NaOH(aq) + H_2(g)$$
(*équation non équilibrée*)

76. On mélange les solutions d'urée, $CO(NH_2)_2$, représentées ci-dessous, puis on laisse évaporer la solution résultante jusqu'à ce que son volume soit de 825 mL. Quelle est la concentration molaire volumique en urée de la solution résultante?

655 mL de $c_{CO(NH_2)_2}$ = 0,852 mol/L

432 mL de $c_{CO(NH_2)_2}$ = 0,487 mol/L

825 mL de $c_{CO(NH_2)_2}$ = ? mol/L

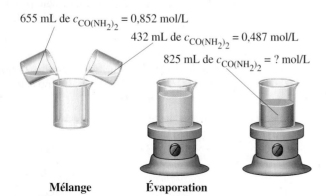

Mélange　　　**Évaporation**

77. Un engrais commercial est un mélange de deux composés dans le rapport molaire 1:1. Il est classé dans la catégorie des engrais « 10-53-18 ». Quelle paire de composés, parmi les suivants, peut constituer le mélange: KH_2PO_4, K_2HPO_4, K_3PO_4, $NH_4H_2PO_4$, $(NH_4)_2HPO_4$ et $(NH_4)_3PO_4$? Reportez-vous à l'encadré de la page 90.

78. Stephen Malaker a conçu, pour la compagnie Cryodynamics, un réfrigérateur dans lequel le gaz réfrigérant est de l'hélium. Le système de Malaker emploie habituellement 81,9 mL de He comprimé à une pression de 1344 kPa, à une température de 20 °C. Quelle quantité d'hélium, en grammes, faut-il pour faire fonctionner un réfrigérateur?

79. Dans le but de vérifier l'hypothèse d'Avogadro, on a déterminé, à l'aide d'une balance de précision, la masse de petites quantités de divers gaz contenus dans des seringues de 100,0 mL. Les résultats sont les suivants: 0,0080 g de H_2; 0,1112 g de N_2; 0,1281 g de O_2; 0,1770 g de CO_2; 0,2320 g de C_4H_{10}; 0,4824 g de CCl_2F_2. Ces données confirment-elles l'hypothèse d'Avogadro, avec un degré de précision de 1 %? Expliquez votre réponse.

80. Un échantillon de 2,135 g d'un chlorofluorocarbure (CFC) gazeux (qui contribue à l'amincissement de la couche d'ozone) occupe un volume de 315,5 mL à 98,53 kPa et à 26,1 °C. L'analyse du gaz a déterminé qu'il est formé de 14,05 % de C, 41,48 % de Cl et 44,46 % de F, selon la masse. Quelle est la formule moléculaire du gaz?

81. On emploie l'hydrocarbure gazeux butadiène dans la fabrication du caoutchouc synthétique. On a déterminé comme suit la masse moléculaire de ce composé. Un récipient en verre, dont la masse est de 45,0143 g lorsqu'il est vide, a une masse de 192,8273 g lorsqu'il est rempli de Fréon-113, un liquide dont la masse volumique est de 1,576 g/mL, et une masse de 45,2217 g lorsqu'il est rempli de butadiène à 751,2 mm Hg et à 21,48 °C. Quelle est la masse moléculaire du butadiène?

82. On suppose que C_8H_{18} est la « formule » de l'essence, et que sa masse volumique est de 0,71 g/mL. Si une automobile consomme 7,52 L aux 100 km, quel est le volume de $CO_2(g)$, mesuré à 28 °C et à 97,6 kPa, qui est produit au cours d'un trajet de 426 km? (On suppose que la combustion de l'essence est complète.)

83. Quel volume d'*air*, mesuré à 23,0 °C et à 98,8 kPa, faut-il pour que la combustion de $1,00 \times 10^3$ L d'un gaz naturel donné, mesuré dans des conditions de température et de pression normales, soit complète ? La composition du gaz naturel est la suivante, selon le volume : 77,3 % de CH_4 ; 11,2 % de C_2H_6 ; 5,8 % de C_3H_8 ; 2,3 % de C_4H_{10} ; 3,4 % de gaz non combustibles. Quant à la composition de l'air, elle est donnée dans l'exemple 3.31, page 133.

84. En général, lorsqu'une personne tousse, elle inspire d'abord environ 2,0 L d'air à 1,0 atm et à 25 °C. Ensuite, l'épiglotte et les cordes vocales se contractent, de sorte que l'air est emprisonné dans les poumons, où sa température passe à 37 °C et son volume est comprimé à environ 1,7 L par l'action du diaphragme et des muscles thoraciques. Le relâchement soudain de l'épiglotte et des cordes vocales libère brutalement l'air. Immédiatement avant l'expiration, quelle est approximativement la pression du gaz dans les poumons ?

85. La réaction d'un échantillon de 0,8150 g de MCl_2 avec du $AgNO_3(aq)$ en excès donne 1,8431 g de $AgCl(s)$ et du $M(NO_3)_2(aq)$. Quelle est la masse atomique de l'élément M, et quel est cet élément ?

86. La combustion, en présence d'oxygène, de 1,525 g d'un composé formé de carbone, d'hydrogène et d'oxygène donne 3,047 g de CO_2 et 1,247 g de H_2O. La masse moléculaire de ce composé est de 88,1 u. Écrivez une formule développée plausible pour le composé. Existe-t-il plusieurs possibilités ? Expliquez votre réponse.

87. Dans l'exemple 3.20 (page 111), nous avons décrit la réaction du magnésium avec de l'azote qui donne du nitrure de magnésium. Le magnésium réagit encore plus fortement avec l'oxygène, avec lequel il forme de l'oxyde de magnésium. Par contre, l'argon, un gaz noble, est inerte : il ne réagit pas avec le magnésium. On suppose que, dans le cas décrit dans l'exemple 3.20, où 35,00 g de Mg réagissent avec 15,00 g de N_2, il ne s'agit pas d'azote pur. Calculez le nombre de grammes de produit que devrait donner la réaction si l'azote contient, selon la masse :

a) 5 % d'argon ;

b) 15 % d'argon ;

c) 25 % d'oxygène.

88. La combustion d'un échantillon de 1,405 g d'un alcane (un hydrocarbure) donne 4,305 g de CO_2 et 2,056 g de H_2O. Un échantillon de 0,403 g de l'hydrocarbure gazeux occupe un volume de 145 mL à 99,8 °C et à 99,83 kPa. Quelle est la formule moléculaire de l'hydrocarbure ?

89. Calculez le volume de $H_2(g)$ nécessaire à la réaction

$$3 \, CO(g) + 7 \, H_2(g) \longrightarrow C_3H_8 + 3 \, H_2O(l)$$

si la quantité de CO(g) est de 15,0 L :

a) lorsque les deux gaz sont mesurés à TPN ;

b) lorsque CO(g) est mesuré à TPN et H_2(g), à 22 °C et à 99,3 kPa ;

c) lorsque les deux gaz sont mesurés à 22 °C et à 99,3 kPa ;

d) lorsque CO(g) est mesuré à 25 °C et à 100,9 kPa et H_2(g), à 22 °C et à 99,3 kPa.

90. Un ballon-sonde est un ballon rempli de H_2(g) et muni d'appareils enregistreurs (appelés charge). Puisque la masse totale du ballon, du gaz et de la charge est inférieure à la masse de l'air occupant un volume identique, le ballon s'élève et, de ce fait, se dilate. À l'aide des données présentées ci-dessous, évaluez l'altitude maximale à laquelle un ballon-sonde s'élève si la masse du ballon vide est de 1200 g ; la masse de la charge est de 1700 g ; le volume de H_2(g) dans le ballon est de 3,40 m³ à TPN ; le diamètre de ce ballon sphérique, à l'altitude maximale, est de 7,62 m. La pression de l'air et la température sont, en fonction de l'altitude, de :

$1,0 \times 10^3$ mbar et 290 K à 0 km

$5,4 \times 10^2$ mbar et 266 K à 5 km

$2,7 \times 10^2$ mbar et 235 K à 10 km

$5,5 \times 10^1$ mbar et 217 K à 20 km

$1,2 \times 10^1$ mbar et 239 K à 30 km

$2,9 \times 10^0$ mbar et 267 K à 40 km

$8,1 \times 10^{-1}$ mbar et 280 K à 50 km

$2,3 \times 10^{-1}$ mbar et 260 K à 60 km

On considère l'air comme un gaz simple dont la masse molaire est de 28,96 g/mol (cette valeur étant appelée masse molaire *apparente* de l'air).

La **structure** de l'atome

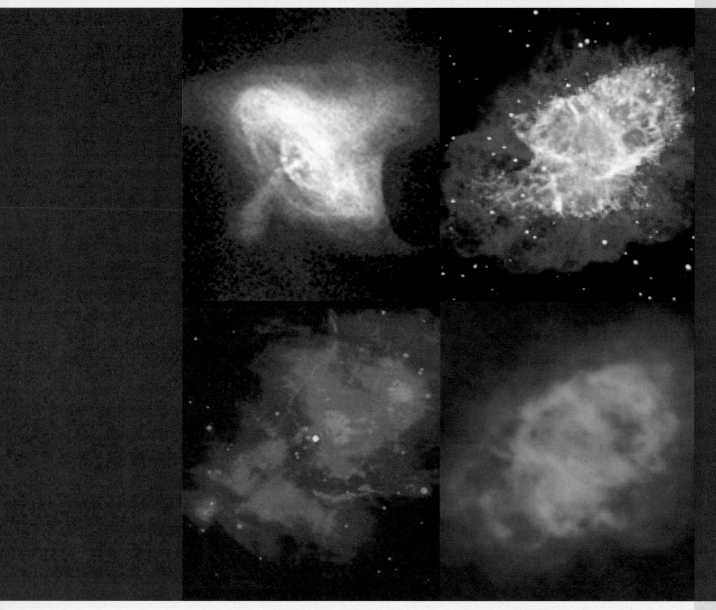

La nébuleuse du Cancer est représentée ici (dans le sens des aiguilles d'une montre à partir du coin supérieur gauche) à l'aide d'une image aux rayons X (ici en couleur bleu pâle), d'une image optique, d'une image par ondes radio (violet) et d'une image infrarouge (orange et jaune). Cette nébuleuse serait constituée des restes d'une supernova dont l'explosion a été observée de la Terre en 1054 après Jésus-Christ. Dans son centre, on trouve une étoile à neutrons tournant rapidement sur elle-même. Tout ce que nous savons des objets de l'espace vient de l'énergie émise ou absorbée par les atomes. Cette énergie révèle aussi la structure de l'atome, sujet du présent chapitre.

Certains chimistes ont fait des découvertes qui ont joué un rôle considérable dans d'autres disciplines. Ainsi, les biologistes utilisent les connaissances acquises en chimie sur la structure des protéines et de diverses autres substances biochimiques pour étudier les processus biologiques à l'échelle moléculaire. Par exemple, les progrès réalisés en génétique reposent désormais non seulement sur l'étude du patrimoine héréditaire des populations, mais aussi, ce qui est plus fondamental, sur la détermination extrêmement précise de la structure de l'ADN. Inversement, des découvertes effectuées dans d'autres branches de la science ont eu une influence marquée en chimie en modifiant à jamais la conception du monde des chimistes. Dans ce chapitre, nous étudierons l'évolution, jusqu'à nos jours, des connaissances sur la structure de l'atome.

Nous avons abordé l'étude de la structure atomique au chapitre 2, où nous avons examiné le noyau de l'atome et ses principaux constituants : les protons et les neutrons. Nous avons vu comment on détermine la masse atomique d'un élément, notion fondamentale en stœchiométrie, tout comme la mole. Jusqu'ici, nous nous sommes limités à la perte ou au gain d'électrons, au cours de la formation d'ions. Dans le présent chapitre, nous concentrons notre attention sur l'électron, qui est au centre de la conception moderne de la structure atomique.

La première partie de ce chapitre fait état des résultats expérimentaux sur lesquels repose la représentation de l'atome que nous avons retenue dans le chapitre 2 ; nous mettons l'accent sur la découverte de l'électron et la détermination de ses propriétés. À première vue, la deuxième partie, qui porte essentiellement sur la lumière, n'a aucun rapport avec la structure atomique. Cependant, on ne peut comprendre à fond la nature de la lumière sans faire appel à des notions tout à fait nouvelles. Et c'est l'application de ces notions à la compréhension du comportement des électrons à l'intérieur des atomes qui a mené à la conception moderne de la structure atomique, présentée dans la troisième partie du chapitre.

Ce chapitre permettra de répondre, entre autres, aux questions suivantes :

- D'où viennent les magnifiques couleurs des feux d'artifice ?

- Comment fonctionne l'œil magique qui permet d'ouvrir les portes de garage ?

- Un courant électrique peut-il circuler indéfiniment, sans perte d'énergie ?

Joseph John Thomson (1856-1940) entreprit des études à l'université de Cambridge en 1875 et, seulement huit ans plus tard, il reçut le titre de Cavendish Professor. La publication, en 1893, de *Recent Researches in Electricity and Magnetism* accrut grandement sa célébrité dans la communauté scientifique, de sorte que le chercheur attira des étudiants exceptionnels, en provenance de toutes les parties du globe. Thomson remporta le prix Nobel de physique en 1906 pour sa description de l'électron.

Rayons cathodiques

Faisceau d'électrons se déplaçant de la cathode à l'anode lorsqu'on fait passer une décharge électrique dans un tube presque vide.

Les rayons cathodiques sont donc constitués d'une matière [...] dans laquelle la subdivision est beaucoup plus fine que celle qu'on observe habituellement dans la matière à l'état gazeux : dans les rayons cathodiques, la totalité de la matière [...] est d'un seul et même type.

J. J. Thomson

La conception classique de la structure atomique

La conception classique de la structure atomique repose sur l'ensemble des connaissances accumulées en physique avant le XXe siècle. Cet ensemble de connaissances, appelé « physique classique », a eu une incidence très importante sur le développement de la chimie. En effet, une meilleure compréhension de la structure atomique a permis de mieux décrire le comportement de la matière et d'expliquer plus clairement, entre autres, ce qui se passe lors des réactions chimiques et biochimiques.

4.1   L'électron : les expériences de Thomson et de Millikan

Dans les paragraphes qui suivent, nous vous fournissons un bref rappel des principales expériences et des grandes découvertes et hypothèses qui ont donné naissance au modèle de l'atome que nous utilisons de nos jours.

Les expériences de Thomson

Au cours de ses premières expériences, Thomson démontra, en mesurant la déviation de **rayons cathodiques** dans des champs magnétique *et* électrique (**figure 4.1**), que ces rayons sont formés de particules chargées négativement. Des expériences ultérieures, également très importantes, lui permirent de montrer que la déviation qui se produit dans un champ magnétique est la même, quel que soit le gaz résiduel que l'on trouve dans le tube cathodique : de l'hydrogène, de l'air, du dioxyde de carbone ou tout autre gaz. Cette observation incitait fortement à croire que les rayons cathodiques ne sont pas constitués d'ions provenant d'atomes ou de molécules de gaz, mais plutôt de particules chargées négativement qui sont *présentes dans toute forme de matière*. Pour étayer cette hypothèse, Thomson conçut une expérience visant à mesurer une propriété des rayons cathodiques, soit le rapport entre leur masse (m_e) et leur charge (e).

$$\frac{\text{Masse des particules de rayons cathodiques}}{\text{Charge des particules de rayons cathodiques}} = \frac{m_e}{e} \qquad \textbf{(4.1)}$$

Dans le dispositif représenté dans la **figure 4.2**, un faisceau de rayons cathodiques passe par une fente pratiquée dans l'anode, puis entre les plaques d'un condensateur électrique portant des charges de signes opposés. Il existe, en plus du champ électrique

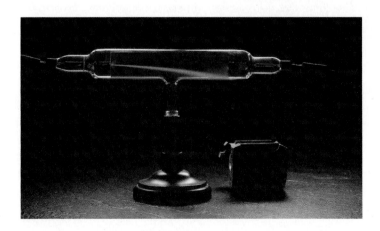

▶ Figure 4.1
Déviation de rayons cathodiques dans un champ magnétique

Le faisceau de rayons cathodiques, visible grâce à la fluorescence verte d'un écran recouvert de sulfure de zinc, est émis par la cathode, à gauche, et est dévié par l'aimant situé à proximité de l'anode.

Source de courant électrique

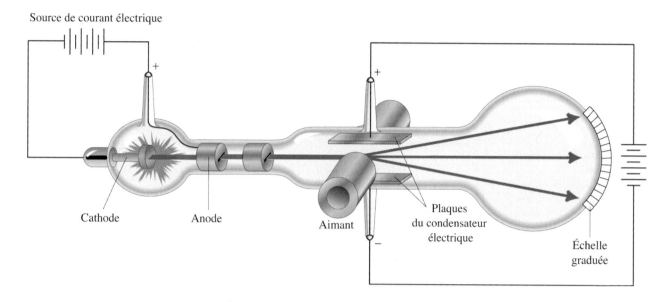

Cathode

Anode

Aimant

Plaques
du condensateur
électrique

Échelle
graduée

▲ **Figure 4.2**
**Dispositif utilisé par Thomson pour déterminer le rapport entre
la masse et la charge, m_e/e, des rayons cathodiques**

créé par les plaques, un champ magnétique ; un des pôles de l'aimant se trouve devant le
tube et l'autre, derrière. Les rayons cathodiques sont déviés vers le haut, c'est-à-dire vers
la plaque positive du condensateur, par le champ électrique, et ils sont déviés vers le bas
par le champ magnétique. Si on ajuste convenablement les champs électrique et
magnétique, le faisceau de rayons cathodiques frappe l'écran fluorescent sans être dévié.
Les intensités respectives des deux champs qui produisent cette condition servent à
calculer le rapport entre la masse et la charge des rayons cathodiques. Les mesures les
plus précises donnent le rapport suivant.

$$m_e/e = -5,686 \times 10^{-12} \text{ kg/C (kilogramme par coulomb}^*)$$

Cependant, Thomson ne disposait d'aucun moyen pour déterminer précisément ni m_e,
ni e. S'il avait pu mesurer l'une de ces grandeurs, il aurait été capable de calculer l'autre
à l'aide de la valeur de m_e/e.

En s'appuyant sur les études de l'électrolyse menées par Faraday, le physicien
irlandais George Stoney supposa, en 1874, l'existence d'une unité fondamentale de
charge électrique, qu'il appela par la suite *électron*. Après la publication des travaux de
Thomson, on commença à désigner couramment les particules des rayons cathodiques par
le terme électron. Nous allons maintenant voir comment on a déterminé la charge de
l'électron e.

La charge de l'électron :
l'expérience de la gouttelette d'huile de Millikan

En 1909, Robert Millikan conçut une expérience ingénieuse visant à déterminer la charge
de l'électron. La **figure 4.3** représente une variante de l'appareillage qu'il utilisa. Il
s'agissait de produire de fines gouttelettes d'huile, de donner une charge à celles-ci, puis
de mesurer la vitesse d'une gouttelette au cours de sa chute, d'abord en présence d'un
champ électrique, puis en l'absence d'un tel champ. On mesurait la vitesse en enregistrant
le temps que mettait une gouttelette à parcourir la distance entre deux traits fins dans
l'oculaire d'un télescope.

Robert A. Millikan (1868-1953) était
professeur à l'université de Chicago
au moment où il réalisa ses célèbres
expériences sur la charge de l'électron (1909-1913). Ces expériences,
de même que d'autres visant à
confirmer l'explication de l'effet
photoélectrique (voir la page 166)
formulée par Einstein, lui valurent
le prix Nobel de physique en 1923.
En 1921, Millikan alla travailler
au California Institute of Techno-
logy, où il s'intéressa à un type de
rayonnement intersidéral, découvert
depuis peu, qui pénètre dans l'atmosphère terrestre, et qu'il appela
« rayons cosmiques ».

---

* Le coulomb, C, est l'unité SI de charge électrique (voir l'annexe B).

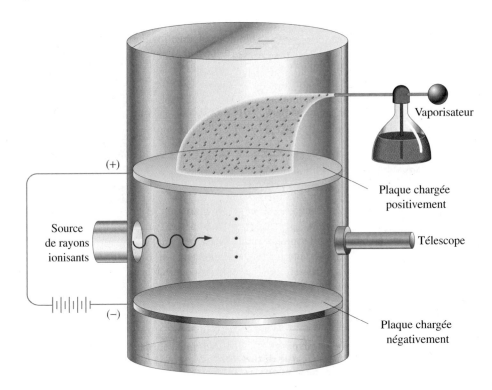

▶ Figure 4.3
L'expérience de la gouttelette d'huile de Millikan

Des gouttelettes d'huile projetées par un atomiseur entrent dans l'appareil par un trou minuscule. Une partie des gouttelettes acquièrent une charge électrique par frottement au moment où elles quittent l'atomiseur. Une source de rayons ionisants, par exemple des rayons X, fournit aussi des ions. L'absorption de ces ions par les gouttelettes modifie sporadiquement la charge électrique de celles-ci. On observe les gouttelettes au moyen d'un télescope dont l'oculaire est muni d'une échelle graduée.

Nous sommes en présence d'une preuve directe, irréfutable, du fait que [...] les charges électriques des ions ont toutes exactement la même valeur ou sont précisément des multiples d'une même valeur.

Robert Millikan

En l'absence de champ électrique, la gouttelette tombe sous l'effet de la seule force gravitationnelle, et elle atteint rapidement une vitesse finale constante, v_g. Cette situation est analogue à celle d'un parachutiste qui est en chute libre. Si on applique un champ électrique, la vitesse de la gouttelette, qui porte une charge électrique, prend une autre valeur, notée v_e. Dans l'appareillage représenté dans la figure 4.3, une gouttelette portant une charge négative est attirée par la plaque du haut chargée positivement, ce qui la ralentit ($v_e < v_g$), tout comme un parachutiste est ralenti dans sa chute par un courant d'air ascendant.

En analysant les résultats de centaines d'expériences, Millikan découvrit que les gouttelettes portaient une charge électrique identique à l'unité fondamentale de charge, e, ou égale à un multiple de e. L'unité fondamentale de charge négative est la charge portée par un électron et, par conséquent, la charge portée par un ion négatif ayant une seule charge. La charge d'un électron est

Charge de l'électron

$$e = -1{,}602 \times 10^{-19} \text{ C (coulomb)} \tag{4.2}$$

À l'aide de cette valeur et de la valeur du rapport m_e/e déterminée par Thomson, on peut calculer la masse de l'électron, m_e.

Masse de l'électron

$$m_e = \frac{m_e}{e} \times e = -5{,}686 \times 10^{-12} \text{ kg/\cancel{C}} \times \frac{-1{,}602 \times 10^{-19} \cancel{C}}{1 \text{ électron}}$$

$$= 9{,}109 \times 10^{-31} \text{ kg/électron} \tag{4.3}$$

4.2 Les modèles atomiques de Thomson et de Rutherford

Après avoir montré que l'électron est une particule fondamentale de la matière, quelle qu'elle soit, J. J. Thomson comprit qu'un atome ne peut pas être constitué uniquement d'électrons. Les charges négatives des électrons doivent être neutralisées par un nombre égal de charges positives, et les électrons doivent former une configuration stable, sinon ils s'éloigneraient les uns des autres.

Le modèle atomique, dit «pain aux raisins», de Thomson

Thomson ne savait pas exactement de quelle façon la charge positive est distribuée dans un atome. C'est pourquoi il étudia le cas le plus facile à décrire du point de vue mathématique. Il élabora un modèle dans lequel la charge positive est distribuée uniformément dans une sphère, et les électrons sont insérés dans la sphère de manière que leur attraction pour les charges positives contrebalance exactement leur répulsion mutuelle. Cette structure évoque un pain aux raisins, où les raisins représentent les électrons «figés» et la mie du pain, l'ensemble des charges positives.

Concernant l'atome d'hydrogène, Thomson émit l'hypothèse qu'un électron occupe exactement le centre de la sphère. Dans le cas d'un atome renfermant deux électrons (l'hélium), ces derniers seraient situés sur une droite passant par le centre, chaque électron se trouvant à mi-distance entre le centre et la surface de la sphère (**figure 4.4**). Thomson analysa de la même façon les atomes ayant jusqu'à 100 électrons.

Charge positive distribuée uniformément

+2   +2   +2

Atome d'hélium, He   Ion d'hélium, He$^+$ Ion d'hélium, He^{2+}

◀ **Figure 4.4**
Le modèle atomique, dit «pain aux raisins», de Thomson

Le modèle d'un atome d'hélium de Thomson est un gros nuage sphérique renfermant deux charges positives unitaires. Les deux électrons sont situés sur une droite qui passe par le centre du nuage. La perte d'un électron donne un ion He$^+$, dans lequel l'électron se trouve au centre du nuage. La perte du second électron donne un ion He^{2+}, constitué entièrement d'un nuage de charges positives.

Le modèle atomique nucléaire de Rutherford

Ernest Rutherford fut l'un des pionniers de l'étude de la radioactivité, ce phénomène par lequel des atomes lourds et instables émettent un rayonnement lorsqu'ils se désintègrent. Il découvrit que certains rayons, qu'on appelle particules *alpha* (α), sont identiques à des atomes d'hélium doublement ionisés, He^{2+}. Nous allons maintenant décrire de quelle façon Rutherford utilisa les particules α pour analyser la structure de la matière.

Le modèle atomique de Thomson prédit que la plus grande portion d'un faisceau de particules α traverse des atomes sans être déviée. Cependant, Rutherford s'attendait à ce que toute particule α chargée positivement qui s'approcherait d'un électron serait plus ou moins déviée. Il espérait obtenir des informations sur la distribution des électrons dans un atome en mesurant la déviation de ces particules.

Rutherford confia à son assistant, Hans Geiger, et à un étudiant du baccalauréat, Ernest Marsden, le soin de réaliser l'expérience représentée dans la **figure 4.5**. Lorsqu'ils bombardèrent des feuilles de métal (en or, en argent, en platine, etc.) très minces à l'aide de particules α, les deux expérimentateurs constatèrent que la majorité des particules

On raconte qu'Ernest Rutherford (1871-1937) récoltait des pommes de terre sur la ferme de son père, en Nouvelle-Zélande, lorsqu'il apprit qu'il avait obtenu une bourse d'études lui permettant de travailler avec J. J. Thomson à Cambridge. Il aurait dit, en laissant tomber sa bêche : «C'est la dernière fois que j'arrache des pommes de terre.» Bien qu'il ait été physicien, Rutherford reçut le prix Nobel de chimie, en 1908, pour ses travaux innovateurs sur la radioactivité.

C'est aussi incroyable que de tirer un obus de 40 cm dans un mouchoir de papier, et de le voir rebondir vers soi.

Ernest Rutherford

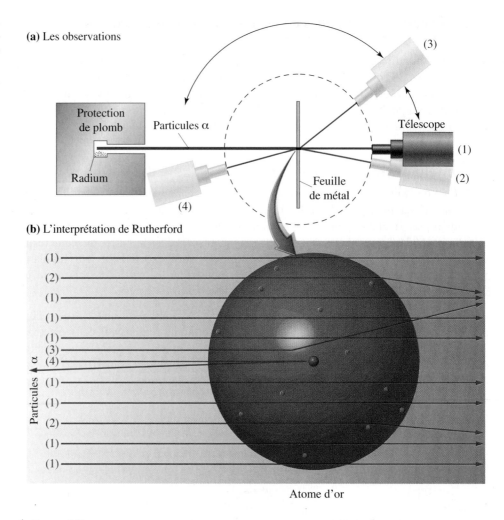

(a) Les observations

(b) L'interprétation de Rutherford

Atome d'or

▲ **Figure 4.5**
Dispersion de particules alpha (α) par une mince feuille de métal
(a) Les observations : (1) La plupart des particules α traversent la feuille sans être déviées ; (2) quelques particules α sont légèrement défléchies en pénétrant dans la feuille ; (3) environ une particule sur 20 000 subit une déviation importante ; (4) à peu près le même nombre de particules ne pénètre pas dans la feuille, mais est réfléchi vers la source. **(b)** L'interprétation de Rutherford : En supposant que les atomes de la feuille ont un noyau dense, chargé positivement, et que des électrons légers se trouvent à l'extérieur du noyau, on peut expliquer que : (1) une particule α traverse un atome sans être déviée (ce qui est le cas de la majorité des particules) ; (2) une particule α qui passe à proximité d'un électron est légèrement déviée ; (3) une particule α qui passe à proximité du noyau subit une forte déviation ; (4) une particule α est réfléchie vers la source lorsqu'elle se dirige vers le noyau.

n'étaient pas déviées, ou alors très peu, en traversant la feuille. Rutherford s'attendait exactement à ce résultat. Cependant, il fut très étonné d'apprendre que quelques particules subissaient une forte déviation et que, de temps à autre, une particule α revenait directement vers la source du faisceau.

Le modèle de Thomson, selon lequel la charge positive est distribuée uniformément dans un atome, n'explique pas les résultats des expériences de bombardements avec des particules α, conçues par Rutherford. Ce dernier en vint à la conclusion que toute la charge positive d'un atome est concentrée au centre de celui-ci, dans une infime partie de l'atome appelée *noyau*. Lorsqu'une particule α chargée positivement s'approche d'un noyau portant lui aussi une charge positive, le noyau la repousse fortement, d'où l'ampleur de la déviation observée. Étant donné que seulement quelques particules α avaient été déviées dans les expériences qu'il avait conçues, Rutherford en conclut que le noyau ne représente qu'une infime fraction de l'espace occupé par un atome. La majorité des particules α ont poursuivi leur trajectoire sans être déviées parce que, à l'exception du minuscule noyau et d'un petit nombre d'électrons autour de celui-ci, l'espace occupé par un atome est vide.

Pour vous représenter le modèle nucléaire de Rutherford, imaginez qu'un atome ressemble à un immense stade de football couvert. Le noyau est un pois situé au centre de la structure, et les électrons, des mouches volant çà et là. Ces dernières ne peuvent pas sortir du stade à cause du toit, alors que, dans la réalité, les atomes n'ont pas d'enveloppe. Les électrons demeurent à l'intérieur de l'atome parce qu'ils sont fortement attirés par le noyau, qui est chargé positivement.

 ## 4.3 Les protons et les neutrons

Les expériences qui ont mené à la conception nucléaire de l'atome ont de plus fourni des données qui ont pu servir à déterminer le nombre de charges positives du noyau. Rutherford pensait que ces charges étaient portées par des particules appelées *protons,* que la charge du proton était l'unité fondamentale de charge positive et que le noyau d'un atome d'hydrogène était constitué d'un unique proton. Des expériences, réalisées quelques années après celles de Rutherford, ont démontré que le physicien avait vu juste. Ces expériences ont permis d'arracher des protons aux noyaux de divers atomes et de les comparer avec des noyaux d'atomes d'hydrogène ; on a ainsi constaté qu'il s'agissait de particules identiques.

Au début du XXᵉ siècle, les scientifiques utilisaient couramment la notion de *numéro atomique,* mais apparemment sans trop savoir sur quelles bases elle reposait. Ils considéraient le numéro atomique simplement comme une indication de la place qu'un élément occupe dans la classification en ordre croissant des masses atomiques : l'hydrogène vient en premier, l'hélium au deuxième rang, etc. Cependant, des expériences réalisées en 1914, et que nous décrirons dans le prochain chapitre, ont démontré que le numéro atomique d'un élément est égal au nombre d'unités de charge positive du noyau. Lorsqu'on a découvert que ce sont les protons qui portent la charge positive du noyau, on a montré par le fait même que le numéro atomique d'un élément est égal au nombre de protons que possède le noyau.

Si tous les protons ont la même masse, alors le nombre de protons d'un atome n'est pas assez grand pour expliquer la masse totale de l'atome (sauf dans le cas de l'hydrogène). Les électrons sont tellement légers qu'ils ne contribuent pas de façon importante à cette valeur. À quoi faut-il donc attribuer le reste de la masse de l'atome ? On a émis l'hypothèse que le noyau atomique contient également des particules dont la masse est à peu près identique à celle du proton, mais qui *ne* portent *pas de charge électrique.* James Chadwick a découvert des particules de ce type, en 1932, dans des rayons produits par le bombardement d'atomes de béryllium avec des particules α. On a démontré que les particules découvertes par Chadwick, et qu'on a appelées *neutrons,* ont effectivement une masse voisine de celle des protons et qu'elles ne sont pas chargées.

 ## 4.4 Les ions positifs et la spectrométrie de masse

Nous avons vu qu'il y a production d'ions lorsque des atomes ou des molécules du gaz résiduel contenu dans un tube cathodique sont frappés par des rayons cathodiques (ou électrons). Au cours de ces collisions, des atomes ou des molécules neutres perdent un ou plusieurs électrons et deviennent ainsi des ions positifs. On obtient un faisceau d'ions positifs au moyen d'une *cathode perforée,* et la technique expérimentale employée pour étudier les faisceaux de ce type est appelée *spectrométrie de masse.*

Spectromètre de masse

Appareil permettant de séparer des ions positifs gazeux en fonction du rapport de leur masse à leur charge.

Un **spectromètre de masse** est un appareil qui permet de séparer des ions positifs gazeux en fonction du rapport entre leur masse et leur charge. En fait, comme la majorité des ions d'un faisceau portent une charge de 1+, on considère que la séparation se fait uniquement par la masse (car $m/e = m/1 = m$). Le spectromètre de masse, représenté dans la **figure 4.6**, illustre les principes sur lesquels repose le fonctionnement de l'appareil. Lorsqu'on applique un champ magnétique à un faisceau d'ions positifs ayant une même vitesse : a) tous les ions sont soumis à une force qui les fait dévier de leur trajectoire rectiligne et les entraîne sur une trajectoire circulaire ; b) plus un ion est léger, plus sa déviation est importante (plus le rayon de sa trajectoire circulaire est petit) ; inversement, plus il est lourd, plus sa déviation est petite. L'analogie suivante permet de représenter ce phénomène : on lance à la fois une balle de ping-pong, une balle de tennis et une balle de baseball à une même vitesse et dans une même direction, alors que souffle un vent latéral. L'objet le plus léger, soit la balle de ping-pong, est celui qui est le plus dévié de sa trajectoire, et la balle de tennis vient au deuxième rang. L'objet le plus lourd, soit la balle de baseball, est celui qui est le moins dévié de sa trajectoire.

▶ **Figure 4.6**
Spectromètre de masse

(a) D'abord, on vaporise l'échantillon dans un compartiment à basse pression. **(b)** On ionise ensuite l'échantillon gazeux en le bombardant avec des électrons dans la partie inférieure de l'appareil, ce qui produit des ions positifs. **(c)** En passant dans un champ électrique, les ions acquièrent une vitesse donnée, puis ils entrent dans une chambre convexe par une fente étroite. **(d)** On applique un champ magnétique perpendiculaire au faisceau d'ions. **(e)** Tous les ions dont le rapport entre la masse et la charge est identique sont déviés suivant la même trajectoire. (Dans la majorité des cas, la charge ionique est de 1+, de sorte que le rapport entre la masse et la charge est égal à la masse.) **(f)** On détermine le rapport entre la masse et la charge et le nombre d'ions au moyen de dispositifs électroniques de détection.

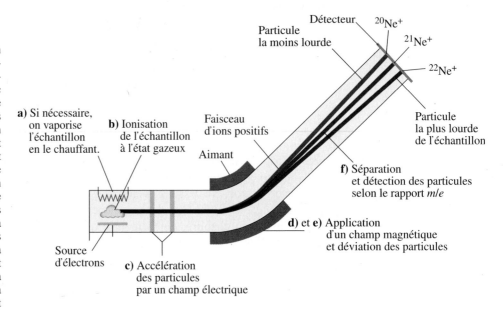

Dans le spectromètre de masse qu'on voit dans la figure 4.6, chaque trajectoire représente des ions dont le rapport entre la masse et la charge est caractéristique. De plus, il existe une relation entre le point où les ions frappent le détecteur et le rapport entre la masse et la charge. L'image résultant de la séparation des ions au moyen d'un spectromètre de masse est appelée spectre de masse. La figure 4.7 illustre la forme habituelle des spectres de masse obtenus à l'aide d'appareils modernes. Au chapitre 2, nous avons utilisé les données provenant de spectres de ce type pour calculer des masses atomiques moyennes pondérées (page 50).

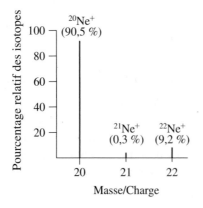

◀ **Figure 4.7**
Spectre de masse du néon

Le graphique reproduit ci-contre montre la proportion que représente chaque ion de la figure 4.6 dans l'échantillon gazeux. Le pourcentage des divers isotopes présents dans le néon d'origine naturelle est le suivant : ^{20}Ne, 90,5 % ; ^{21}Ne, 0,3 % ; ^{22}Ne, 9,2 %.

La lumière et la théorie quantique

L'espace est vaste et obscur. Une étoile, çà et là, éclaire un petit fragment du ciel. Le Soleil est l'une de ces étoiles et il éclaire la Terre ainsi que les autres composantes du système solaire. À l'œil nu, la lumière émise par le Soleil paraît blanche mais, si on sépare cette lumière dans des conditions appropriées, on obtient toutes les couleurs de l'arc-en-ciel. Nous verrons dans la suite du présent chapitre que, pour décrire la disposition des électrons autour du noyau d'un atome, il faut analyser la lumière émise par des atomes énergétiques, ce qui requiert une certaine connaissance de la nature de la lumière.

4.5 La nature ondulatoire de la lumière

Il existe plusieurs sortes d'ondes dans la nature. Les vagues qui viennent se briser sur les rives des océans et des lacs sont des ondes, et chacun a observé les ondes concentriques qui apparaissent à la surface de l'eau lorsqu'on lance une pierre dans un étang. Les tremblements de terre envoient des ondes dans la croûte terrestre, la musique est en fait un ensemble d'ondes sonores, et on utilise des microondes pour dégeler des plats cuisinés ou réchauffer un bol de soupe. Mais qu'est-ce qu'une onde ?

Une **onde** est une déformation progressive et périodique qui se propage dans un milieu, du point d'origine à des points distants. La matière qui se trouve dans la direction de propagation de la déformation est animée d'un faible mouvement : le phénomène ressemble à la transmission d'un message murmuré successivement par chacune des personnes assises d'un bout (le «point d'origine») à l'autre d'une rangée. De même, on peut créer une onde dans un long câble fixé à un mur en secouant l'extrémité libre de haut en bas (**figure 4.8**).

Onde

Déformation progressive et périodique se propageant dans un milieu, du point d'origine à des points distants.

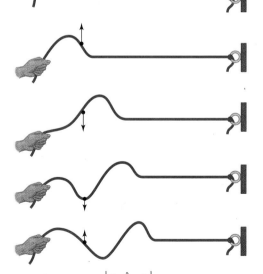

◀ Figure 4.8
Mouvement ondulatoire le plus simple : une onde se propageant le long d'une corde

Imaginez une corde d'une longueur infinie, fixée à une extrémité, et que l'on secoue de haut en bas. Ce mouvement entraîne la propagation d'une onde de gauche à droite le long de la corde. La figure représente ce mouvement caractéristique de haut en bas. Une onde qui se déplace ainsi dans une seule direction est dite progressive.

Onde électromagnétique

Onde qui résulte du mouvement de charges électriques, ce mouvement produisant des oscillations (ou fluctuations) des champs électrique et magnétique qui se propagent dans l'espace.

Longueur d'onde (λ)

Distance entre deux points correspondants à deux cycles consécutifs d'une onde (par exemple la distance entre deux crêtes, ou sommets).

Fréquence d'une onde (ν)

Dans le cas d'une onde, nombre de cycles qui passent par un point donné durant une unité de temps.

Les **ondes électromagnétiques** résultent du mouvement de charges électriques. Ce mouvement produit des oscillations (ou fluctuations) des champs électrique et magnétique, qui se propagent dans l'espace. À la différence des ondes qui se forment dans l'eau ou des ondes sonores, les ondes électromagnétiques n'ont pas besoin d'un milieu pour se propager : elles peuvent se déplacer dans le vide. C'est ce qui permet la transmission d'une partie de l'énergie solaire à la Terre sous forme de lumière et l'envoi de commandes depuis la Terre à un robot programmé qui est posé à la surface de Mars.

Un rayonnement électromagnétique se caractérise par sa longueur d'onde, sa fréquence et son amplitude (**figure 4.9**). On appelle **longueur d'onde** la distance entre deux points correspondants de deux cycles consécutifs ; pour des raisons pratiques, on mesure généralement la distance entre deux crêtes ou sommets. On représente la longueur d'onde par la lettre grecque λ (lambda) ; l'unité SI de longueur d'onde est le mètre, mais on emploie couramment le nanomètre (1 nm = 10^{-9} m), surtout lorsqu'il est question de lumière visible. Le nanomètre remplace l'angström (1 Å = 10^{-10} m), autrefois d'usage courant.

La **fréquence d'une onde** est le nombre de cycles qui passent par un point donné durant une unité de temps. Par exemple, si un sommet passe par un point de la trajectoire de l'onde 60 fois par seconde, on dit qu'il passe 60 cycles par seconde en ce point. On représente la fréquence par la lettre grecque ν (nu). L'unité SI de fréquence est le *hertz (Hz)* : un hertz est égal à un cycle par seconde, ce qui s'écrit 1 Hz = 1 s^{-1}, le mot cycle étant sous-entendu.

On appelle *amplitude* la hauteur d'une onde, c'est-à-dire la distance entre une droite horizontale passant par le centre de l'onde et une crête (ou sommet). Imaginez que vous êtes sur un radeau voguant sur l'océan. Le nombre de fois où vous êtes ballotté de haut en bas durant une unité de temps est la fréquence des vagues (des ondes), et la hauteur à laquelle vous montez ou descendez par rapport au niveau de la mer lorsqu'elle est calme est l'amplitude des vagues.

Reportez-vous à la figure 4.8, qui représente une onde stationnaire le long d'une corde. Si ν cycles passent par un point donné de la corde en une seconde et que la longueur de chaque cycle, ou longueur d'onde, est λ, alors la distance totale parcourue par le front d'onde en une seconde est égal à

$$c = \nu\lambda \tag{4.4}$$

▶ **Figure 4.9**
Onde électromagnétique

Les illustrations représentent une onde électromagnétique par la superposition de deux mouvements ondulatoires : l'un est associé à un champ électrique alternatif, et l'autre, perpendiculaire au premier, est associé à un champ magnétique alternatif. Ces deux champs sont créés par le mouvement relatif de charges électriques. En **(b)**, une onde parcourt en quatre cycles la même distance que l'onde en **(a)** parcourt en deux cycles : la fréquence de l'onde représentée en **(b)** est *plus grande*, et sa longueur d'onde, λ, est *plus petite*. L'onde représentée en **(a)** a une plus grande amplitude (c'est-à-dire une plus grande intensité), mais cette caractéristique ne dépend ni de la fréquence ni de la longueur d'onde.

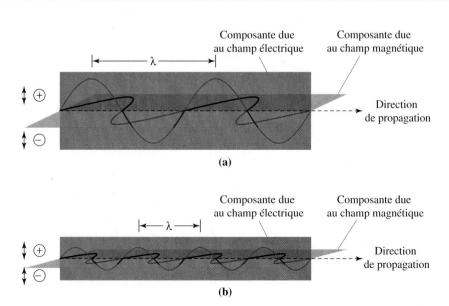

Si on exprime la fréquence, v, en cycles par seconde (s^{-1}) et la longueur d'onde, λ, en mètres (m), alors c est en mètres par seconde (m/s), ce qui correspond à une distance par unité de temps. Donc, c est une *vitesse,* soit la vitesse de l'onde.

Dans le vide, la lumière se déplace à une vitesse *constante,* qui est de $2{,}997\ 924\ 58 \times 10^8$ m/s (valeur que l'on arrondit fréquemment à $3{,}00 \times 10^8$ m/s). La vitesse de la lumière dans l'air est légèrement plus faible, mais on suppose généralement, pour les calculs, que les ondes lumineuses se déplacent dans le vide. La vitesse de la lumière dans le vide est insurpassable. Un rayon lumineux parcourt la distance entre Londres et San Francisco en 0,03 s environ, et la distance entre la Terre et la Lune en 1,28 s. Puisque la vitesse de la lumière dans un milieu donné est constante, la longueur d'onde et la fréquence sont inversement proportionnelles : la fréquence est d'autant plus petite que la longueur d'onde est grande, et elle est d'autant plus grande que la longueur d'onde est petite. Il n'existe pas de relation entre l'amplitude, d'une part, et la longueur d'onde et la fréquence, d'autre part. L'amplitude d'une onde indique son intensité. Par exemple, l'intensité ou la brillance du faisceau émis par un projecteur est plus grande que celle de la lumière émise par une lampe de bureau.

EXEMPLE **4.1**

Calculez la fréquence, en cycles par seconde, de rayons X dont la longueur d'onde est de 8,21 nm.

➤ Stratégie

Quand nous utilisons l'équation 4.4, la valeur de c est toujours de $3{,}00 \times 10^8$ m$\cdot$s^{-1}. Nous devons trouver la variable inconnue, soit v ou λ. Pour la variable connue, il faut employer une valeur exprimée dans l'unité appropriée. Dans le présent cas, v est l'inconnue ; λ est la valeur connue, exprimée en mètres.

➤ Solution

Comme il faut utiliser la relation $c = v\lambda$, et que c est en mètres par seconde, nous exprimons la longueur d'onde en mètres.

$$\lambda = 8{,}21 \ \cancel{nm} \times \frac{1 \times 10^{-9} \text{ m}}{1 \ \cancel{nm}} = 8{,}21 \times 10^{-9} \text{ m}$$

Nous isolons ensuite la fréquence, v, dans l'expression $v\lambda = c$:

$$v = \frac{c}{\lambda}$$

En remplaçant c et λ par leur valeur, nous obtenons

$$v = \frac{3{,}00 \times 10^8 \ \cancel{m} \cdot s^{-1}}{8{,}21 \times 10^{-9} \ \cancel{m}} = 3{,}65 \times 10^{16} \text{ s}^{-1}$$

➤ Évaluation

En vérifiant les unités lors de l'utilisation de l'équation 4.4, nous devons nous attendre à ce que v ait une valeur élevée — souvent une puissance positive de 10 très grande — et λ (en mètres) une petite valeur — souvent une puissance négative de 10 très inférieure à zéro.

EXERCICE 4.1 A

Calculez la fréquence, en hertz, de microondes dont la longueur d'onde est de 1,07 mm.

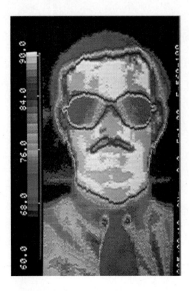

La thermographie est une technique photographique qui permet d'obtenir une image par l'enregistrement du rayonnement infrarouge. On l'emploie notamment pour obtenir une image thermique du visage d'une personne.

Spectre électromagnétique

Gamme de longueurs d'onde et de fréquences que présentent les ondes électromagnétiques, depuis les très grandes longueurs d'onde des ondes radio aux très courtes longueurs d'onde des rayons γ.

EXERCICE 4.1 B

Calculez la longueur d'onde, en nanomètres, de rayons infrarouges dont la fréquence est de $9{,}76 \times 10^{13}$ Hz.

Le spectre électromagnétique

Il existe divers types de rayonnements électromagnétiques, depuis les rayons gamma (γ), à très courte longueur d'onde et à haute fréquence, qui résultent du processus de désintégration de substances radioactives, jusqu'aux ondes à très grande longueur d'onde et à très basse fréquence, émises par les lignes de transport d'électricité. Cette large gamme de longueurs d'onde et de fréquences est appelée **spectre électromagnétique** (**figure 4.10**).

Le spectre électromagnétique est en grande partie *invisible*; à l'œil nu, on n'en perçoit qu'une étroite portion, située environ au milieu du spectre. Le spectre visible comprend les longueurs d'onde allant de 390 nm environ, où le violet apparaît juste après l'ultraviolet, jusqu'à 760 nm environ, où le rouge se fond dans l'infrarouge. Cependant, nos sens ne perçoivent pas uniquement la lumière visible. Nous percevons l'énergie contenue dans les rayons infrarouges sous forme de chaleur, par exemple lorsqu'ils nous atteignent à travers le parebrise d'une automobile, par une froide journée d'hiver. Aussi, nous savons que nous avons été exposés trop longtemps aux rayons ultraviolets lorsque nous souffrons d'un coup de soleil. Nous pouvons également déceler les diverses formes des rayonnements électromagnétiques à l'aide de dispositifs appropriés: un téléviseur capte les ondes radio; un détecteur de chaleur réagit aux rayons infrarouges; une pellicule photographique d'usage courant enregistre l'image d'objets exposés à la lumière visible; etc.

La capacité des substances à absorber ou à laisser passer (ou transmettre) différentes parties du spectre électromagnétique varie grandement. Le corps humain absorbe la lumière visible, mais il laisse passer en grande partie les rayons X; autrement dit, le corps

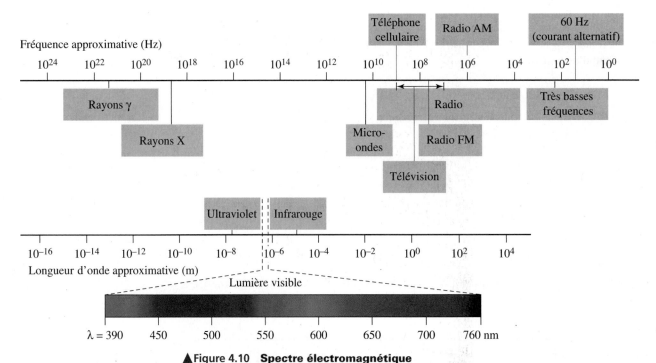

▲ Figure 4.10 **Spectre électromagnétique**
La région visible du spectre, qui va du rouge (la plus grande longueur d'onde) au violet (la plus petite longueur d'onde), n'en constitue qu'une étroite portion. La figure donne la longueur d'onde approximative, la gamme de fréquences et les applications de diverses formes de rayonnement électromagnétique.

est pratiquement « transparent » par rapport aux rayons X. La vitre d'une fenêtre est généralement transparente par rapport à la lumière visible et à certains rayons infrarouges, mais elle bloque, ou absorbe, la majorité des rayons ultraviolets. (On ne peut pas bronzer à travers une fenêtre.) On emploie donc certaines substances pour se protéger des rayons nocifs, et on en utilise d'autres pour propager les rayons bénéfiques.

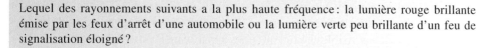

EXEMPLE 4.2 **Un exemple conceptuel**

Lequel des rayonnements suivants a la plus haute fréquence : la lumière rouge brillante émise par les feux d'arrêt d'une automobile ou la lumière verte peu brillante d'un feu de signalisation éloigné ?

➔ Analyse et conclusion

La différence de luminosité que nous observons entre les deux types de feux est sans importance parce que, comme nous l'avons déjà souligné, l'amplitude d'une onde lumineuse n'a aucun effet sur sa fréquence ou sa longueur d'onde. Par ailleurs, la figure 4.10 indique qu'il existe une relation entre la couleur de la lumière, d'une part, et sa fréquence et sa longueur d'onde, d'autre part. Dans le spectre visible, la fréquence diminue en allant du violet au rouge.

violet > bleu > vert > jaune > orange > rouge

La fréquence de la lumière verte est plus grande que celle de la lumière rouge.

EXERCICE 4.2 A

Quelle source produit les rayons électromagnétiques ayant la plus grande longueur d'onde : un four à microondes ou l'écran fluorescent d'un téléviseur couleur ?

EXERCICE 4.2 B

Qu'est-ce qui possède la plus haute fréquence ? **a)** une lumière verte ; **b)** une radiation dont la longueur d'onde est de 461 nm ; **c)** une radiation de 91,9 MHz ; **d)** une radiation de 622 nm.

Le spectre continu et le spectre de raies

Lorsque la lumière blanche émise par une ampoule à incandescence passe par une fente étroite, puis à travers un prisme de verre, elle se divise en un spectre : les composantes de la lumière blanche s'étalent en un arc-en-ciel (**figure 4.11**). Le spectre est continu, en ce sens que chaque couleur se fond dans la suivante, sans interruption. La lumière solaire forme parfois un arc-en-ciel lorsqu'elle entre en contact avec des gouttes d'eau dans l'atmosphère. Les couleurs du spectre correspondent aux longueurs d'onde et aux fréquences des ondes lumineuses (figure 4.10).

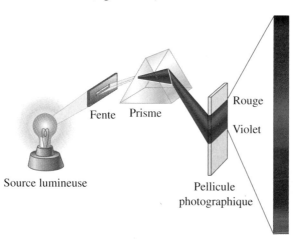

◀ **Figure 4.11**
Spectre de la lumière blanche

Lorsqu'un faisceau de lumière blanche traverse un prisme de verre, ce sont les rayons rouges qui sont le moins déviés et les rayons violets qui le sont le plus. Les autres couleurs du spectre visible se trouvent entre le rouge et le violet.

Une lampe à hydrogène est essentiellement un tube cathodique dans lequel le gaz résiduel est de l'hydrogène maintenu à basse pression. Si on envoie une décharge électrique dans le tube, certains atomes d'hydrogène acquièrent de l'énergie, ou sont excités, en entrant en collision avec les rayons cathodiques. Les atomes excités libèrent de l'énergie sous forme de lumière. On fait passer cette lumière par une fente, puis à travers un prisme, et on obtient d'étroites raies de couleur, séparées par des régions sombres (**figure 4.12**) : autrement dit, on obtient un spectre *discontinu*. Chaque raie correspond à un rayonnement électromagnétique d'une fréquence et d'une longueur d'onde caractéristiques. L'ensemble des raies qui sont produites par la lumière émise par les atomes excités d'un élément est appelé **spectre de raies** (**figure 4.13**). Chaque élément a un spectre de raies distinctif, qui peut servir à l'identifier. Cependant, bon nombre des raies d'un spectre ne sont pas visibles à l'œil nu : elles appartiennent aux régions de l'ultraviolet ou de l'infrarouge.

On appelle *spectroscopie d'émission* l'analyse de la lumière émise par un élément chimique chauffé à haute température, ou excité par une étincelle électrique ou une décharge électrique dans un tube cathodique. Cette lumière, en se dispersant, se divise en ses composantes, ayant chacune une longueur d'onde caractéristique. Une photo, ou toute autre forme d'enregistrement de la lumière émise, est appelée **spectre d'émission** de l'élément. Chaque élément a un spectre d'émission distinctif, de sorte qu'on peut l'identifier en déterminant la fréquence ou la longueur d'onde de ses raies spectrales. En d'autres termes, le spectre d'émission d'un élément constitue une sorte d'« empreinte atomique ».

Certains éléments, dont le lithium, le sodium, le potassium, le rubidium, le césium, le calcium, le strontium et le baryum, émettent de la lumière lorsqu'on les chauffe ou que l'on chauffe un de leurs composés dans une flamme au gaz. Celle-ci prend alors une couleur caractéristique de l'élément, ce qui forme son spectre d'émission. Par exemple, deux raies rapprochées et particulièrement brillantes, situées dans la région du jaune, dominent le spectre d'émission du sodium (figure 4.13). Cette flamme jaune est de la même couleur que celle qu'on observe lorsqu'on chauffe un morceau de sodium ou un

Spectre de raies

Dans le cas d'un élément, ensemble de raies produites par la lumière émise par les atomes excités de cet élément.

Spectre d'émission

Dans le cas d'un élément, dispersion de la lumière émise par l'élément excité, qui est ainsi divisée en ses composantes, dont chacune a une longueur caractéristique.

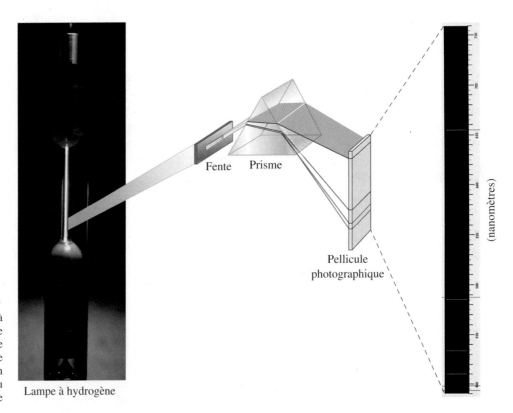

▶ **Figure 4.12**
Spectre visible de l'hydrogène
Le passage d'un courant électrique à l'intérieur d'une lampe contenant de l'hydrogène gazeux produit une lumière rose. Quand cette lumière passe par une fente et un prisme, on obtient quatre images de la fente ou quatre raies, lesquelles forment le spectre de raies de l'hydrogène.

Lampe à hydrogène

Fente   Prisme

Pellicule photographique

(nanomètres)

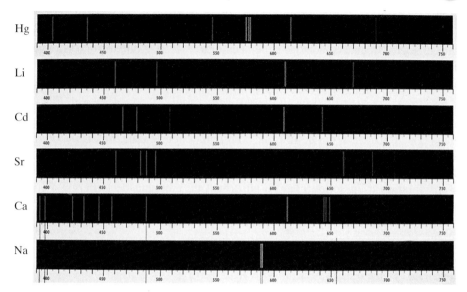

◀ **Figure 4.13**
**Spectre de raies
de quelques éléments**

Les spectres atomiques de quelques éléments sont représentés ci-contre. Les longueurs d'onde y sont données en nanomètres ($1\,nm = 10^{-9}\,m$). Chaque élément possède un spectre caractéristique, qui peut servir à l'identifier. En plus d'être utiles à l'analyse de la matière, les spectres atomiques ont joué un rôle dans l'élaboration de plusieurs notions liées à la structure de l'atome.

composé de cet élément. La **figure 4.14** montre la couleur de la lumière émise par: (a) une lampe à vapeur de sodium; (b) une section d'un tube de verre chauffée dans une flamme. (Le verre sodo-calcique, qui est le plus répandu, contient principalement du carbonate de sodium, du carbonate de calcium et du dioxyde de silicium.)

4.6 Les photons: des quanta d'énergie

À la fin du XIXe siècle, certains scientifiques pensaient que la physique classique permettait de répondre à toutes les questions, mais d'autres étaient troublés par le fait qu'elle semblait incapable d'expliquer certains phénomènes naturels fondamentaux, dont l'existence des spectres de raies. Nous allons examiner maintenant un autre phénomène que la physique classique paraissait impuissante à expliquer.

Tout solide émet un rayonnement électromagnétique, quelle que soit sa température, mais il s'agit, dans la majorité des cas, de rayons infrarouges (non visibles à l'œil nu). Par exemple, la surface de la Terre émet des rayons infrarouges qui sont emprisonnés par le CO_2 et d'autres gaz atmosphériques, créant l'effet de serre.

À haute température, les solides émettent un rayonnement que l'on peut généralement voir, c'est-à-dire que la longueur d'onde des rayons émis se situe dans la région du visible. Par exemple, à environ 750 °C, un solide émet une grande quantité de lumière rouge (comme un tisonnier chauffé au rouge). Si on élève encore davantage la température, des rayons appartenant aux régions jaune et bleue du spectre se mêlent à la lumière rouge et, si la température atteint 1200 °C, le solide émet une lueur blanche (d'où l'expression «chauffé à blanc»). Le rayonnement qui dépend uniquement de la température d'un solide, et non de sa composition, est appelé «rayonnement de corps noir». Il existe donc une différence importante entre ce type de rayonnement et la lumière émise par des atomes gazeux à l'état excité. Le spectre de raies des atomes gazeux dépend en effet de la nature des éléments mis en présence.

(a) Une lampe à vapeur de sodium

(b) Une émission de sodium sous la flamme

▲ **Figure 4.14**
Spectre d'émission du sodium

L'hypothèse quantique de Planck

Selon la physique classique, les atomes d'un solide vibrent par rapport à des points fixes, et l'intensité de la vibration augmente avec la température. Le rayonnement de corps noir résulte simplement de la libération, sous forme de rayonnement électromagnétique, d'une partie de l'énergie d'un système d'atomes en vibration. Une hypothèse de la physique classique fournit une explication satisfaisante de la relation existant entre la quantité d'énergie émise et la fréquence, lorsque celle-ci est élevée (c'est-à-dire lorsque la longueur d'onde est petite). Une autre hypothèse fournit une explication satisfaisante dans les cas où la fréquence est faible (c'est-à-dire lorsque la longueur d'onde est grande).

En latin, les mots qui se terminent en -um, au singulier, se terminent en -a, au pluriel. On parle d'un quantum et de quanta.

En 1900, Max Planck établit une relation entre l'énergie et la fréquence du rayonnement émis par les corps noirs, relation applicable quelle que soit la fréquence. Cependant, pour y arriver, il dut définir une constante fondamentale, notée h. Comme il n'arrivait pas à justifier la présence de cette constante au moyen de la physique classique, il n'eut d'autre choix que de formuler une hypothèse révolutionnaire. Il supposa que les atomes en vibration d'un solide chauffé absorbent ou émettent de l'énergie électromagnétique, mais uniquement en quantités discrètes. La plus petite quantité qu'un atome peut absorber ou émettre est appelée **quantum**, et elle est donnée par l'équation

Quantum

La plus petite quantité d'énergie qu'un atome peut absorber ou émettre : $E = hv$.

> **Équation de Planck**
>
> $$E = hv \qquad\qquad (4.5)$$

Constante de Planck (h)

Constante, égale à $6,626 \times 10^{-34}$ J·s, reliant l'énergie d'un photon et sa fréquence : $E = hv$.

La constante h, appelée aujourd'hui **constante de Planck**, est définie par

$$h = 6,626 \times 10^{-34} \text{ J·s}$$

L'hypothèse quantique de Planck stipule que l'énergie d'un rayonnement est absorbée ou émise uniquement par quanta ou par *multiples entiers* d'un quantum. Autrement dit, toute variation de l'énergie est égale à l'une des valeurs hv, $2\,hv$, $3\,hv$, etc. ; elle ne peut pas être égale, par exemple, à $1,5\,hv$ ou à $3,06\,hv$. Selon la physique classique, la quantité d'énergie qu'un système peut acquérir ou perdre n'est soumise à aucune contrainte : l'énergie varie de façon continue. Par contre, dans la théorie quantique, toute variation de l'énergie est une quantité discrète : l'énergie varie de façon *discontinue*. On peut considérer la quantification de l'énergie comme une « atomisation » de cette grandeur. La constante de Planck, h, est une quantité extrêmement petite, ce qui signifie que les quanta d'énergie sont eux aussi très petits. Par conséquent, la quantification de l'énergie est particulièrement importante à l'échelle microscopique, où les quantités d'énergie étudiées sont minuscules. Des situations de la vie quotidienne font intervenir des grandeurs « quantifiées ». Par exemple, certains distributeurs automatiques n'acceptent que des pièces de 0,05 $, de 0,10 $, de 0,25 $ ou de 1 $. Le prix des articles vendus doit donc être un multiple de 0,05 $: ainsi, un article peut coûter 0,55 $, mais pas 0,57 $.

Les contemporains de Planck, et Planck lui-même, avaient de la difficulté à accepter la théorie quantique, qui leur paraissait très étrange. Albert Einstein et Niels Bohr ont provoqué un revirement de la situation en appliquant avec succès la théorie de Planck à divers domaines où la physique classique ne donnait pas de résultats satisfaisants. Planck reçut le prix Nobel de physique en 1918 pour avoir modifié à jamais la façon dont les scientifiques voient le monde.

L'effet photoélectrique : Einstein et les photons

En 1905, Albert Einstein généralisa la théorie quantique de Planck, dont il se servit pour expliquer le phénomène appelé *effet photoélectrique*. Lorsqu'un faisceau de lumière (d'où le préfixe *photo-*) frappe certaines surfaces, et en particulier certains métaux, des électrons contenus dans le métal sont éjectés, et un faisceau d'électrons se produit (d'où la terminaison -*électrique*).

La physique classique n'explique pas l'effet photoélectrique. Selon cette théorie, au moment où les électrons quittent la surface d'une substance, leur énergie cinétique devrait

Feu d'artifice et spectroscopie d'émission

Les premiers chercheurs qui se sont intéressés à la spectroscopie ont constaté qu'ils avaient besoin d'une flamme au gaz stable, brûlant sans résidu. Robert Bunsen, chimiste innovateur et spectroscopiste, a mis au point, en 1855, un brûleur capable de produire une flamme de ce type. Encore aujourd'hui, on utilise couramment son invention, appelée bec Bunsen, dans les laboratoires. À l'aide d'un brûleur et d'un spectroscope, Bunsen et son collègue Gustav Kirchhoff ont découvert, en 1860, un élément qu'ils ont appelé « césium » (du mot latin *caesius*, qui signifie « bleu »), en raison de la couleur bleue de sa flamme. En 1861, ils ont identifié un autre élément, le rubidium (du mot latin *rubidus*, qui signifie rouge-brun), grâce au rouge caractéristique de sa flamme. Tous les autres éléments découverts par la suite ont également été identifiés par leur spectre d'émission distinctif.

L'une des applications les plus connues de ce type d'émission est sans doute le feu d'artifice, qui est une invention de la Chine ancienne. Le processus utilisé pour les feux d'artifice modernes est le même, mais on obtient aujourd'hui des rouges brillants en employant des composés du strontium, dont $SrCO_3$, $Sr(NO_3)_2$ et $SrSO_4$. Des composés du baryum donnent des verts brillants ; des composés du sodium, des jaunes ; des composés du cuivre, des couleurs bleu-vert ; du magnésium et de l'aluminium pulvérisés, de la lumière blanche. Les bleus brillants sont très recherchés, mais aucun composé courant n'en produit, et le césium est trop coûteux pour qu'on l'utilise à cette fin.

dépendre de l'intensité, ou de la *brillance,* de la lumière, mais il n'en est rien. L'énergie cinétique des électrons dépend plutôt de la *fréquence* (la couleur) de la lumière (**figure 4.15**). Une faible lumière bleue produit des photoélectrons dont l'énergie est plus grande que celle des photoélectrons produits par une lumière rouge intense. En outre, si la fréquence de la lumière est inférieure à une valeur donnée, appelée *seuil de fréquence,* on n'observe aucun effet photoélectrique.

Einstein interpréta comme suit la quantification du rayonnement électromagnétique de Planck. Il supposa que l'énergie électromagnétique existe sous la forme de petites entités individuelles appelées **photons**, l'énergie d'un photon étant égale au quantum d'énergie de Planck. Ainsi, dans le cas d'un faisceau lumineux de fréquence v,

$$\text{Énergie d'un photon} = E = hv$$

Einstein expliqua l'effet photoélectrique comme suit : en frappant les atomes de la surface d'un échantillon de métal, les photons d'un faisceau lumineux transmettent leur énergie à des électrons de ces atomes. Les électrons excités échappent à l'attraction que les noyaux des atomes exercent sur eux, et ils quittent la surface métallique. Pour que cela se produise, il faut que l'énergie des photons dépasse une valeur minimale, qui correspond au seuil de fréquence. Si l'énergie des photons est supérieure à la valeur minimale, l'excès d'énergie se transforme en énergie cinétique des électrons éjectés. Cependant, un grand nombre de collisions entre des photons peu énergétiques et les atomes de la surface métallique ne permet pas aux électrons de quitter cette surface : un seul photon doit transmettre suffisamment d'énergie à un unique électron.

L'analogie suivante aide à mieux comprendre l'effet photoélectrique. Un gros tracteur arrive à dégager un camion enlisé dans la boue, alors qu'un petit tracteur servant à tondre les pelouses n'y arrive pas. Le gros tracteur exerce en réalité une force supérieure à celle qui est nécessaire, de sorte qu'il transmet de l'énergie cinétique au camion pour le sortir de la boue.

Photons

Petite entité d'énergie électromagnétique égale au quantum de Planck : énergie d'un photon = $E = hv$.

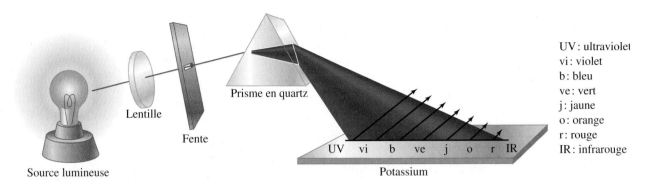

UV : ultraviolet
vi : violet
b : bleu
ve : vert
j : jaune
o : orange
r : rouge
IR : infrarouge

▲ Figure 4.15   **Effet photoélectrique et fréquence de la lumière**
Un faisceau de lumière blanche se disperse en ses composantes de longueurs d'onde différentes en passant à travers un prisme de quartz, puis il frappe un échantillon de métal (dans le cas présent, du potassium). La lumière ayant la plus haute fréquence (constituée de rayons violets et ultraviolets) produit les photoélectrons les plus énergétiques (les flèches les plus longues) ; la lumière ayant la plus basse fréquence (par exemple les rayons orangés) produit les photoélectrons les moins énergétiques (les flèches les plus courtes). Quelle que soit son intensité (ou sa brillance), un rayon lumineux dont la fréquence est inférieure à $4,23 \times 10^{14}$ s^{-1} (ce qui correspond à une longueur d'onde de 710 nm) ne produit pas d'effet photoélectrique dans le cas du potassium.

Dans certaines applications de l'effet photoélectrique, on fait passer un faisceau de lumière par une petite ouverture, de manière que ce faisceau frappe une pièce de métal d'une cellule photoélectrique. Le métal cède une partie de ses électrons, ce qui produit un courant électrique. Si une personne s'interpose entre la source lumineuse et la cellule, le courant électrique est interrompu, et un interrupteur déclenche l'ouverture d'une porte ou une alarme sonore. Dans le cas de certains détecteurs de fumée, c'est la fumée qui empêche la transmission de la lumière à la cellule photoélectrique.

Pour mettre en évidence le fait que $E = h\nu$ représente l'énergie d'un seul photon d'un faisceau lumineux, on exprime la constante de Planck sous la forme $h = 6,626 \times 10^{-34}$ J · s/photon. Nous allons voir, dans l'exemple 4.3, que l'énergie d'un photon est extrêmement faible. Par contre, la quantité d'énergie associée à une mole de photons est comparable à la variation d'énergie qui se produit au cours d'une réaction chimique. Dans l'exemple 4.4, nous allons voir que l'énergie d'une mole de photons est égale au quantum de Planck multiplié par le nombre d'Avogadro.

$$E = N_A \text{ (photons/mol)} \times h \text{ (J · s/photon)} \times \nu \text{ (}s^{-1}\text{)} \qquad \textbf{(4.6)}$$

C'est la conception classique des ondes électromagnétiques qui est encore la plus appropriée pour décrire certains phénomènes dans lesquels intervient la lumière ; dans d'autres cas, il faut faire appel aux notions de quantum et de photon. Si on considère le photon comme une « particule » de lumière, alors la lumière est à la fois de nature ondulatoire et de nature corpusculaire. Cette dualité joue un rôle important relativement à des concepts que nous étudierons plus loin dans le présent chapitre.

Calculez l'énergie, en joules par photon, d'une lumière violette dont la fréquence est de $6{,}15 \times 10^{14}$ s^{-1}.

➜ Stratégie

La propriété du rayonnement électromagnétique qui intervient dans l'équation de Planck est la fréquence. Cette grandeur est donnée ; si ce n'était pas le cas, il faudrait la déterminer.

➜ Solution

$$E = h\nu$$

$$= 6{,}626 \times 10^{-34} \text{ J} \cdot \text{s/photon} \times 6{,}15 \times 10^{14} \text{ s}^{-1}$$

$$= 4{,}07 \times 10^{-19} \text{ J/photon}$$

Calculez l'énergie, en joules par photon, de microondes dont la fréquence est de $2{,}89 \times 10^{10}$ s^{-1}.

Calculez l'énergie, en joules par photon, d'une lumière ultraviolette dont la longueur d'onde est de 235 nm.

Le terme laser est l'acronyme de *Light Amplification by Stimulated Emission of Radiation.* Un laser est un amplificateur de radiations lumineuses monochromatiques et cohérentes. Il permet d'obtenir un faisceau de lumière d'une grande puissance.

Un laser produit de la lumière rouge dont la longueur d'onde est de 632,8 nm. Calculez l'énergie, en kilojoules par mole de photons, de cette lumière rouge.

➜ Stratégie

Nous ne pouvons pas utiliser directement l'équation $E = N_A h\nu$, car nous ne connaissons pas la fréquence, ν. Par contre, la longueur d'onde, λ, est donnée, de sorte que nous pouvons calculer la fréquence à l'aide de la relation $\nu\lambda = c$. En remplaçant ν par c/λ dans $E = N_A h\nu$, nous obtenons une équation qu'il est possible de résoudre.

$$E = N_A h\nu = N_A \frac{h\,c}{\lambda}$$

➜ Solution

Dans cette équation, la longueur d'onde doit être exprimée en mètres. Nous effectuons donc la conversion avant de remplacer la variable par sa valeur.

$$\lambda = 632{,}8 \text{ nm} \times \frac{1 \times 10^{-9} \text{ m}}{1 \text{ nm}} = 6{,}328 \times 10^{-7} \text{ m}$$

RÉSOLUTION DE PROBLÈMES

Il ne faut pas oublier que :

- l'expression *haute* énergie (*E*) signifie que nous sommes en présence d'une *haute* fréquence (la valeur de *ν* est *grande*) et d'une *petite* longueur d'onde (la valeur de λ est *petite*) ;

- l'expression *basse* énergie (*E*) signifie que nous sommes en présence d'une *basse* fréquence (la valeur de *ν* est *petite*) et d'une *grande* longueur d'onde (la valeur de λ est *grande*).

Il ne reste plus qu'à déterminer l'énergie par mole de photons.

$$E = N_A \frac{h\,c}{\lambda}$$

$$= \frac{6{,}022 \times 10^{23} \text{ photons}}{\text{mol}} \times \frac{6{,}626 \times 10^{-34} \text{ J·s/photon} \times 3{,}00 \times 10^{8} \text{ m/s}}{6{,}328 \times 10^{-7} \text{ m}}$$

$$= 1{,}89 \times 10^{5} \text{ J/mol} = 189 \text{ kJ/mol}$$

→ Évaluation

Dans ce problème, il est très important de vérifier les signes des puissances de dix pour s'assurer qu'ils sont conformes aux quantités représentées. Ainsi, la longueur d'onde de la lumière rouge en mètres est un très petit nombre ; la fréquence est un grand nombre ; le nombre d'Avogadro est très élevé ; et la constante de Planck a une valeur infime. L'utilisation des puissances de dix avec des signes incorrects peut causer des erreurs dans l'ordre de grandeur de la réponse.

EXERCICE 4.4 A

La longueur d'onde minimale de la lumière visible est d'environ 400 nm. Quelle est l'énergie dégagée par ce type de rayonnement en kilojoules par mole de photons ?

EXERCICE 4.4 B

En vous reportant à la figure 4.10, déterminez à quelle région du spectre électromagnétique appartient vraisemblablement un rayonnement dont l'énergie est de 100 kJ/mol.

La conception quantique de la structure de l'atome

D'après les lois de la physique classique auxquelles se conforme le modèle de Thomson, dit « pain aux raisins », les électrons chargés négativement sont immobiles parce qu'ils sont immergés dans un nuage de charges positives. Par contre, selon le modèle nucléaire de Rutherford, les électrons *ne* sont *pas* immobiles : ils sont en mouvement pour échapper à l'attraction de la charge positive concentrée dans le noyau, qui est minuscule. Ainsi, le mouvement des électrons s'accompagnerait d'une émission *continue* de lumière. Au fur et à mesure qu'ils perdraient de l'énergie sous forme de lumière, les électrons se rapprocheraient de plus en plus du noyau en suivant une trajectoire hélicoïdale, et ils finiraient par s'écraser sur le noyau (**figure 4.16**). Si tel était le cas, les atomes seraient *instables*. La physique classique ne fournit pas d'explication acceptable à propos de la structure atomique ni, comme nous l'avons vu, du spectre d'émission, du rayonnement de corps noir et de l'effet photoélectrique. Seule la théorie quantique réussit à expliquer ces phénomènes de façon satisfaisante.

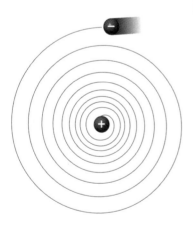

▲ **Figure 4.16**
Modèle non valable de l'atome d'hydrogène

D'après la physique classique, les électrons tournent autour du noyau en émettant de la lumière. Si c'était le cas, ils perdraient continuellement de l'énergie, de sorte qu'ils se rapprocheraient de plus en plus du noyau, selon une trajectoire hélicoïdale, jusqu'à s'écraser sur celui-ci.

4.7 Bohr : le modèle planétaire de l'atome d'hydrogène

En 1913, Niels Bohr utilisa des notions empruntées à la physique classique et à la nouvelle théorie quantique pour expliquer la structure de l'atome d'hydrogène. Il fournit du même coup une explication du spectre de la lumière émise par l'hydrogène.

En s'appuyant sur les travaux de Planck et d'Einstein, Bohr supposa que le moment cinétique, une propriété des électrons, est quantifié, c'est-à-dire qu'il ne peut prendre que des valeurs bien définies. À l'aide de cette hypothèse fondamentale et de la physique classique, Bohr réussit à déterminer d'autres propriétés des électrons. Il découvrit notamment que l'énergie d'un électron (E_n) est, elle aussi, quantifiée. Chacune des valeurs E_1, E_2, E_3, ... est appelée **niveau d'énergie** de l'atome, et les valeurs permises sont données par l'équation

Niveau d'énergie

État d'un atome déterminé par la localisation de ses électrons sur les principales couches et sous-couches de l'atome.

$$E_n = \frac{-B}{n^2} \qquad \textbf{(4.7)}$$

où n est un *entier* ($n = 1, 2, 3, ...$), et B est une constante dépendant de la constante de Planck ainsi que de la masse et de la charge de l'électron : $B = 2{,}179 \times 10^{-18}$ J. L'énergie E_n est *nulle* lorsque l'électron se trouve à une distance infiniment grande du noyau. La constante B est affectée du signe moins puisque, par définition, l'énergie associée à une force d'attraction prend une valeur *négative*.

Le postulat suivant est un élément particulièrement important de la théorie de Bohr : tant qu'un électron demeure à un niveau donné d'énergie, il ne peut pas émettre d'énergie sous forme de rayonnement électromagnétique. En vertu de ce principe, un électron appartenant à un atome d'hydrogène ne s'écrase pas sur le noyau en suivant une trajectoire hélicoïdale. Bohr supposa que chaque électron est en orbite autour du noyau, à la manière des planètes autour du Soleil. Selon ce modèle, chaque niveau d'énergie des électrons correspond à une orbite distincte, et les niveaux d'énergie sont des grandeurs discrètes comme le sont les orbites (**figure 4.17**). Le plus bas niveau d'énergie correspond à $n = 1$ et appartient à l'orbite la plus proche du noyau ; le niveau d'énergie suivant correspond à $n = 2$; et ainsi de suite.

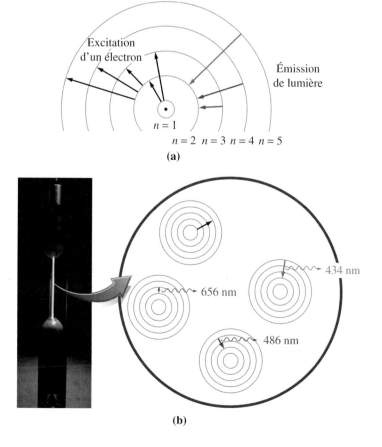

(a)

(b)

◀ **Figure 4.17**
Modèle de Bohr relatif à l'atome d'hydrogène

(a) Le schéma représente une partie du modèle de l'atome d'hydrogène, dans lequel le noyau occupe le centre de l'atome, et l'électron se trouve sur l'une des orbites discrètes : $n = 1, 2, 3, 4, ...$ Lorsque l'atome est excité, l'électron passe à un niveau d'énergie plus élevé (les flèches noires). La transition d'un électron à un niveau d'énergie inférieur s'accompagne de l'émission de lumière.

(b) Représentations de transitions électroniques associées à la couleur violacée d'une lampe à hydrogène. Dans le sens des aiguilles d'une montre, en commençant par le haut, excitation d'un électron du niveau $n = 1$ au niveau $n = 4$; chute d'un électron du niveau $n = 5$ au niveau $n = 2$; chute d'un électron du niveau $n = 4$ au niveau $n = 2$; chute d'un électron du niveau $n = 3$ au niveau $n = 2$.

EXEMPLE 4.5

Calculez l'énergie d'un électron se trouvant au second niveau d'énergie d'un atome d'hydrogène.

➜ Solution

Utilisons l'équation de Bohr pour l'atome d'hydrogène, où $B = 2,179 \times 10^{-18}$ J et $n = 2$.

$$E_2 = \frac{-B}{n^2} = \frac{-2,179 \times 10^{-18} \text{ J}}{2^2}$$

$$= \frac{-2,179 \times 10^{-18} \text{ J}}{4} = -5,448 \times 10^{-19} \text{ J}$$

EXERCICE 4.5 A

Calculez l'énergie de l'électron d'un atome d'hydrogène dont le niveau d'énergie est $n = 6$.

EXERCICE 4.5 B

Sur quel niveau d'énergie se trouve l'électron d'un atome d'hydrogène qui possède une énergie de $-2,179 \times 10^{-19}$ J ? Expliquez votre réponse.

L'explication par Bohr du spectre de raies

On emploie généralement l'équation de Bohr pour déterminer la variation d'énergie (ΔE) qui accompagne la transition d'un électron d'un niveau d'énergie à un autre dans l'atome d'hydrogène. On définit ΔE comme la différence entre l'énergie du niveau final (E_f) et l'énergie du niveau initial (E_i) :

$$\Delta E = E_\text{f} - E_\text{i}$$

Les valeurs des niveaux final et initial sont données par

$$E_\text{f} = \frac{-B}{n_\text{f}^2} \qquad E_\text{i} = \frac{-B}{n_\text{i}^2}$$

et la variation d'énergie entre n_f et n_i est

$$\Delta E = \frac{-B}{n_\text{f}^2} - \frac{-B}{n_\text{i}^2} = B\left(\frac{1}{n_\text{i}^2} - \frac{1}{n_\text{f}^2}\right) \qquad \textbf{(4.8)}$$

Niels Bohr (1885-1962) élabora son modèle de l'atome d'hydrogène dès le début de sa carrière et reçut le prix Nobel de physique en 1922 pour ses travaux. Il dirigea par la suite l'Institut de physique théorique de Copenhague, où séjournèrent de nombreux physiciens théoriciens durant les années 1920 et 1930. Durant la Seconde Guerre mondiale, il collabora au projet visant à mettre au point la bombe atomique mais, après la guerre, il devint l'un des plus ardents défenseurs de l'utilisation de l'énergie atomique uniquement à des fins pacifiques.

Si $n_\text{f} > n_\text{i}$, l'électron *absorbe* un quantum d'énergie et s'éloigne du noyau, c'est-à-dire qu'il passe du niveau d'énergie n_i au niveau n_f, plus élevé, de sorte que ΔE est positif. Une telle absorption d'énergie a lieu, par exemple, lorsqu'une décharge électrique se produit dans un gaz à basse pression. Si $n_\text{f} < n_\text{i}$, l'électron passe d'un niveau d'énergie n_i à un niveau inférieur n_f, c'est-à-dire qu'il se rapproche du noyau, et il émet un quantum d'énergie sous la forme d'un photon, de sorte que ΔE est négatif. Lorsque survient un changement de niveau d'énergie, ou une transition, l'électron « saute » d'un niveau à un autre : il ne s'immobilise jamais entre deux niveaux. Dans les cas où $n_\text{f} < n_\text{i}$, chaque fois qu'un électron d'un atome d'hydrogène effectue une transition donnée, il émet un photon ayant une énergie donnée. L'ensemble de tous les photons possédant la même énergie produit une raie spectrale, et l'ensemble des raies correspondant aux différentes transitions possibles forme le spectre d'émission observé.

EXEMPLE 4.6

Calculez, en joules, le changement d'énergie associé au passage de l'électron d'un atome d'hydrogène du niveau d'énergie $n_i = 5$ au niveau $n_f = 3$.

➜ Stratégie

Pour déterminer le changement d'énergie associé à la transition d'un électron, il faut connaître ses niveaux d'énergie initial et final. Dans le cas présent, leur valeur est donnée. Il suffit donc de remplacer n_i et n_f respectivement par 5 et 3, et la constante B par sa valeur ($2,179 \times 10^{-18}$ J) dans l'équation 4.8.

➜ Solution

$$\Delta E = B\left(\frac{1}{n_i^2} - \frac{1}{n_f^2}\right)$$

$$= 2,179 \times 10^{-18}\left(\frac{1}{5^2} - \frac{1}{3^2}\right) = 2,179 \times 10^{-18}\left(\frac{1}{25} - \frac{1}{9}\right)$$

$$= 2,179 \times 10^{-18}(0,0400\,0 - 0,1111) = -1,550 \times 10^{-19} \text{ J}$$

➜ Évaluation

Le fait que le résultat soit négatif indique que l'atome a libéré de l'énergie sous forme de lumière.

EXERCICE 4.6 A

Calculez le changement d'énergie associé au passage de l'électron d'un atome d'hydrogène du niveau $n_i = 2$ au niveau $n_f = 4$.

EXERCICE 4.6 B

Quels sont les niveaux d'énergie entre lesquels la transition a lieu lorsque la différence d'énergie est de $4,269 \times 10^{-20}$ J pour l'atome d'hydrogène ? Expliquez votre réponse.

L'analogie suivante aide à comprendre le phénomène de transition. Une personne peut se tenir sur le premier, le deuxième, le troisième… barreau d'une échelle, mais elle ne peut se tenir debout entre deux barreaux. Lorsqu'elle passe d'un barreau à un autre, son énergie potentielle (associée à sa position) varie d'une quantité définie, ou quantum. De même, l'énergie totale d'un électron (la somme de son énergie potentielle et de son énergie cinétique) varie lorsqu'il passe d'un niveau d'énergie à un autre.

Il est facile de déterminer la fréquence et la longueur d'onde des photons émis lorsqu'un électron passe d'un niveau d'énergie donné à un niveau inférieur. On emploie la méthode utilisée dans l'exemple 4.6 pour calculer la variation d'énergie, ΔE, qui remplace la variable E dans l'équation de Planck :

$$\Delta E = h\nu$$

Cette équation permet de calculer la fréquence de la lumière qui est émise lorsqu'une variation donnée d'énergie se produit. Enfin, on emploie au besoin la relation

$$c = \nu\lambda$$

pour déterminer la longueur d'onde de la lumière.

EXEMPLE 4.7

Calculez la fréquence du rayonnement émis au cours de la transition de l'électron d'un atome d'hydrogène du niveau d'énergie $n = 5$ au niveau $n = 3$.

➜ Solution

Nous avons déjà déterminé, dans l'exemple 4.6, l'énergie d'un photon qui dégage ce type de rayonnement : $\Delta E = 1,550 \times 10^{-19}$ J. En remplaçant d'abord E par cette valeur de ΔE dans l'équation de Planck, $E = h\nu$, puis en isolant ν, nous obtenons

$$\nu = \frac{E}{h} = \frac{1,550 \times 10^{-19} \text{ J}}{6,626 \times 10^{-34} \text{ J·s}} = 2,339 \times 10^{14} \text{ s}^{-1}$$

➜ Évaluation

Dans l'exemple 4.6, nous avons obtenu $\Delta E_{\text{niveau}} = -1,550 \times 10^{-19}$ J. Le signe *moins* indique que l'énergie a été émise. Dans le présent exemple, nous enlevons le signe *moins* et utilisons seulement la valeur : $1,550 \times 10^{-19}$ J. Nous nous assurons que ν sera une valeur positive. Nous obtenons le même résultat en considérant que l'atome excité perd de l'énergie (valeur négative) et que les photons émis prennent de l'énergie au milieu (valeur positive).

EXERCICE 4.7 A

Calculez la fréquence du rayonnement émis au cours de la transition de l'électron d'un atome d'hydrogène du niveau d'énergie $n = 4$ au niveau $n = 1$.

EXERCICE 4.7 B

Calculez la longueur d'onde, en nanomètres, du rayonnement émis au cours de la transition de l'électron d'un atome d'hydrogène du niveau $n_i = 5$ au niveau $n_f = 2$. À quelle région du spectre électromagnétique la raie spectrale produite par le rayonnement appartient-elle ?

Le spectre de raies de l'hydrogène

Le spectre d'émission de l'hydrogène est formé de plusieurs séries de raies. Les séries spectrales les plus courantes se situent dans la région ultraviolette, la région visible et la région de l'infrarouge. Les transitions de l'électron qui produisent ces raies spectrales sont représentées dans la **figure 4.18**. La série spectrale pour laquelle le niveau d'énergie de l'électron à la fin de chaque transition est $n = 1$ est appelée série spectrale de Lyman, et elle se situe dans l'ultraviolet. Quatre raies de la série spectrale de Balmer, correspondant à la chute d'un électron au niveau d'énergie $n = 2$, sont dans la région visible (figure 4.12, page 164), et les autres sont dans l'ultraviolet. Dans la série spectrale de Paschen, qui se situe dans la région infrarouge, le niveau d'énergie de l'électron que l'on observe à la fin de chaque transition est $n = 3$.

La figure 4.18 peut servir à expliquer l'ionisation d'un atome normal d'hydrogène, qui résulte du retrait de l'électron. Au cours de l'ionisation, l'électron est éjecté du niveau $n = 1$ et il passe à un niveau dont la valeur, n, est infiniment grande : $n \longrightarrow \infty$. Une énergie (E_∞) nulle correspond à un atome entièrement ionisé ($n \longrightarrow \infty$).

L'état fondamental et l'état excité

L'électron de l'atome d'hydrogène est généralement au niveau d'énergie le plus bas (qui correspond à l'orbite la plus proche du noyau). Lorsque les électrons d'un atome se situent au niveau d'énergie le plus bas, on dit que l'atome est à l'**état fondamental**. Si l'action d'une décharge électrique, d'une flamme ou d'une autre source d'énergie

État fondamental

État d'un atome lorsque ses électrons sont au niveau d'énergie le plus bas.

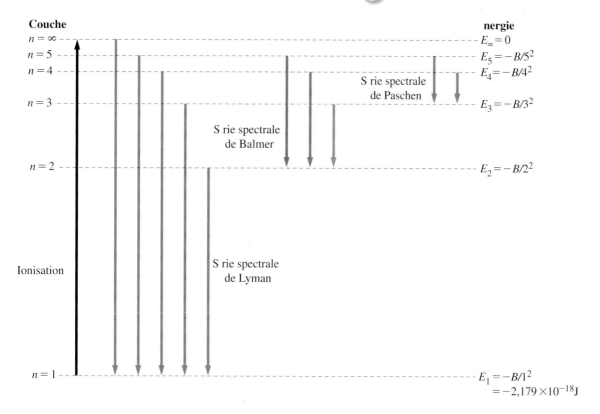

▲ Figure 4.18 Niveaux d'énergie et raies spectrales de l'hydrogène
Les distances entre les niveaux d'énergie ne sont pas à l'échelle. Trois des quatre raies visibles de la série spectrale de Balmer sont représentées. Chaque série spectrale porte le nom du scientifique qui l'a découverte ou qui en a décrit les caractéristiques.

provoque la transition d'un électron du plus bas niveau possible à un niveau supérieur, on dit que l'atome est passé à un **état excité**. Un atome excité émet de l'énergie sous forme de photons lorsqu'un électron revient à un niveau inférieur d'énergie ou à l'état fondamental.

C'est Bohr qui a introduit, dans sa théorie, l'important concept de niveau d'énergie de l'électron dans un atome, qui s'est révélé très utile pour expliquer le spectre de raies de l'atome d'hydrogène. Ce concept a également fourni de bons résultats dans le cas des autres espèces chimiques constituées d'un électron, notamment de He^+ et de Li^{2+}. Cependant, la théorie de Bohr ne s'applique pas aux atomes comportant plusieurs électrons. Il a fallu intégrer de nouvelles notions à la théorie quantique pour poursuivre l'étude de la structure atomique. Dans la prochaine section, nous les présenterons afin de décrire les bases de la mécanique quantique.

État excité

État d'un atome dont un ou plusieurs électrons sont passés du niveau d'énergie le plus bas à un niveau supérieur.

EXEMPLE 4.8 **Un exemple contextuel**

Sans faire de calculs détaillés, déterminez laquelle des quatre transitions d'électrons représentées dans la **figure 4.19** produit la raie correspondant à la *longueur d'onde la plus courte* du spectre d'émission de l'hydrogène et de quelle série spectrale elle fait partie.

→ Analyse et conclusion

Premièrement, même si elle représente le plus grand écart entre les niveaux d'énergie, la transition *a* correspond à une *absorption* et non à une libération d'énergie : nous devons donc l'éliminer. Les trois autres transitions s'accompagnent d'émission de lumière. Comparons les

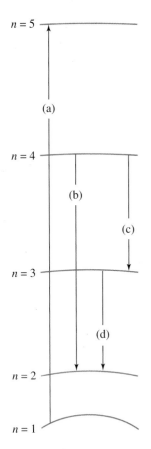

▲ **Figure 4.19**
Illustration de l'exemple 4.8 : quelques transitions de l'électron de l'atome d'hydrogène

variations d'énergie correspondantes en nous rappelant que, plus la variation d'énergie est grande, plus la fréquence de la raie spectrale produite est *élevée* et plus sa longueur d'onde est *courte*. À la fin des transitions *b* et *d*, le niveau d'énergie de l'électron est *n* = 2, mais la perte d'énergie est plus grande en *b* qu'en *d*. Le niveau d'énergie de l'électron est le même avant les transitions *c* et *b*, mais le niveau d'énergie final *n* = 3 est supérieur dans le cas de la transition *c*. La variation d'énergie est donc moins importante en *c* qu'en *b*. Donc, la transition qui produit la raie spectrale ayant la longueur d'onde la plus courte est *b*. Cette raie est de la série spectrale de Balmer puisque la transition se termine au niveau E_2.

EXERCICE 4.8 A

Sans faire de calculs détaillés, déterminez laquelle des transitions suivantes de l'électron de l'atome d'hydrogène requiert l'absorption de la plus grande quantité d'énergie : **a)** de *n* = 1 à *n* = 2 ; **b)** de *n* = 3 à n ⟶ ∞ ; **c)** de *n* = 4 à *n* = 1 ; **d)** de *n* = 2 à *n* = 3.

EXERCICE 4.8 B

L'électron de l'atome d'hydrogène peut-il tomber du niveau 4 et émettre $4,90 \times 10^{-20}$ J d'énergie ? Expliquez votre réponse.

4.8 La mécanique ondulatoire : la nature ondulatoire de la matière

Nous avons déjà noté que les rayons de lumière semblent se comporter à la fois comme des ondes et comme des particules ; c'est ce qu'on appelle la *dualité onde-particule* de la lumière. La dispersion de la lumière en un spectre, effectuée au moyen d'un prisme, met en évidence la nature ondulatoire de la lumière, et sa nature corpusculaire est démontrée par l'effet photoélectrique, par lequel des photons arrachent des électrons à une plaque de métal. On considère généralement que la matière est constituée de particules. Mais existe-t-il des conditions dans lesquelles la matière se comporte comme des ondes ? Cette question amena Louis de Broglie à élaborer, en 1923, une théorie révolutionnaire dans le cadre de sa thèse de doctorat. La théorie de Broglie provoqua à son tour la formulation d'une nouvelle description mathématique des atomes, qui a eu de nombreuses applications importantes en chimie moderne.

L'équation de Broglie

Broglie supposa qu'une particule de masse m qui se déplace à une vitesse *v* se comporte comme une onde dont la longueur d'onde est donnée par l'équation

Équation de Broglie

$$\lambda = \frac{h}{mv} \tag{4.9}$$

où le symbole *h* représente la constante de Planck.

Même les gros objets ont vraisemblablement des propriétés ondulatoires, mais il est impossible d'observer les ondes qui leur sont associées à cause de la petitesse de leur longueur d'onde. Par exemple, dans le cas d'une automobile de 1000 kg se déplaçant à 100 km/h, la longueur d'onde est de $2,39 \times 10^{-38}$ m. En nous reportant à la figure 4.10, à

La spectrométrie d'absorption atomique

À la page 167, nous avons décrit la spectroscopie d'émission, qui est l'analyse du spectre de raies produit par la dispersion de la lumière en provenance d'atomes excités. On sait que c'est l'absorption d'énergie en quanta qui permet aux atomes de passer de l'état fondamental à l'état excité.

On peut exciter les atomes d'un échantillon de gaz à haute température en les balayant à l'aide d'un faisceau lumineux ayant la même fréquence que la lumière qu'ils émettent lorsqu'ils sont excités. À l'état fondamental, les atomes *absorbent* des photons provenant du faisceau lumineux, de sorte que l'intensité de celui-ci est réduite lorsqu'il sort de l'échantillon. Plus il y a d'atomes susceptibles d'absorber des photons, plus l'intensité de la lumière transmise est faible. La *spectrométrie d'absorption atomique* consiste à analyser la lumière absorbée de cette façon.

Par exemple, si on expose un échantillon de sodium gazeux à un faisceau lumineux ayant une longueur d'onde de 589,00 nm, il se produit une importante *absorption* de photons. Lorsque la longueur d'onde est de 589,59 nm, il y a une autre absorption importante. Ces deux valeurs sont celles des longueurs d'onde correspondant aux deux raies d'un jaune brillant du spectre d'émission du sodium. De plus, la quantité d'énergie absorbée au cours de la transition qui produit une raie dans le spectre d'absorption est égale à celle émise lors de la transition correspondante du spectre d'émission.

En soumettant un gaz inconnu à un faisceau lumineux dont on fait varier la longueur d'onde, on peut obtenir son spectre d'absorption et identifier les éléments qui en font partie. Ainsi, la spectrométrie d'absorption atomique permet de déceler plus de 70 éléments et d'en déterminer la concentration, même si celle-ci n'est que de quelques parties par milliard. Cette technique est couramment employée dans l'industrie alimentaire pour déceler la présence de métaux, notamment celle de calcium, de cuivre et de fer. Elle sert aussi dans les analyses environnementales portant sur des métaux, tels le cadmium, le plomb et le mercure et, en astronomie, pour étudier la composition chimique des étoiles et de l'atmosphère des planètes.

La lumière solaire est blanche parce que le rayonnement de corps noir provenant de la surface extrêmement chaude du Soleil contient toutes les composantes de la région visible du spectre électromagnétique. Cependant, des atomes de gaz présents dans la couche éloignée, la plus froide, de l'atmosphère du Soleil absorbent une partie du rayonnement solaire, d'où la présence de raies sombres, appelées raies de Fraunhofer, dans le spectre solaire. Dans la représentation du spectre d'absorption de la lumière solaire que présente la **figure 4.20**, les éléments qui engendrent les raies sombres sont indiqués.

Au cours de l'éclipse solaire de 1868, on a observé une raie correspondant à une longueur d'onde de 587,6 nm. Bien que très proche des deux raies formées par le sodium, cette raie n'appartenait pas au spectre de cet élément, ni au spectre d'aucun autre élément connu à l'époque. Lorsqu'on a découvert l'hélium en 1895, on s'est rendu compte que son spectre d'émission contenait la raie qu'on avait observée lors de l'éclipse. On a nommé alors cet élément « hélium », du grec *helios,* qui signifie « soleil ».

▲ **Figure 4.20**
Spectre d'absorption de la lumière solaire

la page 162, nous constatons que cette valeur est beaucoup plus petite que celle de la longueur d'onde de n'importe quel rayonnement du spectre électromagnétique. En fait, il est impossible de détecter une onde qui corresponde à une valeur aussi infime. Par contre, il est facile d'observer les propriétés ondulatoires des particules subatomiques, dont les masses sont beaucoup plus faibles.

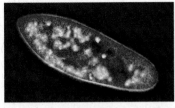

(a)

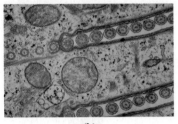

(b)

Dans un microscope électronique, des champs électrique et magnétique dirigent et concentrent les faisceaux d'électrons, de la même façon que les lentilles et les prismes concentrent la lumière dans un microscope photonique. Cependant, à cause de la petitesse de la longueur d'onde des électrons, le pouvoir de résolution du microscope électronique est quelques milliers de fois supérieur. **(a)** L'image d'une paramécie fournie par un microscope photonique. **(b)** L'image de la paramécie fournie par un microscope électronique montre des détails de la structure de la cellule.

Erwin Schrödinger (1887-1961) travaillait à l'université de Zurich au moment où il formula son équation d'onde, en 1926. En 1928, il remplaça Max Planck à l'université de Berlin. Bien qu'il ne fût pas Juif, Schrödinger quitta l'Allemagne nazie en 1933, soit l'année même où il reçut le prix Nobel de physique. Schrödinger s'intéressa également à la biologie, et consigna ses réflexions dans le célèbre ouvrage qu'il publia en 1944, *What Is Life ?*

Mécanique quantique

Étude de la structure atomique à l'aide des propriétés ondulatoires de l'électron.

L'hypothèse de Broglie sur la nature ondulatoire de la matière fut vérifiée six ans après qu'elle eut été formulée, et les travaux du chercheur ont amené l'invention du microscope électronique. Cet instrument, dont le fonctionnement repose sur la nature ondulatoire des électrons, fait maintenant partie de l'équipement de nombreux laboratoires de recherche. On peut ainsi obtenir des images pour des objets aussi petits que quelques centaines de picomètres (1 pm = 10^{-12} m).

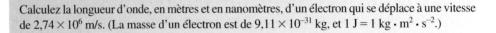

EXEMPLE **4.9**

Calculez la longueur d'onde, en mètres et en nanomètres, d'un électron qui se déplace à une vitesse de $2,74 \times 10^6$ m/s. (La masse d'un électron est de $9,11 \times 10^{-31}$ kg, et 1 J = 1 kg $\cdot$ m$^2 \cdot$ s^{-2}.)

➔ Stratégie

Pour appliquer la formule de Broglie, il faut convertir les joules, qui sont des unités d'énergie, en kg $\cdot$ m$^2 \cdot$ s^{-2}. Les unités de la constante de Planck, h, passent alors de J $\cdot$ s à kg $\cdot$ m$^2 \cdot$ s$^{-2} \cdot$ s. Il faut de plus s'assurer que la masse de l'électron est exprimée en kilogrammes et sa vitesse, en mètres par seconde.

➔ Solution

Comme les données du problème comportent les unités appropriées, nous pouvons remplacer directement chaque variable ou constante de la formule de Broglie par sa valeur.

$$\lambda = \frac{h}{mv} = \frac{6,626 \times 10^{-34} \text{ kg} \cdot \text{m}^2 \cdot \text{s}^{-2} \cdot \text{s}}{9,11 \times 10^{-31} \text{ kg} \times 2,74 \times 10^6 \text{ m} \cdot \text{s}^{-1}}$$

$$= 2,65 \times 10^{-10} \text{ m}$$

La longueur d'onde de l'électron est donc de $2,65 \times 10^{-10}$ m ou de 0,265 nm.

➔ Évaluation

Ainsi que nous l'avions suggéré, après l'annulation des unités, nous obtenons une longueur d'onde en mètres à condition que les autres données de l'équation 4.9 possèdent les unités appropriées. De plus, il faut s'attendre à ce que la longueur d'onde soit courte, par exemple de l'ordre du nanomètre.

EXERCICE 4.9 A

Calculez la longueur d'onde, en nanomètres, d'un proton qui se déplace à une vitesse de $3,79 \times 10^3$ m/s. (La masse du proton est de $1,67 \times 10^{-27}$ kg.)

EXERCICE 4.9 B

En utilisant les données de l'exemple 4.9 et de l'exercice 4.9A, déterminez la vitesse d'un proton dont la longueur d'onde est égale à celle d'un électron se déplaçant à une vitesse de $2,74 \times 10^6$ m/s.

La fonction d'onde

Bien qu'il fasse appel à la théorie quantique, le modèle de l'atome d'hydrogène de Bohr repose essentiellement sur la physique classique et fournit une image plutôt concrète de l'atome : un électron qui tourne autour d'un noyau n'est pas sans rappeler la Terre en orbite autour du Soleil. On appelle **mécanique quantique**, ou *mécanique ondulatoire,* l'étude de la structure atomique fondée sur les propriétés ondulatoires de l'électron. En 1926, Erwin Schrödinger formula une équation, appelée « équation d'onde », qui décrit l'atome d'hydrogène, et proposa une solution : la *fonction d'onde*. Une telle fonction, désignée par la lettre grecque ψ (psi), représente un état d'énergie de l'atome.

La mécanique ondulatoire fournit une représentation de l'atome d'hydrogène moins précise que ne le fait le modèle planétaire de Bohr, avec ses orbites bien définies. On ne parle plus de la position exacte de l'électron, mais de la *probabilité* que l'électron se trouve dans une région donnée de l'atome. Max Born (1882-1970) fut le premier à formuler une interprétation utile d'une fonction d'onde.

> *Le carré d'une fonction d'onde (ψ²) est égal à la probabilité qu'un électron se trouve dans une portion donnée de l'espace occupé par un atome.*

Si on considère l'électron comme un nuage de charges électriques négatives, et non comme une particule, la seule propriété que l'on puisse étudier est la densité de charge de différentes parties de l'atome. Ce modèle atomique, un peu « flou », est le seul qui soit acceptable, selon un important principe scientifique établi par Werner Heisenberg, en 1925.

Le **principe d'incertitude** de Heisenberg stipule essentiellement qu'il est impossible de connaître simultanément la position et la vitesse exactes d'une particule aussi petite qu'un électron. On peut facilement comprendre que, en essayant d'effectuer des mesures sur une particule infime, on ne peut faire autrement que d'agir sur celle-ci. Autrement dit, en mesurant une grandeur, on modifie nécessairement l'autre grandeur à mesurer (**figure 4.21**).

On appelle quantité de mouvement (*p*) d'une particule le produit de sa masse (*m*) par sa vitesse (*v*) : $p = mv$. Si on essaie de mesurer la quantité de mouvement d'une particule, on ne sait plus quelle est sa position (*x*) exacte, et si on tente de mesurer sa position, on ne sait plus quelle est exactement sa quantité de mouvement (*p*). Heisenberg établit la relation entre, d'une part, le produit des *incertitudes* liées à la position (Δ*x*) et à la quantité de mouvement (Δ*p*) et, d'autre part, la constante de Planck, *h*.

$$\Delta x \Delta p \geq \frac{h}{4\pi} \qquad (4.10)$$

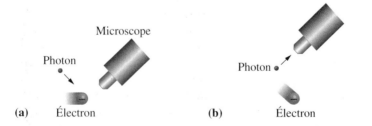

(a) Électron   (b) Électron

Photon   Microscope   Photon

La valeur du membre de gauche, $h/4\pi$, est $5,3 \times 10^{-35}$, soit un nombre extrêmement petit. Quel que soit le degré de précision de la mesure de la position et de la quantité de mouvement d'un gros objet, le produit des incertitudes de ces grandeurs dépasse largement $5,3 \times 10^{-35}$, comme le prédit le principe de Heisenberg. Cela signifie, par exemple, qu'on peut facilement décrire avec précision l'orbite sur laquelle la Terre tourne autour du Soleil, ou celle du plus petit satellite artificiel qui est en orbite autour de la Terre, mais qu'il en est tout autrement dans le cas d'une particule aussi petite qu'un électron, dont la masse est seulement de $9,11 \times 10^{-10}$ kg. Les plus petites valeurs de l'incertitude de la position et de la quantité de mouvement qui satisfont au principe d'incertitude sont *relativement* grandes. Il est impossible de mesurer simultanément ces deux grandeurs de

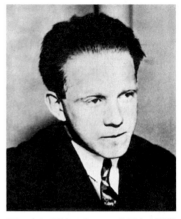

Werner Heisenberg (1901-1976) élabora sa conception de la structure de l'atome alors qu'il prenait des vacances au bord de la mer du Nord, en 1925. Son approche, appelée *mécanique matricielle*, est purement mathématique, mais il a été démontré qu'elle est équivalente à l'équation d'onde de Schrödinger. Plus tard au cours de la même année, Heisenberg énonça son célèbre principe d'incertitude. Contrairement à Schrödinger, il ne quitta pas l'Allemagne nazie durant la Seconde Guerre mondiale, et il y dirigea un programme de mise au point de la bombe atomique qui n'aboutit jamais.

Principe d'incertitude

Principe, énoncé par Heisenberg, stipulant qu'il est impossible de connaître simultanément la position et la vitesse exactes d'une particule fondamentale ; le produit des incertitudes associées à la position et à la quantité de mouvement d'une particule est égal ou supérieur à $h/4\pi$, où *h* est la constante de Planck.

◀ **Figure 4.21**
Le principe d'incertitude
Un électron libre arrive au foyer d'un microscope hypothétique. **(a)** Il entre en collision avec un photon, qui lui transfère une partie de sa quantité de mouvement. L'observateur voit le photon réfléchi dans le microscope **(b)**, mais l'électron a alors déjà changé de position : il n'est pas là où il semble être.

façon exacte. Par conséquent, l'incertitude liée à la position d'un électron d'un atome est parfois aussi grande que la taille de l'atome.

Compte tenu du principe d'incertitude, le modèle de l'atome d'hydrogène de Bohr est partiellement inexact parce qu'il prédit des faits que l'on *ne peut pas* connaître de façon certaine. Il fournit une valeur précise de la position qu'occupe l'électron, soit une orbite donnée, de même qu'une valeur précise de la vitesse (et de la quantité de mouvement, *mv*) qui anime l'électron sur cette orbite.

4.9 Les nombres quantiques et les orbitales atomiques

Nombre quantique

Valeur entière bien définie de l'un des paramètres de la fonction d'onde de l'atome d'hydrogène, qui permet d'obtenir une solution acceptable de l'équation.

Orbitale atomique

Fonction d'onde d'un électron correspondant à trois valeurs données des nombres quantiques n, l et m_l.

La fonction d'onde de l'atome d'hydrogène contient trois paramètres auxquels il faut assigner une valeur entière bien définie, appelée **nombre quantique**. On appelle **orbitale atomique** une fonction d'onde à laquelle correspond un ensemble de trois nombres quantiques. Bien qu'elles ne soient rien d'autre que des expressions mathématiques, les orbitales atomiques permettent de se représenter en trois dimensions une région d'un atome où il existe une probabilité élevée de trouver des électrons. On considère donc généralement les orbitales aussi bien comme des régions géométriques que comme des expressions mathématiques. Étant donné que les orbitales sont caractérisées par des nombres quantiques, nous allons examiner cette dernière notion de façon plus détaillée.

Les nombres quantiques

Voyons d'abord les trois premiers nombres quantiques et les valeurs qu'ils peuvent prendre. Si on assigne une valeur à chacun de ces trois nombres, on définit du même coup une orbitale atomique. En ce sens, il existe une analogie entre ces trois nombres quantiques et une adresse domiciliaire : un premier élément précise le pays ; un deuxième, la ville ; et un troisième, la rue. Les explications contenues dans les prochains paragraphes sont résumées dans le **tableau 4.1**, auquel vous pourrez vous reporter au besoin.

TABLEAU 4.1	Les couches électroniques, les orbitales et les trois premiers nombres quantiques												
	Couche principale												
	1ʳᵉ	2ᵉ				3ᵉ							
n	1	2	2	2	2	3	3	3	3	3	3	3	3
l	0	0	1	1	1	0	1	1	1	2	2	2	2
m_l	0	0	−1	0	+1	0	−1	0	+1	−2	−1	0	+1	+2
Sous-couche et nom de l'orbitale	1s	2s	2p	2p	2p	3s	3p	3p	3p	3d	3d	3d	3d	3d
Nombre d'orbitales dans la sous-couche	1	1	3			1	3			5			

Nombre quantique principal (*n*)

Premier des trois paramètres d'une fonction d'onde auxquels il faut assigner une valeur entière pour obtenir une solution acceptable de l'équation d'onde de Schrödinger de l'atome d'hydrogène : $n = 1, 2, 3, \ldots$; la valeur de n détermine le niveau d'énergie principal d'un électron de l'atome.

Couche principale

Ensemble d'orbitales d'un atome pour lesquelles la valeur du nombre quantique principal, n, est la même.

1. On assigne d'abord une valeur au **nombre quantique principal (*n*)** parce que les valeurs permises des deux autres nombres dépendent de la valeur de n, qui doit être un *entier positif* :

$$n = 1, 2, 3, 4, 5, 6, 7, \ldots$$

Le nombre quantique n est analogue à la variable n du modèle planétaire de Bohr. La grandeur d'une orbitale et l'énergie de son électron dépendent essentiellement du nombre quantique, n. Plus n est grand, plus le niveau d'énergie de l'électron est élevé et plus celui-ci passe de temps loin du noyau. On dit que les orbitales pour lesquelles la valeur de n est identique appartiennent à une même **couche principale**.

2. Le **nombre quantique secondaire** (l) détermine la *forme* d'une orbitale. Il peut prendre n'importe quelle valeur entière supérieure ou égale à 0 et allant jusqu'à $n-1$.

$$l = 0, 1, 2, \ldots, n-1$$

Toutes les orbitales pour lesquelles la valeur de n et la valeur de l sont identiques appartiennent à une même couche principale et à une même **sous-couche**. Chaque sous-couche (représentée par la valeur de l) est associée à une forme d'orbitale, qui est représentée par une lettre (s, p, d, f) selon la convention suivante.

Valeur de l	0	1	2	3
Nom de l'orbitale et de la sous-couche	s	p	d	f

Chaque type d'orbitales décrit une région de l'espace ayant une forme particulière. Il est également à noter que le nombre de types différents d'orbitales et de *sous-couches* associées à une couche principale est égal au nombre quantique principal, n. Par exemple, la troisième couche principale ($n = 3$) comprend trois sous-couches et elle a trois types d'orbitales : s, p et d, qui correspondent respectivement aux valeurs 0, 1 et 2 de l.

3. Le **nombre quantique magnétique** (m_l) détermine l'orientation dans l'espace des orbitales d'un type donné d'une sous-couche. Il peut prendre n'importe laquelle des valeurs entières supérieures ou égales à $-l$ et inférieures ou égales à $+l$, y compris 0 :

$$m_l = 0, \pm 1, \pm 2, \ldots \pm l$$

Par exemple, si $l = 0$, alors la valeur de m_l est nécessairement 0 ; si $l = 1$, alors m_l peut prendre l'une des trois valeurs suivantes : -1, 0 et $+1$, et ainsi de suite. Dans tous les cas, le nombre de valeurs possibles de m_l est égal à $2l + 1$, et cette expression fournit également le nombre d'orbitales que contient une sous-couche. On peut résumer la relation entre les nombres quantiques l et m_l comme suit :

Orbitales s	Orbitales p	Orbitales d	Orbitales f
$l = 0$	$l = 1$	$l = 2$	$l = 3$
$m_l = 0$	$m_l = 0, \pm 1$	$m_l = 0, \pm 1, \pm 2$	$m_l = 0, \pm 1, \pm 2, \pm 3$
Une orbitale de type s	*Trois* orbitales de type p	*Cinq* orbitales de type d	*Sept* orbitales de type f

Pour désigner la couche principale à laquelle une orbitale appartient, on utilise un symbole formé du nombre quantique principal de cette couche et du nom de l'orbitale. Ainsi, le symbole $2p$ représente la sous-couche p de la deuxième couche principale.

L'exemple 4.10 vous permettra de vérifier votre compréhension des relations existant entre les nombres quantiques, et l'exemple 4.11 vous fournira l'occasion d'appliquer vos connaissances à des questions concernant les couches principales, les sous-couches et les orbitales atomiques.

Nombre quantique secondaire (l)

Deuxième des trois paramètres d'une fonction d'onde auxquels il faut assigner une valeur entière pour obtenir une solution acceptable de l'équation d'onde de Schrödinger de l'atome d'hydrogène : $l = 1, 2, 3, \ldots, n - 1$; la valeur de l détermine la forme d'une orbitale et une sous-couche donnée d'une couche principale.

Sous-couche

Ensemble d'orbitales d'une même couche principale pour lesquelles les valeurs du nombre quantique principal, n, et du nombre quantique secondaire, l, sont identiques ; par exemple, il existe trois orbitales $2p$ dans la sous-couche $2p$.

Nombre quantique magnétique (m_l)

Dernier des trois paramètres d'une fonction d'onde auxquels il faut assigner une valeur entière pour obtenir une solution acceptable de l'équation d'onde de Schrödinger de l'atome d'hydrogène : m_l est un entier supérieur ou égal à $-l$ et inférieur ou égal à l ; la valeur de m_l détermine l'orientation dans l'espace d'orbitales données d'une sous-couche.

EXEMPLE **4.10**

En tenant compte des contraintes auxquelles sont soumises les valeurs que peuvent prendre les nombres quantiques, dites si chacun des ensembles de nombres suivants décrit ou non un électron. Si votre réponse est négative, expliquez pourquoi.

a) $n = 2, l = 1, m_l = -1$ **c)** $n = 7, l = 3, m_l = +3$

b) $n = 1, l = 1, m_l = +1$ **d)** $n = 3, l = 1, m_l = -3$

➜ Solution

a) Oui, tous les nombres quantiques ont des valeurs permises.

b) Non, l'ensemble de nombres ne décrit pas un électron, car la valeur de l doit être inférieure à n.

c) Oui, tous les nombres quantiques ont des valeurs permises.

d) Non, l'ensemble de nombres ne décrit pas un électron, car la valeur de m_l doit être comprise entre $-l$ et $+l$ (c'est-à-dire qu'elle doit être égale à -1, 0 ou à $+1$, dans le cas présent).

EXERCICE 4.10 A

En tenant compte des contraintes auxquelles sont soumises les valeurs que peuvent prendre les nombres quantiques, dites si chacun des ensembles de nombres suivants décrit ou non un électron. Si votre réponse est négative, expliquez pourquoi.

a) $n = 2$, $l = 1$, $m_l = -2$

b) $n = 3$, $l = 2$, $m_l = +2$

c) $n = 4$, $l = 3$, $m_l = +3$

d) $n = 5$, $l = 2$, $m_l = +3$

EXERCICE 4.10 B

Complétez chacun des ensembles de nombres quantiques suivants.

a) $n = 3$, $l = 1$, $m_l = $?

b) $n = 4$, $l = $?, $m_l = -2$

c) $n = $?, $l = 3$, $m_l = $?

EXEMPLE **4.11**

Répondez aux questions suivantes en utilisant les relations entre, d'une part, les nombres quantiques et, d'autre part, les orbitales, les sous-couches et les couches principales. **a)** Combien y a-t-il d'orbitales dans la sous-couche $4d$? **b)** Quelle est la première couche principale dans laquelle on trouve des orbitales f? **c)** Un atome peut-il avoir une sous-couche $2d$? **d)** Un atome d'hydrogène peut-il avoir une sous-couche $3p$?

➜ Solution

a) La sous-couche d correspond à $l = 2$ et, pour cette valeur de l, il existe cinq valeurs possibles de m_l: -2, -1, 0, $+1$, $+2$. Il y a donc cinq orbitales d dans la sous-couche $4d$.

b) L'orbitale f correspond à $l = 3$. Étant donné que la valeur maximale de l est $n - 1$, le nombre n peut prendre n'importe quelle valeur entière supérieure à trois, soit 4, 5, 6, … La première couche contenant des orbitales f est la quatrième couche principale ($n = 4$).

c) Non. Une sous-couche d correspond à $l = 2$. Étant donné que la valeur maximale de l est $n - 1$, si $n = 2$, alors l ne peut pas être égal à 2. Donc, un atome ne peut pas avoir une sous-couche $2d$.

d) Oui. L'électron d'un atome d'hydrogène se trouve généralement dans l'orbitale $1s$, mais s'il est excité, il peut atteindre un niveau d'énergie plus élevé, par exemple le niveau correspondant à une orbitale $3p$.

EXERCICE 4.11 A

Répondez aux questions suivantes en utilisant les relations entre, d'une part, les nombres quantiques et, d'autre part, les orbitales, les sous-couches et les couches principales. **a)** Combien y a-t-il d'orbitales dans la sous-couche $5p$? **b)** Quelle sous-couche d'un atome d'hydrogène comprend en tout sept orbitales?

Quel est le nombre *total* d'orbitales dans la couche principale $n = 4$? Établissez une équation qui relie le nombre d'orbitales dans une couche principale au nombre quantique principal, n.

La probabilité de localisation d'un électron et la forme d'une orbitale

À quoi les régions décrites par les orbitales atomiques, où il existe une forte probabilité de trouver un électron, ressemblent-elles ? Il est évidemment impossible de voir une telle région, mais on peut représenter l'expression mathématique d'une orbitale par une forme géométrique. La dimension d'une orbitale atomique doit, à proprement parler, être infinie pour que la probabilité d'y trouver un électron soit de 100 %, et il est impossible de représenter graphiquement cette situation. Cependant, en pratique, on peut dessiner une région dans laquelle il existe une probabilité donnée (par exemple 90 %) de trouver un électron. Par ailleurs, si on considère une orbitale comme un « nuage de charges », on peut dire d'une région qu'elle contient un pourcentage donné (par exemple 90 %) de la charge de l'électron.

Selon la mécanique ondulatoire, la représentation d'un électron d'une orbitale *s* ressemble à une balle aux contours flous, c'est-à-dire que l'orbitale présente une symétrie *sphérique*. La dimension d'une orbitale et la distribution de la probabilité de localisation d'un électron dépendent de la valeur de *n*. La **figure 4.22** évoque le fait que c'est près du noyau que la probabilité de trouver un électron dans une orbitale 1*s* est la plus grande, ce qui est représenté par la couleur plus foncée qu'on observe au centre de la sphère. Il peut

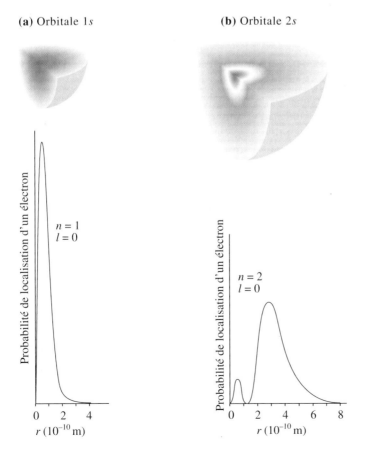

(a) Orbitale 1*s*

(b) Orbitale 2*s*

◀ **Figure 4.22**
Orbitales 1*s* et 2*s*

Les régions géométriques définies par les orbitales *s* sont des *boules*, représentées dans la figure par un *quart de sphère* dont le centre correspond en principe à la position du noyau. **(a)** La forte densité de points qu'on observe au centre de l'orbitale 1*s* signifie que c'est à proximité du noyau que la probabilité de trouver un électron est la plus grande. Cette probabilité diminue graduellement au fur et à mesure qu'on s'éloigne du centre. **(b)** La configuration des points de l'orbitale 2*s* représente une région plus vaste que celle de l'orbitale 1*s*. La partie plus pâle délimite une région (appelée *nœud*) dans laquelle la probabilité de trouver un électron est nulle. La localisation la plus probable de l'électron se trouve dans une enveloppe sphérique faisant partie du second anneau de points. Les graphiques montrent la variation de la probabilité qu'un électron soit présent en fonction de sa distance par rapport au noyau.

s'avérer également utile de connaître la probabilité qu'un électron se trouve à une distance donnée du noyau. Dans une représentation tridimensionnelle, le même calcul reviendrait à additionner les probabilités en tous points relatives à une mince enveloppe sphérique dont le centre représente le noyau. L'enveloppe sphérique dans laquelle un électron a la plus grande probabilité de se trouver a un rayon de 52,9 pm, cette quantité étant identique à la distance où se trouve la première orbite, dans le modèle de l'atome d'hydrogène de Bohr.

Il existe deux régions sphériques de l'orbitale 2s où la probabilité de trouver un électron est élevée. La région la plus proche du noyau est séparée de la seconde par un nœud sphérique, c'est-à-dire une enveloppe sphérique dans laquelle la probabilité de trouver un électron est nulle. La probabilité qu'un électron 2s se trouve dans une région plus éloignée du noyau est plus élevée.

La deuxième couche principale est formée de deux sous-couches, soit 2s et 2p. La sous-couche 2s comprend une seule orbitale, soit l'orbitale 2s décrite ci-dessus. La sous-couche 2p est constituée de trois orbitales 2p, qui correspondent à $l = 1$ et aux trois valeurs possibles de m_l. Les orbitales 2p décrivent des régions en forme d'haltère (**figure 4.23**) : on remarque deux parties renflées situées symétriquement sur un segment de droite, de part et d'autre du noyau, lequel occupe le centre du segment. Dans une orbitale 2p, il y a un nœud planaire entre les deux « moitiés » de l'orbitale. On désigne parfois les différentes orbitales 2p par les symboles $2p_x$, $2p_y$ et $2p_z$, étant donné qu'elles sont mutuellement perpendiculaires, de sorte qu'on peut les tracer respectivement le long des axes x, y et z d'un système de coordonnées. La dimension des orbitales augmente avec la valeur de n.

La troisième couche principale se divise en trois sous-couches : une orbitale 3s, trois orbitales 3p et cinq orbitales 3d. Les orbitales d sont représentées dans la **figure 4.24**.

La quatrième couche principale se divise en quatre sous-couches : une sous-couche 4s comprenant une seule orbitale ; une sous-couche 4p comprenant trois orbitales ; une sous-couche 4d comprenant cinq orbitales ; une sous-couche 4f comprenant sept orbitales. La forme des sept orbitales f étant complexe, nous n'en traiterons pas dans le cadre du présent ouvrage.

▼ Figure 4.23
Trois orbitales 2p

Les régions où la probabilité de trouver un électron est élevée ont la forme d'haltères et elles sont orientées respectivement selon les axes x, y et z d'un système de coordonnées. Chaque orbitale comprend un nœud *planaire*, c'est-à-dire une région plane passant par le noyau de l'atome, où la probabilité de trouver un électron est nulle.

Un quatrième nombre quantique : le spin de l'électron

Les nombres quantiques n, l et m_l découlent de la façon dont Schrödinger perçoit l'électron d'un atome d'hydrogène, c'est-à-dire qu'il l'associe à une onde de matière. On peut généraliser ce concept et l'appliquer aux électrons de divers autres atomes. Bien que les trois nombres quantiques n, l et m_l déterminent complètement les orbitales d'un atome, on doit faire appel à un quatrième nombre pour décrire les électrons qui se trouvent dans les différentes orbitales. Samuel Goudsmit et George Uhlenbeck proposèrent, en 1925, d'utiliser la valeur du spin de l'électron comme quatrième nombre quantique pour expliquer certaines caractéristiques subtiles du spectre d'émission

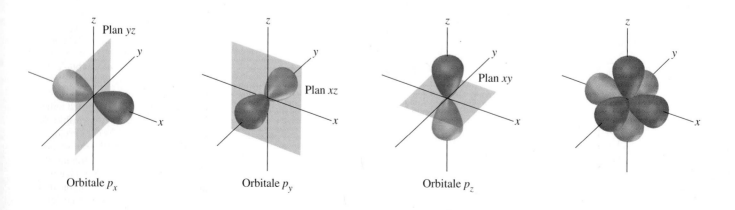

Orbitale p_x Orbitale p_y Orbitale p_z

Probabilité de localisation d'un électron et gros plan sur les atomes

Dans le modèle de l'atome de Bohr, il est question de l'énergie dont un électron a besoin pour se déplacer d'une orbite donnée à une orbite plus éloignée du noyau et de sa charge positive. En mécanique ondulatoire, on remplace les orbites bien définies par la probabilité qu'un électron se trouve dans une région extérieure au noyau. Cette interprétation tient même compte de la probabilité, infime mais non nulle, qu'un atome cède un électron à un atome adjacent sans avoir d'abord été ionisé. Ce phénomène se produit notamment lorsque la probabilité est relativement grande qu'un électron se trouve plus proche du noyau de l'atome adjacent que du noyau de l'atome auquel il est lié. Un transfert de ce type, appelé *effet tunnel*, requiert beaucoup moins d'énergie que l'ionisation.

Gerd Binnig et Heinrich Rohrer ont tiré avantage de l'effet tunnel en inventant, au début des années 1980, la technique dite de *microscopie par effet tunnel*, qui est utilisée pour obtenir des images d'atomes individuels de la surface d'un solide. Un microscope à effet tunnel comprend une sonde en tungstène dont l'extrémité, extrêmement fine, est minutieusement placée à environ 0,5 nm seulement de la surface à étudier. On crée une infime différence de potentiel entre la sonde et la surface, de manière à accroître la probabilité qu'un électron passe de l'une à l'autre par effet tunnel. Le flux d'électrons qui en résulte crée un petit courant électrique. Comme l'instrument est conçu de façon que ce courant soit constant, la sonde se déplace de bas en haut, tout en suivant le contour des atomes qui se trouvent à la surface. Celle-ci est balayée ainsi plusieurs fois, si bien qu'on en obtient une image tridimensionnelle après traitement informatique des données recueillies. Une telle image indique l'arrangement des atomes qui sont à la surface. Cependant, elle ne procure aucune information à propos de la structure interne de ces atomes. Si on s'intéresse à celle-ci, on utilise plutôt des données indirectes, comme celles que l'on tire des spectres atomiques.

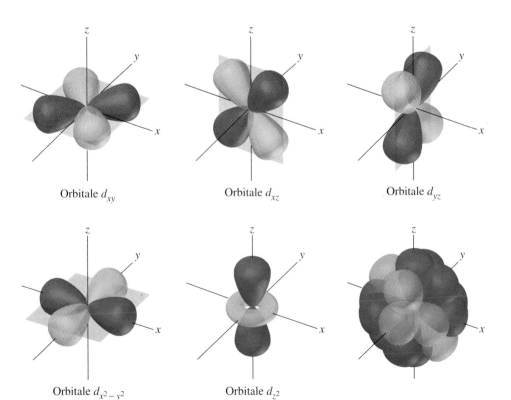

Orbitale d_{xy} Orbitale d_{xz} Orbitale d_{yz}

Orbitale $d_{x^2-y^2}$ Orbitale d_{z^2}

◀ **Figure 4.24**
Cinq orbitales *d*

Les indices *xy, xz, yz, $x^2 - y^2$* et z^2 se rapportent à l'orientation des diverses combinaisons d'orbitales qui ont l'une des valeurs de m_l permises dans le cas où $l = 2$.

Nombre quantique de spin (m_s)

Quatrième nombre quantique servant à préciser les caractéristiques d'un électron d'une orbitale; ce nombre est égal au spin de l'électron et peut donc prendre l'une des valeurs +1/2 et −1/2.

atomique. Les deux valeurs possibles du **nombre quantique de spin (m_s)** sont +1/2 (représenté par une flèche orientée vers le haut : ↑) et −1/2 (↓).

L'expression « nombre quantique de spin » suggère que l'électron est animé d'un mouvement de rotation (**figure 4.25**). Cependant, il est impossible de relier le spin à une caractéristique physique précise. On sait simplement qu'il permet d'interpréter certaines observations *expérimentales*.

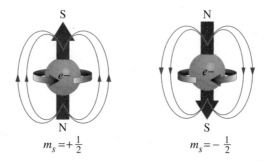

$$m_s = +\tfrac{1}{2} \qquad m_s = -\tfrac{1}{2}$$

▶ **Figure 4.25**
Représentation du spin de l'électron

La représentation de l'électron pour chacune des deux valeurs possibles du spin comprend les champs magnétiques associés à celles-ci. (L'annexe B contient une repré-sentation d'un champ magnétique.) Les champs magnétiques respectifs de deux électrons ayant des spins opposés s'annulent : aucun champ magnétique n'est associé à une telle paire d'électrons.

Otto Stern et Walter Gerlach réalisèrent, en 1921, l'expérience illustrée dans la **figure 4.26**. Ils projetèrent un jet d'atomes d'argent gazeux dans un champ magnétique de haute intensité et constatèrent que le jet se divisait en deux, sous l'effet de ce champ, ce qui indique que les atomes eux-mêmes agissent comme de petits aimants.

On sait depuis longtemps qu'une charge électrique en mouvement induit un champ magnétique dans son voisinage. Un champ magnétique devrait donc également être associé à tout électron en rotation. L'orientation du champ magnétique produit par un électron pour lequel $m_s = +1/2$ est contraire à celle du champ produit par un électron pour lequel $m_s = -1/2$: aucun champ magnétique ne résulte de la présence d'une paire d'électrons de spins opposés.

Voici une interprétation de l'expérience de Stern et Gerlach. Des 47 électrons d'un atome d'argent, 23 ont un spin ayant une direction donnée, et les 24 autres ont un spin opposé. Comme 46 des électrons forment des paires dont les champs magnétiques s'annulent, l'orientation de la déviation d'un atome d'argent donné dépend de la valeur du spin du 47e électron. Il existe une même probabilité que le spin de l'électron « non apparié » prenne la valeur +1/2 (↑) ou −1/2 (↓). C'est pourquoi le jet d'atomes d'argent se divise en deux. Un jet d'atomes d'hydrogène se divise également en deux lorsqu'il est soumis à un champ magnétique, ce qui indique que la moitié des électrons ont un spin de +1/2, et l'autre moitié un spin de −1/2.

Dans ce chapitre qui se termine, nous avons défini les quatre nombres quantiques utilisés pour décrire les électrons d'un atome. Nous verrons, dans le prochain chapitre, comment déterminer, à l'aide de ces nombres et de quelques règles simples, dans quelles orbitales d'un atome se trouvent les électrons. Nous étudierons aussi la relation étroite qui existe entre la structure électronique des atomes et la classification périodique. Finalement, les chapitres 6 et 7 montreront comment les configurations électroniques déterminent la nature des liaisons chimiques existant entre les atomes, de même que la structure des molécules.

▶ **Figure 4.26**
Expérience de Stern et Gerlach démontrant l'existence du spin de l'électron

Des atomes d'argent vaporisés dans un four forment un jet en passant par une fente. Lorsque ce jet est soumis à un champ magnétique non uniforme, il se divise en deux. (Aucune force ne s'exercerait sur le jet d'atomes si le champ magnétique était uniforme. Celui-ci doit être plus intense dans certaines directions.)

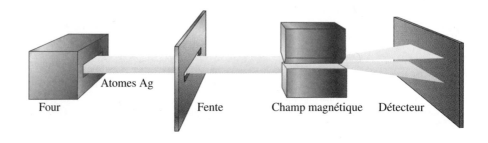

Four   Atomes Ag   Fente   Champ magnétique   Détecteur

L'immobilité à 0 K : la température, l'incertitude et la supraconductivité

La science est beaucoup plus qu'un assemblage de faits ; elle constitue un tout cohérent qui aide à comprendre l'univers tout entier. Les connaissances acquises dans un domaine sont fréquemment applicables à des domaines qui n'ont apparemment aucun rapport avec le premier. La science repose en grande partie sur les mathématiques. Voici un exemple.

La théorie cinétique prédit que, à la température ambiante, la vitesse que possède des atomes gazeux est généralement de l'ordre de 1600 km/h, alors qu'elle est de l'ordre de *un mètre* par heure, à une température d'environ 20 nK (ou 0,000 000 020 K). En 1995, des scientifiques ont réussi à « refroidir » des atomes de rubidium à cette dernière température, qui est

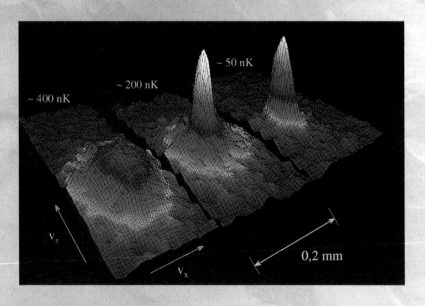

L'image obtenue à l'aide d'un ordinateur représente la distribution de la vitesse de bosons.

extrêmement basse, en les ralentissant et en les rapprochant les uns des autres au moyen d'un rayon laser. Cette technique est analogue à l'emploi que l'on fait de chiens de berger pour ramener vers le troupeau un mouton égaré. Cependant, il s'est avéré que la vitesse des atomes de rubidium était bien inférieure à la vitesse prévue ; en fait, elle était trop petite pour qu'on puisse la mesurer. Les atomes étaient étroitement liés les uns aux autres. Ce comportement confirme des hypothèses énoncées par Albert Einstein, qui reposent sur des mathématiques élaborées par le physicien indien Satyendra Bose, en 1924. Les regroupements d'atomes de ce type, aux environs de 0 K, sont appelés « bosons ».

Comme les bosons sont presque immobiles, leur *quantité de mouvement* est aussi presque nulle. Étant donné que l'on connaît leur quantité de mouvement assez précisément, il est impossible, selon le principe d'incertitude de Heisenberg, de déterminer la *position* des bosons avec précision. En fait, ces atomes agissent comme un groupe dont on ne peut pas déceler les individus.

Les propriétés des bosons sont liées à la supraconductivité. Les scientifiques espèrent que l'étude d'échantillons de ces particules contribuera à la compréhension de ce dernier phénomène.

EXEMPLE **SYNTHÈSE**

Lequel des deux cas suivants produit plus d'énergie par gramme d'hydrogène ? **a)** un atome d'hydrogène subissant une transition électronique de $n = 4$ à $n = 1$; **b)** de l'hydrogène moléculaire brûlé en présence d'oxygène gazeux pour produire de l'eau à l'état liquide, sachant que, lors de cette combustion, l'énergie libérée est de –571,6 kJ par mole de $O_2(g)$ consumé.

→ Stratégie

Nous devons utiliser l'équation 4.8 pour déterminer l'énergie d'un photon émis par un atome d'hydrogène dont l'électron passe du niveau 4 au niveau 1. Ensuite, en multipliant l'énergie d'un photon par le nombre d'Avogadro, nous déterminerons l'énergie émise par 1 mol d'atomes d'hydrogène et, finalement, par 1 g à l'aide de la masse molaire. D'autre part, nous devrons écrire l'équation de la combustion de l'hydrogène par l'oxygène pour former l'eau et l'équilibrer. Nous obtiendrons ainsi les rapports stœchiométriques entre les moles d'oxygène et les moles d'hydrogène, ce qui nous permettra de calculer l'énergie dégagée par une mole d'hydrogène brûlé. L'étape finale sera de comparer les deux résultats.

➧ Solution

Énergie émise sous forme de radiation électromagnétique :
Nous utilisons l'équation 4.8 pour une transition de $n = 4$ à $n = 1$.

$$\Delta E = 2,179 \times 10^{-18} \, J \left(\frac{1}{4^2} - \frac{1}{1^2} \right) = 2,179 \times 10^{-18} \, J \left(\frac{1}{16} - 1 \right)$$

$$= 2,179 \times 10^{-18} \, J (-0,9375) = -2,043 \times 10^{-18} \, J$$

L'énergie calculée est celle d'un atome. Nous multiplions par le nombre d'Avogadro pour obtenir l'énergie émise par mole de H et nous convertissons la mole de H en grammes de H.

$$? \, kJ/g \, H = \frac{-2,043 \times 10^{-18} \, J}{1 \, atome \, H} \times \frac{6,022 \times 10^{23} \, atomes}{1 \, mol \, H} \times \frac{1 \, mol \, H}{1,00794 \, g \, H} \times \frac{1 \, kJ}{1 \times 10^3 \, J}$$

$$= -1,221 \times 10^3 \, kJ/g \, H$$

Énergie dégagée par la combustion de $H_2(g)$
Pour obtenir l'énergie de combustion de $H_2(g)$, nous devons d'abord écrire l'équation chimique de la combustion et l'équilibrer. Connaissant l'énergie libérée par mole de $O_2(g)$, il faut calculer l'énergie par mole de $H_2(g)$ à l'aide du rapport stœchiométrique.

$$H_2(g) + O_2(g) \longrightarrow H_2O(l) \quad \textit{(équation non équilibrée)}$$

$$2 \, H_2(g) + O_2(g) \longrightarrow 2 \, H_2O(l)$$

$$? \, kJ/mol \, H_2(g) = \frac{-571,6 \, kJ}{1 \, mol \, O_2(g)} \times \frac{1 \, mol \, O_2(g)}{2 \, mol \, H_2(g)} = \frac{-285,8 \, kJ}{1 \, mol \, H_2(g)}$$

Il nous faut maintenant trouver l'énergie de combustion par gramme de $H_2(g)$.

$$? \, kJ/g \, H_2(g) = \frac{-285,8 \, kJ}{1 \, mol \, H_2(g)} \times \frac{1 \, mol \, H_2(g)}{2,01588 \, g \, H_2(g)} = -141,8 \, kJ/g \, H_2(g)$$

Comparaison des résultats
Dans le cas de l'hydrogène, l'énergie émise par gramme sous forme de radiation électromagnétique (1221 kJ/g H) est 8 fois plus grande que celle reliée à sa combustion (141,8 kJ/g).

➧ Évaluation

La figure 4.18 nous indique que la lumière émise se situe dans la région de l'ultraviolet sur le spectre électromagnétique. L'exemple 4.4 nous donne l'information dont nous avons besoin pour évaluer nos résultats. Dans cet exemple, une lumière dont la longueur d'onde est de 632,8 nm a une énergie de 189 kJ/mol de photons. L'énergie est inversement proportionnelle à la longueur d'onde ($E = h\nu = hc/\lambda$) et la longueur d'onde associée à une transition de $n = 4$ à $n = 1$, c'est-à-dire de 97,3 nm, est inférieure à 1/6 de 632,8 nm. En conséquence, l'énergie que nous avons calculée pour cette transition doit être plus de 6 fois supérieure à 189 kJ/mol, soit approximativement 1220 kJ/mol. L'hydrogène a une masse molaire très voisine de

$$1 \, g \, H/mol \, H$$

ce qui correspond à environ 1200 kJ/g H.

Résumé

4.1 **L'électron : les expériences de Thomson et de Millikan** Les **rayons cathodiques** se forment lorsqu'on fait passer un courant électrique à travers un gaz, à très basse pression. L'étude de la déviation des rayons de ce type dans des champs électrique et magnétique a permis à Thomson de déterminer un rapport entre la masse et la charge, et de supposer qu'il s'agit de particules fondamentales de matière chargées négativement, particules appelées aujourd'hui *électrons*. Millikan a déterminé la charge de l'électron lors d'expériences sur le comportement de gouttelettes d'huile chargées dans un champ électrique. Un électron possède une unité fondamentale de charge électrique négative.

4.2 **Les modèles atomiques de Thomson et de Rutherford** Selon le modèle de Thomson, dit du « pain aux raisins », un atome est formé d'électrons (« les raisins ») insérés dans une masse (« le pain ») chargée positivement. Par ailleurs, les travaux de Rutherford sur la déviation de particules alpha par des feuilles de métal représentent l'atome comme un minuscule noyau chargé positivement et entouré d'électrons.

4.3 **Les protons et les neutrons** Des expériences ultérieures ont confirmé le modèle de Rutherford. Elles ont montré que le noyau lui-même se compose de protons et de neutrons et qu'il constitue la quasi-totalité de la masse de l'atome.

4.4 **Les ions positifs et la spectrométrie de masse** Le **spectromètre de masse** permet de déterminer la masse atomique et la proportion des isotopes d'un élément à l'aide d'une technique qui sépare les ions positifs en fonction du rapport entre leur masse et leur charge.

4.5 **La nature ondulatoire de la lumière** Le rayonnement électromagnétique consiste en une transmission d'énergie sous la forme de champs électrique et magnétique oscillatoires. Les oscillations produisent des **ondes** caractérisées par leur **fréquence** (v), leur **longueur d'onde** (λ) et leur vitesse (c). L'ensemble des valeurs possibles que prennent la fréquence et la longueur d'onde forment le **spectre électromagnétique**, dont la lumière visible ne constitue qu'une petite partie.

$$c = v\lambda \qquad (4.4)$$

$$c = 3,00 \times 10^8 \text{ m} \cdot \text{s}^{-1} \text{ dans le vide}$$

La lumière visible se situe entre les rayonnements violet ($\lambda > 390$ nm) et rouge ($\lambda < 760$ nm), et comprend le bleu, le vert, le jaune et l'orange. Comme elle est constituée de pratiquement toutes les longueurs d'onde d'une région du spectre électromagnétique, la lumière forme un spectre continu (par exemple l'« arc-en-ciel »). Un atome excité émet

Visible

450 550 650 760 nm
$\lambda = 390$ 500 600 700

généralement un ensemble discret de composantes possédant diverses longueurs d'onde, qu'on appelle **spectre de raies**.

4.6 **Les photons : des quanta d'énergie** L'énergie d'un rayonnement électromagnétique est nécessairement un multiple entier d'une quantité fondamentale, appelée **quantum**, dont la valeur est

$$E = hv \qquad (4.5)$$

Dans cette équation, h représente la **constante de Planck**. L'effet photoélectrique, l'émission d'électrons par certaines surfaces éclairées, s'explique facilement si on considère que les quanta d'énergie sont concentrés dans des « particules » de lumière appelées **photons**.

4.7 **Bohr : le modèle planétaire de l'atome d'hydrogène** Selon la théorie de Bohr, l'électron de l'atome d'hydrogène peut occuper seulement certaines orbites autour du noyau. Chacune de ces orbites a un **niveau d'énergie** dont la valeur est toujours discrète. La transition d'un électron d'un niveau donné à un niveau inférieur s'accompagne de la libération d'une quantité discrète d'énergie, sous la forme d'un photon ayant une fréquence caractéristique.

La théorie de Bohr explique le spectre d'émission d'un atome d'hydrogène et celui des ions ne comportant qu'un seul électron comme He^+ et Li^{2+}.

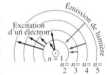

4.8 **La mécanique ondulatoire : la nature ondulatoire de la matière** Le traitement de la structure atomique par la mécanique ondulatoire est basé sur deux concepts fondamentaux : les propriétés ondulatoires des particules très petites et le **principe d'incertitude** de Heisenberg. Ces concepts modifient l'atome de Bohr et amènent la création d'un modèle atomique qui remplace la certitude par la probabilité. Plus précisément, selon de Broglie, une particule de masse m qui se déplace à une vitesse v aura une longueur d'onde λ, décrite par l'équation :

$$\lambda = \frac{h}{mv} \qquad (4.9)$$

On considère alors l'électron de l'atome d'hydrogène comme une onde de matière qui entoure le noyau. La représentation des propriétés ondulatoires de l'électron par une équation d'onde s'appelle la **mécanique quantique** et les solutions de cette équation d'onde sont appelées *fonctions d'onde*.

4.9 **Les nombres quantiques et les orbitales atomiques** La fonction d'onde de l'atome d'hydrogène contient trois paramètres auxquels il faut assigner une valeur entière bien définie, appelée **nombre quantique** : le nombre quantique principal, n; le **nombre quantique secondaire**, l; le **nombre quantique magnétique**, m_l. Les fonctions d'onde pour lesquelles les trois nombres quantiques ont une valeur permise sont appelées **orbitales atomiques**. Chaque orbitale décrit une région d'un atome où la probabilité de trouver un électron est élevée, c'est-à-dire où la densité de charge électronique est grande. Les orbitales pour lesquelles la valeur de n est identique correspondent à un même niveau principal d'énergie, c'est-à-dire à une même **couche principale**. Les orbitales pour lesquelles les valeurs de n et de l sont identiques appartiennent à une même **sous-couche** ou sous-niveau. La forme d'une orbitale dépend de la valeur de l. Ainsi, une orbitale s ($l = 0$) est sphérique, alors qu'une orbitale p ($l = 1$) a la forme d'un haltère.

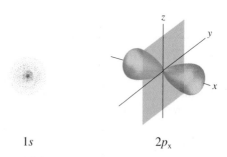

$1s$ $2p_x$

Les nombres quantiques n, l et m_l définissent une orbitale, mais on a besoin d'un quatrième nombre quantique pour décrire un électron d'une orbitale, soit le **nombre quantique de spin**, m_s. Ce nombre quantique ne peut prendre que deux valeurs : $+1/2$ ou $-1/2$.

Mots clés

Vous trouverez également la définition des mots clés dans le glossaire à la fin du livre.

constante de Planck (h) **166**	nombre quantique **180**	principe d'incertitude **179**
couche principale **180**	nombre quantique de spin (m_s) **186**	quantum **166**
état excité **175**	nombre quantique magnétique (m_l) **181**	rayon cathodique **152**
état fondamental **174**	nombre quantique principal (n) **180**	sous-couche **181**
fréquence d'une onde (v) **160**	nombre quantique secondaire (l) **181**	spectre d'émission **164**
longueur d'onde (λ) **160**	onde **159**	spectre de raies **164**
mécanique quantique (ou ondulatoire) **178**	onde électromagnétique **160**	spectre électromagnétique **162**
	orbitale atomique **180**	spectromètre de masse **158**
niveau d'énergie **171**	photon **167**	

Problèmes par sections

  4.1 **4.2** **L'électron : les expériences de Thomson et de Millikan et les modèles atomiques de Thomson et de Rutherford**

1. Décrivez l'expérience réalisée par J. J. Thomson dans le but de déterminer le rapport entre la masse et la charge de l'électron.

2. Les expériences de Millikan reposent sur l'absorption d'ions positifs et d'ions négatifs par des gouttelettes d'huile. Comment l'observation de telles gouttelettes a-t-elle permis de déterminer l'unité fondamentale de charge électrique et, plus précisément, la charge d'un électron ?

3. En quoi l'interprétation de Rutherford relative aux expériences de Geiger et Marsden effectuées avec des feuilles de métal contredit-elle le modèle atomique de Thomson, dit du « pain aux raisins » ?

4. Que signifie l'expression « atome nucléaire » ? Quels types de particules le noyau d'un atome renferme-t-il ? Le noyau d'un atome est-il toujours électriquement neutre ? Expliquez votre réponse.

5. Pourquoi les électrons doivent-ils être en mouvement, selon le modèle atomique de Rutherford, ce qui n'est pas le cas selon le modèle de Thomson ?

4.3 **Les protons et les neutrons**

6. Existe-t-il une différence entre le concept de numéro atomique défini comme la base du classement des éléments par ordre croissant de la masse atomique, et le concept défini comme un nombre égal au nombre de protons du noyau d'un atome ? Expliquez votre réponse.

7. On a observé à la fois des particules négatives et des particules positives en projetant des décharges électriques dans un gaz, à basse pression. Expliquez pourquoi on a découvert que les particules négatives sont en fait des particules fondamentales de la matière, tandis que les particules positives n'en sont pas.

8. Le rapport entre la masse et la charge du proton est de $1,044 \times 10^{-8}$ kg/C. Quelle est la charge du proton ? Quelle est sa masse ?

9. Le rapport entre la masse et la charge du positron (un produit de la désintégration de certains isotopes) est de $5,686 \times 10^{-12}$ kg/C, et la charge du positron est identique à celle du proton. Calculez la masse du positron. Existe-t-il une autre particule fondamentale dont la masse est identique ? Expliquez votre réponse.

10. Au cours d'une expérience effectuée avec une gouttelette d'huile, on a obtenu les valeurs suivantes pour la charge portée par une gouttelette à différents moments : $6,4 \times 10^{-19}$ C ; $3,2 \times 10^{-19}$ C ; $8,0 \times 10^{-19}$ C ; $4,8 \times 10^{-19}$ C. Quelle valeur de la charge de l'électron peut-on dégager de ces résultats ?

11. Au cours d'une expérience effectuée avec une gouttelette d'huile, on a obtenu les valeurs suivantes pour la charge portée par une gouttelette à différents moments : $9,6 \times 10^{-19}$ C ; $3,2 \times 10^{-19}$ C ; $16,0 \times 10^{-19}$ C ; $6,4 \times 10^{-19}$ C. À partir de ces résultats, quelle est la valeur de la charge de l'électron ?

12. Déterminez approximativement le rapport entre la masse et la charge des ions suivants.

   a) $^{80}Br^-$ **b)** $^{18}O^{2-}$ **c)** $^{40}Ar^+$

   Pourquoi s'agit-il de valeurs approximatives ? (*Indice :* Quelle est la masse des ions ?)

13. Parmi les ions suivants, lesquels devraient avoir un même rapport entre la masse et la charge : $^{40}Ca^{2+}$, $^{10}B^+$, $^{60}Co^{2+}$, $^{20}Ne^+$, $^{120}Sn^{2+}$, $^{80}Br^-$? Selon vous, le rapport est-il exactement le même ou approximativement le même ? Expliquez votre réponse.

 4.4 **Les ions positifs et la spectrométrie de masse**

14. Décrivez le fonctionnement d'un spectromètre de masse.

15. Les cinq isotopes de germanium existant à l'état naturel ainsi que leurs masses atomiques respectives sont les suivants :
   - le germanium 70 : 69,9243 u ;
   - le germanium 72 : 71,9217 u ;
   - le germanium 73 : 72,9234 u ;
   - le germanium 74 : 73,9219 u ;
   - le germanium 76 : 75,9214 u.

   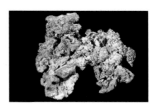

   À l'aide de ces valeurs et des données contenues dans le spectre de masse du germanium, reproduit ci-contre, déterminez la masse atomique moyenne pondérée de cet élément. (*Indice :* Reportez-vous à l'exemple 2.4 de la page 51.)

16. Les quatre isotopes de plomb existant à l'état naturel, de même que leurs masses atomiques respectives et leur proportion relative, en pourcentage, sont les suivants : le plomb 204 : 203,9731 u et 1,4 % ; le plomb 206 : 205,9745 u et 24,1 % ; le plomb 207 : 206,9759 u et 22,1 % ; le plomb 208 : 207,9766 u et 52,3 %. En vous inspirant de la figure 4.7 (page 158), tracez le spectre de masse du plomb.

4.5 **La nature ondulatoire de la lumière**

17. Lorsque la sonde spatiale *Voyager 2* a transmis par radio des informations à la Terre depuis Neptune, les signaux électromagnétiques ont parcouru environ $4,4 \times 10^9$ km. Combien de temps ces signaux ont-ils mis à atteindre la Terre ?

18. Le 4 juillet 1997, une commande envoyée par un appareil de contrôle situé sur la Terre a mis 11 minutes pour atteindre le Pathfinder, un véhicule spatial qui s'était posé à la surface de Mars. Combien de kilomètres le message a-t-il parcouru ?

19. La station de radiodiffusion CHOM émet sur la fréquence de 97,7 MHz de la bande FM. Quelle est la longueur d'onde, en mètres, de ces ondes radio ?

20. Quelles sont la fréquence et la couleur de la lumière dont la longueur d'onde est de 650 nm ?

21. Quelles sont la longueur d'onde et la couleur de la lumière dont la fréquence est de $5,2 \times 10^{14}$ s^{-1} ?

22. Le graphique suivant représente une onde lumineuse. Quelles sont la longueur d'onde et la fréquence de cette onde ? Quelle est la couleur de la lumière dont l'onde est représentée par ce graphique ?

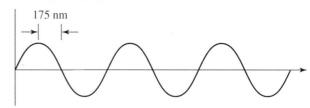

175 nm

23. En utilisant l'échelle du graphique accompagnant le problème 22, représentez de façon plausible :

   a) une onde de lumière jaune ;

   b) une onde de lumière infrarouge dont la fréquence est de $1,0 \times 10^{14}$ s^{-1}.

4.6 Les photons : des quanta d'énergie

24. Décrivez l'effet photoélectrique. De quelle façon Einstein a-t-il expliqué ce phénomène ?

25. Calculez l'énergie, en joules, d'un photon de lumière violette dont la fréquence est de $7,42 \times 10^{14}$ s^{-1}. L'énergie de ce photon est-elle plus grande ou plus petite que celle d'un photon provenant d'une lumière dont la longueur d'onde est de 655 nm ? Expliquez votre réponse.

26. Calculez l'énergie, en joules, d'un photon de lumière rouge dont la fréquence est de $3,73 \times 10^{14}$ s^{-1}. L'énergie de ce photon est-elle plus grande ou plus petite que celle d'un photon provenant d'une lumière dont la longueur d'onde est de 530 nm ? Expliquez votre réponse.

27. Le laser d'un lecteur de disques compacts utilise une lumière dont la longueur d'onde est de 780 nm. Calculez l'énergie de ce rayonnement en joules par photon et en kilojoules par mole de photons.

28. La quantité minimale d'énergie requise pour arracher un électron d'un atome de fer est de $7,21 \times 10^{-19}$ J. Quelle est la longueur d'onde maximale, en nanomètres, d'un rayonnement lumineux qui produit un effet photoélectrique avec le fer ?

29. La quantité minimale d'énergie requise pour arracher un électron d'un atome de lithium est de $4,65 \times 10^{-19}$ J. Quelle est la longueur d'onde maximale, en nanomètres, d'un rayonnement lumineux qui produit un effet photoélectrique avec le lithium ?

30. Quelle est approximativement la couleur d'un rayonnement lumineux dont la quantité d'énergie est de 191 kJ/mole de photons ?

31. Quelle est la longueur d'onde, en nanomètres, d'un rayonnement lumineux dont la quantité d'énergie est de 487 kJ/mole de photons ? À quelle région du spectre électromagnétique ce rayonnement appartient-il ?

4.7 Bohr : le modèle planétaire de l'atome d'hydrogène

32. Quels raffinements Bohr a-t-il apportés au modèle nucléaire de l'atome de Rutherford ?

33. Pourquoi est-il vraisemblable que, dans le modèle de Bohr, les niveaux d'énergie de l'atome d'hydrogène soient donnés par une équation de la forme $E_n = -B/n^2$, plutôt que $E_n = -B \times n^2$. Quelle est la signification du signe moins ?

34. Lequel des atomes d'hydrogène suivants absorbe une plus grande quantité d'énergie : un atome dont l'électron saute du premier au troisième niveau d'énergie ou un atome dont l'électron saute du second au quatrième niveau d'énergie ? Expliquez votre réponse.

35. Quelle est l'énergie du photon qui est émis lorsque l'électron d'un atome d'hydrogène saute du niveau d'énergie $n = 5$ au niveau d'énergie :

a) $n = 1$?   **b)** $n = 4$?

36. Quelle quantité d'énergie un atome d'hydrogène doit-il absorber pour que son électron saute du niveau d'énergie $n = 1$ au niveau d'énergie :

a) $n = 3$?   **b)** $n = 6$?

37. Calculez la fréquence, en cycles par seconde, du rayonnement électromagnétique émis par un atome d'hydrogène lorsque son électron saute :

a) du niveau d'énergie $n = 3$ au niveau $n = 2$;

b) du niveau d'énergie $n = 4$ au niveau $n = 1$.

38. Calculez la longueur d'onde, en nanomètres, du rayonnement électromagnétique émis par un atome d'hydrogène lorsque son électron saute :

a) du niveau d'énergie $n = 5$ au niveau $n = 2$;

b) du niveau d'énergie $n = 3$ au niveau $n = 1$.

39. *Sans faire de calculs détaillés*, déterminez s'il est vraisemblable que, dans le modèle de Bohr, un niveau d'énergie d'un atome d'hydrogène corresponde à $E_n = -2,179 \times 10^{-21}$ J. Décrivez le raisonnement que vous avez appliqué.

40. *Sans faire de calculs détaillés*, déterminez si, dans le modèle de Bohr, il peut exister un niveau d'énergie d'un atome d'hydrogène pour lequel $E_n = -1,00 \times 10^{-17}$ J. Décrivez le raisonnement que vous avez appliqué.

41. L'énergie requise pour faire passer un électron d'un atome d'hydrogène de l'état fondamental à l'état E_n, où $n \rightarrow \infty$, s'appelle *énergie d'ionisation*. Quelle est l'énergie d'ionisation de l'hydrogène en kilojoules par mole ?

42. Vous semble-t-il vraisemblable qu'il existe des états de l'atome d'hydrogène pour lesquels l'énergie est une quantité *positive* ? Expliquez votre réponse.

4.8 La mécanique ondulatoire : la nature ondulatoire de la matière

43. Pourquoi la théorie quantique joue-t-elle un rôle si important dans la description du comportement de la matière à l'échelle microscopique ? Pourquoi n'est-elle pas très utile pour décrire des phénomènes à l'échelle macroscopique, comme la vitesse et la trajectoire d'un projectile tiré avec un fusil ?

44. Expliquez pourquoi le principe d'incertitude de Heisenberg impose une limite à la capacité de connaître la structure d'un atome.

45. On a souligné que le modèle de l'atome d'hydrogène de Bohr entre en contradiction avec le principe d'incertitude de

Heisenberg, ce qui n'est pas le cas du modèle de l'atome d'hydrogène de Schrödinger. Pourtant, les deux modèles fournissent apparemment la même valeur de la distance (52,9 pm) séparant l'électron et le noyau. Comment expliquez-vous ce fait ?

46. Calculez la longueur d'onde, en nanomètres, associée à un proton dont la vitesse est de $2,55 \times 10^6$ m · s^{-1}. (La masse du proton est de $1,67 \times 10^{-27}$ kg.)

47. Calculez la longueur d'onde, en nanomètres, associée à un électron dont la vitesse est égale à 90,0 % de la vitesse de la lumière.

48. La longueur d'onde associée à des électrons est de 84,4 nm. Quelle est la vitesse, en mètres par seconde, de ces électrons ?

49. Quelle est la vitesse, en mètres par seconde, d'électrons auxquels est associée une longueur d'onde de 174 pm ?

4.9 Les nombres quantiques et les orbitales atomiques

50. Décrivez les trois nombres quantiques résultant de la solution de l'équation d'onde de Schrödinger, et indiquez quelles valeurs ces nombres peuvent prendre.

51. Donnez la notation des sous-couches de chacune des paires de nombres quantiques suivants.
   a) $n = 3$ et $l = 2$ **c)** $n = 4$ et $l = 1$
   b) $n = 2$ et $l = 0$ **d)** $n = 4$ et $l = 3$

52. Combien de sous-couches y a-t-il dans une couche principale pour laquelle :
   a) $n = 3$?
   b) $n = 2$?
   c) $n = 4$?

53. Quelle est la forme de la région géométrique décrite par une orbitale s ? En quoi une orbitale $2s$ diffère-t-elle d'une orbitale $1s$?

54. Quelle est la couche principale portant le plus petit numéro dans laquelle on trouve :
   a) des orbitales p ?
   b) la sous-couche f ?

55. Dans un atome d'hydrogène, existe-t-il : une sous-couche $3d$? des orbitales $3f$? Expliquez votre réponse.

56. Si $n = 5$, quelles sont les valeurs possibles de l ? Si $l = 3$, quelles sont les valeurs possibles de m_l ?

57. Si $n = 4$, quelles sont les valeurs possibles de l ? Si $l = 1$, quelles sont les valeurs possibles de m_l ?

58. Dites si chacun des ensembles suivants correspond à des valeurs permises des nombres quantiques. Si ce n'est pas le cas, expliquez pourquoi.
   a) $n = 2, l = 1, m_l = +1$ **c)** $n = 3, l = 2, m_l = -2$
   b) $n = 3, l = 3, m_l = -3$ **d)** $n = 0, l = 0, m_l = 0$

59. Dites si chacun des ensembles suivants correspond à des valeurs permises des nombres quantiques. Si ce n'est pas le cas, expliquez pourquoi.
   a) $n = 3, l = 1, m_l = +2$ **c)** $n = 3, l = 2, m_l = +2$
   b) $n = 4, l = 3, m_l = -3$ **d)** $n = 5, l = 0, m_l = 0$

60. Si on considère la structure électronique d'un atome,
   a) quelles valeurs des nombres quantiques n, l et m_l correspondent à l'orbitale $3s$?
   b) Quelles valeurs ces nombres quantiques peuvent-ils prendre dans le cas d'une orbitale appartenant à la sous-couche $5f$?
   c) Dans quelle orbitale un électron ayant comme nombres quantiques $n = 3$, $l = 1$ et $m_l = -1$ se trouve-t-il ?

61. Si on considère la structure électronique d'un atome,
   a) quelles valeurs des nombres quantiques n, l et m_l correspondent à la sous-couche $3p$?
   b) Quelles valeurs ces nombres quantiques peuvent-ils prendre dans le cas d'une orbitale appartenant à la sous-couche $4d$?
   c) Dans quelle orbitale un électron ayant comme nombres quantiques $n = 4$, $l = 2$ et $m_l = 0$ se trouve-t-il ?

62. Dans chaque cas, indiquez quelles valeurs peuvent prendre les nombres quantiques non déterminés, compte tenu de la valeur des autres nombres. Quelles orbitales correspondent à ces nombres quantiques ?
   a) $n = ?, l = 2, m_l = 0, m_s = ?$
   b) $n = 2, l = ?, m_l = -1, m_s = ?$
   c) $n = 4, l = ?, m_l = 2, m_s = ?$
   d) $n = ?, l = 0, m_l = ?, m_s = ?$

63. Lequel des énoncés suivants est exact si un électron a comme nombres quantiques $n = 5$ et $m_l = -3$?
   a) Il peut se trouver dans la sous-couche d.
   b) Il a nécessairement pour nombre quantique $l = 4$.
   c) Il peut avoir pour nombre quantique $l = 0, 1, 2$ ou 3.
   d) Il peut avoir pour nombre quantique $m_s = +1/2$ ou $m_s = -1/2$.
   e) Un tel électron n'existe pas.

Problèmes complémentaires ★ Problème défi Problème synthèse

64. À l'aide des données présentées dans la figure 4.7, déterminez approximativement la masse atomique moyenne pondérée du néon. Pourquoi ne peut-on obtenir qu'un résultat approximatif ?

65. Dans les problèmes 10 et 11, en utilisant les résultats d'expériences effectuées avec des gouttelettes d'huile, on obtient deux valeurs différentes pour la charge d'un électron. Ces valeurs peuvent-elles être toutes deux exactes ? Sinon, l'une des deux valeurs est-elle exacte ? Expliquez votre réponse.

66. La *période* d'une onde est la durée d'un cycle. La fréquence du courant électrique distribué dans les maisons est de 60 s^{-1}. Quelle est la période de ce courant ? Quelle est la relation entre la période et la fréquence d'une onde ?

67. Un photon de lumière ultraviolette peut arracher un électron de la surface d'un échantillon de métal. Deux photons de lumière rouge ayant au total la même énergie qu'un photon de lumière ultraviolette ne produisent pas de photoélectron. Expliquez cette observation.

68. Le *travail d'extraction* (ϕ) d'une substance photoélectrique ★ est l'énergie minimale que doit avoir un photon provenant d'un rayonnement lumineux pour arracher un électron de la surface d'un échantillon de cette substance. La fréquence de ce rayonnement est appelée *seuil de fréquence* (v_s), et $\phi = hv_s$. Plus l'énergie du rayonnement incident est grande, plus l'énergie cinétique des électrons arrachés à la surface est élevée. La valeur du travail d'extraction du césium est de $3,42 \times 10^{-19}$ J.

  a) Quel est le seuil de fréquence correspondant à l'effet photoélectrique, dans le cas du césium ?

  b) Un rayonnement infrarouge dont la longueur d'onde est de 1000 nm peut-il produire un effet photoélectrique dans le cas du césium ? Expliquez votre réponse.

  c) Si on projette de la lumière bleue dont la longueur d'onde est de 425 nm sur un morceau de césium, quelle sera la vitesse des électrons arrachés au métal ? (*Indice :* On considère qu'une partie de l'énergie des photons est utilisée pour le travail d'extraction et que l'autre partie est transmise aux photoélectrons sous forme d'énergie cinétique ; voir l'annexe B.)

69. Selon le modèle de Bohr, la différence d'énergie entre les premier et deuxième niveaux de l'atome d'hydrogène est égale à 3/4 B. Laquelle des valeurs suivantes représente la différence d'énergie entre les premier et troisième niveaux ? Expliquez votre raisonnement.

  a) $3/2 \times (3/4\ B)$ **c)** $32/27 \times (3/4\ B)$

  b) $2/3 \times (3/4\ B)$ **d)** $(3/4\ B) + (4/9\ B)$

70. Montrez qu'il ne devrait y avoir que *quatre* raies dans le spectre visible de l'hydrogène et que les longueurs d'onde correspondantes devraient être celles qui sont données dans la figure 4.12.

71. Quelles sont les valeurs maximale et minimale de la longueur d'onde des raies appartenant à la série spectrale de Lyman relative au spectre de l'hydrogène (voir la figure 4.18) ?

72. De quel niveau d'énergie un électron doit-il provenir pour produire une raie appartenant à la série spectrale de Paschen relative au spectre de l'hydrogène qui corresponde à une longueur d'onde de 1094 nm (voir la figure 4.18) ?

73. On peut généraliser la théorie de Bohr et l'appliquer aux espèces chimiques possédant un seul électron, comme He$^+$ et Li^{2+}, dont les niveaux d'énergie sont donnés par $E_n = -Z^2 B/n^2$ où Z est le numéro atomique. Quelle est la quantité d'énergie requise, en joules, pour ioniser entièrement l'électron d'un ion He$^+$ qui se trouve à l'état fondamental ?

74. Montrez que si l'électron d'un atome d'hydrogène passe du niveau d'énergie $n = 3$ au niveau $n = 2$, puis du niveau $n = 2$ au niveau $n = 1$, il émet en tout la même quantité d'énergie que s'il saute directement du niveau $n = 3$ au niveau $n = 1$.

75. L'équation d'Einstein donnant l'équivalence entre la matière et l'énergie est $E = mc^2$. À l'aide de cette équation et de l'équation de Planck, établissez une relation similaire à la relation de Broglie.

76. Calculez la longueur d'onde, en mètres, associée à un projectile dont la masse est de 25,0 g, et la vitesse, de 110 m/s.

77. Quelle est la vitesse des électrons auxquels est associée une ★ onde de matière dont la longueur est identique à celle de la raie appartenant à la série spectrale de Lyman relative au spectre de l'hydrogène, émise par un électron qui est initialement sur le niveau d'énergie $n = 5$?

78. Lesquelles des particules suivantes doivent avoir la plus grande vitesse pour produire des ondes de matière ayant une même longueur d'onde (par exemple 1 nm) : des protons ou des électrons ? Expliquez votre raisonnement.

79. Au cours de son voyage vers Jupiter, à la fin des années 1970, la sonde *Voyager 1* a émis des signaux radioélectriques sur une fréquence de $8,4 \times 10^9$ s^{-1}. Ces signaux étaient captés par une antenne située sur la Terre qui était capable de détecter des signaux d'une puissance de 4×10^{-21} W (1 W = 1 J/s). Quel est approximativement le nombre minimal de photons par seconde de rayonnement électromagnétique que cette antenne peut intercepter ?

80. On a affirmé que, en pratique, le principe d'incertitude de Heisenberg n'a pas d'importance lorsqu'on étudie de gros objets (voir la page 179). Montrez que cette affirmation est vérifiée dans le cas d'une automobile de 1000 kg qui se déplace à 100 km/h. Autrement dit, montrez qu'on peut à la fois mesurer avec un degré de précision élevé la masse et la vitesse de l'automobile, et déterminer précisément sa position.

81. C'est très près du noyau que la probabilité de trouver l'électron d'un atome d'hydrogène de l'orbitale $1s$ est la plus grande. Cependant, la distance la plus probable entre l'électron et le noyau est de 52,9 pm. Comment peut-on concilier ces deux énoncés ?

82. Entre quels niveaux d'énergie d'un atome d'hydrogène un électron doit-il se déplacer pour produire une raie spectrale correspondant à une longueur d'onde de 486,1 nm ?

83. Déterminez la transition électronique de la série spectrale de Balmer si l'onde émise possède :

  a) une longueur d'onde de 487 nm ;

  b) une fréquence de $6,90 \times 10^{14}$ s^{-1}.

84. Déterminez à quelle série spectrale sont associées les transitions électroniques suivantes.

  a) Un électron situé sur le sixième niveau émet un photon ayant une longueur d'onde de 93,9 nm.

  b) Un électron situé sur le cinquième niveau émet une onde ayant une fréquence de $2,34 \times 10^{14}$ s^{-1}.

85. Les spectromètres à résonance magnétique nucléaire (RMN) utilisent des ondes dans la bande de radiofréquence pour obtenir des informations permettant de déterminer la structure des molécules. Un type de résonance magnétique nucléaire fonctionne à une fréquence de 200 MHz. Quelle est la longueur d'onde, en mètres, de ce rayonnement?

86. Un four à microondes émet un rayonnement dont la longueur d'onde est de 12,0 cm. Calculez l'énergie de ce rayonnement en joules par photon et en kilojoules par mole de photons.

87. Une certaine orbitale atomique contient un électron ayant les nombres quantiques suivants: $n = 3$, $l = 2$, $m_l = 0$, $m_s = +1/2$. Si un deuxième électron se trouvait dans la même orbitale, quels seraient ses nombres quantiques? Si ce deuxième électron se trouvait dans une autre orbitale de la même sous-couche, quels seraient alors ses nombres quantiques?

88. La somme des nombres quantiques n, l et m_l d'une orbitale atomique égale 6. Précisez les combinaisons possibles des trois nombres quantiques et, dans chaque cas, le type d'orbitales, *s*, *p*, *d* ou *f*.

89. L'énergie d'une radiation électromagnétique peut servir à briser des liaisons chimiques. Il faut que l'énergie soit d'au moins 946 kJ/mol pour rompre la liaison azote-azote dans N_2. Quelle doit être la fréquence minimale de la radiation pour qu'il soit possible de briser une telle liaison? Un photon émis d'un atome d'hydrogène peut-il briser cette liaison dans N_2? Expliquez votre réponse.

90. Avant la découverte des neutrons, quelques scientifiques pensaient que le noyau contenait des électrons pour faire contrepoids à quelques protons ou à tous. Comment un tel modèle pouvait-il expliquer les observations suivantes?

a) Le numéro atomique du fluor est 9 et son nombre de masse 19.

b) Le calcium a un numéro atomique de 20 et un nombre de masse de 40.

Les **configurations électroniques,** les **propriétés** des **atomes** et le **tableau périodique**

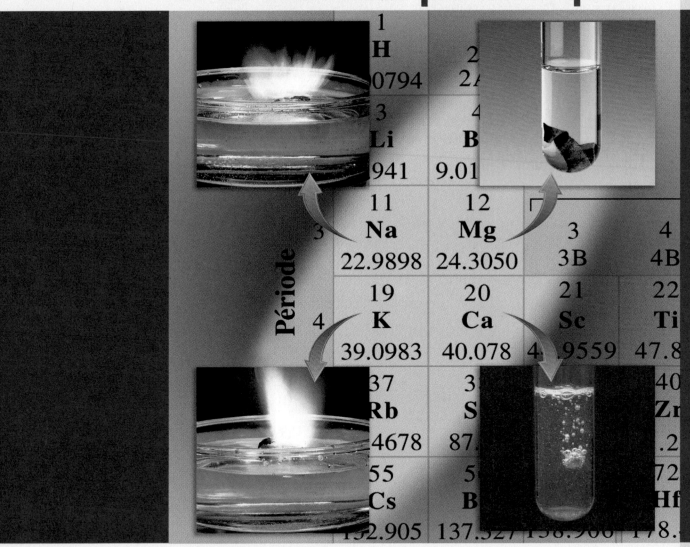

Le sodium (en haut à gauche) et le potassium (en bas à gauche) réagissent l'un et l'autre rapidement et violemment avec l'eau, en dégageant de l'hydrogène. Le calcium (en bas à droite) réagit aussi avec l'eau, mais beaucoup moins rapidement. Le magnésium (en haut à droite) réagit peu au contact de l'eau froide, mais il réagit avec l'eau chaude et la vapeur d'eau. Comme en témoignent ces photographies, la réactivité varie non seulement d'un groupe à l'autre, et parfois fortement, mais aussi à l'intérieur d'un groupe. La réactivité est une des nombreuses propriétés périodiques des éléments.

Dans le chapitre 2, nous avons décrit comment, en 1869, Dimitri Mendeleïev a élaboré le tableau périodique des éléments en regroupant ceux-ci selon leurs propriétés. Nous avons souligné que, pour respecter les principes de sa classification, Mendeleïev a été forcé de corriger quelques masses atomiques et de laisser des espaces vides pour les éléments qui n'étaient pas encore découverts. L'approche de Mendeleïev était empirique : sa classification reposait sur des observations. Le présent chapitre montrera que ces principes de classification peuvent également s'appuyer sur une vision plus théorique. Nous allons d'abord étudier la distribution des électrons dans les régions de l'atome décrites par les orbitales atomiques, c'est-à-dire que nous allons nous pencher sur la *configuration électronique* de l'atome. Nous allons ensuite examiner le rôle que jouent les configurations électroniques dans l'élaboration du tableau périodique. Enfin, nous allons décrire quelques propriétés de l'atome et voir comment le tableau périodique fait ressortir les propriétés communes à certains éléments.

Ce chapitre vous permettra de répondre aux questions suivantes :

- Peut-on expliquer la classification périodique à l'aide d'une vision plus théorique que celle, toute empirique, de Mendeleïev ?

- Comment la répartition des électrons dans un atome permet-elle d'expliquer les propriétés périodiques ?

- Pourquoi le fer, entre autres, est-il attiré par l'aimant ?

5.1 Les atomes possédant plusieurs électrons

La conception de la structure atomique de Schrödinger, qui repose sur la mécanique ondulatoire (voir le chapitre 4), ne convient parfaitement qu'à l'atome d'hydrogène et aux autres espèces chimiques hydrogénoïdes, c'est-à-dire à celles dont l'atome contient un unique électron, par exemple H, He$^+$, Li^{2+}, etc. La mécanique ondulatoire devient rapidement complexe si on considère des espèces ayant *plusieurs électrons.*

La complexité des atomes possédant plusieurs électrons s'explique par le fait que ceux-ci sont attirés par le noyau, tout en se repoussant les uns les autres. On peut établir une équation d'onde tenant compte de toutes les interactions qui se produisent dans un atome à plusieurs électrons, qu'il s'agisse d'attractions ou de répulsions, mais il est impossible d'obtenir une solution exacte de cette équation. En général, on suppose qu'on peut décrire tous les atomes au moyen d'orbitales *semblables* à celles de l'atome d'hydrogène, à la condition de faire quelques ajustements. Il existe toutefois une différence importante entre les orbitales de l'*hydrogène* et les orbitales des atomes à plusieurs électrons quant aux niveaux d'énergie qu'elles possèdent. La **figure 5.1** montre un diagramme représentant les niveaux d'énergie qu'on peut observer dans le cas de l'atome d'hydrogène et un diagramme représentant les niveaux d'énergie qu'on peut observer dans le cas d'un atome à plusieurs électrons. On obtient expérimentalement les diagrammes de ce type. Ceux de la figure 5.1 illustrent les quatre points suivants, qui sont traités dans plusieurs sections du présent chapitre.

1. *Dans l'atome d'hydrogène, toutes les sous-couches d'une couche principale donnée possèdent la même énergie.* Les niveaux d'énergie des orbitales dépendent uniquement du nombre quantique principal, *n*. C'est ce que prédit le modèle de Bohr : $E_n = -B/n^2$.

2. *Les niveaux d'énergie des orbitales sont moins élevés dans les atomes à plusieurs électrons que dans l'atome d'hydrogène.* Tous les états d'énergie associés à des forces d'attraction sont négatifs. La force d'attraction qui s'exerce entre le noyau et l'électron de n'importe quelle orbitale augmente avec le nombre de protons présents dans le noyau.

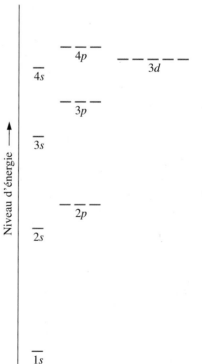

Atome d'hydrogène

Atome à plusieurs électrons (exemple typique)

▶ Figure 5.1
Diagrammes des niveaux d'énergie des orbitales

Comparaison entre les niveaux d'énergie associés aux orbitales des quatre premières couches principales d'un atome typique d'hydrogène et d'un atome typique à plusieurs électrons. Les écarts entre les niveaux d'énergie ne sont pas à l'échelle.

Conséquemment, l'énergie de l'orbitale est d'autant plus négative que le numéro atomique est plus élevé. Ainsi, dans la figure 5.1, les niveaux d'énergie correspondant aux orbitales 1*s*, 2*s*, 3*s* et 4*s* sont plus bas dans n'importe quel atome à plusieurs électrons que dans un atome d'hydrogène.

3. *Dans un atome possédant plusieurs électrons, les sous-couches d'une couche principale donnée se situent à des niveaux d'énergie différents, mais toutes les orbitales d'une même sous-couche sont au même niveau d'énergie.* Dans ce cas, on peut envisager comme suit les forces de répulsion mutuelles existant entre les électrons : tous les électrons situés entre un électron donné et le noyau *font écran*, c'est-à-dire qu'ils réduisent l'intensité de la force d'attraction exercée par le noyau. L'ampleur de cet effet dépend du type d'orbitale occupé par les électrons « écrans » et par l'électron « protégé » du noyau.

Tous les électrons *s* peuvent se trouver près du noyau, quelle que soit la couche principale à laquelle ils appartiennent (voir la figure 4.22, page 183). On dit qu'un électron *s pénètre* dans les couches internes pour s'approcher du noyau. Par contre, les deux parties renflées d'une orbitale *p* étant séparées par un nœud planaire, la probabilité de localisation d'un électron près du noyau est nulle (voir la figure 4.23, page 184) : un électron *p* est moins *pénétrant* qu'un électron *s*, et un électron appartenant à une orbitale *d* ou *f* l'est encore moins. Les électrons des couches internes font plus difficilement écran aux électrons très pénétrants, qui sont plus fortement attirés par le noyau et ont des niveaux d'énergie plus faibles que les électrons moins pénétrants. La classification des différentes sous-couches par ordre croissant de niveau d'énergie est la suivante :

$$s < p < d < f$$

Cette caractéristique des atomes à plusieurs électrons est illustrée dans la figure 5.1. Par ordre croissant des niveaux d'énergie, la classification des sous-couches représentées est :

$$2s < 2p \qquad 3s < 3p < 3d \qquad 4s < 4p$$

Dans un atome isolé qui renferme plusieurs électrons, les niveaux d'énergie d'une sous-couche ne se subdivisent pas davantage. Par exemple, les trois orbitales 3*p* ont un même niveau d'énergie. En général, on appelle **orbitales dégénérées** les orbitales qui ont un même niveau d'énergie. Ainsi, les cinq orbitales 3*d* sont dégénérées, mais elles se situent à un niveau d'énergie plus élevé que celui des orbitales 3*p*, qui sont également dégénérées.

Orbitales dégénérées

Orbitales correspondant à un même niveau d'énergie.

En ce qui a trait aux nombres quantiques, le niveau d'énergie est déterminé principalement par *n* : plus la valeur de *n* est petite, plus le niveau d'énergie est faible. Cependant, le nombre *l* influe également sur le niveau d'énergie : pour une orbitale donnée, plus la valeur de *l* est petite, plus le niveau d'énergie est faible. L'énergie totale associée à une orbitale ne dépend toutefois pas de la valeur de m_l.

4. *Dans les couches principales supérieures des atomes à plusieurs électrons, on trouve des sous-couches qui sont presque au même niveau d'énergie, bien qu'elles appartiennent à des couches principales différentes.* La figure 5.1 indique que la différence d'énergie entre les orbitales 3*d* et 4*s* est très petite. Cette différence a néanmoins des conséquences importantes, comme nous le verrons dans la section 5.4.

5.2 La configuration électronique

La conception que les scientifiques ont de la localisation des électrons dans un atome a évolué depuis leur découverte, en 1897. J. J. Thomson pensait que les électrons étaient immergés dans un nuage de charges positives. Rutherford a supposé qu'ils se déplaçaient autour du noyau chargé positivement de l'atome. Bohr a suggéré que les électrons décrivaient des orbites discrètes autour du noyau. Schrödinger, Heisenberg et d'autres ont introduit la notion de région où la probabilité de localiser des électrons est élevée, soit la notion de densité électronique, définie au moyen de fonctions mathématiques appelées *orbitales atomiques.*

Bien qu'il soit courant de dire qu'un électron se trouve, par exemple, «dans une orbitale $1s$» ou «dans une orbitale $2p$», nous avons souligné au chapitre 4 que les orbitales ne sont pas *réellement* des régions d'un atome. Ce sont des expressions mathématiques reliées à la probabilité de trouver un électron dans différentes régions d'un atome. On adopte cette conception des orbitales lorsqu'on dit que la **configuration électronique** d'un atome décrit la distribution des électrons dans les diverses orbitales de celui-ci. Il existe deux modes de représentation, très similaires, de la configuration électronique.

Dans la **notation *spdf***, on désigne la couche principale par un nombre, et la sous-couche par l'une des lettres *s, p, d* ou *f*. L'exposant assigné à la lettre indique le nombre d'électrons qui se trouvent dans la sous-couche représentée. Cette notation ne tient pas compte des sous-couches vides: on n'emploie jamais d'expression du type $3d^0$. Ainsi, l'expression $1s^2 2s^2 2p^3$ décrit un atome qui possède deux électrons dans la sous-couche $1s$, deux dans la sous-couche $2s$, et trois dans les sous-couches $2p$. Le numéro atomique de l'atome qui présente cette configuration électronique est 7; il s'agit donc d'un atome d'*azote.*

Ce type de notation ne dit pas comment les électrons $2p$ sont distribués dans les trois orbitales de type $2p$. Par contre, la *notation étendue spdf* décrit cette distribution.

$$1s^2 2s^2 2p_x^1 2p_y^1 2p_z^1$$

Cette expression indique que chacune des trois orbitales $2p$ contient un seul électron.

Le second mode de représentation de la configuration électronique est celui des **cases quantiques**, où les orbitales d'un même type sont représentées par des carrés et les électrons par des flèches. Rappelons que la direction d'une flèche indique le signe du nombre quantique de spin. Les cases quantiques de l'azote sont les suivantes.

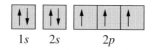

$\qquad 1s \qquad 2s \qquad\quad 2p$

D'après ce diagramme, un atome d'azote a deux électrons de spins opposés dans la sous-couche $1s$ et deux autres électrons, également de spins opposés, dans la sous-couche $2s$. Les électrons de spins opposés, occupant la même sous-couche, sont dit *appariés.* Chacune des orbitales de type $2p$ renferme un électron, et la direction du spin des trois électrons est la même: on dit que les spins sont *parallèles.*

Plusieurs questions surgissent lorsqu'on examine attentivement les configurations électroniques décrites ci-dessus.

- Pourquoi n'y a-t-il jamais plus de deux électrons dans une orbitale atomique?

- Lorsqu'il y a deux électrons dans une orbitale, pourquoi les spins des électrons sont-ils toujours opposés?

- Pourquoi l'appariement des électrons ne se produit-il que si toutes les orbitales de la sous-couche sont d'abord occupées par au moins un électron?

- Pourquoi les électrons des orbitales contenant un seul électron ont-ils des spins parallèles?

Configuration électronique

Représentation de la distribution des électrons d'un atome dans les diverses orbitales de celui-ci.

Notation *spdf*

Configuration électronique dans laquelle le niveau d'énergie d'un électron est représenté par un nombre et le type d'orbitale où il se trouve, par l'une des lettres *s, p, d* ou *f*, suivie d'un exposant qui indique le nombre d'électrons dans l'orbitale.

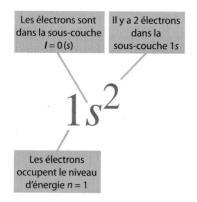

Cases quantiques

Configuration électronique dans laquelle les orbitales d'un même type sont représentées par des carrés, et les électrons par des flèches, le sens de celles-ci indiquant le signe du nombre quantique de spin.

5.3 Les règles régissant les configurations électroniques

Pour répondre aux questions soulevées à la fin de la section précédente et pour préparer le terrain à l'écriture des configurations électroniques des éléments, nous considérerons, dans les paragraphes suivants, trois principes fondamentaux qui régissent la distribution des électrons dans les orbitales atomiques.

1. *Les électrons occupent d'abord les orbitales dont le niveau d'énergie est le plus bas.*

Dans un atome à plusieurs électrons, l'ordre dans lequel les orbitales des trois premières couches principales « se remplissent » est indiqué à la figure 5.1 : les électrons occupent d'abord l'orbitale 1*s*, qui correspond à un niveau d'énergie plus faible que celui qu'on trouve dans l'orbitale 2*s* ; ils occupent alors les trois orbitales de type 2*p* avant de pénétrer dans l'orbitale 3*s* ; et ainsi de suite. À quelques exceptions près, l'ordre dans lequel les différentes sous-couches d'un atome sont occupées est le suivant :

1*s*, 2*s*, 2*p*, 3*s*, 3*p*, 4*s*, 3*d*, 4*p*, 5*s*, 4*d*, 5*p*, 6*s*, 4*f*, 5*d*, 6*p*, 7*s*, 5*f*, 6*d*

Il est plus pratique d'utiliser le diagramme de la **figure 5.2** que l'énumération ci-dessus. Nous aborderons, plus loin dans le chapitre, les relations entre les configurations électroniques et le tableau périodique, qui donnent probablement les meilleures indications quant à l'ordre d'occupation des sous-couches.

Les exceptions à l'ordre d'occupation présenté plus haut proviennent majoritairement du chevauchement des niveaux d'énergie de certaines orbitales appartenant aux couches principales d'ordre supérieur. Par ailleurs, la localisation des électrons dans les orbitales ne dépend pas seulement du niveau d'énergie de celles-ci. L'occupation se fait de manière que les niveaux d'énergie de l'atome soient le plus bas possible. La mécanique quantique permet de déterminer l'état d'un atome qui est le plus proche de l'état fondamental. Toutefois, l'ordre d'occupation des orbitales ainsi que d'autres caractéristiques des configurations électroniques sont en définitive établis *expérimentalement*, notamment au moyen d'études spectroscopiques et magnétiques.

2. *Les nombres quantiques de deux électrons d'un même atome ne peuvent pas être identiques.*

Cette affirmation, appelée **principe d'exclusion de Pauli** et énoncée par Wolfgang Pauli en 1926, explique les caractéristiques complexes des spectres d'émission dans un champ magnétique. Le principe de Pauli a d'importantes conséquences en ce qui a trait aux configurations électroniques : puisque les valeurs de n, l et m_l sont les mêmes pour tous les électrons d'une orbitale donnée (par exemple $n = 3$, $l = 0$ et $m_l = 0$ dans le cas de l'orbitale 3*s*), alors m_s doit nécessairement prendre des valeurs différentes. Comme il existe seulement deux valeurs permises de m_s, soit $+\frac{1}{2}$ et $-\frac{1}{2}$, on peut formuler l'énoncé suivant :

Une orbitale atomique comprend au plus deux électrons, et ces électrons ont nécessairement des spins opposés.

Chaque couche principale est constituée d'un nombre donné de sous-couches, et chaque sous-couche contient un nombre donné d'orbitales. Le principe d'exclusion de Pauli impose donc une limite au nombre d'électrons que possèdent les orbitales, les sous-couches et les couches principales. Ces contraintes sont énumérées dans le **tableau 5.1**, page suivante.

3. *Dans un groupe d'orbitales ayant un même niveau d'énergie (orbitales dégénérées), les électrons occupent d'abord les orbitales vides. Les électrons d'orbitales à demi occupées ont le même spin, c'est-à-dire que leurs spins sont parallèles.*

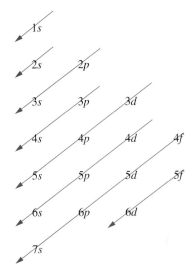

▲ **Figure 5.2**
Ordre d'occupation des sous-couches par les électrons
On commence la lecture en haut, à gauche. Les flèches indiquent l'ordre d'occupation des sous-couches. L'espace vide situé en haut, à droite, correspond aux sous-couches inexistantes : 1*p*, 1*d*, 2*d*, etc. L'espace vide situé en bas, à droite du 7*s*, correspond aux sous-couches inoccupées dans les éléments connus : 7*p*, 8*s*, etc.

Principe d'exclusion de Pauli

Les nombres quantiques de deux électrons d'un même atome ne peuvent pas être tous identiques ; donc, il ne peut y avoir plus de deux électrons dans une même orbitale, et les spins respectifs de ces deux électrons sont nécessairement de signes opposés.

Règle de Hund

> Dans un groupe d'orbitales d'un même niveau d'énergie, les électrons occupent, si possible, des orbitales vides ; les électrons d'orbitales à demi occupées ont le même spin, c'est-à-dire que leurs spins sont parallèles.

La première partie de ce dernier principe, appelée **règle de Hund** (d'après le nom du physicien H. Friedrich Hund), peut être interprétée comme suit : deux électrons portent des charges identiques, de sorte qu'ils se repoussent mutuellement, et n'ont donc pas tendance à se trouver dans une même région de l'espace. Il en résulte que deux électrons se retrouvent dans des orbitales distinctes tant qu'il y a des orbitales correspondant à un même niveau d'énergie. Ce phénomène se compare à la tendance des usagers du transport en commun à s'asseoir seuls lorsque c'est possible, de manière à disposer de plus d'espace. Les passagers commencent à partager les banquettes lorsque celles-ci ont déjà toutes un occupant.

La règle de Hund suggère la configuration électronique suivante pour l'azote.

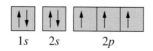

Dans le cas de l'azote, la configuration suivante est en contradiction avec les données expérimentales et avec la règle de Hund.

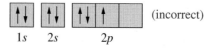 (incorrect)

Il est plus difficile d'expliquer pourquoi les électrons des orbitales formées d'un électron unique ont des spins *parallèles*. Cependant, l'expérimentation et la théorie quantique indiquent qu'une configuration électronique dans laquelle les spins de tous les électrons non appariés sont parallèles représente un état de l'atome plus proche de l'état fondamental que ne l'est l'état correspondant à toute autre configuration. De cette constatation, on peut notamment déduire que la configuration électronique d'un atome d'azote *ne* peut *pas* être représentée comme suit.

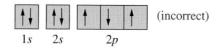 (incorrect)

TABLEAU **5.1**	Capacité maximale des sous-couches et des couches principales									
n	1	2		3			4				…n
l	0	0	1	0	1	2	0	1	2	3	
Nom de la sous-couche	s	s	p	s	p	d	s	d	p	f	
Nombre d'orbitales	1	1	3	1	3	5	1	3	5	7	
Nombre maximal d'électrons par sous-couche	2	2	6	2	6	10	2	6	10	14	
Nombre maximal d'électrons par couche principale	2	8		18			32				…$2n^2$

5.4 Les configurations électroniques : le principe de l'*aufbau*

Les configurations électroniques décrites dans la présente section concernent les atomes *gazeux* qui sont à l'*état fondamental*. Pour les déterminer, on applique les règles énoncées dans la section 5.3 en recourant au concept appelé **principe de l'*aufbau*** (de l'allemand *Aufbau*, qui signifie « construction »). Ce principe décrit un processus *hypothétique* (impossible à mettre en pratique) qui permet de *se représenter* la construction de chaque atome à partir de l'atome dont le numéro atomique est immédiatement inférieur à celui-ci. Pour ce faire, on ajoute un proton et des neutrons au noyau, ainsi qu'un électron à une orbitale atomique. Par exemple, on se représente la construction d'un atome d'hélium à partir d'un atome d'hydrogène ; celle d'un atome de lithium à partir d'un atome d'hélium ; et ainsi de suite. On s'intéresse particulièrement à l'orbitale atomique à laquelle il faut ajouter l'électron de manière que l'atome « construit » soit à l'*état fondamental*.

Dans ce qui suit, nous illustrons le principe de l'*aufbau* en formant quelques atomes. Un atome d'hydrogène, dont le numéro atomique est 1 ($Z = 1$), ne possède qu'un électron. Ce dernier occupe l'orbitale du plus bas niveau d'énergie, soit l'orbitale $1s$.

$$Z = 1 \longrightarrow \text{H} : 1s^1$$

D'après l'ordre d'occupation des orbitales, l'électron ajouté pour construire un atome d'hélium à partir d'un atome d'hydrogène entre, lui aussi, dans l'orbitale du plus bas niveau d'énergie, soit $1s$. La configuration électronique de l'hélium est donc

$$Z = 2 \longrightarrow \text{He} : 1s^2$$

Dans l'atome de lithium, tout comme dans l'atome d'hélium, les deux premiers électrons se trouvent dans l'orbitale $1s$. Selon le principe d'exclusion de Pauli, le troisième électron *ne peut pas* pénétrer dans l'orbitale $1s$, qui est déjà « remplie ». L'électron supplémentaire doit donc aller dans l'orbitale $2s$, soit l'orbitale disponible qui se trouve au niveau d'énergie le plus bas. Ainsi, la première couche principale est « remplie », et la deuxième est partiellement occupée.

$$Z = 3 \longrightarrow \text{Li} : 1s^2\, 2s^1$$

Dans l'atome de béryllium, l'électron ajouté pénètre également dans l'orbitale $2s$.

$$Z = 4 \longrightarrow \text{Be} : 1s^2\, 2s^2$$

Dans le cas de l'atome de bore, d'après le principe d'exclusion de Pauli, l'électron supplémentaire se positionne dans l'orbitale $2p$.

$$Z = 5 \longrightarrow \text{B} : 1s^2\, 2s^2\, 2p^1$$

Les orbitales de type $2p$ « se comblent » au fur et à mesure que le numéro atomique augmente, de $Z = 6$ à $Z = 10$, ces numéros correspondant au carbone, à l'azote, à l'oxygène, au fluor et au néon. Dans ces atomes, conformément à la règle de Hund, des électrons ayant des spins parallèles occupent d'abord, un à un, les orbitales $2p$, avant que les électrons ne forment des paires. On ne représente pas explicitement cette caractéristique dans la notation *spdf* courante, mais elle est mise en évidence par les cases quantiques.

$$Z = 6 \longrightarrow \text{C} : 1s^2 2s^2 2p^2$$

$$Z = 7 \longrightarrow \text{N} : 1s^2 2s^2 2p^3$$

$$Z = 8 \longrightarrow \text{O} : 1s^2 2s^2 2p^4$$

$$Z = 9 \longrightarrow \text{F} : 1s^2 2s^2 2p^5$$

$$Z = 10 \longrightarrow \text{Ne} : 1s^2 2s^2 2p^6$$

Principe de l'*aufbau*

Principe décrivant un processus hypothétique qui permet de se représenter la construction de chaque atome à partir de l'atome dont le numéro atomique est immédiatement inférieur : on ajoute un proton et le nombre adéquat de neutrons au noyau, de même qu'un électron à l'orbitale atomique appropriée.

On peut utiliser une représentation abrégée de la configuration électronique en remplaçant la partie qui correspond à un gaz noble par le symbole de celui-ci, placé entre crochets. Ainsi, on remplace $1s^2$ par [He], de sorte que la configuration électronique du lithium, $1s^2 2s^1$, devient [He]$2s^1$. De même, [He]$2s^2 2p^3$ et $1s^2 2s^2 2p^3$ sont des notations équivalentes qui représentent toutes deux la configuration électronique de l'azote.

Dans la configuration électronique du néon, les première et deuxième couches principales sont remplies à pleine capacité (voir le tableau 5.1). Si on applique le principe de l'*aufbau* à la représentation du sodium à partir du néon, l'électron qui s'ajoute vient occuper l'orbitale du plus bas niveau d'énergie possible, soit l'orbitale $3s$.

$$Z = 11 \longrightarrow \text{Na}: 1s^2 2s^2 2p^6 3s^1 \quad \text{ou} \quad Z = 11 \longrightarrow \text{Na}: [\text{Ne}]3s^1$$

Dans l'exemple 5.1 et l'exercice 5.1A, nous représentons d'autres atomes ayant des électrons dans la troisième couche principale. Ces diagrammes illustrent la méthode générale de représentation des configurations électroniques.

1 *Déterminez combien d'électrons doivent faire partie de la configuration électronique.* Ce nombre est égal au numéro atomique de l'élément.

2 *Ajoutez les électrons dans les différentes sous-couches par ordre croissant de niveau d'énergie,* ce qui correspond à l'ordre décrit à la page 201.

3 *Appliquez le principe d'exclusion de Pauli.* Il ne peut jamais y avoir plus de deux électrons dans une orbitale, et les électrons d'une même orbitale ont des spins opposés.

4 *Appliquez la règle de Hund.* Avant de commencer l'appariement des électrons, toutes les orbitales d'une même sous-couche doivent contenir au moins un électron. De plus, tous les électrons non appariés ont des spins parallèles (de même direction).

EXEMPLE 5.1

Donnez la configuration électronique du soufre en utilisant d'abord la notation *spdf*, puis les cases quantiques.

➜ Solution

Nous appliquons la méthode décrite ci-dessus.

1 *Nous déterminons le nombre d'électrons correspondant à la configuration électronique.* Un atome de soufre, dont le numéro atomique est 16, a 16 électrons, qui doivent tous être représentés dans la configuration électronique.

2 *Nous ajoutons les électrons dans les différentes sous-couches par ordre croissant de niveau d'énergie,* c'est-à-dire en respectant l'ordre décrit dans la figure 5.2, de sorte que chaque électron ait le plus bas niveau d'énergie possible. Il y a *deux* électrons dans l'orbitale $1s$, *deux* dans l'orbitale $2s$, *six* dans les orbitales $2p$, et *deux* dans l'orbitale $3s$. Il faut donc placer les quatre électrons restants dans les orbitales $3p$.

3 *Nous appliquons le principe d'exclusion de Pauli.* Chaque orbitale, $1s$, $2s$, $2p$ et $3s$, est remplie à pleine capacité avec deux électrons de spins opposés, ce qui fait un total de douze électrons. Les quatre électrons additionnels vont dans les orbitales $3p$.

4 *Nous appliquons la règle de Hund.* Lorsque nous ajoutons *quatre* électrons dans les *trois* orbitales 3*p*, *deux* de ces dernières ont un seul électron et *une* d'elles renferme *une paire* d'électrons. Les spins des électrons non appariés sont parallèles.

$$Z = 16 \longrightarrow \quad S: 1s^2 2s^2 2p^6 3s^2 3p^4$$

$$Z = 16 \longrightarrow \quad S:$$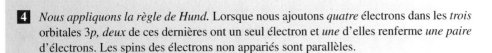

Dans la représentation abrégée de cette configuration électronique, nous remplaçons $1s^2 2s^2 2p^6$, qui est la configuration électronique du néon, par le symbole [Ne].

$$Z = 16 \longrightarrow \quad S: [Ne]3s^2 3p^4$$

$$Z = 16 \longrightarrow \quad S: [Ne]$$

RÉSOLUTION DE PROBLÈMES

On peut représenter indifféremment une paire d'électrons de spins opposés par ↑↓ ou ↓↑, et les spins parallèles des électrons non appariés, par exemple ceux de l'atome d'azote, par ↑↑↑ ou ↓↓↓.

EXERCICE 5.1 A

Donnez la configuration électronique du phosphore et du chlore en utilisant la notation *spdf*, la notation abrégée et les cases quantiques.

EXERCICE 5.1 B

Parmi les cases quantiques suivantes, lesquelles respectent les règles régissant les configurations électroniques ?

(a)

1*s*   2*s*   2*p*   3*s*   3*p*

(b)

1*s*   2*s*   2*p*

(c)

1*s*   2*s*   2*p*

(d) [Ne]

3*s*   3*p*

En appliquant le principe de l'*aufbau*, on obtient des configurations électroniques semblables pour les éléments de la troisième période, jusqu'à l'argon, dont les orbitales 3*p* sont entièrement occupées.

$$Z = 18 \longrightarrow \quad Ar: 1s^2 2s^2 2p^6 3s^2 3p^6 \quad \text{ou} \quad Z = 18 \longrightarrow \quad Ar: [Ne]3s^2 3p^6$$

Ensuite, il faut se montrer prudent. Dans le cas du potassium (*Z* = 19), on doit se baser sur l'ordre d'occupation des différentes sous-couches (figure 5.2) plutôt que sur le tableau 5.1, d'après lequel la capacité maximale de la troisième couche principale est de 18 électrons. Autrement dit, le 19ᵉ électron est placé dans l'orbitale 4*s*, et non 3*d*.

$$Z = 19 \longrightarrow \quad K: 1s^2 2s^2 2p^6 3s^2 3p^6 4s^1 \quad \text{ou} \quad Z = 19 \longrightarrow \quad K: [Ar]4s^1$$

Dans le cas du calcium, le 20ᵉ électron forme une paire avec le 19ᵉ dans l'orbitale $4s$.

$$Z = 20 \longrightarrow \text{Ca: } 1s^2 2s^2 2p^6 3s^2 3p^6 4s^2 \quad \text{ou} \quad Z = 20 \longrightarrow \text{Ca: } [\text{Ar}]4s^2$$

Les éléments des groupes principaux

Les éléments dont les orbitales occupées, selon le principe de l'*aufbau*, sont des orbitales s ou p de la couche de valence (c'est-à-dire la couche correspondant à la plus grande valeur du nombre quantique principal) sont dits **éléments des groupes principaux** ou **éléments représentatifs**. Les 20 premiers éléments sont tous des éléments de ce type.

Les éléments de transition

Les **éléments de transition** sont des métaux qui se trouvent dans la partie centrale du tableau périodique. Le scandium ($Z = 21$) est le premier de ces *éléments*. Pour ceux-ci, la sous-couche qui reçoit l'électron, lorsqu'on applique le principe de l'*aufbau*, est une orbitale possédant un niveau d'énergie interne (ou couche interne). Ainsi, dans le cas des éléments de transition de la quatrième période, ce sont les sous-couches d de la troisième couche principale (soit $3d$) qui se remplissent. Pour ces éléments, le niveau de valence (couche de valence) est la quatrième couche principale.

Voici deux représentations courantes de la configuration électronique du scandium.

(a) Sc: $1s^2 2s^2 2p^6 3s^2 3p^6 3d^1 4s^2$ **(b)** Sc: $1s^2 2s^2 2p^6 3s^2 3p^6 4s^2 3d^1$

Dans la représentation *a*, toutes les sous-couches appartenant à une même couche principale sont regroupées, et les couches principales sont disposées par ordre croissant des valeurs du nombre quantique principal. Dans la représentation *b*, les sous-couches sont disposées selon l'ordre dans lequel elles sont occupées. Nous utiliserons en général le deuxième mode de représentation.

Les configurations électroniques des éléments compris entre le scandium et le zinc, qui forment la première série d'éléments de transition, sont présentées sous une forme abrégée dans le tableau 5.2. Le zinc est suivi d'une seconde série d'éléments des groupes principaux. Puisque, dans un atome de zinc, la troisième couche principale renferme 18 électrons, ce qui correspond à sa capacité maximale, les électrons additionnels pénètrent dans la sous-couche non occupée du plus bas niveau d'énergie, soit la sous-couche $4p$. Les six éléments qui renferment des électrons de valence de type $4p$ vont du gallium au krypton:

$$Z = 31 \longrightarrow \text{Ga: } [\text{Ar}]4s^2 3d^{10} 4p^1 \quad \text{à} \quad Z = 36 \longrightarrow \text{Kr: } [\text{Ar}]4s^2 3d^{10} 4p^6$$

Quelques exceptions au principe de l'*aufbau*

Examinez les configurations électroniques du chrome (Cr) et du cuivre (Cu) qui sont données dans le **tableau 5.2**. Ces configurations, déterminées expérimentalement, diffèrent de celles qu'on obtiendrait en appliquant l'ordre d'occupation des différentes sous-couches, qui est présenté dans la figure 5.2, et selon le principe de l'*aufbau*. Des mesures fondées sur le spectre d'émission et les propriétés magnétiques du chrome et du cuivre fournissent les configurations électroniques inscrites dans la colonne de droite ci-dessous.

		Théorie	Observation
$Z = 24$	$\longrightarrow$	Cr: $[\text{Ar}]\,4s^2 3d^4$	$[\text{Ar}]4s^1 3d^5$
$Z = 29$	$\longrightarrow$	Cu: $[\text{Ar}]4s^2 3d^9$	$[\text{Ar}]4s^1 3d^{10}$

La configuration électronique du chrome dans laquelle les sous-couches $3d$ (soit $3d^5$) et la sous-couche $4s$ (soit $4s^1$) sont partiellement occupées représente un niveau d'énergie inférieur à la configuration que l'on obtient en appliquant rigoureusement le principe

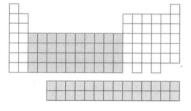

de l'*aufbau*. Dans le cas du cuivre, le niveau d'énergie le plus bas correspond aux sous-couches $3d$ remplies ($3d^{10}$) et à une sous-couche $4s$ partiellement occupée ($4s^1$). Comme il y a peu de différence d'énergie entre les sous-couches $4s$ et $3d$, la configuration électronique théorique et celle qui est observée sont en fait d'énergie comparable.

Lorsque le nombre quantique principal prend des valeurs supérieures, la différence d'énergie entre certaines sous-couches est encore plus petite que celle qui existe entre les sous-couches $3d$ et $4s$. Il en résulte d'autres exceptions au principe de l'*aufbau* dans le cas des éléments de transition les plus lourds.

TABLEAU 5.2 Configurations électroniques de la première série d'éléments de transition

		$4s$	$3d$		
Sc	[Ar]	↑↓	↑		$[Ar]4s^23d^1$
Ti	[Ar]	↑↓	↑ ↑		$[Ar]4s^23d^2$
V	[Ar]	↑↓	↑ ↑ ↑		$[Ar]4s^23d^3$
Cr	[Ar]	↑	↑ ↑ ↑ ↑ ↑		$[Ar]4s^13d^5$
Mn	[Ar]	↑↓	↑ ↑ ↑ ↑ ↑		$[Ar]4s^23d^5$
Fe	[Ar]	↑↓	↑↓ ↑ ↑ ↑ ↑		$[Ar]4s^23d^6$
Co	[Ar]	↑↓	↑↓ ↑↓ ↑ ↑ ↑		$[Ar]4s^23d^7$
Ni	[Ar]	↑↓	↑↓ ↑↓ ↑↓ ↑ ↑		$[Ar]4s^23d^8$
Cu	[Ar]	↑	↑↓ ↑↓ ↑↓ ↑↓ ↑↓		$[Ar]4s^13d^{10}$
Zn	[Ar]	↑↓	↑↓ ↑↓ ↑↓ ↑↓ ↑↓		$[Ar]4s^23d^{10}$

5.5 Les configurations électroniques et les lois périodiques

Nous avons vu que le principe de l'*aufbau* permet d'assigner une configuration électronique à chaque élément selon l'ordre croissant des numéros atomiques. Dans le tableau périodique moderne, les éléments sont ordonnés selon leur numéro atomique et regroupés en fonction de similitudes quant à leurs propriétés physiques et chimiques. La **figure 5.3** (page suivante), qui fournit les configurations électroniques des éléments sous forme de tableau périodique, met en évidence différentes caractéristiques.

La couche principale occupée par un ou des électrons et qui correspond à la plus grande valeur du nombre quantique principal, n, c'est-à-dire à la couche occupée la plus éloignée du noyau, est appelée **couche de valence**. Par exemple, la configuration électronique de la couche de valence de l'atome de chlore est $3s^23p^5$. La figure 5.3 montre que, à quelques exceptions près, la couche de valence de tous les éléments d'une colonne du tableau périodique a le même nombre d'électrons. On observe de plus les caractéristiques générales suivantes.

> *Dans le cas des éléments des groupes principaux (soit les éléments des groupes IA, IIA et IIIB à VIIIB), le nombre d'électrons que contient la couche de valence est égal au numéro attribué au groupe dans le tableau périodique.*

Couche de valence

Couche principale d'un atome, occupée par un ou des électrons, qui correspond à la plus grande valeur du nombre quantique principal, *n*, c'est-à-dire à la couche occupée la plus éloignée du noyau.

IA	IIA	IIIA	IVA	VA	VIA	VIIA	VIIIA			IB	IIB	IIIB	IVB	VB	VIB	VIIB	VIIIB
1 **H** $1s^1$																	2 **He** $1s^2$
3 **Li** $2s^1$	4 **Be** $2s^2$											5 **B** $2s^22p^1$	6 **C** $2s^22p^2$	7 **N** $2s^22p^3$	8 **O** $2s^22p^4$	9 **F** $2s^22p^5$	10 **Ne** $2s^22p^6$
11 **Na** $3s^1$	12 **Mg** $3s^2$											13 **Al** $3s^23p^1$	14 **Si** $3s^23p^2$	15 **P** $3s^23p^3$	16 **S** $3s^23p^4$	17 **Cl** $3s^23p^5$	18 **Ar** $3s^23p^6$
19 **K** $4s^1$	20 **Ca** $4s^2$	21 **Sc** $4s^23d^1$	22 **Ti** $4s^23d^2$	23 **V** $4s^23d^3$	24 **Cr** $4s^13d^5$	25 **Mn** $4s^23d^5$	26 **Fe** $4s^23d^6$	27 **Co** $4s^23d^7$	28 **Ni** $4s^23d^8$	29 **Cu** $4s^13d^{10}$	30 **Zn** $4s^23d^{10}$	31 **Ga** $4s^24p^1$	32 **Ge** $4s^24p^2$	33 **As** $4s^24p^3$	34 **Se** $4s^24p^4$	35 **Br** $4s^24p^5$	36 **Kr** $4s^24p^6$
37 **Rb** $5s^1$	38 **Sr** $5s^2$	39 **Y** $5s^24d^1$	40 **Zr** $5s^24d^2$	41 **Nb** $5s^14d^4$	42 **Mo** $5s^14d^5$	43 **Tc** $5s^24d^5$	44 **Ru** $5s^14d^7$	45 **Rh** $5s^14d^8$	46 **Pd** $4d^{10}$	47 **Ag** $5s^14d^{10}$	48 **Cd** $5s^24d^{10}$	49 **In** $5s^25p^1$	50 **Sn** $5s^25p^2$	51 **Sb** $5s^25p^3$	52 **Te** $5s^25p^4$	53 **I** $5s^25p^5$	54 **Xe** $5s^25p^6$
55 **Cs** $6s^1$	56 **Ba** $6s^2$	57 ***La** $6s^25d^1$	72 **Hf** $6s^25d^2$	73 **Ta** $6s^25d^3$	74 **W** $6s^25d^4$	75 **Re** $6s^25d^5$	76 **Os** $6s^25d^6$	77 **Ir** $6s^25d^7$	78 **Pt** $6s^15d^9$	79 **Au** $6s^15d^{10}$	80 **Hg** $6s^25d^{10}$	81 **Tl** $6s^26p^1$	82 **Pb** $6s^26p^2$	83 **Bi** $6s^26p^3$	84 **Po** $6s^26p^4$	85 **At** $6s^26p^5$	86 **Rn** $6s^26p^6$
87 **Fr** $7s^1$	88 **Ra** $7s^2$	89 **†Ac** $7s^26d^1$	104 **Rf** $7s^26d^2$	105 **Db** $7s^26d^3$	106 **Sg** $7s^26d^4$	107 **Bh**	108 **Hs**	109 **Mt**	110	111	112		114		116		

*	58 **Ce** $6s^24f^2$	59 **Pr** $6s^24f^3$	60 **Nd** $6s^24f^4$	61 **Pm** $6s^24f^5$	62 **Sm** $6s^24f^6$	63 **Eu** $6s^24f^7$	64 **Gd** $6s^24f^75d^1$	65 **Tb** $6s^24f^9$	66 **Dy** $6s^24f^{10}$	67 **Ho** $6s^24f^{11}$	68 **Er** $6s^24f^{12}$	69 **Tm** $6s^24f^{13}$	70 **Yb** $6s^24f^{14}$	71 **Lu** $6s^24f^{14}5d^1$
†	90 **Th** $7s^26d^2$	91 **Pa** $7s^25f^26d^1$	92 **U** $7s^25f^36d^1$	93 **Np** $7s^25f^46d^1$	94 **Pu** $7s^25f^6$	95 **Am** $7s^25f^7$	96 **Cm** $7s^25f^76d^1$	97 **Bk** $7s^25f^9$	98 **Cf** $7s^25f^{10}$	99 **Es** $7s^25f^{11}$	100 **Fm** $7s^25f^{12}$	101 **Md** $7s^25f^{13}$	102 **No** $7s^25f^{14}$	103 **Lr** $7s^25f^{14}6d^1$

Éléments du bloc s
Éléments du bloc d
Éléments du bloc p
Éléments du bloc f

▲ **Figure 5.3 Configurations électroniques et tableau périodique**

Les orbitales situées sur des niveaux d'énergie inférieurs à ceux qui sont énumérés sont entièrement occupées par des électrons. Par exemple, la configuration électronique de l'arsenic est $[Ar]4s^23d^{10}4p^3$; celle de l'iode $[Kr]5s^24d^{10}5p^5$; celle du plomb $[Xe]6s^24f^{14}5d^{10}6p^2$; celle de l'uranium $[Rn]7s^25f^36d^1$.

Donc, à l'exception de l'hélium, qui a seulement deux électrons, la couche de valence de tous les gaz nobles (groupe VIIIB) renferme *huit* électrons présentant la configuration ns^2np^6, c'est-à-dire $2s^22p^6$ pour le néon, $3s^23p^6$ pour l'argon, et ainsi de suite. Nous allons voir plus loin dans ce chapitre que la configuration électronique de la couche de valence semble conférer aux gaz nobles un caractère de stabilité qui se traduit par un manque de réactivité, caractéristique qu'on ne retrouve pas dans les éléments des autres groupes.

Dans le cas des atomes du groupe IA (soit les métaux alcalins), la sous-couche s de la couche de valence renferme *un seul* électron : on a $2s^1$ pour le lithium, $3s^1$ pour le sodium et, en général, ns^1. De façon analogue, dans la configuration électronique des atomes du groupe IIA, la couche de valence, dont la configuration est ns^2, renferme deux électrons. Enfin, la configuration des sept électrons contenus dans la couche de valence des atomes du groupe VIIB est ns^2np^5. Il existe une relation entre les configurations électroniques des couches de valence décrites ci-dessus et le type d'ions auxquels donnent naissance les éléments des groupes IA, IIA et VIIB, comme nous allons le voir sous peu.

La corrélation entre le numéro d'un groupe et le nombre d'électrons de la couche de valence ne peut pas être généralisée aux groupes des éléments de *transition*. La couche de valence des atomes des éléments de ce type renferme généralement *deux* électrons (ns^2), et parfois un seul (ns^1)*.

La figure 5.3 et le tableau périodique présenté en deuxième face de couverture permettent également d'établir la relation fondamentale suivante.

> *Le numéro d'une période est égal au nombre quantique principal,* n, *des électrons de la couche de valence**.

Par exemple, un atome de n'importe quel élément de la quatrième période a au moins un électron pour lequel $n = 4$, mais aucun électron pour lequel la valeur de n est supérieure à 4. Le premier élément de la période IV est le potassium (K), dont la configuration électronique est $[Ar]4s^1$, et le dernier élément est le krypton : Kr ($[Ar]4s^23d^{10}4p^6$). La première sous-couche qui peut être occupée après $4p$ est $5s$, de sorte que le rubidium (Rb), dont la configuration électronique est $[Kr]5s^1$, constitue le premier élément de la cinquième période.

Chaque période du tableau périodique commence par un élément du groupe IA et se termine par un élément du groupe VIIIB. Les périodes n'ont pas toutes le même nombre d'éléments parce que le nombre d'orbitales à remplir pour passer de la configuration électronique ns^1 à la configuration ns^2np^6 diffère d'une période à l'autre. Dans la première période, qui contient deux éléments, on passe directement de $1s^1$ à $1s^2$ (il n'existe pas d'orbitale p au premier niveau ; tableau 5.1). Dans le cas des huit éléments de la seconde période, les orbitales $2s$ et $2p$ se remplissent graduellement ; dans le cas des huit éléments de la troisième période, ce sont les orbitales $3s$ et $3p$ qui se remplissent graduellement. Les quatrième et cinquième périodes comprennent chacune 18 éléments. Au fur et à mesure que le numéro atomique augmente, les électrons occupent, dans l'ordre, les orbitales $4s$, $3d$ et $4p$, pour ce qui est des éléments de la quatrième période, et les orbitales $5s$, $4d$ et $5p$, pour ce qui est de ceux de la cinquième période. Enfin, en ce qui concerne les éléments des sixième et septième périodes, formées chacune de 32 éléments, les orbitales $6s$, $4f$, $5d$ et $6p$, ainsi que les orbitales $7s$, $5f$, $6d$ et $7p$, sont occupées graduellement.

Représenter les configurations électroniques à l'aide du tableau périodique

Il n'est pas nécessaire de mémoriser l'ordre d'occupation des orbitales (figure 5.2) ni d'utiliser les diagrammes des niveaux d'énergie (figure 5.1) pour déterminer la configuration électronique probable d'un atome. On peut en effet déduire de façon

---

* Dans le cas de l'atome de palladium ($Z = 46$), il n'y a pas d'électrons dans l'orbitale $5s$. Cet atome a donc seulement des électrons qui remplissent la quatrième couche principale, même si le palladium appartient à la cinquième période.

Le numéro atomique :
les travaux de Henry G. J. Moseley

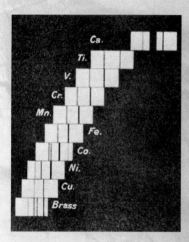

enry G. J. Moseley (1887– 1915) était l'un des brillants étudiants qui travaillaient avec Ernest Rutherford juste avant la Première Guerre mondiale. La contribution la plus importante de Moseley a consisté à établir une relation entre la longueur d'onde des rayons X et celle des éléments émetteurs. Les rayons X sont un type de rayonnement électromagnétique produit lorsque des rayons cathodiques frappent une anode métallique, appelée *cible* (**figure 5.4**).

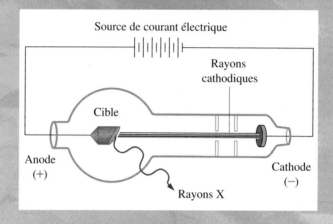

▲ **Figure 5.5**
L'expérience de Moseley :
le spectre de diffraction des
rayons X de quelques métaux

Une paire de raies est associée à chaque métal pur. La raie de gauche correspond à la plus petite longueur d'onde et celle de droite, à la plus grande. Le spectre du cobalt comprend quatre raies, mais seulement deux d'entre elles sont émises par le cobalt : la troisième provient d'impuretés du fer et la quatrième, du nickel. Le laiton (*brass*) est un alliage de cuivre et de zinc. Deux des quatre raies de son spectre sont identiques aux raies du spectre du cuivre, et les deux autres sont émises par le zinc.

◄ **Figure 5.4**
Production
de rayons X

Moseley en est venu à la conclusion que l'émission des rayons X est similaire à celle d'autres spectres : des électrons excités passent à un niveau d'énergie inférieur. Les niveaux d'énergie des électrons d'un atome, de même que la différence entre deux niveaux (ΔE), dépendent essentiellement de la valeur que possède la charge positive du noyau. L'énergie, la fréquence et la longueur d'onde des rayons X devraient donc également dépendre de la valeur de la charge du noyau ($\Delta E = h\nu$). En utilisant différents métaux comme cibles, dans un tube à rayons X, Moseley a déterminé la longueur d'onde des rayons émis.

Dans la **figure 5.5**, la configuration régulière des images photographiques produites par les rayons X illustre les résultats étonnants obtenus par Moseley. Les deux raies correspondant à chaque métal représentent deux faisceaux différents de rayons X émis par la cible située dans le tube. À partir du calcium (Ca), les paires de raies sont progressivement décalées vers la gauche, ce qui correspond à des longueurs d'onde plus courtes et à des fréquences plus élevées. Moseley a établi une équation qui relie chaque valeur de la fréquence des rayons X à la nature du métal émetteur. Il a assigné à l'élément émetteur un nombre égal à la charge du noyau de l'atome, soit le *numéro atomique*. Il a justifié ainsi tous les numéros atomiques de 13 (aluminium) à 79 (or), et prédit du même coup l'existence de trois éléments inconnus correspondant à $Z = 43$ (Tc), $Z = 61$ (Pm) et $Z = 75$ (Re). Moseley a démontré de plus qu'il ne peut y avoir d'autres éléments dans cette portion du tableau périodique.

Moseley était au milieu de la vingtaine lorsqu'il a effectué ces travaux. Moins d'un an après les avoir terminés, il a été tué au cours d'un combat à Gallipoli, en Turquie, durant la Première Guerre mondiale.

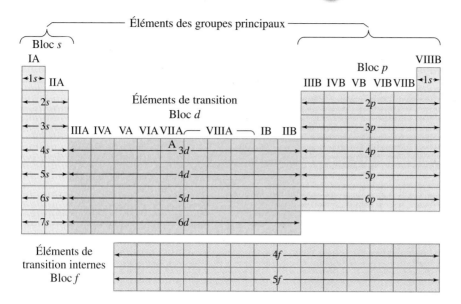

Éléments des groupes principaux

Bloc *s*

Éléments de transition
Bloc *d*

Bloc *p*

Éléments de transition internes
Bloc *f*

◀ **Figure 5.6**
Tableau périodique et ordre d'occupation des orbitales

Si on examine le tableau périodique ci-contre, en commençant en haut, à gauche, on constate que l'ordre d'occupation des sous-couches est le même que celui qui est présenté à la figure 5.2. L'hélium ($Z = 2$), un élément du bloc *s*, est placé avec les éléments du bloc *p* parce qu'on l'inclut dans le groupe VIIIB des gaz nobles, avec lesquels il présente de nombreuses similitudes.

générale les configurations électroniques de la figure 5.3 (à l'exception de certains détails) directement du tableau périodique. Il suffit de connaître, pour une région donnée du tableau périodique, quelle sous-couche se remplit graduellement. La division des éléments en quatre blocs, décrits ci-dessus dans la **figure 5.6**, aide à faire ce type de déductions.

Bloc *s* : La sous-couche *ns* se remplit graduellement, selon le principe de l'*aufbau*. Ce bloc est constitué d'éléments des *groupes principaux*.

Bloc *p* : La sous-couche *np* se remplit graduellement. Ce bloc est également constitué d'éléments des *groupes principaux*.

Bloc *d* : La sous-couche $(n-1)d$ se remplit graduellement. Ce bloc est constitué des éléments de *transition,* soit une partie importante du tableau périodique.

Bloc *f* : La sous-couche $(n-2)f$ se remplit graduellement. Pour qu'aucune ligne du tableau périodique ne comprenne pas plus de 18 colonnes, on place les éléments du bloc *f* au bas du tableau. La sous-couche 4*f* se remplit au fur et à mesure qu'on ajoute les éléments de la série des **lanthanides**, et la sous-couche 5*f*, lorsqu'on ajoute les éléments de la série des **actinides**. Comme ils se trouvent entre deux séries d'éléments du bloc *d*, les éléments du bloc *f* sont parfois appelés *éléments de transition internes*. Dans le tableau périodique, la série des lanthanides vient après le lanthane ($Z = 57$) et la série des actinides, après l'actinium ($Z = 89$).

Bloc *s*

Partie du tableau périodique formée des éléments dont les orbitales *ns* se remplissent graduellement, selon le principe de l'*aufbau* ; ce bloc est constitué d'éléments des groupes principaux.

Bloc *p*

Partie du tableau périodique formée des éléments dont les orbitales *np* se remplissent graduellement, selon le principe de l'*aufbau* ; ce bloc est constitué d'éléments des groupes principaux.

Bloc *d*

Partie du tableau périodique formée des éléments dits de transition, dont les orbitales $(n-1)d$ se remplissent graduellement lors de l'application du principe de l'*aufbau*.

Bloc *f*

Partie du tableau périodique formée des éléments dits de transition internes, dont les orbitales $(n-2)f$ se remplissent graduellement, selon le principe de l'*aufbau* ; ce bloc comprend les lanthanides et les actinides.

Lanthanides

Éléments du bloc *f* du tableau périodique, dont les orbitales 4*f* se remplissent selon le principe de l'*aufbau*.

Actinides

Éléments du bloc *f* du tableau périodique, dont les orbitales 5*f* se remplissent selon le principe de l'*aufbau*.

EXEMPLE 5.2

Décrivez entièrement la configuration électronique d'un atome de strontium à l'état fondamental : **a)** à l'aide de la notation *spdf* ; **b)** à l'aide de la notation abrégée.

➔ Stratégie

Quoique la méthode générale fondée sur le principe de l'*aufbau* (voir la page 202) soit applicable ici, nous nous servirons plutôt de la figure 5.6, qui nous permettra d'écrire rapidement la première partie de la configuration du strontium. Pour ce faire, nous nous fondons sur les configurations de tous les éléments inscrits dans le tableau périodique jusqu'au gaz noble qui précède le strontium. Puis, nous établissons la suite de la configuration électronique en respectant les règles et en les appliquant au cas particulier du strontium, c'est-à-dire en tenant compte de la période et du groupe auquel cet élément appartient.

➔ Solution

a) Nous parcourons le tableau de la figure 5.6 jusqu'à Sr ($Z = 38$). L'orbitale $1s$ se remplit au fur et à mesure que nous construisons les éléments de la première période. Si nous poursuivons avec les éléments de la seconde période (de Li à Ne), les orbitales $2s$ et $2p$ se remplissent à leur tour. La construction des éléments de la troisième période entraîne l'occupation des orbitales $3s$ et $3p$, et celle des éléments de la quatrième période, l'occupation graduelle des orbitales $4s$, $3d$ et $4p$. Le strontium appartient au groupe IIA de la cinquième période, ce qui signifie que les deux orbitales $5s$ sont occupées. En écrivant la configuration électronique selon l'ordre d'occupation, nous obtenons

$$1s^2\, 2s^2\, 2p^6\, 3s^2\, 3p^6\, 4s^2\, 3d^{10}\, 4p^6\, 5s^2$$

b) En notation abrégée, la configuration électronique du strontium est $[Kr]5s^2$.

EXERCICE 5.2 A

En vous reportant à la figure 5.6, décrivez, à l'aide de la notation *spdf* et de la notation abrégée, la configuration électronique à l'état fondamental : **a)** du molybdène ; **b)** du bismuth.

EXERCICE 5.2 B

Uniquement à l'aide du tableau périodique qui est présenté en deuxième face de couverture, décrivez la configuration électronique à l'état fondamental : **a)** de l'étain, au moyen de la notation *spdf* abrégée ; **b)** du hafnium, au moyen des cases quantiques.

Les électrons de valence et les électrons internes

Électron de valence

Électron du plus haut niveau d'énergie d'un atome, c'est-à-dire pour lequel le nombre quantique principal a la plus grande valeur possible, et qui se trouve donc dans la couche de valence de l'atome.

Électron interne (ou électron de cœur)

Électron dont le niveau d'énergie est inférieur au plus haut niveau, c'est-à-dire pour lequel le nombre quantique principal prend une valeur inférieure à *n*, et qui se trouve donc dans une couche interne de l'atome.

On appelle **électrons de valence** les électrons situés au niveau d'énergie le plus élevé d'un atome*. C'est à ces électrons qu'est associée la plus grande valeur du nombre quantique principal, *n*. Les électrons des couches inférieures sont appelés **électrons internes** ou **électrons de cœur**, et leur nombre quantique principal est inférieur à *n*. Ainsi, dans un atome de calcium, dont la configuration électronique est $[Ar]4s^2$, les électrons de la couche $4s$ sont des électrons de valence, tandis que les électrons de $[Ar]$ sont des électrons internes. Le brome, dont la configuration électronique est $[Ar]4s^23d^{10}4p^5$, compte sept électrons de valence, et les électrons internes se trouvent dans $[Ar]3d^{10}$.

Les configurations électroniques des ions

Pour obtenir la configuration électronique d'un *anion* au moyen du principe de l'*aufbau*, on place des électrons supplémentaires dans la *couche de valence* de l'atome neutre d'un non-métal, *sans* ajouter de protons ni de neutrons au noyau. Le nombre d'électrons additionnels est généralement égal au nombre requis pour que la couche de valence soit entièrement occupée. Donc, un atome d'un non-métal acquiert habituellement un ou deux électrons (et parfois trois), ce qui lui confère la configuration électronique d'un atome de gaz noble. Voici quelques exemples.

---

* Certains chimistes divisent les électrons en deux catégories, selon qu'ils participent ou non à des réactions chimiques : les électrons de valence et les électrons internes. Si on adopte ce point de vue, des électrons appartenant aux niveaux internes des éléments de transition peuvent être considérés comme des électrons de valence. Dans le présent ouvrage, nous utilisons l'expression « électrons de valence » uniquement pour désigner les électrons du plus haut niveau d'énergie d'un atome.

$$\text{Br } ([Ar]4s^2 3d^{10} 4p^5) + e^- \longrightarrow \text{Br}^- ([Ar]4s^2 3d^{10} 4p^6)$$

$$\text{S } ([Ne]3s^2 3p^4) + 2\,e^- \longrightarrow \text{S}^{2-} ([Ne]3s^2 3p^6)$$

$$\text{N } ([He]2s^2 2p^3) + 3\,e^- \longrightarrow \text{N}^{3-} ([He]2s^2 2p^6)$$

L'atome d'un métal perd un ou plusieurs électrons lorsqu'il se transforme en *cation*. Les électrons de valence p (s'il en existe) sont généralement les premiers à quitter l'atome, suivis des électrons de valence s; il arrive que des électrons d'orbitales d quittent ensuite l'atome. Dans le cas des cations de métaux appartenant aux groupes principaux, on enlève des électrons à l'atome en appliquant le principe de l'*aufbau* en sens inverse. Ce processus donne fréquemment la configuration électronique d'un atome de gaz noble, comme l'illustrent les exemples suivants.

$$\text{Na}: [Ne]3s^1 \longrightarrow \text{Na}^+: [Ne] + e^-$$

$$\text{Mg}: [Ne]3s^2 \longrightarrow \text{Mg}^{2+}: [Ne] + 2\,e^-$$

$$\text{Al}: [Ne]3s^2 3p^1 \longrightarrow \text{Al}^{3+}: [Ne] + 3\,e^-$$

Cependant, il arrive parfois que la configuration électronique obtenue ne soit pas celle d'un gaz noble.

$$\text{Ga}: [Ar]4s^2 3d^{10} 4p^1 \longrightarrow \text{Ga}^{3+}: [Ar]3d^{10} + 3\,e^-$$

$$\text{Sn}: [Kr]5s^2 4d^{10} 5p^2 \longrightarrow \text{Sn}^{2+}: [Kr]5s^2 4d^{10} + 2\,e^-$$

Dans le cas des cations provenant d'atomes de métaux de transition, on ne peut *pas* appliquer simplement le principe de l'*aufbau* en sens inverse. En effet, les premiers électrons à quitter l'atome sont ceux pour lesquels la valeur du nombre quantique principal est la plus élevée, soit les électrons de valence s, et non les électrons ajoutés en dernier lieu lorsqu'on a appliqué le principe de l'*aufbau*. Ainsi, au cours de la formation de Fe^{2+} à partir de Fe, l'atome perd des électrons $4s^2$.

$$\text{Fe}: [Ar]4s^2 3d^6 \longrightarrow \text{Fe}^{2+}: [Ar]3d^6 + 2\,e^-$$

Au moment de la formation de Fe^{3+} à partir de Fe, l'atome perd un électron $3d$, en plus des électrons $4s^2$.

$$\text{Fe}: [Ar]4s^2 3d^6 \longrightarrow \text{Fe}^{3+}: [Ar]3d^5 + 3\,e^-$$

La configuration électronique de l'ion n'est pas celle d'un gaz noble dans ces deux derniers cas. Le **tableau 5.3** présente les différents types de configurations électroniques que peuvent avoir les cations.

TABLEAU 5.3 Configuration électronique de quelques ions métalliques

Gaz noble*			Pseudogaz noble**		18 + 2***	Variable	
Li^+	Be^{2+}	Al^{3+}	Cu^+	Zn^{2+}	In^+	Cr^{2+}:	$[Ar]3d^4$
Na^+	Mg^{2+}		Ag^+	Cd^{2+}	Tl^+	Cr^{3+}:	$[Ar]3d^3$
K^+	Ca^{2+}		Au^+	Hg^{2+}	Sn^{2+}	Mn^{2+}:	$[Ar]3d^5$
Rb^+	Sr^{2+}				Pb^{2+}	Mn^{3+}:	$[Ar]3d^4$
Cs^+	Ba^{2+}				Sb^{3+}	Fe^{2+}:	$[Ar]3d^6$
					Bi^{3+}	Fe^{3+}:	$[Ar]3d^5$
						Co^{2+}:	$[Ar]3d^7$
						Co^{3+}:	$[Ar]3d^6$
						Ni^{2+}:	$[Ar]3d^8$

* Les ions métalliques qui prennent la configuration des gaz nobles ont tous une configuration se terminant par $ns^2 np^6$, à l'exception de Li^+ et de Be^{2+} (ns^2), où n représente le niveau de valence de l'atome.

** Dans la configuration électronique des pseudogaz nobles, les éléments n'ont plus d'électron de valence. La configuration de ces ions se termine alors par $(n - 1)d^{10}$.

*** Dans le cas de 18 + 2, la configuration des ions se termine par ns^2. Il leur reste donc deux électrons de valence.

Questions non résolues à propos de la classification périodique

La classification périodique a été élaborée il y a plus d'un siècle et, depuis, on en a proposé plusieurs variantes. Toutefois, aucune version n'est parvenue à faire l'unanimité chez les chimistes.

L'emploi des lettres *A* et *B*, notamment, est une source d'ambiguïté. En Europe, l'usage général est d'assigner la lettre *A* aux groupes situés à gauche du tableau, à partir du groupe I jusqu'à celui qui est formé des éléments Fe, Ru et Os. Les groupes situés à droite des éléments Ni, Pd et Pt portent la lettre *B*. Aux États-Unis, *A* désigne les éléments des groupes principaux et *B*, les éléments de transition. Le tableau périodique qui figure dans le présent manuel et qui est bien connu dans les laboratoires d'ici comprend des groupes *A* et *B* comme ceux de la classification européenne.

Pour éliminer toute ambiguïté, l'Union internationale de chimie pure et appliquée (UICPA) recommande de numéroter simplement les groupes de 1 à 18. Toutefois, la notation à l'aide des lettres *A* et *B*, que nous avons adoptée, est pratique particulièrement parce que, dans le cas des éléments des groupes principaux, les numéros assignés aux groupes correspondent au nombre d'électrons des couches de valence.

Il est difficile de placer adéquatement l'hydrogène qui, tout en étant un élément du groupe IA, est un non-métal gazeux et ne ressemble en rien à un métal alcalin. Dans la plupart des versions du tableau périodique, l'hydrogène se trouve dans le groupe IA parce qu'il possède la configuration électronique $1s^1$. Cependant, on peut également placer l'hydrogène dans le groupe VIIB puisque, comme les halogènes, sa configuration électronique compte un électron de moins que celui d'un gaz noble. Dans certaines versions, l'hydrogène se trouve *à la fois* dans les groupes IA et VIIB, alors que, dans d'autres, il n'appartient à aucun groupe : il est isolé en haut du tableau, à peu près au centre.

Même s'ils ne s'entendent pas sur ce qui constitue la manière *correcte* de présenter le tableau périodique, les chimistes sont tous d'accord pour considérer qu'il est d'une très grande utilité.

EXEMPLE **5.3**

Représentez la configuration électronique de l'ion Co^{3+} au moyen de la notation *spdf* abrégée.

➜ Stratégie

Nous pouvons commencer par la configuration électronique de l'atome de cobalt, que nous écrivons à l'aide de la figure 5.6. Ensuite, nous devons enlever trois électrons, comme nous l'avons fait pour obtenir Fe^{3+}. Cela nous conduira à la configuration électronique de Co^{3+}.

➜ Solution

Les premières sous-couches qui se remplissent graduellement lorsque nous appliquons le principe de l'*aufbau* sont $1s$, $2s$, $2p$, $3s$, $3p$ et $4s$. Ces orbitales renferment en tout 20 électrons (les 18 de l'atome d'argon et les 2 de $4s$). Le numéro atomique du cobalt étant 27, il doit y avoir 7 électrons dans l'ensemble des orbitales $3d$, lesquelles sont partiellement occupées.

$$Co : [Ar]4s^2 3d^7$$

Il faut enlever trois électrons à l'atome de cobalt pour obtenir l'ion Co^{3+}. Il s'agit de la paire d'électrons de $4s^2$ et d'un électron de $3d$. La notation *spdf* abrégée de Co^{3+} est donc $[Ar]3d^6$.

EXERCICE 5.3 A

À l'aide de la notation *spdf* abrégée, représentez la configuration électronique des ions Se^{2-} et Pb^{2+}.

EXERCICE 5.3 B

Au moyen des cases quantiques fondées sur la notation *spdf* abrégée, représentez la configuration électronique des ions I^- et Cr^{3+}.

 5.6   Les propriétés magnétiques : les électrons appariés et les électrons non appariés

Au chapitre 4, lors de l'étude du spin, nous avons souligné que chaque électron d'un atome induit un champ magnétique, c'est-à-dire que chaque électron agit comme un minuscule aimant. Dans le cas d'une *paire* d'électrons ayant des spins opposés, les champs magnétiques induits s'annulent mutuellement, de sorte que la paire d'électrons ne crée pas de champ magnétique. La majorité des substances n'ont pas de propriétés magnétiques, à moins qu'elles ne se trouvent dans un champ magnétique. Dans ce dernier cas, elles présentent l'un ou l'autre des comportements suivants.

- Si, dans une substance donnée, tous les électrons des atomes, des ions ou des molécules sont appariés, la substance est soumise à une *légère force de répulsion* lorsqu'elle se trouve dans un champ magnétique. Cette répulsion, associée aux électrons appariés, est appelée **diamagnétisme**.

- Les atomes, les ions ou les molécules ayant des électrons *non appariés* sont soumis à une force d'*attraction* lorsqu'ils se trouvent dans un champ magnétique. Cette attraction, associée aux électrons non appariés et appelée **paramagnétisme**, est beaucoup plus grande que le faible diamagnétisme des électrons appariés.

L'attraction particulièrement intense exercée par un champ magnétique sur le fer et quelques autres substances constitue un troisième type de comportement, appelé **ferromagnétisme**. Voir plus loin l'encadré sur ce sujet.

On détermine les propriétés magnétiques d'une substance notamment en pesant celle-ci en l'absence de champ magnétique, puis en présence d'un tel champ, comme l'illustre la **figure 5.7**. Les mesures obtenues montrent, par exemple, que l'ion Fe^{3+} compte un plus grand nombre d'électrons non appariés que l'ion Fe^{2+}. Cette expérience permet de vérifier l'exactitude des cases quantiques respectives des deux ions.

Diamagnétisme

Légère force de répulsion s'exerçant sur une substance qui se trouve dans un champ magnétique et dont tous les électrons sont appariés.

Paramagnétisme

Force d'attraction qui s'exerce sur une substance se trouvant dans un champ magnétique et dont les électrons sont non appariés.

Ferromagnétisme

Effet magnétique, beaucoup plus intense que le paramagnétisme, associé au fer, au cobalt, au nickel et à certains alliages et dû au fait que les atomes sont paramagnétiques et qu'ils ont la taille requise pour former des domaines magnétiques.

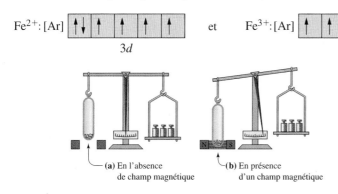

◀ Figure 5.7
Représentation du paramagnétisme

(a) On pèse un échantillon (suspendu du côté gauche de la balance) en l'absence de tout champ magnétique. **(b)** Lorsqu'on crée un champ magnétique, l'équilibre est rompu. On a l'impression que le poids de l'échantillon a augmenté. En fait, ce dernier est alors soumis à deux forces d'attraction : la force gravitationnelle et la force exercée par le champ magnétique.

EXEMPLE 5.4

On a constaté qu'un échantillon de chlore gazeux est diamagnétique. Cet échantillon est-il formé d'atomes individuels de chlore ?

➜ Stratégie

Nous déterminons la configuration électronique du chlore à l'aide de la position que cet élément occupe dans le tableau périodique, puis nous le représentons au moyen de cases quantiques.

➜ Solution

$(Z = 17)$ Cl :

1s   2s   2p   3s   3p

Ces cases quantiques indiquent que chaque atome possède un électron non apparié. Le chlore atomique (Cl) semble donc paramagnétique. Comme le gaz est diamagnétique, il ne peut pas être constitué d'atomes individuels. (Le chlore gazeux est en réalité formé de molécules diatomiques, Cl_2, dont tous les électrons sont appariés.)

EXERCICE 5.4 A

Combien d'électrons non appariés y a-t-il dans chacune des particules suivantes ?

a) Un atome de nickel   **c)** Un ion sulfure   **e)** Un ion cadmium

b) Un atome de tungstène   **d)** Un ion calcium   **f)** Un ion néodyme(II)

EXERCICE 5.4 B

Lesquelles des particules suivantes sont paramagnétiques ? Expliquez votre réponse.

a) Un atome K   **c)** Un ion Ba^{2+} **e)** Un ion F^- **g)** Un ion Cu^{2+}

b) Un atome Hg   **d)** Un atome N   **f)** Un ion Ti^{2+}

5.7 Les propriétés atomiques périodiques des éléments

Lorsque Mendeleïev élabora le tableau périodique, il mit en évidence les similitudes de groupes d'éléments quant à leurs propriétés chimiques, comme le fait que les oxydes et les hydrures de certains éléments ont des formules semblables. Lothar Meyer, contemporain de Mendeleïev, mit au point une méthode de classification fondée essentiellement sur les similitudes que présentent les propriétés physiques, telle la masse volumique. Dans les deux cas, le principe sous-jacent est une **loi périodique** qui, sous sa forme moderne, stipule que certains ensembles de propriétés physiques et chimiques se répètent à intervalles réguliers (ou périodiquement) lorsqu'on dispose les éléments par ordre croissant de numéros atomiques.

Loi périodique

Ensemble de propriétés physiques ou chimiques se répétant à intervalles réguliers (ou périodiquement) lorsqu'on dispose les éléments par ordre croissant des numéros atomiques.

Certaines propriétés physiques, dont la conductivité thermique et électrique, la dureté et le point de fusion, sont définies uniquement pour de *grandes quantités* de matière, c'est-à-dire des agrégats d'atomes assez importants pour qu'on puisse les observer et les mesurer à l'échelle macroscopique. D'autres propriétés, dites *atomiques,* sont définies pour des atomes individuels. Nous avons déjà étudié de façon détaillée l'une de ces propriétés, soit la configuration électronique. Dans la présente section, nous examinerons trois autres propriétés des atomes : le rayon atomique, l'énergie d'ionisation et l'affinité électronique.

Le ferromagnétisme

La majorité des éléments de transition, dont le fer, le cobalt et le nickel, comportent des électrons *d* non appariés. Le *paramagnétisme* est attribuable à la présence de ces électrons, mais le fer, le cobalt et le nickel manifestent un effet magnétique beaucoup plus intense, appelé ferromagnétisme.

Dans un solide paramagnétique, des moments magnétiques sont associés aux atomes ou ions qui comportent des électrons non appariés. En l'absence de champ magnétique, l'orientation des moments magnétiques est aléatoire, comme l'illustre la **figure 5.8**. (On peut se représenter un moment magnétique comme un barreau aimanté microscopique dont une extrémité correspond au pôle Nord et l'autre, au pôle Sud.) La figure indique que, si on place un solide paramagnétique dans un champ magnétique, la plupart des moments magnétiques s'alignent selon l'orientation du champ. Lorsqu'on supprime le champ magnétique, l'orientation des moments magnétiques redevient aléatoire.

En l'absence de champ magnétique   *En présence d'un champ magnétique*

Paramagnétisme

Ferromagnétisme

◄ **Figure 5.8**
Comparaison entre le ferromagnétisme et le paramagnétisme

Les illustrations du haut représentent un solide paramagnétique en l'absence de champ magnétique, puis en présence d'un tel champ. Les moments magnétiques associés au spin des électrons non appariés des atomes isolés sont représentés par des flèches. Les illustrations du bas représentent un solide ferromagnétique en l'absence de champ magnétique, puis en présence d'un tel champ. Même si elles ne comptent que quelques moments magnétiques, les quatre régions, appelées *domaines*, contiennent un grand nombre d'atomes.

Un solide ferromagnétique est constitué de régions appelées *domaines*. Chaque domaine contient un grand nombre d'atomes dont les moments magnétiques respectifs sont alignés, c'est-à-dire qu'ils ont tous la même orientation. Cependant, l'orientation des moments varie d'un domaine à l'autre, comme l'indique la figure 5.8. Si on place un solide ferromagnétique dans un champ magnétique, tous les moments magnétiques des divers domaines s'alignent sur l'orientation du champ : le solide est magnétisé. De plus, lorsqu'on supprime le champ, les moments magnétiques conservent la même orientation, de sorte que le solide reste magnétisé.

Le paramagnétisme ordinaire se transforme en ferromagnétisme uniquement lorsque les distances interatomiques ont exactement la valeur qui permet l'arrangement des atomes en domaines. Le fer, le cobalt et le nickel remplissent cette condition, de même que des alliages de divers autres métaux, dont le manganèse, dans les combinaisons Al-Cu-Mn, Ag-Al-Mn et Bi-Mn.

Image colorisée des domaines magnétiques d'un film de grenat ferromagnétique

Le rayon atomique

Il est impossible de mesurer exactement la taille d'un atome isolé parce qu'il existe une faible possibilité que les électrons de la couche de valence se trouvent très éloignés du noyau. Par contre, on peut mesurer la distance qui sépare les noyaux respectifs de deux atomes, et déduire de cette grandeur une propriété appelée **rayon atomique**. Cependant, la distance entre deux noyaux dépend de l'environnement dans lequel se trouvent les atomes. Il est donc possible d'obtenir plusieurs valeurs du rayon « atomique » d'un élément. Nous allons étudier deux cas particuliers dans les paragraphes suivants.

Le **rayon covalent** d'un atome est égal à la moitié de la distance séparant les noyaux respectifs de deux atomes identiques d'une même molécule. Par exemple, dans la molécule I_2 (**figure 5.9**), la distance entre les noyaux des atomes est de 266 pm ; le rayon covalent de l'iode, qui est égal à la moitié de cette distance, est donc de 133 pm*. Le **rayon métallique** d'un atome est égal à la moitié de la distance existant entre les noyaux respectifs de deux atomes adjacents d'un métal solide. Chaque fois que nous utilisons simplement l'expression « rayon atomique », il est sous-entendu qu'il s'agit du rayon *covalent* dans le cas des non-métaux et du rayon *métallique* dans le cas des métaux.

Comme on le voit sur le graphique de la **figure 5.10**, le rayon atomique illustre bien une propriété atomique périodique des éléments. Chaque courbe tracée en rouge donne le rayon atomique des éléments d'une même période. À l'intérieur d'une période, la plus grande valeur du rayon atomique est celle du premier élément, qui est un métal du

Rayon atomique

Mesure de la taille d'un atome fondée sur la distance entre les noyaux respectifs de deux atomes identiques.

Rayon covalent

Mesure de la taille d'un atome égale à la moitié de la distance entre les noyaux respectifs de deux atomes identiques d'une même molécule.

Rayon métallique

Mesure de la taille d'un atome égale à la moitié de la distance entre les noyaux respectifs de deux atomes adjacents d'un solide métallique.

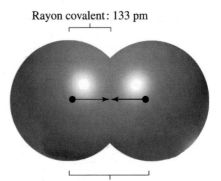

Rayon covalent : 133 pm

Distance entre les deux noyaux : 266 pm

▶ **Figure 5.9 Illustration du rayon atomique au moyen du rayon covalent de l'iode**

Le rayon covalent est égal à la moitié de la distance séparant les noyaux respectifs des deux atomes d'iode dans une molécule I_2.

▶ **Figure 5.10**
Rayon atomique des éléments

Les valeurs inscrites dans le graphique, qui sont exprimées en picomètres (1 pm = 10^{-12} m), sont celles du rayon métallique dans le cas des métaux, et du rayon covalent dans le cas des non-métaux. Aucun gaz noble n'est représenté parce qu'il est difficile d'évaluer le rayon covalent de ce type de gaz. (On connaît seulement le rayon covalent du krypton et du xénon.) Il existe des explications de la présence de sommets au milieu de certaines périodes et de quelques autres irrégularités, mais nous ne pouvons nous y attarder dans le cadre du présent ouvrage.

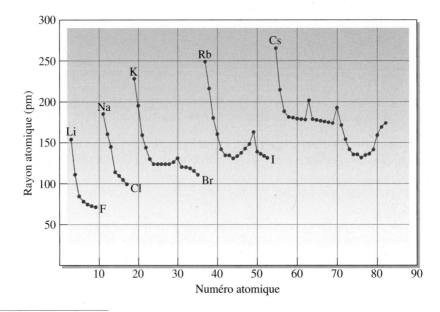

* La valeur du rayon covalent varie selon que la liaison entre les deux atomes est simple, double ou triple. Dans le présent chapitre, la valeur du rayon covalent est toujours établie pour une liaison simple.

groupe IA (soit Li dans la période 2, Na dans la période 3, et ainsi de suite). Le rayon atomique décroît généralement du premier au dernier élément, qui est un non-métal du groupe VIIB. On peut expliquer ces tendances en considérant que le rayon atomique est approximativement égal à la distance séparant le noyau des électrons de la couche de valence (périphérique). Tout facteur qui contribue à l'augmentation de cette distance contribue par le fait même à l'accroissement du rayon atomique.

À l'intérieur d'un groupe du tableau périodique, chaque élément possède plus d'électrons que l'élément qui le précède immédiatement. L'augmentation du nombre d'électrons est due à la présence d'une couche principale supplémentaire. Ainsi, l'atome de sodium a des électrons dans les couches $n = 1$, 2 et 3, tandis que l'atome de lithium a des électrons seulement dans les couches $n = 1$ et 2. Les électrons de la couche de valence sont de plus en plus éloignés du noyau à mesure que n augmente, d'où l'énoncé suivant.

Le rayon atomique croît du premier au dernier élément d'un même groupe du tableau périodique.

Pour expliquer le comportement du rayon atomique à l'intérieur d'une période du tableau périodique, on fait appel au concept de charge nucléaire effective. La **charge nucléaire effective** (Z_{eff}), qui agit sur un électron de valence d'un atome, est égale à la charge réelle du noyau, moins l'effet d'écran exercé par les électrons internes de l'atome.

Comme premier exemple, simplifié à l'extrême, considérons l'atome de sodium. Si l'électron de valence $3s$ était en tout temps à l'extérieur de la région où se trouvent les dix électrons internes ($1s^2 2s^2 2p^6$), l'effet écran de ces derniers serait maximal. L'électron $3s$ serait presque complètement à l'abri de l'attraction exercée par le noyau chargé positivement. Il serait soumis uniquement à l'action d'une charge positive égale à $+ 11 - 10 = + 1$. De même, dans l'atome de magnésium représenté dans la **figure 5.11**, il n'y aurait que deux électrons $3s$ à l'extérieur de la partie centrale correspondant à un atome de néon, et la charge positive s'exerçant sur chacun de ces électrons serait égale à $+ 12 - 10 = + 2$. En poursuivant ce raisonnement, on découvrirait que la charge positive qui agit sur les électrons de valence augmente graduellement lorsqu'on passe d'un élément à l'autre, dans la troisième période.

L'évaluation de la charge nucléaire effective exige de faire également appel aux concepts suivants. (1) Les électrons de valence peuvent *pénétrer* dans les niveaux internes et s'approcher du noyau. Nous avons décrit (page 199) comment la différence de pénétration des électrons s, p, d et f confère à chaque sous-couche un niveau d'énergie particulier. (2) Les électrons internes n'ont pas tous la même efficacité lorsqu'il s'agit de blinder les électrons de valence contre l'attraction du noyau. (3) Dans une certaine mesure, les électrons de valence se blindent mutuellement contre cette attraction. Si on tient compte de ces trois facteurs, on obtient une évaluation de la charge nucléaire effective beaucoup plus exacte que ne le font les premières approximations grossières. Cependant, lorsqu'on tente d'expliquer des généralisations relatives à la taille d'un atome, les approximations grossières mènent à la même conclusion que les évaluations plus précises: la charge nucléaire effective augmente de gauche à droite dans une période formée d'éléments des groupes principaux. À cause de cette augmentation, les électrons de valence sont attirés vers le noyau et retenus plus fortement à l'intérieur de l'atome, d'où la contraction du rayon atomique.

À l'intérieur d'une période du tableau périodique, le rayon atomique des éléments des groupes principaux décroît de gauche à droite.

Il est important de préciser que cet énoncé s'applique seulement aux éléments des groupes principaux (groupes IA, IIA et groupes IIIB à VIIB) puisque, dans les éléments de transition (groupes IIIA à IIB), l'augmentation du nombre d'électrons, d'un élément à l'autre

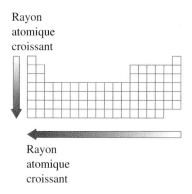

Rayon atomique croissant

Rayon atomique croissant

Charge nucléaire effective (Z_{eff})

Charge s'exerçant sur un électron de valence d'un atome, égale à la charge réelle du noyau moins l'effet d'écran, ce dernier étant dû aux électrons internes de l'atome.

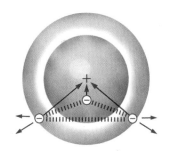

Mg : [Ne]$3s^2$

▲ **Figure 5.11**
Effet d'écran et charge nucléaire effective

Le schéma simplifié d'un atome de magnésium comprend deux électrons de valence, représentés dans la région périphérique de l'atome, et un électron interne, représenté sous la forme d'une particule discrète dans une région située plus près du noyau. Les neuf autres électrons internes sont représentés par un nuage de charge négative sphérique. Les interactions (décrites dans le texte) entre les électrons de valence, les électrons internes et le noyau de l'atome déterminent la charge nucléaire effective. Les forces d'attraction sont représentées en rouge et les forces de répulsion, en bleu.

le long d'une période, se fait au profit des couches électroniques *internes*. Dans ce cas, la charge nucléaire effective est donc essentiellement constante, c'est-à-dire qu'elle ne s'accroît pas. Par exemple, selon la méthode d'approximation grossière décrite plus haut, les charges nucléaires effectives, Z_{eff}, du fer, du cobalt et du nickel sont respectivement les suivantes.

$$Fe : [Ar]4s^23d^6 \qquad Co : [Ar]4s^23d^7 \qquad Ni : [Ar]4s^23d^8$$

$$Z_{eff} \approx 26 - 24 \approx 2 \qquad Z_{eff} \approx 27 - 25 \approx 2 \qquad Z_{eff} \approx 28 - 26 \approx 2$$

Les charges nucléaires effectives étant à peu près identiques, on en conclut que le rayon devrait être constant. Les valeurs réelles de celui-ci sont respectivement de 124, de 124 et de 125 pm pour le fer, le cobalt et le nickel. Cette relative constance des rayons atomiques dans les éléments de transition, à l'intérieur d'une même période, diffère sensiblement de ce qu'on observe dans le cas des éléments des groupes principaux (figure 5.10).

EXEMPLE 5.5

Disposez les éléments de chaque ensemble par ordre croissant de rayons atomiques.
a) Mg, S et Si ; **b)** As, N et P ; **c)** As, Sb et Se.

➜ Solution

a) Il s'agit de trois éléments des groupes principaux appartenant à une même période (soit la troisième). Nous savons que le rayon atomique décroît de gauche à droite à l'intérieur d'une période. Nous avons donc, par ordre *croissant* de rayons atomiques :

$$S < Si < Mg$$

b) Les trois éléments appartiennent à un même groupe, soit VB. Nous savons qu'à l'intérieur d'une colonne le rayon atomique croît de haut en bas. Nous avons donc, par ordre *croissant* de rayons atomiques :

$$N < P < As$$

c) Les éléments As et Se appartiennent à une même période (soit la quatrième), et As se trouve à gauche de Se, de sorte que son rayon atomique est plus grand que celui de Se. Comme Sb est situé sous As et que ces deux éléments appartiennent à un même groupe, soit VB, le rayon atomique du premier est plus grand que celui du second. Nous avons donc, par ordre *croissant* de rayons atomiques :

$$Se < As < Sb$$

EXERCICE 5.5 A

Disposez les éléments des ensembles suivants par ordre croissant de rayons atomiques.
a) Be, F et N ; **b)** Ba, Be et Ca ; **c)** Cl, F et S ; **d)** Ca, K et Mg.

EXERCICE 5.5 B

Avec le tableau périodique comme seule référence, disposez les éléments suivants selon l'ordre croissant attendu des rayons atomiques. Commentez, s'il y a lieu, les positions incertaines.

$$Sn, Ge, Ca, P, Pb, Cs$$

Rayon ionique

Mesure de la taille d'un ion égale à la portion de la distance entre les noyaux respectifs de deux ions.

Le rayon ionique

Le **rayon ionique** est défini, tout comme le rayon atomique, en fonction de la distance séparant deux noyaux mais, dans ce cas, il s'agit de la distance entre les noyaux de deux ions.

La **figure 5.12** représente des ions Mg^{2+} et O^{2-} qui se touchent. Le rayon de chaque ion est égal à la portion de la distance entre les noyaux qui est située à l'intérieur de son périmètre. On détermine un rayon ionique par une étude de la structure cristalline, comme nous le verrons au chapitre 8. Lorsque des atomes de métaux réagissent, la plupart perdent tous leurs électrons de valence. Un ion de métal est donc plus petit que l'atome dont il provient, puisqu'il compte une couche électronique de moins. De plus, comme le nombre de charges positives du noyau d'un cation est plus grand que le nombre d'électrons, le noyau attire plus intensément les électrons restants et il les retient plus fortement qu'il ne le fait dans le cas de l'atome correspondant.

Un cation est plus petit que l'atome dont il provient.

La **figure 5.13** permet de comparer les rayons de cinq espèces chimiques : un atome de sodium (Na), un atome de magnésium (Mg), un atome de néon (Ne), un ion sodium (Na^+) et un ion magnésium (Mg^{2+}). Les espèces Ne, Na^+ et Mg^{2+} sont **isoélectroniques**, c'est-à-dire qu'elles ont un nombre identique d'électrons (soit 10). De plus, leur configuration électronique ($1s^2 2s^2 2p^6$) est la même. La charge du noyau d'un atome de néon est de +10, et celle du noyau d'un ion sodium est de +11 ; un ion Na^+ est donc *plus petit* qu'un atome Ne. Et, comme la charge du noyau d'un ion Mg^{2+} est de +12, ce dernier est encore plus petit que les deux autres entités.

Lorsqu'un atome d'un non-métal acquiert un électron et se transforme ainsi en anion, la charge (positive) de son noyau demeure constante, de sorte que l'intensité des forces de répulsion qui s'exercent entre les électrons (chargés négativement) augmente. Il en résulte un accroissement de la dispersion des électrons et, par conséquent, du volume. La **figure 5.14** représente la formation de deux ions Cl^- à partir d'une molécule Cl_2, et l'important écart existant entre le rayon covalent de l'atome et le rayon ionique de l'anion Cl^-. On peut formuler de façon générale les deux énoncés suivants :

• *Un anion est plus volumineux que l'atome dont il provient.*

• *Dans un ensemble d'ions isoélectroniques ayant une même configuration électronique, plus la charge du noyau est grande, plus l'ion est petit.*

La **figure 5.15** constitue un résumé des notions relatives aux rayons atomiques et ioniques. Le rayon atomique d'un élément varie en fonction de la position que celui-ci occupe à l'intérieur d'un groupe et d'une période du tableau périodique. Il existe une relation entre le rayon d'un cation ou d'un anion et celui de l'atome dont il provient. L'importance de la charge est un facteur déterminant du rayon d'un cation ou d'un anion. Plus la charge est élevée pour un cation, plus le rayon atomique est petit ; plus elle est élevée pour un anion, plus le rayon atomique est grand.

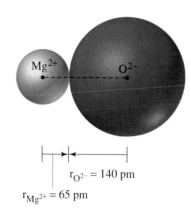

▲ **Figure 5.12**
Rayon ionique de Mg^{2+} et de O^{2-}.

La distance séparant les centres des deux ions (205 pm) se partage comme suit : Mg^{2+} : 65 pm et O^{2-} : 140 pm. On peut établir une relation entre la taille d'un cation et la distance qu'il y a entre son noyau et celui d'un ion de l'oxyde correspondant.

Isoélectronique

Se dit de deux espèces (atomes, ions ou molécules) qui ont le même nombre d'électrons et la même configuration électronique.

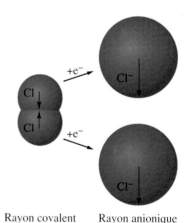

Rayon covalent — 99 pm
Rayon anionique — 181 pm

▲ **Figure 5.14**
Comparaison entre un rayon atomique (covalent) et un rayon anionique

Les deux atomes de chlore d'une molécule Cl_2 se transforment en ions chlorure (2 ions Cl^-) en acquérant chacun un électron.

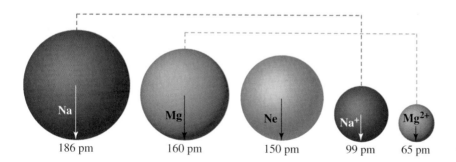

▲ **Figure 5.13   Comparaison entre des rayons atomiques et des rayons cationiques**
La figure représente les rayons métalliques de Na et de Mg, et les rayons ioniques de Na^+ et de Mg^{2+}. Le rayon de Ne est celui d'un atome non lié.

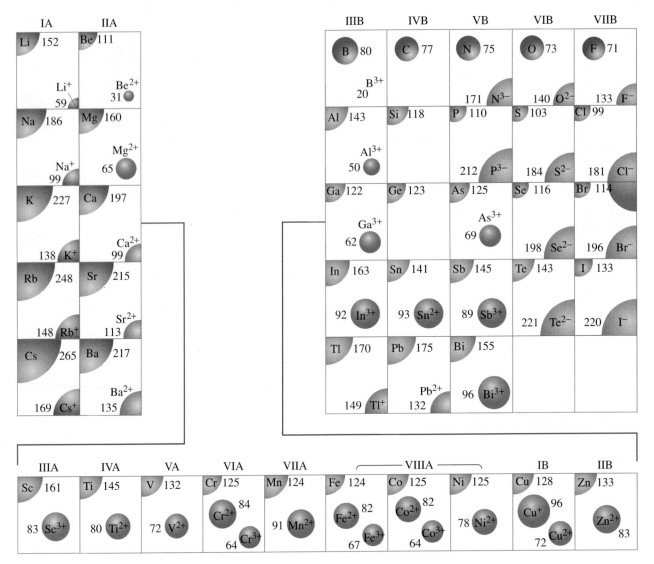

▲ Figure 5.15 **Exemples de rayons atomiques et ioniques**
Les valeurs données, en picomètres (pm), sont celles de rayons métalliques dans le cas des métaux, de rayons covalents uniques dans le cas des non-métaux et de rayons ioniques dans le cas des ions.

EXEMPLE **5.6**

En vous reportant au tableau périodique, mais sans consulter la figure 5.15, disposez les espèces chimiques suivantes par ordre croissant de rayons ioniques : Ca^{2+}, Fe^{3+}, K^+, S^{2-}, Se^{2-}.

→ Stratégie et solution

Trois des ions donnés, soit Ca^{2+}, K^+ et S^{2-}, sont isoélectroniques et ils ont la même configuration électronique : $1s^2 2s^2 2p^6 3s^2 3p^6$. Selon les principes énoncés précédemment, l'ordre des ions déterminé en fonction de leur rayon est $Ca^{2+} < K^+ < S^{2-}$. Puisque Fe appartient à la même période que Ca et qu'il se trouve à droite de celui-ci, un atome de fer devrait être plus petit qu'un atome de calcium. De plus, l'ion provenant d'un atome de fer qui a perdu *trois* électrons (deux 4s et un 3d) est plus petit que l'ion provenant d'un atome de calcium qui a perdu *deux* électrons 4s. Un ion Fe^{3+} est donc en principe plus petit qu'un ion Ca^{2+}. Nous savons qu'un ion Se^{2-} appartient au même groupe qu'un ion S^{2-}, qu'ils ont tous deux la même charge et que le premier compte davantage de couches électroniques que le second. L'ion Se^{2-} devrait donc être plus volumineux que l'ion S^{2-}. Par conséquent, l'ordre des ions est :

$$Fe^{3+} < Ca^{2+} < K^{+} < S^{2-} < Se^{2-}$$

EXERCICE 5.6 A

En vous reportant au tableau périodique, mais sans consulter la figure 5.15, disposez les espèces chimiques suivantes par ordre croissant de rayons ioniques : Br^{-}, Rb^{+}, Se^{2-}, Sr^{2+} et Y^{3+}.

EXERCICE 5.6 B

Sans consulter la figure 5.15, disposez les espèces chimiques suivantes par ordre croissant de rayons ioniques : Ca^{2+}, Cr^{2+}, Cs^{+}, Cl^{-}, Cr^{3+} et K^{+}.

L'énergie d'ionisation

Lorsqu'ils participent à des réactions chimiques, les atomes des métaux perdent généralement des électrons de valence. Cependant, les atomes isolés n'émettent pas d'électrons spontanément. Il faut fournir un travail pour extraire un électron d'un atome, et la quantité de travail requise dépend de la taille de l'atome.

On appelle **énergie d'ionisation** l'énergie nécessaire pour extraire un électron, qui se trouve à l'état fondamental, d'un atome (ou d'un ion) qui est en phase gazeuse. On indique habituellement la quantité d'énergie requise pour une mole d'atomes. On peut ioniser un atome possédant plus d'un électron en plusieurs étapes. Par exemple, un atome de bore a cinq électrons : deux dans une couche interne ($1s^2$) et trois dans la couche de valence ($2s^2$ et $2p^1$). Voici les cinq énergies d'ionisation, I_1 à I_5, associées aux étapes successives du processus d'ionisation d'un atome de bore.

Énergie d'ionisation

Énergie requise pour extraire d'un atome (ou d'un ion) en phase gazeuse un électron à l'état fondamental.

$$B(g) \longrightarrow B^{+}(g) + e^{-} \qquad I_1 = 801 \text{ kJ/mol}$$

$$B^{+}(g) \longrightarrow B^{2+}(g) + e^{-} \qquad I_2 = 2\,427 \text{ kJ/mol}$$

$$B^{2+}(g) \longrightarrow B^{3+}(g) + e^{-} \qquad I_3 = 3\,660 \text{ kJ/mol}$$

$$B^{3+}(g) \longrightarrow B^{4+}(g) + e^{-} \qquad I_4 = 25\,025 \text{ kJ/mol}$$

$$B^{4+}(g) \longrightarrow B^{5+}(g) + e^{-} \qquad I_5 = 32\,822 \text{ kJ/mol}$$

Le premier électron à quitter l'atome se trouve dans la sous-couche correspondant au niveau d'énergie le plus élevé ($2p$). C'est de loin le plus facile à extraire, et l'énergie requise est appelée *énergie de première ionisation, I_1*. L'*énergie de deuxième ionisation, I_2*, est égale à plus du triple de I_1. En effet, le premier électron extrait se trouve dans l'orbitale $2p$ d'un atome de bore *neutre*, tandis que le deuxième électron se trouve dans l'orbitale $2s$ d'un *ion* B^+. L'énergie de deuxième ionisation est plus grande que la première, notamment parce que l'orbitale $2s$ correspond à un niveau d'énergie plus bas que celui qui est associé à l'orbitale $2p$, mais surtout parce que le deuxième électron doit être arraché à un ion positif, auquel il est fortement lié. Le troisième électron est extrait d'un ion B^{2+}, dont la charge est plus grande que celle de B^+, de sorte que I_3 est supérieur à I_2.

Comparativement aux trois premières énergies d'ionisation que possède un atome de bore, les quatrième et cinquième, I_4 et I_5, sont extrêmement grandes. Les trois premiers électrons extraits sont des électrons de valence, tandis que les deux derniers sont des électrons *internes* : le nombre quantique principal, n, de ces derniers est plus petit que celui des trois premiers. Dans le cas des éléments des groupes principaux, l'extraction d'un électron interne exige une quantité d'énergie *beaucoup* plus grande que celle que requiert l'extraction d'un électron de valence. C'est pourquoi la réactivité chimique des éléments des groupes principaux est uniquement associée aux électrons de valence.

TABLEAU **5.4**	Énergie d'ionisation (kJ/mol) de quelques éléments						
	IA	IIA	IIIB	IVB	VB	VIB	VIIB	VIIIB
	Li	Be	B	C	N	O	F	Ne
I_1	520	900	801	1086	1402	1314	1681	2081
I_2	7298	1757	2427	2352	2856	3388	3374	3952
	Na	Mg	Al	Si	P	S	Cl	Ar
I_1	496	738	578	787	1012	999	1251	1521
I_2	4562	1451	1817	1577	1904	2251	2298	2666
	K	Ca						
I_1	419	590						
I_2	3051	1145						
	Rb	Sr						
I_1	403	550						
I_2	2633	1064						
	Cs	Ba						
I_1	376	503						
I_2	2230	965						

Le **tableau 5.4** contient les valeurs se rapportant à l'énergie d'ionisation de quelques éléments des groupes principaux, et le graphique de la **figure 5.16** donne l'énergie de première ionisation en fonction du numéro atomique. Ces deux sources d'information permettent d'établir des principes généraux très utiles.

- L'énergie de première ionisation d'un atome est inférieure aux autres énergies d'ionisation, comme l'illustre la comparaison des valeurs de I_1 et de I_2 pour les éléments du groupe IIA, qui figurent dans le tableau 5.4.

- Il existe un écart important dans les énergies d'ionisation entre l'extraction du dernier électron de valence et celle du premier électron interne, comme l'illustre la comparaison des valeurs de I_1 et de I_2 relative aux éléments du groupe IA, qui figurent dans le tableau 5.4.

- Les énergies d'ionisation *décroissent* si on se déplace de haut en bas d'un groupe du tableau périodique, c'est-à-dire du plus petit au plus grand numéro atomique, comme

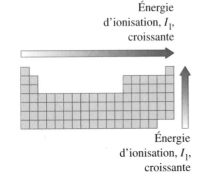

Énergie d'ionisation, I_1, croissante

Énergie d'ionisation, I_1, croissante

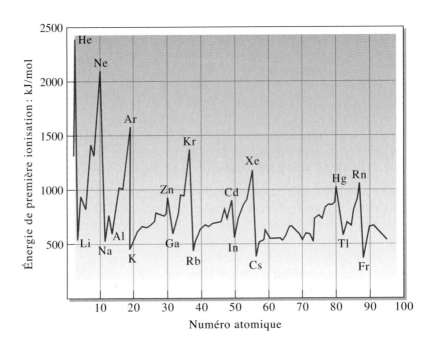

▶ **Figure 5.16**
L'énergie de première ionisation en fonction du numéro atomique

l'illustre la comparaison des valeurs de I_1 relative aux éléments du groupe IA et du groupe IIA, qui figurent dans le tableau 5.4. Remarquez également que, dans le graphique de la figure 5.16, les énergies d'ionisation minimales diminuent graduellement de gauche à droite du tableau périodique.

- Les énergies d'ionisation *croissent* généralement si on se déplace de gauche à droite à l'intérieur d'une période du tableau périodique, comme l'illustre la comparaison des valeurs de I_1 de la première ligne du tableau 5.4. Cette croissance correspond, dans le graphique de la figure 5.16, à l'augmentation constante des valeurs de I_1 (à quelques exceptions près), à partir des éléments du groupe IA (métaux alcalins) jusqu'aux éléments du groupe VIIIB (gaz nobles).

Divers facteurs contribuent aux comportements observés, mais il est particulièrement facile d'expliquer les tendances générales par la taille des atomes. Plus la distance entre le noyau d'un atome et l'électron à extraire est grande, moins l'électron est lié au noyau et plus il est facile de provoquer l'ionisation. Nous avons déjà souligné que, en général, le rayon atomique croît lorsqu'on se déplace de haut en bas à l'intérieur d'un groupe du tableau périodique, et qu'il décroît lorsqu'on se déplace de gauche à droite, à l'intérieur d'une période.

On peut expliquer comme suit les irrégularités observées, dans le tableau 5.4, entre les groupes IIA et IIIB. Il est plus facile d'extraire un électron d'un atome de bore, dont la configuration électronique est $1s^2 2s^2 2p^1$, que d'un atome de béryllium, dont la configuration électronique est $1s^2 2s^2$, car le niveau d'énergie de l'électron 2p est plus élevé que celui de l'électron 2s. Il en résulte que la valeur de I_1 est plus petite dans le cas du bore (801 kJ/mol) que dans celui du béryllium (900 kJ/mol).

On peut expliquer l'irrégularité observée, dans le tableau 5.4, entre les groupes VB et VIB en examinant les forces de répulsion qui s'exercent sur les électrons. À cause de l'existence de ces forces, il est plus facile d'extraire un électron *apparié* d'une orbitale 2p remplie, comme celle de l'atome d'oxygène ([He]$2s^2 2p_x^2 2p_y^1 2p_z^1$), qu'un électron *non apparié* d'une orbitale 2p partiellement occupée, comme l'une de celles de l'atome d'azote ([He]$2s^2 2p_x^1 2p_y^1 2p_z^1$). Les valeurs respectives de I_1 sont de 1314 kJ/mol pour l'oxygène et de 1402 kJ/mol pour l'azote.

EXEMPLE **5.7**

En vous reportant au tableau périodique, mais *sans consulter la figure 5.16*, disposez les éléments de chaque ensemble par ordre croissant des valeurs de l'énergie de première ionisation. **a)** Mg, S et Si ; **b)** As, N et P ; **c)** As, Ge et P.

➜ Solution

a) Les trois éléments appartiennent à une même période. Nous savons qu'à l'intérieur d'une période, la valeur de I_1 *croît* de gauche à droite, les atomes étant de plus en plus petits. Nous avons donc, par ordre croissant des valeurs de I_1 :

$$Mg < Si < S$$

b) Les trois éléments appartiennent à un même groupe. Nous savons qu'à l'intérieur d'un groupe, la valeur de I_1 *décroît* de haut en bas, les atomes étant de plus en plus volumineux. Nous avons donc, par ordre croissant des valeurs de I_1 :

$$As < P < N$$

c) Les éléments As et Ge appartiennent à une même période, et Ge se trouve à gauche de As. La valeur de I_1 associée à Ge est donc inférieure à la valeur associée à As. Comme As est situé sous P et que les deux éléments appartiennent à un même groupe, la valeur de I_1 associée à As est inférieure à la valeur associée à P. Nous avons donc, par ordre croissant des valeurs de I_1 :

$$Ge < As < P$$

EXERCICE 5.7 A

En vous reportant au tableau périodique, *mais sans consulter la figure 5.16,* disposez les éléments de chaque ensemble par ordre croissant des valeurs de l'énergie de première ionisation. **a)** Be, F et N ; **b)** Ba, Be et Ca ; **c)** F, P et S ; **d)** Ca, K et Mg.

EXERCICE 5.7 B

Disposez les énergies d'ionisation suivantes par ordre croissant.

I_1 de S ; I_2 de K ; I_1 de Ar ; I_1 de Al.

L'affinité électronique

L'énergie d'ionisation est associée à la production d'un ion *positif* à partir d'un atome qui se trouve en phase gazeuse. Il est aussi possible de produire un ion négatif en phase gazeuse. L'**affinité électronique (AE)** représente l'énergie associée à la fixation d'un électron par un atome qui est à l'état gazeux.

Lorsqu'un électron s'approche d'un atome neutre, il est attiré par le noyau, chargé positivement, mais la force de répulsion exercée par les électrons liés à l'atome tend à contrebalancer la force d'attraction exercée par le noyau. Malgré cela, l'électron est souvent absorbé par un atome, qui libère alors de l'énergie. L'exemple suivant illustre ce propos.

$$F(g) + e^- \longrightarrow F^-(g) \qquad AE = -328 \text{ kJ/mol}$$

Lorsqu'un atome de fluor acquiert un électron, il libère de l'énergie : il s'agit d'un processus *exothermique*. C'est pourquoi on considère l'affinité électronique comme une grandeur négative.

L'affinité électronique de quelques éléments est donnée dans le **tableau 5.5**. On constate que ce tableau comporte plus d'irrégularités que le tableau 5.4, et qu'il est plus difficile d'en tirer des généralisations. Quelques données suggèrent néanmoins une certaine corrélation entre l'affinité électronique et la taille d'un atome : plus un atome est petit, plus son affinité électronique est grande en valeur absolue. Il est vraisemblable de supposer que, plus un atome est petit, plus un électron est susceptible de s'approcher du noyau et, par conséquent, plus grande est la force d'attraction exercée par celui-ci. Cela semble du moins être le cas des éléments du groupe IA, de ceux du groupe VIB compris entre S et Po, et de ceux du groupe VIIB compris entre Cl et At. Il est cependant plus difficile de tirer des conclusions à propos des éléments de la seconde rangée du tableau périodique. En valeur absolue, l'affinité électronique de l'oxygène est inférieure à celle du soufre, et celle du fluor est inférieure à celle du chlore. Il semblerait que les forces de répulsion exercées par les électrons de valence d'un petit atome, dont les orbitales *p* sont très près les unes des autres, réduisent la force d'attraction que le noyau exerce sur tout électron qui s'ajoute à l'atome.

Dans la majorité des cas présentés dans le tableau 5.5, l'électron additionnel occupe une sous-couche partiellement remplie de l'atome neutre. Cependant, dans le cas des éléments des groupes IIA et VIIIB, le niveau d'énergie de l'électron additionnel est nettement supérieur à celui des autres électrons. C'est ainsi que dans un élément du groupe IIA, cet électron occupe

Affinité électronique (AE)

Énergie associée à la fixation d'un électron par un atome en phase gazeuse.

TABLEAU 5.5	Première affinité électronique (en kJ/mol) de quelques éléments						
IA	**IIA**	**IIIB**	**IVB**	**VB**	**VIB**	**VIIB**	**VIIIB**
Li -60	Be >0	B -27	C -154	N ≈ 0	O -140	F -328	Ne >0
Na -53					S -200	Cl -349	
K -48					Se -195	Br -325	
Rb -47					Te -190	I -295	
Cs -46					Po -183	At -270	

une des orbitales np, et dans un élément du groupe VIIIB, il entre dans l'orbitale s du niveau suivant. La valeur de l'affinité électronique des éléments des groupes IIA et VIIIB est positive, de sorte que les atomes de ces éléments ne forment pas d'anions stables.

On peut supposer que, lors de la formation des anions, l'addition d'électrons s'effectue par paliers, tout comme c'est le cas pour la perte d'électrons lors de la formation des ions positifs, et qu'il est possible de déterminer l'affinité électronique pour chacun des paliers. Pour un atome d'oxygène, les première et deuxième affinités électroniques sont les suivantes :

$$O(g) + e^- \longrightarrow O^-(g) \qquad AE_1 = -141 \text{ kJ/mol}$$

$$O^-(g) + e^- \longrightarrow O^{2-}(g) \qquad AE_2 = +744 \text{ kJ/mol}$$

Il est évident que la deuxième affinité électronique est une grandeur positive. Dans ce cas, un électron s'approche d'un ion dont la charge est de -1, de sorte qu'il est fortement repoussé. Il faut donc fournir un travail pour qu'il puisse se fixer à l'ion $O^-(g)$. En fait, la formation d'un ion O^{2-} se produit uniquement lorsqu'il existe d'autres processus énergétiques favorables qui compensent l'importante dépense d'énergie. C'est ce qui se passe notamment au cours de la formation d'oxydes ioniques, tel MgO.

Affinité électronique négative de plus en plus grande en valeur absolue

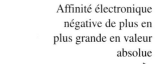

Affinité électronique négative de plus en plus grande en valeur absolue

EXEMPLE 5.8 **Un exemple conceptuel**

Laquelle des valeurs données est vraisemblablement la valeur approximative correspondant à la deuxième affinité électronique (AE_2) du soufre ?

$$S^-(g) + e^- \longrightarrow S^{2-}(g) \qquad AE_2 = ?$$

$$-200 \text{ kJ/mol} \qquad +450 \text{ kJ/mol} \qquad +800 \text{ kJ/mol} \qquad +1200 \text{ kJ/mol}$$

➔ Analyse et conclusion

À cause de la force de répulsion qu'exercent l'un sur l'autre un anion $S^-(g)$ et un électron qui s'en approche, l'affinité électronique AE_2 est nécessairement positive (il s'agit d'un processus endothermique). Nous pouvons donc éliminer la valeur -200 kJ/mol. Nous savons que, pour l'oxygène, la valeur de AE_2 est de $+744$ kJ/mol (voir ci-dessus). Comme un anion $O^-(g)$ est plus petit qu'un anion $S^-(g)$, la force de répulsion exercée sur un électron par le premier est vraisemblablement plus grande que la force exercée par le second. La valeur de AE_2 devrait donc être inférieure à $+744$ kJ/mol dans le cas de $S^-(g)$. La seule valeur acceptable est donc $+450$ kJ/mol.

EXERCICE 5.8 A

En vous reportant à l'exemple 5.8, déterminez laquelle des valeurs données est vraisemblablement la valeur approximative de la deuxième affinité électronique (AE_2) pour le processus décrit par la formule

$$Se^-(g) + e^- \longrightarrow Se^{2-}(g) \qquad AE_2 = ?$$

$$-390 \text{ kJ/mol} \qquad +400 \text{ kJ/mol} \qquad +460 \text{ kJ/mol} \qquad +500 \text{ kJ/mol}$$

EXERCICE 5.8 B

Voici les valeurs en kilojoules par mole (kJ/mol) de la première affinité électronique de trois éléments :

$$Al: -50,2 \qquad Si: -138,1 \qquad P: -75,3$$

En vous basant sur la configuration électronique, expliquez :

a) pourquoi l'affinité électronique de Si est plus négative que celle de Al ;

b) pourquoi l'affinité électronique de P est moins négative que celle de Si.

Métal

Élément présentant les propriétés distinctives suivantes : aspect brillant, bonne conductivité de la chaleur et de l'électricité, malléabilité et ductilité. Les atomes d'un métal ont généralement un petit nombre d'électrons de valence et ils ont tendance à former des cations. Les métaux sont situés à gauche de la ligne épaisse qui divise le tableau périodique en deux parties. Tous les éléments des blocs *s* (sauf l'hydrogène et l'hélium), *d* et *f* sont des métaux, de même que quelques éléments du bloc *p*.

Non-métal

Élément ne présentant pas les propriétés distinctives des métaux, donc généralement mauvais conducteur de la chaleur et de l'électricité, et cassant à l'état solide. Les atomes d'un non-métal ont habituellement un nombre d'électrons de valence plus grand que les atomes d'un métal, et ils ont tendance à former des anions. Les non-métaux sont situés à droite de la ligne épaisse qui divise la classification périodique en deux parties. Tous les non-métaux appartiennent au bloc *p*, à l'exception de l'hydrogène et de l'hélium.

Semi-métal

Élément, situé près de la ligne épaisse qui divise la classification périodique en deux parties, qui a l'aspect brillant d'un métal, mais aussi des propriétés des non-métaux.

Gaz noble

Non-métal gazeux situé dans la dernière colonne, à droite, du tableau périodique.

Caractéristiques des métaux de plus en plus marquées

Caractéristiques des métaux de plus en plus marquées

5.8 Les métaux, les non-métaux, les semi-métaux et les gaz nobles

Dans la section 2.5, nous avons vu comment faire la distinction entre un métal, un semi-métal et un non-métal d'après l'apparence générale et les propriétés physiques macroscopiques d'une substance. Nous pouvons maintenant examiner ces trois catégories en fonction des propriétés atomiques des éléments et de leur position dans le tableau périodique.

En général, l'atome d'un **métal** compte peu d'électrons dans sa couche de valence, et il a tendance à former des ions positifs. Par exemple, l'atome d'aluminium, dont la configuration électronique est $[Ne]3s^23p^1$, perd ses trois électrons de valence lorsqu'il se transforme en ion Al^{3+}. À l'exception de l'hydrogène et de l'hélium, tous les éléments des blocs *s*, *d* et *f* sont des métaux, et il en est de même de quelques éléments du bloc *p*. L'atome d'un **non-métal** compte généralement un plus grand nombre d'électrons dans sa couche de valence que l'atome d'un métal, et plusieurs non-métaux ont tendance à former des ions négatifs. À l'exception de l'hydrogène et de l'hélium, qui sont des cas particuliers, les non-métaux sont tous des éléments du bloc *p*. Dans le tableau périodique, les métaux et les non-métaux sont séparés par une ligne épaisse, en escalier. La majorité des éléments situés le long de cette ligne ont l'aspect des métaux, mais ils possèdent aussi des propriétés des non-métaux. On appelle ces cas limites des **semi-métaux**. Les non-métaux gazeux appartenant à la dernière colonne du tableau périodique, à droite, sont souvent considérés comme des éléments particuliers, formant le groupe des **gaz nobles**. Ainsi, le dernier élément de chaque période du tableau périodique est un gaz noble. Les informations présentées ci-dessus sont résumées sous forme de tableau périodique dans la **figure 5.17**.

Les caractéristiques des métaux sont étroitement liées au rayon atomique et à l'énergie d'ionisation. Plus il est facile d'extraire un électron d'un atome, plus ce dernier présente les caractéristiques d'un métal. La facilité à extraire un électron est associée à un grand *rayon* atomique et à une faible énergie d'ionisation.

À l'intérieur d'un groupe du tableau périodique, les caractéristiques des métaux sont de plus en plus marquées lorsqu'on se déplace de haut en bas dans un groupe et, à l'intérieur d'une période, elles sont de moins en moins marquées lorsqu'on se déplace de gauche à droite.

Métaux Semi-métaux Non-métaux Gaz nobles

	IA																	VIIIB
1	H	IIA										IIIB	IVB	VB	VIB	VIIB		He
2	Li	Be											B	C	N	O	F	Ne
3	Na	Mg	IIIA	IVA	VA	VIA	VIIA	—VIIIA—			IB	IIB	Al	Si	P	S	Cl	Ar
4	K	Ca	Sc	Ti	V	Cr	Mn	Fe	Co	Ni	Cu	Zn	Ga	Ge	As	Se	Br	Kr
5	Rb	Sr	Y	Zr	Nb	Mo	Tc	Ru	Rh	Pd	Ag	Cd	In	Sn	Sb	Te	I	Xe
6	Cs	Ba	La*	Hf	Ta	W	Re	Os	Ir	Pt	Au	Hg	Tl	Pb	Bi	Po	At	Rn
7	Fr	Ra	Ac†	Rf	Db	Sg	Bh	Hs	Mt	**	**	**		**		**		

Période

* Lanthanides	Ce	Pr	Nd	Pm	Sm	Eu	Gd	Tb	Dy	Ho	Er	Tm	Yb	Lu
† Actinides	Th	Pa	U	Np	Pu	Am	Cm	Bk	Cf	Es	Fm	Md	No	Lr

** Le nom n'a pas encore été attribué.

▲ Figure 5.17 **Les métaux, les non-métaux, les semi-métaux et les gaz nobles**

Plus il est facile de fixer un électron à un atome, plus celui-ci présente les caractéristiques des non-métaux. Une forte tendance à acquérir des électrons correspond à une affinité électronique négative, grande en valeur absolue, et les plus petits atomes non métalliques possèdent cette propriété.

> *À l'intérieur d'un groupe du tableau périodique, les caractéristiques des non-métaux sont de moins en moins marquées lorsqu'on se déplace de haut en bas et, à l'intérieur d'une période, elles sont de plus en plus marquées lorsqu'on se déplace de gauche à droite.*

Ainsi, on peut identifier les métaux alcalins (groupe IA) à des éléments ayant des caractéristiques métalliques très marquées, et les halogènes (groupe VIIB) à des éléments ayant des caractéristiques non métalliques très marquées. Les éléments situés au milieu du tableau périodique ont à la fois des propriétés des métaux et des propriétés des non-métaux. Dans le groupe IVB, le carbone, qui est un non-métal, précède deux métaux, soit l'étain et le plomb, qui viennent aux derniers rangs. Deux semi-métaux, soit le silicium et le germanium, se trouvent au milieu. La **figure 5.18** (page suivante) résume les tendances des éléments quant à leurs propriétés atomiques et à leurs caractéristiques métalliques et non-métalliques, en fonction du tableau périodique.

Caractéristiques des non-métaux de plus en plus marquées

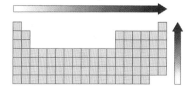

Caractéristiques des non-métaux de plus en plus marquées

EXEMPLE 5.9

Déterminez quel élément, au sein de chacune des paires suivantes, possède le plus de caractéristiques d'un métal. **a)** Ba et Ca ; **b)** Sb et Sn ; **c)** Ge et S.

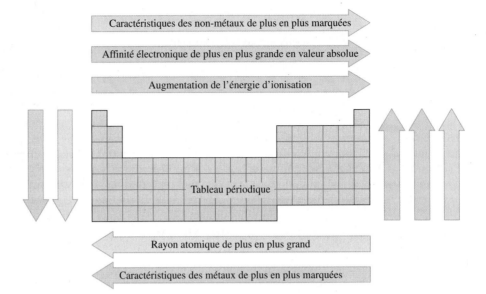

▶ **Figure 5.18**
Propriétés atomiques : résumé des tendances du tableau périodique

Ce schéma résume les tendances présentées en marge des pages précédentes. Les flèches verticales indiquent la tendance à l'intérieur d'un groupe et les flèches horizontales, la tendance à l'intérieur d'une période.

➜ Solution

a) Ba se trouve sous Ca dans le groupe IIA. L'atome de baryum est plus volumineux que l'atome de calcium, et ses première et seconde énergies d'ionisation sont aussi plus faibles. Donc, les caractéristiques métalliques du baryum sont plus marquées que celles du calcium.

b) Sn se trouve à gauche de Sb dans la cinquième période. Un atome d'étain devrait donc être plus volumineux qu'un atome d'antimoine, et les énergies d'ionisation du premier élément devraient être plus faibles que celles du second. Ainsi, les caractéristiques métalliques de l'étain sont plus marquées que celles de l'antimoine.

c) Ge se trouve à gauche et au-dessous de S. Comme un atome de germanium est plus volumineux qu'un atome de soufre, les caractéristiques métalliques du premier élément devraient être plus marquées que celles du second. (En réalité, Ge est un semi-métal, tandis que S est un non-métal.)

EXERCICE 5.9 A

Déterminez quel élément, au sein de chacune des paires suivantes, possède le plus de caractéristiques d'un non-métal. **a)** O et P ; **b)** As et S ; **c)** P et F.

EXERCICE 5.9 B

Disposez la série suivante d'éléments dans l'ordre attendu de leur caractère métallique, du plus métallique au moins métallique, et indiquez les cas présentant des doutes : Se, Sb, Fe, Co, Na, Ba, S.

EXEMPLE 5.10   Un exemple conceptuel

Sans consulter les tableaux et les figures, inscrivez dans la case appropriée du tableau de la **figure 5.19 : a)** le numéro atomique de l'élément dont la configuration électronique des quatrième et cinquième couches principales est $4s^2 4p^6 5s^1 4d^5$; **b)** le numéro atomique de l'élément du bloc p de la cinquième période qui présente les caractéristiques métalliques les plus marquées.

➜ Analyse et conclusion

a) La partie $5s^1 4d^5$ de la configuration électronique indique qu'il s'agit d'un élément de transition du bloc d (les orbitales $4d$ se remplissent graduellement) et de la cinquième période ($n = 5$ est la plus grande valeur du nombre quantique principal). La configuration électronique du gaz noble sous-jacent est celle du krypton ($Z = 36$): $1s^2 2s^2 2p^6 3s^2 3p^6 4s^2 3d^{10} 4p^6$, et la configuration électronique abrégée de l'élément à identifier est $[\text{Kr}]5s^1 4d^5$. Il s'agit donc de l'élément dont le numéro atomique est $Z = 42$, soit le molybdène. Il se trouve en sixième position dans la cinquième période et appartient au groupe VIA. Sa position dans le tableau est indiquée par son numéro atomique, 42.

b) En général, les éléments dont les caractéristiques métalliques sont très marquées ont un grand rayon atomique et de faibles énergies d'ionisation. Ils se trouvent le plus souvent dans la partie *gauche* de leur période. Les éléments du groupe IIIB sont les plus à gauche dans le bloc p. Par conséquent, la configuration électronique de la couche de valence de l'élément du bloc p et de la cinquième période dont les caractéristiques métalliques sont les plus marquées est $5s^2 5p^1$. La configuration électronique abrégée de l'élément à identifier est $[\text{Kr}]5s^2 4d^{10} 5p^1$; donc son numéro atomique est $Z = 49$, et il s'agit de l'indium. (Les valeurs de I_1 pour In, Sn et Sb sont respectivement de 558 kJ/mol, de 709 kJ/mol et de 834 kJ/mol.)

EXERCICE 5.10 A

Sans consulter les tableaux et les figures, inscrivez les informations suivantes dans les cases appropriées du tableau de la figure 5.19.

a) Le numéro atomique de l'élément pour lequel la configuration électronique des quatrième et cinquième couches principales est $4s^2 4p^6 5s^2 4d^{10} 5p^4$.

b) Le numéro atomique de l'élément de la première série des métaux de transition dont le rayon atomique est le plus grand.

c) Le numéro atomique des éléments du bloc d et de la cinquième période ayant respectivement la plus petite et la plus grande valeur de I_1.

d) Le symbole de l'élément du groupe VB dont les caractéristiques *non métalliques* sont les plus marquées.

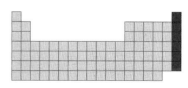

▲ **Figure 5.19**

EXERCICE 5.10 B

En utilisant seulement la figure 5.18, remplissez les cases appropriées du tableau périodique selon les indications suivantes.

a) Inscrivez le numéro atomique des éléments qui sont du bloc p dans la cinquième période et qui ont les plus faible et plus grande valeurs de I_1.

b) Inscrivez le numéro atomique de tous les éléments de la quatrième période dont l'électron de valence présente la configuration ns^1.

c) Signalez par un astérisque (*) les éléments de la troisième période dont l'atome à l'état fondamental est diamagnétique.

Les gaz nobles

Au cours de la dernière décennie du XIXe siècle, on a découvert un groupe d'éléments formant une famille entièrement nouvelle, dont Mendeleïev et ses contemporains ne soupçonnaient pas l'existence. Les éléments de ce groupe, appelés *gaz nobles,* ont été placés entre les non-métaux, très actifs, du groupe VIIB et les métaux alcalins, très réactifs, du groupe IA. Dans le tableau périodique moderne, les gaz nobles se trouvent à l'extrême droite, dans le groupe VIIIB.

■ Les gaz nobles

Les six gaz nobles sont l'hélium, le néon, l'argon, le krypton, le xénon et le radon. On les trouve tous, en plus ou moins grande quantité, dans l'atmosphère. L'argon est abondant : il forme près de 1 % de l'atmosphère, selon le volume. Par contre, le xénon est très rare ; sa concentration dans l'atmosphère n'est que de 91 parties par milliard (91 ppb). Le radon est un élément radioactif résultant de la désintégration d'éléments plus lourds, dont l'uranium. Même s'il constitue une fraction négligeable de l'atmosphère, il peut causer des problèmes de santé s'il s'échappe du sol et reste emprisonné dans une habitation mal aérée.

Les gaz nobles prennent rarement part à des réactions chimiques. Leur manque de réactivité est une conséquence de leur configuration électronique, de leurs énergies d'ionisation et de leurs affinités électroniques. Par exemple, la première couche principale de l'atome d'hélium ($1s^2$) est entièrement occupée et son énergie de première ionisation a une valeur exceptionnellement élevée, soit 2372 kJ/mol. Il est très difficile d'extraire un électron de cet atome, qui, par ailleurs, n'attire pas les électrons. Un électron additionnel devrait se loger dans l'orbitale $2s$, qui correspond à un niveau d'énergie beaucoup plus élevé que l'orbitale $1s$, entièrement occupée. L'hélium ne forme donc pas d'anions. La configuration électronique des couches de valence des atomes des autres gaz nobles est ns^2np^6, et il est également très difficile d'extraire un électron de ces atomes ou d'y fixer un électron.

En raison de son manque de réactivité, l'atome d'un gaz noble ne se combine généralement pas avec d'autres atomes, y compris des atomes de sa propre espèce. À l'état naturel, les gaz nobles existent donc uniquement sous forme d'éléments monoatomiques. Depuis 1962, on a réussi à préparer quelques composés des gaz nobles les plus lourds, mais on n'a encore produit aucun composé des gaz nobles les plus légers, soit l'hélium, le néon et l'argon. Bien qu'on ne qualifie plus les éléments de cette famille d'« inertes », leur noblesse n'est pas remise en question.

5.9 Les propriétés des atomes et le tableau périodique

Cette dernière section nous permet de revenir sur quelques sujets afin de les examiner à la lumière des concepts présentés dans ce chapitre.

La coloration d'une flamme

Nous avons vu au chapitre 4 qu'un atome absorbe de l'énergie électromagnétique lorsqu'un de ses électrons passe d'un niveau d'énergie donné à un niveau supérieur. Par ailleurs, un atome libère de l'énergie lorsqu'un de ses électrons passe d'un niveau d'énergie donné à un niveau inférieur. Si la variation d'énergie associée à une transition se situe dans la région du visible, la lumière émise est colorée. Une flamme au gaz ne constitue pas une source d'énergie très puissante, de sorte que seuls les atomes des éléments dont la première énergie d'ionisation est faible sont excités lorsqu'on les expose à la flamme d'un bec Bunsen. Ce sont les métaux du groupe IA et les métaux les plus lourds du groupe IIA qui ont les énergies d'ionisation les plus faibles, et tous ces éléments présentent une flamme colorée. L'énergie de première ionisation du béryllium et du magnésium est plus élevée et, dans ces deux cas, la flamme n'est pas colorée. Dans le cas du sodium, la coloration de la flamme est associée au retour de l'électron de valence des atomes excités vers l'orbitale $3s$. La transition de l'orbitale $3p$ à l'orbitale $3s$ produit une lumière de couleur jaune.

$$Na([Ne]3p^1) \longrightarrow Na([Ne]3s^1)$$

$$\text{État excité} \qquad\qquad \text{État fondamental}$$

La **figure 5.20** montre la couleur de la lumière qui est émise par trois éléments du groupe IA et trois éléments du groupe IIA lorsque ceux-ci sont exposés à la chaleur.

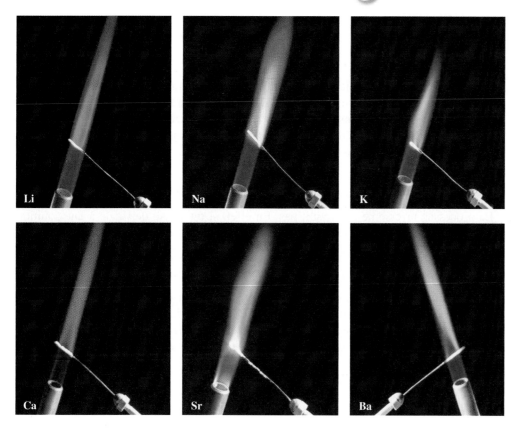

▲ Figure 5.20 **Coloration de la flamme par quelques métaux alcalins (groupe IA) et alcalinoterreux (groupe IIA)**

Le pouvoir oxydant des halogènes

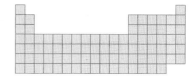

☐ Le groupe VIIB : les halogènes

Les halogènes (groupe VIIB) sont en général de bons oxydants, c'est-à-dire des substances qui captent des électrons, mais leur pouvoir oxydant diminue rapidement de haut en bas à l'intérieur du groupe, depuis F_2 jusqu'à I_2. Certaines réactions en solution aqueuse illustrent les différences observées entre les halogènes quant à leur pouvoir oxydant. Par exemple, si on fait barboter du $Cl_2(g)$ dans une solution contenant des ions iodure (I^-), comme on le voit à la **figure 5.21**, le chlore joue le rôle d'*oxydant* : il transforme les ions I^- en molécules d'iode I_2. En effet, l'ion I^- perd son électron au profit d'un atome de chlore. Il est donc oxydé par ce dernier. Au cours du processus, les atomes de chlore acquièrent

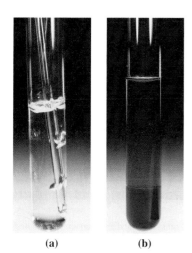

(a) (b)

◀ Figure 5.21
Transformation d'ions I^-(aq) par du Cl_2(g)

(a) On fait barboter du chlore gazeux dans une solution aqueuse incolore contenant des ions iodure I^-. (b) Le $Cl_2(g)$ est réduit en ions Cl^-(aq), et les ions I^-(aq) se transforment en I_2 par oxydation. Si on ajoute ensuite du CCl_4(l), qui est plus dense que l'eau, le I_2 se concentre alors dans ce solvant (couche violette), dans lequel il est beaucoup plus soluble que dans l'eau (couche jaunâtre).

des électrons et sont *réduits* en ions chlorure. Le nombre d'oxydation du chlore tombe à 0 pour Cl_2, et à -1 pour Cl^- ; il y a donc gain d'un électron pour chaque atome de chlore

$$Cl_2(g) + 2\ I^-(aq) \longrightarrow 2\ Cl^-(aq) + I_2(s)$$

Cette réaction d'oxydoréduction n'a rien d'étonnant puisque l'affinité électronique d'un atome de chlore (-349 kJ/mol) est plus grande en valeur absolue que celle de l'atome d'iode (-295 kJ/mol). Dans la lutte pour attirer des électrons, l'atome Cl de la molécule Cl_2 extrait un électron de l'ion I^-. Un raisonnement similaire permet de prédire que la molécule $Cl_2(g)$ réagit également avec l'ion Br^- (aq), et que la molécule $Br_2(l)$ réagit avec l'ion I^-(aq).

$$Br_2(l) + 2\ I^-(aq) \longrightarrow 2\ Br^-(aq) + I_2(s)$$

Le processus inverse ne se produit pas. En effet, si on ajoute de l'iode à une solution aqueuse d'ions bromure, l'atome le plus susceptible d'attirer un électron, soit le brome, possède déjà un électron additionnel.

$$I_2(s) + Br^-(aq) \longrightarrow \text{Aucune réaction}$$

On s'attend à ce que F_2, dont le pouvoir oxydant est supérieur à celui de Cl_2, réagisse avec des ions Cl^- en solution aqueuse pour donner des ions F^- et du Cl_2. Cependant, comme F_2 est le plus puissant de tous les oxydants, il transforme, dans une solution aqueuse, l'*eau* en oxygène gazeux (plutôt que les ions Cl^- en Cl_2) par oxydation.

$$2\ F_2(g) + 2\ H_2O(l) \longrightarrow 4\ HF(aq) + O_2(g)$$

Il existe effectivement une certaine corrélation entre les affinités électroniques et le pouvoir oxydant des halogènes, mais ce dernier dépend aussi d'autres facteurs.

Les propriétés et les caractéristiques des éléments du groupe IA (métaux alcalins)

Les métaux du groupe IA présentent une certaine régularité quant à plusieurs propriétés (**tableau 5.6**). Comme on s'y attend, le rayon des atomes et des ions des métaux alcalins *augmente* depuis le lithium jusqu'au césium, puisque le nombre de couches électroniques augmente si on se déplace vers le bas à l'intérieur de ce groupe. La *diminution* concomitante de la première énergie d'ionisation est due au fait qu'il est d'autant plus facile d'extraire les électrons ns^1 d'un atome que celui-ci est plus gros. La *diminution* de l'électronégativité de haut en bas à l'intérieur du groupe IA entraîne une augmentation des caractéristiques métalliques, associée à l'augmentation du rayon atomique et à la diminution des énergies d'ionisation. Toute augmentation ou diminution continue d'une propriété, c'est-à-dire une tendance constante, indique que cette propriété dépend essentiellement d'un facteur unique.

La présence de tendances irrégulières relativement à une propriété indique que celle-ci est déterminée par des facteurs ayant des effets opposés. Par exemple, la masse volumique du potassium est plus faible que celle de l'élément qui le précède (soit Na) et de l'élément qui le suit (soit Rb). Dans ce cas, les facteurs à considérer sont la masse et le volume. On compare la masse molaire et le volume molaire.

$$\rho\ (\text{g/cm}^3) = \frac{\text{masse molaire (g/mol)}}{\text{volume molaire (cm}^3/\text{mol)}}$$

La masse molaire est d'autant plus grande qu'un atome est plus lourd, et le volume molaire est généralement d'autant plus grand qu'un atome est plus gros[*]. Il y a sept éléments entre Na ($Z = 11$) et K ($Z = 19$). L'augmentation de la masse molaire d'une extrémité à l'autre de la troisième période, qui compte peu d'éléments, est moins

Le sodium, qui est un métal mou, se coupe au couteau.

---

[*] La relation entre le volume molaire et la dimension d'un atome dépend aussi du type d'empilement des atomes. Cependant, tous les métaux du groupe IA présentent une même structure cristalline, laquelle est cubique centrée (chapitre 8).

TABLEAU **5.6** Quelques propriétés des métaux du groupe IA					
	Li	**Na**	**K**	**Rb**	**Cs**
Numéro atomique, Z	3	11	19	37	55
Configuration électronique de la couche de valence	$2s^1$	$3s^1$	$4s^1$	$5s^1$	$6s^1$
Rayon atomique, ou métallique (pm)	152	186	227	248	265
Rayon ionique (M$^+$, pm)	59	99	138	148	169
Énergie de première ionisation (I_1, kJ/mol)	520	496	419	403	376
Électronégativité	1,0	0,9	0,8	0,8	0,7
Couleur de la flamme	carmin	jaune	violet	rouge bleuté	bleu
Point de fusion (°C)	180,54	97,81	63,65	39,1	28,40
Masse volumique (g/cm^3) à 20 °C	0,534	0,971	0,862	1,532	1,873
Conductivité électrique*	18,6	37,9	25,9	12,7	8,0
Dureté**	0,6	0,4	0,5	0,3	0,2

* Échelle relative à l'argent, 100.

** Échelle (Mohs) de 0 à 10. Chaque substance incluse dans l'échelle peut égratigner seulement les substances dont la dureté est inférieure à la sienne. Par exemple, talc : 0 ; cire : 0,2 ; asphalte : 1 à 2 ; ongle : 2,5 ; cuivre : 2,5 à 3 ; fer : 4 à 5 ; verre : 5 à 6 ; acier : 5 à 8,5 ; diamant : 10.

La photo du haut illustre la couleur de la flamme du rubidium, et la photo du bas, celle de la flamme du césium.

importante que le saut qu'on observe dans la dimension des atomes lorsqu'on passe de trois à quatre couches électroniques. Autrement dit, le volume molaire (le dénominateur) augmente plus rapidement que la masse molaire (le numérateur), de sorte que la masse volumique *diminue*. D'autre part, il y a dix-sept éléments entre K ($Z = 19$) et Rb ($Z = 37$). Dans la quatrième période, qui compte plusieurs éléments, l'augmentation de la masse molaire est plus importante que le saut qu'on observe dans la dimension des atomes lorsqu'on passe de quatre à cinq couches électroniques. La masse molaire (le numérateur) augmente plus rapidement que le volume molaire (le dénominateur), de sorte que la masse volumique *augmente*.

Les métaux alcalins possèdent deux propriétés physiques remarquables : ce sont des solides mous dont le point de fusion est bas. Ils sont assez mous pour qu'on puisse les égratigner avec un cure-dent et les couper avec un couteau (même avec un couteau en plastique). Le point de fusion du césium et du rubidium est suffisamment bas pour que ces substances passent à l'état liquide lors d'une journée très chaude.

Si on vient tout juste de les couper, les métaux alcalins ont un aspect brillant et lustré, une propriété des métaux. Cependant, ils ternissent rapidement, car ils réagissent avec l'oxygène de l'atmosphère. Une autre propriété des métaux alcalins est leur capacité à conduire le courant électrique. Sur une échelle de conductivité électrique, l'argent, le cuivre et l'or viennent respectivement aux premier, deuxième et troisième rangs, tandis que le sodium n'est pas très loin, au septième rang.

Les pourcentages de sodium et de potassium dans la croûte terrestre sont respectivement de 2,27 % et de 1,84 %, selon la masse ; les autres métaux alcalins sont nettement plus rares : 78 ppm de rubidium, 18 ppm de lithium et 2,6 ppm de césium. Le francium est exceptionnellement rare. Il provient de la désintégration radioactive d'éléments plus lourds, et le premier kilomètre d'épaisseur de la croûte terrestre n'en contient probablement pas plus de 15 g. Comme il est à la fois rare et très radioactif, on en a déterminé seulement quelques propriétés.

Les métaux alcalins servent à plusieurs fins. On emploie de petites quantités de vapeur de sodium dans des lampes destinées à l'éclairage extérieur, mais l'utilisation la plus

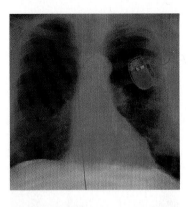

Image radiologique montrant un stimulateur cardiaque alimenté par une pile au lithium.

importante de cet élément est probablement celle de réducteur dans la préparation des métaux réfractaires (dont le point de fusion est élevé), tels le titane, le zirconium et le hafnium.

$$MCl_4 + 4\ Na \longrightarrow M + 4\ NaCl \qquad \text{(où M = Ti, Zr ou Hf)}$$

L'emploi du potassium se limite à quelques applications pour lesquelles il est impossible d'utiliser du sodium, qui est un métal meilleur marché. On le transforme, par exemple, en superoxyde de potassium, KO_2, un solide utilisé dans les systèmes de survie pour absorber le CO_2 et produire du O_2.

$$4\ KO_2(s) + 2\ CO_2(g) \longrightarrow 2\ K_2CO_3(s) + 3\ O_2(g)$$

(La préparation de superoxyde de sodium, NaO_2, se fait uniquement dans des conditions rigoureusement contrôlées.)

On emploie le lithium dans les piles électriques légères, comme celles qu'on trouve dans les horloges, les montres, les prothèses auditives et les stimulateurs cardiaques. Le lithium est idéal pour la fabrication d'électrodes de piles parce que : (1) la masse de lithium requise pour libérer 1 mol d'électrons est très petite (6,941 g) ; (2) on obtient une tension élevée lors de l'oxydation de Li(s) avec un oxydant approprié. Le lithium sert aussi à la préparation d'alliages avec d'autres métaux légers ; une petite quantité de lithium ajoutée à l'aluminium et au magnésium confère de la solidité à haute température au premier et accroît la ductilité du second. On emploie des alliages d'argent et de lithium pour le brasage (assemblage de deux pièces métalliques à l'aide d'un métal d'apport). On utilisera peut-être le lithium pour produire le tritium qui sera destiné aux réacteurs à fusion nucléaire.

La chimie des métaux du groupe IA reflète la facilité relative avec laquelle on peut extraire les électrons ns^1 pour obtenir les ions de ces métaux. Les métaux alcalins (M) réagissent directement avec les éléments du groupe VIIB, soit les halogènes (X_2), avec lesquels ils forment des halogénures binaires ioniques (MX). Ils réagissent aussi avec l'hydrogène, avec lequel ils forment des hydrures ioniques (MH). La réaction de $O_2(g)$ avec ces métaux donne différents produits. Le **tableau 5.7** constitue un résumé partiel de la chimie des réactions des métaux du groupe IA.

Le lithium, le sodium et le potassium sont des métaux tellement réactifs (comme le sont d'ailleurs le rubidium et le césium) qu'ils produisent $H_2(g)$ en réagissant avec l'eau. Certaines de ces réactions sont extrêmement violentes. La température de l'hydrogène libéré augmente considérablement à cause de la chaleur de réaction, de sorte que l'hydrogène gazeux peut s'enflammer spontanément, et former de l'eau en se combinant à l'oxygène de l'air. Lorsqu'ils réagissent avec l'eau, les métaux alcalins donnent des solutions aqueuses d'hydroxydes ioniques, MOH, de même que de l'hydrogène.

$$2\ M(s) + 2\ H_2O(l) \longrightarrow 2\ MOH(aq) + H_2(g)$$

TABLEAU **5.7**	Quelques réactions caractéristiques des métaux alcalins (M)
Avec les halogènes (groupe VIIB), X₂	$2\ M(s) + X_2 \longrightarrow 2\ MX(s)$ (par exemple LiF, NaCl, KBr, CsI)
Avec l'hydrogène, H₂	$2\ M(s) + H_2(g) \longrightarrow 2\ MH(s)$ (par exemple LiH, NaH)
*Avec l'oxygène en excès, O₂**	$4\ Li(s) + O_2(g) \longrightarrow 2\ Li_2O(s)$ (et Li_2O_2)
	$2\ Na(s) + O_2(g) \longrightarrow Na_2O_2(s)$ (et Na_2O)
	$M(s) + O_2(g) \longrightarrow MO_2(s)$ (où M = K, Rb ou Cs)
Avec l'eau, H₂O	$2\ M(s) + 2\ H_2O(l) \longrightarrow 2\ MOH(aq) + H_2(g)$

* Li_2O est un oxyde *normal* ; Na_2O_2 est un *peroxyde* ; MO_2 est un *superoxyde*. Dans des conditions appropriées, tous les métaux alcalins sont susceptibles de produire M_2O, M_2O_2 et MO_2.

C'est parce que leurs hydroxydes sont *basiques*, ou *alcalins*, qu'on qualifie les éléments du groupe IA de *métaux alcalins*.

Les propriétés et les caractéristiques des éléments du groupe IIA (métaux alcalinoterreux)

Les oxydes, MO, et les hydroxydes, M(OH)$_2$, des éléments du groupe IIA sont basiques, ou *alcalins,* même si aucun d'entre eux n'est très soluble dans l'eau. Les premiers chimistes utilisaient le terme *terreux* pour décrire les substances insolubles, ou très peu solubles, dans l'eau et qui ne se décomposent pas sous l'effet de la chaleur. Ces caractéristiques sont à l'origine du nom attribué aux éléments du groupe IIA : *métaux alcalinoterreux.* Le **tableau 5.8** réunit quelques informations essentielles sur ces métaux.

Ce tableau indique une augmentation générale des rayons atomique et ionique et une diminution générale des énergies d'ionisation de haut en bas du groupe IIA, qui sont similaires aux tendances observées dans le groupe IA. On trouve dans ce tableau les valeurs des première et deuxième énergies d'ionisation, car un atome d'un métal alcalinoterreux perd deux électrons lorsqu'il se transforme en ion M^{2+}. Les énergies d'ionisation des deux premiers éléments, soit Be et Mg, sont nettement plus élevées que celles des trois derniers, soit Ca, Sr et Ba. De même, on n'observe pas de coloration de flamme dans le cas des deux premiers éléments, tandis que les trois derniers en présentent une. Les valeurs de l'électronégativité correspondent aux valeurs prévues dans le cas de métaux réactifs, et la décroissance notée lorsqu'on se déplace de haut en bas à l'intérieur du groupe est en accord avec l'augmentation des caractéristiques métalliques des atomes.

Le fait que la masse volumique des métaux du groupe IIA est plus élevée que celle des éléments du groupe IA est dû principalement à la différence importante entre les rayons atomiques des éléments des deux groupes. Les volumes molaires des métaux du second groupe sont nettement plus petits que ceux des métaux du premier groupe, tandis que les masses molaires ne sont que légèrement plus grandes.

TABLEAU **5.8** Quelques propriétés des métaux du groupe IIA					
	Be	**Mg**	**Ca**	**Sr**	**Ba**
Numéro atomique, Z	4	12	20	38	56
Configuration électronique de la couche de valence	$2s^2$	$3s^2$	$4s^2$	$5s^2$	$6s^2$
Rayon atomique, ou métallique (pm)	111	160	197	215	217
Rayon ionique (M^{2+}, pm)	31	65	99	113	135
Énergies d'ionisation (kJ/mol)					
I_1	900	738	590	550	503
I_2	1757	1451	1145	1064	965
Électronégativité	1,5	1,2	1,0	1,0	0,9
Couleur de la flamme	aucune	aucune	rouge orangé	rouge vif	vert
Point de fusion (°C)	1278	649	839	769	729
Masse volumique (g/cm^3)	1,848	1,738	1,550	2,540	3,594
Conductivité électrique*	40	36	46	6,9	3,2
Dureté**	≈5	2,0	1,5	1,8	≈2

* Échelle relative à l'argent, 100.

** Échelle (Mohs) de 0 à 10. Chaque substance incluse dans l'échelle peut égratigner seulement les substances dont la dureté est inférieure à la sienne. Par exemple, talc : 0 ; cire : 0,2 ; asphalte : 1 à 2 ; ongle : 2,5 ; cuivre : 2,5 à 3 ; fer : 4 à 5 ; verre : 5 à 6 ; acier : 5 à 8,5 ; diamant : 10.

Les falaises blanches de Douvres, en Angleterre, sont constituées d'une forme de calcaire mou, le $CaCO_3$.

Les données du tableau 5.8 permettent d'expliquer une tendance intéressante, soit la solubilité des hydroxydes des métaux de ce groupe dans l'eau. Étant donné que la taille du cation augmente du haut vers le bas à l'intérieur du groupe, les forces d'attraction interioniques à l'origine de la cohésion du solide cristallin diminuent d'intensité, d'où l'augmentation de la solubilité des composés dans l'eau. La solubilité molaire de $M(OH)_2$ à 20 °C augmente comme suit à l'intérieur du groupe :

$Mg(OH)_2$	$Ca(OH)_2$	$Sr(OH)_2$	$Ba(OH)_2$
0,0002 mol/L	0,021 mol/L	0,066 mol/L	0,23 mol/L

La réaction des métaux les plus lourds du groupe avec l'eau illustre les tendances des propriétés chimiques des éléments de ce groupe.

$$M(s) + 2 H_2O(l) \longrightarrow M(OH)_2 + H_2(g)$$

- Si M = Ca, la réaction avec l'eau froide est lente.
- Si M = Sr, la réaction est plus rapide que dans le cas de Ca.
- Si M = Ba, la réaction est plus rapide que dans le cas de Sr.

La **figure 5.22** illustre la réaction lente du calcium avec l'eau. Dans le cas du magnésium, un film imperméable de $Mg(OH)_2$ recouvre la surface, ce qui met immédiatement fin à la réaction. Cependant, le magnésium réagit avec la vapeur d'eau, mais c'est du MgO qui est produit et non du $Mg(OH)_2$.

$$Mg(s) + H_2O(g) \longrightarrow MgO(s) + H_2(g)$$

Le béryllium ne réagit ni avec l'eau froide ni avec la vapeur d'eau.

Tous les métaux alcalinoterreux réagissent avec les acides dilués et produisent ainsi de l'hydrogène.

$$M(s) + 2 H^+(aq) \longrightarrow M^{2+}(aq) + H_2(g)$$

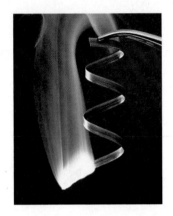

Le magnésium produit une flamme brillante lorsqu'il brûle dans l'air.

Il se produit des réactions typiques entre les métaux alcalinoterreux et les halogènes (X_2), l'oxygène et l'azote, dont la réaction avec le magnésium est un exemple.

$$Mg + X_2 \longrightarrow MgX_2 \text{ (où X = F, Cl, Br, I)}$$

$$2 Mg + O_2 \longrightarrow 2 MgO$$

$$3 Mg + N_2 \longrightarrow Mg_3N_2$$

Le pouvoir réducteur des métaux du bloc *s*

Les métaux alcalins et alcalinoterreux subissent une oxydation lorsqu'ils sont mis en contact avec une solution aqueuse. Par exemple, lorsque le magnésium réagit avec les ions H^+ d'une solution aqueuse acide, il y a formation d'ions Mg^{2+} et d'hydrogène gazeux :

$$Mg(s) + 2 H^+(aq) \longrightarrow Mg^{2+}(aq) + H_2(g)$$

Lorsqu'il s'oxyde, le Mg(s) réduit les ions H^+(aq) en H_2(g). Au cours du processus d'oxydation, le métal joue le rôle de *réducteur*, substance qui cède des électrons.

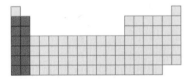

■ Les métaux du bloc *s*

L'énergie d'ionisation d'un atome gazeux reflète la tendance de celui-ci à libérer des électrons pour former des ions gazeux plutôt que des ions en solution. Malgré cela, il existe un certain lien entre l'énergie d'ionisation et le pouvoir oxydant des éléments réactifs : plus l'énergie d'ionisation d'un atome de métal est *faible,* plus il est facile d'oxyder ce métal et plus son pouvoir réducteur est grand. Tous les éléments du bloc *s*, à l'exception de l'hydrogène et de l'hélium, sont des métaux. Leur pouvoir réducteur est donc assez *grand* pour qu'ils soient capables de réagir avec les ions H^+ pour former H_2(g) dans une solution acide.

(a)   (b)   (c)

▲ Figure 5.22 **La réaction du potassium, du calcium et du magnésium avec l'eau froide**

(a) Comme il est moins dense que l'eau, le potassium flotte à sa surface, tout en prenant part à une vive réaction exothermique. L'hydrogène gazeux libéré s'enflamme spontanément. **(b)** Comme il est plus dense que l'eau, le calcium tombe au fond de l'éprouvette. Il réagit avec l'eau plus lentement que ne le fait le potassium. L'hydrogène libéré s'échappe à la surface sous forme de bulles. Dans le cas illustré, on a ajouté quelques gouttes de phénolphtaléine, un indicateur acide-base, pour mettre en évidence le caractère basique de la solution. **(c)** Le magnésium ne semble réagir aucunement avec l'eau froide.

En fait, les éléments du bloc *s* comptent parmi les réducteurs les plus puissants. Tous les métaux alcalins (groupe IA) et les métaux alcalinoterreux les plus lourds (groupe IIA) peuvent produire $H_2(g)$, non seulement dans une solution acide, mais aussi dans une solution neutre ou basique dont la concentration en ions $H^+(aq)$ est extrêmement faible. Par exemple, les réactions du calcium et du potassium sont représentées par les formules suivantes.

$$2\,K(s)\ +\ 2\,H_2O(l)\ \longrightarrow\ 2\,K^+(aq)\ +\ 2\,OH^-(aq)\ +\ H_2(g)$$

$$Ca(s)\ +\ 2\,H_2O(l)\ \longrightarrow\ Ca^{2+}(aq)\ +\ 2\,OH^-(aq)\ +\ H_2(g)$$

Ces deux réactions sont illustrées dans la figure 5.22, qui indique de plus que le magnésium ne semble pas réagir avec l'eau froide. Il existe une certaine corrélation entre l'intensité plus ou moins grande de ces réactions et les énergies d'ionisation. En effet, les valeurs de celles-ci sont : $I_1 = 419$ kJ/mol pour le potassium ; $I_1 = 590$ kJ/mol et $I_2 = 1145$ kJ/mol pour le calcium ; $I_1 = 738$ kJ/mol et $I_2 = 1451$ kJ/mol pour le magnésium.

Les oxydes acides, basiques et amphotères

Lavoisier a choisi le terme *oxygène,* qui est formé à partir de deux mots grecs signifiant « qui produit des acides », parce qu'il pensait que tous les acides contenaient de l'oxygène. On sait aujourd'hui que l'élément commun aux acides est l'hydrogène, et non l'oxygène. Toutefois, la plupart des acides renferment également de l'oxygène, et on obtient certains acides en faisant simplement réagir un oxyde avec de l'eau. Les oxydes qui produisent des acides de cette façon sont appelés **oxydes acides**. Ce sont des substances moléculaires et, généralement, des oxydes de non-métaux, comme SO_3 et P_4O_{10}.

Oxyde acide

Oxyde d'un non-métal dont le seul produit, lorsqu'il réagit avec l'eau, est un acide ternaire.

$$SO_3(g)\ +\ H_2O(l)\ \longrightarrow\ H_2SO_4(aq)$$

$$P_4O_{10}(s)\ +\ 6\,H_2O(l)\ \longrightarrow\ 4\,H_3PO_4(aq)$$

Les oxydes acides réagissent directement avec les bases au cours de réactions de neutralisation semblables à celle qui est représentée par la formule :

$$SO_2(g) + 2\,NaOH(aq) \longrightarrow Na_2SO_3(aq) + H_2O(l)$$

Contrairement aux oxydes des non-métaux, les oxydes *métalliques,* qui sont des oxydes ioniques, donnent généralement des bases lorsqu'ils réagissent avec l'eau. C'est pourquoi les oxydes métalliques sont appelés **oxydes basiques**. Voici deux exemples.

$$Li_2O(s) + H_2O(l) \longrightarrow 2\,LiOH(aq)$$

$$BaO(s) + H_2O(l) \longrightarrow Ba(OH)_2(aq)$$

Les oxydes basiques réagissent aussi directement avec les acides au cours de réactions de neutralisation semblables à celle qui est représentée par la formule :

$$MgO(s) + 2\,HCl(aq) \longrightarrow MgCl_2(aq) + H_2O(l)$$

De quel type sont, par exemple, les oxydes des éléments de la troisième période du tableau périodique ? À partir de la gauche, les oxydes des éléments des groupes IA et IIA, soit Na_2O et MgO, sont tous deux *basiques*. À partir de la droite, Ar ne donne pas d'oxyde, mais les oxydes de Cl, S, P et Si sont tous *acides*. L'oxyde de l'élément du groupe IIIB, soit Al_2O_3, constitue un cas intéressant. C'est ainsi que Al_2O_3 réagit avec l'acide HCl(aq), mais aussi avec la base NaOH(aq), dans les réactions représentées par les formules suivantes.

$$Al_2O_3(s) + 6\,HCl(aq) \longrightarrow 2\,AlCl_3(aq) + 3\,H_2O(l)$$
$$\text{Base} \qquad\quad \text{Acide}$$

$$Al_2O_3(s) + 2\,NaOH(aq) + 3\,H_2O(l) \longrightarrow 2\,Na[Al(OH)_4](aq)$$
$$\text{Acide} \qquad\qquad \text{Base} \qquad\qquad\qquad\qquad \text{Aluminate de sodium}$$

Dans la première réaction, Al_2O_3 joue le rôle d'une base, et l'aluminium est présent dans la solution sous la forme d'un *cation,* soit Al^{3+}. Dans la seconde réaction, Al_2O_3 joue le rôle d'un acide, et l'aluminium est présent dans la solution sous la forme d'un *anion,* soit $[Al(OH)_4]^-$. Un oxyde qui réagit aussi bien avec les acides qu'avec les bases, comme Al_2O_3, est dit **oxyde amphotère**.

La **figure 5.23** résume les caractéristiques des éléments des groupes principaux quant à la nature acide, basique ou amphotère de leurs oxydes. Il n'est pas étonnant de constater que les éléments dont les oxydes sont amphotères chevauchent la diagonale en escalier qui sépare les métaux des non-métaux.

Oxyde basique

Oxyde d'un métal qui produit une base en réagissant avec l'eau.

IA	IIA	IIIB	IVB	VB	VIB	VIIB
Li	Be	B	C	N	O	F
Na	Mg	Al	Si	P	S	Cl
K	Ca	Ga	Ge	As	Se	Br
Rb	Sr	In	Sn	Sb	Te	I
Cs	Ba	Tl	Pb	Bi	Po	At

☐ Oxyde acide

☐ Oxyde basique

☐ Oxyde amphotère

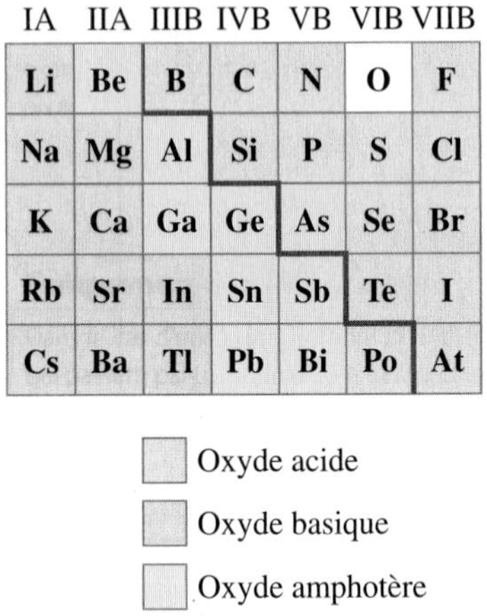

▲ **Figure 5.23**
Les oxydes acides, basiques et amphotères des éléments des groupes principaux

Oxyde amphotère

Oxyde réagissant aussi bien avec les acides qu'avec les bases.

EXEMPLE SYNTHÈSE

Calculez le rayon atomique métallique d'un atome de sodium si la masse volumique de celui-ci, à l'état solide, est de 0,968 g/cm^3. Précisez pourquoi le résultat est seulement une estimation et indiquez si le rayon réel est plus grand ou plus petit que la valeur estimée.

➔ Stratégie

L'inverse de la masse volumique du sodium solide (1 cm^3/0,968 g) donne le volume occupé par 1 g d'atomes de sodium. Si nous multiplions cette valeur par la masse molaire du Na, nous obtenons le volume occupé par une mole d'atomes. En divisant le volume molaire de Na par le nombre d'Avogadro, nous obtenons le volume d'un seul atome. Nous pouvons alors calculer le rayon de cet atome en considérant celui-ci comme une sphère. Pour évaluer la validité de notre estimation, nous devons examiner rigoureusement les hypothèses à la base de nos calculs et voir dans quelle mesure elles sont justifiées.

➔ Solution

À l'aide de la masse volumique, de la masse molaire et du nombre d'Avogadro, nous déterminons le volume de l'atome de sodium.

$$? \text{ cm}^3/\text{atome de Na} = \frac{1 \text{ cm}^3}{0,968 \text{ g Na}} \times \frac{22,9898 \text{ g Na}}{1 \text{ mol Na}} \times \frac{1 \text{ mol Na}}{6,022 \times 10^{23} \text{ atomes de Na}}$$

$$= 3,94 \times 10^{-23} \text{ cm}^3/\text{atome de Na}$$

Ensuite, nous appliquons la formule du volume d'une sphère pour calculer le rayon de l'atome.

$$V = 4(\pi r^3)/3$$

$$r = \sqrt[3]{\frac{3V}{4\pi}} = \sqrt[3]{\frac{3 \times 3,94 \times 10^{-23} \text{ cm}^3}{4 \times 3,1416}} = 2,11 \times 10^{-8} \text{ cm}$$

Pour exprimer le rayon atomique dans une unité appropriée, nous le convertissons en picomètres.

$$r = 2,11 \times 10^{-8} \text{ cm} \times \frac{1 \text{ m}}{100 \text{ cm}} \times \frac{1 \text{ pm}}{1 \times 10^{-12} \text{ m}} = 211 \text{ pm}$$

➔ Évaluation

L'estimation du rayon atomique de 211 pm est du même ordre de grandeur que les rayons atomiques observés dans ce chapitre, ce qui laisse supposer que les calculs mathématiques sont exacts. Notre résultat est seulement une estimation parce que les calculs sont fondés sur l'hypothèse implicite que le volume contenant la mole d'atomes de sodium est entièrement occupé par la matière. Cependant, ce n'est pas le cas pour des atomes sphériques lorsqu'ils sont empilés. Il y a nécessairement des vides entre les sphères. En conséquence, le volume réel de matière dans une mole d'atomes est le volume calculé ici moins le volume des espaces vides. Le rayon atomique réel du sodium doit mesurer moins de 211 pm. De fait, nous voyons dans la figure 5.15 qu'il est de 186 pm. (Nous apprendrons comment calculer le volume des espaces vides dans le chapitre 8).

Résumé

 5.1 **Les atomes possédant plusieurs électrons** L'étude de l'atome d'hydrogène du point de vue de la mécanique ondulatoire peut être étendue aux atomes à plusieurs électrons, mais il faut apporter la précision suivante. Les niveaux d'énergie des atomes à plusieurs électrons sont inférieurs à ceux d'un atome d'hydrogène et ils se subdivisent, c'est-à-dire que les sous-couches d'une couche principale donnée se situent à des niveaux d'énergie différents. La hiérarchie des sous-couches par ordre croissant d'énergie est $s < p < d < f$. Cependant, toutes les orbitales d'une même sous-couche possèdent un même niveau d'énergie : elles sont dégénérées.

5.2 **La configuration électronique** On appelle **configuration électronique** la distribution des électrons dans les orbitales selon les différents niveaux d'énergie d'un atome. Il existe deux modes de représentation des configurations électroniques, soit la **notation *spdf*** et les **cases quantiques**.

N : $1s^2 2s^2 2p^3$ N : $[\text{He}]2s^2 2p^3$ N :

Notation *spdf*   Notation *spdf*   Cases quantiques
               abrégée

 5.3 **Les règles régissant les configurations électroniques** Les notions fondamentales suivantes permettent de déterminer la configuration électronique probable d'un atome : a) les électrons vont généralement dans l'orbitale du plus bas niveau d'énergie ; b) les quatre nombres quantiques respectifs de deux électrons distincts ne peuvent pas être identiques (**principe d'ex-clusion de Pauli**) ; c) si possible, chaque électron occupe seul une orbitale, les spins des électrons étant parallèles, plutôt que de s'apparier à un autre électron (**règle de Hund**).

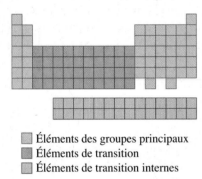

5.4 Les configurations électroniques : le principe de l'*aufbau*

Le principe de l'*aufbau* régit un processus hypothétique qui consiste à « construire » chaque atome à partir de l'atome dont le numéro atomique est immédiatement inférieur. Ce principe et les notions décrites ci-dessus permettent de prédire la configuration électronique probable d'un bon nombre d'éléments. On construit les éléments des **groupes principaux** en ajoutant des électrons aux orbitales *s* ou *p* de la couche de valence, soit le niveau correspondant à la valeur maximale du nombre quantique principal, *n*. Dans le cas des **éléments de transition**, on ajoute des électrons aux orbitales *d*. Quant aux *éléments de transition internes,* on les construit en ajoutant des électrons aux orbitales *f*.

☐ Éléments des groupes principaux
☐ Éléments de transition
☐ Éléments de transition internes

5.5 Les configurations électroniques et les lois périodiques

Les éléments présentant des configurations électroniques similaires appartiennent à un même groupe du tableau périodique. Dans le cas des groupes principaux, le numéro de chaque groupe correspond au nombre d'électrons de valence des éléments qu'il contient. Le numéro de la période est égal au nombre quantique principal associé à la **couche de valence**. La division du tableau périodique en **blocs *s, p, d* et *f*** aide à déterminer la configuration électronique probable des divers éléments. Les orbitales 4*f* se remplissent une à une dans l'ordre où se succèdent les éléments dans la série des **lanthanides**, et les orbitales 5*f*, dans l'ordre des éléments de la série des **actinides**.

On appelle **électrons de valence**, les électrons situés au niveau d'énergie le plus élevé de l'atome. C'est à ces électrons qu'on associe la plus grande valeur du nombre quantique principal, *n*. Les électrons des niveaux inférieurs sont appelés **électrons internes** ou **électrons de cœur** et leur nombre quantique principal est inférieur à celui des électrons de valence.

5.6 Les propriétés magnétiques : les électrons appariés et les électrons non appariés

Un atome dont tous les électrons sont appariés est **diamagnétique**, tandis qu'un atome dont au moins un électron est non apparié est **paramagnétique**. On utilise les propriétés magnétiques des éléments, déterminées expérimentalement, pour vérifier leur configuration électronique.

5.7 Les propriétés atomiques périodiques des éléments

Certaines propriétés atomiques reviennent périodiquement lorsqu'on examine les éléments par ordre croissant de numéro atomique. Ces tendances apparaissent clairement lorsqu'on met sur un graphique le **rayon atomique** en fonction du numéro atomique. Toutefois, la distance entre deux noyaux dépend de l'environnement dans lequel se trouvent les atomes. Nous parlons de **rayon covalent** entre les atomes des molécules et de **rayon métallique** entre les atomes des métaux. Dans les composés ioniques, cette grandeur est appelée **rayon ionique**.

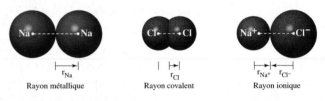

Rayon métallique   Rayon covalent   Rayon ionique

Plusieurs espèces chimiques sont **isoélectroniques** ; elles ont le même nombre d'électrons, mais leurs rayons atomiques ou ioniques diffèrent parce que leur **charge nucléaire effective (Z_{eff})** n'est pas la même. La charge nucléaire effective (Z_{eff}) qui agit sur un électron de valence d'un atome est égale à la charge réelle du noyau moins l'effet d'écran exercé par les électrons internes de l'atome. L'**énergie d'ionisation** est l'énergie nécessaire pour extraire d'un atome ou d'un ion en phase gazeuse un électron qui se trouve à l'état fondamental. L'**affinité électronique** représente l'énergie associée à la capture d'un électron par un atome en phase gazeuse. On observe des variations périodiques pour ces deux propriétés.

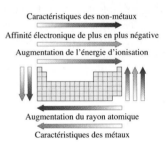

Caractéristiques des non-métaux
Affinité électronique de plus en plus négative
Augmentation de l'énergie d'ionisation
Augmentation du rayon atomique
Caractéristiques des métaux

5.8 Les métaux, les non-métaux, les semi-métaux et les gaz nobles

Les régions du tableau périodique assignées aux **métaux**, aux **non-métaux**, aux **semi-métaux** et aux **gaz nobles** dépendent des propriétés atomiques. En général, les caractéristiques des métaux se rapportent à la facilité avec laquelle on peut extraire un électron d'un atome, et les caractéristiques des non-métaux, à la facilité avec laquelle un atome capte un électron. La plupart des éléments métalliques sont situés à gauche et au bas du tableau périodique alors que la plupart des éléments non métalliques sont à droite et en haut.

5.9 Les propriétés des atomes et le tableau périodique Les couleurs observées lors de tests à la flamme, le pouvoir oxydant ou réducteur et le comportement acide ou basique des oxydes sont compatibles avec la notion de périodicité. C'est ainsi que les oxydes des non-métaux sont généralement des **oxydes acides**, c'est-à-dire qu'ils produisent un acide quand ils réagissent avec l'eau. Les **oxydes basiques**, qui donnent des bases en réagissant avec l'eau, sont généralement des oxydes de métaux. Les oxydes des éléments ayant des caractéristiques à la fois des métaux et des non-métaux sont dits **oxydes amphotères**; ils peuvent réagir soit avec un acide, soit avec une base.

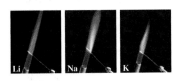

De tous les éléments, ce sont les métaux du groupe IA (ou métaux alcalins) qui ont les rayons atomiques les plus grands et les énergies d'ionisation les plus faibles; ce sont eux également qui possèdent les masses volumiques et les points de fusion les plus faibles. Ils forment des solides ioniques avec les non-métaux et, en réagissant avec l'eau, ils produisent des hydroxydes ioniques et de l'hydrogène gazeux. La très grande majorité des composés des éléments du groupe IA sont solubles dans l'eau.

Les rayons atomiques des métaux du groupe IIA (ou métaux alcalinoterreux) sont plus petits que ceux des métaux du groupe IA, mais ils ont des énergies d'ionisation, une masse volumique et un point de fusion plus élevés. Le béryllium fait exception aux tendances générales observées parmi les éléments du groupe IIA. En réagissant avec l'eau, les métaux les plus lourds du groupe IIA libèrent de l'hydrogène; le magnésium libère de l'hydrogène en réagissant avec la vapeur d'eau, tandis que le béryllium ne réagit pas du tout avec l'eau. De nombreux composés des métaux alcalinoterreux sont insolubles, ou très peu solubles, dans l'eau.

Mots clés

Vous trouverez également la définition des mots clés dans le glossaire à la fin du livre.

Problèmes par sections

5.3 Les règles régissant les configurations électroniques

1. En appliquant le principe d'exclusion de Pauli et la règle de Hund, déterminez lesquelles des cases quantiques suivantes représentent la configuration électronique d'un atome à l'état fondamental. Expliquez pourquoi les autres diagrammes ne peuvent représenter un tel atome.

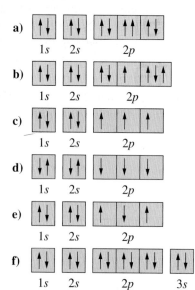

a)
1s 2s 2p

b)
1s 2s 2p

c)
1s 2s 2p

d)
1s 2s 2p

e)
1s 2s 2p

f)
1s 2s 2p 3s

2. En appliquant le principe d'exclusion de Pauli et la règle de Hund, déterminez lesquelles des cases quantiques suivantes représentent la configuration électronique d'un atome à l'état fondamental. Expliquez pourquoi les autres diagrammes ne peuvent représenter un tel atome.

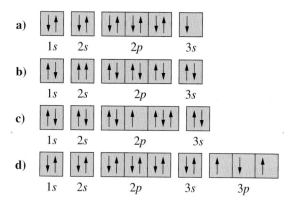

a)
1s 2s 2p 3s

b)
1s 2s 2p 3s

c)
1s 2s 2p 3s

d)
1s 2s 2p 3s 3p

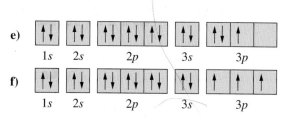

e)
1s 2s 2p 3s 3p

f)
1s 2s 2p 3s 3p

3. Aucune des configurations électroniques suivantes ne peut correspondre à un atome à l'état fondamental. Dans chaque cas, expliquez pourquoi.

a) $1s^2 2s^2 3s^2$ **c)** $1s^2 2s^2 2p^6 2d^5$

b) $1s^2 2s^2 2p^2 3s^1$

4. Aucune des configurations électroniques suivantes ne peut correspondre à un atome à l'état fondamental. Dans chaque cas, expliquez pourquoi.

a) $1s^2 2s^2 2p^6 3s^1 3p^1$

b) $1s^2 2s^2 2p^6 3s^2 3p^6 3d^1$

c) $1s^2 2s^2 2p^6 3s^2 3p^6 4s^2 3d^8 4p^1$

5. Expliquez avec quel(s) principe(s) ou quelle(s) règle(s) chacune des configurations électroniques suivantes est en contradiction.

a) $1s^2 2s^6 3s^2$ **c)** $1s^2 2s^2 2p^6 2d^3$

b) $1s^2 2s^2 2p^7 3s^1$

6. Expliquez avec quel(s) principe(s) ou quelle(s) règle(s) chacune des configurations électroniques suivantes est en contradiction.

a) $[Ar] 2d^{10}$ **c)** $[Kr] 4d^{10} f^{14} 5s^2$

b) $[Ar] 3f^3 4s^2$

7. Expliquez la signification de chacune des notations données ci-dessous et dites à quel élément correspond la configuration électronique qu'elle représente.

a) $1s^2 2s^2 2p^5$

b) $1s^2 2s^2 2p^6 3s^2 3p^6 4s^1 3d^{10}$

c) $1s^2 2s^2 2p_x^1 2p_y^1 2p_z^1$

d) $[Ne] 3s^1$

e) $[Ar]$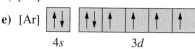
4s 3d

5.4 Les configurations électroniques : le principe de l'*aufbau*

8. En utilisant la notation *spdf* et en vous reportant uniquement au tableau périodique présenté en deuxième face de couverture, donnez la configuration électronique, à l'état fondamental, d'un atome des éléments suivants.

a) Al   **d)** B   **g)** C

b) Cl   **e)** He   **h)** Li

c) Na   **f)** O   **i)** Si

9. En utilisant la notation *spdf* et en vous reportant uniquement au tableau périodique présenté en deuxième face de couverture, donnez la configuration électronique, à l'état fondamental, d'un atome des éléments suivants.

a) Ar   **d)** Be   **g)** Ca

b) H   **e)** K   **h)** Mg

c) Ne   **f)** P   **i)** Br

10. En utilisant la notation *spdf* abrégée et en vous reportant uniquement au tableau périodique présenté en deuxième face de couverture, donnez la configuration électronique, à l'état fondamental, d'un atome des éléments suivants.

a) Ba   **c)** As   **e)** Se

b) Rb   **d)** F   **f)** Sn

11. En utilisant la notation *spdf* abrégée et en vous reportant uniquement au tableau périodique présenté en deuxième face de couverture, donnez la configuration électronique, à l'état fondamental, d'un atome des éléments suivants.

a) Ga   **c)** I   **e)** Sb

b) Te   **d)** Cs   **f)** Sr

12. Tracez les cases quantiques représentant la configuration électronique, à l'état fondamental, d'un atome de l'élément donné.

a) C   **c)** K   **e)** S

b) O   **d)** Al   **f)** Mg

13. Tracez les cases quantiques représentant la configuration électronique, à l'état fondamental, d'un atome de l'élément donné.

a) N   **c)** Si   **e)** Cl

b) B   **d)** Ca   **f)** Sc

14. Quelle(s) sous-couche(s) est(sont) entièrement occupée(s) dans un atome d'un élément appartenant à la section indiquée du tableau périodique ?

a) Un élément du groupe IA ou IIA

b) Un élément de la partie allant du groupe IIIB au groupe VIIB

c) Un élément de transition

d) Un lanthanide ou un actinide

15. Quelle est la caractéristique commune aux configurations électroniques respectives

a) du lithium, du sodium et du potassium ?

b) du béryllium, du magnésium et du calcium ?

16. Tracez les cases quantiques représentant les électrons d'un atome de hafnium (Hf), à partir de la configuration électronique du xénon. Dites quelle est la relation entre la configuration électronique de cet élément et sa position dans le tableau périodique.

17. Tracez les cases quantiques représentant les électrons d'un atome de mercure (Hg), à partir de la configuration électronique du xénon. Dites quelle est la relation entre la configuration électronique de cet élément et sa position dans le tableau périodique.

18. Représentez la configuration électronique de chaque ion au moyen des cases quantiques. (Vous pouvez abréger la configuration en représentant une partie par le symbole d'un gaz noble.)

a) Br^- **b)** Ni^{2+} **c)** Sb^{3+} **d)** Te^{2-}

19. Représentez la configuration électronique de chaque ion au moyen des cases quantiques. (Vous pouvez abréger la configuration en représentant une partie par le symbole d'un gaz noble.)

a) Ga^{3+} **b)** V^{3+} **c)** I^- **d)** Pb^{2+}

20. Combien d'électrons de valence un atome de l'élément donné compte-t-il ?

a) C   **b)** Ne   **c)** F   **d)** Al   **e)** Mg

21. En vous reportant uniquement au tableau périodique de la deuxième face de couverture, dites quelle est la caractéristique commune aux configurations électroniques respectives : du fluor et du chlore ; du carbone et du silicium. Qu'est-ce qui distingue les configurations électroniques respectives des éléments de chaque paire ? Qu'est-ce qui distingue les configurations électroniques respectives de l'oxygène et du fluor ?

5.5 Les configurations électroniques et les lois périodiques

22. À quelle période et à quel groupe l'élément ayant la configuration électronique donnée appartient-il ?

a) $1s^22s^22p^6$ **d)** $1s^22s^2$

b) $1s^22s^22p^63s^23p^2$ **e)** $1s^22s^22p^3$

c) $1s^22s^22p^63s^1$ **f)** $1s^22s^22p^63s^23p^1$

23. Donnez, en notation abrégée, la configuration électronique de l'élément :

a) du groupe VB et de la période 4 ;

b) du groupe IIIB et de la période 6 ;

c) du groupe IIIA et de la période 5.

24. En vous servant de la relation entre les configurations électroniques et le tableau périodique, donnez :

a) le nombre d'électrons que possède la couche de valence d'un atome de bismuth ;

b) le nombre d'électrons que contient la *quatrième* couche principale d'un atome d'or ;

c) le nombre d'éléments formés d'atomes qui ont cinq électrons dans leur couche de valence ;

d) le nombre d'électrons non appariés que possède un atome de sélénium ;

e) le nombre d'éléments de transition que contient la cinquième période.

25. À l'aide du tableau périodique et des règles régissant les configurations électroniques, donnez :

a) le nombre d'électrons $3p$ que possède un atome de phosphore ;

b) le nombre d'électrons $6s$ que possède un atome de césium ;

c) le nombre d'électrons $4d$ que possède un atome de sélénium ;

d) le nombre d'électrons $4f$ que possède un atome de bismuth ;

e) le nombre d'électrons non appariés que contient un atome de gallium ;

f) le nombre d'éléments que comprend le groupe VB du tableau périodique ;

g) le nombre d'éléments que comprend la sixième période du tableau périodique.

26. Selon vous, est-il possible qu'un chercheur découvre :

    a) un nouvel élément dont le numéro atomique serait 117 ?

    b) un nouvel élément qui serait situé entre le magnésium et l'aluminium dans le tableau périodique ?

Expliquez vos réponses.

27. Un élément dont le numéro atomique est impair est-il nécessairement paramagnétique ? Un élément dont le numéro atomique est pair est-il nécessairement diamagnétique ? Expliquez votre réponse.

5.6   Les propriétés magnétiques : les électrons appariés et les électrons non appariés

28. Déterminez lesquelles des espèces suivantes sont diamagnétiques et lesquelles sont paramagnétiques.

    a) Un atome de soufre   **d)** Un ion O^{2-}

    b) Un atome de baryum   **e)** Un atome d'argent

    c) Un ion V^{2+}

29. Déterminez lesquelles des espèces suivantes sont diamagnétiques et lesquelles sont paramagnétiques.

    a) Un ion Ra^{2+} **d)** Un atome d'oxygène

    b) Un ion I^- **e)** Un atome de cobalt

    c) Un ion Sn^{2+}

5.7   Les propriétés atomiques périodiques des éléments

30. En vous reportant uniquement au tableau périodique de la deuxième face de couverture, déterminez quel membre de chaque paire a le plus *grand* rayon atomique ou ionique. Expliquez votre réponse.

    a) Cl ou S   **c)** Al ou Mg

    b) Cl^- ou S^{2-} **d)** Mg^{2+} ou F^-

31. En vous reportant uniquement au tableau périodique de la deuxième face de couverture, déterminez quel membre de chaque paire a le plus *petit* rayon atomique ou ionique. Expliquez votre réponse.

    a) Ca ou Rb   **c)** N ou S

    b) Mg^{2+} ou Fe^{2+} **d)** V^{2+} ou Co^{3+}

32. En vous reportant uniquement au tableau périodique de la deuxième face de couverture, disposez les éléments de chaque ensemble par ordre croissant de leurs rayons atomiques, et expliquez sur quoi repose votre classement.

    a) Al, Mg, Na   **b)** Ca, Mg, Sr

33. En vous reportant uniquement au tableau périodique de la deuxième face de couverture, disposez les éléments de chaque ensemble par ordre croissant de leurs rayons atomiques, et expliquez sur quoi repose votre classement.

    a) Ca, Rb, Sr   **b)** Al, C, Si

34. Selon vous, quelle devrait être la position dans le tableau périodique des deux ou trois éléments ayant les plus grands rayons atomiques ? Expliquez votre réponse.

35. Expliquez pourquoi l'écart entre les rayons atomiques respectifs des éléments $Z = 11$ (Na : 186 pm) et $Z = 12$ (Mg : 160 pm) est grand, tandis que l'écart entre les rayons atomiques de $Z = 28$ (Ni : 125 pm) et de $Z = 29$ (Cu : 128 pm) est relativement petit.

36. Sans consulter de tableau de données, êtes-vous capable de prédire :

    a) si un atome de calcium est plus volumineux qu'un atome de chlore ?

    b) si le rayon ionique de K^+ est plus grand que celui de F^- ?

Décrivez le raisonnement que vous avez utilisé.

37. Sans consulter de tableau de données, êtes-vous capable de prédire :

    a) si un atome d'iode est plus volumineux qu'un atome de lithium ?

    b) si le rayon ionique de Cl^- est plus grand que celui de Ca^{2+} ?

Décrivez le raisonnement que vous avez utilisé.

38. Disposez les éléments de chaque ensemble par ordre croissant de leurs énergies de première ionisation, puis expliquez sur quoi repose votre classement.

    a) Ca, Mg, Ba   **c)** F, Na, Fe, Cl, Ne

    b) P, Cl, Al

39. Disposez les éléments de chaque ensemble par ordre croissant de leurs énergies de première ionisation, puis expliquez sur quoi repose votre classement.

    a) Ca, Na, As   **c)** Kr, Ba, Zn, Sc, Al, Br

    b) S, As, Sn

40. Décrivez de quelle façon varient généralement les énergies d'ionisation successives lorsqu'on extrait, un à la fois, les électrons d'un atome d'aluminium. Pourquoi l'écart entre I_3 et I_4 est-il aussi grand ?

41. Pourquoi l'énergie de première ionisation du soufre est-elle plus petite que celle du phosphore ?

42. À quel groupe appartiennent les éléments dont l'affinité électronique est la plus grande en valeur absolue ? Expliquez votre réponse.

43. Quels sont les éléments des groupes principaux qui ne forment pas d'ions négatifs stables ? Expliquez ce phénomène à l'aide des configurations électroniques.

44. L'affinité électronique du silicium est de −134 kJ/mol, et celle du phosphore est de −72 kJ/mol. À quoi peut-on vraisemblablement attribuer la différence entre ces deux valeurs ?

45. L'affinité électronique du lithium est de −60 kJ/mol, et celle du bore est de −27 kJ/mol. À quoi peut-on vraisemblablement attribuer la différence entre ces deux valeurs ?

46. Quelles propriétés atomiques (configuration électronique, rayon atomique, énergie d'ionisation, affinité électronique) sont associées respectivement aux métaux et aux non-métaux ?

47. Quelles propriétés atomiques (configuration électronique, rayon atomique, énergie d'ionisation, affinité électronique) sont associées respectivement aux semi-métaux et aux gaz nobles ?

48. Expliquez pourquoi l'énergie d'ionisation est toujours une grandeur positive, tandis que l'affinité électronique peut être positive ou négative.

5.9 Les propriétés des atomes et le tableau périodique

49. L'une des premières propriétés périodiques à avoir été étudiées est le *volume atomique* d'un élément, qui est égal au rapport entre la masse atomique et la masse volumique de l'élément. Tracez un graphique de la variation du volume atomique en fonction du numéro atomique afin de montrer que le volume atomique est une propriété périodique des éléments. Les masses volumiques sont exprimées en grammes par centimètre cube (g/cm^3).

Na : 0,971	S : 2,07	Sc : 2,99	As : 4,70
Mg : 1,74	Cl : 2,03	Cr : 7,19	Br : 4,05
Al : 2,70	Ar : 1,66	Co : 8.90	Kr : 2,82
Si : 2,33	K : 0,862	Zn : 7,13	Rb : 1,53
P : 2,20	Ca : 1,55	Ga : 5,91	Sr : 2,54

À quelle propriété atomique décrite dans le présent chapitre le volume atomique est-il le plus étroitement lié ? Expliquez votre réponse.

50. Tracez un graphique montrant que le point de fusion est une propriété périodique des éléments suivants, dont le point de fusion est exprimé en degrés Celsius (°C).

Al : 660	C : 3350	Mg : 651	P : 590
Ar : −189	Cl : −101	Ne : −249	Si : 1410
Be : 1278	F : − 220	N : −210	Na : 98
B : 2300	Li : 179	O : −218	S : 119

Dans le cas présent, le fait que les températures soient exprimées en degrés Celsius plutôt qu'en kelvins a-t-il de l'importance ? Expliquez votre réponse.

51. Quelles propriétés peuvent servir à déterminer à quel point un élément présente les caractéristiques d'un métal ? Disposez les éléments suivants selon l'ordre *croissant* probable de leurs caractéristiques métalliques : K, P, Al, Rb, Bi, Ca et Ge. Expliquez sur quoi repose votre classement.

52. Quelles propriétés peuvent servir à déterminer à quel point un élément présente les caractéristiques d'un non-métal ? Disposez les éléments suivants selon l'ordre *croissant* probable de leurs caractéristiques non métalliques : Pb, Sb, N, Br, As, F, O et Si. Expliquez sur quoi repose votre classement.

53. Disposez par ordre *croissant* des valeurs de l'énergie de première ionisation (I_1) les éléments suivants, identifiés par leur position dans le tableau périodique.

a) L'élément du groupe IVB et de la période 4

b) L'élément du groupe VIB et de la période 3

c) L'élément du groupe IIIB et de la période 6

d) L'élément du groupe VIIIB et de la période 2

e) L'élément du groupe VIB et de la période 4

54. Dites si chacune des substances suivantes est un oxyde acide, un oxyde basique, ou n'est ni l'un ni l'autre, puis expliquez sur quoi repose votre classement.

a) CO_2 **d)** HCOOH

b) O_2 **e)** P_4O_6

c) SrO **f)** $Ba(OH)_2$

55. Complétez et équilibrez chaque équation. Si aucune réaction n'a lieu, indiquez-le.

a) $Cl_2(g) + Br^-(aq) \longrightarrow$

b) $I_2(s) + F^-(aq) \longrightarrow$

c) $Br_2(l) + I^-(aq) \longrightarrow$

56. Complétez et équilibrez chaque équation. Si aucune réaction n'a lieu, indiquez-le.

a) $K(s) + H_2O(l) \longrightarrow$

b) $Ca(s) + H^+(aq) \longrightarrow$

c) $Be(s) + H_2O(l) \longrightarrow$

57. Complétez et équilibrez chaque équation.

a) $N_2O_5(s) + H_2O(l) \longrightarrow$ (*Indice* : cette réaction produit un acide fort.)

b) $MgO(s) + CH_3COOH(aq) \longrightarrow$

c) $Li_2O(s) + H_2O(l) \longrightarrow$

58. Complétez et équilibrez chaque équation.

a) $SO_2(g) + KOH(aq) \longrightarrow$

b) $Al_2O_3(s) + H^+(aq) \longrightarrow$

c) $CaO(s) + H_2O(l) \longrightarrow$

59. Quelle caractéristique d'un oxyde permet de le classer dans la catégorie des oxydes acides, dans celle des oxydes basiques ou dans celle des oxydes amphotères ?

Problèmes complémentaires ★ Problème défi ⟲ Problème synthèse

60. Sans consulter de tableau ni d'autre information contenue dans le chapitre, indiquez la position qu'occupent, dans le tableau ci-dessous, les éléments suivants.

  a) Le gaz noble de la quatrième période

  b) Un élément de la cinquième période dont l'atome comprend trois électrons non appariés

  c) L'élément du bloc *d* ayant un seul électron 3*d*

  d) Un élément du bloc *p* qui est un semi-métal

  e) Un métal qui sert à former l'oxyde M_2O_3

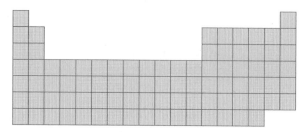

61. Selon vous, quelle est la configuration électronique probable de l'élément inconnu, non encore découvert, dont le numéro atomique serait $Z = 117$?

62. À l'aide des notions étudiées dans le présent chapitre, donnez:

  ★ **a)** le nom de trois métaux pour lesquels on devrait observer l'effet photoélectrique avec la lumière visible, et de trois métaux pour lesquels on ne devrait pas observer cet effet;

  b) la valeur approximative de l'énergie de première ionisation du fermium ($Z = 100$);

  c) la valeur approximative du rayon atomique du francium.

63. Disposez les énergies d'ionisation suivantes selon l'ordre croissant le plus probable, puis expliquez le raisonnement que vous avez appliqué: I_1 pour B, I_1 pour Cs, I_2 pour In, I_2 pour Sr, I_2 pour Xe et I_3 pour Ca.

64. En supposant que toutes les autres règles régissant les
  ★ configurations électroniques s'appliquent, quelle serait la configuration électronique du rubidium si:

  a) m_s pouvait prendre *trois* valeurs distinctes au lieu de deux?

  b) le nombre quantique *l* pouvait prendre, en plus des autres valeurs, la valeur *n*?

  Dans chaque cas, le sodium et le rubidium appartiendraient-ils à un même groupe du tableau périodique? Expliquez votre réponse.

65. L'énergie associée à une orbitale 1*s* d'un atome d'hydrogène est de $-1,31 \times 10^3$ kJ/mol, alors qu'elle est de $-2,37 \times 10^3$ kJ/mol dans le cas d'un atome d'hélium. Expliquez pourquoi les énergies du premier niveau sont différentes, en vous servant du fait que, pour un atome semblable à l'atome d'hydrogène, l'équation de Bohr s'écrit sous la forme $E_n = -Z^2 B/n^2$ (voir le problème 73 du chapitre précédent, page 194). Calculez ensuite l'énergie associée à l'orbitale 1*s* d'un ion He^+ à l'aide de cette équation, et expliquez pourquoi la valeur obtenue est différente de celle qui est donnée dans le présent problème.

66. Calculez I_1 pour un atome d'hydrogène,

  a) à l'aide de l'équation de Bohr, qui donne les niveaux d'énergie d'un atome d'hydrogène, soit $E_n = -B/n^2$;

  b) à l'aide de la raie de plus courte longueur d'onde de la série de Balmer du spectre de l'hydrogène et de la raie de plus grande longueur d'onde de la série de Lyman.

  Expliquez pourquoi les deux méthodes donnent le même résultat.

67. Dans le présent chapitre, nous avons donné les valeurs que
  ★ prend généralement I_1 et nous avons expliqué les petites irrégularités observées dans le cas des éléments de la deuxième période (page 225). Expliquez de façon analogue les valeurs que prend généralement I_2 et les irrégularités observées dans le cas des éléments de la deuxième période: Li ($I_2 = 7298$ kJ/mol), Be (1757), B (2427), C (2352), N (2856), O (3388), F (3374) et Ne (3952).

68. On peut considérer la formation d'ions chlorure gazeux à partir de molécules de chlore comme un processus comportant deux étapes, dont la première est décrite par

$$Cl_2(g) \longrightarrow 2\,Cl(g) \qquad \Delta H = +242,8 \text{ kJ}$$

  Quelle est la seconde étape du processus? Le processus est-il dans l'ensemble endothermique ou exothermique?

69. À l'aide des énergies d'ionisation et des affinités électro-
  ★ niques, déterminez si la réaction représentée par la formule suivante est endothermique ou exothermique.

$$Mg(g) + 2\,Cl(g) \longrightarrow Mg^{2+}(g) + 2\,Cl^-(g)$$

70. Décrivez comment on peut déterminer approximativement le
  ⟲ volume d'un atome d'un métal solide en se servant de sa masse molaire, de sa masse volumique et de la constante d'Avogadro. Comment peut-on évaluer le rayon métallique à l'aide du volume calculé? Pourquoi n'obtient-on qu'une valeur approximative, même si on utilise des valeurs très précises de la masse molaire, de la masse volumique et de la constante d'Avogadro? Selon vous, la valeur calculée du rayon atomique est-elle supérieure ou inférieure à la valeur réelle? Expliquez votre réponse. (*Indice:* Appliquez le raisonnement à un atome de sodium, dont la masse volumique est $\rho = 0,968$ g/cm³, et comparez la valeur calculée du rayon métallique avec celle qui est donnée dans la figure 5.15, page 222).

71. Dans le présent manuel, l'énergie d'ionisation est exprimée en kilojoules par mole (kJ/mol), mais on peut aussi exprimer cette grandeur pour *un seul* atome plutôt que pour une mole d'atomes, c'est-à-dire en électronvolts par atome (eV/atome). En vous servant des valeurs de constantes physiques et de diverses autres données contenues dans les annexes, montrez que 1 eV/atome = 96,49 kJ/mol.

72. Les atomes d'un gaz peuvent s'ioniser lorsqu'ils sont frappés
  ★ par des photons ayant une énergie assez élevée. Si celle-ci est exactement égale à I, les électrons ont juste assez d'énergie pour quitter l'atome. Si l'énergie des photons est supérieure à I, l'énergie cinétique des électrons libérés n'est pas nulle. La relation entre l'énergie des photons ($h\nu$), l'énergie d'ionisation (I) et l'énergie cinétique (mv^2) des électrons libérés est donnée par

$$h\nu = I + \frac{1}{2}mv^2$$

Si on connaît la fréquence du rayonnement et qu'on mesure l'énergie cinétique des électrons libérés, on peut donc calculer l'énergie d'ionisation.

L'équation renferme *I*, et pas I_1, parce qu'elle ne s'applique pas uniquement aux électrons extraits de la sous-couche ayant le niveau d'énergie le plus élevé. Le graphique illustrant le nombre d'électrons libérés en fonction des énergies d'ionisation calculées comporte une suite de sommets qui correspondent aux énergies d'ionisation associées à différentes sous-couches. La technique utilisée pour obtenir les graphes de ce type est appelée *spectroscopie photoélectronique*. Le graphique suivant se rapporte au bore.

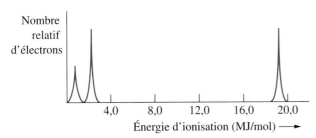

a) Quelle sous-couche chaque sommet du graphe représente-t-il?

b) Pourquoi deux sommets ont-ils à peu près la même hauteur, alors que le troisième est moins élevé?

c) Existe-t-il une relation entre les énergies d'ionisation représentées par le graphe et les énergies successives d'ionisation du bore données à la page 223? Expliquez votre réponse.

d) Quelle est la valeur maximale de la longueur d'onde du rayonnement qui permet d'obtenir le spectre photoélectronique complet du bore?

e) Tracez un graphique (pas à l'échelle) analogue au graphique donné, qui représente le spectre électronique probable de l'aluminium.

73. Votre groupe doit identifier l'entité chimique qui possède la configuration électronique $1s^2 2s^2 2p^6 3s^2 3p^6 3d^7$. Certains d'entre vous donnent les réponses suivantes:

a) un atome de Mn   **c)** un ion Ni^{2+}

b) un ion Co^{3+} **d)** un ion Cu^{2+}

Que pensez-vous des réponses fournies?

74. Votre groupe doit identifier l'entité chimique qui possède la configuration électronique $1s^2 2s^2 2p^6 2d^1$. Certains d'entre vous donnent les réponses suivantes:

a) du néon dans un état excité

b) un atome de sodium à l'état fondamental

c) un ion Na^+

d) un atome de sodium à l'état excité

Que pensez-vous des réponses fournies?

75. L'arsenic peut former deux différents cations. Quelle charge peut prendre chacun de ces cations? Expliquez votre réponse.

76. Pourquoi l'argent ne possède-t-il qu'un seul ion 1+? Expliquez votre réponse.

77. Nommez tous les éléments de la 4ᵉ période qui sont paramagnétiques.

78. Dans la 3ᵉ période, on note que seuls deux éléments sont constitués d'atomes diamagnétiques, alors que six ions sont diamagnétiques. Expliquez cette observation.

79. Les énergies de première et de deuxième ionisation, en kilojoules par mole, pour l'or, le mercure et le thallium, sont: Au ($I_1 = 890,1$; $I_2 = 1980$), Hg ($I_1 = 1007,1$; $I_2 = 1810$) et Tl ($I_1 = 589,4$; $I_2 = 1971$).

a) Quel élément présente la plus grande différence entre I_1 et I_2, et comment expliquez-vous cet écart?

b) Pourquoi I_1 du thallium est-elle plus basse que I_1 de l'or? et plus basse que I_1 du mercure?

80. En vous servant de la figure 5.15, déterminez lesquelles des combinaisons suivantes sont le mieux représentées par les trois modèles atomiques et/ou ioniques dessinés ci-dessous:

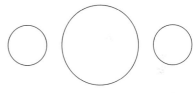

a) Fe, Y, Mn   **c)** B, Mg, Ru^{3+}

b) K, Zr, Be   **d)** N, C, In^+

Les **liaisons chimiques**

Dans les années 1960, le National Cancer Institute des États-Unis a mis sur pied un programme pour étudier l'activité biologique d'un certain nombre de substances naturelles. On a ainsi découvert que l'écorce de l'if de l'Ouest (*Taxus brevifolia,* arbre des forêts de l'ouest de l'Amérique du Nord) contenait une substance capable de combattre une large gamme de tumeurs malignes. Les chercheurs ont isolé le composé actif, le paclitaxel (Taxol), et en ont établi la structure chimique. Le paclitaxel est maintenant largement utilisé contre les cancers du sein et des ovaires. Ses propriétés curatives sont, en partie, déterminées par la nature et la position des liaisons dans la molécule.

Les forces qui assurent la cohésion des atomes d'une molécule et des ions d'un composé ionique solide sont appelées liaisons chimiques. La plupart des propriétés d'une substance dépendent de la nature des liaisons chimiques que cette substance entretient avec ses constituants. Les concepts portant sur les liaisons chimiques, définis dans le présent chapitre et dans le suivant, permettent de répondre à des questions importantes, dont les suivantes.

- Pourquoi le point de fusion de certains composés est-il très élevé, alors que d'autres composés sont liquides ou même gazeux à la température ambiante?

- Pourquoi les atomes de carbone occupent-ils une place aussi importante dans les molécules présentes chez les êtres vivants?

- Le monoxyde de carbone et l'oxygène forment tous deux des liaisons avec l'hémoglobine. Alors, pourquoi le monoxyde de carbone est-il létal, tandis que l'oxygène est indispensable à la vie?

- Comment les liaisons chimiques emmagasinent-elles l'énergie nécessaire au maintien des battements cardiaques, de la respiration et d'autres fonctions des organismes vivants?

Liaisons chimiques

Forces qui maintiennent ensemble les atomes d'une molécule et les ions d'un composé ionique solide.

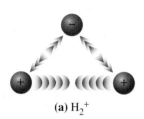

(a) H_2^+

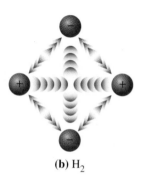

(b) H_2

▲ **Figure 6.1**
Forces électrostatiques d'attraction et de répulsion dans deux espèces moléculaires simples

Les forces électrostatiques d'attraction (en rouge) et de répulsion (en bleu) dans H_2^+ et H_2 sont décrites dans le texte.

Les **liaisons chimiques** sont des forces électriques ; elles reflètent l'équilibre existant entre les forces d'attraction et les forces de répulsion qu'exercent les unes sur les autres les particules portant des charges électriques. Le schéma *a* de la **figure 6.1** représente les forces qui sont en présence dans un ion moléculaire H_2^+. Les deux noyaux (ou protons) se repoussent mutuellement, alors que l'unique électron est attiré simultanément par chaque noyau. Le schéma *b* de la figure 6.1 représente les forces qui agissent dans une molécule H_2. Dans ce dernier cas, les deux noyaux se repoussent mutuellement, et chacun des deux électrons est attiré simultanément par les deux noyaux. De plus, les deux électrons se repoussent mutuellement.

On évalue l'intensité relative des forces d'attraction et des forces de répulsion représentées dans la figure 6.1*b* en étudiant les variations d'énergie potentielle qui se produisent lorsque deux atomes d'hydrogène entrent en contact. Ce processus est représenté dans la **figure 6.2**. On considère que l'énergie est presque nulle quand deux atomes non liés d'hydrogène sont séparés par une distance tellement grande que les forces d'attraction et de répulsion mutuelles sont presque nulles. Examinons la courbe de la figure 6.2 à partir de la droite, là où la distance entre les noyaux est grande. L'énergie potentielle est alors légèrement inférieure à 0. La résultante des forces d'attraction exercées sur les électrons par les noyaux est légèrement supérieure à la résultante des forces de répulsion. Si on se déplace vers la gauche le long de la courbe, la distance entre les noyaux diminue, et il en est de même de l'énergie potentielle. Celle-ci continue de décroître tant que la résultante des forces d'attraction est supérieure à la résultante des forces de répulsion. Lorsque la distance entre les noyaux est réduite à 74 pm, les deux types de forces s'équilibrent. Si la distance est inférieure à cette valeur, la résultante des forces de répulsion est supérieure à la résultante des forces d'attraction, et les atomes sont repoussés jusqu'à la distance d'équilibre, qui est de 74 pm. Deux atomes d'hydrogène dont les noyaux sont séparés par une distance de 74 pm et dont l'énergie potentielle est de -436 kJ/mol correspondent à une molécule H_2 qui se trouve à l'état fondamental.

▶ **Figure 6.2**
Variation d'énergie associée à l'interaction entre deux atomes d'hydrogène

Les modèles moléculaires et le graphique indiquent que l'énergie associée à deux atomes H dans une molécule H_2 est minimale lorsque la distance entre les atomes est égale à 74 pm.

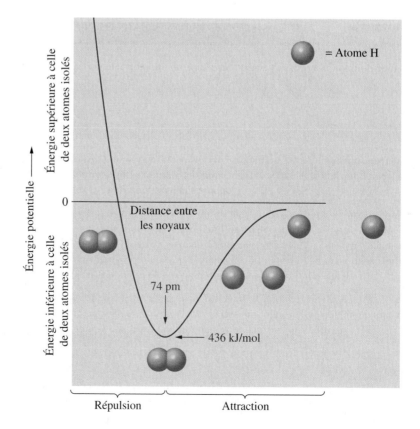

Les scientifiques déterminent expérimentalement la distance séparant les noyaux de deux atomes d'une molécule à l'état fondamental. Il élaborent ensuite, à l'aide de calculs fondés sur la mécanique quantique, un modèle théorique qui rend compte des mesures expérimentales. Dans le chapitre 7, nous examinerons des descriptions de liaisons chimiques qui reposent sur la mécanique quantique. D'ici là, c'est-à-dire dans la plus grande partie du présent chapitre, nous adopterons une approche simple des liaisons chimiques, qui est plus ancienne que la mécanique quantique, mais qui est encore largement utilisée par les chimistes.

6.2 La théorie de Lewis sur les liaisons chimiques

Durant et après la Première Guerre mondiale, deux Américains, G. N. Lewis et Irving Langmuir, et un Allemand, Walther Kossel, ont formulé des énoncés similaires à propos des liaisons chimiques. L'ensemble de ces concepts, présentés ici sous une forme moderne, est généralement appelé *théorie de Lewis.*

- Les électrons, et particulièrement les électrons de valence, jouent un rôle fondamental dans les liaisons chimiques.

- Lorsque des métaux et des non-métaux se combinent, les électrons de valence passent généralement des atomes des métaux aux atomes des non-métaux. Il se forme des cations et des anions, et les forces électrostatiques d'attraction qui agissent entre les ions donnent naissance à des liaisons ioniques. Les composés NaCl, KBr et MgO sont des exemples de substances dont les atomes constitutifs existent sous la forme d'ions réunis par des liaisons ioniques.

- Dans les combinaisons constituées uniquement d'atomes de non-métaux, les atomes liés partagent un ou plusieurs *doublets* d'électrons de valence, d'où l'existence de liaisons covalentes. Les composés H_2O, NH_3 et CH_4 sont des exemples de substances moléculaires dans lesquelles les atomes d'hydrogène sont liés à un autre atome d'un non-métal au moyen de liaisons covalentes.

- Lorsqu'ils perdent, reçoivent ou partagent des électrons au cours de la formation de liaisons chimiques, les atomes acquièrent généralement la configuration électronique d'un gaz noble. On pourrait appeler ce phénomène la «règle des gaz nobles». Par exemple, les atomes d'hydrogène, de lithium et de béryllium prennent habituellement la configuration électronique de l'hélium, soit $1s^2$: on dit qu'ils sont régis par la règle du *doublet.* Les autres éléments des groupes principaux acquièrent en général une configuration électronique semblable à celle des autres gaz nobles, qui comportent *huit* électrons dans la couche de valence : ns^2np^6 (où $n = 2, 3, \ldots$). On dit qu'ils sont régis par la **règle de l'octet**. Cette règle est plus difficile à appliquer aux éléments de transition, essentiellement parce que la configuration électronique de la plupart des ions des métaux appartenant à la série de transition n'est pas celle d'un gaz noble (voir le tableau 5.3, page 213).

Avant d'appliquer la théorie de Lewis à des liaisons ioniques ou covalentes particulières, nous allons étudier l'ensemble des notations utilisées par Lewis pour représenter les concepts qu'il a lui-même définis.

Gilbert Newton Lewis (1875-1946) a été l'un des chimistes américains les plus réputés de la première moitié du XXᵉ siècle. Il a non seulement fait œuvre de pionnier dans la description des liaisons chimiques, mais il a également joué un rôle clé dans la reconnaissance de la thermodynamique comme l'une des branches de la chimie, et il a apporté une importante contribution à la théorie sur les acides et les bases.

Règle de l'octet

Dans une structure de Lewis, la majorité des atomes liés par des liaisons covalentes ont huit électrons dans leur couche de valence ; dans la formation d'un composé ionique, les ions des éléments des groupes principaux ont aussi tendance à adopter une configuration comportant huit électrons dans la couche de valence.

Les notations de Lewis

Dans une **notation de Lewis**, le symbole chimique d'un atome représente son noyau et ses électrons internes, et des points répartis autour du symbole désignent les électrons de *valence.* Il existe un lien étroit entre la théorie de Lewis et les configurations électroniques des gaz nobles. En général, on représente uniquement par une notation de Lewis les éléments qui acquièrent l'arrangement d'un tel gaz, au cours de la formation de liaisons. Ces éléments

Notation de Lewis

Représentation d'un atome d'un élément dans laquelle le noyau est figuré par le symbole de l'élément, et les électrons de valence par des points répartis autour du symbole.

appartiennent en grande majorité aux groupes principaux, et le nombre de leurs électrons de valence est égal au numéro du groupe de la classification périodique dont ils font partie. Par exemple, les éléments de la seconde rangée sont représentés comme suit.

IA	IIA	IIIB	IVB	VB	VIB	VIIB	VIIIB
Li·	Be·	·B·	·Ċ·	·N̈·	·Ö·	:F̈·	:N̈e:

Nous adoptons le mode d'écriture de Lewis, qui consiste à placer les quatre premiers électrons chacun d'un côté du symbole chimique, puis à former des doublets lorsqu'il y a des électrons additionnels. Une notation de Lewis *ne* reflète *pas* l'appariement particulier des électrons d'un atome. Le concept de spin n'était pas encore défini lorsque Lewis a élaboré sa théorie. Donc, bien qu'un atome de béryllium n'ait aucun électron non apparié et que des atomes de bore et de carbone en aient respectivement un et deux, les notations de Lewis pour le béryllium, le bore et le carbone comportent respectivement deux, trois et quatre électrons célibataires. Il est intéressant de noter que, dans certains cas, comme nous le verrons au chapitre 7, la notation de Lewis est plus utile que la configuration électronique d'un atome à l'état fondamental pour prédire les liaisons chimiques. Nous appliquerons les notations de Lewis plus particulièrement lors de l'étude des liaisons ioniques et des liaisons covalentes (sections 6.4 et 6.6).

RÉSOLUTION DE PROBLÈMES

On peut au choix placer les premiers électrons d'une notation de Lewis de l'un ou l'autre côté du symbole de l'atome. Nous procédons généralement dans le sens des aiguilles d'une montre, en commençant à droite.

EXEMPLE 6.1

Donnez les notations de Lewis respectives du magnésium, du silicium et du phosphore.

→ Stratégie

Deux idées maîtresses doivent être appliquées ici : (1) la notation de Lewis d'un atome dépend seulement du groupe du tableau périodique auquel l'élément chimique appartient ; (2) le numéro du groupe nous indique le nombre d'électrons de valence qui doivent être représentés par des points dans la notation de Lewis.

→ Solution

Les éléments Mg, Si et P appartiennent tous à la troisième *période,* mais la notation de Lewis reliée à un élément dépend du numéro du *groupe* auquel celui-ci appartient. Ainsi, pour chacun des trois éléments, la configuration électronique de la couche de valence et la répartition des électrons dans la notation de Lewis sont les mêmes que celles de l'élément de la deuxième période qui le précède immédiatement à l'intérieur de son groupe. Donc, les notations de Lewis du magnésium (groupe IIA), du silicium (groupe IVB) et du phosphore (groupe VB) correspondent respectivement aux notations du béryllium, du carbone et de l'azote.

$$Mg· \quad ·S̈i· \quad ·P̈:$$

EXERCICE 6.1 A

Donnez la notation de Lewis d'un atome des éléments suivants : Ar ; Br ; K.

EXERCICE 6.1 B

Donnez la notation de Lewis d'un atome des éléments suivants : arsenic, rubidium et tellure.

Les liaisons ioniques

La **figure 6.3** illustre la réaction qui se produit entre le sodium, un *métal* argenté, mou et de faible masse volumique, et le chlore, un *non-métal* gazeux, jaune verdâtre et toxique. Cette réaction donne un solide blanc cristallin : le chlorure de sodium. On peut démontrer que le chlorure de sodium est un composé *ionique* en mesurant la conductivité électrique d'une solution aqueuse de ce sel. Le NaCl se dissocie entièrement en ions dans une solution aqueuse. Le NaCl(aq) est donc un bon conducteur électrique : c'est un électrolyte fort. Nous commençons notre étude des liaisons chimiques par les liaisons ioniques parce que, du point de vue conceptuel, ce sont les plus faciles à décrire.

 ## 6.3 Les liaisons et les cristaux ioniques

On peut interpréter la réaction qui a lieu entre le sodium et le chlore à l'aide des configurations électroniques respectives d'atomes de sodium et de chlore. Lorsqu'il *perd* un électron, l'atome de sodium (Na) se transforme en cation Na$^+$, dont la configuration électronique est identique à celle du néon, un gaz noble.

$$Na \longrightarrow Na^+ + e^-$$

Configurations électroniques $\quad 1s^2 2s^2 2p^6 3s^1 \qquad 1s^2 2s^2 2p^6 = [Ne]$

Lorsqu'il *acquiert* un électron, l'atome de chlore (Cl) se transforme en anion Cl$^-$, dont la configuration électronique est identique à celle de l'argon, un autre gaz noble.

$$Cl + e^- \longrightarrow Cl^-$$

Configurations électroniques $\quad [Ne]3s^2 3p^5 \qquad [Ne]3s^2 3p^6 = [Ar]$

Ces deux processus se produisent simultanément au cours de la réaction qui est illustrée dans la figure 6.3 : les atomes de sodium perdent des électrons, tandis que les atomes de chlore en gagnent. De plus, on représente un atome de sodium solide par Na(s), mais les atomes de chlore gazeux existent sous la forme de molécules diatomiques, désignées par Cl$_2$(g). L'équation équilibrée suivante représente le transfert de deux électrons, provenant de deux atomes distincts de sodium, à deux atomes distincts de chlore.

$$2\,Na(s) + Cl_2(g) \longrightarrow 2\,Na^+ Cl^-(s)$$

Il est important de souligner que, lorsqu'il cède un électron, l'atome de sodium ne se transforme pas en atome de néon. Les configurations électroniques respectives d'un ion sodium et d'un atome de néon sont identiques, mais le noyau de l'ion sodium compte 11 protons et la charge de l'ion est de 1+, alors que l'atome de néon a 10 protons dans son noyau et il est électriquement neutre. Un atome de chlore ne se transforme pas non plus en atome d'argon. Ce qui caractérise la nature d'un atome, c'est le noyau et non sa configuration électronique.

Puisque les deux ions qui résultent de la réaction entre un atome de sodium et un atome de chlore possèdent des charges de signes opposés, ils s'attirent fortement l'un l'autre et forment une *paire d'ions* (Na$^+$Cl$^-$). Cependant, la force d'attraction d'un ion sodium donné provenant d'un échantillon de chlorure de sodium solide ne s'exerce pas uniquement sur un ion chlorure donné. Chaque ion sodium attire de façon particulièrement intense les six ions chlorure qui lui sont adjacents et il est à son tour attiré par eux. Il exerce également une attraction beaucoup moins forte sur les ions chlorure plus éloignés. Le même type d'interaction

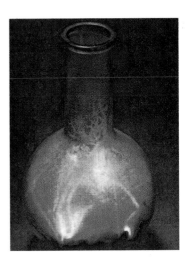

▲ Figure 6.3
Réaction du sodium et du chlore

Si on fait réagir du sodium solide avec du chlore gazeux, ce qui donne du chlorure de sodium, une substance ionique solide, on observe des phénomènes visuels frappants.

se produit pour chaque ion chlorure. Mais il ne faut pas oublier que les ions ayant des charges de même signe se repoussent mutuellement. Jusqu'à un certain point, les forces d'attraction et de répulsion s'annulent mais, au total, les interactions produisent un amas important d'ions disposés de façon régulière, où les cations alternent avec les anions. Les résultantes des forces électrostatiques d'attraction qui maintiennent les cations et les anions ensemble sont appelées **liaisons ioniques**, et l'assemblage solide, très structuré, d'ions est appelé *cristal ionique*. En général, un **cristal** est constitué, à l'échelle *microscopique,* d'un arrangement distinctif de particules qui se répète, de manière à former une structure solide caractérisée, à l'échelle *macroscopique,* par des surfaces planes, des arêtes vives et une forme géométrique régulière. La **figure 6.4** illustre les étapes successives de la formation d'un cristal ionique de chlorure de sodium à partir de paires d'ions isolés. Nous avons utilisé le chlorure de sodium comme exemple dans notre étude des liaisons ioniques et de la formation d'un cristal, mais les processus décrits s'appliquent aux composés ioniques en général.

Liaison ionique

Liaison chimique résultant de forces électro-statiques qui maintiennent les anions et les cations ensemble dans un composé ionique.

Cristal

Substance solide dont la forme régulière est constituée de surfaces planes et d'arêtes vives qui se coupent selon des angles déter-minés. Les unités constitutives (atomes, ions ou molécules en petit nombre) sont assem-blées selon un motif régulier et récurrent, qui s'étend dans tout le solide, selon les trois dimensions.

6.4 La représentation des liaisons ioniques par des notations de Lewis

Lewis a élaboré une théorie de la liaison chimique essentiellement pour décrire la liaison covalente, même si cette théorie s'applique également à la représentation de la liai-son ionique. Cependant, comme nous utilisons les notations de Lewis uniquement pour représenter des atomes qui acquièrent la configuration électronique d'un gaz noble, nous limiterons l'emploi de ces notations à la représentation des liaisons ioniques entre des non-métaux et des métaux du bloc *s,* et entre quelques métaux du bloc *d* et l'aluminium, qui est un métal du bloc *p.*

On peut représenter la perte ou le gain d'un électron au moyen de notations de Lewis au lieu d'utiliser les configurations électroniques des atomes.

$$Na\cdot \longrightarrow Na^+ + e^-$$

$$:\ddot{C}l: \; + \; e^- \; \longrightarrow \; :\ddot{C}l:^-$$

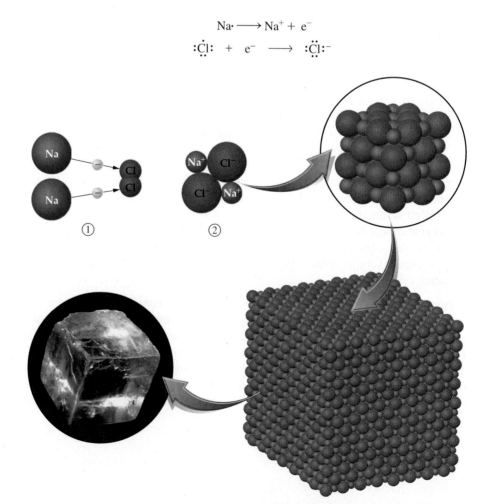

▶ Figure 6.4
Formation d'un cristal de chlorure de sodium
Le schéma que l'on voit en haut à gauche (étapes 1 et 2) illustre la for-mation de deux paires d'ions à partir de deux atomes de sodium et d'une molécule de chlore. Au cours de la formation d'un cristal NaCl, chaque ion Na^+ (représenté par une petite boule violette) est entouré de six ions Cl^- (représentés par des boules vertes plus grosses). De même, chaque ion Cl^- est entouré de six ions Na^+. La répétition de cet arrangement un nombre considérable de fois donne un cristal de chlorure de sodium (en bas, à gauche).

Puisqu'il s'agit de processus simultanés, on peut également décrire le résultat à l'aide d'une équation.

$$Na \cdot \ + \ :\ddot{Cl}: \ \longrightarrow \ Na^+ \ + \ :\ddot{Cl}:^-$$

Voici, comme second exemple, la réaction du magnésium — un métal du groupe IIA — avec l'oxygène — un élément du groupe VIB — qui donne un solide blanc stable, cristallin : l'oxyde de magnésium (MgO).

$$Mg \cdot \ + \ \cdot \ddot{O}: \ \longrightarrow \ Mg^{2+} \ + \ :\ddot{O}:^{2-}$$

Habituellement, le déplacement d'un seul électron (du sodium vers le chlore) est indiqué par une flèche à demi-pointe.

Pour acquérir la configuration électronique du néon (un gaz noble), un atome de magnésium doit céder deux électrons, alors qu'un atome d'oxygène doit en acquérir deux.

Il arrive qu'un atome qui, tel l'oxygène, a besoin de deux électrons pour former un octet, réagisse avec des atomes de lithium, lesquels ne peuvent céder qu'un électron. Dans ce cas, il faut *deux* atomes de lithium pour chaque atome d'oxygène, et la réaction forme de l'oxyde de lithium, Li_2O.

$$\begin{array}{l} Li \cdot \\ \quad + \ \cdot \ddot{O}: \\ Li \cdot \end{array} \longrightarrow \begin{array}{l} Li^+ \\ \\ Li^+ \end{array} + \ :\ddot{O}:^{2-} \quad ou \quad 2\,Li \cdot \ + \ \cdot \ddot{O}: \ \longrightarrow \ 2\,Li^+ \ + \ :\ddot{O}:^{2-}$$

Un atome de lithium ne possède que trois électrons. Lorsqu'il en perd un pour se transformer en Li^+, il acquiert la configuration électronique de l'hélium : $1s^2$.

EXEMPLE **6.2**

Représentez la formation des liaisons ioniques entre des atomes de magnésium et d'azote au moyen de notations de Lewis. Donnez le nom et la formule du composé formé.

➔ Stratégie

Il faut d'abord déterminer combien d'électrons l'atome de magnésium doit perdre et combien d'électrons l'atome d'azote doit gagner pour que les ions formés possèdent la configuration électronique d'un gaz noble. Ensuite, nous pouvons écrire les notations de Lewis pour les ions et ce, dans les proportions qui donnent une entité formulaire neutre, de laquelle nous pourrons déduire la formule et le nom du composé.

➔ Solution

Pour acquérir la configuration électronique d'un gaz noble, un atome de magnésium (groupe IIA) doit céder ses deux électrons de valence, et un atome d'azote (groupe VB) doit acquérir trois électrons dans sa couche de valence. La formation d'une entité formulaire électriquement neutre nécessite le transfert à l'atome d'azote de tous les électrons cédés par l'atome de magnésium ; donc *trois* atomes de magnésium perdent au total *six* électrons, et *deux* atomes d'azote en acquièrent *six* en tout.

$$\begin{array}{ccc} \cdot \ddot{N} \cdot & & \cdot \ddot{N} \cdot \\ & + & \\ Mg \cdot & Mg \cdot & Mg \cdot \end{array} \longrightarrow 3\,Mg^{2+} \ + \ 2\,:\ddot{N}:^{3-}$$

Le composé produit est le nitrure de magnésium, Mg_3N_2.

EXERCICE 6.2 A ▶

Représentez la formation des liaisons ioniques entre des atomes de baryum et d'iode au moyen de notations de Lewis. Donnez le nom et la formule du composé formé.

EXERCICE 6.2 B

Représentez la formation des liaisons ioniques d'une molécule d'oxyde d'aluminium au moyen de notations de Lewis.

6.5 Les variations d'énergie associées à la formation d'un composé ionique

La figure 6.2 (page 252) montre la diminution de l'énergie potentielle qui se produit lorsque deux atomes d'hydrogène forment une molécule H_2. Ainsi, au cours de la formation de liaisons ioniques entre les métaux et les non-métaux, on s'attend aussi à voir l'énergie potentielle diminuer. Voyons ce qui se passe dans le cas du chlorure de sodium.

L'énergie requise pour extraire l'électron de valence d'un atome de sodium gazeux est égale à l'*énergie de première ionisation* (I_1) du sodium. L'énergie qui est libérée lorsqu'un atome de chlore gazeux fixe un électron est égale à l'*affinité électronique* (*AE*) du chlore.

$$Na(g) \longrightarrow Na^+(g) + e^- \qquad I_1 = +496 \text{ kJ/mol}$$

$$Cl(g) + e^- \longrightarrow Cl^-(g) \qquad AE = -349 \text{ kJ/mol}$$

La variation totale d'énergie qui accompagne le transfert d'un électron d'un atome isolé de sodium à un atome isolé de chlore est égale à $(496 - 349)$ kJ/mol $= +147$ kJ/mol. Si on tient compte uniquement de ce calcul, la formation simultanée de cations isolés de sodium et d'anions isolés de chlore à partir d'atomes de gaz nécessite un apport d'énergie. Cependant, bien d'autres facteurs entrent en jeu.

D'abord, dans la réaction illustrée à la figure 6.3 (page 255), c'est du sodium *solide*, Na(s), qui réagit avec du chlore *gazeux*, $Cl_2(g)$, pour produire du chlorure de sodium *solide*, NaCl(s). La variation de l'énergie associée à la réaction dans son ensemble est l'**enthalpie standard de formation** (ΔH_f°) de NaCl(s).

Enthalpie standard de formation (ΔH_f°)
Variation de la quantité d'énergie lorsque une mole d'une substance se forme à partir de ses éléments, les produits et les réactifs étant dans leurs états standards.

$$Na(s) + \frac{1}{2} Cl_2(g) \longrightarrow NaCl(s) \qquad \Delta H_f^\circ = -411 \text{ kJ}$$

Le fait que l'enthalpie de formation est négative indique que la réaction produit de l'énergie. Autrement dit, le système perd de l'énergie et le composé ionique NaCl(s) est dans un état d'énergie inférieur à celui de ses éléments constitutifs. On arrive à la même conclusion en analysant un processus *hypothétique* à plusieurs étapes, appelé *cycle de Born-Haber*.

Il faut d'abord trouver une méthode pour convertir en plusieurs étapes du Na(s) et du $Cl_2(g)$ en NaCl(s), et chaque étape doit être définie de manière qu'il soit possible de calculer la valeur de ΔH. L'ensemble des étapes constitue la réaction qui donne une mole de NaCl(s) à partir d'une mole de Na(s), et d'une demi-mole de $Cl_2(g)$. Selon une loi formulée par Germain Hess (1802-1850), la somme des valeurs de ΔH obtenues aux différentes étapes est égale à la ΔH_f° pour NaCl(s).

Chaque étape est décrite ci-dessous et est représentée par l'équation de gauche; à droite, nous indiquons la variation d'enthalpie (ΔH). Le diagramme de la **figure 6.5** représente l'ensemble du processus.

Le point de départ : 1 mol de Na(s) et $\frac{1}{2}$ mol de $Cl_2(g)$

La réaction, étape par étape :

1. *La conversion des atomes solides Na en atomes gazeux*
L'énergie requise pour convertir une mole d'un solide en gaz est appelée *enthalpie de sublimation*. Elle est, pour 1 mol de Na(s), de 107 kJ.

$$Na(s) \longrightarrow Na(g) \qquad \Delta H_1 = +107 \text{ kJ}$$

2. *La dissociation des molécules Cl₂ en atomes Cl*

L'énergie requise pour briser les liaisons d'une mole de molécules est appelée *énergie de liaison*. Elle est de 243 kJ/mol pour le $Cl_2(g)$. L'énergie requise pour briser les liaisons de $\frac{1}{2}$ mol de $Cl_2(g)$ est donc égale à $\frac{1}{2}$ mol $\times$ 243 kJ/mol = 122 kJ.

$$\tfrac{1}{2}Cl_2(g) \longrightarrow Cl(g) \qquad\qquad \Delta H_2 = +122 \text{ kJ}$$

3. *La formation d'ions Na⁺(g) à la suite de l'ionisation d'atomes Na(g)*

L'énergie requise pour convertir 1 mol de Na(g) en 1 mol de $Na^+(g)$ est égale à la première énergie d'ionisation : $I_1 = 496$ kJ/mol.

$$Na(g) \longrightarrow Na^+(g) + e^- \qquad\qquad \Delta H_3 = +496 \text{ kJ}$$

4. *La conversion d'atomes Cl(g) en ions Cl⁻(g)*

L'énergie dégagée lors de la conversion de 1 mol de Cl(g) en 1 mol de $Cl^-(g)$ est égale à l'affinité électronique : AE = −349 kJ/mol.

$$Cl(g) + e^- \longrightarrow Cl^-(g) \qquad\qquad \Delta H_4 = -349 \text{ kJ}$$

5. *L'agencement d'ions Na⁺ et d'ions Cl⁻ en un cristal*

Il y a formation de 1 mol de NaCl(s) à partir de 1 mol de $Na^+(g)$ et de 1 mol de $Cl^-(g)$. L'énergie dégagée lors de la formation de une mole d'un solide ionique à partir des ions gazeux constitutifs est appelée **énergie de réseau**. Dans le cas de NaCl(s), elle est de −787 kJ.

$$Na^+(g) + Cl^-(g) \longrightarrow NaCl(s) \qquad\qquad \Delta H_5 = -787 \text{ kJ}$$

Énergie de réseau

Énergie dégagée lors de la formation de une mole d'un solide ionique à partir des ions gazeux constitutifs.

Le résultat : 1 mol de NaCl(s)

La réaction globale :

$$Na(s) + \tfrac{1}{2}Cl_2(g) \longrightarrow NaCl(s)$$

$$\Delta H_f^\circ = \Delta H_1 + \Delta H_2 + \Delta H_3 + \Delta H_4 + \Delta H_5 = -411 \text{ kJ}$$

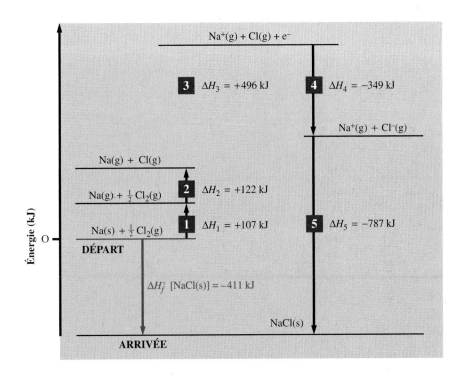

◀ **Figure 6.5**
Cycle de Born-Haber pour 1 mol de chlorure de sodium

Le schéma indique le point de départ du cycle de Born-Haber ainsi que les cinq étapes qu'il comprend. (Les valeurs de ΔH ne sont pas à l'échelle.) La somme des cinq variations d'enthalpie (ΔH_1 à ΔH_5) est égale à ΔH_f°. La formule indiquée en rouge correspond à la réaction équivalente, qui donne du NaCl(s) directement à partir de Na(s) et de 1/2 mol de $Cl_2(g)$.

L'analyse décrite à la page précédente montre que la formation d'un composé ionique dégage de l'énergie en bonne partie parce que l'énergie de réseau (ΔH_5) est négative et grande en valeur absolue. En pratique, il est impossible de mesurer directement l'énergie de réseau. On utilise généralement le cycle de Born-Haber pour calculer celle-ci à l'aide de diverses quantités mesurées, comme l'illustre l'exemple 6.3.

EXEMPLE 6.3

Déterminez l'énergie de réseau de $MgF_2(s)$ à l'aide des données suivantes : l'enthalpie de sublimation du magnésium : +146 kJ/mol ; l'énergie d'ionisation : I_1 pour le magnésium : +738 kJ/mol ; I_2 pour le magnésium : +1451 kJ ; l'énergie de liaison de $F_2(g)$: +159 kJ/mol de F_2 ; l'affinité électronique du fluor : −328 kJ/mol de F ; l'enthalpie de formation de $MgF_2(s)$: −1124 kJ/mol.

➜ Stratégie

La démarche diffère en trois points de celle qui est employée dans le cas de NaCl(s). (1) Le cristal de $MgF_2(s)$ est formé de *deux* anions pour chaque cation. Dans l'étape de dissociation de $F_2(g)$, nous devons utiliser la valeur de l'énergie de liaison d'*une* mole de $F_2(g)$, de manière à obtenir *deux* moles de F(g). De même, dans l'étape où intervient l'affinité électronique, il faut produire *deux* moles de $F^-(g)$ et non une seule. (2) Comme la charge d'un cation magnésium est de 2+, l'ionisation doit se faire en *deux* étapes, et elle fait intervenir à la fois I_1 et I_2. (3) L'enthalpie de formation de $MgF_2(s)$ est donnée, et l'inconnue est l'énergie de réseau.

➜ Solution

Nous procédons donc comme suit.

$$Mg(s) \longrightarrow Mg(g) \qquad \Delta H_1 = +146 \text{ kJ}$$
$$F_2(g) \longrightarrow 2F(g) \qquad \Delta H_2 = +159 \text{ kJ}$$
$$Mg(g) \longrightarrow Mg^+(g) + e^- \qquad \Delta H_3 = +738 \text{ kJ}$$
$$Mg^+(g) \longrightarrow Mg^{2+}(g) + e^- \qquad \Delta H_4 = +1451 \text{ kJ}$$
$$2F(g) + 2e^- \longrightarrow 2F^-(g) \qquad \Delta H_5 = -2 \times 328 \text{ kJ}$$
$$Mg^{2+}(g) + 2F^-(g) \longrightarrow MgF_2(s) \qquad \Delta H_6 = \text{Énergie de réseau}$$

Réaction globale $$Mg(s) + F_2(g) \longrightarrow MgF_2(s) \qquad \Delta H_f^\circ = -1124 \text{ kJ}$$

$\Delta H_f^\circ = -1124 \text{ kJ} = (146 + 159 + 738 + 1451 - 656) \text{ kJ} + \text{énergie de réseau}$

Énergie de réseau $= (-1124 - 146 - 159 - 738 - 1451 + 656) \text{ kJ} = -2962 \text{ kJ}$

Donc, l'énergie de réseau est de −2962 kJ/mol de $MgF_2(s)$.

➜ Évaluation

Comme dans les autres applications de la loi de Hess, nous devons nous assurer que chaque différence d'enthalpie est écrite avec le bon signe et que, après avoir annulé toutes les espèces intermédiaires dans les équations individuelles, nous obtenons bien l'équation globale. Une dernière vérification s'impose : le signe de l'énergie de réseau. Celle-ci doit être négative, car lorsque des ions gazeux s'assemblent dans un cristal, il y a libération d'énergie. Or, par définition une énergie libérée est négative.

EXERCICE 6.3 A

Dans le cas du lithium, l'enthalpie de sublimation est de +161 kJ/mol et la première énergie d'ionisation est de +520 kJ/mol. L'énergie de liaison du fluor est de +159 kJ/mol de F_2, et son affinité électronique est de −328 kJ/mol. Enfin, l'énergie de réseau du LiF est de −1047 kJ/mol. Calculez la variation globale d'enthalpie associée à la réaction

$$Li(s) + \frac{1}{2} F_2(g) \longrightarrow LiF(s) \qquad \Delta H_f^\circ = ?$$

EXERCICE 6.3 B

À l'aide des données fournies dans la présente section et de la valeur de l'enthalpie de formation du chlorure de lithium, soit $\Delta H_f^\circ = -409$ kJ/mol de LiCl(s), déterminez l'énergie de réseau de ce composé.

Les liaisons covalentes

La figure 6.2 (page 252) indique que l'énergie potentielle de chacun des deux atomes d'hydrogène liés dans une molécule H_2 est inférieure à l'énergie potentielle d'un atome isolé d'hydrogène. Cependant, la liaison établie entre ces atomes ne peut être ionique. Un atome d'hydrogène ne peut s'approprier un électron d'un autre atome d'hydrogène puisque l'affinité électronique des deux particules est la même. Leur énergie d'ionisation ($I_1 = 1312$ kJ/mol) est également élevée, ce qui indique qu'il est très difficile d'extraire un électron d'un atome d'hydrogène. Selon Lewis, dans de tels cas, la liaison chimique est constituée d'un doublet d'électrons *commun* aux deux atomes liés : il s'agit d'une **liaison covalente**.

$$H\cdot \;+\; \cdot H \longrightarrow H\!:\!H$$

Liaison covalente : un doublet d'électrons commun

Liaison covalente

Liaison chimique constituée d'un doublet d'électrons commun aux deux atomes liés.

6.6 Les structures de Lewis de quelques molécules simples

La représentation d'une molécule H_2 du type H : H est appelée **structure de Lewis**. Celle-ci est un ensemble de notations de Lewis qui représente la formation de liaisons covalentes entre des atomes.

Structure de Lewis

Ensemble de notations de Lewis qui représente la formation de liaisons covalentes entre des atomes et qui indique dans quelles proportions ceux-ci se combinent.

- Une structure de Lewis indique dans quelles proportions les atomes se combinent.

- Dans la majorité des cas, une structure de Lewis indique que les atomes liés acquièrent la configuration électronique d'un gaz noble, c'est-à-dire que les atomes respectent la règle de l'*octet*. (Les atomes d'hydrogène sont toutefois régis par la règle du *doublet*.)

Lorsqu'on écrit la structure de Lewis de H_2 et que l'on compte les électrons communs participant à la liaison, on remarque que chaque atome semble avoir deux électrons dans sa couche de valence, ce qui correspond à la configuration électronique de l'hélium.

On sait que le chlore existe notamment sous la forme de molécules diatomiques, Cl_2. Les atomes de chlore sont alors unis, eux aussi, par une liaison covalente.

$$:\!\ddot{C}l\cdot \;+\; \cdot\ddot{C}l\!: \longrightarrow :\!\ddot{C}l\!:\!\ddot{C}l\!:$$

Encore une fois, si, pour un atome Cl faisant partie de la structure de Lewis de Cl_2, on compte les électrons communs de la liaison, le nombre d'électrons de la couche de valence d'un atome de chlore est *huit* : chaque atome de chlore est régi par la règle de l'octet.

Doublet liant

Ensemble de deux électrons mis en commun entre deux atomes d'une molécule.

Doublet libre

Ensemble de deux électrons isolés, c'est-à-dire non partagés, d'un atome.

Les deux électrons mis en commun entre deux atomes d'une molécule sont appelés **doublets liants**. Les autres électrons, sur un seul atome et non partagés, sont appelés **doublets libres**. Les doublets liants (:) et libres (:) d'une molécule Cl_2 sont représentés ci-dessous. On représente aussi couramment un doublet liant par un trait (—).

$$\overset{\text{— Doublet liant —}}{:\!\ddot{C}l\!:\!\ddot{C}l\!:} \qquad :\!\ddot{C}l\!-\!\ddot{C}l\!:$$
Doublet libre

Les non-métaux de la *deuxième période* (à l'exception du bore) forment généralement des liaisons covalentes dont le nombre est égal à *huit, moins le numéro du groupe*. Ainsi, le fluor (groupe VIIB) forme *une* liaison; l'oxygène (groupe VIB), *deux* liaisons; l'azote (groupe VB), *trois* liaisons; le carbone (groupe IVB), *quatre* liaisons. La **figure 6.6** illustre ce principe dans le cas des molécules HF, H_2O, NH_3 et CH_4. Même si les structures de Lewis évoquent une certaine disposition des atomes dans les molécules, elles ne permettent *pas* à elles seules de prédire la forme exacte de celles-ci. Il est tout aussi valable d'écrire la structure de Lewis de l'eau sur une ligne ($H\!-\!\ddot{O}\!-\!H$) qu'en formant un angle droit, comme dans la figure 6.6. Nous verrons, au chapitre 7, comment on peut prédire la géométrie d'une molécule.

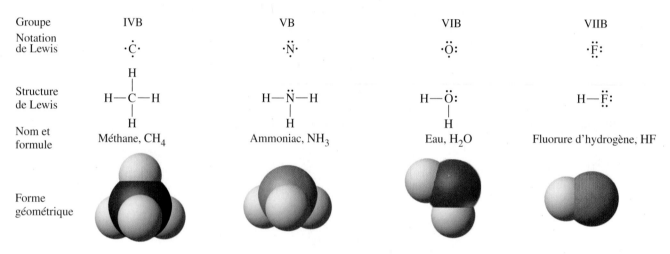

Groupe	IVB	VB	VIB	VIIB
Notation de Lewis	$\cdot\dot{C}\cdot$	$\cdot\dot{N}\cdot$	$\cdot\ddot{O}:$	$\cdot\ddot{F}:$
Structure de Lewis	$H\!-\!\overset{\displaystyle H}{\underset{\displaystyle H}{C}}\!-\!H$	$H\!-\!\overset{}{\underset{\displaystyle H}{\ddot{N}}}\!-\!H$	$H\!-\!\overset{}{\underset{\displaystyle H}{\ddot{O}}}:$	$H\!-\!\ddot{F}:$
Nom et formule	Méthane, CH_4	Ammoniac, NH_3	Eau, H_2O	Fluorure d'hydrogène, HF
Forme géométrique				

▲ **Figure 6.6   Quatre composés hydrogénés d'un non-métal appartenant à la deuxième période**
On déduit la formule des quatre molécules à partir de leur notation de Lewis. La forme géométrique des molécules est prédite au moyen des méthodes décrites dans le chapitre 7 ou elle est déterminée expérimentalement de façon précise.

Les liaisons covalentes de coordinence

Liaison covalente de coordinence

Liaison covalente formée à partir des deux électrons d'un doublet libre d'un même atome.

Dans les molécules considérées jusqu'ici, soit H_2, Cl_2, HF, H_2O, NH_3 et CH_4, chacun des atomes liés fournit l'un des électrons d'un doublet commun présent dans une liaison. Il existe cependant des cas où un même atome utilise ses *deux* électrons d'un doublet libre pour former une liaison: on dit alors qu'il s'agit d'une **liaison covalente de coordinence**.

Que se passe-t-il lorsqu'on ajoute un acide (soit une substance qui produit des ions H^+ en s'ionisant) à de l'eau? L'atome d'oxygène de certaines molécules d'eau s'unit à un ion H^+ pour former une liaison covalente au moyen d'un doublet libre. L'ion H^+ ne contribue *pas* d'électrons à la liaison puisqu'il n'en possède pas. Il s'agit d'une liaison covalente de coordinence.

$$H^+ \; + \; :\!\overset{}{\underset{\displaystyle H}{\ddot{O}}}\!:\!H \; \longrightarrow \; \left[H\!:\!\overset{}{\underset{\displaystyle H}{\ddot{O}}}\!:\!H \right]^+ \quad \text{ou} \quad \left[H\!-\!\overset{}{\underset{\displaystyle H}{\ddot{O}}}\!-\!H \right]^+$$

La charge positive de l'ion H⁺ est alors associée à l'entité ionique H_3O^+, et non à un atome particulier d'hydrogène. Une fois qu'elles sont formées, il est impossible de distinguer les trois liaisons $O—H$. Comme elles sont identiques, on ne peut pas déterminer laquelle des trois est la liaison covalente de coordinence. Un peu comme c'est le cas au cours de la formation de H_3O^+, l'atome d'azote de l'ammoniac (NH_3) peut former une quatrième liaison avec un ion H⁺ au moyen de son doublet libre. Il s'agit d'une liaison covalente de coordinence, et le produit est un *ion ammonium*, NH_4^+.

$$H^+ \; + \; :\overset{\overset{\displaystyle H}{..}}{\underset{\underset{\displaystyle H}{..}}{N}}:H \; \longrightarrow \; \left[\overset{\overset{\displaystyle H}{..}}{H:\underset{\underset{\displaystyle H}{..}}{N}:H} \right]^+ \; ou \; \left[\underset{\underset{\displaystyle H}{|}}{\overset{\overset{\displaystyle H}{|}}{H—N—H}} \right]^+$$

Dans ce cas également, après que l'ion s'est formé, les quatre liaisons $N—H$ de NH_4^+ sont toutes identiques, de sorte qu'il est impossible de déterminer laquelle est la liaison covalente de coordinence.

Les liaisons covalentes multiples

Toutes les liaisons covalentes étudiées jusqu'ici sont dues au partage d'un doublet d'électrons : c'est ce qu'on appelle une **liaison simple**. Deux atomes liés peuvent également partager plus d'un doublet d'électrons : c'est ce qu'on appelle une **liaison multiple**. On appelle **liaison double** la liaison covalente qui unit deux atomes par le partage de *deux* doublets d'électrons, et **liaison triple** la liaison covalente qui unit deux atomes par le partage de *trois* doublets d'électrons

Voici comment on écrit la structure de Lewis dans le cas de liaisons multiples. On pourrait faire une première approximation de la structure de Lewis du gaz carbonique, CO_2, et la représenter de la façon suivante :

$$:\overset{..}{\underset{..}{O}}\cdot \; + \; \cdot\overset{..}{C}\cdot \; + \; \cdot\overset{..}{\underset{..}{O}}: \; \longrightarrow \; :\overset{..}{\underset{..}{O}}:\overset{}{C}:\overset{..}{\underset{..}{O}}: \; ou \; :\overset{..}{\underset{..}{O}}—\overset{}{\underset{}{C}}—\overset{..}{\underset{..}{O}}: \qquad (inexact)$$

Toutefois, cette structure est inexacte puisque aucun atome n'acquiert un octet dans sa couche de valence. Par contre, en plaçant les quatre électrons non appariés dans les régions comprises entre les atomes de carbone et d'oxygène, on obtient une structure valable : la couche de valence de chaque atome satisfait la règle de l'octet.

$$:\overset{..}{\underset{..}{O}}\overset{\frown}{}\overset{}{C}\underset{\smile}{}\overset{..}{\underset{..}{O}}: \; \longrightarrow \; :\underset{..}{O}{=}C{=}\overset{..}{O}:$$

Chacun des atomes d'oxygène est uni à l'atome de carbone par une liaison double. On représente chaque doublet d'électrons par un trait, de sorte que deux traits parallèles représentent une liaison double.

La première approximation ci-dessous de la structure de Lewis d'une molécule d'azote, N_2, est évidemment inexacte : aucun des deux atomes d'azote ne compte huit électrons dans sa couche de valence.

$$:\overset{}{\underset{..}{N}}\cdot \; + \; \cdot\overset{}{\underset{..}{N}}: \; \longrightarrow \; :\overset{}{\underset{..}{N}}:\overset{}{\underset{..}{N}}: \; ou \; :\overset{}{\underset{..}{N}}—\overset{}{\underset{..}{N}}: \qquad (inexact)$$

Dans le cas présent, on atteint l'octet pour chaque atome d'azote en plaçant tous les électrons non appariés dans la région comprise entre les deux atomes.

$$:\overset{\frown}{\underset{\smile}{N}}\overset{}{\underset{..}{N}}: \; \longrightarrow \; :N{\equiv}N:$$

On obtient ainsi une liaison triple. Comme dans le cas des liaisons simples ou doubles, on représente chaque doublet d'électrons par un trait.

Liaison simple

Liaison covalente dans laquelle deux atomes partagent un doublet d'électrons.

Liaison multiple

Liaison covalente dans laquelle deux atomes partagent deux doublets (liaison double) ou trois doublets (liaison triple) d'électrons.

Liaison double

Liaison covalente dans laquelle deux atomes partagent deux doublets d'électrons.

Liaison triple

Liaison covalente dans laquelle deux atomes partagent trois doublets d'électrons.

L'importance des données expérimentales

Si on tente d'écrire la structure de Lewis d'une molécule d'oxygène (O_2) en appliquant la méthode utilisée pour CO_2 et N_2, on obtient une structure comportant une liaison double.

$$:\overset{..}{\underset{.}{O}}\cdot \; + \; \cdot\overset{..}{\underset{.}{O}}: \; \longrightarrow \; :\overset{..}{O}\!=\!\overset{..}{O}:$$

Bien qu'elle soit conforme à la règle de l'octet (chaque atome possède huit électrons de valence), cette structure de Lewis ne tient *pas* compte d'une importante propriété de l'oxygène moléculaire (O_2). En effet, comme l'indique la **figure 6.7**, l'oxygène est *paramagnétique* : une molécule O_2 renferme nécessairement des électrons non appariés. Même si une structure de Lewis semble très plausible, on ne peut pas la considérer comme exacte si elle ne tient pas compte de toutes les données *expérimentales* existantes. Nous fournirons une structure plus satisfaisante de la molécule O_2 au chapitre 7.

Dans la prochaine section, nous examinerons les liaisons formées par le partage *inégal* d'une paire d'électrons entre des atomes. Ce phénomène fait intervenir un concept important, l'électronégativité, que nous appliquerons à l'écriture de structures de Lewis dans la section 6.8.

▶ Figure 6.7
**Caractère paramagnétique
de l'oxygène**

L'oxygène liquide subit l'attraction d'un champ magnétique localisé entre les deux pôles d'un gros aimant. Ce comportement est caractéristique des substances paramagnétiques (page 349).

6.7 Les liaisons covalentes polaires et l'électronégativité

Les atomes des métaux peuvent céder des électrons à des atomes de non-métaux de manière à former des liaisons ioniques. Des atomes identiques se combinent en partageant des doublets d'électrons au moyen de liaisons covalentes. Quelle sorte de liaison se forme entre des atomes différents qui ne sont pas assez dissemblables pour s'unir au moyen de liaisons ioniques ? La liaison entre un atome d'hydrogène et un atome de chlore fournit un bon exemple permettant de répondre à cette question.

L'électronégativité

Dans une molécule HCl, l'atome d'hydrogène et l'atome de chlore partagent un doublet d'électrons, comme l'indique la structure de Lewis suivante.

$$H\cdot \; + \; \cdot\overset{..}{\underset{..}{C}}l: \; \longrightarrow \; H\!:\!\overset{..}{\underset{..}{C}}l: \quad \text{ou} \quad H\!-\!\overset{..}{\underset{..}{C}}l:$$

Cette structure n'indique cependant pas qu'il existe un partage inégal des électrons communs entre les deux atomes. L'atome de chlore attire plus fortement les électrons que ne le fait l'atome d'hydrogène.

Dans le chapitre 5, nous avons décrit deux propriétés atomiques qui sont liées dans une certaine mesure à l'attraction que le noyau exerce sur les électrons. Ces propriétés sont l'énergie d'ionisation et l'affinité électronique. Un atome a d'autant plus tendance à retenir ses électrons que son énergie d'ionisation est grande, et il a d'autant plus tendance à capter un électron que son affinité électronique est grande en valeur absolue. Cependant, ces propriétés sont vérifiées uniquement pour les atomes isolés des gaz, et non pour les atomes liés d'une molécule. L'**électronégativité (EN)** d'un atome est fonction de l'énergie d'ionisation et de l'affinité électronique : c'est l'intensité de la force d'attraction qu'il exerce sur des électrons contenus dans une liaison lorsqu'il fait partie d'une molécule.

> *Plus l'électronégativité d'un atome est grande, plus cet atome attire intensément les électrons d'une liaison qui l'unit à un autre atome dans une molécule.*

L'électronégativité d'un atome de chlore est plus grande que celle d'un atome d'hydrogène.

Ce sont les atomes des éléments situés dans le coin supérieur droit du tableau périodique, soit les atomes non métalliques relativement petits, qui attirent le plus fortement les électrons : leur électronégativité est plus grande que celle des autres atomes. Par ailleurs, ce sont les atomes des éléments situés dans le coin inférieur gauche du tableau périodique, soit les atomes métalliques relativement volumineux, qui attirent le moins les électrons : leur électronégativité est plus faible que celle des autres atomes. Il existe plusieurs échelles d'électronégativité, dont chacune présente des particularités. Ainsi, la valeur de l'électronégativité d'un élément varie selon l'échelle utilisée. Dans l'échelle conçue par Linus Pauling (**figure 6.8**), la valeur la plus élevée, soit 4,0, est assignée au fluor, qui est l'élément dont les caractéristiques non métalliques sont les plus marquées et dont l'électronégativité est la plus grande. L'électronégativité des éléments dont les caractéristiques métalliques sont les plus marquées est inférieure ou égale à environ 1,0.

Quelle que soit l'échelle d'électronégativité utilisée, on observe deux tendances générales.

> *À l'intérieur d'une période, l'électronégativité croît généralement de gauche à droite.*

Linus Pauling (1901-1994) a généralisé la théorie de Lewis en appliquant la théorie quantique. Il a résumé ses travaux dans un ouvrage de 1939, publié en français sous le titre *La nature de la liaison chimique et la structure des molécules et des cristaux*. Pauling a reçu le prix Nobel de chimie en 1954, et le prix Nobel de la paix en 1962 pour sa lutte en vue de limiter les armes nucléaires. Ses efforts ont contribué à la signature, en 1963, du traité sur l'interdiction des essais nucléaires. Vers la fin de sa vie, Pauling s'est intéressé aux effets thérapeutiques de l'absorption de doses massives de vitamines et, en particulier, de vitamine C. Les théories de Pauling à propos des vitamines font l'objet de controverses, mais elles suscitent encore aujourd'hui des recherches.

Électronégativité (EN)

Intensité de la force d'attraction d'un atome sur les électrons le liant à un autre atome dans une molécule ; cette propriété est fonction de l'énergie d'ionisation et de l'affinité électronique.

▼ Figure 6.8 **Échelle d'électronégativité de Pauling**

Les valeurs indiquées sont tirées de l'ouvrage de Pauling, *The Nature of the Chemical Bond*, 3ᵉ éd., Ithaca, NY, Cornell University, 1960, page 93. (Des chercheurs ont modifié par la suite certaines de ces valeurs.) Comme le krypton et le xénon sont les seuls gaz nobles dont il existe des composés, et que ceux-ci sont peu nombreux, l'électronégativité des éléments du groupe VIIIB n'est pas donnée.

Moins de 1,0 | 2,0—2,4
1,0—1,4 | 2,5—2,9
1,5—1,9 | 3,0—4,0

Période	IA	IIA	IIIA	IVA	VA	VIA	VIIA	VIIIA			IB	IIB	IIIB	IVB	VB	VIB	VIIB
1	H 2,1																
2	Li 1,0	Be 1,5											B 2,0	C 2,5	N 3,0	O 3,5	F 4,0
3	Na 0,9	Mg 1,2											Al 1,5	Si 1,8	P 2,1	S 2,5	Cl 3,0
4	K 0,8	Ca 1,0	Sc 1,3	Ti 1,5	V 1,6	Cr 1,6	Mn 1,5	Fe 1,8	Co 1,8	Ni 1,8	Cu 1,9	Zn 1,7	Ga 1,6	Ge 1,8	As 2,0	Se 2,4	Br 2,8
5	Rb 0,8	Sr 1,0	Y 1,2	Zr 1,4	Nb 1,6	Mo 1,8	Tc 1,9	Ru 2,2	Rh 2,2	Pd 2,2	Ag 1,9	Cd 1,7	In 1,7	Sn 1,8	Sb 1,9	Te 2,1	I 2,5
6	Cs 0,7	Ba 0,9	La* 1,1	Hf 1,3	Ta 1,5	W 1,7	Re 1,9	Os 2,2	Ir 2,2	Pt 2,2	Au 2,4	Hg 1,9	Tl 1,8	Pb 1,8	Bi 1,9	Po 2,0	At 2,2
7	Fr 0,7	Ra 0,9	Ac† 1,1														

*Lanthanides : 1,1–1,3
†Actinides : 1,3–1,5

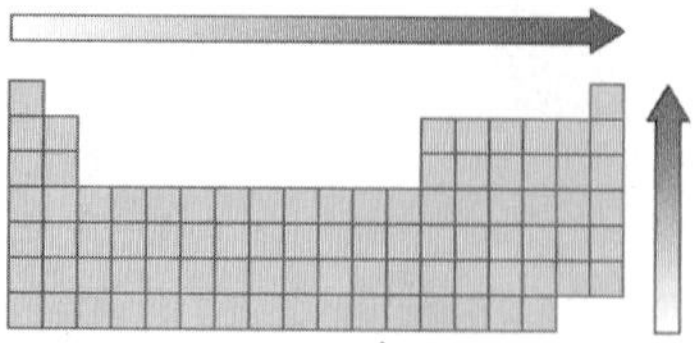

Électronégativité
croissante

Électronégativité
croissante

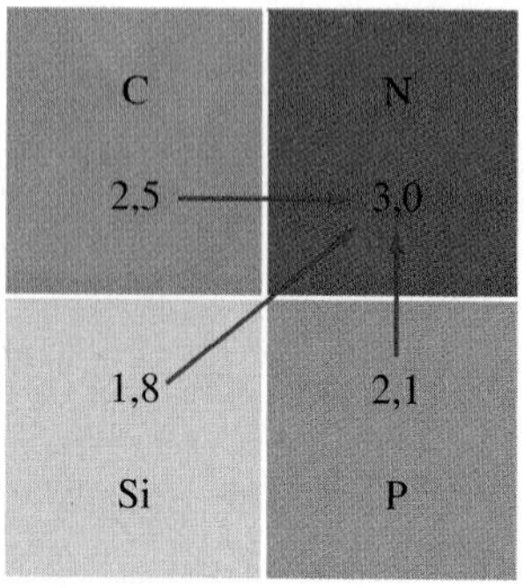

▲ Figure 6.9
L'électronégativité
d'un élément et sa position
dans le tableau périodique
En général, l'électronégativité croît
selon la direction indiquée par les
flèches rouges.

RÉSOLUTION DE PROBLÈMES
Au chapitre 2, nous avons utilisé
une portion du tableau périodique
(figure 2.8, page 57) pour déterminer quel symbole d'un élément
vient en premier dans l'écriture de
la formule d'un composé. Nous
sommes maintenant en mesure
d'énoncer la règle sous une forme
plus rationnelle : le symbole de
l'élément dont l'électronégativité
est la plus faible vient généralement en premier.

La figure 6.8 indique qu'il n'existe aucune exception dans la seconde période. L'électronégativité augmente régulièrement d'environ 0,5 par élément, du lithium, à gauche, jusqu'au
fluor, à droite. Dans les autres périodes, on observe des exceptions.

*À l'intérieur d'un groupe, l'électronégativité croît généralement de bas
en haut.*

L'électronégativité du chlore est inférieure à celle du fluor, et celle du soufre est
inférieure à celle de l'oxygène. Il n'est pas aussi simple de comparer l'électronégativité
de deux éléments qui n'appartiennent pas à une même période ni à un même groupe.
En général, si on compare deux éléments, l'électronégativité de l'élément situé au-
dessus et(ou) à droite est plus grande que celle de l'élément situé en dessous et(ou) à
gauche (**figure 6.9**).

EXEMPLE 6.4

En vous reportant uniquement au tableau périodique de la deuxième face de couverture,
disposez les éléments de chaque ensemble par ordre croissant de leur électronégativité probable
(de la plus petite à la plus grande valeur). **a)** Cl, Mg, Si ; **b)** As, N, Sb ; **c)** As, Se, Sb.

➔ Stratégie

Notre tâche consiste à appliquer aux éléments énumérés les tendances générales de la variation
de l'électronégativité que l'on observe dans le tableau périodique. Dans la question *a*, nous
considérons la tendance dans une période (la troisième) ; dans la question *b*, la tendance dans
un groupe, et dans la question *c*, les tendances qui se manifestent lorsqu'on tient compte d'un
groupe et d'une période.

➔ Solution

a) À l'intérieur d'une période (dans le cas présent, de la troisième période), l'électronégativité
croît de gauche à droite. Donc, Mg < Si < Cl.

b) À l'intérieur d'un groupe (dans le cas présent, du groupe VB), l'électronégativité croît de
bas en haut. Donc, Sb < As < N.

c) Les éléments As et Se appartiennent à une même période, et Se est situé à droite de As.
L'électronégativité de Se devrait donc être plus grande que celle de As. Par ailleurs, les
éléments As et Sb appartiennent à un même groupe, et As est au-dessus de Sb.
L'électronégativité de As devrait donc être plus grande que celle de Sb. Ainsi, nous avons
Sb < As < Se.

EXERCICE 6.4 A

En vous reportant uniquement au tableau périodique présenté en deuxième face de couverture,
disposez les éléments de chaque ensemble par ordre croissant de leur électronégativité probable.
a) Ba, Be, Ca ; **b)** Ga, Ge, Se ; **c)** Cl, S, Te ; **d)** Bi, P, S.

EXERCICE 6.4 B

En vous reportant uniquement au tableau périodique de la deuxième face de couverture,
disposez les éléments suivants par ordre décroissant de leur électronégativité probable :
scandium, fer, rubidium, soufre, chlore, sodium et bore.

La différence d'électronégativité des atomes et la nature de leurs liaisons

La *différence d'électronégativité* (ΔEN) qui existe entre les atomes liés est importante en ce qui a trait aux liaisons chimiques. Elle permet de distinguer les liaisons covalentes *non polaires* de celles qui sont *polaires,* et on sait que la polarité des liaisons est un facteur déterminant des propriétés des substances moléculaires. Deux atomes identiques ont la même électronégativité et ils partagent également un doublet d'électrons liants : ceux-ci ne se trouvent pas plus proches d'un noyau que de l'autre au sein de la molécule et les atomes sont unis par une **liaison covalente non polaire**. Les liaisons covalentes H—H et Cl—Cl sont dites non polaires. Même les liaisons entre des atomes non identiques d'une molécule peuvent être essentiellement non polaires si la différence entre les électronégativités respectives des constituants est relativement petite. Par exemple, la différence d'électronégativité existant dans CH_4 entre les atomes C (EN = 2,5) et H (EN = 2,1) est seulement de 0,4, si bien que les liaisons C—H sont essentiellement non polaires.

Dans le cas des liaisons covalentes entre des atomes dont la différence d'électronégativité est un peu plus grande, les doublets d'électrons ne sont pas partagés également : les électrons sont plus proches du noyau de l'atome ayant la plus grande électronégativité, et les éléments sont unis par une **liaison covalente polaire**. Ainsi, la liaison H—Cl est une liaison covalente polaire ; la différence d'électronégativité entre H (EN = 2,1) et Cl (EN = 3,0) est de 0,9. Lorsque la différence est encore plus grande, les électrons sont parfois carrément transférés des atomes métalliques aux atomes non métalliques, d'où la création de liaisons *ioniques*.

La **figure 6.10** indique qu'il n'existe pas de frontière très nette entre les liaisons covalentes et les liaisons ioniques. Certaines liaisons sont clairement non polaires, tandis que d'autres sont pratiquement ioniques à 100 %, et bon nombre de liaisons sont de nature intermédiaire (ΔEN < 1,7), c'est-à-dire covalentes polaires.

> **Liaison covalente non polaire**
>
> Liaison covalente dans laquelle les deux atomes liés se partagent également un doublet d'électrons liants.

> **Liaison covalente polaire**
>
> Liaison covalente dans laquelle les deux atomes liés, d'électronégativités différentes, ne se partagent pas également les électrons du doublet, qui est plus proche du noyau de l'atome ayant la plus grande électronégativité.

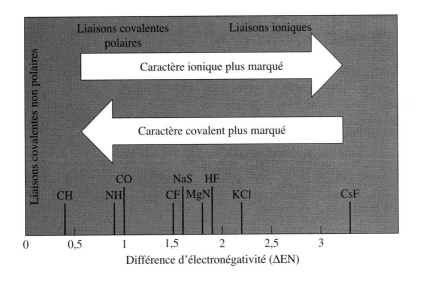

◀ Figure 6.10
L'électronégativité et la nature des liaisons

EXEMPLE 6.5

En vous fondant sur les valeurs de l'électronégativité, disposez les liaisons suivantes par ordre croissant de leur polarité : Br — Cl, Cl — Cl, Cl — F, H — Cl et I — Cl.

Liaison covalente
non polaire

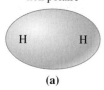

(a)

Liaison covalente
polaire

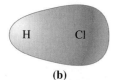

(b)

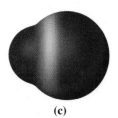

(c)

▲ **Figure 6.11**
**Liaisons covalentes
non polaire et polaire**

(a) Dans la molécule H—H, la densité de charge électronique est distribuée uniformément entre les deux atomes.
(b) Dans la molécule H—Cl, la densité de charge électronique est déplacée dans la région de l'atome de chlore.
(c) Ce modèle du potentiel électrostatique est une façon habituelle de montrer la région d'une molécule qui possède une charge partielle positive (en bleu) et la région qui possède une charge partielle négative (en rouge).

La description des liaisons covalentes polaires

Selon la théorie quantique moderne, que nous examinerons au chapitre 7, on représente la liaison contenant un doublet d'électrons réparti entre deux atomes par un nuage de charges négatives qui englobe les deux atomes. Dans une liaison covalente *non polaire,* comme H—H, la distribution des deux électrons montre une plus grande probabilité de présence entre les atomes liés qu'en tout autre endroit mais, à l'exception de cette particularité, la charge est distribuée uniformément (**figure 6.11**). Dans une liaison covalente *polaire,* comme H—Cl, la distribution des deux électrons montre une plus grande probabilité de présence près de l'atome de chlore, dont l'électronégativité est plus grande.

On emploie couramment deux méthodes pour indiquer la polarité d'une liaison. Dans la première, on utilise la lettre grecque minuscule δ (delta) pour représenter les charges partielles :

$$\overset{\delta+ \quad \delta-}{\text{H—Cl}}$$

Les symboles δ+ et δ− (qui se lisent respectivement « delta plus » et « delta moins ») signifient qu'une extrémité de la molécule (la région de H) est partiellement positive, tandis que l'autre extrémité (la région de Cl) est partiellement négative. L'expression *charge partielle* désigne une charge plus ou moins inférieure à celle des ions qui résulteraient du transfert complet des électrons d'un atome à un autre. Dans la seconde méthode, on emploie une flèche barrée.

$$\overset{\longmapsto}{\text{H—Cl}}$$

La flèche indique la direction du déplacement de la charge négative, soit de l'élément ayant la plus faible électronégativité à l'élément ayant la plus grande électronégativité. Il est à noter que les signes « + » du symbole δ+ et de l'extrémité barrée de la flèche représentent toujours l'extrémité *positive* d'une liaison, qui correspond à l'élément dont l'électronégativité est la plus faible.

6.8 Les stratégies d'écriture des structures de Lewis

Cette section présente l'application des notions relatives aux liaisons covalentes que nous avons définies, notamment la règle de l'octet, les liaisons multiples et l'électronégativité. Nous verrons aussi deux nouveaux concepts pour élargir la gamme des structures de Lewis.

Il est toujours préférable de vérifier si une structure de Lewis tient compte des *données expérimentales* mais, si on ne dispose pas de telles données, on peut quand même appliquer la stratégie décrite dans les pages suivantes pour écrire une structure de Lewis d'un composé qui soit *plausible*.

Les structures squelettiques

En appliquant uniquement les règles du doublet ou de l'octet afin de déterminer la structure de Lewis de H_2O, on obtient H—O—H (et non H—H—O). Dans la structure exacte, la couche de valence de chaque atome d'hydrogène renferme un *doublet,* et l'atome d'oxygène atteint l'*octet.* Dans la seconde structure (inexacte), l'atome d'hydrogène de gauche renferme un doublet, mais l'autre atome d'hydrogène compte *quatre* électrons de valence. De plus, l'atome d'oxygène n'a que *six* électrons de valence, et *non* l'octet. Dans plusieurs cas, la répartition des atomes à l'intérieur d'une molécule n'est pas évidente, d'où le besoin d'élaborer une stratégie pour aboutir à la bonne structure.

On appelle **structure squelettique** l'arrangement des atomes d'une molécule ou d'un ion polyatomique. Ce type de structure indique l'ordre dans lequel les atomes sont liés les uns aux autres. Elle est constituée d'un ou de plusieurs atomes centraux et d'autres atomes périphériques. Un **atome central** est lié à au moins deux autres atomes de la structure, alors qu'un **atome périphérique** est lié à seulement un autre atome. L'atome central et les atomes périphériques de NH_3 sont identifiés dans la structure suivante.

> Atomes périphériques ⟶ H—N: ⟵ Atome central
> (avec H en haut et H en bas)

Lorsqu'on écrit une structure squelettique, on doit joindre chaque atome au reste de la structure par au moins une liaison. Pour ce faire, on unit les atomes liés au moyen d'un trait, sans essayer de tenir compte de tous les électrons de valence. Une structure squelettique n'est *pas* une structure de Lewis ; elle constitue la *première étape* de la détermination d'une structure de Lewis qui soit plausible. Si on ne dispose pas d'informations précises sur une structure squelettique, on élabore une structure plausible à l'aide des observations qui suivent.

1. *Les atomes d'hydrogène sont des atomes périphériques,* car la couche de valence d'un atome d'hydrogène lié compte seulement deux électrons, de sorte qu'il ne peut former plus d'une liaison. Il existe de très rares exceptions à cette règle, mais il n'en sera pas

Structure squelettique

Arrangement des atomes d'une molécule ou d'un ion polyatomique.

Atome central

Atome lié à au moins deux autres atomes de la structure squelettique d'une molécule ou d'un ion polyatomique.

Atome périphérique

Atome lié à un seul autre atome de la structure squelettique d'une molécule ou d'un ion polyatomique.

question dans le présent chapitre. La molécule d'éthane, C_2H_6 ou CH_3CH_3, est un exemple typique : elle compte deux atomes de carbone centraux et six atomes d'hydrogène périphériques.

$$H-\overset{\overset{\displaystyle H}{|}}{\underset{\underset{\displaystyle H}{|}}{C}}-\overset{\overset{\displaystyle H}{|}}{\underset{\underset{\displaystyle H}{|}}{C}}-H$$

2. *L'électronégativité de l'atome central ou des atomes centraux d'une structure est généralement plus* faible *que celle des atomes périphériques.* Comme les atomes d'hydrogène sont nécessairement périphériques, ils font souvent exception à cette règle (par exemple dans H_2O, NH_3 et C_2H_6). En outre, l'électronégativité du fluor étant plus grande que celle de n'importe quel autre élément, on s'attend à ce que tout atome de fluor soit un atome périphérique. Nous reviendrons plus loin sur le fondement de cette règle, mais nous pouvons dès maintenant appliquer celle-ci à la structure squelettique du phosgène, $COCl_2$, un gaz toxique employé dans la fabrication de plastiques.

Électronégativité : 3,5 —— O
Électronégativité : 3,0 —— Cl — C — Cl —— Électronégativité : 3,0
Électronégativité : 2,5

3. *Dans les oxacides (section 2.8, page 66), les atomes d'hydrogène sont généralement liés à des atomes d'oxygène.*

$$H-O-\overset{\overset{\displaystyle O}{|}}{Cl}-O$$
Acide chlorique ($HOClO_2$)

$$H-O-\overset{\overset{\displaystyle O}{|}}{\underset{\underset{\displaystyle O}{|}}{S}}-O-H$$
Acide sulfurique $[(HO)_2SO_2]$

4. *Les molécules et les ions polyatomiques ont généralement une structure compacte et symétrique.* La molécule SO_2F_2 offre un bon exemple de ce principe.

$$F-\overset{\overset{\displaystyle O}{|}}{\underset{\underset{\displaystyle O}{|}}{S}}-F \qquad \textit{et non} \qquad F-O-S-O-F$$
Difluorodioxyde de soufre (SO_2F_2)

Les composés organiques, dont plusieurs sont formés autour d'une longue chaîne d'atomes de carbone, constituent une importante exception à cette règle.

Une méthode d'écriture des structures de Lewis

Dans le reste du présent chapitre, nous adoptons une approche systématique de l'écriture des structures de Lewis qui réduit au minimum le risque d'un faux départ et permet d'obtenir directement une structure plausible. Cette méthode comporte les cinq étapes suivantes.

1 *On détermine le nombre total des électrons de valence qui feront partie de la structure de Lewis.*

• Le nombre total d'électrons composant la structure de Lewis d'une molécule est donc égal à la somme des électrons de valence des atomes qui la constituent.

• Dans le cas d'un anion polyatomique, on ajoute à cette somme un électron pour chaque unité de charge négative.

- Dans le cas d'un cation polyatomique, on *soustrait* de la somme un électron pour chaque unité de charge positive.

  Ainsi, N_2O_4 a $(2 \times 5) + (4 \times 6) = 34$ électrons de valence ; NO_3^- en a $5 + (3 \times 6) + 1 = 24$; NH_4^+ en a $5 + (4 \times 1) - 1 = 8$.

2 *On applique les concepts décrits plus haut pour écrire une structure squelettique, dans laquelle les atomes liés sont unis par des traits (représentant des liaisons covalentes simples).*

3 *On place des doublets libres autour de chaque atome périphérique, de manière à ce que chacun (à l'exception des atomes d'hydrogène) atteigne l'octet.*

4 *On place, s'il y a lieu, les électrons restants autour de l'atome central ou des atomes centraux, de manière à former des doublets libres.*

5 *On déplace au besoin un ou plusieurs doublets libres assignés à un atome périphérique, de manière à former une liaison multiple avec un atome central ou des atomes centraux.*

- Si le nombre d'électrons de valence est tel que tous les atomes de la structure obtenue à l'étape 4 atteignent l'octet (ou un doublet, dans le cas de l'hydrogène), cette structure ne comprend que des liaisons simples.

- Si le nombre d'électrons de valence n'est pas suffisant pour former des octets, on doit alors former une ou plusieurs liaisons multiples. Dans la majorité des cas, les atomes unis par des liaisons doubles sont des atomes de *carbone*, d'*azote*, d'*oxygène* ou de *soufre* ; en ce qui a trait aux liaisons triples, ce sont le plus souvent des atomes de *carbone* ou d'*azote*.

> **RÉSOLUTION DE PROBLÈMES**
> Étant donné que, dans une structure de Lewis, les électrons sont généralement disposés en doublets, il s'avère souvent utile de regrouper les électrons de valence par doublets dès l'étape 1. Ainsi, N_2O_4 compte 34 électrons de valence, donc 17 doublets d'électrons de valence, alors que NO_3^- et NH_4^+ ont respectivement 12 et 4 doublets d'électrons de valence.

EXEMPLE **6.6**

Déterminez la structure de Lewis du trifluorure d'azote, NF_3.

➤ Stratégie

Nous devons appliquer, dans l'ordre, les quatre premières étapes de la méthode élaborée précédemment. Nous appliquerons la cinquième étape seulement si c'est nécessaire.

➤ Solution

1 *Nous déterminons le nombre d'électrons de valence.* Pour *un* atome d'azote (groupe VB) et *trois* atomes de fluor (groupe VIIB), le nombre total d'électrons de valence est égal à $5 + (3 \times 7) = 26$.

2 *Nous écrivons une structure squelettique.* L'électronégativité de l'azote est de 3,0, alors que celle du fluor est de 4,0. La structure squelettique devrait donc être formée d'un atome central d'azote et d'atomes périphériques qui sont des atomes de fluor. Les trois liaisons azote-fluor de la structure font intervenir *six* électrons.

$$F - N - F$$
$$\mid$$
$$F$$

3 *Nous complétons l'octet dans le cas des atomes périphériques.* Pour ce faire, nous plaçons *trois* doublets libres autour de chaque atome de fluor. Nous faisons ainsi intervenir *18* autres électrons.

$$:\ddot{F} - N - \ddot{F}:$$
$$\mid$$
$$:\ddot{F}:$$

4 *Nous assignons des doublets libres à l'atome central.* Nous avons déjà $6 + 18 = 24$ électrons dans la structure de Lewis, si bien que les deux derniers électrons forment un doublet libre, qui est assigné à l'atome d'azote.

$$:\ddot{F} - \ddot{N} - \ddot{F}:$$
$$|$$
$$:\ddot{F}:$$

→ Évaluation

Chaque atome étant doté d'un octet, la dernière étape correspond à la structure de Lewis finale de NF_3. Nous pouvons donc omettre la cinquième étape.

EXERCICE 6.6 A

Déterminez la structure de Lewis de l'hydrazine, N_2H_4.

EXERCICE 6.6 B

Déterminez la structure de Lewis du chloroéthane, C_2H_5Cl.

EXEMPLE 6.7

Donnez une structure de Lewis du phosgène, $COCl_2$, qui soit plausible (voir la page 270).

→ Stratégie

Nous devons appliquer, dans l'ordre, les quatre premières étapes de la méthode élaborée précédemment. Nous appliquerons la cinquième étape seulement si c'est nécessaire.

→ Solution

1 *Nous déterminons le nombre d'électrons de valence.* Pour *un* atome de carbone (groupe IVB), *un* atome d'oxygène (groupe VIB) et *deux* atomes de chlore (groupe VIIB), le nombre total d'électrons de valence est égal à $4 + 6 + (2 \times 7) = 24$.

2 *Nous écrivons une structure squelettique.* Les valeurs de l'électronégativité sont les suivantes : C : 2,5 ; O : 3,5 ; Cl : 3,0. L'atome de carbone, dont l'électronégativité est la plus faible, devrait être l'atome central, auquel devraient être liés des atomes périphériques qui sont des atomes d'oxygène et de chlore. La structure squelettique résultante compte *six* électrons de valence.

$$O$$
$$|$$
$$Cl - C - Cl$$

3 *Nous complétons l'octet pour les atomes périphériques.* Pour ce faire, nous plaçons *trois* doublets libres autour de l'atome d'oxygène et de chacun des deux atomes de chlore. Nous ajoutons ainsi en tout *18* électrons, et chaque atome périphérique atteint maintenant l'octet.

$$:\ddot{O}:$$
$$|$$
$$:\ddot{Cl} - C - \ddot{Cl}:$$

4 *Nous assignons des doublets libres à l'atome central.* Nous avons déjà $6 + 18 = 24$ électrons dans la structure de Lewis, ce qui est égal au nombre total d'électrons de valence. Il ne reste donc plus d'électron disponible pour permettre à l'atome central d'atteindre l'octet.

5 *Nous formons des liaisons multiples de manière que l'atome central atteigne l'octet.* Pour ce faire, nous déplaçons un doublet libre de l'atome d'oxygène pour former une double liaison carbone-oxygène. (Un atome de carbone et un atome d'oxygène peuvent former une liaison double.)

$$:\ddot{O}: \qquad\qquad :\ddot{O}$$
$$:\ddot{C}l—C—\ddot{C}l: \longrightarrow :\ddot{C}l—C—\ddot{C}l:$$

➔ Évaluation

Dans la structure obtenue à l'étape 5, les 24 électrons de valence ont été répartis correctement et chaque atome a atteint l'octet; c'est par conséquent une structure de Lewis plausible. Dans l'exemple 6.9 (page 276), nous verrons pourquoi la liaison double se trouve entre le carbone et l'oxygène et non entre le carbone et le chlore.

EXERCICE 6.7 A

Déterminez une structure de Lewis plausible pour le sulfure de carbonyle, COS.

EXERCICE 6.7 B

Déterminez une structure de Lewis plausible pour le fluorure de nitrosyle, NO_2F.

EXEMPLE **6.8**

Déterminez une structure de Lewis plausible pour l'ion chlorate, ClO_3^-.

➔ Stratégie

Comme d'habitude, nous appliquons les quatre premières étapes de la méthode élaborée précédemment et nous appliquons la cinquième étape si c'est nécessaire. Dans la détermination du nombre total d'électrons de valence de l'étape 1, il ne faut pas oublier l'électron supplémentaire dû à la charge −1 de l'ion.

➔ Solution

1 *Nous déterminons le nombre d'électrons de valence.* Dans le cas de l'*anion* chlorate, qui est polyatomique, ce nombre est égal au nombre total d'électrons de valence que possèdent *un* atome de chlore (groupe VIIB) et *trois* atomes d'oxygène (groupe VIB), auquel s'ajoute *un* électron supplémentaire correspondant à la charge −1 de l'ion : $7 + (3 \times 6) + 1 = 26$.

2 *Nous écrivons une structure squelettique.* Les électronégativités sont les suivantes : Cl : 3,0 ; O : 3,5. L'atome central devrait être l'atome de chlore, dont l'électronégativité est la plus *faible,* et la structure squelettique probable est la suivante.

$$O—Cl—O$$
$$|$$
$$O$$

3 *Nous complétons l'octet dans le cas des atomes périphériques.* Pour ce faire, nous plaçons trois doublets libres autour de chaque atome d'oxygène.

$$:\ddot{O}—Cl—\ddot{O}:$$
$$|$$
$$:\ddot{O}:$$

4 *Nous assignons des doublets libres à l'atome central.* Nous avons déjà $6 + 18 = 24$ électrons dans la structure de Lewis, et il y a en tout 26 électrons de valence. Nous assignons un dernier doublet libre à l'atome central de chlore.

$$\left[:\ddot{O} - \underset{\underset{:\ddot{O}:}{|}}{\ddot{C}l} - \ddot{O}: \right]^{-}$$

➔ Évaluation

Chaque atome possède maintenant un octet, et nous avons obtenu une structure de Lewis de ClO_3^- qui est plausible. De la même façon que dans l'exemple 6.6, il n'est pas nécessaire d'effectuer la dernière étape.

EXERCICE 6.8 A

Déterminez une structure de Lewis plausible pour l'ion cyanure, CN^-.

EXERCICE 6.8 B

Déterminez une structure de Lewis plausible pour l'ion phosphonium, PH_4^+.

La charge formelle

Vous vous interrogez peut-être sur certains concepts relatifs aux structures de Lewis. Par exemple, nous avons introduit la notion de liaison covalente de coordinence lorsque nous avons combiné des notations de Lewis de manière à obtenir les structures de Lewis respectives de H_3O^+ et de NH_4^+ (pages 262 et 263). Mais est-il possible de savoir si une structure de Lewis renferme une liaison covalente de coordinence ? Pourquoi avons-nous choisi l'atome (ou les atomes) dont l'électronégativité est la plus faible comme atome central (ou atomes centraux) d'une structure squelettique ? En outre, dans l'exemple 6.7, pour obtenir la structure de Lewis de $COCl_2$, nous avons formé une liaison double. Pourquoi avons-nous opté dans ce cas pour une liaison carbone-oxygène et non pour une liaison carbone-chlore ?

Le concept de *charge formelle* d'un atome permet de répondre partiellement à ces questions, et il constitue un outil de plus pour déterminer la structure de Lewis adéquate d'un composé. La **charge formelle (CF)** d'un atome est égale à la *différence* existant entre le nombre d'électrons de valence d'un atome libre et le nombre d'électrons assigné à cet atome lorsqu'il est lié à d'autres atomes dans une structure de Lewis.

Charge formelle (CF)

Concept défini pour faciliter la détermination de la bonne structure de Lewis d'un composé et représentant la différence entre le nombre d'électrons de valence d'un atome libre et le nombre d'électrons assignés à cet atome lorsqu'il est lié.

$$CF = \begin{pmatrix} \text{nombre d'électrons} \\ \text{de valence} \\ \text{de l'atome libre} \end{pmatrix} - \begin{pmatrix} \text{nombre d'électrons de valence} \\ \text{assignés à l'atome qui est lié} \\ \text{dans une structure de Lewis} \end{pmatrix} \qquad \textbf{(6.1)}$$

Le premier terme du membre de droite est facile à déterminer puisque le nombre d'électrons de valence d'un élément des groupes principaux est égal au numéro du groupe auquel appartient l'élément. On obtient le second terme en appliquant les règles simples suivantes, qui permettent d'assigner des électrons à un atome donné d'une structure de Lewis.

• Tous les électrons d'un atome qui sont sous forme de *doublets libres* sont assignés à cet atome.

• Les électrons prenant part à une liaison sont partagés également entre les deux atomes liés : une moitié d'entre eux est assignée à un atome et l'autre moitié, à l'autre atome.

Ces règles permettent d'écrire l'équation de la charge formelle (CF) d'un atome sous la forme suivante.

$$CF = \begin{pmatrix} \text{nombre} \\ \text{d'électrons} \\ \text{de valence de} \\ \text{l'atome libre} \end{pmatrix} - \begin{pmatrix} \text{nombre} \\ \text{d'électrons} \\ \text{en doublets libres} \\ \text{sur l'atome lié} \end{pmatrix} - \frac{1}{2} \begin{pmatrix} \text{nombre d'électrons} \\ \text{prenant part} \\ \text{à des liaisons où} \\ \text{intervient l'atome} \end{pmatrix} \qquad \textbf{(6.2)}$$

On évalue les charges formelles en appliquant soit cette équation, soit la méthode simple qui est décrite dans le schéma de la **figure 6.12**.

Une fois déterminées les charges formelles, on peut les représenter selon le modèle ci-contre, qui se rapporte à la structure de la partie *b* de la figure 6.12. On encercle les nombres représentant la valeur d'une charge formelle pour les distinguer des nombres qui indiquent la charge réelle d'un ion. La charge formelle est une grandeur *hypothétique* ; aucun atome d'une molécule ne porte réellement une telle charge.

Si chaque atome d'une structure de Lewis fournit la moitié des électrons des liaisons auxquelles il prend part, aucun atome n'a de charge formelle. L'existence d'une ou de plusieurs charges formelles dans une structure de Lewis indique la présence d'une ou de plusieurs liaisons covalentes de coordinence. Dans bien des cas, il est possible d'écrire au moins

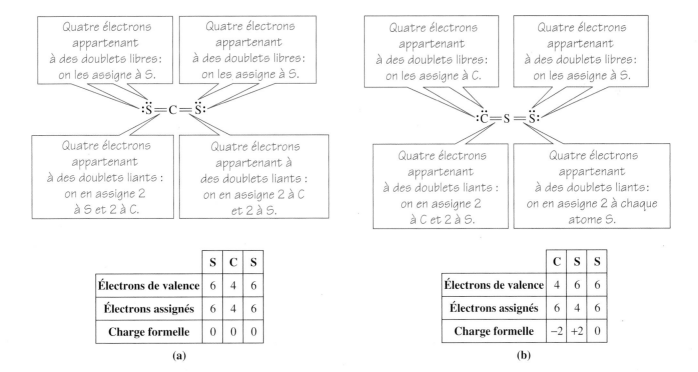

	S	C	S
Électrons de valence	6	4	6
Électrons assignés	6	4	6
Charge formelle	0	0	0

(a)

	C	S	S
Électrons de valence	4	6	6
Électrons assignés	6	4	6
Charge formelle	−2	+2	0

(b)

▲ **Figure 6.12**
Illustration du concept de charge formelle
La structure de Lewis représentée en **(a)** est plus plausible que celle représentée en **(b)** parce que la charge formelle de chaque atome est nulle.

deux structures de Lewis pour une même molécule ou un même ion polyatomique ; on cherche alors la structure comportant un ensemble optimal de charges formelles. Pour ce faire, on applique les notions suivantes.

- En général, la structure de Lewis la plus plausible est celle qui ne comporte pas de charges formelles (c'est-à-dire la structure dans laquelle la charge formelle de chaque atome est nulle).

- Lorsqu'il faut faire appel à des charges formelles, celles-ci doivent être aussi petites que possible, et les charges formelles négatives doivent être assignées aux atomes dont l'électronégativité est la plus grande.

- Des atomes adjacents d'une structure ne peuvent porter des charges formelles de même signe.

- La somme des charges formelles de tous les atomes d'une structure de Lewis doit être *nulle* dans le cas d'une molécule neutre, et elle doit être égale à la charge nette, dans le cas d'un ion polyatomique.

L'application du concept de charge formelle à la molécule $COCl_2$ (exemple 6.9) confirme le fait que, dans la structure de Lewis la plus probable pour ce composé, l'atome central est un atome de carbone, soit l'élément dont l'électronégativité est la plus faible, et que la liaison double est une liaison carbone-oxygène, et non carbone-chlore.

EXEMPLE 6.9

Dans l'exemple 6.7, nous avons déterminé la structure de Lewis de la molécule $COCl_2$. Montrez que la structure *a* est plus plausible que les structures *b* et *c*.

a) $:\ddot{O}=C-\ddot{\underset{..}{C}}l:$ b) $:\ddot{\underset{..}{O}}-C=\ddot{C}l:$ c) $:\ddot{C}=O-\ddot{\underset{..}{C}}l:$

     $:\ddot{\underset{..}{C}}l:$ $:\ddot{\underset{..}{C}}l:$ $:\ddot{\underset{..}{C}}l:$

➜ Stratégie

Nous assignons des charges formelles (CF) aux atomes de chaque structure à l'aide de l'équation 6.2, puis nous évaluons les résultats en appliquant les notions décrites plus haut.

➜ Solution

$$CF = \begin{pmatrix} \text{nombre} \\ \text{d'électrons} \\ \text{de valence de} \\ \text{l'atome libre} \end{pmatrix} - \begin{pmatrix} \text{nombre} \\ \text{d'électrons} \\ \text{en doublets libres} \\ \text{sur l'atome lié} \end{pmatrix} - \frac{1}{2} \begin{pmatrix} \text{nombre d'électrons} \\ \text{prenant part} \\ \text{à des liaisons où} \\ \text{intervient l'atome} \end{pmatrix}$$

Évaluation de la structure **a**

ATOME O

$CF = 6\ e^-$ de valence $- 4\ e^-$ en doublets libres $- (1/2 \times 4\ e^-$ en doublets liants$) = 0$

ATOME C

$CF = 4\ e^-$ de valence $- 0\ e^-$ en doublets libres $- (1/2 \times 8\ e^-$ en doublets liants$) = 0$

CHAQUE ATOME Cl

$CF = 7\ e^-$ de valence $- 6\ e^-$ en doublets libres $- (1/2 \times 2\ e^-$ en doublet liant$) = 0$

Étant donné qu'aucun atome de la structure *a* n'a de charge formelle, il est tout à fait plausible que cette structure corresponde à $COCl_2$.

Évaluation de la structure b

ATOME O

$CF = 6\ e^-$ de valence $- 6\ e^-$ en doublets libres $- (1/2 \times 2\ e^-$ en doublet liant$) = -1$

ATOME C

$CF = 4\ e^-$ de valence $- 0\ e^-$ en doublets libres $- (1/2 \times 8\ e^-$ en doublets liants$) = 0$

ATOME Cl

$CF = 7\ e^-$ de valence $- 6\ e^-$ en doublets libres $- (1/2 \times 2\ e^-$ en doublet liant$) = 0$

ATOME Cl

$CF = 7\ e^-$ de valence $- 4\ e^-$ en doublets libres $- (1/2 \times 4\ e^-$ en doublets liants$) = +1$

La condition suivante est satisfaite : la somme des charges formelles de la structure *b*, représentée ci-dessous, est nulle. Cependant, la charge formelle d'un atome Cl est de +1, et celle de l'atome C est nulle, bien que l'électronégativité du chlore soit plus grande que celle du carbone. La structure *b* est donc moins plausible que la structure *a*.

$$(b) \quad \overset{\ominus}{:}\ddot{O} - C = \ddot{Cl} \overset{\oplus}{:}$$
$$\underset{\ddot{:}\ddot{Cl}:}{|}$$

Évaluation de la structure c

ATOME C

$CF = 4\ e^-$ de valence $- 4\ e^-$ en doublets libres $- (1/2 \times 4\ e^-$ en doublets liants$) = -2$

ATOME O

$CF = 6\ e^-$ de valence $- 0\ e^-$ en doublets libres $- (1/2 \times 8\ e^-$ en doublets liants$) = +2$

CHAQUE ATOME Cl

$CF = 7\ e^-$ de valence $- 6\ e^-$ en doublets libres $- (1/2 \times 2\ e^-$ en doublet liant$) = 0$

La structure *c*, représentée ci-dessous, est la moins plausible des trois. Elle comporte la plus grande charge formelle, et l'atome d'oxygène, soit l'élément dont l'électronégativité est la plus grande, a une charge formelle positive plutôt que négative.

$$\overset{\ominus}{:}\ddot{C} = \overset{\oplus}{O} - \ddot{Cl}:$$
$$\underset{:\ddot{Cl}:}{|}$$

➔ Évaluation

En définitive, la structure *a*, qui ne comporte aucune charge formelle, est la structure de Lewis de $COCl_2$ la plus plausible.

EXERCICE 6.9 A

L'*eau régale* est un mélange d'acide nitrique et d'acide chlorhydrique concentrés, qui est susceptible de réagir avec l'or. Elle contient du chlorure de nitrosyle, NOCl. Déterminez la meilleure structure de Lewis possible pour NOCl.

EXERCICE 6.9 B

On se sert de l'acétate de méthyle, CH_3COOCH_3, comme décapant, diluant à peinture et arôme artificiel. Déterminez la meilleure structure de Lewis possible pour ce composé.

:Ö—Ö=O:

L'ozone (O_3) des basses couches de l'atmosphère est un des polluants constituant le smog. Au niveau de la stratosphère, l'ozone forme un écran indispensable contre les rayons ultraviolets, qui sont nocifs.

Résonance

État dans lequel il existe, pour des composés et des espèces ayant au moins une liaison multiple, plusieurs structures de Lewis plausibles différant uniquement par la distribution des électrons. Ces structures ne peuvent pas être réduites à une structure de Lewis unique.

Structures limites

Plusieurs structures de Lewis plausibles, différant uniquement par la distribution des électrons.

Hybride de résonance

Combinaison des structures limites de résonance illustrant une distribution plus vraisemblable des électrons pour une espèce.

La résonance et la délocalisation

Si on applique la stratégie générale d'écriture d'une structure de Lewis à la molécule d'ozone, O_3, on obtient l'arrangement ci-contre.

Cette structure indique qu'une des liaisons oxygène-oxygène est une liaison simple, tandis que l'autre est une liaison double. Cependant, selon les données expérimentales, les deux liaisons oxygène-oxygène sont identiques : la longueur de la liaison correspond à un intermédiaire entre une liaison simple et une liaison double. Aucune structure de Lewis ne rend compte de ce fait. Le mieux qu'on puisse faire est d'écrire des structures de Lewis plausibles, puis d'essayer, en établissant une « moyenne », d'en tirer une structure composite, ou hybride.

Cette façon de décrire O_3 est fondée sur la théorie de la **résonance**, selon laquelle toute molécule (ou tout ion), peut être représentée par deux ou plusieurs structures de Lewis plausibles qui diffèrent *uniquement par la distribution des électrons*. La structure exacte est alors un hybride de ces structures, qui sont appelées **structures limites**. Tous les atomes occupent exactement la même place dans chaque structure limite, mais la distribution des électrons entre les atomes diffère d'une structure à l'autre. La molécule ou l'ion réel qui correspond à un hybride de structures limites est appelé **hybride de résonance**. On représente un hybride par l'ensemble des structures limites reliées au moyen de flèches à deux pointes. Les structures limites suivantes représentent l'ozone.

:Ö—Ö=O: ⟷ :O=Ö—Ö:

On pourrait penser que la flèche de résonance indique que la structure de la molécule O_3 oscille entre l'une ou l'autre des structures limites, mais ce *n'*est *pas* le cas. Il existe une structure réelle unique, soit l'hybride de résonance, qui est un mélange des deux structures limites.

L'impression d'une page d'un livre offre une analogie avec un hybride de résonance. On n'utilise pas d'encre *violette* en imprimerie : on obtient cette couleur en mélangeant du *magenta* et du *cyan*. Ainsi, on passe une même feuille deux fois dans la presse : la première fois, elle est enduite de magenta et la deuxième fois, de cyan. Ces deux couleurs sont comme des structures limites, et le violet correspond à l'hybride de résonance. En réalité, l'analogie des couleurs est l'inverse de la résonance. En effet, les couleurs magenta et cyan sont réelles, et le violet, leur mélange (hybride), ne l'est pas. Dans la résonance, l'hybride est réel et les structures de résonance ne le sont pas.

Dans une molécule telle que H_2O, NH_3 ou CH_4, où n'intervient pas la résonance, on considère que les doublets liants d'électrons se trouvent dans des régions assez bien définies, situées entre deux atomes constitutifs : les électrons sont dits *localisés*. Dans une molécule O_3, la formation de liaisons oxygène-oxygène intermédiaires entre des liaisons simples et des liaisons doubles nécessite la présence dans l'hybride de résonance d'électrons *délocalisés*. Ces derniers sont des électrons liants qui sont partagés entre plusieurs atomes. Dans la représentation d'un hybride de résonance, on utilise des pointillés pour illustrer les électrons délocalisés. Dans le cas de O_3, présenté ci-dessous, les pointillés situés au-dessus de la structure représentent quatre électrons, soit un en moyenne pour chaque atome périphérique d'oxygène, et deux pour l'atome d'oxygène central.

....
:O—O—O:

Hybride de résonance

EXEMPLE 6.10

Donnez, pour la molécule SO₃, trois structures de Lewis équivalentes qui respectent la règle de l'octet, puis indiquez la relation entre l'hybride de résonance et ces trois structures.

➔ Stratégie

Qu'il y ait ou non résonance, nous devons appliquer la méthode en cinq étapes décrite plus haut pour écrire une structure de Lewis plausible. En fait, dans bien des cas, nous nous rendons compte qu'il y a résonance seulement après avoir examiné une des structures limites.

➔ Solution

1 *Nous déterminons le nombre d'électrons de valence :* $6 + (3 \times 6) = 24$.

2 *Nous écrivons une structure squelettique.* L'atome central de cette structure est l'atome de soufre, soit l'élément dont l'électronégativité est la plus faible.

$$
\begin{array}{c}
O \\
| \\
O - S - O
\end{array}
$$

3 *Nous complétons l'octet dans le cas des atomes périphériques.* Nous plaçons trois doublets libres autour de chaque atome d'oxygène, de manière à former des octets.

$$
\begin{array}{c}
:\ddot{O}: \\
| \\
:\ddot{O} - S - \ddot{O}:
\end{array}
$$

4 *Nous assignons à l'atome central des doublets libres.* En fait, à la fin de l'étape 3, nous avons déjà distribué les 24 électrons de valence. Il faut donc passer à l'étape 5.

5 *Nous formons des liaisons multiples afin que l'atome central atteigne l'octet.* L'atome central n'ayant que six électrons de valence, nous déplaçons un doublet libre d'un atome périphérique d'oxygène, de manière à former une liaison double avec l'atome de soufre central. Comme la liaison double peut se faire avec n'importe lequel des trois atomes périphériques d'oxygène, nous obtenons trois structures qui diffèrent uniquement par la position qu'occupe la liaison double.

$$
:\ddot{O}: \qquad :O: \qquad :\ddot{O}:
$$
$$
:\ddot{O} - S = \ddot{O}: \longleftrightarrow :\ddot{O} - S - \ddot{O}: \longleftrightarrow :\ddot{O} = S - \ddot{O}:
$$

Structures limites

➔ Évaluation

La molécule SO₃ est l'hybride de résonance de ces trois structures limites. Les trois liaisons soufre-oxygène sont identiques, et chacune est un intermédiaire entre une liaison simple et une liaison double.

EXERCICE 6.10 A

Déterminez trois structures de Lewis pour l'ion nitrate, NO_3^-; puis indiquez la relation entre l'hybride de résonance et ces trois structures.

EXERCICE 6.10 B

Déterminez le nombre de structures de Lewis nécessaires pour représenter correctement la molécule et les ions suivants : **a)** ion hydrogénocarbonate ; **b)** acide chloreux ; **c)** ion carbure C_2^{2-} ; **d)** ion formate HCO_2^-.

6.9 Les molécules non régies par la règle de l'octet

La structure de Lewis des molécules dont les atomes constitutifs sont ceux d'éléments provenant des groupes principaux respecte généralement la règle de l'octet. Il existe cependant des exceptions, que l'on peut classer en trois catégories en fonction de caractéristiques structurales.

Les molécules dont le nombre d'électrons de valence est impair

Toutes les structures de Lewis étudiées jusqu'ici renfermaient des *doublets* d'électrons liants ou libres. Dans une structure de Lewis dont le nombre d'électrons de valence est *impair*, les électrons ne peuvent pas tous faire partie d'un doublet, et la règle de l'octet ne peut pas s'appliquer à tous les atomes. Voici trois exemples : le monoxyde d'azote, NO, compte $5 + 6 = 11$ électrons de valence ; le dioxyde d'azote, NO_2, en compte $5 + 6 + 6 = 17$; le dioxyde de chlore, ClO_2, en compte $7 + 6 + 6 = 19$.

$$\cdot \ddot{N} = \ddot{O}:$$

$$:\ddot{O} - \overset{-1}{N} = \overset{+1}{\ddot{O}}: \longleftrightarrow :\ddot{O} = \overset{+1}{N} - \overset{-1}{\ddot{O}}:$$

$$\cdot \ddot{O} - \overset{+1}{\ddot{C}l} - \overset{-1}{\ddot{O}}: \longleftrightarrow :\ddot{O} - \overset{-1}{\ddot{C}l} - \overset{+1}{\ddot{O}} \cdot$$

NO et NO_2 sont des composants importants du smog. Produit en très grande quantité, ClO_2 sert au blanchiment de la farine et du papier.

Il existe relativement peu de molécules stables dont le nombre d'électrons est impair. La majorité des espèces ayant un nombre impair d'électrons sont des fragments de molécules appelés **radicaux libres**. Ces derniers sont en général très réactifs et ils n'ont qu'une existence éphémère, en tant que produits intermédiaires de synthèse. Le radical *hydroxyle* ($\cdot OH$) est un important radical libre présent dans l'atmosphère. On représente habituellement un électron non apparié par un point ($\cdot$). L'équation suivante décrit la réaction entre un radical hydroxyle et une molécule de méthane, menant à la formation d'un radical *méthyle*.

Radical libre

Atome ou fragment de molécule très réactif, ayant un nombre impair d'électrons, qui joue souvent le rôle d'intermédiaire dans des réactions chimiques.

$$\cdot OH(g) + CH_4(g) \longrightarrow \cdot CH_3(g) + H_2O(g)$$

Les radicaux libres $\cdot H$, $\cdot O$, $\cdot HO$ et $\cdot HO_2$ joueraient le rôle d'intermédiaires dans la réaction explosive qui se produit entre l'hydrogène et l'oxygène gazeux :

$$2\,H_2 + O_2 \longrightarrow 2\,H_2O$$

Les molécules ayant des octets incomplets

Quand on essaie de déterminer une structure de Lewis, il arrive que le nombre d'électrons nous paraisse insuffisant pour que la couche de valence de chaque atome renferme un octet. Les molécules qui semblent manquer d'électrons ont, pour la plupart, un nombre de liaisons inhabituel et elles sont fréquemment très réactives. De plus, dans la majorité des molécules qui présentent des lacunes en électrons, l'atome central est un atome de béryllium, de bore ou d'aluminium. Par exemple, dans une molécule constituée de bore et de fluor, chaque atome de bore a trois électrons de valence, tandis que chaque atome de fluor en a sept. Dans le cas de la molécule de trifluorure de bore, l'atome central de bore partage ses trois électrons de valence avec les trois atomes de fluor.

$$\begin{array}{c} :\ddot{F}: \\ | \\ B - \ddot{F}: \\ | \\ :\ddot{F}: \end{array}$$

Cette structure tient compte des 24 électrons de valence, mais l'atome central de bore n'a que six électrons ; il lui en manque donc deux pour atteindre l'octet. La structure est néanmoins tout à fait acceptable selon la règle des charges formelles, puisque la charge formelle de chaque atome est nulle. On peut aussi écrire une structure de Lewis qui respecte la règle de l'octet en utilisant une double liaison bore-fluor.

Il existe en fait trois structures équivalentes qui comportent une double liaison bore-fluor. On pourrait être tenté de rejeter ces structures parce qu'un atome de fluor est doté d'une charge formelle positive et que l'électronégativité du fluor est plus grande que celle de tout autre élément. Mais quelle serait donc alors la structure véritable de la molécule BF_3 ? Selon les données expérimentales, la meilleure représentation est un hybride de quatre structures limites.

L'atome central de bore a un nombre insuffisant d'électrons, ce qui est en accord avec la forte réactivité qu'on observe dans le cas de BF_3. Par exemple, ce composé réagit facilement en formant une liaison covalente de coordinence avec un doublet libre, tel celui d'un ion fluorure.

En effet, BF_3 est un important produit chimique industriel souvent utilisé dans les réactions de chimie organique. Ses principales utilisations sont liées à ses lacunes en électrons, et non au fait qu'il est constitué de bore et de fluor.

La distance mesurée entre les noyaux respectifs des atomes de bore et de fluor dans une molécule BF_3 est beaucoup plus petite que la distance correspondante dans un ion BF_4^-, qui comporte seulement des liaisons simples (130 pm, comparativement à 145 pm). Nous verrons dans la section 6.10 que cette faible distance entre les noyaux s'explique si on attribue aux liaisons bore-fluor dans BF_3 certaines caractéristiques des doubles liaisons.

En bref, la molécule BF_3 est un hybride de résonance des quatre structures limites représentées ci-dessus, à ceci près que la structure dans laquelle un atome de bore comporte un octet incomplet joue peut-être un rôle plus important. Cette conclusion met en évidence deux aspects essentiels de la théorie de la résonance :

1. Les structures qui interviennent dans un hybride de résonance ne sont pas nécessairement tout à fait équivalentes (comme c'est le cas pour O_3 et SO_3).

2. Les données expérimentales indiquent parfois qu'une ou plusieurs structures limites jouent un rôle plus grand que les autres dans la structure d'un hybride de résonance.

Les structures aux couches de valence étendues

Le carbone, l'azote, l'oxygène et le fluor, qui sont des éléments de la deuxième période, respectent presque toujours la règle de l'octet. Les molécules qui n'ont pas suffisamment d'électrons ou qui ont un nombre impair d'électrons font évidemment exception. Le nombre maximal d'électrons que possède la couche de valence des éléments de la deuxième période est huit ($2s^2 2p^6$), soit tout juste le nombre nécessaire pour former un octet. Mais la situation est différente dans le cas des éléments de la *troisième* période et des périodes suivantes. Même si l'argon ($3s^2 3p^6$) est le dernier élément de la troisième période, le nombre maximal d'électrons du troisième niveau d'énergie est 18 (soit $3s^2 3p^6 3d^{10}$). Il est impossible d'écrire une structure de Lewis pour les molécules PCl_5 et SF_6 en appliquant la règle de l'octet parce que, selon cette règle, il existe au plus quatre liaisons entre un atome central et ses atomes périphériques. Dans le cas de PCl_5, il faut 10 électrons pour former 5 liaisons et, dans le cas de SF_6, il faut 12 électrons pour former 6 liaisons. Pour être en mesure d'assigner plus de huit électrons de valence à un atome central, on a recours aux **couches de valence étendues**, comme l'illustrent les structures suivantes.

Couche de valence étendue

État dans lequel l'atome central d'une structure de Lewis est susceptible d'accepter plus de huit électrons dans sa couche de valence.

Pentachlorure de phosphore   Hexafluorure de soufre

Dans certains cas, bien qu'on puisse écrire une structure de Lewis qui respecte la règle de l'octet, des structures comportant des couches de valence étendues semblent mieux correspondre aux données expérimentales. Le monoxyde de chlore, Cl_2O, et l'ion perchlorate, ClO_4^-, offrent de bons exemples de cette situation. Dans une structure de Lewis de Cl_2O dont l'atome central est l'atome d'oxygène, chacun des trois atomes a un octet dans sa couche de valence et aucune charge formelle.

On suppose que, pour cette structure de Lewis de Cl_2O qui est plausible, la distance séparant les noyaux des atomes de chlore et d'oxygène est celle qu'on observe dans une liaison simple Cl—O. Selon les données expérimentales, cette distance est de 170 pm.

La structure de Lewis de l'ion perchlorate qui est représentée ci-dessous respecte la règle de l'octet, mais elle comporte des charges formelles. En particulier, l'atome de chlore a une charge formelle positive élevée.

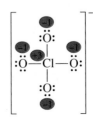

Selon les données expérimentales, dans un ion ClO_4^-, la distance entre les noyaux des atomes de chlore et d'oxygène est de 144 pm. Le fait que cette distance est plus courte que la précédente suggère que la liaison Cl—O présente des caractéristiques d'une liaison double. En appliquant le concept de couche de valence étendue, on peut écrire plusieurs structures de Lewis comportant des liaisons doubles et des charges formelles plus faibles que celles de la structure que nous venons de représenter. La structure exacte est un hybride de résonance de plusieurs structures qui ne jouent pas toutes un rôle d'importance égale. Voici deux exemples de telles structures.

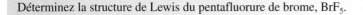

Dans bon nombre de cas, concernant les éléments de la troisième période, l'emploi de couches de valence étendues et d'une charge formelle faible est justifié pour l'obtention de la « meilleure » structure de Lewis possible.

Dans l'exemple 6.11, nous allons montrer qu'une couche de valence étendue peut renfermer aussi bien des électrons provenant d'un doublet libre que des doublets liants. Ni le nom ni la formule des composés sur lesquels porte l'exercice 6.11B ne permettent de savoir si on doit faire appel au concept de la couche de valence étendue. Cependant, vous vous rendrez compte que cela est nécessaire en appliquant la méthode générale d'écriture des structures de Lewis.

EXEMPLE **6.11**

Déterminez la structure de Lewis du pentafluorure de brome, BrF_5.

→ Stratégie

La formule BrF_5 indique qu'il faut faire appel au concept de couche de valence étendue car, pour former cinq liaisons simples Br—F, il faut qu'il y ait au moins 10 électrons dans la couche de valence de l'atome de brome. En tenant compte de ces contraintes, nous pouvons suivre la méthode générale pour écrire les structures de Lewis afin d'établir une structure plausible.

→ Solution

1 *Nous déterminons le nombre d'électrons de valence.* Le brome et le fluor appartiennent tous deux au groupe VIIB : chaque atome de la structure possède sept électrons de valence. Le nombre total d'électrons de valence auquel correspond la structure de Lewis doit donc être égal à $7 + (5 \times 7) = 42$.

2 *Nous écrivons une structure squelettique.* L'atome central de cette structure est un atome de brome, soit l'élément dont l'électronégativité est la plus faible.

$$F—Br\begin{matrix}F\\|\\\end{matrix}\quad\begin{matrix}F\\F\end{matrix}$$

3 *Nous complétons l'octet dans le cas des atomes périphériques.* Pour ce qui est du fluor, nous plaçons trois doublets libres autour de chaque atome.

$$:\ddot{\underset{..}{F}}:$$
$$\underset{..}{:}\overset{..}{F}-Br\underset{\displaystyle :\ddot{\underset{..}{F}}:}{\overset{\displaystyle \ddot{F}:}{\diagdown}}$$

4 *Nous assignons à l'atome central des doublets libres.* À la fin de l'étape 3, nous avons déjà assigné 40 électrons, de sorte qu'il en reste deux à placer. Nous pouvons attribuer un doublet libre à l'atome de brome, dont la couche de valence étendue compte alors 12 électrons.

$$:\ddot{\underset{..}{F}}:$$
$$\underset{..}{:}\overset{..}{F}-\overset{..}{Br}\underset{\displaystyle :\ddot{\underset{..}{F}}:}{\overset{\displaystyle \ddot{F}:}{\diagdown}}$$

➔ Évaluation

Le processus est terminé. Nous avons en effet obtenu à l'étape 4 une structure plausible comptant le nombre voulu d'électrons et ne comportant aucune charge formelle.

EXERCICE 6.11 A

Déterminez la structure de Lewis du trichlorure de phosphore.

EXERCICE 6.11 B

Déterminez la structure de Lewis : **a)** du trifluorure de chlore ; **b)** du tétrafluorure de soufre.

EXEMPLE 6.12   Un exemple conceptuel

Indiquez quelle erreur comporte chacune des structures de Lewis suivantes, puis remplacez-les par des structures plus satisfaisantes.

a) $:C\equiv N:$

b) $H-\overset{..}{\underset{..}{O}}=N-\overset{..}{\underset{..}{O}}:$ avec $:\overset{..}{O}:$ au-dessus de N

➔ Analyse et conclusion

a) La structure donnée respecte la règle de l'octet mais, si nous comptons le nombre total d'électrons de valence, ce qui constitue la première étape de la stratégie générale d'écriture d'une structure de Lewis, nous obtenons 4 (en provenance de C) + 5 (en provenance de N) = 9 électrons. Toutefois, la structure donnée compte 10 électrons. Elle ne représente donc pas une entité moléculaire, mais l'ion cyanure, CN⁻. Ainsi, on aurait dû écrire $[:C\equiv N:]^-$.

b) Le nombre total d'électrons de valence requis pour la structure donnée est égal à $1 + 5 + (3 \times 6) = 24$, ce qui correspond effectivement au nombre d'électrons de valence qui sont représentés. De ce point de vue, la structure est donc acceptable. Si nous assignons des charges formelles aux atomes, nous constatons que chacun a une charge formelle, à l'exception de l'atome d'hydrogène.

$$:\overset{..}{O}:^{-1}$$
$$H-\overset{+1}{\overset{..}{\underset{..}{O}}}=\overset{+1}{N}-\overset{..}{\underset{..}{O}}:^{-1}$$

De plus, deux atomes adjacents, soit l'atome d'azote et un atome d'oxygène, possèdent des charges de même signe (+1). Il devrait donc être possible d'écrire une structure plus satisfaisante. Pour ce faire, il faut assigner la double liaison azote-oxygène à un *atome périphérique* d'oxygène plutôt qu'à un atome d'oxygène central. Ainsi, nous constatons qu'il existe *deux structures équivalentes,* comportant seulement deux atomes dotés de charges formelles. La structure exacte est un hybride de résonance des structures limites suivantes.

$$:\ddot{O}^{(-1)}$$
$$|$$
$$H—\ddot{O}—N=\ddot{O}: \longleftrightarrow H—\ddot{O}—N—\ddot{O}:^{(-1)}$$

EXERCICE 6.12 A

Déterminez laquelle des trois structures de Lewis suivantes est exacte, puis indiquez quelles erreurs comportent les deux autres.

a) Dioxyde de chlore : $:\ddot{O}—\ddot{C}l—\ddot{O}:$

b) Peroxyde d'hydrogène : $H—\ddot{O}—\ddot{O}—H$

c) Difluorure de diazote : $:\ddot{F}—\ddot{N}—\ddot{N}—\ddot{F}:$

EXERCICE 6.12 B

Déterminez deux structures de Lewis de la molécule d'acide sulfurique en appliquant le concept des couches de valence étendues et en vous inspirant de l'exemple de l'ion perchlorate à la page 283. Expliquez les différences entre les deux structures.

6.10 La liaison : sa longueur et son énergie

La densité de charge électronique associée aux doublets d'électrons partagés dans une liaison covalente est concentrée dans la région comprise entre les noyaux des atomes liés. Ces derniers sont unis d'autant plus étroitement que les forces d'attraction mutuelles qui agissent sur les noyaux et les électrons liants sont grandes. Autrement dit, ce sont les électrons partagés qui servent de « colle » entre les atomes d'une molécule ou d'un ion polyatomique. En général, la force d'un lien varie selon la nature des atomes combinés et du nombre d'électrons partagés. Si on considère une liaison entre deux atomes donnés, *plus il y a d'électrons qui prennent part à la liaison, plus les atomes sont unis fortement.* On peut supposer que la charge électronique d'atomes liés neutralise en partie la répulsion mutuelle entre les noyaux. Plus la densité de charge électronique est grande dans une liaison, plus les noyaux peuvent s'approcher l'un de l'autre.

Le **nombre de liaison** indique si une liaison covalente est *simple* (nombre de liaison = 1), *double* (nombre de liaison = 2) ou *triple* (nombre de liaison = 3). Dans l'écriture d'une structure de Lewis, il faut tenir compte de toutes les données expérimentales relatives aux nombres de liaison. Même si on ne dispose pas d'informations de ce type, il est souvent possible d'évaluer les nombres de liaison probables à partir d'une structure de Lewis plausible. La longueur d'une liaison et l'énergie de liaison sont toutes deux liées au nombre de liaison.

On appelle **longueur d'une liaison** la distance qui sépare les noyaux de deux atomes unis par une liaison covalente. La longueur d'une liaison dépend de la nature des atomes qui y prennent part et du nombre de liaison. Pour une paire donnée d'atomes, la longueur d'une liaison varie peu d'une molécule à l'autre. Ainsi, dans les trois alcanes CH_3CH_3 (éthane), $CH_3CH_2CH_3$ (propane) et $CH_3CH_2CH_2CH_3$ (butane), toutes les liaisons simples C—C ont

Nombre de liaison

Paramètre d'une liaison covalente qui en indique la nature : il prend la valeur 1 dans le cas d'une liaison simple, la valeur 2 dans le cas d'une liaison double, et la valeur 3 dans le cas d'une liaison triple.

Longueur d'une liaison

Distance entre les noyaux de deux atomes unis par une liaison covalente.

la même longueur, soit 154 pm. Étant donné que les atomes qui prennent part à une liaison double sont plus fortement unis que ceux qui composent une liaison simple, la longueur d'une liaison double entre deux atomes donnés est plus petite que celle d'une liaison simple entre les deux mêmes atomes. Par exemple, la longueur de la liaison $C \!=\! C$ est de 134 pm dans l'éthylène, $H_2C \!=\! CH_2$, tandis qu'elle est de 154 pm dans $H_3C \!-\! CH_3$. La longueur d'une liaison triple entre deux atomes donnés est encore plus petite que celle d'une liaison double entre les deux mêmes atomes. La longueur de la liaison $C \equiv C$ dans $HC \equiv CH$ est de 120 pm. Le **tableau 6.1** donne la longueur de plusieurs liaisons simples, doubles et triples.

Nous avons précisé dans la section 5.7 (page 218) que, dans le présent manuel, le *rayon covalent* est toujours défini relativement à une liaison simple. Vous êtes maintenant en mesure de mieux comprendre ce concept. Le rayon covalent étant, par définition, égal à la moitié de la distance séparant les noyaux de deux atomes identiques qui sont unis par une liaison covalente *simple,* il est donc égal à *la moitié de la longueur de la liaison.* Nous avons indiqué dans la figure 5.9 (page 218) que le rayon covalent d'un atome d'iode est de 133 pm. En nous reportant au tableau 6.1, nous voyons que cette valeur représente la moitié de la longueur de la liaison dans une molécule d'iode, soit $1/2 \times 266$ pm. Par ailleurs, nous pouvons énoncer la généralisation *approximative* suivante à propos des atomes *non identiques* ayant à peu près la même électronégativité.

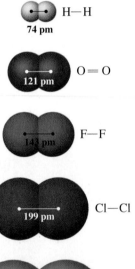

Longueurs de liaison de cinq molécules diatomiques courantes.

TABLEAU **6.1**	Longueur et énergie de quelques liaisons importantes				
Liaison	**Longueur de la liaison** (pm)	**Énergie de liaison**[a] (kJ/mol)	**Liaison**	**Longueur de la liaison** (pm)	**Énergie de liaison**[a] (kJ/mol)
$H \!-\! H$	74	436	$C \!-\! O$	143	360
$H \!-\! C$	110	414	$C \!=\! O$	120	736[b]
$H \!-\! N$	100	389	$C \!-\! Cl$	178	339
$H \!-\! O$	97	464	$N \!-\! N$	145	163
$H \!-\! S$	132	368	$N \!=\! N$	123	418
$H \!-\! F$	92	565	$N \equiv N$	110	946
$H \!-\! Cl$	127	431	$N \!-\! O$	136	222
$H \!-\! Br$	141	364	$N \!=\! O$	120	590
$H \!-\! I$	161	297	$O \!-\! O$	145	142
$C \!-\! C$	154	347	$O \!=\! O$	121	498
$C \!=\! C$	134	611	$F \!-\! F$	143	159
$C \equiv C$	120	837	$Cl \!-\! Cl$	199	243
$C \!-\! N$	147	305	$Br \!-\! Br$	228	193
$C \!=\! N$	128	615	$I \!-\! I$	266	151
$C \equiv N$	116	891			

[a] L'énergie de liaison pour les molécules diatomiques (H_2, HF, HCl, HBr, HI, N_2, O_2, F_2, Cl_2, Br_2 et I_2) et les énergies moyennes pour les autres liaisons.
[b] La valeur de l'énergie de liaison $C \!=\! O$ dans CO_2 est tout à fait différente ; elle est de 799 kJ/mol.

La longueur d'une liaison covalente établie entre des atomes non identiques est égale à la somme des rayons covalents respectifs des deux atomes.

Lorsqu'il existe une différence importante entre les électronégativités respectives des deux atomes liés, il faut s'attendre à constater des exceptions à la règle générale. Par exemple, en raison de son caractère partiellement ionique, une liaison covalente polaire est habituellement plus forte que les autres liaisons, et sa longueur est généralement plus *petite*. Ainsi, la longueur de la liaison $H \!-\! Cl$, calculée à l'aide de la longueur des liaisons $H \!-\! H$ et $Cl \!-\! Cl$, est égale à $\left[\left(\frac{1}{2} \times 74\right) + \left(\frac{1}{2} \times 199\right)\right]$ pm = 137 pm, mais la longueur mesurée de la liaison covalente polaire de HCl est seulement de 127,4 pm.

La longueur des liaisons qui est déterminée expérimentalement peut servir à choisir la structure de Lewis la plus satisfaisante d'une molécule. Inversement, on peut évaluer la longueur d'une liaison à l'aide d'une structure de Lewis plausible, comme l'illustre l'exemple 6.13.

EXEMPLE **6.13**

Évaluez la longueur des liaisons suivantes : **a)** liaison azote-azote de N_2H_4 ; **b)** liaison brome-chlore de BrCl.

➔ Stratégie

Dans la partie *a*, il faut d'abord établir une structure de Lewis plausible pour N_2H_4 et déterminer le type de liaison. Ensuite, nous pourrons trouver la longueur de la liaison à l'aide du tableau 6.1. Dans la partie *b*, nous déterminerons le type de liaison dans BrCl à partir de la structure de Lewis et nous calculerons la valeur approximative de la longueur de liaison en faisant la somme des rayons covalents des atomes liés.

➔ Solution

a) Le tableau 6.1 fournit la longueur de trois liaisons azote-azote. Pour savoir laquelle utiliser, nous écrivons d'abord une structure de Lewis plausible de la molécule N_2H_4, ce qui permet de déterminer si la liaison azote-azote est simple, double ou triple.

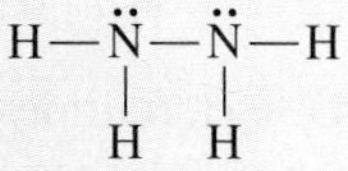

$$H—\overset{..}{N}—\overset{..}{N}—H$$
$$\,\,|\quad\,\,|$$
$$\,\,H\quad H$$

Il s'agit donc d'une liaison azote-azote simple, dont la longueur est de 145 pm.

b) La longueur de la liaison brome-chlore n'est pas donnée dans le tableau 6.1, mais nous pouvons en obtenir une valeur approximative en utilisant le fait que la longueur d'une liaison covalente est égale à la somme des rayons covalents respectifs des atomes liés. La structure de Lewis de BrCl est la suivante.

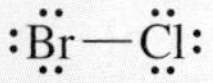

$$:\overset{..}{\underset{..}{Br}}—\overset{..}{\underset{..}{Cl}}:$$

Ainsi, la molécule BrCl comporte une liaison simple Br — Cl, dont la longueur est approximativement égale à la moitié de la longueur de la liaison Cl—Cl, *plus* la moitié de la longueur de la liaison Br—Br. Selon le tableau 6.1, nous avons $\left[\left(\frac{1}{2} \times 199\right) + \left(\frac{1}{2} \times 228\right)\right]$ = 214 pm.

➔ Évaluation

Dans la question *b*, la valeur approximative est très proche de la valeur mesurée, soit 213,8 pm, ce qui semble indiquer que la petite différence (0,2) entre les électronégativités respectives du brome (2,8) et du chlore (3,0) est négligeable.

EXERCICE 6.13 A

Évaluez la longueur de la liaison oxygène-fluor de OF_2.

EXERCICE 6.13 B

Évaluez la longueur de la liaison azote-azote dans le nitramide, NH_2NO_2.

L'énergie de liaison

Énergie de liaison

Quantité d'énergie requise pour briser la liaison covalente entre deux atomes dans une mole d'un élément ou d'un composé en phase gazeuse.

Le bris d'une liaison covalente requiert une *absorption* d'énergie. On appelle **énergie de liaison** la quantité d'énergie nécessaire pour briser la liaison covalente entre deux atomes dans une mole d'un élément ou d'un composé en phase gazeuse. Les énergies de ce type s'expriment généralement en kilojoules par mole d'atomes liés (kJ/mol), et leur valeur est donnée dans des tableaux semblables au tableau 6.1.

Il est facile de comprendre le concept d'énergie de liaison dans le cas d'une molécule *diatomique*. Puisque chaque molécule ne comprend qu'une seule liaison (simple, double ou triple), on représente l'énergie de liaison comme une variation d'enthalpie ou une chaleur de réaction. La variation d'enthalpie associée à la réaction inverse, au cours de laquelle la liaison se forme, est l'*opposé* de l'énergie de liaison. Par exemple,

Bris de la liaison $\qquad$ $Cl_2(g) \longrightarrow 2\,Cl(g)\ \ \Delta H = +243\,kJ/mol$

Formation de la liaison $\quad$ $2\,Cl(g) \longrightarrow 2\,Cl_2(g)\ \ \Delta H = -243\,kJ/mol$

Le cas d'une molécule polyatomique, telle H_2O, est différent (**figure 6.13**). L'énergie requise pour arracher une mole d'atomes d'hydrogène aux molécules $H_2O(g)$ en brisant une des liaisons O—H n'est pas égale à l'énergie nécessaire pour arracher une seconde mole d'atomes d'hydrogène en brisant l'autre liaison O—H. Notons que cette dernière appartient en fait à une entité OH(g).

$$H-OH(g) \longrightarrow H(g) + OH(g)\ \ \Delta H = +499\,kJ/mol$$

$$O-H(g) \longrightarrow H(g) + O(g)\ \ \Delta H = +428\,kJ/mol$$

La valeur de l'énergie de liaison de O—H, fournie dans le tableau 6.1, est la *moyenne* de ces deux valeurs de ΔH.

Le tableau 6.1 met en évidence la relation entre le nombre de liaison et l'énergie de liaison. L'énergie d'une liaison double entre une paire d'atomes donnés est plus grande que celle d'une liaison simple entre les mêmes atomes, et l'énergie d'une liaison triple est encore plus grande que celle d'une liaison double. En général, l'énergie d'une liaison entre une paire d'atomes donnés est d'autant plus grande que le nombre de liaison est

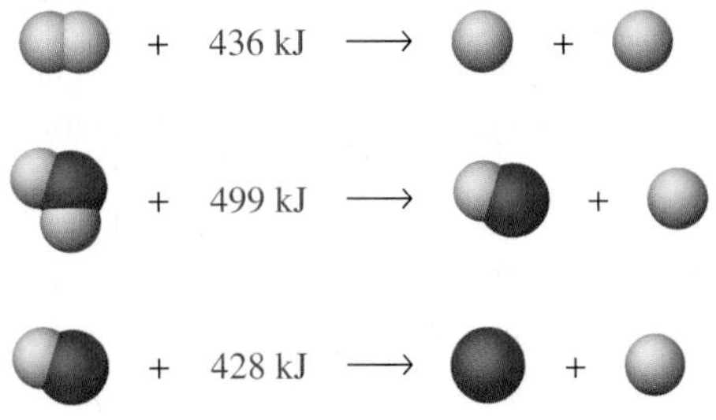

▶ **Figure 6.13**
Comparaison des valeurs de l'énergie de quelques liaisons

Dans le cas de la molécule diatomique H_2, le bris de chacune des liaisons H—H requiert une même quantité d'énergie, soit 436 kJ/mol. Dans le cas de l'eau, le bris de la première liaison O—H nécessite une plus grande quantité d'énergie (499 kJ/mol) que le bris de la seconde liaison (428 kJ/mol). La valeur de l'énergie de liaison de O—H, qui est donnée dans le tableau 6.1, est une *moyenne* calculée pour l'eau et d'autres composés qui comportent une liaison O—H.

grand. Il existe cependant un autre facteur, que ne reflète pas le tableau 6.1. L'énergie d'une liaison donnée dépend également du *milieu* dans lequel celle-ci se trouve, c'est-à-dire des atomes de la molécule, autres que les atomes liés, qui se trouvent à proximité de la liaison. Par exemple, l'énergie d'une liaison O—H est quelque peu différente pour H—O—H, H—O—O—H et H_3C—O—H. C'est pourquoi on utilise habituellement la *moyenne* de plusieurs valeurs de l'énergie de liaison. L'**énergie de liaison moyenne** est égale à la moyenne des valeurs de l'énergie de liaison que possèdent un certain nombre de molécules contenant la liaison en cause. Dans le tableau 6.1, les valeurs de l'énergie des liaisons de molécules diatomiques stables, telles H—H, H—Cl et Cl—Cl, sont celles de l'*énergie*

Énergie de liaison moyenne

Moyenne des valeurs de l'énergie de liaison d'un certain nombre de molécules contenant le même type de liaison.

de bris de liaison ; dans le cas d'autres liaisons, comme H—C, H—N et H—O, les valeurs données sont celles de l'*énergie de liaison moyenne*. Dans le reste du présent chapitre, nous allons utiliser les valeurs de l'énergie de liaison moyenne.

Quelques calculs où intervient l'énergie de liaison

Supposons que nous effectuons une réaction en phase gazeuse de la façon suivante. D'abord, tout en notant l'énergie requise, nous brisons toutes les liaisons des molécules des réactifs de manière à obtenir un gaz constitué d'atomes libres. Nous recombinons ensuite ces atomes pour produire des molécules, et nous notons la quantité d'énergie libérée lors de cette étape.

$$\text{Réactifs gazeux} \longrightarrow \text{Atomes gazeux} \longrightarrow \text{Produits gazeux}$$

La somme des variations d'enthalpie associées au bris initial de liaisons et à la formation de nouvelles liaisons est égale à la variation d'enthalpie, ΔH, associée à la réaction.

$$\Delta H = \Delta H_{\text{bris de liaisons}} + \Delta H_{\text{formation de liaisons}} \qquad \textbf{(6.3)}$$

Étant donné que certaines valeurs des énergies de liaison (EL) utilisées dans les calculs sont des énergies de liaison *moyennes* et non des énergies de bris de liaison, qui sont plus précises, la variation d'enthalpie calculée peut parfois différer de la valeur expérimentale. En fait, les calculs sont fondés sur les relations suivantes.

$$\Delta H_{\text{bris de liaisons}} \approx \sum \text{EL (réactifs)}$$
$$\Delta H_{\text{formation de liaisons}} \approx \sum -\text{EL (produits)}$$

$$\Delta H \approx \sum \text{EL (réactifs)} - \sum \text{EL (produits)} \qquad \textbf{(6.4)}$$

À proprement parler, les énergies de ce type sont des enthalpies de liaison, mais nous continuerons d'utiliser le terme énergie de liaison, qui est plus courant.

La **figure 6.14** illustre ces concepts d'un point de vue moléculaire, au moyen de la formation d'hydrazine gazeux, N_2H_4, à partir d'azote et d'hydrogène gazeux. Dans l'exemple 6.14, nous évaluons l'enthalpie de formation du $N_2H_4(g)$ à l'aide des valeurs de l'énergie de liaison.

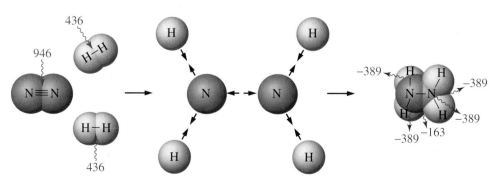

◀ Figure 6.14 **Représentation du bris et de la formation de liaisons au cours d'une réaction**

Les valeurs exprimées en kilojoules par mole sont les quantités d'énergie absorbées lors du bris des liaisons des réactifs, N_2 et H_2, ou libérées au cours de la formation des liaisons du produit, N_2H_4.

EXEMPLE 6.14

À l'aide des valeurs de l'énergie de liaison données dans le tableau 6.1, évaluez l'enthalpie de formation de l'hydrazine gazeux. Comparez le résultat obtenu avec la valeur de $\Delta H_f^\circ[N_2H_4(g)]$, qui est de 95,40 kJ/mol.

➜ Stratégie

Pour choisir les valeurs appropriées de l'énergie de liaison qui se trouvent dans le tableau 6.1, nous écrivons d'abord la structure de Lewis des substances qui prennent part à la réaction. Nous évaluons ensuite ΔH pour les liaisons brisées et les liaisons formées. Finalement, nous utilisons les équations 6.3 et 6.4 pour obtenir l'enthalpie de formation.

➜ Solution

$$:N\equiv N: \;+\; 2\,H-H \;\longrightarrow\; \begin{array}{c} H \quad\; H \\ | \quad\;\; | \\ :N-N: \\ | \quad\;\; | \\ H \quad\; H \end{array}$$

Variation d'enthalpie, ΔH, associée au bris de liaisons :

$$1 \text{ mol de liaisons } N\equiv N = 946 \text{ kJ}$$
$$2 \text{ mol de liaisons } H-H = (2 \times 436) \text{ kJ} = 872 \text{ kJ}$$
$$\text{Total pour le bris de liaisons} = 1818 \text{ kJ}$$

Variation d'enthalpie, ΔH, associée à la formation de liaisons :

$$1 \text{ mol de liaisons } N-N = -163 \text{ kJ}$$
$$4 \text{ mol de liaisons } N-H = 4 \times (-389) \text{ kJ} = -1556 \text{ kJ}$$
$$\text{Total pour la formation} = -1719 \text{ kJ}$$
$$\Delta H = \Delta H_{\text{bris de liaisons}} + \Delta H_{\text{formation de liaisons}}$$
$$\Delta H = 1818 \text{ kJ} - 1719 \text{ kJ} = 99 \text{ kJ}$$

➜ Évaluation

Dans le cas de la formation d'hydrazine gazeux à partir de ses éléments constitutifs, notre approximation de l'enthalpie de formation, soit $\Delta H_f^\circ[N_2H_4(g)] = 99$ kJ/mol de $N_2H_4(g)$, est assez proche de la valeur expérimentale de 95,40 kJ/mol. Pour éviter les erreurs d'estimation dans ce type de problème, nous devons nous souvenir que les valeurs des énergies fournies au tableau 6.1 sont positives. Dans certains cas, nous pouvons utiliser les données telles quelles ; dans d'autres, il faut changer leur signe.

EXERCICE 6.14 A

À l'aide des structures de Lewis des molécules, évaluez ΔH pour la réaction

$$C_2H_6(g) + Cl_2(g) \longrightarrow C_2H_5Cl(g) + HCl(g)$$

EXERCICE 6.14 B

L'enthalpie standard de formation du fluorure de nitrosyle, NOF(g), est de −66,5 kJ/mol. Compte tenu de cette donnée et des données fournies dans le tableau 6.1, estimez l'énergie de liaison de N—F dans le fluorure de nitrosyle.

Comme le suggère le résultat de l'exemple 6.14, les variations d'enthalpie calculées à partir des énergies de liaison sont moins précises que celles obtenues à partir des enthalpies standard de formation (ΔH_f°).

Nous utilisons les énergies de liaison principalement dans les calculs où les données thermodynamiques ne sont pas disponibles ou lorsque des résultats approximatifs suffisent. Considérons la réaction du radical hydroxyle, ·OH, avec le méthane dans l'atmosphère.

$$\cdot OH + CH_4 \longrightarrow \cdot CH_3 + H_2O \quad \Delta H = ?$$

Pour évaluer la variation d'enthalpie associée à cette réaction, nous appliquons une version simplifiée de la méthode décrite dans l'exemple 6.14. Puisqu'il y a *quatre* liaisons C—H à briser dans CH_4 et qu'il faut reformer *trois* de ces liaisons pour obtenir ·CH_3, nous nous trouvons au final à *briser une* liaison C—H. De plus, il faut briser *une* liaison O—H de ·OH et former *deux* de ces liaisons pour obtenir H_2O, de sorte qu'au total nous devons *former une* liaison O—H. La variation d'enthalpie associée à la réaction est donc simplement

$$\Delta H = EL(C—H) - EL(O—H) = +414 \text{ kJ} - 464 \text{ kJ} = -50 \text{ kJ}$$

Les composés organiques

Nous allons examiner maintenant une vaste catégorie de composés tellement importante qu'une branche entière de la chimie, appelée *chimie organique,* y est consacrée. Les composés organiques, qui contiennent tous du carbone, se trouvent partout dans notre environnement. Les riches couleurs rouge, jaune et orange du melon d'eau, des tomates, des carottes ainsi que d'autres légumes et fruits sont produites par la présence de composés organiques naturels. Les glucides et les matières grasses qui fournissent l'énergie dont le corps humain a besoin sont aussi des composés organiques. Il en est de même des combustibles fossiles, qui permettent aux voitures de se déplacer et qui sont utilisés pour chauffer les maisons. Les substances synthétiques, tels le nylon et l'acide acétylsalicylique (ou aspirine), sont également des composés organiques. Les composés à base de carbone sont des constituants fondamentaux du corps humain et, en fait, de tous les êtres vivants. Les composés organiques présentent donc une diversité particulièrement étonnante.

Mais à quoi cette diversité extraordinaire est-elle due ? Elle s'explique par la tendance des atomes de carbone à se combiner entre eux et avec des atomes de presque tous les autres éléments. La caractéristique des composés organiques réside dans le fait que les atomes de carbone forment des chaînes ou des anneaux qui constituent l'ossature à laquelle les autres atomes viennent se fixer. Les composés du carbone les plus courants renferment un ou plusieurs des éléments suivants : de l'hydrogène, de l'oxygène, de l'azote et du soufre. Ainsi, il peut exister un nombre pratiquement illimité de structures distinctes et, par conséquent, de composés différents. La majorité de ceux-ci sont de type moléculaire ; seuls quelques-uns sont de type ionique. Quelques-uns possèdent, en outre, les propriétés des acides, des bases ou des sels, de sorte qu'on peut les classer dans l'une de ces catégories.

Afin d'être en mesure de parler facilement des composés organiques et de les reconnaître lorsqu'il en est question dans un manuel ou un article de journal, il faut apprendre à les nommer et à écrire leur formule. Il existe deux façons de nommer la majorité des composés organiques : on peut employer leur nom commun ou les noms qu'on leur attribue dans la nomenclature systématique internationale. Nous utiliserons habituellement la nomenclature systématique, mais nous présenterons aussi quelques noms communs de ces composés.

6.11 Les alcanes : des hydrocarbures saturés

Alcanes

Hydrocarbure dont les molécules contiennent le plus grand nombre possible d'atomes d'hydrogène étant donné le nombre d'atomes de carbone, et dont la formule générale est C_nH_{2n+2}, tous les liens étant des liaisons covalentes simples.

Les composés organiques les plus simples, soit les *hydrocarbures,* sont formés uniquement d'atomes de carbone et d'hydrogène. Il existe divers types d'hydrocarbures et, dans la présente section, nous étudions la catégorie des alcanes. Les **alcanes** sont aussi appelés hydrocarbures *saturés* parce que leurs molécules contiennent le plus grand nombre possible d'atomes d'hydrogène par rapport au nombre d'atomes de carbone : les molécules sont saturées d'atomes d'hydrogène (il n'y a pas de double ni de triple liaison entre les atomes de carbone).

L'alcane le plus simple est le *méthane,* qui est la principale composante du gaz naturel. Une molécule de méthane est formée de quatre atomes d'hydrogène, fixés à un atome central de carbone.

Méthane, CH_4

Le second membre de la famille des alcanes est l'*éthane,* une composante moins importante du gaz naturel. Une molécule d'éthane est formée de deux atomes de carbone liés, auxquels s'ajoutent les trois atomes d'hydrogène attachés à chaque atome de carbone.

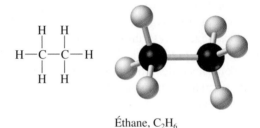

Éthane, C_2H_6

Le troisième membre de la famille des alcanes est le *propane,* qu'on entrepose dans des bonbonnes et qu'on utilise comme combustible pour les lanternes, les réchauds et les barbecues.

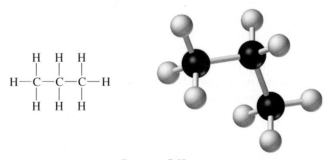

Propane, C_3H_8

Vous avez peut-être constaté une ressemblance entre les descriptions données ci-dessus : chaque composé de la famille des alcanes, à part le méthane, diffère du précédent par une unité CH_2, c'est-à-dire par la présence d'un atome de carbone et de deux atomes d'hydrogène supplémentaires. Une autre caractéristique des alcanes est le fait que chacun est conforme à la formule générale C_nH_{2n+2} où *n* représente le nombre d'atomes de carbone d'une molécule. Ainsi, la formule du propane, dont une molécule contient trois atomes de carbone, est $C_3H_{(2 \times 3)+2}$ ou C_3H_8.

Le nom des alcanes simples est formé de deux éléments : un radical (**tableau 6.2**) indiquant le nombre d'atomes de carbone et la terminaison *-ane,* qui désigne un hydrocarbure de la famille des alc*anes.* Ainsi, C_5H_{12} est la formule du *pent*ane et C_6H_{14}, celle de l'*hex*ane.

Dans presque tous les composés du carbone, chaque atome de carbone forme quatre liaisons, alors que chaque atome d'hydrogène en forme *une* seule. On peut souvent déterminer si une formule développée est vraisemblable en comptant simplement les liaisons que possède chaque atome de ces deux éléments.

Quand on examine la formule développée hypothétique du quatrième membre de la famille des alcanes, on se rend compte qu'il existe deux composés susceptibles de correspondre à la formule C_4H_{10} (**figure 6.15**) : l'un aurait quatre atomes de carbone liés entre eux et alignés de manière à former une chaîne continue (*a*) ; l'autre comporterait un groupe CH_3 fixé à une chaîne de trois carbones (*b*). On dit alors que ces deux molécules distinctes sont des **isomères**.

Radical	Nombre d'atomes de C
méth-	1
éth-	2
prop-	3
but-	4
pent-	5
hex-	6
hept-	7
oct-	8
non-	9
déc-	10

TABLEAU 6.2 Radicaux servant à indiquer le nombre d'atomes de carbone dans les molécules organiques simples

Isomères

Composés ayant la même formule moléculaire, mais des structures développées différentes.

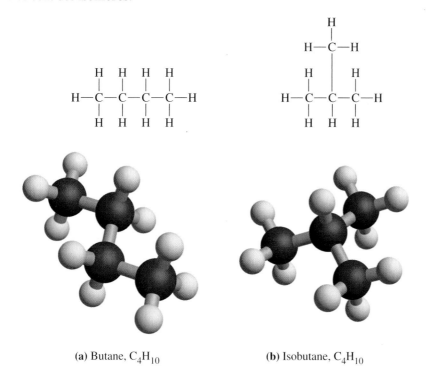

(**a**) Butane, C_4H_{10} (**b**) Isobutane, C_4H_{10}

◀ Figure 6.15
Modèles du type boules et bâtonnets

6.12 Les hydrocarbures insaturés

Nous avons dit que les alcanes sont des hydrocarbures saturés, c'est-à-dire qu'ils possèdent un nombre maximal d'atomes d'hydrogène. Mais qu'en est-il des **hydrocarbures insaturés** ? Ils ne portent pas un nombre maximal d'atomes d'hydrogène et ils possèdent une ou plusieurs liaisons doubles ou triples. La famille des molécules comportant au moins une double liaison se nomme **alcène** et celle dont les molécules ont une ou plusieurs triples liaisons se nomme **alcyne**. Les composés organiques ayant une triple liaison carbone-carbone sont moins courants mais ils ne sont pas rares.

Alcènes

Les alcènes qui possèdent une seule double liaison ont comme formule générale C_nH_{2n} (où *n* représente le nombre d'atomes de carbone). L'alcène le plus simple est l'éthène, C_2H_4.

Hydrocarbure insaturé

Hydrocarbure renfermant des liaisons doubles ou triples entre des atomes de carbone.

Alcène

Hydrocarbure dont les molécules comportent au moins une double liaison carbone-carbone.

Alcyne

Hydrocarbure dont les molécules comportent au moins une triple liaison carbone-carbone.

Lorsque nous construisons sa structure de Lewis à partir des notations de Lewis, nous observons que la molécule doit obligatoirement avoir une double liaison carbone-carbone.

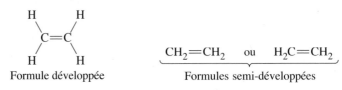

Nous pouvons aussi utiliser une formule développée ou une formule semi-développée pour représenter l'éthène. La formule développée est la même que la structure de Lewis ; elle montre que la double liaison se situe entre les deux atomes de carbone et que les atomes d'hydrogène sont liés à ces derniers. Pour sa part, la formule semi-développée montre la double liaison entre les atomes de carbone, mais regroupe sur une ligne les atomes d'hydrogène. Cette formule est beaucoup plus pratique, car moins longue à écrire, et elle occupe moins d'espace que la formule développée.

$$\underset{\text{Formule développée}}{\overset{\displaystyle H\quad\quad H}{\underset{\displaystyle H\quad\quad H}{C=C}}} \qquad \underbrace{CH_2\!=\!CH_2 \quad \text{ou} \quad H_2C\!=\!CH_2}_{\text{Formules semi-développées}}$$

Plusieurs alcènes ont des noms communs qui sont beaucoup plus utilisés que les noms systématiques. C'est ainsi que l'éthène, alcène à deux atomes de carbone, est souvent appelé « éthylène ». Le propène, qui a trois atomes de carbone ($CH_3CH = CH_2$), est souvent appelé « propylène ». Il y a trois différents alcènes (isomères) possédant quatre atomes de carbone de formule moléculaire C_4H_8, et le nombre d'isomères croit rapidement avec le nombre d'atomes de carbone.

$$\underset{\text{but-1-ène}}{CH_2 = CHCH_2CH_3} \qquad \underset{\text{but-2-ène}}{CH_3CH = CHCH_3} \qquad \underset{\text{méthylpropène}}{CH_2 = C(CH_3)_2}$$

Les alcènes sont des composés réactifs sur le plan chimique. Ces molécules insaturées peuvent libérer deux électrons de valence de l'une des paires d'électrons de la liaison double pour former des liaisons avec deux autres atomes. Dans le produit qui résulte de cette addition, toutes les liaisons covalentes sont simples et la molécule est alors saturée. Une réaction importante dans l'industrie consiste à additionner, à l'aide d'un catalyseur (Ni, Pd ou Pt), des atomes d'hydrogène provenant de H_2 aux doubles liaisons des molécules insaturées. Cette réaction s'appelle l'hydrogénation catalytique. Dans l'hydrogénation de l'éthène, représentée ici, le catalyseur Ni est indiqué sur la flèche, et les traits rouges montrent les deux nouvelles liaisons carbone-hydrogène dans le produit.

$$\underset{\text{éthène}}{\overset{\displaystyle H\quad\quad H}{\underset{\displaystyle H\quad\quad H}{C=C}}} \quad + \quad H—H \quad\xrightarrow{\text{Ni}}\quad \underset{\text{éthane}}{\overset{\displaystyle H\quad H}{\underset{\displaystyle H\quad H}{H—C—C—H}}}$$

L'encadré sur les graisses et les huiles de la page 299 décrit une application pratique de cette réaction.

Alcynes

L'alcyne le plus simple est l'éthyne, communément appelé acétylène (**figure 6.17**)

$$H:C:::C:H \qquad \text{ou} \qquad H—C\equiv C—H$$

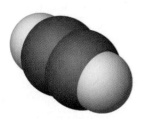

Les alcynes se nomment comme les alcènes, sauf que la terminaison -*ène* est remplacée par -*yne*.

Les molécules d'alcynes sont insaturées; on peut donc leur additionner des atomes comme dans le cas des alcènes. Cependant, une ou deux paires d'électrons de la liaison triple peuvent participer à la réaction. Il est alors possible d'additionner deux fois plus de réactifs à un alcyne qu'à un alcène. Ainsi, en contrôlant soigneusement les conditions de l'hydrogénation, on peut faire réagir une molécule d'éthyne avec une molécule d'hydrogène pour former une molécule d'éthène.

$$H-C\equiv C-H \quad + \quad H-H \quad \xrightarrow{Ni} \quad \begin{array}{c} H \qquad H \\ \diagdown \qquad \diagup \\ C=C \\ \diagup \qquad \diagdown \\ H \qquad H \end{array}$$

Mais plus probablement, la molécule d'éthyne réagira avec deux molécules d'hydrogène pour produire tout d'abord de l'éthène, puis de l'éthane. L'équation globale de cette réaction est:

$$H-C\equiv C-H \quad + \quad 2\,H-H \quad \xrightarrow{Ni} \quad \begin{array}{c} H \quad H \\ | \quad | \\ H-C-C-H \\ | \quad | \\ H \quad H \end{array}$$

 ## 6.13 Les groupements fonctionnels

En chimie organique, les groupements fonctionnels constituent l'un des critères d'organisation les plus importants. Un **groupement fonctionnel** est un atome ou un groupe d'atomes fixé à un hydrocarbure ou enchâssé dans sa structure, et qui confère des propriétés caractéristiques à la molécule considérée dans son ensemble. Plusieurs molécules organiques simples comprennent deux composantes: un groupement fonctionnel, impliqué dans la majorité des réactions, et une chaîne d'hydrocarbure, généralement non réactive. Cette chaîne est représentée dans la formule générale par la lettre R, nommée *radical alkyle*. Un radical alkyle est l'équivalent d'un alcane auquel on a enlevé un atome d'hydrogène pour fixer le groupement fonctionnel. Les molécules qui renferment le même groupement fonctionnel possèdent généralement des propriétés similaires. Nous examinerons brièvement quatre groupements fonctionnels dans cette section. Nous avons rassemblé, dans le **tableau 6.3**, les données concernant les groupements fonctionnels les plus courants; reportez-vous à ce tableau au besoin.

Groupement fonctionnel

Atome ou groupe d'atomes fixé ou inséré dans un hydrocarbure, et qui confère des propriétés caractéristiques à l'ensemble de la molécule.

Les alcools

Le groupement fonctionnel des **alcools** est appelé *hydroxyle,* —OH. L'alcool le plus simple provient du remplacement d'un atome d'hydrogène du méthane par un groupement —OH.

Alcool (ROH)

Substance organique dont les molécules contiennent un groupement hydroxyle, —OH.

$$\begin{array}{c} H \\ | \\ H-C-O-H \\ | \\ H \end{array} \quad ou \quad CH_3OH$$

Méthanol, CH_3OH

Le nom du CH_3OH reflète la parenté du composé avec le méthane. Le radical *méth*- indique qu'il s'agit d'un composé à base de méthane, et la terminaison *-ol* signifie que le méthanol est un alcool. Même si les alcools contiennent le groupement fonctionnel —OH, ce ne sont *pas* des bases, selon la classification d'Arrhenius. Les alcools ne sont pas des

TABLEAU 6.3 Quelques familles de composés organiques et leur groupement fonctionnel caractéristique

Famille	Formule développée générale[a]	Exemple	Nom de l'exemple
Alcane	R—H	$CH_3CH_2CH_2CH_2CH_2CH_3$	hexane
Alcène	C==C	$CH_2\text{==}CHCH_2CH_2CH_3$	pent-1-ène
Alcyne	—C≡C—	$CH_3C\text{≡}CCH_2CH_2CH_2CH_3$	oct-2-yne
Alcool	R—OH	$CH_3CH_2CH_2CH_2OH$	butan-1-ol
Halogénure d'alkyle	R—X[b]	$CH_3CH_2CH_2CH_2CH_2CH_2Br$	1-bromohexane
Éther	R—O—R	$CH_3\text{–}O\text{–}CH_2CH_2CH_3$	méthoxypropane (éther de méthyle et de propyle)[c]
Amine	R—NH$_2$	$CH_3CH_2CH_2\text{–}NH_2$	propan-1-amine
Aldéhyde	$\overset{\displaystyle O}{\overset{\|}{\text{R—C}}}$—H	$\overset{\displaystyle O}{\overset{\|}{CH_3CH_2CH_2C}}$—H	butanal
Cétone	$\overset{\displaystyle O}{\overset{\|}{\text{R—C}}}$—R	$\overset{\displaystyle O}{\overset{\|}{CH_3CH_2CCH_2CH_2CH_3}}$	hexan-3-one
Acide carboxylique	$\overset{\displaystyle O}{\overset{\|}{\text{R—C}}}$—OH	$\overset{\displaystyle O}{\overset{\|}{CH_3CH_2CH_2C}}$—OH	acide butanoïque (acide butyrique)[c]
Ester	$\overset{\displaystyle O}{\overset{\|}{\text{R—C}}}$—OR	$\overset{\displaystyle O}{\overset{\|}{CH_3CH_2CH_2C}}$—OCH$_3$	butanoate de méthyle
Amide	$\overset{\displaystyle O}{\overset{\|}{\text{R—C}}}$—NH$_2$	$\overset{\displaystyle O}{\overset{\|}{CH_3CH_2CH_2C}}$—NH$_2$	butanamide
Aromatique	Ar—H[d]	⬡—CH$_2$CH$_3$	éthylbenzène
Halogénure aromatique	Ar—X[b]	⬡—Br	bromobenzène
Nitrile	R—C≡N	$CH_3CH_2CH_2$—CN	butanenitrile
Phénol	Ar—OH	Cl—⬡—OH	4-chlorophénol (p-chlorophénol)[c]

[a] Le groupement fonctionnel est en rouge. Le symbole R représente un groupement alkyle.

[b] X représente un atome d'halogène — F, Cl, Br, ou I.

[c] Nom commun.

[d] Ar représente un groupement aromatique, soit un cycle benzénique.

composés ioniques : le groupement hydroxyle n'est pas présent sous la forme OH⁻, et aucun ion OH⁻ n'est produit lorsqu'un alcool se dissout dans l'eau.

Le méthanol est un solvant d'usage courant. De plus, comme sa combustion produit moins de résidus que celle de l'essence, on s'en sert comme combustible pour les automobiles dans les zones urbaines où l'air est très pollué. Le méthanol est toutefois très toxique. L'ingestion de 30 mL de cet alcool suffit pour causer la cécité, et parfois même la mort.

Le deuxième alcool le plus simple est un composé à base d'éthane, soit l'alcane possédant deux carbones.

Éthanol, CH_3CH_2OH

L'éthanol est l'alcool contenu dans les boissons alcoolisées. Il est évidemment beaucoup moins toxique que le méthanol. (La dose mortelle d'éthanol est d'environ 500 mL, lorsque l'alcool est consommé à un rythme rapide.) Tout comme le méthanol, l'éthanol est un solvant d'usage courant. On l'emploie en outre comme additif à l'essence et même, parfois, comme produit de remplacement de celle-ci.

On peut obtenir *deux* alcools distincts à partir du propane. Ces alcools, qui renferment trois carbones, sont des isomères. Voici deux isomères du propanol.

Propanol (propan-1-ol), $CH_3CH_2CH_2OH$

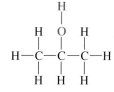

Isopropanol (propan-2-ol), $CH_3CHOHCH_3$

L'alcool à friction est une solution formée de 70 % d'isopropanol (l'isomère de droite) et d'eau.

Les amines

Les composés *organiques* basiques les plus courants, les **amines**, sont dérivés de l'ammoniac. Les amines sont des composés résultant de la substitution d'un ou de plusieurs atomes d'hydrogène de NH_3 par un groupement organique. Dans les deux amines représentés ci-dessous, un seul atome d'hydrogène a été remplacé.

Amine

Composé organique résultant de la substitution d'un ou plusieurs atomes d'hydrogène de NH_3 par un groupement organique.

Méthylamine CH_3NH_2

Éthylamine $CH_3CH_2NH_2$

Dans le cas du diméthylamine, $(CH_3)_2NH$, et du triméthylamine, $(CH_3)_3N$, il y a respectivement substitution de deux et de trois atomes d'hydrogène.

Les acides carboxyliques

Le groupement fonctionnel qui confère le plus souvent des propriétés acides à une substance organique est le groupement *carboxyle*.

$$\begin{matrix} O \\ \| \\ -C-O-H \end{matrix} \quad \text{ou} \quad -COOH$$

L'atome de carbone d'un groupement carboxyle forme une liaison *double* avec l'un des atomes d'oxygène auquel il est lié, mais il présente néanmoins quatre liaisons. Dans la formule simplifiée (—COOH), la liaison double du carbone avec l'un des atomes d'oxygène est sous-entendue.

Lorsqu'une substance renfermant un groupement carboxyle se dissout dans l'eau, certains des atomes d'hydrogène du groupement se transforment en ions H^+. Les atomes d'hydrogène susceptibles de se libérer pour former des ions H^+ sont appelés *hydrogènes acides*. Les atomes d'hydrogène liés à un atome de carbone ne deviennent pas des ions H^+. Ce sont plutôt ceux qui sont liés aux atomes d'oxygène qui sont aptes à former des ions H^+ en solution. C'est donc la présence d'un groupement carboxyle qui indique qu'une molécule est un **acide carboxylique**. La formule de l'acide carboxylique le plus simple est la suivante.

Acide carboxylique (RCOOH)

Substance organique dont les molécules contiennent un groupement carboxyle, —COOH.

$$\begin{matrix} O \\ \| \\ H-C-O-H \end{matrix} \quad \text{ou} \quad HCOOH$$

Acide méthanoïque (ou acide formique), HCOOH

Bien qu'on utilise souvent le nom systématique, on a plutôt tendance à nommer ce composé à l'aide du nom commun. L'adjectif « formique » est dérivé du mot latin *formica*, qui signifie « fourmi ». La douleur provoquée par une piqûre de fourmi est attribuable à l'acide formique que celle-ci libère lorsqu'elle pique. Selon la nomenclature systématique, le radical *méthan-* indique la présence d'un atome de carbone, et le nom *acide* juxtaposé à un adjectif dont la terminaison est *-oïque* signifie que le composé est un acide carboxylique.

Il existe un acide carboxylique comprenant deux carbones, dont la formule est la suivante.

$$\begin{matrix} H & O \\ | & \| \\ H-C-C-O-H \\ | \\ H \end{matrix} \quad \text{ou} \quad CH_3COOH$$

Acide éthanoïque (acide acétique)

Deux modèles de la molécule d'acide acétique sont présentés dans la figure 2.6, page 55. Ce composé est probablement l'acide organique le plus fréquemment utilisé dans les laboratoires de chimie.

L'acide carboxylique formé de trois carbones est l'acide propanoïque. On représente souvent les acides carboxyliques par la formule générale RCOOH.

Les graisses et les huiles hydrogénées

Les acides gras, ainsi qualifiés parce qu'on les retrouve dans les huiles et les graisses, sont constitués d'un groupement carboxyle (—COOH) qui leur confère leur fonction acide et d'une longue chaîne hydrocarbonée, saturée ou insaturée, dont le nombre d'atomes de carbone, variant de 12 à 18, est toujours pair. Ces acides peuvent ne posséder que des liaisons simples. On dira dans ce cas qu'ils sont saturés, car ils contiennent alors le maximum d'atomes d'hydrogène possible pour le nombre d'atomes de carbone que contient la chaîne carbonée. Si la chaîne carbonée comporte une double liaison, on dira que l'acide gras est mono-insaturé, et il contiendra deux atomes d'hydrogène en moins pour un même nombre d'atomes de carbone. Si la chaîne possède plusieurs doubles liaisons, l'acide sera qualifié de polyinsaturé.

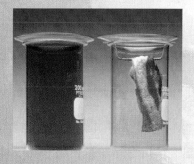

La couleur rouge-brun de la vapeur du brome (à gauche) disparaît lorsqu'on ajoute dans le bécher une tranche de bacon (à droite). Les molécules du brome réagissent avec les doubles liaisons des graisses insaturées pour générer un produit incolore.

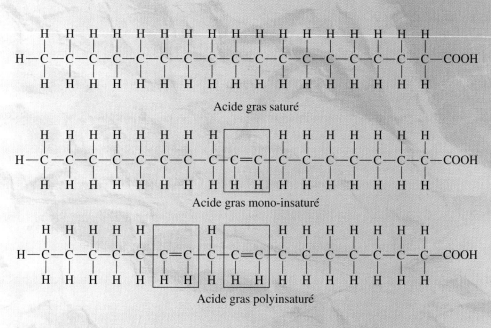

Acide gras saturé

Acide gras mono-insaturé

Acide gras polyinsaturé

Un corps gras ou un lipide, telle une huile ou une graisse, est habituellement contitué de plusieurs types d'acides gras qui sont liés par une liaison ester à de la glycérine. Les lipides simples se présentent à la température ambiante sous forme d'huile ou de graisse, selon la structure des acides gras qui les composent. Si le lipide est solide à 25 °C, c'est une graisse ; s'il est liquide à cette température, c'est une huile. Ces différences sont causées principalement par le nombre d'insaturations se produisant sur les chaînes carbonées des acides gras constituants. À la température ambiante, les lipides à fort pourcentage d'acides gras insaturés sont liquides ; les lipides à fort pourcentage d'acides gras saturés sont solides.

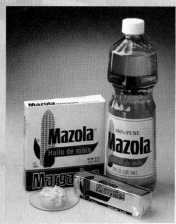

L'huile de maïs est une huile végétale. Environ 85 % des acides gras qu'elle contient sont insaturés. Pour fabriquer de la margarine ou de la graisse végétale, on effectue l'hydrogénation de ce type d'huile. Au cours de l'hydrogénation, des atomes d'hydrogène réagissent avec les liaisons doubles pour produire des acides gras saturés.

Les huiles proviennent généralement des plantes, alors que les graisses proviennent surtout du monde animal. C'est pourquoi on parle d'huile végétale et de graisse ou de gras animal. Les huiles ont un pourcentage élevé d'acides gras à chaîne insaturée, tandis que les graisses ont un pourcentage élevé d'acides gras à chaîne saturée. Aucune formule simple ne peut représenter les huiles et les graisses puisqu'elles sont formées de mélanges complexes de molécules contenant plusieurs acides gras différents. Il est reconnu qu'un régime alimentaire riche en acides gras saturés peut augmenter les risques de maladies cardiovasculaires.

Les amides

Les **amides** sont dérivés des acides carboxyliques, d'une part, et de l'ammoniac ou des amines, d'autre part : le groupement —OH d'une molécule d'acide carboxylique est remplacé par un groupement —NH₂ d'une molécule d'ammoniac ou par un groupement —NHR' ou —NR'R" d'une molécule d'amine. On représente donc un amide par une des formules générales suivantes :

$$R-\overset{\overset{\displaystyle O}{\|}}{C}-NH_2 \quad \text{ou} \quad RCONH_2$$

$$R-\overset{\overset{\displaystyle O}{\|}}{C}-N(H)-R' \quad \text{ou} \quad RCONHR'$$

$$R-\overset{\overset{\displaystyle O}{\|}}{C}-N(R")-R' \quad \text{ou} \quad RCONR'R"$$

où R désigne le groupement alkyle d'un acide carboxylique, et R' et R", les groupements alkyles d'une amine, R' et R" étant identiques ou distincts.

Le nom donné à ce type de composé étant particulièrement complexe, la nomenclature des amides dépasse le niveau de ce cours.

EXEMPLE **SYNTHÈSE**

Un échantillon de 0,507 g d'oxyde de carbone gazeux, dont le pourcentage massique est de 47,04 % en oxygène, occupe un volume de 184 mL à une température de 25 °C et à une pression de 100,3 kPa. En réagissant avec l'eau, cet échantillon donne comme unique produit un acide dont la formule moléculaire est $C_3H_4O_4$.

a) Écrivez une équation qui représente la réaction de l'oxyde de carbone avec l'eau.

b) Donnez une structure de Lewis plausible des réactifs et du produit de la réaction. (*Indice* : Deux des hydrogènes doivent se trouver sur des atomes électronégatifs pour que s'expriment les propriétés acides de la molécule.)

➔ Stratégie

Afin d'écrire l'équation chimique de la réaction de l'oxyde de carbone avec l'eau, nous devons déterminer la formule empirique de l'oxyde à partir du pourcentage massique en oxygène et en carbone. Par la suite, nous devons calculer la masse de cette entité moléculaire et, à l'aide de l'équation des gaz parfaits, calculer la masse moléculaire de l'oxyde. Grâce à ces deux masses, nous pouvons déterminer la formule moléculaire de l'oxyde de carbone. Il nous faut aussi calculer le nombre de moles d'eau qui participent à la réaction pour établir l'équation chimique et les structures de Lewis des réactifs et du produit.

➔ Solution

Nous déterminons d'abord le nombre de moles de O et de C dans l'oxyde de carbone gazeux.

$$? \text{ mol de O} = 47,05 \text{ g de O} \times \frac{\text{mol de O}}{15,999 \text{ g de O}} = 2,940 \text{ mol de O}$$

$$? \text{ mol de O} = 52,96 \text{ g de C} \times \frac{\text{mol de C}}{12,011 \text{ g de C}} = 4,409 \text{ mol de C}$$

Le rapport mol de C/mol de O est égal à : $\dfrac{4,409 \text{ mol de C}}{2,940 \text{ mol de O}} = 1,500 \text{ mol de C/ mol de O}$

La formule empirique est : $C_{1,500 \times 2}O_{1 \times 2} = C_3O_2$ (oxyde de carbone).

La masse de l'entité formulaire est de 68 g/entité formulaire.

La masse molaire de l'oxyde de carbone se calcule à l'aide de l'équation des gaz parfaits :

$$PV = nRT = \frac{mRT}{M}$$

d'où $\quad M = \dfrac{mRT}{PV} = \dfrac{0,507\ g \times 8,3145\ L \cdot kPa \cdot K^{-1} \cdot mol^{-1} \times 298\ K}{100,3\ kPa \times 184\ mL \times 10^{-3}\ L \times mL^{-1}}$

$\quad M = 68,1$ g/mol

La formule empirique est la formule moléculaire de l'oxyde, soit C_3O_2.

La masse molaire de l'acide produit, $C_3H_4O_4$, = 104 g/mol.

La quantité d'eau ajoutée à l'oxyde pur pour produire l'acide est égale à :

6 mol de H_2O ajoutées = (104 g/mol − 68 g/mol) × mol /18 g = 2 mol ajoutées

a) L'équation chimique est donc :

$$C_3O_2 + 2\ H_2O \longrightarrow C_3H_4O_4$$

b) Structures de Lewis de l'oxyde et de l'acide

Si le produit est un acide, deux atomes d'hydrogène doivent être placés sur des atomes électronégatifs comme l'oxygène.

Produit

Il s'agit d'une réaction d'addition de H_2O sur des liaisons multiples. Si 2 mol de H_2O sont additionnées, il y a au moins 2 liaisons doubles dans le réactif :

Réactif

✦ Évaluation

Le calcul de la formule empirique à l'aide des pourcentages massiques donne des proportions C/O ayant des nombres entiers qui ne dépassent pas le nombre de C et de O de la formule moléculaire du produit de la réaction de l'oxyde de carbone avec l'eau. Ainsi cette formule semble plausible. De plus la masse molaire obtenue à l'aide de la loi des gaz parfaits est égale à la masse de l'entité formulaire. Tout laisse croire que les formules moléculaires sont conformes aux données du problème.

Les structures de Lewis obtenues pour l'oxyde de carbone et le produit acide sont plausibles et elles respectent dans chaque cas la règle de l'octet. Ainsi les résultats obtenus sont fiables.

Résumé

6.1 **Un aperçu des liaisons chimiques** Les **liaisons chimiques** se forment lorsque les forces d'attraction entre les électrons chargés négativement et les noyaux chargés positivement sont égales ou supérieures aux forces de répulsion entre les noyaux. La nature des liaisons détermine plusieurs des propriétés des substances.

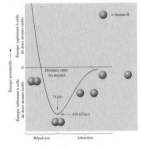

6.2 **La théorie de Lewis sur les liaisons chimiques** Dans une **notation de Lewis**, le symbole chimique d'un atome représente un noyau et ses électrons internes, et les points répartis autour du symbole désignent les électrons de valence. La notation de Lewis d'un élément des groupes principaux dépend de la position que cet élément occupe dans le tableau périodique. En formant des composés, les éléments des groupes principaux suivent généralement la **règle de l'octet** qui précise que les atomes liés tendent à acquérir une configuration électronique semblable à celle des gaz nobles, qui possèdent huit électrons dans leur couche de valence.

IA	IIA	IIIB	IVB	VB	VIB	VIIB	VIIIB
Li·	Be·	·B·	·C·	·N·	·O·	:F·	:Ne:

6.3 **Les liaisons et les cristaux ioniques** Une **liaison ionique** se forme lorsqu'il y a transfert d'électrons entre les atomes d'un métal et ceux d'un non-métal, produisant une attraction électrostatique entre les ions qui en résultent. Un **cristal** consiste en un arrangement distinctif de particules qui se répète.

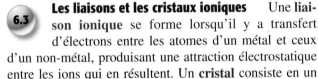

6.4 **La représentation des liaisons ioniques par des notations de Lewis** Les liaisons ioniques entre les non-métaux des blocs *s* et *p* et quelques métaux du bloc *d* peuvent être représentées par des notations de Lewis des anions et des cations respectifs. Cette représentation précise la nature du transfert électronique et le fondement de l'attraction électrostatique.

6.5 **Les variations d'énergie associées à la formation d'un composé ionique** La diminution de l'énergie associée à la formation d'un cristal ionique à partir de ses ions gazeux est appelée **énergie de réseau**. On peut établir une relation entre l'énergie de réseau et l'**enthalpie standard de formation** d'un composé ionique, de même que diverses autres propriétés atomiques ou moléculaires, au moyen du cycle de Born-Haber.

6.6 **Les structures de Lewis de quelques molécules simples** Une **liaison covalente** résulte du partage d'un doublet d'électrons entre deux atomes. La structure de Lewis montre la disposition des atomes dans une molécule et indique les liaisons covalentes entre ces atomes. Dans la structure de Lewis d'une molécule, les électrons appariés forment des **doublets liants** ou des **doublets libres**.

En général, chaque atome d'une structure acquiert la configuration électronique d'un gaz noble, atteignant dans la majorité des cas l'octet d'électrons. Une liaison covalente formée d'un doublet d'électrons est appelée **liaison simple**. Une **liaison double** fait intervenir deux doublets d'électrons, et une **liaison triple** trois doublets.

6.7 **Les liaisons covalentes polaires et l'électronégativité** L'**électronégativité** (**EN**) est une mesure de la tendance d'un atome à attirer vers lui les électrons d'une liaison chimique. L'électronégativité d'un élément est fonction de sa position dans le tableau périodique. Dans une liaison covalente, les électrons sont déplacés vers l'atome dont l'électronégativité est la plus grande. Selon la différence d'électronégativité entre les atomes, on distingue les liaisons **covalentes non polaires** (dans le cas où la différence est nulle ou très petite), **covalentes polaires** et **ioniques** (dans le cas où la différence est importante).

Liaison covalente non polaire Liaison covalente polaire

6.8 **Les stratégies d'écriture des structures de Lewis** La stratégie d'écriture d'une structure de Lewis d'une molécule ou d'un ion polyatomique qui soit plausible comprend deux grandes étapes : (1) la détermination d'une **structure squelettique** constituée d'un ou plusieurs **atomes centraux** liés à un certain nombre d'**atomes périphériques** ; (2) la distribution des électrons de valence des atomes liés selon un arrangement qui permet de respecter, le plus souvent, la règle de l'octet. De plus, il est parfois nécessaire d'appliquer une méthode de « comptabilisation » des électrons appelée **charge formelle (CF)**.

$$CF \text{ d'un atome} = \begin{pmatrix} \text{nombre} \\ \text{d'électrons} \\ \text{de valence de} \\ \text{l'atome libre} \end{pmatrix} - \begin{pmatrix} \text{nombre} \\ \text{d'électrons} \\ \text{en doublets libres} \\ \text{sur l'atome lié} \end{pmatrix} - \frac{1}{2} \begin{pmatrix} \text{nombre d'électrons} \\ \text{prenant part} \\ \text{à des liaisons où} \\ \text{intervient l'atome} \end{pmatrix} \qquad (6.2)$$

Dans les cas de **résonance**, au moins deux structures de Lewis correspondent à une même structure squelettique, bien qu'elles aient des ensembles de liaisons différents. La « meilleure » description de la structure réelle, appelée **hybride de résonance**, résulte d'une combinaison de plusieurs **structures limites** plausibles. L'hybride de résonance doit être conforme aux données expérimentales lorsque celles-ci existent, notamment en ce qui a trait à la longueur des liaisons et (ou) à l'énergie de liaison.

6.9 Les molécules non régies par la règle de l'octet

Les molécules comportant un nombre impair d'électrons et les fragments moléculaires, appelés **radicaux libres**, font exception à la règle de l'octet. Il existe quelques structures dans lesquelles l'atome central contient moins de huit électrons de valence et d'autres, où il en possède plus. Dans ce dernier cas, un atome central peut être doté d'une couche de valence étendue contenant cinq, six ou même sept doublets d'électrons.

Hexafluorure de soufre

6.10 La liaison : sa longueur et son énergie

La **longueur d'une liaison**, qui dépend dans certains cas de la valeur des rayons atomiques, est égale à la distance séparant les noyaux des deux atomes liés. L'**énergie de liaison** est l'énergie requise pour briser une mole de liaisons dans des entités gazeuses ; sa valeur dépend : (1) de la nature des atomes liés, (2) du nombre de liaison, (3) de la nature de la molécule contenant la liaison. Les valeurs données dans les tables sont le plus souvent des moyennes effectuées pour un certain nombre de molécules contenant

une même liaison. L'énergie de liaison et l'**énergie de liaison moyenne** servent à évaluer les variations d'enthalpie associées à une réaction.

$$\Delta H = \Delta H_{\text{bris de liaisons}} + \Delta H_{\text{formation de liaisons}} \qquad (6.3)$$

6.11 Les alcanes : des hydrocarbures saturés

Les composés organiques sont nécessairement formés de carbone. Les **hydrocarbures** renferment uniquement de l'hydrogène et du carbone. Les **alcanes** sont constitués d'atomes de carbone unis par des liaisons simples à des atomes d'hydrogène. Les alcanes ayant au moins quatre atomes de carbone peuvent exister sous forme d'**isomères**, c'est-à-dire de molécules ayant la même formule moléculaire, mais des structures et des propriétés différentes.

6.12 Les hydrocarbures insaturés

Les **hydrocarbures insaturés** ont une ou plusieurs liaisons multiples entre des atomes de carbone. Les **alcènes** ont des doubles liaisons, et les **alcynes** des liaisons triples. Les alcènes et les alcynes ont une réaction caractéristique : leur facilité à additionner des atomes au niveau de leurs liaisons multiples et à transformer celles-ci en liaisons simples.

6.13 Les groupements fonctionnels

Les **groupements fonctionnels** confèrent des propriétés caractéristiques à une molécule organique. Un **alcool** renferme un groupement hydroxyle, —OH. Une **amine** résulte du remplacement d'un ou de plusieurs atomes d'hydrogène de l'ammoniac (NH_3) par un groupement organique. Un **acide carboxylique** comprend un groupement carboxyle, —COOH. Un **amide**, $RCONH_2$, RCONHR' ou RCONR'R", est dérivé d'un acide carboxylique (RCOOH), et de l'ammoniac (NH_3) ou d'une amine (R'NH$_2$ ou R'R"NH).

Mots clés

Vous trouverez également la définition des mots clés dans le glossaire à la fin du livre.

Problèmes par sections

6.2 La théorie de Lewis sur les liaisons chimiques

1. Du point de vue de la théorie de Lewis, pourquoi l'hélium et le néon ne forment-ils pas de liaisons chimiques ?

2. Donnez la notation de Lewis d'un atome de chacun des éléments suivants. (Consultez au besoin le tableau périodique.)

   a) Sodium   d) Brome
   b) Oxygène   e) Calcium
   c) Silicium   f) Arsenic

6.4 La représentation des liaisons ioniques par des notations de Lewis

3. Représentez la configuration électronique des ions suivants au moyen de la notation *spdf* et de notations de Lewis.

   a) K^+ d) Cl^-
   b) S^{2-} e) Mg^{2+}
   c) Al^{3+} f) N^{3-}

4. Lesquels des ions suivants acquièrent la configuration électronique d'un gaz noble ? Quelle est la configuration électronique des autres ions ?

   a) Cr^{3+} c) Zn^{2+} e) Zr^{4+}
   b) Sc^{3+} d) Te^{2-} f) Cu^+

5. Représentez, au moyen de la notation *spdf* abrégée, la configuration électronique de l'ion simple que l'élément donné est le plus susceptible de former.

   a) Ba   c) Se   e) N
   b) K   d) I   f) Br

6. Représentez les composés ioniques suivants au moyen de notations de Lewis.

   a) KI   c) Rb_2S
   b) Fluorure de baryum   d) Oxyde d'aluminium

7. Représentez les composés ioniques suivants au moyen de notations de Lewis.

   a) CaO   c) $BaCl_2$
   b) Bromure de potassium   d) Nitrure de strontium

8. Représentez, au moyen de notations de Lewis, la formation du composé ionique résultant de la combinaison des atomes suivants.

   a) Des atomes de calcium et de brome
   b) Des atomes de baryum et d'oxygène
   c) Des atomes d'aluminium et de soufre

9. Représentez, au moyen de notations de Lewis, un composé ionique d'un élément du groupe IA dans lequel tous les ions sont régis par la règle du *doublet*.

6.5 Les variations d'énergie associées à la formation d'un composé ionique

10. L'énergie de réseau du fluorure de sodium est de -914 kJ/mol de NaF. À l'aide de cette valeur et des informations présentées dans la section 6.5 (en particulier dans l'exemple 6.3), déterminez l'enthalpie de formation de NaF(s).

11. L'énergie de réseau du chlorure de potassium est de -701 kJ/mol de KCl ; l'enthalpie de sublimation de K(s) est de 89,24 kJ/mol ; la première énergie d'ionisation de K(g) est de 419 kJ/mol. À l'aide de ces valeurs et des informations présentées dans la section 6.5, déterminez l'enthalpie de formation de KCl(s).

12. L'enthalpie de formation du bromure de césium est donnée par

    $$Cs(s) + \frac{1}{2} Br_2(l) \longrightarrow CsBr(s) \quad \Delta H_f^{\circ} = -405,8 \text{ kJ/mol}$$

    L'enthalpie de sublimation du césium est de 76,1 kJ/mol et l'enthalpie de vaporisation du brome liquide est donnée par

    $$Br_2(l) \longrightarrow Br_2(g) \quad \Delta H_{vap}^{\circ} = 30,9 \text{ kJ/mol}$$

    À l'aide de ces données et des informations présentées dans les tableaux 5.4 (page 224), 5.5 (page 227) et 6.1 (page 286), calculez l'énergie de réseau de CsBr(s).

13. L'enthalpie de formation de l'iodure de sodium est donnée par

    $$Na(s) + \frac{1}{2} I_2(s) \longrightarrow NaI(s) \quad \Delta H_f^{\circ} = -288 \text{ kJ/mol}$$

    et l'enthalpie de sublimation de l'iode est donnée par

    $$I_2(s) \longrightarrow I_2(g) \quad \Delta H^{\circ} = +62 \text{ kJ/mol}$$

    À l'aide de ces valeurs et des informations présentées dans les tableaux 5.4 (page 224), 5.5 (page 227) et 6.1 (page 286), ainsi que des pages 258 et 259, calculez l'énergie de réseau de NaI(s).

14. L'enthalpie de formation de l'oxyde de lithium est donnée par

    $$2 Li(s) + \frac{1}{2} O_2(g) \longrightarrow Li_2O(s) \quad \Delta H_f^{\circ} = -597,94 \text{ kJ/mol}$$

    L'enthalpie de sublimation du lithium est de 159,4 kJ/mol. À l'aide de ces valeurs, des données présentées dans ce chapitre, ainsi que des tableaux du chapitre 5, calculez l'énergie de réseau de l'oxyde de lithium.

15. L'enthalpie de sublimation du calcium est de 178,2 kJ/mol, et l'enthalpie de vaporisation du brome liquide est donnée par

$$Br_2(l) \longrightarrow Br_2(g) \quad \Delta H° = 30,9 \text{ kJ/mol}$$

À l'aide de ces valeurs et des informations présentées dans ce chapitre, des tableaux du chapitre 5 et de l'enthalpie de formation, $\Delta H_f° = -682,8$ kJ/mol, calculez l'énergie de réseau du bromure de calcium.

6.6 **Les structures de Lewis de quelques molécules simples**

16. Donnez la structure de Lewis de la molécule covalente la plus simple qui est constituée d'atomes des deux éléments donnés, en supposant que la règle de l'octet, ou la règle du doublet, dans le cas de l'hydrogène, est respectée.

a) P et H **b)** C et F

17. Donnez la structure de Lewis de la molécule covalente la plus simple qui est constituée d'atomes des deux éléments donnés, en supposant que la règle de l'octet, ou la règle du doublet, dans le cas de l'hydrogène, est respectée.

a) Si et H **b)** N et Cl

18. Représentez, au moyen de notations de Lewis, le partage d'électrons qui a lieu entre des atomes d'iode dans une molécule d'iode. Pour chaque doublet d'électrons, indiquez s'il s'agit d'un doublet liant ou libre.

19 En général, combien de liaisons covalentes simples les atomes des éléments suivants forment-ils dans une molécule qui ne comporte que des liaisons covalentes simples ? (Consultez au besoin le tableau périodique.)

a) H **d)** F

b) C **e)** N

c) O **f)** Br

20. Qu'appelle-t-on liaison covalente de coordinence ? Représentez, au moyen de structures de Lewis, la formation d'une liaison covalente de coordinence entre BF_3 et F^-.

21. Donnez une structure de Lewis plausible de chacune des molécules covalentes suivantes.

a) CH_3OH **b)** CH_2O **c)** NH_2OH

d) N_2H_4 **e)** COF_2 **f)** PCl_3

22. Donnez une structure de Lewis plausible de chacune des molécules covalentes suivantes.

a) NF_3 **b)** C_2H_2 **c)** C_2H_4

d) CH_3NH_2 **e)** H_2SiO_3 **f)** HCN

6.7 **Les liaisons covalentes polaires et l'électronégativité**

23. En vous reportant uniquement au tableau périodique, disposez les éléments de chaque ensemble selon l'ordre croissant probable de leur électronégativité.

a) B, F, N **c)** C, O, Ga

b) As, Br, Ca

24. En vous reportant uniquement au tableau périodique, disposez les éléments de chaque ensemble selon l'ordre croissant probable de leur électronégativité.

a) I, Rb, Sb **c)** Cl, P, Sb

b) Cs, Li, Na

25. En vous servant des différences d'électronégativité, disposez les liaisons de chaque ensemble par ordre croissant de leur polarité. S'il y a lieu, indiquez ensuite les charges partielles des liaisons au moyen des symboles δ+ et δ−.

a) Cl — F, F — F, Br — F, H — F, I — F

b) H — Br, H — Cl, H — F, H — H, H — I

26. En vous servant des différences d'électronégativité, disposez les liaisons de chaque ensemble par ordre croissant de leur polarité. S'il y a lieu, indiquez ensuite les charges partielles des liaisons au moyen des symboles δ+ et δ−.

a) H — C, H — F, H — H, H — N, H — O

b) C — Br, C — C, C — Cl, C — F, C — I

27. Dans chaque cas, si des atomes des deux éléments donnés sont unis par une liaison covalente, quel atome exerce la plus grande force d'attraction sur les électrons qui prennent part à la liaison ?

a) N et S **c)** As et F

b) B et Cl **d)** S et O

28. En vous servant uniquement du tableau périodique (deuxième face de couverture), indiquez lequel des deux éléments donnés a la plus grande électronégativité.

a) Br et F **c)** Cl et As

b) Br et Se **d)** N et H

29. Dites si les liaisons des substances données sont ioniques ou covalentes, et indiquez si les liaisons covalentes sont polaires ou non polaires.

a) KF **f)** NaBr

b) IBr **g)** Br_2

c) MgS **h)** F_2

d) NO **i)** HCl

e) CaO

6.8 et **6.9** **Les stratégies d'écriture des structures de Lewis et les molécules non régies par la règle de l'octet**

30. Assignez une charge formelle à chaque atome appartenant aux structures suivantes.

a) $:O=S:$ (avec $:O:$ au-dessus du S)

b) $:C≡O:$

c) $[H—O—O:]^-$

d) $H—C≡N:$

31. Assignez une charge formelle à chaque atome appartenant aux structures suivantes.

a) $\left[:O—S—O:\right]^{2-}$ (avec $:O:$ au-dessus du S)

b) $[:N=N=N:]^-$

c) $\left[:F—B—F:\right]^-$ (avec $:F:$ au-dessus et $:F:$ au-dessous du B)

d) $·N=O:$ (avec $:O:$ au-dessus du N)

32. Assignez une charge formelle à chaque atome des structures suivantes. Selon la valeur de ces charges, laquelle des deux structures est la « meilleure » structure de Lewis de l'ion représenté, soit l'ion cyanate ?

a) $[:C=N=O:]^-$

b) $[:N≡C—O:]^-$

33. Assignez une charge formelle à chaque atome des structures suivantes. Selon la valeur de ces charges, laquelle des deux structures est la « meilleure » structure de Lewis de la molécule représentée, soit la molécule de monoxyde de diazote ?

a) $:N≡N—O:$

b) $:N=N=O:$

34. Donnez deux structures limites équivalentes de l'ion bicarbonate, $HOCO_2^-$, puis décrivez l'hybride de résonance de ces structures.

35. Donnez trois structures limites équivalentes de l'ion carbonate, CO_3^{2-}, puis décrivez l'hybride de résonance de ces structures.

36. Donnez des structures de Lewis de l'acide nitreux et de l'acide nitrique. Dans laquelle de ces deux substances le rôle de la résonance est-il le plus important ? Expliquez votre réponse.

37. Donnez des structures de Lewis de l'acide acétique et de l'ion acétate. Dans laquelle de ces deux substances le rôle de la résonance est-il le plus important ? Expliquez votre réponse.

38. Déterminez la structure de Lewis la plus simple de chacune des molécules suivantes. Expliquez toute caractéristique inhabituelle de l'une ou l'autre structure.

a) NO

b) ClF_3

c) BCl_3

d) SeF_4

39. Déterminez la structure de Lewis la plus simple de chacune des molécules suivantes. Expliquez toute caractéristique inhabituelle de l'une ou l'autre structure.

a) ClO_2

b) IF_5

c) $Be(CH_3)_2$

d) XeF_6

40. Donnez des structures de Lewis des molécules et des anions suivants. Déterminez ensuite, s'il y a lieu, la ou les structures les plus probables à l'aide des concepts de charge formelle, de couche de valence étendue et de résonance.

a) SSF_2

b) I_3^-

c) H_2CO_3

d) CN^-

e) SF_5^-

f) BrO_3^-

41. Donnez des structures de Lewis des molécules et des anions suivants. Déterminez ensuite, s'il y a lieu, la ou les structures les plus probables à l'aide des concepts de charge formelle, de couche de valence étendue et de résonance.

a) HNO_3

b) IF_4^-

c) XeO_4

d) ICl_2^-

e) CH_2SF_4

f) IO_4^-

42. Donnez la structure de Lewis des molécules des composés organiques suivants.

a) Isopropanol, $CH_3CHOHCH_3$

b) Acide formique, CHO_2H

c) Diméthyléther, CH_3OCH_3

43. Donnez la structure de Lewis des molécules des composés organiques suivants.

a) Propyne, CH_3CCH

b) Diméthylamine, $(CH_3)_2NH$

c) Propanal, CH_3CH_2CHO

44. Dans chaque cas, déterminez quelle erreur comporte la structure de Lewis, et remplacez celle-ci par une structure plus acceptable.

a) $[:S—C=N:]^-$

b) $:O=N=O:$

c) $:Cl—N=Cl:$ (avec $:Cl:$ au-dessous du N)

45. Dans chaque cas, déterminez quelle erreur comporte la structure de Lewis, et remplacez celle-ci par une structure plus acceptable.

a) $\left[:O—N—O:\right]^-$ (avec $:O:$ au-dessus du N)

b) $H—N=C=N:$ (avec H au-dessus du N)

c) $H—N—C≡O:$

46. Un composé est constitué de 53,31 % de carbone, de 11,18 % d'hydrogène et de 35,51 % d'oxygène. Donnez une structure de Lewis de ce composé fondée sur sa formule empirique. La structure obtenue est-elle satisfaisante ? Sinon, trouvez-en une qui le soit.

47. Un composé est constitué de 39,97 % de carbone, de 13,42 % d'hydrogène et de 46,61 % d'azote. Donnez une structure de Lewis de ce composé fondée sur sa formule empirique. La structure obtenue est-elle satisfaisante ? Sinon, trouvez-en une qui le soit.

6.10 La liaison : sa longueur et son énergie

48. Évaluez la longueur des liaisons suivantes à l'aide des données du tableau 6.1 (page 286). Selon vous, la valeur obtenue est-elle supérieure ou inférieure à la valeur réelle ? Expliquez votre réponse.

a) I—Cl **b)** C—F

49. Évaluez la longueur des liaisons suivantes à l'aide des données du tableau 6.1 (page 286). Selon vous, la valeur obtenue est-elle supérieure ou inférieure à la valeur réelle ? Expliquez votre réponse.

a) O—Cl **b)** N—I

50. À la page 287, nous avons comparé la longueur de la liaison de HCl déterminée expérimentalement et sa longueur calculée à l'aide des rayons atomiques. Selon vous, pour lequel des halogénures d'hydrogène suivants la différence entre les valeurs calculées et mesurées de la longueur de la liaison est-elle la plus *petite* : HF, HCl, HBr ou HI ? Expliquez votre raisonnement.

51. Une molécule diatomique XZ est constituée d'atomes de deux halogènes différents (F, Cl, Br ou I). En appliquant un raisonnement similaire à celui que vous avez utilisé dans le problème 50, déterminez pour lequel des composés XZ la différence entre les valeurs calculées et mesurées de la longueur de la liaison est la plus *grande*. Expliquez votre raisonnement.

52. Le difluorure de diazote comporte une liaison azote-azote dont la longueur est de 123 pm, et une liaison azote-fluor dont la longueur est de 141 pm. Écrivez une structure de Lewis qui corresponde à ces données.

53. Le peroxyde d'hydrogène comporte une liaison oxygène-oxygène dont la longueur est de 147,5 pm, et deux liaisons oxygène-hydrogène dont la longueur est de 95,0 pm. Écrivez une structure de Lewis qui corresponde à ces données.

54. À l'aide des valeurs de l'énergie de liaison fournies dans le tableau 6.1 (page 286), évaluez la variation d'enthalpie (ΔH) associée à la réaction

$$H_2(g) + F_2(g) \longrightarrow 2\ HF(g)$$

55. À l'aide des valeurs de l'énergie de liaison fournies dans le tableau 6.1 (page 286), évaluez la variation d'enthalpie (ΔH) associée à la réaction

$$CH_4(g) + Cl_2(g) \longrightarrow CH_3Cl(g) + HCl(g)$$

56. *Sans faire de calculs détaillés,* dites si la réaction représentée par l'équation suivante est, selon vous, endothermique ou exothermique.

$$C_3H_8(g) + Cl_2(g) \longrightarrow C_3H_7Cl(g) + HCl(g)$$

57. *Sans faire de calculs détaillés,* dites si la réaction représentée par l'équation suivante est, selon vous, endothermique ou exothermique.

$$N_2H_4(g) + H_2(g) \longrightarrow 2\ NH_3(g)$$

58. La réaction entre l'ozone et l'oxygène atomique qui se produit dans la stratosphère contribue à maintenir l'équilibre thermique sur la Terre.

$$O_3(g) + O(g) \longrightarrow 2\ O_2(g) \quad \Delta H = -391,9\ kJ$$

À l'aide de cette information et des données présentées dans le tableau 6.1 (page 286), évaluez approximativement l'énergie de la liaison oxygène-oxygène de la molécule O_3.

59. La transformation du monoxyde de carbone en dioxyde de carbone par oxydation au moyen d'oxygène est représentée par l'équation

$$2\ CO(g) + O_2(g) \longrightarrow 2\ CO_2(g) \quad \Delta H = -566\ kJ$$

À l'aide de cette information, des données présentées dans le tableau 6.1 (page 286) ainsi que de la note qui se trouve en bas du tableau, évaluez l'énergie de liaison de la molécule CO.

6.11 à 6.13 Les composés organiques

60. Donnez la formule développée de quatre isomères d'un alcool dont la formule moléculaire est $C_4H_{10}O$.

61. Chacune des formules ci-dessous représente une substance appartenant à une ou plusieurs des catégories suivantes : alcane, alcène, alcyne, alcool, amine, acide carboxylique, amide, composé inorganique. Indiquez lequel de ces termes définit *le plus précisément* le composé représenté par chacune des formules.

a) $CH_3(CH_2)_6CH_3$

b) $CH_3CH_2CHOHCH_3$

c) $CH_2{=}CHCH_2CH_2CH_3$

d) $HC{\equiv}CH$

e) $CH_3(CH_2)_6COOH$

f) Na_2CO_3

g) $CH_3(CH_2)_6\overset{\displaystyle O}{\overset{\displaystyle \|}{C}}NH_2$

h) $CH_2{=}CHCH_2OH$

62. Chacune des formules ci-dessous représente une substance appartenant à une ou plusieurs des catégories suivantes : alcane, alcène, alcyne, alcool, amine, acide carboxylique, amide, composé inorganique. Indiquez lequel de ces termes définit *le plus précisément* le composé représenté par chacune des formules.

a) $\underset{\displaystyle CH_3}{CH_3(CH_2)_3CHCH_2CH_3}$

b) $CH_3CH_2NHCH_3$

c) $KHCO_3$

d) $\underset{\displaystyle OH}{CH_3(CH_2)_3CHCH_2CH_3}$

e) $CH_2{=}CHCH_2CH(CH_3)_2$

f) $HCOOH$

g) $CH_3(CH_2)_4CH_3$

h) $CH_3C{\equiv}CCH_2CH_3$

i) $NH_2\overset{\displaystyle O}{\overset{\displaystyle \|}{C}}CH_2CH_2OH$

j) $\underset{\displaystyle CH_3}{CH_3CH_2NCH_3}$

63. Laquelle des formules données représente la molécule illustrée par le modèle suivant?

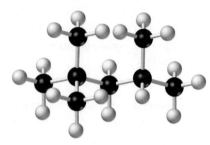

a) $CH_3(CH_2)_6CH_3$

c)
$$CH_3\overset{\displaystyle CH_3}{\underset{\displaystyle CH_3}{C}}-CHCl$$

b)
$$CH_3\overset{\displaystyle CH_3}{C}CH_2\overset{\displaystyle}{C}HCH_3$$
$$\overset{|}{CH_3}\ \overset{|}{CH_3}$$

d)
$$CH_3\overset{\displaystyle CH_3}{C}-CH_2-\overset{\displaystyle CH_3}{C}CH_3$$
$$\overset{|}{CH_3}\ \ \ \ \ \overset{|}{CH_3}$$

64. Donnez la formule développée des amines illustrées par les modèles suivants. Quelle est la relation entre ces deux amines?

a)   **b)**

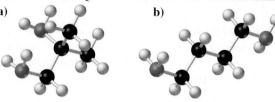

65. Qu'appelle-t-on hydrocarbure insaturé? Lesquels des composés suivants sont des hydrocarbures insaturés?

a) $CHCCH_3$

b) $CH_3CH_2CHCH_2$

c) $CHCCH_2CH_3$

d) $CH_3(CH_2)_3CH_3$

Problèmes complémentaires ★ Problème défi   ↻ Problème synthèse

66. Deux molécules distinctes sont représentées par la formule C_2H_6O. Donnez la structure de Lewis de ces deux molécules.

67. Donnez quatre structures limites de l'ion oxalate, $C_2O_4^{2-}$.

68. Au XIXᵉ siècle, Kekulé a rêvé de la structure du benzène: il a vu un serpent se mordre la queue. Déterminez le diagramme de Lewis possible pour le benzène (C_6H_6).

69. La formule du propynal est HCCCHO. Donnez une structure de Lewis de ce composé et évaluez la longueur de chaque liaison dans cette molécule.

70. L'azoture d'hydrogène, HN_3, est un acide en solution aqueuse, et ses sels sont très réactifs. (L'azoture de sodium, NaN_3, est employé dans les coussins gonflables, et l'azoture de plomb, $Pb(N_3)_2$, est utilisé comme détonateur). La structure de l'azoture d'hydrogène est représentée ci-dessous. Écrivez une ou des structures de Lewis qui expliquent ces données.

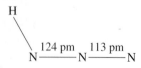

71. Évaluez la longueur des liaisons azote-fluor et azote-oxygène ★ de la molécule de fluorure de nitryle, NO_2F. Pour ce faire, écrivez des structures limites plausibles de la molécule et utilisez les données du tableau 6.1 (page 286).

72. L'ion XCl_y^- possède un pourcentage massique de 52,77 % en ↻ chlore. Identifiez l'élément X et proposez une structure de Lewis plausible pour cet ion.

73. On a observé dans l'atmosphère la réaction représentée par l'équation

$$CO(g) + O_3(g) \longrightarrow CO_2(g) + O_2(g)$$
$$\Delta H_f^\circ = -425,7 \text{ kJ/mol.}$$

En prenant 1072 kJ/mol comme valeur de l'énergie de liaison de CO(g) et en vous servant des données du tableau 6.1 (page 286), ainsi que de la note qui se trouve en bas du tableau, évaluez l'énergie de la liaison oxygène-oxygène de la molécule O_3. Évaluez la même énergie en vous servant cette fois d'une ou de plusieurs structures de Lewis de la molécule O_3, de même que des données du tableau 6.1. Existe-t-il un écart important entre les deux valeurs obtenues?

74. L'enthalpie de vaporisation du carbone est donnée par

$$C(\text{graphite}) \longrightarrow C(g) \quad \Delta H^\circ = 717 \text{ kJ}$$

À l'aide de cette valeur de ΔH° et des valeurs de l'enthalpie de formation du méthane (CH_4) ainsi que de l'énergie de liaison de l'hydrogène, évaluez l'énergie de la liaison simple carbone-hydrogène. Comparez ensuite les résultats obtenus avec la valeur qui est donnée dans le tableau 6.1.

75. Calculez ΔH_f° pour le composé hypothétique MgCl(s), à ★ l'aide des données suivantes:

Enthalpie de sublimation de Mg:	+150 kJ/mol
Première énergie d'ionisation de Mg(g):	+738 kJ/mol
Énergie de liaison de $Cl_2(g)$:	+243 kJ/mol
Affinité électronique de Cl(g):	−349 kJ/mol
Énergie de réseau de MgCl(s):	−676 kJ/mol

76. À l'aide des données du problème 75 et en prenant 1451 kJ/mol comme valeur de I_2 pour Mg(g) et -2500 kJ/mol comme valeur de l'énergie de réseau de $MgCl_2$(s), calculez ΔH_f° pour $MgCl_2$(s). Expliquez pourquoi $MgCl_2$(s) devrait être plus stable que MgCl(s).

77. Quand il est présent dans les composés ioniques avec des métaux, l'hydrogène est sous la forme d'un ion hydrure, H^-. Déterminez l'affinité électronique de l'hydrogène au moyen de calculs fondés sur le cycle de Born-Haber, en prenant -812 kJ/mol comme valeur de l'énergie de réseau de NaH, en vous servant des données présentées aux pages 258 et 259 ainsi que dans le tableau 6.1 (page 286) et en tenant compte du fait que, pour NaH, $\Delta H_f^\circ = -56,27$ kJ/mol.

78. Indiquez ce qui est erroné dans chacune des structures de Lewis qui suivent. Écrivez pour chaque cas une structure de Lewis acceptable.

a) Mg $:\overset{..}{\underset{..}{O}}:$

b) $[:\overset{..}{\underset{..}{Cl}}]^+[:\overset{..}{\underset{..}{O}}:]^{2-}[:\overset{..}{\underset{..}{Cl}}:]^+$

c) $[:\overset{..}{\underset{..}{O}}-\overset{.}{N}=\overset{..}{O}:]^+$

d) $[:\overset{..}{\underset{..}{S}}-C=\overset{..}{N}:]^-$

79. Seulement une des structures de Lewis suivantes est correcte. Dites laquelle et précisez les erreurs dans chacun des autres cas.

a) ion cyanate $[:\overset{..}{\underset{..}{O}}-C=\overset{..}{N}:]^-$

b) ion acétylure $[C\equiv C:]^{2-}$

c) ion hypochlorite $[:\overset{..}{\underset{..}{Cl}}-\overset{..}{\underset{..}{O}}:]^-$

d) monoxyde d'azote $:\overset{.}{N}=\overset{..}{O}:$

80. Chacune des liaisons suivantes est polaire. En consultant le tableau périodique, indiquez les liaisons pour lesquelles une flèche barrée peut être dessinée simplement et celles pour lesquelles on ne peut pas déterminer la direction de la flèche sans connaître les valeurs de l'électronégativité.

a) As-P   **b)** Al-P   **c)** I-P   **d)** Cl-P

81. Dites quelles liaisons peuvent être classées comme polaires simplement en consultant le tableau périodique, et indiquez celles dont on ne peut affirmer si elles sont polaires ou non polaires si on ne connaît pas les valeurs de l'électronégativité.

a) Ga-S   **b)** N-F   **c)** Sn-Br   **d)** C-S

82. Les structures de Lewis et les formules développées des alcanes sont identiques. Expliquez pourquoi il en est ainsi et pourquoi ce n'est pas le cas pour tous les composés organiques.

83. Dessinez les formules développées de cinq hydrocarbures de formule moléculaire C_4H_6. (*Indice:* Utilisez des liaisons multiples, des structures cycliques et des combinaisons de celles-ci.)

84. La formule de l'acide hypochloreux est souvent écrite HClO. Si vous ne savez pas que les atomes d'hydrogène dans les oxacides sont presque toujours liés à un atome d'oxygène, comment pouvez-vous en venir à cette conclusion pour l'acide hypochloreux?

85. Soit les entités NO_2, NO_2^+ et NO_2^-. Deux d'entre elles ont des liaisons de la même longueur ou presque. Nommez-les et estimez la longueur et l'énergie de liaison dans ces deux entités.

86. Un échantillon de 1,450 g d'un composé organique qui occupe, à l'état gazeux, un volume de 766 mL à 99,8 °C et 758 mm Hg produit 3,296 g de CO_2 et 1,349 g de H_2O lorsqu'il est brûlé avec un excès d'oxygène. Aucune autre substance n'est produite.

Écrivez au moins quatre structures de Lewis plausibles qui peuvent être employées pour représenter ce composé.

87. Calculez l'énergie de liaison d'un polluant, le NO(g), en utilisant les données fournies dans le présent ouvrage et en vous fondant sur l'enthalpie standard de formation de NO(g), qui est de 90,25 kJ/mol. Comparez cette valeur avec celles du tableau 6.1 (page 286).

La **théorie** de la **liaison** et la **géométrie moléculaire**

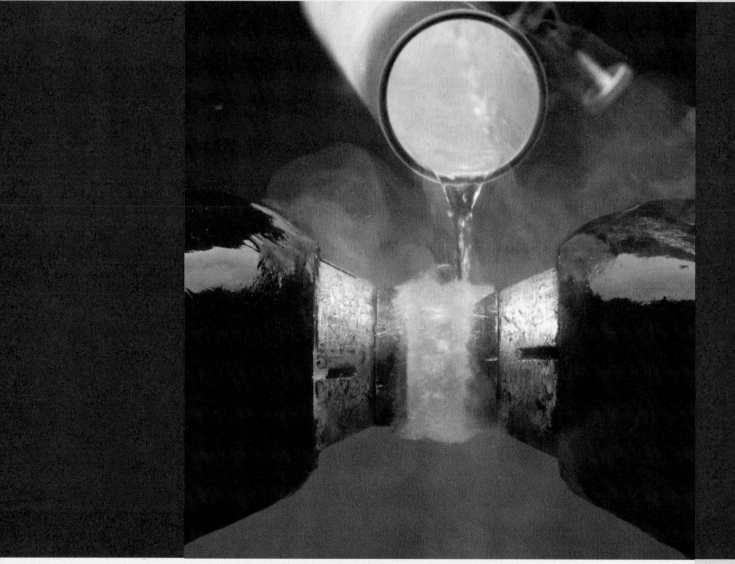

La photo met en évidence le caractère paramagnétique de O_2. La théorie de Lewis ne rend pas compte de cette propriété de l'oxygène. Dans ce chapitre, nous allons étudier une théorie qui en fournit une explication.

Dans le présent chapitre, nous utilisons la mécanique quantique pour approfondir notre étude des liaisons chimiques et de la structure moléculaire, que nous avons amorcée avec l'examen de la théorie de Lewis (chapitre 6). De façon analogue, au chapitre 4, nous avons employé la version moderne de la mécanique quantique pour élargir nos connaissances de la structure atomique au-delà du modèle de Bohr.

Une bonne compréhension des liaisons chimiques permet d'expliquer des phénomènes dont on ne peut rendre compte à l'aide de structures de Lewis simples. Ainsi, nous serons en mesure de donner la cause plausible des observations qui suivent.

- Les trois atomes d'une molécule CO_2 forment un angle de 180°, tandis que les trois atomes d'une molécule H_2O forment un angle de 104,45°.

- Les molécules de chloroforme ($CHCl_3$) sont polaires, alors que les molécules de tétrachlorure de carbone (CCl_4) ne le sont pas.

- Il n'existe qu'une molécule de butane ($CH_3CH_2 — CH_2CH_3$), mais il y a deux structures (isomères) du but-2-ène $CH_3CH = CHCH_3$.

- Il n'existe pas de molécule He_2, mais il existe des molécules F_2, Na_2 et H_2.

- La molécule O_2 comporte une liaison covalente double; elle renferme néanmoins des électrons non appariés qui lui confèrent un caractère paramagnétique (page 349).

SOMMAIRE

La géométrie moléculaire

7.1   La méthode de répulsion des paires d'électrons de valence (RPEV)

7.2   Les molécules polaires et le moment dipolaire

La théorie de la liaison de valence

7.3   Le recouvrement des orbitales atomiques

7.4   L'hybridation des orbitales atomiques

7.5   Les orbitales hybrides et les liaisons covalentes multiples

La théorie des orbitales moléculaires

7.6   Les caractéristiques des orbitales moléculaires

7.7   Les molécules diatomiques homonucléaires des éléments de la deuxième période

7.8   Les liaisons du benzène

La géométrie moléculaire

Précisons d'abord ce qu'on entend par la forme d'une molécule. Comme n'importe quel échantillon de matière, une molécule occupe une portion de l'espace ; elle a donc trois dimensions. Il n'est pas facile de donner une description concise des caractéristiques spatiales d'une molécule ; au demeurant, une telle information n'est pas particulièrement utile. Ce qui l'est, c'est de connaître sa **géométrie moléculaire**, c'est-à-dire son organisation dans l'espace. On exprime celle-ci par une figure dans laquelle on représente les *noyaux atomiques* comme s'ils étaient reliés par des segments de droite.

Les molécules *diatomiques*, telle la molécule O_2, renferment seulement deux noyaux, qui sont représentés par deux points. Étant donné que deux points déterminent une seule droite, on dit que la géométrie d'une molécule diatomique est *linéaire*. Si les trois noyaux d'une molécule *triatomique* sont situés sur une même droite, comme dans CO_2, la géométrie moléculaire est également dite linéaire. Par contre, si les trois noyaux *ne sont pas* alignés, la géométrie moléculaire est dite *angulaire*. La molécule d'eau offre un bon exemple de molécule angulaire. La **figure 7.1**, qui représente la structure d'une molécule H_2O, met en évidence deux caractéristiques fondamentales de la structure géométrique d'une molécule, soit la longueur de la liaison et l'angle de la liaison. C'est cette structure qu'on évoque lorsqu'on dit qu'une molécule est angulaire. Nous allons voir ci-dessous que la géométrie de la majorité des molécules polyatomiques est plus complexe que les géométries linéaire et angulaire.

Géométrie moléculaire

Forme d'une molécule ou d'un ion polyatomique, représentée par la figure géométrique résultant de la réunion, au moyen de segments de droites appropriés, des atomes constituant cette molécule ou cet ion polyatomique.

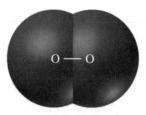

molécule diatomique

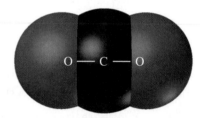

molécule triatomique

Méthode de répulsion des paires d'électrons de valence (RPEV)

Approche utilisée pour décrire la forme géométrique des molécules et des ions polyatomiques en fonction de la distribution spatiale des groupes d'électrons dans la ou les couches de valence du ou des atomes centraux.

La géométrie moléculaire réelle ne peut être déterminée autrement qu'expérimentalement, mais il est possible de prédire de façon assez précise la forme de plusieurs molécules ou ions polyatomiques. Nous allons décrire dans la prochaine section une méthode utilisée pour faire des prédictions de ce type.

7.1 La méthode de répulsion des paires d'électrons de valence (RPEV)

Comme son nom l'indique, la **méthode de répulsion des paires d'électrons de valence (RPEV)** repose sur le fait que les doublets d'électrons de valence d'un atome lié se repoussent mutuellement. Ainsi, les doublets d'électrons sont aussi éloignés que possible les uns des autres. Il en résulte que l'énergie de répulsion est minimale, ce qui correspond au niveau d'énergie le plus faible de la molécule ou de l'ion polyatomique. La géométrie des atomes périphériques par rapport à l'atome central dépend du nombre de doublets d'électrons de valence et de leur nature (doublets liants ou libres). L'orientation des doublets libres ou liants détermine la forme distinctive de la molécule ou de l'ion polyatomique.

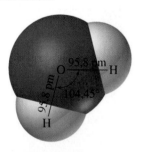

▲ Figure 7.1
La géométrie moléculaire et un modèle représentant le volume de H_2O

La longueur de chacune des deux liaisons O—H est de 95,8 pm, et l'angle déterminé par les deux liaisons est de 104,45°. La géométrie moléculaire de H_2O est donc angulaire.

La géométrie de répulsion

La méthode RPEV sert à prédire la forme des molécules et des ions polyatomiques. Pour appliquer cette méthode, nous allons évidemment faire appel au concept de répulsion. Toutefois, nous devons en élargir la portée pour qu'il s'applique à tous les *groupes* d'électrons de valence, et non seulement aux électrons sous forme de paires. On appelle **groupe d'électrons** tout ensemble d'électrons de valence situé dans une région voisine d'un atome central et qui exerce une force de répulsion sur d'autres ensembles d'électrons de valence. Un groupe d'électrons peut être constitué de :

* un seul électron non apparié ;
* un doublet libre ;
* *un* doublet liant d'électrons prenant part à une liaison covalente simple ;
* *deux* doublets liants d'électrons prenant part à une liaison covalente double ;
* *trois* doublets liants d'électrons prenant part à une liaison covalente triple.

Dans la majorité des cas, un atome central est entouré de 2, 3, 4, 5 ou 6 groupes d'électrons. Les forces de répulsion orientent ces groupes en fonction de ce qu'on appelle la **géométrie de répulsion**. Selon le nombre de groupes d'électrons en présence, la géométrie est dite :

* *linéaire* lorsqu'il y a deux groupes d'électrons ;
* *triangulaire plane* lorsqu'il y a trois groupes d'électrons ;
* *tétraédrique* lorsqu'il y a quatre groupes d'électrons ;
* *bipyramidale à base triangulaire* lorsqu'il y a cinq groupes d'électrons ;
* *octaédrique* lorsqu'il y a six groupes d'électrons.

La **figure 7.2** fait appel à une analogie pour aider à se représenter les forces de répulsion entre les groupes d'électrons. Si on assemble des ballons en les enroulant les uns autour des autres, les lobes qui en résultent s'orientent de façon à réduire au minimum l'interaction entre eux. De même, les groupes d'électrons restent généralement aussi éloignés que possible les uns des autres.

La notation de la géométrie moléculaire

Dans la notation RPEV, employée pour décrire la géométrie moléculaire, on désigne l'atome central d'une structure par A, les atomes périphériques par X, et les doublets libres de l'atome central par E. Ainsi, AX_2E_2 représente une structure formée de *deux* atomes périphériques et de *deux* doublets libres entourant un atome central. Par exemple, la molécule d'eau, H—Ö—H, est représentée par AX_2E_2.

Il est important de bien distinguer les notions de *géométrie de répulsion* et de *géométrie moléculaire*. Une géométrie de répulsion décrit la disposition de groupes d'électrons de valence autour d'un noyau central, disposition qui découle des forces de répulsion que ces groupes exercent les uns sur les autres. Une géométrie moléculaire décrit la disposition d'*atomes* liés à un même atome central. Si tous les groupes d'électrons sont des groupes liants, les atomes liés et les groupes d'électrons ont la même orientation. Ainsi, dans le cas d'une structure qui *ne renferme pas de doublets libres* (AX_n), la géométrie moléculaire et la géométrie de répulsion sont identiques. Si une structure contient des électrons appartenant à des doublets libres, au moins un groupe d'électrons occupe autour de l'atome central une position où il *n'y a pas d'atome*. Dans ce cas, la géométrie moléculaire est déterminée par la géométrie de répulsion, mais elle *n'est pas identique à celle-ci*.

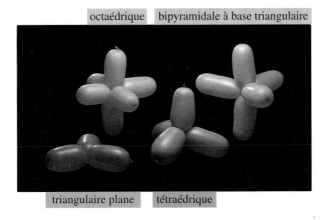

octaédrique   bipyramidale à base triangulaire

triangulaire plane   tétraédrique

◄ Figure 7.2
Illustration, à l'aide de ballons, de la géométrie de répulsion pour 3, 4, 5 ou 6 groupes d'électrons

Chaque lobe d'un ballon correspond à un groupe d'électrons. Les géométries de répulsion représentées sont les structures triangulaire plane (orangé), tétraédrique (vert), bipyramidale à base triangulaire (lilas) et octaédrique (jaune).

Le **tableau 7.1** (page 316) donne des renseignements sur des géométries moléculaires correspondant à différentes géométries de répulsion. Dans les pages suivantes, nous allons décrire plusieurs structures représentées dans ce tableau.

Les structures ne contenant pas de doublet libre : AX_n

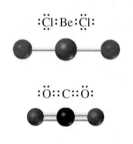

AX_2 : Les molécules $BeCl_2$ et CO_2 sont du type AX_2. La structure de Lewis de la molécule $BeCl_2$, qui n'a pas assez d'électrons pour atteindre l'octet, indique que les deux groupes d'électrons qui entourent l'atome de béryllium consistent chacun en un doublet participant à une liaison covalente simple. Dans CO_2, les deux groupes d'électrons qui entourent l'atome de carbone sont formés chacun de *deux* doublets d'électrons : ils participent à des liaisons covalentes doubles.

La géométrie de répulsion et la géométrie moléculaire de deux groupes d'électrons sont toutes deux *linéaires*.

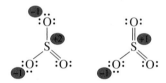

AX_3 : Les molécules BF_3 et SO_3 sont du type AX_3. Dans la molécule BF_3, qui ne compte pas assez d'électrons, les trois groupes d'électrons sont des doublets qui participent à des liaisons covalentes simples. Dans la structure de Lewis présentée ci-contre, les atomes de fluor sont distribués autour de l'atome de bore selon une *géométrie moléculaire triangulaire plane,* identique à la géométrie de répulsion.

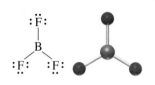

Pour ce qui est de la molécule SO_3, il existe un certain nombre de structures de Lewis qui sont valables ; deux de ces structures sont représentées ci-contre. La première est l'une des trois structures limites qui respectent la règle de l'octet. La seconde est l'une des quatre structures acceptables qui comportent une couche de valence étendue. (La structure exacte est un hybride de résonance.) Ces structures illustrent un point important.

> *Toutes les structures de Lewis d'une molécule ou d'un ion polyatomique doivent, pour être plausibles, correspondre à une même géométrie de répulsion.*

Les deux structures représentées ci-dessus correspondent à une géométrie triangulaire plane des trois groupes d'électrons et, par conséquent, des trois atomes d'oxygène. La géométrie *triangulaire plane* est caractérisée par la disposition, dans un même plan, de l'atome central et des trois atomes périphériques et par la valeur des angles de liaison, qui est de 120°.

AX_4 : Le méthane, CH_4, est un excellent exemple de molécule du type AX_4.

$$H:\overset{\displaystyle H}{\underset{\displaystyle H}{\overset{..}{C}}}:H \quad ou \quad H-\overset{\displaystyle H}{\underset{\displaystyle H}{\overset{|}{\underset{|}{C}}}}-H$$

L'énergie de la molécule est minimale lorsque les quatre doublets liants sont aussi éloignés que possible les uns des autres. L'atome de carbone est situé au centre d'un *tétraèdre régulier,* et les doublets d'électrons sont orientés vers les quatre sommets, où se trouvent les atomes d'hydrogène. Les valeurs théorique et observée des angles des liaisons $H-C-H$ de CH_4 sont toutes deux égales à 109,5°.

La **figure 7.3** indique que la géométrie de répulsion et la géométrie moléculaire de CH_4 sont *tétraédriques*. La géométrie moléculaire est représentée à l'aide d'une méthode utilisée couramment par les spécialistes de la chimie organique : les traits pleins indiquent des liaisons situées dans le plan de la page ; les pointillés, des liaisons qui se prolongent *derrière* le plan ; les traits gras, des liaisons qui *sortent* du plan de la page.

AX₅ et AX₆ : Selon le tableau 7.1, la molécule PCl₅ est du type AX₅, et la molécule SF₆ est du type AX₆. Dans les structures AX₅ et AX₆, l'atome central doit être entouré de plus de quatre doublets d'électrons et il doit être doté d'une couche de valence étendue. Il s'agit donc nécessairement d'un atome d'un élément de la troisième période ou des périodes suivantes.

La *géométrie de répulsion* de la molécule PCl₅, qui est une bipyramide à base triangulaire, comprend trois doublets d'électrons orientés vers les sommets d'un triangle équilatéral. Les deux autres doublets sont situés sur une droite perpendiculaire au plan du triangle, l'une étant au-dessus du plan, et l'autre, en dessous. La géométrie moléculaire de PCl₅, qui est aussi *bipyramidale à base triangulaire,* comprend un atome de phosphore situé au centre du triangle équilatéral, et des atomes de chlore situés aux sommets de la bipyramide à base triangulaire. (On appelle bipyramide à base triangulaire une figure géométrique constituée de six faces ayant chacune la forme d'un triangle.)

La géométrie de répulsion de la molécule SF₆, qui est un *octaèdre,* comprend quatre doublets d'électrons orientés vers les sommets d'un carré. Les autres doublets sont situés sur une droite perpendiculaire au plan du carré et passant par le centre de celui-ci. Un doublet est situé au-dessus du plan, et l'autre, en dessous. La géométrie moléculaire de SF₆, qui est aussi *octaédrique,* comprend un atome de soufre situé au centre du carré et des atomes de fluor situés aux sommets de l'octaèdre. (Un octaèdre régulier est une figure géométrique constituée de huit faces ayant chacune la forme d'un triangle.)

Stratégie d'application de la méthode RPEV

Nom Trioxyde de soufre *Formule* SO_3	Pour prédire la forme d'une molécule ou d'un ion polyatomique, on applique généralement la stratégie en quatre étapes décrite ci-dessous et illustrée, dans la colonne de gauche, au moyen du trioxyde de soufre, dont nous avons déjà donné la géométrie moléculaire.

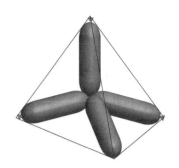
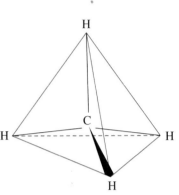

Structure de Lewis

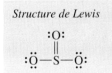

1 *On écrit une structure de Lewis de la molécule ou de l'ion polyatomique.* Ce doit être une structure plausible, mais pas nécessairement la meilleure. Autrement dit, la structure peut comporter des charges formelles et être l'une des structures limites à la base de l'hybride de résonance.

Nombre de groupes d'électrons
Trois : tous liants

2 *On détermine le nombre de groupes d'électrons entourant l'atome central et on précise si chacun est un groupe liant ou un doublet libre.* Il faut se rappeler qu'un groupe liant peut participer à une liaison double ou triple.

Géométrie de répulsion
Structure triangulaire plane

3 *On détermine la géométrie de répulsion.* Elle peut être une géométrie linéaire, triangulaire plane, tétraédrique, bipyramidale à base triangulaire ou octaédrique, selon que le nombre de groupes d'électrons est respectivement de 2, 3, 4, 5 ou 6.

Géométrie moléculaire
Triangulaire plane : atome central S ; angle des liaisons O—S—O de 120°

4 *On décrit la géométrie moléculaire.* On s'appuie sur la position des atomes autour de l'atome central (*et non sur la position des doublets libres*). On utilise au besoin les données du tableau 7.1.

Structure de type AX₄
(b)

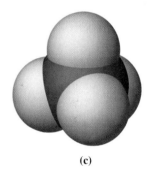

(c)

▲ Figure 7.3
Géométrie de répulsion et géométrie moléculaire du méthane

(a) Dans la représentation de la géométrie de répulsion du méthane au moyen de ballons, les deux ballons enroulés l'un autour de l'autre comprennent quatre lobes, orientés chacun vers le sommet d'un tétraèdre hypothétique. Chaque lobe représente un doublet d'électrons participant à une liaison C—H. **(b)** Dans la géométrie moléculaire du méthane, les quatre atomes d'hydrogène de CH₄ sont situés aux sommets du tétraèdre. Les liaisons C—H sont représentées par des traits noirs, et les arêtes du tétraèdre, par des traits orange. **(c)** Modèle moléculaire compact du méthane.

| TABLEAU **7.1** | Notation RPEV, géométrie de répulsion et géométrie moléculaire | | | | | | |

Nombre de groupes d'électrons	Géométrie de répulsion	Nombre de doublets libres	Notation RPEV	Géométrie moléculaire	Angles de liaison théoriques	Exemple	Modèle moléculaire
2	linéaire	0	AX_2	X — A — X linéaire	180°	$BeCl_2$	
3	triangulaire plane	0	AX_3	triangulaire plane	120°	BF_3	
3	triangulaire plane	1	AX_2E	angulaire	120°	SO_2	
4	tétraédrique	0	AX_4	tétraédrique	109,5°	CH_4	
4	tétraédrique	1	AX_3E	pyramidale à base triangulaire	109,5°	NH_3	
4	tétraédrique	2	AX_2E_2	angulaire	109,5°	OH_2	
5	bipyramidale à base triangulaire	0	AX_5	bipyramidale à base triangulaire	90°, 120°, 180°	PCl_5	

TABLEAU 7.1 *(suite)*

Nombre de groupes d'électrons	Géométrie de répulsion	Nombre de doublets libres	Notation RPEV	Géométrie moléculaire	Angles de liaison théoriques	Exemple	Modèle moléculaire
5	bipyramidale à base triangulaire	1	AX_4E	à bascule	90°, 120°, 180°	SF_4	
5	bipyramidale à base triangulaire	2	AX_3E_2	en forme de T	90°, 180°	ClF_3	
5	bipyramidale à base triangulaire	3	AX_2E_3	linéaire	180°	XeF_2	
6	octaédrique	0	AX_6	octaédrique	90°, 180°	SF_6	
6	octaédrique	1	AX_5E	pyramidale à base carrée	90°	BrF_5	
6	octaédrique	2	AX_4E_2	plane carrée	90°	XeF_4	

EXEMPLE 7.1

Déterminez la géométrie moléculaire de l'ion nitrate à l'aide de la méthode RPEV.

➜ Stratégie

Ce problème peut se diviser en deux parties. D'abord nous devons déterminer une structure de Lewis plausible pour l'ion nitrate en utilisant la méthode élaborée au chapitre 6. Grâce à cette structure, nous concentrons notre attention sur l'azote, l'atome central, pour déterminer d'abord la géométrie de répulsion des groupes d'électrons et ensuite la géométrie moléculaire.

➜ Solution

Nous écrivons la formule de l'ion nitrate, soit NO_3^-, puis nous appliquons la méthode en quatre étapes décrite ci-dessus. Pour déterminer une structure de Lewis NO_3^- qui soit plausible, au lieu d'appliquer systématiquement la stratégie présentée au chapitre 6 (revoir la page 270), nous en retenons les idées principales.

1 *Nous écrivons une structure de Lewis plausible.* Le nombre d'électrons de valence de NO_3^- est égal à $5 + (3 \times 6) + 1 = 24$. L'atome central de la structure est l'atome d'azote, l'atome le moins électronégatif, et les trois atomes périphériques sont des atomes d'oxygène. La structure de Lewis représentée ci-dessous s'obtient en reliant les trois atomes périphériques à l'atome central et en distribuant des doublets libres autour de tous les atomes. Elle contient le nombre voulu d'électrons de valence.

$$\left[\begin{array}{c} :\ddot{O}: \\ | \\ :\ddot{O}-N-\ddot{O}: \end{array} \right]^-$$

Néanmoins, cette structure n'est pas satisfaisante, car l'atome d'azote n'atteint pas l'octet. Nous pouvons corriger cette lacune en formant une double liaison azote-oxygène à partir d'un doublet libre de l'oxygène. Il y a trois structures limites, dont l'hybride de résonance est la structure exacte. Cependant, nous pouvons faire une prédiction en nous servant d'une seule des trois structures limites.

$$\left[\begin{array}{c} :O: \\ \| \\ :\ddot{O}-N-\ddot{O}: \end{array} \right]^-$$

2 *Nous déterminons le nombre de groupes d'électrons.* Il y a *trois* groupes d'électrons autour de l'atome d'azote, et ils sont tous liants. La structure est du type AX_3.

3 *Nous déterminons la géométrie de répulsion.* La géométrie des trois groupes d'électrons est *triangulaire plane*.

4 *Nous décrivons la géométrie moléculaire.* Dans le cas d'une structure AX_3, la géométrie moléculaire est identique à la géométrie de répulsion: elle est *triangulaire plane*. Les atomes d'azote et d'oxygène sont tous situés dans un même plan; l'angle des liaisons O—N—O devrait être de 120° (**figure 7.4**).

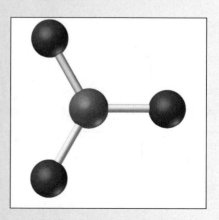

▶ Figure 7.4
Ion nitrate

Déterminez la géométrie moléculaire probable: **a)** du tétrachlorure de silicium; **b)** du pentachlorure d'antimoine.

Déterminez la géométrie moléculaire probable des ions: **a)** BF_4^-; **b)** N_3^-.

Les structures contenant au moins un doublet d'électrons libre: AX_nE_m

Nous avons déjà souligné que, dans le cas des structures contenant au moins un doublet libre (AX_nE_m), la géométrie moléculaire n'est pas identique à la géométrie de répulsion. Nous examinons ci-dessous quelques différences entre les deux géométries.

AX_2E: Voici deux structures limites de la molécule SO_2.

$$:\ddot{O}::\ddot{S}:\ddot{O}: \quad \longleftrightarrow \quad :\ddot{O}:\ddot{S}::\ddot{O}:$$

Il y a trois groupes d'électrons autour de l'atome central. La géométrie de répulsion est une structure *triangulaire plane*. Les atomes d'oxygène forment des liaisons avec deux groupes d'électrons, mais le troisième groupe constitue un doublet libre. Étant donné que la géométrie moléculaire dépend de l'arrangement géométrique des *atomes* et non des groupes d'électrons, la molécule SO_2 n'est pas triangulaire plane. Elle est en fait angulaire. La valeur théorique de l'angle de liaison est de 120°, et sa valeur observée est de 119°.

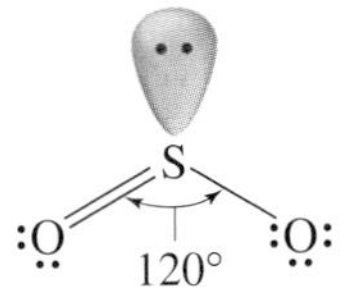

AX_3E: Dans la molécule NH_3, trois doublets d'électrons de la couche de valence de l'atome d'azote sont des doublets liants, et le quatrième est libre. La géométrie de répulsion, dont l'un des sommets est occupé par le doublet libre, est *tétraédrique*. La géométrie moléculaire qui est représentée dans la **figure 7.5** est dite *pyramidale à base triangulaire*. L'atome d'azote est situé au sommet supérieur de la pyramide, et les trois atomes d'hydrogène occupent les sommets de la base triangulaire. La valeur théorique de l'angle des liaisons H—N—H est de 109,5° (soit la même que pour les liaisons de CH_4, représentées dans la figure 7.3), alors que sa valeur réelle est de 107°. Les forces de répulsion entre le doublet libre et les électrons liants ont pour effet de rapprocher les doublets liants les uns des autres, ce qui explique que la valeur des angles de liaison soit légèrement inférieure à celle des angles d'un tétraèdre régulier.

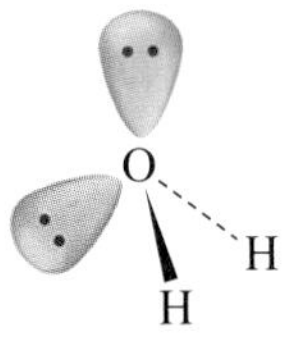

AX_2E_2: La molécule H_2O est du type AX_2E_2, comme l'indique la structure de Lewis suivante:

$$H:\ddot{O}:H$$

Dans ce cas également, la géométrie de répulsion des groupes d'électrons est *tétraédrique* pour quatre doublets d'électrons, mais seulement deux des sommets du tétraèdre qui entoure l'atome central (O) sont occupés par des atomes périphériques (H). La molécule triatomique est de forme angulaire, comme l'indique la **figure 7.6**. Dans la représentation de la molécule H_2O qui est montrée à la figure 7.1, l'angle de la liaison H—O—H est de 104,45°. Cette valeur s'écarte un peu plus de la valeur d'un angle de tétraèdre (109,5°) que l'angle de la liaison H—N—H de NH_3. Les deux écarts sont dus sensiblement aux mêmes facteurs, mais les *deux* doublets libres de l'atome d'oxygène de H_2O exercent sur

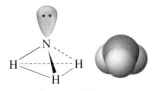

Structure de type AX_3E

▲ **Figure 7.5**
Géométrie moléculaire de l'ammoniac

Les liaisons de NH_3 sont représentées par les traits noirs. La géométrie moléculaire, de type pyramidale à base triangulaire, est illustrée par ces traits et les traits orange. Le doublet libre (en bleu) est orienté vers le sommet supérieur du tétraèdre prévu par la géométrie de répulsion. (Le tétraèdre lui-même n'est pas illustré.)

Structure de type AX_2E_2

▲ **Figure 7.6**
Géométrie moléculaire de l'eau

Les liaisons de H_2O sont représentées par des traits noirs, qui déterminent la géométrie moléculaire, de type angulaire. Les deux doublets libres (en bleu) sont orientés vers les sommets du tétraèdre prévu par la géométrie de répulsion. (Le tétraèdre lui-même n'est pas illustré.)

les électrons liants une force de répulsion plus grande que la force exercée par l'*unique* doublet libre de l'atome d'azote de NH_3.

Les autres structures : Les structures présentées dans le tableau 7.1 et celles étudiées dans l'exemple 7.2 et les exercices 7.2A et 7.2B permettent d'élargir le concept de répulsion entre des paires d'électrons de manière à inclure les notions présentées ci-dessous.

- *La force de répulsion mutuelle entre deux groupes d'électrons est d'autant plus grande que la distance entre les groupes est petite.* Cette force augmente considérablement lorsque les groupes sont amenés très près l'un de l'autre. Ainsi, la force de répulsion qu'exercent l'un sur l'autre deux groupes d'électrons liants *augmente* de façon importante lorsqu'on réduit l'angle de liaison de 180° à 120°, puis à 90°.

- *Les doublets libres occupent plus d'espace que les doublets liants.* Puisque les électrons de doublets liants sont attirés simultanément par deux noyaux, le nuage de charges qui leur est associé prend une forme plus étroite. Par contre, les doublets libres sont attirés par un seul noyau, de sorte que le nuage de charges qui leur est associé occupe un volume beaucoup plus grand. Il s'ensuit que la force de répulsion exercée par un doublet libre sur un autre doublet libre est plus grande que la force de répulsion qu'exercent l'un sur l'autre deux doublets liants. En général, l'intensité des forces de répulsion varie comme suit, de la plus grande valeur à la plus petite :

Répulsion entre deux doublets libres $>$ Répulsion entre un doublet libre et un doublet liant $>$ Répulsion entre deux doublets liants

---

EXEMPLE 7.2

Déterminez la géométrie moléculaire probable de XeF_2 à l'aide de la méthode RPEV.

➜ Stratégie

Nous allons d'abord vérifier si la méthode en quatre étapes décrite à la page 315 permet d'obtenir immédiatement la géométrie moléculaire recherchée. Si ce n'est pas le cas, il faudra effectuer d'autres opérations.

➜ Solution

1 *Nous écrivons une structure de Lewis qui est plausible.* Le nombre d'électrons de valence de XeF_2 est égal à $8 + (2 \times 7) = 22$. Il ne faut que 20 électrons pour unir deux atomes de fluor à un atome central de xénon et pour doter chacun de ces atomes d'un octet. Il faut alors placer le doublet supplémentaire d'électrons dans la couche de valence étendue de l'atome de xénon. La structure de Lewis de XeF_2 est donc la suivante :

$$:\!\ddot{F}\!-\!\ddot{Xe}\!-\!\ddot{F}\!:$$

2 *Nous déterminons le nombre de groupes d'électrons.* Il y a *cinq* groupes d'électrons autour de l'atome de xénon, soit *deux* doublets liants et *trois* doublets libres. La structure est du type AX_2E_3.

3 *Nous déterminons la géométrie de répulsion.* La géométrie des groupes d'électrons est *bipyramidale à base triangulaire.*

4 *Nous décrivons la géométrie moléculaire.* Il est impossible de préciser maintenant la géométrie moléculaire. Il semble exister trois possibilités, dont une seule est exacte.

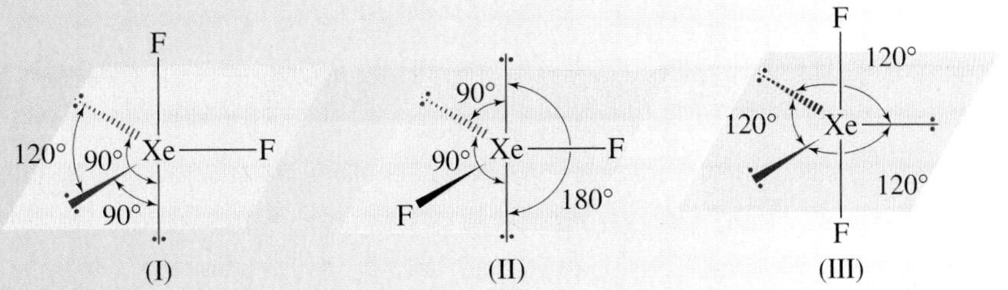

Dans la première structure (I), nous observons entre les doublets libres *un angle de* 120° et *deux de* 90°. Dans la structure II, il y a entre les doublets libres *un angle de* 180° et *deux de* 90°. Par contre, la structure III ne contient *aucun angle de* 90° entre les doublets libres ; elle présente plutôt *trois angles de* 120°. Comme les forces de répulsion sont grandes dans le cas d'un angle de liaison de 90° et qu'elles diminuent lorsque l'angle augmente (90° > 120° > 180°), l'arrangement des atomes liés et des doublets libres dans la structure III devrait correspondre au niveau d'énergie le plus faible. L'atome de xénon et les deux atomes de fluor devraient donc être situés sur une même droite. La géométrie moléculaire probable de XeF_2 est *linéaire*, ce qui correspond à la géométrie moléculaire observée.

→ Évaluation

La géométrie moléculaire linéaire de XeF_2 est celle qui est observée expérimentalement. Ce résultat conduit à une règle générale. Dans les molécules contenant cinq groupes d'électrons, les doublets libres se situent en position équatoriale (dans le plan perpendiculaire à l'axe des atomes) à 120° les uns des autres, comme dans la structure III, plutôt qu'en position axiale (de haut en bas) avec un angle de 180° entre deux doublets.

EXERCICE 7.2 A

À l'aide de la méthode RPEV, expliquez pourquoi la géométrie moléculaire de SF_4 a la forme d'une bascule (voir le tableau 7.1) et non la suivante :

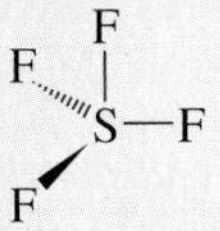

EXERCICE 7.2 B

À l'aide de la méthode RPEV, expliquez pourquoi ClF_3 a une géométrie moléculaire en T (voir le tableau 7.1) et non la géométrie moléculaire ci-dessous :

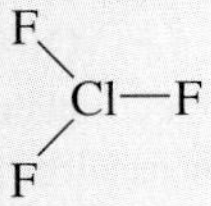

L'application de la méthode RPEV aux structures contenant plus d'un atome central

Nous venons d'appliquer la méthode RPEV à des structures comportant un seul atome central, comme celles de CH_4, NH_3, H_2O, NO_3^- et XeF_2. Nous savons par ailleurs que plusieurs molécules et ions polyatomiques contiennent plus d'un atome central, comme C_2H_6, C_2H_4, CH_3OH et H_2O_2. Dans ces cas-là, nous pouvons utiliser la méthode RPEV pour décrire la géométrie moléculaire en déterminant d'abord l'orientation des atomes ou groupes d'atomes entourant chaque atome central, puis en combinant les résultats de manière à obtenir une description de la géométrie de la molécule tout entière.

EXEMPLE 7.3

À l'aide de la méthode RPEV, décrivez la géométrie moléculaire de l'acide nitrique, HNO_3, aussi précisément que possible.

➜ Stratégie

Nous allons appliquer la stratégie générale décrite à la page 315, en écrivant d'abord une structure de Lewis plausible qui permet de déterminer les atomes centraux. Dans les trois étapes suivantes, nous décrivons la géométrie de la région entourant chaque atome central. Enfin, nous déterminons la géométrie de la molécule tout entière.

➜ Solution

1 *Nous écrivons une structure de Lewis qui est plausible.* Le nombre d'électrons de valence de la molécule HNO_3 est égal à $1 + 5 + (3 \times 6) = 24$. Seule la première des deux structures suivantes est plausible. La seconde, qui comporte un seul atome central, soit N, ne contient pas suffisamment d'électrons pour que chaque atome soit doté d'un octet.

$$H—\ddot{\underset{\cdot\cdot}{O}}—N—\ddot{\underset{\cdot\cdot}{O}}:\quad \overset{\displaystyle :\overset{\cdot\cdot}{O}:}{\underset{}{}}\ \textit{(exacte)} \qquad :\overset{\cdot\cdot}{\underset{\cdot\cdot}{O}}—\overset{\displaystyle :\overset{\cdot\cdot}{O}:}{\underset{\displaystyle |}{\underset{\displaystyle H}{N}}}—\overset{\cdot\cdot}{\underset{\cdot\cdot}{O}}:\ \textit{(inexacte)}$$

Il y a donc deux atomes centraux : l'atome d'azote et l'atome d'oxygène lié à l'atome d'hydrogène.

2 *Nous déterminons le nombre de groupes d'électrons autour de chaque atome central.* L'*atome central d'azote* est entouré de trois groupes d'électrons qui participent à deux liaisons simples et à une liaison double : la structure est du type AX_3. L'*atome central d'oxygène* est entouré de quatre groupes d'électrons, soit de deux doublets liants et de deux doublets libres ; il s'agit d'une structure du type AX_2E_2.

3 *Nous déterminons la géométrie de répulsion des groupes entourant chaque atome central.* Dans le cas de l'atome d'azote, c'est une structure *triangulaire plane* et, dans le cas de l'atome d'oxygène, un *tétraèdre*.

4 *Nous décrivons la géométrie moléculaire des entités entourant chaque atome central.* Dans le cas de l'atome d'azote, il n'y a pas de doublets libres ; la géométrie moléculaire est donc identique à la géométrie de répulsion ; elle est *triangulaire plane*. En ce qui a trait à l'atome d'oxygène, les atomes d'une structure AX_2E_2 ont une géométrie angulaire ; la forme générale de la portion H—O—N de la molécule est celle de la molécule H—O—H, bien que l'angle de liaison ne soit pas nécessairement le même.

➜ Évaluation

Comme l'indique la **figure 7.7**, dans la géométrie de l'ensemble de la molécule HNO_3, l'atome d'azote et les trois atomes d'oxygène sont situés dans un même plan, et la valeur de l'angle des liaisons O—N—O est d'environ 120°. On sait que la position de l'atome d'hydrogène est telle que l'angle de la liaison H—O—N est approximativement de 109°, mais il est impossible de préciser si cet atome est situé dans le même plan que les autres atomes, ou au-dessus ou en dessous de ce plan. (En fait, des données expérimentales indiquent que l'atome d'hydrogène est à peu près dans le même plan que les autres atomes.)

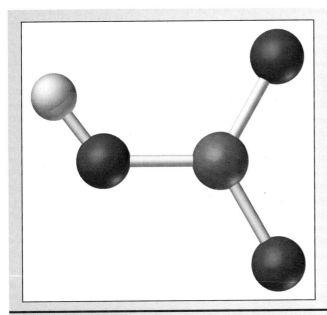

◀ **Figure 7.7**
Géométrie moléculaire de la molécule HNO₃ prédite par la méthode RPEV

Nous nous attendons à ce que les atomes d'azote et d'oxygène soient situés dans un même plan. Le fait que la géométrie de répulsion de l'atome central d'azote est une structure triangulaire plane permet de supposer que la valeur de l'angle des liaisons O—N—O est d'environ 120°. Comme la géométrie de répulsion de la région entourant l'atome central d'oxygène est un tétraèdre, nous supposons que la valeur de l'angle de la liaison H—O—N est approximativement de 109°.

EXERCICE 7.3 A

À l'aide de la méthode RPEV, donnez une description aussi complète que possible de la géométrie moléculaire de l'éther de diméthyle, $(CH_3)_2O$.

EXERCICE 7.3 B

À l'aide de la méthode RPEV, donnez une description aussi complète que possible de la géométrie moléculaire de l'éthanol, CH_3CH_2OH.

 7.2 Les molécules polaires et le moment dipolaire

Nous avons vu (section 6.7, page 264) que, dans la majorité des cas, les atomes unis par une liaison covalente n'ont pas la même électronégativité. Les extrémités de la liaison acquièrent donc une petite charge électrique, ce qui est représenté par les symboles δ+ et δ− dans la structure de Lewis. La liaison est dite *covalente polaire*. Par exemple, on représente comme suit la liaison covalente polaire de la molécule HCl.

$$\overset{\delta+}{H} \overset{\delta-}{:\ddot{\underset{..}{Cl}}:}$$

On appelle **molécule polaire** une molécule dans laquelle les densités de charges positive (δ+) et négative (δ−) sont séparées. La grandeur appelée moment dipolaire décrit l'importance de cette séparation des densités de charges. Le **moment dipolaire** (µ) d'une molécule est égal au produit de l'intensité de la charge (δ) par la distance (*d*) entre les centres respectifs des charges positive et négative.

Équation du moment dipolaire

$$\mu = \delta \times d \tag{7.1}$$

Molécule polaire

Molécule dans laquelle les densités de charges positive (δ+) et négative (δ−) sont légèrement séparées, en raison de la géométrie moléculaire et du fait que les atomes liés n'ont pas la même électronégativité.

Moment dipolaire (µ)

Dans le cas d'une molécule, produit de l'intensité de la charge (δ) et de la distance (*d*) entre les centres respectifs des charges positive et négative.

Donc, une molécule est polaire si son moment dipolaire n'est pas *nul*, et elle est *non polaire* si $\mu = 0$.

L'unité du moment dipolaire, soit le coulomb-mètre (C·m), reflète le fait que cette grandeur est égale au produit de l'intensité de la charge par la distance entre les centres des charges. Pour des raisons pratiques, on emploie couramment une autre unité pour exprimer le moment dipolaire, soit le *debye*. Un **debye (D)** est égal à $3,34 \times 10^{-30}$ C·m. Par exemple, le moment dipolaire mesuré de HCl est $\mu = 1,07$ D. La **figure 7.8** présente une méthode de mesure du moment dipolaire. Dans le dispositif illustré, les plaques métalliques, séparées par un milieu *non conducteur*, emmagasinent de petites quantités de charges électriques, de sorte que l'une des plaques acquiert une charge négative, et l'autre, une charge positive. Si on place des molécules polaires entre les plaques, elles s'orientent de la manière représentée dans la figure. La présence de molécules polaires augmente la capacité des plaques à emmagasiner des charges, et l'importance de cet accroissement dépend de la valeur du moment dipolaire.

Debye (D)

Unité de mesure du moment dipolaire d'une molécule : $1\ D = 3,34 \times 10^{-30}$ C·m.

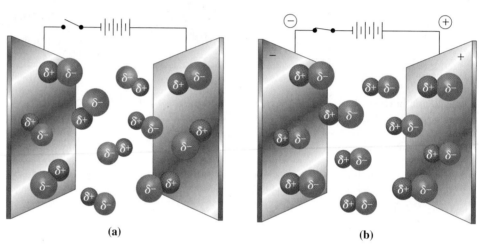

▶ Figure 7.8
Comportement de molécules polaires dans un champ électrique

(a) En l'absence de tout champ électrique, l'orientation des molécules polaires est aléatoire. (b) Lorsque les plaques métalliques acquièrent une charge électrique, les molécules polaires s'orientent de la façon illustrée par le schéma.

Le dipôle de liaison et le dipôle moléculaire

Dans l'étude des molécules polaires et du moment dipolaire, il est important de faire la distinction entre le dipôle d'une liaison et le dipôle d'une molécule. Un *dipôle de liaison*, présent dans toute liaison covalente polaire, résulte de la séparation des charges positive et négative dans une liaison donnée. Un *dipôle moléculaire* résulte de la séparation des charges d'une molécule considérée comme un tout, et l'ensemble des liaisons doit être étudié.

Dans une molécule *diatomique* constituée d'atomes identiques (c'est-à-dire une molécule *homonucléaire*), les deux atomes ont la même électronégativité, et il n'y a pas de séparation des charges. Une molécule de ce type ne comporte ni dipôle de liaison ni dipôle moléculaire. La liaison est covalente et non polaire, et la molécule est dite *non polaire*. Dans une molécule *diatomique* constituée d'atomes non identiques (c'est-à-dire une molécule *hétéronucléaire*), une différence d'électronégativité et une séparation des charges sont généralement associées à la liaison. Toutefois, dans ce cas, le dipôle de liaison et le dipôle moléculaire sont identiques, car il y a une seule liaison. Il s'agit d'une molécule *polaire* à laquelle est associé un moment dipolaire, comme nous l'avons souligné pour la molécule HCl.

Le cas d'une molécule *polyatomique* est plus complexe. Les liaisons de la molécule CO_2 sont représentées ci-dessous.

$$\overset{\longleftarrow\ \longrightarrow}{O-C-O}$$
$$\mu = 0$$

La forme d'une molécule et l'efficacité des médicaments

La majorité des médicaments agissent sur des protéines dans les tissus ou les organes cibles. De plus, leur effet ne se produit pas sur n'importe quelle partie de ces molécules. Les médicaments doivent se fixer en des endroits précis appelés *sites récepteurs*. Un site récepteur a une forme tridimensionnelle adaptée à des molécules données, produites normalement par l'organisme. Une molécule d'un médicament efficace doit aussi s'adapter au site récepteur par sa taille, sa forme et la polarité de ses liaisons. Le médicament agit soit en stimulant le récepteur à la place de la molécule naturelle, soit en empêchant la molécule naturelle de se fixer à son récepteur.

Les molécules d'un médicament qui sont adaptées à un récepteur et qui déclenchent la réaction propre à ce dernier sont dites *agonistes*. Celles qui, en se fixant à un récepteur, bloquent l'action des molécules naturelles sont dites *antagonistes*. Si un agoniste et un antagoniste sont présents simultanément, ils se font concurrence pour l'occupation du récepteur. En général, un antagoniste se fixe plus solidement qu'un agoniste, et une petite quantité d'antagonistes peut bloquer l'action d'une quantité relativement grande d'agonistes. Par exemple, le cerveau humain renferme des récepteurs de la morphine, qui est le principal narcotique du pavot. Le naloxone est un antagoniste de la morphine. Une dose de 1 mg de naloxone administrée par voie intraveineuse est suffisante pour bloquer l'action de 25 mg d'héroïne, un agoniste apparenté à la morphine.

Ce sont des substances produites par l'organisme au cours d'une activité physique intense qui, en activant certains récepteurs des cellules nerveuses, seraient à l'origine du bien-être suscité par l'exercice.

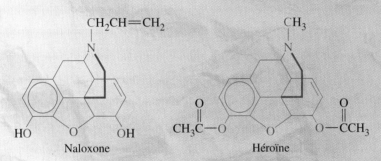

Mais pourquoi le cerveau humain est-il doté de récepteurs de la morphine, une molécule provenant d'une plante ? L'existence de plusieurs substances produites normalement par l'organisme, et appelées *endorphines,* fournit peut-être une explication. Les endorphines sont des peptides. La β-endorphine, qui est la plus puissante des endorphines produites par le corps humain, est constituée d'une chaîne de 30 résidus d'acides aminés. Le terme « endorphine » vient de l'expression morphine endogène (l'élément *endo-* vient du grec *endon,* qui signifie « en dedans », et l'élément *-gène* vient du grec *genês,* qui signifie « naissance, origine »). Ainsi, la production d'endorphines provoquée par l'activité physique intense expliquerait que les athlètes puissent continuer de participer à une compétition même après avoir été blessés. Ils ne ressentent pas la douleur avant la fin de la compétition. Le bien-être que disent éprouver les marathoniens et les joggeurs serait également dû à la production d'endorphines.

Les flèches barrées (voir page 324) sont dirigées de l'extrémité positive à l'extrémité négative d'un dipôle de liaison, soit de l'atome de carbone à l'atome d'oxygène, de plus grande électronégativité. Un dipôle de liaison est associé à chaque liaison carbone-oxygène. Un dipôle de liaison est une quantité *vectorielle,* car il comporte à la fois une *grandeur* et une *orientation*. Dans CO_2, les dipôles de liaison sont de même grandeur, mais de sens opposé, de sorte que leurs effets s'annulent. Il n'y a pas de dipôle moléculaire dans CO_2 (c'est-à-dire que $\mu = 0$); il s'agit donc d'une molécule *non polaire*. On peut établir une analogie avec une partie de souque-à-la-corde dans laquelle deux équipes de force égale (les atomes d'oxygène) tirent sur un câble aussi fortement l'une que l'autre. Le nœud situé au centre de la corde (l'atome de carbone) ne bouge pas, même s'il est soumis à des tractions importantes.

Des données expérimentales indiquent que le moment dipolaire de l'eau est $\mu = 1,84$ D. On en conclut que la molécule H_2O ne peut pas être linéaire. Les dipôles de la liaison O—H se combinent donc de manière à ne pas s'annuler. La structure suivante est en accord avec les données expérimentales.

$$\overset{\nwarrow}{\underset{H}{\overset{O \rightarrow H}{\diagup}}} \ 104,5°$$

Les flèches noires barrées représentent les dipôles de liaison, et la flèche rouge barrée, le dipôle moléculaire résultant de la combinaison des dipôles de liaison.

La forme d'une molécule et le moment dipolaire

La méthode en trois étapes décrite ci-dessous et illustrée dans l'exemple 7.4 permet généralement de déterminer si une molécule est polaire ou non.

1 *On prédit l'existence de dipôles de liaison à l'aide des valeurs de l'électronégativité.*

2 *On prédit la forme de la molécule à l'aide de la méthode RPEV.*

3 *On détermine, d'après la forme de la molécule, si les dipôles de liaison s'annulent, de sorte que la molécule est non polaire, ou s'ils se combinent de manière que le moment dipolaire résultant ne soit pas nul.*

Nous avons souligné que c'est la différence des électronégativités des atomes liés qui est responsable de l'existence d'un dipôle de liaison et que la combinaison de dipôles de liaison peut produire un moment dipolaire dans une molécule. Les doublets libres peuvent également jouer un rôle dans la production d'un moment dipolaire. Par exemple, dans le cas de la molécule NF_3, les électrons qui prennent part aux liaisons N—F se retrouvent plus près des atomes de fluor. Cependant, ce déplacement est contrebalancé dans une large mesure par l'accroissement du volume de l'orbitale reliée au doublet libre de l'atome d'azote. Il s'ensuit que le moment dipolaire de NF_3 est relativement petit : $\mu = 0,24$ D. De son côté, la molécule NH_3 a la même géométrie que la molécule NF_3, mais ses doublets d'électrons liants sont plutôt déplacés vers l'atome d'azote, dont ils subissent plus fortement l'attraction. Comme ce déplacement s'effectue, pour l'essentiel, dans la même direction que celui du doublet libre, le moment dipolaire de NH_3 est beaucoup plus grand : $\mu = 1,47$ D.

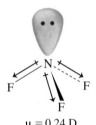

$\mu = 0,24$ D

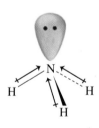

$\mu = 1,47$ D

EXEMPLE **7.4**

Expliquez pourquoi, selon vous, chacune des molécules suivantes est polaire ou non polaire :
a) CCl_4 ; **b)** $CHCl_3$.

➜ Stratégie

Nous allons employer la méthode que nous venons de décrire pour établir si les molécules sont polaires.

➜ Solution

1 *Nous pouvons prédire l'existence de dipôles de liaison à l'aide des valeurs de l'électronégativité.* Les atomes de carbone et d'hydrogène ont des électronégativités différentes, et il en est de même des atomes de carbone et de chlore. Par conséquent, toutes les liaisons de CCl_4 et de $CHCl_3$ comprennent des dipôles de liaison.

2 *Nous prédisons la forme de la molécule à l'aide de la méthode RPEV.* Les structures de Lewis respectives des deux molécules sont les suivantes :

(a)   (b)

Dans les deux cas, la géométrie de répulsion *et* la géométrie moléculaire sont *tétraédriques* (structure de type AX_4).

3 *Nous déterminons si les dipôles de liaison s'annulent ou s'ils se combinent, afin de connaître le moment dipolaire de la molécule.* La géométrie des dipôles de liaison de CCl_4 est représentée dans la partie *a* de la **figure 7.9**. La somme des vecteurs (issus des dipôles de liaison) pour les trois liaisons dirigées vers le bas est exactement contrebalancée par le vecteur pour la liaison orientée vers le haut. Il n'y a aucun déplacement net des électrons dans la structure et aucun moment dipolaire : CCl_4 est une molécule non polaire.

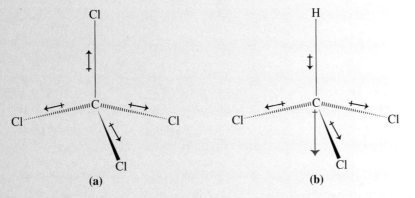

(a)   (b)

RÉSOLUTION DE PROBLÈMES
La figure 6.8 (page 265) donne les valeurs de l'électronégativité. Celle-ci est de 2,5 pour le carbone, de 2,1 pour l'hydrogène et de 3,0 pour le chlore.

◀ **Figure 7.9**
Géométrie moléculaire et moment dipolaire

Les dipôles de liaison sont représentés par les flèches noires barrées (⟶). **(a)** Les dipôles de liaison s'annulent, de sorte que la molécule dans son ensemble ne comporte pas de moment dipolaire. **(b)** Tous les dipôles de liaison sont orientés vers le bas, et leur combinaison donne le dipôle moléculaire représenté par la flèche rouge.

La situation change du tout au tout si on remplace l'atome de chlore situé au sommet de la structure par un atome d'hydrogène (figure 7.9*b*). Le dipôle dirigé vers le bas et exercé par les trois atomes de chlore ne change pas, mais il n'y a aucun dipôle vers le haut pour faire contrepoids. Au contraire, un faible dipôle additionnel orienté vers le bas s'exerce sur les électrons, puisque l'électronégativité de l'atome de carbone est plus grande que celle de l'atome d'hydrogène. Il résulte de la combinaison des dipôles de liaison un dipôle moléculaire orienté vers le bas de la structure. La molécule $CHCl_3$ est donc *polaire*. (Son moment dipolaire est de 1,01 D.)

➜ Évaluation

Dans le présent exemple, le remplacement par H d'un des atomes de chlore de CCl_4 confère un moment dipolaire à la molécule. Nous pouvons dire, d'une manière générale, que tout atome X qui remplace un atome de Cl dans CCl_4 produira un moment dipolaire résultant dans la molécule $CXCl_3$, à condition que l'électronégativité de X soit différente de celle de Cl.

EXERCICE 7.4 A

Expliquez pourquoi, selon vous, chacune des molécules suivantes est polaire ou non polaire : BF_3, SO_2, $BrCl$ et N_2.

EXERCICE 7.4 B

Expliquez pourquoi, selon vous, chacune des molécules suivantes est polaire ou non polaire : SO_3, SO_2Cl_2, ClF_3 et BrF_5.

EXEMPLE 7.5   Un exemple conceptuel

Les moments dipolaires des composés NOF et NO_2F sont $\mu = 1,81$ D et $\mu = 0,47$ D. Associez à chaque composé la valeur appropriée du moment dipolaire et expliquez votre choix.

→ Analyse et conclusion

Il faut déterminer les dipôles de liaison et la façon dont ils se combinent pour produire un moment dipolaire. Pour ce faire, nous cherchons en premier lieu à quel type de structure géométrique appartient chacune des deux molécules en appliquant la méthode RPEV. Nous écrivons d'abord une structure de Lewis pour chaque composé. Puisque, des trois éléments présents, c'est l'azote qui a la plus faible électronégativité, l'atome central de chaque structure doit être un atome d'azote.

	NOF	NO_2F
Nombre d'électrons de valence	18	24
Structures de Lewis	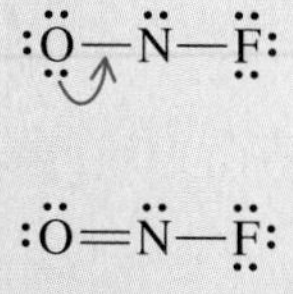	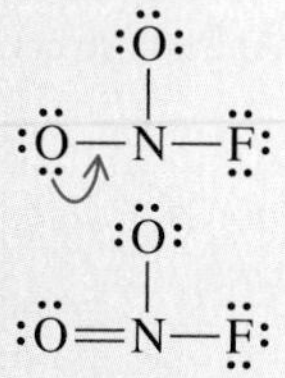
Groupes d'électrons entourant l'atome central	3	3
Géométrie de répulsion	triangulaire plane	triangulaire plane
Notation	AX_2E	AX_3
Géométrie moléculaire	angulaire	triangulaire plane
Dipôles de liaison (électronégativité $F > O > N$)	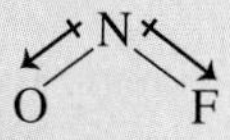	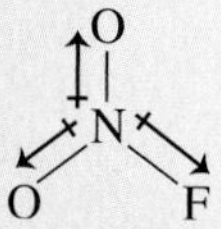

Dans NOF, il y a deux dipôles de liaison orientés tous deux vers le bas, d'où un déplacement net de la densité de la charge électronique vers le bas. Dans NO_2F, un dipôle de liaison fait contrepoids aux deux autres, de sorte que le déplacement net de la densité de la charge électronique est vraisemblablement plus petit. Les moments dipolaires sont donc : $\mu = 1,81$ D pour NOF et $\mu = 0,47$ D pour NO_2F.

EXERCICE 7.5 A

Deux composés d'azote, d'oxygène et de fluor NOF et NO_2F possèdent des angles de 110° et de 118° entre les liaisons F—N—O. Associez à chaque composé la valeur appropriée de l'angle de liaison et expliquez votre choix.

EXERCICE 7.5 B

Selon vous, laquelle des molécules suivantes possède le plus grand moment dipolaire : CS_2, COF_2, NOF_2, NO, SO_3 ? Expliquez votre choix.

La théorie de la liaison de valence

Peu après que Schrödinger eut appliqué la mécanique ondulatoire à l'*atome* d'hydrogène, d'autres scientifiques ont envisagé l'application de cette théorie à la structure des *molécules*, et tout d'abord à celle de H_2. Nous allons examiner deux approches de l'étude de la structure moléculaire, fondées sur la mécanique quantique. Dans la première, soit la *théorie de la liaison de valence*, on considère toujours les atomes d'une molécule du point de vue de leurs orbitales atomiques, et on s'intéresse plus particulièrement aux orbitales qui jouent un rôle dans la formation d'une liaison covalente. Quant à la seconde approche, nous y reviendrons plus loin dans le présent chapitre.

 ## 7.3 Le recouvrement des orbitales atomiques

On considère deux atomes d'hydrogène qui se rapprochent l'un de l'autre. Chaque atome renferme un seul électron, situé dans l'orbitale $1s$. Lorsque les atomes sont à proximité l'un de l'autre, les nuages de charges électroniques correspondant aux orbitales $1s$ commencent à se chevaucher. C'est ce fusionnement qu'on appelle *recouvrement* des orbitales $1s$ des deux atomes. La région où se produit le recouvrement contient alors deux électrons, provenant chacun d'un atome distinct, et ces électrons ont nécessairement des spins de signes opposés. Le recouvrement des orbitales atomiques entraîne une augmentation de la densité de la charge électronique dans la région située entre les noyaux des atomes. Cette augmentation contribue à maintenir ensemble les deux noyaux chargés positivement. Donc, selon la **théorie de la liaison de valence**, on peut affirmer ce qui suit à propos d'une liaison covalente.

> *Une liaison covalente résulte de la formation, par deux électrons de spins opposés, d'un doublet occupant la région de recouvrement de deux orbitales atomiques, située entre deux atomes. La densité de la charge électronique est élevée dans la région du recouvrement.*

En général, la liaison entre les deux atomes est d'autant plus forte que le recouvrement des deux orbitales est plus important. Cependant, si on rapproche encore davantage les deux atomes, les forces de répulsion exercées par les noyaux deviennent plus importantes que les forces d'attraction entre les électrons et les noyaux, de sorte que la liaison devient instable. Il existe donc, pour chaque liaison, un recouvrement des orbitales optimal, correspondant à une distance donnée entre les noyaux (longueur de liaison), pour lequel la stabilité de la liaison est maximale (énergie de liaison). La théorie de la liaison de valence vise essentiellement à déterminer de façon approximative ces conditions optimales pour toutes les liaisons d'une molécule.

La **figure 7.10** représente la liaison de deux atomes d'hydrogène dans une molécule résultant du recouvrement des orbitales $1s$. La molécule H_2S est un bon exemple d'une molécule pouvant être décrite au moyen de la théorie de la liaison de valence. La **figure 7.11a** représente les atomes isolés. C'est le recouvrement des orbitales renfermant un électron non apparié qui est responsable de la formation des liaisons. Dans le cas des atomes d'hydrogène, il s'agit des orbitales $1s$ (en rouge). Dans le cas de l'atome de soufre, on se contente d'examiner la couche de *valence* (soit la troisième). Les cases quantiques indiquent que les orbitales de l'atome de soufre qui renferment un seul électron sont les orbitales $3p_y$ et $3p_z$, l'orbitale $3p_x$ étant entièrement occupée. L'orbitale $3s$, qui est aussi entièrement occupée, n'est pas représentée. C'est donc le recouvrement des orbitales $1s$ des deux atomes d'hydrogène et des orbitales $3p_y$ et $3p_z$ de l'atome de soufre qui est responsable de la formation de la molécule H_2S. Cet exemple met en évidence plusieurs faits importants.

- La majorité des électrons d'une molécule sont situés dans la même orbitale que celle qu'ils occupaient dans les atomes isolés.

Théorie de la liaison de valence

Une liaison covalente résulte de la formation, par deux électrons de spins opposés, d'un doublet occupant la région de recouvrement de deux orbitales atomiques, située entre deux atomes. La densité de la charge électronique est élevée dans la région du recouvrement.

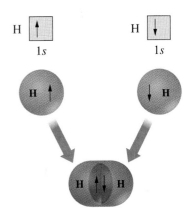

▲ Figure 7.10
Le recouvrement des orbitales atomiques et la liaison de H_2

Chaque orbitale atomique $1s$ renferme un électron. Le recouvrement des deux orbitales entraîne l'appariement des électrons, d'où la création d'une région dans laquelle la densité de la charge électronique est élevée (où la probabilité de localisation d'un électron est grande). C'est la liaison covalente.

- Les électrons liants sont *situés dans la région* de recouvrement des orbitales ; c'est dans cette région que la probabilité de trouver le doublet liant d'électrons est la plus grande.

- Dans le cas des orbitales ayant des lobes directionnels, le recouvrement est maximal lorsqu'il est symétrique par rapport à l'axe passant par les noyaux. Autrement dit, une droite imaginaire qui joint les noyaux des atomes liés passe dans la région de recouvrement maximal. (Il faut se rappeler que les orbitales *p* sont orientées selon des axes perpendiculaires qui passent par le noyau de l'atome, tandis que les orbitales *s* ont une symétrie sphérique.)

- La géométrie moléculaire dépend des relations géométriques entre les orbitales qui font partie de l'atome central et qui prennent part à la liaison. Les deux orbitales $3p$ de l'atome de soufre qui fusionnent avec les orbitales $1s$ des atomes d'hydrogène sont mutuellement perpendiculaires. La valeur théorique de l'angle de la liaison H—S—H de H_2S est donc de $90°$ (**figure 7.11b**).

La méthode RPEV fournit une première approximation de l'angle de liaison de H_2S, $109,5°$, soit la valeur de l'angle d'un tétraèdre. Cependant, si on tient compte des forces de répulsion importantes entre les doublets libres et les doublets liants, il faut s'attendre à obtenir une valeur plus petite de cet angle. Par ailleurs, la valeur mesurée de ce dernier est de $92,1°$, ce qui indique que la théorie de la liaison de valence fournit une bonne description de la liaison covalente de H_2S. Malheureusement, cette théorie, qui est fondée sur les orbitales atomiques non modifiées, donne des résultats satisfaisants seulement pour un nombre relativement restreint de molécules. On obtient une meilleure description des géométries moléculaires en combinant la méthode RPEV et une version plus générale de la théorie de la liaison de valence.

▶ **Figure 7.11**
Le recouvrement des orbitales atomiques et la formation des liaisons de H_2S

(a) Dans le cas du soufre, seules les orbitales $3p$ sont illustrées. L'orbitale $3p_x$ renferme un doublet d'électrons, alors que les orbitales $3p_y$ et $3p_z$ contiennent chacune un seul électron. **(b)** Il y a recouvrement des orbitales $1s$ des deux atomes d'hydrogène et des orbitales $3p_y$ et $3p_z$ de l'atome de soufre, d'où la formation d'une molécule H_2S, dont l'angle de liaison a une valeur théorique de $90°$.

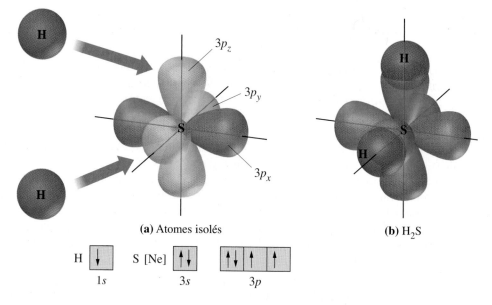

(a) Atomes isolés

(b) H_2S

7.4 L'hybridation des orbitales atomiques

Pour décrire la molécule d'hydrocarbure la plus simple à l'aide de la théorie de la liaison de valence, on considère d'abord uniquement les orbitales de la couche de valence de la configuration électronique du carbone à l'état fondamental.

Configuration électronique de C *à l'état fondamental* : [He]

L'orbitale $2p$ renferme deux électrons non appariés, et on *prédit* que la molécule d'hydrocarbure la plus simple est CH_2 et que l'angle de liaison est de $90°$. Cependant, il serait très étonnant que cette molécule soit stable, car elle ne respecte pas la règle de l'octet : l'atome central de carbone n'est entouré que de six électrons. Selon des données expérimentales, CH_2 n'est effectivement pas une molécule stable. L'hydrocarbure *stable* le plus simple est le méthane, CH_4. Pour expliquer les *quatre* liaisons covalentes de cette molécule, on trace les cases quantiques du carbone, lequel comporte une couche de valence renfermant *quatre* électrons non appariés, dont chacun appartient à une orbitale distincte. On obtient un tel diagramme en supposant que l'un des électrons de l'orbitale $2s$ *se déplace* vers une orbitale $2p$ non occupée. Le passage de l'électron $2s$ à un niveau d'énergie supérieur requiert une absorption d'énergie. La configuration électronique qui en résulte est celle d'un atome à l'*état excité*.

Configuration électronique de C à l'*état excité* : [He]   ↑ | ↑ ↑ ↑
                                                            $2s$ $2p$

La présence de trois orbitales $2p$ mutuellement perpendiculaires dans la configuration électronique à l'état excité donne à penser que la molécule comprend trois liaisons C—H dont l'angle de liaison est de 90°. La quatrième liaison C—H serait due au recouvrement de l'orbitale sphérique $2s$ de l'atome de carbone et de l'orbitale sphérique $1s$ de l'atome d'hydrogène. Cette dernière liaison serait orientée de manière à interagir le moins possible avec les trois autres liaisons C—H. Cependant, selon les données expérimentales, les quatre liaisons C—H ont toutes la même longueur et la même énergie de liaison, et la valeur de l'angle des quatre liaisons H—C—H est la même, soit 109,5°, qui est la valeur de l'angle d'un tétraèdre (figure 7.3). La méthode RPEV permet de prédire une telle géométrie moléculaire tétraédrique. Donc, la configuration électronique de l'atome de carbone à l'état excité nous donne le nombre voulu de liaisons carbone-hydrogène, mais ne permet pas de prévoir les valeurs exactes des longueurs, des énergies et des angles de liaison.

L'analyse précédente des liaisons de CH_4 repose sur l'hypothèse que les orbitales (s, p, …) des atomes *liés* sont du même type que celles des atomes libres, mais il semble que cette hypothèse ne se vérifie pas dans de nombreux cas. Il existe cependant un moyen de surmonter ce problème.

L'hybridation sp^3

À partir de la configuration électronique de l'atome de carbone à l'état excité de CH_4, on « fusionne » l'orbitale $2s$ et les trois orbitales $2p$ de manière à obtenir quatre nouvelles orbitales équivalentes quant à l'énergie et à la forme, et orientées vers les quatre sommets d'un tétraèdre. Ce fusionnement, appelé **hybridation**, est un processus *théorique*, non observé. On peut l'expliquer par des calculs complexes de mécanique quantique. La **figure 7.12** représente l'hybridation d'une orbitale s et de trois orbitales p, qui donne un ensemble de quatre nouvelles orbitales, appelées **orbitales hybrides sp^3**. La notation des orbitales de ce type repose sur la nature et le nombre des orbitales atomiques à l'aide desquelles les hybrides sont formés. Par exemple, le symbole sp^3 signifie que l'hybride provient de la fusion d'*une* orbitale s et de *trois* orbitales p.

Dans les cas où la meilleure description d'une structure moléculaire est obtenue par un modèle d'hybridation de la théorie de la liaison de valence, il est important de se rappeler les principes suivants.

- En général, on peut utiliser un modèle d'hybridation pour les atomes qui prennent part à des liaisons covalentes, mais on emploie le plus souvent un modèle de ce type seulement pour les atomes centraux.

- Le nombre d'orbitales hybrides résultant d'un modèle d'hybridation est égal au nombre total d'orbitales atomiques combinées.

- Lors de la formation de liaisons covalentes, le recouvrement peut se produire entre des orbitales hybrides et des orbitales atomiques pures ou d'autres orbitales hybrides.

- La géométrie moléculaire est déterminée par la forme et l'orientation des orbitales hybrides, qui diffèrent de la forme et de l'orientation des orbitales atomiques.

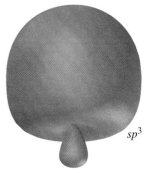

sp^3

Une orbitale hybride sp^3 est formée d'un petit lobe et d'un grand lobe orientés en sens opposé. Pour simplifier la représentation d'un ensemble d'orbitales hybrides, on omet habituellement le petit lobe et on allonge le grand lobe, comme dans la figure 7.12.

Hybridation

Processus théorique, non observé, donnant lieu au fusionnement d'orbitales atomiques pures de manière à obtenir un ensemble de nouvelles orbitales, appelées *orbitales hybrides*, qui servent ensuite à décrire une liaison covalente à l'aide de la théorie de la liaison de valence.

Orbitales hybrides sp^3

Dans la théorie de la liaison de valence, modèle d'hybridation formé d'orbitales orientées vers les quatre sommets d'un tétraèdre et qui résultent de l'hybridation d'une orbitale s et de trois orbitales p.

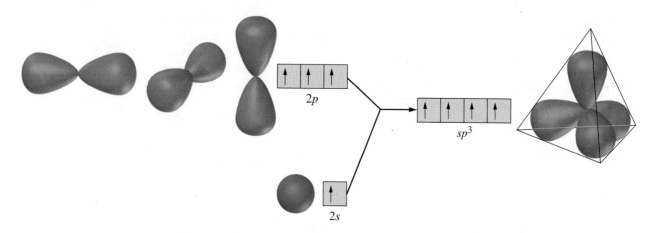

▲ **Figure 7.12 Modèle d'hybridation *sp³* du carbone**
Les orbitales 2*s* et 2*p* (à gauche) se combinent de manière à produire les quatre orbitales *sp³*
(à droite). Les diagrammes des orbitales des couches de valence indiquent que la contribution
aux orbitales hybrides de l'orbitale 2*s* est d'environ 25 %, et que celle des orbitales 2*p* est
d'environ 75 %.

Le fait le plus important est peut-être que l'hybridation constitue un moyen de justifier une
structure moléculaire donnée, déterminée *expérimentalement*. Un modèle d'hybridation
doit permettre d'évaluer les variations d'énergie associées à un ensemble de processus
théoriques : le passage d'un atome de l'état fondamental à un état excité, l'hybridation
d'orbitales à l'état excité, et la formation de liaisons à l'aide d'orbitales hybrides. Dans
un modèle satisfaisant d'hybridation, l'énergie de la structure moléculaire est minimale,
et la géométrie moléculaire observée est justifiée.

Pour illustrer le rôle des orbitales hybrides *sp³* dans la formation des liaisons du méthane,
on représente l'hybridation de l'atome central de carbone par les cases quantiques (voir le
schéma ci-dessous), et le recouvrement d'orbitales par la **figure 7.13**.

$$\textit{Hybridation } sp^3 \textit{ dans } C: \quad [\text{He}] \quad \boxed{\uparrow} \boxed{\uparrow} \boxed{\uparrow} \boxed{\uparrow}$$
$$sp^3$$

L'hybridation *sp³* devrait s'appliquer non seulement aux structures du type AX₄
(comme celle de CH₄), mais aussi aux structures du type AX₃E (comme celle de NH₃) ou
AX₂E₂ (comme celle de H₂O). Par exemple, on peut former des orbitales hybrides *sp³* à
partir des orbitales atomiques de la couche de valence de l'atome central d'azote de NH₃.

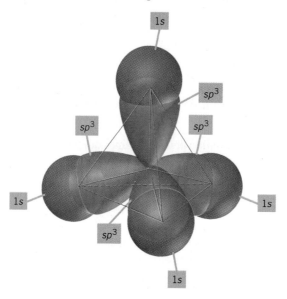

◄ **Figure 7.13
Les orbitales hybrides *sp³*
et les liaisons de CH₄**

On a modifié les quatre orbitales
hybrides *sp³* de l'atome de carbone
(en bleu) de manière à éliminer les
petits lobes orientés vers le centre de
la structure, qui ne participent pas
au recouvrement. Les orbitales des
atomes d'hydrogène sont des orbitales 1*s* (en rouge). La géométrie
moléculaire est tétraédrique : l'angle
des liaisons H—C—H est de 109,5 °.

Si on assigne les *cinq* électrons de valence aux *quatre* orbitales hybrides, il y a un doublet libre dans une orbitale et des électrons non appariés dans les trois autres (**figure 7.14**).

Hybridation sp^3 dans N : [He] $\boxed{\uparrow\downarrow}\;\boxed{\uparrow}\;\boxed{\uparrow}\;\boxed{\uparrow}$

sp^3

Le recouvrement des orbitales hybrides contenant les électrons non appariés et des orbitales $1s$ des atomes d'hydrogène entraîne la formation des trois liaisons N—H. La valeur théorique de l'angle des liaisons H—N—H, soit 109,5°, est proche de la valeur observée, soit 107°. Un modèle similaire d'hybridation de H_2O explique la formation de deux liaisons O—H et la présence de deux doublets libres autour de l'atome d'oxygène.

Hybridation sp^3 dans O : [He] $\boxed{\uparrow\downarrow}\;\boxed{\uparrow\downarrow}\;\boxed{\uparrow}\;\boxed{\uparrow}$

sp^3

La valeur théorique de l'angle de la liaison H—O—H, qui est de 109,5°, est également assez proche de la valeur observée, soit 104,5°. Comme nous l'avons souligné dans l'évaluation de la méthode RPEV, le fait que les angles de liaison dans NH_3 et H_2O sont légèrement plus petits que ceux d'une structure tétraédrique s'explique par la présence de forces de répulsion exercées par les doublets libres sur les doublets liants.

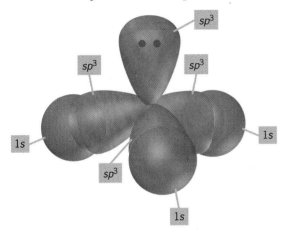

◀ **Figure 7.14**
Les orbitales hybrides sp^3 et les liaisons de NH_3

Les trois liaisons N—H résultent du recouvrement de trois orbitales hybrides sp^3 de l'atome d'azote et des orbitales $1s$ des atomes d'hydrogène. La géométrie moléculaire de NH_3 est une pyramide à base triangulaire. Le doublet libre de l'atome d'azote occupe la quatrième orbitale sp^3.

Les orbitales hybrides sp^2

Le modèle d'hybridation sp^2 s'avère particulièrement utile pour décrire les liaisons covalentes doubles, comme nous le verrons dans la section 7.5. Dans ce qui suit, nous nous intéressons à une application plus simple, qui découle de l'emploi du modèle pour la description des composés du bore. La première étape du processus d'hybridation sp^2 comprend le passage d'un électron d'une orbitale $2s$ à une orbitale $2p$ non occupée.

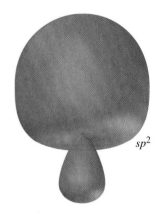

sp^2

Configuration électronique de B *à l'état fondamental :* [He] $\boxed{\uparrow\downarrow}\quad\boxed{\uparrow}\,\boxed{\;}\,\boxed{\;}$

$2s \qquad 2p$

Configuration électronique de B *à l'état excité :* [He] $\boxed{\uparrow}\quad\boxed{\uparrow}\,\boxed{\uparrow}\,\boxed{\;}$

$2s \qquad 2p$

Une orbitale hybride sp^2 est formée, comme une orbitale hybride sp^3, d'un petit lobe et d'un gros lobe orientés en sens opposé. Le petit lobe d'une orbitale hybride sp^2 est un peu plus volumineux, ce qui indique que son caractère s (environ 33 %) est plus marqué que celui d'une orbitale sp^3 (environ 25 %).

La **figure 7.15** indique qu'une orbitale $2s$ et deux orbitales $2p$ occupées par des électrons non appariés sont transformées en trois **orbitales hybrides sp^2**, et que l'orbitale $2p$ restante ne participe pas à l'hybridation.

Hybridation sp^2 dans B : [He] $\boxed{\uparrow}\,\boxed{\uparrow}\,\boxed{\uparrow}\quad\boxed{\;}$

$sp^2 \qquad\quad 2p$

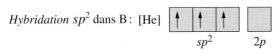

Orbitales hybrides sp^2

Dans la théorie de la liaison de valence, modèle d'hybridation formé d'orbitales dont l'orientation est triangulaire plane et qui résultent de l'hybridation d'une orbitale s et de deux orbitales p.

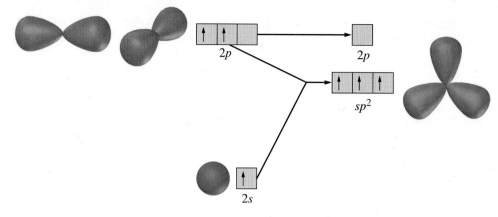

La géométrie des trois orbitales hybrides sp^2 se fait dans un plan, selon des angles de 120°. D'après la théorie de la liaison de valence, la molécule BF_3 est triangulaire plane, et la valeur de l'angle des liaisons F—B—F est de 120°, soit exactement la valeur observée.

Les orbitales hybrides *sp*

Le modèle d'hybridation sp est particulièrement utile pour décrire les liaisons covalentes triples (section 7.5), mais nous examinerons d'abord son application à un composé relativement simple. Le béryllium et le chlore forment, entre autres, la molécule triatomique $BeCl_2$, substance gazeuse à températures élevées. La première étape de la description des liaisons de cette molécule est encore une fois le passage d'un électron de l'orbitale 2*s* à une orbitale 2*p*, suivi de l'hybridation des orbitales de l'atome à l'état excité.

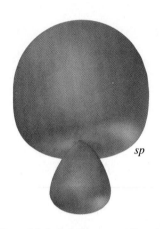

Une orbitale hybride sp est formée, comme les orbitales hybrides sp^3 et sp^2, d'un petit lobe et d'un gros lobe orientés en sens opposé. Le petit lobe est encore plus volumineux dans ce type d'orbitale, ce qui indique que le caractère *s* d'une orbitale sp (environ 50 %) est plus marqué que celui d'une orbitale sp^2 (environ 33 %) ou d'une orbitale sp^3 (environ 25 %).

Orbitales hybrides *sp*

Dans la théorie de la liaison de valence, orbitales hybrides dont l'orientation est linéaire et qui résultent de l'hybridation d'une orbitale *s* et d'une orbitale *p*.

Configuration électronique de Be *à l'état fondamental* : [He]

Configuration électronique de Be *à l'état excité* : [He]

La **figure 7.16** indique que les orbitales 2*s* et 2*p* occupées par un électron non apparié sont transformées en deux **orbitales hybrides *sp***, et que les deux orbitales 2*p* restantes ne participent pas à l'hybridation.

Hybridation sp dans Be : [He]

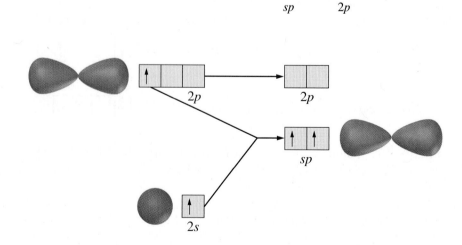

La géométrie des deux orbitales hybrides *sp* est linéaire et passe par l'atome de béryllium, l'angle déterminé par les orbitales étant de 180°. La molécule $BeCl_2$ devrait donc être linéaire, ce que confirment les données expérimentales.

Les orbitales hybrides mettant en jeu les orbitales de type *d*

Tout modèle d'hybridation qui met en jeu uniquement des orbitales *s* et *p* ne peut contenir plus de *huit* électrons de valence, soit l'octet. Pour appliquer un modèle d'hybridation à des structures comportant une couche de valence *étendue*, il faut avoir recours à des orbitales supplémentaires, en l'occurrence à des orbitales de type *d*.

Par exemple, il faut *cinq* orbitales hybrides pour décrire les liaisons de PCl_5, ce qu'on obtient en combinant *une* orbitale *s*, *trois* orbitales *p* et *une* orbitale *d* de l'atome central de phosphore, comme l'indiquent les diagrammes suivants :

Configuration électronique de P *à l'état fondamental* :

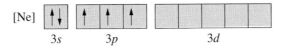

Configuration électronique de P *à l'état excité* :

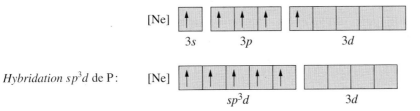

Hybridation sp^3d de P :

Les **orbitales hybrides** sp^3d, dont la géométrie est bipyramidale à base triangulaire, sont représentées dans la **figure 7.17**. Pour chaque liaison dans PCl_5, le recouvrement met en jeu une orbitale hybride sp^3d de l'atome de phosphore et une orbitale $3p$ d'un atome de chlore.

La molécule SF_6 présente, elle aussi, une couche de valence étendue. Dans ce dernier cas, il faut six orbitales hybrides de l'atome central de soufre pour décrire les liaisons. On obtient un modèle d'hybridation sp^3d^2, représenté par les diagrammes suivants :

Configuration électronique de S *à l'état fondamental* :

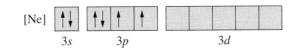

Configuration électronique de S *à l'état excité* :

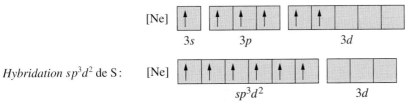

Hybridation sp^3d^2 de S : [Ne]

Les **orbitales hybrides** sp^3d^2 de l'atome central de soufre, dont la géométrie est octaédrique, sont représentées dans la **figure 7.18**. Pour chaque liaison de SF_6, le recouvrement met en jeu une orbitale hybride sp^3d^2 de l'atome de soufre et une orbitale $2p$ d'un atome de fluor.

Bien que les chimistes décrivent généralement les liaisons des structures comportant une couche de valence étendue au moyen d'orbitales hybrides auxquelles prennent part des orbitales *d*, les descriptions de ce type ne sont pas réellement étayées par des données expérimentales. Il s'agit d'un cas similaire aux structures de Lewis comportant une couche

Orbitales hybrides sp^3d

Dans la théorie de la liaison de valence, orbitales hybrides dont la géométrie est bipyramidale à base triangulaire et qui résultent de l'hybridation d'une orbitale *s*, de trois orbitales *p* et d'une orbitale *d*.

Orbitales hybrides sp^3d^2

Dans la théorie de la liaison de valence, orbitales hybrides dont la géométrie est octaédrique et qui résultent de l'hybridation d'une orbitale *s*, de trois orbitales *p* et de deux orbitales *d*.

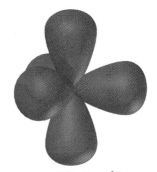

Orbitales sp^3d

▲ **Figure 7.17**
Orbitales hybrides sp^3d

L'atome de phosphore de la molécule PCl_5 (page 316) présente des orbitales hybrides sp^3d dont la géométrie est une bipyramide à base triangulaire.

Orbitales sp^3d^2

▲ **Figure 7.18**
Orbitales hybrides sp^3d^2

L'atome de soufre de la molécule SF_6 (page 317) présente des orbitales hybrides sp^3d^2 dont la géométrie est un octaèdre.

de valence étendue, étudiées au chapitre 6 (page 281). Dans le modèle d'hybridation, l'absorption d'énergie lors du passage d'électrons à des orbitales d n'est pas nécessairement contrebalancée par la libération d'énergie associée au recouvrement d'orbitales. Nous adoptons une approche identique à celle que nous avons utilisée au chapitre 6, c'est-à-dire que, dans la description des liaisons, nous faisons appel à des couches de valence étendues et aux modèles d'hybridation dont celles-ci découlent, notamment sp^3d et sp^3d^2, uniquement lorsqu'il n'existe pas de solution de rechange. Heureusement, les modèles d'hybridation mettant en jeu des orbitales s et p sont bien mieux étayés par des données expérimentales, et la majorité des cas étudiés font intervenir des orbitales hybrides sp, sp^2 et sp^3. Ainsi, dans la section 7.5, nous avons recours uniquement à des orbitales de ce type.

La prédiction des modèles d'hybridation

Dans un modèle d'hybridation, une orbitale hybride est associée à chaque orbitale atomique qui joue un rôle dans la géométrie de la molécule formée. Dans celle-ci, chaque orbitale hybride de l'atome central acquiert un doublet d'électrons, liant ou libre. De plus, la géométrie symétrique des orbitales hybrides est identique à la géométrie de répulsion prédite par la méthode RPEV, comme l'indique le tableau 7.2.

TABLEAU **7.2** Géométrie des orbitales hybrides		
Orbitale hybride	**Géométrie**	**Exemple**
sp	linéaire	$BeCl_2$
sp^2	triangulaire plane	BF_3
sp^3	tétraédrique	CH_4
sp^3d	bipyramidale à base triangulaire	PCl_5
sp^3d^2	octaédrique	SF_6

S'il existe des données *expérimentales* relatives à une structure moléculaire, le modèle d'hybridation choisi pour décrire les liaisons de la structure doit concorder avec les faits. Cependant, il arrive souvent qu'on ne dispose pas de données expérimentales, et on doit alors prédire l'hybridation *probable*. Dans ce dernier cas, la méthode suivante en quatre étapes donne généralement de bons résultats.

1 *On écrit une structure de Lewis plausible pour la molécule ou l'ion.*

2 *À l'aide de la méthode RPEV, on prédit la géométrie de répulsion associée à l'atome central.*

3 *On choisit le modèle d'hybridation qui correspond à la prédiction effectuée à l'étape précédente.*

4 *On décrit le recouvrement des orbitales et la géométrie moléculaire.*

EXEMPLE **7.6**

Dans l'industrie, on utilise le pentafluorure d'iode, IF_5, comme agent de fluoration. (Un agent de fluoration est une substance qui sert à ajouter du fluor à un composé au cours d'une réaction chimique.) Décrivez l'hybridation de l'atome central de la molécule IF_5 et représentez la géométrie moléculaire de ce composé.

→ Stratégie

Nous devons suivre la méthode en quatre étapes présentée ci-dessus.

→ Solution

D'entrée de jeu, nous nous rendons compte qu'un modèle d'hybridation sp, sp^2 ou sp^3 n'est pas approprié. En effet, l'atome central d'iode forme *cinq* liaisons, de sorte qu'il faut avoir recours à une couche de valence étendue.

1 *Nous écrivons une structure de Lewis qui est plausible.* Puisque les six atomes proviennent d'éléments appartenant au groupe VIIB du tableau périodique, le nombre d'électrons de valence de la structure de Lewis doit être égal à $(6 \times 7) = 42$. Nous traçons d'abord les cinq liaisons I—F, puis nous dotons chaque atome de fluor d'un octet.

$$:\ddot{F}:$$
$$|$$
$$:\ddot{F}—I—\ddot{F}:$$
$$:\ddot{F}:\quad:\ddot{F}:$$

Cette structure comprend 40 des 42 électrons de valence ; nous attribuons à l'atome central d'iode un doublet supplémentaire d'électrons (en rouge).

$$:\ddot{F}:$$
$$|$$
$$:\ddot{F}—\ddot{I}—\ddot{F}:$$
$$:\ddot{F}:\quad:\ddot{F}:$$

2 *À l'aide de la méthode RPEV, nous prédisons la géométrie de répulsion de l'atome central.* Il s'agit d'un *octaèdre* pour les six doublets d'électrons, orientés chacun vers un sommet.

3 *Nous choisissons le modèle d'hybridation qui correspond à la prédiction effectuée à l'étape précédente.* Le modèle d'hybridation qui correspond à une géométrie octaédrique des orbitales hybrides est sp^3d^2.

4 *Nous décrivons le recouvrement des orbitales et la géométrie moléculaire.* Pour former cinq liaisons covalentes simples I—F, il faut prendre un électron provenant de l'atome d'iode pour chaque liaison. Le doublet libre appartient entièrement à l'atome d'iode. L'attribution de $(5 + 2) = 7$ électrons de valence aux six orbitales sp^3d^2 de l'atome d'iode est illustrée par les cases quantiques ci-dessous. (Le doublet libre est représenté en rouge.)

Hybridation sp^3d^2 de I :

$$\boxed{\uparrow\downarrow}\;\boxed{\uparrow}\;\boxed{\uparrow}\;\boxed{\uparrow}\;\boxed{\uparrow}\;\boxed{\uparrow}\qquad\boxed{}\;\boxed{}\;\boxed{}$$
$$sp^3d^2 \qquad\qquad 5d$$

La **figure 7.19** indique qu'il y a recouvrement de cinq des orbitales hybrides de l'atome d'iode et des orbitales $2p$ des atomes de fluor. Puisque les six orbitales hybrides sont équivalentes, on peut placer le doublet libre dans n'importe laquelle de ces orbitales. La géométrie moléculaire qui correspond à cette distribution des liaisons et des électrons du doublet libre est une *pyramide à base carrée*. Les angles des liaisons F—I—F devraient donc être d'environ $90°$.

▶ **Figure 7.19**
Liaisons du pentafluorure d'iode, IF_5

L'atome central I est hybridé sp^3d^2. L'une des orbitales hybrides (en rouge) est occupée par un doublet libre, et les autres orbitales sont liantes. Chaque liaison met en jeu le recouvrement d'une orbitale sp^3d^2 et d'une orbitale $2p$ d'un atome périphérique F. À cause des forces de répulsion entre les électrons du doublet libre et ceux des doublets liants de I—F, les quatre atomes de fluor de la base se trouvent dans un plan situé légèrement au-dessus de l'atome d'iode.

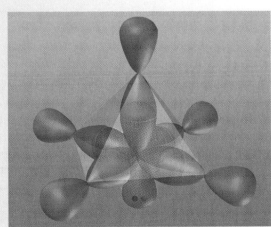

➜ Évaluation

En raison de la similitude de leurs formules, les molécules IF_5 et PCl_5 devraient avoir une même structure bipyramidale à base triangulaire. Ce n'est pourtant pas le cas, parce que PCl_5 est une molécule de type AX_5, alors que IF_5 est du type AX_5E.

EXERCICE 7.6 A

Décrivez l'hybridation de l'atome central de la molécule de tétrachlorure de silicium et définissez la géométrie moléculaire de ce composé.

EXERCICE 7.6 B

Décrivez l'hybridation de l'atome central de l'ion triiodure I_3^- et définissez la géométrie moléculaire de cet ion.

7.5   Les orbitales hybrides et les liaisons covalentes multiples

Nous avons vu comment prédire la structure géométrique des molécules et des ions polyatomiques qui comportent des liaisons covalentes doubles ou triples. En combinant ces connaissances et la théorie de la liaison de valence, on arrive à mieux comprendre certaines caractéristiques fondamentales des liaisons covalentes multiples, notamment l'énergie de liaison.

La structure de Lewis de l'éthylène, C_2H_4, comprend une liaison double entre les deux atomes de carbone.

$$\begin{array}{ccc} & H & H \\ & | & | \\ H- & C=C & -H \end{array}$$

Selon la méthode RPEV, la géométrie de répulsion de chaque groupe d'électrons entourant un atome de carbone devrait être *triangulaire plane*. Chaque groupement CH_2 serait donc situé dans un plan, et l'angle des liaisons H—C—H serait de 120°. De plus, chaque angle des liaisons H—C—C serait aussi de 120°. Toutefois, d'après la **figure 7.20**, la méthode RPEV n'indique pas la façon dont les deux groupements CH_2 sont orientés l'un par rapport à l'autre. Sont-ils situés dans un même plan ou dans des plans perpendiculaires? Déterminent-ils un angle aigu ou obtus? Les cases quantiques des hybridations sp^2 des deux atomes de carbone aident à comprendre comment la théorie de la liaison de valence explique les deux angles de liaison de 120° *et* l'orientation des groupements CH_2.

Hybridation sp^2 du premier C: [He] sp^2 $2p$

Hybridation sp^2 du second C: [He] sp^2 $2p$

La **figure 7.21** indique que toutes les liaisons C—H de C_2H_4 résultent du recouvrement des orbitales hybrides sp^2 des atomes de carbone et des orbitales $1s$ des atomes d'hydrogène. La région de recouvrement maximal est située le long d'un axe qui joint les noyaux des atomes liés. Dans un tel cas, le recouvrement des orbitales est symétrique par rapport à cet axe. On parle alors de recouvrement *axial*. Les liaisons covalentes qui résultent d'un tel recouvrement des orbitales, quelles qu'elles soient, sont appelées **liaisons σ (sigma)**. Toutes les liaisons covalentes simples sont de ce type. Par contre, la liaison double entre les deux

---

Liaison σ (sigma)

Liaison covalente résultant d'un recouvrement axial d'orbitales atomiques pures ou hybrides; une telle liaison est nécessairement située le long d'un axe joignant les noyaux des atomes liés.

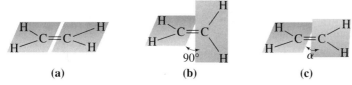

| **(a)** | **(b)** | **(c)** |

▲ **Figure 7.20 Structure de Lewis et description de C₂H₄ fournie par la méthode RPEV**

D'après la théorie de Lewis, la structure de l'éthylène comporte une liaison double entre les atomes de carbone. Selon la méthode RPEV, les trois atomes d'un groupement CH_2 sont situés dans un même plan ; cependant, cette méthode n'indique pas de quelle façon les deux plans sont orientés l'un par rapport à l'autre, c'est-à-dire qu'on ne sait pas si les deux groupements CH_2 sont **(a)** coplanaires, **(b)** perpendiculaires ou **(c)** s'ils déterminent un angle α différent de $90°$.

atomes de carbone de C_2H_4 est formée de deux composantes. L'une des liaisons met en jeu le recouvrement des orbitales sp^2 le long du segment de droite qui joint les noyaux des deux atomes de carbone ; il s'agit, comme les liaisons C—H, d'une liaison σ. L'autre liaison entre les deux atomes de carbone résulte du recouvrement des orbitales $2p$, partiellement occupées et non hybridées, qui s'étend au-dessus et en dessous du plan déterminé par les atomes de carbone et d'hydrogène. Ce recouvrement, dit *latéral*, n'est pas situé directement entre les noyaux des atomes de carbone, mais en haut et en bas de ceux-ci. Une liaison qui résulte de ce type de recouvrement des orbitales est appelée **liaison π (pi)**. Une liaison covalente double est constituée d'*une* liaison σ et d'*une* liaison π. Selon la théorie de la liaison de valence, les six atomes de C_2H_4 sont situés dans un même plan, comme l'indique la figure 7.21. Cet arrangement permet le recouvrement *maximal* des orbitales $2p$ et il correspond à la liaison π *la plus forte*. Si un groupement CH_2 tournait hors du plan déterminé par l'autre groupement CH_2, l'étendue du recouvrement serait moindre, de sorte que la liaison π serait affaiblie et que la molécule serait moins stable. Le recouvrement *minimal* se produit lorsque les deux groupements CH_2 sont situés dans des plans perpendiculaires.

Liaison π (pi)

Liaison covalente résultant d'un recouvrement latéral d'orbitales atomiques ; une telle liaison est nécessairement située en haut et en bas des noyaux des atomes liés.

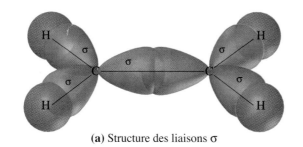

(a) Structure des liaisons σ

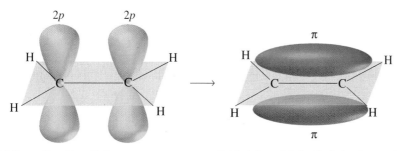

(b) Formation d'une liaison π par recouvrement latéral des orbitales $2p$ à demi occupées

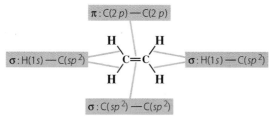

(c) Schéma montrant l'hybridation et les types de liaisons

◄ **Figure 7.21
Liaisons de l'éthylène, C₂H₄, selon la théorie de la liaison de valence**

(a) Structure des liaisons σ. **(b)** Formation d'une liaison π par recouvrement latéral des orbitales $2p$ à demi occupées. **(c)** Hybridation et types de liaisons.

La position des atomes périphériques par rapport aux atomes centraux est déterminée par les recouvrements axiaux des orbitales, c'est-à-dire les liaisons σ. L'ensemble des liaisons de ce type constitue la structure engendrée par les *liaisons* σ, et celle-ci définit la géométrie moléculaire. Les doublets d'électrons qui interviennent dans des liaisons π *n'ont pas* d'effet sur la position des atomes liés. Lors de l'application de la méthode RPEV, lorsqu'on considère tous les électrons qui prennent part à une liaison covalente multiple comme un unique groupe d'électrons, on construit en fait une géométrie de répulsion identique à la structure des liaisons σ obtenue par l'application de la théorie de la liaison de valence.

On peut décrire une liaison covalente triple sensiblement de la même manière qu'on le fait pour une liaison double. Par exemple, la structure de Lewis de la molécule d'acétylène, C_2H_2, est H—C≡C—H. Il s'agit d'une molécule *linéaire,* et la valeur de l'angle des liaisons H—C—C est de 180°, comme la méthode RPEV permet de le prédire et comme les données expérimentales le confirment. La théorie de la liaison de valence explique la valeur des angles de liaison, si on suppose qu'il y a hybridation *sp* des orbitales de la couche de valence des deux atomes de carbone.

Hybridation sp dans le premier atome C : [He] ↑ ↑ ↑ ↑
                                              sp   *2p*

Hybridation sp dans le second atome C : [He] ↑ ↑ ↑ ↑
                                              sp   *2p*

Dans la liaison C≡C de C_2H_2, comme dans toutes les liaisons triples, *une* des liaisons est de type σ, et les *deux* autres sont de type π. Le modèle des liaisons de l'acétylène est représenté dans la **figure 7.22**.

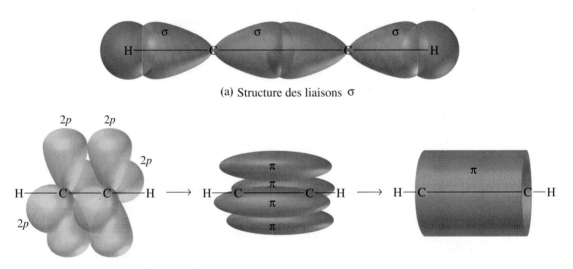

(a) Structure des liaisons σ

(b) Formation de deux liaisons π par recouvrement latéral des orbitales 2p à demi occupées

▶ Figure 7.22
Liaisons de l'acétylène, C_2H_2, selon la théorie de la liaison de valence

Les liaisons σ unissent les atomes selon une structure linéaire par recouvrement des orbitales 1s des atomes d'hydrogène et des orbitales *sp* des atomes de carbone. On peut représenter chaque liaison π par deux ellipsoïdes parallèles mais, en fait, lorsqu'il y a deux liaisons de ce type, les ellipsoïdes fusionnent de manière à former une enveloppe cylindrique, la liaison σ carbone-carbone étant située le long de l'axe du cylindre.

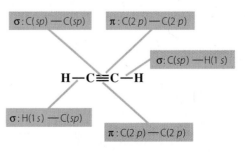

(c) Schéma montrant l'hybridation et les types de liaisons

EXEMPLE 7.7

Lorsqu'elle mord, une fourmi libère un irritant constitué d'acide formique, HCOOH. (Les mots « fourmi » et « formique » viennent du latin *formica*.)

a) Déterminez une géométrie moléculaire plausible de l'acide formique.

b) Déterminez l'hybridation des atomes centraux qui est compatible avec la géométrie déterminée en *a*.

c) Montrez par un schéma les types de liaisons dans la molécule d'acide formique.

➔ Stratégie

Pour la question *a*, nous suivrons la méthode établie à la page 315 et appliquée, dans l'exemple 7.3, à une molécule ayant plus d'un atome central. Pour la question *b*, nous emploierons la méthode décrite dans l'exemple 7.6. Enfin, pour la question *c*, nous unirons les résultats de *a* et de *b* afin de déterminer les types de liaison de la molécule.

➔ Solution

a) Nous écrivons d'abord une structure de Lewis plausible de l'acide formique. Le nombre d'électrons de valence est égal à $(2 \times 1) + (2 \times 6) + 4 = 18$. Le nombre d'électrons doit être partagé entre les liaisons formant la structure squelettique et les oxygènes qui doivent atteindre l'octet. L'atome de carbone atteint ensuite l'octet en formant une liaison double carbone-oxygène.

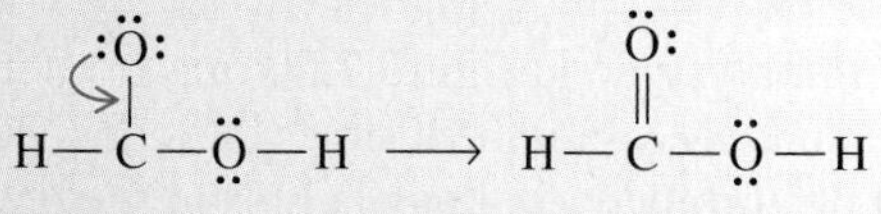

À l'aide de la méthode RPEV, nous décrivons les géométries de répulsion associées aux atomes centraux de carbone et d'oxygène. La géométrie des *trois* groupes d'électrons entourant l'atome de carbone, soit deux liaisons simples et une liaison double, est *triangulaire plane*. La géométrie des *quatre* groupes d'électrons entourant l'atome central d'oxygène, soit deux doublets liants et deux doublets libres, est *tétraédrique*.

Étant donné que les trois groupes d'électrons de la couche de valence de l'atome de carbone sont liés, la géométrie moléculaire dans la région de l'atome de carbone est identique à la géométrie de répulsion, qui est une géométrie *triangulaire plane*. L'angle des liaisons H—C—O et O—C—O devrait être d'environ 120 °.

La géométrie moléculaire de la région entourant l'atome central d'oxygène est *angulaire*, de sorte que l'angle de la liaison C—O—H devrait être d'environ 109,5 ° (selon la notation AX_2E_2 et la valeur de l'angle d'un tétraèdre).

b) Les hybridations correspondant aux géométries de répulsion décrites en *a* sont du type sp^2 pour l'atome central de carbone et du type sp^3 pour l'atome central d'oxygène.

c) L'un des liens de la liaison double C═O est du type π, et toutes les autres liaisons de la molécule sont du type σ. Le schéma qui apparaît ci-dessous représente ces liaisons, de même que les recouvrements d'orbitales dont elles résultent.

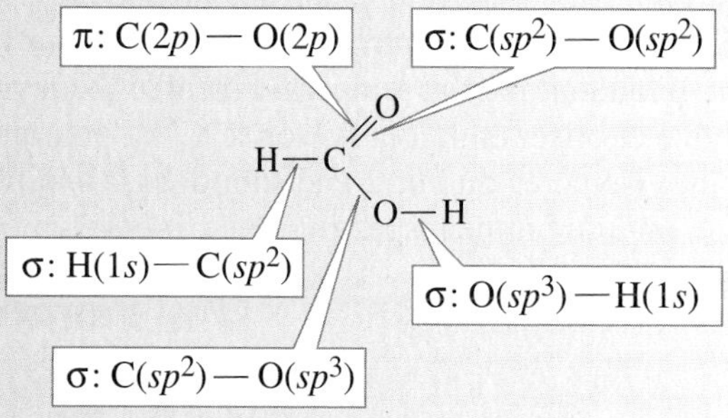

EXERCICE 7.7 A

L'alcool le plus simple, soit le méthanol, CH_3OH, sera vraisemblablement de plus en plus utilisé comme carburant pour les moteurs à essence.

a) Déterminez une géométrie moléculaire plausible des atomes centraux du méthanol.

b) Déterminez l'hybridation des atomes centraux qui est compatible avec la géométrie déterminée en *a*.

c) Montrez par un schéma les types de liaisons qui se produisent dans la molécule de méthanol.

EXERCICE 7.7 B

Le cyanogène, C_2N_2, est un gaz très toxique utilisé comme fumigène et pour la synthèse de composés organiques.

a) Déterminez une géométrie moléculaire plausible du cyanogène.

b) Déterminez l'hybridation des atomes centraux qui est compatible avec la géométrie déterminée en *a*.

c) Montrez par un schéma les types de liaisons dans la molécule de cyanogène.

L'isomérie géométrique

Nous avons conclu de l'analyse de la figure 7.20 que les deux groupements CH_2 de l'éthylène, $CH_2=CH_2$, sont nécessairement situés dans un même plan, ce qui assure un recouvrement maximal des orbitales $2p$ dans la liaison π entre les atomes de carbone. Pour conserver un recouvrement maximal des orbitales, il faut éviter qu'un groupement CH_2 puisse tourner par rapport à l'autre. Nous allons maintenant voir que cette restriction relative à une liaison double a une conséquence importante.

Il existe quatre alcènes isomères de formule C_4H_8; le but-1-ène et l'isobutène en sont deux.

$$CH_2=CHCH_2CH_3 \qquad CH_2=\overset{\overset{\displaystyle CH_3}{|}}{C}-CH_3$$

But-1-ène Isobutène (méthylpropène)

Il y en a un troisième, dans lequel la liaison double unit le second et le troisième atome de carbone.

$$CH_3CH=CHCH_3$$

But-2-ène

La formule développée du but-2-ène cache en réalité deux autres isomères possibles.

Les deux but-2-ènes sont représentés dans la **figure 7.23**, page suivante. Au premier coup d'œil, il semble qu'on puisse obtenir une structure à partir de l'autre en fixant simplement une extrémité de la molécule dans une position donnée et en effectuant une rotation de 180° de l'autre extrémité. Toutefois, pour effectuer une telle rotation par rapport à l'axe de la liaison, il faudrait réduire temporairement le recouvrement des orbitales $2p$ des atomes de carbone et briser en fait la liaison π. C'est pourquoi cette transformation n'a pas lieu. Les deux isomères du but-2-ène sont deux *composés tout à fait distincts*. Pour les différencier, on les nomme respectivement *cis*-but-2-ène et *trans*-but-2-ène.

$$\underset{cis\text{-but-2-ène}}{\overset{\displaystyle CH_3 \qquad CH_3}{\underset{\displaystyle H \qquad\quad H}{C=C}}} \qquad\qquad \underset{trans\text{-but-2-ène}}{\overset{\displaystyle CH_3 \qquad\quad H}{\underset{\displaystyle H \qquad\quad CH_3}{C=C}}}$$

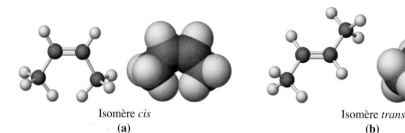

Isomère *cis*
(a)

Isomère *trans*
(b)

Dans l'isomère ***cis,*** les deux groupements méthyle (CH_3) sont situés d'un même côté de la liaison double de la molécule, tandis que, dans l'isomère ***trans***, ils sont situés de part et d'autre de cette liaison. (Lorsqu'on trace une droite passant par les deux atomes de carbone unis par la liaison double, si les deux groupements méthyle se trouvent d'un même côté de la droite, le composé est l'isomère *cis*. Si les deux groupements se trouvent de part et d'autre de la droite, le composé est l'isomère *trans*.) La seule chose qui distingue les isomères *cis* et *trans* est l'arrangement géométrique de certains groupes substituants ; c'est pourquoi on les appelle des **isomères géométriques**.

Si l'un des atomes de carbone dans une liaison double est lié à deux atomes ou à deux groupements identiques, il ne peut y avoir d'isomérie *cis-trans*. Ainsi, dans la molécule de propène, il y a deux atomes d'hydrogène unis à un des atomes de carbone de la liaison double ; il n'existe donc pas d'isomères *cis-trans* du propène. Même s'il est possible d'écrire deux formules développées de ce composé, les structures I et II sont en réalité identiques.

Cis

Se dit d'un isomère géométrique dans lequel les deux groupements fonctionnels sont situés d'un même côté d'une liaison double d'une molécule organique.

Trans

Se dit d'un isomère géométrique dans lequel les deux groupements fonctionnels sont situés de part et d'autre d'une liaison double d'une molécule organique.

Isomères géométriques

Dans le cas d'un composé organique, isomères (*cis* et *trans*) qui diffèrent uniquement par l'arrangement des groupements substituants par rapport à une liaison double.

$$
\begin{array}{cc}
\underset{H}{\overset{H}{\diagdown}}C=C\underset{H}{\overset{CH_3}{\diagup}} & \underset{H}{\overset{H}{\diagdown}}C=C\underset{CH_3}{\overset{H}{\diagup}} \\
\text{(I)} & \text{(II)}
\end{array}
$$

Si on retourne la structure II « comme une crêpe », on se rend compte que les deux structures sont effectivement identiques.

$$
\begin{array}{cc}
\underset{H}{\overset{H}{\diagdown}}C=C\underset{H}{\overset{CH_3}{\diagup}} & \underset{H}{\overset{H}{\diagdown}}C=C\underset{H}{\overset{CH_3}{\diagup}} \\
\text{(I)} & \text{(II retournée)}
\end{array}
$$

EXEMPLE 7.8 Un exemple conceptuel

Est-il possible d'écrire une seule formule développée pour le 1,2-dichloroéthylène, si nous savons que la molécule est polaire?

➜ Analyse et conclusion

Si nous nous en tenons uniquement au nom «1,2-dichloroéthylène», nous ne pouvons pas écrire une seule formule développée, puisqu'il y a deux isomères possibles.

$$
\begin{array}{cc}
\underset{Cl}{\overset{H}{\diagdown}}C=C\underset{Cl}{\overset{H}{\diagup}} & \underset{Cl}{\overset{H}{\diagdown}}C=C\underset{H}{\overset{Cl}{\diagup}} \\
\text{(I)} & \text{(II)}
\end{array}
$$

cis-1,2-dichloroéthylène   *trans*-1,2-dichloroéthylène

Le rôle de l'isomérie géométrique dans la vision

La vision repose sur la conversion par la lumière d'un isomère géométrique en un autre. La molécule ainsi transformée est un pigment photosensible, appelé *rhodopsine*, présent dans les cellules réceptrices de la rétine de l'œil. La rhodopsine est composée du 11-*cis*-rétinal et d'une protéine, l'opsine. Lorsque la lumière frappe la rhodopsine, il se produit une réaction appelée *isomérisation* : l'isomère *cis* est converti en isomère *trans*.

11-*cis*-rétinal   11-*trans*-rétinal

La conversion du 11-*cis*-rétinal en son isomère *trans* produit une impulsion électrique, que le nerf optique transmet au cerveau. Celui-ci transforme l'influx nerveux en image, et c'est cette image que nous percevons. À la suite de la transmission de l'impulsion, l'opsine se sépare du 11-*trans*-rétinal. Une autre enzyme convertit l'isomère 11-*trans*-rétinal en 11-*cis*-rétinal. Ce dernier s'additionne de nouveau à l'opsine, et la rhodopsine est prête à recevoir l'impulsion lumineuse suivante.

Une partie du rétinal se perd durant la régénération de la rhodopsine, et elle doit être remplacée par de la vitamine A circulant dans le système sanguin, d'où le rôle essentiel de cette vitamine dans le maintien d'une bonne vision. La seule chose qui distingue la vitamine A du 11-*trans*-rétinal est un groupement alcool, —CH_2OH, à la place d'un groupement aldéhyde, —CHO.

Vitamine A   11-*trans*-rétinal

La formule I représente l'isomère *cis*, dans lequel les deux atomes de chlore sont du même côté de la double liaison. Ainsi, compte tenu de l'électronégativité du chlore, la molécule possède un moment dipolaire et elle est polaire. La formule II représente l'isomère *trans*, dans lequel les deux atomes de chlore sont de part et d'autre de la double liaison. Étant symétrique, la molécule ne possède pas de moment dipolaire et elle est non polaire. Ainsi, la molécule non polaire du 1,2-dichloroéthylène est l'isomère géométrique *trans*-1,2-dichloroéthylène.

EXERCICE 7.8 A

En vous basant sur l'exemple 7.8, écrivez la structure du troisième isomère géométrique du dichloroéthylène et précisez si cette molécule est polaire ou non polaire.

Laquelle des molécules suivantes est probablement polaire ? **a)** fluoroéthylène (C_2H_3F); **b)** *trans*-but-2-ène ; **c)** acétylène (C_2H_2); **d)** *cis*-2,3-dichlorobut-2-ène (voir la figure dans la marge). Expliquez le raisonnement que vous avez appliqué.

cis-2,3-dichlorobut-2-ène

La théorie des orbitales moléculaires

Selon la théorie de la liaison de valence, les atomes conservent une partie de leurs caractéristiques lorsqu'ils s'unissent à d'autres atomes. Seules les orbitales de valence, qui prennent part aux liaisons, sont modifiées. Il existe cependant une autre approche, fondée sur la mécanique quantique, dans laquelle on repart à zéro. Dans la **théorie des orbitales moléculaires**, on fait appel à un arrangement approprié des noyaux des atomes et on place les électrons dans des *orbitales moléculaires* de manière à obtenir une molécule stable.

7.6 Les caractéristiques des orbitales moléculaires

Les **orbitales moléculaires (OM)** correspondent à des équations mathématiques qui décrivent les régions d'une molécule où la probabilité de trouver des électrons est élevée. De ce point de vue, elles ressemblent aux orbitales atomiques utilisées pour décrire la localisation des électrons des atomes. En fait, on peut obtenir les orbitales moléculaires notamment en combinant de façon appropriée les orbitales des atomes liés dans la molécule.

La **figure 7.24** décrit la formation des orbitales moléculaires au moyen de la combinaison de deux orbitales atomiques $1s$. Une combinaison donne une **orbitale moléculaire liante**, σ_{1s}, qui correspond à un niveau d'énergie inférieur à celui des orbitales atomiques isolées et à une forte probabilité de localisation des électrons, ou densité de la charge électronique, entre les atomes liés. L'autre combinaison donne une **orbitale moléculaire antiliante**, σ_{1s}^*, qui correspond à un niveau d'énergie supérieur à celui des orbitales atomiques isolées et à une forte probabilité de localisation des électrons *à l'extérieur* de la région située entre les atomes liés. L'astérisque ($*$) indique que l'orbitale est antiliante.

La figure 7.24 indique que les deux électrons de la molécule H_2 sont assignés à l'orbitale moléculaire liante σ_{1s}, ce qui est compatible avec un principe de l'*aufbau* semblable à celui qui est utilisé pour déterminer la configuration électronique des atomes et correspondant aux règles exposées ci-dessous.

- Les électrons ont tendance à pénétrer d'abord dans l'orbitale moléculaire du plus bas niveau d'énergie possible.

- Une orbitale moléculaire ne peut contenir plus de deux électrons (principe d'exclusion de Pauli).

- Les électrons forment des doublets uniquement lorsque toutes les orbitales moléculaires d'un même niveau d'énergie sont déjà occupées par un électron ; de plus, les électrons non appariés ont des spins parallèles (règle de Hund).

Les électrons qui se trouvent dans des orbitales moléculaires liantes *contribuent à* la solidité de la liaison entre les atomes, tandis que les électrons qui se trouvent dans des orbitales moléculaires antiliantes *réduisent* la solidité de la liaison. (Dans certains cas, il existe une orbitale moléculaire d'un troisième type, dite non liante, qui ne contribue pas à la solidité de

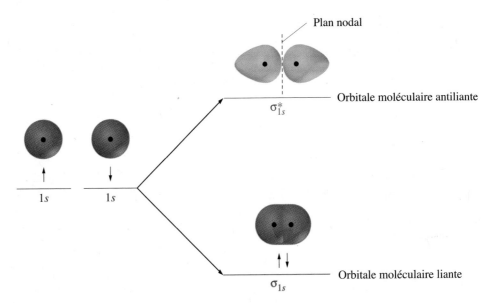

▲ Figure 7.24
Orbitales moléculaires et liaisons de la molécule H₂

Les traits horizontaux représentent les niveaux relatifs d'énergie des orbitales atomiques et moléculaires. Les petites flèches représentent les électrons des atomes et de la molécule d'hydrogène. Les formes situées au-dessus des traits représentent la distribution de la probabilité de localisation des électrons ou de la densité de la charge électronique. Dans le cas de l'orbitale antiliante, cette probabilité est nulle dans le plan nodal, situé entre les noyaux des atomes et représenté par le pointillé noir.

Ordre de liaison

Dans la théorie des orbitales moléculaires, paramètre égal à la moitié de la différence entre le nombre d'électrons dans des orbitales moléculaires liantes et le nombre d'électrons dans des orbitales moléculaires antiliantes.

la liaison, mais qui ne la réduit pas non plus.) L'**ordre de liaison** d'une molécule est égal à la moitié de la différence entre le nombre d'électrons présents dans les orbitales moléculaires liantes et le nombre d'électrons présents dans les orbitales moléculaires antiliantes.

Plus l'ordre de liaison est élevé, plus la liaison est forte et plus la molécule formée est stable. Un ordre de liaison égal à 0 indique que la molécule n'est pas plus stable que les atomes séparés. Dans ce cas, la formation de la molécule n'est pas favorisée.

$$\text{Ordre de liaison} = \frac{\left(\begin{array}{c}\text{nombre d'électrons} \\ \text{dans des OM liantes}\end{array}\right) - \left(\begin{array}{c}\text{nombre d'électrons} \\ \text{dans des OM antiliantes}\end{array}\right)}{2} \quad (7.2)$$

Le modèle de combinaison des orbitales atomiques $1s$ qu'illustre la figure 7.24 et le diagramme des niveaux d'énergie qu'on voit dans la **figure 7.25** peuvent servir à décrire diverses entités diatomiques renfermant des éléments de la première période, soit l'hydrogène et l'hélium. Nous allons maintenant examiner le cas de l'ion hydrogène moléculaire, puis nous aborderons les orbitales moléculaires associées aux atomes des éléments de la deuxième période.

EXEMPLE 7.9   Un exemple conceptuel

La théorie des orbitales moléculaires explique l'existence d'entités chimiques comportant une liaison « à un électron ». Mais que signifie exactement cette expression ? Donnez un exemple d'une liaison de ce type.

➜ Analyse et conclusion

D'après la définition de l'ordre de liaison, on peut considérer une liaison à un électron comme une liaison comportant un électron de plus dans les orbitales moléculaires liantes que dans les orbitales moléculaires antiliantes ; l'ordre de liaison est égal à 1/2. L'exemple le plus simple est celui d'une orbitale moléculaire liante σ_{1s} renfermant un seul électron et d'une orbitale moléculaire antiliante σ_{1s}^* vide. Il s'agit de l'ion hydrogène moléculaire, H_2^+, résultant de la combinaison d'un atome d'hydrogène et d'un cation hydrogène (proton). La formation de H_2^+ est représentée par le diagramme des niveaux d'énergie de la figure 7.25.

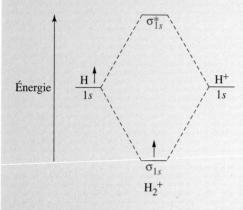

◀ **Figure 7.25**
Diagramme des niveaux d'énergie que possèdent les orbitales moléculaires de l'ion hydrogène moléculaire, H_2^+

EXERCICE 7.9 A

Selon vous, l'ion H_2^- peut-il être stable ? Expliquez votre réponse.

EXERCICE 7.9 B

Peut-il y avoir des entités chimiques stables constituées uniquement d'atomes de He et de liaisons He-He ? Expliquez votre réponse.

7.7 Les molécules diatomiques homonucléaires des éléments de la deuxième période

Le cas des entités diatomiques formées des deux premiers éléments de la deuxième période, soit le lithium et le béryllium, est similaire à celui des entités constituées d'éléments de la première période. On place les électrons en remplissant d'abord totalement les orbitales moléculaires σ_{1s} et σ_{1s}^*, puis on considère les orbitales moléculaires formées à partir des orbitales atomiques de la couche de valence, soit les orbitales 2s. On obtient un autre doublet d'orbitales moléculaires, σ_{2s} et σ_{2s}^*, dont le niveau d'énergie est supérieur à celui des orbitales moléculaires de la première couche.

Pour les éléments suivants de la deuxième période, depuis le bore jusqu'au néon, on considère les orbitales moléculaires résultant de la combinaison des orbitales atomiques 2p. Ces orbitales moléculaires, représentées dans la **figure 7.26**, partagent deux caractéristiques avec celles de la figure 7.24.

- Toute combinaison de *deux* orbitales atomiques donne *deux* orbitales moléculaires. Les orbitales atomiques 2p donnent au total six orbitales moléculaires.

- Chaque paire d'orbitales moléculaires est formée d'une orbitale moléculaire liante, associée à un niveau d'énergie inférieur à celui des orbitales atomiques isolées, et d'une orbitale antiliante, associée à un niveau d'énergie supérieur à celui des orbitales atomiques isolées.

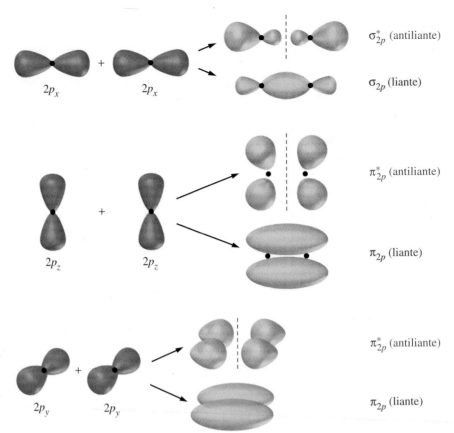

σ_{2p}^* (antiliante)

σ_{2p} (liante)

π_{2p}^* (antiliante)

π_{2p} (liante)

π_{2p}^* (antiliante)

π_{2p} (liante)

▶ **Figure 7.26**
Orbitales moléculaires résultant de la combinaison des orbitales atomiques *2p*
Les schémas représentent la distribution de la probabilité de localisation des électrons, ou densité de la charge électronique, dans les différentes orbitales moléculaires. Les pointillés désignent les plans nodaux des orbitales antiliantes.

Il existe toutefois une différence : on obtient deux types d'orbitales à partir des orbitales atomiques $2p$. Une paire d'orbitales moléculaires, désignée par σ_{2p} et σ_{2p}^*, correspond à un recouvrement axial des orbitales atomiques. Les deux autres paires d'orbitales moléculaires ressemblent à un recouvrement latéral des orbitales atomiques, d'où la formation de deux orbitales moléculaires liantes dégénérées π_{2p} et de deux orbitales moléculaires antiliantes dégénérées π_{2p}^*. (Nous avons vu que l'adjectif *dégénéré* signifie « de même énergie ».)

Nous avons déjà souligné que les orbitales moléculaires σ_{2s} et σ_{2s}^* ont un niveau d'énergie supérieur à celui des orbitales sous-jacentes σ_{1s} et σ_{1s}^*. La **figure 7.27**, page suivante, indique le niveau d'énergie de toutes les orbitales moléculaires que comprend la couche de valence des molécules diatomiques homonucléaires qui sont formées d'éléments de la deuxième période : Li_2, Be_2, B_2, etc. Pour chaque molécule, les niveaux d'énergie sont présentés en ordre croissant, mais les illustrations ne sont pas à l'échelle. Par exemple, celles-ci ne montrent pas que le niveau d'énergie diminue de façon continue lorsque la charge nucléaire des atomes augmente (figure 5.1, page 198).

Il est néanmoins possible de tirer des conclusions importantes des diagrammes des orbitales moléculaires présentés dans la figure 7.27. D'une part, on peut montrer, à l'aide de la définition de l'ordre de liaison, que la probabilité qu'il existe des molécules Be_2 et Ne_2 est très faible. Ces molécules renferment un même nombre d'électrons dans leurs orbitales moléculaires antiliantes que dans leurs orbitales liantes. Les ordres de liaison sont nuls, de sorte qu'il n'existe aucune liaison.

Une autre conclusion intéressante se rapporte à la molécule O_2. La structure des cases quantiques moléculaires appartenant à la seconde couche est semblable à celle qu'on

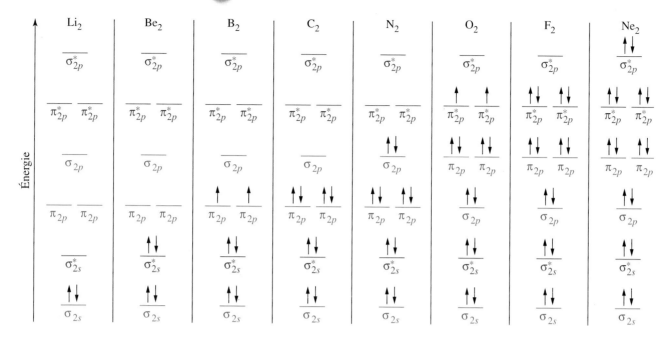

▲ **Figure 7.27**
**Orbitales moléculaires obtenues à partir des orbitales atomiques 2s et 2p,
et quelques molécules diatomiques réelles ou hypothétiques**

Les orbitales moléculaires σ_{1s} et σ_{1s}^* sont remplies, et l'occupation des orbitales du deuxième niveau d'énergie est telle qu'elle est indiquée. La théorie des orbitales moléculaires prédit la permutation des niveaux d'énergie des orbitales moléculaires liantes σ_{2p} et π_{2p} qui se produit entre N_2 et O_2, et cette permutation est confirmée par les données expérimentales.

emploie pour les configurations électroniques des atomes. Ainsi, il faut placer 12 électrons de valence dans les cases, en respectant les règles associées au principe de l'*aufbau* :

O_2 [diagramme des cases : σ₂ₛ ↑↓ | σ*₂ₛ ↑↓ | σ₂ₚ ↑↓ | π₂ₚ ↑↓ ↑↓ | π*₂ₚ ↑ ↑ | σ*₂ₚ (vide)]

Pour calculer l'ordre de liaison de O_2, on note d'abord qu'il y a *huit* électrons dans les orbitales moléculaires liantes : *deux* dans les orbitales σ_{2s}, *deux* dans les orbitales σ_{2p} et *quatre* dans les orbitales π_{2p} ; de plus, il y a *quatre* électrons dans les orbitales moléculaires antiliantes : *deux* dans les orbitales σ_{2s}^* et *deux* dans les orbitales π_{2p}^*. L'ordre de liaison est donc égal à $\frac{1}{2}(8 - 4) = 2$, de sorte qu'il devrait y avoir une liaison double oxygène-oxygène. En outre, la présence de deux électrons non appariés dans les orbitales moléculaires π_{2p}^* indique que la molécule O_2 est *paramagnétique*. Dans le chapitre 6, nous avons expliqué la liaison double de la structure de Lewis, $:\ddot{O}=\ddot{O}:$, mais nous étions alors incapables de rendre compte du paramagnétisme.

EXEMPLE 7.10   **Un exemple conceptuel**

Si on extrait un électron d'une molécule N_2, ce qui donne un ion N_2^+, la liaison entre les atomes d'azote est affaiblie. Par contre, si on produit de façon analogue un ion O_2^+ à partir d'une molécule O_2, la liaison entre les atomes d'oxygène est renforcée. Expliquez cette différence.

◆ Analyse et conclusion

Il faut d'abord déterminer, dans chaque cas, quel électron est perdu au cours de l'ionisation. Il devrait s'agir d'un électron se trouvant dans l'orbitale moléculaire occupée de plus haute énergie, puisque les électrons de cette orbitale sont plus faciles à extraire. Les cases quantiques moléculaires de la figure 7.27 indiquent que, dans le cas de N_2, l'électron cédé provient de l'orbitale moléculaire liante, σ_{2p}. La perte de cet électron liant entraîne une réduction de l'ordre de liaison, de sorte que la *liaison* est *affaiblie*. Par contre, dans le cas de O_2, l'électron cédé provient d'une orbitale *antiliante*, π_{2p}^*. La perte de cet électron *antiliant* entraîne un *accroissement* de l'ordre de liaison, d'où le renforcement de la liaison.

EXERCICE 7.10 A

La figure 7.27 indique que, dans les molécules O_2, F_2, et Ne_2, le niveau d'énergie de σ_{2p} est plus faible que les niveaux de π_{2p}. Supposez que cela soit vrai également pour Li_2, Be_2, B_2, C_2 et N_2. Quelles en seraient les répercussions sur les ordres de liaison et les propriétés magnétiques de ces cinq molécules ?

EXERCICE 7.10 B

Quel devrait être l'ordre de liaison du monoxyde d'azote, NO ?
(*Indice*: Lesquels des diagrammes des orbitales moléculaires de la figure 7.27 peuvent servir à faire cette prédiction ?)

7.8 Les liaisons du benzène

Le benzène, C_6H_6, est un liquide dont l'odeur ressemble à celle de l'essence. Il fut découvert par Michael Faraday en 1825. En 1865, F. A. Kekulé suppose que la molécule de benzène a une structure cyclique comportant six atomes de carbone qui forment un hexagone, et qui sont unis entre eux par des liaisons simples et doubles en alternance. De plus, un atome d'hydrogène est lié à chaque atome de carbone.

Les structures de Kekulé sont aussi représentées plus simplement comme suit, les symboles C et H étant sous-entendus. (Si des atomes d'autres éléments remplacent les atomes d'hydrogène de C_6H_6, on écrit alors leurs symboles.)

Structures de Kekulé de C_6H_6

Ce n'est que plus d'un siècle après la découverte du benzène qu'on a déterminé que la structure exacte du benzène est un hybride de résonance dans lequel les structures de Kekulé jouent un rôle essentiel. Les liaisons carbone-carbone de la molécule de benzène sont toutes équivalentes et, d'après leur longueur et leur force, ce sont des intermédiaires entre des liaisons simples et des liaisons doubles. En dépit du fait qu'elle présente une

Friedrich August Kekulé (1829-1896) a affirmé avoir découvert la structure cyclique du benzène après avoir sommeillé devant un feu. (Selon d'autres sources, il se serait plutôt endormi dans un omnibus.) Il a alors rêvé d'atomes et de molécules ayant la forme de serpents. Soudainement, l'un des serpents s'est enroulé et a mordu sa queue, ce qui lui a révélé la structure du benzène. On doit également à ce chercheur l'idée que le carbone est tétravalent (1858). Dans un important manuel, Kekulé a défini la chimie organique comme la chimie des composés du carbone.

partie des caractéristiques conférées par les liaisons doubles, la molécule de benzène ne se comporte pas comme une molécule d'hydrocarbure insaturé. D'une part, elle ne subit pas de réaction d'hydrogénation comme dans le cas des alcènes. Les six électrons qui sont placés habituellement entre les atomes de carbone de manière à former trois liaisons doubles sont disséminés dans les six atomes de carbone ; on dit qu'ils sont *délocalisés*. Le symbole moderne du benzène, soit un hexagone dans lequel est inscrit un cercle, reflète cette réalité.

Hybride de résonance de C_6H_6

Les principes de la théorie de la liaison de valence et de la théorie des orbitales moléculaires permettent de décrire la molécule de benzène. On explique la forme plane de celle-ci et le fait que la valeur des angles de liaison est de 120° en supposant que les six atomes de carbone correspondent à un modèle d'hybridation sp^2.

C : [He]

$$sp^2 \qquad 2p$$

Le recouvrement des orbitales hybrides sp^2 donne la structure des liaisons σ, représentée dans la **figure 7.28**.

Durant les années 1920, Kathleen Londsdale (1903-1971) a prouvé, à l'aide de la technique appelée *cristallographie par rayons X,* que la chaîne fermée du benzène est plane, et non gaufrée. Elle a déterminé également les structures tridimensionnelles du diamant et du graphite, deux substances constituées uniquement de carbone (chapitre 8).

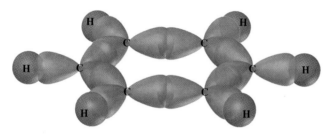

◀ Figure 7.28
Structure des liaisons σ du benzène, C_6H_6

Dans les atomes de carbone du benzène, les orbitales hybrides sp^2 forment des liaisons σ. Chaque atome de carbone est lié à deux autres atomes de carbone et à un atome d'hydrogène. Tous les atomes de la structure sont situés dans un même plan.

Les six orbitales $2p$ partiellement occupées forment, en se combinant, six orbitales moléculaires π. La **figure 7.29** indique que trois de ces orbitales sont liantes et que les trois autres sont antiliantes. Les six électrons $2p$ se trouvent tous dans les orbitales moléculaires liantes et forment au total trois liaisons π : $[(6-0)/2] = 3$. La molécule de benzène comprend en outre six liaisons σ carbone-carbone. Le nombre total de liaisons unissant les six atomes de carbone est de neuf, et l'ordre moyen de liaison est égal à $9/6 = 1,5$ dans le cas des liaisons carbone-carbone. Si on établit une « moyenne » des deux structures de Kekulé, on constate que chaque liaison carbone-carbone est un intermédiaire entre une liaison simple et une liaison double, et que l'ordre de liaison est de 1,5. Le modèle de la molécule de benzène présenté dans la **figure 7.30**, qui a été créé par ordinateur, met en évidence les électrons délocalisés des orbitales moléculaires π.

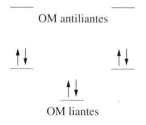

OM antiliantes

OM liantes

▲ Figure 7.29
Diagramme des orbitales moléculaires π du benzène, C_6H_6

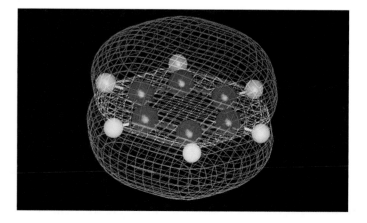

▲ Figure 7.30   **Représentation des liaisons du benzène, C_6H_6**

EXEMPLE SYNTHÈSE

L'isocyanate de méthyle (ICM) est utilisé dans les usines de fabrication de pesticides et de polymères. C'est un composé contenant du C, du H, du O et du N et il possède une masse moléculaire de 57,05 u. De plus, il contient 5,29 % en masse d'hydrogène. L'azote dans un échantillon de 0,7500 g du composé est converti en $NH_3(g)$, que l'on neutralise en le faisant passer dans 50,00 mL d'une solution aqueuse de H_2SO_4 à 0,2800 mol/L. Après avoir réagi avec $NH_3(g)$, l'excès de $H_2SO_4(aq)$ nécessite 39,49 mL de NaOH(aq) à 0,4070 mol/L pour une neutralisation complète. Déterminez l'hybridation des atomes centraux dans l'isocyanate de méthyle. (*Indice* : Il y a réaction de neutralisation lorsqu'on met en présence un acide (H_2SO_4) et une base (NH_3 ou NaOH) ; les produits obtenus sont un sel et de l'eau.)

→ Stratégie

Pour résoudre ce problème, il faut franchir les quatre étapes suivantes :

1. Déterminer la formule moléculaire de l'isocyanate de méthyle à partir des données de l'analyse.

2. Écrire la structure de Lewis la plus plausible de la molécule.

3. Proposer un type d'hybridation qui correspond à la structure de Lewis.

4. Faire une vérification basée sur les angles de liaison en appliquant la méthode RPEV.

→ Solution

Nous trouvons le nombre de moles de H dans 1 mol de ICM à l'aide de la masse molaire et du pourcentage de H.

$$\frac{? \text{ mol H}}{1 \text{ mol MIC}} = \frac{5,29 \text{ g H}}{100 \text{ g ICM}} \times \frac{57,05 \text{ g ICM}}{1 \text{ mol ICM}} \times \frac{1 \text{ mol H}}{1,007 94 \text{ g H}}$$

$$= \frac{2,994 \text{ mol H}}{1 \text{ mol ICM}} \approx \frac{3 \text{ mol H}}{1 \text{ mol ICM}}$$

Il faut trouver le nombre de moles de N par mole de ICM, ce qui pourra se faire seulement après avoir utilisé les données relatives à la neutralisation pour déterminer la quantité de N présente. La première étape consiste à déterminer la quantité de H_2SO_4 dans 50,00 mL : nous obtenons cette valeur en multipliant la concentration molaire volumique par le volume de $H_2SO_4(aq)$.

$$? \text{ mol } H_2SO_4(\text{total}) = 50,00 \text{ mL } H_2SO_4 \times \frac{0,2800 \text{ mol } H_2SO_4}{1000 \text{ mL } H_2SO_4}$$

$$= 0,014 00 \text{ mol } H_2SO_4$$

Il faut ensuite calculer la quantité de H_2SO_4 qui reste après la neutralisation du $NH_3(g)$.

$$\begin{array}{l} ? \text{ mol } H_2SO_4 \text{ (ayant réagi} \\ \text{avec NaOH)} \end{array} = 36,49 \text{ mL NaOH(aq)} \times \frac{0,4070 \text{ mol NaOH}}{1000 \text{ mL NaOH}} \times \frac{1 \text{ mol } H_2SO_4}{2 \text{ mol NaOH}}$$

$$= 0,007 426 \text{ mol } H_2SO_4$$

La quantité de H_2SO_4 qui a réagi avec le $NH_3(g)$ est la différence entre la quantité de H_2SO_4 dans 50,00 mL et la quantité neutralisée par NaOH(aq).

$$0,014 00 \text{ mol } H_2SO_4 - 0,007 426 \text{ mol } H_2SO_4 = 0,006 574 \text{ mol } H_2SO_4 \text{ ayant réagi avec } NH_3$$

Ensuite, avec les facteurs de conversion appropriés, nous calculons le nombre de moles de N dans 1 mol de ICM.

$$\frac{0,006 574 \text{ mol } H_2SO_4}{0,7500 \text{ g ICM}} \times \frac{2 \text{ mol } NH_3}{1 \text{ mol } H_2SO_4} \times \frac{1 \text{ mol N}}{1 \text{ mol } NH_3} \times \frac{57,05 \text{ g ICM}}{1 \text{ mol ICM}} = \frac{1,000 \text{ mol N}}{1 \text{ mol ICM}}$$

À ce stade, nous avons établi que 1 mol de ICM contient 3 mol de H et 1 mol de N. Le reste de la masse, dû à O et à C, est obtenu par soustraction.

$$57,05 \text{ g ICM} - 14,0067 \text{ g N} - 3(1,007 94 \text{ g H}) = 40,02 \text{ g (masse de O et C)}$$

La seule combinaison de carbone et d'oxygène qui peut donner 40 g/mol est 2 mol de C et 1 mol de O. Nous obtenons la formule moléculaire.

$$C_2H_3NO$$

Comme l'indique son nom, le composé qui nous intéresse comprend un groupement méthyle, CH_3. Le reste de l'isocyanate contient un atome de N, de C et de O. À partir de cette information, nous écrivons une structure de Lewis plausible. Puis, nous proposons un schéma d'hybridation pour l'azote et chaque atome de carbone, et nous déterminons les angles de liaison à partir des géométries des groupes d'atomes.

➔ Évaluation

Si vous avez bien utilisé les données de l'analyse, en particulier celles de la neutralisation, les risques que vous obteniez une fausse formule moléculaire sont faibles. Veillez en outre à ne pas choisir une structure de Lewis qui soit plus ou moins plausible, comme les structures illustrées ci-dessous : les angles de liaison y sont incorrects et il y a présence de charges formelles différentes de zéro. Dans la solution, nous avons utilisé une structure dont les charges formelles sont égales à 0 (ce qui correspond aux résultats expérimentaux).

Résumé

La **géométrie moléculaire** nous permet de nous représenter les molécules en trois dimensions. Elle montre l'arrangement des atomes dans l'espace au moyen de segments de droites reliant les noyaux. Les électrons liants et les doublets libres d'électrons influent sur la géométrie moléculaire.

7.1 La méthode de répulsion des paires d'électrons de valence (RPEV)

La méthode **RPEV** sert à prédire la forme des molécules et des ions polyatomiques à l'aide des forces mutuelles de répulsion entre les **groupes d'électrons** de la couche de valence. Elle consiste à déterminer d'abord le nombre de groupes d'électrons de valence que comprend chaque atome central, puis la géométrie de ces groupes. Si tous les groupes d'électrons sont liants, la géométrie moléculaire

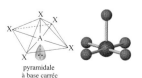

pyramidale à base carrée

est identique à la géométrie de répulsion. Si certains des groupes d'électrons sont des doublets libres, il existe une relation entre la géométrie moléculaire et la **géométrie de répulsion**, mais celles-ci ne sont pas identiques.

7.2 Les molécules polaires et le moment dipolaire

Dans une liaison covalente polaire, les électrons de la liaison ne sont pas centrés par rapport aux noyaux. Il en résulte un dipôle de liaison, formé d'une charge partielle positive (δ^+) et d'une charge partielle négative (δ^-). Les dipôles de liaison et la géométrie moléculaire déterminent si une molécule est polaire dans son ensemble, c'est-à-dire si elle présente un dipôle moléculaire auquel est associé un **moment dipolaire** (μ). Une **molécule polaire** possède un moment dipolaire différent de zéro. Lorsque des dipôles de liaison identiques ont

$\mu = 0{,}24\ D$

$\mu = 1{,}47\ D$

une disposition symétrique par rapport à un atome central, il peut y avoir annulation de tous les dipôles de liaison, ce qui donne une molécule non polaire.

7.3 **Le recouvrement des orbitales atomiques** Selon la **théorie de la liaison de valence**, une liaison covalente résulte du recouvrement des orbitales atomiques des atomes liés, dans la région située entre les noyaux des atomes. La géométrie moléculaire est déterminée par l'orientation spatiale des orbitales atomiques qui prennent part aux liaisons.

7.4 **L'hybridation des orbitales atomiques** Il est souvent nécessaire de faire appel à l'hybridation des orbitales atomiques. Une **orbitale hybride** résulte d'une combinaison quelconque d'**orbitales** s, p ou d, comme sp, sp^2, sp^3, sp^3d et sp^3d^2. Selon la théorie de la liaison de valence, la géométrie des orbitales hybrides est identique à la géométrie de répulsion prédite par la méthode RPEV.

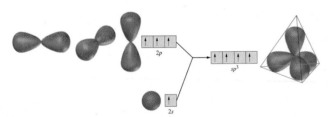

7.5 **Les orbitales hybrides et les liaisons covalentes multiples** Dans l'application de la théorie de la liaison de valence à des structures comportant des liaisons multiples, le modèle d'hybridation doit comprendre des orbitales non hybrides, comme dans l'ensemble $sp^2 + p$. Le recouvrement axial des orbitales hybrides donne des **liaisons** σ. Le recouvrement latéral des orbitales p non hybrides donne des **liaisons** π. Une liaison double est constituée d'une liaison σ et d'une liaison π, et une liaison triple est formée d'une liaison σ et de deux liaisons π. Puisqu'il n'y a pas de rotation autour d'une liaison double, certains composés peuvent présenter plusieurs configurations ou **isomères géométriques**. Les isomères *cis* ont les groupements substituants localisés du même côté de la liaison double ; les isomères *trans* ont les

groupements substituants localisés de part et d'autre de la double liaison.

$$\underset{cis\text{-but-2-ène}}{\overset{\text{CH}_3 \quad \text{CH}_3}{\underset{\text{H} \qquad \text{H}}{\text{C}=\text{C}}}} \qquad \underset{trans\text{-but-2-ène}}{\overset{\text{CH}_3 \quad \text{H}}{\underset{\text{H} \qquad \text{CH}_3}{\text{C}=\text{C}}}}$$

7.6 **Les caractéristiques des orbitales moléculaires** Selon la **théorie des orbitales moléculaires**, des orbitales atomiques isolées se combinent de manière à former des **orbitales moléculaires**. Une paire d'orbitales moléculaires est créée pour chaque paire d'orbitales atomiques qui se combinent : une **orbitale moléculaire** est **liante**, tandis que l'autre est **antiliante**. L'**ordre de liaison** est égal à la moitié de la différence entre le nombre d'électrons que comptent les orbitales moléculaires liantes et le nombre d'électrons existant dans les orbitales moléculaires antiliantes. Pour placer les électrons de valence dans les orbitales moléculaires, on applique le principe de l'*aufbau*, qui est similaire au principe utilisé pour déterminer la configuration électronique d'un atome. On représente les liaisons par des cases quantiques moléculaires.

7.7 **Les molécules diatomiques homonucléaires des éléments de la deuxième période** On peut prédire les propriétés magnétiques et la stabilité des molécules à l'aide de diagrammes des orbitales moléculaires. Les diagrammes des molécules comprises entre Li_2 et Ne_2 (certaines de ces entités étant hypothétiques) sont représentés.

7.8 **Les liaisons du benzène** La molécule de benzène est représentée par deux structures de Kekulé, qui sont les structures limites d'un hybride de résonance. On peut également donner une représentation symbolique de celui-ci. L'explication la plus simple des liaisons du benzène repose sur une combinaison de la théorie de valence appliquée à la structure des liaisons σ et de la théorie des orbitales moléculaires appliquée aux liaisons π.

Mots clés

Vous trouverez également la définition des mots clés dans le glossaire à la fin du livre.

Problèmes par sections

La méthode de répulsion des paires d'électrons de valence (RPEV)

1. Selon vous, quelle devrait être la valeur approximative des angles de liaison des molécules triatomiques pour lesquelles la géométrie de répulsion associée à l'atome central est la suivante ?

   a) Une droite

   b) Une géométrie triangulaire plane

   c) Un tétraèdre

2. Expliquez pourquoi la valeur théorique de l'angle de liaison de H_2S est de 90° selon la théorie de la liaison de valence, tandis qu'elle est de 109,5° selon la méthode RPEV.

3. Laquelle des molécules suivantes possède un angle de liaison légèrement plus petit que 90° ?

   a) PH_3 b) ClF_3 c) OCl_2 d) HCOOH

4. Dans la méthode RPEV, quelle est la notation de l'atome central de chacune des entités suivantes ?

   a) H_2O b) OCl^- c) I_3^-

5. Dans la méthode RPEV, quelle est la notation de l'atome central de chacune des entités suivantes ?

   a) NI_3 b) PCl_4^+ c) H_2CO

6. Selon vous, lesquelles des entités mentionnées ci-dessous existent probablement ? Expliquez pourquoi l'existence de certaines entités semble improbable.

   a) Une molécule H_2O linéaire

   b) Une molécule SO_3 plane

   c) Une molécule PH_3 plane

7. Selon vous, lesquelles des entités mentionnées ci-dessous existent probablement ? Expliquez pourquoi l'existence de certaines entités semble improbable.

   a) Une molécule $GeCl_4$ tétraédrique

   b) Une molécule NCl_5 bipyramidale à base triangulaire

   c) Une molécule HCN angulaire

8. Expliquez pourquoi la molécule BF_3 est triangulaire plane, tandis que la molécule ClF_3, dont la formule est semblable, est en forme de T.

9. Expliquez pourquoi l'ion ICl_4^- est plan carré, tandis que l'ion BF_4^-, dont la formule est semblable, est tétraédrique.

10. Quelle est la géométrie moléculaire théorique de chacune des entités suivantes ?

    a) PCl_3 c) XeF_4 e) SF_5^-

    b) ClO_4^- d) OCN^-

11. Quelle est la géométrie moléculaire théorique de chacune des entités suivantes ?

    a) PH_4^+ c) Cl_2CO e) ICl_4^-

    b) NI_3 d) NSF

12. Décrivez la forme de chacune des molécules suivantes :

    a) H_2O_2 b) C_3O_2 c) OSF_4 d) N_2O

13. Décrivez la forme de chacune des molécules suivantes :

    a) $HClO_3$ b) N_2O_4 c) CH_3CN d) SO_2Cl_2

14. Selon vous, dans laquelle des molécules CH_4 et $COCl_2$ la valeur réelle des angles de liaison est-elle la plus proche de la valeur prédite à l'aide de la méthode RPEV ? Expliquez votre réponse.

15. Selon vous, dans laquelle des molécules BF_3 et SF_4 la valeur réelle des angles de liaison est-elle la plus proche de la valeur prédite à l'aide de la méthode RPEV ? Expliquez votre réponse.

16. À l'aide de la méthode RPEV, expliquez les angles de liaison dans NO_2^+ (180°) et NO_2^- (115°).

Les molécules polaires et le moment dipolaire

17. Selon vous, lesquelles des molécules indiquées ci-dessous sont polaires ? Décrivez le raisonnement que vous avez appliqué.

    a) CS_2 b) NO_2 c) XeF_4 d) ClF_3

18. Selon vous, lesquelles des molécules indiquées ci-dessous sont polaires ? Décrivez le raisonnement que vous avez appliqué.

    a) C_2H_4 b) $COCl_2$ c) HCN   d) SF_6

19. Selon vous, laquelle des molécules H_2O et OF_2 possède le plus grand moment dipolaire ? Décrivez votre raisonnement.

20. Selon vous, laquelle des molécules NO et NO_2 a le plus grand moment dipolaire ? Décrivez votre raisonnement.

21. Donnez la formule développée et représentez, à l'aide de flèches barrées, les dipôles de liaison et tout dipôle moléculaire de :

    a) NF_3 b) SF_4

22. Donnez la formule développée et représentez, à l'aide de flèches barrées, les dipôles de liaison et tout dipôle moléculaire de :

    a) NH_3 b) $GeCl_4$

23. Expliquez pourquoi la molécule SO_2 est polaire, tandis que la molécule SO_3 ne l'est pas.

24. Laquelle des molécules suivantes est non polaire ?

    a) BCl_3 b) CH_2Cl_2 c) NH_3 d) FNO

7.3 Le recouvrement des orbitales atomiques

25. Décrivez les liaisons des molécules $Li_2(g)$ et $F_2(g)$ à l'aide de la théorie de la liaison de valence. Comment cette théorie explique-t-elle la différence des valeurs de l'énergie de liaison, soit 106 kJ/mol dans le cas de la liaison Li—Li, et 157 kJ/mol dans le cas de la liaison F—F?

26. L'angle des liaisons H—P—H de la molécule de phosphine, PH_3, est de 93,6°. Décrivez les liaisons de cette molécule à l'aide de la théorie de la liaison de valence.

7.4 et 7.5 L'hybridation des orbitales atomiques, les orbitales hybrides et les liaisons covalentes multiples

27. Pour chacune des entités indiquées ci-dessous, donnez l'hybridation théorique de l'atome central.

a) OF_2 **b)** NH_4^+ **c)** CO_2 **d)** $COCl_2$

28. Pour chacune des entités indiquées ci-dessous, donnez l'hybridation théorique de l'atome central.

a) BF_4^- **b)** SO_3 **c)** NO_2^- **d)** XeF_4

29. Pour chacune des molécules indiquées ci-dessous, donnez l'hybridation théorique des atomes centraux.

a) C_2N_2 **c)** NH_2OH

b) HNCO **d)** CH_3COOH

30. Pour chacune des molécules indiquées ci-dessous, donnez l'hybridation théorique des atomes centraux.

a) CH_3CN **c)** CH_3CCCH_3

b) CH_3NH_2 **d)** CH_3NCO

31. Donnez une structure de Lewis simple (ou des structures limites), la géométrie moléculaire et une structure des liaisons de chacune des entités suivantes, en prenant l'exemple 7.7 comme modèle.

a) $ClNO_2$ **b)** OF_2 **c)** CO_3^{2-}

32. Donnez une structure de Lewis simple (ou des structures limites), la géométrie moléculaire et une description des liaisons de chacune des entités suivantes, en prenant l'exemple 7.7 comme modèle.

a) HNO_3 **b)** AsF_6^- **c)** CH_3CCH

33. Dans chacun des ions ICl_2^+ et ICl_2^-, un atome d'iode est lié à deux atomes de chlore. D'après vous, existe-t-il une hybridation de l'atome central d'iode applicable aux deux ions? Expliquez votre réponse.

34. Dans la molécule OSF_4 et dans l'ion SF_5^-, un atome de soufre est lié à cinq autres atomes. D'après vous, existe-t-il une hybridation de l'atome central de soufre applicable aux deux entités? Expliquez votre réponse.

35. On représente la structure de l'ion oxalate, $C_2O_4^{2-}$, comme suit:

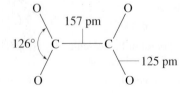

Donnez les hybridations et une description des liaisons qui soient compatibles avec cette structure. (*Indice:* Utilisez les données du tableau 6.1, page 286.)

36. La structure suivante représente l'acide azothydrique, HN_3.

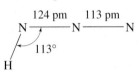

Donnez les hybridations et une description des liaisons qui soient compatibles avec cette structure. (*Indice:* Utilisez les données du tableau 6.1.)

37. Laquelle des entités suivantes suppose une hybridation théorique de l'atome central qui exige une contribution des orbitales d?

a) I_3^- **b)** PCl_3 **c)** NO_3^- **d)** CF_4

38. Quel est le nombre de liaisons σ et π dans la molécule de $HCONH_2$?

39. En vous inspirant de l'exemple 7.7, donnez les hybridations et une description des liaisons qui soient compatibles avec les modèles du type boules et bâtonnets illustrés ci-dessous (où blanc = H; rouge = O; bleu = N; noir = C).

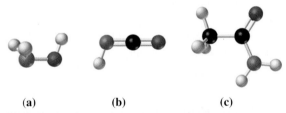

(a) (b) (c)

40. En vous inspirant de l'exemple 7.7, donnez les hybridations et une description des liaisons qui soient compatibles avec les modèles du type boules et bâtonnets illustrés ci-dessous (où blanc = H; rouge = O; bleu = N; noir = C; vert = Cl).

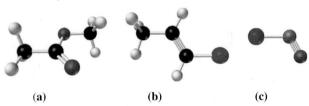

(a) (b) (c)

41. Lesquels des composés présentés ci-dessous existent sous la forme d'isomères *cis-trans*? Expliquez votre réponse.

a) $CH_3CH_2CH{=}CHCH_2CH_3$

b) $CH_2{=}CHCH_2CH_2CH_3$

c) $CH_3CH_2CH{=}CHCH_3$

42. Lesquels des composés suivants existent sous la forme d'isomères *cis-trans*? Expliquez votre réponse.

a) CH₃C=CHCH₂CH₃
　　　|
　　　CH₃

b) CH₃CH=CHCH₂CH₂CH₃

c) CH₃CHCH=CHCH₃
　　　|
　　　CH₃

43. Les structures respectives du but-1-ène et de l'isobutène sont données à la page 342. Selon vous, l'une ou l'autre de ces substances existe-t-elle sous la forme d'isomères *cis-trans*? Expliquez votre réponse. Si on remplace par un atome de chlore un atome d'hydrogène lié au premier atome de carbone de l'un et de l'autre composé, les substances obtenues existent-elles sous la forme d'isomères *cis-trans*? Expliquez votre réponse.

44. Disposez les molécules suivantes selon l'ordre croissant probable des moments dipolaires. Expliquez votre classement.

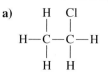

a)
```
    H   Cl
    |   |
H—C—C—H
    |   |
    H   H
```
chloroéthane

b)
CH₃ ╲ 　 ╱ CH₃
　　　C=C
　H ╱ 　 ╲ H
cis-but-2-ène

c)
Cl ╲ 　 ╱ Cl
　　C=C
H ╱ 　 ╲ H
cis-1,2-dichloroéthylène

d)
H ╲ 　 ╱ Br
　　C=C
Br ╱ 　 ╲ H
trans-1,2-dibromoéthylène

45. Quel modèle d'hybridation de la théorie de la liaison de valence explique les cas où la géométrie de répulsion est une structure triangulaire plane? un octaèdre?

46. Pourquoi la théorie de la liaison de valence rend-elle compte des liaisons σ et π, alors que les structures de Lewis ne les expliquent pas?

 7.6 et **7.7** **Les caractéristiques des orbitales moléculaires et les molécules diatomiques homonucléaires des éléments de la deuxième période**

47. Selon vous, dans lequel des ions F₂⁺ et F₂⁻ l'énergie de la liaison fluor-fluor est-elle la plus grande?

48. Nous avons souligné qu'il est peu probable que la molécule Be₂ existe à l'état stable. Selon vous, les ions Be₂⁺ et Be₂⁻ sont-ils plus stables? Expliquez votre réponse.

49. Comparez les valeurs de l'ordre de la liaison carbone-carbone de la molécule diatomique C₂, déterminées à l'aide d'une structure de Lewis et des cases quantiques moléculaires. Pourquoi obtient-on deux valeurs distinctes?

50. Montrez que, contrairement au cas étudié dans le problème 49, on obtient une même valeur de l'ordre de liaison de l'ion carbure, C₂²⁻, qu'on utilise une structure de Lewis ou des cases quantiques moléculaires.

51. On suppose que les diagrammes des orbitales moléculaires de la figure 7.27 s'appliquent aux ions CN⁺ et CN⁻.

a) Dans lequel des deux ions la liaison carbone-azote est-elle la plus forte? Expliquez votre réponse.

b) L'un ou l'autre des deux ions est-il paramagnétique? Expliquez votre réponse.

52. On suppose que les diagrammes des orbitales moléculaires de la figure 7.27 s'appliquent aux molécules diatomiques BN et CN.

a) Dans laquelle des deux molécules la liaison entre les atomes est-elle la plus forte? Expliquez votre réponse.

b) L'une ou l'autre des deux molécules est-elle paramagnétique? Expliquez votre réponse.

53. Les deux ions suivants de O₂ sont présents fréquemment dans les oxydes des métaux du groupe IA: l'ion peroxyde, O₂²⁻, et l'ion superoxyde, O₂⁻. À l'aide de la théorie des orbitales moléculaires, comparez ces ions du point de vue de l'ordre de liaison et des propriétés magnétiques.

54. Quelle est la définition de l'*ordre de liaison* dans la théorie des orbitales moléculaires? Dans quelles conditions l'ordre de liaison est-il égal à 1/2? à 3/2?

55. Laquelle des entités suivantes possède un ordre de liaison de 1?

a) H₂⁺　　**b)** Li₂　　**c)** He₂　　**d)** H₂⁻

 7.8 **Les liaisons du benzène**

56. Expliquez de quelle façon la théorie des orbitales moléculaires permet de décrire une structure du benzène sans l'aide de structures limites ni d'un hybride de résonance.

Problèmes complémentaires ★ Problème défi 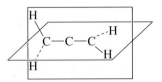 Problème synthèse

57. Dites si l'énoncé suivant est valable : « Le moment dipolaire d'une molécule est d'autant plus grand que la différence des électronégativités des atomes constitutifs est grande. » Expliquez votre réponse.

58. Dans l'exemple 7.2, nous avons examiné trois structures possibles de la molécule XeF_2, puis nous avons déterminé celle qui est exacte. Pourquoi la structure réelle n'est-elle pas simplement un hybride de résonance des trois structures ?

59. La molécule NO_2F décrite dans l'exemple 7.5 est symétrique et ses angles de liaison mesurent environ 120°. Pourquoi son moment dipolaire n'est-il pas nul ?

60. Selon la méthode RPEV, quelle est la forme de l'ion BrF_4^+ ?

61. Selon la méthode RPEV, quelle est la forme de l'ion XeF_5^+ ?

62. Donnez une structure de Lewis de la molécule N_2, puis l'hybridation qui est compatible avec cette structure. Est-il possible de décrire les liaisons de N_2 à l'aide d'orbitales atomiques pures (non hybrides) ? Expliquez votre réponse.

63. Le pentachlorure de phosphore est un composé moléculaire en phase gazeuse mais, en phase solide, c'est un composé ionique formé des ions $[PCl_4]^+$ et $[PCl_6]^-$. Donnez des hybridations et montrez la formation des liaisons à partir de celles-ci pour les formes moléculaire et ionique du pentachlorure de phosphore.

64. L'azote et le phosphore sont tous deux des éléments du groupe VB du tableau périodique. Il semble qu'un atome de phosphore forme des liaisons covalentes par hybridation sp^3d. En est-il de même pour un atome d'azote ? Expliquez votre réponse.

65. On utilise l'isocyanate de méthyle, CH_3NCO, pour la fabrication de pesticides.

a) Déterminez une structure de Lewis de cette molécule qui soit plausible.

b) Donnez l'hybridation des atomes centraux de la structure.

c) Donnez la valeur théorique approximative des angles de liaison de la molécule.

d) Tracez la forme approximative de la molécule.

66. On utilise le dicyanodiamide, $NCNC(NH_2)_2$, pour la fabrication d'une matière plastique à base de mélamine.

a) Déterminez une structure de Lewis de cette molécule qui soit plausible.

b) Donnez l'hybridation des atomes centraux de la structure.

c) Donnez la valeur théorique approximative des angles de liaison de la molécule.

d) Tracez la forme approximative de la molécule.

67. Le dioxyde de tricarbone, C_3O_2, est un gaz nauséabond. La longueur des liaisons C—O de la molécule est de 116 pm et la longueur des liaisons C—C est de 128 pm. Donnez une structure de Lewis possible, l'hybridation et une description des liaisons, ainsi que la forme géométrique probable de la molécule. (*Indice :* Utilisez les données du tableau 6.1, page 286.)

68. La géométrie moléculaire suivante est celle de l'allène, CH_2CCH_2. Donnez l'hybridation des atomes de carbone de cette molécule.

69. La structure squelettique de la molécule de tétrafluorure de disoufre est F_3SSF. La valeur de l'angle de deux des liaisons F—S—F est de 90°, et celle de l'autre angle de liaison est de 180°. Donnez une structure de Lewis de la molécule et l'hybridation des atomes de soufre qui soient compatibles avec la structure. Enfin, tracez la forme approximative de la molécule.

70. Quelle est l'hybridation théorique de l'atome d'azote dans chacune des molécules suivantes : NO_2, $NOCl$ et NH_2OH ?

71. Expliquez pourquoi, dans H—X—H (où X = C, N ou O), l'angle de liaison va en diminuant selon qu'on se trouve en présence de méthane (CH_4), d'ammoniac (NH_3) ou d'eau, dans cet ordre.

72. Laquelle des molécules suivantes peut former des isomères géométriques ?

a) CH2O

b) C2H2

c) C2H2ClF (où il y a un atome de H sur chaque atome de C)

d) C2H2ClF (où les deux atomes de H sont sur le même atome de C)

73. Déterminez chaque angle de liaison de la molécule d'octan-1-ol, $CH_3(CH_2)_6CH_2OH$.

74. Les molécules NF_3 et PCl_3 sont toutes deux pyramidales à base triangulaire, et nous pouvons affirmer que leurs angles de liaison sont identiques. Les molécules de H_2O et SO_2 sont toutes deux angulaires, mais nous ne pouvons rien conclure de leurs angles de liaison comme dans le cas des deux premières molécules. Pourquoi en est-il ainsi ?

75. Disposez les molécules suivantes dans l'ordre croissant de leur moment dipolaire : bromométhane (CH_3Br), chlorométhane (CH_3Cl), fluorométhane (CH_3F), méthane (CH_4), tétrafluorométhane (CF_4). Expliquez votre classement et indiquez quelles molécules ont un moment dipolaire nul.

76. Disposez les molécules suivantes dans l'ordre croissant attendu de leur moment dipolaire, et expliquez votre réponse : éthane (CH_3—CH_3), fluorométhane (CH_3F), méthanol (CH_3OH) et méthylamine (CH_3NH_2).

77. Utilisez les définitions du moment dipolaire (page 323) et de l'unité debye (page 324) pour estimer le moment dipolaire résultant hypothétiquement d'une molécule de HCl si les charges δ^+ et δ^- sont égales à la charge de l'électron. Le moment dipolaire obtenu expérimentalement pour HCl est $\mu = 1{,}07$ D. Quel est le pourcentage du caractère ionique de la liaison H—Cl ? (*Indice :* Quelle est la longueur de la liaison dans HCl ?)

78. Les moments dipolaires résultants ont été mesurés pour : HF, $\mu = 1,82$ D ; *cis*-N_2F_2, $\mu = 0,160$ D ; *trans*-N_2F_2, $\mu = 0$. Expliquez ces valeurs à l'aide des structures moléculaires de ces trois molécules.

79. La littérature scientifique mentionne que le moment dipolaire résultant de la molécule de H_2O est de 1,84 D et que l'angle de liaison H—O—H est de 104,5°.

   a) À l'aide de la géométrie, montrez que le dipôle de la liaison O—H est de 1,50 D.

   b) Utilisez la même méthode que dans la question *a* pour estimer l'angle de liaison dans H_2S, si le moment dipolaire résultant est de 0,93 D et le dipôle de la liaison H—S de 0,67 D.

80. En 1999, on a fait la synthèse d'un sel contenant le cation N_5^+. Quelle est la géométrie moléculaire probable de cet ion : linéaire, angulaire, en zigzag, tétraédrique, à bascule ou plane carrée ?

81. On obtient le chlorobenzène (C_6H_5Cl) en remplaçant un atome d'hydrogène du benzène par un atome de chlore. Donnez les deux structures de Kekulé du chlorobenzène, puis une structure unique représentant l'hybride de résonance des deux structures de Kekulé.

82. Quelle est l'hybridation théorique de l'atome de Xe dans XeF_2 ?

   a) sp **b)** sp^3 **c)** sp^3d **d)** sp^3d^2

Les **états** de la **matière** et les **forces intermoléculaires**

L'eau existe sous trois phases, qui sont illustrées dans cette photo de Paradise Bay, en Antarctique. La vapeur d'eau est invisible mais, lorsqu'elle forme des gouttelettes en se liquéfiant, l'eau devient visible sous la forme de nuages. L'eau liquide de la baie et l'eau solide dans la neige et la glace des montagnes et du glacier représentent les deux états condensés qui font l'objet du présent chapitre.

Nous avons vu au chapitre 3 qu'il est possible de décrire plusieurs gaz au moyen d'une seule équation générale, appelée *équation des gaz parfaits*. C'est que, dans le cas des gaz, les forces intermoléculaires, ou forces qui retiennent les molécules ensemble, sont souvent négligeables. Par contre, dans le cas des liquides et des solides, les forces intermoléculaires sont extrêmement importantes. De plus, comme la nature et l'intensité de ces forces varient d'une substance à l'autre, il est impossible de décrire les liquides et les solides au moyen d'équations générales. Le point de vue adopté dans le présent chapitre n'est donc pas quantitatif ; notre objectif est de comprendre des phénomènes naturels sur le plan *qualitatif*. Ainsi, nous tenterons de répondre à plusieurs questions, dont les suivantes :

- Pourquoi la glace flotte-t-elle sur l'eau liquide ?

- Pourquoi la glace sèche (CO_2 solide) ne fond-elle pas à température et à pression normales ?

- Pourquoi faut-il plus de temps pour faire cuire un œuf à la coque au sommet d'une montagne qu'au bord de la mer ?

- Pourquoi le diamant, qui est l'une des formes du carbone, est-il tellement dur qu'il égratigne le verre, alors que le graphite, une autre forme du carbone, est assez mou pour qu'on en fasse la mine d'un crayon ?

8.1 Aperçu du chapitre

Les mots latins intra *et* inter *signifient respectivement « à l'intérieur de » et « entre », comme dans les termes* intraveineuse *et* interurbain.

Dans les deux derniers chapitres, nous avons étudié les forces qui lient les atomes les uns aux autres *au sein* des molécules. Nous les avons désignées sous le nom de *liaisons chimiques*, mais nous aurions également pu les appeler *forces intramoléculaires*. Les forces de ce type déterminent certaines propriétés moléculaires, comme la géométrie moléculaire et le moment dipolaire. Les forces que les molécules exercent les unes sur les autres, ou *forces intermoléculaires*, déterminent les propriétés *physiques* macroscopiques des liquides et des solides. En fait, s'il n'existait pas de force d'attraction intermoléculaire, les liquides et les solides n'existeraient pas non plus : toute chose serait à l'état gazeux. Nous verrons qu'il y a une relation entre les forces intermoléculaires et la nature des liaisons chimiques existant dans les substances. La **figure 8.1** présente une comparaison entre les forces *inter*moléculaires et *intra*moléculaires.

Dans le présent ouvrage, il est fréquemment question de substances présentes sous l'une ou l'autre des trois phases physiques appelées **états de la matière**, soit les états solide, liquide et gazeux. Voici des caractéristiques de chaque état, observables à l'échelle macroscopique.

- Un gaz se dilate jusqu'à ce qu'il occupe tout le volume du récipient qui le contient ; il n'a ni volume ni forme fixes ; il est facilement compressible.

- Un liquide a un volume fixe ; il s'écoule jusqu'à ce qu'il couvre le fond du récipient qui le contient, et prend la forme de celui-ci ; il est peu compressible.

- Un solide a un volume fixe et une forme bien définie ; il est plus difficile à comprimer qu'un liquide.

L'étude du comportement des particules à l'échelle microscopique permet de mieux expliquer ces observations.

- Dans un gaz, on observe des atomes ou des molécules qui se déplacent à grande vitesse et qui sont très espacés ; ces particules entrent fréquemment en collision, mais elles ne s'immobilisent ni ne s'agglomèrent jamais.

- Dans un liquide, les atomes ou les molécules sont serrés les uns contre les autres, et les forces intermoléculaires sont suffisamment grandes pour maintenir ces particules à l'intérieur d'un volume fixe, mais non pour leur donner une forme bien définie.

- Dans un solide, les particules constitutives (atomes, ions ou molécules) sont directement en contact les unes avec les autres ; les forces intermoléculaires les maintiennent à l'intérieur d'un volume fixe et leur donnent une forme bien définie.

État de la matière

L'une ou l'autre des trois phases physiques dans lesquelles peut se trouver un échantillon de matière : les phases solide, liquide et gazeuse.

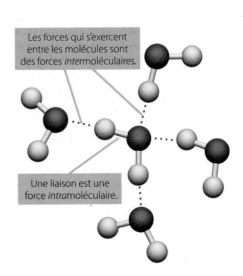

Les forces qui s'exercent entre les molécules sont des forces *inter*moléculaires.

Une liaison est une force *intra*moléculaire.

▶ **Figure 8.1**
Comparaison entre les forces *inter*moléculaires et *intra*moléculaires

Dans le schéma, les forces *intra*moléculaires, ou liaisons chimiques, sont représentées par les bâtonnets gris. Les forces entre les molécules, ou forces *inter*moléculaires, sont représentées par les pointillés rouges.

La représentation microscopique de la **figure 8.2** indique que les atomes, les ions et les molécules sont en mouvement, peu importe l'état de la matière. Dans les gaz et les liquides, une des composantes du mouvement est la translation ; les particules constitutives se déplacent d'un point à un autre dans l'espace. Dans les solides, le mouvement est essentiellement vibratoire ; les unités constitutives oscillent autour de points fixes.

Dans le présent chapitre, nous commencerons par décrire le passage d'un état de la matière à un autre. Nous examinerons ensuite les divers types de forces intermoléculaires responsables des propriétés physiques des substances. Enfin, nous étudierons sommairement la structure des solides.

Gaz

Les changements de phase

Lorsque la glace fond, l'eau subit un changement d'état : de solide, elle devient liquide ; lorsqu'un morceau de glace sèche se sublime, le dioxyde de carbone solide se transforme en gaz. Les changements d'état de ce type sont des exemples d'une catégorie de changements physiques appelés **changements de phase**. Nous allons étudier six types principaux de changements de phase.

Liquide

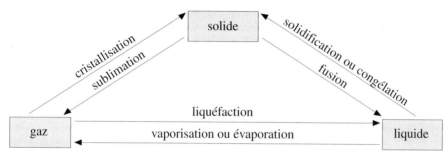

Nous décrirons d'abord chaque changement de phase, puis nous montrerons comment représenter plusieurs changements au moyen d'un graphique appelé *diagramme de phases*.

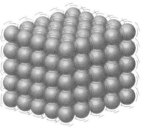

Solide

▲ **Figure 8.2**
Comparaison entre les états de la matière

À l'état gazeux, les molécules sont très espacées, leur mouvement est chaotique et le désordre est maximal. À l'état liquide, les molécules sont constamment animées d'un mouvement de translation, mais elles sont beaucoup plus rapprochées les unes des autres. À l'état solide, les particules constitutives ont un degré d'ordre très élevé, et leur mouvement est de nature vibratoire.

Changement de phase

> Changement physique d'un échantillon de matière qui consiste à passer d'un état à un autre : par exemple de l'état solide à l'état liquide ou de l'état liquide à l'état gazeux.

Vaporisation (ou évaporation)

> Transformation d'un liquide en gaz.

8.2 La vaporisation et la pression de vapeur

Si on renverse de l'eau sur un plancher recouvert de tuiles, on l'éponge du mieux que l'on peut avec une vadrouille, puis on étend ce qui reste en une mince couche, qui s'évapore petit à petit. On appelle évaporation, ou **vaporisation**, la transformation d'un liquide en gaz. Nous avons déjà souligné (page 116) que le terme *vapeur* désigne l'état gazeux dans le cas d'une substance qui existe le plus fréquemment à l'état liquide ou solide.

Voici comment on peut se représenter le processus de vaporisation à l'échelle moléculaire. Les molécules d'un liquide n'ont pas toutes la même vitesse ni la même énergie cinétique. L'énergie cinétique *moyenne* des molécules est déterminée par la température du liquide. Les molécules se trouvant à la surface de celui-ci et dont l'énergie cinétique dépasse suffisamment l'énergie moyenne échappent aux forces d'attraction intermoléculaires exercées par les molécules voisines, qui se touvent à la surface ou sous la surface du liquide : elles passent à l'état gazeux, ou se *vaporisent*.

Lorsqu'un nombre relativement grand de molécules énergétiques abandonnent la surface d'un liquide sous l'effet de la vaporisation, l'énergie cinétique moyenne des molécules restantes diminue : la température du liquide *baisse*. C'est ce qui explique la sensation de fraîcheur qu'on éprouve lorsqu'un liquide volatil (qui s'évapore facilement), tel l'alcool à friction (ou isopropanol), qu'on vient d'appliquer sur la peau s'évapore.

L'enthalpie (chaleur) de vaporisation

Pour que la température d'un liquide demeure *constante* durant le processus de vaporisation, le liquide doit absorber de la chaleur, de manière à remplacer l'énergie cinétique des molécules énergétiques qui passent à l'état gazeux. La vaporisation est donc un processus *endothermique*. On appelle **enthalpie (ou chaleur) de vaporisation (ΔH_{vap})** la quantité de chaleur que doit absorber une quantité donnée de liquide pour s'évaporer à une température constante. On exprime habituellement cette quantité en kilojoules par mole (kJ/mol), et on représente souvent le processus au moyen d'une équation comme la suivante, qui se rapporte à la vaporisation de l'eau à 298 K.

$$H_2O(l) \longrightarrow H_2O(g) \qquad \Delta H = 44,0 \text{ kJ/mol}$$

Pour préciser qu'une variation d'enthalpie se rapporte à un processus de vaporisation, on affecte le symbole ΔH de l'indice « vap ». Quelques valeurs de ΔH_{vap} sont données dans le **tableau 8.1**.

TABLEAU **8.1** Quelques valeurs d'enthalpie (ou chaleur) de vaporisation à 298 K[*]	
Liquide	ΔH_{vap} **(kJ/mol)**
Disulfure de carbone, CS_2	27,4
Tétrachlorure de carbone, CCl_4	37,0
Méthanol, CH_3OH	38,0
Octane, C_8H_{18}	41,5
Éthanol, CH_3CH_2OH	43,3
Eau, H_2O	44,0
Aniline, $C_6H_5NH_2$	52,3

[*] Les valeurs de ΔH_{vap} dépendent plus ou moins de la température.

La transformation d'un gaz en liquide, soit le processus inverse de la vaporisation, est appelée **liquéfaction**. Un exemple tiré de la vie courante est la liquéfaction, ou condensation, de l'eau sur le miroir d'une salle de bains où l'air est humide. Étant donné que l'enthalpie est une fonction d'état, si on vaporise une quantité donnée de liquide et qu'on transforme ensuite la vapeur en liquide en maintenant la température constante, la variation totale d'enthalpie est nécessairement *nulle*. Donc,

$$\Delta H_{vap} + \Delta H_{liq} = 0$$

$$\Delta H_{liq} = - \Delta H_{vap} \qquad \qquad \text{(8.1)}$$

$$H_2O(g) \longrightarrow H_2O(l) \qquad \Delta H = -44,0 \text{ kJ/mol (à 298 K)}$$

Contrairement à la vaporisation, qui est un processus *endothermique*, la liquéfaction est un processus *exothermique*.

Le fonctionnement de la majorité des systèmes de réfrigération et de climatisation repose sur un cycle répétitif de vaporisation et de liquéfaction. Un liquide volatil, le réfrigérant, s'évapore dans un milieu fermé. Une partie du milieu environnant — soit l'intérieur d'un réfrigérateur, une pièce ou la totalité d'un immeuble — se refroidit en fournissant la chaleur requise pour la vaporisation du réfrigérant. Lorsque le réfrigérant gazeux est comprimé et qu'il se transforme de nouveau en liquide, la chaleur de liquéfaction du réfrigérant est expulsée dans une autre partie du milieu environnant. Lorsqu'un réfrigérateur est en marche, son contenu est refroidi et la pièce où il se trouve se réchauffe. Dans le cas d'un système de climatisation, la chaleur de liquéfaction est expulsée à l'extérieur de l'immeuble.

EXEMPLE **8.1**

Quelle quantité de chaleur, en kilojoules, faut-il pour vaporiser 175 g de méthanol (CH_3OH) à 25 °C ?

➜ Stratégie

Le tableau 8.1 donne une valeur de ΔH_{vap} pour CH_3OH à 298 K, mais il s'agit de la valeur pour une *mole*. Il faut donc convertir le nombre de grammes de méthanol en nombre de moles. En multipliant le résultat par la valeur de ΔH_{vap}, nous obtenons la quantité de chaleur requise.

➜ Solution

$$? \text{ kJ} = 175 \text{ g de } CH_3OH \times \frac{1 \text{ mol de } CH_3OH}{32,04 \text{ g de } CH_3OH} \times \frac{38,0 \text{ kJ}}{1 \text{ mol de } CH_3OH} = 208 \text{ kJ}$$

➜ Évaluation

Puisque 175 g de CH_3OH représente un peu plus de 5 moles, nous nous attendons à un résultat qui soit légèrement inférieur à 5 fois la valeur de ΔH_{vap} donnée au tableau 8.1.

EXERCICE 8.1 A

La quantité de chaleur requise pour vaporiser un échantillon liquide de 1,50 g de benzène, C_6H_6, est de 652 J. Quelle est la valeur de ΔH_{vap}, en kilojoules par mole, pour le benzène ?

EXERCICE 8.1 B

Quelle quantité de chaleur, en kilojoules, faut-il pour amener la température de 0,750 L d'éthanol de 0 °C à 25 °C, puis pour vaporiser 10 % de l'échantillon ? La masse volumique (ρ) de l'éthanol est de 0,789 g/mL et sa chaleur massique, de 2,46 $J \cdot g^{-1} \cdot °C^{-1}$.

RÉSOLUTION DE PROBLÈMES
Pour résoudre l'exercice, il vous faudra appliquer des concepts étudiés dans le chapitre 1 (relation entre la masse et le volume) et le chapitre 3 (conversion de grammes en moles), de même que des données présentées dans le tableau 8.1. La chaleur massique correspond à l'énergie qu'on doit fournir à 1,0 g d'une substance pour élever sa température de 1,0 °C.

EXEMPLE **8.2**   Un exemple de calcul approximatif

Sans faire de calculs détaillés, déterminez, parmi les liquides dont il est question dans le tableau 8.1, dans quel cas la quantité de chaleur requise pour vaporiser *un kilogramme* est la plus *grande*.

➜ Analyse et conclusion

Le liquide pour lequel la quantité de chaleur requise, *par mole,* est la plus grande est celui pour lequel la valeur de ΔH_{vap} est la plus grande : c'est l'aniline, $C_6H_5NH_2$, dont la valeur de ΔH_{vap} est de 52,3 kJ/mol. Le liquide se classant au deuxième rang pour la valeur de ΔH_{vap} est l'eau, H_2O, pour laquelle $\Delta H_{vap} = 44,0$ kJ/mol. Cependant, comme on doit considérer la chaleur de vaporisation exprimée en fonction de la masse, il faut considérer les masses molaires des substances. La masse molaire de H_2O est d'environ 18 g/mol, et celle de $C_6H_5NH_2$ est approximativement de 93 g/mol. En comparant les masses molaires, nous nous rendons compte qu'il y a à peu près *cinq fois plus* de moles de H_2O que de moles de $C_6H_5NH_2$ dans des échantillons de même masse des deux substances. (Par exemple, un échantillon de $C_6H_5NH_2$ de 93 g contient 1 mol de $C_6H_5NH_2$, tandis qu'un échantillon de 93 g de H_2O contient (93/18) mol de H_2O, soit environ 5 mol.) Il faut donc une quantité de chaleur beaucoup plus grande pour vaporiser 1 kg de H_2O que pour vaporiser 1 kg de $C_6H_5NH_2$. Quant aux autres liquides dont il est question dans le tableau 8.1, ils ont tous une valeur de ΔH_{vap} inférieure à celle de H_2O et une masse molaire supérieure à celle de H_2O. C'est donc pour l'eau que la quantité de chaleur requise pour vaporiser 1 kg de substance est la plus grande.

EXERCICE 8.2A

Sans faire de calculs détaillés, déterminez, parmi les liquides dont il est question dans le tableau 8.1, dans quel cas la quantité de chaleur requise pour vaporiser *un kilogramme* de substance est la plus *petite*.

EXERCICE 8.2B

Les enthalpies de vaporisation varient avec la température. Par exemple, le ΔH_{vap} de l'eau est de 44,0 kJ/mol à 25,0 °C, et de 40,7 kJ/mol au point d'ébullition normal de l'eau à 100 °C. Combien de grammes d'eau peut-on chauffer de 0 °C à 100 °C avec la quantité de chaleur qui est nécessaire pour faire passer 1,0 mol d'eau à 100 °C de l'état liquide à l'état de vapeur ?

La pression de vapeur

Si on place un liquide dans un contenant *ouvert,* toutes les molécules du liquide finiront par passer à l'état gazeux, puis elles se disperseront dans l'atmosphère. Si le contenant est *fermé,* le volume du liquide ne diminue d'abord que légèrement, car une partie du liquide se transforme en gaz. Ensuite, la vaporisation semble s'arrêter, et le volume du liquide demeure constant. Il ne se passe apparemment plus rien. Pour savoir ce qui se produit vraiment, il faut examiner le liquide à l'échelle moléculaire (**figure 8.3**). Nous utiliserons, comme cela se fait couramment, le terme *vapeur* pour désigner un gaz en contact avec la phase liquide.

La figure 8.3*a* représente le début du processus de vaporisation d'un liquide. Dès que des molécules passent à l'état de vapeur, une partie des molécules gazeuses frappent la surface du liquide, s'y déposent et retournent à l'état liquide (figure 8.3*b*). La liquéfaction et la vaporisation ont lieu en même temps. On représente ces deux processus simultanés et inverses par des flèches orientées en sens opposés.

$$\text{liquide} \xrightleftharpoons[\text{liquéfaction}]{\text{vaporisation}} \text{vapeur} \qquad\qquad (8.2)$$

Au début, il y a beaucoup plus de molécules qui passent de l'état liquide à l'état de vapeur que l'inverse : le taux de vaporisation est plus grand que le taux de liquéfaction. Cependant, lorsque le nombre de molécules à l'état de vapeur augmente, le taux de liquéfaction augmente aussi. Les taux de liquéfaction et de vaporisation finissent par devenir égaux (figure 8.3*c*), et le nombre maximal de molécules qui peuvent passer à l'état de vapeur est alors atteint. Quand cela se produit, le nombre de molécules par unité de volume de vapeur demeure constant, et le liquide et la vapeur sont en *équilibre dynamique.*

On appelle **pression de vapeur** d'un liquide la pression partielle exercée par la vapeur quand elle est en équilibre dynamique avec le liquide, à une température constante. Il y a **équilibre dynamique** chaque fois que deux processus inverses se produisent exactement au même rythme. À l'échelle macroscopique, il ne semble se produire aucun changement à l'état d'équilibre. Cependant, il se passe en fait des choses à l'échelle moléculaire. C'est pourquoi on qualifie l'équilibre de *dynamique.* Dans le cas d'un équilibre liquide-vapeur, les molécules de liquide continuent de se vaporiser, et les molécules de vapeur continuent de se liquéfier, comme l'indique la figure 8.3*c*.

À une température donnée, le temps requis pour atteindre l'équilibre liquide-vapeur dépend de plusieurs facteurs. Ainsi, l'équilibre est atteint d'autant plus rapidement que le volume de vapeur est faible et que la surface du liquide est grande. Par contre, la pression de vapeur à l'état d'équilibre dépend seulement de la nature du liquide et de la température.

Pression de vapeur

Propriété d'un liquide indiquant la pression partielle exercée par la vapeur en équilibre dynamique avec le liquide, à une température constante.

Équilibre dynamique

État d'équilibre entre deux processus inverses qui ont lieu exactement à un même rythme, de sorte qu'il ne se produit aucun changement global à l'échelle macroscopique.

↑ Molécules passant à l'état de vapeur   ↓ Molécules passant à l'état liquide

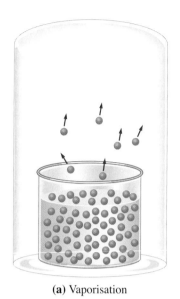

(a) Vaporisation

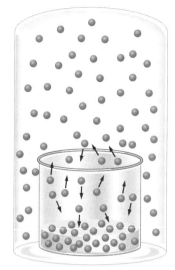

(b) Taux de vaporisation > Taux de liquéfaction

(b) Taux de vaporisation = Taux de liquéfaction

▲ Figure 8.3   **Équilibre liquide-vapeur et pression de vapeur**

(a) La vaporisation du liquide débute. **(b)** La liquéfaction commence dès que les premières molécules de vapeur se forment ; à cette étape, le taux de liquéfaction est toujours inférieur au taux de vaporisation. **(c)** Les taux de vaporisation et de liquéfaction sont identiques. La pression partielle exercée par les molécules de vapeur sur les parois du contenant, c'est-à-dire la pression de vapeur du liquide, demeure constante.

Selon la figure 8.3, que se passe-t-il lorsque la température augmente ? Quand l'énergie cinétique moyenne des molécules de liquide croît, un plus grand nombre de molécules ont une énergie cinétique assez grande pour quitter l'état liquide : le taux de vaporisation augmente. À l'état d'équilibre, les taux de vaporisation et de liquéfaction sont de nouveaux égaux, mais la pression exercée par la vapeur est plus élevée lorsque la température est plus élevée. *La pression de vapeur d'un liquide augmente avec la température.*

La pression de vapeur de l'eau à différentes températures est indiquée dans le **tableau 8.2**. L'exemple 8.3 illustre la façon dont on peut utiliser la loi des gaz parfaits pour déterminer la pression de vapeur.

On appelle **courbe de pression de vapeur** (**figure 8.4**) le graphique montrant les variations de la pression de vapeur en fonction de la température. Le liquide et la vapeur coexistent, à l'état d'équilibre, en tout point de la courbe, et chacun de ces points représente la pression de vapeur du liquide à une température donnée.

Si les forces intermoléculaires présentes dans un liquide sont faibles, bon nombre de molécules quitteront la surface avant que l'équilibre ne soit atteint. La pression de vapeur qui en résulte est élevée, et le liquide est dit *volatil*. Si les forces intermoléculaires sont grandes, la pression de vapeur à l'état d'équilibre est faible, et le liquide est dit *non volatil*. L'éther de diéthyle, dont la pression de vapeur est de 71,2 kPa à 25 °C, est extrêmement volatil. À la même température, la pression de vapeur de l'eau est de 3,17 kPa ; l'eau est donc moyennement volatile. Comparativement à l'éther de diéthyle et à l'eau, le mercure est considéré comme *non volatil*. De la vapeur de mercure en équilibre avec du mercure liquide est néanmoins présente dans l'air à une pression partielle assez grande pour que l'exposition à cette vapeur durant une longue période soit toxique. L'essence est un mélange d'hydrocarbures, dont certains sont très volatils, alors que d'autres le sont beaucoup moins. L'essence employée par temps froid contient une proportion plus élevée de composantes volatiles que par temps chaud, de manière que la vapeur produite par l'essence à basse température s'enflamme plus facilement.

Courbe de pression de vapeur

Graphe représentant les variations de la pression de vapeur d'un liquide en fonction de la température.

TABLEAU **8.2**	Pression de vapeur de l'eau à différentes températures				
Température (°C)	Pression (kPa)	Température (°C)	Pression (kPa)	Température (°C)	Pression (kPa)
0,0	0,61	29,0	4,00	93,0	78,47
10,0	1,23	30,0	4,24	94,0	81,45
20,0	2,33	40,0	7,37	95,0	84,51
21,0	2,49	50,0	12,33	96,0	87,67
22,0	2,64	60,0	19,92	97,0	90,94
23,0	2,81	70,0	31,16	98,0	94,30
24,0	2,99	80,0	47,34	99,0	97,75
25,0	3,17	90,0	70,10	100,0	101,33
26,0	3,36	91,0	72,79	110,0	143,27
27,0	3,56	92,0	75,59	120,0	198,53
28,0	3,77				

EXEMPLE **8.3**

Supposons que la figure 8.3 représente l'équilibre entre l'hexane liquide, C_6H_{14}, et la vapeur d'hexane, à 298,15 K. La masse volumique d'un échantillon de vapeur à l'état d'équilibre est de 0,701 g/L. Quelle est la pression de vapeur de l'hexane à 298,15 K, en millimètres de mercure ?

➜ Stratégie

Sauf indication contraire, nous allons supposer que les forces intermoléculaires dans un *gaz* sont négligeables. Nous pouvons donc utiliser l'équation des gaz parfaits, $PV = nRT$, pour décrire la vapeur d'hexane.

➜ Solution

Récrivons d'abord cette équation de manière à isoler la variable P.

$$P = \frac{nRT}{V}$$

Deux des quantités qui interviennent dans cette équation sont connues : la température (T) et la constante des gaz parfaits (R). Il faut déterminer le volume (V) et le nombre de moles (n) de vapeur d'hexane. Nous effectuons les calculs pour 1,00 L de vapeur à l'état d'équilibre ($V = 1,00$ L). Comme la masse volumique de la vapeur d'hexane est de 0,701 g/L, la *masse* de 1,00 L d'hexane gazeux est de 0,701 g. Nous convertissons ensuite les grammes en moles à l'aide de la valeur de la masse molaire de l'hexane.

$$n = 0{,}701 \; \text{g de } C_6H_{14} \times \frac{1 \text{ mol de } C_6H_{14}}{86{,}18 \; \text{g de } C_6H_{14}} = 0{,}008 \; 13 \text{ mol}$$

Nous obtenons ainsi toutes les quantités requises pour calculer la pression de vapeur.

$$n = 0{,}008 \; 13 \text{ mol}$$

$$V = 1{,}00 \text{ L}$$

$$R = 8{,}3145 \text{ kPa·L ·mol}^{-1}\text{·K}^{-1}$$

$$T = 298{,}15 \text{ K}$$

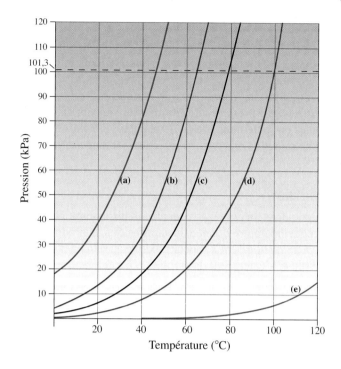

◀ **Figure 8.4**
Courbes de pression de vapeur de quelques liquides
(a) Disulfure de carbone, CS_2. (b) Méthanol, CH_3OH. (c) Éthanol, CH_3CH_2OH. (d) Eau, H_2O. (e) Aniline, $C_6H_5NH_2$. La température au point d'intersection de la droite $P = 101,3\ kPa$ et de la courbe de pression de vapeur est le point d'ébullition normal.

En remplaçant chaque variable du membre de droite de l'équation par sa valeur, nous obtenons la valeur de P.

$$P = \frac{nRT}{V}$$

$$= \frac{0,008\ 13\ \text{mol} \times 8,3145\ \text{kPa} \cdot \text{L} \cdot \text{mol}^{-1} \cdot \text{K}^{-1} \times 298,15\ \text{K}}{1,00\ \text{L}}$$

$$= 20,2\ \text{kPa}$$

Pour exprimer la pression de vapeur en millimètres de mercure, nous utilisons l'équivalence $101,325\ \text{kPa} = 760\ \text{mm Hg}$ (tableau 3.2, page 119).

$$P = 20,2\ \text{kPa} \times \frac{760\ \text{mm Hg}}{101,325\ \text{kPa}} = 152\ \text{mm Hg}$$

➜ Évaluation

On constate, en la mesurant, que la pression de vapeur des liquides peut prendre une très grande diversité de valeurs. Quand nous aurons étudié plus loin les forces intermoléculaires, nous aurons une meilleure idée de la valeur acceptable de la pression de vapeur calculée. Par exemple, nous pourrons juger rapidement si elle doit être plus élevée ou moins élevée que 1 atm. Pour l'instant, notre principale vérification du calcul de la pression de vapeur est celle des unités.

EXERCICE 8.3 A

Un échantillon de vapeur de Br_2 de 335 mL est en équilibre avec du brome liquide, à 39 °C. La masse de l'échantillon de vapeur est de 1,100 g. Calculez la pression de vapeur du brome à 39 °C.

EXERCICE 8.3 B

Supposons que la figure 8.3 représente l'équilibre entre de l'eau liquide et de la vapeur d'eau, à 22 °C. Quelle est la masse d'un échantillon de vapeur d'eau dont le volume est de 275 mL à 22 °C ? (Utilisez les données du tableau 8.2.)

Les équations de la pression de vapeur

Les courbes comme celles de la figure 8.4 sont utiles pour comprendre le concept de pression de vapeur, mais on ne les voit pas dans les ouvrages de référence en chimie. On n'y trouve aussi que très rarement des tables des pressions de vapeur. Par contre, de nombreux manuels donnent des équations mathématiques qui résument les données expérimentales à ce sujet. On y présente ainsi les renseignements sur la pression de vapeur de centaines de liquides en seulement une ou deux pages. De plus, les calculs effectués à l'aide de ces équations sont plus précis que les lectures obtenues à partir d'un graphique.

Le point d'ébullition

Si on chauffe un liquide dans un contenant ouvert, on observe un phénomène particulier de vaporisation. À une température donnée, la vaporisation se produit non seulement à la surface, mais *en tout point du liquide*. La vapeur produite au sein du liquide forme des bulles qui montent à la surface et s'échappent dans l'air : le liquide *bout*.

On appelle **point d'ébullition** d'un liquide la température à laquelle la pression de vapeur du liquide est égale à la pression atmosphérique courante. Pourquoi l'ébullition ne peut-elle pas se produire lorsque les pressions de vapeur du liquide sont plus faibles ? Parce que toute bulle de vapeur qui se formerait dans le liquide s'écraserait immédiatement sous l'action de la pression exercée par l'atmosphère. En effet, la pression à l'intérieur d'une bulle, c'est-à-dire la pression de vapeur du liquide, serait inférieure à la pression exercée par l'atmosphère ambiante. Une fois l'ébullition amorcée, la température du liquide ne peut dépasser le point d'ébullition. Tant qu'il reste du liquide, l'énergie fournie par la source continue de chaleur sert uniquement à convertir davantage de liquide en vapeur, et non à augmenter la température du liquide.

Le **point d'ébullition normal** est la température à laquelle un liquide bout lorsque la pression atmosphérique est de 101,325 kPa (760 mm Hg), c'est-à-dire la température à laquelle la pression de vapeur du liquide correspond exactement à cette valeur. On détermine le point d'ébullition normal d'un liquide à l'aide d'une courbe de pression de vapeur : c'est la température à laquelle une droite à $P = 101,325$ kPa coupe la courbe de pression de vapeur. La figure 8.4 indique que le point d'ébullition normal du disulfure de carbone est d'environ 46 °C, et que celui du méthanol est approximativement de 65 °C.

Le point d'ébullition est une propriété utile pour identifier un liquide. Par exemple, si on sait qu'un liquide de nature inconnue bout à environ 78 °C, on pourrait, en consultant un ouvrage de référence (ou la figure 8.4), proposer qu'il s'agit d'éthanol, mais il faudrait faire des tests pour s'en assurer. Cependant, il serait certain que le liquide n'est *pas* du disulfure de carbone, ni du méthanol, ni de l'eau, ni de l'aniline.

L'air est moins dense à une altitude élevée qu'au niveau de la mer ; la pression atmosphérique diminue donc lorsque l'altitude augmente. Par conséquent, la température à laquelle un liquide bout diminue quand la pression atmosphérique décroît. Ainsi, même si le point d'ébullition de l'eau est de 100 °C à la pression atmosphérique normale, on a observé qu'il est de 95 °C à Denver, au Colorado, une ville située à 1609 m d'altitude, où la pression de l'air est couramment d'environ 84 kPa.

Certains liquides se décomposent à leur point d'ébullition normal, mais on peut déterminer leur point d'ébullition à des pressions inférieures à la pression atmosphérique normale. Par exemple, le point d'ébullition de l'acide laurique, qui est l'un des acides gras présents dans les huiles végétales, est parfois donné sous la forme 225^{100mm}, ce qui signifie que cet acide bout à 225 °C lorsque la pression est de 100 mm Hg.

Des réactions chimiques interviennent dans la cuisson des aliments, et la vitesse de ces réactions dépend de la température. Elle est plus grande si on augmente la température, ne serait-ce que légèrement, et elle est plus petite lorsque la température diminue. Quand l'eau bout à 100 °C, on peut faire pocher un œuf en trois minutes. À Denver, il faut cinq ou six minutes pour que l'œuf atteigne le même degré de cuisson. Au sommet du mont

Everest (8848 m), il faudrait encore plus de temps. La **figure 8.5** illustre un cas extrême de l'effet que provoque une réduction de la pression atmosphérique sur le point d'ébullition de l'eau. Il est facile de reproduire de telles conditions en laboratoire.

Le fonctionnement de l'autocuiseur repose sur l'augmentation du point d'ébullition due à l'accroissement de la pression. Dans ce type d'ustensile de cuisine, l'eau bout à une température supérieure au point d'ébullition normal. À une telle température, les réactions chimiques, qui jouent un rôle dans la cuisson des pommes de terre, des betteraves ou d'un morceau de viande coriace, sont plus rapides qu'à la température d'ébullition habituelle.

Dans un autoclave, les bactéries (y compris les spores résistantes) sont détruites plus rapidement que dans l'eau bouillante, non pas directement parce que la pression y est supérieure à la pression normale, mais parce que la température y est plus élevée.

▶ **Figure 8.5**
Effet de la pression sur le point d'ébullition de l'eau
Si on réduit suffisamment la pression de l'air sous la cloche en verre, l'eau bout à la température ambiante.

Le point critique

Si on chauffe un liquide dans un contenant *fermé*, il ne se produit pas d'ébullition. La pression du gaz qui s'exerce au-dessus du liquide augmente continuellement, tandis que la vapeur s'accumule, de sorte que les bulles de vapeur qui se forment dans le liquide sont écrasées par la pression. Lorsqu'on augmente la température, on n'observe pas d'ébullition (**figure 8.6**), mais la masse volumique du liquide diminue, celle de la vapeur augmente, et l'interface (ou ménisque) entre le liquide et la vapeur devient floue, puis disparaît. Enfin, il devient impossible de distinguer les états liquide et gazeux. On atteint alors ce qu'on

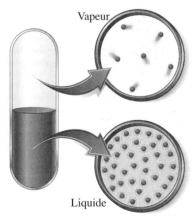
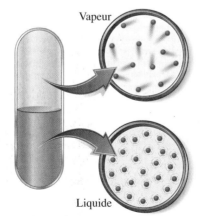
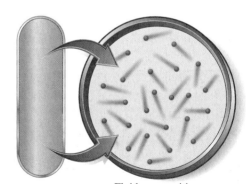

Vapeur

Liquide

Température de la pièce

Vapeur

Liquide

T légèrement en dessous de T_c

Fluide supercritique

Température critique T_c

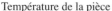

▲ **Figure 8.6   Point critique**
Le ménisque qui sépare un liquide (dans la partie inférieure) de sa vapeur (dans la partie supérieure) disparaît au point critique. L'état liquide n'existe pas à des températures supérieures à la température critique, quelle que soit la pression qui s'exerce sur la substance.

appelle la **température critique** (T_c), c'est-à-dire la température la plus élevée à laquelle un liquide et sa vapeur peuvent coexister en équilibre en tant qu'états physiques distincts de la matière. La pression de vapeur à cette température est appelée **pression critique** (P_c). La condition correspondant à une température T_c et à une pression P_c est appelée **point critique**. Ce point est le dernier de la courbe de pression de vapeur.

On peut aussi décrire la température critique comme la température maximale à laquelle on peut liquéfier un gaz en ayant recours seulement à un accroissement de la pression. Si la température critique, T_c, d'une substance gazeuse est *supérieure* à la température ambiante, on peut obtenir la liquéfaction à la température ambiante en exerçant simplement une pression assez forte. Par contre, si la température critique, T_c, est *inférieure* à la température ambiante, il faut à la fois exercer une pression sur le gaz *et* abaisser la température à une valeur inférieure à T_c. On emploie parfois les termes *vapeur* et *gaz* pour désigner l'état gazeux d'une substance qui est soumise respectivement à une température inférieure à T_c et à une température supérieure à T_c. En ce sens, une vapeur se liquéfie par une simple application de pression, ce qui n'est pas le cas pour un gaz. Le **tableau 8.3** donne la température et la pression critiques de quelques substances.

TABLEAU 8.3 Température et pression critiques de quelques substances

Substance	T_c (K)	P_c (kPa)
Hydrogène, H_2	33,0	1 297
Azote, N_2	126,3	3 394
Oxygène, O_2	154,8	5 076
Méthane, CH_4	190,6	4 600
Dioxyde de carbone, CO_2	304,2	7 387
Éthane, C_2H_6	305,4	4 884
Chlorure d'hydrogène, HCl	324,6	8 258
Propane, C_3H_8	369,8	4 246
Ammoniac, NH_3	405,6	11 277
Dioxyde de soufre, SO_2	430,6	7 893
Eau, H_2O	647,3	22 119

EXEMPLE 8.4   Un exemple conceptuel

Pour savoir à tout moment combien il reste de gaz dans une bonbonne, on peut peser celle-ci lorsqu'elle est vide, et la peser de nouveau quand elle est pleine, puis après chaque utilisation. Cependant, on peut aussi la munir d'un manomètre et établir simplement la relation entre la quantité restante de gaz et la pression mesurée. Quelle méthode devrait-on utiliser pour déterminer la quantité de propane, C_3H_8, qu'il reste dans la bonbonne reliée à un barbecue ?

→ Analyse et conclusion

Selon de tableau 8.3, le propane est à une température inférieure à T_c (369,8 K) et, dans la bonbonne, il existe sous la forme d'un mélange de liquide et de vapeur. Au fur et à mesure que le combustible est utilisé, le volume de liquide que contient la bonbonne diminue, et le volume de vapeur augmente. Cependant, la pression de vapeur du propane liquide ne dépend pas des quantités de liquide et de vapeur. La pression demeure constante (en supposant que la température le demeure aussi) tant qu'il reste du liquide. Elle diminue seulement lorsque tout le liquide s'est vaporisé. La mesure de la pression n'indique donc pas la quantité de propane qu'il reste dans la bonbonne avant que celle-ci soit presque vide. Il faudrait plutôt peser la bonbonne à intervalles réguliers pour savoir quelle quantité de propane elle contient.

EXERCICE 8.4 A

Laquelle des deux méthodes décrites plus haut utiliseriez-vous si le combustible contenu dans la bonbonne était du méthane, CH_4 ? Expliquez votre réponse.

EXERCICE 8.4 B

Le phénomène illustré dans la figure 8.6 est-il influencé de quelque façon par le volume de liquide que l'on met au départ dans le tube fermé ? Expliquez votre réponse.

Les fluides supercritiques

Que se passe-t-il au-delà du point critique ? On ne le sait pas exactement. Comme les liquides et les gaz s'écoulent facilement — ce sont des *fluides* — et qu'au point critique, et un peu au-delà, il est impossible de distinguer les états liquide et gazeux, on emploie fréquemment le terme *fluide supercritique*. Un **fluide supercritique** est un fluide dont la température et la pression sont respectivement supérieures à la température et à la pression critiques. Même si on étudie en profondeur les fluides supercritiques depuis quelques années seulement, il font déjà l'objet de nombreuses applications pratiques (voir ci-dessous).

Fluide supercritique

Fluide dont la température et la pression sont respectivement supérieures à la température et à la pression critiques.

L'emploi des fluides supercritiques dans l'industrie alimentaire

Les fluides supercritiques sont des solvants polyvalents, car leurs propriétés changent de façon importante lorsque la température et la pression varient. Donc, en choisissant convenablement la température et la pression, on peut dissoudre ou extraire une composante d'un mélange au moyen d'un fluide supercritique, tout en laissant les autres composantes intactes. Ainsi, on emploie aujourd'hui fréquemment des fluides supercritiques pour effectuer des extractions en laboratoire et dans l'industrie. Par exemple, on utilise l'extraction par fluide supercritique pour mesurer la teneur en gras des aliments, pour extraire du sol des contaminants comme le carburant diesel et les biphényles polychlorés (BPC), et pour préparer des échantillons (en particulier de substances non volatiles, tels les polymères) à analyser.

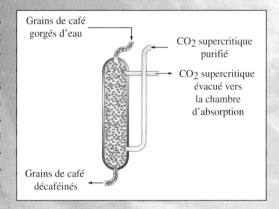

Le dioxyde de carbone supercritique est un solvant particulièrement utile dans l'industrie alimentaire. Il y a une dizaine d'années, on obtenait le café décaféiné en extrayant la caféine avec des solvants, comme le dichlorométhane, CH_2Cl_2. On a montré que des concentrations élevées de CH_2Cl_2 causent des problèmes de santé. Même si on n'a pas trouvé de CH_2Cl_2 dans les boissons préparées à partir de grains de café décaféinés, la présence de dichlorométhane dans un lieu de travail représente un risque sanitaire, ce qui a incité des compagnies à remplacer cette substance par du CO_2 supercritique pour la dissolution et l'extraction de la caféine.

On utilise également des fluides supercritiques pour extraire le cholestérol des œufs, du beurre, du saindoux et d'autres aliments gras, de manière que ces derniers soient plus appropriés à un régime modéré en lipides. On traite les croustilles, qui sont cuites dans l'huile, avec du CO_2 supercritique pour réduire leur forte teneur lipidique, ce qui améliore leur valeur nutritive et augmente leur temps de conservation. Les fluides supercritiques sont aussi utilisés pour extraire les composés chimiques qui confèrent leur saveur et leur arôme, par exemple, au citron, au poivre noir, aux amandes et à la muscade. On emploie ensuite les extraits obtenus pour aromatiser d'autres aliments et parfumer des produits ménagers.

Des grains de café gorgés d'eau entrent par le haut du récipient et descendent lentement, à une pression de 160 à 220 atm, à travers le dioxyde de carbone supercritique, qui entre par le bas. La teneur en caféine des grains, qui est de 1 à 3 % avant le traitement, tombe à 0,02 %. Le CO_2 est évacué vers une chambre d'absorption, où un jet d'eau lessive la caféine contenue dans le fluide supercritique. Le CO_2 purifié est ensuite recyclé.

8.3   Les changements de phase relatifs à un solide

Nous allons maintenant examiner les changements de phase relatifs à un solide. Nous nous intéresserons plus particulièrement aux variations d'énergie qui accompagnent la transition de l'état solide à l'état liquide ou gazeux.

Fusion, point de fusion et chaleur de fusion

Le mouvement des entités constitutives (atomes, ions ou molécules) d'un solide se réduit presque uniquement à des vibrations par rapport à des points fixes. Si on élève la température, ces vibrations deviennent plus intenses, jusqu'à ce qu'elles soient suffisamment fortes pour que la structure du solide soit détruite : on observe alors la formation d'un liquide. La transformation d'un solide en liquide est appelée **fusion**, et la température à laquelle un solide fond est le **point de fusion**. La transformation inverse, c'est-à-dire la conversion d'un liquide en solide, est appelée *solidification* ou *congélation* ; la température à laquelle elle se produit est le **point de solidification** ou **point de congélation**. Peu importe que l'on considère la substance comme un solide en fusion ou un liquide en train de se solidifier, les deux états coexistent en équilibre ; le point de congélation et le point de fusion sont identiques dans le cas des solides cristallins purs. Le point de congélation de l'eau et le point de fusion de la glace sont identiques, soit 0°C. Le point de fusion varie légèrement avec la pression. Dans les tables, on donne généralement le **point de fusion normal**, c'est-à-dire la température à laquelle la fusion se produit lorsque la pression exercée sur le solide et le liquide en équilibre est de 101,325 kPa.

La quantité de chaleur requise pour faire fondre une quantité donnée d'un solide est appelée **enthalpie** (ou **chaleur**) **de fusion** (ΔH_{fusion}). La fusion est un *processus endothermique*, comme l'indique la formule suivante, qui représente la fusion d'une mole de glace.

$$H_2O(s) \longrightarrow H_2O(l) \qquad \Delta H = +6{,}01 \text{ kJ/mol}$$

La solidification, qui est le processus inverse de la fusion, est un processus *exothermique* ; l'enthalpie de solidification est égale à l'opposé de l'enthalpie de fusion.

$$H_2O(l) \longrightarrow H_2O(s) \qquad \Delta H = -6{,}01 \text{ kJ/mol}$$

Le **tableau 8.4** donne quelques valeurs d'enthalpie de fusion, ΔH_{fusion}.

TABLEAU **8.4** Quelques valeurs d'enthalpie (ou chaleur) de fusion		
Substance	**Point de fusion** (°C)	ΔH_{fusion} (kJ/mol)
Mercure, Hg	−38,9	2,30
Éthanol, CH_3CH_2OH	−114	5,01
Eau, H_2O	0,0	6,01
Benzène, C_6H_6	5,5	9,87
Argent, Ag	960,2	11,95
Fer, Fe	1537	15,19

L'une des méthodes utilisées pour déterminer le point de congélation d'un liquide consiste à mesurer la température de celui-ci pendant qu'il refroidit lentement. La température diminue régulièrement jusqu'à ce que la solidification commence, après quoi elle reste constante jusqu'à ce que tout le liquide se soit solidifié. La température recommence ensuite à baisser régulièrement pendant que le solide se refroidit. Si on trace un graphique montrant les variations de la température en fonction du temps à l'aide des données enregistrées au cours de ce processus, on obtient une **courbe de refroidissement**. La **figure 8.7** présente une courbe de refroidissement type.

Fusion

Transformation d'un solide en liquide.

Point de fusion

Température à laquelle un solide fond.

Point de solidification ou point de congélation

Température à laquelle un liquide se solidifie, c'est-à-dire à laquelle le liquide et le solide coexistent en équilibre. Dans le cas d'une substance pure, les points de solidification et de fusion sont identiques.

Point de fusion normal

Température à laquelle la fusion d'un solide se produit lorsque la pression exercée sur le solide et le liquide en équilibre est de 101,325 kPa.

Enthalpie (ou chaleur) de fusion (ΔH_{fusion})

Quantité de chaleur requise pour faire fondre une quantité donnée d'un solide.

Courbe de refroidissement

Graphe représentant les variations de température en fonction du temps, obtenu à l'aide des données enregistrées pendant le refroidissement d'un liquide. Le point de solidification de celui-ci correspond à la portion du graphe où la température est constante.

Le point de congélation du liquide est la température correspondant au segment de droite, c'est-à-dire à la portion de la courbe de refroidissement où la température est constante. En fait, si on veut seulement connaître le point de congélation, il n'est pas nécessaire de tracer toute la courbe de refroidissement. Il suffit d'observer le liquide pendant qu'il refroidit et d'enregistrer la température constante au moment où il se solidifie.

Il arrive que la température d'un liquide descende sous le point de congélation, sans que la substance passe à l'état solide. Ce phénomène, appelé **surfusion**, se produit notamment lorsqu'on refroidit rapidement un liquide. Le passage à l'état solide nécessite la présence d'amorces, autour desquelles les cristaux peuvent se former ; la surfusion a plus de chances de se produire en l'absence d'amorces, lesquelles peuvent être des particules de poussière dans le liquide. Un liquide en surfusion est instable ; il ne peut rester indéfiniment dans cet état et peut commencer à se solidifier à tout moment. Lorsque la solidification débute, la température du liquide monte jusqu'au point de congélation et elle demeure constante jusqu'à ce que tout le liquide ait changé d'état. (Ce processus est représenté par le pointillé dans la figure 8.7.) Les gouttelettes des nuages en haute altitude sont souvent formées d'eau en surfusion. Lorsqu'un avion passe à travers un nuage de ce type, sa surface, qui joue le rôle de site pour la formation de cristaux, se recouvre de *givre blanc*. Si on laisse s'accumuler ce givre, cela peut entraîner l'écrasement de l'avion. C'est la formation de givre blanc qui a causé l'écrasement, en 1994, d'un avion d'American Eagle, en Indiana, au cours duquel les 68 passagers ont perdu la vie.

Pour déterminer le point de fusion d'une substance, on prend un échantillon de solide pur, qu'on expose à la chaleur. La température augmente jusqu'à ce que la fusion commence, puis elle demeure constante jusqu'à ce que la fusion soit terminée, et elle augmente de nouveau. On appelle **courbe de chauffage** le graphique indiquant la température en fonction du temps. Au premier coup d'œil, la courbe de chauffage de la **figure 8.8** ressemble à la courbe de refroidissement de la figure 8.7, à la différence toutefois qu'elle est inversée par rapport à la verticale. Il va de soi que le point de congélation donné par une courbe de refroidissement et le point de fusion donné par une courbe de chauffage sont identiques.

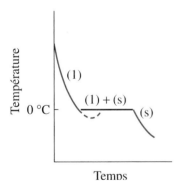

◀ **Figure 8.7**
Courbe de refroidissement de l'eau
La portion en pointillé représente le phénomène de surfusion décrit dans le texte ; (l) = liquide ; (s) = solide. Les axes de la température et du temps ne sont pas à l'échelle.

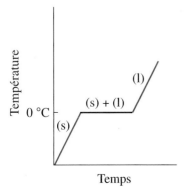

◀ **Figure 8.8**
Courbe de chauffage de l'eau
La courbe représente les changements de phase qui se produisent lorsque l'eau solide (ou la glace) est chauffée à partir d'une température inférieure à son point de fusion jusqu'à une température supérieure à ce point. Les axes de la température et du temps ne sont pas à l'échelle.

La sublimation

À la température ambiante, il y a peu de solides aussi volatils que les liquides, tels l'éthanol, l'éther de diéthyle et l'essence, mais certains solides se vaporisent. Les boules antimites, les bâtons désodorisants et la glace sèche sont trois exemples de tels solides d'usage courant. Le passage direct de molécules de l'état solide à l'état de vapeur est appelé **sublimation**. Le processus inverse, c'est-à-dire la transformation de vapeur en solide, est généralement appelée *cristallisation*. Un équilibre dynamique est atteint lorsque les taux de sublimation et de cristallisation sont égaux. Tout comme dans le cas de la vapeur en équilibre avec un liquide, la vapeur en équilibre avec un solide exerce une pression de vapeur caractéristique, fréquemment appelée *pression de sublimation*. La **figure 8.9** illustre la sublimation d'iode solide et la cristallisation de vapeur d'iode. On appelle **courbe de sublimation** le graphique qui indique la pression de vapeur d'un solide en fonction de la température.

Bien qu'aucune phase liquide n'intervienne dans la sublimation d'un solide, il est parfois utile de considérer la sublimation comme un processus à deux étapes : une fusion suivie d'une vaporisation. Cette hypothèse et la loi de Hess aident à comprendre que l'**enthalpie (ou chaleur) de sublimation (ΔH_{sub})** est simplement la somme des enthalpies de fusion et de vaporisation.

$$\Delta H_{sub} = \Delta H_{fusion} + \Delta H_{vap} \qquad \textbf{(8.3)}$$

La sublimation est un phénomène familier pour les gens qui vivent dans un pays froid. La neige sur le sol et la glace sur un pare-brise peuvent disparaître, même si la température se maintient sous 0 °C. Il s'agit là d'un processus de sublimation, et non de fusion : il n'y a d'eau liquide à aucun moment. La pression de vapeur de la glace à 0 °C est de 0,611 kPa.

On conserve fréquemment des aliments et d'autres substances au moyen de la lyophilisation. On congèle la substance sous une atmosphère raréfiée, de sorte que l'eau est éliminée rapidement par sublimation. Les microorganismes nuisibles ne peuvent croître en l'absence d'eau. Les aliments lyophilisés sont appréciés en particulier des randonneurs, car ils conservent toute leur valeur nutritive, tout en étant beaucoup plus légers.

Le point triple

Nous avons examiné tous les changements de phase illustrés à la page 363, mais il reste encore une situation à examiner, soit le cas où le solide, le liquide et la vapeur sont en équilibre simultanément. Cette situation est représentée par le point où la courbe de pression de vapeur et la courbe de sublimation se coupent. Ce point est appelé **point triple** ; il correspond aux conditions *uniques* de température et de pression auxquelles les *trois* états de la matière — solide, liquide et gazeux — coexistent.

Le point triple de l'eau se situe à 0,0098 °C et à 0,611 kPa. Mais pourquoi la température au point triple de l'eau n'est-elle pas exactement de 0 °C ? L'eau solide (ou glace), l'eau liquide et la vapeur d'eau ne peuvent-elles coexister, à l'air libre, à 0 °C ? Cela peut effectivement se produire, mais le système met en jeu deux pressions différentes. La vapeur existe à une pression de 0,611 kPa, qui est sa pression partielle. Cependant, la glace et l'eau liquide sont à la pression atmosphérique (101,325 kPa). De plus, au point de fusion normal, l'eau liquide contient de l'air dissous, ce qui influe légèrement sur la température à l'équilibre. On peut vraiment parler de point triple seulement dans le cas d'un système constitué d'une substance *pure* soumise *uniquement à la pression de sa propre vapeur*. Le système ne doit contenir aucune autre substance (par exemple des gaz de l'air).

▲ Figure 8.9
Sublimation de l'iode

Même à 70 °C, donc bien au-dessous du point de fusion de l'iode (qui est de 114 °C), la pression de vapeur de l'iode solide est élevée : l'iode se sublime. La vapeur d'iode, violette, se condense, sous la forme $I_2(s)$, sur les parois froides du flacon. L'iode tire son nom du grec *iôdês*, signifiant « violet ».

Sublimation

Passage direct de l'état solide à l'état de vapeur.

Courbe de sublimation

Graphe représentant la pression de vapeur d'un solide en fonction de la température ; ce graphe est analogue à la courbe de pression de vapeur du liquide.

Enthalpie (ou chaleur) de sublimation (ΔH_{sub})

Quantité d'énergie requise pour faire évaporer une quantité donnée de solide à une température constante ; cette quantité est égale à la somme des enthalpies de fusion et de vaporisation.

Point triple

Condition unique de température et de pression à laquelle les trois états d'une substance (solide, liquide et gazeux) coexistent en équilibre ; cette condition correspond au point d'intersection des courbes de pression de vapeur et de sublimation.

8.4 Le diagramme de phases

Un **diagramme de phases** sert à résumer les informations concernant les changements de phase. Il s'agit d'une représentation graphique des conditions de température et de pression dans lesquelles une substance existe à l'état solide, liquide, gazeux ou sous la forme d'une combinaison de ces phases en équilibre. La **figure 8.10** présente un diagramme de phases hypothétique du type le plus simple. Les aires colorées et identifiées représentent les intervalles de température et de pression pour lesquelles une substance existe à l'état solide (vert), liquide (bleu) ou gazeux (jaune). Le fluide supercritique est représenté par l'aire en beige, qui correspond à des températures supérieures à T_c et à des pressions supérieures à P_c. La délimitation de cette aire est floue puisque le passage de l'état liquide ou gazeux à l'état de fluide supercritique n'entraîne pas de variation nette des propriétés de la substance.

Les courbes qui séparent les aires adjacentes d'un diagramme de phases représentent les conditions de température et de pression dans lesquelles deux états de la matière sont en équilibre. Voici, en résumé, la signification des points et des courbes de la figure 8.10.

- Le point A est le point triple (solide + liquide + gaz).
- La courbe AD est la courbe de fusion (solide + liquide).
- La courbe AB est la courbe de sublimation (solide + gaz).
- La courbe AC est la courbe de pression de vapeur (liquide + gaz).
- Le point C est le point critique (où il n'est plus possible de distinguer le liquide et le gaz).

La délimitation de l'aire du fluide supercritique n'est *pas* une courbe de transition, comme le sont les courbes de fusion, de pression de vapeur et de sublimation.

Dans la présente section, nous étudions les diagrammes de phases de trois substances particulières : l'iodure de mercure, le dioxyde de carbone et l'eau. Dans chaque cas, d'importants concepts sont mis en évidence.

L'iodure de mercure(II), HgI₂

Le diagramme de phases de l'iodure de mercure(II) présenté dans la **figure 8.11** illustre un cas de **polymorphisme**, c'est-à-dire le fait qu'un solide existe sous plusieurs formes. L'iodure de mercure(II), HgI$_2$(s) rouge, existe jusqu'à une température de 127 °C. Passé ce point, il se convertit en HgI$_2$(s) jaune ; seule la forme jaune est stable jusqu'à 259 °C. HgI$_2$(s) rouge et HgI$_2$(s) jaune constituent deux *phases* solides de l'iodure de mercure(II).

> **Diagramme de phases**
>
> Représentation graphique des conditions de température et de pression dans lesquelles une substance existe à l'état solide, liquide ou gazeux, ou sous la forme d'une combinaison de ces phases en équilibre.

> **Polymorphisme**
>
> Propriété d'un solide qui existe sous plusieurs formes, comme le soufre orthorhombique et le soufre monoclinique.

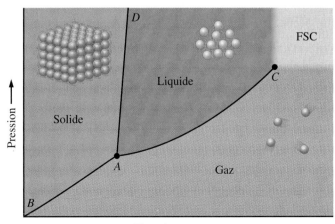

◀ **Figure 8.10**
Exemple de diagramme de phases représentant les températures, les pressions et les états physiques d'une substance
Étant donné que les intervalles de pression et de température considérés sont très longs, un diagramme de phases n'est habituellement pas à l'échelle.

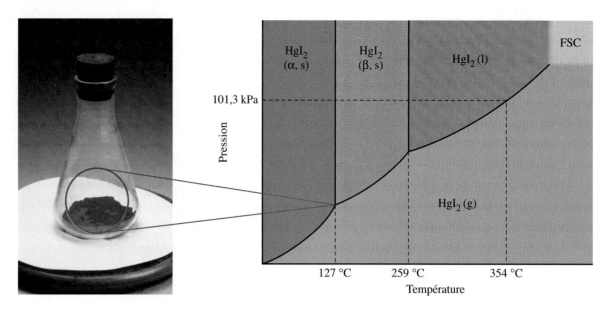

▲ Figure 8.11   Diagramme de phases de l'iodure de mercure(II), HgI$_2$
La photo représente HgI$_2$ rouge et HgI$_2$ jaune solides et HgI$_2$ gazeux en équilibre, à 127 °C. Le diagramme indique de plus le point de fusion normal de HgI$_2$(s) jaune, qui est 259 °C, et le point d'ébullition de HgI$_2$(l), qui est 354 °C. Les axes de la température et de la pression ne sont pas à l'échelle.

Il ne peut exister plus d'un point triple pour les trois *états* de la matière dans un diagramme de phases. Dans le cas de l'iodure de mercure(II), il s'agit du point d'équilibre entre HgI$_2$(s) jaune, l'état liquide et l'état gazeux, à 259 °C. Cependant, il peut exister d'autres points triples se rapportant à trois *phases* de la matière. Dans le cas de l'iodure de mercure(II), le point triple additionnel, représenté dans la photo de la figure 8.11, correspond à deux phases solides et à une phase gazeuse : HgI$_2$(s) rouge, HgI$_2$(s) jaune et HgI$_2$ gazeux, à 127 °C. La cristallisation d'un mélange des solides rouge et jaune sur les parois froides du flacon indique la présence de vapeur de HgI$_2$.

Le dioxyde de carbone, CO$_2$

Le diagramme de phases du dioxyde de carbone (**figure 8.12**) indique que, si on trace une courbe de fusion solide-liquide jusqu'à des pressions suffisamment élevées, la courbe s'étend au-delà de la température critique. (Dans le cas de CO$_2$, il faut atteindre une pression de plusieurs centaines de milliers de kilopascals.) Au premier abord, cela semble improbable. Cependant, si on se rappelle à quel point les molécules sont serrées les unes contre les autres à des pressions extrêmement grandes, on ne s'étonne plus que la substance soit à l'état solide. En outre, même si la température critique, T_c, semble élevée pour le dioxyde de carbone, elle n'est que légèrement supérieure (304,2 K) à la température ambiante (environ 293 K).

Autre caractéristique intéressante du diagramme de phases de CO$_2$, la pression au point triple, soit une pression de 517 kPa, est nettement supérieure à la pression atmosphérique normale. Il faut donc conserver le dioxyde de carbone liquide à des pressions supérieures à 517 kPa, et non à la pression atmosphérique normale. CO$_2$ liquide n'a pas de point d'ébullition normal, et CO$_2$ solide n'a pas de point de fusion normal. Si on chauffe CO$_2$ solide à une pression de 101,3 kPa, il se sublime à −78,5 °C. CO$_2$ solide, appelé *glace sèche,* est utile comme réfrigérant pour deux raisons. Premièrement, comme il ne fond pas si on le conserve à la pression atmosphérique normale, les substances réfrigérées n'entrent en contact avec aucun liquide : elles restent sèches. Deuxièmement, la température de la glace sèche restante demeure à − 78,5 °C, quelle que soit la quantité de glace sèche qui s'est sublimée. Donc, l'effet frigorifique de la glace sèche dure pendant une période relativement longue.

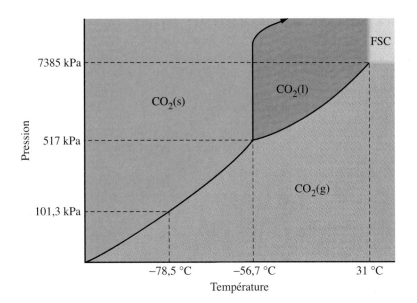

Diagramme de phases du dioxyde de carbone, CO₂

Le diagramme donne la température normale de sublimation de $CO_2(s)$, soit $-78,5$ °C; le point triple, soit $-56,7$ °C et 517 kPa; et le point critique, soit 31 °C et 7385 kPa. La courbe de fusion s'éloigne de l'axe des pressions jusqu'à ce que la température critique soit atteinte. Les axes de la température et de la pression ne sont pas à l'échelle.

L'eau, H₂O

Le diagramme de phases de l'eau (**figure 8.13**) présente une caractéristique remarquable. En effet, la courbe d'équilibre solide-liquide (ou courbe de fusion) a une pente négative : elle est inclinée vers la gauche, c'est-à-dire vers l'axe des pressions. Le point de fusion normal de la glace (101,3 kPa et 0 °C) est désigné par le pointillé noir. Quant aux conditions de pression et de température représentées par le pointillé rouge, elles indiquent que, si on conserve de l'eau solide (de la glace) à une pression supérieure à 101,3 kPa, son point de fusion est inférieur à 0 °C. Le point de fusion de l'eau solide (de la glace) *diminue* lorsque la pression *augmente*. De ce point de vue, l'eau a un comportement inhabituel. Dans le diagramme de phases se rapportant à presque toutes les autres substances, la courbe de fusion a une pente positive : elle est inclinée vers la droite, c'est-à-dire qu'elle s'éloigne de l'axe des pressions. Le point de fusion de la majorité des solides *augmente* lorsque la pression *augmente*.

À la lumière des notions relatives à la pression et au point de fusion décrites ci-dessus, nous allons maintenant examiner quelques hypothèses concernant une activité courante : le patinage sur glace. Certaines personnes affirment que patiner est possible parce que la glace fond sous le patin et ce, en raison de la pression élevée exercée par la lame. Ainsi, un patineur glisserait sur une mince couche d'eau liquide provenant de la glace fondue.

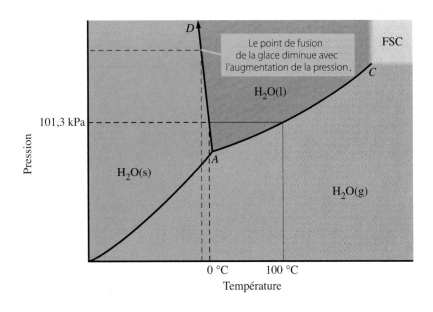

Diagramme de phases de l'eau, H₂O

Le point triple, A, correspond à $+0,0098$ °C et à 0,611 kPa, et le point critique, C, à 374,1 °C et à $2,211 \times 10^4$ kPa. La pente négative de la courbe de fusion, AD, est nettement exagérée. Les nombreuses formes polymorphes de la glace qui existent à des pressions élevées (supérieures à $2,072 \times 10^5$ kPa) ne sont pas représentées. La signification des pointillés noir et rouge est donnée dans le texte. Les axes de la température et de la pression ne sont pas à l'échelle.

Cette explication est probablement inexacte. Le dernier point (*D*) de la courbe de fusion (*AD*) correspond à une pression de 207 200 kPa et à une température de −22,0 °C. À des pressions plus élevées et à des températures plus basses, la glace peut prendre différentes formes, et il n'existe pas du tout d'eau liquide. Un patineur ne peut pas produire une pression qui s'approche un tant soit peu de 207 200 kPa et, de plus, il est possible de patiner à des températures inférieures à −22 °C.

Selon une deuxième hypothèse, la force de frottement qu'oppose la glace aux lames de patins entraîne une augmentation de la température, de sorte qu'une partie de la glace fond. Par ailleurs, une hypothèse émise plus récemment est étayée par des données expérimentales. Ce dernier modèle suppose que les molécules d'eau à la surface de la glace conservent le mouvement vibratoire observé dans l'eau liquide, ce qui confère à la surface de la glace des caractéristiques des liquides.

EXEMPLE 8.5   Un exemple conceptuel

La **figure 8.14** représente l'addition de 50,0 mol de $H_2O(g)$ (de la vapeur) à 100,0 °C et à 101,3 kPa à 5,00 mol de $H_2O(s)$ (de la glace), à 0 °C, contenues dans un cylindre isolé. À l'aide des données fournies, et en faisant *le moins de calculs possible,* déterminez lesquelles des conditions suivantes correspondent à l'état final d'équilibre : **a)** de la glace et de l'eau liquide à 0,0 °C ; **b)** de l'eau liquide à 50,0 °C ; **c)** un mélange de vapeur et d'eau liquide à 100 °C ; **d)** de la vapeur à 100 °C. On sait que $\Delta H_{fusion} = 6,01$ kJ/mol ; $\Delta H_{vap} = 40,6$ kJ/mol (à 100 °C) ; la capacité calorifique molaire (quantité de chaleur requise pour élever une mole d'une substance de 1°C) de $H_2O(l) = 76$ $J \cdot mol^{-1} \cdot {}^\circ C^{-1}$.

Conditions initiales

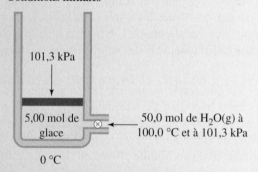

◀ **Figure 8.14**
Illustration de l'exemple 8.5

→ Analyse et conclusion

Il se produit nécessairement deux changements : la glace fond et la vapeur se liquéfie. Il faut calculer la quantité de chaleur requise pour que chacun de ces changements soit mené à terme. Il est à noter que la chaleur de liquéfaction de la vapeur est simplement l'*opposé* de la chaleur de vaporisation de $H_2O(l)$.

$$\text{Fusion de la glace : } 5,00 \text{ mol} \times \frac{+6,01 \text{ kJ}}{1 \text{ mol}} = +30,05 \text{ kJ}$$

$$\text{Liquéfaction de la vapeur : } 50,0 \text{ mol} \times \frac{-40,6 \text{ kJ}}{1 \text{ mol}} = -2030 \text{ kJ}$$

Comme la quantité de chaleur dégagée lors de la liquéfaction de la vapeur est de loin supérieure à la quantité requise pour faire fondre la glace, il ne reste plus du tout de glace. Nous pouvons donc éliminer les conditions décrites en *a*.

Les cristaux liquides

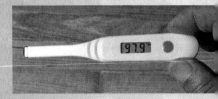

Le benzoate de cholestéryle est un dérivé du cholestérol. Il fond brusquement à 145,5 °C, et se transforme en un fluide laiteux. Si on chauffe ce fluide jusqu'à 178,5 °C, il se change soudainement en un liquide transparent. Entre 145,5 °C et 178,5 °C, le benzoate de cholestéryle possède les propriétés d'un liquide quant à la fluidité, les propriétés optiques d'un solide cristallin et d'autres propriétés qui lui sont propres. Un tel composé est communément appelé *cristal liquide*. Presque tout le monde connaît aujourd'hui les cristaux liquides, bien qu'ils aient longtemps été considérés comme de simples curiosités de laboratoire. On les utilise pour l'affichage à cristaux liquides (LCD, de *liquid crystal display*), par exemple dans les montres à affichage numérique, les calculatrices, les thermomètres et les écrans d'ordinateur.

On observe fréquemment la formation de cristaux liquides dans les composés organiques constitués de molécules en forme de bâtonnets et dont la masse molaire est de l'ordre de quelques centaines de grammes. La **figure 8.15** illustre trois orientations possibles des molécules d'un cristal liquide. Dans les cristaux liquides *nématiques* (filiformes), les molécules sont parallèles les unes aux autres. Elles peuvent se déplacer dans n'importe quelle direction et tourner autour de leur grand axe, un peu comme un crayon dans une boîte de crayons qui ne sont pas très serrés. Dans les cristaux liquides *smectiques* (ressemblant à des graisses), les molécules sont disposées en couches, et leur grand axe est perpendiculaire au plan de chaque couche. Elles peuvent tourner autour de leur grand axe et se déplacer à l'intérieur d'une couche.

Les cristaux liquides *cholestériques* sont un peu semblables à la forme smectique, mais l'orientation des molécules à l'intérieur d'une couche diffère de celle des molécules des couches supérieure et inférieure. Un ensemble de couches présente une suite récurrente d'orientations. La distance entre deux couches dont les molécules ont une même orientation est une propriété distinctive d'un cristal liquide cholestérique. Si un faisceau de lumière blanche frappe un film de cristal liquide cholestérique, la couleur de la lumière réfléchie dépend de cette distance caractéristique. Comme celle-ci change avec la température, il en est de même de la couleur de la lumière réfléchie. Certains capteurs de température à cristaux liquides affichent un changement de couleur pour une variation de seulement 0,01 °C.

L'orientation des molécules dans une mince couche de cristal liquide nématique change en présence d'un champ électrique. L'affichage à cristaux liquides (LCD) est une application de telles variations de l'orientation, qui entraînent un changement des propriétés optiques du film de cristal. Dans l'afficheur d'une montre ou d'une calculatrice, des électrodes recouvertes d'un film de cristal liquide sont disposées de manière à reproduire la forme de chaque chiffre. Si on applique un champ électrique aux électrodes, les formes (c'est-à-dire les chiffres) que celles-ci déterminent deviennent visibles.

L'afficheur à cristaux liquides du thermomètre illustré ci-dessus donne la température de la jeune patiente.

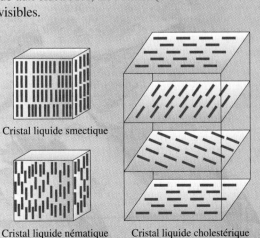

Cristal liquide smectique

(a) Orientation des molécules d'un liquide

Cristal liquide nématique

Cristal liquide cholestérique

(b) Orientation des molécules d'un cristal liquide

◀ **Figure 8.15**
État mésomorphe

Si nous chauffons l'eau provenant de la fonte de la glace jusqu'à 50,0 °C, soit la température en *b*, la quantité de chaleur requise est donnée par :

$$? \text{ kJ} = 5,00 \text{ mol} \times \frac{76 \text{ J}}{\text{mol} \cdot {}^{\circ}\text{C}} \times (50,0 - 0,0) \text{ }^{\circ}\text{C} \times \frac{1 \text{ kJ}}{1000 \text{ J}} = 19 \text{ kJ}$$

La quantité de chaleur dégagée par la liquéfaction de la vapeur est nettement supérieure à la quantité requise pour faire fondre la glace *et* amener la température de l'eau liquide à 50,0 °C. Nous éliminons donc également la condition donnée en *b*.

Puisque la liquéfaction de la vapeur produit du $H_2O(l)$, il doit nécessairement y avoir de l'eau liquide : nous éliminons la condition décrite en *d*. La condition finale est donc nécessairement un mélange d'eau liquide *et* de vapeur d'eau, à 100 °C, ce qui correspond à *c*. (Voir également le problème 73.)

EXERCICE 8.5 A

On comprime un échantillon de $H_2O(g)$ de 1,05 mol dans un flacon de 2,61 L, à 30,0 °C. Trouvez un point du diagramme de phases de la figure 8.13 qui correspond à la condition finale.

EXERCICE 8.5 B

Lorsque des morceaux de CO_2 solide (glace sèche) sont jetés dans un bécher rempli d'eau, on obtient le résultat montré dans la photographie en marge. Expliquez ce qui se produit sur cette photographie.

Les forces intermoléculaires

Forces intermoléculaires

Forces que des molécules exercent les unes sur les autres, à l'exception des forces contribuant à maintenir les atomes ensemble au moyen de liaisons covalentes.

On appelle **forces intermoléculaires** les forces que les molécules exercent les unes sur les autres, à l'exception des forces qui contribuent à maintenir les atomes ensemble au moyen de liaisons covalentes. On peut penser que les forces intermoléculaires qui mettent en présence des molécules très rapprochées sont des forces de *répulsion*. Considérons l'hélium, dont la configuration électronique est $1s^2$. Si deux atomes d'hélium entrent en collision, les quatre électrons ne peuvent pas tous occuper la région de recouvrement des orbitales $1s$: en vertu du principe d'exclusion de Pauli, un maximum de deux électrons peuvent occuper une même orbitale. Les deux autres électrons doivent être situés dans une région où il existe une force de répulsion plus grande que la force d'attraction associée au recouvrement orbital. Les deux atomes d'hélium se repoussent ; on s'attendrait donc à ce que les atomes d'hélium « gardent leurs distances », quelle que soit la température ; pourtant, ils se rapprochent suffisamment pour se liquéfier à des températures inférieures à environ 5 K. Il existe donc nécessairement une force intermoléculaire d'*attraction* quelconque entre les atomes d'hélium.

Nous allons maintenant décrire deux types de forces intermoléculaires appartenant à la catégorie dite des *forces de Van der Waals*; ainsi, on doit tenir compte des forces de ce type lorsqu'on transforme l'équation des gaz parfaits dans le but d'obtenir l'équation des gaz réels de Van der Waals (page 127).

Les forces de dispersion

Nous pouvons imaginer la force moléculaire d'attraction qui s'exerce entre des atomes d'hélium en nous rappelant que les représentations de la densité de la charge électronique que nous utilisons depuis le chapitre 4 se rapportent uniquement à des *moyennes*. Par exemple, en moyenne, la densité de la charge électronique associée aux deux électrons $1s$ de l'hélium est répartie uniformément dans une région sphérique entourant le noyau. Cependant, la localisation réelle des deux électrons par rapport au noyau peut produire à tout moment un dipôle *instantané*. Ce dipôle de transition est susceptible d'influer à son tour sur la distribution des électrons des autres atomes d'hélium, ce qui entraîne la conversion de ces derniers en dipôles *induits*. La **figure 8.16** représente la formation d'un dipôle instantané et d'un dipôle induit, et la **figure 8.17** illustre un exemple d'induction d'une charge électrique, tiré de la vie courante. La force d'attraction entre un dipôle instantané et un dipôle induit est appelée **force de dispersion** (ou force **de London,** d'après le nom de Fritz London, qui a fourni une explication théorique des forces de ce type, en 1928.)

La **polarisabilité** est une mesure de la facilité avec laquelle la densité de charge électronique est modifiée par un champ électrique externe; elle reflète la facilité avec laquelle un dipôle est induit dans un atome ou une molécule. Les gros atomes comportent plus d'électrons et de plus gros nuages électroniques que les petits atomes. Leurs électrons externes sont moins fortement retenus et peuvent ainsi se déplacer plus facilement en direction d'un autre atome. Les gros atomes et les grosses molécules sont donc plus polarisables que les petites entités. Il existe également une relation étroite entre la taille d'un atome ou d'une molécule et la masse atomique ou moléculaire, ce qui signifie que la polarisabilité augmente avec la masse moléculaire.

Plus la polarisabilité des molécules est grande, plus les forces intermoléculaires entre ces dernières sont grandes.

Force de dispersion (ou de London)

Force d'attraction entre un dipôle instantané et un dipôle induit.

Polarisabilité

Mesure indiquant la facilité avec laquelle la densité de charge électronique d'un atome ou d'une molécule est modifiée par un champ électrique externe; elle reflète la facilité avec laquelle un dipôle est induit dans l'atome ou la molécule.

(a) Molécule non polaire

(b) Dipôle instantané

(c) Dipôle induit

▲ Figure 8.16
Forces de dispersion

(a) La distribution de la charge électronique est symétrique. **(b)** Un déplacement de la densité de charge électronique (vers la gauche) produit un dipôle instantané. **(c)** Le dipôle instantané de gauche induit une séparation de la charge de la molécule de droite, ce qui en fait également un dipôle. L'attraction entre les deux dipôles constitue une force intermoléculaire.

▲ Figure 8.17
Phénomène d'induction

Si on frotte le ballon avec un morceau de tissu, il acquiert une charge électrostatique. Si on l'approche ensuite d'une surface, il induit sur celle-ci une charge dont le signe est opposé à celui de sa propre charge. Le ballon est alors attiré par la surface, où il est maintenu par une force d'attraction électrostatique.

Les propriétés physiques des éléments du groupe VIIB, soit les halogènes, mettent ce fait en évidence. Tous ces éléments sont non polaires. Le premier, soit le fluor (F_2), est un *gaz* à la température ambiante (son point d'ébullition est de −188 °C). Le deuxième, soit le chlore (Cl_2), est aussi un *gaz* (point d'ébullition : −34 °C), mais il se liquéfie plus facilement. À la température ambiante, le brome (Br_2) est un *liquide* (point d'ébullition : 58,8 °C) et l'iode (I_2), un *solide* (point de fusion : 184 °C). Comme les grosses molécules sont hautement polarisables, il existe entre elles des forces intermoléculaires assez grandes pour former des liquides ou même des solides.

On appelle isomères *deux composés ayant la même formule moléculaire, mais des arrangements structuraux différents.*

La forme moléculaire constitue un autre facteur qui influe sur l'intensité des forces de dispersion. Les molécules allongées entrent en contact avec les molécules voisines sur une plus grande surface que ne le font les molécules compactes. Il en résulte que les forces de dispersion qui agissent sur les premières sont plus grandes que celles qui s'exercent sur les secondes. La **figure 8.18** montre deux isomères présents dans l'essence : l'octane et l'isooctane. Ces deux isomères ont la même masse moléculaire, mais des formes moléculaires différentes. Les forces intermoléculaires sont plus grandes entre les molécules allongées d'octane qu'entre les molécules compactes d'isooctane. Il en résulte que les points de fusion et d'ébullition de l'octane sont supérieurs à ceux de l'isooctane.

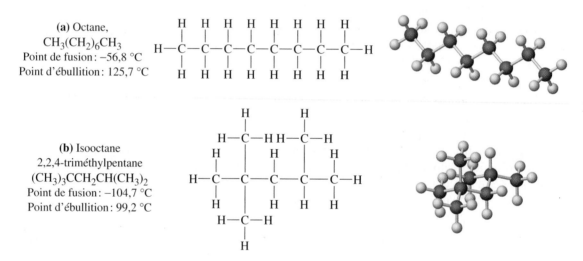

(a) Octane,
$CH_3(CH_2)_6CH_3$
Point de fusion : −56,8 °C
Point d'ébullition : 125,7 °C

(b) Isooctane
2,2,4-triméthylpentane
$(CH_3)_3CCH_2CH(CH_3)_2$
Point de fusion : −104,7 °C
Point d'ébullition : 99,2 °C

▲ Figure 8.18   **Forme moléculaire et polarisabilité**

Les forces dipôle-dipôle

Nous venons de voir qu'il peut se former des dipôles instantanés ou induits dans une substance non polaire. Il faut se rappeler que, en raison de sa forme moléculaire et de la différence d'électronégativité entre les atomes liés, une substance *polaire* possède des dipôles *permanents*. La **figure 8.19** représente des dipôles permanents qui tentent de s'aligner de manière que l'extrémité positive d'un dipôle soit orientée vers l'extrémité négative des dipôles voisins, ce qui donne naissance à des forces dipôle-dipôle. L'alignement le plus probable des dipôles permanents est partiellement modifié par le mouvement thermique aléatoire des molécules, et ce phénomène s'observe davantage dans les liquides que dans les solides. De plus, lorsque des molécules se rapprochent, des forces de répulsion s'exercent entre les régions des dipôles ayant des charges de même signe. Cependant, un dipôle permanent d'une molécule peut induire un dipôle dans une molécule voisine, ce qui crée une force entre le dipôle permanent et le dipôle induit. On observe des forces d'attraction de ce type même quand les dipôles permanents ne sont pas parfaitement alignés.

Tout compte fait, il existe des forces d'attraction dans un ensemble de molécules polaires. De plus, les forces entre dipôles permanents et entre dipôles permanents et dipôles induits *s'ajoutent* aux forces de dispersion qu'on retrouve entre toutes les molécules.

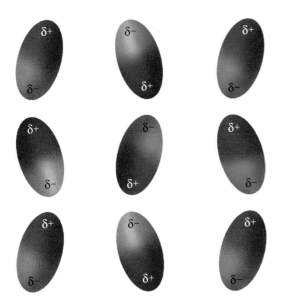

◀ **Figure 8.19**
Interactions dipôle-dipôle
Le mouvement thermique des molécules s'oppose à l'alignement parfait des dipôles. Néanmoins, les dipôles conservent en gros une disposition menant à des attractions $\delta^+ ... \delta^-$.

Il s'ensuit que la somme des forces intermoléculaires est plus grande dans une substance polaire que dans une substance non polaire ayant à peu près la même masse molaire. La comparaison de l'azote, du monoxyde d'azote et de l'oxygène permet de se rendre compte de l'influence de la polarité sur les forces intermoléculaires et, par conséquent, sur le point d'ébullition de ces substances.

Les forces intermoléculaires sont plus grandes dans NO(l) que dans N_2(l) ou O_2(l) ; il faut donc chauffer le NO liquide à une température plus élevée que les autres substances pour qu'il commence à bouillir.

	N_2	NO	O_2
Masse molaire (g/mol)	28,0	30,0	32,0
Moment dipolaire, μ (D)	0	0,15	0
Point d'ébullition (°C)	−196	−152	−183

Plus une molécule est polaire, c'est-à-dire plus son moment dipolaire est grand, plus l'effet des forces dipôle-dipôle sur les propriétés physiques est marqué. On se rend compte de ce fait en comparant deux substances ayant presque la même masse molaire : le *propane*, C_3H_8 (44,10 g/mol), et l'*acétaldéhyde*, CH_3CHO (44,05 g/mol). La différence d'électronégativité entre les atomes de carbone et d'hydrogène est très petite ; en conséquence, le propane est une substance non polaire. Dans l'acétaldéhyde, la différence d'électronégativité entre le carbone et l'oxygène est grande. Cela crée un dipôle de liaison qui n'est pas annulé par les autres dipôles de liaison, et il en résulte un moment dipolaire important ($\mu = 2,69$ D). Comme on s'y attend, le point d'ébullition de l'acétaldéhyde (20,2 °C) est considérablement plus élevé que celui du propane (− 42,1 °C).

La prédiction des propriétés physiques d'une substance moléculaire

On peut faire des prédictions à propos de certaines propriétés, tels les points de fusion et d'ébullition, ou l'enthalpie de vaporisation, en évaluant les effets des forces intermoléculaires décrites dans la présente section. Le résumé qui suit peut s'avérer utile pour effectuer de telles prédictions.

- Les forces de dispersion sont d'autant plus grandes que la masse molaire est grande et que les molécules sont allongées. *Pour comparer des substances non polaires, on doit considérer essentiellement deux facteurs : la masse molaire et la forme moléculaire.*

- Dans le cas de substances polaires, il existe des forces entre dipôles permanents et entre dipôles permanents et dipôles induits. *Si on compare une substance polaire et une substance non polaire ayant une masse molaire voisine, on constate que les forces intermoléculaires sont généralement plus grandes dans la substance polaire. En général, plus une substance est polaire, c'est-à-dire plus son moment dipolaire (μ) est grand, plus la force intermoléculaire est grande.*

- Il faut toujours tenir compte des forces de dispersion, car on les observe dans *toute* substance moléculaire, et elles sont souvent prédominantes.

EXEMPLE 8.6

Disposez les substances suivantes selon l'ordre croissant probable de leurs points d'ébullition : tétrabromure de carbone, CBr_4 ; butane, $CH_3CH_2CH_2CH_3$; fluor, F_2 ; acétaldéhyde, CH_3CHO.

➔ Stratégie

Nous nous attendons à obtenir facilement ce classement en appliquant avec soin les trois règles qui viennent d'être décrites.

➔ Solution

Les trois premières substances sont *non polaires* : la molécule F_2 est constituée d'atomes identiques ; la structure moléculaire de CBr_4 est symétrique et tétraédrique ($\mu = 0$) ; dans le butane, les atomes de carbone et d'hydrogène ont presque la même électronégativité. Nous nous attendons donc à ce que le point d'ébullition de ces trois substances augmente en fonction de leur masse molaire.

$$F_2 \ (38{,}00 \ \text{g/mol}) < CH_3CH_2CH_2CH_3 \ (58{,}12 \ \text{g/mol}) < CBr_4 \ (331{,}6 \ \text{g/mol})$$

Nous avons souligné, à la page 385, que l'acétaldéhyde a un dipôle dans la liaison carbone-oxygène qui n'est annulé par aucun autre dipôle de liaison. Cette molécule est donc polaire ($\mu = 2{,}69$ D) et, même si sa masse molaire (44,05 g/mol) est légèrement plus petite que celle du butane, nous pouvons affirmer que son point d'ébullition est plus élevé.

Il est plus difficile de comparer l'acétaldéhyde et le tétrabromure de carbone, CBr_4. Le fait que l'acétaldéhyde est polaire laisse supposer que son point d'ébullition est plus élevé, mais comme la masse molaire de CBr_4 est beaucoup plus grande (presque de 300 g/mol), c'est en fait CBr_4 qui devrait avoir le point d'ébullition le plus élevé. L'ordre croissant des points d'ébullition est donc probablement le suivant :

$$F_2 < CH_3CH_2CH_2CH_3 < CH_3CHO < CBr_4$$

➔ Évaluation

Les points d'ébullition observés sont respectivement $-188{,}1 \ °C, -0{,}50 \ °C, 20{,}2 \ °C, 189{,}5 \ °C$, ce qui correspond à la prédiction.

EXERCICE 8.6 A

À la température ambiante, l'une des deux substances BrCl et IBr est solide, tandis que l'autre est gazeuse. Laquelle est un gaz ? Laquelle est un solide ? Justifiez votre réponse.

RÉSOLUTION DE PROBLÈMES
Il est impossible de dire quelle doit être exactement la différence des masses molaires pour que le point d'ébullition d'une substance non polaire soit plus élevé que celui d'une substance polaire. Cependant, on voit par l'exemple ci-contre qu'une différence de quelques centaines de grammes par mole est plus que suffisante, alors qu'une différence de 10 à 20 g/mol n'est pas assez grande.

EXERCICE 8.6 B

Laquelle des deux substances de chaque paire devrait avoir le point d'ébullition *le plus bas ?* Justifiez votre réponse.

a) Le toluène, $C_6H_5CH_3$, ou l'aniline, $C_6H_5NH_2$

b) Le *cis*-1,2-dichloroéthylène ou le *trans*-1,2-dichloroéthylène (voir la page 343)

8.6 Les liaisons hydrogène

Si on tente de prédire les points d'ébullition de l'eau et de l'acétaldéhyde en utilisant le même raisonnement que dans l'exemple 8.6, on en vient à la conclusion que le point d'ébullition de l'acétaldéhyde, CH_3CHO ($\mu = 2,69$ D), est plus élevé que celui de l'eau, H_2O ($\mu = 1,84$ D). En effet, ces deux substances sont constituées de molécules polaires, et le moment dipolaire et la masse molaire ($M = 44,05$ g/mol) de l'acétaldéhyde sont plus grands que ceux de l'eau ($M = 18,02$ g/mol). Pourtant, la prédiction est fausse : l'eau bout à 100 °C et l'acétaldéhyde, à 20,2 °C. Mais comment expliquer que la prédiction soit inexacte ? Les points d'ébullition observés indiquent qu'il y a un *autre* type de force intermoléculaire qui n'existe pas dans l'acétaldéhyde ou bien qui y est beaucoup moins grande que dans l'eau. Il existe effectivement une force de ce type, appelée *liaison hydrogène*.

Une **liaison hydrogène** entre des molécules est une force intermoléculaire qui consiste, pour un atome d'hydrogène lié par covalence à un atome d'un non-métal, à être attiré *simultanément* par un atome d'un non-métal appartenant à une molécule voisine. Bien que l'un des non-métaux puisse dans de rares cas être du chlore ou du soufre, les liaisons hydrogène les plus fortes sont celles qui lient de *petits* atomes de non-métaux ayant une *grande électronégativité*. Ainsi, ce sont les atomes d'azote, d'oxygène et de fluor qui prennent part le plus souvent aux liaisons hydrogène.

On peut se représenter une liaison hydrogène comme suit. Dans une liaison covalente, un nuage d'électrons unit un atome d'hydrogène à un autre atome, d'oxygène, par exemple. Le nuage d'électrons est beaucoup plus dense (la densité de la charge électronique est plus grande) à l'extrémité de la liaison où se trouve l'oxygène. La liaison est polaire, δ^- se trouvant sur l'atome d'oxygène et δ^+, sur l'atome d'hydrogène. Ainsi, le noyau d'hydrogène est quelque peu exposé. Il s'ensuit qu'un atome d'oxygène d'une molécule voisine peut s'approcher considérablement du noyau d'hydrogène et partager une partie de sa densité électronique avec lui. La **figure 8.20** illustre les liaisons hydrogène de l'eau ; on y applique la convention habituelle, qui consiste à utiliser des pointillés pour représenter les liaisons hydrogène.

Liaison hydrogène

Force intermoléculaire en vertu de laquelle un atome d'hydrogène lié par covalence à un atome d'un non-métal d'une molécule est attiré simultanément par un atome d'un non-métal d'une molécule voisine. Dans la majorité des cas, l'atome auquel l'hydrogène est lié et l'atome par lequel ce dernier est attiré doivent tous deux être de petits atomes dont l'électronégativité est élevée, soit N, O ou F.

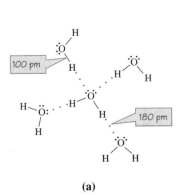

(a)

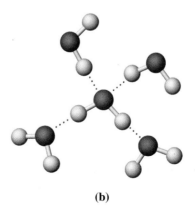

(b)

◀ **Figure 8.20**
Liaisons hydrogène de l'eau

(a) Les structures de Lewis et **(b)** les modèles du type boules et bâtonnets indiquent que chaque molécule d'eau est unie à quatre autres molécules par des liaisons hydrogène. Chaque atome d'hydrogène est situé le long d'une droite qui passe par deux atomes d'oxygène. Les distances les plus courtes (100 pm) correspondent à des liaisons covalentes O—H, tandis que les plus longues (180 pm) correspondent à des liaisons hydrogène.

EXEMPLE 8.7

Pour chacune des substances suivantes, dites à quel point la liaison hydrogène est une force intermoléculaire importante : N_2, HI, HF, CH_3CHO, CH_3OH.

➜ Stratégie

Considérons chaque molécule en ayant à l'esprit que la liaison hydrogène devrait être forte dans les molécules qui renferment des atomes d'hydrogène liés à de *petits* atomes de non-métaux ayant une *électronégativité élevée*, soit N, O ou F.

➜ Solution

N_2 : Les atomes d'azote sont petits et leur électronégativité est élevée, mais il ne peut y avoir de liaison hydrogène en l'absence d'atomes d'hydrogène. *Il n'y a pas de liaison hydrogène.*

HI : La substance renferme des atomes d'hydrogène, mais les atomes d'iode sont gros et leur électronégativité n'est pas très grande. *Il n'y a pas de liaison hydrogène.*

HF : Les atomes d'hydrogène sont liés à de petits atomes d'un non-métal ayant une forte électronégativité (le fluor). *La liaison hydrogène est une importante force intermoléculaire.*

CH_3CHO : La substance renferme à la fois des atomes d'hydrogène et des atomes d'un non-métal ayant une forte électronégativité (l'oxygène), mais sa formule développée (donnée ci-dessous) indique que les atomes d'hydrogène sont liés à des atomes de *carbone,* et non à des atomes d'oxygène.

$$\begin{array}{ccc} H & O & \\ | & \| & \\ H-C-C-H & & \textit{Il n'y a pas de liaison hydrogène.} \\ | & & \\ H & & \end{array}$$

CH_3OH : Dans ce cas également, la substance renferme des atomes d'hydrogène et de petits atomes d'un non-métal ayant une forte électronégativité (l'oxygène), mais cette fois, l'un des atomes d'hydrogène de la molécule est lié à l'atome d'oxygène.

$$\begin{array}{c} H \\ | \\ H-C-O-H \qquad \textit{La liaison hydrogène est une force intermoléculaire importante.} \\ | \\ H \end{array}$$

EXERCICE 8.7 A

Pour chacune des substances suivantes, dites à quel point la liaison hydrogène est une force intermoléculaire importante : NH_3, CH_4, C_6H_5OH, CH_3COOH, H_2S, H_2O_2.

EXERCICE 8.7 B

Disposez les composés suivants par ordre croissant de leur point d'ébullition normal :
a) $(CH_3)_2CHOH$; **b)** CS_2; **c)** $HOCH_2CH_2OH$; **d)** $(CH_3)_3CH$.

Les propriétés uniques de l'eau

Le modèle de la glace présenté dans la **figure 8.21** illustre la façon dont les liaisons hydrogène maintiennent les molécules d'eau à l'intérieur d'une structure rigide, mais ouverte. Lorsque la glace fond, une partie des liaisons hydrogène se rompent, et les molécules d'eau vont se nicher dans les « trous » de la structure de la glace. Il s'ensuit que les molécules sont plus rapprochées dans l'eau liquide que dans la glace : le volume diminue d'environ 10 %, ce qui entraîne une augmentation de la masse volumique. À 0 °C, l'eau liquide est *plus dense* que la glace. Cette caractéristique de l'eau est très inhabituelle, car la très grande majorité des substances sont *moins denses* à l'état liquide qu'à l'état solide. Une pression élevée favorise la rupture des liaisons hydrogène et la diminution de volume qui accompagne la fusion de la glace. Donc, plus la pression est élevée, plus la température de fusion de la glace est basse. Ce fait explique le signe *négatif* de la pente de la courbe de fusion du diagramme de phases de l'eau (figure 8.13, page 379).

Si on chauffe de l'eau liquide dont la température est tout juste supérieure au point de fusion, les liaisons hydrogène continuent de se rompre. Les molécules se tassent encore davantage, et la masse volumique de l'eau liquide augmente jusqu'à ce qu'elle atteigne un maximum à 3,98 °C. Au-delà de ce point, la masse volumique de l'eau diminue avec la température, comme c'est le cas pour la majorité des liquides. Ce comportement de la masse volumique explique qu'un lac d'eau douce ne gèle pas de la surface jusqu'au fond. En hiver, lorsque la température de l'eau tombe en dessous de 4 °C, l'eau la plus dense descend au fond du lac, et l'eau la plus froide, à la surface, gèle en premier. Comme la glace est moins dense que l'eau, l'eau qui gèle est rapidement recouverte d'une couche de glace. La glace à la surface du lac, qui forme un isolant, empêche ensuite l'eau qui se trouve en dessous de perdre davantage de chaleur. Les lacs ne gèlent généralement pas totalement en hiver, à l'exception de ceux qui sont relativement peu profonds et qui sont situés dans des régions très froides.

Il est également étonnant que le point d'ébullition de l'eau (100 °C) soit aussi élevé. En fait, bon nombre de substances qui ont une masse molaire nettement supérieure à celle de l'eau sont des *gaz* à la température ambiante. C'est le cas par exemple de CO_2 et de SO_3, deux substances non polaires. Les seules forces intermoléculaires présentes dans ces gaz sont des forces de dispersion. Il existe même des substances polaires, tel SO_2, qui sont des gaz à la température ambiante. Par contre, le méthanol, CH_3OH, qui a comme l'eau une faible masse molaire (32,04 g/mol), est liquide à la température ambiante parce que ses molécules sont unies par de fortes liaisons hydrogène.

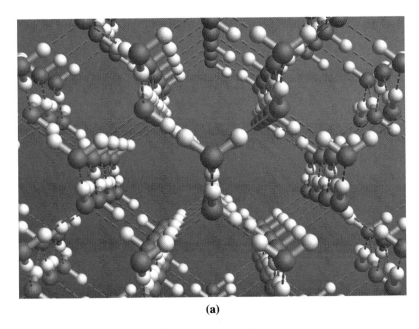

(a)

(b)

▲ **Figure 8.21 Liaisons hydrogène de la glace**
(a) Les atomes d'oxygène sont disposés en couches constituées d'anneaux hexagonaux déformés. Les atomes d'hydrogène sont situés entre des paires d'atomes d'oxygène, plus près d'un de ces atomes (liaison covalente, trait bleu) que de l'autre (liaison hydrogène, pointillé jaune). **(b)** À l'échelle macroscopique, la forme hexagonale des flocons de neige reflète ce modèle structural.

L'importance de la liaison hydrogène dans les substances organiques

Les hydrocarbures ne forment pas de liaison hydrogène parce que l'électronégativité des atomes de carbone n'est pas assez grande. Mais comme de nombreux autres composés organiques contiennent de l'oxygène ou de l'azote, on rencontre fréquemment la liaison hydrogène en chimie organique.

L'acide acétique, CH_3COOH, possède les caractéristiques requises pour la formation de liaisons hydrogène. Cependant, sa chaleur de vaporisation est beaucoup plus basse que celle à laquelle on s'attendrait dans le cas d'une substance comportant de grandes forces intermoléculaires. Paradoxalement, c'est l'existence de liaisons hydrogène dans l'acide acétique qui explique ce phénomène. En fait, les liaisons hydrogène sont assez fortes pour produire des *dimères* (ou molécules doubles). Lorsque l'acide acétique se vaporise, beaucoup de dimères demeurent ensemble. Comme il n'est pas nécessaire de briser les liaisons hydrogène, la quantité d'énergie requise pour transformer une quantité donnée de liquide en vapeur est moins grande que celle qui est prévue, et la chaleur de vaporisation est anormalement basse. La **figure 8.22** représente la structure d'un dimère d'acide acétique.

Dans certaines molécules organiques, il se forme une liaison hydrogène entre deux atomes de non-métaux *d'une même molécule*. Il s'agit de molécules dans lesquelles il existe une liaison hydrogène *intra*moléculaire. L'acide salicylique (**figure 8.23**), un analgésique et un antipyrétique (substance qui combat la fièvre) servant à la préparation de l'aspirine, en constitue un bon exemple.

L'importance de la liaison hydrogène dans les processus physiologiques

La liaison hydrogène peut sembler n'être qu'un élément intéressant de la chimie théorique. Pourtant, elle a une importance considérable en tout ce qui touche à la vie et à la santé. La structure des protéines, qui sont des substances essentielles à la vie, est en partie déterminée par la liaison hydrogène (voir la page 392). L'action des enzymes, c'est-à-dire des molécules protéiques catalysant les réactions de maintien de la vie, dépend en partie notamment de la formation et de la rupture de liaisons hydrogène. Les gènes héréditaires, transmis d'une génération à la suivante, sont portés par les acides nucléiques, dont l'arrangement, d'une simplicité ingénieuse, est dû à des liaisons hydrogène. L'ADN et les protéines doivent comporter des liaisons qui se rompent et se reforment facilement.

▶ **Figure 8.22**

Liaisons hydrogène de l'acide acétique

Les deux molécules d'acide acétique sont unies par deux liaisons hydrogène intermoléculaires (représentées par les pointillés), de manière à former une molécule « double », ou un dimère. Remarquez que la longueur de la liaison hydrogène (H-----O) est plus grande que celle de la liaison covalente H—O.

▶ **Figure 8.23**

Liaison hydrogène de l'acide salicylique

Une liaison hydrogène intramoléculaire (représentée par le pointillé) unit le groupement OH à l'atome d'oxygène, formant la liaison double dans le groupement carboxyle (COOH) de la même molécule.

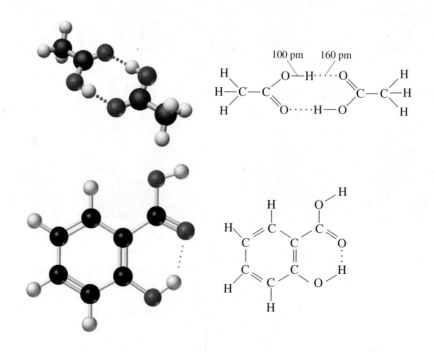

De tous les types de forces qui maintiennent les molécules ensemble, seules les liaisons hydrogène possèdent exactement la quantité d'énergie requise pour ce processus, soit environ de 15 à 40 kJ/mol. L'énergie associée à une liaison chimique covalente est par contre de 150 kJ/mol à plusieurs centaines de kilojoules par mole, et l'énergie associée à une force de Van der Waals est de l'ordre de seulement 2 à 20 kJ/mol.

8.7 La tension superficielle et la viscosité

Nous avons vu que l'intensité des forces intermoléculaires influe sur la masse volumique, les points de fusion et d'ébullition, et l'enthalpie de vaporisation. Mais il existe d'autres propriétés physiques qui sont partiellement touchées par l'intensité de ces forces. Nous allons maintenant examiner deux caractéristiques qui découlent des forces intermoléculaires : la tension superficielle et la viscosité.

La tension superficielle

Quelle que soit la nature des forces intermoléculaires à l'œuvre, les molécules qui se trouvent à l'intérieur d'un liquide sont soumises à plus d'interactions que les molécules en surface (**figure 8.24**). Comme elles sont cernées de toutes parts, elles subissent une plus faible force d'attraction intermoléculaire résultante. En conséquence, leur niveau d'énergie est plus faible. Les molécules s'entassent autant qu'elles le peuvent au sein du liquide, de sorte que l'aire de la surface est minimale. Étant donné que le rapport de la surface au volume est plus petit pour une sphère que pour toute autre figure tridimensionnelle, les liquides en chute libre ont tendance à former des gouttelettes sphériques.

Pour augmenter la surface d'un liquide, il faut fournir de l'énergie, car il faut amener les molécules qui se trouvent au sein du liquide, où le niveau d'énergie est relativement faible, vers la surface, où le niveau d'énergie est plus élevé. On appelle **tension superficielle (γ)** la quantité de travail requise pour augmenter la surface d'un liquide. On l'exprime généralement en joules par mètre carré (J/m^2)—c'est la quantité de travail requise pour augmenter la surface d'un liquide de 1 m^2. Voici deux valeurs de la tension superficielle à 20 °C :

> **Tension superficielle (γ)**
>
> Quantité de travail requise pour augmenter la surface d'un liquide ; cette quantité s'exprime généralement en joules par mètre carré (J/m^2).

$$\text{Hexane : } CH_3(CH_2)_4CH_3 \quad \gamma = 0,0184 \ J/m^2$$
$$\text{Eau : } H_2O \quad \gamma = 0,0729 \ J/m^2$$

La comparaison des forces intermoléculaires permet d'expliquer le fait que la tension superficielle de l'eau est nettement plus grande que celle de l'hexane. À cause de la présence de fortes liaisons hydrogène intermoléculaires, il est plus difficile d'augmenter la surface de l'eau liquide que celle de l'hexane, dont la cohésion est assurée seulement par des forces de dispersion. Si on chauffe un liquide, il est plus facile de surmonter les

◄ **Figure 8.24**
Forces intermoléculaires dans un liquide

Les molécules qui se trouvent à la surface d'un liquide sont attirées seulement par les autres molécules qui sont à la surface et par celles immédiatement en dessous. Les molécules situées au sein d'un liquide sont soumises à des forces exercées par les molécules voisines, et cela dans toutes les directions.

Le rôle des liaisons hydrogène dans les protéines

Les protéines sont de longues chaînes d'atomes dont la masse moléculaire varie de plusieurs milliers à plusieurs millions d'unités de masse atomique. Presque toutes les protéines présentes dans les êtres vivants, des bactéries aux humains, sont formées à partir d'une vingtaine d'acides aminés fondamentaux, qui sont comme des molécules de base. La très grande majorité des acides aminés [$RCH(NH_2)COOH$] contiennent un groupement amine ($—NH_2$) lié à l'atome de carbone alpha (α), c'est-à-dire l'atome adjacent à l'atome de carbone du groupement carboxyle ($—COOH$). Les acides aminés possèdent différents groupements R.

Deux molécules d'acides aminés s'unissent pour créer un dipeptide en éliminant une molécule d'eau et en formant une liaison *peptidique* ($—CO—NH—$).

Les groupements situés aux extrémités du dipeptide peuvent s'unir chacun à une autre molécule d'acide aminé et former ainsi une chaîne contenant quatre entités d'acides aminés et trois liaisons peptidiques. Deux autres molécules d'acides aminés peuvent venir s'ajouter à la chaîne, et ainsi de suite, de sorte que celle-ci s'allonge de plus en plus.

Le code génétique d'un organisme détermine la *séquence* d'acides aminés de chaque type de protéines. Cette séquence est appelée *structure primaire* de la protéine. Les chaînes peuvent à leur tour, en tournant et en se repliant, donner diverses formes typiques des molécules protéiques. Ces formes sont appelées *structures secondaires* de la protéine. La **figure 8.25** indique que la liaison hydrogène joue un rôle très important dans la détermination des deux principaux types de structures secondaires observés dans l'ensemble des protéines.

Les chaînes protéiques, avec leurs structures secondaires, peuvent se replier encore sur elles-mêmes et adopter de la sorte une *structure tertiaire*. Cette dernière permet de rapprocher les uns des autres des acides aminés appartenant à des segments éloignés de la structure primaire, de sorte que leurs groupements R puissent interagir pour stabiliser la molécule ou créer un site qui servira à la fonction de la protéine. On observe dans ce cas quatre types d'interactions : des liaisons ioniques, des liaisons covalentes, des liaisons hydrogène et des forces de dispersion.

Les fonctions des protéines dépendent de leurs structures primaires, secondaires et tertiaires. Dans certaines protéines, les chaînes, en s'enroulant les unes autour des autres, forment de gros câbles et de longues fibres qui servent à la connexion, au soutien et à la structure. Il s'agit de *protéines fibreuses*, présentes notamment dans les cheveux, la peau et les muscles, de même que dans les substances filiformes sécrétées par des insectes, comme la soie. Dans d'autres protéines, les chaînes, en se repliant sur elles-mêmes, forment des *protéines globulaires* compactes. L'hémoglobine, les enzymes et les gammaglobulines, ou anticorps, sont des protéines globulaires. On appelle *enzymes* les protéines qui rendent possibles presque toutes les réactions se produisant dans les cellules vivantes.

Une molécule protéique remplit sa fonction seulement si elle se trouve dans la conformation appropriée. La chaleur, les rayons ultraviolets et certaines substances chimiques *dénaturent* les protéines, c'est-à-dire qu'ils les modifient de façon qu'elles ne puissent plus remplir leur fonction. Ces changements résultent de la rupture des liaisons et des forces qui maintiennent la structure caractéristique des molécules.

La majorité des protéines subissent une dénaturation lorsqu'on les chauffe à plus de 50 °C. La chaleur, les rayons ultraviolets et des composés organiques, tels les alcools et les phénols, sont utilisés pour désinfecter des objets en provoquant la dénaturation des protéines des bactéries, ce qui entraîne la destruction de ces dernières. On cuit la majorité des aliments contenant des protéines, en partie pour détruire les microorganismes nuisibles, mais aussi parce que, généralement, les protéines dénaturées se mastiquent plus aisément et qu'il est plus facile pour les enzymes digestives de les dégrader.

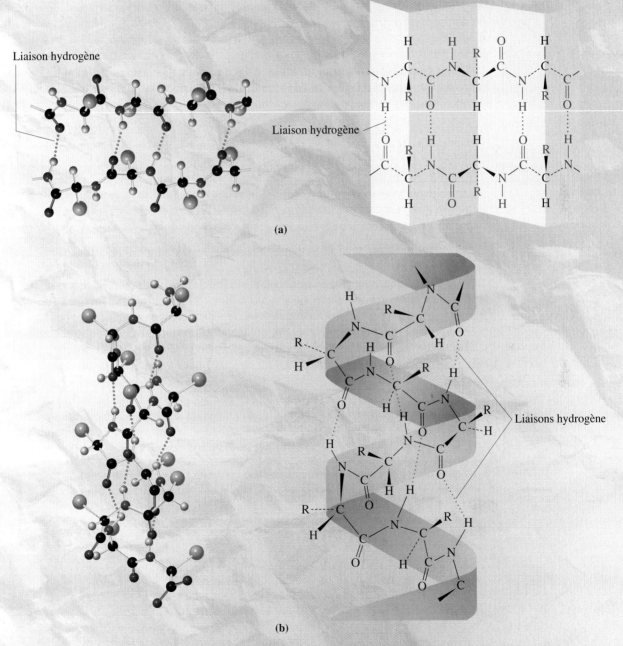

(a)

(b)

▲ **Figure 8.25 Deux structures secondaires principales des protéines**

(a) Dans la conformation dite *en feuillet plissé*, des segments de protéine, appartenant à une même chaîne d'acides aminés qui se replie sur elle-même ou provenant de plusieurs chaînes, s'alignent côte à côte. Le feuillet plissé est maintenu ensemble par des liaisons hydrogène qui unissent certains groupements NH d'un segment aux groupements CO qui se trouvent vis-à-vis sur le segment voisin. Les liaisons hydrogène sont représentées à la fois dans le modèle moléculaire et dans la formule développée. De plus, la formule développée met en évidence les plis (on peut se représenter cette formule comme si elle était écrite sur du papier plié en accordéon). (b) Dans la conformation dite *en hélice α,* la chaîne d'acides aminés s'enroule en forme d'hélice. Chaque groupement NH est uni, par une liaison hydrogène, à un groupement CO situé sur une spire voisine (soit à 3,6 acides aminés du groupement NH) de la chaîne, ce qui donne une structure hélicoïdale passablement rigide, hérissée de groupements R tournés vers l'extérieur.

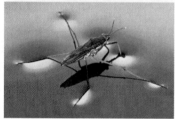

▲ **Figure 8.26**
Tension superficielle de l'eau
La tension superficielle de l'eau permet à l'aiguille en acier de flotter à la surface de l'eau, même si elle est plus dense que le liquide. C'est également la tension superficielle qui supporte le patineur (araignée d'eau).

Forces d'adhésion

Forces qui s'exercent entre des molécules dissemblables, par exemple entre les molécules d'un liquide et celles de la surface sur laquelle le liquide est étalé.

Forces de cohésion

Forces qui s'exercent entre des molécules semblables.

Ménisque

Interface entre un liquide contenu dans un récipient et l'air situé au-dessus du liquide ; il peut être de forme convexe ou concave.

forces intermoléculaires parce que l'énergie thermique des molécules est alors plus grande. La tension superficielle *diminue* donc lorsque la température augmente.

La tendance des molécules à se déplacer vers l'intérieur d'un liquide fait en sorte que la surface agit comme si elle était recouverte d'une «peau» très tendue. Une telle peau permet à une aiguille en acier de flotter sur de l'eau (**figure 8.26**), même si elle est beaucoup plus dense que le liquide et qu'elle devrait donc s'y enfoncer. La force gravitationnelle qui s'exerce sur l'aiguille (ou le poids de celle-ci) n'est pas assez grande pour rompre la peau, c'est-à-dire pour accroître la surface de l'eau de manière que le liquide recouvre l'aiguille.

Lorsqu'une goutte de liquide s'étend sur une surface, on dit que le liquide «mouille» la surface. L'énergie requise pour étendre la goutte provient de l'écrasement de la goutte sous l'effet de la force gravitationnelle. Cependant, pour déterminer si un liquide s'étendra ou non sur une surface, il faut prendre en compte deux facteurs : l'intensité des forces d'adhésion et des forces de cohésion. Les **forces d'adhésion** sont des forces intermoléculaires qui s'exercent entre des molécules dissemblables, tandis que les **forces de cohésion** s'exercent entre des molécules semblables. Les forces d'adhésion entre un liquide et une surface doivent être plus grandes que les forces de cohésion qui s'exercent à l'intérieur du liquide pour que celui-ci mouille la surface.

Si on veut nettoyer une surface avec de l'eau, il faut que celle-ci mouille la surface. Le verre et certains tissus, par exemple, sont faciles à mouiller avec de l'eau. Cependant, si le verre est recouvert d'un film de graisse ou d'huile, l'eau ne mouille pas la surface, c'est-à-dire qu'elle ne mouille pas la couche huileuse. Les gouttelettes d'eau perlent plutôt sur la pellicule graisseuse (**figure 8.27**). Un détergent agit en dispersant la graisse dans l'eau. Pour rendre un tissu (comme une toile de tente) imperméable, on le recouvre intentionnellement d'huile, de manière que l'eau ne puisse le mouiller.

Si un liquide mouille la surface du récipient qui le contient, le liquide s'élève quelque peu le long des parois du récipient. L'interface entre le liquide et l'air situé au-dessus, appelée **ménisque**, a une forme *concave* (⌣) qui évoque celle d'un sourire. Par contre, s'il ne mouille pas les parois du récipient qui le contient, le liquide s'éloigne de celles-ci et forme un ménisque *convexe* (⌢) qui évoque un air mécontent. L'eau contenue dans un récipient en verre forme un ménisque concave et le mercure, un ménisque convexe (**figure 8.28**). La formation d'un ménisque est beaucoup plus importante dans un tube de très petit diamètre, appelé tube *capillaire*. Ce phénomène est appelé *capillarité*. La **figure 8.29** montre que l'eau s'élève de plusieurs centimètres dans un tube capillaire en verre. L'élévation de l'eau dans une éponge est également due au phénomène de capillarité. C'est finalement cette propriété qui permet de se sécher à l'aide d'une serviette. Cette dernière, formée de coton consistant en des fibres de cellulose, riches en groupements OH, absorbe facilement l'eau par capillarité. De plus, les molécules d'eau forment de nombreuses liaisons hydrogène avec la cellulose.

▲ **Figure 8.27 Forces d'adhésion et forces de cohésion**
À cause de la présence de grandes forces d'adhésion, la mince couche d'eau s'étend sur la plaque de verre propre (à gauche). Si on recouvre le verre d'une pellicule d'huile (à droite), les forces d'adhésion entre l'huile et l'eau ne sont pas assez intenses pour annuler les forces de cohésion de l'eau. Celle-ci forme des gouttelettes sur le verre.

▲ **Figure 8.28**
Formation d'un ménisque

Comme elle mouille le verre, l'eau forme un ménisque *concave* lorsqu'elle est contenue dans un récipient en verre (à gauche). Le mercure, par contre, ne mouille pas le verre : il forme un ménisque *convexe* (à droite).

◄ **Figure 8.29 Capillarité**

L'étalement, vers le haut, d'une mince couche d'eau sur les parois du tube capillaire produit une légère baisse de la pression sous le ménisque. La pression atmosphérique pousse une colonne d'eau dans le tube de manière à compenser la différence de pression. La force gravitationnelle qui s'exerce sur la colonne de liquide s'oppose à l'élévation de l'eau dans le tube, ce qui limite la hauteur de la colonne.

Viscosité

Propriété d'un liquide constituant une mesure de la résistance du liquide à l'écoulement.

La viscosité

Lors de son écoulement, une partie du liquide se déplace par rapport aux parties adjacentes, et les forces de cohésion qui s'exercent à l'intérieur du liquide créent un « frottement interne » qui réduit le débit. On utilise le terme **viscosité** pour décrire la résistance d'un liquide à l'écoulement. Les liquides tels la mélasse, le miel et l'huile à moteur lourde ne coulent pas facilement ; leur viscosité est élevée : ils sont dits *visqueux*. Les liquides comme l'hexane, l'eau et l'éthanol coulent facilement : ils sont dits *fluides*.

La viscosité d'un liquide dépend, dans une certaine mesure, de l'intensité des forces intermoléculaires : elle est d'autant plus grande que ces forces sont intenses. On peut illustrer ce fait en comparant trois alcools.

Propan-1-ol
(alcool propylique)
0,002 Pa·s

Propane-1,2-diol
(propylène glycol)
0,05 Pa·s

Propane-1,2,3-triol
(glycérol)
1 Pa·s

▲ **Figure 8.30**
Mesure de la viscosité

On commence à verser en même temps de l'huile à moteur pour automobile dans deux entonnoirs identiques. L'huile très visqueuse (10W40, à gauche) s'écoule beaucoup plus lentement que l'huile moins visqueuse (10W10, à droite). Le premier chiffre associé à cette classification des huiles lubrifiantes indique l'importance de la variation de la viscosité de l'huile en fonction de la température. Plus le chiffre est bas, moins la viscosité fluctue à chaud et à froid. Le deuxième chiffre indique la viscosité de l'huile à la température ambiante. Plus ce chiffre est élevé, plus l'huile est visqueuse. Le symbole W pour *winter* signifie que l'huile est multigrade, c'est-à-dire qu'elle peut servir en toute saison.

L'unité de viscosité utilisée dans la comparaison est le *pascal-seconde* (Pa·s ou N·s·m^{-2}), qui est l'unité SI de viscosité. L'augmentation de la masse molaire devrait entraîner une augmentation graduelle de la viscosité, de gauche à droite, pour les alcools comparés. Cependant, l'augmentation radicale observée s'explique par la présence de liaisons hydrogène. Lorsque le nombre de groupements —OH d'un alcool augmente, la probabilité de formation de liaisons hydrogène augmente aussi, de même que la résistance à l'écoulement (ou viscosité).

On détermine la viscosité d'un liquide notamment en mesurant sa vitesse d'écoulement dans des conditions minutieusement contrôlées. La **figure 8.30** illustre la comparaison établie entre l'écoulement de deux huiles à moteur de viscosités très différentes. Les forces intermoléculaires perdent de leur efficacité lorsque la température augmente. En conséquence, la viscosité *diminue*, de la même façon que la tension superficielle.

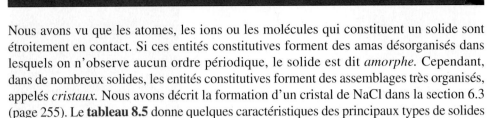

La structure des solides

Nous avons vu que les atomes, les ions ou les molécules qui constituent un solide sont étroitement en contact. Si ces entités constitutives forment des amas désorganisés dans lesquels on n'observe aucun ordre périodique, le solide est dit *amorphe*. Cependant, dans de nombreux solides, les entités constitutives forment des assemblages très organisés, appelés *cristaux*. Nous avons décrit la formation d'un cristal de NaCl dans la section 6.3 (page 255). Le **tableau 8.5** donne quelques caractéristiques des principaux types de solides cristallins. Dans le reste du présent chapitre, nous présenterons d'autres informations à propos de ces solides.

8.8 La structure des solides covalents cristallins

Dans la majorité des substances liées par covalence, les liaisons entre les atomes, c'est-à-dire les forces *intra*moléculaires, sont très fortes ; les forces d'attraction entre les molécules, c'est-à-dire les forces *inter*moléculaires, sont beaucoup moins intenses, près de cent fois moins. Il s'ensuit que de nombreuses substances moléculaires existent sous la forme de gaz à la température ambiante, tandis que les autres sont des liquides ou des solides dont le point d'ébullition est bas ou moyennement élevé. Cependant, il existe quelques substances liées par covalence, appelées **solides covalents cristallins**, dans lesquelles un réseau de liaisons covalentes s'étend à la grandeur d'un solide cristallin. Les atomes sont maintenus ensemble au moyen de forces exceptionnellement grandes. Les deux exemples les plus caractéristiques sont le diamant et le graphite, soit les deux principales formes du carbone.

Solide covalent critallin

Substance liée par covalence dans laquelle un réseau de liaisons covalentes s'étend à la grandeur du solide, qu'il maintient ensemble au moyen de forces exceptionnellement grandes ; par exemple le graphite et le diamant.

Le diamant

Nous allons tenter de déterminer une structure de Lewis pour le diamant en partant du fait que les liens carbone-carbone de cette substance sont des liaisons covalentes *simples*.

 Structure de Lewis insatisfaisante du diamant

Dans cette structure, un seul des cinq atomes de carbone est doté d'un octet dans sa couche de valence. On peut pallier cette lacune en ajoutant des atomes de carbone, ce qui accroît la proportion d'atomes dont la couche de valence atteint l'octet. Bien qu'il ne rende pas la structure de Lewis plus satisfaisante, ce stratagème permet de construire une « molécule » géante, constituée de tous les atomes du cristal de diamant. Autrement dit, les atomes de carbone d'un diamant forment un solide covalent cristallin.

La représentation d'une minuscule portion d'un cristal de diamant dans la **figure 8.31** indique que chaque atome de carbone est lié à quatre autres atomes de carbone selon une forme tétraédrique. Cet arrangement est associé à l'hybridation sp^3 des atomes. Pour érafler ou briser un cristal de diamant, il faut rompre plusieurs liaisons covalentes, ce qui est très difficile. Le diamant est donc la plus dure des substances connues : aucune substance ne peut l'érafler, mais il peut érafler les autres solides, notamment le verre. Il est l'abrasif le plus puissant dont on dispose. Pour le faire fondre, il faut aussi rompre des liaisons covalentes ; c'est ce qui explique son point de fusion exceptionnellement élevé, soit plus de 3500 °C.

Comme le silicium appartient au même groupe que le carbone (groupe IVB), on s'attend à ce que ses atomes soient capables de se substituer à des atomes de carbone dans la structure du diamant. Cela se produit effectivement dans le cas du carbure de

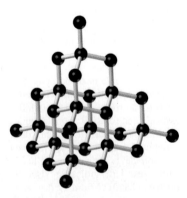

▲ **Figure 8.31**
Structure cristalline du diamant
Chaque atome de carbone est lié à quatre autres atomes de carbone selon une forme tétraédrique.

silicium, SiC. Ce composé est mieux connu sous le nom de carborundum, un abrasif couramment utilisé pour la fabrication de meules.

Le diamant ne conduit pas l'électricité. Deux facteurs sont essentiels à la conductivité électrique : (1) la présence de particules chargées ; (2) la possibilité pour ces particules de se déplacer librement dans un champ électrique. Le diamant renferme des particules chargées (des électrons), mais elles sont toutes *localisées* dans des liaisons covalentes. Elles ne se mettent pas en mouvement en présence d'un champ électrique, de sorte que le diamant *n'est pas conducteur* d'électricité.

Le graphite

Une autre structure qui permet d'unir les atomes de carbone entre eux de façon que tous les électrons de valence soient utilisés consiste à relier chaque atome à trois autres atomes situés dans le même plan. Cette structure est celle du graphite. Trois des quatre électrons de valence de chaque atome de carbone C sont *localisés* dans des orbitales hybrides sp^2, mais le quatrième est situé dans une orbitale $2p$ perpendiculaire au plan des orbitales sp^2. Ces électrons $2p$ sont *délocalisés*. Les liaisons sont semblables à celles du benzène, sauf que les électrons délocalisés sont répartis sur toute l'étendue des plans déterminés par les atomes de carbone, au lieu d'être concentrés dans des anneaux hexagonaux. La structure cristalline qui résulte de cette modification est représentée dans la **figure 8.32**, page suivante.

TABLEAU **8.5** Quelques caractéristiques des solides cristallins				
Type de solide	**Particules constitutives**	**Forces intermoléculaires**	**Propriétés**	**Exemples**
Moléculaire				
Non polaire	Atomes ou molécules	Forces de dispersion	Point d'ébullition extrêmement ou moyennement bas ; solubles dans les solvants non polaires.	Ar, H_2, I_2, CCl_4, CH_4, CO_2
Polaire	Molécules polaires	Forces de dispersion ; forces d'attraction entre dipôles permanents et entre dipôles permanents et dipôles induits	Point d'ébullition bas ou moyennement bas ; solubles dans certains solvants polaires et certains solvants non polaires.	HCl, H_2S, $CHCl_3$, $(CH_3)_2O$, $(CH_3)_2CO$
Avec liaisons hydrogène	Molécules contenant des atomes H liés à N, O ou F	Liaisons hydrogène	Point d'ébullition bas ou moyennement bas ; solubles dans des liquides à liaisons hydrogène et des liquides polaires.	H_2O, HF, NH_3, CH_3OH, CH_3COOH
Covalent	Atomes	Liaisons covalentes	Majoritairement très durs ; points de sublimation ou de fusion très élevés ; majoritairement non conducteurs d'électricité.	C(diamant), C(graphite) SiC, SiO_2, BN
Ionique	Cations et anions	Forces d'attraction électrostatiques	Durs ; cassants ; point d'ébullition moyennement ou très élevé ; non conducteurs d'électricité à l'état solide, mais conducteurs à l'état liquide ; solubles dans l'eau dans de nombreux cas.	NaCl, CaF_2, K_2S, MgO
Métallique	Cations et électrons délocalisés	Liaisons métalliques	De mous à très durs ; point d'ébullition de bas à très élevé ; brillants ; ductiles ; malléables ; bons à excellents conducteurs électriques et thermiques.	Na, Mg, Al, Fe, Cu, Zn, Mo, Ag, Cd, W, Pt, Hg, Pb

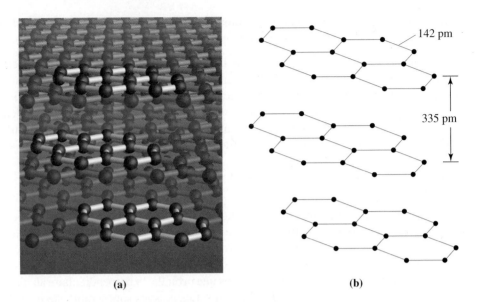

▶ **Figure 8.32**
Structure cristalline du graphite

(a) Un modèle du type boules et bâtonnets. **(b)** Un schéma représentant les distances des liaisons.

142 pm

335 pm

(a)   **(b)**

Le graphite possède des propriétés intéressantes, compatibles avec le modèle de liaison décrit dans le paragraphe précédent.

1. La longueur des liaisons carbone-carbone *à l'intérieur* des couches (142 pm) est comparable à celle des liaisons du benzène (139 pm). En revanche, la distance *entre* les couches de carbone est grande (335 pm).

2. Comme la distance entre les couches est grande et que celles-ci sont faiblement liées, elles glissent assez facilement les unes sur les autres. C'est pourquoi le graphite est un bon lubrifiant[*] et est utilisé pour fabriquer des mines de crayon.

3. Le graphite est un bon conducteur électrique parce que les électrons *p* délocalisés se mettent en mouvement sous l'effet d'un champ électrique externe. On emploie fréquemment le graphite pour la fabrication d'électrodes utilisées dans les batteries et pour des réactions d'électrolyse.

Le diamant et le graphite solides sont des exemples du caractère *polymorphe* du carbone, mais ils ne sont pas que cela. Deux ou plusieurs formes d'un *élément* qui diffèrent par leur structure *moléculaire* fondamentale sont dites **formes allotropiques**. Le diamant et le graphite sont des formes allotropiques du carbone.

Formes allotropiques

Formes distinctes d'un même élément qui diffèrent par leur structure moléculaire fondamentale; le graphite et le diamant sont des formes allotropiques du carbone.

D'autres formes allotropiques du carbone

En 1985, on a découvert un certain nombre de molécules de carbone, jusque-là inconnues, dans les produits résultant de la vaporisation du graphite. La masse moléculaire de l'entité prédominante est de 720 u, ce qui correspond à la molécule C_{60}. La structure proposée pour cette molécule est un assemblage à peu près sphérique d'atomes formant des hexagones et des pentagones, qui évoque un ballon de soccer (**figure 8.33**). On a appelé la molécule C_{60} «buckminsterfullerène» parce que sa forme rappelle celle des dômes géodésiques créés par l'architecte Richard Buckminster Fuller, dont la Biosphère de Montréal. On emploie aujourd'hui le terme général *fullerène* pour désigner la molécule C_{60} et des molécules semblables découvertes ultérieurement, telles C_{70}, C_{74} et C_{82}.

Les fullerènes sont aussi des formes *allotropiques* du carbone, en ce sens que leur structure moléculaire diffère de celle du diamant ou du graphite. Encore plus récemment, on a découvert des formes allotropiques du carbone appelées *nanotubes*, qui sont aussi des

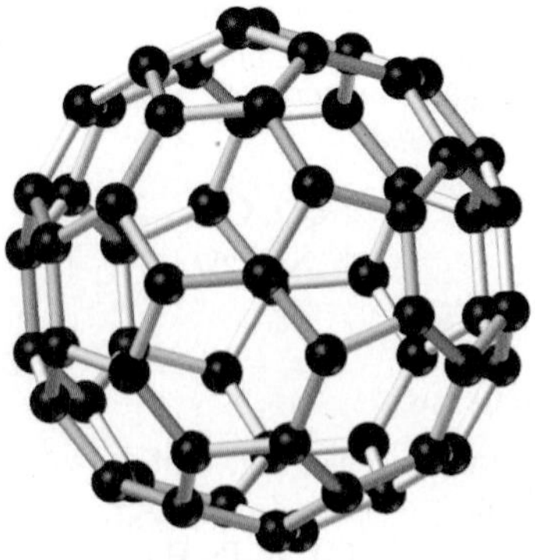

▲ **Figure 8.33**
Modèle du type boules et bâtonnets illustrant la molécule C_{60}

[*] La présence de molécules d'oxygène entre les couches d'atomes de carbone semble être un facteur déterminant des propriétés lubrifiantes du graphite. Si on chauffe le graphite sous vide à une température élevée, il perd une bonne partie de son pouvoir lubrifiant.

solides covalents cristallins. On peut considérer un nanotube comme un fullerène étiré qui adopte la forme d'un cylindre creux, par l'insertion de plusieurs atomes de carbone additionnels. On peut aussi se représenter un nanotube comme un réseau bidimensionnel formé d'anneaux hexagonaux d'atomes de carbone, qui ressemble à du grillage de basse-cour. Le réseau, appelé *feuille de graphène,* s'enroule en forme de cylindre dont chaque extrémité est fermée par la moitié d'une molécule C_{60} (**figure 8.34**). Les nanotubes possèdent des propriétés mécaniques et électriques très particulières, qui présentent un grand intérêt pour la recherche actuelle.

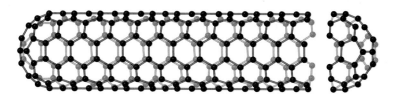

◀ **Figure 8.34**
Modèle du type boules et bâtonnets représentant un nanotube de carbone

L'interruption dans la structure indique que la longueur des molécules peut varier de quelques nanomètres à un micromètre ou plus. Leur diamètre est généralement de l'ordre de quelques nanomètres.

8.9 Les liaisons ioniques en tant que forces « intermoléculaires »

Lorsque nous avons abordé l'étude des composés ioniques au chapitre 2 (page 60), et que nous avons décrit la liaison ionique au chapitre 6 (page 255), nous avons souligné qu'il n'existe pas de « molécule » d'un composé ionique solide : un composé de ce type ne peut donc pas comporter de forces intermoléculaires. Il existe seulement des forces d'attraction interioniques, en vertu desquelles chaque ion est attiré simultanément par plusieurs ions ayant une charge de signe opposé à la sienne. Les forces d'attraction interioniques, ou liaisons ioniques, agissent à la grandeur du cristal ionique.

Au chapitre 6, nous avons défini l'*énergie de réseau* comme une propriété qui reflète l'intensité des forces d'attraction interioniques. Il est néanmoins possible d'établir des comparaisons qualitatives sans utiliser les valeurs réelles de l'énergie de réseau. L'énoncé qui suit, illustré dans la **figure 8.35**, décrit assez bien la relation entre l'énergie de réseau et les propriétés atomiques.

> *La force d'attraction entre deux ions ayant des charges de signes opposés augmente quand ces charges augmentent et que le rayon ionique diminue. L'énergie de réseau augmente donc elle aussi.*

En raison de la valeur élevée de leur énergie de réseau, la majorité des solides ioniques ne se subliment pas facilement. Il est cependant possible de les faire fondre en fournissant la quantité d'énergie thermique requise pour rompre le réseau cristallin. En général, leur point de fusion est d'autant plus élevé que l'énergie de réseau est grande.

Les composés ioniques solides satisfont à une seule des deux conditions requises pour qu'une substance conduise l'électricité (voir la page 397). Ils renferment des particules chargées (des ions), mais ils ne satisfont pas à la seconde condition puisque les ions sont

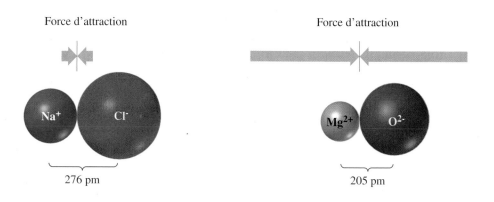

Force d'attraction

Force d'attraction

276 pm

205 pm

◀ **Figure 8.35**
Forces d'attraction interioniques

Comme les charges ioniques sont plus grandes et la distance interionique plus faible dans le cas de Mg^{2+} et de O^{2-} que dans celui de Na^+ et de Cl^-, la force d'attraction entre Mg^{2+} et O^{2-} est environ sept fois plus grande que celle qui existe entre Na^+ et Cl^-. La distance interionique est égale à la somme des rayons ioniques, donnés dans la figure 5.15 (page 222).

immobiles à l'intérieur du réseau cristallin. Ils ne conduisent donc pas l'électricité. Cependant, si on fait fondre un solide ionique ou qu'on le dissout dans un solvant approprié, par exemple de l'eau, les ions sont libres de se déplacer. Les solutions des composés ioniques sont de bons conducteurs de l'électricité.

EXEMPLE **8.8**

Disposez les trois solides ioniques suivants selon l'ordre croissant probable de leurs points de fusion : MgO, NaBr et NaCl.

➜ **Stratégie**

Il faut tenir compte des deux principes suivants : (1) plus l'énergie de réseau d'un composé ionique est grande, plus son point de fusion est élevé ; (2) l'énergie de réseau est liée à la charge et à la taille des ions.

➜ **Solution**

La charge des ions Mg^{2+} et O^{2-} est plus grande que celle des ions Na^+, Cl^- et Br^-. De plus, Mg^{2+} est un ion de plus petite dimension que Na^+, et O^{2-} est plus petit que Cl^- et Br^-. L'énergie de réseau de MgO devrait donc être beaucoup plus grande que celle de NaCl ou de NaBr, ce qui implique que le point de fusion de MgO devrait être *plus élevé* que celui des deux autres composés.

Il reste à déterminer lequel de NaCl et de NaBr a la plus grande énergie de réseau. Les deux composés renferment évidemment le même cation, et leurs anions ont des charges identiques. La seule caractéristique qui diffère est le rayon de l'anion. L'ion Cl^- est plus petit que l'ion Br^-, de sorte que les forces d'attraction interioniques sont plus grandes dans NaCl que dans NaBr. L'énergie de réseau et le point de fusion de NaCl devraient donc être plus grands que ceux de NaBr. L'ordre croissant probable des points de fusion est $NaBr < NaCl < MgO$.

➜ **Évaluation**

Les valeurs observées des points de fusion étayent cette hypothèse : 747 °C pour NaBr ; 801 °C pour NaCl ; 2832 °C pour MgO.

EXERCICE 8.8 A

Disposez les solides ioniques suivants selon l'ordre croissant probable de leurs points de fusion : CsBr, KCl, KI et MgF_2.

EXERCICE 8.8 B

Lequel des quatre solides ioniques de l'exercice 8.8A est insoluble dans l'eau ? Expliquez votre réponse.

Cristal

Substance solide dont la forme régulière est constituée de surfaces planes et d'arêtes vives qui se coupent selon des angles déterminés. Les unités constitutives (atomes, ions ou molécules en petit nombre) sont assemblées selon un motif régulier et récurrent, qui s'étend dans tout le solide, selon les trois dimensions.

8.10 La structure des cristaux

Du point de vue macroscopique, un **cristal** est une substance solide dont la forme régulière est constituée de surfaces planes et d'arêtes vives qui se coupent selon des angles déterminés. Du point de vue microscopique, un cristal est un assemblage d'unités qui se répètent et qui sont constituées d'un petit nombre d'atomes, d'ions ou de molécules. La connaissance d'une de ces unités minuscules permet de se représenter la structure entière du solide ; c'est là une des caractéristiques fondamentales d'un cristal.

Les réseaux cristallins

Nous voyons presque tous les jours autour de nous des dessins ou des figures constitués de motifs qui se répètent. Souvent, il s'agit d'une suite de motifs à une seule dimension, comme des perles dans un collier. Ou bien, les motifs sont à deux dimensions, comme sur une surface recouverte de dalles. Ces deux exemples, tirés de la vie courante, sont illustrés dans la **figure 8.36**.

Dans le cas du collier de la figure 8.36*a*, le motif, ou unité récurrente, est un groupe de quatre grains, rouge-rouge-vert-bleu. On peut obtenir des colliers de longueurs différentes en reproduisant cette unité le nombre de fois nécessaire, et tous les colliers présentent le même motif. Le cas du plancher recouvert de dalles hexagonales est un peu plus complexe (figure 8.36*b*). Si on choisit un hexagone complet comme unité récurrente, on obtient les tuiles voisines de la même rangée par des déplacements *simples* vers la *gauche* et vers la *droite*. Pour obtenir les dalles de la rangée immédiatement au-dessous, il faut effectuer des déplacements *doubles* : vers le *bas,* puis vers la *gauche* ou la *droite*. On peut toutefois choisir une autre unité récurrente à partir de laquelle on obtient le motif d'ensemble au moyen de déplacements *simples* dans toutes les directions, sans revenir sur la partie du motif déjà formée. Cette autre unité récurrente est le parallélogramme rouge illustré dans la figure 8.36*c*.

Pour décrire les cristaux, nous devons faire appel à des motifs tridimensionnels, qui se constituent en structures appelées *réseaux*. Il faut 14 réseaux différents pour décrire tous les solides cristallins, mais nous nous limiterons aux réseaux *cubiques*.

Le réseau représenté dans la **figure 8.37** est formé de trois ensembles de plans équidistants et mutuellement perpendiculaires. La figure géométrique colorée en bleu est un *parallélépipède*. Elle comprend *six* faces résultant de l'intersection de trois paires de plans parallèles. Ce type particulier de parallélépipède est appelé *cube*. Un parallélépipède unique qui permet d'obtenir le réseau tout entier par de simples déplacements de l'unité récurrente du réseau est appelé **maille élémentaire**. Dans la figure 8.37, le cube coloré en bleu est une maille élémentaire du réseau.

Maille élémentaire

Parallélépipède unique qui permet d'obtenir un réseau cristallin tout entier par de simples déplacements de l'unité récurrente du réseau.

(a) Un collier est formé d'une répétition de motifs à une dimension.

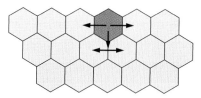

(b) Sur une surface recouverte de dalles hexagonales, le motif est bidimensionnel.

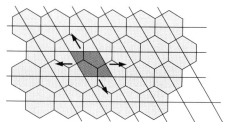

(c) Le motif bidimensionnel est recouvert d'une grille formée de droites parallèles. L'unité récurrente est colorée en rouge.

▲ Figure 8.36
Répétition de motifs à une dimension et à deux dimensions

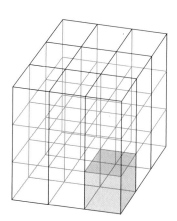

▲ Figure 8.37
Réseau cubique

On obtient le réseau tout entier au moyen de déplacements (vers la gauche ou la droite, l'avant ou l'arrière, le haut ou le bas) de la maille élémentaire, colorée en bleu.

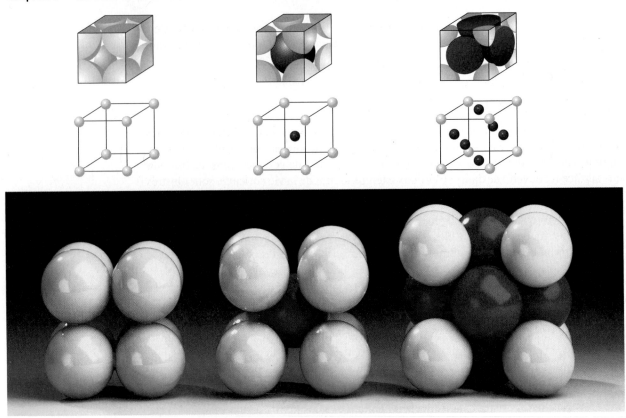

(a) Structure cubique simple

(b) Structure cubique centrée

(c) Structure cubique à faces centrées

▲ **Figure 8.38 Mailles élémentaires de structures cristallines cubiques**
Dans les trois dessins du haut, les sphères (atomes) sont directement en contact. Dans les dessins de la seconde rangée, seuls les centres des sphères sont représentés. Les modèles compacts de la photo indiquent que certaines sphères sont directement en contact.

Structure cubique simple

Maille élémentaire cubique dans laquelle il y a des particules constitutives (atomes, ions ou molécules) seulement aux sommets.

Structure cubique centrée (cc)

Structure cristalline dont la maille élémentaire est un cube comportant une particule constitutive à chaque sommet et une autre au centre.

Structure cubique à faces centrées (cfc)

Structure cristalline dont la maille élémentaire est un cube comportant une particule constitutive à chaque sommet et au centre de chaque face.

Dans la maille élémentaire la plus simple, il y a des particules constitutives (des atomes, des ions ou des molécules) seulement aux sommets : il s'agit d'une **structure cubique simple** (**figure 8.38a**). Cependant, il est parfois plus facile de décrire certaines structures cristallines au moyen d'une maille élémentaire comprenant un plus grand nombre de particules constitutives. La **structure cubique centrée (cc)** comprend une particule additionnelle, au centre du cube (**figure 8.38b**), et la **structure cubique à faces centrées (cfc)** comprend une particule supplémentaire au centre de chacune des faces (**figure 8.38c**).

Le *nombre de coordination* est un concept important relié à la description des cristaux. Il est défini comme le nombre de particules avec lesquelles une particule constitutive donnée d'un cristal est en contact. Par exemple, la figure 8.38b indique clairement que, dans la structure cubique centrée, l'atome central est en contact avec chacun des huit atomes situés aux sommets ; son nombre de coordination est donc *huit*. Dans la structure cubique simple (figure 8.38a), le nombre de coordination est un peu plus difficile à évaluer. Néanmoins, si on considère plusieurs mailles élémentaires, comme dans la **figure 8.39**, on constate que le nombre de coordination est six ; dans une structure cubique à faces centrées (figure 8.38c), le nombre de coordination est *douze,* ce qu'on peut facilement montrer à l'aide de la méthode illustrée dans la prochaine section.

Les structures compactes

On considère les atomes dans un cristal métallique comme une collection de sphères identiques, ressemblant à un ensemble de billes rangées dans une boîte. Il est impossible d'entasser des billes dans un contenant de manière à occuper *tout* l'espace : il reste toujours des *vides* entre les billes. Néanmoins, il existe des façons de disposer des sphères identiques, dites *compactes,* qui sont plus efficaces que d'autres pour ce qui est de l'utilisation maximale du volume disponible.

L'examen de la disposition de sphères en une seule couche sur la surface d'une table aide à mieux comprendre cette idée. Il existe deux arrangements possibles, illustrés par les vues en plongée de la **figure 8.40**. On constate que, dans l'empilement dit « aéré », chaque sphère est en contact avec *quatre* sphères voisines (comme la bille blanche entourée des billes rouges) et que l'espace compris entre les sphères est plus grand que dans l'empilement compact, où chaque sphère touche à *six* sphères voisines. Si, en partant de l'empilement compact, on tente de disposer les sphères en plusieurs couches, on obtient par exemple la disposition compacte à plusieurs couches de la **figure 8.41**.

Dans l'empilement compact que montre la figure 8.40*b*, les espaces vides entre les sphères sont identiques. La couche représentée est aussi la première couche (couche A, en rouge) de la **figure 8.41**. Le point de départ du processus d'addition de sphères dans la deuxième couche (couche B, en jaune) n'a aucune importance, car chaque sphère qui s'ajoute se place dans le creux surplombant un espace vide de la couche du bas. Lorsqu'on a fini de disposer les sphères de la deuxième couche, on constate qu'il y a alors *deux* types de vides. Le premier type, dit *trou tétraédrique,* se trouve au-dessus d'une sphère de la couche du bas ; le second type, appelé *trou octaédrique,* se trouve au-dessus d'un vide de la couche du bas. Il y a *deux* possibilités pour l'ajout d'une troisième couche

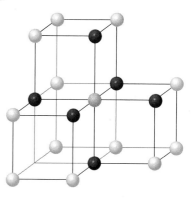

▲ Figure 8.39
Nombre de coordination dans une structure cubique simple

Les atomes (en rouge) qui sont les plus proches voisins de l'atome commun (en jaune) aux quatre mailles élémentaires représentées sont au nombre de six.

(a) Empilement « aéré »

(b) Empilement compact

◄ Figure 8.40
Empilement de sphères sur un plan

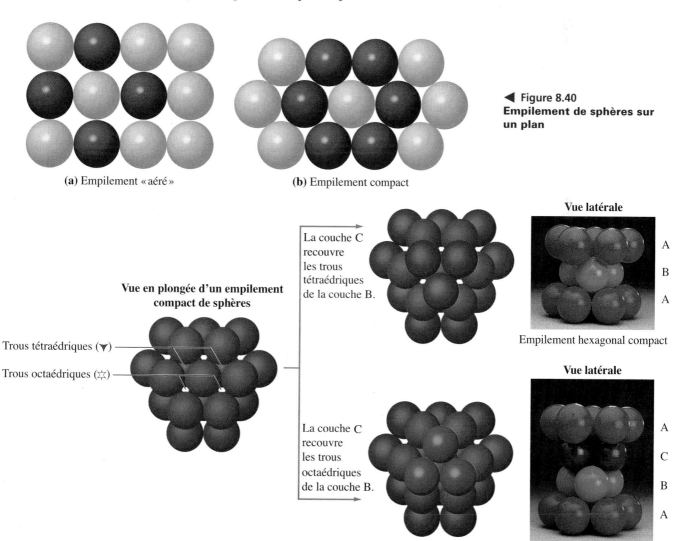

Vue en plongée d'un empilement compact de sphères

Trous tétraédriques (▼)

Trous octaédriques (☆)

La couche C recouvre les trous tétraédriques de la couche B.

La couche C recouvre les trous octaédriques de la couche B.

Vue latérale

A
B
A

Empilement hexagonal compact

Vue latérale

A
C
B
A

Empilement cubique compact

▲ Figure 8.41
Empilement compact de sphères dans l'espace

Empilement hexagonal compact

Structure cristalline dont les unités constitutives forment un arrangement compact : les couches sont superposées selon l'arrangement ABABAB...

Empilement cubique compact

Structure cristalline dont les unités constitutives (atomes, ions ou molécules) sont disposées selon un arrangement qui réduit au minimum le vide entre les unités : les couches sont superposées selon l'arrangement ABCABC...

▲ **Figure 8.42**
Empilement cubique compact de sphères et maille cubique à faces centrées

Les 14 sphères de l'illustration du haut proviennent d'un réseau plus vaste dont l'empilement est cubique compact. Les deux couches centrales comptent six atomes chacune, et les couches du haut et du bas en comptent un chacune, d'où un total de 14 atomes, ce qui correspond précisément à une maille élémentaire cubique à faces centrées. Vous semble-t-il évident que la rotation du groupe de 14 sphères donne la maille élémentaire cubique à faces centrées (illustration du bas) ?

de sphères. Si on recouvre tous les trous tétraédriques, la troisième couche (couche C, en rouge) est identique à la couche du bas, et le motif se répète. On obtient ainsi un empilement du type A-B-A, dit **empilement hexagonal compact**. Par contre, si on recouvre les trous octaédriques, la troisième couche (couche C, en bleu) n'est *pas* identique à la couche du bas ; le motif se répète seulement à la quatrième couche. On obtient alors un empilement dit **empilement cubique compact**. La figure 8.41 permet d'évaluer le nombre de coordination dans les arrangements compacts. À l'intérieur de n'importe quelle couche de la structure, un atome donné est en contact avec *six* autres atomes ; il est aussi en contact avec *trois* atomes de la couche immédiatement inférieure et *trois* atomes de la couche immédiatement supérieure, pour un total de *douze* atomes.

En revenant aux trois mailles élémentaires illustrées dans la figure 8.38, on constate que la structure cubique simple n'est pas une structure compacte ; en fait, 47,64 % du volume de la structure est vide. La structure cubique centrée constitue un empilement plus serré : seulement 31,98 % du volume total est vide. La structure cubique à faces centrées s'obtient à partir de l'empilement cubique compact décrit dans le paragraphe précédent ; 25,96 % de son volume est vide (soit le même pourcentage que pour l'empilement cubique compact). La **figure 8.42** montre que l'empilement cubique compact correspond effectivement à une maille élémentaire cubique à faces centrées.

En se cristallisant, plusieurs métaux forment un empilement compact. Par exemple, en se solidifiant, Cu, Ag et Au forment un empilement cubique compact, tandis que Mg, Zn et Cd forment un empilement hexagonal compact. Cependant, certains métaux n'adoptent pas l'arrangement le plus serré possible. Ainsi, Fe et Cr, de même que les métaux alcalins (Li, Na, K, Rb et Cs), forment des cristaux cubiques centrés.

La répartition des atomes dans une maille élémentaire

Nous allons voir maintenant qu'il est possible d'effectuer des calculs simples à l'aide de données comme le rayon atomique et les dimensions d'une maille élémentaire. Mais, pour ce faire, il faut connaître le nombre d'atomes que compte une maille élémentaire, et ce nombre *n'est pas* identique au nombre utilisé dans la représentation d'une telle maille.

La représentation de la maille cubique simple de la figure 8.38a compte *huit* atomes, mais ces atomes sont tous partagés avec les mailles élémentaires voisines. Dans la figure 8.39, l'atome coloré en jaune, dont les plus proches voisins sont les six atomes colorés en rouge, est commun aux quatre mailles élémentaires représentées et à quatre autres non illustrées. (Pouvez-vous dessiner ces quatre autres mailles ?) On peut donc attribuer seulement *un huitième* de cet atome à n'importe laquelle des mailles élémentaires. Si on suppose qu'un huitième de chacun des atomes situés à un sommet appartient à une maille élémentaire donnée, alors la maille élémentaire cubique simple renferme l'équivalent de *un* atome : $1/8 \times 8 = 1$.

Dans le cas de la structure cubique centrée (**figure 8.43**), seulement un huitième de chacun des huit atomes situés à un sommet de la maille appartient à cette maille. Cependant, l'atome situé au centre du cube lui appartient en totalité. Le nombre d'atomes dans une maille élémentaire cubique centrée est donc équivalent à $(1/8 \times 8) + 1 = 2$. L'exemple 8.9 illustre la méthode utilisée pour déterminer le nombre d'atomes existant dans une maille élémentaire cubique à faces centrées.

Quelques calculs fondés sur le rayon atomique et sur les dimensions d'une maille élémentaire

Maintenant que nous connaissons différents arrangements des atomes dans les réseaux cristallins et leurs mailles élémentaires, nous pouvons effectuer plusieurs types de calculs. Nous en illustrons quelques-uns dans les exemples 8.9 et 8.10 et nous en présentons d'autres dans les problèmes en fin de chapitre.

EXEMPLE **8.9**

En se cristallisant, le cuivre forme un empilement cubique compact. Le rayon atomique (métallique) d'un atome de cuivre est de 127,8 pm. Déterminez : **a)** la longueur d'une arête d'une maille élémentaire de Cu en picomètres ; **b)** le volume d'une maille élémentaire de cuivre en centimètres cubes ; **c)** le nombre d'atomes d'une maille élémentaire.

➜ Stratégie

Nous constatons d'abord que, dans l'empilement cubique compact (figure 8.41), nous avons une maille élémentaire cubique à faces centrées (figures 8.38 et 8.42). Nous pouvons donc construire un schéma simple qui s'avérera utile pour répondre aux questions posées. La **figure 8.44** représente la face avant de la maille élémentaire.

➜ Solution

a) Chaque face d'un cube est un carré. La longueur d'une arête de la maille élémentaire est égale à la longueur d'un côté du carré, représentée par l dans la figure 8.44. Le rayon atomique du cuivre est désigné par r dans le schéma. La longueur de la diagonale de la face avant, qui est la diagonale d'un carré, est égale à $4r$. Il est à noter que la diagonale divise le carré en deux triangles rectangles et qu'elle se confond avec l'hypoténuse de ces triangles. Selon le théorème de Pythagore, le carré de l'hypoténuse d'un triangle rectangle est égal à la somme des carrés des deux autres côtés du triangle : $c^2 = a^2 + b^2$. La longueur de chacun des côtés courts du triangle est égale à la longueur, l, d'une arête de la maille élémentaire. Nous avons donc

$$(4r)^2 = l^2 + l^2$$
$$16r^2 = 2l^2$$
$$l^2 = 8r^2$$
$$l = r\sqrt{8} = 127,8 \text{ pm} \times \sqrt{8} = 127,8 \text{ pm} \times 2,828 = 361,5 \text{ pm}$$

b) Nous déterminons la longueur, l, en centimètres à l'aide de facteurs de conversion.

$$l = 361,5 \text{ pm} \times \frac{10^{-12} \text{ m}}{1 \text{ pm}} \times \frac{100 \text{ cm}}{1 \text{ m}} = 3,615 \times 10^{-8} \text{ cm}$$

Le volume de la maille élémentaire, V, est donné par la formule $V = l^3$.
$$V = (3,615 \times 10^{-8})^3 \text{ cm}^3 = 4,724 \times 10^{-23} \text{ cm}^3$$

c) Le schéma de la figure 8.44 indique que les atomes situés aux sommets du carré sont également situés aux sommets de la maille élémentaire. Le cube compte *huit* atomes situés à un sommet et, comme dans la maille cubique simple et la maille cubique centrée, ces huit atomes sont partagés par huit mailles élémentaires. Leur contribution à la maille élémentaire équivaut à *un* atome. L'atome situé au centre d'une face est partagé par deux mailles élémentaires seulement. Le cube compte six faces, et la contribution totale des six atomes centrés dans une face est égale à $1/2 \times 6$ ou *trois* atomes. Le nombre total d'atomes dans la maille élémentaire est donc égal à $1 + 3 = 4$.

EXERCICE **8.9 A**

La maille élémentaire du fer cristallin est cubique centrée, et le rayon atomique du fer est de 124,1 pm. Déterminez la longueur d'une arête en picomètres.

EXERCICE **8.9 B**

À l'aide du résultat de l'exercice 8.9A, déterminez le volume d'une maille élémentaire de fer et le nombre d'atomes par maille élémentaire.

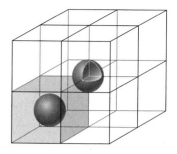

▲ **Figure 8.43**
Répartition des atomes dans une maille élémentaire

Les huit mailles élémentaires schématisées sont du type cubique centré. Deux atomes sont représentés : l'un occupe exactement le centre de la maille élémentaire colorée, et l'autre, situé à un sommet, est partagé par les huit mailles. Le nombre réel d'atomes dans une maille cubique centrée est de *deux*.

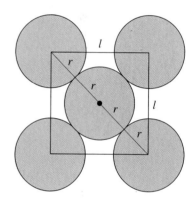

▲ **Figure 8.44**
Illustration de l'exemple 8.9

EXEMPLE 8.10

Calculez la masse volumique du cuivre métallique à l'aide des résultats obtenus dans l'exemple 8.9, de la masse molaire du cuivre et de la constante d'Avogadro.

➜ Stratégie

La masse volumique du cuivre est égale à la masse, en grammes, d'une maille élémentaire divisée par le volume, en centimètres cubes, de celle-ci. Nous avons déterminé le volume de la maille élémentaire dans l'exemple 8.9*b*; il reste donc à évaluer sa masse.

➜ Solution

La masse molaire, 63,546 g/mol, du cuivre est égale à la masse d'un nombre d'Avogadro d'atomes de cuivre. Ainsi, la masse d'un unique atome de cuivre est donnée par

$$\frac{63{,}546 \text{ g}}{1 \text{ mol de Cu}} \times \frac{1 \text{ mol de Cu}}{6{,}0221 \times 10^{23} \text{ atomes de Cu}} = 1{,}0552 \times 10^{-22} \text{ g/atome de Cu}$$

Dans l'exemple 8.9*c*, nous avons établi que la maille élémentaire renferme l'équivalent de *quatre* atomes de cuivre. La masse de la maille élémentaire est donc égale à quatre fois la masse d'un unique atome de cuivre.

$$4 \text{ atomes de Cu} \times \frac{1{,}0552 \times 10^{-22} \text{ g}}{1 \text{ atome de Cu}} = 4{,}2208 \times 10^{-22} \text{ g}$$

Nous sommes enfin en mesure de calculer la masse volumique du cuivre.

$$\rho = \frac{m}{V} = \frac{4{,}2208 \times 10^{-22} \text{ g}}{4{,}724 \times 10^{-23} \text{ cm}^3} = 8{,}935 \text{ g/cm}^3$$

➜ Évaluation

Pour faire ces calculs, il faut manipuler à la fois un très grand nombre (le nombre d'Avogadro) et de très petits nombres (la masse et le volume de la maille élémentaire), ce qui nous expose à d'importantes erreurs de calcul. La vigilance s'impose, car le résultat final, la masse volumique du métal, doit se situer à l'intérieur d'un très petit intervalle, entre 1 et 20 g/cm^3.

EXERCICE 8.10 A

Calculez la masse volumique du fer métallique à l'aide des résultats obtenus dans l'exercice 8.9B, de la masse molaire du fer et du nombre d'Avogadro.

EXERCICE 8.10 B

Dans les pages précédentes, nous avons précisé que le pourcentage de vide dans une maille élémentaire cubique simple (figure 8.38*a*) est de 47,64 %. Vérifiez cette affirmation par calcul. (*Indice* : Il s'agit d'un simple calcul de géométrie. Pour des sphères de rayon *r* dans une structure cubique simple, calculez le volume de la maille élémentaire et le volume occupé par les parties de sphères qui se trouvent à l'intérieur de la maille.)

RÉSOLUTION DE PROBLÈMES
On effectue des calculs du même type pour déterminer le nombre d'Avogadro, lorsqu'on dispose d'une mesure précise de la masse volumique d'un cristal (voir les problèmes 58 et 59).

La structure des cristaux ioniques

La structure des cristaux ioniques est un peu plus complexe que celle des métaux, et cela pour deux raisons : (1) les cristaux ioniques renferment deux types de particules constitutives, soit des cations et des anions, et non des atomes qui sont tous identiques ; (2) les cations et les anions ne sont pas nécessairement de la même dimension. On peut se représenter un cristal ionique en supposant qu'une partie des vides d'un empilement compact d'anions est occupée par des cations, plus petits. Dans ce cas, les cations et les anions peuvent être en contact, mais la structure ne serait pas stable si les anions étaient aussi directement en contact. La dimension des cations doit être telle que ces derniers puissent non seulement occuper les vides entre les anions, mais aussi créer une certaine distance entre ceux-ci. L'arrangement des anions dans un cristal ionique donné dépend donc du rapport entre le rayon du cation (r_c) et le rayon de l'anion (r_a), c'est-à-dire de r_c/r_a.

Il ne faut pas oublier que, dans un empilement compact de sphères, il existe à la fois des trous tétraédriques et des trous octaédriques. Les premiers sont très petits et ils ne peuvent recevoir que des cations relativement petits, qui sont en contact avec des anions plus gros qu'eux. L'occupation des trous tétraédriques est possible seulement si le rapport des rayons est de l'ordre suivant :

$$\text{Trous tétraédriques}: 0,225 < r_c/r_a < 0,414$$

Les trous octaédriques d'un réseau d'anions peuvent recevoir des cations un peu plus gros. L'occupation des trous de ce type est possible si le rapport des rayons est de l'ordre suivant :

$$\text{Trous octaédriques}: 0,414 < r_c/r_a < 0,732$$

Si les cations et les anions sont presque de même dimension, il n'y a pas assez d'espace dans un empilement compact d'anions pour que des cations puissent s'y insérer. Les anions doivent adopter une structure cubique plus aérée.

$$\text{Structure cubique}: r_c/r_a > 0,732$$

On peut se représenter ce dernier cas en imaginant une sphère qui repose dans l'un des creux de la structure « aérée » des sphères de la figure 8.40a, et qui est surmontée d'une couche de sphères identique à celle du bas.

Pour définir une maille élémentaire d'un cristal ionique, on choisit une portion du cristal qui permet : (1) d'obtenir la totalité du cristal par des déplacements rectilignes dans les trois dimensions ; (2) de déterminer le nombre de coordination des ions ; (3) de déterminer la formule exacte du composé.

Dans le cas du chlorure de césium, le rapport des rayons est

$$r_{Cs^+}/r_{Cl^-} = 169 \text{ pm}/181 \text{ pm} = 0,933$$

La maille élémentaire de CsCl est la structure cubique centrée, illustrée dans la **figure 8.45**. Cette maille élémentaire est compatible avec la formule CsCl. Elle comprend un ion Cs^+ au centre du cube, et l'apport des huit ions situés aux sommets équivaut à un ion Cl^- (soit $1/8 \times 8 = 1$).

Dans le cas du chlorure de sodium, le rapport des rayons est

$$r_{Na^+}/r_{Cl^-} = 99 \text{ pm}/181 \text{ pm} = 0,55$$

Les ions Na^+ occupent les trous octaédriques d'un réseau compact d'ions Cl^-, ce qui donne la maille élémentaire illustrée dans la **figure 8.46**. Pour montrer que cette maille élémentaire est compatible avec la formule NaCl, on note qu'un ion Na^+ appartient entièrement à la

◀ **Figure 8.45 Maille élémentaire de chlorure de césium**

Par souci de clarté, seul le centre des ions est représenté dans la maille de gauche, bien que l'ion Cs^+ situé au milieu soit en fait en contact avec les huit ions Cl^- situés aux sommets du cube. Le nombre de coordination de Cs^+ est *huit*. Comme il est possible de représenter la maille élémentaire en incluant un ion Cl^- au centre et des ions Cs^+ aux sommets, le nombre de coordination de Cl^- est également *huit*. À droite : Le modèle compact représente le volume des ions dans la maille élémentaire.

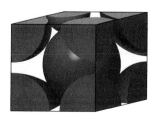

$\bullet$ = Cl^-

$\bullet$ = Cs^+

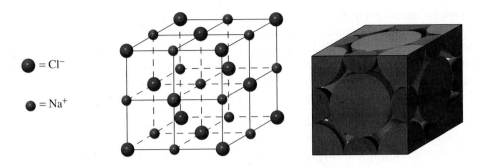

▲ **Figure 8.46 Maille élémentaire de chlorure de sodium**
Dans la maille élémentaire de gauche, seul le centre des ions est représenté, bien que les ions portant des charges de signes opposés soient en contact le long des arêtes. Dans le cas présent, les ions Cl⁻ sont situés aux sommets et au centre des faces. Les ions Na^+ sont au centre des arêtes et de la maille. L'ion Na^+ central est en contact avec quatre ions Cl⁻ situés dans le même plan et deux ions Cl⁻, dont l'un se trouve dans le plan supérieur et l'autre, dans le plan inférieur ; le nombre de coordination de Na^+ est donc *six*. L'ion Cl⁻ de la face avant est en contact avec quatre ions Na^+ situés dans la même face, l'ion Na^+ central et un ion Na^+ situé directement en avant de la maille élémentaire ; le nombre de coordination de Cl⁻ est donc également *six*.

maille et que chacun des 12 ions Na^+ situés au centre d'une arête est partagé par 4 mailles élémentaires. Le nombre d'ions Na^+ dans la maille est égal à $1 + (1/4 \times 12) = 4$. Un huitième de chacun des huit ions Cl⁻ situés aux sommets et la moitié de chacun des six ions Cl⁻ situés au centre d'une face appartiennent à la maille élémentaire. Le nombre d'ions Cl⁻ dans la maille est donc égal à $(1/8 \times 8) + (1/2 \times 6) = 4$. La maille élémentaire renferme l'équivalent de *quatre* entités formulaires de NaCl.

La détermination expérimentale d'une structure cristalline

À l'aide d'un microscope ordinaire, il est impossible d'observer les motifs et les réseaux formés par les atomes, les ions ou les molécules d'un solide cristallin parce que ces particules sont beaucoup trop petites. Pour obtenir une représentation de ces structures, on utilise des rayonnements dont la longueur d'onde est comparable aux dimensions des mailles élémentaires. Les rayons X conviennent parfaitement à cette application.

La **figure 8.47** illustre l'interaction de rayons X avec un cristal et elle donne une analyse géométrique des résultats. Dans le schéma, l'onde *a* est réfléchie par un plan d'atomes ou d'ions et l'onde *b*, par le plan immédiatement inférieur. L'onde *b* parcourt une plus grande distance que l'onde *a*. L'intensité du rayonnement réfléchi est maximale si les ondes *a* et *b* s'additionnent, c'est-à-dire si leurs crêtes et leurs creux sont alignés. Cela se produit lorsque la distance supplémentaire parcourue par l'onde *b* est égale à *n* fois la longueur d'onde, λ, des rayons X, où *n* est un nombre entier :

$$n \lambda = 2d \sin \theta \qquad (8.4)$$

On calcule la distance, *d*, entre deux plans atomiques en mesurant l'angle θ suivant lequel les rayons X dispersés, de longueur d'onde connue, atteignent leur intensité maximale. Si on répète les mesures pour différentes orientations du cristal, on finit par obtenir la totalité de la structure cristalline.

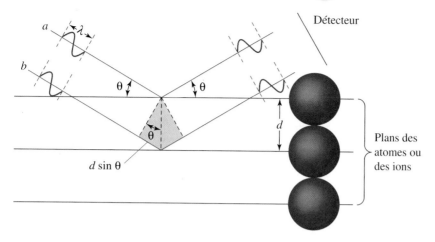

▲ **Figure 8.47 Détermination de la structure d'un cristal au moyen de rayons X**
L'hypoténuse de chaque triangle bleu est égale à la distance interatomique, d. La longueur du côté opposé à l'angle θ est égale à $d \sin \theta$. L'onde b parcourt une distance plus grande que l'onde a, et la différence des deux déplacements est égale à $2d \sin \theta$. Cette quantité est égale au produit d'un entier par la longueur d'onde, λ, des rayons X, de sorte que $n \lambda = 2d \sin \theta$ où $n = 1, 2, 3, \ldots$

8.11 Le modèle de l'électron libre de la liaison métallique

Nous venons d'étudier les métaux au niveau microscopique, par la structure de leur réseau cristallin, afin de prédire une de leurs propriétés macroscopiques, la masse volumique. Les métaux ont d'autres propriétés macroscopiques, comme la conductivité électrique, la ductilité ou la malléabilité, qui sont déterminées par la nature des liaisons entre leurs atomes. Dans la prochaine section nous étudierons deux théories sur la *liaison métallique*. Nous verrons qu'une de ces théories, la théorie des bandes, décrit bien le comportement des métaux et permet aussi d'expliquer les propriétés électriques de semi-conducteurs comme le silicium et le germanium.

À l'aide de la configuration électronique $1s^2 2s^1$, on peut écrire une structure de Lewis représentant une liaison entre deux atomes de lithium.

Li:Li

Le fait que la molécule Li_2 existe à l'état gazeux ne permet pas d'expliquer comment un atome de lithium se lie à *huit* autres atomes dans le métal solide. Cet exemple illustre le principal problème qui se pose lorsqu'on tente d'expliquer les liaisons dans les métaux : les atomes ne semblent pas avoir suffisamment d'électrons de valence pour former toutes les liaisons observées.

Prenons le cas d'une liaison ionique et supposons que la moitié des atomes de lithium d'un cristal cède ses électrons de valence $2s^1$ et forme ainsi des ions Li^+, tandis que l'autre moitié forme des ions Li^- en acquérant un électron. Dans ce cas, tout comme dans le cristal ionique Na^+Cl^-, chaque ion pourrait s'entourer d'ions ayant une charge de signe opposé. Il y a cependant deux bonnes raisons pour lesquelles cela ne peut se produire : (1) un atome de lithium ne devrait pas céder un électron à un autre atome de lithium, parce que tous les atomes de cette substance ont la même électronégativité ; (2) contrairement aux métaux, les composés ioniques solides ne conduisent pas l'électricité, c'est-à-dire que les électrons sont sur des ions isolés et sont essentiellement immobiles.

L'explication de la liaison métallique réside dans le fait que certains électrons sont nécessairement *délocalisés,* et qu'ils ne sont pas liés à des atomes isolés, de sorte qu'ils peuvent servir à unir un grand nombre d'atomes métalliques.

Selon une théorie de la liaison métallique, chaque atome d'un cristal métallique cède ses électrons de valence, ce qui rend ces derniers accessibles à l'ensemble du cristal. Comme ces électrons de valence ne sont liés à aucun atome en particulier, on a appelé cette théorie le **modèle de l'électron libre** de la liaison métallique. On considère un cristal métallique comme un réseau d'ions positifs immergés dans un « gaz » constitué d'électrons (**figure 8.48**).

Les ions métalliques, qui sont relativement massifs, seraient immobiles si ce n'était du mouvement vibratoire du réseau. Par contre, les électrons de valence sont très mobiles ; ils filent comme des flèches, à la manière des atomes ou des molécules d'un gaz. Le nuage de charges négatives associé aux électrons libres enveloppe le réseau d'ions positifs : c'est le « ciment » qui assure la cohésion du cristal métallique.

La figure 8.48 indique comment le modèle de l'électron libre explique la conductivité électrique. En l'absence de champ électrique, le mouvement des électrons libres est tout à fait aléatoire. Même s'ils parcourent de grandes distances suivant des trajectoires en zigzag durant un intervalle de temps assez long, leur distribution à l'intérieur du métal ne change pas. Par contre, si on relie le métal aux bornes d'une batterie, les électrons se déplacent vers la borne positive, même s'ils continuent de suivre des trajectoires en zigzag. Une partie des électrons quitte le métal sous l'effet du champ électrique, et d'autres électrons y pénètrent pour venir prendre la place des premiers : un courant électrique circule dans le métal.

La **figure 8.49** indique comment le modèle de l'électron libre explique le fait que les métaux sont généralement malléables, contrairement aux cristaux ioniques, qui sont cassants. Si on applique une force sur la couche supérieure des ions d'un cristal métallique (figure 8.49a), il ne se produit pas de changement sur la répartition des charges électriques dans le voisinage de l'ion coloré en rouge. La substance s'adapte facilement à la déformation : le métal est malléable. Mais si on applique une force identique sur une couche d'ions d'un cristal ionique (figure 8.49b), les ions ayant des charges de même signe se rapprochent. Les forces de répulsion entraînent la rupture du cristal : le solide ionique est cassant.

Le modèle du nuage d'électrons n'est pas aussi efficace pour expliquer l'influence de la température sur la conductivité électrique des métaux. On s'attend à ce qu'un gaz s'écoule plus facilement lorsque sa température et sa vitesse moléculaire augmentent. Pourtant, la résistance électrique d'un métal augmente avec la température : sa capacité à conduire le courant électrique *diminue*. Il est évidemment possible que les vibrations des cations fassent obstacle au déplacement des électrons dans un champ électrique mais, en définitive, le modèle du nuage d'électrons ne parvient pas à expliquer la conductivité électrique dans tous ses aspects.

Modèle de l'électron libre

Théorie de la liaison métallique selon laquelle chaque atome d'un cristal métallique cède ses électrons de valence, qui sont ainsi disponibles pour l'ensemble du cristal puisqu'ils ne sont liés à aucun atome en particulier. Autrement dit, un cristal métallique est considéré comme un réseau d'ions positifs immergés dans un « nuage » constitué d'électrons.

▶ **Figure 8.48**
Modèle de l'électron libre
Un réseau de cations est immergé dans un nuage de charges électriques négatives constitué d'électrons de valence libres des atomes métalliques. Les flèches reliées représentent le mouvement aléatoire et très rapide d'un électron. **(a)** En l'absence de champ électrique, en moyenne, un électron retourne à son point de départ. **(b)** En présence d'un champ électrique, il y a un déplacement net des électrons (comme l'indique la flèche rouge).

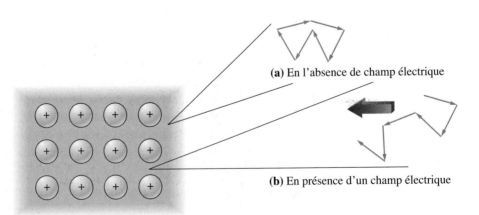

(a) En l'absence de champ électrique

(b) En présence d'un champ électrique

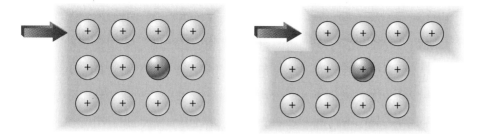

(a) Un métal

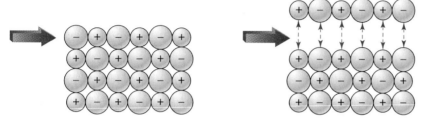

(b) Un cristal ionique

◀ Figure 8.49
**Comparaison entre
la déformation d'un métal
et celle d'un solide ionique**
(a) Un métal réagit à l'action d'une
force de déformation sans se rompre :
il est malléable. **(b)** Un cristal ionique
se rompt si on lui applique une force
de déformation : il est cassant.

Le modèle de l'électron libre est une théorie classique fondée sur la théorie cinétique des gaz ; c'est là son principal défaut. Selon ce modèle, on serait en mesure de déterminer avec précision à la fois la position d'un électron et sa quantité de mouvements, ce qui va à l'encontre du principe d'incertitude d'Heisenberg. Ainsi un modèle de la liaison métallique reposant sur la mécanique quantique devrait être plus satisfaisant, comme nous le démontrerons dans la prochaine section.

8.12 La théorie des bandes

Dans la section 7.6 (page 345), nous avons décrit la liaison covalente à l'aide de la théorie des orbitales moléculaires. Nous avons alors souligné que la combinaison de deux orbitales atomiques, provenant chacune d'un atome distinct d'une paire liée, donne deux orbitales moléculaires. L'une de celles-ci, qui est une orbitale *liante*, a un niveau d'énergie inférieur à celui des orbitales atomiques. L'autre orbitale moléculaire, qui est *antiliante*, a un niveau d'énergie plus élevé. Les électrons de valence se répartissent entre les orbitales moléculaires suivant le principe de l'*aufbau*. La **figure 8.50**, page suivante, représente la formation d'orbitales moléculaires dans Li_2 à partir des orbitales $2s$ de deux atomes Li. Elle représente en outre la molécule Li_3, dans laquelle il y a combinaison de trois orbitales $2s,$ et la molécule Li_4, dans laquelle quatre orbitales $2s$ sont combinées. Dans chaque cas, le nombre d'orbitales moléculaires est égal au nombre d'orbitales atomiques qui se combinent.

Les exemples de la figure 8.50 donnent une bonne idée de ce qui devrait se passer dans le cas d'un très grand nombre d'atomes Li, par exemple l'ensemble des atomes d'un cristal de ce métal. La **figure 8.51**, page suivante, indique les niveaux d'énergie des orbitales moléculaires dans Li_n, où n est un nombre très grand. On constate que, dans ce cas, un nombre considérable, $n,$ de niveaux d'énergie se situent dans un intervalle dont la longueur n'est guère supérieure à la différence entre les énergies des orbitales moléculaires

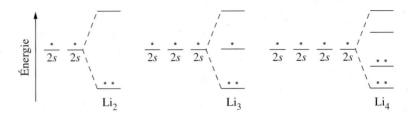

▲ **Figure 8.50 Les orbitales moléculaires dans Li₂ , Li₃ , et Li₄**

Chaque atome Li fournit une orbitale 2*s* lors de la formation des orbitales moléculaires. La molécule Li_2 renferme deux orbitales moléculaires, dont l'une est liante et l'autre, antiliante. Dans Li_3, le niveau d'énergie de l'orbitale moléculaire additionnelle est à peu près identique à celui de chacune des orbitales atomiques ; c'est essentiellement une orbitale non liante. Dans Li_4, il y a quatre orbitales moléculaires, dont deux sont liantes et deux, antiliantes. Les électrons sont représentés par des points.

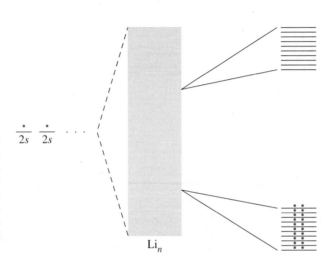

▶ **Figure 8.51**
La bande 2*s* du lithium

Les orbitales atomiques d'un très grand nombre (*n*) d'atomes de lithium forment une bande d'orbitales moléculaires dont les niveaux d'énergie sont très voisins. À 0 K, les niveaux de la moitié inférieure de la bande sont occupés par des paires d'électrons, tandis que ceux de la moitié supérieure sont vides.

Bande

Dans le contexte de la description des liaisons dans les métaux et les semi-conducteurs, ensemble formé d'un grand nombre d'orbitales présentant entre elles un écart minime et obtenues en combinant les orbitales atomiques de plusieurs atomes.

Bande de valence

Bande résultant de la combinaison d'orbitales atomiques des électrons de valence d'un grand nombre d'atomes, ce qui donne un ensemble d'orbitales moléculaires dont les niveaux d'énergie sont très rapprochés. Si une bande n'est pas complètement remplie d'électrons, elle constitue également une bande de conduction.

Bande de conduction

Bande de niveaux d'énergie très rapprochés, partiellement occupée.

liantes et antiliantes dans Li_2. L'écart entre les niveaux d'énergie est tellement minime que ceux-ci forment pratiquement une **bande** (de la même manière que les longueurs d'onde des composantes de la lumière visible forment un spectre continu). De plus, comme cette bande est occupée par les électrons de valence des atomes de lithium, on l'appelle **bande de valence**.

À 0 K, les *n* électrons de valence associés aux *n* atomes Li occuperaient la partie inférieure (*n*/2) des niveaux d'énergie : deux électrons par niveau. Cependant, l'écart entre deux niveaux d'énergie de la bande de valence est tellement petit que les électrons passent facilement des niveaux entièrement occupés, qui sont les plus bas, aux niveaux inoccupés immédiatement supérieurs. L'excitation requise peut provenir du chauffage du métal ou de l'application d'une tension peu élevée. Ainsi, en présence d'un champ électrique, les électrons reçoivent la stimulation nécessaire pour se rendre dans les niveaux vides de la bande, et ce mouvement crée un déplacement net d'électrons dans le métal, c'est-à-dire un courant électrique.

La description fournie par la théorie des bandes met en évidence une condition importante de la conduction de l'électricité : la présence d'une **bande de conduction**, c'est-à-dire d'une bande de niveaux d'énergie *partiellement* occupée. Dans le lithium, la bande de valence satisfait à la condition requise pour l'existence d'une bande de conduction : elle n'est qu'à moitié occupée. L'application de cette condition à certains métaux semble toutefois poser des problèmes. Par exemple, dans Mg_n, la bande 3*s* formée à partir des orbitales 3*s* des atomes de magnésium devrait être entièrement occupée : *deux* électrons de valence ($3s^2$) par atome et 2*n* électrons pour *n* orbitales moléculaires. La bande résultant de la combinaison des orbitales atomiques 3*p* devrait, par contre, être vide parce que le magnésium ne comporte pas d'électrons $3p$. Si une bande d'énergie est vide, aucun électron ne peut sauter d'un niveau d'énergie à un autre et, si une bande est entièrement occupée, il ne reste pas de place pour recevoir des électrons. Le magnésium ne devrait donc pas conduire du tout le courant électrique ; pourtant, c'est un très bon conducteur.

Cette contradiction, illustrée dans la **figure 8.52**, vient du fait que les orbitales moléculaires liantes de plus faible énergie de la bande $3p$ correspondent à un niveau d'énergie *inférieur* à celui qui est associé aux orbitales moléculaires antiliantes de plus haute énergie de la bande $3s$; autrement dit, les deux bandes se chevauchent. Il s'ensuit que, dans le magnésium, des électrons de valence dont on s'attend qu'ils occupent la partie supérieure de la bande $3s$ se trouvent en fait dans la partie inférieure de la bande $3p$. Par conséquent, les bandes $3s$ et $3p$ ne sont que partiellement occupées : la condition requise pour la conduction de l'électricité est satisfaite.

La théorie des bandes fournit une bonne explication de l'éclat et des couleurs métalliques. Puisque, dans les bandes, les niveaux d'énergie sont très rapprochés, une bande partiellement occupée comporte des transitions électroniques qui correspondent, en matière d'énergie, à toutes les composantes de la lumière visible. Les métaux absorbent la lumière qui les frappe ; c'est pour cette raison qu'ils sont opaques. De plus, les électrons qui absorbent l'énergie de la lumière incidente émettent de nouveau de façon très efficace de la lumière ayant la même fréquence. Par conséquent, les métaux réfléchissent bien la lumière, d'où leur aspect brillant et le fait qu'ils agissent souvent comme des miroirs.

La plupart des métaux, dont le magnésium, l'aluminium et l'argent, ont le même pouvoir de réflexion de la lumière, quelle qu'en soit la longueur d'onde, et ils présentent une couleur métallique ou argentée. Cependant, le cuivre et l'or absorbent et réfléchissent mieux quelques longueurs d'onde de la lumière. Étant donné qu'elle comporte certaines longueurs d'onde en plus grande quantité, la lumière réfléchie est d'une couleur caractéristique (et il en est de même du métal), comme l'illustre la **figure 8.53**.

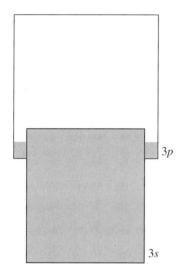

▲ Figure 8.52
Recouvrement de bandes dans le magnésium
Étant donné que les niveaux d'énergie des bandes $3s$ et $3p$ se chevauchent, certains des niveaux d'énergie les plus bas de la bande $3p$ sont occupés, et certains des niveaux d'énergie les plus élevés de la bande $3s$ sont vides. Les bandes $3s$ et $3p$ sont donc toutes deux partiellement occupées, et elles jouent le rôle de bandes de conduction. Par conséquent, le magnésium conduit l'électricité.

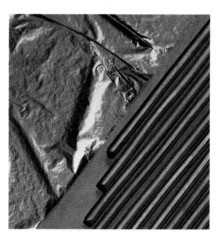

▲ Figure 8.53
Éclat et couleur métalliques
L'or et le cuivre ont l'éclat, ou le lustre «métallique», associé à la lumière réfléchie. Cependant, comme ils absorbent et réfléchissent mieux certaines longueurs d'onde du spectre visible, ils présentent des couleurs caractéristiques : doré (jaune) et cuivré (rouge-brun).

EXEMPLE SYNTHÈSE

Voici quelques données concernant un composé organique : son point d'ébullition normal est plus bas de quelques degrés que celui de l'eau, $H_2O(l)$, et la masse volumique de sa vapeur à 99,0 °C et 0,989 atm est de 2,0 g/L ± 5 %. À l'aide de ces données et des informations contenues dans ce chapitre et dans les chapitres précédents, déterminez lequel des composés suivants est le plus susceptible de présenter les propriétés énoncées :

a) $(CH_3)_2O$ **b)** $CH_3CH_2CH_2OH$ **c)** $CH_3CH_2OCH_3$ **d)** $HOCH_2CH_2OH$

➜ Stratégie

Notre tâche consiste à comparer quatre substances du point de vue de leur point d'ébullition, propriété qui dépend des forces d'attraction intermoléculaires. Ces forces sont elles-mêmes influencées par la masse et la structure moléculaires. Au départ, il nous faut déterminer la masse moléculaire de chacun des quatre composés à partir des formules moléculaires. Ensuite, à l'aide de l'équation des gaz parfaits, nous pourrons calculer, à quelques pour cent près, la masse molaire du composé inconnu. À ce stade, nous pourrons réduire le nombre de possibilités. Par la suite, nous comparerons le point d'ébullition des composés qui restent avec celui de l'eau et à l'aide des informations présentes dans le manuel, nous pourrons déterminer la formule la plus probable de la substance organique inconnue.

➜ Solution

D'abord, nous déterminons la masse moléculaire des quatre composés.

a) $(CH_3)_2O$: 46,07 u   **c)** $CH_3CH_2OCH_3$: 60,10 u

b) $CH_3CH_2CH_2OH$: 60,10 u   **d)** $HOCH_2CH_2OH$: 62,07 u

À l'aide de l'équation des gaz parfaits, nous calculons la masse molaire.

$$M = \frac{\rho RT}{P}$$

$$= \frac{2,0 \text{ g} \cdot L^{-1} \times 0,082\,06 \text{ L} \cdot atm \cdot mol^{-1} \cdot K^{-1} \times (273 + 99) \text{ K}}{(752/760) \text{ atm}} = 62 \text{ g/mol}$$

L'écart de la masse molaire correspond à ± 5 % de la valeur calculée.

$$\text{Écart} = 59 \text{ à } 65 \text{ g/mol}$$

Ceci nous permet d'éliminer une formule. **a)** Le composé $(CH_3)_2O$, à 46,07 u, est éliminé.

Les composés *b* et *c* ont des masses molaires égales, mais nous constatons que le composé *b* possède une liaison hydrogène ; il devrait donc avoir un point d'ébullition plus élevé que le composé *c*.

$$\textbf{b)} \ CH_3CH_2CH_2OH \qquad \textbf{c)} \ CH_3CH_2OCH_3$$

À ce stade, nous consultons la figure 8.4 pour obtenir d'autres données :

$$\text{Méthanol, } CH_3OH : \text{point d'ébullition} \approx 65 \text{ °C}$$
$$\text{Éthanol, } CH_3CH_2OH : \text{point d'ébullition} \approx 80 \text{ °C}$$

Le méthanol et l'éthanol possèdent tous les deux des liaisons hydrogène et leur point d'ébullition augmente avec la longueur de la molécule.

Le propanol, c'est-à-dire le composé *b*, possède aussi une liaison hydrogène et sa molécule est encore plus longue. On peut affirmer, par extrapolation, que son point d'ébullition sera ≈ 95 °C.

Nous avons éliminé le composé *a* parce que sa masse moléculaire n'est pas compatible avec celle du composé recherché. Le composé *b* semble assurément le bon choix puisque jusqu'ici il satisfait tous les critères. Le composé *c* n'est pas un bon choix parce que son point d'ébullition est sans doute beaucoup plus bas que celui du composé *b*, c'est-à-dire qu'il est inférieur à 95 °C. Toutefois, il y a encore un autre choix possible, le composé *d*, $HOCH_2CH_2OH$. Que peut-on dire à propos de ce composé, l'éthylène glycol ? Sa masse molaire étant légèrement plus élevée que celle du propan-1-ol, son point d'ébullition doit être près de celui de l'eau. Cependant, nous notons qu'il possède deux groupements OH par molécule. Cela signifie qu'il y a plus de liaisons hydrogène dans ce composé que dans l'éthanol ou le propan-1-ol. En conséquence, on peut s'attendre à ce que le point d'ébullition de l'éthylène glycol soit beaucoup plus élevé que celui du propan-1-ol.

➔ Évaluation

La meilleure façon d'évaluer notre raisonnement serait de consulter un manuel de données de chimie. Ainsi, nous pourrions y lire les points d'ébullition expérimentaux qui sont : pour le méthanol, 65,1 °C ; pour l'éthanol, 78,5 °C ; pour les quatre composés : **a)** –25 °C ; **b)** 97,4 °C ; **c)** 10,8 °C ; **d)** 198,9 °C.

Résumé

8.1 **Aperçu du chapitre** Les états solide, liquide et gazeux représentent les trois **états de la matière**.
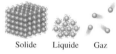
Solide   Liquide   Gaz

Lorsqu'une substance passe d'un état de la matière à un autre, on dit qu'il y a **changement de phase**. Les **forces intermoléculaires** sont des forces d'attraction entre les molécules qui déterminent les propriétés physiques des liquides et des solides.

8.2 **La vaporisation et la pression de vapeur** On appelle **vaporisation** le passage de molécules de l'état liquide à l'état gazeux (vapeur). La quantité de chaleur associée à ce changement de phase se nomme **enthalpie (ou chaleur) de vaporisation**. Le processus inverse de la vaporisation est la **liquéfaction** et l'équilibre dynamique a lieu lorsque la vaporisation et la liquéfaction se produisent à un même rythme dans un système fermé. La pression exercée par la vapeur est appelée **pression de vapeur**. On appelle **courbe de pression de vapeur** un graphique montrant les variations de la pression de vapeur en fonction de la température. Le **point d'ébullition normal** d'un liquide est la température à laquelle la pression de vapeur du liquide est de 101,325 kPa. Le **point critique** correspond à la pression et à la température maximales de la courbe de pression de vapeur. La **température critique** est la température maximale à laquelle on peut liquéfier la vapeur par la seule application d'une pression. Au-dessus du point critique, la matière existe sous une forme unique appelée **fluide supercritique**.

Équilibre dynamique

Taux de vaporisation = Taux de condensation

8.3 **Les changements de phase relatifs à un solide** On appelle **fusion** le passage de molécules de l'état solide à l'état liquide. La température à laquelle ce changement de phase se produit s'appelle le **point de fusion**. La quantité de chaleur nécessaire pour faire fondre une quantité donnée d'un solide est l'**enthalpie (ou chaleur) de fusion**. On appelle **courbe de chauffage** le graphique de la température en fonction du temps que l'on obtient lorsqu'on chauffe lentement un solide jusqu'à ce qu'il devienne liquide ; un graphique semblable pour un liquide qui se refroidit lentement s'appelle une **courbe de refroidissement**. Dans quelques cas, il arrive que la température d'un liquide descende sous le point de congélation, sans que la substance passe à l'état solide ; ce phénomène est appelé **surfusion**.

Le passage direct de molécules de l'état solide à l'état de vapeur est appelé **sublimation**. Le graphique qui indique la pression de vapeur d'un solide en fonction de la température s'appelle une **courbe de sublimation**. La quantité de chaleur requise pour faire passer directement une quantité donnée de substance de l'état solide à l'état de vapeur est l'**enthalpie (ou chaleur) de sublimation**, qui est égale à la somme de l'enthalpie de fusion et de l'enthalpie de vaporisation.

$$\Delta H_{sub} = \Delta H_{fusion} + \Delta H_{vap} \qquad (8.3)$$

Le **point triple** correspond aux conditions uniques de température et de pression auxquelles les états solide, liquide et gazeux d'une substance coexistent.

8.4 **Le diagramme de phases** Un **diagramme de phases** est un graphique qui représente les variations de la pression en fonction de la température et qui indique les conditions dans lesquelles une substance existe à l'état solide, liquide ou gazeux ou sous forme d'une combinaison de ces trois phases. Dans ce type de diagramme, on représente l'équilibre entre deux phases au moyen de courbes ; les courbes

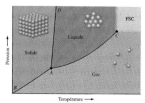

de vaporisation (ou de pression de vapeur), de sublimation et de fusion. Le **polymorphisme** est une caractéristique de certains solides qui, comme le $HgI_2(s)$, existent sous plusieurs formes.

8.5 Les forces de Van der Waals

La variation de la densité de charge électronique d'une molécule produit un dipôle instantané, qui induit à son tour des dipôles dans les molécules voisines. La **polarisabilité** est une mesure de la facilité avec laquelle la densité de charge électronique est modifiée par un champ électrique externe ; elle reflète la facilité avec laquelle un dipôle est induit dans un atome ou une molécule. Les forces d'attraction entre les dipôles instantanés et les dipôles induits, appelées **forces de dispersion**, sont les **forces intermoléculaires** présentes dans les substances non polaires. Les substances polaires sont formées de dipôles permanents et elles sont soumises à des forces intermoléculaires additionnelles, qui s'exercent entre les dipôles permanents ou entre les dipôles induits et les dipôles permanents. Désignées dans l'ensemble par l'expression **forces de Van der Waals**, les forces de dispersion, les forces entre les dipôles permanents et les forces entre les dipôles permanents et les dipôles induits déterminent des propriétés physiques, tels le point de fusion et le point d'ébullition.

Dipôle induit

8.6 Les liaisons hydrogène

Une force intermoléculaire importante, appelée **liaison hydrogène**, se crée lorsqu'un atome d'hydrogène lié à un atome d'oxygène, d'azote ou de fluor est attiré par un atome d'oxygène, d'azote ou de fluor appartenant à une autre molécule. Les liaisons hydrogène expliquent quelques propriétés particulières de l'eau (par exemple son point d'ébullition très élevé et le fait qu'elle est plus dense à l'état liquide qu'à l'état solide). Elles déterminent de plus certains aspects du comportement de molécules biologiquement actives, tels les protéines et les acides nucléiques.

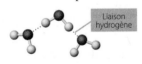

Liaison hydrogène

8.7 La tension superficielle et la viscosité

On appelle **tension superficielle** (γ) la quantité de travail requise pour faire augmenter la surface d'un liquide. Cette propriété est due aux **forces de cohésion** entre les molécules du liquide. Lorsqu'une goutte de liquide est placée sur une surface solide, le rapport entre les forces de cohésion (celles qui s'exercent entre les molécules semblables) et les **forces d'adhésion** (celles qui s'exercent entre les molécules dissemblables) détermine dans quelle mesure la goutte s'étale. À l'interface d'un

liquide et de son contenant, ces forces sont à l'origine de la formation d'un **ménisque**, lequel peut être concave ou convexe selon que le liquide mouille la surface ou non. Les forces intermoléculaires dans un liquide déterminent la résistance de celui-ci à l'écoulement, c'est-à-dire sa **viscosité**.

8.8 La structure des solides covalents cristallins

Dans certains solides, tous les éléments du cristal sont reliés par des liaisons covalentes. Les solides de ce type, appelés **solides covalents cristallins**, sont généralement très durs. Leur point de fusion est exceptionnellement élevé et ils sont moins volatils que les autres solides moléculaires. Le diamant et le graphite, deux des **formes allotropiques** du carbone, sont des exemples de ces solides.

8.9 Les liaisons ioniques en tant que forces «intermoléculaires».

Dans les solides ioniques, les ions se constituent en cristal sous l'action des forces d'attraction interioniques. L'intensité des forces d'attraction dépend avant tout de la charge et des dimensions des ions, et ces forces déterminent en partie certaines propriétés physiques, tel le point de fusion.

8.10 La structure des cristaux

Un **cristal** est une substance solide composée d'unités qui se répètent. Chaque unité comprend un petit nombre d'atomes, d'ions ou de molécules, qui s'assemblent en une structure à trois dimensions appelée réseau. Il existe trois types de réseaux cubiques : la **structure cubique simple**, la **structure cubique centrée** et la **structure cubique à faces centrées**.

La **maille élémentaire** est un important concept lié à celui de réseau cristallin. Les propriétés et les dimensions d'une maille élémentaire, souvent mesurées au moyen de rayons X, peuvent être employées pour calculer les rayons atomiques et les masses volumiques des substances cristallines. On décrit la structure cristalline des métaux au moyen de l'empilement de sphères. L'**empilement hexagonal compact** et l'**empilement cubique compact** sont des structures qui réduisent au minimum la fraction du volume qui est vide. On représente assez bien la structure cristalline des substances ioniques par un modèle dans lequel les cations occupent les espaces vides dans un réseau compact d'anions.

8.11 Le modèle de l'électron libre de la liaison métallique

Dans le **modèle de l'électron libre** des métaux, les électrons de valence des atomes d'un cristal forment un « gaz d'électrons », qui entoure un réseau d'ions positifs. Ce modèle rend compte de propriétés comme la malléabilité et la ductilité, la conductivité électrique et la conductivité thermique.

8.12 **La théorie des bandes**   La théorie des bandes décrit les liaisons dans les métaux et les semi-conducteurs à l'aide de bandes d'orbitales moléculaires très rapprochées. La présence d'une bande partiellement occupée par des électrons est une condition essentielle de la conductivité électrique. Dans certains métaux, la bande résultant de la combinaison des orbitales de valence des atomes n'est que partiellement occupée. Dans ce cas, la **bande de valence** joue le rôle de **bande de conduction**. Dans d'autres métaux, une bande de conduction vide et une bande de valence entièrement occupée se chevauchent.

Mots clés

Vous trouverez également la définition des mots clés dans le glossaire à la fin du livre.

Problèmes par sections

8.2   La vaporisation et la pression de vapeur

1. Selon vous, lesquelles des variables énumérées ci-dessous influent sur la pression de vapeur d'un liquide ? Justifiez vos réponses.

   a) La température

   b) Le volume de liquide à l'état d'équilibre liquide-vapeur

   c) Le volume de vapeur à l'état d'équilibre liquide-vapeur

   d) L'aire de la surface de contact entre le liquide et la vapeur

2. Bien que, souvent, on emploie indifféremment les termes *gaz* et *vapeur*, on fait parfois une distinction entre les deux. Quelle est cette distinction ?

3. À l'aide des données du tableau 8.1 (page 364), déterminez la quantité de chaleur, en kilojoules, requise pour vaporiser 1,00 kg de CS_2(l).

4. À l'aide des données du tableau 8.1 (page 364), déterminez la quantité de chaleur, en joules, requise pour vaporiser 0,25 mL de CCl_4(l). On sait que la masse volumique du CCl_4(l) est $\rho = 1,59$ g/mL.

5. Quelle quantité de chaleur, en kilojoules, est requise pour convertir 25,0 g de H_2O liquide à 18,0 °C en vapeur, à 25,0 °C ? (*Indice :* Quelle est la chaleur massique et la chaleur de vaporisation de l'eau ?)

6. Quelle quantité de chaleur, en kilojoules, est libérée quand 1,25 mol de CH_3OH(g) à 25,0 °C se liquéfie et refroidit à 15,5 °C ? La chaleur massique de CH_3OH(l) est de 2,53 J·g⁻¹·°C⁻¹. (*Indice :* Quelle est la chaleur de vaporisation de CH_3OH ?)

7. Combien faut-il brûler de grammes de propane pour fournir la chaleur requise afin de vaporiser 0,750 L d'eau à 298 K ?

$$C_3H_8(g) + 5\ O_2(g) \longrightarrow 3\ CO_2(g) + 4\ H_2O(l) \qquad \Delta H = -2,22 \times 10^3\ \text{kJ}$$
$$H_2O(l) \longrightarrow H_2O(g) \qquad \Delta H_{vap} = 44,0\ \text{kJ}$$

8. La combustion de 1,25 g de pentane produit assez de chaleur pour vaporiser 165 g d'hexane. Quelle est l'enthalpie molaire de vaporisation de l'hexane ?

$$C_5H_{12}(l) + 8\ O_2(g) \longrightarrow 5\ CO_2 + 6\ H_2O(l) \qquad \Delta H = -3,51 \times 10^3\ \text{kJ}$$
$$C_6H_{14}(l) \longrightarrow C_6H_{14}(g) \qquad \Delta H_{vap} = ?$$

9. On peut garder la main dans un four à 100 °C pendant quelque temps sans ressentir de douleur. Cependant, on ne peut garder la main plus de quelques secondes à un ou deux centimètres au-dessus d'une bouilloire dans laquelle l'eau bout à gros bouillons. Expliquez pourquoi les effets des deux corps à une même température sont différents.

10. Un bain-marie est un ustensile de cuisine constitué de deux récipients placés l'un sur l'autre. Dans le récipient du dessous, on met l'eau à bouillir. La vapeur de l'eau qui bout entre en contact avec le récipient du dessus, dans lequel on a placé les aliments à cuire.

    a) De quelle façon l'énergie est-elle transmise aux aliments à cuire ?

    b) Quelle est la température maximale dans le récipient qui contient les aliments ? Justifiez vos réponses.

11. À l'aide de la figure 8.4 (page 369), évaluez approximativement :

    a) la pression de vapeur du disulfure de carbone à 30 °C ;

    b) le point d'ébullition de l'éthanol lorsque la pression barométrique est de 96 kPa.

12. À l'aide de la figure 8.4 (page 369), évaluez approximativement :

    a) la pression de vapeur de l'aniline à 100 °C ;

    b) le point d'ébullition du méthanol lorsque la pression barométrique est de 91 kPa.

13. Combien y a-t-il d'atomes d'argent dans un volume de vapeur de 486 mL lorsque Ag(l) et Ag(g) sont en équilibre à 1360 °C ? (La pression de vapeur de l'argent à 1360 °C est de 0,133 kPa.)

14. Même si la pression de vapeur du mercure liquide est très faible, il y a assez d'atomes dans la vapeur pour que celle-ci constitue un risque pour la santé si une personne en inhale pendant une période relativement longue. Déterminez le nombre d'atomes de mercure dans une pièce hermétiquement fermée dont le volume est de 27,5 m³ lorsqu'il y a équilibre entre Hg(l) et Hg(g) à 22,0 °C ? (La pression de vapeur du mercure à 22,0 °C est de $1,91 \times 10^{-4}$ kPa.)

15. Il y a équilibre entre une petite quantité de $CCl_4(l)$ et la vapeur de celui-ci, à 40,0 °C, dans un récipient dont le volume est de 285 mL. La masse totale de la vapeur est de 0,480 g. Quelle est la pression de vapeur de CCl_4, en kilopascals, à 40,0 °C ?

16. La masse volumique de la vapeur d'acétone en équilibre avec de l'acétone liquide, $(CH_3)_2CO$, à 32 °C, est de 0,876 g/L. Quelle est la pression de vapeur de l'acétone, en kilopascals, à 32 °C ?

17. Si on injecte un échantillon de 1,82 g d'eau, à 30,0 °C, dans un récipient de 2,55 L, quel sera l'état de l'eau : solide et/ou liquide et/ou gazeux ? Justifiez votre réponse.

18. Si on injecte un échantillon de 0,625 g d'eau, à 0 °C, dans un récipient de 178,5 L, quel sera l'état de l'eau : solide et/ou liquide et/ou gazeux ? Justifiez votre réponse.

19. Comment expliqueriez-vous à un élève du primaire le phénomène représenté sur la photo ci-dessous, c'est-à-dire l'ébullition de l'eau contenue dans un gobelet en papier, placé au-dessus d'une flamme ?

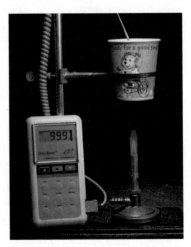

20. Comment expliqueriez-vous à un élève du primaire le phénomène suivant : si on fait bouillir une petite quantité d'eau dans un récipient métallique, qu'on bouche le récipient et qu'on le refroidit, le récipient s'affaisse ?

21. Critiquez les affirmations suivantes. Il est toujours possible de liquéfier un gaz à condition :

    a) d'exercer une pression suffisante ;

    b) de réduire suffisamment la température ;

    c) de faire varier à la fois la pression et la température.

22. À la température ambiante, le propane en bonbonne est à l'état liquide et gazeux. En est-il de même du méthane en bonbonne ? Justifiez votre réponse.

8.3 Les changements de phase relatifs à un solide

23. Quelle quantité de chaleur, en kilojoules, est requise pour faire fondre un cube de glace mesurant 3,5 cm sur 2,6 cm sur 2,4 cm ? La masse volumique de la glace est de 0,92 g/cm^3. (Utilisez les données du tableau 8.4.)

24. Un calorimètre à glace permet de mesurer des quantités de chaleur en déterminant la quantité de glace fondue. Combien de grammes de glace peut-on faire fondre grâce à la chaleur libérée par la combustion de 875 mL de CH$_4$(g), mesurés à 25 °C et à 99,7 kPa ?

$$CH_4(g) + 2\,O_2(g) \longrightarrow CO_2(g) + 2\,H_2O(l) \qquad \Delta H = -890,3 \text{ kJ}$$

$$H_2O(s) \longrightarrow H_2O(l) \qquad \Delta H_{\text{fusion}} = 6,01 \text{ kJ}$$

25. On place un bloc de glace de 0,506 kg, à 0,0 °C, dans un récipient isolé contenant 315 mL d'eau à 20,2 °C. Restera-t-il de la glace lorsque l'équilibre thermique aura été atteint ?

26. On place un bloc de glace de 25,5 g, à 0,0 °C, dans un récipient isolé contenant 125 mL d'eau à 26,5 °C. Quelle sera la température après que la glace aura fondu ?

27. *Sans faire de calculs détaillés,* déterminez, à l'aide des données contenues dans le présent chapitre, laquelle des transformations décrites ci-dessous requiert le plus grand apport de chaleur.

a) La fusion de 3,0 mol de glace à 0 °C

b) L'évaporation de 10,0 g de H$_2$O(l) à 298 K

c) La fusion de 2,0 mol de glace à 0 °C et l'élévation à 10 °C de la température de l'eau liquide obtenue (chaleur massique de l'eau = 4,18 J·g^{-1}·°C^{-1} ; capacité calorifique molaire de l'eau = 0,075 kJ·mol^{-1}·°C^{-1})

d) La sublimation de 1,0 mol de glace à 0 °C

28. *Sans faire de calculs détaillés,* déterminez, à l'aide des données contenues dans le présent chapitre, laquelle des transformations décrites ci-dessous dégage la plus grande quantité de chaleur.

a) La solidification de 2,00 kg de Hg(l) à −38,9 °C

b) La liquéfaction de 0,50 mol de vapeur [H$_2$O(g)] à 100 °C

c) La formation de 10,0 g de givre [H$_2$O(s)] à partir de vapeur d'eau à −2,0 °C

d) Le refroidissement de 100,0 mL de H$_2$O(l) de 51,0 °C à 1,0 °C (chaleur massique de l'eau = 4,18 J·g^{-1}·°C^{-1})

8.4 Le diagramme de phases

29. Chaque diagramme de phases comporte-t-il un point critique ? un point d'ébullition normal ? Un diagramme de phases peut-il comprendre plus d'un point triple ? Justifiez votre réponse.

30. La figure qui apparaît ci-dessous est un diagramme de phases de l'iode. (L'axe de la pression n'est pas à l'échelle.)

a) Nommez les phases présentes dans les portions du diagramme marquées par un point d'interrogation.

b) Représentez le point triple, le point de fusion normal, le point d'ébullition normal et le point critique à l'aide des lettres *A*, *B*, *C* et *D* respectivement.

c) Décrivez les changements de phase qui se produisent lorsqu'on élève, à pression constante, la température d'un échantillon du point X au point Y.

31. À la température ambiante, la forme stable du soufre solide est le soufre orthorhombique, S$_\alpha$; au point de fusion normal, c'est le soufre monoclinique, S$_\beta$. Le graphique ci-dessous représente une portion du diagramme de phases du soufre. (L'axe de la pression n'est pas à l'échelle.)

a) Nommez les phases présentes dans les portions du diagramme marquées par un point d'interrogation.

b) Indiquez les *trois* points triples et les phases à l'équilibre pour chacun de ces trois points.

c) Décrivez les changements de phase qui se produisent lorsque, à température constante, on élève la pression d'un échantillon du point X au point Y.

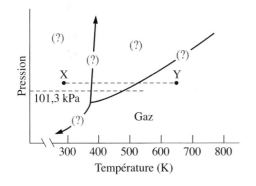

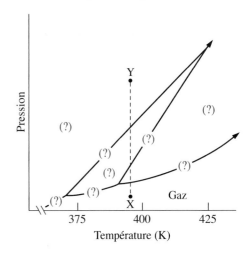

32. Tracez un diagramme de phases de l'hydrazine et placez les points suivants : le point triple (2,0 °C et 0,45 kPa), le point d'ébullition normal (113,5 °C) et le point critique (380 °C et $1,47 \times 10^4$ kPa).

33. Tracez un diagramme de phases du benzène et placez les points suivants : le point triple (5,5 °C et 4,77 kPa), le point d'ébullition normal (80,1 °C) et le point critique (288,5 °C et $4,83 \times 10^3$ kPa).

34. Indiquez où devrait se trouver chacun des points suivants dans le diagramme de phases de l'eau. Autrement dit, dites si ces points se trouvent dans une région représentant une phase (solide, liquide ou gazeuse) ou sur une courbe séparant deux phases (courbe de vaporisation, de sublimation ou de fusion).

Utilisez les informations fournies dans la figure 8.13 (page 379) et dans le reste du chapitre.

a) 88,15 °C et 96,7 kPa

b) 25,0 °C et 3,17 kPa

c) 0 °C et 253 kPa

d) −10 °C et 10,1 kPa

35. Décrivez les changements de phase qui se produisent lorsque, à une pression constante de 1000 kPa, on chauffe un échantillon de dioxyde de carbone solide de −100 °C à 100 °C, dans un appareil semblable à celui qui est illustré dans la figure 8.14 (page 380). Représentez de plus ces changements au moyen d'une courbe de chauffage.

8.5 Les forces de Van der Waals

36. Qu'est-ce qui distingue une force *intra*moléculaire d'une force *inter*moléculaire ? Arrive-t-il parfois qu'elles soient identiques ? Justifiez votre réponse.

37. Pourquoi le point d'ébullition normal d'un liquide polaire est-il généralement plus élevé que celui d'un liquide non polaire de masse molaire identique ?

38. Selon vous, laquelle des substances suivantes a le point d'ébullition *le plus bas* : le disulfure de carbone ou le tétrachlorure de carbone ? Pourquoi ?

39. Selon vous, laquelle des substances suivantes a le point d'ébullition *le plus élevé* : l'hexane, $CH_3CH_2CH_2CH_2CH_2CH_3$, ou le 2,2-diméthylbutane, $CH_3CH_2\overset{\displaystyle CH_3}{\underset{\displaystyle CH_3}{\overset{\displaystyle |}{\underset{\displaystyle |}{C}}}}CH_3$. Pourquoi ?

40. Selon vous, laquelle des substances suivantes a le point de fusion *le plus élevé* : le pentane, $CH_3CH_2CH_2CH_2CH_3$, ou l'éther de diéthyle, $(CH_3CH_2)_2O$? Pourquoi ?

8.6 Les liaisons hydrogène

41. Énoncez les principales raisons pour lesquelles CH_4 est un gaz à la température ambiante, tandis que H_2O est un liquide.

42. Selon vous, laquelle des substances suivantes a le point de fusion *le plus élevé* : le pentan-1-ol, $CH_3CH_2CH_2CH_2CH_2OH$, ou le 3,3-diméthylpentane, $CH_3CH_2C(CH_3)_2CH_2CH_3$? Pourquoi ?

43. Dans des conditions normales de température et de pression, une seule des substances suivantes est solide : C_6H_5COOH, $CH_3(CH_2)_8CH_3$, C_6H_{14}, $(CH_3CH_2)_2O$. Selon vous, quelle est cette substance ? Justifiez votre réponse.

44. Dans des conditions normales de température et de pression, une seule des substances suivantes est gazeuse : NI_3, BF_3, PCl_3, CH_3COOH. Selon vous, quelle est cette substance ? Justifiez votre réponse.

45. Disposez les substances suivantes selon l'ordre *croissant* probable de leurs points d'ébullition : C_4H_9OH, NO, C_6H_{14}, N_2, $(CH_3)_2O$. Expliquez votre classement.

46. Disposez les substances suivantes selon l'ordre *croissant* probable de leurs points d'ébullition : H_2O, NH_3, CH_4, CH_3CH_3. Expliquez votre classement.

8.7 La tension superficielle et la viscosité

47. Selon vous, lequel des liquides suivants a la tension superficielle la plus élevée : l'octane, C_8H_{18}, ou l'octan-1-ol, $C_8H_{17}OH$? Justifiez votre réponse.

48. Selon vous, lequel des liquides suivants a la tension superficielle la plus élevée : l'alcool isopropylique, $(CH_3)_2CHOH$, ou l'éthylèneglycol, CH_2OHCH_2OH ? Justifiez votre réponse.

49. Que veut-on dire lorsqu'on affirme que l'eau mouille le verre ? L'eau « mouille-t-elle » toutes les substances ? Peut-on ajouter à l'eau des substances qui la rendent plus mouillante, comme on l'affirme dans les publicités de produits de nettoyage ? Justifiez votre réponse.

50. Une éponge ordinaire dont la base rectangulaire mesure 4 cm sur 15 cm et dont l'épaisseur est de 2 cm peut absorber une quantité d'eau dont la masse est supérieure à sa propre masse. Si on expose l'éponge gorgée d'eau à l'air en plaçant l'arête de 2 cm à la verticale, elle retient toute l'eau absorbée. Il en est de même si on place l'arête de 4 cm à la verticale ; mais si on place l'arête de 15 cm à la verticale, l'eau s'écoule de l'éponge. Expliquez ces observations à l'aide des phénomènes naturels qui entrent en jeu.

8.9 Les liaisons ioniques en tant que forces « intermoléculaires »

51. Décrivez l'effet général, d'une part, de la charge et des dimensions d'un ion sur l'énergie de réseau et, d'autre part, de l'énergie de réseau sur le point de fusion d'un solide ionique.

52. Disposez les substances suivantes selon l'ordre *croissant* probable de leurs points de fusion : Cl_2, $CsCl$, CCl_4, $MgCl_2$. Expliquez votre classement.

53. Disposez les substances suivantes selon l'ordre *croissant* probable de leurs points de fusion : $NaOH$, CH_3OH, $LiOH$, C_6H_5OH. Expliquez votre classement.

8.10 La structure des cristaux

54. a) Dans le modèle bidimensionnel donné, les deux portions circonscrites peuvent-elles jouer le rôle d'unité récurrente (de la même façon qu'une maille élémentaire est une unité récurrente d'une structure cristalline) ? Sinon, pourquoi ? Laquelle des deux est une unité récurrente ?

    b) Combien de cœurs, de carreaux et de trèfles l'unité récurrente doit-elle compter ?

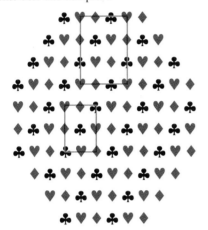

55. a) Dans le modèle bidimensionnel donné, les deux portions circonscrites peuvent-elles jouer le rôle d'unité récurrente (de la même façon qu'une maille élémentaire est une unité récurrente d'une structure cristalline) ? Sinon, pourquoi ? Laquelle des deux est une unité récurrente ?

    b) Combien de carreaux, de trèfles et de cœurs l'unité récurrente doit-elle compter ?

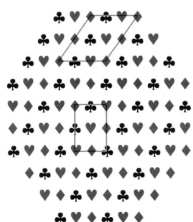

56. Le rayon atomique de l'argent est de 144,4 pm et sa structure cristalline est du type cubique à faces centrées.

    a) Quelle est la longueur d'une arête de la maille élémentaire en picomètres ?

    b) Quel est le volume de la maille élémentaire en centimètres cubes ?

    c) Calculez la masse volumique de l'argent.

57. Le rayon atomique du chrome est de 124,9 pm et sa structure cristalline est du type cubique centré.

    a) Quelle est la longueur d'une arête de la maille élémentaire en picomètres ?

    b) Quel est le volume de la maille élémentaire en centimètres cubes ?

    c) Calculez la masse volumique du chrome.

58. Utilisez la valeur du rayon de Cs^+, soit 169 pm, la valeur du rayon de Cl^-, soit 181 pm, la représentation de la maille élémentaire de la figure 8.45 (page 407) et la masse volumique de $CsCl(s)$, soit 3,988 g/cm^3, pour déterminer :

    a) la longueur d'une arête de la maille élémentaire ;

    b) une valeur approximative du nombre d'Avogadro, N_A.

59. La structure cristalline du chlorure de potassium est du même type que celle du chlorure de sodium. La distance internucléaire entre K^+ et Cl^- est de 314,54 pm, et la masse volumique de $KCl(s)$ est de 1,9893 g/cm^3. Déterminez :

    a) la longueur d'une arête de la maille élémentaire ;

    b) la valeur du nombre d'Avogadro, N_A.

60. Montrez que la maille élémentaire du fluorure de calcium est compatible avec la formule CaF_2. Quel est le nombre de coordination de Ca^{2+} et de F^- ? Vous attendez-vous à ce que ces nombres soient identiques ? Justifiez votre réponse.

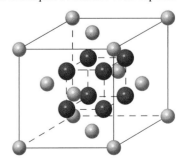

61. Montrez que la maille élémentaire du dioxyde de titane est compatible avec la formule TiO_2. Quel est le nombre de coordination de Ti^{4+} et de O^{2-}? Vous attendez-vous à ce que ces nombres soient identiques? Justifiez votre réponse.

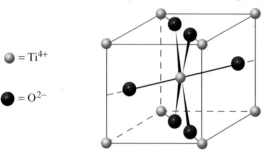

$\bigcirc = Ti^{4+}$

$\bullet = O^{2-}$

62. Le diamant et le graphite sont tous deux des solides covalents cristallins. Expliquez pourquoi ces deux substances ont des propriétés très différentes.

Problèmes complémentaires

★ Problème défi   ↻ Problème synthèse

63. On fait passer un échantillon de $N_2(g)$ de 150,0 mL, à 25,0 °C et à 100,0 kPa, dans du benzène, $C_6H_6(l)$, jusqu'à ce que le gaz soit saturé de $C_6H_6(g)$. Le volume final du gaz est de 172 mL lorsque la pression totale est de 100,0 kPa. Quelle est la pression de vapeur du benzène à 25,0 °C?

64. On dispose des informations suivantes à propos du CCl_4: point de fusion normal, − 23 °C; point d'ébullition normal, 77 °C; masse volumique à l'état liquide, 1,59 g/mL; chaleur de fusion, 3,28 kJ/mol; pression de vapeur à 25,0 °C, 14,7 kPa.

   a) Quelle quantité de chaleur faut-il fournir pour convertir 10,0 g de CCl_4 solide en un liquide, à − 23 °C?

   b) Quel volume 1,00 mol de vapeur saturée occupe-t-elle à 77°C?

   c) Quelles phases — solide, liquide et/ou gazeuse — sont présentes dans un échantillon de CCl_4 de 3,5 g conservé dans un récipient de 8,21 L, à 25,0 °C?

65. Donnez *plusieurs* raisons pour lesquelles le point d'ébullition de l'acide hexanoïque, $CH_3(CH_2)_4COOH$, devrait être *plus élevé* que celui du 2-méthylbutane, $CH_3CH(CH_3)CH_2CH_3$.

66. Un article de journal dans lequel on décrit les propriétés étonnantes de l'eau comprend l'énoncé suivant: « L'eau est la seule substance qui existe aux états solide, liquide et gazeux à une même température.» Cette affirmation est-elle exacte? Justifiez votre réponse.

67. Dans un petit intervalle de température, l'eau liquide peut avoir la même masse volumique à *deux* températures différentes. Expliquez pourquoi cela est possible. Selon vous, à quelles températures approximatives cela devrait-il se produire?

68. Quelle est la température *la plus basse* à laquelle on puisse faire bouillir de l'eau liquide? Expliquez comment on peut y arriver.

69. ★ La pression de vapeur de l'ammoniac est donnée par l'équation suivante, où p est la pression de vapeur en millimètres de mercure et T, la température en degrés Celsius.

$$\log p = 7,5547 - \frac{1002,7}{T + 247,89}$$

   a) Quelle est la pression de vapeur de $NH_3(l)$ à −75,0 °C?

   b) Quel est le point d'ébullition normal de $NH_3(l)$?

   c) La température critique de l'ammoniac est $T_c = 405,6$ K. Calculez sa pression critique, P_c.

70. La pression de vapeur du chlore liquide est donnée par l'équation

$$\log p = 6,9379 - \frac{861,34}{T + 246,33}$$

et celle du chlore solide, par l'équation

$$\log p = 9,7051 - \frac{1444,2}{T + 267,13}$$

où p est la pression de vapeur en millimètres de mercure et T, la température en degrés Celsius. Évaluez la température et la pression au point triple du chlore.

71. Les courbes suivantes donnent les points d'ébullition normaux d'hydrures des éléments des groupes IVB à VIIB. Expliquez les tendances illustrées.

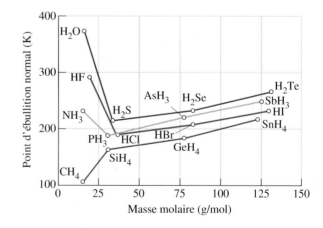

72. ★ Parmi les enthalpies de transition caractéristiques, on distingue ΔH_{vap}, ΔH_{fusion}, ΔH_{liq}, ΔH_{sub}. Disposez ces grandeurs en ordre croissant de leurs valeurs absolues (c'est-à-dire sans tenir compte du signe). En général, comment ces valeurs se comparent-elles aux variations d'enthalpie associées aux réactions chimiques? Expliquez votre raisonnement. Selon vous, existe-t-il des exceptions à cette constatation générale? Si oui, nommez-en quelques-unes.

73. Dans l'exemple 8.5 (page 380), à l'état final d'équilibre, c'est-à-dire dans les conditions *c*, quelle est la masse de l'eau liquide et de la vapeur d'eau ?

74. On enflamme un mélange de 1,00 g de H_2 et de 10,00 g de O_2, contenu dans un récipient de 3,15 L. Quelle est la pression dans le récipient si on le refroidit à 25 °C ? (*Indice :* Quelle réaction se produit ? Quel est le contenu du récipient ?)

75. On injecte un échantillon de $H_2O(g)$ de 1,00 g dans un récipient de 40,0 L, à une température de 35,0 °C, puis on refroidit l'échantillon. Déterminez, à un degré Celsius près, la température à laquelle l'eau commence à se liquéfier.

76. Le phénomène illustré par les deux photos est appelé *regel de la glace*. Comment se fait-il qu'on puisse faire passer un fil mince à travers le bloc de glace sans le couper en deux ? Selon vous, le même phénomène se produirait-il dans le cas de la glace sèche [$CO_2(s)$] ? Justifiez votre réponse.

77. Les liaisons intramoléculaires de l'acide salicylique sont représentées à la page 390. Ce composé comporte en fait à la fois des liaisons hydrogène intramoléculaires et intermoléculaires. Représentez graphiquement la structure d'un dimère d'acide salicylique de manière à montrer un ensemble de quatre liaisons hydrogène.

78. Tracez un diagramme de phases de l'étain et identifiez les points caractéristiques de ce diagramme. On sait qu'il existe trois formes de ce solide polymorphe : α, un étain gris, à des températures inférieures à 19 °C ; β, un étain blanc, à des températures comprises entre 19 °C et 161 °C ; γ, un étain friable, à des températures comprises entre 161 °C et 232 °C, le point de fusion. Le point d'ébullition normal de l'étain est de 2623 °C. Tracez la courbe de refroidissement que vous vous attendez à obtenir en refroidissant lentement un échantillon d'étain liquide de 250 °C à 0 °C.

79. Selon vous, la structure cristalline de l'oxyde de magnésium est-elle du type CsCl ou NaCl ? Justifiez votre réponse. (*Indice :* Utilisez les données du chapitre 5 si c'est nécessaire.)

80. Dans le texte, nous avons affirmé que les espaces vides dans les mailles élémentaires de type cubique simple, cubique centré et cubique à faces centrées représentent respectivement 47,64 %, 31,98 % et 25,96 % du volume de la maille. Démontrez cette affirmation à l'aide de calculs. (*Indice :* Il s'agit d'un problème de géométrie. Choisissez une valeur du rayon d'une sphère qui facilite les calculs, par exemple 1 cm, et calculez le volume d'une maille élémentaire et des sphères contenues dans la maille.)

81. Le schéma suivant représente la maille élémentaire du diamant. Calculez la masse volumique du diamant à l'aide des méthodes utilisées dans les exemples 8.9 et 8.10 (pages 405 et 406), et en prenant 154,45 pm comme valeur de la longueur de la liaison carbone-carbone.

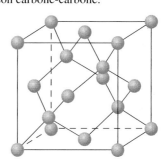

82. Une thermopompe est un appareil utilisé pour refroidir l'air par temps chaud et pour le réchauffer par temps froid. Son fonctionnement repose, comme celui d'un réfrigérateur, sur un cycle de liquéfaction et d'évaporation. Décrivez le fonctionnement d'une thermopompe. Selon vous, pourquoi l'utilité des thermopompes est-elle limitée dans les pays très froids ?

83. Dans lesquels des composés suivants, la liaison hydrogène est-elle une force intermoléculaire importante : HF, CH_4, CH_3OH et N_2H_4 ?

a) aucun de ces composés

b) deux de ces composés

c) trois de ces composés

d) tous ces composés

84. Si la pression au point triple d'une substance est plus grande que 1 atm, nous nous attendons à ce que :

a) le solide se sublime sans fusion.

b) la température du point d'ébullition soit plus basse que la température du point triple.

c) le point de fusion du solide soit à une température plus basse que celle du point triple.

d) cette substance n'existe pas sous forme liquide.

85. Quel volume de vapeur doit être en équilibre avec 125 g de $CS_2(l)$ à 20 °C si $1,5 \times 10^{22}$ molécules de CS_2 sont présentes sous forme de vapeur ? (*Indice :* Consultez le tableau 8.4.)

86. L'hexafluorure de soufre et le tétraiodure de carbone sont deux composés dont l'un est un solide et l'autre un gaz à température ambiante. Lequel est le solide et pourquoi ?

87. Le plomb a un rayon atomique de 175 pm et une structure cubique à face centrée.

a) Quelle est la longueur de la maille élémentaire en picomètres ?

b) Quel est le volume de la maille élémentaire en centimètres cubes ?

c) Calculez la masse volumique du plomb.

88. Les points d'ébullition de HCl, HBr et HI à l'état pur (c'est-à-dire non en solution aqueuse) sont respectivement de −85 °C, −67 °C et −35 °C. Quelle est l'importance relative des différents types de forces intermoléculaires dans ces trois gaz ? Expliquez votre réponse.

89. Dessinez un diagramme de phases en utilisant, comme référence, ceux qui sont présentés dans le chapitre. Indiquez-y les quatre points W, X, Y et Z, dont voici les descriptions :

a) Le passage de W à X est de liquide à solide à une température constante.

b) Le passage de X à Y est de solide à gaz à une pression constante.

c) Le passage de Y à Z ne produit pas de changement de phase bien que la température et la pression changent toutes les deux.

90. Calculez la longueur approximative et le diamètre en nanomètres du nanotube de carbone présenté à la figure 8.34.

La chimie de l'environnement

La planète Terre est en majeure partie solide, mais de l'eau à l'état liquide recouvre sa surface, et une atmosphère gazeuse permet aux formes de vie supérieures d'exister. Dans le présent chapitre, nous étudierons l'atmosphère de la Terre, ainsi que quelques-uns des effets des activités humaines sur l'environnement. Nous mettrons en application quelques concepts de chimie abordés dans les chapitres précédents. Nous verrons qu'une connaissance de la chimie est essentielle pour comprendre les problèmes de l'environnement et pour les résoudre.

Quand ils élaborent leurs théories sur la possibilité qu'il y ait de la vie ailleurs dans l'Univers, les astronomes cherchent des planètes dont la taille et les écarts thermiques rendent possibles la présence d'eau à l'état liquide et l'existence d'une atmosphère gazeuse. La plupart des astres de notre système solaire, tels Mercure et la Lune, sont stériles et privés d'air ; d'autres, comme Jupiter, Saturne, Uranus et Neptune, possèdent une atmosphère écrasante soumise à une pression des milliers de fois plus élevée que celle de la Terre.

De par sa nature, la vie dépend de l'eau ; sans eau il n'y aurait pas de vie. La présence de grandes quantités d'eau à l'état liquide confère donc à notre planète une caractéristique singulière dans le système solaire : la capacité d'accueillir des formes de vie supérieures. Les scientifiques qui sont à la recherche de vie extraterrestre fondent un faible espoir sur la présence d'eau sous la surface aride de Mars ou sous les mers gelées d'Europe, un des satellites de Jupiter. Si un jour on découvrait des formes de vie supérieures sur des astres éloignés, dans d'autres galaxies, ce serait sans doute sur une planète couverte d'eau, semblable à la nôtre.

Cependant, pour que la vie continue sur Terre, il faut connaître son environnement afin de pouvoir le protéger, notamment contre les agressions de l'activité humaine. L'environnement est un vaste sujet, et même si on en n'étudie qu'une facette, on constate sa complexité et l'imbrication de ses composantes essentielles que sont le sol, l'eau, l'air, la faune et la flore, et le climat. Nous avons donc scindé l'étude de l'environnement entre les deux manuels de chimie. Dans le présent chapitre, nous aborderons l'atmosphère : sa composition, ses cycles naturels, la pollution, la couche d'ozone et le réchauffement planétaire. Dans le chapitre 9 du manuel Chimie des solutions, nous traiterons de l'hydrosphère : les eaux naturelles, la pollution, les pluies et les eaux acides, ainsi que les substances toxiques (poisons, substances cancérogènes et anticancérogènes et matières dangereuses) dans la biosphère. L'environnement est un immense laboratoire qui permet une application concrète des connaissances acquises dans plusieurs domaines, entre autres la chimie. Il constitue donc un sujet de choix pour clore les deux manuels de chimie et pour favoriser l'intégration des concepts étudiés au fil des chapitres.

Dans le présent chapitre, nous étudierons plus particulièrement la composition de l'atmosphère, ainsi que ses propriétés. Nous examinerons par ailleurs quelques-unes des répercussions que les activités humaines ont sur l'air. Nous nous attarderons surtout sur la façon dont nous pouvons nous servir de la chimie pour mieux appréhender les questions liées à l'environnement et pour résoudre les problèmes qui s'y rapportent. Nos connaissances peuvent donc servir à protéger la seule planète connue qui possède la capacité d'accueillir des êtres humains.

Le présent chapitre vous permettra de répondre aux questions suivantes:

- Quelle est la composition de l'air?

- Quels sont les rôles des cycles de l'eau, de l'azote et du carbone dans notre environnement?

- Quelles sont les différentes composantes de la pollution atmosphérique et comment lutter contre celle-ci?

- Quel est le rôle de la couche d'ozone et qu'est-ce qui provoque sa détérioration?

- La Terre se réchauffe! Qu'est-ce qui provoque ce réchauffement?

L'atmosphère

Considérons d'abord l'atmosphère terrestre. En quoi l'air que nous respirons est-il unique? Un simple examen des autres planètes de notre système solaire nous en fournit une indication. Les astronautes ont marché sur la surface aride, couverte de poussière et privée d'air de la Lune. Les scientifiques ont lancé, à travers des nuages d'acide sulfurique et une couche épaisse de dioxyde de carbone, des sondes robotisées qui se sont posées sur la surface chaude et inhospitalière de Vénus. Des sondes spatiales ont traversé l'atmosphère ténue de Mars, et un robot a permis d'analyser les roches de cette planète. D'autres engins spatiaux ont examiné les atmosphères écrasantes, turbulentes et toxiques de Jupiter, de Saturne, d'Uranus et de Neptune. On sait peu de chose sur l'atmosphère de la lointaine Pluton, parce qu'elle n'a pas été étudiée, si ce n'est à partir de distances extrêmement grandes.

Dans tout le système solaire, l'atmosphère terrestre est unique et elle rend possible la vie humaine. Dans les sections qui suivent, nous étudierons la composition normale de l'atmosphère, puis la présence de substances qui y sont introduites par l'activité humaine.

L'un des objets de la chimie de l'environnement est l'étude de tous les processus qui déterminent la composition chimique de l'atmosphère terrestre. Malgré son apparente invariabilité (**tableau 9.1**), l'atmosphère constitue un système dynamique. Les composés gazeux y sont en perpétuelle interaction, des substances sont continuellement formées et éliminées ou échangées avec les océans et la biosphère. Des modifications dans la composition de l'atmosphère peuvent être perceptibles pendant des années, voire des siècles.

9.1 La composition et la structure de l'atmosphère et les cycles naturels

On peut vivre pendant environ un mois sans nourriture; sans eau, on ne survit que quelques jours. Mais, privé d'air, on meurt en très peu de temps. L'air est vital, parce qu'il contient de l'oxygène (O_2), un élément essentiel aux processus fondamentaux de la respiration et du métabolisme. La vie telle qu'on la connaît ne pourrait toutefois pas exister dans une atmosphère constituée d'oxygène pur en raison des processus d'oxydation, qui seraient grandement accélérés par l'augmentation de la concentration de O_2. L'oxygène de l'air est dilué dans de l'azote, ce qui freine l'oxydation de tout ce qui entre en contact avec l'air. Le dioxyde de carbone et la vapeur d'eau ne sont que des composants mineurs de l'air, mais ils forment la matière première à partir de laquelle le règne végétal synthétise ce dont il a besoin pour s'épanouir; or, les plantes produisent aussi les aliments dont dépendent notre vie ainsi que celle des autres animaux. Et même l'ozone (O_3), un gaz présent uniquement à l'état de traces, joue un rôle vital en formant un écran qui protège la Terre des rayons ultraviolets nocifs et en maintenant un équilibre énergétique dans l'atmosphère.

L'air sec de la basse atmosphère est composé d'environ 78 % de N_2, 21 % de O_2 et 1 % de Ar (en pourcentages molaires). Le dioxyde de carbone est le constituant mineur le plus abondant de l'air sec. Sa concentration dans l'air est montée en flèche au cours des 125 dernières années. Selon toute probabilité, elle continuera d'augmenter à mesure que de plus en plus de combustibles fossiles (charbon, pétrole et gaz naturel) seront brûlés. Le tableau 9.1 présente un résumé de la composition de l'air sec.

TABLEAU 9.1 Composition de l'air sec (au niveau de la mer)	
Composant	**Pourcentage molaire[*]**
Azote (N_2)	78,084
Oxygène (O_2)	20,946
Argon (Ar)	0,934
Dioxyde de carbone (CO_2)	0,037 0
Néon (Ne)	0,001 818
Hélium (He)	0,000 524
Méthane (CH_4)	0,000 2
Krypton (Kr)	0,000 114
Hydrogène (H_2)	0,000 05
Monoxyde de diazote (N_2O)	0,000 05
Xénon (Xe)	0,000 009
Ozone (O_3) Dioxyde de soufre (SO_2) Dioxyde d'azote (NO_2) Ammoniac (NH_3) Monoxyde de carbone (CO) Iode (I_2)	Traces

[*] La composition des mélanges gazeux est souvent exprimée en pourcentage volumique. Les compositions en pourcentage volumique et en pourcentage molaire sont les mêmes.

Au total, la mince couche de gaz qui forme l'atmosphère s'étend sur une surface de $5,0 \times 10^8$ km² et représente une masse d'environ $5,2 \times 10^{15}$ tonnes métriques (1 tonne métrique = 1000 kg). Il y a donc à peu près 10 millions de tonnes d'air au-dessus de chaque kilomètre carré de surface, ou 10 tonnes d'air au-dessus de chaque mètre carré.

Quelle est l'épaisseur de l'atmosphère ? Il est difficile de la déterminer, car l'atmosphère n'a pas de limite bien définie. Sa couche diminue graduellement à mesure qu'on s'éloigne de la surface de la Terre *. On sait, par contre, que 99 % de sa masse se situe dans les 30 km au-dessus de la surface terrestre ; c'est une bien mince couche, comparable à la pelure d'une pomme mais, toutes proportions gardées, moins épaisse que celle-ci. La masse volumique de l'air est de 1,3 gramme par litre au niveau de la mer, mais l'air se raréfie (sa masse volumique est plus faible) en altitude. Au-dessus de la stratosphère, la masse volumique est de l'ordre des microgrammes et même des nanogrammes par litre.

Mécanique, p. 515.

On divise l'atmosphère de façon plutôt arbitraire en couches, comme l'illustre la **figure 9.1** (page suivante). La couche la plus proche de la surface terrestre, la *troposphère,* s'étend sur une hauteur d'environ 12 km et contient près de 90 % de la masse de l'atmosphère. C'est là que se produisent les variations météorologiques et presque toutes les activités humaines. La température y décroît régulièrement à mesure que l'altitude augmente : elle passe d'une valeur maximale d'environ 320 K à la surface de la Terre à une valeur minimale d'à peu près 220 K dans la haute troposphère.

---

* Vous trouverez dans ce chapitre des références à la troisième édition des ouvrages suivants : *Physique* de Benson (*Mécanique, Électricité et magnétisme, Ondes, optique et physique moderne*) et *Biologie* de Campbell.

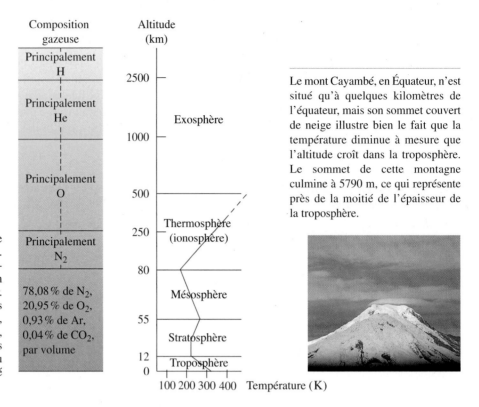

Composition gazeuse | Altitude (km)

Principalement H

2500

Principalement He

Exosphère

1000

Principalement O

500

Principalement N₂

Thermosphère (ionosphère)

250

78,08 % de N₂, 20,95 % de O₂, 0,93 % de Ar, 0,04 % de CO₂, par volume

80

Mésosphère

55

Stratosphère

12

Troposphère

0

100 200 300 400   Température (K)

▶ **Figure 9.1**
Représentation des couches de l'atmosphère
L'altitude des différentes couches de l'atmosphère n'est qu'approximative. Par exemple, la hauteur de la troposphère varie ; elle est d'environ 8 km aux pôles et de 16 km à l'équateur. Les températures (dont les variations sont représentées par le trait rouge), particulièrement dans la troposphère, dépendent des émissions de radiations solaires. Elles varient en fonction du jour et de la nuit, et selon l'activité des taches solaires.

Le mont Cayambé, en Équateur, n'est situé qu'à quelques kilomètres de l'équateur, mais son sommet couvert de neige illustre bien le fait que la température diminue à mesure que l'altitude croît dans la troposphère. Le sommet de cette montagne culmine à 5790 m, ce qui représente près de la moitié de l'épaisseur de la troposphère.

La couche suivante, la *stratosphère,* s'étend de 12 à 55 km au-dessus de la surface de la Terre. Elle contient la couche d'ozone, qui protège les créatures vivantes des radiations ultraviolettes mortelles et qui se situe approximativement à une distance de 25 à 30 km au-dessus de la Terre. Les avions supersoniques volent dans la partie inférieure de la stratosphère. La température de cette dernière est sensiblement constante : elle est de plus ou moins 220 K à une altitude de 12 à 25 km, puis elle atteint environ 280 K à 50 km.

La couche suivante au-dessus de la stratosphère, qui s'étend de 55 à 80 km environ, est appelée *mésosphère.* La température y chute de façon continue jusqu'à environ 180 K à mesure que l'altitude augmente. La couche au-dessus de la mésosphère est appelée *thermosphère* ou *ionosphère.* Dans cette zone, les radiations électromagnétiques solaires sont tellement énergétiques que les molécules qui s'y trouvent se dissocient en atomes ; certains atomes poursuivent leur dissociation en ions positifs et négatifs, et en électrons libres.

Dans la thermosphère, la température croît avec l'altitude, allant jusqu'à atteindre 1500 K environ. Cependant, les hautes températures dans cette zone n'ont pas la même

Ce météore aperçu au crépuscule dans un ciel étoilé est un fragment de matière extraterrestre qui a pénétré dans l'atmosphère. Il émet de la lumière parce qu'il est chauffé à haute température. Ce réchauffement ne se produit toutefois pas dans la thermosphère dont la température est élevée ; il provient de la force de frottement à laquelle l'objet est soumis quand il traverse la couche gazeuse de la basse atmosphère (de 80 à 100 km environ).

signification qu'à la surface de la Terre ; elles sont hautes parce que l'énergie cinétique moyenne des particules de gaz est élevée . Toutefois, étant donné le petit nombre de particules par unité de volume, il y a peu de transferts d'énergie par collision. Un objet froid placé dans cette zone ne devient pas chaud ; les collisions ne sont pas assez nombreuses pour qu'il soit porté à la température d'équilibre avec les molécules de gaz.

La vapeur d'eau dans l'atmosphère

À moins d'avoir été spécialement séché, l'air contient invariablement de la vapeur d'eau. La vapeur d'eau atmosphérique joue un rôle clé dans le **cycle hydrologique**, qui est l'ensemble des processus naturels par lesquels l'eau est recyclée dans l'environnement (**figure 9.2**).

La proportion de vapeur d'eau dans l'air est très variable : on la trouve à l'état de traces jusqu'à environ 4 % par volume. L'*humidité* est un terme général décrivant la teneur en vapeur d'eau de l'air. L'*humidité absolue* est la quantité réelle de vapeur d'eau présente dans un échantillon d'air ; elle est habituellement exprimée en grammes de H_2O par mètre cube d'air. Quant à l'*humidité relative* de l'air, c'est une mesure de la teneur en vapeur d'eau d'un échantillon exprimée sous la forme d'un pourcentage du maximum possible ; elle compare la pression partielle réelle de la vapeur d'eau dans un échantillon d'air à la pression partielle maximale qui peut exister à une température donnée, c'est-à-dire la pression de vapeur de l'eau.

Cycle hydrologique

Ensemble des processus naturels par lesquels l'eau est recyclée dans l'environnement : c'est-à-dire dans la croûte terrestre, les océans, les nappes d'eau douce et l'atmosphère.

Biologie, p. 1289 et 1296.

▼ Figure 9.2
Cycle hydrologique
Les océans sont d'immenses réserves d'eau. En s'évaporant, celle-ci produit des masses d'air humide qui se déplacent au-dessus de la terre ferme. Quand l'air humide se refroidit, la vapeur d'eau forme des nuages, et ceux-ci produisent de la pluie, qui réapprovisionne les eaux souterraines et est à la base de la formation des lacs et des rivières. Finalement, l'eau de pluie rejoint l'océan. Elle retourne également dans l'atmosphère par évaporation, ce qui constitue l'ensemble du cycle.

$$\text{Humidité relative} = \frac{\text{pression partielle de la vapeur d'eau}}{\text{pression de vapeur de l'eau}} \times 100\,\% \qquad \textbf{(9.1)}$$

Il existe un certain nombre de méthodes expérimentales permettant de déterminer l'humidité relative de l'air. La **figure 9.3** (page suivante) en illustre une qui, bien que rudimentaire, permet de visualiser les écarts d'humidité importants.

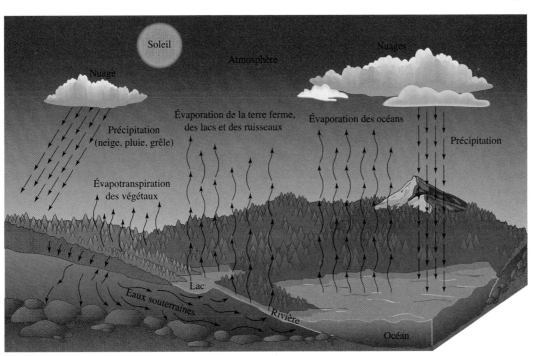

▲ **Figure 9.3**
Mesure de l'humidité relative
Les bandes de papier filtre sont imprégnées d'une solution aqueuse de chlorure de cobalt(II) et séchées. Quand l'air est sec, la bande est bleue, la couleur du $CoCl_2$ anhydre. Quand l'air est plus humide, la bande acquiert une coloration rose provenant du sel hexahydraté, $CoCl_2 \cdot 6H_2O$.

EXEMPLE 9.1

Dans un échantillon d'air, la pression partielle de la vapeur de l'eau à 20,0 °C est de 1,71 kPa. Quelle est l'humidité relative de cet air ?

➜ Stratégie

Pour calculer l'humidité relative de l'échantillon d'air, à l'aide de l'équation 9.1, nous avons besoin (1) de la pression partielle de la vapeur d'eau dans l'échantillon et (2) de la pression de vapeur de l'eau à la température donnée. La première quantité est donnée (1,71 kPa). Pour connaître la deuxième, il nous faut chercher la pression de vapeur de l'eau à 20,0 °C, ce que nous donne le tableau 8.2, page 368.

➜ Solution

$$\text{Humidité relative} = \frac{1,71 \text{ kPa}}{2,33 \text{ kPa}} \times 100 \text{ \%} = 73,4 \text{ \%}$$

EXERCICE 9.1 A

Quelle est la pression partielle de la vapeur d'eau contenue dans un échantillon d'air dont l'humidité relative est de 38,5 % à 20,0 °C ?

EXERCICE 9.1 B

Quelle est la masse de vapeur d'eau contenue dans 10,0 L d'air à 20,0 °C et à 62,4 % d'humidité relative ?

Si l'on réchauffe l'échantillon d'air décrit dans l'exemple 9.1, l'humidité relative *diminue,* parce que la pression de vapeur de l'eau augmente rapidement en fonction de la température, alors que la pression partielle de vapeur de l'eau mesurée dans l'échantillon d'air varie plus lentement à mesure que la température augmente. En revanche, si l'on refroidit l'échantillon d'air, l'humidité relative *augmente*. Si la pression de vapeur de l'eau reste à 1,71 kPa, l'humidité relative est de 100 % à 15,0 °C. L'air est alors saturé de vapeur d'eau. À des températures inférieures à 15,0 °C, l'humidité relative excède 100 %, et l'air est sursaturé de vapeur. Cette situation instable n'est pas à l'état d'équilibre et ne peut durer. Une partie de la vapeur se condense sous forme de gouttelettes appelées *rosée*. La température la plus élevée à laquelle la condensation de la vapeur d'eau d'un échantillon d'air peut avoir lieu s'appelle le *point de rosée*. Quand celui-ci est inférieur au point de congélation de l'eau (0 °C), l'eau se condense sous forme de *givre* sans passer par l'état liquide.

Un plant d'aneth couvert de la rosée du matin. Quand la température diminue et atteint le point où l'humidité absolue de l'air est plus grande que la pression de vapeur de l'eau, la vapeur d'eau se condense pour former un liquide bien connu, la rosée.

La vapeur qui se condense dans l'air au point de rosée est de l'eau pure. Le liquide à la **figure 9.4** résulte aussi de la condensation de la vapeur d'eau atmosphérique, mais ce n'est pas de l'eau pure. Il s'agit plutôt d'une solution de chlorure de calcium, formée de la façon suivante : si la pression partielle de la vapeur d'eau dans l'air excède la pression de vapeur d'une solution saturée de $CaCl_2 \cdot 6H_2O$, la vapeur d'eau se condense sur le $CaCl_2 \cdot 6H_2O$ solide et en dissout une partie, produisant une petite quantité d'une solution saturée. La condensation de la vapeur d'eau sur un solide suivie de la formation d'une solution est appelée **déliquescence** ; le phénomène se poursuit jusqu'à ce que tout le solide soit dissous et qu'ainsi la pression de vapeur de la solution (alors insaturée) soit égale à la pression partielle de la vapeur d'eau dans l'air.

La fixation de l'azote : le cycle de l'azote

Bien qu'il se trouve en grande quantité dans l'atmosphère, l'azote, un élément essentiel à la vie, ne peut pas être assimilé directement par les plantes et les animaux supérieurs. Les molécules N_2 doivent d'abord être «fixées», c'est-à-dire qu'on doit briser la très forte liaison triple entre les deux atomes d'azote pour ainsi les convertir en composés plus facilement assimilables par les organismes vivants. Cette transformation de l'azote atmosphérique en composés azotés est appelée **fixation de l'azote**.

Certaines bactéries, comme les cyanobactéries (appelées à tort *algues bleu-vert*) trouvées dans l'eau et une profusion de bactéries vivant dans des plantes spécifiques, ont la capacité de fixer l'azote atmosphérique en le convertissant en ammoniac. Ces bactéries **¹** fixatrices d'azote se concentrent au niveau des racines de plantes légumineuses comme le trèfle, le soja et le pois. D'autres plantes assimilent les atomes d'azote sous la forme d'ions nitrate ou d'ions ammonium. Les atomes d'azote dans les végétaux, combinés aux composés du carbone de la photosynthèse, forment des acides aminés, les éléments constitutifs des protéines. Les plantes sont le point de départ de la chaîne alimentaire des animaux. La décomposition des plantes et des animaux produit de l'azote, qui retourne dans l'environnement sous forme de nitrates et d'ammoniac. Finalement, l'azote rejoint l'atmosphère sous forme de N_2 grâce à l'action de bactéries qui accomplissent la dénitrification des nitrates.

La foudre fixe également une partie de l'azote atmosphérique en créant un environnement à haute énergie dans lequel l'azote et l'oxygène peuvent se combiner. Le monoxyde d'azote et le dioxyde d'azote sont formés de cette façon :

$$N_2(g) + O_2(g) \xrightarrow{\text{Foudre}} 2\,NO(g)$$
$$2\,NO(g) + O_2(g) \longrightarrow 2\,NO_2(g)$$

Le dioxyde d'azote réagit avec l'eau pour former l'acide nitrique.

$$3\,NO_2(g) + H_2O(l) \longrightarrow 2\,HNO_3(aq) + NO(g)$$

L'acide nitrique tombe avec l'eau de pluie, ce qui augmente les quantités de nitrates contenues dans la mer et dans le sol. L'effet global de toutes ces activités naturelles est un recyclage constant des atomes d'azote dans l'environnement constituant le **cycle de l'azote (figure 9.5)** **²** .

La fixation industrielle de l'azote grâce à la fabrication des engrais azotés a modifié le cycle de l'azote. Ces engrais ont grandement augmenté les réserves alimentaires mondiales, parce que la disponibilité de l'azote fixé est souvent le facteur limitant dans la production des aliments. Toutes les conséquences de cette intrusion ne sont pas favorables, cependant. Un ruissellement excessif des engrais azotés dissous a eu pour conséquence une sérieuse pollution de l'eau dans certains endroits, mais les méthodes modernes d'agriculture à haut rendement semblent exiger ces engrais synthétiques **³** .

▲ **Figure 9.4**
Déliquescence du chlorure de calcium

La vapeur d'eau de l'air se condense sur le $CaCl_2 \cdot 6H_2O$ solide et produit une solution de $CaCl_2$(aq). Ici, la solution est saturée, mais, tôt ou tard, tout le solide se dissout et la solution devient insaturée. La déliquescence de $CaCl_2 \cdot 6H_2O$ ne se produit que lorsque l'humidité relative excède 32 %. D'autres solides solubles dans l'eau sont déliquescents dans d'autres conditions d'humidité relative.

Déliquescence

Condensation de vapeur d'eau sur un solide, suivie de la formation d'une solution.

La fixation de l'azote qui se produit pendant des orages constitue une partie importante du cycle de l'azote naturel.

Fixation de l'azote

Transformation de l'azote atmosphérique (N_2) en composés azotés ; ce phénomène, qui s'observe dans la nature au cours du cycle de l'azote, peut être provoqué artificiellement, par exemple lors de la synthèse de l'ammoniac.

¹ *Biologie*, p. 827.

 Électricité, p. 149-151.

Cycle de l'azote

Ensemble des activités naturelles ayant comme effet de recycler les atomes d'azote dans l'environnement.

² *Biologie*, p. 1297.

³ *Biologie*, p. 1299.

Le monoxyde d'azote : un messager moléculaire

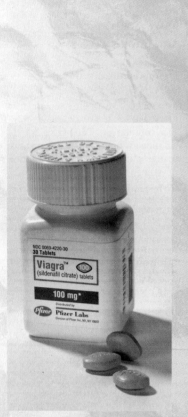

En 1992, on a découvert que la molécule simple NO, bien connue comme polluant atmosphérique, joue aussi le rôle de messager dans la transmission de signaux entre des cellules du corps humain. Elle se distingue par sa petite taille de toutes les molécules dont on savait jusqu'ici qu'elles constituaient des messagers et qui sont des substances complexes agissant par l'intermédiaire de récepteurs spécifiques situés dans les membranes cellulaires.

Le monoxyde d'azote est essentiel à la régulation de la tension artérielle et au bon fonctionnement de la mémoire à long terme. Il joue également un rôle dans la réponse immunitaire face à une substance étrangère à l'organisme et il sert d'intermédiaire dans la phase de relaxation des contractions intestinales au cours du processus de digestion.

On a reconnu l'importance de la découverte du rôle physiologique du monoxyde d'azote que Louis Ignarro, Robert F. Furchgott et Ferid Murad ont faite en attribuant le prix Nobel de médecine à ces chercheurs en 1998. On sait que les prix Nobel ont été institués par Alfred Nobel et que les fonds proviennent des sommes que l'invention de la dynamite a rapportées à ce dernier. La nitroglycérine, qui est le composant explosif de la dynamite, a longtemps été utilisée pour soulager les douleurs thoraciques associées aux maladies du cœur. Durant les dernières années de sa vie, Alfred Nobel, qui souffrait alors d'une telle maladie, a refusé de prendre de la nitroglycérine parce que celle-ci cause des maux de tête, et qu'il ne croyait pas qu'elle pourrait réduire ses douleurs thoraciques. On sait aujourd'hui que l'action de la nitroglycérine est due à la libération de monoxyde d'azote.

Le monoxyde d'azote dilate les vaisseaux sanguins par lesquels le sang afflue au pénis durant une érection. Les recherches portant sur le rôle du monoxyde d'azote dans ce processus ont abouti à la mise au point du Viagra, un médicament destiné à combattre l'impuissance. Des recherches apparentées ont mené à l'invention de médicaments pour le traitement de l'état de choc et de l'hypertension chez les nouveau-nés.

▶ **Figure 9.5**
Cycle de l'azote

Certaines bactéries fixent l'azote atmosphérique et le convertissent, par des réactions chimiques, en protéines végétales (1). Les plantes convertissent également les nitrates en protéines (6). Les animaux se nourrissent de végétaux et d'autres animaux (3). La décomposition des protéines végétales et animales produit de l'ammoniac (4). Par une suite d'actions bactériennes, l'ammoniac est converti en nitrites et en nitrates (5). Les bactéries dénitrifiantes décomposent les nitrites et les nitrates, retournant N_2O et N_2 à l'atmosphère (7). Une partie de l'azote atmosphérique est convertie en nitrates pendant les orages (2). Une quantité importante de la fixation de l'azote et de la dénitrification a lieu dans les océans. L'industrie et l'agriculture modernes jouent également un rôle important dans le cycle.

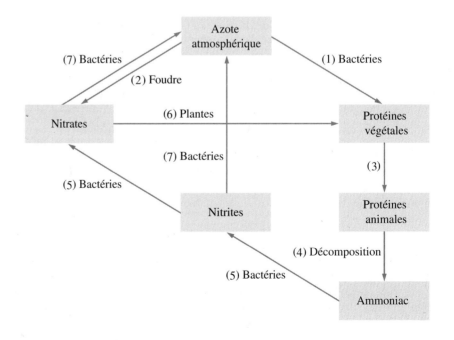

Le cycle du carbone

Les atomes de carbone sont engagés dans une suite de processus naturels qui les font circuler à travers l'écorce terrestre, les océans et l'atmosphère. Dans le processus de photosynthèse, le CO_2 atmosphérique est converti en glucides, principal matériau structural et importante source d'énergie des plantes. Par exemple, la photosynthèse du glucose, l'un des glucides les plus simples, se produit par l'intermédiaire de dizaines d'étapes successives menant à la transformation nette suivante [1] :

$$6\ CO_2(g) + 6\ H_2O(l) \longrightarrow C_6H_{12}O_6(s) + 6\ O_2(g)$$

Les animaux assimilent des composés du carbone en consommant des végétaux ou d'autres animaux, mais ils retournent le CO_2 à l'atmosphère par la respiration. La décomposition de la matière végétale et animale restitue également le CO_2 à l'air. Cependant, la majeure partie de la photosynthèse a lieu dans les océans, où les algues et des végétaux apparentés convertissent le CO_2 en composés organiques. Par ailleurs, une partie du carbone de l'écosystème terrestre se retrouve sous des formes fossilisées, telles que le charbon, le pétrole, le gaz naturel provenant de la matière organique en décomposition et le calcaire issu des coquilles décomposées de mollusques qui habitaient les mers anciennes. La **figure 9.6** illustre un **cycle du carbone** simplifié [2] .

Il faut remarquer, à la figure 9.6, que les activités humaines jouent aujourd'hui un rôle de premier plan dans le cycle du carbone : des atomes de carbone sont libérés sous forme de CO et de CO_2 lorsqu'on brûle du bois et des combustibles fossiles.

B[1] *Biologie*, p. 169-184.

Cycle du carbone

Ensemble des activités naturelles ayant comme effet de recycler les atomes de carbone dans l'environnement.

B[2] *Biologie*, p. 1296.

◀ **Figure 9.6**
Cycle du carbone
Les flèches bleues indiquent le cycle naturel principal. Certains atomes de carbone sont emprisonnés dans les combustibles fossiles et les sédiments de calcaire ; ils sont tributaires de la fossilisation (flèche brune). La perturbation du cycle par les activités humaines a des effets de plus en plus graves (flèches vertes).

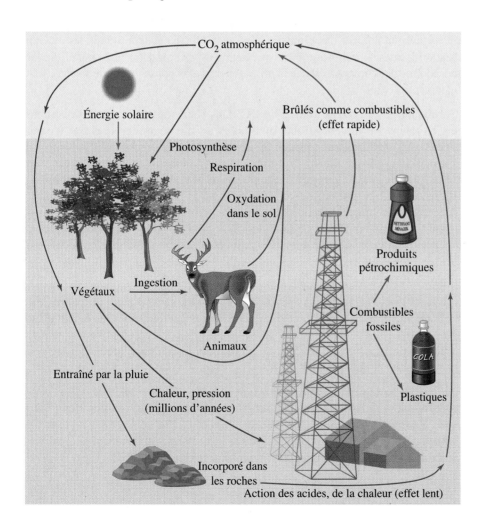

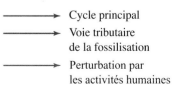

Cycle principal

Voie tributaire
de la fossilisation

Perturbation par
les activités humaines

9.2 La pollution atmosphérique

Les activités humaines influent sur l'atmosphère à bien des égards. En plus de libérer du dioxyde de carbone, en brûlant des combustibles fossiles, les humains causent des problèmes locaux, car ils génèrent des taux élevés de monoxyde de carbone et de particules de cendre, de poussière et de suie, ainsi qu'une pollution par le dioxyde de soufre et des précipitations acides. Les oxydes d'azote, produits par la combustion dans l'air à température élevée, sont responsables de la formation du brouillard photochimique appelé *smog*. En général, un **polluant atmosphérique** est une substance qui est présente dans l'air en plus grande abondance que la normale et qui a un ou des effets néfastes sur la santé humaine ou l'environnement. Commençons l'étude de la pollution atmosphérique par le monoxyde de carbone.

Polluant atmosphérique

Substance présente dans l'air en plus grande quantité que la normale et ayant des effets néfastes sur la santé humaine ou l'environnement.

Le monoxyde de carbone

Le monoxyde de carbone et le dioxyde de carbone sont produits en quantités variables quand on brûle des combustibles fossiles. Le charbon est surtout composé de carbone ; le gaz naturel et le pétrole sont principalement des hydrocarbures. La combustion du méthane, le constituant majoritaire du gaz naturel, produit du monoxyde et du dioxyde de carbone selon les réactions suivantes :

$$2\ CH_4(g) + 3\ O_2(g) \longrightarrow 2\ CO(g) + 4\ H_2O(l)$$

$$CH_4(g) + 2\ O_2(g) \longrightarrow CO_2(g) + 2\ H_2O(l)$$

En présence de O_2 en excès, comme dans les cas où il y a beaucoup d'air, les produits de combustion formés sont presque exclusivement $CO_2(g)$ et $H_2O(l)$. Si la quantité d'air est limitée, comme dans un appareil de chauffage encrassé de poussière ou de saleté, du $CO(g)$ est également produit.

 Mécanique, p. 203-205.

Cependant, la principale source de CO dans l'air pollué est due à la combustion incomplète, dans les moteurs d'automobiles , des hydrocarbures qui composent l'essence. Des millions de tonnes de ce gaz invisible mais mortel sont émises dans l'atmosphère chaque année ; 75 % proviennent des systèmes d'échappement des voitures. Aux États-Unis, le gouvernement a fixé les seuils de danger à 9 **parties par million (ppm)** de CO, échelonnés sur une période de 8 heures, et à 35 ppm, sur une période de 1 heure. Dans les zones urbaines, même celles qui sont en retrait de la chaussée, les niveaux atteignent souvent 8 ppm ou plus. Dans les rues et les parcs de stationnement, les seuils sont bien souvent dépassés. De tels niveaux ne provoquent pas la mort immédiate, mais une exposition prolongée peut causer des troubles d'ordre physique ou mental.

Partie par million (ppm)

Unité de mesure de concentration des solutions très diluées qui exprime le nombre de parties de soluté dans un million de parties de solution ; le nombre de parties est généralement déterminé en fonction de la masse pour les liquides, et en fonction du nombre de molécules ou du volume pour le gaz.

Comme le CO est un gaz invisible, inodore et insipide, on ne peut pas détecter sa présence sans avoir recours à des réactifs ou à des instruments d'analyse. La somnolence est habituellement le seul symptôme d'une intoxication au monoxyde de carbone. On sait que bien des accidents de voitures ont été causés par des automobilistes qui se sont endormis au volant parce que du $CO(g)$ s'est introduit dans leur véhicule dont le système d'échappement était défectueux.

 Biologie, p. 968.

Le monoxyde de carbone a un effet insidieux, parce que les molécules CO remplacent les molécules O_2, qui sont normalement liées aux atomes de fer dans l'hémoglobine sanguine. La **figure 9.7** illustre plus précisément la forme d'hémoglobine qui transporte le monoxyde de carbone . Les équations ci-dessous représentent la fixation réversible de O_2 et de CO par l'hémoglobine (Hb) pour former HbO_2 et HbCO.

$$(1) \qquad Hb + O_2 \rightleftharpoons HbO_2$$

$$(2) \qquad Hb + CO \rightleftharpoons HbCO$$

CO déplace très efficacement O_2 de HbO_2, parce que la réaction (2) favorise plus les produits que la réaction (1).

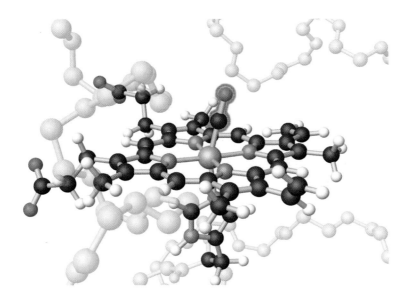

◀ Figure 9.7
**Représentation à l'échelle
moléculaire de l'intoxication
au monoxyde de carbone**
La molécule d'hémoglobine est constituée de milliers d'atomes, mais les parties principales sont quatre groupements hèmes dont un seul est illustré ici. Chaque hème porte un atome de fer (gris) au centre d'un carré formé par quatre atomes d'azote. Le groupement hème a la capacité de lier une petite molécule à l'atome de fer. Normalement, il lie une molécule O_2, mais il a une affinité beaucoup plus grande pour une molécule CO (qu'on voit ici entourée de jaune). En conséquence, même en faibles concentrations, CO(g) déplace facilement les molécules O_2.

L'intoxication au monoxyde de carbone se manifeste par des signes de carence en oxygène. Les cas d'intoxication sont réversibles à l'exception des plus graves. Le meilleur antidote consiste à administrer de l'oxygène pur. À concentration élevée, le O_2 peut forcer la réaction suivante à se déplacer vers les produits :

$$HbCO + O_2 \rightleftharpoons HbO_2 + CO$$

S'il n'y a pas de bonbonne d'oxygène à portée de la main, on peut avoir recours à la respiration artificielle.

Une exposition chronique au CO, même à de faibles niveaux, par exemple à la fumée de cigarette, impose un effort supplémentaire au cœur et augmente les risques d'une crise cardiaque. Le monoxyde de carbone porte atteinte à la capacité du sang de transporter l'oxygène, et le cœur doit travailler plus fort pour assurer l'approvisionnement des tissus en oxygène.

Le monoxyde de carbone constitue un problème de pollution locale, qui est particulièrement grave dans les régions urbaines à circulation dense. On a constaté au cours d'essais en laboratoire que les molécules CO ont une durée de vie d'environ trois ans en contact avec l'air. Mais la nature possède la capacité d'empêcher l'accumulation de CO dans l'atmosphère, malgré les grandes quantités émises dans l'environnement. On pense que des bactéries dans le sol convertissent CO en CO_2. En fait, on évalue que, dans l'ensemble, jusqu'à 80 % du CO de l'atmosphère provient de sources naturelles. À l'exception de situations très localisées qui peuvent présenter un risque certain, la nature semble bien maîtriser la quantité atmosphérique de monoxyde de carbone.

Le smog photochimique

On perçoit habituellement le soleil comme un bienfait. Cependant, au contact de l'air contenant un mélange d'oxydes d'azote, d'hydrocarbures et d'autres substances, ses rayons amorcent la production d'un mélange de polluants appelé **smog photochimique** (**figure 9.8**, page suivante). La concentration d'ozone dans ce smog est généralement supérieure à la normale. La production du smog commence par la formation de monoxyde d'azote (NO). La réaction de $N_2(g)$ avec $O_2(g)$ à une température normale est manifestement très lente, puisque ces gaz coexistent dans l'atmosphère. Cependant, à une température élevée, comme celle qui est atteinte par la combustion en présence d'air, il y a formation de NO.

$$N_2(g) + O_2(g) \longrightarrow 2\,NO(g)$$

Smog photochimique

Mélange de polluants atmosphériques contenant des oxydes d'azote et des hydrocarbures, de même que de l'ozone et d'autres substances produites par l'action du soleil sur les composants de l'air.

▲ **Figure 9.8**
Smog photochimique
À gauche, le 9 janvier 1996 à Mexico, lorsque la pollution de l'air a atteint le niveau « dangereux » ; à droite, le même endroit une semaine plus tôt.

Cette réaction a lieu dans les centrales électriques qui brûlent des combustibles fossiles et dans les incinérateurs. Les gaz d'échappement des moteurs de voiture constituent toutefois la source la plus importante de NO.

En concentration suffisamment élevée, NO peut réagir avec l'hémoglobine sanguine et lui faire perdre sa capacité à transporter l'oxygène, tout comme le fait CO. Cependant, ces concentrations sont rarement atteintes dans l'air pollué. Le rôle principal de NO en tant que polluant atmosphérique est lié à sa participation comme intermédiaire lors de diverses réactions qui donnent naissance à plusieurs autres polluants.

Le dioxyde d'azote, le gaz responsable de la couleur brun-rouge souvent visible dans l'air pollué des grands centres urbains, est produit par l'oxydation de NO. Le dioxyde d'azote est un irritant pour les yeux et le système respiratoire. Des essais sur des animaux de laboratoire indiquent qu'une exposition chronique à des niveaux de NO_2 qui varient de 10 à 25 ppm pourrait provoquer l'emphysème ou d'autres maladies pulmonaires dégénératives. Cependant, comme pour NO, ce ne sont pas tant les effets directs de NO_2 qui sont alarmants que la gamme des réactions chimiques qu'il amorce.

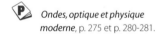
Ondes, optique et physique moderne, p. 275 et p. 280-281.

En présence de rayonnement solaire $(h\nu)^*$, NO_2 se décompose .

$$NO_2(g) + h\nu \longrightarrow NO(g) + O(g)$$

Les *atomes* d'oxygène produits par la décomposition photochimique (c'est-à-dire générée par la lumière) de NO_2 sont très réactifs. L'oxygène atomique, O, réagit avec de nombreuses substances généralement présentes dans l'air pollué, comme les molécules d'oxygène, O_2, pour former l'ozone, O_3 :

$$O(g) + O_2(g) \longrightarrow O_3(g)$$

L'ozone est la principale cause des difficultés respiratoires que certaines personnes éprouvent pendant les périodes de smog. Il est aussi responsable du fendillement et de la détérioration du caoutchouc.

Un plant de radis normal (à gauche) et un autre détérioré par la pollution atmosphérique (à droite).

Outre l'ozone, les oxydes d'azote et les hydrocarbures, le smog contient du *nitrate de peroxyacétyle* (PAN), un agent *lacrymogène* puissant. Le PAN est un composé organique formé par la combinaison de deux radicaux libres. (Nous avons vu au chapitre 6 que NO_2 est une molécule dont le nombre d'électrons est impair ; en raison de son électron non apparié, il constitue un radical libre.)

$$\underset{\text{}}{\overset{O}{\underset{\|}{CH_3C}}}\!\!-\!O\!-\!O\cdot \;+\; \cdot NO_2 \longrightarrow \underset{\text{nitrate de peroxyacétyle (PAN)}}{\overset{O}{\underset{\|}{CH_3C}}}\!\!-\!O\!-\!ONO_2$$

---

* L'expression $h\nu$ est tirée de l'équation pour l'énergie d'un photon de lumière, $E = h\nu$ (chapitre 4). Elle représente ici un photon de lumière solaire. Un photon d'énergie adéquate peut scinder une molécule $NO_2(g)$ en une molécule $NO(g)$ et un atome d'oxygène, représenté par $O(g)$.

En plus de leur rôle dans la formation du smog, NO et NO_2 (représentés de manière globale par NO_x) contribuent à la décoloration des tissus. En formant l'acide nitrique, ils participent à l'acidification de l'eau de pluie, ce qui accélère la corrosion des métaux et des matériaux de construction. Ils causent aussi des dommages aux cultures, bien que les effets spécifiques de ces gaz soient difficiles à isoler de ceux des autres polluants. Enfin, les composants du smog photochimique réduisent généralement la visibilité (figure 9.8).

Les réactions qui forment le smog photochimique sont excessivement complexes et ne sont pas encore totalement comprises. Nous soulignerons seulement quelques-unes des caractéristiques les plus importantes de ces transformations chimiques.

Nous avons déjà décrit deux réactions : la décomposition photochimique de NO_2, suivie de la production d'ozone. Pour que la formation de l'ozone se poursuive, il doit y avoir une source continue de NO_2. Nous avons signalé à la page 433 une réaction entraînant la formation de NO_2.

$$2\,NO(g) + O_2(g) \longrightarrow 2\,NO_2(g)$$

Cependant, à une faible concentration de NO dans une atmosphère embrouillée de smog et à des températures atmosphériques normales, cette réaction est trop lente pour produire une quantité appréciable de NO_2. C'est une autre réaction — beaucoup plus rapide — qui semble convertir NO en NO_2 et à laquelle participent des hydrocarbures provenant surtout des gaz d'échappement des véhicules.

Par exemple, une molécule d'hydrocarbure, RH, par réaction avec de l'oxygène atomique, peut conduire à la formation de deux radicaux libres, dont le radical OH, qui, à son tour, réagit avec une autre molécule d'hydrocarbure.

$$RH + O \longrightarrow R\!\cdot\, + \cdot OH$$
$$RH + \cdot OH \longrightarrow R\!\cdot\, + H_2O$$

Les radicaux hydrocarbonés, $R\cdot$, peuvent attaquer O_2 pour donner naissance à de nouveaux radicaux libres, appelés *radicaux peroxyles*.

$$R\!\cdot\, + O_2 \longrightarrow RO_2\!\cdot$$

Les radicaux peroxyles, à leur tour, réagissent avec NO pour former NO_2.

$$RO_2\!\cdot\, + NO \longrightarrow RO\!\cdot\, + NO_2$$

Les gaz d'échappement des véhicules contribuent de façon prépondérante à la production de smog photochimique, mais les facteurs d'ordre géographique sont également importants. Le smog est plus susceptible de se former dans des régions comme les bassins de Los Angeles ou de Mexico, qui sont entourés de montagnes. En l'absence de vents forts dans le bassin, le mélange et la dilution des polluants dans l'atmosphère ne peuvent se produire que dans le sens vertical. Cependant, la région peut parfois connaître une inversion de température : une masse d'air chaud recouvre alors une masse d'air plus froid. Cette inversion de couches agit comme un couvercle sur un récipient, mais elle laisse passer les rayons solaires, qui transforment les polluants primaires en smog. Celui-ci est alors emprisonné dans la couche d'air stagnant plus froid. Les épisodes de smog les plus sérieux ont lieu durant les périodes de fortes inversions de température.

Selon l'Organisation mondiale de la santé, Mexico connaît la pire pollution atmosphérique du monde. Les niveaux de pollution atteignent au moins le double de la concentration maximale admissible. En 1996, un épisode de pollution de cinq jours a été à l'origine de 400 000 visites à des hôpitaux et à des cliniques. Les voitures, les industries, le propane utilisé pour le chauffage domestique et la cuisson sont responsables de cette pollution. Le problème est aggravé par le fait que la ville de Mexico est située dans une vallée entourée de montagnes.

Convertisseurs catalytiques pour automobiles.

Cette fonderie de cuivre rejetait 900 tonnes de SO_2 par jour avant de cesser ses activités en janvier 1987.

Smog industriel

Ensemble de polluants atmosphériques associés à des activités industrielles; les principaux sont les oxydes de soufre et les matières particulaires (poussière, fumée, etc.).

Matières particulaires

Polluants atmosphériques constitués de particules solides et liquides de dimension supérieure à celle des molécules, mais assez petites pour rester en suspension dans l'air.

La lutte contre le smog photochimique

La plupart des mesures visant à réduire les niveaux de smog photochimique sont axées sur les automobiles, mais les sources potentielles de smog vont des centrales électriques aux tondeuses à gazon, en passant par les allume-barbecue liquides. Dans bien des parties du monde, les automobiles sont maintenant équipées de convertisseurs catalytiques, dont la première fonction est de catalyser l'oxydation du monoxyde de carbone et des hydrocarbures non brûlés en CO_2 et en H_2O. Le catalyseur est habituellement du palladium (Pd) ou du platine (Pt), ou encore un mélange des deux. Pour faire disparaître NO des gaz d'échappement des véhicules en le réduisant en N_2, il faut un catalyseur de réduction différent d'un convertisseur d'oxydation Pt/Pd. Certains véhicules sont donc munis d'un convertisseur catalytique à deux voies. On peut également diminuer la teneur en NO des gaz d'échappement en ayant recours à un mélange air-carburant riche en carburant; il a pour effet de générer des hydrocarbures non brûlés et du CO(g), qui peuvent réduire NO en N_2. Par exemple, CO réduit NO pour former N_2 et CO_2:

$$2\ CO(g) + 2\ NO(g) \longrightarrow 2\ CO_2(g) + N_2(g)$$

Les hydrocarbures non brûlés et le CO(g) en excès sont alors oxydés en CO_2 et en H_2O dans le convertisseur catalytique.

Le smog industriel

Le smog photochimique se produit surtout par temps chaud et ensoleillé, et il se caractérise par des teneurs élevées en hydrocarbures, en oxydes d'azote (NO et NO_2) et en ozone. L'autre principale forme de smog est habituellement associée aux activités industrielles: on l'appelle **smog industriel**. Celui-ci se produit surtout par temps frais et humide, et il se caractérise ordinairement par des teneurs élevées en oxydes de soufre (SO_2 et SO_3, représentés de manière globale par SO_x) et en **matières particulaires** (poussière, fumée et autres substances).

Dans certaines régions, les fonderies sont une source importante de SO_x. Les minerais sulfurés sont grillés dans le premier stade de la production de métaux, comme le cuivre, le plomb et le zinc. Par exemple, la fusion du minerai de zinc pour produire ZnO génère aussi SO_2.

$$2\ ZnS(s) + 3\ O_2(g) \longrightarrow 2\ ZnO(s) + 2\ SO_2(g)$$

Le charbon, notamment la lignite en provenance de l'Est américain, a une teneur relativement élevée en soufre. Quand il est brûlé, les composés du soufre qu'il contient brûlent également et donnent naissance à SO_2.

Le dioxyde de soufre, un gaz suffocant et âcre, est facilement absorbé par le système respiratoire. C'est un irritant puissant qui aggrave les symptômes des personnes souffrant de maladies pulmonaires, telles que l'asthme, la bronchite, l'emphysème et autres affections.

Une partie du dioxyde de soufre continue de réagir avec l'oxygène de l'air pour former du trioxyde de soufre.

$$2\ SO_2(g) + O_2(g) \longrightarrow 2\ SO_3(g)$$

Le trioxyde de soufre réagit ensuite avec l'eau, ce qui donne lieu à la formation d'acide sulfurique.

$$SO_3(g) + H_2O(l) \longrightarrow H_2SO_4(aq)$$

Des gouttelettes de cet acide qui sont en suspension forment un brouillard encore plus irritant pour les voies respiratoires que le dioxyde de soufre.

Les matières particulaires sont constituées de particules solides et liquides d'une dimension supérieure à celle des molécules (**figure 9.9**). Les plus grosses particules sont souvent visibles dans l'air sous forme de poussière et de fumée, mais les plus petites, d'au plus 1 μm de diamètre, appelées *aérosols,* sont invisibles à l'œil nu.

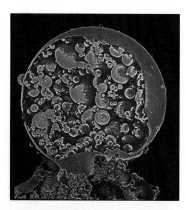

▲ Figure 9.9
Micrographie électronique à balayage en fausses couleurs de cendres volantes provenant d'une centrale électrique au charbon

Les matières particulaires sont constituées en partie de *suie* (carbone non brûlé). La matière minérale solide qu'on trouve dans le charbon et qui ne brûle pas en produit une grande proportion. Une partie de cette matière minérale solide s'accumule sous forme de *cendre résiduelle* dans le foyer des immenses chaudières des usines ou des centrales électriques. Cependant, l'extraordinaire tirage créé par le feu entraîne vers le haut beaucoup de matières solides. Ces *cendres volantes* se déposent sur les zones environnantes, recouvrant tout de poussière. Les humains et les animaux les absorbent par inhalation, ce qui favorise l'apparition de problèmes respiratoires.

Les sulfates représentent probablement la forme la plus insidieuse de matières particulaires. L'acide sulfurique contenu dans le smog réagit avec l'ammoniac pour produire du sulfate d'ammonium.

$$2\ NH_3(g) + H_2SO_4(aq) \longrightarrow (NH_4)_2SO_4(s)$$

Le sulfate d'ammonium solide et de minuscules gouttelettes d'acide sulfurique liquide sont retenus dans les poumons, où ils peuvent causer des dommages considérables.

L'interaction du dioxyde de soufre et des matières particulaires peut amplifier les effets nocifs de ces substances. Ainsi, jusqu'à un certain seuil, en l'absence de matières particulaires, le dioxyde de soufre présente peu de danger. De même, une certaine quantité de matières particulaires dépourvue de dioxyde de soufre peut être passablement inoffensive. Mais la combinaison des deux renforce considérablement leurs effets respectifs, aggravant les problèmes respiratoires, tels que la bronchite, ou déclenchant des crises d'asthme graves. De tels *effets synergiques* sont très courants chaque fois que certaines substances chimiques sont mises en présence l'une de l'autre : l'effet combiné est supérieur à l'effet des substances séparées. Par exemple, certaines formes d'amiante ont un effet cancérogène, de même que 35 à 40 produits chimiques présents dans la fumée de cigarette. La fréquence du cancer est beaucoup plus élevée chez les travailleurs de l'amiante qui fument que chez les personnes exposées à un facteur cancérogène mais pas à l'autre.

Quand ils sont inhalés profondément dans les poumons, les polluants composant le smog industriel détruisent les cellules des cavités microscopiques des poumons, appelées *alvéoles,* où se font ordinairement les échanges d'oxygène et de dioxyde de carbone. Les alvéoles perdent leur élasticité et il leur devient difficile d'expulser le dioxyde de carbone. Cela favorise l'apparition d'un emphysème, une affection caractérisée par un essoufflement croissant. En Amérique du Nord, l'emphysème constitue l'une des causes de décès dont la progression est la plus rapide. Le tabac est certes le principal facteur de l'augmentation de cette affection, mais la pollution atmosphérique est loin d'en être un facteur négligeable.

Les oxydes de soufre et les brouillards d'acide sulfurique sont dommageables non seulement pour les humains et les animaux, mais aussi pour les plantes. Les feuilles deviennent décolorées et tachetées quand elles sont exposées aux oxydes de soufre. La qualité et le rendement des cultures peuvent être fortement compromis par les polluants. Ces derniers constituent également une source majeure de pluie acide.

La lutte contre le smog industriel

Plusieurs méthodes permettent d'éliminer la suie et les cendres volantes des gaz des cheminées d'usines. L'une d'entre elles consiste à utiliser un précipitateur électrostatique , illustré à la **figure 9.10**. L'opération consiste à transmettre aux particules une charge électrique qui les amène à se déposer sur un collecteur de charge opposée. Cette méthode requiert beaucoup d'énergie. Pour faire fonctionner les précipitateurs électrostatiques, il faut utiliser environ 10 % de l'électricité produite dans une centrale électrique. Et il faut se débarrasser des cendres et des poussières accumulées. Une partie des cendres sert à fabriquer du ciment ou des fibres pour la laine minérale isolante, mais la majeure partie est simplement remisée sur le terrain ou enterrée dans des sites prévus à cet effet.

Particule de cendre volante

50 000 volts

Écoulement des gaz de cheminée

▲ **Figure 9.10**
Précipitateur électrostatique

Les électrons émis par l'électrode centrale chargée négativement se fixent aux particules de cendres volantes et leur communiquent une charge négative. Les particules ainsi chargées négativement sont attirées par le collecteur cylindrique chargé positivement et s'y déposent.

Électricité et magnétisme, p. 95.

On peut réduire les rejets de SO_x en éliminant les minéraux renfermant du soufre avant de brûler le charbon. Par exemple, le FeS_2 (pyrite) peut être concentré et séparé par flottation. On peut aussi convertir le charbon en hydrocarbures gazeux ou liquides par réaction avec $H_2(g)$ et isoler ainsi les minéraux comme la pyrite. Les deux méthodes sont toutefois coûteuses.

Il existe une troisième méthode, consistant à enlever SO_2 des gaz de cheminée lors de la combustion du charbon. Les équations suivantes montrent que, dans ce cas, le charbon et la pierre à chaux en poudre sont brûlés ensemble. La pierre à chaux se décompose, et SO_2 réagit avec CaO.

$$CaCO_3(s) \longrightarrow CaO(s) + CO_2(g)$$
$$CaO(s) + SO_2(g) \longrightarrow CaSO_3(s)$$

Le dioxyde de soufre peut aussi réagir avec le sulfure d'hydrogène pour produire du soufre élémentaire facilement récupéré.

$$2\,H_2S(g) + SO_2(g) \longrightarrow 3\,S(s) + 2\,H_2O(l)$$

Enfin, on peut convertir le dioxyde de soufre en acide sulfurique. Par contre, si la totalité des gaz de cheminée était transformée en acide sulfurique, la quantité produite excéderait sensiblement la demande actuelle, ce qui créerait un autre problème : l'élimination de l'acide.

9.3 La couche d'ozone

Couche d'ozone

Région de la stratosphère, dont l'épaisseur est approximativement de 20 km, qui est située à une altitude de 25 à 30 km et dont la concentration en ozone est beaucoup plus élevée que le reste de l'atmosphère. Elle protège la vie sur Terre en absorbant une grande part des rayons ultraviolets (UV), parmi les plus nocifs.

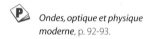 *Ondes, optique et physique moderne*, p. 92-93.

La **couche d'ozone** est une région de la *stratosphère* d'une épaisseur approximative de 20 km, située à une altitude de 25 à 30 km. Elle a une concentration d'ozone beaucoup plus élevée que le reste de l'atmosphère. Elle protège la vie sur Terre en absorbant les rayons ultraviolets (UV) nocifs.

Les rayons UV sont invisibles et ils ont des effets marqués sur la matière vivante. Ceux dont la longueur d'onde est inférieure à 290 nm, appelés « rayons UV-C », décomposent les protéines, les acides nucléiques, ainsi que d'autres structures cellulaires. L'oxygène moléculaire (O_2) et d'autres composants atmosphériques filtrent de façon efficace les rayons de longueur d'onde inférieure à 230 nm. L'ozone, quant à lui, absorbe les rayons UV dont la longueur d'onde s'étend de 230 à 290 nm. Les « rayons UV-B », dont la longueur d'onde se situe entre 290 et 320 nm, sont responsables des coups de soleil et peuvent provoquer des dommages aux yeux et des cancers de la peau. Ils sont partiellement absorbés par la couche d'ozone. Ainsi, la quantité de radiations UV qui atteint la surface terrestre dépend en grande partie de la concentration de $O_3(g)$ dans la couche d'ozone. En conséquence, la société fait face au défi de maintenir une concentration d'ozone appropriée dans la stratosphère.

Deux processus opposés, un qui produit l'ozone et l'autre qui le consomme, donnent lieu à une concentration sensiblement constante. Considérons les processus qui conduisent à une concentration équilibrée naturelle d'environ 8 ppm de O_3 dans la couche d'ozone. Ce dernier est produit dans la haute atmosphère à la suite de deux réactions.

- D'abord, une molécule O_2 absorbe le rayonnement UV et se dissocie en deux atomes O.

$$O_2 + h\nu \longrightarrow O + O$$

- Les oxygènes atomique et moléculaire réagissent ensuite pour former l'ozone. Dans cette réaction, une troisième substance, M (souvent une molécule N_2), capte l'énergie en excès et fait en sorte que O_3 à haute énergie ne se redécompose simplement en O_2 et en O.

$$O_2 + O + M \longrightarrow O_3 + M$$

L'ozone se décompose en une séquence de deux réactions.

- D'abord, une molécule d'ozone se décompose quand elle absorbe des radiations UV.

$$O_3 + h\nu \longrightarrow O_2 + O$$

- Puis, un atome d'oxygène réagit avec une autre molécule d'ozone pour former deux molécules O_2 et libérer de la chaleur dans l'environnement.

$$O + O_3 \longrightarrow 2\,O_2 \qquad \Delta H = -391,9\ \text{kJ}$$

La chaleur libérée par cette réaction explique l'augmentation de température liée à l'altitude dans la stratosphère (revoir la figure 9.1, page 430).

D'autres espèces naturelles jouent un rôle dans la décomposition de l'ozone. Les molécules NO, présentes dans l'atmosphère et provenant surtout du N_2O libéré par les bactéries du sol, décomposent l'ozone selon les réactions suivantes :

$$
\begin{array}{lll}
(1) & \text{NO} + O_3 \longrightarrow \text{NO}_2 + O_2 \\
(2) & \text{NO}_2 + O \longrightarrow \text{NO} + O_2 \\
\hline
\textit{Réaction globale :} & O_3 + O \longrightarrow 2\,O_2
\end{array}
$$

On remarque que le NO consommé dans la première réaction est régénéré dans la seconde. Une petite quantité de NO suffit pour détruire beaucoup de molécules d'ozone. Par ailleurs, l'injection d'une quantité additionnelle de NO dans la stratosphère devrait augmenter la destruction de l'ozone et, par conséquent, réduire sa concentration à l'équilibre. Le NO additionnel peut provenir, entre autres, des processus de combustion dans les avions supersoniques voyageant dans la stratosphère.

De toutes les conséquences des activités humaines qui endommagent la couche d'ozone, la plus importante est la libération des chlorofluorocarbures (CFC). Étant donné leur grande stabilité, leur durée de vie dans l'atmosphère est longue. Certaines molécules finissent par s'élever et par apparaître en faible concentration dans la stratosphère, où elles absorbent des rayons UV qui les décomposent, ce qui donne naissance à des radicaux atomiques et moléculaires.

$$CCl_2F_2 + h\nu \longrightarrow \cdot CClF_2 + Cl\cdot$$

Les cycles de destruction de l'ozone s'établissant au-delà de ce point sont très complexes , mais on peut en donner une représentation simplifiée comme suit :

Biologie, p. 1305-1306.

$$
\begin{array}{lll}
(1) & \text{Cl}\cdot + O_3 \longrightarrow \text{ClO}\cdot + O_2 \\
(2) & \text{ClO}\cdot + O \longrightarrow \text{Cl}\cdot + O_2 \\
\hline
\textit{Réaction globale :} & O_3 + O \longrightarrow 2\,O_2
\end{array}
$$

L'atome de chlore qui réagit à l'étape (1) est régénéré à l'étape (2) ; un atome de chlore peut donc détruire des milliers de molécules d'ozone. En fait, la réaction se poursuit jusqu'à ce que la combinaison de deux radicaux y mette fin. Les études en Antarctique nous fournissent probablement la meilleure preuve de l'appauvrissement en ozone de la stratosphère (**figure 9.11**, page suivante).

Actuellement, on supprime les CFC et les autres composés chlorés et bromés pouvant diffuser dans la stratosphère et jouer un rôle dans l'appauvrissement de l'ozone. On les remplace par des substances moins nocives. Les fluorocarbures, tels que CH_2FCH_3, qui ne contiennent pas de Cl ni de Br pouvant former des radicaux, constituent une solution de remplacement. C'est également le cas des hydrochlorofluorocarbures (HCFC), comme CH_3CCl_2F, qui se décomposent plus facilement dans la troposphère ; moins de molécules susceptibles de détruire l'ozone atteignent ainsi la stratosphère.

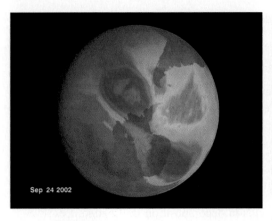
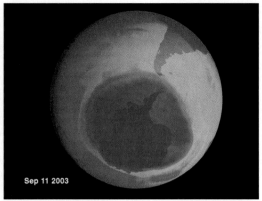

▲ Figure 9.11

La région bleu foncé indique la diminution de la couche d'ozone mesurée par un satellite le 24 septembre 2002, à gauche, et le 11 septembre 2003, à droite. Notez la différence importante dans la superficie du trou dans la couche d'ozone.

9.4 Le réchauffement planétaire : le dioxyde de carbone et l'effet de serre

Nous expirons tous du dioxyde de carbone (CO_2). Comme il s'agit d'un produit normal de la respiration, on ne le considère généralement pas comme un polluant atmosphérique. Une faible teneur en CO_2 n'est pas toxique. À une concentration de 360 ppm, CO_2 (pourcentage molaire de 0,0370 %) est un constituant mineur de l'atmosphère terrestre. Cependant, même cette quantité relativement petite joue un rôle dans la détermination du climat sur Terre. De faibles augmentations de la concentration de CO_2 pourraient avoir une influence néfaste sur l'environnement en entraînant une hausse marquée de la température moyenne du globe, effet appelé **réchauffement planétaire** .

Quand le rayonnement électromagnétique ¹ solaire atteint la Terre, une partie est réfléchie dans l'espace, une autre est absorbée par des substances dans l'atmosphère, et une autre encore atteint la surface terrestre, qui l'absorbe. Celle-ci renvoie une partie de l'énergie solaire en émettant des radiations infrarouges dans l'espace. Quelques gaz atmosphériques, notamment $CO_2(g)$ et $H_2O(g)$, absorbent une certaine quantité de cette radiation infrarouge, dont l'énergie est retenue dans l'air et le réchauffe. La **figure 9.12** illustre le processus, connu sous le nom d'**effet de serre** parce qu'il rappelle le phénomène de rétention de la chaleur dans une serre. L'effet de serre est naturel et il est essentiel pour maintenir une température assurant la vie. Sans lui, la température moyenne sur Terre ne serait que de −18 °C (255 K), ce qui serait suffisant pour maintenir un équilibre thermique entre la quantité de chaleur irradiée ² par la Terre et l'énergie solaire reçue, mais la Terre serait alors couverte de neige et de glace. Actuellement, la température moyenne globale se situe aux environs de 15 °C (288 K) ; la surface de la Terre est ainsi d'environ 33 K plus chaude qu'elle le serait sans cet effet de serre naturel provoqué par l'atmosphère. Les scientifiques s'inquiètent cependant des effets liés à la croissance continue des concentrations des gaz à effet de serre.

Mais pourquoi se méfier du CO_2 et des autres composants mineurs de l'atmosphère quand celle-ci est principalement constituée de N_2 et de O_2 ? Parce que, dans l'ensemble, les gaz atmosphériques sont incapables d'absorber le rayonnement infrarouge ¹. Ils ne satisfont pas aux deux conditions fondamentales de l'absorption des radiations électromagnétiques.

1. Lorsqu'une radiation est absorbée par une molécule, celle-ci subit une transition quantique, ce qui provoque le mouvement de ses électrons et de ses noyaux ; l'énergie de la radiation concorde alors avec l'énergie de la transition moléculaire. Dans la région de l'infrarouge du spectre électromagnétique, les transitions utilisables entraînent le mouvement des noyaux dans les vibrations moléculaires. Ainsi l'argon, le troisième composant atmosphérique en abondance (0,9 %), laisse passer les radiations infrarouges et, comme il est monoatomique, il n'a pas de vibrations moléculaires.

Réchauffement planétaire

Réchauffement marqué de la température moyenne de la Terre, qui résulte de faibles augmentations de la concentration dans l'air de dioxyde de carbone (CO_2) et de divers autres gaz absorbant le rayonnement infrarouge.

Biologie, p. 1304-1305.

Ondes, optique et physique moderne, p. 92-95.

Effet de serre

Processus résultant de la capacité du gaz carbonique (CO_2) et de divers autres gaz à absorber et à retenir l'énergie émise par la surface terrestre sous forme de rayonnement infrarouge.

Mécanique, p. 521.

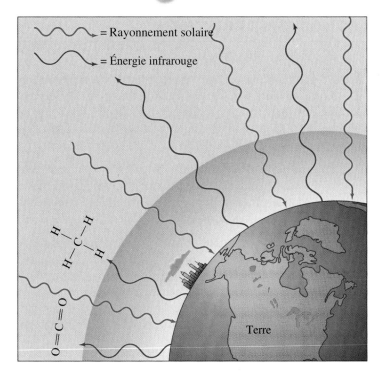

◀ **Figure 9.12**
Effet de serre

Le rayonnement solaire qui traverse l'atmosphère est absorbé, ce qui réchauffe la surface de la Terre. Celle-ci émet des radiations infrarouges dont une partie est absorbée par des gaz tels CO_2, CH_4 et H_2O, et retenue dans l'atmosphère sous forme d'énergie thermique.

2. Pour que la radiation, qui est électromagnétique, soit absorbée, il faut que le changement de champ électrique touche le moment dipolaire de la molécule (section 7.2). Cette deuxième condition explique pourquoi N_2 et O_2 sont inaptes à absorber les radiations infrarouges de la Terre. Bien que leurs noyaux vibrent le long de la liaison qui les unit et que l'énergie de vibration couvre la région de l'infrarouge, le moment dipolaire ne peut être changé. Il demeure nul, quelle que soit la longueur de l'étirement de la liaison, puisque la molécule est symétrique. La vibration est inactive en infrarouge. Si le moment dipolaire ne peut être modifié par les vibrations dans aucune molécule diatomique homonucléaire, il peut l'être par contre dans les molécules diatomiques hétéronucléaires, comme CO, NO et HCl, puisque leurs atomes possèdent des charges partielles différentes. Cependant ces molécules ne contribuent pas de façon significative à l'effet de serre, parce que leurs concentrations dans l'atmosphère sont trop basses et que leur absorption infrarouge est trop faible.

De 1880 à 2005, la teneur moyenne en CO_2 de l'atmosphère est passée de 275 à 379 ppm . Ces augmentations sont attribuables à l'utilisation de combustibles fossiles riches en carbone — bois, charbon, gaz naturel, essence — et à l'abattage des arbres qui auraient pu consommer du CO_2 atmosphérique grâce à la photosynthèse. Dans le processus de la photosynthèse, les arbres consomment de la vapeur d'eau et du dioxyde de carbone gazeux. La déforestation des régions tropicales humides et la culture sur brûlis sont des facteurs qui contribuent à l'augmentation de la teneur en $CO_2(g)$ de l'atmosphère.

Biologie, p. 1303-1304.

Les modèles informatiques de l'atmosphère indiquent qu'une accumulation de CO_2 pourrait vraisemblablement entraîner un accroissement de la température moyenne à l'échelle mondiale. De nombreuses incertitudes persistent toutefois. Il est impossible d'établir tous les facteurs qu'il faudrait inclure dans les modèles informatiques et de connaître leur pondération respective. Par exemple, le réchauffement de l'atmosphère pourrait provoquer l'augmentation de l'évaporation de l'eau et donc un accroissement de la couverture nuageuse. Comme les nuages réfléchissent une partie des radiations provenant de l'espace, il pourrait se produire un refroidissement de la planète plutôt qu'un réchauffement. Et pourtant, la plupart des modèles prédisent un réchauffement ; selon certains d'entre eux, la multiplication par deux de la teneur en CO_2 de l'air par rapport aux niveaux de l'ère préindustrielle serait susceptible de provoquer un accroissement de la température planétaire de 1,5 à 4,5 °C. Des effets importants seront peut-être perçus dès le milieu du siècle.

Les polluants naturels

Une éruption du volcan Kilauea sur l'île de Hawaï.

La pollution existait bien avant l'apparition de l'être humain. Déjà, les volcans faisaient éruption, crachant dans l'atmosphère des cendres et des gaz toxiques, ce qu'ils font toujours, d'ailleurs. Le Kilauea, dans l'île de Hawaï, émet de 200 à 300 tonnes de SO_2 par jour. Autour du volcan, la pluie acide a créé, dans la direction des vents dominants, une région stérile appelée le désert de Kau.

L'éruption de 1991 du mont Pinatubo, aux Philippines, a éjecté dans la stratosphère des quantités tellement grandes de particules que la réflexion par celles-ci du rayonnement solaire incident a, semble-t-il, produit une inversion temporaire du réchauffement planétaire. La température moyenne de la surface terrestre a chuté de 15,47 °C en 1990 à 15,13 °C en 1992.

Les tempêtes de poussière, surtout dans les régions arides, entraînent des quantités massives de matières particulaires dans l'atmosphère. La fumée et la poussière provenant des feux de forêt au Mexique et en Amérique centrale traversent lentement les États-Unis en direction du Canada. La poussière du désert du Sahara atteint la région des Antilles et de l'Amérique du Sud. Les marécages et les marais émettent des gaz nocifs comme le sulfure d'hydrogène, un gaz toxique caractérisé par une odeur d'œufs pourris.

La mer constitue une source importante de particules : l'action des vagues provoque la suspension dans l'air de gouttelettes d'eau, et, quand ces dernières s'évaporent, elles libèrent des particules de sel. Les orages tropicaux transportent même des ions chlorure dans la stratosphère, où ils sont convertis en atomes de chlore, contribuant peut-être à la destruction de l'ozone. Le sel ordinaire fournit ainsi la plus grande quantité de matières particulaires dans l'atmosphère, et il provient d'une source parfaitement naturelle. La nature n'est pas toujours inoffensive.

Même une faible augmentation de la température moyenne à l'échelle mondiale pourrait avoir de graves répercussions. Deux effets sont à redouter :

Mécanique, p. 491-494.

- des changements climatiques locaux : par exemple, les régions continentales risquent de devenir plus sèches, et les étés, plus chauds ;

- une élévation du niveau moyen de la mer causée par une plus grande fonte des calottes polaires et la dilatation thermique des océans : le niveau de la mer pourrait s'élever de plusieurs mètres, inondant les villes côtières et causant une érosion accrue des plages.

Les scientifiques n'utilisent pas uniquement la modélisation informatique pour évaluer la probabilité d'un réchauffement planétaire. Il existe également une preuve expérimentale directe. Par exemple, la glace des calottes glaciaires du Groenland et de l'Antarctique est disposée en couches semblables aux cercles de croissance annuels des arbres. Les analyses de minuscules bulles d'air emprisonnées dans ces couches montrent qu'il y a une forte corrélation entre la teneur en CO_2 atmosphérique et les estimations des températures du globe au cours des 160 000 dernières années ; de faibles niveaux de CO_2 correspondent à de basses températures, et des niveaux élevés, à des températures chaudes. Il semble donc raisonnable de s'attendre à ce que la température de la planète continue à grimper concurremment avec les niveaux de CO_2.

Le réchauffement de la planète pourrait provoquer une augmentation du nombre d'icebergs géants, ces blocs de glace flottante qui se détachent du plateau continental, en Antarctique.

La plupart des scientifiques spécialistes de l'atmosphère croient que le réchauffement planétaire a déjà débuté. Comme pour confirmer leur opinion, 1997 a été l'année la plus chaude depuis que des mesures fiables de température sont enregistrées. De plus, nous

L'économie reposera-t-elle un jour sur l'hydrogène ?

La raréfaction des sources de charbon, de gaz naturel et de pétrole, la montée des prix de ces ressources et les risques associés au réchauffement de la planète incitent à chercher des produits de remplacement des combustibles fossiles pour les siècles à venir. Un grand nombre affirment que l'hydrogène pourrait constituer un substitut acceptable.

L'hydrogène est un combustible intéressant pour plusieurs raisons. Par exemple, l'efficacité énergétique d'un moteur d'automobile alimenté à l'hydrogène est de 25 à 50 % plus grande que celle d'un moteur à essence. Comme le seul produit important de la combustion est de l'eau, un moteur à hydrogène dégage beaucoup moins de polluants qu'un moteur à essence. La chaleur de combustion par gramme d'hydrogène liquide est plus de deux fois supérieure à celle qui est associée au combustible des moteurs à réaction. Un avion qui fonctionnerait à l'hydrogène liquide pourrait parcourir des distances bien plus grandes que les appareils qui utilisent un carburéacteur ordinaire.

En plus de remplacer l'essence et les combustibles des moteurs à réaction dans le domaine du transport, l'hydrogène est aussi un substitut potentiel du gaz naturel pour le chauffage des habitations et d'autres immeubles. Comme il est un excellent réducteur, il pourrait dans de nombreux cas remplacer le carbone en métallurgie. Enfin, l'hydrogène étant disponible en grande quantité, le coût de production de l'ammoniac (NH_3) et des produits dérivés demeurerait peu élevé. Si l'utilisation de l'hydrogène était très répandue, cela entraînerait des changements majeurs dans notre mode de vie, ainsi que la création d'une économie fondée sur l'hydrogène.

L'hydrogène semble le combustible de l'avenir, mais il faut résoudre des problèmes importants avant de pouvoir adopter une économie basée sur son utilisation. Il n'existe pas de mine d'hydrogène, et on ne peut pas tirer cet élément du sous-sol au moyen de pompes installées en profondeur. Il faut donc d'abord découvrir une méthode peu dispendieuse de préparation et d'entreposage de l'hydrogène. La source d'avenir la plus probable est l'eau. On peut effectuer la décomposition de l'eau au moyen d'une série de réactions thermochimiques, ou encore de l'électrolyse, si on découvre une technique relativement peu coûteuse. Il faut évidemment fournir autant d'énergie pour décomposer l'eau en ses éléments qu'on en obtient en brûlant l'hydrogène ainsi produit. Mais en dernière analyse, il faut bien reconnaître qu'on parvient seulement à convertir une forme d'énergie − nucléaire, hydroélectrique ou solaire − en une autre, plus pratique et transportable, soit l'hydrogène.

Étant donné les volumes considérables requis, l'entreposage de l'hydrogène sous forme gazeuse est impraticable. Si on liquéfie l'hydrogène, il occupe un volume beaucoup plus petit, mais il faut alors le conserver à des températures extrêmement basses (inférieures à −240 °C). De plus, il faut éviter que l'hydrogène sous forme gazeuse ou liquide n'entre en contact avec de l'oxygène (donc avec l'air), car ces deux éléments forment un mélange explosif. Il existe une solution prometteuse, qui consiste à dissoudre de l'hydrogène gazeux dans un métal, tel un alliage de fer et de titane. On peut ensuite extraire le gaz du métal en chauffant légèrement celui-ci. Par exemple, dans un moteur d'automobile à combustion d'hydrogène, la chaleur requise pourrait provenir du gaz chaud qui s'échappe du moteur.

La planification d'une économie fondée sur l'hydrogène constitue une source de problèmes fascinants à résoudre pour les chimistes et les spécialistes des sciences naturelles et sociales.

L'autobus à hydrogène de Daimler-Benz, baptisé NEBUS, devant le siège de la compagnie à Stuttgart-Mohringen. Le NEBUS est réellement un véhicule sans émissions : il ne produit aucun polluant de quelque nature que ce soit ; le tuyau d'échappement ne libère que de l'eau pure. L'autobus est propulsé par un moteur électrique silencieux. La puissance requise (250 kW) est fournie par des cellules électrochimiques placées à l'arrière du véhicule.

 Mécanique, p. 203-205.

Des films comme L'impact (Deep Impact) *et* Armageddon *mettent en vedette une énorme comète, ou un astéroïde, qui menace la Terre. En réalité, si une comète ou un astéroïde de cette taille tombait dans un océan, d'énormes quantités de vapeur d'eau seraient envoyées dans l'atmosphère. La vapeur d'eau est un puissant gaz à effet de serre, et il pourrait en résulter un intense réchauffement de la planète. En fait, même avant l'impact, la chaleur de friction générée par l'objet susciterait la formation d'énormes quantités de NO par la réaction de l'azote et de l'oxygène. Ce NO pourrait provoquer une destruction substantielle de la couche d'ozone.*

avons connu neuf des dix années les plus chaudes entre 1987 et 1997. D'autres chercheurs remettent toujours en question la réalité du réchauffement planétaire ; ils font remarquer qu'il existe de grands écarts entre les températures moyennes enregistrées au cours des années. L'incertitude vient du fait que l'accroissement de la température moyenne n'est que de quelques dixièmes de degré Celsius, alors que les variations annuelles dans certaines régions atteignent souvent jusqu'à 4 ou 5 °C.

La principale stratégie pour contrer un possible réchauffement de la planète consiste à restreindre l'utilisation des combustibles fossiles, mais ce ne sera peut-être pas suffisant. En effet, plusieurs gaz — le méthane, l'ozone, l'oxyde nitreux, N_2O, et les CFC — absorbent plus efficacement le rayonnement infrarouge que le dioxyde de carbone. Pour limiter le recours aux combustibles fossiles, on peut favoriser les énergies renouvelables comme le chauffage solaire, l'électricité thermique solaire, l'électricité photovoltaïque, l'hydroélectricité, la biomasse, l'énergie éolienne, l'énergie marémotrice, l'énergie géothermique, l'hydrogène. Le principal avantage de ces sources d'énergie est de ne produire que très peu de gaz à effet de serre, voire pas du tout. Lors d'une conférence internationale qui a eu lieu à Kyoto, au Japon, en 1998, les pays industrialisés se sont entendus sur la nécessité de limiter les émissions de CO_2 au cours des prochaines décennies. La nécessité d'une action immédiate et radicale fait encore l'objet de beaucoup de discussions. Le débat semble appelé à se prolonger encore pendant des années.

Peser le pour ou le contre

De plus en plus, il nous faut décider si les avantages que nous offrent les combustibles fossiles valent les risques auxquels ils nous exposent. Dans les débats, les émotions tiennent autant de place que les faits, et les enjeux politiques déterminent la plupart des décisions. Néanmoins, nous espérons que les notions que vous avez acquises grâce au présent manuel vous aideront à prendre des décisions éclairées. Par-dessus tout, nous espérons que vous continuerez à vous intéresser à la chimie, car celle-ci influe sur presque tout ce que vous faites.

EXEMPLE SYNTHÈSE

La production d'électricité d'une grande centrale thermique nécessite la combustion de 2500 tonnes métriques de charbon par jour (1 tonne métrique = 1000 kg). **a)** Calculez combien de foyers cette centrale peut desservir, en supposant que le charbon est constitué de carbone pratiquement pur, que l'efficacité de la centrale est de 41 % et que chaque maison consomme 85 kWh par jour. **b)** Le charbon utilisé contient, en pourcentage massique, 0,65 % de soufre. Supposons que tout le soufre est transformé en SO_2 et que, en raison d'une inversion de température, ce dernier reste emprisonné pendant un jour dans un bloc d'air de 45 km $\times$ 60 km $\times$ 0,40 km. Le taux de SO_2 dans ce volume sera-t-il supérieur à la norme de la qualité de l'air, laquelle est de 365 µg SO_2/m^3 d'air ?

➜ Stratégie

Pour la partie *a*, nous commençons par déterminer l'enthalpie de combustion des 2500 tonnes métriques de charbon solide transformées en dioxyde de carbone. Ensuite, il faut convertir la valeur de l'enthalpie, d'abord en kilowattheures (à l'aide du facteur de conversion, 1 kWh = 3600 kJ), puis en nombre de foyers. Nous appliquons le facteur d'efficacité de la centrale, à l'aide du rapport kJ (d'électricité)/ kJ (de chaleur), pour établir quelle partie de l'énergie de combustion du charbon est réellement convertie en électricité, le reste étant perdu sous forme de chaleur. Pour la partie *b*, nous commençons par calculer la masse du soufre dans le charbon, puis nous déterminons par stœchiométrie simple la masse de dioxyde de soufre produite. Nous exprimons cette masse en microgrammes et la divisons par le volume d'air (en mètres cubes).

➔ Solution

a) Commençons par écrire l'équation de la combustion et déterminons la variation d'enthalpie. Puisque nous supposons que le charbon est formé de carbone pur, cette variation correspond simplement à la valeur normale de l'enthalpie de formation du $CO_2(g)$.

$$C(graphite) + O_2(g) \longrightarrow CO_2(g) \qquad \Delta H° = -393,5 \text{ kJ/mol}$$

L'étape suivante consiste à convertir les 2500 tonnes de carbone en grammes.

$$? \text{ g C} = 2500 \text{ tonnes C} \times \frac{1000 \text{ kg}}{1 \text{ tonne}} \times \frac{1000 \text{ g}}{1 \text{ kg}} = 2,5 \times 10^9 \text{ g C}$$

Nous pouvons maintenant utiliser la masse molaire du carbone, l'enthalpie, le facteur d'efficacité de la centrale ainsi que les facteurs de conversion des kilojoules (de chaleur) en kilowattheures et des kilowattheures en nombre de foyers.

$$? \text{ foyers} = 2,5 \times 10^9 \text{ g C} \times \frac{1 \text{ mol C}}{12,011 \text{ g C}} \times \frac{393,5 \text{ kJ (de chaleur)}}{1 \text{ mol C}}$$

$$\times \frac{0,41 \text{ kJ (d'électricité)}}{1 \text{ kJ (de chaleur)}} \times \frac{1 \text{ kWh}}{3600 \text{ kJ (d'électricité)}} \times \frac{1 \text{ foyer}}{85 \text{ kWh}}$$

$$= 1,0 \times 10^5 \text{ foyers}$$

b) Commençons par écrire l'équation équilibrée de la combustion du soufre.

$$S(s) + O_2(g) \longrightarrow SO_2(g)$$

Ensuite, nous utilisons le pourcentage de soufre pour trouver la masse de soufre en grammes contenue dans le carbone et nous déterminons par stœchiométrie combien de grammes de dioxyde de soufre cette masse représente.

$$? \text{ g SO}_2 = 2,5 \times 10^9 \text{ g C} \times \frac{0,65 \text{ g S}}{100 \text{ g C}} \times \frac{1 \text{ mol S}}{32,07 \text{ g S}} \times \frac{1 \text{ mol SO}_2}{1 \text{ mol S}} \times \frac{64,06 \text{ g SO}_2}{1 \text{ mol SO}_2}$$

$$= 3,2 \times 10^7 \text{ g SO}_2$$

Enfin, nous exprimons la concentration sous forme de grammes de SO_2 par kilomètre cube et nous convertissons le résultat en microgrammes par mètre cube.

$$\frac{? \text{ } \mu\text{g SO}_2}{\text{m}^3} = \frac{3,2 \times 10^7 \text{ g SO}_2}{(45 \times 60 \times 0,40) \text{ km}^3} \times \frac{10^6 \text{ } \mu\text{g}}{1 \text{ g}} \times \frac{1 \text{ km}^3}{(1000 \text{ m})^3} = 30 \text{ } \mu\text{g SO}_2/\text{m}^3$$

La teneur de l'air en $SO_2(g)$ ne dépasse pas la norme de qualité de l'air.

➔ Évaluation

Nous constatons que la teneur de l'air en SO_2 pendant l'inversion de température est bien inférieure à la norme de la qualité de l'air. Nous voyons que même à dix fois la concentration calculée, la norme ne serait pas dépassée. Toutefois, nous avons fait une supposition très douteuse : à savoir, que le SO_2 est uniformément dispersé. En pratique, compte tenu de la taille considérable du volume d'air, il est presque certain qu'il y aurait beaucoup plus de SO_2 dans les régions proches de la centrale que dans celles qui en sont éloignées.

Résumé

 9.1 La composition et la structure de l'atmosphère et les cycles naturels L'atmosphère se divise en plusieurs couches, qui sont, en partant de la surface terrestre vers le haut : la troposphère, la stratosphère, la mésosphère et la thermosphère (ionosphère). Les principaux constituants de l'air sec sont N_2, O_2 et Ar. L'humidité de l'air indique sa teneur en vapeur d'eau. La formation de rosée et de givre et la **déliquescence** sont des phénomènes associés à l'humidité relative. La vapeur d'eau est un participant important du **cycle hydrologique**.

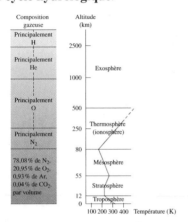

La transformation de l'azote atmosphérique en composés azotés est appelé **fixation de l'azote** et constitue une étape importante du **cycle de l'azote**. La fixation industrielle de l'azote, grâce à la fabrication des engrais azotés, a modifié le cycle de l'azote. Ces engrais ont grandement augmenté les réserves alimentaires mondiales, parce que la disponibilité de l'azote est souvent un facteur limitant dans la production des aliments. Le CO_2 atmosphérique est la source de carbone servant à la synthèse des glucides dans le **cycle du carbone**. Une partie du carbone est extraite du cycle et emprisonnée dans les combustibles fossiles (charbon, gaz naturel et pétrole), mais la combustion de ces derniers alimente le cycle en CO et en CO_2.

 9.2 La pollution atmosphérique Le monoxyde de carbone est un **polluant atmosphérique** habituellement présent en forte concentration dans les zones urbaines à cause de la forte circulation automobile. Lorsque les oxydes d'azote sont mis en présence d'hydrocarbures non brûlés et du rayonnement solaire, un **smog photochimique** se forme. Les inversions de température contribuent également à la formation de smog. Les mesures de lutte contre celui-ci visent à réduire les émissions d'oxyde de carbone et sont surtout axées sur les convertisseurs catalytiques équipant les automobiles et sur la régulation des processus de combustion. Le **smog industriel** est associé aux activités industrielles qui produisent des taux élevés d'oxyde de soufre (SO_x) et de **matières particulaires** (poussière, fumée et autres substances).

 9.3 La couche d'ozone L'ozone, O_3, présent dans la stratosphère, protège les organismes vivants en absorbant une partie du rayonnement ultraviolet. L'intégrité de la **couche d'ozone** est cependant menacée par les activités humaines, qui aboutissent notamment au rejet de chlorofluorocarbures (CFC) dans l'atmosphère.

 9.4 Le réchauffement planétaire : le dioxyde de carbone et l'effet de serre De faibles augmentations de la concentration de CO_2 pourraient avoir une influence néfaste sur l'environnement en entraînant une hausse marquée de la température moyenne du globe, effet appelé **réchauffement planétaire**. L'**effet de serre** est un processus naturel dans lequel les radiations infrarouges émises par la surface terrestre sont absorbées par des gaz atmosphériques comme le CO_2 et le H_2O. L'augmentation de la teneur de ces gaz à effet de serre peut contribuer au réchauffement planétaire.

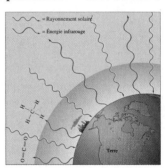

Mots clés

Vous trouverez également la définition des mots clés dans le glossaire à la fin du livre.

couche d'ozone **442**	effet de serre **444**	réchauffement planétaire **444**
cycle de l'azote **433**	fixation de l'azote **433**	smog industriel **440**
cycle du carbone **435**	matières particulaires **440**	smog photochimique **437**
cycle hydrologique **431**	partie par million (ppm) **436**	
déliquescence **433**	polluant atmosphérique **436**	

Problèmes par sections

9.1   La composition et la structure de l'atmosphère et les cycles naturels

1. Expliquez la différence entre l'humidité absolue et l'humidité relative d'un échantillon d'air.

2. Décrivez la formation de la rosée et du givre à partir de l'air.

3. Qu'est-ce que le cycle de l'azote ? Comment la fixation industrielle de l'azote dans le but de fabriquer des engrais a-t-elle modifié le cycle de l'azote ?

4. Dans ce chapitre, il est mentionné que 99 % de la masse de l'atmosphère se situe à moins de 30 km de la surface terrestre. Parmi les données suivantes, lesquelles sont des estimations raisonnables de la pression de l'air à une altitude de 30 km ?

   a) 0,013 kPa   **c)** 1,3 kPa

   b) 0,13 kPa   **d)** 13 kPa

   Expliquez votre raisonnement. (*Indice :* Rappelez-vous les concepts de base relatifs à la pression exposés à la section 3.9, page 116.)

5. Quand un gaz est présent en très petite proportion dans l'air, sa concentration est habituellement indiquée en parties par million (ppm) plutôt qu'en pourcentage molaire ou en pourcentage volumique. À l'aide des données du tableau 9.1 (page 429), déterminez, en parties par million, la présence dans l'air des gaz rares qui y sont énumérés.

6. Quelle est, en pourcentage molaire et en parties par million (ppm), la quantité de H_2O dans un échantillon d'air à TPN dans lequel la pression partielle de la vapeur d'eau est de 0,267 kPa ?

7. Quelle est l'humidité relative d'un échantillon d'air à 25 °C dans lequel la pression partielle de la vapeur d'eau est de 1,40 kPa ? (*Indice :* Utilisez les données du tableau 8.2, page 368.)

8. Quelle est la pression partielle de la vapeur d'eau dans un échantillon d'air dont l'humidité relative est de 75,5 %, à 20 °C ? (*Indice :* Utilisez les données du tableau 8.2, page 368.)

9. Une parcelle d'air a une humidité absolue, exprimée sous forme de pression partielle de vapeur d'eau, de 2,40 kPa. À laquelle des températures suivantes l'humidité relative de l'air est-elle la plus élevée : à 25 °C, à 30 °C ou à 40 °C ? Expliquez votre réponse.

10 Quel est le point de rosée de la parcelle d'air décrite dans le problème 9 ? (*Indice :* Utilisez les données du tableau 8.2, page 368.)

11. Pourquoi peut-on voir de la vapeur d'eau condensée au-dessus d'un récipient d'eau bouillante même dans une cuisine chaude, alors qu'on peut voir la vapeur de son souffle seulement par une journée froide ?

12. Suggérez une explication vraisemblable de la transformation observée dans la composition avec l'altitude : de N_2 à O et de He à H.

9.2   La pollution atmosphérique

13. Que signifient les termes suivants, relatifs aux polluants atmosphériques ?

    a) PAN   **b)** SO_x **c)** Cendres volantes

14. Qu'est-ce que le smog photochimique ? Quel rôle joue le rayonnement solaire dans sa formation ?

15. Qu'est-ce que le smog industriel ? Comment se forme-t-il ?

16. Quelles conditions favorisent la formation du monoxyde de carbone durant la combustion de l'essence dans un moteur automobile et comment le monoxyde de carbone exerce-t-il son effet toxique ?

17. Qu'est-ce qu'un effet synergique ? Donnez un exemple spécifique d'effet synergique relatif à la pollution atmosphérique.

18. Comment chacun des procédés suivants est-il utilisé pour réduire la pollution atmosphérique ?

    a) Précipitateur électrostatique

    b) Convertisseur catalytique

19. Parmi les composés suivants, lesquels contribuent grandement à la formation du smog photochimique, et lesquels n'y contribuent pas ? Expliquez votre réponse.

   a) NO   **c)** Vapeurs d'hydrocarbures

   b) CO   **d)** SO_2

20. Qu'est-ce qu'une inversion de température ? Comment une inversion de température contribue-t-elle aux problèmes de pollution atmosphérique ?

21. Comment les termes suivants sont-ils reliés entre eux dans le contexte de la pollution atmosphérique : aérosol, cendres volantes et matières particulaires ?

22. Décrivez les mesures qui peuvent être prises pour empêcher l'émission d'oxydes d'azote par les systèmes d'échappement des automobiles, et expliquez pourquoi les mêmes mesures ne s'appliquent pas dans le cas d'émissions d'hydrocarbures et de monoxyde de carbone.

23. Est-ce que la pollution atmosphérique dans son ensemble est due à l'activité humaine ? Expliquez votre réponse.

24. Citez des processus par lesquels les atomes de carbone sont

   a) éliminés de l'atmosphère ;

   b) retournés à l'atmosphère ;

   c) retirés du cycle du carbone.

25. Écrivez une équation qui représente la combustion complète d'un hydrocarbure, l'hexane, C_6H_{14}(l). Expliquez pourquoi il est impossible d'écrire une seule équation pour représenter sa combustion incomplète.

26. Les cimenteries sont souvent citées, dans les tableaux de données, comme sources d'émission de dioxyde de carbone. Expliquez pourquoi en donnant deux raisons.

27. Écrivez les équations des réactions suivantes.

   a) Le soufre brûle dans l'air pour former du dioxyde de soufre.

   b) Le sulfure de zinc chauffé dans l'air donne de l'oxyde de zinc et du dioxyde de soufre.

   c) Le dioxyde de soufre réagit avec l'oxygène pour former du trioxyde de soufre.

   d) Le trioxyde de soufre réagit avec l'eau pour former de l'acide sulfurique.

   e) L'acide sulfurique est complètement neutralisé par l'ammoniac en solution aqueuse.

28. Indiquez lequel des processus suivants devrait produire la plus grande quantité de SO_2(g) par tonne de matière consommée et expliquez pourquoi.

   a) La fusion du sulfure de zinc

   b) La fusion du sulfure de plomb

   c) La combustion du charbon contenant 5 % de soufre

   d) La combustion du gaz naturel contenant 5 % de soufre

29. Décrivez comment les matières particulaires suivantes peuvent être produites.

   a) Le chlorure de sodium provenant de l'eau de mer

   b) Les particules de sulfates dans un smog industriel

30. Une personne prend en moyenne 15 respirations par minute, inhalant 0,50 L d'air à chaque fois. Quelle masse de particules, en milligrammes, respirerait-elle en un jour si le niveau de particules dans l'air était de 75 $\mu g/m^3$?

31. Si, dans un groupe de 30, chaque étudiant utilise une automobile pour se rendre au cégep et pour effectuer ses sorties, quelles masses de vapeur d'eau et de dioxyde de carbone sont produites par semaine ? On sait que la consommation moyenne d'essence de chaque véhicule est de 40,0 L et que la masse volumique de l'essence (C_8H_{18}) est de 0,705 g/mL.

32. La vapeur d'eau est un gaz à effet de serre dont la concentration dans l'atmosphère est importante. C'est aussi un produit de la combustion des combustibles fossiles. Pourquoi l'augmentation de la vapeur d'eau est-elle si peu prise en compte dans le dossier du réchauffement planétaire ?

9.3   **La couche d'ozone**

33. Expliquez les effets sur la santé des UV-C et des UV-B.

34. Il a été évalué que, si tout l'ozone de l'atmosphère était ramené au niveau de la mer à TPN, il formerait une couche d'une épaisseur de 0,3 cm. Le rayon de la Terre est de $6,37 \times 10^6$ m.

   a) Évaluez le nombre de molécules O_3 dans l'atmosphère terrestre.

   b) Commentez la faisabilité de la suggestion suivante : l'ozone épuisé dans la stratosphère pourrait être remplacé si l'ozone indésirable présent dans les basses altitudes était repoussé vers la stratosphère.

35. Le fréon-12, un CFC, servait, il y a encore quelques années, dans les systèmes de réfrigération. Le fréon-12, de formule CCl_2F_2, est non réactif parce que sa molécule est très peu polaire. Expliquez la faible polarité de la molécule de fréon-12.

9.4 Le réchauffement planétaire : le dioxyde de carbone et l'effet de serre

36. Le monoxyde de carbone est un gaz toxique, même à faible concentration, alors que le dioxyde de carbone ne l'est pas. Pourtant, excepté dans certaines situations locales, on se préoccupe moins, sur le plan environnemental, du monoxyde de carbone que du dioxyde de carbone. Expliquez pourquoi il en est ainsi.

37. Les États-Unis sont les plus grands producteurs du monde d'émissions de $CO_2(g)$ par habitant, avec 19,8 tonnes métriques par personne par année (1 tonne métrique = 1000 kg). Quelle masse, en tonnes métriques, de chacun des combustibles suivants donnerait cette quantité de CO_2 ?

a) CH_4 **b)** C_8H_{18}

c) Charbon contenant 94,1 % de C par masse

Problèmes complémentaires   ★ Problème défi   Problème synthèse

38. Quelle est l'efficacité de la photosynthèse ? On estime que la photosynthèse produit annuellement une moyenne de 320 g (masse sèche) de plantes par mètre carré. La moitié de cette production est du carbone.

a) Calculez le nombre de grammes total de carbone « fixé » chaque année comme matière végétale par 500 m².

b) La réaction de la photosynthèse peut être représentée par la production de glucose.

$$6\ CO_2 + 6\ H_2O \longrightarrow C_6H_{12}O_6 + 6\ O_2 \quad (1)$$

Un quart du glucose produit est utilisé par la plante pour la respiration cellulaire ; le reste est converti en matière végétale. En vous fondant sur la réponse que vous avez donnée à la question *a,* calculez le nombre total de moles de glucose produit annuellement par 500 m² à partir de la réaction (1).

c) Chaque mole de glucose produit représente une absorption de 2803 kJ d'énergie solaire. Si l'énergie moyenne de la lumière solaire est estimée à 1,527 kJ/cm² par jour, quel pourcentage de l'énergie solaire incidente est convertie en énergie chimique sur une surface de 500 m² ?

39. ★ Calculez la valeur énergétique de la combustion de l'éthanol, un biocarburant, en utilisant les énergies de liaison (tableau 6.1, page 286). Une automobile utilisant de l'éthanol comme carburant obtient une plus basse consommation (km/L) qu'une automobile utilisant de l'essence. Estimez la quantité économisée grâce à l'éthanol en supposant que les masses volumiques de l'éthanol et de l'essence sont égales et que 1 g d'essence libère 48,1 kJ.

40. Le gaz naturel est constitué en majeure partie de méthane, CH_4 ; le gaz utilisé dans les barbecues est le propane, C_3H_8. En supposant que chacun de ces gaz brûle complètement, comparez la quantité d'énergie dégagée par chacun :

a) en kilojoules par mole de CO_2 produit.

b) en kilojoules par gramme de combustible.

Faites les calculs en vous basant sur les liaisons brisées et formées lors des réactions chimiques (tableau 6.1, page 286)

41. ★ La masse totale de carbone contenue dans les combustibles fossiles qui ont été brûlés dans le monde de 1750 à 2000 est estimée à $2{,}77 \times 10^{14}$ kg. La quantité de carbone émise sous forme de CO_2 en raison de l'expansion de l'agriculture et de la déforestation pendant cette période est estimée à $1{,}31 \times 10^{14}$ kg. La concentration du CO_2 dans l'atmosphère en 2000 était de 360 ppm, ce qui correspond à une masse totale de carbone de $7{,}75 \times 10^{14}$ kg. Si la concentration du CO_2 en 1750 était de 280 ppm, calculez le pourcentage de CO_2 de ces deux sources qui demeure dans l'atmosphère depuis deux siècles et demi.

42. Supposons que l'air d'une ville typique contienne 100 µg de particules en suspension par mètre cube d'air. Considérez qu'une particule moyenne est de forme sphérique ; son diamètre est de 1 µm, et sa masse volumique de 1 g/cm³. Évaluez le nombre de particules par centimètre cube d'air.

43. Dans ce chapitre, il est mentionné que $5{,}2 \times 10^{15}$ tonnes métriques de gaz atmosphériques sont réparties sur une surface de $5{,}0 \times 10^8$ km². À l'aide de ces données et de celles de l'annexe B, attribuez une valeur approximative à la pression atmosphérique standard.

44. À 20 °C, la pression de vapeur d'une solution saturée de $CaCl_2 \cdot 6H_2O$ est de 0,756 kPa. Si l'on place une quantité de cette solution dans un grand contenant hermétique, à 20 °C, et que la solution reste saturée par la présence du solide en excès, quelle humidité relative sera maintenue dans l'air du contenant ? À quel point $CaCl_2 \cdot 6H_2O$ enlève-t-il efficacement l'humidité contenue dans l'air ?

45. On évalue la population mondiale des termites à $2{,}4 \times 10^{17}$ individus. Ceux-ci produisent annuellement quelque $4{,}6 \times 10^{16}$ g de CO_2. L'atmosphère contient $5{,}2 \times 10^{15}$ tonnes métriques d'air (1 tonne métrique = 1000 kg). Le niveau de CO_2 dans l'atmosphère est de 360 ppm. Quel pourcentage d'augmentation de ce niveau de CO_2 les termites provoqueraient-ils si le gaz qu'ils produisaient n'était pas du tout éliminé par des processus naturels ?

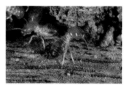

46. Pendant une nuit, on laisse fonctionner par mégarde un petit moteur à essence muni d'un réservoir de 1 L dans un grand entrepôt de 95 m × 38 m × 16 m. Quand les ouvriers arrivent le matin, sont-ils susceptibles d'entrer dans un environnement dont la teneur en CO dépasse la cote d'alerte de 35 ppm ? (*Indice* : Utilisez la formule C_8H_{18} pour représenter l'essence, et faites d'autres hypothèses raisonnables.)

47. Pour la combustion complète de l'essence, le rapport massique air-carburant devrait être de 14,5 pour 1 environ. À l'aide des concepts étudiés dans ce chapitre et ailleurs dans le manuel, montrez que c'est à peu près le rapport que vous auriez prédit. (*Indice* : Supposez que l'essence est représentée par la formule C_8H_{18} et utilisez la composition de l'air donnée au tableau 9.1, page 429. Il pourrait être pratique de travailler avec le concept d'une mole d'air.)

48. Le rapport du mélange air-carburant est une variable importante dans la combustion de l'essence dans un moteur à combustion interne. La figure suivante illustre comment l'émission de polluants est reliée au rapport air-carburant. Donnez une interprétation plausible de cette figure. (*Indice* : Le rapport stœchiométrique est vérifié au problème 47. Par ailleurs, rappelez-vous que RH représente les hydrocarbures ; reportez-vous au tableau 6.3, page 296.)

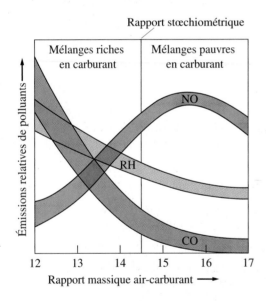

49. La norme d'exposition en milieu de travail à $SO_2(g)$ dans l'air est de 5 ppm. Quelle masse approximative de soufre peut être brûlée dans un lieu de travail clos, de 10,5 m × 5,4 m × 3,6 m, avant que cette limite ne soit dépassée ?

50. Pour réduire la pollution causée par les automobiles, on peut utiliser d'autres carburants que l'essence. Cependant, ces combustibles de remplacement produisent d'autres types de pollution, émettant notamment des oxydes d'azote. Expliquez pourquoi.

51. Plusieurs méthodes permettent de déterminer la contribution respective des différents combustibles à l'augmentation de la concentration de CO_2 dans l'atmosphère. On peut par exemple comparer la masse de CO_2 produite à la masse de combustible brûlé ; on peut aussi comparer la masse de CO_2 produite à la quantité de chaleur émise lors de la combustion. Lequel de ces trois combustibles : C (graphite), $CH_4(g)$ ou $C_4H_{10}(g)$ produit la plus petite masse de CO_2

a) par gramme de combustible ?

b) par kilojoule de chaleur dégagée ?

52. Si l'humidité relative sur Terre est en général de 70 % lorsqu'il fait 14 °C, une température moyenne, estimez la masse de vapeur d'eau dans le 1,0 km inférieur de l'atmosphère. La Terre est couverte de zones solides dont l'aire totale est de $1,5 \times 10^6$ km² et de zones liquides dont l'aire totale est de $3,6 \times 10^6$ km².

53. Calculez la masse volumique de l'air sec en supposant que celui-ci contient 22 % d'oxygène et 78 % d'azote. Calculez la masse volumique de la vapeur d'eau sous les mêmes conditions. Sans faire de calculs, déterminez si la masse volumique de l'air humide est plus grande ou moins grande que celle de l'air sec.

54. Un appareil de climatisation prend l'air extérieur qui est à 1,0 atm et à 30 °C, avec une humidité relative de 85 %. Une fois refroidi à 10 °C, l'air est saturé de vapeur d'eau. Cet air frais est introduit dans une chambre dont la température est maintenue à 21 °C. La pression de vapeur d'eau à 10 °C est de 9,2 mm Hg.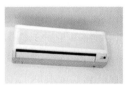

a) Si la source de vapeur d'eau vient seulement de l'air frais, quelle est l'humidité relative dans la chambre ?

b) Si 2,83 m³ d'air sont traités par minute, quelle masse de vapeur d'eau est condensée par l'appareil de climatisation au bout de 8,0 heures ?

c) Combien d'énergie, en kilojoules, est nécessaire au fonctionnement de l'appareil durant 8,0 heures ?

55. Le dioxyde de soufre peut être traité avec le sulfure d'hydrogène (H_2S) pour produire du soufre élémentaire (S_8) et de l'eau. Combien de litres de dioxyde de soufre à TPN peut-on éliminer des fumées industrielles en utilisant 452 L de H_2S à TPN ?

56. Voici les cases vides des périodes 1 à 3 du tableau périodique. Les définitions (ou les descriptions) qui suivent correspondent chacune à l'un des 18 éléments de cette partie du tableau périodique. Elles sont accompagnées d'un chiffre en italique. Écrivez chacun de ces chiffres dans la bonne case. (Évidemment ils ne correspondent pas aux numéros atomiques des éléments).

1 : il forme le composé diatomique le plus abondant de l'atmosphère terrestre.

2 : 2^{2+} est isoélectronique avec *13*.

3 : 3^- a pour configuration électronique $1s^2 2s^2 2p^6 3s^2 3p^6$.

4 : son dernier électron est caractérisé par $n = 3$, $l = 1$, $m_l = 0$.

5 : il forme avec *10* une molécule linéaire non polaire qui absorbe les radiations infrarouges.

6 : il forme avec *5* une molécule angulaire polaire présente dans l'atmosphère terrestre en quantité variable.

7 : il est le plus électronégatif des éléments.

8 : c'est un métal que l'on trouve communément dans les villes de Baie-Comeau, de La Baie et de Sept-Îles.

9 : de tous les gaz nobles du tableau périodique, c'est celui qui a le plus petit rayon atomique.

10 : il est toujours présent dans les combustibles fossiles.

11 : il forme avec *3* un composé ionique diatomique.

12 : il donne un hydrure dont la molécule est triatomique linéaire.

13 : un gaz noble servant à l'éclairage.

14 : il a pour énergies d'ionisation successives, en kilojoules par mole : 1 012, 1 903, 2 910, 4 955, 6 273, 21 268, 25 407.

15 : il possède la plus petite valeur d'électronégativité de la deuxième période.

16 : il est le troisième composant en abondance de l'atmosphère terrestre.

17 : il forme avec *5* une molécule angulaire présente dans le smog industriel.

18 : sa configuration électronique est $1s^2 2s^2 2p^1$.

Annexe A

Opérations mathématiques

A.1 La notation exponentielle

Pour exprimer un nombre en notation exponentielle, on l'écrit sous la forme du produit d'un coefficient — habituellement une valeur comprise entre 1 et 10 — et d'une puissance de 10. Voici deux exemples de *notation exponentielle*, parfois appelée *notation scientifique*, utilisée en science.

$$4{,}18 \times 10^3 \text{ et } 6{,}57 \times 10^{-4}$$

On choisit généralement la forme exponentielle pour deux raisons : (1) elle permet d'écrire des nombres très grands ou très petits dans un minimum d'espace et réduit le risque d'erreurs d'écriture ; (2) elle contient des informations explicites sur la précision des mesures : le nombre de chiffres significatifs dans une quantité mesurée est indiqué sans ambiguïté.

Dans l'expression 10^n, n est l'exposant de 10, et on dit que le nombre 10 est élevé à la puissance n. Si n est une quantité *positive*, 10^n a une valeur *supérieure à 1*. Si n est une quantité *négative*, 10^n a une valeur *inférieure à 1*. On s'intéresse particulièrement aux cas où n est un entier, comme dans les exemples suivants :

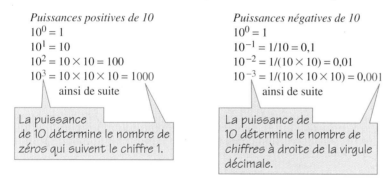

Puissances positives de 10
$10^0 = 1$
$10^1 = 10$
$10^2 = 10 \times 10 = 100$
$10^3 = 10 \times 10 \times 10 = 1000$
ainsi de suite

La puissance de 10 détermine le nombre de zéros qui suivent le chiffre 1.

Puissances négatives de 10
$10^0 = 1$
$10^{-1} = 1/10 = 0{,}1$
$10^{-2} = 1/(10 \times 10) = 0{,}01$
$10^{-3} = 1/(10 \times 10 \times 10) = 0{,}001$
ainsi de suite

La puissance de 10 détermine le nombre de chiffres à droite de la virgule décimale.

On exprime 612 000 et 0,000 505 sous la forme exponentielle de la manière suivante :

$$612\ 000 = 6{,}12 \times 100\ 000 = 6{,}12 \times 10^5$$
$$0{,}000\ 505 = 5{,}05 \times 0{,}0001 = 5{,}05 \times 10^{-4}$$

Les étapes suivantes permettent d'écrire plus directement des nombres sous la forme exponentielle :

- On établit de combien de chiffres il faut déplacer la virgule décimale pour obtenir un coefficient d'une valeur comprise entre 1 et 10.
- Le nombre de chiffres obtenu devient la puissance de 10.
- La puissance de 10 est *positive* si la virgule décimale est déplacée vers la *gauche*.

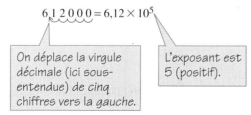

$$6\,1\,2\,0\,0\,0 = 6{,}12 \times 10^5$$

On déplace la virgule décimale (ici sous-entendue) de cinq chiffres vers la *gauche*.

L'exposant est 5 (positif).

- La puissance de 10 est *négative* quand la virgule décimale est déplacée vers la *droite*.

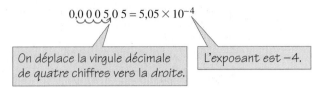

Pour convertir un nombre de la forme exponentielle à la forme courante, on déplace la virgule décimale dans le sens opposé.

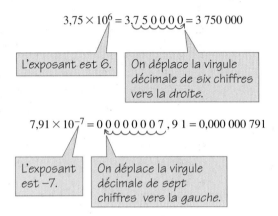

Il est facile de manipuler les nombres exponentiels sur la plupart des calculatrices électroniques. En général, il suffit d'entrer le nombre décimal, puis d'appuyer sur la touche EXP et d'entrer l'exposant. Pour entrer le nombre $2,85 \times 10^7$, il faut appuyer sur les touches [2] [.] [8] [5] [EXP] [7], et le résultat s'affiche sous la forme [$2,85^{07}$].

Pour le nombre $1,67 \times 10^{-5}$, les touches sont [1] [.] [6] [7] [EXP] [5] [±], et le résultat affiché est [$1,67^{-05}$].

De nombreuses calculatrices peuvent être réglées pour convertir tous les nombres sous la forme exponentielle, quelle que soit la forme sous laquelle ils sont entrés. Généralement, une calculatrice peut aussi être réglée pour afficher un nombre déterminé de chiffres significatifs dans les résultats.

Les touches de votre calculatrice peuvent différer de celles qui sont illustrées ici. Vérifiez les instructions données dans le manuel qui l'accompagne.

L'addition et la soustraction

Pour additionner ou soustraire un nombre en notation exponentielle sans recourir à une calculatrice, il faut que chaque quantité ait la même puissance de 10. La puissance de 10 est alors traitée comme une unité, c'est-à-dire qu'elle est simplement « transportée » dans le calcul. Dans l'exemple qui suit, chaque quantité est exprimée comme une puissance de 10^{-3}.

$$\left(3,22 \times 10^{-3}\right) + \left(7,3 \times 10^{-4}\right) - \left(4,8 \times 10^{-4}\right)$$
$$= \left(3,22 \times 10^{-3}\right) + \left(0,73 \times 10^{-3}\right) - \left(0,48 \times 10^{-3}\right)$$
$$= (3,22 + 0,73 - 0,48) \times 10^{-3}$$
$$= 3,47 \times 10^{-3}$$

En revanche, la plupart des calculatrices exécutent ces opérations automatiquement, de sorte que vous n'aurez généralement pas besoin de convertir les nombres à la puissance de 10.

La multiplication et la division

Pour multiplier des nombres exprimés sous la forme exponentielle, on *multiplie* tous les coefficients, ce qui donnera celui du résultat final, et on *additionne* tous les exposants, ce qui donnera la puissance de 10 du résultat final.

$$0,0803 \times 0,0077 \times 455 = (8,03 \times 10^{-2}) \times (7,7 \times 10^{-3}) \times (4,55 \times 10^{2})$$
$$= (8,03 \times 7,7 \times 4,55) \times 10^{(-2-3+2)}$$
$$= (2,8 \times 10^{2}) \times 10^{-3} = 2,8 \times 10^{-1}$$

Pour diviser deux nombres sous la forme exponentielle, on *divise* les coefficients pour obtenir le résultat, et on *soustrait* l'exposant du dénominateur de celui du numérateur pour obtenir la puissance de 10. L'exemple ci-dessous combine multiplication et division. On applique d'abord la règle pour la multiplication au numérateur et au dénominateur séparément, puis on utilise la règle pour la division.

$$\frac{0,015 \times 0,0088 \times 822}{0,092 \times 0,48} = \frac{(1,5 \times 10^{-2})(8,8 \times 10^{-3})(8,22 \times 10^{2})}{(9,2 \times 10^{-2})(4,8 \times 10^{-1})}$$

$$\frac{1,1 \times 10^{-1}}{4,4 \times 10^{-2}} = 0,25 \times 10^{-1-(-2)} = 0,25 \times 10^{1}$$

$$= 2,5 \times 10^{-1} \times 10^{1} = 2,5$$

Comme dans le cas de l'addition et de la soustraction, la plupart des calculatrices électroniques exécutent la multiplication, la division et les combinaisons des deux sans qu'il soit nécessaire d'enregistrer les résultats intermédiaires.

L'élévation d'un nombre à une puissance et l'extraction de la racine d'un nombre exponentiel

Pour élever un nombre exponentiel à une puissance donnée, on élève le coefficient à cette puissance, et on multiplie l'exposant par cette puissance. Par exemple, on peut élever un nombre au *cube* (c'est-à-dire l'élever à la puissance *trois*) de la manière suivante :

$$(0,0066)^{3} = (6,6 \times 10^{-3})^{3} = (6,6)^{3} \times (10^{-3})^{3}$$

| On récrit le nombre sous la forme exponentielle. | On élève le coefficient au cube. | On multiplie l'exposant par 3. |

$$= (2,9 \times 10^{2}) \times 10^{-9} = 2,9 \times 10^{-7}$$

Pour extraire la racine d'un nombre exponentiel, on élève le nombre à une puissance *fractionnaire* : la puissance *une demie* pour une racine carrée, la puissance *un tiers* pour une racine cubique, et ainsi de suite. La plupart des calculatrices ont des touches servant à l'extraction de racines carrées et de racines cubiques. Par conséquent, pour extraire la racine carrée de $1,57 \times 10^{-5}$, on entre le nombre $1,57 \times 10^{-5}$ et on appuie sur la touche $\left[\sqrt{}\right]$.

$$\sqrt{1,57 \times 10^{-5}} = 3,96 \times 10^{-3}$$

Pour extraire la racine cubique de $3,18 \times 10^{10}$, on entre le nombre $3,18 \times 10^{10}$ et on appuie sur la touche $\left[\sqrt[3]{}\right]$.

$$\sqrt[3]{3,18 \times 10^{10}} = 3,17 \times 10^{3}$$

Avec certaines calculatrices, on peut extraire les racines en entrant l'exposant sous forme fractionnaire à l'aide d'une touche.

$$\left(2,75 \times 10^{-9}\right)^{1/5} = 1,94 \times 10^{-2}$$

On peut aussi extraire les racines d'un nombre en utilisant les logarithmes.

A.2 Les logarithmes

Le logarithme décimal (log) d'un nombre (N) est la puissance (x) à laquelle il faut élever la base 10 pour obtenir ce nombre.

$$\log N = x \quad \text{signifie que} \quad N = 10^{x} \quad \text{ou que} \quad N = 10^{\log N}$$

Dans l'expression ci-dessous, les nombres N sont imprimés en bleu, et leurs logarithmes (log N), en rouge.

$$\log 1 = \log 10^{0} = 0 \qquad\qquad \log 1 = \log 10^{0} = 0$$
$$\log 10 = \log 10^{1} = 1 \qquad\qquad \log 0{,}1 = \log 10^{-1} = -1$$
$$\log 100 = \log 10^{2} = 2 \qquad\qquad \log 0{,}01 = \log 10^{-2} = -2$$
$$\log 1000 = \log 10^{3} = 3 \qquad\qquad \log 0{,}001 = \log 10^{-3} = -3$$

La plupart des nombres avec lesquels on doit travailler ne sont évidemment pas des puissances de 10 faisant partie des nombres entiers, et leurs logarithmes ne sont pas des entiers. Le modèle ci-dessus donne une idée générale de ce que pourraient être leurs logarithmes. Considérons, par exemple, les nombres 655 et 0,0078.

$$100 \;<\; 655 \;<\; 1000 \qquad\qquad 0{,}001 \;<\; 0{,}0078 \;<\; 0{,}01$$
$$2 \;<\; \log 655 \;<\; 3 \qquad\qquad -3 \;<\; \log 0{,}0078 \;<\; -2$$

On peut constater que log 655 se situe entre 2 et 3, et que log 0,0078 est entre -3 et -2. Pour obtenir une valeur plus exacte, cependant, on doit se servir de tables de logarithmes ou de la touche [LOG] sur une calculatrice.

$$\log 655 = 2{,}816 \qquad\qquad \log 0{,}0078 = -2{,}11$$

En travaillant avec les logarithmes, on a souvent besoin de trouver un nombre dont on connaît le logarithme. Ce nombre est quelquefois appelé *antilogarithme,* et on peut le comprendre dans ces termes :

$$\text{Si } \log N = 3{,}076, \text{ alors } N = 10^{3,076} = 1{,}19 \times 10^{3}.$$

$$\text{Si } \log N = -4{,}57, \text{ alors } N = 10^{-4,57} = 2{,}7 \times 10^{-5}.$$

Sur une calculatrice, on entre simplement la valeur du logarithme (c'est-à-dire 3,076 ou $-4,57$), puis on appuie sur la touche $\left[10^{x}\right]$.

Les chiffres significatifs dans les logarithmes

À première vue, $\log N = 3{,}076$ semble avoir quatre chiffres significatifs, et $N = 1{,}19 \times 10^3$ semble n'en avoir que trois mais, en réalité, les deux valeurs en ont seulement *trois*. Les chiffres situés à *gauche* de la virgule décimale dans un logarithme ne correspondent qu'à la puissance de 10 de la forme exponentielle du nombre. Les seuls chiffres significatifs sont ceux qui se trouvent à *droite* de la virgule décimale. Quant au coefficient de la forme exponentielle, il doit avoir le même nombre de chiffres que de décimales dans le logarithme. Par conséquent, pour exprimer le logarithme de $2{,}5 \times 10^{-12}$ avec deux chiffres significatifs, on écrit :

$$\log 2{,}5 \times 10^{-12} = -11{,}60$$

Quelques relations comportant des logarithmes

On peut utiliser la définition des logarithmes pour poser : $M = 10^{\log M}$ et $N = 10^{\log N}$. Le produit $(M \times N)$ peut être écrit selon l'une ou l'autre des formes suivantes :

$$(M \times N) = 10^{\log M} \times 10^{\log N} = 10^{(\log M + \log N)}$$
$$(M \times N) = 10^{\log(M \times N)}$$

Cela signifie que le logarithme du produit de plusieurs termes est égal à la somme des logarithmes des termes individuels. Donc :

$$(1) \quad \log (M \times N) = (\log M + \log N)$$

De la même manière, on peut établir deux autres relations :

$$(2) \quad \log \frac{M}{N} = (\log M - \log N)$$

$$(3) \quad \log N^a = a \log N$$

Dans les calculs, on peut facilement avoir recours à la relation (3), parce qu'elle fournit une méthode simple pour extraire la racine d'un nombre. Par exemple, pour déterminer $(2{,}75 \times 10^{-9})^{1/5}$, on écrit :

$$\log \left(2{,}75 \times 10^{-9}\right)^{1/5} = 1/5 \times \log \left(2{,}75 \times 10^{-9}\right)$$
$$= 1/5 \times (-8{,}561) = -1{,}712$$
$$\left(2{,}75 \times 10^{-9}\right)^{1/5} = 10^{-1{,}712} = 0{,}0194$$

Les logarithmes naturels

L'utilisation de *10* comme base des logarithmes décimaux est arbitraire. On peut aussi bien faire d'autres choix. Par exemple, si la base est 2, $\log_2 8 = 3$ signifie simplement que $2^3 = 8$. Et $\log_2 10 = 3{,}32$ signifie que $2^{3{,}322} = 10$.

Plusieurs relations utilisées dans ce manuel comportent des *logarithmes naturels*. La base des logarithmes naturels (ln) est la quantité *e*, qui a pour valeur $e = 2{,}718\ 28\ldots$ On rencontre la fonction ln dans les cas où la vitesse de variation d'une variable est proportionnelle à la valeur de cette variable au temps où la vitesse est mesurée. Ces circonstances sont courantes en science physique, entre autres choses, par exemple dans le cas de la vitesse de désintégration radioactive d'une substance.

On peut en général travailler entièrement dans le système des logarithmes naturels en utilisant les touches [ln] et [e^x] de la calculatrice plutôt que [LOG] et [10^x]. Cependant, s'il faut convertir les logarithmes naturels en logarithmes décimaux ou faire l'inverse, on peut utiliser le facteur de conversion ci-dessous, basé sur la relation $\log_e 10 = 2{,}303$.

$$\ln N = 2{,}303 \log N$$

A.3 Les graphiques

Supposons qu'on obtient les résultats de mesures de laboratoire suivants pour les quantités x et y :

$$x = 0, y = 2 \quad x = 2, y = 6 \quad x = 4, y = 10$$
$$x = 1, y = 4 \quad x = 3, y = 8$$

Un simple examen de ces données nous permet de constater qu'elles vérifient l'équation suivante :

$$y = 2x + 2$$

Il arrive qu'on ne puisse pas poser une équation exacte à partir des données expérimentales ou que la forme de l'équation ne se présente pas d'emblée à partir des données elles-mêmes. Dans ces cas, il semble utile de tracer un graphique. Les points correspondant aux données énumérées précédemment sont reportés sur le graphique ci-dessous. Les valeurs de x sont placées le long de l'axe horizontal (abscisse), et les valeurs de y, le long de l'axe vertical (ordonnée). Pour chaque point de la figure, les valeurs de x et de y sont données dans l'ordre (x, y).

On constate que les données se retrouvent sur une ligne droite. Or l'équation d'une droite est :

$$y = mx + b$$

Pour obtenir la valeur de l'*ordonnée à l'origine*, soit b, on pose $x = 0$ et on obtient la valeur de y. D'après le graphique, on voit que $y = 2$ quand $x = 0$. Pour obtenir la pente de la droite, soit m, on peut utiliser deux points, indiqués par les indices 1 et 2 ci-dessous.

$$y_2 = mx_2 + b \quad \text{et} \quad y_1 = mx_1 + b$$

La *différence* entre ces deux équations est

$$y_2 - y_1 = m(x_2 - x_1) + \cancel{b} - \cancel{b}$$

La valeur de m est

$$m = \frac{y_2 - y_1}{x_2 - x_1} = \frac{\Delta y}{\Delta x}$$

La pente est évaluée sur la figure ; sa valeur est 2. Donc, l'équation de la droite est

$$y = mx + b = 2x + 2$$

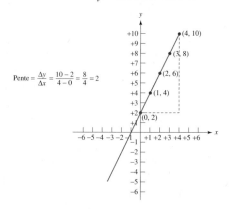

Pente $= \dfrac{\Delta y}{\Delta x} = \dfrac{10 - 2}{4 - 0} = \dfrac{8}{4} = 2$

▶ **Graphique d'une droite :**
$y = mx + b$

A.4 Les nomenclatures classique et systématique des composés ioniques

Le tableau ci-dessous permet de comparer les nomenclatures classique et systématique des composés ioniques.

Composés ioniques *	Nomenclature classique	Nomenclature systématique
Règles des sels binaires simples : Dans les deux cas, on nomme l'anion et ensuite le cation. La proportion entre les deux est déterminée de façon différente.	On détermine le rapport entre les éléments pour que les charges des ions s'annulent dans l'entité formulaire. Lorsqu'un cation métallique peut posséder plusieurs charges, il faut indiquer la charge du métal entre parenthèses.	On doit indiquer le nombre relatif d'anions et de cations de l'entité formulaire (voir le tableau 2.3, page 58).
$NaCl$	Chlorure de sodium	Chlorure de sodium
$CaCl_2$	Chlorure de calcium	Dichlorure de calcium
Ag_2S	Sulfure d'argent	Sulfure de diargent
$FeCl_3$	Chlorure de fer(III)	Trichlorure de fer
SnO_2	Oxyde d'étain(IV)	Dioxyde d'étain
Règles des sels polyatomiques :	On doit connaître la composition et la charge de l'ion polyatomique afin de déterminer les proportions entre les ions afin que les charges s'annulent.	On doit indiquer à l'aide de préfixes grecs le nombre relatif d'éléments de l'ion polyatomique. Pour designer l'anion, on nomme le dernier élément en ajoutant le suffixe *o* ; le premier élément de l'anion suit avec le suffixe *ate*. On nomme le cation à la toute fin, en indiquant sa proportion relative.
$CaSO_4$	Sulfate de calcium	Tétraoxosulfate de calcium
$CuSO_4$	Sulfate de cuivre(II)	Tétraoxosulfate de cuivre
Na_2SO_4	Sulfate de sodium	Tétraoxosulfate de disodium
Na_2SO_3	Sulfite de sodium	Trioxosulfate de disodium
$NaNO_3$	Nitrate de sodium	Trioxonitrate de sodium
$NaNO_2$	Nitrite de sodium	Dioxonitrate de sodium
Na_3PO_4	Phosphate de sodium	Tétraoxophosphate de trisodium
Règle particulière pour la nomenclature systématique :		Lorsqu'un ion polyatomique se répète plusieurs fois pour une entité formulaire, les préfixes *bis-, tris-,* et *tétrakis-* indiquent qu'ils se répètent 2, 3 et 4 fois.
$Ca_3(PO_4)_2$	Phosphate de calcium	Bis(tétraoxophosphate) de tricalcium
$Pb(NO_3)_4$	Nitrate de plomb(IV)	Tétrakis(trioxonitrate) de plomb
$Fe_2(SO_4)_3$	Sulfate de fer(III)	Tris(tétraoxosulfate) de difer

* Nous considérons ici également toutes les substances constituées de métaux et de non-métaux.

Quelques concepts de base en physique

B.1 La vitesse et l'accélération

La vitesse d'un objet est la distance qu'il parcourt par unité de temps. Quand le compteur de vitesse d'une voiture indique 105 km/h, cela signifie que, si celle-ci se déplace à une vitesse constante pendant exactement une heure, elle parcourra une distance de 105 km. Pour les besoins des travaux scientifiques, on divise la *vitesse* en deux composantes : une *grandeur* (vitesse) et une *direction* (haut, bas, est, sud, ouest, etc.). La vitesse est le rapport distance/temps et elle s'exprime en mètres par seconde (m/s).

Le mouvement d'un objet change en même temps que sa vitesse ou sa direction. La variation de la vitesse d'un objet est appelée *accélération* ; ses unités sont celles du rapport vitesse/temps, c'est-à-dire (m/s)/s = m/s². L'équation ci-dessous décrit la vitesse (v) d'un objet soumis à une accélération constante (a), en fonction du temps (t).

$$v = at \tag{1}$$

La distance (d) parcourue est donnée par l'équation ci-dessous, qu'on peut établir par les méthodes de calculs différentiel et intégral.

$$d = \tfrac{1}{2}at^2 \tag{2}$$

L'*accélération gravitationnelle constante* (g) que subit un corps en chute libre est de 9,8066 m/s².

B.2 La force et le travail

D'après la *première loi* de Newton, un objet possède une tendance naturelle, appelée *inertie*, à demeurer en mouvement à une vitesse constante s'il se déplace ou à demeurer au repos s'il ne se déplace pas. Pour vaincre l'inertie d'un objet, il faut faire agir une *force*, c'est-à-dire imprimer un mouvement à un objet au repos ou modifier la vitesse d'un objet en mouvement. Puisqu'une variation de la vitesse est une accélération, on peut dire qu'*une force est nécessaire pour communiquer une accélération à un objet.*

La *deuxième loi* de Newton décrit la force (F) requise pour communiquer une accélération (a) à un objet de masse (m).

$$F = ma \tag{3}$$

L'unité SI de la force est le *newton* (N). C'est la force requise pour communiquer une accélération de 1 m/s² à une masse de 1 kg.

$$1\ \text{N} = 1\ \text{kg} \times 1\ \text{m/s}^2 = 1\ \text{kg m/s}^2 \tag{4}$$

Le poids W d'un objet est la force de gravité exercée sur l'objet. C'est la masse de l'objet multipliée par l'accélération due à l'attraction gravitationnelle.

$$W = F = mg$$

Un travail est accompli quand une force agit sur une distance donnée.

$$\text{Travail } (w) = \text{force } (F) \times \text{distance } (d)$$

Un joule (J) est le travail accompli quand une force de un newton (1 N) agit sur une distance de un mètre (1 m). Quand on combine cette définition et les unités SI du newton dans l'équation 4 de la page précédente, on obtient les unités SI du joule.

$$1\ J = 1\ N \times 1\ m = 1\ N\ m$$

$$1\ J = 1\ kg \times m/s^2 \times 1\ m = 1\ kg\ m^2/s^2$$

B.3 L'énergie

L'énergie est la capacité à effectuer un travail. Un objet en mouvement possède une *énergie cinétique* due à son déplacement. Le travail associé à l'objet en mouvement est donné par les expressions précédentes :

$$w = F \times d = ma \times d$$

En se fondant sur l'équation 2 (page précédente), on peut remplacer l'expression illustrée en couleur par la distance, d.

$$w = ma \times \tfrac{1}{2}at^2 = \tfrac{1}{2} \times m(at)^2$$

Puis, en se fondant sur l'équation 1, on peut remplacer la vitesse (v) par le terme at.

$$w = \tfrac{1}{2} \times m \times v^2$$

C'est le travail requis pour communiquer une vitesse v à un objet de masse m. Cette quantité de travail constitue l'énergie cinétique (E_k) d'un objet en mouvement.

$$E_k = \tfrac{1}{2}mv^2$$

En plus de l'énergie cinétique associée à son mouvement, un objet peut posséder de l'*énergie potentielle*. Il s'agit de l'énergie qu'il a emmagasinée et qui peut être libérée dans des circonstances appropriées. On peut la concevoir comme l'énergie qui provient de la condition, de la position ou de la composition d'un objet. En principe, on peut écrire des équations représentant les différentes façons dont est emmagasinée l'énergie potentielle dans un objet, mais nous n'utilisons pas de telles équations dans ce manuel.

B.4 Le magnétisme

Les forces d'attraction et de répulsion associées au magnétisme sont centrées dans les zones des aimants appelées *pôles*. Un aimant possède un pôle nord et un pôle sud. Si on place deux aimants de façon que le pôle nord de l'un soit près du pôle sud de l'autre, il en résulte une force d'attraction entre les deux. Si on rapproche deux pôles identiques — soit deux pôles nord, soit deux pôles sud —, il se crée une force de répulsion. *Les pôles opposés s'attirent, et les pôles identiques se repoussent.*

Il existe un champ magnétique autour d'un aimant, dans la zone d'influence de celui-ci. On peut le détecter notamment en regardant l'orientation de l'aiguille d'une boussole ou le représenter en matérialisant les forces d'attraction de l'aimant grâce à l'alignement caractéristique de la limaille de fer.

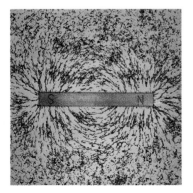

▲ **Représentation du champ magnétique d'une barre aimantée**

On matérialise le champ magnétique d'une barre aimantée en la saupoudrant de limaille de fer.

B.5 L'électricité

L'électricité est un phénomène étroitement lié au magnétisme. À la limite, tout échantillon de matière contient des particules chargées électriquement : les protons et les électrons. Cependant, un objet ne porte une charge électrique nette — positive ou négative — que lorsque les nombres d'électrons et de protons sont inégaux. L'expression de base qui s'applique aux particules stationnaires chargées électriquement — l'électricité statique — est la loi de Coulomb : la grandeur de la force (F) qui s'établit entre les objets chargés électriquement est directement proportionnelle à la grandeur des charges (Q) et inversement proportionnelle au carré de la distance (r) entre celles-ci.

$$F \propto \frac{Q_1 \times Q_2}{r^2}$$

Des charges identiques se repoussent. Que les deux charges soient positives ou négatives, leur produit est une quantité positive. Une force de signe *positif* est une *force de répulsion. Des charges différentes s'attirent.* Le produit d'une charge positive par une charge négative donne une quantité négative. Une force de signe *négatif* est une *force d'attraction.*

Il existe un *champ électrique* autour d'un objet chargé électriquement dans la région où l'influence de sa charge se fait sentir. Si l'on met un objet non chargé dans le champ d'un objet chargé, une charge électrique de signe opposé peut être *induite* dans l'objet qui n'était pas chargé, ce qui donne naissance à une force d'attraction entre les deux.

Le courant électrique est un flux de particules chargées — des électrons dans les conducteurs métalliques, et des ions positifs et négatifs dans les sels fondus et dans les solutions aqueuses. L'unité de charge électrique est le *coulomb* (C). L'unité de courant électrique est l'*ampère* (A). Un courant de un ampère est le flux de un coulomb de charge électrique par seconde.

$$1 \text{ A} = 1 \text{ C}/1 \text{ s} = 1 \text{ C/s}$$

Le potentiel électrique, ou tension, est l'énergie par unité de charge dans un courant électrique. Le coulomb étant l'unité de charge, et le joule, l'unité d'énergie, l'unité de potentiel électrique, 1 *volt* (V), est

$$1 \text{ V} = \frac{1 \text{ J}}{1 \text{ C}}$$

La *puissance* électrique est le taux de production (ou consommation) d'énergie électrique. L'unité de puissance électrique, le *watt* (W), désigne la production (ou consommation) d'un joule d'énergie par seconde.

$$1 \text{ W} = 1 \text{ J/s}$$

Puisque l'énergie électrique en joules est un produit (volts $\times$ coulombs) et que le rapport coulombs par seconde (C/s) représente un courant en ampères (A), on peut également écrire les expressions suivantes.

$$1 \text{ W} = 1 \text{ V} \times \text{C/s}$$
$$= 1 \text{ V} \times 1 \text{ A}$$

Par exemple, la puissance électrique associée au passage de 10,0 ampères dans un circuit électrique de 110 volts est

$$110 \text{ V} \times 10,0 \text{ A} = 1100 \text{ W}$$

B.6 L'électromagnétisme

D'importantes applications pratiques reposent sur l'*électromagnétisme,* un ensemble de relations entre électricité et magnétisme : (1) des champs magnétiques sont associés au flux d'électrons, comme dans les *électro-aimants* (voir la photographie ci-dessous); (2) les conducteurs dans un champ magnétique subissent l'action de forces, comme dans les *moteurs électriques* ; (3) des courants électriques sont induits quand des conducteurs électriques se déplacent dans un champ magnétique, comme dans les *générateurs d'électricité.* Plusieurs phénomènes décrits dans ce manuel sont des effets électromagnétiques.

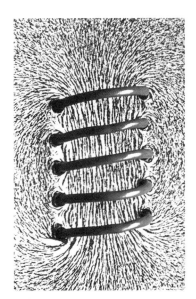

▲ **Matérialisation du champ magnétique d'un électro-aimant**

Un courant électrique qui passe à travers une bobine de fils produit un champ magnétique, phénomène que l'on peut mettre en évidence en saupoudrant de la limaille de fer autour de la bobine.

▲ **Un électro-aimant**

Un courant électrique produit par la pile passe à travers la bobine de fils enroulée autour d'une barre métallique. Le courant électrique induit un champ magnétique et aimante la barre métallique, qui attire de petits objets en fer. Lorsque le courant électrique est interrompu, le champ magnétique diminue et la barre perd son magnétisme.

Acide Selon la théorie d'Arrhenius, composé qui contient de l'hydrogène et qui, dans des conditions appropriées, est susceptible de produire des ions hydrogène, H^+. **67**

Acide carboxylique (RCOOH) Substance organique dont les molécules contiennent un groupement carboxyle, —COOH. **298**

Actinides Éléments du bloc f du tableau périodique, dont les orbitales $5f$ se remplissent selon le principe de l'*aufbau*. **211**

Affinité électronique (AE) Énergie associée à la fixation d'un électron par un atome en phase gazeuse. **226**

Alcanes Hydrocarbure dont les molécules contiennent le plus grand nombre possible d'atomes d'hydrogène étant donné le nombre d'atomes de carbone, et dont la formule générale est C_nH_{2n+2}, tous les liens étant des liaisons covalentes simples. **292**

Alcène Hydrocarbure dont les molécules comportent au moins une double liaison carbone-carbone. **293**

Alcool (ROH) Substance organique dont les molécules contiennent un groupement hydroxyle, —OH. **295**

Alcyne Hydrocarbure dont les molécules comportent au moins une triple liaison carbone-carbone. **293**

Amide ($RCONH_2$, RCONHR' ou RCONR'R'') Composé organique résultant de la substitution du groupement —OH d'une molécule d'acide carboxylique par un groupement —NH$_2$ d'une molécule de NH_3 ou par un groupement amine, —NHR' ou —NR'R''. **300**

Amine Composé organique résultant de la substitution d'un ou de plusieurs atomes d'hydrogène de NH_3 par un groupement organique. **297**

Anion Ion portant une charge électrique négative. **59**

Atmosphère (atm) Unité de pression : 1 atm est égale à la pression exercée par une colonne de mercure dont la hauteur est exactement de 760 mm. **119**

Atome La plus petite unité caractéristique d'un échantillon de matière ; un atome d'un élément diffère d'un atome de tout autre élément. **6**

Atome central Atome lié à au moins deux autres atomes de la structure squelettique d'une molécule ou d'un ion polyatomique. **269**

Atome périphérique Atome lié à un seul autre atome de la structure squelettique d'une molécule ou d'un ion polyatomique. **269**

Bande Dans le contexte de la description des liaisons dans les métaux et les semi-conducteurs, ensemble formé d'un grand nombre d'orbitales présentant entre elles un écart minime et obtenues en combinant les orbitales atomiques de plusieurs atomes. **412**

Bande de conduction Bande de niveaux d'énergie très rapprochés, partiellement occupée. **412**

Bande de valence Bande résultant de la combinaison d'orbitales atomiques des électrons de valence d'un grand nombre d'atomes, ce qui donne un ensemble d'orbitales moléculaires dont les niveaux d'énergie sont très rapprochés. Si une bande n'est pas complètement remplie d'électrons, elle constitue également une bande de conduction. **412**

Base Selon la théorie d'Arrhenius, composé qui, en s'ionisant dans l'eau, donne une solution contenant des ions hydroxyde, OH^-, et des cations. **67**

Bloc d Partie du tableau périodique formée des éléments dits de transition, dont les orbitales $(n-1)\,d$ se remplissent graduellement lors de l'application du principe de l'*aufbau*. **211**

Bloc f Partie du tableau périodique formée des éléments dits de transition internes, dont les orbitales $(n-2)\,f$ se remplissent graduellement, selon le principe de l'*aufbau* ; ce bloc comprend les lanthanides et les actinides. **211**

Bloc p Partie du tableau périodique formée des éléments dont les orbitales np se remplissent graduellement, selon le principe de l'*aufbau* ; ce bloc est constitué d'éléments des groupes principaux. **211**

Bloc s Partie du tableau périodique formée des éléments dont les orbitales ns se remplissent graduellement, selon le principe de l'*aufbau* ; ce bloc est constitué d'éléments des groupes principaux. **211**

Cases quantiques Configuration électronique dans laquelle les orbitales d'un même type sont représentées par des carrés, et les électrons par des flèches, le sens de celles-ci indiquant le signe du nombre quantique de spin. **200**

Cation Ion portant une charge électrique positive. **59**

Changement chimique (ou réaction chimique) Processus entraînant une modification de la composition d'un échantillon de matière ou de la structure des molécules de ce dernier : une ou plusieurs substances initiales (réactifs) se transforment en une ou plusieurs substances différentes (produits). **7**

Changement de phase Changement physique d'un échantillon de matière qui consiste à passer d'un état à un autre : par exemple de l'état solide à l'état liquide ou de l'état liquide à l'état gazeux. **363**

Changement physique Modification observable à l'échelle macroscopique (changement de phase ou variation d'une autre propriété physique) d'un échantillon de matière qui ne subit aucune modification à l'échelle microscopique : sa composition ne varie pas. **7**

Charge formelle (CF) Concept défini pour faciliter la détermination de la bonne structure de Lewis d'un composé et représentant la différence entre le nombre d'électrons de valence d'un atome libre et le nombre d'électrons assignés à cet atome lorsqu'il est lié. **274**

Charge nucléaire effective (Z_{eff}) Charge s'exerçant sur un électron de valence d'un atome, égale à la charge réelle du noyau moins l'effet d'écran, ce dernier étant dû aux électrons internes de l'atome. **219**

Chiffre significatif Tout chiffre d'une quantité mesurée connu de façon certaine, de même que le chiffre incertain. **19**

Chimie Étude de la composition, de la structure, des propriétés et des changements de la matière. **6**

Cis Se dit d'un isomère géométrique dans lequel les deux groupements fonctionnels sont situés d'un même côté d'une liaison double d'une molécule organique. **343**

Classification périodique Classement des éléments, sous forme de tableau, appelé *tableau périodique des éléments*, par ordre croissant des numéros atomiques, dans lequel les éléments ayant des propriétés similaires sont situés dans une même colonne. (Dans le tableau de Mendeleïev, les éléments étaient classés par ordre croissant des masses atomiques, et non des numéros atomiques.) **52**

Coefficient stœchiométrique Nombre placé devant une formule dans une équation chimique afin d'équilibrer celle-ci et d'indiquer les proportions relatives des réactifs, de même que le rapport des produits. **99**

Composé Substance formée d'atomes appartenant à au moins deux types d'éléments, les atomes différents étant combinés selon des proportions fixes. **8**

Composé ionique Composé constitué d'ions qui possèdent des charges de signes opposés (donc de cations et d'anions) et s'associent pour former de larges amas sous l'effet de l'attraction électrostatique. **60**

Composé moléculaire Composé dont les plus petites entités caractéristiques sont des molécules. **55**

Composition Propriété d'un échantillon de matière, qui définit la nature des atomes et les proportions relatives de ceux-ci dans l'échantillon. **6**

Composition en pourcentage massique Expression de la proportion de chaque élément constitutif d'un composé sous la forme du rapport du nombre de grammes de chaque élément dans 100 g du composé. **86**

Concentration molaire volumique (*c*) Dans le cas d'une solution, quotient de la quantité de soluté (en moles) par le volume de solution (en litres). **136**

Conditions de température et de pression normales (TPN) Dans le cas d'un gaz, une température de 0 °C (ou 273,15 K) et une pression de 101,325 kPa. **120**

Configuration électronique Représentation de la distribution des électrons d'un atome dans les diverses orbitales de celui-ci. **200**

Constante d'Avogadro (*N*~A~) Nombre d'entités élémentaires dans une mole d'une substance : $N_A = 6,022\,137 \times 10^{23}\ mol^{-1}$. **82**

Constante de Planck (*h*) Constante, égale à $6,626 \times 10^{-34}\ J \cdot s$, reliant l'énergie d'un photon et sa fréquence : $E = h\nu$. **166**

Constante molaire des gaz (ou constante des gaz parfaits) Constante permettant de relier la pression, le volume, la quantité et la température d'un gaz, de manière à obtenir la loi des gaz parfaits : $PV = nRT$, où $R = 8,3145\ kPa \cdot L \cdot mol^{-1} \cdot K^{-1}$. **122**

Couche de valence Couche principale d'un atome, occupée par un ou des électrons, qui correspond à la plus grande valeur du nombre quantique principal, *n*, c'est-à-dire à la couche occupée la plus éloignée du noyau. **207**

Couche de valence étendue État dans lequel l'atome central d'une structure de Lewis est susceptible d'accepter plus de huit électrons dans sa couche de valence. **282**

Couche d'ozone Région de la stratosphère, dont l'épaisseur est approximativement de 20 km, qui est située à une altitude de 25 à 30 km et dont la concentration en ozone est beaucoup plus élevée que le reste de l'atmosphère. Elle protège la vie sur Terre en absorbant une grande part des rayons ultraviolets (UV), parmi les plus nocifs. **442**

Couche principale Ensemble d'orbitales d'un atome pour lesquelles la valeur du nombre quantique principal, *n*, est la même. **180**

Courbe de chauffage Graphe représentant les variations de température en fonction du temps, obtenu à l'aide des données enregistrées pendant qu'on chauffe un solide jusqu'à ce qu'il commence à fondre. Le point de liquéfaction du solide correspond à la portion du graphe où la température est constante. **375**

Courbe de pression de vapeur Graphe représentant les variations de la pression de vapeur d'un liquide en fonction de la température. **367**

Courbe de refroidissement Graphe représentant les variations de température en fonction du temps, obtenu à l'aide des données enregistrées pendant le refroidissement d'un liquide. Le point de solidification de celui-ci correspond à la portion du graphe où la température est constante. **374**

Courbe de sublimation Graphe représentant la pression de vapeur d'un solide en fonction de la température ; ce graphe est analogue à la courbe de pression de vapeur du liquide. **376, 400**

Cristal Substance solide dont la forme régulière est constituée de surfaces planes et d'arêtes vives qui se coupent selon des angles déterminés. Les unités constitutives (atomes, ions ou molécules en petit nombre) sont assemblées selon un motif régulier et récurrent, qui s'étend dans tout le solide, selon les trois dimensions. **256, 400**

Cycle de l'azote Ensemble des activités naturelles ayant comme effet de recycler les atomes d'azote dans l'environnement. **433**

Cycle du carbone Ensemble des activités naturelles ayant comme effet de recycler les atomes de carbone dans l'environnement. **435**

Cycle hydrologique Ensemble des processus naturels par lesquels l'eau est recyclée dans l'environnement : c'est-à-dire dans la croûte terrestre, les océans, les nappes d'eau douce et l'atmosphère. **431**

Debye (D) Unité de mesure du moment dipolaire d'une molécule : $1\ D = 3,34 \times 10^{-30}\ C \cdot m$. **324**

Déliquescence Condensation de vapeur d'eau sur un solide, suivie de la formation d'une solution. **433**

Diagramme de phases Représentation graphique des conditions de température et de pression dans lesquelles une substance existe à l'état solide, liquide ou gazeux, ou sous la forme d'une combinaison de ces phases en équilibre. **377**

Diamagnétisme Légère force de répulsion s'exerçant sur une substance qui se trouve dans un champ magnétique et dont tous les électrons sont appariés. **215**

Données Information recueillie lors d'observations ou de mesures minutieuses effectuées dans le cadre d'une expérience. **10**

Doublet liant Ensemble de deux électrons mis en commun entre deux atomes d'une molécule. **262**

Doublet libre Ensemble de deux électrons isolés, c'est-à-dire non partagés, d'un atome. **262**

Échelle Kelvin Échelle des températures absolues dont le zéro correspond à −273,15 °C ; donc *T* (en kelvins) = *T* (en degrés Celsius) + 273,15. **118**

Effet de serre Processus résultant de la capacité du gaz carbonique (CO_2) et de divers autres gaz à absorber et à retenir l'énergie émise par la surface terrestre sous forme de rayonnement infrarouge. **444**

Électron Particule fondamentale située à l'extérieur du noyau de l'atome, portant une unité de charge électrique négative et dont la masse est égale à 0,000 544 7 fois celle du proton. **47**

Électron de valence Électron du plus haut niveau d'énergie d'un atome, c'est-à-dire pour lequel le nombre quantique principal a la plus grande valeur possible, et qui se trouve donc dans la couche de valence de l'atome. **212**

Électron interne (ou électron de cœur) Électron dont le niveau d'énergie est inférieur au plus haut niveau, c'est-à-dire pour lequel le nombre quantique principal prend une valeur inférieure à *n*, et qui se trouve donc dans une couche interne de l'atome. **212**

Électronégativité (EN) Intensité de la force d'attraction d'un atome sur les électrons le liant à un autre atome dans une molécule ; cette propriété est fonction de l'énergie d'ionisation et de l'affinité électronique. **265**

Élément Substance qui ne peut être séparée en substances plus simples au moyen de réactions chimiques ; tous les atomes d'un élément donné ont le même numéro atomique. **8**

Élément de transition Élément métallique dont les orbitales occupées, selon le principe de l'*aufbau*, correspondent à un niveau d'énergie (ou à une couche) interne ; les éléments de ce type sont classés dans la partie centrale du tableau périodique. **206**

Élément d'un groupe principal (ou élément représentatif) Élément dont les orbitales occupées, selon le principe de l'*aufbau*, sont des orbitales *s* ou *p* de la couche de valence ; les éléments de ce type sont classés dans les blocs *s* et *p* du tableau périodique. **206**

Empilement cubique compact Structure cristalline dont les unités constitutives (atomes, ions ou molécules) sont disposées selon un arrangement qui réduit au minimum le vide entre les unités : les couches sont superposées selon l'arrangement ABCABC… **404**

Empilement hexagonal compact Structure cristalline dont les unités constitutives forment un arrangement compact : les couches sont superposées selon l'arrangement ABABAB… **404**

Énergie de liaison Quantité d'énergie requise pour briser la liaison covalente entre deux atomes dans une mole d'un élément ou d'un composé en phase gazeuse. **288**

Énergie de liaison moyenne Moyenne des valeurs de l'énergie de liaison d'un certain nombre de molécules contenant le même type de liaison. **288**

Énergie de réseau Énergie dégagée lors de la formation d'une mole d'un solide ionique à partir des ions gazeux constitutifs. **259**

Énergie d'ionisation Énergie requise pour extraire d'un atome (ou d'un ion) en phase gazeuse un électron à l'état fondamental. **223**

Enthalpie (ou chaleur) de fusion (ΔH_{fusion}) Quantité de chaleur requise pour faire fondre une quantité donnée d'un solide. **374**

Enthalpie (ou chaleur) de sublimation (ΔH_{sub}) Quantité d'énergie requise pour faire évaporer une quantité donnée de solide à une température constante ; cette quantité est égale à la somme des enthalpies de fusion et de vaporisation. **376**

Enthalpie (ou chaleur) de vaporisation (ΔH_{vap}) Quantité de chaleur que doit absorber une quantité donnée de liquide pour s'évaporer à une température constante. **364**

Enthalpie standard de formation (ΔH_f°) Variation de la quantité d'énergie lorsque une mole d'une substance se forme à partir de ses éléments, les produits et les réactifs étant dans leurs états standards. **258**

Entité formulaire Formule hypothétique figurant un composé ionique et indiquant le regroupement le plus simple de cations et d'anions qui représente une unité électriquement neutre. **61**

Équation chimique Description abrégée d'une réaction chimique au moyen de symboles et de formules représentant les éléments et les composés en présence ; on place au besoin devant les symboles et les formules des coefficients numériques, indiquant les proportions molaires, afin que le nombre d'atomes de chaque élément soit le même dans les réactifs et les produits. **98**

Équilibre dynamique État d'équilibre entre deux processus inverses qui ont lieu exactement à un même rythme, de sorte qu'il ne se produit aucun changement global à l'échelle macroscopique. **366**

État de la matière L'une ou l'autre des trois phases physiques dans lesquelles peut se trouver un échantillon de matière : les phases solide, liquide et gazeuse. **362**

État excité État d'un atome dont un ou plusieurs électrons sont passés du niveau d'énergie le plus bas à un niveau supérieur. **175**

État fondamental État d'un atome lorsque ses électrons sont au niveau d'énergie le plus bas. **174**

Exactitude Propriété d'un ensemble de mesures indiquant à quel point la moyenne de celles-ci est proche de la valeur «réelle», ou de la valeur la plus probable. **17**

Expérience Procédure minutieusement réglée visant à tester une hypothèse ou une théorie. **10**

Facteur de conversion Rapport de deux termes, égal à 1, utilisé pour transformer l'unité dans laquelle une quantité est exprimée. **24**

Facteur stœchiométrique Facteur de conversion déterminé à l'aide des coefficients stœchiométriques d'une équation chimique et qui relie les quantités molaires de deux espèces prenant part à la réaction (soit un réactif et un produit, soit deux réactifs, etc.). **105**

Ferromagnétisme Effet magnétique, beaucoup plus intense que le paramagnétisme, associé au fer, au cobalt, au nickel et à certains alliages et dû au fait que les atomes sont paramagnétiques et qu'ils ont la taille requise pour former des domaines magnétiques. **215**

Fixation de l'azote Transformation de l'azote atmosphérique (N_2) en composés azotés ; ce phénomène, qui s'observe dans la nature au cours du cycle de l'azote, peut être provoqué artificiellement, par exemple lors de la synthèse de l'ammoniac. **433**

Fluide supercritique Fluide dont la température et la pression sont respectivement supérieures à la température et à la pression critiques. **373**

Force de dispersion (ou de London) Force d'attraction entre un dipôle instantané et un dipôle induit. **383**

Forces d'adhésion Forces qui s'exercent entre des molécules dissemblables, par exemple entre les molécules d'un liquide et celles de la surface sur laquelle le liquide est étalé. **394**

Forces de cohésion Forces qui s'exercent entre des molécules semblables. **394**

Forces intermoléculaires Forces que des molécules exercent les unes sur les autres, à l'exception des forces contribuant à maintenir les atomes ensemble au moyen de liaisons covalentes. **382**

Formes allotropiques Formes distinctes d'un même élément qui diffèrent par leur structure moléculaire fondamentale ; le graphite et le diamant sont des formes allotropiques du carbone. **398**

Formule chimique Représentation symbolique de la composition d'un composé, formée de symboles indiquant la nature des éléments constitutifs du composé et d'indices précisant la proportion de chacun de ces éléments. **55**

Formule développée Formule chimique d'une molécule indiquant la façon dont les atomes sont unis les uns aux autres. **56**

Formule empirique Formule la plus simple qui décrit un composé, en énumérant les éléments constitutifs et en indiquant le plus petit rapport d'entiers qui détermine la proportion de ces éléments. **55**

Formule moléculaire Formule représentant une molécule, qui donne le symbole et le nombre réel d'atomes de chaque élément constitutif. **55**

Fraction molaire (χ) Dans le cas d'un constituant d'un mélange gazeux, fraction de toutes les molécules du mélange. **133**

Fréquence d'une onde (ν) Dans le cas d'une onde, nombre de cycles qui passent par un point donné durant une unité de temps. **160**

Fusion Transformation d'un solide en liquide. **374**

Gaz noble Non-métal gazeux situé dans la dernière colonne, à droite, du tableau périodique. **228**

Gaz parfait Gaz obéissant rigoureusement à toutes les lois simples des gaz et dont le volume molaire est de 22,4141 L/mol dans des conditions de température et de pression normales. **122**

Géométrie de répulsion Description de la disposition des groupes d'électrons de valence, liants ou non, autour d'un atome central dans une molécule ou un ion polyatomique, cette disposition découlant des forces de répulsion que les groupes exercent les uns sur les autres. **313**

Géométrie moléculaire Forme d'une molécule ou d'un ion polyatomique, représentée par la figure géométrique résultant de la réunion, au moyen de segments de droites appropriés, des atomes constituant cette molécule ou cet ion polyatomique. **312**

Groupe d'électrons Tout ensemble d'électrons de valence situé dans une région voisine d'un atome central et qui exerce une force de répulsion sur d'autres ensembles d'électrons de valence. Un tel

ensemble est nécessairement constitué : d'un unique électron non apparié, ou d'un doublet libre, ou d'un doublet liant prenant part à une liaison covalente simple, ou de deux doublets liants prenant part à une liaison covalente double, ou de trois doublets liants prenant part à une liaison covalente triple. **313**

Groupement fonctionnel Atome ou groupe d'atomes fixé ou inséré dans un hydrocarbure, et qui confère des propriétés caractéristiques à l'ensemble de la molécule. **295**

Hybridation Processus théorique, non observé, donnant lieu au fusionnement d'orbitales atomiques pures de manière à obtenir un ensemble de nouvelles orbitales, appelées *orbitales hybrides,* qui servent ensuite à décrire une liaison covalente à l'aide de la théorie de la liaison de valence. **331**

Hybride de résonance Combinaison des structures limites de résonance illustrant une distribution plus vraisemblable des électrons pour une espèce. **278**

Hydrate Composé ionique dont l'entité formulaire comprend un nombre fixe de molécules d'eau, ainsi que des cations et des anions. **65**

Hydrocarbure insaturé Hydrocarbure renfermant des liaisons doubles ou triples entre des atomes de carbone. **293**

Hypothèse Explication provisoire d'un phénomène, ou prédiction. **10**

Hypothèse d'Avogadro À une même température et à une même pression, des quantités égales de molécules de gaz distincts occupent des volumes identiques. **119**

Incertitude absolue Limites à l'intérieur desquelles se situe la valeur d'une quantité mesurée. **17**

Ion Particule formée d'un ou de plusieurs atomes, et portant une charge électrique. **59**

Ion polyatomique Particule chargée formée d'au moins deux atomes unis par des liaisons covalentes. **63**

Isoélectronique Se dit de deux espèces (atomes, ions ou molécules) qui ont le même nombre d'électrons et la même configuration électronique. **221**

Isomères Composés ayant la même formule moléculaire, mais des structures développées différentes. **293**

Isomères géométriques Dans le cas d'un composé organique, isomères (*cis* et *trans*) qui diffèrent uniquement par l'arrange-

ment des groupements substituants par rapport à une liaison double. **343**

Isotopes Atomes ayant le même nombre de protons (donc des numéros atomiques identiques), mais pas le même nombre de neutrons (donc des masses atomiques différentes). **47**

Kelvin (K) Unité SI de base de la température ; dans cette échelle, 1 K = 1 °C. **15, 19**

Kilogramme (kg) Unité SI de base de la masse. **13**

Kilopascal (kPa) Unité de pression : 1 kPa = 1000 Pa. **119**

Lanthanides Éléments du bloc *f* du tableau périodique, dont les orbitales 4*f* se remplissent selon le principe de l'*aufbau.* **211**

Liaison covalente Liaison chimique constituée d'un doublet d'électrons commun aux deux atomes liés. **261**

Liaison covalente de coordinence Liaison covalente formée à partir des deux électrons d'un doublet libre d'un même atome. **262**

Liaison covalente non polaire Liaison covalente dans laquelle les deux atomes liés se partagent également un doublet d'électrons liants. **267**

Liaison covalente polaire Liaison covalente dans laquelle les deux atomes liés, d'électronégativités différentes, ne se partagent pas également les électrons du doublet, qui est plus proche du noyau de l'atome ayant la plus grande électronégativité. **267**

Liaison double Liaison covalente dans laquelle deux atomes partagent deux doublets d'électrons. **263**

Liaison hydrogène Force intermoléculaire en vertu de laquelle un atome d'hydrogène lié par covalence à un atome d'un non-métal d'une molécule est attiré simultanément par un atome d'un non-métal d'une molécule voisine. Dans la majorité des cas, l'atome auquel l'hydrogène est lié et l'atome par lequel ce dernier est attiré doivent tous deux être de petits atomes dont l'électronégativité est élevée, soit N, O ou F. **387**

Liaison ionique Liaison chimique résultant de forces électrostatiques qui maintiennent les anions et les cations ensemble dans un composé ionique. **256**

Liaison multiple Liaison covalente dans laquelle deux atomes partagent deux doublets (liaison double) ou trois doublets (liaison triple) d'électrons. **263**

Liaison simple Liaison covalente dans laquelle deux atomes partagent un doublet d'électrons. **263**

Liaison triple Liaison covalente dans laquelle deux atomes partagent trois doublets d'électrons. **263**

Liaison π (pi) Liaison covalente résultant d'un recouvrement latéral d'orbitales atomiques ; une telle liaison est nécessairement située en haut et en bas des noyaux des atomes liés. **339**

Liaison σ (sigma) Liaison covalente résultant d'un recouvrement axial d'orbitales atomiques pures ou hybrides ; une telle liaison est nécessairement située le long d'un axe joignant les noyaux des atomes liés. **338**

Liaisons chimiques Forces qui maintiennent ensemble les atomes d'une molécule et les ions d'un composé ionique solide. **252**

Liquéfaction Transformation d'un gaz en liquide, soit le processus inverse de la vaporisation. **364**

Litre (L) Unité métrique de volume, couramment utilisée avec le SI ; 1 litre est égal à 1 décimètre cube ou à 1000 centimètres cubes. **13**

Loi d'addition des pressions partielles de Dalton Dans un mélange gazeux, chaque gaz se dilate de manière à remplir le contenant et exerce une pression qui lui est propre, appelée *pression partielle* ; la pression totale exercée par le mélange est égale à la somme des pressions partielles des gaz constitutifs. **131**

Loi d'Avogadro À température et à pression constantes, le volume d'un gaz est directement proportionnel à la quantité de gaz, c'est-à-dire au nombre n de moles ou au nombre de molécules du gaz : $V \propto n$ ou $V = cn$, où c est une constante. **119**

Loi de combinaison des gaz de Gay-Lussac Si des gaz réagissent à température et à pression constantes, les rapports entre les volumes de réactifs et de produits gazeux sont de petits nombres entiers. **128**

Loi de la conservation de la masse La masse totale demeure constante durant une réaction chimique, c'est-à-dire que la masse des produits est en tout temps égale à la masse totale des réactifs consommés. **42**

Loi des gaz parfaits Le volume d'un gaz est directement proportionnel à la quantité du gaz, et sa température, en kelvins, est inversement proportionnelle à sa pression : $PV = nRT$. **122**

Loi des proportions définies Tout échantillon d'un composé donné a la même composition, c'est-à-dire que les proportions, selon la masse, des éléments en présence sont identiques dans tous les échantillons. **43**

Loi des proportions multiples Si deux ou plusieurs composés sont formés des deux mêmes éléments, le rapport entre la fraction des masses des éléments constituant les composés se différencie par de petits nombres entiers. Par exemple pour les molécules CO et CO_2, les rapports massiques sont respectivement de 3/4 et de 3/8. **45**

Loi périodique Ensemble de propriétés physiques ou chimiques se répétant à intervalles réguliers (ou périodiquement) lorsqu'on dispose les éléments par ordre croissant des numéros atomiques. **216**

Loi scientifique Énoncé succinct, exprimé ou non en langage mathématique, qui résume et décrit une relation fondamentale observée dans la nature à partir d'une grande quantité de données. **10**

Longueur d'onde (λ) Distance entre deux points correspondants à deux cycles consécutifs d'une onde (par exemple la distance entre deux crêtes, ou sommets). **160**

Longueur d'une liaison Distance entre les noyaux de deux atomes unis par une liaison covalente. **285**

Maille élémentaire Parallélépipède unique qui permet d'obtenir un réseau cristallin tout entier par de simples déplacements de l'unité récurrente du réseau. **401**

Masse (m) Quantité de matière contenue dans un objet ; il existe une relation entre la masse d'un objet et la force requise pour déplacer celui-ci ou pour en modifier la vitesse s'il est en mouvement. **13**

Masse atomique Moyenne pondérée des masses atomiques respectives des isotopes naturels d'un élément donné. **50**

Masse d'une entité formulaire Masse relative par rapport à la masse d'un atome de carbone 12 ; dans le cas d'un composé ionique, cette masse relative est égale à la somme des masses des atomes présents dans une entité formulaire du composé. **79**

Masse molaire Masse de 1 mol d'une substance donnée. Cette quantité, numériquement égale à la masse atomique, à la masse moléculaire et à la masse d'une entité formulaire de la substance, s'exprime en grammes par mole. **83**

Masse moléculaire Masse moyenne relative d'une molécule d'une substance donnée par rapport à la masse d'un atome de carbone 12 ; cette masse moyenne est égale à la somme des masses des atomes de la formule moléculaire de la substance. **78**

Masse volumique (ρ) Propriété physique d'une substance indiquant la masse d'une unité de volume de cette substance : $\rho = m/V$, où m désigne la masse d'un échantillon de matière et V, son volume. **27**

Matière Toute chose qui occupe un espace et qui possède une masse. **6**

Matières particulaires Polluants atmosphériques constitués de particules solides et liquides de dimension supérieure à celle des molécules, mais assez petites pour rester en suspension dans l'air. **440**

Mécanique quantique Étude de la structure atomique à l'aide des propriétés ondulatoires de l'électron. **178**

Mélange Forme de matière dont la composition et les propriétés sont variables d'un échantillon à un autre. **9**

Mélange hétérogène Mélange dont la composition et/ou les propriétés varient d'un point à un autre. **10**

Mélange homogène (ou solution) Mélange de deux ou plusieurs substances dont la composition et les propriétés sont uniformes, c'est-à-dire identiques en tout point du mélange. **10**

Ménisque Interface entre un liquide contenu dans un récipient et l'air situé au-dessus du liquide ; il peut être de forme convexe ou concave. **394**

Métal Élément présentant les propriétés distinctives suivantes : aspect brillant, bonne conductivité de la chaleur et de l'électricité, malléabilité et ductilité. Les métaux sont situés à gauche de la ligne épaisse qui divise le tableau périodique en deux parties. **53, 228**

Méthode de répulsion des paires d'électrons de valence (RPEV) Approche utilisée pour décrire la forme géométrique des molécules et des ions polyatomiques en fonction de la distribution spatiale des groupes d'électrons dans la ou les couches de valence du ou des atomes centraux. **312**

Mètre (m) Unité SI de base de la longueur. **12**

Modèle de l'électron libre Théorie de la liaison métallique selon laquelle chaque atome d'un cristal métallique cède ses électrons de valence, qui sont ainsi disponibles pour l'ensemble du cristal puisqu'ils ne sont liés à aucun atome en particulier. Autrement dit, un cristal métallique est considéré comme un réseau d'ions positifs immergés dans un « nuage » constitué d'électrons. **410**

Mole (mol) Quantité de matière contenant autant d'entités élémentaires (atomes, molécules, entités formulaires) qu'il y a d'atomes dans exactement 12 g de l'isotope carbone 12. **81**

Molécule Unité formée d'au moins deux atomes joints l'un à l'autre, selon un arrangement donné, par des forces appelées *liaisons covalentes*. **6, 55**

Molécule polaire Molécule dans laquelle les densités de charges positive ($\delta+$) et négative ($\delta-$) sont légèrement séparées, en raison de la géométrie moléculaire et du fait que les atomes liés n'ont pas la même électronégativité. **323**

Moment dipolaire (μ) Dans le cas d'une molécule, produit de l'intensité de la charge (δ) et de la distance (d) entre les centres respectifs des charges positive et négative. **323**

Neutron Particule fondamentale située dans le noyau de l'atome, électriquement neutre et dont la masse est égale à 1,001 390 fois celle du proton. En pratique, on peut considérer que la masse relative du neutron est aussi de 1. **47**

Niveau d'énergie État d'un atome déterminé par la localisation de ses électrons sur les principales couches et sous-couches de l'atome. **171**

Nombre de liaison Paramètre d'une liaison covalente qui en indique la nature : il prend la valeur 1 dans le cas d'une liaison simple, la valeur 2 dans le cas d'une liaison double, et la valeur 3 dans le cas d'une liaison triple. **285**

Nombre de masse (A) Nombre entier égal à la somme du nombre de protons et de neutrons d'un atome d'un élément donné. **48**

Nombre quantique Valeur entière bien définie de l'un des paramètres de la fonction d'onde de l'atome d'hydrogène, qui permet d'obtenir une solution acceptable de l'équation. **180**

Nombre quantique de spin (m_s) Quatrième nombre quantique servant à préciser les caractéristiques d'un électron d'une orbitale ; ce nombre est égal au spin de l'électron et peut donc prendre l'une des valeurs +1/2 et −1/2. **186**

Nombre quantique magnétique (m_l) Dernier des trois paramètres d'une fonction d'onde auxquels il faut assigner une valeur entière pour obtenir une solution acceptable de l'équation d'onde de Schrödinger de l'atome d'hydrogène : m_l est un entier supérieur ou égal à −l et inférieur ou égal à l ; la valeur de m_l détermine l'orientation dans l'espace d'orbitales données d'une sous-couche. **181**

Nombre quantique principal (n) Premier des trois paramètres d'une fonction d'onde auxquels il faut assigner une valeur entière pour obtenir une solution acceptable de l'équation d'onde de Schrödinger de l'atome d'hydrogène : $n =$ 1, 2, 3, … ; la valeur de n détermine le niveau d'énergie principal d'un électron de l'atome. **180**

Nombre quantique secondaire (l) Deuxième des trois paramètres d'une fonction d'onde auxquels il faut assigner une valeur entière pour obtenir une solution acceptable de l'équation d'onde de Schrödinger de l'atome d'hydrogène : $l =$ 1, 2, 3, …, $n − 1$; la valeur de l détermine la forme d'une orbitale et une sous-couche donnée d'une couche principale. **181**

Nomenclature chimique Système de relations entre les noms et les formules des composés chimiques. **41**

Non-métal Élément ne présentant pas les propriétés distinctives des métaux, donc généralement mauvais conducteur de la chaleur et de l'électricité, et cassant à l'état solide. Les non-métaux sont situés à droite de la ligne épaisse qui divise la classification périodique en deux parties. **53, 228**

Notation de Lewis Représentation d'un atome d'un élément dans laquelle le noyau est figuré par le symbole de l'élément, et les électrons de valence par des points répartis autour du symbole. **253**

Notation *spdf* Configuration électronique dans laquelle le niveau d'énergie d'un électron est représenté par un nombre et le type d'orbitale où il se trouve, par l'une des lettres *s*, *p*, *d* ou *f*, suivie d'un exposant qui indique le nombre d'électrons dans l'orbitale. **200**

Numéro atomique (Z) Nombre de protons dans le noyau d'un atome d'un élément donné. **47**

Onde Déformation progressive et périodique se propageant dans un milieu, du point d'origine à des points distants. **159**

Onde électromagnétique Onde qui résulte du mouvement de charges électriques, ce mouvement produisant des oscillations (ou fluctuations) des champs électrique et magnétique qui se propagent dans l'espace. **160**

Orbitale atomique Fonction d'onde d'un électron correspondant à trois valeurs données des nombres quantiques n, l et m_l. **180**

Orbitale moléculaire antiliante, σ^* Combinaison de deux orbitales atomiques qui correspond à un niveau d'énergie supérieur à celui des orbitales atomiques isolées et à une forte densité de charge électronique (ou probabilité de trouver des électrons) à l'extérieur de la région située entre les atomes liés. **345**

Orbitale moléculaire liante, σ Combinaison de deux orbitales atomiques qui correspond à un niveau d'énergie inférieur à celui des orbitales atomiques isolées et à une forte densité de charge électronique (ou probabilité de trouver des électrons) entre les atomes liés. **345**

Orbitales dégénérées Orbitales correspondant à un même niveau d'énergie. **199**

Orbitales hybrides *sp* Dans la théorie de la liaison de valence, orbitales hybrides dont l'orientation est linéaire et qui résultent de l'hybridation d'une orbitale *s* et d'une orbitale *p*. **334**

Orbitales hybrides *sp²* Dans la théorie de la liaison de valence, modèle d'hybridation formé d'orbitales dont l'orientation est triangulaire plane et qui résultent de l'hybridation d'une orbitale *s* et de deux orbitales *p*. **333**

Orbitales hybrides *sp³* Dans la théorie de la liaison de valence, modèle d'hybridation formé d'orbitales orientées vers les quatre sommets d'un tétraèdre et qui résultent de l'hybridation d'une orbitale *s* et de trois orbitales *p*. **331**

Orbitales hybrides *sp³d* Dans la théorie de la liaison de valence, orbitales hybrides dont la géométrie est bipyramidale à base triangulaire et qui résultent de l'hybridation d'une orbitale *s*, de trois orbitales *p* et d'une orbitale *d*. **335**

Orbitales hybrides *sp³d²* Dans la théorie de la liaison de valence, orbitales hybrides dont la géométrie est octaédrique et qui résultent de l'hybridation d'une orbitale *s*, de trois orbitales *p* et de deux orbitales *d*. **335**

Orbitales moléculaires (OM) Équations mathématiques qui décrivent les régions d'une molécule où la densité de charge électronique, c'est-à-dire la probabilité de trouver des électrons, est élevée. **345**

Ordre de liaison Dans la théorie des orbitales moléculaires, paramètre égal à la moitié de la différence entre le nombre d'électrons dans des orbitales moléculaires liantes et le nombre d'électrons dans des orbitales moléculaires antiliantes. **346**

Oxyde acide Oxyde d'un non-métal dont le seul produit, lorsqu'il réagit avec l'eau, est un acide ternaire. **239**

Oxyde amphotère Oxyde réagissant aussi bien avec les acides qu'avec les bases. **240**

Oxyde basique Oxyde d'un métal qui produit une base en réagissant avec l'eau. **240**

Paramagnétisme Force d'attraction qui s'exerce sur une substance se trouvant dans un champ magnétique et dont les électrons sont non appariés. **215**

Partie par million (ppm) Unité de mesure de concentration des solutions très diluées qui exprime le nombre de parties de soluté dans un million de parties de solution ; le nombre de parties est généralement déterminé en fonction de la masse pour les liquides, et en fonction du nombre de molécules ou du volume pour le gaz. **436**

Pascal (Pa) Unité SI (dérivée) de pression ; un pascal est égal à un newton par mètre carré : $1\ Pa = 1\ N/m^2$. **119**

Photons Petite entité d'énergie électromagnétique égale au quantum de Planck : énergie d'un photon = $E = h\nu$. **167**

Point critique Condition correspondant à une température et à une pression critiques ; il s'agit du dernier point de la courbe de pression de vapeur. **372**

Point d'ébullition Propriété d'un liquide indiquant la température à laquelle celui-ci bout, c'est-à-dire la température à laquelle la pression de vapeur du liquide est égale à la pression atmosphérique courante. **370**

Point d'ébullition normal Température à laquelle un liquide bout lorsque la pression atmosphérique est de 101,325 kPa, c'est-à-dire la température à laquelle la pression de vapeur du liquide correspond exactement à cette valeur. **370**

Point de fusion Température à laquelle un solide fond. **374**

Point de fusion normal Température à laquelle la fusion d'un solide se produit lorsque la pression exercée sur le solide et le liquide en équilibre est de 101,325 kPa. **374**

Point de solidification ou point de congélation Température à laquelle un liquide se solidifie, c'est-à-dire à laquelle le liquide et le solide coexistent en équilibre. Dans le cas d'une substance pure, les points de solidification et de fusion sont identiques. **374**

Point triple Condition unique de température et de pression à laquelle les trois états d'une substance (solide, liquide et gazeux) coexistent en équilibre ; cette condition correspond au point d'intersection des courbes de pression de vapeur et de sublimation. **376**

Polarisabilité Mesure indiquant la facilité avec laquelle la densité de charge électronique d'un atome ou d'une molécule est modifiée par un champ électrique externe ; elle reflète la facilité avec laquelle un dipôle est induit dans l'atome ou la molécule. **383**

Polluant atmosphérique Substance présente dans l'air en plus grande quantité que la normale et ayant des effets néfastes sur la santé humaine ou l'environnement. **436**

Polymorphisme Propriété d'un solide qui existe sous plusieurs formes, comme le soufre ortho-rhombique et le soufre monoclinique. **377**

Pourcentage de rendement Rapport, exprimé en pourcentage, du rendement réel au rendement théorique d'une réaction. **113**

Précision Propriété liée à l'incertitude de la mesure. **17**

Pression Dans le cas d'un gaz, force exercée par le gaz par unité de surface : $P = F/A$. **119**

Pression critique (P_c) Pression de vapeur d'un liquide à sa température critique. **372**

Pression de vapeur Propriété d'un liquide indiquant la pression partielle exercée par la vapeur en équilibre dynamique avec le liquide, à une température constante. **366**

Pression partielle Pression exercée par chacun des gaz d'un mélange. **131**

Principe de l'*aufbau* Principe décrivant un processus hypothétique qui permet de se représenter la construction de chaque atome à partir de l'atome dont le numéro atomique est immédiatement inférieur : on ajoute un proton et le nombre adéquat de neutrons au noyau, de même qu'un électron à l'orbitale atomique appropriée. **203**

Principe d'exclusion de Pauli Les nombres quantiques de deux électrons d'un même atome ne peuvent pas être tous identiques ; donc, il ne peut y avoir plus de deux électrons dans une même orbitale, et les spins respectifs de ces deux électrons sont nécessairement de signes opposés. **201**

Principe d'incertitude Principe, énoncé par Heisenberg, stipulant qu'il est impossible de connaître simultanément la position et la vitesse exactes d'une particule fondamentale ; le produit des incertitudes associées à la position et à la quantité de mouvement d'une particule est égal ou supérieur à $h/4\pi$, où h est la constante de Planck. **179**

Produit Toute substance résultant d'une réaction chimique ; le symbole ou la formule d'une telle substance fait partie du membre de droite d'une équation chimique. **98**

Proportions stœchiométriques Rapport molaire obtenu à partir des coefficients stœchiométriques de l'équation équilibrée. **109**

Propriété chimique Caractéristique d'un échantillon de matière dont la composition subit un changement. **7**

Propriété physique Caractéristique d'un échantillon de matière en l'absence de tout changement de sa composition. **6**

Proton Particule fondamentale située dans le noyau de l'atome, portant une unité de charge électrique positive et ayant une masse relative de 1. **47**

Quantum La plus petite quantité d'énergie qu'un atome peut absorber ou émettre : $E = h\nu$. **166**

Radical libre Atome ou fragment de molécule très réactif, ayant un nombre impair d'électrons, qui joue souvent le rôle d'intermédiaire dans des réactions chimiques. **280**

Rayon atomique Mesure de la taille d'un atome fondée sur la distance entre les noyaux respectifs de deux atomes identiques. **218**

Rayon covalent Mesure de la taille d'un atome égale à la moitié de la distance entre les noyaux respectifs de deux atomes identiques d'une même molécule. **218**

Rayon ionique Mesure de la taille d'un ion égale à la portion de la distance entre les noyaux respectifs de deux ions. **220**

Rayon métallique Mesure de la taille d'un atome égale à la moitié de la distance entre les noyaux respectifs de deux atomes adjacents d'un solide métallique. **218**

Rayons cathodiques Faisceau d'électrons se déplaçant de la cathode à l'anode lorsqu'on fait passer une décharge électrique dans un tube presque vide. **152**

Réactif Toute substance initiale prenant part à une réaction chimique ; le symbole ou la formule d'une telle substance fait partie du membre de gauche d'une équation chimique. **98**

Réactif limitant Réactif entièrement consommé au cours d'une réaction chimique, et qui limite ainsi la quantité des produits obtenus. **110**

Réchauffement planétaire Réchauffement marqué de la température moyenne de la Terre, qui résulte de faibles augmentations de la concentration dans l'air de dioxyde de carbone (CO_2) et de divers autres gaz absorbant le rayonnement infrarouge. **444**

Règle de Hund Dans un groupe d'orbitales d'un même niveau d'énergie, les électrons occupent, si possible, des orbitales vides ; les électrons d'orbitales à demi occupées ont le même spin, c'est-à-dire que leurs spins sont parallèles. **202**

Règle de l'octet Dans une structure de Lewis, la majorité des atomes liés par des liaisons covalentes ont huit électrons dans leur couche de valence ; dans la formation d'un composé ionique, les ions des éléments des groupes principaux ont aussi tendance à adopter une configuration comportant huit électrons dans la couche de valence. **253**

Rendement réel Dans le cas d'une réaction chimique, quantité mesurée d'un produit. **112**

Rendement théorique Dans le cas d'une réaction chimique, quantité calculée d'un produit. **112**

Résonance État dans lequel il existe, pour des composés et des espèces ayant au moins une liaison multiple, plusieurs structures de Lewis plausibles différant uniquement par la distribution des électrons. Ces structures ne peuvent pas être réduites à une structure de Lewis unique. **278**

Seconde (s) Unité SI de base du temps. **14**

Sel Selon la théorie d'Arrhenius, composé ionique résultant de la réaction d'un acide et d'une base, au cours de laquelle les atomes d'hydrogène de l'acide sont remplacés par des ions métalliques. **67**

Semi-métal Élément, situé près de la ligne épaisse qui divise la classification périodique en deux parties, qui a l'aspect brillant d'un métal, mais aussi des propriétés des non-métaux. **54, 228**

Smog industriel Ensemble de polluants atmosphériques associés à des activités industrielles ; les principaux sont les oxydes de soufre et les matières particulaires (poussière, fumée, etc.). **440**

Smog photochimique Mélange de polluants atmosphériques contenant des oxydes d'azote et des hydrocarbures, de même que de l'ozone et d'autres substances produites par l'action du soleil sur les composants de l'air. **437**

Solide covalent critallin Substance liée par covalence dans laquelle un réseau de liaisons covalentes s'étend à la grandeur du solide, qu'il maintient ensemble au moyen de forces exceptionnellement grandes ; par exemple le graphite et le diamant. **396**

Soluté Composante d'une solution, dissoute dans le solvant, dont la quantité est inférieure à celle du solvant. **135**

Solvant Composante d'une solution, dans laquelle le ou les solutés sont dissous, et dont la quantité est supérieure à celle du ou des solutés. **135**

Sous-couche Ensemble d'orbitales d'une même couche principale pour lesquelles les valeurs du nombre quantique principal, n, et du nombre quantique secondaire, l, sont identiques ; par exemple, il existe trois orbitales $2p$ dans la sous-couche $2p$. **181**

Spectre d'émission Dans le cas d'un élément, dispersion de la lumière émise par l'élément excité, qui est ainsi divisée en ses composantes, dont chacune a une longueur caractéristique. **164**

Spectre de raies Dans le cas d'un élément, ensemble de raies produites par la lumière émise par les atomes excités de cet élément. **164**

Spectre électromagnétique Gamme de longueurs d'onde et de fréquences que présentent les ondes électromagnétiques, depuis les très grandes longueurs d'onde des ondes radio aux très courtes longueurs d'onde des rayons γ. **162**

Spectromètre de masse Appareil permettant de séparer des ions positifs gazeux en fonction du rapport de leur masse à leur charge. **158**

Stœchiométrie Mesures quantitatives et relations portant sur des substances et des mélanges ; calculs effectués à partir de formules et d'équations chimiques, ces dernières représentant des réactions chimiques. **78**

Structure cubique à faces centrées (*cfc*) Structure cristalline dont la maille élémentaire est un cube comportant une particule constitutive à chaque sommet et au centre de chaque face. **402**

Structure cubique centrée (*cc*) Structure cristalline dont la maille élémentaire est un cube comportant une particule constitutive à chaque sommet et une autre au centre. **402**

Structure cubique simple Maille élémentaire cubique dans laquelle il y a des particules constitutives (atomes, ions ou molécules) seulement aux sommets. **402**

Structure de Lewis Ensemble de notations de Lewis qui représente la formation de liaisons covalentes entre des atomes et qui indique dans quelles proportions ceux-ci se combinent. **261**

Structure squelettique Arrangement des atomes d'une molécule ou d'un ion polyatomique. **269**

Structures limites Plusieurs structures de Lewis plausibles, différant uniquement par la distribution des électrons. **278**

Sublimation Passage direct de l'état solide à l'état de vapeur. **376**

Substance Type de matière ayant une composition et des propriétés définies, ou constantes, c'est-à-dire qui ne varient pas d'un échantillon à un autre ; toute substance est soit un élément, soit un composé. **8**

Surfusion État d'un liquide sous sa température de solidification, sans que la substance ne passe à l'état solide. Le liquide finit par se solidifier lorsqu'on en abaisse suffisamment la température. Cette dernière remonte ensuite au point de solidification normal. **375**

Symbole chimique Représentation d'un élément, formée d'une ou de deux lettres tirées le plus souvent du nom français de celui-ci, mais parfois de son nom latin ou arabe, ou du nom de l'un de ses composés. **8**

Température critique (T_c) Température la plus élevée à laquelle un liquide et sa vapeur peuvent coexister en équilibre en tant qu'états physiques distincts de la matière. **372**

Tension superficielle (γ) Quantité de travail requise pour augmenter la surface d'un liquide ; cette quantité s'exprime généralement en joules par mètre carré (J/m^2). **391**

Théorie de la liaison de valence Une liaison covalente résulte de la formation, par deux électrons de spins opposés, d'un doublet occupant la région de recouvrement de deux orbitales atomiques, située entre deux atomes. La densité de la charge électronique est élevée dans la région du recouvrement. **329**

Théorie des orbitales moléculaires Théorie fondée sur la mécanique quantique, selon laquelle les noyaux des atomes adoptent un empilement approprié et les électrons sont localisés dans des orbitales moléculaires de manière à obtenir une molécule stable. **345**

Théorie scientifique Ensemble d'énoncés qui fournit une explication d'un phénomène naturel observé et des prédictions vérifiables expérimentalement, et qui sert de cadre pour l'organisation du savoir scientifique. **10**

Torr (Torr) Unité de pression : un torr est égal à la pression exercée par une colonne de mercure dont la hauteur est exactement de 1 mm ; 760 Torr = 1 atm = 760 mm Hg. **119**

Trans Se dit d'un isomère géométrique dans lequel les deux groupements fonctionnels sont situés de part et d'autre d'une liaison double d'une molécule organique. **343**

Unité de masse atomique (u.m.a.) Unité SI égale à un douzième de la masse d'un atome de carbone 12 ; donc : $1\ u = 1,660\ 54 \times 10^{-24}$ g. **50**

Vapeur Substance en phase gazeuse dont l'état le plus courant est la phase liquide ou solide ; on peut normalement obtenir la liquéfaction d'une telle substance en augmentant la pression, sans abaisser la température. **116**

Vaporisation (ou évaporation) Transformation d'un liquide en gaz. **363**

Viscosité Propriété d'un liquide constituant une mesure de la résistance du liquide à l'écoulement. **395**

Volume molaire d'un gaz Volume occupé par 1 mol du gaz (quelle que soit sa nature) à une température et à une pression données ; dans des conditions de température et de pression normales, le volume molaire d'un gaz parfait est de 22,4 L. **120**

Zéro absolu Température de l'échelle Kelvin correspondant à un volume nul d'un gaz : $0\ K = -273,15\ °C$. **118**

Vous trouverez ci-dessous les réponses à tous les exercices et à tous les problèmes du manuel.

Chapitre 1

Exercices 1.1 (a) 7,42 ms; **(b)** 5,41 μm; **(c)** 1,19 ng; **(d)** 5,98 km. **1.2 (a)** $4,75 \times 10^{-7}$ m; **(b)** $2,25 \times 10^{-7}$ s; **(c)** $1,415 \times 10^{6}$ m; **(d)** $2,26 \times 10^{3}$ kg. **1.3 (a)** 185 °F; **(b)** 10,0 °F; **(c)** 179 °C; **(d)** −29,3 °C. **1.4 (a)** $10,0 \pm 0,2$ mL; **(b)** $100,0 \pm 0,8$ mL; **(c)** $2,38 \pm 0,01$. **1.5** $8,9 \times 10^{-3}$ m³. **1.6** 925 g de Zn. **1.7A (a)** 100,5 m; **(b)** $1,50 \times 10^{2}$ g; **(c)** 415 g; **(d)** 6,3 L. **1.7B (a)** $1,80 \times 10^{3}$ m²; **(b)** 2,33 g/mL; **(c)** 72 kg/m³; **(d)** 0,63 g/cm³. **1.8 (a)** 0,0763 m; **(b)** $8,56 \times 10^{4}$ mg; **(c)** $1,82 \times 10^{3}$ pi; **(d)** $2,21 \times 10^{4}$ g. **1.9 (a)** 25,0 m/s; **(b)** 1,53 km/h; **(c)** 15,0 kg/h. **1.10A (a)** 0,256 m³; **(b)** 708,4 m². **1.10B** $1,034 \times 10^{4}$ kg/m². **1.11A** 0,568 g/cm³. **1.11B** 13,6 g/mL. **1.12A** 12,6 L. **1.12B** 8,72 L. **1.13** 40 lb. **1.14** La coque avait une structure en nid d'abeille, formée de cellules remplies d'air, de sorte qu'en cas d'accident l'eau envahirait seulement les cellules perforées. Cependant, un grand nombre de cellules ont été endommagées et se sont remplies d'eau. Par conséquent, la masse volumique de l'ensemble du navire a dépassé celle de l'eau de mer, et le *Titanic* a coulé. **1.15** Les hypothèses: (1) toutes les invitations ont la même masse; (2) toutes les pesées sont précises à ± 5 g. La méthode est inefficace si: (1) des notes additionnelles ont été ajoutées à quelques invitations; la masse d'une enveloppe est très proche de 30 g; (2) la balance n'a pas été étalonnée à l'aide de mesures connues. **Problèmes par sections 1. (a)** 4,54 ng; **(b)** 3,76 km; **(c)** 6,34 μg. **2. (a)** $1,09 \times 10^{-12}$ kg; **(b)** $9,01 \times 10^{-3}$ s; **(c)** $1,45 \times 10^{-10}$ m. **3. (a)** 74,3 °F; **(b)** 78,83 °C; **(c)** −144 °F. **4. (a)** fer: 2795 °F; argent: 1763,5 °F; mercure: −37,05 °F ; **(b)** or: 1064,76 °C; plomb: 327,43 °C; éthanol: −114,5 °C. **5. (a)** 57,8 °C; **(b)** −184 °F. **6. (a)** La valeur maximale de l'échelle du thermomètre n'est pas assez élevée; **(b)** $t = -40°$; les échelles ont la même valeur numérique à une température unique parce que les degrés ne couvrent pas le même intervalle. **7. (a)** $5,00 \times 10^{4}$ m; **(b)** $4,79 \times 10^{-2}$ L; **(c)** 0,578 ms; **(d)** $1,55 \times 10^{8}$ mg; **(e)** $8,74 \times 10^{3}$ mm²; **(f)** 1,60 m/s. **8.** d < b < c < a. **9.** Chou < pommes de terre < sucre. **10. (a)** 4; **(b)** 2; **(c)** 5; **(d)** 2; **(e)** 4; **(f)** 4. **11. (a)** 4; **(b)** 3; **(c)** 3; **(d)** 3; **(e)** 3; **(f)** 3. **12. (a)** $2,804 \times 10^{3}$ m; **(b)** $9,01 \times 10^{2}$ s; **(c)** $9,0 \times 10^{-4}$ cm; **(d)** $2,210 \times 10^{2}$ s. **13. (a)** $8,352 \times 10^{3}$ m; **(b)** $3,000 \times 10^{2}$ s; **(c)** $8,85 \times 10^{-2}$ cm; **(d)** $1,222 \times 10^{2}$ s. **14. (a)** 505,5 m; **(b)** 2120; le zéro n'est pas significatif; **(c)** 0,006 10; le dernier zéro est significatif. **(d)** 40 000 mL; les 2 derniers zéros ne sont pas significatifs. **15. (a)** 318 000 m; les zéros ne sont pas significatifs; **(b)** 750 mL; le zéro est significatif; **(c)** 0,000 41 s; **(d)** 92 000 m; le dernier zéro n'est pas significatif. **16. (a)** 37,8 m; **(b)** 155 g; **(c)** 111 mL; **(d)** 5,4 cm. **17. (a)** 26,7 cm; **(b)** 1,0745 kg. **18. (a)** $2,32 \times 10^{3}$; **(b)** $4,80 \times 10^{3}$; **(c)** $4,6 \times 10^{4}$; **(d)** $1,92 \times 10^{-4}$. **19. (a)** 1,88; **(b)** $3,5 \times 10^{-4}$; **(c)** $-7,9 \times 10^{-3}$; **(d)** 2,2. **20. (a)** 100,0 mL; **(b)** 25,0 mL; **(c)** 50,00 mL. **21.** 3,12 g/mL. **22.** 5,23 g/cm³. **23.** 11,3 g/cm³. **24.** $\rho = 5,00$ g/cm³; le matériau n'est pas de l'or. **25.** 39,6 g. **26.** $V = 1,16 \times 10^{5}$ cm³; $l = 7,73 \times 10^{4}$ cm. **27.** $V = 3,00 \times 10^{-4}$ cm³; $l = 6,73 \times 10^{-6}$ cm. **28.** $4,2 \times 10^{-3}$ g/cm³. **29.** $6,4 \times 10^{2}$ g. **30.** La bouteille remplie d'eau **(b)** est la plus difficile à soulever. **31.** 7,1 g/mL. **32.** 0,68 g/cm³. **Problèmes complémentaires 33.** Non. Dans les cas d'addition, il est possible que le résultat puisse comporter un plus grand nombre de chiffres significatifs que le terme qui en a le moins. Mais pour les cas de multiplication et de division, il est vrai que le résultat ne peut pas comporter plus de chiffres significatifs que le terme qui en a le moins. **34.** Le ruban d'acier serait le plus précis et le plus exact parce qu'il ne requiert qu'une seule mesure, alors que le mètre en bois en exige deux. Dans le cas de la largeur, cela ne ferait aucune différence. Les deux instruments donneraient le résultat grâce à une seule mesure. **35.** 186,97 km/h. **36.** 20,1 cm. **37.** L'équipe au sol a confondu livres et kilogrammes. Elle aurait dû ajouter 20 098 L de carburant. **38.** L'hectare est plus grand. 1 hectare = 2,47 acres. **39.** 62,3 lb/pi³. **40.** 0,251 mm. **41.** $1,8 \times 10^{4}$ cm³. **42.** 5,4 mg/m²·h. **43.** 0,8790 g/mL. **44.** 7,135 g/mL, sans arrondir dans les calculs. **45.** 20 % serait hors de l'eau. **46.** Le volume d'eau qui débordera sera plus grand dans le cas du récipient où se trouve le liège (à droite). **47.** Il y a 67 écrous dans un paquet. **48. (a)** $(5,178 \pm 0,008)$ m; **(b)** Incertitude relative = 0,3 %. Donc $(1,392 \pm 0,004)$ m²; **(c)** Puisque l'incertitude absolue se situe au quatrième chiffre significatif, on peut indiquer quatre chiffres significatifs. Les règles concernant les chiffres significatifs ne permettraient d'indiquer que trois chiffres significatifs. Cela se produit souvent dans le cas de valeurs dont le premier chiffre est 1 ou 2, mais pas pour toutes les valeurs. **49.** Les informations au sujet des aliments ne sont pas précises. Quelle quantité de matières grasses y a-t-il dans le bœuf haché, quelle quantité d'huile végétale faut-il utiliser et quelle est la grandeur des tranches de pain? Les informations nutritionnelles comportent des données ayant trop de chiffres significatifs. Une meilleure façon de les présenter serait: 2000 calories, 60 g de matières grasses totales (dont 20 g de graisse saturée), 60 g de protéines, 200 g de glucides, 100 mg de cholestérol et 3 g de sodium.

50. (a) 26,9 % ; **(b)** 4,7 % ; **(c)** La personne dont le pourcentage de graisse est de 4,7 est vraisemblablement un athlète bien entraîné.   **51. (a)** La masse volumique est supérieure à 1 g/cm³. L'objet ne peut pas flotter ; **(b)** L'objet ne peut toujours pas flotter, car la masse volumique est supérieure à 1 g/cm³ ; **(c)** Il faut percer au moins trois trous et les fermer avec du balsa.

Chapitre 2

Exercices   2.1 L'ampoule a encore une masse de 7,500 g. Tous les réactifs et les produits sont retenus à l'intérieur de l'ampoule ; rien ne peut s'échapper ou s'ajouter.   **2.2A** 3,778 g.   **2.2B** 10,361 g.   **2.3A** $^{116}_{50}$Sn.   **2.3B** Le cadmium a 48 protons et 48 électrons ; $A = 48 + 66 = 114$; nombre de masse = 114.   **2.4A** 20,180.   **2.4 B** 69,16 % de cuivre 63 et 30,84 % de cuivre 65.   **2.5** C'est le ^{24}Mg qui est le plus abondant : sa masse est plus proche de la masse atomique pondérée du magnésium, (24,3050 u) que celle des deux autres isotopes. Il est difficile de déterminer l'isotope qui vient au deuxième rang à moins de connaître la proportion relative du magnésium 24.   **2.6** N_2F_4 : tétrafluorure de diazote.   **2.7 (a)** P_4O_{10} ; **(b)** Heptafluorure d'iode.   **2.8 (a)** AlF_3 ; **(b)** K_2S ; **(c)** Ca_3N_2 ; **(d)** Li_2O.   **2.9A (a)** Bromure de calcium ; **(b)** Sulfure de lithium ; **(c)** Bromure de fer(II) ; **(d)** Iodure de cuivre(I).   **2.9B** Sulfure cuivreux, Cu_2S.   **2.10 (a)** $(NH_4)_2CO_3$; **(b)** $Ca(ClO)_2$; **(c)** $Cr_2(SO_4)_3$.   **2.11 (a)** Hydrogénocarbonate de potassium ; **(b)** Phosphate de fer(III) ; **(c)** Dihydrogénophosphate de magnésium.   **Problèmes par sections   1.** La masse des substances après la réaction est égale à la masse des substances avant la réaction. La loi de la conservation de la masse est confirmée.   **2.** L'analyse de chaque échantillon donne le même pourcentage de carbone et d'hydrogène.   **3.** 2,61 g.   **4.** Les rapports a et c sont possibles. Les rapports b et d sont impossibles, aucune combinaison d'atomes ne les produirait.   **5.** SnO_2.   **6. (a)** 20 p⁺ et 20 e⁻ ; **(b)** 11 p⁺ et 11 e⁻ ; **(c)** 9 p⁺ et 9 e⁻ ; **(d)** 18 p⁺ et 18 e⁻ ; **(e)** 4 p⁺ et 4 e⁻.   **7. (a)** 30 p⁺ et 32 n ; **(b)** 94 p⁺ et 147 n ; **(c)** 43 p⁺ et 56 n ; **(d)** 42 p⁺ et 57 n.   **8. (a)** 5 p⁺ et 6 e⁻ ; **(b)** 62 p⁺ et 92 e⁻ ; **(c)** 36 p⁺ et 45 e⁻ ; **(d)** 52 p⁺ et 69 e⁻.   **9.** $^{40}_{20}$Ca, $^{48}_{22}$Ti et $^{48}_{20}$Ca sont des atomes neutres. Les atomes 2, 5 et 7 sont des isotopes.   **10.** $^{34}_{16}$S²⁻, $^{39}_{19}$K⁺, $^{40}_{18}$Ar et $^{44}_{20}$Ca²⁺ sont des ions.   **11.** Il doit exister plusieurs isotopes, dont un ou plusieurs ayant un nombre de masse supérieur à 80, et au moins un ayant un nombre de masse inférieur à 80. La moyenne de leurs masses donne une masse atomique de 79,904 u.   **12.** La masse atomique moyenne est de 107,868. Le second doit être supérieur à 107, mais si c'était 108, la moyenne serait 107,5. Le second isotope doit être ^{109}Ag.   **13.** 69,7 u.   **14.** 20,18 u.   **15.** 72,163 % de rubidium 85 ; 27,837 % de rubidium 87.   **16. (a)** C ; groupe IVA ; période 2 ; type non-métal ; **(b)** Ca ; groupe IIA ; période 4 ; type métal ; **(c)** S ; groupe VIA ; période 3 ; type non-métal ; **(d)** Sn ; groupe IVA ; période 5 ; type métal ; **(e)** Ti ; groupe IVB ; période 4 ; type métal ; **(f)** Br ; groupe VIIA ; période 4 ; type non-métal ; g) Bi ; groupe VA ; période 6 ; type métal ; **(h)** In ; groupe IIIA ; période 5 ; type métal ; **(i)** Au ; groupe IB ; période 6 ; type métal ; **(j)** Mo ; groupe VIB ; période 5 ; type métal.   **17. (a)** Gallium, métal ; **(b)** Cuivre, métal ; **(c)** Iode, non-métal ; **(d)** Lithium, métal ; **(e)** Carbone, non-métal ; **(f)** Titane, métal.   **18. (a)** O_2 ; **(b)** Br_2 ; **(c)** H_2 ; **(d)** N_2.   **19. (a)** Cl_2 ; **(b)** S_8 ; **(c)** Ne ; **(d)** P_4 ; **(e)** Na.   **20.** ICl et H_2O sont des composés moléculaires binaires. Ils sont formés de deux éléments et sont des composés moléculaires. KI est un composé ionique. HCN et ONF sont des composés moléculaires ternaires.   **21.** L'ammoniac, NH_3, et le bromure d'hydrogène, HBr, sont des composés moléculaires binaires. L'iodure de baryum, BaI_2, est un composé ionique. Les chlorofluorocarbones et le cyanure de sodium sont des composés ternaires.   **22. (a)** N_2O ; **(b)** SF_6 ; **(c)** P_4S_3 ; **(d)** Disulfure de carbone ; **(e)** Tétrachlorure de dibore ; **(f)** Heptoxyde de dichlore.   **23. (a)** Trifluorure de phosphore ; **(b)** Pentoxyde de diiode ; **(c)** Décasulfure de tétraphosphore ; **(d)** PCl_5 ; **(e)** SO_2 ; **(f)** N_2O_5.   **24. (a)** Ion potassium ; **(b)** Ion oxyde ; **(c)** Ion cuivre(II) ; **(d)** Al^{3+} ; **(e)** N^{3-} ; **(f)** Cr^{3+}.   **25. (a)** Ca^{2+} ; **(b)** Co^{2+} ; **(c)** S^{2-} ; **(d)** Ion fer(III) ; **(e)** Ion baryum ; **(f)** Ion sélénium.   **26. (a)** Ion carbonate ; **(b)** Ion sulfate ; **(c)** Ion hydroxyde ; **(d)** Ion dihydrogénophosphate ; **(e)** NH_4^+ ; **(f)** NO_2^- ; **(g)** CN^- ; **(h)** HCO_3^-.   **27. (a)** Ion hydrogénosulfate ; **(b)** Ion nitrate ; **(c)** Ion permanganate ; **(d)** Ion chromate ; **(e)** HPO_4^{2-} ; **(f)** $Cr_2O_7^{2-}$; **(g)** ClO_4^- ; **(h)** $S_2O_3^{2-}$.   **28. (a)** Oxyde de sodium ; **(b)** Bromure de magnésium ; **(c)** Chlorure de fer(II) ; **(d)** Oxyde d'aluminium ; **(e)** Iodure de lithium trihydraté ; **(f)** Sulfure de potassium ; **(g)** Hydroxyde de calcium ; **(h)** Nitrate d'ammonium ; **(i)** Sulfate de chrome(III) ; **(j)** Hydrogénosulfite de sodium ; **(k)** Permanganate de potassium ; **(l)** Perchlorate de magnésium ; **(m)** Hydroxyde de cuivre(II) ; **(n)** Oxalate d'ammonium ; **(o)** Phosphate de fer(III) dihydraté.   **29. (a)** Sulfure de lithium ; **(b)** Chlorure de fer(III) ; **(c)** Sulfure de calcium ; **(d)** Oxyde de chrome(III) ; **(e)** Sulfite de baryum ; **(f)** Hydroxyde de potassium ; **(g)** Cyanure d'ammonium ; **(h)** Nitrate de chrome(III) nonahydraté ; **(i)** Hydrogénocarbonate de magnésium ; **(j)** Thiosulfate de sodium pentahydraté ; **(k)** Dichromate de potassium ; **(l)** Chlorite de calcium ; **(m)** Iodure de cuivre(I) ; **(n)** Dihydrogénophosphate de magnésium ; **(o)** Oxalate de calcium monohydraté.   **30. (a)** $FeCO_3$; **(b)** $BaI_2 \cdot 2H_2O$; **(c)** $Al_2(SO_4)_3$; **(d)** $KHCO_3$; **(e)** $NaBrO_3$; **(f)** $CaCl_2 \cdot 6H_2O$; **(g)** $Cu(NO_3)_2 \cdot 3H_2O$; **(h)** $LiHSO_4$; **(i)** $Mg(CN)_2$; **(j)** $Fe_2(SO_4)_3$; **(k)** $(NH_4)_2Cr_2O_7$; **(l)** $Mg(ClO_4)_2$.   **31. (a)** K_2S ; **(b)** $BaCO_3$; **(c)** $AlBr_3 \cdot 6H_2O$; **(d)** K_2SO_3 ; **(e)** Cu_2S ; **(f)** Mg_3N_2 ; **(g)** $Co(NO_3)_2$; **(h)** $Mg(H_2PO_4)_2$; **(i)** KNO_2 ; **(j)** $ZnSO_4 \cdot 7H_2O$; **(k)** Na_2HPO_4 ; **(l)** Fe_2O_3.   **32.** La bonne réponse est (b) ; chlorite de calcium. Le composé (a) est $Ca(ClO)_2$; la réponse correcte (c) est incorrecte, car on n'utilise pas le préfixe di- avec chlorite ; le composé (d) est $Ca(ClO_3)_2$ et l'appellation oxychlorure (e) est inexacte.   **33.** La formule (c) est la bonne. Le composé (a) est le sulfite de chrome(II) ; le composé (b) serait le sulfite de chrome(VI), lequel n'existe pas ; le composé (d) est l'hydrogénosulfite de chrome(III) et le composé (e) le sulfate de chrome(III).   **34. (a)** HI ; **(b)** H_2SO_4 ; **(c)** LiOH ; **(d)** HNO_2 ; **(e)** Acide périodique ; **(f)** Hydroxyde de calcium ; **(g)** Acide bromhydrique ; **(h)** Acide phosphoreux.   **35. (a)** Acide chloreux ; **(b)** Hydroxyde de baryum ; **(c)** Ammoniac ; **(d)** Acide carbonique ; **(e)** $HClO_3$; **(f)** H_2SO_3 ; **(g)** KOH ; **(h)** HClO.   **Problèmes complémentaires 36.** Le rapport des masses de l'oxygène et de l'hydrogène est le même dans les deux cas.

37.

$$\frac{\text{Le rapport des masses pour } C_3O_2}{\text{Le rapport des masses pour } CO_2} = \frac{\dfrac{8 \text{ g d'oxygène}}{9 \text{ g de carbone}}}{\dfrac{8 \text{ g d'oxygène}}{3 \text{ g de carbone}}} = \frac{9 \text{ g de carbone}}{3 \text{ g de carbone}} = 3 : 1$$

38. Rapport des proportions en Hg dans les composés = $\dfrac{25}{12,5}$ = 2 : 1. Il y a donc deux composés dont les proportions sont différentes. **39.** N_2O_5 aurait donné un rapport de la masse d'oxygène à la masse de l'azote différent, donc un composé différent donne des proportions différentes. N_2O_4 aurait été dans les mêmes proportions que NO_2 et Dalton aurait pu difficilement expliquer l'existence de ce composé. **40.** Les masses atomiques sont des moyennes des isotopes naturels, la plupart ayant des masses isotopiques très proches d'un nombre entier. La masse atomique du chlore pourrait être la moyenne d'un atome de masse 37 pour 3 atomes de masse 35. **41.** $^{40}_{20}Ca$. **42.** La composition en carbone et en hydrogène est constante et la composition totale en oxygène et en azote ensemble est aussi constante, mais il est impossible de vérifier si le rapport de l'oxygène et de l'azote est fixe. **43.** Oui, l'analyse de chaque échantillon donne le même pourcentage de carbone et d'hydrogène. **44.** Le numéro atomique du sélénium est 34, alors un atome de sélénium possède 34 protons. Le nombre de neutrons, cependant, peut varier à cause des isotopes. De plus, il ne peut y avoir un isotope stable (non radioactif) avec un nombre de masse (79) aussi près de la masse atomique moyenne (78,96 u). En fait, l'isotope du sélénium avec 45 neutrons et un nombre de masse de 79 est radioactif et ne peut pas exister à l'état naturel. **45. (a)** $^{40}_{20}Ca$; **(b)** $^{234}_{90}Th$. **46.** La magnésie est produite lors de la réaction d'un métal avec l'oxygène, donc la magnésie ne peut pas être un élément. **47.** La valeur de (a) représente l'autre composé possible. **48.** ^{24}Mg 78,99 %; ^{25}Mg 10,0 % ^{26}; Mg 11,0 %.

Chapitre 3

Exercices 3.1A (a) 257 u; **(b)** 32,1 u; **(c)** 98,0 u; **(d)** 2,2 u. **3.1B (a)** 125,97 u; **(b)** 92,011 u; **(c)** 86,177 u; **(d)** 74,079 u. **3.2A (a)** 29,9 u; **(b)** 148 u; **(c)** 234 u; **(d)** 295 u. **3.2B (a)** 104,06 u; **(b)** 117,49 u; **(c)** 392,18 u; **(d)** 249,69 u. **3.3A (a)** 6,84 g; **(b)** 7,37 mg; **(c)** $2,84 \times 10^3$ mol; **(d)** $7,76 \times 10^{-4}$ mol. **3.3B (a)** 17 mol; **(b)** 134 mL. **3.4A (a)** $3,470 \times 10^{-22}$g /atome Bi; **(b)** $1,529 \times 10^{-22}$ g /molécule; **(c)** $2,15 \times 10^{20}$ molécule; **(d)** $1,70 \times 10^{25}$ atomes. **3.4B (a)** $1,47 \times 10^{24}$ molécules; **(b)** 0,970 L. **3.5** La masse de $6,0 \times 10^{23}$ atomes est de 24 g. La masse de $1,0 \times 10^{23}$ atomes sera 6 fois plus faible. Elle sera donc de 4,0 g. **3.6A (a)** $(NH_4)_2SO_4$: 21,20 % de N + 6,10 % de H + 24,27 % de S + 48,43 % de O; **(b)** Urée: 46,65 % de N + 20,00 % de C + 26,64 % de O + 6,71 % de H % de N dans NH_4NO_3 = 35,00 %; l'urée $CO(NH_2)_2$ a le plus grand pourcentage de N. **3.6B** 9,39 %. **3.7A** $1,37 \times 10^3$ mg. **3.7B** 119 g. **3.8** LiH_2PO_4 contient le plus grand pourcentage massique de P. **3.9A** $C_6H_{12}O$. **3.9B** $C_5H_{10}NO_2$. **3.10A** C_7H_5. **3.10B** $C_7H_5N_3O_6$. **3.11** Éthylène, C_2H_4; cyclohexane, C_6H_{12}; pentène, C_5H_{10}. **3.12 (a)** 80,21 % de C, 9,620 % de H, 10,17 % de O; **(b)** $C_{21}H_{30}O_2$. **3.13 (a)** $2\,C_4H_{10} + 13\,O_2 \longrightarrow 8\,CO_2 + 10\,H_2O$; **(b)** $C_5H_{12}O_2 + 7\,O_2 \longrightarrow 5\,CO_2 + 6\,H_2O$. **3.14 (a)** $FeCl_3 + 3\,NaOH \longrightarrow Fe(OH)_3 + 3\,NaCl$; **(b)** $3\,Ba(NO_3)_2 + Al_2(SO_4)_3 \longrightarrow 3\,BaSO_4 + 2\,Al(NO_3)_3$; **(c)** $3\,Ca(OH)_2 + 2\,H_3PO_4 \longrightarrow Ca_3(PO_4)_2 + 6\,H_2O$. **3.15A (a)** $2\,Cl_2 + H_2O + HgO \longrightarrow 2\,HClO + HgCl_2$; **(b)** $3\,IBr$ $+ 4\,NH_3\,NI_3 + 3\,NH_4Br$. **3.15B (a)** $CO_2 + 3\,CH_4 + 2H_2O \longrightarrow 4\,CH_3OH$; **(b)** $CO_2 + 3\,CH_4 + 2\,H_2O \longrightarrow 4\,CH_3OH$. **3.16** $C_6H_{14}O_4$; $2\,C_6H_{14}O_4 + 15\,O_2 \longrightarrow 12\,CO_2 + 14\,H_2O$. **3.17 (a)** 1,59 mol de CO_2; **(b)** 305 mol de H_2O; **(c)** 0,6060 mol de CO_2. **3.18A** 21,4 g. **3.18B** 26,4 g de N_2 et 15,1 g de O_2. **3.19** 774 mL. **3.20A** 4,77 g de H_2S sont produits et 0,9 g de FeS est en excès. **3.20B** 1,40 g de H_2. **3.21A** Rendement théorique = 29,5 g en acétate d'isopentyle. Rendement réel = 26,6 g. **3.21B** 374 g. **3.22** $H_3PO_4 + 2\,NH_3 \longrightarrow (NH_4)_2HPO_4$; ? kg $(NH_4)_2HPO_4$ = $1,00$ kg $H_3PO_4 \times \dfrac{\text{mol } H_3PO_4}{0,098 \text{ kg } H_3PO_4} \times \dfrac{\text{mol } (NH_4)_2PO_4}{\text{mol } H_3PO_4} \times$ $\dfrac{0,132 \text{ kg } (NH_4)_2PO_4}{\text{mol } (NH_4)_2PO_4} = 1,35$ kg.

3.23A 98,4 g. **3.23B** $3,77 \times 10^3$ L. **3.24** 682 °C. **3.25** 1,58 mol. **3.26A** -139 °C. **3.26B** 21,6 g. **3.27** 74,3 g/mol. **3.28** 1,25 g/L. **3.29A** $4,14 \times 10^4$ L. **3.29B** 746 L. **3.30A** $P_{N_2} + P_{O_2} + P_{AR} + P_{CO_2}$ = $(0,780 + 0,209 + 0,009\,32 + 0,0005)$ atm = 0,999 atm. **3.30B** $P_{N_2} + P_{H_2} + P_{He}$ = 12,90 atm. **3.31A** $P_{N_2} = 0,741$ atm; $P_{O_2} = 0,150$ atm; $P_{H_2O} = 0,060$ atm; $P_{Ar} = 0,009$ atm; $P_{CO_2} = 0,040$ atm. **3.31B** $\chi_{CH_4} = 0,636$; $\chi_{C_2H_6} = 0,253$; $\chi_{C_2H_8} = 0,0542$; $\chi_{C_4H_{10}} = 0,0561$. **3.32** Si on ajoutait seulement du H_2, la pression partielle de ce gaz serait de 2,50 atm et non de 2,00 atm. Pour atteindre une pression de 3,00 atm, il faut donc ajouter, en plus de H_2, un gaz dont la pression partielle est de 0,50 atm. Ce peut être une quantité additionnelle de He, ou tout autre gaz distinct de l'hydrogène. **3.33A (a)** 1,26 mol/L; **(b)** 0,0242 mol/L; **(c)** $3,49 \times 10^{-3}$ mol/L. **3.33B (a)** $6,99 \times 10^{-3}$ mol/L; **(b)** 7,19 mol/L; **(c)** 0,34 mol/L. **3.34A** 375 mL. **3.34B (a)** Le réactif limitant est $NaHCO_3$ et la réaction produit 11,9 g de CO_2; **(b)** 0,662 mol/L. **Problèmes par sections 1. (a)** 157,010 u (moléculaire); **(b)** 162,112 u (entité formulaire); **(c)** 97,9952 u (moléculaire); **(d)** 294,1846 u (entité formulaire); **(e)** 666,429 u (entité formulaire); **(f)** 303,358 u (moléculaire). **2. (a)** 324,359 u; **(b)** 152,150 u **3. (a)** 47,2 g; **(b)** 22,0 g; **(c)** 35,1 g. **4. (a)** 1,56 mol; **(b)** 0,112 mol; **(c)** 0,0677 mol; **(d)** $6,80 \times 10^{-3}$ mol. **5. (a)** $2,82 \times 10^{24}$ molécules; **(b)** $4,55 \times 10^{23}$ ions; **(c)** $1,055 \times 10^{-22}$ g/atome Cu; il s'agit de la masse moyenne d'un atome de cuivre, car il existe deux isotopes naturels de cet élément. **6. (a)** $3,16 \times 10^{24}$ ions; **(b)** $3,82 \times 10^{23}$ molécules; **(c)** $2,992 \times 10^{-22}$ g/molécule.

7.
(a)
$$1,0 \text{ mol } N_2 \times \frac{6,0 \times 10^{23} \text{ molécules } N_2}{\text{mol } N_2} \times \frac{2 \text{ atomes N}}{1 \text{ molécule } N_2}$$

(b)
$$50,0 \text{ g de Na} \times \frac{\text{mol Na}}{22,99 \text{ g Na}} \times \frac{6,0 \times 10^{23} \text{ atomes Na}}{\text{mol Na}}$$

(c)
$$17,0 \text{ mL de } H_2O \times \frac{\text{mol } 1,00 \text{ g}}{\text{mL}} \times \frac{\text{mol } H_2O}{18,02 \text{ g } H_2O} \times$$
$$\frac{6,0 \times 10^{23} \text{ molécules } H_2O}{\text{mol } H_2O} \times \frac{3 \text{ atomes}}{\text{molécules } H_2O}$$

(d) $1,2 \times 10^{24}$ atomes de Mg; l'échantillon (c), 17,0 mL de H_2O, contient le plus grand nombre d'atomes. **8. (a)** % de Ba = 64,3486 %; % de Si = 13,1603 %; % de O = 22,4911 %;

(b) % de C = 58,537 % ; % de H = 4,094 % ; % de N = 11,377 % ; % de O = 25,992 % ; **(c)** % de Mg = 16,6087 % ; % de H = 1,3776 % ; % de C = 16,415 % ; % de O = 65,5986 % ; **(d)** % de Al = 4,710 24 % ; % de Br = 41,8473 % ; % de O = 50,2752 % ; % de H = 3,167 26 %. **9.** 50,3 g. **10.** $C_6H_4Cl_2$. **11.** $LiClO_4 \cdot 3H_2O$. **12.** $C_3H_6O_2$. **13. (a)** $Cl_2O_5 + H_2O \longrightarrow$ $2\,HClO_3$; **(b)** $V_2O_5 + 2\,H_2 \longrightarrow V_2O_3 + 2\,H_2O$; **(c)** $4\,Al + 3\,O_2$ $\longrightarrow 2\,Al_2O_3$; **(d)** $2\,C_4H_{10} + 13\,O_2 \longrightarrow 8\,CO_2 + 10\,H_2O$; **(e)** $Sn + 2\,NaOH \longrightarrow Na_2SnO_2 + H_2$; **(f)** $PCl_5 + 4\,H_2O \longrightarrow$ $H_3PO_4 + 5\,HCl$; **(g)** $2\,CH_3OH + 3\,O_2 \longrightarrow 2\,CO_2 + 4\,H_2O$; **(h)** $3\,Zn(OH)_2 + 2\,H_3PO_4 \longrightarrow Zn_3(PO_4)_2 + 6\,H_2O$. **14. (a)** $TiCl_4$ $+ 2\,H_2O \longrightarrow TiO_2 + 4\,HCl$; **(b)** $WO_3 + 3\,H_2 \longrightarrow W + 3\,H_2O$; **(c)** $C_5H_{12} + 8\,O_2 \longrightarrow 5\,CO_2 + 6\,H_2O$; **(d)** $Al_4C_3 + 12\,H_2O \longrightarrow$ $4\,Al(OH)_3 + 3\,CH_4$; **(e)** $Al_2(SO_4)_3 + 6\,NaOH \longrightarrow 2\,Al(OH)_3$ $+ 3\,Na_2SO_4$; **(f)** $Ca_3P_2 + 6\,H_2O \longrightarrow 3\,Ca(OH)_2 + 2\,PH_3$; **(g)** $Cl_2O_7 + H_2O \longrightarrow 2\,HClO_4$; **(h)** $MnO_2 + 4\,HCl \longrightarrow MnCl_2 +$ $Cl_2 + 2\,H_2O$. **15. (a)** $2\,CO(g) + 2\,NO(g) \longrightarrow 2\,CO_2(g) +$ $N_2(g)$; **(b)** $C_3H_8(g) + 3\,H_2O(g) \longrightarrow 3\,CO(g) + 7\,H_2(g)$; **(c)** $Mg_3N_2(s) + 6\,H_2O(l) \longrightarrow 3\,Mg(OH)_2(s) + 2\,NH_3(g)$; **(d)** $Pb(s)$ $+ PbO_2(s) + 2\,H_2SO_4(aq) \longrightarrow 2\,PbSO_4(s) + 2\,H_2O(l)$. **16.** Fe_3O_4 ; $3\,Fe_2O_3(s) + H_2(g) \xrightarrow{400\,°C} H_2O(g) + 2\,Fe_3O_4(s)$. **17. (a)** $1,4 \times 10^5$ mol ; **(b)** $5,5 \times 10^5$ mol. **18.** $3\,PbO(s) + 2\,NH_3(g)$ $\longrightarrow 3\,Pb(s) + N_2(g) + 3\,H_2O(l)$ **(a)** 3,82 g ; **(b)** 2,54 g. **19.** $CaCN_2 + 3\,H_2O \longrightarrow CaCO_3 + 2\,NH_3$; $Mg_3N_2 + 6\,H_2O \longrightarrow$ $3\,Mg(OH)_2 + 2\,NH_3$. La seule différence entre les deux équations est la masse molaire des composés $CaCN_2$ et Mg_3N_2 ; la masse molaire de $CaCN_2$ étant plus petite, le nombre de moles par kilogramme est plus grand ; ce composé produira une plus grande quantité de NH_3 que Mg_3N_2. (Valeur réelle = 0,43 kg comparée à 0,34 kg.) **20.** $8,97 \times 10^3$ g. **21.** 26,1 L. **22.** 1,60 g. **23.** 35,0 mL. **24.** 0,343 g. **25.** LiOH est le réactif limitant. La réaction peut produire 0,0750 mol de Li_2CO_3. **26.** Hg est limitant. Le résultat (d) est la bonne réponse. Les autres réponses sont incorrectes car : en (a), la production de HgO nécessite la consommation de Hg ; en (b), il ne peut y avoir à la fois un excès de Hg(l) et un excès de $O_2(g)$; en (c), Hg est le réactif limitant. Hg(l) et $O_2(g)$ ne sont pas présents selon des proportions stœchiométriques. **27.** Puisque C est le réactif limitant dans les quatre cas, les conditions où C est en plus grande quantité permettent de produire une quantité maximale de $TiCl_4$, c'est-à-dire (d). **28.** $HI + KHCO_3 \longrightarrow$ $KI + CO_2 + H_2O$ **(a)** $KHCO_3$ est le réactif limitant, et la masse du produit est 528 g ; **(b)** 481 g de $HI_{initial}$ − 407 g de $HI_{consommé}$ $= 74$ g de $HI_{en\ excès}$. **29.** $4\,NO + O_2 + 2\,Na_2CO_3 \longrightarrow 4\,NaNO_2$ $+ 2\,CO_2$ **(a)** On obtient 200 g de $NaNO_2$; **(b)** 18 g de NO en excès et 51,8 g de O_2 en excès. **30.** Zn est le réactif limitant. % de rendement = 83,4 %. **31.** NH_3 est le réactif limitant. 51,3 g de NH_4HCO_3. **32.** $1,43 \times 10^3$ g. **33.** 332 kPa. **34.** Il faut augmenter de 7 °C. **35.** 24,5 L. **36.** 0,489 m^3. **37.** 4,10 kg. **38.** 505 mL + 70,1 mL = 575 mL. **39. (a)** 22,3 L ; **(b)** $2,83 \times 10^3$ kPa ; **(c)** $3,10 \times 10^{-3}$ g ; **(d)** $1,68 \times 10^3$ kPa. **40.** 4,88 L. **41.** $7,26 \times 10^8$ mol. **42.** $4,1 \times 10^{-15}$ kPa mol. **43.** 153 u. **44.** C_7H_8. **45. (a)** 1,25 g/L ; **(b)** 1,03 g/L. **46.** 92 °C. **47.** S_8. **48.** CH_4 (c) a la plus grande masse volumique. **49.** SO_2 est le réactif limitant. La réaction produit 1,15 L de SO_3. **50.** O_2 est le réactif limitant. Donc 2,96 L de CO_2 est produit. **51.** 122 L de CO_2. **52.** 28,15 mg. **53. (c)** est la représentation satisfaisante. En (a), les deux gaz ne sont pas distribués uniformément. En (b), les quantités des deux gaz sont identiques, alors que le nombre de molécules H_2 devrait être le double du nombre d'atomes He. **54.** Le schéma est comme (c) si on ajoute 10 points verts distribués uniformément pour représenter C_2H_6. On ajoute 10 points parce que 7,5 g de C_2H_6 est le même nombre de moles que 1,0 g de He. Le volume du contenant doit augmenter du tiers. **55.** $P_{N_2} = 585$ mm Hg ; $P_{O_2} = 153$ mm Hg ; $P_{CO_2} = 24$ mm Hg. **56.** $P_{CO_2} = 48$ kPa ; P_{H_2} $= 41$ kPa ; $P_{N_2} = 19$ kPa ; $P_{O_2} = 1,4$ kPa ; $P_{CH_4} = 3 \times 10^{-3}$ kPa. **57. (a)** $\chi_{He} = 0,205$; $\chi_{O_2} = 0,795$; **(b)** $P_{He} = 243$ kPa ; $P_{O_2} =$ 942 kPa ; **(c)** $P_{totale} = 1,19 \times 10^3$ kPa. **58. (a)** $\chi_{Ar} = 0,770$; χ_{Ne} $= 0,224$; $\chi_{Kr} = 0,0051$; **(b)** $P_{Ar} = 82,2$ kPa ; $P_{Ne} = 23,9$ kPa ; P_{Kr} $= 0,55$ kPa ; **(c)** $P_{totale} = 106,7$ kPa. **59. (a)** 2,40 mol/L ; **(b)** 0,0700 mol/L ; **(c)** 0,9079 mol/L ; **(d)** 1,95 mol/L ; **(e)** 0,9463 mol/L ; **(f)** 1,83 mol/L. **60. (a)** 0,0294 mol ; **(b)** 7,66 g ; **(c)** 75,55 mL ; **(d)** 87,9 mL. **61. (a)** 403 mL ; **(b)** $2,49 \times$ 10^3 mL ; **(c)** 104 mL. **62.** 14,9 mol/L. **63.** 1,33 mol/L. **64.** 46,5 g. **65.** $CaCO_3$ est le réactif limitant. La réaction produit 1,91 g de CO_2. **Problèmes complémentaires 66. (a)** 2,19 g ; **(b)** 4,76 g ; **(c)** 9,40 g ; **(d)** 3,63 g. **67.** 5 comprimés constituent une dose létale. **68.** 894 u/molécule. **69. (a)** 90,49 % de C et 9,495 % de H ; **(b)** Formule empirique : C_4H_5 ; **(c)** Formule moléculaire : C_8H_{10}. **70.** Dans l'analyse des produits de combustion d'un alcane, le CO_2 obtenu a toujours une masse plus grande que celle de H_2O obtenue. **71.** 89,8 %. **72.** 52 mL. **73.** C_4H_9OH est le réactif limitant. % de rendement = 70,0 %. **74.** L'information ne peut pas être exacte, car il faudrait que les États-Unis produisent 47 milliards de kilogrammes de H_2SO_4. Or, la production annuelle totale correspond à 42 milliards de kg. **75.** 1,81 g. **76.** 0,931 mol/L. **77.** Le rapport molaire 1 : 1 de $(NH_4)_2HPO_4$ et de KH_2PO_4 constitue le mélange de l'engrais 10-53-18. Ce rapport molaire 1 : 1 équivaut à un rapport massique 132 : 136. Un rapport massique 1 : 1 constituerait donc également le même engrais. **78.** 0,181 g. **79.** Ces données satisfont l'hypothèse d'Avogadro. La quantité de chaque gaz s'écarte de moins de 1 % de 0,004 00 mol, et tous les gaz occupent un volume de 100,0 mL à température et à pression constantes, ce qui laisse supposer que des volumes égaux de gaz différents contiennent le même nombre de molécules. **80.** $C_2Cl_2F_4$. **81.** 54,09 u/molécule. **82.** $4,1 \times 10^4$ L. **83.** O_2 total à TPN = $(1,55 \times$ 10^3 L + 392 L + 290 L + 150 L) de $O_2 = 2,38 \times 10^3$ L ; L d'air $= 1,26 \times 10^4$ L. **84.** 1,2 atm. **85.** L'élément représenté par M est le fer. **86.** $C_4H_8O_2$. Il existe plusieurs possibilités de formules développées correspondant à $C_4H_8O_2$. En voici quelques-unes :

```
  H   H   H   O            H   H       O
  |   |   |   ||           |   |       ||
H-O-C - C - C - C-H    H-O-C - C ----- C-H
  |   |   |                |   |
  H   H   H                H   H-C-H
                               |
                               H
```

```
  H   H   O   H            H   H   O   H
  |   |   ||  |            |   |   ||  |
H-O-C - C - C - C-H    H - C - C - C - C-H
  |   |       |          |   |       |
  H   H       H          H   O       H
                             |
                             H
```

87. (a) Mg est le réactif limitant. 48,45 g de Mg_3N_2; **(b)** C'est maintenant N_2 qui est le réactif limitant. 46 g de Mg_3N_2; **(c)** Ni l'un ni l'autre n'est limitant. 41 g de Mg_3N_2. **88.** $(c_3H_7)_2$ = C_6H_{14}. **89. (a)** 35,0 L de H_2; **(b)** 38,6 L de H_2; **(c)** 35,0 L de H_2 (*P*, *R* et *T* s'annulent.); **(d)** 35,2 L de H_2. **90.** m_{totale} = 1200 g + 1700 g + 306 g = 3206 g = $3,21 \times 10^3$ g. Le ballon s'élève lorsque la masse de l'air déplacé par le ballon est supérieure à la masse totale du ballon, de la charge, etc. V_{ballon} = $2,32 \times 10^5$ L. À 0, 5, 10, 20 et 30 km, le ballon s'élève, car $m_{totale} < m_{air}$. À 40 km, $m_{totale} > m_{air}$, donc l'altitude maximale à laquelle le ballon s'élève se situe entre 30 et 40 km.

Chapitre 4

Exercices **4.1A** $2,80 \times 10^{11}$ Hz. **4.1B** $3,07 \times 10^3$ nm. **4.2A** La longueur d'onde des microondes est plus grande que celle de la lumière visible d'un téléviseur. **4.2B (a)** $5,45 \times 10^{14}$ s^{-1}; **(b)** $6,51 \times 10^{14}$ s^{-1}; **(c)** $9,19 \times 10^7$ s^{-1}; **(d)** $4,82 \times 10^{14}$ s^{-1}. La plus haute fréquence est donc celle de (b). **4.3A** $1,91 \times 10^{-23}$ J/photon. **4.3B** $8,46 \times 10^{-19}$ J/photon. **4.4A** $2,99 \times 10^2$ kJ/mol. **4.4B** $1,20 \times 10^3$ nm (infrarouge). **4.5A** $-6,053 \times 10^{-20}$ J. **4.5B** Les valeurs de *n* doivent être des nombres entiers. La valeur $2,179 \times 10^{-19}$ J donne *n* = 3,16 et ne correspond donc pas à un niveau d'énergie possible. **4.6A** $4,086 \times 10^{-19}$ J. **4.6B** Oui, la différence d'énergie entre les niveaux *n* = 5 et *n* = 7 est de $4,269 \times 10^{-20}$ J. **4.7A** $3,083 \times 10^{15}$ s^{-1}. **4.7B** 434,1 nm (région visible du spectre). **4.8A** Puisque l'écart entre deux niveaux d'énergie successifs est plus petit à mesure que les niveaux d'énergie augmentent, la transition (a) correspond à l'absorption d'une plus grande quantité d'énergie que (d). **4.8B** Non, n_f doit être un nombre entier. **4.9A** 0,105 nm. **4.9B** $v_p = 1,50 \times 10^3$ m/s. **4.10A (a)** Non, si *l* = 1, la valeur de m_l doit être comprise entre +1 et −1; **(b)** Oui, tous les nombres quantiques ont des valeurs permises; **(c)** Oui, tous les nombres quantiques ont des valeurs permises; **(d)** Non, si *l* = 2, la valeur de m_l doit être comprise entre +2 et −2. **4.10B (a)** $m_l = −1$, 0 ou 1; **(b)** *l* = 3, 2; **(c)** *n* = 4, 5, 6, …; $m_l = −3, −2, −1, 0, 1, 2$ ou 3. **4.11A (a)** 5*p* *l* = 1 $m_l = −1, 0, 1$; 3 orbitales; **(b)** *l* = 3 $m_l = −3, −2, −1, 0, 1, 2, 3$; la sous-couche *f* comprend sept orbitales. **4.11B** *l* = 0, $m_l = 0$; 1 orbitale; *l* = 1, $m_l = −1, 0, 1$; 3 orbitales; *l* = 2, $m_l = −2, −1, 0, 1, 2$; 5 orbitales; *l* = 3, $m_l = −3, −2, −1, 0, 1, 2, 3$; 7 orbitales; n^2 = 4^2 = 16 orbitales. **Problèmes par sections** **1.** Thomson mesura la déviation de la trajectoire d'électrons dans des champs magnétiques et électriques d'intensités connues, ce qui permit de calculer le rapport de leur masse sur leur charge et l'angle de la déviation. **2.** Millikan vaporisa de l'huile dans un appareil afin de produire des gouttelettes sur lesquelles viennent se fixer des électrons. Puis, en ajustant l'intensité du champ électrique, il pouvait mettre en suspension une gouttelette d'huile ou mesurer la vitesse de celle-ci au cours de sa chute. La force gravitationnelle était équilibrée par la force du champ électrique appliqué. Une des difficultés qu'il rencontra fut de connaître combien d'ions étaient fixés à une gouttelette. Il analysa des centaines d'essais pour découvrir que la charge de l'électron était toujours un multiple de $1,602 \times 10^{-19}$ C. **3.** Si le modèle de Thomson avait été correct, toutes les particules alpha auraient été plus ou moins déviées. Aucune n'aurait subi une forte déviation. Or un grand nombre d'entre elles ne subissaient aucune déviation, ce qui signifiait qu'il devait y avoir un noyau petit, mais suffisamment dense pour provoquer une déviation plus importante. **4.** L'atome nucléaire est un atome constitué d'un petit noyau dense entouré d'électrons en orbite autour de celui-ci. Le noyau est le minuscule centre de l'atome composé de protons et de neutrons. Le noyau ne peut pas être électriquement neutre, car il ne pourrait attirer les électrons. **5.** Dans le modèle de Rutherford, les électrons doivent être en mouvement pour ne pas s'écraser sur le noyau. Dans le modèle de Thomson, la charge positive est répartie uniformément de sorte que les électrons ne sont attirés par aucune partie en particulier. **6.** La classification des éléments par ordre croissant de numéro atomique est identique à la classification par ordre croissant des masses atomiques, à quelques exceptions près. Par exemple, la masse atomique du Co (*Z* = 27) est de 58,9332 u, alors que celle du Ni (*Z* = 28) est de 58,698 u. **7.** Les particules négatives sont les plus petites particules trouvées et elles sont identiques pour chaque élément. Les particules positives sont beaucoup plus volumineuses et sont différentes pour chaque élément. **8.** Charge = $1,602 \times 10^{-19}$ C. $1,044 \times 10^{-8}$ kg/C $\times$ $1,602 \times 10^{-19}$ C = $1,672 \times 10^{-27}$ kg. **9.** $5,686 \times 10^{-12}$ kg/C $\times$ $1,602 \times 10^{-19}$ C = $9,109 \times 10^{-31}$ kg. La masse de l'électron est identique. Le positron est l'antiparticule de l'électron. **10.** Chaque valeur est un multiple entier de $1,6 \times 10^{-19}$ C, la charge d'un électron ou d'un proton. **11.** Chaque valeur est un multiple entier de $3,2 \times 10^{-19}$ C. **12.** Les grandeurs sont exprimées en unités de masse et de charge atomiques, suivies d'unités SI. **(a)** $^{80}Br^-$; −80 : 1; $−8,29 \times 10^{-7}$ kg/C; **(b)** $^{18}O^{2-}$; −9 : 1; $−9,33 \times 10^{-8}$ kg/C; **(c)** $^{40}Ar^+$; +40 : 1; $4,15 \times 10^{-7}$ kg/C. Les valeurs sont nécessairement approximatives puisqu'on utilise les nombres de masse et non les masses atomiques réelles. **13.** $^{40}Ca^{2+}$ et $^{20}Ne^+$ auraient le même rapport. Les masses exactes ne sont pas 40 et 20, de sorte que le rapport ne serait pas exactement le même. **14.** Un spectromètre de masse est un appareil qui ionise un atome gazeux en le bombardant avec des électrons. L'ion produit est accéléré vers un détecteur. En réglant le champ magnétique que traverse l'ion, il est possible de choisir les ions de masses particulières qui frapperont le détecteur. **15.** 72,5.

16.

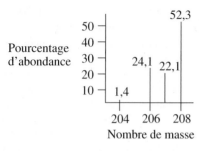

17. $1,5 \times 10^4$ s. **18.** $2,0 \times 10^8$ km. **19.** 3,07 m. **20.** $4,61 \times 10^{14}$ s^{-1} (orange). **21.** 580 nm (jaune). **22.** $4,29 \times 10^{14}$ s^{-1}.

23.

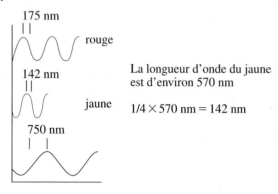

$$\lambda = \frac{c}{v} = \frac{2,998 \times 10^8 \text{ m/s}}{1,0 \times 10^{14} \text{ s}^{-1}} \times \frac{\text{nm}}{10^{-9}\text{m}} = 3000 \text{ nm}$$

$$? \text{ nm} = \frac{1}{4} \times 3000 \text{ nm} = 750 \text{ nm}$$

24. L'effet photoélectrique a lieu lorsqu'un faisceau de lumière frappe certaines surfaces, en particuliers des métaux, et que des électrons sont éjectés en faisceau. Einstein affirma que la lumière est quantifiée, qu'elle est émise en paquets d'énergie appelés photons. Si les photons ont suffisamment d'énergie, les électrons échappent à la surface métallique. L'excès d'énergie des photons se transforme en énergie cinétique des électrons éjectés. Si l'énergie d'un photon est trop faible pour arracher un électron, c'est-à-dire si l'énergie du photon est inférieure à l'énergie de seuil, il ne se produit pas d'effet photoélectrique. **25.** L'énergie de la lumière violette ($4,92 \times 10^{-19}$ J) est plus grande que celle de la lumière rouge de longueur d'onde 655 nm ($3,03 \times 10^{-19}$ J). **26.** L'énergie de la lumière rouge ($2,47 \times 10^{-19}$ J) est plus petite que celle de la lumière verte de longueur d'onde 530 nm ($3,75 \times 10^{-19}$ J).

27. $\dfrac{2,55 \times 10^{-19} \text{ J}}{\text{photon}}$; 154 kJ/mol

28. 276 nm. **29.** 427 nm. **30.** 627 nm (orange). **31.** 246 nm (région de l'ultraviolet). **32.** Bohr proposa la quantification de l'atome en supposant que les électrons ne peuvent se trouver que sur certains niveaux d'énergie. **33.** Le signe moins indique que cette énergie est due à une force d'attraction. Plus l'électron est près du noyau, plus l'attraction est forte et plus la valeur négative est grande. Si l'équation était $En = -B \times n^2$, la valeur deviendrait plus négative en s'éloignant du noyau. L'équation de la forme $En = -B/n^2$ donne une plus petite valeur négative en s'éloignant du noyau. **34.** La différence entre les niveaux 3 et 1 est plus grande que celle entre les niveaux 4 et 2. **35. (a)** $-2,092 \times 10^{-18}$ J ; **(b)** $-4,90 \times 10^{-20}$ J. **36. (a)** $1,937 \times 10^{-18}$ J ; **(b)** $2,118 \times 10^{-18}$ J. **37. (a)** $4,568 \times 10^{14}$ s^{-1} ; **(b)** $3,083 \times 10^{15}$ s^{-1}. **38. (a)** 434,1 nm ; **(b)** 102,6 nm.

39. Non, car $\dfrac{1}{n^2} = 10^{-3}$; $n^2 = 10^3$

ou $n = 31,6$, ce qui n'est pas un nombre entier.

40. Non, car $\dfrac{1}{n^2} = 4,59$; $n^2 = 0,218$

ou $n = 0,467$, ce qui n'est pas un nombre entier.

41. $1,312 \times 10^3 \dfrac{\text{kJ}}{\text{mol}}$

42. Tous les états d'énergie sont des valeurs négatives. Le signe négatif est une indication de l'attraction de l'électron par le noyau. Une valeur positive indiquerait qu'il y a répulsion. **43.** À l'échelle microscopique, de nombreux phénomènes sont quantifiés, c'est-à-dire qu'ils surviennent en étapes ou en intervalles. À l'échelle macroscopique, ces intervalles sont tellement rapprochés qu'ils nous apparaissent continus. **44.** Le produit des incertitudes liées à la quantité de mouvement d'un électron et à sa position doivent être au moins $h/4\pi$. Donc, il est impossible de connaître simultanément la position et la vitesse exactes de petites particules. **45.** Bohr avait prédit des orbites précises occupées par les électrons, ce qui est en contradiction avec le principe d'incertitude de Heisenberg ; qui stipule qu'on ne peut pas connaître simultanément la position et la quantité de mouvement précises d'un électron. L'équation d'onde de Schrödinger donne des probabilités plutôt que des orbites précises. Bohr a prédit une orbite de 52,9 pm et Schrödinger a trouvé que la distance du noyau la plus probable de l'orbitale 1s est de 52,9 pm. **46.** $1,56 \times 10^{-4}$ nm. **47.** $2,70 \times 10^{-3}$ nm. **48.** $8,62 \times 10^3$ m/s. **49.** $4,18 \times 10^6$ m/s. **50.** $n = 1, 2, 3, 4, 5,$ — détermine les niveaux d'énergie des électrons. $l = 0, 1, 2,$ — $n - 1$ détermine le type d'orbitale. $m_l = -l \longrightarrow +l$ (valeurs entières) détermine l'orientation dans l'espace des orbitales. Donc, pour $l = 2$, $m_l = -2, -1, 0, 1, 2$. **51. (a)** $3d$; **(b)** $2s$; **(c)** $4p$; **(d)** $4f$. **52. (a)** $n = 3, l = 0, l = 1, l = 2$; 3 sous-couches ; **(b)** $n = 2, l = 0, l = 1$; 2 sous-couches ; **(c)** $n = 4, l = 0, l = 1, l = 2, l = 3$; 4 sous-couches. **53.** Une orbitale s est sphérique. Une orbitale 2s est plus grande et comprend deux régions de probabilité élevée séparées par un nœud sphérique, analogue à une balle à l'intérieur d'un ballon. **54. (a)** Pour les orbitales p, $l = 1$; n doit être au moins 2 pour $l = 1$; **(b)** Pour les orbitales f, $l = 3$; n doit être au moins 4 pour $l = 3$. **55.** Pour la troisième couche, $l = 0, 1, 2$; $l = 2$ est d. Oui, il peut y avoir une sous-couche 3d, mais elle est habituellement vide. Il n'y a pas d'orbitale f dans la troisième couche. f correspond à $l = 3$. **56.** Si $n = 5, l = 0, 1, 2, 3, 4$. Si $l = 3, m_l = -3, -2, -1, 0, 1, 2, 3$. **57.** Si $n = 4, l = 0, 1, 2, 3$. Si $l = 1, m_l = -1, 0, 1$. **58. (a)** Valeurs permises ; **(b)** Si $n = 3, l$ ne peut être égal à 3 ; l ne peut pas être plus grand que

$n - 1$; **(c)** Valeurs permises; **(d)** n ne peut être égal à 0; valeurs non permises. **59. (a)** Si $l = 1$, m_l ne peut être égal à 2; m_l ne peut pas être plus grand que l; **(b)** Valeurs permises; **(c)** Valeurs permises; **(d)** Valeurs permises. **60. (a)** Pour $3s$, $n = 3$, $l = 0$, $m_l = 0$; **(b)** Pour $5f$, $n = 5$, $l = 3$, $m_l = -3, -2, -1, 0, 1, 2, 3$; **(c)** Dans une des 3 orbitales $3p$. **61. (a)** Pour $3p$, $n = 3$, $l = 1$, $m_l = -1, 0, 1$; **(b)** Pour $4d$, $n = 4$, $l = 2$, $m_l = -2, -1, 0, 1, 2$; **(c)** Dans une des 5 orbitales $4d$.

62.

(a) $n \geq 3$; ms $= \pm\dfrac{1}{2}$; orbitales possibles: $3d, 4d, 5d$, etc;

(b) $l = 1$; ms $= \pm\dfrac{1}{2}$; orbitale $2p$;

(c) $l = 3$ ou; 2 ms $= \pm\dfrac{1}{2}$; orbitales possibles: $4f$ et $4d$;

(d) $n = 1, 2, 3, \ldots$; $m_l = 0$; ms $= \pm\dfrac{1}{2}$; orbitales possibles: $1s$, $2s, 3s, \ldots$

63. (a) Non, l ne peut pas être égal à 2 (sous-couche d); **(b)** Non, peut être 3 ou 4; **(c)** Non, doit être 3 ou 4; **(d)** Oui; **(e)** Non, il peut exister. **Problèmes complémentaires 64.** 20,2. Cette valeur est approximative parce que seuls les nombres de masse (et non les masses atomiques réelles) sont donnés. **65.** Dans chaque problème, la réponse choisie était le plus petit commun dénominateur des données. Les réponses aux problèmes 10 et 11 peuvent être toutes les deux exactes puisque $3,2 \times 10^{-19}$ C est 2 fois $1,6 \times 10^{-19}$ C. **66.** $1,7 \times 10^{-2}$ s. La période et la fréquence sont inversement proportionnelles. **67.** Chaque photon dont l'énergie est supérieure au seuil de fréquence peut déloger un électron. Les énergies de deux photons ne s'additionnent pas pour atteindre le seuil de fréquence. Chaque photon interagit individuellement avec le métal. **68. (a)** $5,16 \times 10^{14}$ s^{-1}; **(b)** 581 nm. La longueur d'onde plus grande du rayonnement infrarouge (1000 nm) a moins d'énergie et n'en possède pas suffisamment pour arracher un électron; **(c)** $5,24 \times 10^5$ m/s.

69. $\Delta E = B\left(\dfrac{1}{1^2} - \dfrac{1}{9}\right) = \dfrac{8}{9}B = \dfrac{32}{27} \times \dfrac{3}{4}B$

70. La région du visible se situe entre 400 nm et 760 nm. Les quatre raies dans le spectre visible correspondent aux variations d'énergie entre les niveaux $3 \longrightarrow 2$, $4 \longrightarrow 2$, $5 \longrightarrow 2$ et $6 \longrightarrow 2$. La variation d'énergie entre les niveaux $7 \longrightarrow 2$, trop élevée pour la région du visible, se situe dans l'ultraviolet. Les variations d'énergie vers le niveau 1 sont également très élevées. Toutes les variations vers le niveau 3 n'ont également pas suffisamment d'énergie pour le visible, même $\infty \longrightarrow 3$ dont $\Delta E = 2,442 \times 10^{-19}$ J. **71.** Valeur minimale $= 91,16$ nm; valeur maximale $= 121,6$ nm. **72.** $n = 6$. **73.** $8,716 \times 10^{-18}$ J. **74.** La somme des énergies des transitions: $n = 2 \longrightarrow n = 1$ ($-1,634 \times 10^{-18}$ J) et $n = 3 \longrightarrow n = 2$ ($-3,026 \times 10^{-19}$ J) est la même que l'énergie de la transition de $n = 3 \longrightarrow n = 1$ ($-1,937 \times 10^{-18}$ J).

75. $\lambda = \dfrac{hc}{mc^2} = \dfrac{hc}{mc}$

Dans l'équation de Broglie, on remplace la vitesse de la lumière c par la vitesse v de la particule. **76.** $2,41 \times 10^{-34}$ m. **77.** $7,66 \times 10^3$ m/s.

78. $\lambda = \dfrac{h}{mv}$

La masse multipliée par la vitesse doit être égale à la même longueur d'onde produite par l'électron et le proton. Comme la masse de l'électron est la plus petite, sa vitesse doit être la plus grande. **79.** 7×10^2 photon/s.

80. $\Delta p \Delta x = \dfrac{2,78 \times 10^{-4} \text{ kg m}^2}{\text{s}}$

Dans le cas d'un gros objet, le produit des incertitudes dépasse largement $\dfrac{h}{4\pi} = (5,3 \times 10^{-35})$.

81. C'est près du noyau que la probabilité de trouver un électron dans une unité de volume est la plus grande; cependant, c'est dans l'enveloppe sphérique centrée au noyau et ayant un rayon de 52,9 pm que la somme des probabilités pour toutes les unités de volume est la plus grande. **82.** La transition $n = 4 \longrightarrow n = 2$. **83. (a)** $n_i = 3,99 \approx 4$; **(b)** $n_i = 4,99 \approx 5$. **84. (a)** $n_f = 1$; série de Lyman; **(b)** $n_f = 3$; série de Paschen. **85.** 1,50 m. **86.** $9,97 \times 10^{-4}$ kJ/mol.

87. $n = 3$, $l = 2$, $m_l = 0$, $m_s = -1/2$;
$n = 3$, $l = 2$, $m_l = \pm 1$, $m_s = -1/2$.

88. $n = 6$, $l = 0$, $m_l = 0$, $6s$;
$n = 5$, $l = 1$, $m_l = 0$, $5p$;
$n = 4$, $l = 2$, $m_l = 0$, $4d$;
$n = 4$, $l = 1$, $m_l = 1$, $4p$;
$n = 3$, $l = 2$, $m_l = 1$, $3d$.

89. Un photon émis lors de la transition du niveau 2 au niveau 1 dans un atome d'hydrogène possède suffisamment d'énergie pour briser la liaison entre deux atomes d'azote. **90.** La seule façon d'expliquer le numéro atomique et le nombre de masse était de dire que les électrons produisent le proton, sans être considérés comme un proton, c'est-à-dire que les électrons cachent les propriétés du proton. **(a)** 19 protons avec 10 électrons; **(b)** 40 protons avec 20 électrons.

Chapitre 5

Exercices 5.1A P: $1s^2 2s^2 2p^6 3s^2 3p^3$; [Ne] $3s^2 3p^3$

[Ne] $\boxed{\uparrow\downarrow}$ $\boxed{\uparrow \ \uparrow \ \uparrow}$
    $3s$ $3p$

Cl: $1s^2 2s^2 2p^6 3s^2 3p^5$; [Ne] $3s^2 3p^5$

[Ne] $\boxed{\uparrow\downarrow}$ $\boxed{\uparrow\downarrow \ \uparrow\downarrow \ \uparrow}$
    $3s$ $3p$

5.1B (b) et **(c)** respectent les règles, **(a)** ne respecte pas la règle de Hund puisque des orbitales dégénérées ne peuvent contenir deux électrons avant que toutes en contiennent d'abord un. En **(d)**, les électrons célibataires dans les orbitales dégénérées doivent avoir le même spin.

5.2A (a) Mo : $1s^22s^22p^63s^23p^64s^23d^{10}4p^65s^24d^4$ est la réponse à l'aide du tableau périodique. La configuration réelle est $[Kr]\,5s^14d^5$;

(b) Bi : $1s^22s^22p^63s^23p^64s^23d^{10}4p^65s^24d^{10}5p^66s^24f^{14}5d^{10}6p^3$; $[Xe]\,6s^24f^{14}5d^{10}6p^3$.

5.2B (a) Sn : $[Kr]\,5s^24d^{10}5p^2$;

(b) Zr : [Kr]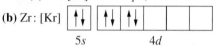
$\quad\quad\quad\quad\;\; 5s \quad\quad\; 4d$

5.3A Se^{2-} : $[Ar]\,4s^23d^{10}4p^6$; Pb^{2+} : $[Xe]\,6s^24f^{14}5d^{10}$.

5.3B I^- : $[Kr]\,5s^24d^{10}5p^6$

[Kr]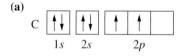
$\quad\; 5s \quad\quad\quad 4d \quad\quad\quad\quad\; 5p$

Cr^{3+} : $[Ar]3d^3$

[Ar]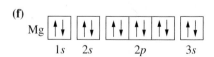
$\quad\;\; 4s \quad\quad\quad 3d$

5.4A (a) 2 ; **(b)** 4 ; **(c)** 0 ; **(d)** 0 ; **(e)** 0 ; **(f)** 4. **5.4B** Les espèces paramagnétiques et leur nombre d'e^- non appariés sont : **(a)** 1 ; **(d)** 3 ; **(f)** 2 ; **(g)** 1. **5.5A (a)** F < N < Be ; **(b)** Be < Ca < Ba ; **(c)** F < Cl < S ; **(d)** Mg < Ca < K. **5.5B** P < Ge < Sn < Pb < Ca < Cs. **5.6A** Y^{3+} < Sr^{2+} < Rb^+ < Br^- < Se^{2-}. **5.6B** Cr^{3+} < Cr^{2+} < Ca^{2+} < K^+ < Cs^+ < Cl^-. **5.7A (a)** Be < N < F ; **(b)** Ba < Ca < Be ; **(c)** S < P < F ; **(d)** K < Ca < Mg. **5.7B** Al < S < Ar < K. **5.8A** Parce que l'atome de Se est plus volumineux que l'atome de S, la valeur doit être inférieure à 450 kJ/mol, mais positive. La valeur de la deuxième affinité électronique est de +400 kJ/mol. **5.8B (a)** L'addition d'un électron au Si donne toutes les orbitales $3p$ à demi remplies. L'addition d'un électron à Al donne seulement deux électrons dans les orbitales $3p$; **(b)** L'addition d'un électron au P ajoute un électron aux orbitales $3p$ à demi remplies, alors que l'addition d'un électron au Si produit des orbitales $3p$ à demi remplies. **5.9A (a)** O a plus de caractéristiques d'un non-métal que P ; **(b)** S a plus de caractéristiques d'un non-métal que As ; **(c)** F a plus de caractéristiques d'un non-métal que P. **5.9B** Ba ≈ Na > Fe ≈ Co > Sb > Se > S. **5.10A (a)** $Z = 52$ (Te) ; **(b)** $Z = 21$ (Sc) ; **(c)** Le cadmium a la plus grande valeur ; l'yttrium a la plus petite. **5.10B (a)** L'indium a la plus faible énergie de première ionisation et le xénon, la plus forte. **Problèmes par sections 1. (a)** Non permise. Une orbitale $2p$ compte deux électrons ayant des spins parallèles ; **(b)** Non permise. Une orbitale compte trois électrons ; **(c)** Permise ; cases quantiques représentent la configuration de l'azote ; **(d)** Permise, mais les spins sont souvent représentés vers le haut en premier. Configuration de l'azote ; **(e)** Non permise. Les spins des trois électrons non appariés ne sont pas tous parallèles ; **(f)** Permise ; cases quantiques représentent la configuration du magnésium. **2. (a)** Permise ; cases quantiques représentent la configuration du sodium ; **(b)** Non permise. Les électrons dans l'orbitale $2s$ ont des spins parallèles ; **(c)** Non permise. Une orbitale $2p$ compte trois électrons ; **(d)** Non permise. Les électrons non appariés n'ont pas tous le même spin ; **(e)** Non permise. Chaque orbitale $3p$ devrait compter un électron ; **(f)** Permise ; cases quantiques représentent la configuration du phosphore. **3. (a)** La sous-couche $2p$ est

occupée avant l'orbitale $3s$; **(b)** La sous-couche $2p$ est occupée par 6 électrons avant l'orbitale $3s$; **(c)** Il n'y a pas de sous-couche $2d$. **4. (a)** L'orbitale $3s$ est occupée avant qu'un électron n'occupe une orbitale $3p$; **(b)** L'orbitale $4s$ est occupée avant une orbitale $3d$; **(c)** La sous-couche $3d$ est occupée complètement (dix électrons) avant la sous-couche 4. **5. (a)** La capacité maximale de l'orbitale $2s$ est de deux électrons. De plus, la sous-couche $2p$ occupe un niveau d'énergie plus bas que l'orbitale $3s$; **(b)** La capacité maximale de la sous-couche $2p$ est de seulement 6 électrons ; **(c)** Il n'y a pas de sous-couche $2d$. **6. (a)** L'orbitale $4s$ est occupée après [Ar]. Il n'y a pas de sous-couche $2d$; **(b)** Une orbitale $3d$ est occupée après $[Ar]4s^2$. L'orbitale $3f$ n'existe pas ; **(c)** Une orbitale $5p$ est occupée après $[Kr]\,5s^24d^{10}$, et c'est seulement après l'orbitale $6s$ que l'orbitale $4f$ est occupée. **7. (a)** Le fluor ; **(b)** Le cuivre ; **(c)** L'azote ; **(d)** Le sodium ; **(e)** Le fer. **8. (a)** Al $1s^22s^22p^63s^23p^1$; **(b)** Cl $1s^22s^22p^63s^23p^5$; **(c)** Na $1s^22s^22p^63s^1$; **(d)** B $1s^22s^22p^1$; **(e)** He $1s^2$; **(f)** O $1s^22s^22p^4$; **(g)** C $1s^22s^22p^2$; **(h)** Li $1s^22s^1$; **(i)** Si $1s^22s^22p^63s^23p^2$. **9. (a)** Ar $1s^22s^22p^63s^23p^6$; **(b)** H $1s^1$; **(c)** Ne $1s^22s^22p^6$; **(d)** Be $1s^22s^2$; **(e)** K $1s^22s^22p^63s^23p^64s^1$; **(f)** P $1s^22s^22p^63s^23p^3$; **(g)** Ca $1s^22s^22p^63s^23p^64s^2$; **(h)** Mg $1s^22s^22p^63s^2$; **(i)** Br $1s^22s^22p^63s^23p^64s^23d^{10}4p^5$. **10. (a)** Ba $[Xe]\,6s^2$; **(b)** Rb $[Kr]\,5s^1$; **(c)** As $[Ar]\,4s^23d^{10}4p^3$; **(d)** F $[He]\,2s^22p^5$; **(e)** Se $[Ar]\,4s^23d^{10}4p^4$; **(f)** Sn $[Kr]\,5s^24d^{10}5p^2$. **11. (a)** Ga $[Ar]\,4s^23d^{10}4p^1$; **(b)** Te $[Kr]\,5s^25s^24d^{10}5p^4$; **(c)** I $[Kr]\,5s^24d^{10}5p^5$; **(d)** Cs $[Xe]\,6s^1$; **(e)** Sb $[Kr]\,5s^24d^{10}5p^3$; **(f)** Sr $[Kr]\,5s^2$.

12.

(a)

C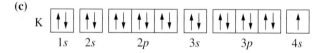
$\quad 1s \quad\; 2s \quad\quad\; 2p$

(b)

O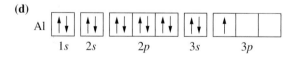
$\quad 1s \quad\; 2s \quad\quad\; 2p$

(c)

K
$\quad 1s \quad 2s \quad\quad 2p \quad\quad 3s \quad\quad 3p \quad\quad 4s$

(d)

Al
$\quad 1s \quad 2s \quad\quad 2p \quad\quad 3s \quad\quad 3p$

(e)

S
$\quad 1s \quad 2s \quad\quad 2p \quad\quad 3s \quad\quad 3p$

(f)

Mg
$\quad 1s \quad 2s \quad\quad 2p \quad\quad 3s$

13.

(a)

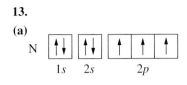

(b)

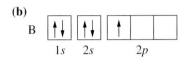

(c)

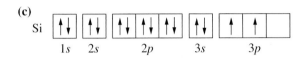

(d)

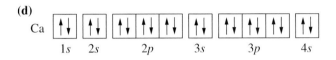

(e)

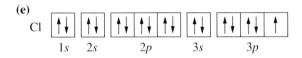

(f)

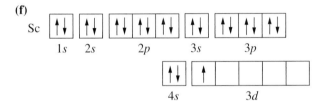

14. (a) ns ; **(b)** np ; **(c)** $(n-1)d$; **(d)** $(n-2)f$.   **15. (a)** Chaque élément contient un électron dans sa couche de valence : lithium $(2s^1)$, sodium $(3s^1)$ et potassium $(4s^1)$; **(b)** La couche de valence contient deux électrons dans le béryllium $(2s^2)$, le magnésium $(3s^2)$ et le calcium $(4s^2)$.

16. Hf : [Xe] $6s^2 4f^{14} 5d^2$

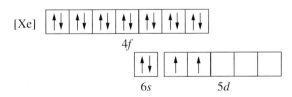

17. Hg : [Xe] $6s^2 4f^{14} 5d^{10}$

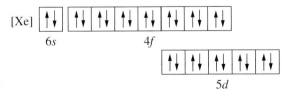

18.

(a)

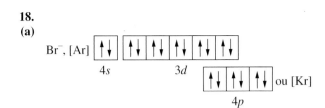

(b)

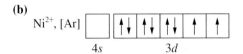

(c)

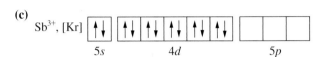

(d)

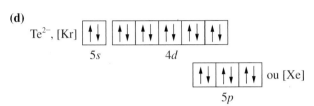

19.

(a)

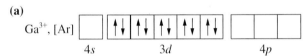

(b)

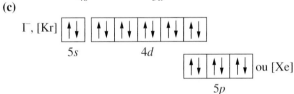

(c)

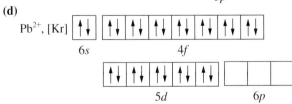

(d)

Pb²⁺, [Kr]

20. (a) 4 ; **(b)** 8 ; **(c)** 7 ; **(d)** 3 ; **(e)** 2.   **21.** Le fluor et le chlore ont chacun sept électrons de valence : $ns^2 np^5$. La couche de valence du fluor est $n = 2$; celle du chlore est $n = 3$. Le carbone et le silicium ont chacun quatre électrons de valence : $ns^2 np^2$. Pour le carbone, $n = 2$, et pour le silicium, $n = 3$. Le fluor a un électron de valence de plus que l'oxygène ; $2s^2 2p^5$ comparativement à $2s^2 2p^4$.   **22. (a)** 2ᵉ période, groupe VIIIA ; **(b)** 3ᵉ période, groupe IVA ; **(c)** 3ᵉ période, groupe IA ; **(d)** 2ᵉ période, groupe IIA ; **(e)** 2ᵉ période, groupe VA ; **(f)** 3ᵉ période, groupe IIIA.   **23. (a)** As [Ar] $4s^2 3d^{10} 4p^3$; **(b)** Tl [Xe] $6s^2 4f^{14} 5d^{10} 6p^1$; **(c)** Y [Kr] $5s^2 4d^1$.   **24. (a)** 5 ; **(b)** 32

$(4s^2 4p^6 4d^{10} 4f^{14})$; **(c)** 5 (azote, phosphore, arsenic, antimoine, bismuth) ; **(d)** 2 ; **(e)** 10 (yttrium, zirconium, niobium, molybdène, technétium, ruthénium, rhodium, palladium, argent, cadmium). **25. (a)** 3 ; **(b)** 1 ; **(c)** 0 ; **(d)** 14 ; **(e)** 1 ; **(f)** 5 ; **(g)** 32 (césium, baryum, thallium, plomb, bismuth, polonium, astate, radon, du lanthane jusqu'au mercure et les lanthanides). **26. (a)** La découverte d'un élément de numéro atomique $Z = 117$ est tout à fait possible, mais il est fort probable qu'il n'existe pas naturellement. Il serait probablement radioactif et aurait une brève demi-vie ; **(b)** La découverte d'un élément qui serait situé entre Mg ($Z = 12$) et Al ($Z = 13$) semble impossible, car la différence entre les deux n'est que d'un proton. **27.** Oui, un élément dont le numéro atomique est impair est nécessairement paramagnétique, car ces éléments doivent avoir au moins un électron non apparié. Non, un élément dont le numéro atomique est pair peut avoir un seul électron dans plusieurs orbitales et être ainsi paramagnétique. C : $1s^2 2s^2 2p_x^{\,1} 2p_y^{\,1}$. **28.** Les espèces paramagnétiques et leur nombre d'e^- non appariés sont : **(a)** 2 ; **(c)** 3 ; **(e)** 1. **29.** Les espèces paramagnétiques et leur nombre d'e^- non appariés sont : **(d)** 2 ; **(e)** 3. **30. (a)** S ; **(b)** S^{2-} ; **(c)** Mg ; **(d)** F$^-$. **31. (a)** Ca ; **(b)** Mg^{2+} ; **(c)** N ; **(d)** Co^{3+}. **32. (a)** Al < Mg < Na ; **(b)** Mg < Ca < Sr. **33. (a)** Ca < Sr < RB ; **(b)** C < Si < Al. **34.** Les atomes les plus volumineux sont dans le coin inférieur gauche du tableau périodique. La taille des éléments croît vers la gauche et vers le bas du tableau périodique. **35.** L'électron additionnel du magnésium n'exerce pas d'effet d'écran sur l'autre électron de valence, de sorte que les deux électrons sont soumis à l'attraction d'un proton de plus dans le noyau. L'électron additionnel du manganèse est situé dans une couche interne et exerce un effet d'écran qui protège les électrons de valence de l'attraction de la charge positive supplémentaire. Les électrons de valence du chrome et du manganèse subissent à peu près la même attraction de la part de la même charge positive effective. **36. (a)** Ca ; **(b)** K$^+$ est plus petit que Cl$^-$ parce qu'il a plus de protons. F$^-$ est également plus petit que Cl$^-$, de sorte qu'il est impossible de prédire lequel est le plus volumineux. **37. (a)** I est plus petit que Rb. Li est également plus petit que Rb. Il est donc difficile de prédire lequel est le plus petit ; **(b)** Ca^{2+}. **38. (a)** Ba < Ca < Mg ; **(b)** Al < P < Cl ; **(c)** Na < Fe < Cl < F < Ne. **39. (a)** Na < Ca < As ; **(b)** Sn < As < S ; **(c)** Ba < Al < Sc < Zn < Br < Kr. **40.** Les énergies d'ionisation successives sont croissantes parce que la charge positive de l'ion duquel l'électron est extrait est elle-même croissante. Il est très difficile d'extraire le quatrième électron parce qu'il provient de la couche $n = 2$ (électrons internes), dont le niveau d'énergie est beaucoup plus bas que la couche $n = 3$. **41.** La répulsion entre les électrons d'un doublet dans une orbitale $3p$ du soufre rend plus facile la perte d'un électron apparié que celle d'un électron d'une orbitale $3p$ du phosphore où tous les électrons sont non appariés. **42.** Les atomes du groupe VIIA sont les plus petits atomes de leur période, de sorte que ce sont eux qui fixent le plus facilement un électron (leurs affinités électroniques, négatives, sont les plus grandes en valeur absolue). **43.** Pour qu'il se fixe à un élément des groupes IIA et VIIIA, un électron doit entrer dans une sous-couche ou une couche de plus haut niveau

d'énergie, ce qui rend l'affinité électronique positive. Il ne se forme pas d'anions stables. **44.** L'électron acquis par Si entre dans une orbitale $3p$ vide, ce qui est, du point de vue énergétique, beaucoup moins exigeant que l'appariement d'électrons dans une orbitale $3p$ partiellement occupée de P. **45.** Li $1s^2 2s^1$; B $1s^2 2s^2 2p^1$. Dans Li, l'électron entre dans une orbitale $2s$ de plus basse énergie, alors que dans B, il doit entrer dans une orbitale d'énergie plus élevée $2p$. **46.** Les métaux contiennent moins d'électrons dans leur couche de valence, en raison de leur situation à gauche dans le tableau périodique. L'énergie d'ionisation des métaux est faible, puisqu'ils perdent facilement des électrons. L'affinité électronique est généralement une petite valeur négative puisqu'il est plus difficile d'ajouter des électrons additionnels aux métaux qu'aux non-métaux. Les métaux ont des rayons atomiques plus grands que les non-métaux de la même période. Les non-métaux contiennent plusieurs électrons dans leur couche de valence. L'énergie d'ionisation est élevée, car il est difficile d'extraire des électrons. Les valeurs des affinités électroniques des non-métaux peuvent être très négatives, car ils gagnent très facilement un électron. Les non-métaux sont généralement plus petits que les métaux pour une même période. **47.** Les semimétaux se situent entre les métaux et les non-métaux. Ils ont généralement l'aspect des métaux mais ils possèdent des propriétés des non-métaux comme une affinité électronique très négative. Les gaz nobles sont des éléments dont les orbitales s et p sont complètement remplies. Ils sont plus petits que les autres éléments de la même période. Leur énergie d'ionisation est élevée et leur affinité électronique positive, car ils n'ont pas tendance à gagner ou à perdre un électron. **48.** Il faut fournir de l'énergie pour arracher un électron à l'attraction du noyau positif, de sorte que les énergies d'ionisation sont positives. Les affinités électroniques peuvent être soit positives, soit négatives, étant donné que certains éléments acceptent un électron supplémentaire pour obtenir un niveau complètement rempli et libérer ainsi de l'énergie à cause de leur configuration électronique plus stable. D'autres atomes, par contre, n'acceptent pas d'électron additionnel et leur affinité électronique est donc positive. **49.** L'allure de la courbe est semblable à celle du rayon atomique en fonction du numéro atomique. Les métaux alcalins (groupe IA) occupent les sommets et la variation entre deux de ces métaux est moins importante. Les valeurs pour les éléments 13 à 17 et 30 à 36 croissent en fonction du numéro atomique au lieu de diminuer. **50.** Les points de fusion sont relativement bas pour les métaux du groupe IA. Ils atteignent un maximum pour les éléments du groupe IVA, puis décroissent brusquement pour les non-métaux qui suivent ce groupe. **51.** P < Ge < Bi < Al < Ca < K < Rb (le plus métallique). **52.** Pb < Sb < As < N < Si < O < Br < F (le plus non métallique). **53. (a)** Ge ; **(b)** S ; **(c)** Tl ; **(d)** Ne ; **(e)** Se. Tl < Ge < Se < S < Ne plus élevée. **54. (a)** CO_2 oxyde acide ; **(b)** O_2 ni l'un ni l'autre ; **(c)** SrO oxyde basique ; **(d)** HCOOH ni l'un ni l'autre ; c'est un acide mais pas un oxyde ; **(e)** P_4O_6 oxyde acide ; **(f)** Ba(OH)$_2$ ni l'un ni l'autre ; c'est une base mais pas un oxyde. **55. (a)** $Cl_2(g) + 2\,Br^-(aq) \longrightarrow 2\,Cl^-(aq) + Br_2(l)$; **(b)** $I_2(s) + F^-(aq) \longrightarrow$ aucune réaction ; **(c)** $Br_2(l) + 2\,I^-(aq) \longrightarrow 2\,Br^-(aq) + I_2(s)$. **56. (a)** 2

$K(s) + 2 H_2O(l) \longrightarrow 2 K^+(aq) + 2 OH^-(aq) + H_2(g)$; **(b)** $Ca(s) + 2 H^+(aq) \longrightarrow Ca^{2+}(aq) + H_2(g)$; **(c)** $Be(s) + H_2O(l) \longrightarrow$ aucune réaction. **57. (a)** $N_2O_5(s) + H_2O(l) \longrightarrow 2 HNO_3(aq)$; **(b)** $MgO(s) + 2 CH_3COOH(aq) \longrightarrow Mg(CH_3COO)_2(aq) + H_2O(l)$; **(c)** $Li_2O(s) + H_2O(l) \longrightarrow 2 LiOH(aq)$. **58. (a)** $SO_2(g) + 2 KOH(aq) \longrightarrow K_2SO_3(aq) + H_2O(l)$; **(b)** $Al_2O_3(s) + 6 H^+(aq) \longrightarrow 2 Al^{3+} + 3 H_2O(l)$; **(c)** $CaO(s) + H_2O(l) \longrightarrow Ca(OH)_2(aq)$. **59.** Les oxydes acides produisent des acides quand ils réagissent avec de l'eau, et ils réagissent avec des bases dans des réactions de neutralisation. Ce sont généralement des oxydes de non-métaux. Les oxydes basiques produisent des bases quand ils réagissent avec de l'eau, et réagissent avec des acides dans des réactions de neutralisation. Ce sont généralement des oxydes de métaux. Un oxyde amphotère réagit aussi bien avec les acides qu'avec les bases. Ce sont généralement des oxydes de semi-métaux.

Problèmes complémentaires

60.

61. 117 : $[Rn]\ 7s^25f^{14}6d^{10}7p^5$. **62. (a)** Les métaux dont l'énergie de première ionisation est faible, comme le césium, le rubidium et le potassium, sont des métaux pour lesquels on devrait observer l'effet photoélectrique. Ceux dont l'énergie de première ionisation est élevée ne présentent probablement pas d'effet photoélectrique. Exemple : zinc, cadmium et mercure ; **(b)** D'après la figure 5.16, la valeur de l'énergie de première ionisation du fermium est proche de celle des autres éléments de transition interne, c'est-à-dire ceux du bloc *f*, environ 600 kJ/mol ; **(c)** En extrapolant à partir des données de la figure 5.10 pour Li, Na, K, Rb et Cs, la valeur du rayon atomique du francium devrait être de 275 pm. **63.** $I_1(Cs) < I_1(B) < I_2(Sr) < I_2(In) < I_2(Xe) < I_3(Ca)$. **64. (a)** Rb = $1s^32s^32p^93s^33p^9d^74s^3$; Na $1s^32s^32p^5$. Na et Rb ne seraient pas du même groupe ; **(b)** Rb = $1s^21p^62s^22p^62d^{10}3s^23p^64s^23d^1$; Na $1s^21p^62s^22p^1$. Na serait un élément d'un groupe principal, Rb, un élément de transition. **65.** Le niveau d'énergie est différent en raison de l'attraction plus grande exercée par deux protons au lieu d'un, et de la répulsion de deux électrons. $E_1 = -5,25 \times 10^3$ kJ/mol. **66. (a)** $I_1 = E_\infty - E_1 = 1,312 \times 10^3$ kJ/mol; **(b)** $I_1 = (E_\infty - E_2) + (E_2 - E_1) = E_\infty - E_1 = 1,12 \times 10^3$ kJ/mol. **67.** De façon générale, l'énergie d'ionisation croît quand on se déplace de la gauche vers la droite dans le tableau périodique. Le nombre de protons est plus grand et l'effet d'écran des électrons du même niveau que l'électron extrait n'est pas complet. Les irrégularités sont observées dans le cas de Li, Be et O. Le deuxième électron extrait de Li est un de ceux qui appartiennent au premier niveau d'énergie.

C'est comme enlever le premier électron de He. L'extraction du deuxième électron de B exige une plus grande énergie parce qu'il faut briser une sous-couche *s* remplie. C'est comme enlever le premier électron de Be. L'extraction du deuxième électron de O exige plus d'énergie parce qu'il faut briser une sous-couche *p* à demi remplie. C'est comme enlever le premier électron de N. **68.** $Cl(g) + e^- \longrightarrow Cl^-(g)$ $\Delta H_{AÉ} = -349$ kJ.

Pour le processus global, $\Delta H = \left(\dfrac{1}{2} \times 242,8 \text{ kJ}\right) - 349 \text{ kJ} =$

-228 kJ/mol Cl^- (exothermique). **69.** 1491 kJ endothermique. **70.** La valeur calculée (210 pm) est approximative (les atomes, sphériques, ne peuvent s'entasser de manière à ne laisser aucun espace vide) et donc supérieure à la valeur réelle (180 pm). **71.** 96,49 kJ/mol. **72. (a)** B $1s^22s^22p^1$. L'extraction de l'électron 2*p* exige la plus faible énergie ; le premier petit sommet correspond donc à l'orbitale 2*p*. Le deuxième sommet correspond à l'orbitale 2*s* et le sommet d'énergie élevée correspond à l'orbitale 1*s* ; **(b)** Les sommets correspondant respectivement aux orbitales 1*s* et 2*s* ont la même hauteur, car chaque orbitale compte deux électrons ; la hauteur du sommet correspondant à l'orbitale 2*p* n'est que la moitié de la hauteur des deux autres sommets et compte un seul électron ; **(c)** Les valeurs des énergies d'ionisation obtenues par spectroscopie photoélectronique sont celles de la première énergie d'ionisation, mais elles tiennent compte de toutes les sous-couches et non seulement de la sous-couche correspondant au niveau d'énergie le plus élevé. L'ionisation résultant de l'extraction d'un électron d'une sous-couche 2*p* donne la valeur de I_1. Il n'existe aucune ionisation du spectre photoélectronique qui corresponde à I_2, I_3, etc ; **(d)** 6,3 mm ; **(e)** Le spectre comprend cinq sommets qui correspondent respectivement aux sous-couches représentées par $1s^22s^22p^63s^23p^1$. **73.** $1s^22s^22p^63s^23p^63d^7$. Aucune de ces réponses n'est acceptable. **74.** $1s^22s^22p^62d^1$. Aucune des réponses n'est correcte, car le second niveau d'énergie ne peut pas avoir d'orbitales *d*. **75.** As : $[Ar]\ 4s^23d^{10}4p^3$. As^{3+} a en moins les électrons des orbitales 4*p* et As^{5+} a en moins les deux électrons de l'orbitale 4*s* et les 3 électrons des orbitales 4*p*. **76.** Ag : $[Kr]\ 5s^14d^{10}$. L'électron que l'atome d'argent peut perdre facilement est celui de l'orbitale 5*s*. **77.** K, Sc, Ti, V, Cr, Mn, Fe, Co, Ni, Cu, Ga, Ge, As, Se, Br. **78.** Seulement Mg et Ar ont tous leurs électrons appariés. Les ions tels que Na^+, Mg^{2+}, Al^{3+}, Cl^-, S^{2-} et P^{3-} sont tous isoélectroniques avec un gaz noble et diamagnétiques. **79. (a)** Tl a la plus grande différence, car après le départ de l'électron de l'orbitale *p*, le deuxième électron provient d'une sous-couche différente plus près du noyau. Si Au et Hg perdent deux électrons, dans les deux cas, ces électrons sont de la même sous-couche ; **(b)** Tl est le plus disposé à perdre un électron pour s'ioniser parce qu'il n'en a qu'un seul dans les orbitales 6*p* ; Au et Hg doivent perdre un électron d'une orbitale plus près du noyau. Pour Hg, la perte d'un électron brise une orbitale remplie. **80.** Le premier et le troisième sont de la même grandeur et le second est le double de cette grandeur.

Chapitre 6

Exercices   6.1A :Är: ·B̈r: K·

6.1B ·Äs·   Rb·   ·T̈e·

6.2A

$$:Ba· \;+\; \begin{matrix} :Ï: \\ :Ï: \end{matrix} \longrightarrow \; :Ï:^- \; Ba^{2+} \; :Ï:^-$$

Iodure de baryum

6.2B

$$\begin{matrix} :Al· & :Ö: \\ & ·Ö: \\ :Al· & ·Ö: \end{matrix} \longrightarrow \; [Al]^{3+} \; [Al]^{3+} \; \begin{bmatrix} :Ö: \end{bmatrix}^{2-}$$

Al$_2$O$_3$ Oxyde d'aluminium

6.3A -615 kJ/mol de LiF(s). **6.3B** 863 kJ/mol de LiCl(s). **6.4A (a)** Ba < Ca < Be ; **(b)** Ga < Ge < Se ; **(c)** Te < S < Cl ; **(d)** Bi < P < S. **6.4B** Cl > S > B > Fe > Sc > Na > Rb. **6.5A** C—S < C—H < C—Cl < C—O < C—Mg. **6.5B (a)** Si et F forment la liaison avec le caractère ionique le plus fort ; **(b)** S et C forment la liaison avec le caractère ionique le plus faible. Leur différence d'électronégativité est la plus faible.

6.6A
$$H—\overset{\displaystyle H}{\underset{\displaystyle H}{\ddot N}}—\overset{\displaystyle H}{\underset{\displaystyle H}{\ddot N}}—H$$

6.6B
$$H—\overset{\displaystyle H}{\underset{\displaystyle H}{C}}—\overset{\displaystyle H}{\underset{\displaystyle H}{C}}—\ddot{C}l:$$

6.7A $\ddot S = C = \ddot O$

6.7B
$$:N = \overset{\displaystyle \;}{\underset{\displaystyle :O:}{\ddot O}} — \ddot F:$$

6.8A $[:C \equiv N:]^-$

6.8B
$$\begin{bmatrix} H—\overset{\displaystyle H}{\underset{\displaystyle H}{P}}—H \end{bmatrix}^+$$

6.9A $:\ddot O = \ddot N — \ddot Cl:$

6.9B
$$H—\overset{\displaystyle H}{\underset{\displaystyle H}{C}}—\overset{\displaystyle \ddot O:}{C}—\ddot O—\overset{\displaystyle H}{\underset{\displaystyle H}{C}}—H$$

6.10A

$$\begin{bmatrix} :\ddot O—N=\ddot O: \\ :\ddot O: \end{bmatrix}^- \leftrightarrow \begin{bmatrix} :\ddot O—N—\ddot O: \\ :O: \end{bmatrix}^- \leftrightarrow \begin{bmatrix} \ddot O=N—\ddot O: \\ :\ddot O: \end{bmatrix}^-$$

L'hybride de résonance met en jeu une contribution égale de ces trois structures limites équivalentes. Les longueurs et les énergies des liaisons N — O sont intermédiaires entre une liaison simple et une liaison double.

6.10B

(a)
$$\begin{bmatrix} H—\ddot O—C—\ddot O: \\ :O: \end{bmatrix}^- \leftrightarrow \begin{bmatrix} H—\ddot O—C=\ddot O: \\ :O: \end{bmatrix}^-$$

(b) $\overset{\displaystyle \;}{\underset{\displaystyle :O:}{:\ddot Cl}}—\ddot O—H$ **(c)** $[:C \equiv C:]^{2-}$

(d)
$$\begin{bmatrix} H—C—\ddot O: \\ :O: \end{bmatrix}^- \leftrightarrow \begin{bmatrix} H—C=\ddot O: \\ :\ddot O: \end{bmatrix}^-$$

6.11A $:\ddot Cl—\overset{\displaystyle \;}{\underset{\displaystyle :\ddot Cl:}{P}}—\ddot Cl:$

6.11B (a) $:\ddot F—\overset{\displaystyle \;}{\underset{\displaystyle :\ddot F:}{\ddot Cl}}—\ddot F:$ **(b)** $:\ddot F—\overset{\displaystyle :\ddot F:}{\underset{\displaystyle :\ddot F:}{S}}—\ddot F:$

6.12A (a) Inexacte. La molécule ClO$_2$ a 19 électrons de valence, mais la structure de Lewis donnée en contient 20, un de trop ; **(b)** Exacte ; **(c)** Inexacte. La structure compte 26 électrons alors que le nombre d'électrons disponibles est 24. La structure exacte est : $:\ddot F—\ddot N=\ddot N—\ddot F:$

6.12B

$$H—\overset{\displaystyle :O:}{\underset{\displaystyle :O:}{\ddot O—S—\ddot O}}—H \qquad H—\overset{\displaystyle \ddot O:^{\ominus 1}}{\underset{\displaystyle :\ddot O:^{\ominus 1}}{\ddot O—\overset{\oplus 2}{S}—\ddot O}}—H$$

La structure de gauche possède deux doubles liaisons entre S et O ; S a une couche de valence étendue et une charge formelle égale à 0. La structure de droite a seulement des liaisons simples entre S et O ; le S possède un octet d'électrons et une charge formelle de +2. Il y a aussi d'autres structures n'ayant qu'une double liaison entre S et O. **6.13A** 144 pm. **6.13B** 145 pm. **6.14A** -113 kJ. **6.14B** 279 kJ. **Problèmes par sections 1.** Le néon et l'hélium possèdent des couches de valence entièrement occupées, des énergies d'ionisation élevées et des affinités électroniques positives.

2. (a) Na· **(b)** :Ö· **(c)** ·S̈i· **(d)** :B̈r· **(e)** ·Ca· **(f)** ·Äs· ·

3. (a) K$^+$: $1s^2 2s^2 2p^6 3s^2 3p^6$ ou [Ar], K$^+$; **(b)** S^{2-} : $1s^2 2s^2 2p^6 3s^2 3p^6$ ou [Ne]$3s^2 3p^6$, $\begin{bmatrix} :\ddot S: \end{bmatrix}^{2-}$; **(c)** Al^{3+} : $1s^2\ 2s^2\ 2p^6$ ou [Ne] Al^{3+} **(d)** Cl$^-$: $1s^2 2s^2 2p^6 3s^2 3p^6$ ou [Ne]$3s^2 3p^6$, $\begin{bmatrix} :\ddot Cl: \end{bmatrix}^-$; **(e)** Mg^{2+} : $1s^2\ 2s^2\ 2p^6$ ou [Ne] Mg^{2+} ; **(f)** N^{3-} : $1s^2\ 2s^2\ 2p^6$ ou [Ne] $\begin{bmatrix} :\ddot N: \end{bmatrix}^{3-}$.

4. (a) Cr^{3+} : $1s^2 2s^2 2p^6 3s^2 3p^6 3d^3$ n'est pas une configuration d'un gaz noble ; **(b)** Sc^{3+} : $1s^2 2s^2 2p^6 3s^2 3p^6$ est une configuration d'un gaz noble ; **(c)** Zn^{2+} : $1s^2 2s^2 2p^6 3s^2 3p^6 3d^{10}$ n'est pas une configuration d'un gaz noble ; **(d)** Te^{2-} : $1s^2 2s^2 2p^6 3s^2 3p^6 4s^2 3d^{10} 4p^6 5s^2 4d^{10} 5p^6$ est une configuration d'un gaz noble; **(e)** Zr^{4+}: $1s^2 2s^2 2p^6 3s^2 3p^6 4s^2 3d^{10} 4p^6$ est une configuration d'un gaz noble; **(f)** Cu^+: $1s^2 2s^2 2p^6 3s^2 3p^6 3d^{10}$ n'est pas une configuration d'un gaz noble. **5. (a)** Ba^{2+}: [Xe]; **(b)** K^+: [Ar]; **(c)** Se^{2-}: [Ar] $3d^{10} 4s^2 4p^6$ ou [Kr]; **(d)** I^-: [Kr] $5s^2 4d^{10} 5p^6$ ou [Xe]; **(e)** N^{3-}: [He] $2s^2 2p^6$ ou [Ne]; **(f)** Br^-: [Kr] $4s^2 3d^{10} 4p^6$ ou [Kr].

6. **(a)** $K^+ + \left[:\!\ddot{\underset{\cdot\cdot}{I}}\!:\right]^-$ **(b)** $2\left[:\!\ddot{\underset{\cdot\cdot}{F}}\!:\right]^- + Ba^{2+}$

(c) $Rb^+ + \left[:\!\ddot{\underset{\cdot\cdot}{S}}\!:\right]^{2-}$ **(d)** $2\,Al^{3+} + 3\left[:\!\ddot{\underset{\cdot\cdot}{O}}\!:\right]^{2-}$

7. **(a)** $Ca^{2+} + \left[:\!\ddot{\underset{\cdot\cdot}{O}}\!:\right]^{2-}$ **(b)** $K^+ + \left[:\!\ddot{\underset{\cdot\cdot}{Br}}\!:\right]^-$

(c) $Ba^{2+} + 2\left[:\!\ddot{\underset{\cdot\cdot}{Cl}}\!:\right]^-$ **(d)** $3\,Sr^{2+} + 2\left[:\!\ddot{\underset{\cdot\cdot}{N}}\!:\right]^{3-}$

8.

(a) $\cdot Ca \cdot + \begin{matrix}\cdot\ddot{Br}:\\ \cdot\ddot{Br}:\end{matrix} \longrightarrow \left[:\ddot{\underset{\cdot\cdot}{Br}}:\right]^- Ca^{2+} \left[:\ddot{\underset{\cdot\cdot}{Br}}:\right]^-$

(b) $\cdot Ba \cdot + \cdot\ddot{O}: \longrightarrow Ba^{2+} \left[:\ddot{\underset{\cdot\cdot}{O}}:\right]^{2-}$

(c) $\begin{matrix}\cdot Al\cdot\\ \cdot Al\cdot\end{matrix} + \begin{matrix}:s:\\ :s:\\ :s:\end{matrix} \longrightarrow 2[Ar]^{3+} + 3\left[:\ddot{\underset{\cdot\cdot}{S}}:\right]^{2-}$

9. Le seul composé de ce type est l'hydrure de lithium: $Li^+[:H]^-$. **10.** −559 kJ. **11.** −420 kJ (selon l'annexe C, ΔH_f° = −436,7 kJ). **12.** −654 kJ. **13.** −703 kJ. **14.** −2809 kJ. **15.** −1965 kJ.

16. **(a)** $H - \overset{H}{\underset{|}{\overset{|}{\ddot{P}}}} - H$ **(b)** $:\ddot{\underset{\cdot\cdot}{F}} - \overset{:\ddot{F}:}{\underset{:\ddot{F}:}{\overset{|}{\underset{|}{C}}}} - \ddot{\underset{\cdot\cdot}{F}}:$

17. **(a)** $H - \overset{H}{\underset{H}{\overset{|}{\underset{|}{Si}}}} - H$ **(b)** $:\ddot{Cl} - \overset{..}{\underset{:\ddot{Cl}:}{\overset{}{\underset{|}{N}}}} - \ddot{Cl}:$

18.

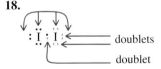

ou $:\ddot{I} - \ddot{I}:$, où le trait représente un doublet d'électrons liant.

— doublets
— doublet

19. (a) 1; **(b)** 4; **(c)** 2; **(d)** 1; **(e)** 3; **(f)** 1.

20.

$\left[:\ddot{\underset{\cdot\cdot}{F}}:\right]^{..} \curvearrowright \overset{:\ddot{F}:}{\underset{:\ddot{F}:}{\overset{|}{\underset{|}{B}}}} - \ddot{F}: \longrightarrow \left[:\ddot{\underset{\cdot\cdot}{F}} - \overset{:\ddot{F}:}{\underset{:\ddot{F}:}{\overset{|}{\underset{|}{B}}}} - \ddot{F}:\right]^-$

21. (a) $H - \overset{H}{\underset{H}{\overset{|}{\underset{|}{C}}}} - \ddot{\underset{\cdot\cdot}{O}} - H$ **(b)** $H - \overset{:O:}{\overset{\|}{C}} - H$

(c) $H - \overset{}{\underset{H}{\overset{|}{\underset{|}{\ddot{N}}}}} - \ddot{\underset{\cdot\cdot}{O}} - H$ **(d)** $H - \overset{H}{\underset{..}{\overset{|}{\underset{}{N}}}} - \overset{H}{\underset{}{\overset{|}{\underset{}{N}}}} - H$

(e) $\ddot{\underset{\cdot\cdot}{F}} - \overset{:O:}{\overset{\|}{C}} - \ddot{\underset{\cdot\cdot}{F}}$ **(f)** $:\ddot{Cl} - \overset{}{\underset{:\ddot{Cl}:}{\overset{}{\underset{|}{P}}}} - \ddot{Cl}:$

22. (a) $:\ddot{\underset{\cdot\cdot}{F}} - \overset{}{\underset{:\ddot{F}:}{\overset{}{\underset{|}{N}}}} - \ddot{\underset{\cdot\cdot}{F}}:$ **(b)** $H - C \equiv C - H$

(c) $H - \overset{H}{\underset{}{\overset{|}{\underset{}{C}}}} = \overset{H}{\underset{}{\overset{|}{\underset{}{C}}}} - H$ **(d)** $H - \overset{H}{\underset{H}{\overset{|}{\underset{|}{C}}}} - \overset{H}{\underset{}{\overset{|}{\underset{}{\ddot{N}}}}} - H$

(e) $\overset{}{\underset{:O:\atop |\atop H}{\overset{}{\ddot{O}}}} = Si - \ddot{O} - H$ **(f)** $H - C \equiv N:$

23. (a) B < N < F; **(b)** Ca < As < Br; **(c)** Ga < C < O. **24. (a)** Rb < Sb < I; **(b)** Cs < Na < Li; **(c)** Sb < P < Cl. **25. (a)** F — F < Cl — F < Br — F < I — F < H — F; **(b)** H — H < H — I < H — Br < H — Cl < H — F. **26. (a)** H — H < H — C < H — N < H — O < H — F; **(b)** C — C ≈ C — I < C — Br < C — Cl < C — F. **27. (a)** N est plus électronégatif que S; **(b)** Cl est plus électronégatif que B; **(c)** F est plus électronégatif que As; **(d)** O est plus électronégatif que S. **28. (a)** F est plus électronégatif que Br; **(b)** Br est plus électronégatif que Se; **(c)** Cl est plus électronégatif que As; **(d)** N est plus électronégatif que H. **29. (a)** Ionique; **(b)** Covalente polaire; **(c)** Ionique; **(d)** Covalente polaire; **(e)** Covalente polaire; **(f)** Ionique; **(g)** Covalente non polaire; **(h)** Covalente non polaire; **(i)** Covalente polaire. **30. (a)** Pour SO_2, les charges formelles sont S (+1), O (0) et O (−1); **(b)** Pour CO, on a C (−1) et O (+1); **(c)** Pour HO_2^-, on a H (0), O (0) et O (−1); **(d)** Pour HCN, on a H (0), C (0) et N (0). **31. (a)** Pour SO_3^{2-}, les charges formelles sont S (+1) et 3 atomes O (−1); **(b)** Pour N_3^-, on a N (+1) et 2 atomes N (−1); **(c)** Pour BF_4^-, on a B (−1) et 4 atomes F (0); **(d)** Pour NO_2, on a N (+1), O (0) et O (−1).

32. (a) $:\overset{-2}{\ddot{C}} = \overset{+1}{N} = \ddot{O}:$ **(b)** $:N \equiv C - \overset{-1}{\ddot{O}}:$

La structure de Lewis représentée en (b) est plus plausible parce que les charges formelles sont plus petites.

33. (a) $:N \equiv \overset{+1}{\underset{2}{N}} - \overset{-1}{\underset{}{\ddot{O}}}:$ $\underset{1}{}$ **(b)** $:\overset{-1}{\underset{1}{\ddot{N}}} = \overset{+1}{\underset{2}{N}} = \ddot{O}:$

La structure de Lewis représentée en (a) est plus plausible parce que la charge négative est portée par l'atome le plus électronégatif. **34.** L'hybride de résonance est l'ensemble de ces deux structures limites où l'atome central de carbone est uni aux atomes d'oxygène périphériques par des liaisons intermédiaires entre des liaisons simples et des liaisons doubles. L'atome de carbone et les atomes d'oxygène partagent un doublet d'électrons délocalisés.

$$\left[H-\ddot{\underset{..}{O}}-C=\ddot{\underset{..}{O}} \right]^- \longleftrightarrow \left[H-\ddot{\underset{..}{O}}-C-\ddot{\underset{..}{O}}: \right]^-$$
(avec :O: sous le C)

35. L'hybride de résonance est l'ensemble des trois structures limites, de sorte que le carbone et les trois atomes d'oxygène partagent tous un doublet d'électrons délocalisés.

$$\left[:\ddot{O}-C=\ddot{O} \right]^{2-} \longleftrightarrow \left[\ddot{O}=C-\ddot{O}: \right]^{2-} \longleftrightarrow$$
$$\left[:\ddot{O}-C-\ddot{O}: \right]^{2-}$$

36. La résonance est plus importante dans l'acide nitrique que dans l'acide nitreux. Dans l'acide nitrique, deux atomes d'oxygène sont équivalents et les deux liaisons O—N engendrées sont intermédiaires entre des liaisons simples et des liaisons doubles. Un doublet d'électrons est partagé par les deux atomes d'oxygène et l'atome d'azote.

H—Ö—N=Ö   H—Ö—N=Ö (+1, +1, −1 sur les atomes) ⟷ H—Ö—N—Ö: (+1, −1)

37.

(a) H—C(—H)(—H)—C(=O)—Ö—H

(b) $$\left[H-\underset{H}{\overset{H}{C}}-C=\ddot{O}: \right]^- \longleftrightarrow \left[H-\underset{H}{\overset{H}{C}}-C-\ddot{O}: \right]^-$$
(avec :O: au-dessus du deuxième C)

Dans l'ion acétate, l'hybride de résonance est la combinaison de ces deux structures limites, où les liaisons C—O sont des intermédiaires entre des liaisons simples et des liaisons doubles, et où l'atome de carbone et les deux atomes d'oxygène partagent un doublet d'électrons délocalisés. La résonance n'est pas aussi importante dans le cas de l'acide acétique.

38.
(a) ·N̈=Ö

(b) :F̈—Cl̈—F̈: (avec :F: en dessous)

(c) :C̈l—B—C̈l: (avec :Cl: en dessous)

(d) :F̈—Se—F̈: (avec :F: au-dessus et :F: en dessous)

La molécule NO contient un nombre impair d'électrons. Chaque atome de BCl_3 n'est pas doté de l'octet. La structure de ClF_3 et de SeF_4 comporte une couche de valence étendue.

39. (a) :Ö—C̈l—Ö·

(b) :F̈—I—F̈: (avec :F: au-dessus et :F: en dessous)

(c) H—C(—H)(—H)—Be—C(—H)(—H)—H

(d) :F̈—Xe—F̈: (avec :F: :F: au-dessus et :F: :F: en dessous)

La molécule ClO_2 contient un nombre impair d'électrons. L'atome Be de $Be(CH_3)_2$ n'est pas doté de l'octet. La structure de IF_5 et de XeF_6 comporte une couche de valence étendue.

40.
(a) :S̈—S̈—F̈:   :S̈=S̈—F̈: (avec :F: en dessous)

La première structure ne comporte pas de couche de valence étendue. La deuxième structure comporte une couche de valence étendue, mais pas de charge formelle. Les deux structures limites sont susceptibles de jouer un rôle dans un hybride de résonance. Par ailleurs, la molécule F—S—S—F n'est pas une structure limite, mais un isomère.

(b) [:Ï—Ï—Ï:]⁻   (c) H—Ö—C—Ö—H (avec :O: en dessous du C)

(d) [:C≡N:]⁻

(e) $$\left[:\ddot{F}-S-\ddot{F}: \right]$$ (avec :F: :F: au-dessus et :F: en dessous)

(f) $$\left[:\ddot{O}-Br-\ddot{O}: \right]^- \longleftrightarrow \left[\ddot{O}=Br-\ddot{O}: \right]^- \longleftrightarrow \left[:\ddot{O}=Br=\ddot{O}: \right]^-$$
(avec :O: au-dessus du Br)

3 structures de résonance équivalentes   3 structures de résonance équivalentes

La distribution des charges formelles est meilleure à mesure qu'on passe de la structure de droite vers celle de gauche. Il existe plusieurs structures limites qui contiennent une ou deux liaisons doubles brome-oxygène. Cependant, comme nous l'avons souligné dans la section 6.9, il n'est pas certain que ces structures, où intervient une couche de valence étendue, jouent un rôle important dans l'hybride de résonance.

41.

(a) H—Ö—N=Ö ⟷ H—Ö—N—Ö:
      :O: :O:

(b) [:F:
       :F—I—F:
          :F:]⁻

(c) :Ö—Xe—Ö: ⟷ :Ö—Xe=O: ⟷ :Ö—Xe=O:
          :O: :O: :O

      4 structures   6 structures
      de résonance   de résonance
      équivalentes   équivalentes

(d) [:Çl—I—Çl:]⁻   **(e)** H—C=S
                                     :F:
                                     :F:
                                     :F:

(f) [:Ö—I—Ö:] ⟷ [:Ö=I—Ö:] ⟷ [:Ö—I=Ö:]⁻
          :O: :O: :O:

      4 structures   6 structures
      de résonance   de résonance
      équivalentes   équivalentes

La distribution des charges formelles est meilleure à mesure qu'on passe de la structure de droite vers celle de gauche.

42.

(a) H—C—C—Ö—H
          H   H
          H—C—H
             H

(b) H—C—Ö—H
          :O:

(c) H—C—Ö—C—H
          H   H

43. (a) H—C—C≡C—H   **(b)** H—C—N—C—H
              H   H   H   H

(c) H—C—C—C—H
          H   H   :O:

44. (a) Il n'y a que 6 électrons autour du carbone.

[:S=C=N:]⁻

(b) Il n'y a que 16 électrons, au lieu des 17 requis.

:Ö—N—Ö: ⟷ :Ö:—N=Ö:

(c) L'azote a deux électrons en trop.

:Çl—N—Çl:
     :Çl:

45. (a) L'azote n'a que 6 électrons.

[:O:
  Ö=N—Ö:] ⟷ [:O:
             :Ö—N—Ö:] ⟷ [:Ö:
                          :Ö—N=Ö:]⁻

(b) L'azote a trop d'électrons.

H
H—N—C≡N:

(c) Les charges formelles sont élevées.

H—N—C≡O: H—N=C=Ö
(−1) (+1)

46.

C₂H₅O   H—C=C—Ö—H   H—C—C=Ö—H
          H   H   H   H

H—Ö—C—C·
      H   H

Ces structures ne sont pas satisfaisantes ; il y a trop de liaisons sur C ou O, ou il y a un nombre impair d'électrons. C₄H₁₀O₂ est mieux.

H—Ö—C—C—C—C—Ö—H
      H H H H
      H H H H

ou   H—C—C—C—C—H
         :O: H :O: H
         H   H

47.

CH₄N   H—C—N—H
            H   H
            H

L'atome d'azote n'atteint pas l'octet.

$C_2H_8N_2$ 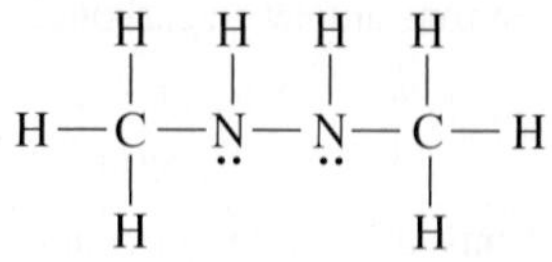

ou 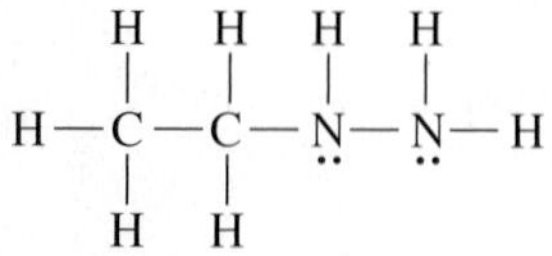

ou 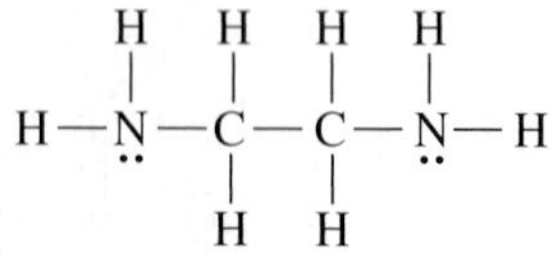

48. **(a)** 233 pm ; **(b)** 149 pm. Ces valeurs approximatives sont probablement supérieures aux valeurs réelles puisque les liaisons sont polaires. En général, plus une liaison a une forte polarité, plus sa longueur réelle est inférieure à la valeur calculée. **49.** **(a)** 172 pm ; **(b)** 206 pm. Ces valeurs approximatives sont probablement supérieures aux valeurs réelles puisque les liaisons sont polaires. En général, plus une liaison a une forte polarité, plus sa longueur réelle est inférieure à la valeur calculée. **50.** C'est la liaison la moins polaire (H—I) qui présente la plus petite différence entre les valeurs calculées et mesurées, soit la liaison pour laquelle la différence d'électronégativité est la plus petite. **51.** C'est la liaison la plus polaire (I—F) qui présente la plus grande différence entre les valeurs calculées et mesurées, soit la liaison pour laquelle la différence d'électronégativité est la plus grande. **52.** La liaison azote-azote est une liaison double. Les liaisons azote-fluor sont des liaisons simples. La structure la plus probable est :

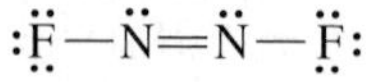

53. Les liaisons oxygène-hydrogène sont des liaisons simples. La liaison oxygène-oxygène est une liaison simple. La structure la plus probable est :

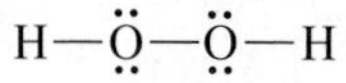

54. −535 kJ. **55.** −113 kJ. **56.** −113 kJ. **57.** −179 kJ. **58.** 302 kJ/liaison de O_3. **59.** 1066 kJ/mol de liaison CO.

60.

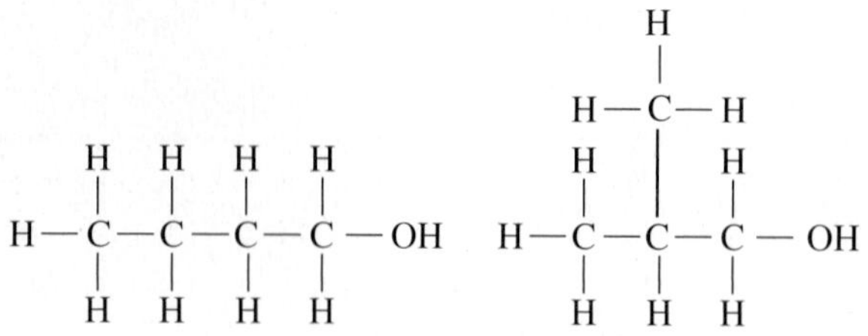

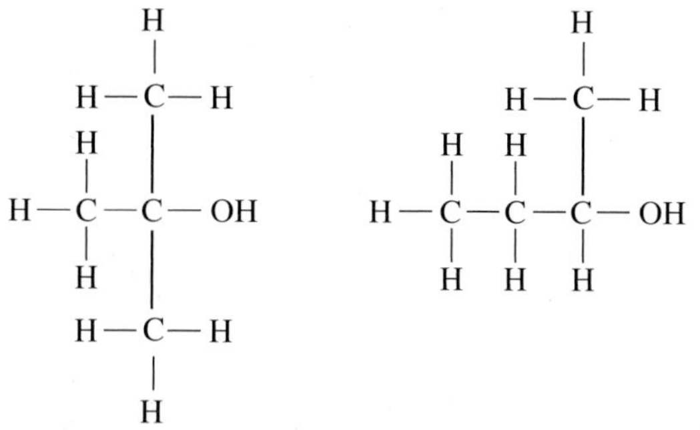

61. **(a)** Alcane ; **(b)** Alcool ; **(c)** Alcène ; **(d)** Alcyne ; **(e)** Acide carboxylique ; **(f)** Composé inorganique ; **(g)** Amide ; **(h)** Alcène et alcool. **62.** **(a)** Alcane ; **(b)** Amine ; **(c)** Composé inorganique ; **(d)** Alcool ; **(e)** Alcène ; **(f)** Acide carboxylique ; **(g)** Alcane ; **(h)** Alcyne ; **(i)** Amide et alcool ; **(j)** Amine. **63.** (b).

64.

(a) 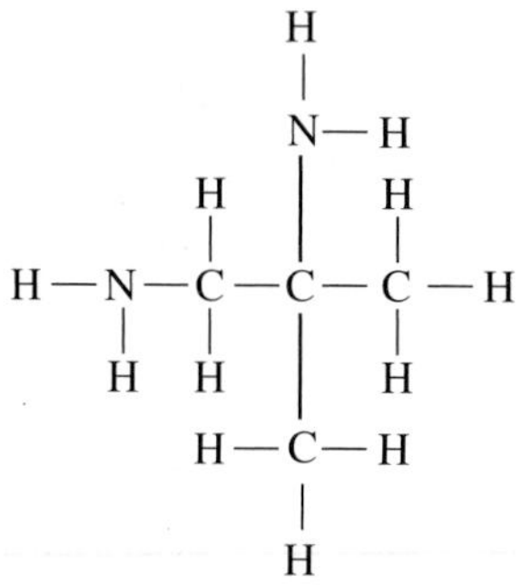

(b) 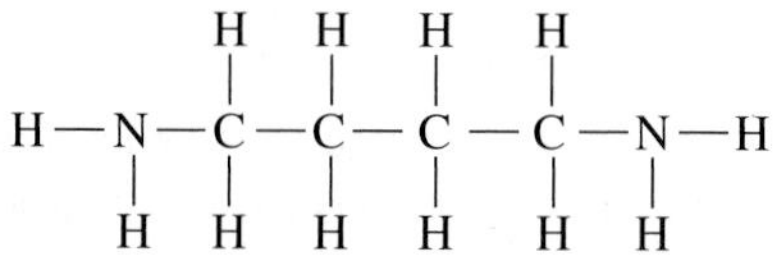

Ce sont des isomères. **65.** (a), (b) et (c) sont des hydrocarbures insaturés.

Problèmes complémentaires

66.

éther diméthylique 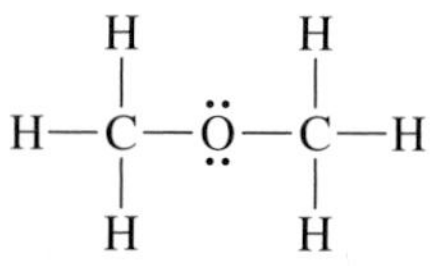

éthanol 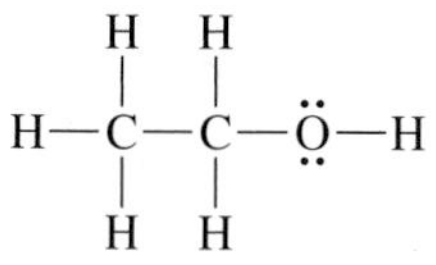

67.

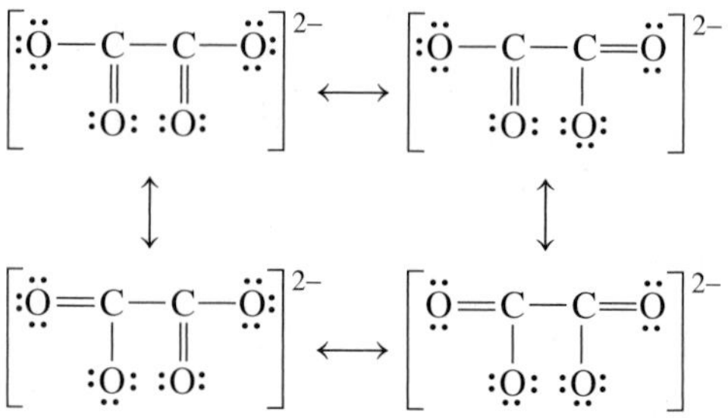

68.

$$\begin{array}{c}
H \\
| \\
C \\
\diagup\ \diagdown \\
H-C \qquad C-H \\
\;|\qquad\qquad | \\
H-C \qquad C-H \\
\diagdown\ \diagup \\
C \\
| \\
H
\end{array}$$

69.

$$\underset{110\ \text{pm}}{H\!-\!}C \overset{120\ \text{pm}}{\equiv} \underset{154\ \text{pm}}{C\!-\!}\overset{\overset{\ddot{O}:}{\|}}{C}\!-\!\underset{110\ \text{pm}}{H}$$

120 pm — :Ö: — 120 pm

70. $H-\ddot{N}-N\equiv N: \longleftrightarrow H-\ddot{N}=N=\ddot{N}:$

71.

$$\ddot{O}=N-\ddot{O}: \longleftrightarrow :\ddot{O}-N=\ddot{O}$$
$$\qquad\ \ |\qquad\qquad\qquad |$$
$$\qquad\ :\!F\!:\qquad\qquad\quad :\!F\!:$$

Longueur de liaison (N—O) = 128 pm. Longueur de liaison (N—F) = 144 pm.   **72. (a)** L'élément X est l'iode. La structure de Lewis la plus plausible est:

$$\left[\begin{array}{ccc} :\!\ddot{C}l & & \ddot{C}l: \\ & I & \\ :\!\ddot{C}l & & \ddot{C}l: \end{array}\right]^{-}$$

73. ΔH_{O-O} dans O_3 = 299 kJ/mol. Énergie d'après la structure de Lewis: $\ddot{O}=\ddot{O}-\ddot{O}:$. L'énergie de liaison doit être la moyenne d'une liaison simple et d'une liaison double. ΔH_{O-O} dans O_3 = 320 kJ. La valeur de l'énergie obtenue d'après la structure de Lewis est plus élevée.   **74.** ΔH_{CH} = 416 kJ/mol. La comparaison est très bonne avec la valeur de 414 kJ donnée dans le tableau.   **75.** −16 kJ.   **76.** −616 kJ. $MgCl_2$ est beaucoup plus stable que MgCl parce que l'énergie additionnelle nécessaire pour produire Mg^{2+} plutôt que Mg^+ est plus que compensée par la très grande augmentation de l'énergie de réseau entre MgCl et $MgCl_2$.   **77.** −65 kJ/mol.

78. (a) MgO doit être ionique. $Mg^{2+}\left[:\!\ddot{O}\!:\right]^{2-}$; **(b)** Cl_2O est covalent: $:\ddot{C}l-\ddot{O}-\ddot{C}l:$

(c) Cette structure devrait avoir seulement 16 électrons, et non 17, avec deux doubles liens entre N et O. $\left[\ddot{O}=N-\ddot{O}\right]^{+}$

(d) Cette structure devrait avoir 16 électrons, et non 14, avec une double liaison entre S et C. $\left[\ddot{S}=C-\ddot{N}\right]^{-}$

79. (a) L'ion cyanate devrait avoir une triple liaison entre C et N; **(b)** L'ion acétylure a 10 électrons, avec un doublet libre sur chaque carbone; **(c)** La structure est correcte; **(d)** NO a seulement un doublet libre et un électron non apparié sur l'atome N.
80. (a) As + $\longrightarrow$ P, tableau périodique; **(b)** Al + $\longrightarrow$ P, tableau périodique; **(c)** I $\longleftarrow$ + P, nécessite des valeurs d'électronégativité; **(d)** Cl + $\longrightarrow$ P, tableau périodique.
81. (a) Ga—S est polaire, tableau périodique; **(b)** N—F est polaire, tableau périodique; **(c)** Sn—Br est polaire, tableau pé-

riodique; **(d)** C—S est non polaire. Pour arriver à cette conclusion, il faut regarder les valeurs d'électronégativité.   **82.** Dans les alcanes, les structures de Lewis et les formules développées sont identiques parce que toutes les paires d'électrons forment des liaisons simples qui sont représentées par des tirets. Il n'y a pas de doublets libres. Dans les autres composés organiques, il peut y avoir des doublets libres représentés par des paires de points. Par exemple, dans les composés organiques neutres contenant des atomes N ou O, il y a des doublets libres sur ces atomes.

83.

$$\begin{array}{cccc}
H & H & H & H \\
| & | & | & | \\
C\!=\!C\!-\!C\!=\!C & & & \\
| & & & | \\
H & & & H
\end{array}
\qquad
\begin{array}{cccc}
 & H & H & \\
 & | & | & \\
C\!=\!C\!=\!C\!-\!C\!-\!H & & & \\
| & & | & \\
H & & H &
\end{array}$$

$$\begin{array}{cccc}
 & & H & H \\
 & & | & | \\
H\!-\!C\!\equiv\!C\!-\!C\!-\!C\!-\!H \\
 & & | & | \\
 & & H & H
\end{array}
\qquad
\begin{array}{cccc}
 & H & & H \\
 & | & & | \\
H\!-\!C\!-\!C\!\equiv\!C\!-\!C\!-\!H \\
 & | & & | \\
 & H & & H
\end{array}$$

$$\begin{array}{cc}
H & H \\
| & | \\
C\!-\!C\!-\!H \\
\| & | \\
C\!-\!C\!-\!H \\
| & | \\
H & H
\end{array}$$

84. Les charges formelles dans HClO sont: H = 0, Cl = +1 et O = −1. Dans HOCl, elles sont: H = 0, Cl = 0 et O = 0. HOCl est la meilleure structure.

85.

$$\left[\ddot{O}=N=\ddot{O}\right]^{+}$$

$$:\ddot{O}-N=\ddot{O}: \longleftrightarrow :\ddot{O}=N-\ddot{O}:$$

$$\left[:\ddot{O}-N=\ddot{O}:\right]^{-} \longleftrightarrow \left[:\ddot{O}=N-\ddot{O}:\right]^{-}$$

Les deux entités NO_2 et NO_2^- ont deux structures limites de résonance et, dans chaque structure, il y a une liaison simple et une liaison double. Les longueurs de liaison seront à peu près équivalentes, soit d'une longueur intermédiaire entre celle d'une liaison simple NO et celle d'une liaison double NO. Les énergies de liaison seront à peu près égales, avec des valeurs intermédiaires entre celle d'une liaison simple NO et celle d'une liaison double NO.

86. Formule empirique $= C_3H_6O$

Masse de la formule empirique $= 58,0$ u

$=$ masse moléculaire

$CH_3CH_2CH = O$ $\quad\quad CH_3COCH_3$

$CH_2 = CHCH_2OH$ $\quad\quad CH_2 = CHOCH_3$

$CH_3CH = CHOH$

87. $\Delta H_{NO} = 632$ kJ / mol. Les valeurs fournies dans le tableau de données sont 590 kJ/mol et 222 kJ/mol.

Chapitre 7

Exercices **7.1A (a)** $SiCl_4$. La géométrie de répulsion et la géométrie moléculaire des quatre groupes d'électrons liants (AX_4) sont toutes deux tétraédriques. Donc, le $SiCl_4$ adopte une structure tétraédrique ; **(b)** $SbCl_5$. La géométrie de répulsion et la géométrie moléculaire des cinq groupes d'électrons liants (AX_5) sont toutes deux bipyramidales à base triangulaire. **7.1B (a)** BF_4^-. La géométrie de répulsion et la géométrie moléculaire des quatre groupes d'électrons liants (AX_4) sont toutes deux tétraédriques ; **(b)** N_3^-. La géométrie de répulsion et la géométrie moléculaire des deux groupes d'électrons liants (AX_2) sont toutes deux linéaires. **7.2A** SF_4. Notation RPEV : AX_4E. La géométrie de répulsion est bipyramidale à base triangulaire. La structure en forme de bascule (tableau 7.1) comprend deux angles de 90° et deux angles de 120° entre un doublet libre et un doublet liant ; la structure pyramidale donnée comprend trois angles de 90° et un angle de 180° entre un doublet libre et un doublet liant. Comme l'interaction d'un doublet libre et d'un doublet liant déterminant un angle de 90° est très défavorable, on retient la structure en forme de bascule de sorte que le doublet libre se situe dans le plan équatorial de la structure. **7.2B** ClF_3. Notation RPEV : AX_3E_2. Géométrie de répulsion bipyramidale à base triangulaire. La structure en forme de T (tableau 7.1) comprend quatre angles de 90° entre un doublet libre et un doublet liant ; la structure triangulaire plane comprend six angles de 90° entre un doublet libre et un doublet liant. La structure en forme de T est la géométrie moléculaire observée. **7.3A**

Chaque atome de carbone est entouré de 4 groupes d'électrons liants et d'aucun doublet libre (AX_4). Donc, la géométrie moléculaire autour de chaque carbone est tétraédrique. Quatre groupes d'électrons entourent l'atome d'oxygène, mais deux des doublets sont libres (AX_2E_2), donc la géométrie moléculaire de C—O—C est angulaire.

7.3B

Chaque atome de carbone est entouré de 4 groupes d'électrons liants et il n'y a aucun doublet libre (AX_4). Donc, la géométrie moléculaire autour de chaque carbone est tétraédrique. Quatre groupes d'électrons entourent l'atome de O, mais deux des doublets sont des électrons libres (AX_2E_2), donc la géométrie moléculaire de COH est angulaire. **7.4A** Molécules polaires : SO_2 (angulaire, AX_2E) et BrCl. Molécules non polaires : BF_3 (triangulaire plane symétrique, AX_3) et N_2. **7.4B** SO_3 : triangulaire plane (AX_3) symétrique, non polaire. SO_2Cl_2 : tétraédrique (AX_4) et symétrique, mais polaire parce que O et Cl diffèrent d'électronégativité. ClF_3 : en forme de T (AX_3E_2), non symétrique, polaire. BrF_5 : pyramidale à base carrée (AX_5E), non symétrique, polaire. **7.5A** L'angle de NOF est probablement de 110° et celui de NO_2F, de 118°. Le doublet libre sur N dans NOF exerce une répulsion plus forte que les doublets liants dans les liaisons N — O de NO_2F. **7.5B** CS_2 (linéaire, AX_2) et SO_3 (triangulaire plane, AX_3) sont symétriques, les dipôles de liaison s'annulent, et il n'y a pas de dipôle moléculaire. Bien que COF_2 (triangulaire plane, AX_3) et NOF_2 (tétraédrique) soient symétriques, les dipôles de liaison ne s'annulent pas complètement, et il y a un faible dipôle dans chaque molécule. Dans NO, il n'y a pas d'effet d'annulation des dipôles et il existe un moment dipolaire résultant. NO a le plus grand moment dipolaire résultant. **7.6A** Notation RPEV : AX_4, tétraédrique, hybridation sp^3 pour Si. **7.6B** Notation AX_2E_3, répulsion : bipyramidale à base triangulaire, mais géométrie moléculaire linéaire. L'atome central est hybridé sp^3d. **7.7A (a)** Autour de C : tétraédrique (AX_4) ; autour de O : angulaire (AX_2E_2) ; **(b)** Hybridation sp^3 pour C et O ; **(c)** 3 liens σ C (sp^3)— H ($1s$), 1 lien σ C (sp^3)—O (sp^3), 1 lien O (sp^3)—H ($1s$). **7.7B** $:N \equiv C - C \equiv N:$ **(a)** La géométrie autour de chaque C est linéaire, AX_2 ; **(b)** Le modèle d'hybridation de C est sp ; **(c)** 1 lien C (sp)—C (sp), 2 liens C (sp)—N ($2p$) et 4 liens π C ($2p$)—N ($2p$). **7.8A** Puisque les deux atomes de chlore sont sur le même atome de carbone, la molécule est polaire.

7.8B (a) Molécule polaire à cause de la grande électronégativité du fluor ; **(b)** et **(c)** Molécules non polaires à cause de la faible différence d'électronégativité entre C et H et de la géométrie symétrique ; **(d)** Molécule polaire parce que les deux Cl électronégatifs sont du même côté. **7.9A** L'ion H_2^- a trois électrons, deux dans des orbitales moléculaires liantes et un dans une orbitale moléculaire antiliante. L'ordre de liaison est de 1/2. L'ion devrait être plus ou moins stable. **7.9B** He_2 n'est pas stable, l'ordre de liaison est de 0. He_2^+ a deux orbitales liantes et seulement un électron dans une orbitale antiliante, l'ordre est 1/2, et He_2^+ devrait être plus stable que He_2. He_2^{2+} et He_2^{3+} devraient aussi être stables. **7.10A** Li_2 et Be_2 devraient avoir le même ordre de liaison et les mêmes propriétés magnétiques parce que seulement les orbitales moléculaires (σ_{2s} et σ^*_{2s}) sont impliquées. Pour B_2 et C_2, les ordres de liaison ne devraient pas changer parce que les électrons sont dans des orbitales liantes dans les deux cas. Les propriétés magnétiques de B_2 et C_2 changent d'un diagramme à l'autre. N_2 est diamagnétique dans les deux cas parce que tous les électrons sont appariés. F_2 et O_2 n'ont pas changé car les orbitales qui changent sont complètement remplies. **7.10B** Ordre de liaison = 2,5. Les diagrammes des orbitales moléculaires de N_2 ou de O_2 pourraient servir, et tous les deux donnent le même résultat avec les orbitales liantes σ sp et π $2p$ remplies dans les deux diagrammes et l'orbitale antiliante π sp^* occupée par un électron dans chaque cas. **Problèmes par sections** **1. (a)** $180°$; **(b)** $120°$; **(c)** $109,5°$. **2.** Selon la théorie de la liaison de valence, les orbitales de H sont des orbitales $1s$ qui recouvrent des orbitales $3p$ de S. Les orbitales p forment des angles de $90°$. La théorie RPEV prédit une géométrie de répulsion tétraédrique pour la molécule H_2S avec deux doublets libres et deux doublets liants. **3.** La réponse est (b). **(a)** Géométrie de répulsion : tétraédrique ; géométrie moléculaire : pyramidale à base triangulaire ; angles : un peu moins de $109,5°$; **(b)** Géométrie de répulsion : bipyramidale à base triangulaire ; géométrie moléculaire : en forme de T ; angles : moins de $90°$; **(c)** Géométrie de répulsion : tétraédrique ; géométrie moléculaire : angulaire ; angles : légèrement moins de $109,5°$; **(d)** Géométrie de répulsion pour C : triangulaire plane, pour O : tétraédrique ; géométrie moléculaire pour C : triangulaire plane, pour O : angulaire ; angles : H—C—O un peu moins de $120°$, C—O—H un peu moins de $109,5°$. **4. (a)** AX_2E_2 ; **(b)** AX_3 ; **(c)** AX_2E_3. **5. (a)** AX_3E ; **(b)** AX_4 ; **(c)** AX_3. **6. (a)** Il est impossible que cette molécule soit linéaire, car la géométrie de répulsion est tétraédrique ; **(b)** Cette molécule peut être plane, car la géométrie de répulsion est triangulaire plane ; **(c)** Cette molécule ne peut être plane, car la géométrie de répulsion est tétraédrique. **7. (a)** Cette molécule peut exister et sa géométrie est tétraédrique ; **(b)** Cette molécule ne peut exister parce que N ne peut avoir une couche de valence étendue ; **(c)** Une géométrie angulaire est improbable, parce que la géométrie de répulsion autour de l'atome de C est linéaire. La molécule HCN doit être linéaire. **8.** La molécule BF_3 comporte trois groupes d'électrons, tous des doublets liants, et par conséquent, elle est triangulaire plane. La molécule ClF_3 comporte trois doublets liants et deux doublets libres. La géométrie de répulsion est bipyramidale à base triangulaire et la géométrie moléculaire est en forme de T. **9.** L'ion BF_4^- comporte 4 doublets liants et il est donc tétraédrique. L'ion ICl_4^- comporte 4 doublets liants et deux doublets libres. La géométrie de répulsion est octaédrique et la géométrie moléculaire, plane carrée. **10. (a)** AX_3E : pyramidale à base triangulaire ; **(b)** AX_4 : tétraédrique ; **(c)** AX_4E_2 : plane carrée ; **(d)** AX_2 : linéaire ; **(e)** AX_5E : pyramidale à base carrée. **11. (a)** Tétraédrique ; **(b)** Pyramidale à base triangulaire ; **(c)** Triangulaire plane ; **(d)** Angulaire ; **(e)** Plane carrée. **12. (a)** H_2O_2 : les liaisons O—O—H sont angulaires, la géométrie globale est en zigzag ; **(b)** C_3O_2 : molécule linéaire, toutes les liaisons sont doubles, les atomes d'oxygène sont aux extrémités ; **(c)** OSF_4 : géométrie bipyramidale à base triangulaire autour de l'atome central S ; **(d)** N_2O : géométrie linéaire autour de l'atome

central N. **13. (a)** $HClO_3$: autour de Cl, la structure est pyramidale à base triangulaire, mais angulaire autour de O ; **(b)** N_2O_4 : autour de chaque N, la structure est triangulaire plane ; **(c)** CH_3CN : groupe CH_3 tétraédrique, disposition linéaire autour de l'autre C ; **(d)** SO_2Cl_2 : tétraédrique autour du S central. **14.** Dans CH_4, tous les électrons de valence sont liés (AX_4) et tous les atomes périphériques sont identiques ; la valeur exacte des angles de liaison devrait être de $109,5°$. Dans $COCl_2$ (AX_3), les atomes périphériques sont distincts. En raison des interactions entre les doublets libres et les doublets liants qui mettent en jeu des électrons de doublets libres de l'atome O, l'angle de liaison Cl—O—Cl est inférieur à $120°$. **15.** Les doublets liants n'exercent pas une répulsion aussi forte que celle des doublets libres, de sorte que les angles de BF_3 sont plus proche de la valeur prédite de $120°$. **16.** NO_2^+ : il y a deux groupes d'électrons liants sur l'atome N, l'ion est donc linéaire. NO_2^- : il y a trois groupes d'électrons sur l'atome N (deux doublets liants et un doublet libre), l'ion est triangulaire plan. Le doublet libre repoussant les doublets liants, en conséquence l'angle est inférieur à $120°$. **17. (a)** CS_2 : linéaire, symétrique, non polaire ; **(b)** NO_2 : angulaire, non symétrique, polaire ; **(c)** XeF_4 : plane carrée, symétrique, non polaire ; **(d)** ClF_3 : en forme de T, non symétrique, polaire. **18. (a)** C_2H_4 : triangulaire plane autour de chaque C, symétrique, non polaire ; **(b)** $COCl_2$: triangulaire plane, non symétrique, électronégativités différentes, polaire ; **(c)** HCN : linéaire, non symétrique, électronégativités différentes, polaire ; **(d)** SF_6 : octaédrique, symétrique, non polaire. **19.** Les molécules H_2O et OF_2 sont toutes deux angulaires et la valeur des angles de liaison est à peu près la même (AX_2E_2) ; ce sont deux molécules polaires parce qu'il existe des différences d'électronégativité. Le moment dipolaire de H_2O devrait être le plus grand puisque l'écart des électronégativités est plus important dans H_2O que dans OF_2. **20.** La molécule NO a un petit dipôle et un petit moment dipolaire. La molécule angulaire NO_2 a deux dipôles de liaison qui s'additionnent pour donner un plus grand moment dipolaire que celui de NO. **21. (a)** La molécule NF_3 est pyramidale à base triangulaire (AX_3E), et il y a déplacement des électrons vers les atomes F. Cependant, l'effet de ces électrons est réduit à cause de l'action des doublets libres entourant l'atome N ; **(b)** La molécule SF_4 a une structure en forme de bascule. Les dipôles de liaison sont orientés vers les atomes F. Deux dipôles sont situés le long d'une droite, mais en sens opposés, de sorte qu'ils s'annulent. Les deux autres déterminent un triangle rectangle dans le plan central. La molécule SF_4 est polaire, mais les doublets d'électrons libres entourant l'atome S ont tendance à contrebalancer les deux dipôles des liaisons S—F du plan central. **22. (a)** NH_3 : polaire ; **(b)** $GeCl_4$: non polaire. **23. (a)** La molécule SO_2 a une géométrie angulaire avec des liaisons polaires et, par conséquent, elle est polaire. Cependant, dans SO_3, l'effet des dipôles de liaison s'annule parce que la géométrie est triangulaire plane. **24. (a)** BCl_3 : triangulaire plane, liaisons semblables, symétrique, non polaire ; **(b)** CH_2Cl_2 : tétraédrique, liaisons différentes, non symétrique, polaire ; **(c)** NH_3 : pyramidale à base triangulaire, non symétrique polaire ; **(d)** NOF : angulaire, non symétrique, polaire. La réponse est donc (a). **25.** Le fait que le recouvrement des orbitales $2p$ de F_2 est plus étendu que celui des orbitales $2s$ de Li_2 explique

que l'énergie de liaison de F_2 soit plus grande.   **26.** L'angle de 93,6° indique que le doublet libre occupe une orbitale s et que les liaisons P—H résultent du recouvrement des orbitales p_x, p_y et p_z de l'atome P.   **27. (a)** OF_2: géométrie moléculaire angulaire, géométrie de répulsion tétraédrique, hybridation sp^3 de O, AX_2E_2; **(b)** NH_4^+: géométrie moléculaire tétraédrique, géométrie de répulsion tétraédrique, hybridation sp^3 de N, AX_4; **(c)** CO_2: géométrie moléculaire linéaire, géométrie de répulsion linéaire, hybridation sp de C, AX_2; **(d)** $COCl_2$: géométrie moléculaire triangulaire plane, géométrie de répulsion triangulaire plane, hybridation sp^2 de C, AX_3.   **28. (a)** BF_4^-: géométrie moléculaire tétraédrique, géométrie de répulsion tétraédrique, hybridation sp^3 de B, AX_4; **(b)** SO_2F: géométrie moléculaire triangulaire plane, géométrie de répulsion triangulaire plane, hybridation sp^2 de S, AX_3; **(c)** NO_2^-: géométrie moléculaire angulaire, géométrie de répulsion triangulaire plane, hybridation sp^2 de N, AX_2E; **(d)** XeF_4: géométrie moléculaire plane carrée, géométrie de répulsion octaédrique, hybridation sp^3d^2 de Xe, AX_4E_2.   **29. (a)** C_2N_2: molécule linéaire; l'hybridation des deux atomes de carbone centraux est du type sp; **(b)** HNCO: la partie N—C—O a une structure linéaire et l'hybridation de l'atome C est du type sp. La partie H—N—C a une structure triangulaire plane, et l'hybridation de l'atome N est du type sp; **(c)** H_2NOH: la partie H_2N—O a une structure pyramidale; l'hybridation de l'atome N est du type sp^3. La partie N—O—H a une structure angulaire, et l'hybridation de l'atome O est du type sp^3; **(d)** CH_3COOH: la partie CH_3—C a une structure tétraédrique; l'hybridation de l'atome C du groupement CH_3— est du type sp^3; dans la partie COOH, l'hybridation de l'atome C est du type sp^2 et l'hybridation de l'atome O de la liaison C—O—H est du type sp^3. **30. (a)** CH_3CN: la partie CH_3—C a une structure tétraédrique et l'hybridation de l'atome C est du type sp^3. La partie C—C—N est linéaire; l'hybridation du carbone C est du type sp; **(b)** CH_3NH_2: la partie CH_3—N a une structure tétraédrique; l'hybridation de C est du type sp^3. La partie C—N—H est pyramidale; l'hybridation de N est du type sp^3; **(c)** CH_3CCCH_3: les deux parties CH_3—C ont une structure tétraédrique; l'hybridation des deux C aux extrémités est du type sp^3. Les deux parties C—C—C sont linéaires; l'hybridation de l'atome central est du type sp; **(d)** CH_3NCO: la partie CH_3—N est tétraédrique; l'hybridation du C de gauche est du type sp^3. La partie C—N—C est triangulaire plane; l'hybridation de N est du type sp^2. La partie N—C—O est linéaire; l'hybridation de C de droite est du type sp.

31.

(a)

Triangulaire plane

(b)

(c)

Triangulaire plane

32.

(a)

Angulaire autour de O; triangulaire plane autour de N

(b)

octaèdre

Toutes les liaisons sont σ: As (sp^3d^2) — F $(2p)$

(c)

Carbone de gauche: tétraèdre
Carbone du milieu: linéaire
Carbone de droite: linéaire

33.

La géométrie de répulsion de l'ion ICl_2^- est bipyramidale à base triangulaire (AX_2E_3). L'ion est linéaire et le type d'hybridation est sp^3d. La géométrie de répulsion de l'ion ICl_2^+ est tétraédrique (AX_2E_2). L'ion est angulaire et l'hybridation est du type sp^3.

34.

$$\left[\begin{array}{c}:\ddot{O}::\ddot{F}:\\:\ddot{F}:\underset{|}{S}\ddot{F}:\\:\ddot{F}::\ddot{F}:\end{array}\right]\qquad\left[\begin{array}{c}:\ddot{F}:\\:\ddot{F}:\underset{|}{S}\ddot{F}:\\:\ddot{F}::\ddot{F}:\end{array}\right]^{-}$$

La molécule OSF_4 comporte 5 doublets liants ; la géométrie de répulsion et la géométrie moléculaire sont bipyramidales à base triangulaire et l'hybridation est du type sp^3d. L'ion SF_5^- comporte cinq doublets liants et un doublet libre. La géométrie de répulsion est octaédrique (la structure de la molécule est en forme de bascule) et l'hybridation est donc du type sp^3d^2.

35.

$$\left[\begin{array}{c}:\ddot{O}::\ddot{O}:\\\underset{|}{C}-\underset{|}{C}\\:\ddot{O}::\ddot{O}:\end{array}\right]^{2-}\leftrightarrow\left[\begin{array}{c}:\ddot{O}::\ddot{O}:\\\underset{|}{C}-\underset{|}{C}\\:\ddot{O}::\ddot{O}:\end{array}\right]^{2-}$$

La longueur de liaison de 157 pm indique que la liaison carbone-carbone est simple. La longueur de liaison de 125 pm indique que les liaisons carbone-oxygène correspondent à des intermédiaires entre une liaison simple et une liaison double, et qu'il y a probablement un hybride de résonance. La répulsion entre les doublets libres sur les atomes O liés au même atome C provoque l'ouverture des liaisons O—C—O jusqu'à un angle de 126°, plus grand que l'angle de 120° correspondant à l'hybridation sp^2. L'hybridation des atomes C est du type sp^2. Le lien central est σ C (sp^2)—C (sp^2), il y a 4 liens σ C (sp^2)—O $(2p)$ et 2 liens π C $(2p)$—O $(2p)$. **36.** La longueur de 113 pm est intermédiaire entre une liaison double et une liaison triple azote-azote. La longueur de 124 pm est intermédiaire entre une liaison simple et une liaison double azote-azote. L'angle de liaison de 113° est intermédiaire entre l'angle de liaison tétraédrique et l'angle de liaison triangulaire plane.

$$H-\ddot{N}=N=\ddot{N} \rightleftharpoons H-\ddot{N}-N\equiv N:$$

Les types de liaisons pour ces structures limites sont :

σ : N (sp) — N $(2p)$

σ : N (sp^2) — N (sp)

$$H-\ddot{N}=N=\ddot{N}$$

σ : H $(1s)$ — N (sp^2)

π : N $(2p)$ — N $(2p)$

σ : N (sp^3) — N (sp)

σ : N (sp) — N $(2p)$

$$H-\ddot{N}-N\equiv N:$$

π : N $(2p)$ — N $(2p)$

σ : H $(1s)$ — N (sp^3)

37. La bonne réponse est (a). L'hybridation de P dans PCl_3 est sp^3 ; celle de N dans NO_3^- est sp^2 et celle de C dans CF_4 est sp^3.
38. 5σ et 1π. **39. (a)** NH_2OH : l'hybridation de l'atome N est du type sp^3 et celle de l'atome O, sp^3.

σ : N (sp^3) — O (sp^3) σ : H $(1s)$ — O (sp^3)

$$H-N-O-H$$

σ : H $(1s)$ — N (sp^3) H σ : H $(1s)$ — N (sp^3)

(b) HNCO : l'hybridation de l'atome N est du type sp^2, celle de C, sp, et O n'est pas hybridé.

π : N $(2p)$ — C $(2p)$ π : C $(2p)$ — O $(2p)$

$$H-N=C=O$$

σ : H $(1s)$ — N (sp^2) σ : C (sp) — O $(2p)$

σ : N (sp^2) — C (sp)

(c) CH_3CONH_2 : l'hybridation de l'atome C du groupement CH_3 est du type sp^3, celle de l'atome C de CO, sp^2, celle de N, sp^3, et O n'est pas hybridé.

σ : C (sp^2) — O $(2p)$

σ : H $(1s)$ — C (sp^3) H   O π : C $(2p)$ — O $(2p)$

$$H-C-C-N-H$$

H   H σ : H $(1s)$ — N (sp^3)

σ : C (sp^2) — N (sp^3)

σ : C (sp^3) — C (sp^2)

40. (a) CH_3COOCH_3 : l'hybridation de l'atome C de chaque CH_3 est du type sp^3, celle de C de CO, sp^2, celle de O de COC, sp^3, et le O de CO n'est pas hybridé.

π : C $(2p)$ — O $(2p)$ σ : C (sp^2) — O $(2p)$

σ : H $(1s)$ — C (sp^3) H   O   H

$$H-C-C-O-C-H$$

H   H

σ : C (sp^3) — C (sp^2) σ : H $(1s)$ — C (sp^3)

σ : O (sp^3) — C (sp^3)

σ : C (sp^2) — O (sp^3)

(b) *trans*-CH_3CH=$CHCl$: l'hybridation de l'atome C de CH_3 est du type sp^3, celle de chaque C de la liaison double, sp^2, et Cl n'est pas hybridé.

σ : H $(1s)$ — C (sp^3) π : C $(2p)$ — C $(2p)$

H   H σ : C (sp^2) — H $(1s)$

$$C\quad H$$

H   C=C

H   Cl

σ : H $(1s)$ — C (sp^2) σ : C (sp^2) — Cl $(3p)$

σ : C (sp^2) — C (sp^2)

(c) ClNO : l'hybridation de N est du type sp^2 ; O et Cl ne sont pas hybridés.

$$\sigma : Cl\ (3p) - N\ (sp^2) \qquad \sigma : N\ (sp^2) - O\ (2p)$$

Cl — N = O

$$\pi : N\ (2p) - O\ (2p)$$

41. Il existe des isomères cis-trans des composés (a) et (c).
42. Il existe des isomères cis-trans des composés (b) et (c).
43. Aucune des deux substances n'existe sous la forme d'isomères cis-trans ; chaque substance comprend deux groupements identiques liés à un atome C qui prend part à la liaison double. Si on remplace par un atome Cl l'un des atomes H liés au premier atome C, on obtient une substance existant sous la forme d'isomères cis-trans dans le cas du but-1-ène, mais non dans le cas de l'isobutène, parce que l'un des atomes C qui prend part à la liaison double est toujours lié à des groupements identiques (CH_3).   **44.** Ordre croissant des moments dipolaires : b < a < d < c.   **45.** Triangulaire plane : hybridation sp^2. Octaèdre : hybridation sp^3d^2 (ou d^2sp^3).   **46.** Les structures de Lewis ne tiennent compte que des électrons de valence, c'est-à-dire qu'elles permettent de déterminer s'ils sont liants ou non liants. Une structure de Lewis ne fait aucune distinction entre les deux doublets d'électrons dans une liaison double. La théorie de la liaison de valence est basée sur le recouvrement des orbitales atomiques et la disposition des électrons dans la région de recouvrement. Il n'existe aucune combinaison de recouvrement qui permette à plus de deux orbitales d'effectuer un recouvrement le long d'un axe (liaison σ). Les autres recouvrements s'effectuent de façon latérale (liaison π).   **47.** L'énergie de liaison fluor-fluor est la plus grande dans l'ion F_2^+ parce que cet ion comporte deux électrons antiliants de moins.   **48.** Les ions Be_2^+ et Be_2^- ont tous les deux un ordre de liaison de 1/2, de sorte que les deux auraient une certaine stabilité.   **49.** Selon la règle de l'octet, dans une structure de Lewis de C_2, les huit électrons de valence prennent part à une liaison quadruple. Dans le diagramme des orbitales moléculaires, deux des huit électrons de valence sont dans une orbitale moléculaire antiliante, de sorte que l'ordre de liaison est réduit à 2 (figure 7.27).   **50.** Ordre de liaison = $(8 - 2)/2 = 3$.

51.

Ordre de liaison :   CN$^+$ 2   diamagnétique ;   CN$^-$ 3   diamagnétique

(a) La liaison carbone-azote est plus forte dans l'ion CN$^-$ parce qu'il a 8 e$^-$ dans les orbitales liantes au lieu de 6 ; **(b)** Ni l'un ni l'autre des deux ions n'est paramagnétique parce que tous les e$^-$ sont appariés. (Chacun des ions a deux électrons dans des orbitales moléculaires antiliantes.)

52.

Ordre de liaison :   BN   2   diamagnétique ;   CN $2\frac{1}{2}$ diamagnétique

(a) La molécule CN a la liaison la plus forte parce qu'elle a un électron supplémentaire dans des orbitales liantes ; **(b)** CN est paramagnétique.

53.

Ordre de liaison : O_2^{2-} diamagnétique $\dfrac{8-6}{2} = 1$; O_2^- paramagnétique $\dfrac{8-5}{2} = 1,5$

54. L'ordre de liaison est égal à 1/2. Un électron seul dans une orbitale peut entraîner un ordre de liaison fractionnaire. Si les orbitales liantes renferment un électron de plus que les orbitales antiliantes, l'ordre de liaison est de 1/2. Si les orbitales liantes renferment trois électrons de plus que les orbitales antiliantes, l'ordre de liaison est de 3/2.

55.

(a)

H_2^+ BO = $^1/_2$ Li_2 BO = 1 H_2 BO = 0 Li_2 BO = $^1/_2$

(b) Li_2.

56. Selon la théorie des orbitales moléculaires, six électrons se trouvent dans trois orbitales liantes et dans trois orbitales antiliantes. Si on ajoute ces orbitales à la structure des liaisons σ, on obtient un ordre de liaisons de 1,5 pour chaque liaison C—C. On constate le même résultat si on fait appel à la moyenne des structures de Kekulé.   **Problèmes complémentaires**   **57.** L'énoncé est valable seulement pour les molécules diatomiques. Dans le cas des molécules polyatomiques, il est possible que les dipôles de liaison soient orientés de manière à s'annuler, de sorte que la molécule est non polaire.   **58.** Les structures limites sont des représentations de molécules qui illustrent différentes structures de liaisons mais dans lesquelles tous les atomes occupent la même place. Les atomes occupent des places différentes dans les structures de l'exemple 7.2.   **59.** L'électronégativité de l'atome de fluor est plus grande que celle des atomes d'oxygène, de sorte que l'extrémité où se trouve le fluor acquiert une charge partiellement négative et l'extrémité de l'oxygène, une charge partiellement positive. **60.** L'ion a (5 × 7) − 1 = 34 électrons de valence. L'atome Br central est entouré de cinq groupes d'électrons dont 4 doublets liants et un doublet libre : AX_4E, ce qui correspond à une structure en forme de bascule. **61.** L'ion a 8 + (5 × 7) − 1 = 42 électrons de valence. L'atome Xe central est entouré de six groupes d'électrons dont 5 doublets liants et un doublet libre : AX_5E, ce qui correspond à une forme pyramidale à base carrée. **62.** Une hybridation du type sp pour les atomes de N est compatible avec cette structure de Lewis. On pourrait aussi décrire la liaison σ en faisant appel au recouvrement d'orbitales p_x, et les liaisons π, au moyen du recouvrement latéral des orbitales p_y et p_z. **63.** Dans PCl_5, l'atome P forme des liaisons par hybridation sp^3d. Toutes les liaisons sont du type σ : P (sp^3d) − Cl $(3p)$. Dans PCl_4^+, l'atome P forme des liaisons par hybridation sp^3. Toutes les liaisons sont du type σ : P (sp^3) − Cl $(3p)$. Dans PCl_6^-, l'atome P forme des liaisons par hybridation sp^3d^2. Toutes les liaisons sont du type σ : P (sp^3d^2) − Cl $(3p)$. **64.** Il n'y a pas d'hybridation sp^3d pour l'atome d'azote parce qu'il ne possède pas d'orbitale d dans le deuxième niveau.

65.

(a)

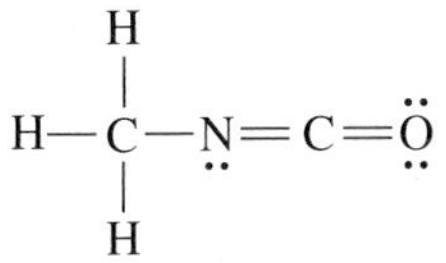

(b)

CH_3	C sp^3
N	sp^2
C	sp

(c)

H—C—H	109,5°
H—C—N	109,5°
C—N—C	Légèrement inférieur à 120°
N=C=O	180°

(d)

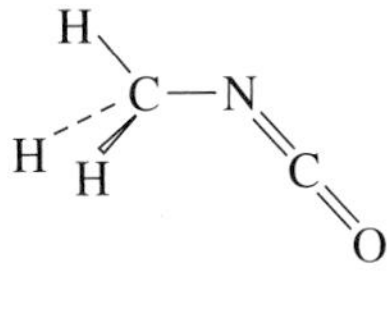

66.

(a)

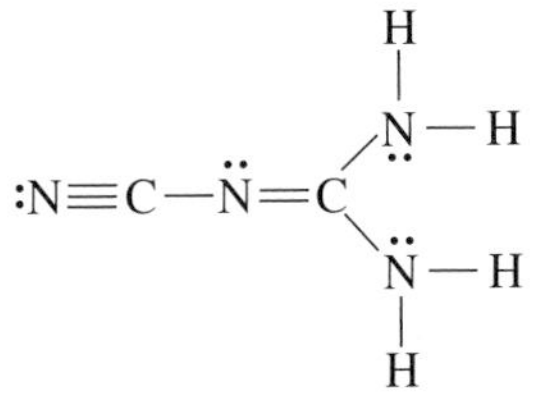

(b)

N	sp
≡C—	sp
N	sp
=C	sp^2
NH_2	sp^3

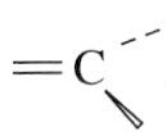

(c)

N≡C—N	180°
C—N—C	Un peu moins de 120°
N—C—N	120°
H—N—H	Un peu moins de 109°

(d)

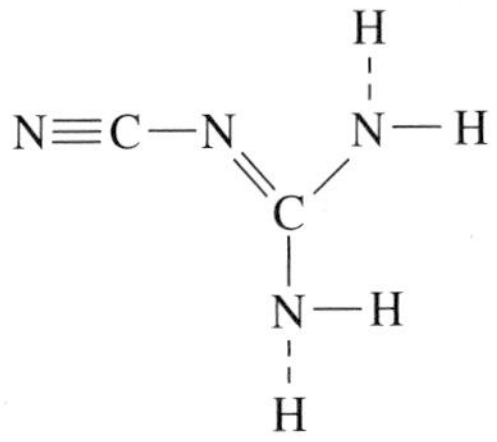

67. Selon la théorie RPEV, la molécule doit être linéaire, ce qui correspond à l'hybridation sp pour les trois atomes C.

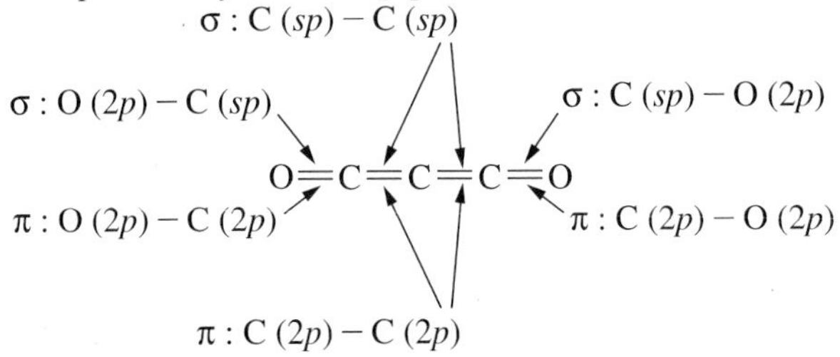

68.

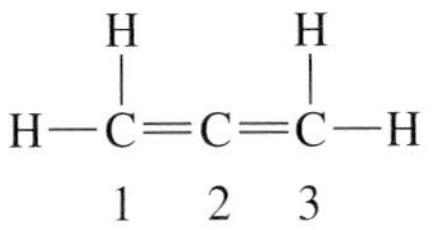

La géométrie de répulsion des atomes de carbone 1 et 3 est triangulaire plane. Les groupements CH_2 sont dans un plan avec un angle de liaison H—C—H d'environ 120° et l'hybridation de l'atome C est du type sp^2. La partie C—C—C de la molécule est linéaire, et l'hybridation de l'atome de carbone 2 est du type sp.

69.

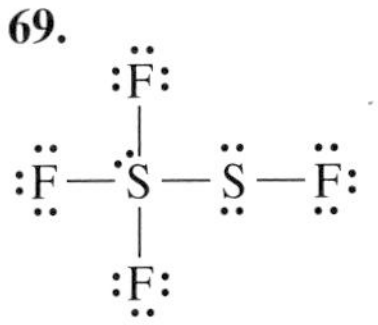

| À gauche, F_3S | Hybridation de S : sp^3d |
| À droite, SF | S : non hybridé |

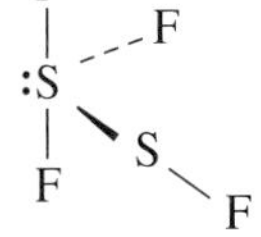

Géométrie moléculaire : se reporter à la structure en forme de bascule (AX_4E) de SF_4 au tableau 7.1. Remplacer l'un des atomes F du plan central par un atome S auquel on réunit le quatrième atome F, ce qui donne une liaison S—S—F dont l'angle est d'environ 90°.

70.

Les trois groupes d'électrons impliquent une hybridation sp^2 sur l'atome de N.

Les trois groupes d'électrons impliquent une hybridation sp^2 sur l'atome de N.

Les quatre groupes d'électrons impliquent une hybridation sp^3 sur l'atome de N. **71.** Il n'y a pas de doublets libres sur le méthane pour repousser les paires d'électrons liants. Dans l'ammoniac, il y a un doublet libre qui repousse les doublets liants, ce qui provoque un angle H—X—H plus petit que dans le méthane. Les doublets libres sont plus répulsifs que les doublets liants. L'eau a deux doublets libres (plus de répulsion que dans l'ammoniac), ce qui entraîne un angle de liaison H—X—H encore plus petit. **72.** La bonne réponse est (c).

73.

Tous les angles sont de 109,5°, sauf l'angle de C—O—H qui est légèrement moindre à cause de la répulsion des doublets libres sur l'atome de O. Cette conclusion est facile à faire parce que chaque atome central a une géométrie de répulsion tétraédrique. **74.** Les géométries moléculaires des deux molécules sont angulaires, la géométrie de répulsion de H_2O est tétraédrique, mais celle de SO_2 est triangulaire plane. **75.** Le méthane et le tétrafluorométhane ont tous les deux des moments dipolaires nuls. Les moments dipolaires augmentent du bromométhane au chlorométhane et au fluorométhane, en raison de l'augmentation de l'électronégativité du brome au chlore au fluor. **76.** Éthane < méthylamine < méthanol < fluorométhane. L'éthane a un moment dipolaire nul. Dans les trois autres molécules, le moment dipolaire augmente en raison de l'augmentation de l'électronégativité de N à O à F. **77.** 17,6 %. **78.** La molécule HF a une différence d'une charge entière sur une ligne, ainsi le moment dipolaire est grand. Le cis—N_2F_2 a les atomes F d'un côté de la double liaison et les doublets libres d'électrons du côté opposé, ce qui produit un moment dipolaire. Dans le *trans*-N_2F_2, les effets des atomes F et des doublets libres s'annulent tous les deux et le moment dipolaire est nul. **79.** L'angle H—S—H = 92°. **80.** Les atomes N doivent être liés les uns aux autres. Les géométries moléculaires tétraédrique, à bascule et plane carrée demanderaient que tous les atomes N soient liés à un atome d'azote central. Chaque atome N doit alors former une liaison triple s'il n'est lié qu'à un autre atome. Cela produirait trop de liaisons à l'atome central (non-respect de la règle de l'octet). De plus, l'atome N ne peut pas avoir de couche de valence étendue. Il y a deux possibilités pour la structure de cet ion. Celle de droite est la meilleure, car les charges formelles sont plus faibles et les charges semblables ne sont pas près l'une de l'autre. La molécule de droite est angulaire à partir de l'atome d'azote du centre.

81.

Structures de Kekulé   Hybride de résonance

82. AX_2E_3 : géométrie de répulsion (c) sp^3d.

Chapitre 8

Exercices 8.1A 33,9 kJ/mol. **8.1B** 92 kJ. **8.2A** CCl_4. Des valeurs relativement basses de ΔH_{vap} et relativement élevées de la masse molaire donnent la plus petite quantité de chaleur requise par kilogramme. **8.2B** 97,3 g. **8.3A** 53,3 kPa. **8.3B** $5,33 \times 10^{-3}$ g H_2O. **8.4A** La température ambiante est nettement supérieure à la température critique, T_c, du méthane, de sorte qu'il demeure à l'état gazeux quelle que soit la pression ; on devrait utiliser une jauge de pression pour mesurer la quantité de méthane qu'il reste dans la bonbonne. **8.4B** Le volume initial doit être suffisant pour qu'il y ait les deux phases, liquide et vapeur, à la température critique ; alors la disparition du ménisque peut être observée. **8.5A** Si le flacon ne contenait que du gaz, la pression serait de $1,01 \times 10^3$ kPa, soit une valeur bien supérieure à la pression de la vapeur d'eau à 30,0 °C ; mais la plus grande partie de l'eau se liquéfie. (La totalité de l'eau ne peut se liquéfier, car le volume du liquide n'est que de 20 mL environ, alors que le volume du système est de 2,61 L.) **8.5B** Le CO_2 solide se sublime à la température de l'eau à l'équilibre. Le CO_2 gazeux fait des bulles à travers l'eau. La vapeur d'eau se condense en gouttelettes par le froid produit par la glace sèche. Le CO_2, gaz incolore, transporte les gouttelettes d'eau vers le bas du côté du bécher. **8.6A** Les substances IBr et BrCl ont à peu près la même polarité, mais la masse molaire de IBr est plus grande, et celui-ci comporte des forces intermoléculaires plus intenses. Le solide est donc IBr, tandis que BrCl est un gaz. **8.6B (a)** Le toluène est moins polaire parce que le groupement CH_3 est moins électronégatif que NH_2. Séparer les molécules de toluène requiert moins d'énergie. C'est le toluène qui a le point d'ébullition le plus bas ; **(b)** L'isomère trans est moins polaire parce que les dipôles associés aux liaisons C—Cl s'annulent. C'est le *trans*-1,2-dichloroéthylène qui a le point d'ébullition le plus bas. **8.7A** La liaison hydrogène est une force intermoléculaire importante dans le cas de NH_3, de CH_3COOH, de C_6H_5OH et de H_2O_2. **8.7B** d < b < a < c. **8.8A** CsBr < KI < KCl < MgF_2. **8.8B** CsBr, KCl et KI sont solubles. **8.9A** 286,6 pm. **8.9B** $2,354 \times 10^{-23}$ cm^3. **8.10A** 7,880 g/cm^3. **8.10B** 47,64 %. **Problèmes par sections 1. (a)** La pression de vapeur d'un liquide augmente avec la température ; (b), (c) et (d) n'influent pas sur la pression de vapeur. Elle sera alors la même, quels que soient le volume de liquide et de vapeur, et la surface de contact entre les deux, pourvu que les deux phases coexistent. **2.** Le terme vapeur désigne l'état gazeux d'une substance à une température inférieure à T_c. Un gaz désigne l'état gazeux d'une substance à une température supérieure à T_c. **3.** 360 kJ. **4.** 0,096 kJ. **5.** ΔH_T = 61,7 kJ. **6.** ΔH_T = −48,5 kJ. **7.** 36,4 g. **8.** 30,5 kJ/mol. **9.** La chaleur du four est une chaleur sèche. Par contre, la vapeur implique un transfert de chaleur associé à la différence de température auquel s'ajoute une très grande quantité de chaleur provenant de la liquéfaction de la vapeur. Le transfert de chaleur de l'air du four à la main se produit lentement, de sorte que la main s'échauffe lentement. Par contre, au-dessus du récipient contenant de l'eau bouillante, il se produit un transfert presque instantané d'une grande quantité de chaleur (la chaleur de liquéfaction), directement de la vapeur liquéfiée à la main. **10. (a)** La vapeur se liquéfie sous le fond du récipient placé au-dessus en transmettant la chaleur de la vapeur ainsi que la chaleur de liquéfaction; **(b)** La température maximale dans le récipient qui contient les aliments serait la température d'ébullition de l'eau. Au cours de la liquéfaction, la température de la vapeur d'eau et de la vapeur est la même. Le récipient ne peut pas devenir plus chaud que la vapeur d'eau. Le transfert de chaleur s'effectue d'une substance chaude vers une substance froide. **11. (a)** Environ 57 kPa; **(b)** Environ 77 °C. **12. (a)** Environ 6 kPa; **(b)** Environ 62 °C. **13.** 2,87 × 10¹⁸ atomes. **14.** 1,29 × 10²¹ atomes. **15.** 28,5 kPa. **16.** 38,2 kPa. **17.** 99,8 kPa. **18.** P = 0,441 kPa. La pression calculée de $H_2O(g)$ est légèrement inférieure à la pression du point triple. La vapeur ne se condense pas, ni en solide, ni en liquide. Le système est constitué uniquement de vapeur d'eau. **19.** La chaleur sert à la vaporisation de l'eau qui bout à une température constante. Comme la température d'ignition du papier est supérieure à 100 °C, celui-ci ne brûle pas. L'ébullition a lieu à 99,9 °C, et non 100 °C, parce que la pression barométrique est légèrement inférieure à 101,3 kPa. **20.** Quand l'eau bout, elle se transforme en vapeur. Quand le récipient métallique et la vapeur qu'il contient refroidissent, une partie de la vapeur redevient liquide. L'eau occupe moins d'espace que la vapeur. Quand la vapeur retourne à l'état liquide, la pression à l'intérieur diminue, de sorte que le récipient métallique s'affaisse sous l'influence de la pression atmosphérique. **21.** Un gaz ne peut se liquéfier à une température supérieure à T_c, quelle que soit la pression exercée. Par ailleurs, un gaz peut se liquéfier ou se solidifier si on abaisse suffisamment la température, quelle que soit la pression ambiante. Un gaz peut toujours se liquéfier si on fait varier de façon appropriée la pression et la température. **22.** Le méthane a une T_c = −82,4 °C à P_c = 4,6 × 10³ kPa. La température ambiante est supérieure à T_c, de sorte que le méthane demeure à l'état gazeux, quelle que soit la pression. **23.** 6,7 kJ. **24.** 94,0 g. **25.** La quantité de chaleur libérée (−26,6 kJ) lors du refroidissement de 315 mL de H_2O à 0 °C n'est pas suffisante pour faire fondre 0,506 kg de glace. Lorsque l'équilibre est atteint, il reste un mélange de glace et d'eau à 0 °C. **26.** 8,4 °C. **27.** La transformation décrite en (d) nécessite la plus grande quantité de chaleur. La valeur de ΔH est la plus élevée. Seule la transformation en (b) s'en approche mais elle est encore très inférieure à celle de (d). **28.** La transformation décrite en (c) dégage la plus grande quantité de chaleur. **29.** Toutes les substances qui existent à l'état liquide et à l'état de vapeur ont un point critique. Toutes les

substances ne peuvent pas bouillir à une pression de 101,325 kPa même à une température très élevée. Un composé tel que CO_2, qui se sublime, n'a pas de point d'ébullition normal parce qu'il n'existe pas à l'état liquide à la pression atmosphérique (101,325 kPa). Les substances polymorphes peuvent présenter plus d'un point triple ou plus d'un point où trois phases peuvent coexister. **30.** *(Note: le graphique n'est pas à l'échelle.)* **(a)** et **(b)**

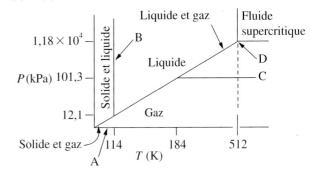

(c) L'échantillon demeure solide jusqu'au point d'intersection avec la courbe de fusion; ensuite la fusion débute. Lorsque la fusion est terminée, la température augmente jusqu'au point d'intersection avec la courbe de pression de vapeur; ensuite, la vaporisation a lieu. La température reste constante jusqu'à ce que tout le liquide se soit vaporisé, puis elle augmente, mais il ne se produit plus aucun changement de phase. **31.** **(a)**

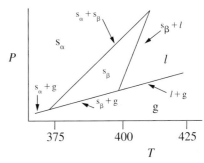

(b) Aux deux points triples du bas, le soufre existe sous forme S_α, S_β et gaz pour un et pour l'autre, S_β, g et l. Au point triple du haut sont présents simultanément S_α, S_β et l. **(c)** Le soufre à l'état gazeux devient liquide, puis il passe au soufre monoclinique et enfin au soufre orthorhombique à mesure que la pression augmente. **32.** *(Note: le graphique n'est pas à l'échelle.)*

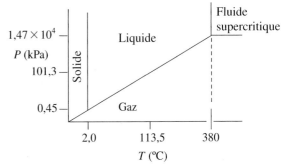

33. *(Note: le graphique n'est pas à l'échelle.)*

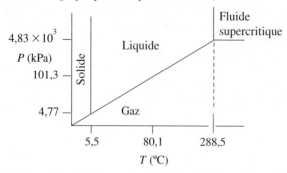

34. (a) Phase liquide (la pression de vapeur de l'eau à 88,15 °C est d'environ 66,7 kPa); **(b)** Courbe de pression de vapeur (liquide-gaz) (la pression de vapeur de l'eau à 25 °C est de 3,17 kPa); **(c)** Phase liquide (cette pression se situe au-dessus de la pression du point de fusion normal, et la courbe de fusion est inclinée vers la gauche); **(d)** Phase solide (la pression de 10,1 kPa est bien au-dessus de la pression de sublimation de la glace à −10 °C). **35.** Le CO_2 solide devient liquide à une température légèrement supérieure à −56,7 °C (le point triple correspond à une pression de 517 kPa et à une température de −56,7 °C). Le liquide se transforme alors en CO_2 gazeux à une température probablement inférieure à la température ambiante (le point critique est à 7385 kPa et 31 °C).

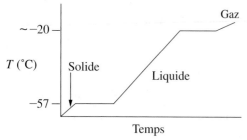

36. Les forces intramoléculaires existent entre les atomes au sein d'une molécule. Les forces intermoléculaires existent entre les molécules. Il peut y avoir des forces intermoléculaires (p. ex. des liaisons hydrogène) entre deux parties de la même molécule. Généralement, on considère que les liaisons dans les molécules sont des forces intramoléculaires, et que les forces de Van der Waals et les liaisons hydrogène sont des forces intermoléculaires. Dans les solides covalents cristallins et les solides ioniques, il n'y a pas de distinction entre forces intermoléculaires et forces intramoléculaires. **37.** La substance polaire a un point d'ébullition plus élevé parce qu'il faut plus d'énergie pour séparer les molécules polaires en raison de la présence de forces dipôle-dipôle en plus des forces de dispersion. **38.** Les deux substances sont non polaires, mais en raison de sa masse moléculaire plus faible, le CS_2 comporte des forces de dispersion plus faibles que celles de CCl_4 et, pour cette raison, il a un point d'ébullition plus bas. **39.** La molécule d'hexane est une chaîne plus longue et les forces de dispersion dans l'hexane liquide sont plus grandes que dans le 2,2-diméthylbutane, plus sphérique, ce qui confère à l'hexane un point d'ébullition plus élevé. **40.** L'éther diéthylique est

polaire, de sorte qu'il comporte des forces dipôle-dipôle; le pentane est non polaire. Les deux molécules ont à peu près la même masse moléculaire. Le point d'ébullition de l'éther diéthylique est plus élevé. **41.** Les forces intermoléculaires de CH_4 ne sont que des forces de dispersion faibles. Dans la molécule H_2O, des forces de dispersion et des liaisons hydrogène maintiennent les molécules ensemble dans l'état liquide. **42.** Les substances ont des masses moléculaires semblables, mais les molécules de 3,3-diméthylpentane sont compactes tandis que le pentan-1-ol peut faire des liaisons hydrogène, ce qui explique qu'il ait un point de fusion plus élevé. **43.** Dans C_6H_5COOH (112 u), il y a des liaisons hydrogène, en plus des forces de dispersion : cette substance est solide dans des conditions normales de température et de pression. La masse moléculaire (142 u) de $CH_3(CH_2)_8CH_3$ est légèrement supérieure à celle des autres substances, mais ce composé est non polaire. $(CH_3CH_2)_2O$ (74 u) a une masse moléculaire plus faible que les autres, mais cette substance est polaire et n'a pas de liaisons hydrogène; ce serait un liquide. **44.** BF_3 est un gaz. Sa masse moléculaire est petite et il est non polaire. NI_3 est un solide à cause de sa masse moléculaire élevée et de ses forces de dispersion suffisamment grandes. PCl_3 a une masse moléculaire relativement grande comparée à celle de BF_3, mais pas aussi élevée que celle de NI_3. On peut prédire que PCl_3 est un liquide ou un solide. CH_3COOH a une masse moléculaire comparable à celle de BF_3, mais à cause de son caractère polaire et de sa capacité à former des liaisons hydrogène, on peut prédire que c'est un liquide ou un solide. **45.** $N_2 < NO < (CH_3)_2O < C_6H_{14} < C_4H_9OH$. La masse moléculaire élevée de C_6H_{14} est un facteur plus important que la polarité de $(CH_3)_2O$. C_4H_9OH a manifestement le point d'ébullition le plus élevé, à cause de sa masse moléculaire et de sa capacité de faire des liaisons hydrogène. **46.** $CH_4 < CH_3CH_3 < NH_3 < H_2O$. CH_4 et CH_3CH_3 sont non polaires. NH_3 a un point d'ébullition plus élevé que celui de CH_3CH_3, malgré la masse moléculaire plus élevée de l'éthane, à cause de la formation de liaisons hydrogène. Dans H_2O, les liaisons hydrogène sont encore plus fortes. **47.** L'octan-1-ol forme des liaisons hydrogène et l'octane ne comporte que des forces de dispersion, de sorte que l'octan-1-ol devrait avoir des forces intermoléculaires plus grandes et une tension superficielle plus élevée. **48.** L'éthylèneglycol peut former plus de liaisons hydrogène que l'alcool isopropylique, de sorte que l'éthylèneglycol a des forces intermoléculaires plus intenses et une tension superficielle plus élevée. **49.** L'eau mouille le verre parce que les forces d'adhésion entre les molécules d'eau et le verre sont plus grandes que les forces de cohésion qui s'exercent entre les molécules d'eau liquide. La situation est inversée pour certaines substances, comme le téflon, et l'eau ne les mouille pas. Les agents mouillants diminuent la tension superficielle de l'eau et améliorent son pouvoir mouillant. **50.** Si l'on place l'arête de 15 cm à la verticale, la force de gravité qui s'exerce sur l'eau surpasse les forces d'adhésion qui retiennent l'eau dans l'éponge. **51.** L'énergie de réseau d'un solide ionique augmente quand les charges ioniques augmentent et que le rayon ionique diminue. Plus l'énergie de réseau est grande, plus le point de fusion est élevé. **52.** Cl₂ < CCl₄ < CsCl < MgCl₂. Cl₂ et CCl₄ sont des substances moléculaires non polaires. CsCl et MgCl₂ sont des substances ioniques : le point de fusion de ces composés est plus élevé que celui des substances moléculaires. Comme Mg^{2+} est de plus petite dimension que Cs^+ et que sa charge est deux fois plus grande, c'est MgCl₂ qui a le point de fusion le plus élevé. **53.** CH₃OH < C₆H₅OH < NaOH < LiOH. C₆H₅OH a un point de fusion plus élevé que celui de CH₃OH à cause de sa plus grande masse moléculaire. Les composés ioniques ont des points de fusion plus élevés que ceux des composés covalents, et celui de LiOH est plus élevé que celui de NaOH à cause de la plus petite taille de l'ion Li^+. **54. (a)** La portion la plus grande est une unité récurrente mais pas la plus petite. On peut déplacer la plus grande vers la gauche, la droite, le haut ou le bas sans créer de vide : la limite inférieure d'une unité coïncide avec la limite supérieure de l'unité identique qui se trouve directement en dessous. Par contre, la limite inférieure de la petite unité ne coïncide pas avec la limite supérieure de l'unité identique qui se trouve directement en dessous : il y a un vide entre ces deux petites unités ; **(b)** 3 cœurs, 3 carreaux, 3 trèfles. **55. (a)** La portion la plus grande est une unité récurrente mais non la plus petite. On peut déplacer la plus grande vers la gauche, la droite, le haut ou le bas sans créer de vide : la limite inférieure d'une unité coïncide avec la limite supérieure de l'unité identique qui se trouve directement en dessous. Par contre, la limite inférieure de la petite unité ne coïncide pas avec la limite supérieure de l'unité identique qui se trouve directement en dessous : il y a un vide entre ces deux petites unités ; **(b)** 2 trèfles, 2 cœurs, 2 carreaux. **56. (a)** 408,4 pm ; **(b)** $6,812 \times 10^{-23}$ cm³ ; **(c)** 10,52 g/cm³. **57. (a)** 288,4 pm ; **(b)** $2,400 \times 10^{-23}$ cm³ ; **(c)** 7,195 g/cm³. **58. (a)** 404 pm ; **(b)** $6,59 \times 10^{-23}$ cm³ ; $N_A \approx 6,4 \times 10^{23}$ entités formulaires/mol. **59. (a)** 629,08 pm ; **(b)** $N_A \approx 6,020 \times 10^{23}$ entités formulaires/mol. **60.** Le nombre de coordination de F^- est 4. Le nombre de coordination de Ca^{2+} est 8. Non. Comme il y a deux fois plus d'ions F^- que d'ions Ca^{2+}, le nombre de coordination de Ca^{2+} devrait être le double du nombre de coordination de F^-. **61.** Le nombre de coordination de Ti^{4+} est 6. Le nombre de coordination de O^{2-} est 3. Non. Comme il y a deux fois plus d'ions O^{2-} que d'ions Ti^{4+}, le nombre de coordination de Ti^{4+} devrait être le double du nombre de coordination de O^{2-}. **62.** Le diamant est un réseau tridimensionnel d'atomes de carbone unis par des liaisons covalentes issues d'orbitales hybrides sp^3. Dans le graphite, les atomes de carbone sont unis grâce à des orbitales hybrides sp^2 et son réseau est plan, ce qui forme des couches d'atomes de carbone. Les couches ne sont pas fortement retenues les unes aux autres. **Problèmes complémentaires 63.** 12,8 kPa. **64. (a)** 0,213 kJ ; **(b)** 28,7 L ; **(c)** 6,9 kPa. Seule la phase gazeuse est présente. La quantité de matière engendre une pression gazeuse trop faible pour atteindre la pression de vapeur de 14,7 kPa. **65.** L'acide hexanoïque a une masse moléculaire plus élevée, mais les raisons plus importantes sont les liaisons hydrogène présentes dans l'acide hexanoïque et absentes dans le 2-méthylbutane. **66.** Cette affirmation est inexacte. La plupart des composés et des éléments ont un point triple, mais

il n'est pas proche de la température et de la pression ambiantes. **67.** La masse volumique de H₂O(l) augmente depuis le point de fusion jusqu'à sa valeur maximale, atteinte à 3,98 °C. Au-delà de ce point, elle diminue avec la température, comme c'est habituellement le cas. Donc, chaque valeur de la masse volumique associée à une température allant de 0 °C à 3,98 °C est également associée à une température allant de 3,98 °C à quelques degrés au-delà. **68.** La température la plus basse à laquelle on peut faire bouillir de l'eau liquide est la température du point triple (environ 0 °C). Il faut placer l'eau dans une cloche à vide et réduire la pression jusqu'à ce que l'eau bouille à cette température (en dessous de cette température, l'eau gèlerait). **69. (a)** 56,9 mm Hg ; **(b)** −33,36 °C ; **(c)** 108,9 atm = 1043 mm Hg. **70.** $T = -202$ °C ou -101 °C $= T_c$. $10^{\log p} = p = 10^{1,00} = 10$ mm Hg $= P_c$. −202 °C correspond à une pression de $3,22 \times 10^{-13}$ mm Hg. **71.** Les hydrures du groupe IVA présentent la tendance prévue : l'intensité des forces de dispersion et le point d'ébullition augmentent avec la masse molaire. Quant aux hydrures des groupes VA, VIA et VIIA des périodes 3, 4 et 5, leur point d'ébullition augmente également avec la masse molaire. Il existe cependant trois exceptions : NH₃, H₂O et HF. Le point d'ébullition exceptionnellement élevé de ces trois liquides s'explique par la présence de liaisons hydrogène. **72.** $\Delta H_{fus} < \Delta H_{vap} = \Delta H_{liq} < \Delta H_{sub}$. Ces grandeurs sont dans cet ordre parce que $\Delta H_{vap} > \Delta H_{fus}$; $\Delta H_{liq} = -\Delta H_{vap}$; et $\Delta H_{sub} = \Delta H_{fus} + \Delta H_{vap}$. **73.** Masse totale d'eau liquide = 120 g. Masse totale de vapeur d'eau = 870 g. **74.** $P_{totale} = 53,9$ kPa. **75.** La pression égale la pression de vapeur de l'eau entre 26 et 27 °C, près de 26,5 °C. À 27 °C, la pression dans le récipient sera égale à la pression de vapeur de l'eau et la formation de liquide commencera. **76.** Le regel de la glace sèche ne peut pas se produire. Le fil augmente la pression sur la glace, ce qui provoque la fusion d'une mince couche. Comme la droite solide-liquide du diagramme de phases de CO₂ est inclinée dans le sens contraire à celle de l'eau, l'ajout de la pression du fil ne cause pas de fusion et le fil ne peut pas passer à travers le bloc de glace sèche.

77.

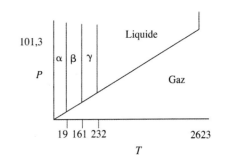

78.

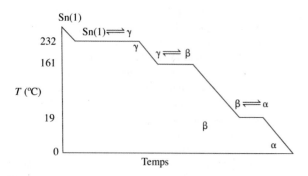

79. La taille des ions de MgO est plus semblable à celle de NaCl qu'à celle de CsCl. Les ions O^{2-} et Cl^- sont environ deux fois plus volumineux que les ions Mg^{2+} et Na^+. L'ion Cs^+ est à peu près de la même taille que Cl^-. Les structures de MgO et de NaCl sont du type cubique à faces centrées (cfc). **80.** Maille élémentaire de type cubique simple : % d'espace vide = 47,64 %. Maille élémentaire de type cubique à faces centrées (cfc) : % d'espace vide = 25,95 %. Maille élémentaire de type cubique centrée (cc) : % d'espace vide = 31,98 %. **81.** 3,516 g/cm³. **82.** Un fluide effectue un cycle dans un système fermé. La vaporisation du fluide nécessite l'absorption de chaleur. La vapeur est alors pompée vers une autre section où elle peut prendre de l'expansion, ce qui cause son refroidissement. Selon le sens de la circulation d'air à travers les serpentins, la pompe peut produire de la chaleur ou bien du froid. L'utilité des thermopompes est limitée dans les pays très froids parce qu'elles prennent trop de temps pour absorber assez de chaleur nécessaire à la vaporisation du gaz. **83.** La réponse est (c), trois de ceux-ci ; le CH_4 ne peut faire de liaison hydrogène. **84. (a)** Le solide se sublime sans fusion. À 1 atm et à la température ambiante, seulement les phases solide et gazeuse existent. **85.** 1,6 L. **86.** Les deux substances sont non polaires, mais parce que sa masse moléculaire est plus basse, SF_6 devrait avoir des forces de dispersion plus faibles que CI_4. SF_6 est un gaz et CI_4 est un solide à température ambiante. **87. (a)** 495 pm ; **(b)** $1,21 \times 10^{-22}$ cm³ ; **(c)** 11,4 g/cm³. **88.** Les forces de dispersion augmentent avec l'augmentation de la masse moléculaire, alors il y a augmentation du point d'ébullition de HCl à HBr à HI. Les forces dipôle-dipôle augmentent si la distance entre les noyaux devient plus grande et, comme l'électronégativité augmente de I à Br à Cl, la différence dans la polarité augmente, ce qui augmente les forces dipôle-dipôle dans des directions opposées par rapport à la longueur des liaisons.
89.

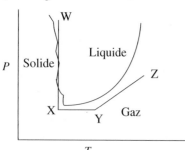

90. 3,0 nm.

Exercices 9.1A 0,897 kPa. **9.1B** 0,108 g. **Problèmes par sections 1.** L'humidité absolue est la quantité de vapeur d'eau présente dans un échantillon d'air exprimée en grammes par mètre cube (g/m³). L'humidité relative est la pression partielle de la vapeur de l'eau à une température donnée exprimée sous la forme d'un pourcentage de la pression de vapeur de l'eau à l'équilibre à cette température. **2.** La rosée et le givre se forment quand la température diminue suffisamment la nuit pour que l'air devienne saturé en vapeur d'eau. La rosée ou le givre se condensent alors, généralement sur des objets plus froids que l'air ambiant. La rosée forme des gouttelettes d'eau quand l'humidité relative est supérieure à 100 %. Si la température est inférieure à 0 °C, l'eau se condense sous forme de givre. **3.** Le cycle de l'azote est l'ensemble des activités menant à la fixation de l'azote, phénomène qui rend celui-ci assimilable par les plantes et les animaux et qui est suivi du retour de l'azote (N_2) dans l'environnement quand un organisme meurt. La fixation industrielle de l'azote a grandement augmenté la quantité d'azote disponible pour les plantes, ce qui laisse dans l'environnement plus d'azote fixé que la quantité pouvant être retournée dans l'atmosphère par des processus naturels. **4.** Si 99 % de la masse de l'atmosphère se situe à moins de 30 km de la surface terrestre, alors seulement 1 % d'air est présent aux altitudes supérieures à 30 km, ce qui peut supporter une colonne de mercure d'environ seulement 1 % $\times$ 101,3 kPa $\approx$ 1,01 kPa. **5.** Argon, $9,34 \times 10^3$ ppm. Néon, 18,18 ppm. Hélium, 5,24 ppm. Krypton, 1,14 ppm. Xénon, 0,09 ppm. **6.** 0,263 % molaire ; $2,36 \times 10^3$ ppm. **7.** 44,2 %. **8.** 1,76 kPa. **9.** C'est à 25 °C que l'humidité relative de l'air est la plus élevée. Une élévation de température fait augmenter la pression de vapeur de l'eau et diminue par conséquent l'humidité relative. **10.** Le point de rosée est de 20,4 °C, soit la température à laquelle la pression de vapeur de l'eau est de 2,40 kPa. **11.** La vapeur d'eau est visible quand l'air humide chaud est mélangé à de l'air plus froid. L'humidité absolue de l'air au-dessus d'un récipient d'eau bouillante est élevée : l'air est presque saturé de vapeur d'eau. Il suffit de réduire légèrement la température pour atteindre le point de rosée. L'humidité absolue dans l'air expiré est bien inférieure, et il faut diminuer la température beaucoup plus pour atteindre le point de rosée. C'est seulement par une journée froide que la pression partielle de la vapeur d'eau du souffle est assez élevée pour que la condensation ait lieu. **12.** Les éléments sont séparés par leurs masses molaires. Plus ils ont une faible masse molaire, plus ils sont à une altitude élevée et, inversement, plus ils ont une grande masse molaire, plus ils sont à une altitude basse. **13. (a)** PAN − nitrate de peroxyacétyle ; **(b)** SO_x − oxydes de soufre, SO_2 et SO_3 ; **(c)** Cendres volantes − matières minérales non combustibles dans l'air contenues dans le charbon provenant d'installations au charbon et transportées par le vent. **14.** Le smog photochimique est causé par l'interaction de polluants primaires avec le soleil, tels que les oxydes d'azote et les hydrocarbures non brûlés. Les principaux produits sont l'ozone et différentes espèces organiques comme le PAN. **15.** Le smog industriel est la forme de smog associée aux activités industrielles qui polluent l'air. Généralement, le smog industriel se caractérise par des teneurs élevées en $SO_2(g)$ et en matières particulaires comme la suie, les cendres volantes et le sulfate d'ammonium. **16.** Un mélange de combustion riche en carburant et pauvre en oxygène favorise la formation de monoxyde de carbone. Le monoxyde de carbone se fixe aux atomes de fer dans l'hémoglobine, ce qui empêche le transport de l'oxygène vers les cellules de l'organisme. **17.** Un effet synergique a lieu quand deux composants exercent ensemble un effet supérieur à celui de la somme des composants séparés. Les oxydes de soufre et les matières particulaires, le dioxyde d'azote et la lumière solaire, le monoxyde d'azote et les hydrocarbures forment des paires de composants qui ont un effet synergique. **18. (a)** Un précipitateur électrostatique retient les matières particulaires des gaz des cheminées d'usine; **(b)** Un convertisseur catalytique transforme les hydrocarbures et le monoxyde de carbone en dioxyde de carbone et en eau. Un second convertisseur transforme le monoxyde d'azote en azote. **19. (a)** Le monoxyde d'azote réagit avec des hydrocarbures pour produire de l'ozone, du PAN et d'autres composants du smog; **(b)** Le monoxyde de carbone ne joue pas un rôle important dans la formation du smog photochimique; **(c)** Les vapeurs d'hydrocarbures réagissent avec des atomes d'oxygène pour donner des radicaux libres, de l'ozone et du PAN; **(d)** Le dioxyde de soufre joue un rôle négligeable dans la formation du smog photochimique. Par contre, il contribue fortement à la formation du smog industriel. **20.** Une inversion de température a lieu quand une masse d'air chaud recouvre une masse d'air plus froid. Elle empêche les courants d'air d'entraîner les polluants. Durant une inversion de température, la pollution est concentrée dans une région. **21.** Les aérosols sont des particules dont la taille est inférieure à un micromètre et qui tendent à demeurer en suspension. Les cendres volantes sont un type de matières particulaires présentes dans le smog. Il existe d'autres types de matières particulaires, notamment la suie et le sulfate d'ammonium. **22.** Un convertisseur catalytique à deux voies convertit le monoxyde d'azote en azote à l'aide d'un catalyseur de réduction. On peut également avoir recours à un mélange riche en carburant pour réduire NO. Le convertisseur catalytique oxyde aussi le monoxyde de carbone et les hydrocarbures au moyen d'un catalyseur d'oxydation. L'utilisation d'un mélange riche en carburant a pour effet de générer davantage d'hydrocarbures et de monoxyde de carbone. **23.** Non, des bactéries présentes dans le sol produisent du monoxyde d'azote. Les marais produisent du méthane gazeux, qui est un hydrocarbure, et les volcans sont des sources d'oxydes de soufre. **24. (a)** La photosynthèse; **(b)** La combustion et la décomposition biologique; **(c)** Les formes fossilisées du carbone (charbon, pétrole, gaz naturel ou le calcaire) et les activités humaines. **25.** $2\ C_6H_{14} + 19\ O_2 \longrightarrow 12\ CO_2 + 14\ H_2O$. Il est impossible d'écrire une seule équation parce qu'on ne peut pas connaître le rapport entre CO et CO_2 produits à un temps donné. Le rapport peut même varier durant la réaction. **26.** Quand on chauffe de la pierre à chaux avec d'autres matières pour fabriquer du ciment, il y a libération de CO_2. La décomposition de la pierre à chaux a lieu dans des fours

à température élevée. Des combustibles fossiles sont brûlés pour atteindre ces températures élevées et leur combustion libère du $CO_2(g)$ dans l'environnement. **27. (a)** $S(s) + O_2(g) \longrightarrow SO_2(g)$; **(b)** $2\ ZnS(s) + 3\ O_2(g) \longrightarrow 2\ ZnO(s) + 2\ SO_2(g)$; **(c)** $2\ SO_2(g) + O_2(g) \longrightarrow 2\ SO_3(g)$; **(d)** $SO_3(g) + H_2O(l) \longrightarrow H_2SO_4(aq)$; **(e)** $H_2SO_4(aq) + 2\ NH_3(aq) \longrightarrow (NH_4)_2SO_4(aq)$. **28. (a)** 0,657 t de SO_2; **(b)** 0,268 t de SO_2; **(c)** et **(d)** 0,0999 t de SO_2. La matière qui produit la plus grande quantité de SO_2 par tonne a le pourcentage de soufre le plus élevé: ZnS. **29. (a)** L'action des vagues entraîne des gouttelettes d'eau salée dans l'air. L'eau s'évapore des embruns et laisse des particules de NaCl en suspension dans l'air; **(b)** S (dans le charbon) + $O_2(g) \longrightarrow SO_2(g)$. $2\ SO_2(g) + O_2(g) \longrightarrow 2\ SO_3(g)$. $SO_3(g) + H_2O(l) \longrightarrow H_2SO_4(aq)$. $2\ NH_3(g) + H_2SO_4(aq) \longrightarrow (NH_4)_2SO_4(s)$. **30.** 0,81 mg. **31.** 1 200 kg H_2O. 2 610 kg CO_2. **32.** L'augmentation de la vapeur d'eau est peu considérée dans le réchauffement planétaire parce que les nuages formés par celle-ci peuvent entraîner un refroidissement par réflexion de la lumière solaire dans l'espace. **33.** Les rayons UV-C décomposent différents composants cellulaires comme les protéines et les acides nucléiques. Les rayons UV-B sont responsables des coups de soleil, de dommages oculaires et de cancers de la peau. **34. (a)** 4×10^{37} molécules; **(b)** Il n'existe pas de moyen simple de recueillir les molécules d'ozone et de les transporter, et même si on arrivait à les recueillir, elles réagiraient pour donner O_2. **35.** Le fluor et le chlore possèdent chacun une forte électronégativité. Mais, compte tenu de la géométrie moléculaire, les dipôles de liaison sont pratiquement annulés, et la molécule de fréon-12 n'est donc que légèrement polaire. **36.** Le dioxyde de carbone est beaucoup plus abondant que le monoxyde de carbone et, à cause de son rôle dans l'effet de serre, son accumulation peut engendrer des conséquences sur le climat de la planète entière (réchauffement planétaire). **37. (a)** $CH_4 + 2\ O_2 \longrightarrow CO_2 + 2\ H_2O$; 7,22 tonnes; **(b)** $2\ C_8H_{18} + 25\ O_2 \longrightarrow 16\ CO_2 + 18\ H_2O$; 6,42 tonnes; **(c)** $C + O_2 \longrightarrow CO_2$; 5,74 tonnes. **Problèmes complémentaires 38. (a)** $8,0 \times 10^4$ g C; **(b)** $1,5 \times 10^3$ mol; **(c)** 0,15 %. **39.** $C_2H_5OH + 3\ O_2 \longrightarrow 2\ CO_2 + 3\ H_2O$. Enthalpie de réaction = 1 245 kJ/mol de C_2H_5OH (par gramme d'éthanol = 27,02 kJ/g). L'éthanol possède une efficacité de 56 % par rapport à l'essence. **40.** 802 kJ/mol de CH_4 (mol de CO_2); 50,1 kJ/g de CH_4. 2010 kJ/mol de C_3H_8; 670 kJ/mol de CO_2; 45,6 kJ/g de C_3H_8. **41.** Environ 42 % du carbone libéré est demeuré dans l'atmosphère. **42.** 2×10^2 particules/cm^3 d'air. **43.** $1,0 \times 10^2$ kPa. **44.** $CaCl_2 \cdot 6H_2O(aq$ saturée) éliminera de la vapeur d'eau de l'air pourvu que l'humidité relative de l'air excède 32,4 %. **45.** 1,6 % d'augmentation. **46.**

$$\frac{56 \text{ mol CO}}{2,3 \times 10^6 \text{ mol air}} \approx 24 \text{ ppm}$$

La cote d'alerte de 35 ppm ne sera pas dépassée.

47.

$$\text{Rapport massique air-carburant} = \frac{1,73 \times 10^3 \text{ g air}}{114,23 \text{ g } C_8H_{18}} = 15,3$$

48. La combustion d'un mélange riche en combustible est incomplète et conduit à des niveaux élevés de CO et

d'hydrocarbures non brûlés (RH). Plus le rapport massique air-carburant est élevé, plus la combustion est complète, ce qui conduit à des niveaux bas de CO et de RH. Dans des mélanges pauvres en combustible, l'air additionnel (et par conséquent N_2) augmente la production de NO. Par ailleurs, un mélange pauvre en combustible brûle à une température plus élevée, ce qui favorise la formation de NO.   **49.** 1,46 g.   **50.** Lorsque l'azote et l'oxygène sont portés à haute température dans un moteur, une fraction de leurs molécules se transforme en oxydes d'azote.   **51. (a)** C : 3,66 g CO_2. CH_4 : 2,74 g CO_2. C_4H_{10} : 3,03 g CO_2. Par gramme, c'est le CH_4 qui dégage le moins de CO_2 ; **(b)** C : 0,112 g CO_2. CH_4 : 0,0494 g CO_2. C_4H_{10} : 0,0611 g CO_2. Par kilojoule, c'est aussi le CH_4 qui produit le moins de CO_2.   **52.** $4,5 \times 10^{16}$ g de vapeur d'eau.   **53.** L'air humide étant un mélange d'air sec et de vapeur d'eau, sa masse volumique aura une valeur intermédiaire entre 1,3 g/L (air sec) et 0,80 g/L (vapeur d'eau).   **54. (a)** 51 % ; **(b)** $2,47 \times 10^4$ g ; **(c)** $6,03 \times 10^4$ kJ.   **55.** 226 L de SO_2.
56.

6								9
15	12		18	10	1	5	7	13
11	2		8	4	14	17	3	16

Index

Les folios en caractères gras renvoient à la définition.

Quelques constantes physiques

Accélération gravitationnelle	g	$9,806\ 6$ m/s²
Vitesse de la lumière (dans le vide)	c	$2,997\ 924\ 58 \times 10^8$ m/s
Constante des gaz	R	$0,082\ 058\ 4$ L·atm·mol⁻¹·K⁻¹
		$8,314\ 510$ J·mol⁻¹·K⁻¹
		$8,314\ 510$ kPa·L·mol⁻¹·K⁻¹
Charge de l'électron	e^-	$-1,602\ 177\ 33 \times 10^{-19}$ C
Masse de l'électron au repos	m_e	$9,109\ 389\ 7 \times 10^{-31}$ kg
Constante de Planck	h	$6,626\ 075\ 5 \times 10^{-34}$ J·s
Constante de Faraday	F	$9,648\ 530\ 9 \times 10^4$ C/mol
Nombre d'Avogadro	N_A	$6,022\ 136\ 7 \times 10^{23}$ mol⁻¹

Quelques facteurs de conversion

Longueur

1 mètre (m) = $39,370\ 078\ 74$ pouces (po)

1 po = $2,54$ centimètres (cm) (exact)

Masse

1 kilogramme (kg) = $2,204\ 622\ 6$ livres (lb)

1 lb = $453,592\ 37$ grammes (g)

Volume

1 litre (L) = 1000 mL = 1000 cm³ (exact)

1 L = $1,056\ 688$ pinte

1 gallon (gal) = $3,785\ 412$ L

Force

1 newton (N) = 1 kg·m/s²

Énergie

1 joule (J) = 1 N·m = 1 kg·m²/s²

1 calorie (cal) = $4,184$ J (exact)

1 électronvolt (eV) = $1,602\ 18 \times 10^{-19}$ J

1 eV/atome = $96,485$ kJ/moL

1 kilowattheure (kWh) = 3600 kJ (exact)

Équivalence masse-énergie

1 unité de masse atomique unifiée (u)

= $1,660\ 540\ 2 \times 10^{-27}$ kg

= $931,487\ 4$ MeV

Quelques formules de géométrie

Périmètre d'un rectangle = $2L + 2l$

Circonférence d'un cercle = $2\pi r$

Aire d'un rectangle = $L \times l$

Aire d'un triangle = $\frac{1}{2}$ (base $\times$ hauteur)

Aire d'un cercle = πr^2

Aire d'une sphère = $4\pi r^2$

Volume d'un parallélépipède = $L \times l \times h$

Volume d'une sphère = $\frac{4}{3}\pi r^3$

Volume d'un cylindre ou d'un prisme = (aire de la base) $\times$ hauteur

$\pi = 3,141\ 59$